2004
中国海洋年鉴
CHINA OCEAN YEARBOOK

中国海洋年鉴编纂委员会 编

海洋出版社

2005年·北京

中国国家海洋局局长王曙光率领的中国海洋代表团在随同中华人民共和国主席胡锦涛访问俄罗斯期间，于2003年5月27日，经中俄两国政府授权，中国国家海洋局局长王曙光与俄罗斯联邦自然资源部部长阿尔久霍夫共同签署了《中华人民共和国政府和俄罗斯联邦政府关于海洋领域合作协议》。中华人民共和国主席胡锦涛和俄罗斯联邦总统普京在莫斯科克里姆林宫出席了中俄海洋领域合作协议签字仪式

2003年4月10日，中共中央总书记、国家主席胡锦涛在中共中央政治局委员、广东省委书记张德江（右1）和广东省省长黄华华（左4）、中共湛江市委书记邓维龙（右4）、湛江港集团公司董事长梁建伟（左3）陪同下视察了湛江港

2003年6月23日，中国国家海洋局和印度海洋开发部在北京签订了两国在海洋科技领域的谅解备忘录。受国家海洋局委托，外交部副部长王毅和印度外交秘书分别代表两国政府在备忘录上签字。国务院总理温家宝和印度总理瓦杰帕伊出席了签字仪式

2003年1月4日，国务院副总理吴邦国在海南省视察期间考察位于东方市的中海石油化学有限公司。图为中国海洋石油总公司总经理卫留成（左2）、海洋石油富岛股份有限公司董事长吴振芳（右4）向吴邦国副总理（右3）介绍富岛二期80万吨大颗粒尿素项目建设情况

2003年1月30日，中共中央政治局常委、国务院副总理温家宝代表党中央、国务院通过卫星电话向奋战在冰天雪地的南极考察队员致以春节的亲切问候。上图为温家宝副总理莅临国家海洋局，与王曙光局长亲切握手。下左图为温家宝副总理会见南极考察队员。下右图为春节慰问南极考察队员会场

2003年7月21日，青岛港集团与世界第一大航运公司丹麦马士基集团、世界第二大航运公司英国铁行集团、中国最大航运公司中远集团，三国四方在北京人民大会堂隆重举行签约仪式，共同出资8.87亿美元，联手经营青岛港前湾集装箱码头。国务院总理温家宝、英国首相布莱尔率两国多位部长出席了签约仪式

2003年12月12日，国务院副总理黄菊（前排左2）在天津市市委书记张立昌（前排左3）的陪同下视察天津港

2003年5月9日，国务院印发了《全国海洋经济发展规划纲要》，《纲要》中确定了我国发展海洋经济的指导原则和总体目标。7月，国家海洋局党组在新疆召开了学习贯彻《全国海洋经济发展规划纲要》全国海洋厅局长会议，对今后一段时期的海洋经济规划工作提出了具体要求

2003年4月15日，国家海洋局召开了计划管理工作会议

2003年8月2～7日，全国人大环资委主任毛如柏、国家海洋局副局长张宏声到浙江进行海岛立法调研

2003年1月10日，国家海洋局召开新闻发布会

2003年1月15日，全国海洋厅局长会议在北京举行。国家海洋局局长王曙光出席大会

2003年10月10日，国家发展和改革委员会、国家海洋局在青岛主持召开了“省级海洋经济发展规划编制工作座谈会”，国家海洋局副局长孙志辉，国家发展和改革委员会地区经济司副司长杨朝光到会并做了重要讲话

2003年郑和下西洋600周年系列纪念活动——《郑和航海》专题报告会在北京举行，国家海洋局副局长孙志辉主持了会议

2003年7月15日，满载中国第二次北极科学考察队的“雪龙”号考察船离开大连港码头，奔赴北极科学考察。图为在大连港码头举行欢送仪式

全国县际间海域勘界工作经验交流会在福建泉州市召开

2003年3月18日，中国与挪威就北极建站签署备忘录

海洋渔业

由中国水产科学研究院主管、日本财团法人海外渔业协会财团主办的第14届海洋水产资源培养科研人员研讨会于2003年11月19日在北京举行。来自中国、日本、韩国的科研人员和其他相关学者共计60余人参加了开幕式。农业部渔业局副局长李健华、中国水产科学研究院党组书记、院长王衍亮及在京渔业系统的有关领导出席开幕式。

农业部渔业局
李健华副局长致词

中国水产科学研究院
王衍亮院长致词

大会主席、中国水产科学研究院副院长李可心主持研讨会

第14届海洋水产资源培养科研人员研讨会会场

中国渔业协会远洋渔业分会于2003年1月16日在北京举行成立大会。会议由中国渔业协会远洋渔业分会会长刘身利主持，农业部副部长齐景发、农业部渔业局副局长张合成出席会议并讲话。

中国渔业协会远洋渔业分会会长、中国水产集团总公司总经理刘身利发表讲话

中国渔业协会远洋渔业分会成立大会会场

金枪鱼市场推广会会场

中国水产集团总公司在推广会上展示冰鲜金枪鱼

海洋油气业

2003年8月19日，中国海洋石油总公司、中国石化集团公司、英荷壳牌公司、优尼科石油公司在人民大会堂共同签署5个石油合同，共同开发东海西湖凹陷油气资源。西湖凹陷石油合同的签署将推动东海油气勘探开发进入一个新阶段。签字人左起：美国优尼科石油公司首席执行官查尔斯·威廉姆森(Charles Williamson)，中国石油化工集团公司总经理陈同海，中国海洋石油总公司总经理（原）卫留成，英荷壳牌公司亚太地区勘探与生产首席执行官多米尼克·加迪（Dominique Gardy）

2003年9月23日，由中国海洋石油有限公司负责开发的中国最大的海上自营气田——东方1-1气田一期工程顺利投产

2003年6月22日，由中国海洋石油总公司投资建造的15万吨海上浮式生产储油装置（FPSO）“海洋石油111”号在上海外高桥正式交船

2003年7月，中国海洋石油有限公司在南海东部获重大天然气发现。公司对2002年底番禺30-1和番禺34-1两个重大发现的初步评估结果证实，两气田预计储量约为424.5亿立方米，是南海珠江口盆地获得的第一个重大天然气发现

上海外滩

青岛海滨

三亚亚龙湾

海 洋 船

中国船舶工业集团公司建造的各类船舶及工程

17.5万吨好望角型散货船

粤海铁一号火车渡船

出口欧洲的1 600米车道滚装船

中国船舶工业集团公司控股投资建设的世界第一拱桥——上海卢浦大桥雄姿

中国规模最大、现代化程度最高的船舶总装厂上海外高桥有限公司鸟瞰

中国船舶重工集团公司建造的各类船舶及工程

中国建造的第一艘30万吨超大型原油轮

12 300吨滚装船

5 668箱集装箱船

三用工作船

23万吨浮式生产储油轮

军用产品

生活模块

2003年8月7～8日，中盐集团成立大会在人民大会堂召开

全国政协副主席周铁农（左）、原轻工业部部长杨波（右）为中盐集团揭牌

中盐集团董事长董志华在中盐集团成立大会上致词

在中盐集团成立大会主席台就座的有全国政协副主席周铁农，原轻工业部部长杨波，中国关心下一代工作委员会副主任王照华，中国轻工业联合会副会长杨志海、潘蓓蕾，群星集团公司董事长段存华，中国残疾人联合会副理事长汤小泉，国资委监事会主席朱焘，国资委监事会主席童安炎，中国轻工业联合会副会长张善梅，国资委监事会主席钱桂敬，国际控制碘缺乏理事会主席凌节生，国家发改委副秘书长曹玉书，国家发改委产业政策司司长刘治，国家发改委价格司司长赵小平，国家质量监督检验检疫总局标委会副主任石保权，国家发改委工业司助理巡视员贺燕丽，国家发改委流通司副司长马占平，中国盐业协会常务副理事长谭洽

2003年10月18～21日，中国科学院海洋研究所主办的第五届亚太地区藻类生物技术会议在青岛召开

由中国科学院南海海洋研究所承办的首届中国科学院海洋科学年会于2003年12月16～17日在广州隆重召开，中国科学院资源环境科学与技术局范蔚茗副局长（图中），广东省、广州市政府有关部门的领导出席了会议，中国科学院海洋研究所、南海海洋研究所、广州地球化学研究所等单位的140多位领导、专家和代表参加了会议

2003年11月至2004年2月，“科学一号”远航西太平洋执行国家大洋考察任务，获取了一批珍贵的深海资料。图为科考人员在释放CTD

由中国科学院主办、南海海洋研究所承办的“海洋环流与气候变化”国际研讨会于2003年11月28日至12月2日在海南省三亚市隆重召开，来自美国、澳大利亚、韩国和台湾省、香港特别行政区等地的华人海洋学家以及来自内地的8家海洋研究机构共50多位专家学者参加会议。会上，潘德炉、巢纪平、袁业立院士等30位专家分别作学术报告，图为大会会场

侯保荣院士（左1）、费修绠研究员（右1）荣获2002年度国家科技进步二等奖；曾呈奎院士（中）荣获2002年度山东省最高科技奖。图为3位获奖者在2003年3月召开的山东省科技奖励大会上

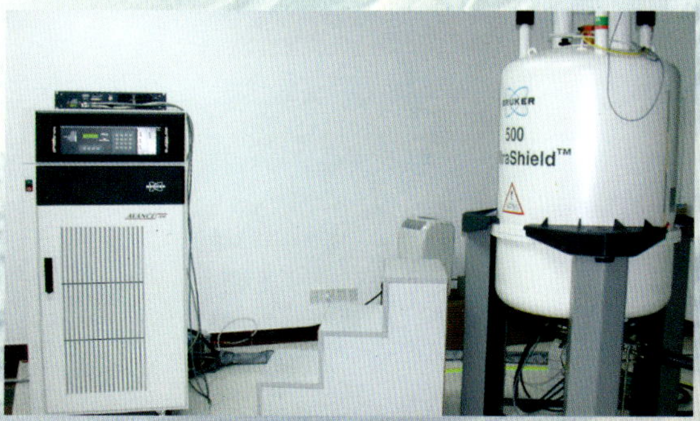

AVANCE 500 MHz 核磁共振波谱仪

重大海洋

海洋资源开发技术

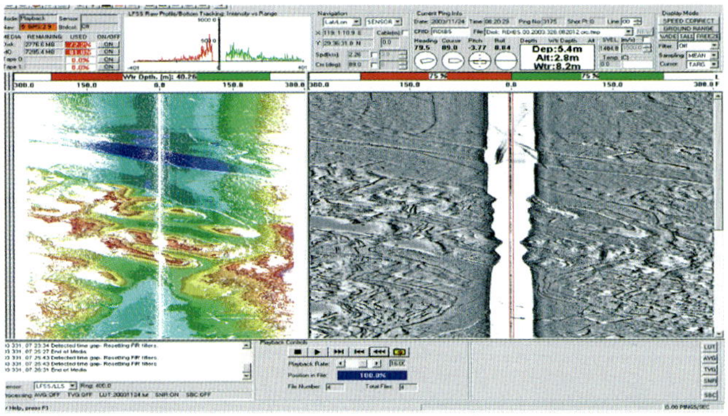

6 000米海底有缆观测与采样系统（电视抓斗）深海试验

测深侧扫剖面图

渤海大油田勘探开发关键技术

渤海30万吨级超大型FPSO模型试验

海底管道检测机器人模拟样机

分支井技术

海洋平台结构的实时监测与检测成像技术示范工程

海洋生物技术

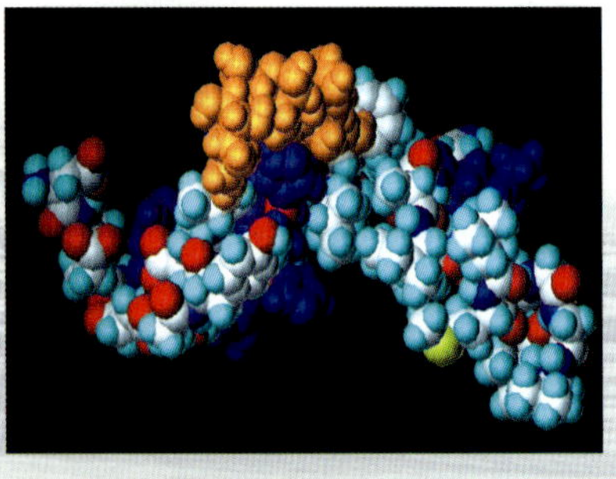

计算机模拟HSH971与Aβ结合的空间结构

膜法甘露醇工业化生产

海水养殖种子工程

斜带石斑鱼

标志中国对虾亲虾（用于家系培养）

海洋监测技术

大型浮标主体结构示意图

小型多参数海洋环境监测浮标调试现场

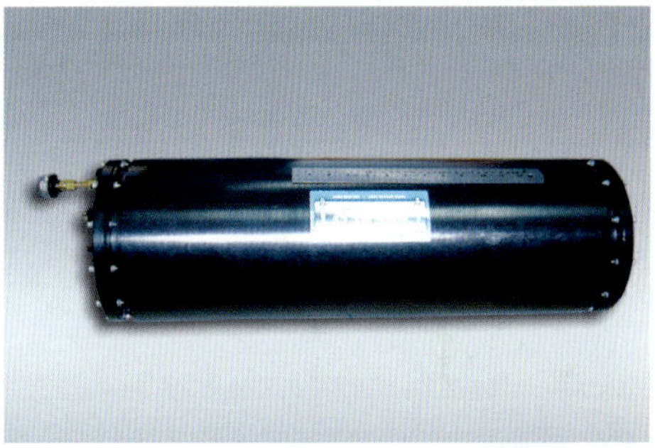

坐底式海冰监测声呐样机

二氧化碳光纤化学传感器

水下仪器水声数据传输系统

2003年4月，财政部、国家海洋局有关业务司联合赴江苏、浙江进行海域有偿使用调研。国家海洋局海域管理司司长孙书贤（左3）主持座谈会

2003年8月，国家海洋局海域管理司赴浙江检查《海域使用管理法》及配套制度执行情况

国家海洋局海域管理司向用海企业代表颁发海域使用权证书

中华人民共和国国务院

国函〔2003〕44号

国务院关于国土资源部《报国务院批准的项目用海审批办法》的批复

国土资源部：

国务院批准《报国务院批准的项目用海审批办法》，由国家海洋局组织实施。

附：报国务院批准的项目用海审批办法

二〇〇三年四月十九日

中华人民共和国国务院

国函〔2003〕38号

国务院关于国土资源部《省级海洋功能区划审批办法》的批复

国土资源部：

国务院批准《省级海洋功能区划审批办法》，由国家海洋局组织实施。

附：省级海洋功能区划审批办法

二〇〇三年三月七日

国务院关于《省级海洋功能区划审批办法》和《报国务院批准的项目用海审批办法》的批复

2003年7月，全国政协副主席周铁农赴浙江、福建视察海岛

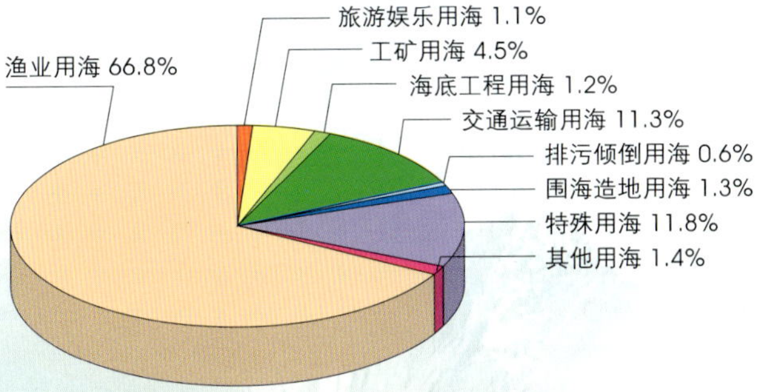

全国主要用海类型及面积百分比

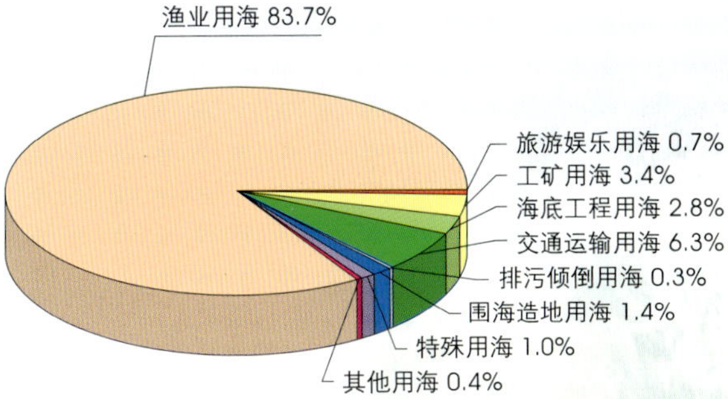

全国各用海类型已确权面积百分比

2003年5月，国家海洋局海域管理司在青岛举办县级海域管理人员培训班

2003年7月10～11日，国家海洋局在江苏无锡市召开了“海盾2003”专项执法行动和海监执法示范工作会议。来自沿海各省（区、市）海洋厅（局）及所属海监总队的领导，国家海洋局各分局及各海区总队的领导，中国海监总队和国家海洋局海域管理司的领导及有关人员共30余人参加了此次会议。会议由中国海监总队常务副总队长张惠荣主持，国家海洋局副局长张宏声做了重要讲话

第三期海洋维权执法培训

航空执法

监视外国船只

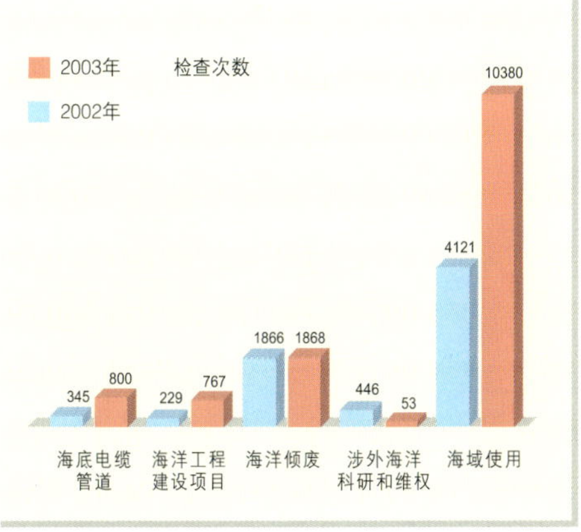

海洋行政检查情况

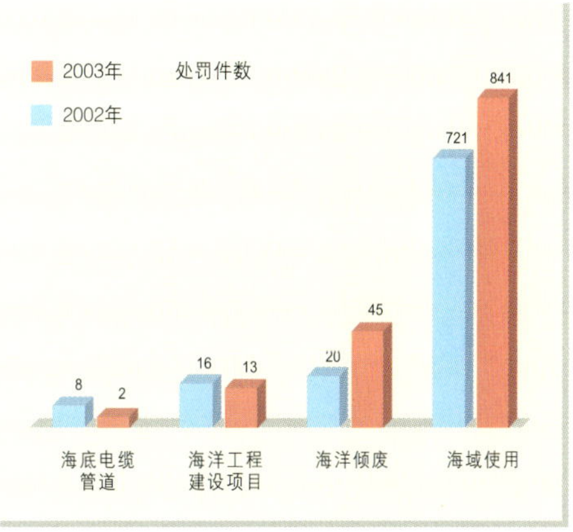

海洋行政处罚情况

中国海监总队常务副总队长张惠荣代表国家海洋局与中国飞龙专业航空公司签署中国海监B－3837、B－7112飞机委托管理合同

项目用海检查

2003年1月24日，国家海洋局召开《2002年中国海洋行政执法公报》发布座谈会

极　地

中国第19次南极考察队由148名队员组成，自2002年11月20日至2003年3月20日，历时120天，安全航行23 000余海里，圆满完成了度夏科学考察、南大洋考察、两站基础设施建设、两站人员交换和物资补给等艰巨任务。第19次南极考察，除常规科学考察项目外，还新增了宽频带地震观测、南极湖泊和拉斯曼丘陵地质研究、埃默里冰架与海洋相互作用研究等任务，其中不少项目直接涉及全球变化与人类可持续发展研究，具有重要的科学意义。

格罗夫山考察归来

2003年3月20日，第19次南极考察队乘“雪龙”船返抵上海

南极内陆考察营地

格罗夫山考察

南极野外科考

珍贵的南极冰上陨石

南极内陆冰盖冰缝内部考察

中国第二次北极科学考察于2003年7月15日从大连出发，2003年9月26日返抵上海，历时74天。本次考察以“雪龙”船为支撑平台，辅以直升机、水面作业艇、冰上车辆延展考察空间，利用卫星跟踪浮标、海洋浮标和潜标、水下机器人、卫星遥感等高技术手段以及常规观测设备，在白令海、楚科奇海以及加拿大海盆开展海洋、冰雪、大气、生物、地质等多学科立体综合观测。

第一个中国造的浮标在北极

风雪中在海冰上进行LADCP观测

楚科奇海CTD作业

中国北极考察站所在的奥尔松全景

在浮冰区进行地质多管采样器采样

2003年4月16日，中国极地考察工作咨询委员会第十次会议召开

大洋矿产资

中国大洋矿产资源研究开发协会1991年经国务院批准成立，负责组织协调我国在国际海底区域矿产资源研究和开发活动。1991年协会在联合国登记注册为国际海底区域先驱投资者。协会的宗旨是通过国际海底区域矿产资源的研究开发活动，为我国经济可持续发展储备新的矿产资源和能源，促进我国深海高新技术产业的形成与发展，维护我国在国际海底区域的权益，并为人类开发利用国际海底资源做出贡献。2003年，协会加大了海上调查工作力度，安排以富钴结壳调查为重点，同时兼顾多金属结核合同区资源详查、环境评价和热液硫化物探查的海上调查任务，取得了值得关注的新发现，对深海海底资源有了新的认识；研究项目进展顺利，为我国“十五”计划的完成奠定了坚实的基础；深海勘查技术研发全面展开，部分设备通过海试后，将极大地丰富我国深海资源调查手段；协会作为业主承担的“863”项目重大专项7 000米载人潜水器的研制工作进展顺利；资源加工利用项目加强技术创新，充分集成现代高新技术，重视成果的先进性和实用性；深海基因资源研究已进入国际先进水平；基地建设初具轮廓，有关工作有了良好的开端。

中国大洋协会第四届理事会第三次会议代表参观“大洋一号”船

“大洋一号”船网络中心

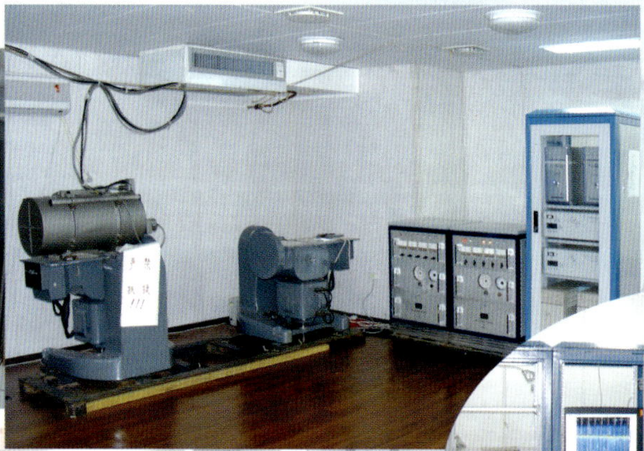

重力与ADCP实验室

深海多波束与浅剖实验室

资源加工利用项目开展金属分离与富集连续试验

深海摄像/照相系统作业

科研调查人员布放深海锚系系统

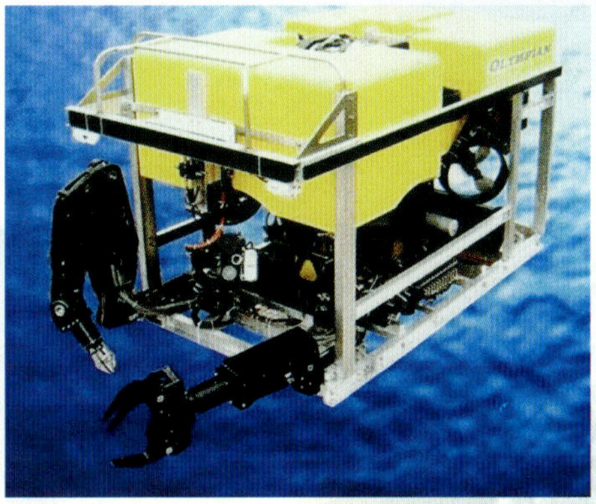

ROV系统

自行研制的深海电视抓斗

2003年3月18～20日，中国大洋协会第四届理事会第三次会议在青岛召开

结壳样品

国际合作

2003年12月12日在马来西亚首都吉隆坡举行了“2003东亚海地区海洋可持续发展大会暨海洋部长级论坛”，国家海洋局国际合作司司长李海清代表王曙光局长出席大会。上左图：李海青司长在记者见面会上答记者问，上右图：李海青司长在《东亚海可持续发展战略》上签字，右图为各政府海洋政要出席记者见面会

2003年11月3～4日，中美海洋与海岸带管理联合协调小组第三次会议在西安召开

国家海洋局副局长孙志辉（右）接见韩国海洋开发研究院院长朴相俊一行

《2004 中国海洋年鉴》编委会

（按姓氏笔画排序）

《中国海洋年鉴》编辑部

编 辑 说 明

《中国海洋年鉴》是由国家海洋局主办，各部、委、局涉海部门及沿海省、市、区协办，国家海洋信息中心编辑、海洋出版社出版的我国海洋界唯一编年性大型综合性、资料性、史册性连续出版物，旨在客观记载、全面反映中国海洋事业发展历程以及涉海各部门、各行业、各地区每一年度的最新进展和主要成就，为国内外全面了解我国海洋事业的发展现状提供翔实的资料。《中国海洋年鉴》创办于 1982 年，至今已连续出版了 11 卷。

《2004 中国海洋年鉴》所刊载的内容，主要是 2003 年度中国海洋各行各业的进展情况，少数资料由于事件的连续性而在时间上有所跨越。

《2004 中国海洋年鉴》设 9 个部分：(1) 综合信息；(2) 海洋经济；(3) 海洋管理；(4) 沿海海洋管理与海洋经济；(5) 海洋公益服务；(6) 海洋科技、教育与文化；(7) 极地与国际海底；(8) 海洋国际合作；(9) 附录。

《2004 中国海洋年鉴》所刊载的内容和数据分别由有关主管部门和单位提供。资料未包括香港特别行政区、澳门特别行政区和台湾省。

本年鉴的编辑出版，得到了海洋界各部门、各单位的支持和热情帮助，得到了许多海洋界专家和领导的大力扶持和帮助，在此我们对所有为我国海洋年鉴工作做出过贡献的单位和个人表示衷心感谢。

由于本年鉴的内容涉及到不同行业、不同地区和不同部门，资料的搜集和处理难度较大，框架安排有疏漏或不足之处，资料不够全面或处理不当之处，恳请各界专家、领导和广大读者批评指正，欢迎提出建设性意见，使中国海洋年鉴越办越好。

中国海洋年鉴编辑部

2005 年 5 月

目 次

综合信息

特 载

学习贯彻“十六大”精神 全面“实施海洋开发”……王曙光(3)
认真贯彻海洋经济发展规划 持续健康发展海洋经济……王曙光(6)
开拓进取 建设世界第一造船大国……陈小津(8)
积极努力做好《港口法》的实施工作……洪善祥(11)

2003年大事记

大事记……(13)

海洋法规选编

全国海洋经济发展规划纲要……(29)
省级海洋功能区划审批办法……(36)
报国务院批准的项目用海审批办法……(37)
中华人民共和国港口法……(38)
中华人民共和国渔业船舶检验条例……(43)
海底电缆管道保护规定……(46)
远洋渔业管理规定……(48)
水产养殖质量安全管理规定……(52)
《关于2003—2010年海洋捕捞渔船控制制度实施意见》……(54)
沿海航标管理办法……(57)
中华人民共和国海上海事行政处罚规定……(59)
港口危险货物管理规定……(78)
中华人民共和国船舶载运危险货物安全监督管理规定……(81)
倾倒区管理暂行规定……(85)
无居民海岛保护与利用管理规定……(88)

海洋经济

海洋渔业

综述……(93)
概况……(93)
统计资料……(96)
表1 2003年全国海洋捕捞产品产量增减情况表……(96)
表2 2003年全国海洋捕捞主要鱼类产量增减情况表……(97)
表3 2003年全国海洋捕捞分海区、渔具等产量增减情况表……(98)
表4 2003年沿海各省、市、自治区海水养殖产量情况表（按产品类别分）……(98)
表5 2003年沿海各省、市、自治区海水养殖产量情况表（按水域和养殖方式分）……(100)
表6 2003年沿海各省、市、自治区海洋捕捞产量情况表（按产品类别分）……(100)
表7 2003年沿海各省、市、自治区海洋捕捞产量（按捕捞海域分）……(102)
表8 2003年沿海各省、市、自治区海洋捕捞产量（按捕捞渔具分）……(103)
表9 2003年沿海各省、市、自治区海水养殖面积（按产品类别分）……(103)
表10 2003年沿海各省、市、自治区海水养殖面积（按水域和养殖方式分）……(105)
表11 2003年沿海各省、市、自治区海水养殖单产水平（按养殖品种分）……(106)
表12 2003年沿海各省、市、自治区海水养殖单产水平（按水域和养殖方式分）…(107)
表13 2003年沿海各省、市、自治区海水育苗数量情况表……(108)
表14 2003年海洋渔业经济总产值……(108)
表15 2003年各省、市、自治区海洋渔业经济总产值……(108)
表16 2003年各省、市、自治区海洋渔业经济增加值……(109)
表17 2003年各省、市、自治区海洋渔业人口与劳动力……(109)
表18 2003年各级水产技术推广机构海水养殖项目产量、效益情况表……(110)

海洋交通运输业

综述……(111)
概况……(111)
海洋运输……(111)
国内水路集装箱运输……(111)
春运和“黄金周”水路旅客运输……(112)
水路煤炭运输……(112)
水路进口铁矿石运输……(112)
水路原油运输……(112)
港口集装箱运输……(112)
国际集装箱班轮运输……(113)

沿海港口生产……(113)
港口生产概况……(113)
丹东港……(114)
营口港……(114)
秦皇岛……(114)
天津港……(115)
烟台港……(115)
青岛港……(116)
日照港……(116)
连云港……(116)
宁波港……(117)
厦门港……(117)
广州港……(117)
沿海港口建设……(118)
沿海港口建设概况……(118)
洋山深水港区一期工程……(118)
厦门港东渡港区三期工程通过验收……(118)
上海港外高桥港区四期工程验收……(118)
青岛港前湾港区三期工程验收……(119)
宁波港北仑港区三期工程验收……(119)
水运工程建设标准管理……(119)
海事设施与装备建设……(120)
水上交通安全……(120)
概况……(120)
公司安全管理体系审核……(121)
海上救助与打捞……(122)
概述……(122)
圆满完成“神舟”5号载人飞船预备安全保障任务……(122)
海空立体救助模式初见端倪……(122)
救助打捞案例……(122)
海洋交通科技……(123)
软科学研究项目介绍……(123)

海洋油气业

综述……(124)
中国海洋石油总公司概况……(124)
中国石油化工集团公司概况……(124)
海洋石油天然气资源……(124)
概况……(124)
海洋油气勘探……(125)
中国海洋石油总公司海洋油气勘探……(125)
中国石油化工集团公司海洋油气勘探……(125)
海洋油气开发工程……(126)
中国海洋石油总公司海洋油气开发工程……(126)
中国石化海洋油气开发工程……(126)
海洋油气开发与生产……(127)
中国海洋石油总公司油气开发与生产概况……(127)
中国石化海洋油气开发生产概况……(127)
海洋油气科技工作……(127)
中国海洋石油总公司科技工作……(127)
中国石油化工集团公司海洋油气科技工作……(128)
表1　中国海域在生产和开发的主要油气田及其储量、生产能力……(128)

滨海旅游业

概况……(131)
海洋旅游……(132)
海岛旅游……(132)

海洋船舶工业

综述……(134)
概况……(134)
中国船舶工业集团公司2003年发展概况……(135)
中国船舶重工集团公司2003年发展概况……(136)
统计资料……(138)
表1　2003年主要非船舶产品生产情况……(138)
表2　2003年造船企业造船完工前10名……(138)
表3　2003年造船企业新承接船舶订单前10名……(138)
表4　2003年造船企业手持船舶订单前10名……(139)
表5　2003年造船企业出口交货值前10名……(139)
表6　2003年修船企业销售收入前10名……(139)
表7　2003年修船企业出口创汇前10名……(139)
表8　2003年修船企业修船数前10名……(139)

海盐及海洋化工业

概况……(140)
海盐生产……(140)
海盐盐化工……(140)
中盐集团成立……(140)
持续消除碘缺乏病国际会议在京召开……(141)
表1　2003年全国海盐产量及盐田生产面积……(141)
表2　2003年全国海盐产能、产量、销量及存量……(141)
表3　2003年全国工业盐各盐种构成情况……(142)
表4　近5年两碱产量、用盐量及实际盐产量的变化……(142)
表5　2003年海盐区主要盐化工产品产量……(143)

海洋生物制药和保健品开发

概况……(144)
海洋药物学研究现状……(144)
海洋生物资源开发利用技术发展规划……(146)
褐藻多糖硫酸酯和海昆肾喜胶囊……(149)

其他海洋产业

海洋矿产资源开发……(150)
滨海砂矿……(150)
滨岸平原地下卤水……(151)
海底煤田……(151)
石油与天然气……(151)
大洋多金属结核……(152)
海洋能源开发……(153)

岱山签约建浙江最大风力发电场………………………(153)
莆田沿海实施建设大型风力发电项目…………………(153)
我国将投入 8 亿元勘测可燃冰…………………………(153)
长岛县10万千瓦风力发电工程建设全面启动……(153)
南海北部 3 000 米海底惊现“冷泉”………………(154)
我国首个海上风电项目启动……………………………(154)
波浪能利用…………………………………………………(154)
潮流能利用…………………………………………………(154)
航标灯用波力发电装置产品改进成功…………………(155)
海水利用业…………………………………………………(155)
万吨级反渗透海水淡化示范工程………………………(155)
山东省海水淡化应用全国领先…………………………(155)
营口建海水淡化厂…………………………………………(155)
我国大生活用海水技术研究取得重大进展…………(156)
天津市 1 000 米^3/天反渗透海水淡化示范工程…(156)
中国出口的第一台反渗透海水淡化系统………………(156)

重大海洋工程项目

我国第一条跨海铁路通道正式开通……………………(157)
天津滨海大道工程提速……………………………………(157)
舟山大陆海底送水工程成功试通水……………………(157)
温州滨海半岛工程正式开工………………………………(158)
岙山基地－册子岛－镇海跨海原油管道工程启动…(158)
杭州湾跨海大桥奠基………………………………………(158)
我国首座海上立交桥主体工程完工……………………(158)
淮河入海水道工程建成……………………………………(159)
烟台将建世界最大核能海水淡化工程…………………(159)
青岛海底世界建成并投入试运营………………………(159)
海南第一条天然气长输管道建成投产…………………(159)
深港跨海大桥开工兴建……………………………………(160)
黄河口防潮大堤竣工………………………………………(160)
上海建国内最大海滩人工湖………………………………(160)
苍南县“江南”海涂围垦工程破土动工………………(161)
石浦国家级中心渔港工程开工……………………………(161)
华东原油管道舟山段成功跨海……………………………(161)
温岭市26条海塘全部竣工…………………………………(161)
中船长兴造船基地围堤吹填工程开工…………………(161)
珠海-澳门海底互联电缆管道贯通………………………(161)
国内最长深海排污管道工程竣工…………………………(162)
世界首座建在超软淤泥上的防波堤竣工………………(162)
天津围海造陆工程启动……………………………………(162)
玉环漩门湾大桥及接线工程正式开工…………………(162)
玉环11条标准海塘通过专家验收………………………(162)

海洋管理

海域管理

海域使用管理……………………………………………(165)
概况……………………………………………………………(165)
《海域法》配套制度建设…………………………………(165)
《海域法》及配套制度执行情况大检查………………(166)
养殖用海管理调研…………………………………………(166)
海域使用管理普法宣传工作………………………………(167)
海洋功能区划工作…………………………………………(167)
国家直接受理项目海域使用管理…………………………(167)
海域有偿使用………………………………………………(167)
海域使用管理示范区建设…………………………………(167)
海洋资质管理………………………………………………(168)
海域管理信息系统建设……………………………………(168)
海域使用管理培训…………………………………………(168)
海域勘界工作………………………………………………(169)
海洋资源开发管理………………………………………(169)
海底电缆管道管理…………………………………………(169)
海岸带和海岛资源管理……………………………………(169)
北海区海域管理……………………………………………(170)
东海区海域管理……………………………………………(171)
南海区海域管理……………………………………………(173)

海洋环境保护

综述…………………………………………………………(174)
概况……………………………………………………………(174)
健全海洋环境保护法规体系和海洋环境保护
　　规划……………………………………………………(174)
全面开展海洋环境保护规划编制工作…………………(174)
发布海洋环境公报…………………………………………(174)
地市级海洋环境监测机构能力建设……………………(174)
进一步提高国家级业务中心建设…………………………(174)
拓展公益服务领域…………………………………………(174)
海洋生态环境保护与管理…………………………………(175)
加强海洋石油开发工程环境影响的监督管理……(175)
海洋倾废管理……………………………………………(175)
颁布海洋倾废管理规章制度………………………………(175)
强化海洋倾废日常管理……………………………………(175)
港澳倾废合作………………………………………………(175)
海洋自然保护区建设与管理…………………………(175)
概况……………………………………………………………(175)
组织开展了海洋自然保护区检查评估…………………(176)
组织指导国家级海洋自然保护区开展管理工作…(176)
地方海洋部门新建多处海洋自然保护区………………(176)
东海区海洋环境保护………………………………………(177)

海洋执法监察工作

概况……………………………………………………………(179)
监视美“黑森”号海洋测量船情况………………………(180)
北海区海洋执法监察情况…………………………………(180)
东海区海洋执法监察情况…………………………………(182)
南海区海洋执法监察情况…………………………………(184)

海洋交通管理

航运行业管理……………………………………………(186)
水运管理信息系统（二期）建设…………………………(186)
确保大型油轮运输进口石油安全…………………………(186)

水运业 WTO 谈判进展情况……(186)
水运业信息化建设……(187)
国际船舶代理业管理……(187)
内地与港澳台地区航运……(188)
外商在华经营海运业的状况及管理……(188)
贯彻实施《国际海运条例》……(189)
无船承运业务管理……(189)
国际航运业发展概况……(189)
《港口法》颁布与实施工作……(190)
理货体制改革……(191)
口岸管理……(191)
表 1　2003 年进港船舶统计……(192)
表 2　2003 年出港船舶统计……(192)
2003 年船舶登记……(192)
船舶载运危险货物管理……(192)
船员管理……(192)
水运工程建设市场准入管理……(193)
船舶检验管理工作概况……(193)
海区航标管理……(194)
体制改革……(195)
救捞体制改革取得重大突破……(195)
救捞新旧体制平稳过渡……(195)
中央直属及双重领导港口体制改革……(195)

沿海海洋管理和海洋经济

辽宁省

综述……(199)
自然概况……(199)
表 1　辽宁省沿海行政区划表……(199)
行政区划……(199)
表 2　2003 年沿海地区人口及从业人员情况……(199)
表 3　辽宁省海洋管理机构表……(200)
海洋管理机构……(200)
海域使用管理……(200)
概况……(200)
海域使用管理……(200)
海域法及配套制度大检查……(201)
海域勘界……(201)
海洋环境保护……(202)
海洋环境管理……(202)
海洋行政执法……(203)
概况……(203)
渔业行政执法……(204)
表 4　辽宁省海洋开发资料统计……(204)
海洋科技与教育……(205)
海洋渔业科技……(205)
海洋资源开发与海洋经济……(205)
海洋水产……(205)
表 5　2003 年沿海地区渔业情况……(206)
港口建设与海洋运输……(207)
盐与盐化工……(210)
海洋矿产开发……(210)
表 6　2003 年沿海地区国内生产总值……(211)
滨海旅游……(211)
地方重大海洋工程项目……(211)

大连市

综述……(212)
概况……(212)
海洋机构……(212)
表 1　大连市沿海地区及其海洋机构……(212)
海洋立法……(212)
海域使用管理……(213)
稳步推进海域使用两项制度……(213)
基本完成海洋功能区划编制任务……(213)
海域勘界试点工作启动……(213)
海洋环境保护……(214)
海洋环境概况……(214)
海洋环境保护主要工作……(214)
首次编报海洋环境质量公报……(214)
海洋行政执法……(214)
海域执法监察……(214)
渔业行政执法……(215)
海洋资源开发与海洋经济……(215)
海洋渔业……(215)
海洋交通运输业……(216)
滨海旅游业……(217)
海洋船舶工业……(217)
海洋盐业……(218)
地方重大海洋工程项目……(218)
大连造船重工公司扩建项目协议签字……(218)
大连国际物流园项目开工……(218)
大连港大连湾通用杂货泊位工程开工……(218)
30 万吨级船坞主体工程竣工……(218)
大连保税区填海工程开工……(218)
大连汽车码头项目举行签字仪式……(218)
表 2　大连市沿海地区人口及从业人员情况……(219)
表 3　大连市沿海地区国内生产总值、工农业总产值(当年价)一览表……(219)
表 4　大连市海洋开发资料统计……(220)

河北省

综述……(221)
概况……(221)
表 1　河北省沿海市县一览表……(221)
表 2　河北省沿海市县海洋机构一览表……(221)
海域使用管理……(221)
海域使用管理稳步推进……(221)
海洋功能区划编制与实施……(222)

启动县级海域勘界工作……(222)
海洋环境保护……(222)
海洋环境监测机构建设……(222)
海洋环境监测预报……(223)
赤潮监控区和群测群防网络工作……(223)
海洋工程环境保护监督管理……(223)
海洋自然保护区建设……(224)
海洋倾废管理……(224)
其他海洋环境保护工作……(224)
海洋行政执法……(225)
概况……(225)
海洋资源开发与海洋经济……(225)
海洋经济发展现状……(225)
海洋国际合作与交流……(226)
国土资源科技新进展……(226)
对外合作与交流……(226)
统计资料……(227)
表 3 沿海市县人口及从业人员情况 ……(227)
表 4 河北省沿海市县国内生产总值一览表……(227)
表 5 河北省海洋开发资料统计 ……(228)

天 津 市

综述……(229)
概述……(229)
海洋机构……(229)
表 1 天津市及沿海区海洋机构一览表……(229)
表 2 天津市沿海区乡镇一览表……(229)
滨海新区……(229)
主要海洋工作……(230)
海洋经济……(230)
表 3 2003 年天津市海洋经济各产业总产值及增加值……(231)
海域使用管理……(231)
海域使用审批……(231)
区际勘界工作启动……(231)
海洋功能区划修订工作启动……(231)
海洋环境保护……(231)
海洋环境保护工作……(231)
海洋自然保护区……(232)
保护区管理工作检查评估……(232)
海洋行政执法……(232)
天津市海监总队组建……(232)
海监人员业务培训……(233)
总队建章立制……(233)
海洋执法监察……(233)
催缴海域使用金……(233)
海监宣传信息工作……(233)
海洋公益服务……(233)
海洋环境监测预测……(233)
天津市海洋环境监测预报中心成立……(233)
海洋灾害与防御……(234)
海洋国际合作与交流……(234)
东亚海渤海环境管理项目……(234)
加强国际合作与交流……(234)
海洋科技……(234)
渤海综合整治天津方案及其关键基础问题研究…(234)
海洋工程……(234)
海洋工程项目……(234)

山 东 省

综述……(235)
海洋经济与海洋渔业概况……(235)
海洋立法……(235)
表 1 山东省沿海市县一览表……(235)
表 2 山东省沿海市、县（市、区）海洋机构一览表 ……(235)
海域使用管理……(236)
海域使用审批管理……(236)
海域有偿使用制度……(237)
海洋功能区划……(237)
海域管理示范区建设……(237)
海域勘界……(237)
无居民海岛管理……(237)
海洋环境保护……(238)
海洋环境监测预报和信息工作……(238)
海洋工程环境影响评价……(238)
海洋保护区建设与管理……(238)
海洋环境监测……(239)
《2002 年海洋环境质量公报》编制发布……(240)
海洋环境保护宣传……(240)
海洋灾害与防御……(240)
概况……(240)
海洋行政执法……(240)
海监队伍建设……(240)
海域使用执法监察……(241)
海砂资源执法监察……(241)
渔政监督管理……(241)
海洋资源开发与海洋经济……(242)
海水养殖……(242)
盐业……(243)
海洋油气业……(244)
统计资料……(245)
表 3 2003 年山东省沿海地区人口及从业人员情况 ……(245)
表 4 2003 年山东省沿海地区国内生产总值…(247)

青 岛 市

综述……(248)
概况……(248)
表 1 青岛市沿海区（市）及其海洋管理机构……(248)
表 2 青岛市涉海地方性法规及政府规章……(248)
海域使用管理……(249)
概况……(249)

海洋环境保护……(249)
概况……(249)
海洋行政执法……(249)
概况……(249)
海洋资源开发与海洋经济……(250)
概况……(250)
海洋渔业……(250)
港口建设与海洋运输……(252)
船舶修造业……(252)
海洋旅游……(253)
盐业生产……(253)
海洋科技与教育……(254)
概况……(254)
海水养殖种苗产业……(254)
海水养殖生物遗传与繁殖生物学研究……(254)
海洋药物与活性物质研究开发……(254)
病害机理及防治技术……(255)
2003海洋生物技术高层论坛……(255)
第五届亚太地区藻类生物技术会议……(255)
第五届国际鲍学术研讨会……(255)
第二届海洋强国战略论坛……(255)
海洋文化……(256)
第四届中国青岛海洋节……(256)
第十三届青岛国际啤酒节……(256)
2003中国青岛金沙滩文化旅游节……(257)
奥帆赛筹备工作……(257)

江苏省

综述……(258)
自然概况……(258)
行政区划……(258)
海域资源……(258)
海域使用管理……(259)
概况……(259)
管理体制调整……(259)
法制建设……(259)
确权发证……(259)
县际间海域勘界……(259)
海洋环境保护……(259)
海洋环境监测体系建设……(259)
海洋环境质量公报……(259)
海洋行政执法……(260)
海洋监察……(260)
海洋资源开发与海洋经济……(260)
海洋工业……(260)
海洋渔业……(260)
海洋三产……(260)
滩涂开发……(260)
沿海公路建设……(260)
洋口港建设……(261)
统计资料……(261)
表1　江苏省沿海市行政区划一览表……(261)
表2　江苏省海洋机构一览表……(261)
表3　江苏省沿海市经济主要统计数据……(261)

上海市

综述……(262)
自然状况……(262)
行政区划……(262)
海洋立法……(262)
上海市副市长杨雄听取上海市海洋局工作汇报并作指示……(263)
召开上海市海洋经济发展联席会议第二次会议……(263)
海域使用管理……(263)
海域使用确权……(263)
海域行政勘界……(264)
海域使用现状调查……(264)
海域使用示范区建设……(264)
海域使用检查……(264)
海底电缆管道普查登记……(264)
上海海底电缆管道登陆备选区选址……(264)
上海市无居民海岛现状概查……(265)
海洋环境保护……(265)
海洋环境监测……(265)
海水环境质量……(265)
表1　上海海域水质主要污染物标准指数变化趋势……(265)
表2　上海海域各主要区域水质统计……(266)
海洋沉积物质量……(266)
表3　上海海域沉积物评价因子平均含量及超标率状况……(266)
海洋生物质量……(266)
表4　上海海域泥螺体内主要污染物残留量……(266)
海洋自然保护区……(267)
海洋生物多样性……(267)
表5　2003年上海海域生物多样性……(267)
表6　2003年上海潮间带生物多样性……(267)
海洋倾倒管理……(268)
表7　2003年上海市海洋倾倒区使用情况统计……(268)
石油平台管理……(268)
海洋赤潮监视监测及毒素检测……(269)
表8　2003年上海海域赤潮发生情况一览表……(269)
海洋行政执法……(269)
近海海洋环境执法……(269)
海洋公益服务……(270)
海洋预报……(270)
海洋国际合作与交流……(270)
中美海洋与海岸带协调小组美方代表团访沪……(270)
地方重大海洋工程项目……(270)
洋山深水港工程顺利推进……(270)
表9　上海市海洋开发资料统计表……(271)
表10　上海市及沿海区县国内生产总值、工农业总产值（现价）……(271)

表 11　上海市及沿海区县人口及从业人员情况一览表…………(272)

浙 江 省

综述…………(273)
自然概况…………(273)
行政区划…………(273)
人口与经济…………(273)
表 1　2003 年浙江省沿海地区生产总值、人口、从业人员一览表…………(273)
海域使用管理…………(275)
海域使用管理…………(275)
海域行政区域勘界…………(275)
海底电缆管道实现规范化管理…………(275)
海洋环境保护…………(275)
海洋资源保护工作力度不断加大…………(275)
继续开展全省海域环境质量监测…………(275)
海洋（海岸）工程环境影响评价程序初步建立…(276)
海砂资源调查基本完成…………(276)
韭山列岛省级海洋生态自然保护区批准建立……(276)
海洋灾害与防御…………(276)
赤潮监测与减灾防灾…………(276)
台风暴潮…………(276)
标准海塘建设…………(276)
海洋行政执法…………(277)
海洋资源开发利用执法检查…………(277)
海洋渔业综合执法检查…………(277)
海洋公益服务…………(277)
海洋科技…………(277)
海洋环境监测预报服务…………(279)
海洋资源开发与海洋经济…………(279)
概况…………(279)
表 2　2003 年浙江省海洋开发资料统计…………(279)
全省第三次海洋经济工作会议…………(280)
海洋渔业…………(280)
海洋交通运输业…………(282)
滨海旅游业…………(283)
海洋盐业…………(284)
海洋矿产开发…………(284)
地方重大海洋工程项目…………(285)
杭州湾跨海大桥…………(285)
舟山至宁波大陆连岛工程…………(285)
温州洞头半岛工程…………(285)
海洋国际合作与交流…………(285)
概况…………(285)
水海产品出口…………(286)
海洋渔业企业利用外资…………(286)
海洋渔业企业的国际投资与合作…………(286)
浙江省海洋工作大事记…………(286)

宁 波 市

综述…………(288)
概况…………(288)
海洋资源开发与海洋经济…………(288)
海洋渔业…………(288)
科技兴海…………(289)
港口运输业…………(289)
临港型工业…………(290)
滨海旅游业…………(290)
滩涂围垦业…………(290)
海域使用管理…………(291)
海域综合管理…………(291)
海域勘界…………(291)
韭山列岛海洋生态自然保护区建设获得批准……(291)
海洋行政执法…………(291)
海监队伍建设…………(291)
海洋执法监察…………(292)
宁波市海洋与渔业局被评为全国海洋执法监察先进集体…………(292)
海洋文化…………(293)
宁波海洋预报台预报室被共青团中央授予全国“青年文明号”光荣称号…………(293)
宁波市海洋与渔业系统举办“海之魂”文艺汇演…………(293)
表 1　2003 年宁波及各县（市）、区人口及从业人员情况一览表…………(293)
表 2　2003 年宁波及各县（市）、区国内生产总值、工农业总产值（现行价）一览表…………(293)
表 3　2003 年宁波市海洋开发资料统计一览表…………(294)

舟 山 市

综述…………(295)
概况…………(295)
海域使用管理…………(296)
海域使用管理概况…………(296)
海域勘界…………(297)
海洋环境保护…………(297)
舟山市海洋环境监测预报中心成立…………(297)
海洋环境监测工作全面开展…………(297)
2003 年舟山海域海洋环境质量状况…………(298)
海洋自然保护区建设与管理…………(298)
海洋灾害与预报服务…………(298)
“鸣蝉”台风影响舟山…………(298)
围堤建设…………(298)
表 1　2003 年舟山市非标准海塘建设情况表…(299)
赤潮灾害…………(299)
舟山发生一起重大海洋污损事件…………(299)
海洋气象监测…………(299)
台风预报…………(299)
海洋科技与教育…………(300)
海洋科技概况…………(300)
舟山被列为全国“食品安全关键技术应用综合

示范区” ……(300)
3 个涉海项目列入浙江省重大科技攻关计划……(300)
养殖大黄鱼品质改良育种技术……(300)
南美白对虾吨产养殖技术研究通过省级鉴定……(300)
浙江首家省级民营科研开发机构诞生……(300)
舟山首家博士后科研工作站在普陀举行揭牌仪式……(301)
首届海洋生物高技术论坛在舟山召开……(301)
科技合作……(301)
海洋教育……(301)
舟山渔民获技术职称……(301)
宣传远洋渔业法律、法规……(302)
海洋资源开发与海洋经济……(302)
舟山市机动渔船拥有量……(302)
表 2 舟山市机动渔船一览表……(302)
船舶工业……(302)
表 3 2003 年全市 28 家重点船舶修造业产量产值一览表……(303)
表 4 2003 年舟山船舶工业总产值……(303)
舟山海盐业……(303)
中国海盐博物馆奠基……(304)
新城大桥建设……(304)
连岛跨海大桥工程建设……(304)
海岛旅游开发……(304)
景点建设……(305)
首届舟山中国海鲜美食文化节……(305)
首届中国普陀山南海观音文化节……(305)
海岛“文化村”奠基……(305)
临港工业……(306)
舟山渔民转产转业……(306)
捕捞渔业……(306)
远洋捕捞……(307)
特色水产养殖业……(307)
海水养殖……(307)
海产品加工……(308)
水产品加工进出口……(308)
表 5 水产品加工情况……(308)
舟山引进最大的外商独资项目……(309)
海洋公益服务……(309)
海洋气象服务……(309)
舟山电信……(309)
移动通信……(309)
海岛供电……(310)
海上交通……(310)
海洋执法监察……(311)
海上交通安全监管……(311)
渔港监督……(311)
渔船检验……(311)
渔政管理与执法……(311)
海洋与渔业执法支队成立……(312)
海洋国际合作与交流……(312)
国际友好往来……(312)
第五届中国舟山国际沙雕节……(313)
国际科技合作……(313)
统计资料……(314)
表 6 舟山市基本情况一览表……(314)
表 7 舟山市沿海县（区）国内生产总值、工农业总产值一览表……(314)
表 8 舟山海洋开发资料统计……(314)
表 9 舟山市 2003 年海洋经济资料统计……(315)
表 10 2000－2003 年舟山渔民就业与收入情况表……(316)

福建省

综述……(317)
沿海资源概况……(317)
行政区划……(317)
经济综合实力……(317)
海洋科技水平不断提高……(318)
地方海洋立法与管理……(318)
海洋政策制度……(318)
海洋监察执法……(318)
海域管理……(318)
海洋环境保护……(318)
全面开展海洋环境监测……(318)
海洋自然保护区……(318)
海洋公益服务……(319)
建设海洋监测网络……(319)
海洋赤潮……(319)
海洋赤潮监视监测……(319)
强台风暴潮……(319)
海洋资源开发与海洋经济……(319)
海洋渔业……(319)
海洋运输与港口建设……(320)
旅游资源开发……(320)
船舶工业……(320)
盐业资源开发……(321)
滨海矿产资源开发……(321)
沿海防护林建设……(321)
海洋能资源开发……(321)
海洋科技与教育……(321)
海洋科技……(321)
海洋教育……(322)
海洋国际合作与交流……(322)
统计资料……(322)
表 1 福建省沿海市县一览表（2003 年底）…(322)
表 2 福建省沿海地区国内生产总值(2003 年)…(322)
表 3 福建省海洋开发资料统计……(323)
表 4 2003 年福建省及沿海市县（含县级市）海洋机构……(324)

厦门市

综述……(325)

概况……(325)
海域使用管理……(325)
概况……(325)
建立海域使用管理信息系统……(325)
应用先进技术完善海域使用管理……(326)
厦门市海洋与渔业局网站正式开通……(326)
厦门市海洋功能区划通过专家评审……(326)
水产养殖基本退出西海域……(326)
完成嘉庚广场岸线整治工作……(326)
西海域整治与开发相关水动力数模物模研究……(326)
海域勘界全面展开……(327)
无居民海岛修复生态计划开始实施……(327)
表 1　厦门市海域无居民岛屿名录……(327)
表 2　厦门市海域重点岩礁名录……(328)
启动同安海域规范工作……(329)
海洋行政执法……(329)
概况……(329)
强制拆除非法占用海域设施……(329)
海沧定置网渔民领到转产转业补助金……(329)
打击非法采捕鳗鱼苗……(329)
海洋小型渔船证书简化合并和换发……(330)
实施“午夜行动”、“拂晓行动”打击非法捕捞……(330)
海洋环境保护……(330)
概况……(330)
陆源排污口调查……(330)
编制《厦门市海洋环境保护规划》……(330)
近岸海域海水质量……(330)
海水浴场水质……(331)
珍稀海洋物种国家级自然保护区管理……(331)
打击非法经营水生野生动物联合执法行动……(331)
厦门海域增殖放流……(331)
海洋灾害与防御……(331)
概况……(331)
厦门港避风坞清淤工程完成……(331)
高崎闽台渔轮避风港一期工程交工验收使用……(331)
厦门市水产养殖病害防治中心动工……(332)
白海豚救助中心主体工程竣工……(332)
海洋病害防治预测报网络初步形成……(332)
厦门海域赤潮发生情况……(332)
表 3　2003 年厦门海域发生的主要赤潮一览表……(332)
海洋资源开发与海洋经济……(333)
概况……(333)
渔业减产原因分析……(333)
水产品加工与综合利用呈现四大优势……(333)
实施“放心水产品工程”推动无公害水产标准……(333)
水产品实行检验证制度……(334)
渔业科技推广获多项成果……(334)
推广“灯光围网网具及光源改革试验”项目……(334)
统计资料……(334)
表 4　厦门市 2003 年国内生产总值情况表……(334)
表 5　渔业生产基本情况统计表……(334)
表 6　2003 年渔业灾害损失统计表……(335)
表 7　厦门市（区）人口与海洋（渔业）从业人员情况表……(335)
表 8　厦门市 2003 年涉海工程项目投资情况一览表……(336)

广东省

综述……(337)
概况……(337)
海洋开发与管理……(337)
海洋经济……(337)
海域使用管理……(337)
海域使用管理……(337)
海域使用管理示范区……(338)
海域勘界……(338)
无居民海岛管理……(338)
海洋科技……(339)
科技兴海项目……(339)
项目经费管理……(339)
渔业科技项目库建设……(339)
科技项目申报……(339)
科技成果管理……(340)
项目推荐及评比……(340)
科技创新体系……(340)
水产技术推广……(341)
海洋国际合作与交流……(341)
外事接待……(341)
出国考察……(341)
水产种苗进出口管理……(342)
水产品出口管理……(342)
海洋公益服务……(342)
资源环境监测……(342)
资源环境保护……(342)
增殖放流渔业资源……(342)
人工鱼礁建设……(342)
水生野生动物保护……(343)
自然保护区建设……(343)
海洋行政执法……(343)
海洋行政执法……(343)
海洋行政执法大检查……(343)

广西壮族自治区

综述……(344)
行政区划……(344)
自然概况……(344)
经济概况……(344)
海洋机构……(344)
表 1　广西壮族自治区沿海地区行政区划……(344)
表 2　广西壮族自治区海洋机构一览表……(345)
海域使用管理……(345)
概况……(345)
海域使用管理配套政策建设……(345)

旧版海域使用权证书换证……(345)
海域使用确权发证和海域使用金征缴……(345)
历史遗留疑难用海问题整治……(346)
海域使用招标、拍卖试点……(346)
海洋功能区划……(346)
海域使用秩序整治……(346)
海域使用论证……(347)
海域管理信息系统……(347)
海籍管理试点……(347)
《海域法》及配套制度大检查……(347)
服务涉海重点建设项目……(347)
编制《广西海洋经济发展规划》……(348)
广西海域勘界……(348)
海洋执法监察……(348)
海监机构……(348)
海域行政执法监察……(348)
海洋环境保护行政执法监察……(349)
海洋执法监察人员培训……(350)
海洋公益服务……(350)
海洋环境监测及机构建设……(350)
海洋倾废管理……(350)
海洋公益服务……(350)
防城港红树林保护示范区被列为“国际红树林示范区”之一……(350)
海洋资源开发与海洋经济……(350)
滨海旅游……(350)
港口与运输……(351)
表 3 广西壮族自治区人口及从业人员情况……(351)
表 4 广西壮族自治区沿海地区国内生产总值、工农业总产值……(351)

海南省

综述……(353)
行政区划……(353)
表 1 2003 年海南省辖沿海市县行政区划一览表……(353)
海洋自然概况……(353)
海洋机构……(353)
表 2 海南省沿海市县海洋机构一览表……(354)
海洋立法……(354)
海域使用管理……(354)
概况……(354)
海域使用管理……(354)
海域勘界……(354)
海洋环境保护……(354)
概况……(354)
海洋灾害及防御……(355)
海洋行政执法……(356)
概况……(356)
海洋公益服务……(356)
概况……(356)
海洋环境监测……(357)
海洋环境预报……(357)
海洋自然保护区管理……(357)
渔业资源增殖保护……(357)
海洋资源开发与海洋经济……(357)
概况……(357)
海洋渔业……(357)
港口和海洋交通运输业……(358)
滨海砂矿开发业……(358)
滨海旅游业……(358)
海洋油气工业……(359)
盐业与修造船业……(359)
海洋国际合作与交流……(359)
概况……(359)
地方重大海洋工程项目……(359)
概况……(359)
表 3 2003 年海南省沿海地区主要社会经济状况……(360)
表 4 2003 年海南省海洋开发资料统计……(360)

海洋公益服务

海洋环境监测

综述……(365)
概况……(365)
海洋环境监测……(366)
海水质量监测……(366)
底栖环境监测……(366)
海洋生物质量监测……(366)
海洋放射性环境质量监测……(366)
海洋大气环境质量监测……(366)
重点岸段海岸侵蚀监测……(366)
重点河口生态环境监测……(366)
陆源排污监督监测……(366)
江河入海污染物总量监测……(367)
建设项目海洋环境影响跟踪监测……(367)
养殖功能区监测……(367)
海洋自然保护区监测……(367)
海洋倾倒区监测……(367)
海洋污染事故应急监测……(367)
渤海海域环境质量监测……(367)
渤海海洋油气开发区环境质量监测……(367)
统计监测……(367)
重点陆源入海排污口及其邻近海域环境状况监测……(367)
全海域环境质量状况……(368)
海水质量……(368)
底栖环境质量状况……(369)
海洋生物质量……(369)
主要河口污染物入海总量……(369)
重点排污口邻近海域环境状况……(369)
重点河口生态环境状况……(369)

海洋功能区环境状况……(370)
海水增养殖区环境状况……(370)
海水浴场环境状况……(370)
海洋保护区环境状况……(370)
海洋倾倒区环境状况……(371)
重点岸段侵蚀状况……(371)
海洋环境监测质量保证与管理……(371)
概况……(371)
监测质量保证和控制工作内容……(372)
赤潮监测质量保证……(372)
现场监测质量保证与控制……(372)
外控样测试评定结果……(372)
赤潮生物种类鉴定结果……(372)
现场沉积物比对测试结果……(372)

海洋灾害与环境预报服务

风暴潮灾害与预报……(373)
风暴潮灾害概述……(373)
表1 2003年我国风暴潮灾害损失统计表（含近岸海浪灾害）……(373)
沿海各级政府重视海洋防灾减灾……(376)
风暴潮预（警）报……(376)
海浪灾害与预报……(376)
海浪灾害……(376)
表2 2003年我国近海巨浪引起的沉船事件……(377)
海浪预报……(378)
海浪中长期预报……(378)
海浪数值预报模式研究……(379)
海温海流预报……(379)
海温和海流三维结构数值预报模式研制……(379)
表层海温（SST）业务化数值预报……(380)
潮汐预报……(380)
海冰灾害与预报……(380)
冰情与灾害……(380)
海冰监测预报……(381)
赤潮灾害与预报……(381)
赤潮灾害……(381)
赤潮预报与研究……(381)
表3 2003年发现的主要赤潮一览表……(381)
东海区公益服务……(384)

海洋情报和档案管理与服务

海洋网络建设……(386)
“中国海洋信息网”建设……(386)
国家海洋局网络与网站维护建设……(386)
专题网站建设……(386)
海洋情报服务……(387)
海洋情报研究和服务……(387)
海域立法研究和服务……(387)
海岛立法研究和服务……(388)
海域管理研究和服务……(388)
海洋环保研究和服务……(388)
海洋战略研究和服务……(388)
海洋划界研究和服务……(388)
海洋档案管理与服务……(389)
国家海域勘界档案工作领导小组和档案组第一次联席会议召开……(389)
国家海域勘界档案工作检查组检查闽—粤线、津—冀线南线海域勘界档案工作……(389)
大洋档案工作调研任务完成……(389)
大洋档案建设与管理课题通过大洋协会办公室组织的专家中期评估……(389)
国家海洋局海域勘界档案业务培训班在天津举行……(389)
国家海洋信息中心出台加强档案管理工作的配套文件……(390)
我国专属经济区和大陆架勘测专项办公室档案向海洋档案馆移交……(390)
国家海洋局开展档案目标管理复查工作……(390)
国家海洋信息中心编辑出版《档案工作手册》……(391)
海洋档案馆库房设备改造工作完成……(391)

海洋标准计量工作

概况……(392)
海洋标准技术归口管理……(393)
获准立项的海洋标准制定任务……(393)
海洋标准制定工作……(394)
标准宣贯和培训……(396)
海洋标准化管理……(396)
海洋标准化宣传……(396)
海洋行业标准的出版……(397)
水膜质检中心建设……(397)
中国海洋标准物质体系建立……(397)
海洋监测高新技术仪器标准……(397)
海洋标准计量资料管理……(397)
中国一级标准海水研制成功……(398)
我国首次开展海洋监测仪器对外校准服务……(398)
建立90温标下新盐度标准和国际海水状态方程的研究……(398)
海洋计量标准器具研制……(399)

海事服务

海事法规建设……(400)
港口国监督……(401)
船舶安全检查……(401)
船舶污染防治和事故处理……(401)
水上巡航工作……(402)
厦门东渡港1号泊位发生船舶失火沉没事故……(403)
水上安全事故案例分析……(403)
港口航道测绘……(403)

海洋科技、教育与文化

海洋科学研究

综述……(407)

概况……(407)
国家重要研究项目……(409)
"863"计划资源环境技术领域……(409)
海水重要养殖生物病害发生和抗病力的基础研究……(412)
我国近海赤潮发生的生态学、海洋学机制及预测防治……(412)
沟-弧-盆体系形成演化研究……(413)
东、黄海的初级生产、异养微生物二次生产以及微型生物生态过程研究……(413)
东、黄海浮游动物群落结构和生物量的动态变化及其对生态系统调控作用的研究……(413)
东、黄海浮游动物关键种种群动力学和种群生产力研究课题……(414)
黄东海环流主要分量及其相互作用……(414)
皱纹盘鲍的遗传改良及中试示范……(414)
对虾生长、性别决定和抗逆基因的克隆和应用……(415)
重要海水养殖鱼类配子低温保存技术及其种子库的建立……(415)
海带、紫菜等经济藻类种质库的建立和利用……(415)
重要海水养殖贝类苗种培育设施的工程优化……(415)
扇贝抗病重要功能基因的克隆与应用……(416)
文蛤大规模人工育苗技术……(416)
模块化巨浪遥感信息提取与复合分析技术……(416)
模块化海气界面遥感信息提取技术……(417)
海洋环境腐蚀能力现场监测技术……(417)
典型海域有害赤潮的数值模拟及预警……(417)
南沙群岛及其邻近海区综合科学调查……(417)
南海西北部与红河地区的深部结构及其动力学机制研究……(418)
西太平洋暖池动力过程与海气相互作用……(419)
对虾抗病相关基因的克隆与应用……(419)
大黄鱼虹彩病毒功能基因的鉴定及应用……(419)
深海极端环境微生物资源的特征研究及对海洋经济的影响……(420)
深海生物圈在物质循环中的作用……(420)
中国典型河口-近海陆海相互作用及其环境效应……(420)
深海热液、沉积物保真采样系统研制……(422)
模块化全天候、灾害性海雾遥感监测技术……(422)
赤潮浮游生物综合测量系统及分析技术……(423)
我国第一个海洋糖库在中国海洋大学建成……(423)
黄河三角洲滨海湿地中全新世以来的演变……(423)
海水冷水团中氮循环动力学模式……(424)
黄海南部大西洋期沉积结构及其环境信息……(424)
潮波建模的变分方法及应用……(425)
南大洋海冰区碳输运的海洋动力过程……(425)
太平洋-印度洋暖池、环流系统及其海气相互作用的预研究……(425)
太平洋环流变异及其与西边界和边缘海的相互作用…(426)
有毒赤潮诊断技术研究……(427)
表1 根据有毒藻类细胞数量判断有毒赤潮指标表……(428)
表2 根据贝毒含量/毒性判断有毒赤潮指标表……(428)
胶州湾湾口海底隧道工程地球物理勘探……(429)
破波带泥沙垂直分布结构和运移机制观测研究…(430)
正压冲固平台技术喷冲气举模型试验……(430)
海浪数值模式及海流动力耦合数值模式研究……(431)
海产经济无脊椎动物防卫素的研究……(431)
CZY1-1海洋监测站自动监测系统成为国家科技成果重点推广计划项目……(431)
"海洋环流与气候变化"国际研讨会在海南三亚召开……(432)
中国科学院海洋科学2003年年会在广州召开……(432)
国家自然科学基金重要项目……(433)
末次冰消期以来东部陆架泥质区海洋环境演化的地质记录……(437)
台湾以东黑潮流量低频变异及其对气候系统的影响……(438)
西北太平洋海气相互作用及其对东亚气候的影响……(439)
扇贝、对虾遗传图谱的构建……(439)
长江口水域富营养化特性与对策研究……(439)
"近海海域潮、波、波流共同作用下污染物迁移转化规律研究"通过结题验收……(439)
海洋重点实验室……(440)
中国科学院热带海洋环境动力学重点实验室……(440)
中国科学院南海海洋研究所与广州地球化学研究所边缘海地质重点实验室……(441)
广东省海洋药物重点实验室（广州）……(441)
国家海洋局海洋环境科学与数值模拟重点实验室……(441)
海洋沉积与环境地质国家海洋局重点实验室…(442)
海洋生态环境科学与工程国家海洋局重点实验室…(442)
海洋生物活性物质国家海洋局重点实验室……(442)
青岛市现代分析技术及中药标准化重点实验室…(443)
国家海洋局海底科学重点实验室……(444)
国家海洋局海洋动力过程与卫星海洋学重点实验室工作进展……(446)
国家海洋局第二海洋研究所区域海洋学重点实验室……(448)
国家海洋局海洋-大气化学与全球变化重点实验室…(448)
国家海洋局海洋生物遗传资源重点实验室……(449)
中国海洋大学海洋药物教育部重点实验室……(449)
河口海岸动力沉积和动力地貌综合国家重点实验室……(450)
海岸和近海工程国家重点实验室……(451)

海洋技术

海洋观测和监测技术……(453)

概况……(453)
海洋动力环境观测和监测技术……(453)
台湾海峡及毗邻海域海洋动力环境实时立体监测系统……(453)
大型海洋环境多层监测浮标关键技术……(454)
表 1　测量项目及技术指标……(454)
小型多参数海洋环境监测浮标……(454)
极区卫星跟踪水文气象自动观测浮标……(455)
海床基动力要素综合自动监测系统……(455)
船用海水样品自动采集、预处理与分配系统……(456)
直升机探测与采样装置……(456)
系缆式水下自动升降平台……(457)
船体固定式 CTD 技术……(457)
6 000 米船用电缆传输式 CTDC 技术……(457)
坐底式海冰监测技术……(458)
自容式声学测波仪……(458)
海洋生态环境要素监测技术……(459)
海洋生态环境自动监测技术……(459)
表 2　水下自动监测站测量要素、范围和准确度……(459)
表 3　生态浮标测量要素、范围和准确度表……(460)
海水化学耗氧量的臭氧法分析技术……(460)
海水化学耗氧量现场分析技术……(461)
海水营养盐现场自动分析仪……(461)
海水增养殖区微型生态浮标……(462)
表 4　监测项目指标……(462)
机载海洋激光雷达……(462)
海洋水下环境监测技术……(462)
6 000 米海底有缆观测与采样系统——电视抓斗……(462)
深海彩色数字摄像技术……(662)
高精度水下定位导航系统……(463)
水下综合探测机器人……(463)
水面救助机器人……(463)
海洋腐蚀检测机器人……(464)
海洋监测技术成果标准化……(464)
“九五”海洋监测技术重要成果定型及标准研究……(464)
海面微结构光学测量系统及其应用……(465)
福建省全面推进台湾海峡海洋环境立体监测系统的建设……(465)
海洋遥感技术……(466)
概述……(466)
海洋卫星和地面应用系统的运行……(466)
海洋卫星数据产品……(467)
数据分发情况……(467)
海洋卫星应用……(467)
HY-1B 卫星研制工作……(468)
海洋卫星遥感技术应用……(468)
神舟四号飞船高度计数据处理技术……(468)
合成孔径雷达水下地形探测技术……(469)
海岸带遥感调查规范制定……(469)
国家海洋局第二海洋研究所海洋遥感技术研究……(469)
海水淡化与综合利用技术……(470)
海水循环冷却技术示范工程研究……(470)
低温多效海水淡化技术示范工程研究……(470)
大生活用海水技术示范工程研究……(470)
气态膜法海水和卤水提溴新技术研究……(470)
永久亲水性聚烯烃中空纤维微滤膜研制与开发……(470)
天津市 1 000 米^3/天反渗透海水淡化示范工程……(471)
中高温蒸馏海水淡化关键技术研究……(471)
中国出口的第一台反渗透海水淡化系统……(471)
获奖科研成果……(471)
辣素防污漆技术开发研究……(471)
海洋环保技术……(471)
低温多效海水淡化蒸发器内壁防腐蚀涂料研究……(471)
环保复合型防污涂料的研究……(472)
万吨级反渗透海水淡化示范工程……(472)
海洋生物技术……(472)
海洋几丁质酶生产几丁寡糖的研究……(472)
鲍鱼营养学研究及人工微粒饵料的研制开发……(472)
主要海水经济鱼类的温度基准值研究……(473)
三门湾、乐清湾重点海湾养殖容量的研究与应用……(473)
海水养殖病害病原检测及防治的开发研究……(473)
星洲鱼引进及海化研究……(473)
无公害健康海水养殖技术及产业化示范……(474)
海洋信息技术……(474)
我国信息网络安全举措……(474)
网络海洋信息资源的组织模式……(474)
海洋网络数据库建设……(475)
网格技术……(475)
海洋信息时空拓扑分析关键技术方法研究……(475)
HY-1 卫星资料在海岸带典型区域动态监测中的应用示范子系统……(476)
海岸与近海工程技术……(476)
埕岛油田平台周边海底管道电缆探测技术方法研究……(476)
春晓气田群开发建设项目海底管道工程选址与路由调查……(476)
FLAG 北亚光纤环系统中国段路由调查……(477)
甬-沪-宁原油储运工程杭州湾海底管道路由调查……(477)
国际海底光缆路由信息系统……(477)
岙山-镇海进口原油管道工程管道路由桌面研究和调查……(477)
浙江国华宁海发电厂海域论证研究……(478)
跨杭州湾海底管道工程施工前调查和施工期检测……(478)
适用于浅海边际油气资源开发的海洋平台研究……(478)

海洋教育

部分涉海院校简介……(479)

中国海洋大学……(479)
联合国教科文组织中国海洋生物工程中心……(480)
湛江海洋大学……(481)
浙江海洋学院……(482)
华东师范大学……(483)
大连理工大学海洋教育简况……(485)
青岛海军潜艇学院……(486)
海军航空工程学院……(487)
淮海工学院……(488)

海洋文化

海洋新闻工作……(489)
中国海洋报社……(489)
海洋出版工作……(490)
海洋出版社……(490)
中国海洋大学出版社……(497)

海洋军事

“哈尔滨”舰荣膺“海上先锋舰”荣誉称号……(497)
海军飞机可靠性研究中心成立……(497)
我国首个舰船电力技术国防科技实验室组建…(497)
英海军“刊物浦”号驱逐舰访沪……(497)
中国新型驱逐舰建成下水……(498)
海军院校将招收普高毕业生逾两千……(498)
海军潜艇学院50年发展……(498)
海军装备技术研究所着力提高涂料研究水平……(498)
海军某部医院海上可漂浮担架问世……(499)
海军全面推行技术干部任期制……(499)
我国首支预备役航海特种分队成立……(499)
中美举行“海空军事安全工作小组”第三次会议……(499)
海军第一个数字化档案库在北海舰队落成……(500)
俄海军反潜舰访问青岛……(500)
美国海军舰艇编队首访湛江……(500)
舟山基地举办潜水医学培训班……(500)
我国首台两栖机器人海缆埋设与故障检测试验……(500)
巴基斯坦舰艇访华与海上联合搜救演习……(500)
海军舰船在指定海区执行“神舟”五号飞船发射任务……(501)
我国海军舰艇编队抵达美国关岛访问……(501)
海军成立第一个博士后科研工作站……(501)
“深圳”号导弹驱逐舰访问新加坡……(502)
中印两国海军圆满完成联合演习……(502)
法国护卫舰访问湛江……(502)
海军装备技术研究所以创新理论促科研创新……(502)

极地与国际海底

极地工作

概况……(505)
全面开展北极建站工作……(505)
在南极内陆新建一个科学考察站的时机成熟……(505)
2003 年度极地科学考察……(505)
深入落实极地考察“十五”能力建设项目……(506)
极地对外交流与合作……(507)
完善制度体系，使极地考察管理规范化、科学化与程序化……(508)
极地科普宣传工作……(508)
中国极地科学数据库系统获2003年海洋科技创新成果二等奖……(508)

国际海底

综述……(510)
国际海底区域和国际海底管理局……(510)
国际海底区域形势……(510)
中国大洋矿产资源研究开发协会……(511)
概况……(511)
中国大洋矿产资源研究开发协会的有关活动……(511)
大洋协会第四届理事会第三次会议……(511)
2003年大洋协会常务理事会会议……(512)
大洋协会办公室……(512)
国际海底管理局的活动……(512)
国际海底管理局第九届会议……(512)
国际海底区域资源调查与研究……(514)
海上调查……(514)
富钴结壳资源评价研究……(515)
多金属结核资源评价研究……(515)
硫化物及其他资源评价研究……(515)
基础地质研究……(515)
环境研究和评价……(516)
生物基因资源的研究……(516)
深海资源勘探开发技术……(517)
深海采矿技术发展……(517)
深海勘查技术……(517)
深海矿物资源加工利用技术……(517)
7 000米载人潜水器……(518)
国际合作……(518)

海洋国际合作

海洋国际合作

双边协议……(521)
签署中俄政府间海洋领域合作协议……(521)
中印签署海洋科技合作谅解备忘录……(521)
双边及多边合作……(521)
近期双边海洋合作战略……(521)
中朝海洋科技合作……(522)
中越海浪与风暴潮预报合作……(522)
渤海环境管理项目……(522)
港澳台合作……(522)
加拿大和美国海洋管理、海洋立法考察……(523)

国际海洋组织及会议……………………………(523)
联合国海洋和海洋法问题不限成员名额非正式磋商进程第四次会议……………………(523)
中国与东盟外长对话会………………………………(524)
政府间海洋学委员会第 22 届大会……………………(524)
国际海底管理局会议………………………………(525)
东亚海项目指导委员会第九次会议和东亚海域可持续发展战略政府高级官员会议………(525)
南海潜在冲突研讨会………………………………(526)
亚太经济合作组织海洋资源保护工作组第 16 次会议……………………………………(526)
中美海洋资料与情报联合协调小组第八次会议…(527)
中美海洋与海岸带管理联合协调小组第三次会议……………………………………(527)
中韩海洋科技合作联委会…………………………(527)
海洋、海岸和海岛全球大会…………………………(527)
2003 东亚海大会和部长论坛…………………………(527)
UNEP/GEF“扭转南中国海与泰国湾环境退化趋势”项目海草和珊瑚礁专题区域工作会……(528)
国际海洋经济合作……………………………(528)
水运国际合作概况…………………………………(528)
海事系统对外合作与交流……………………………(529)
海洋石油业国际合作………………………………(530)

附　录

附录 1　2003 年海洋科研项目获奖成果…………(533)
2003 年海洋创新成果奖获奖项目………………………(533)
2003 年“中国航海学会科学技术奖”获奖成果……………………………………………(535)
2003 年中国海洋大学海洋科研获奖成果…………(535)
部分获奖成果介绍…………………………………(535)
附录 2　部分涉海机构简介……………………(539)
国家海洋局南海分局 ………………………………(539)
中国极地研究中心…………………………………(539)
国家海洋局第一海洋研究所…………………………(539)
中国科学院海洋研究所………………………………(540)
中国科学院南海海洋研究所…………………………(541)
中国水产科学研究院黄海水产研究所………………(542)
上海市海洋局………………………………………(542)
厦门市海洋与渔业局…………………………………(543)
厦门市海洋综合行政执法支队………………………(544)
厦门市渔港渔船管理处………………………………(544)
中国远洋（集团）总公司……………………………(545)
中国海运（集团）总公司……………………………(545)
中国港湾建设（集团）总公司………………………(546)
附录 3　2003 年海洋界新闻人物、新增中国工程院院士………………………………(548)
海洋系统“全国青年文明号”授牌仪式在青岛举行……………………………………(548)
苏纪兰院士荣获何梁何利奖…………………………(548)
张正斌入选全国“教学名师”…………………………(548)
中国科学院海洋研究所新闻人物……………………(549)
附录 4　国外海洋工作简况 ……………………(549)
海洋政策与管理…………………………………(549)
美国新海洋政策……………………………………(549)
日本新海洋政策……………………………………(550)
海洋划界…………………………………………(551)
200 海里外大陆架划界问题…………………………(551)
加拿大海洋划界……………………………………(552)
海洋环境保护……………………………………(552)
联合国敦促各国保护海草……………………………(552)
日本制定濑户内海环境保护计划……………………(553)
海洋资源开发……………………………………(554)
海洋渔业资源开发…………………………………(554)
海洋油气开发………………………………………(554)
港口与海运…………………………………………(555)
海洋能源开发………………………………………(555)
海洋科学技术……………………………………(556)
海洋科学……………………………………………(556)
海洋技术……………………………………………(557)

CONTENTS

General Information

Special Contributions ······ (3)
Chronicle of Events ······ (13)
Selected Marine Laws and Regulations ··· (29)

Marine Economy

Marine Fishery ······ (93)
Summary ······ (93)
Statistical Data ······ (96)
Marine Communications and Transportation ······ (111)
Summary ······ (111)
Marine Transport ······ (111)
Coastal Ports Production ······ (113)
Coastal Ports Construction ······ (118)
Marine Traffic Safety ······ (120)
Salvage at Sea ······ (122)
Science and Technology in Marine Traffic ······ (123)
Offshore Oil and Gas Industry ······ (124)
Summary ······ (124)
Offshore Oil and Gas Resources ······ (124)
Offshore Oil and Gas Exploration ······ (125)
Offshore Oil and Gas Development Engineering ······ (126)
Offshore Oil and Gas Development and Production ······ (127)
Scientific & Technological Work for Offshore Oil and Gas ······ (127)
Coastal Tourism Industry ······ (131)
Coastal Tourism ······ (132)
Island Tourism ······ (132)
Marine Shipbuilding Industry ······ (134)
Summary ······ (134)
Statistical Data ······ (138)
Marine Salt Industry and Marine Chemical Industry ······ (140)
Development of Marine Biological Pharmaceutical and Health Products ··· (144)
Other Marine Industries ······ (150)
Marine Mineral Resources Development ··· (150)
Ocean Energies Development ······ (153)
Seawater Utilization ······ (155)
Key Marine Engineering Projects ······ (157)

Marine Management

Sea Area Management ······ (165)
Management of Sea Area Use ······ (165)
Management of Marine Resources Development ······ (169)
Marine Environmental Protection ······ (174)
Summary ······ (174)
Ocean Wastes Disposal Management ······ (175)
Construction and Management of Marine Nature Reserves ······ (175)
Ocean Supervision and Law-Enforcement Work ······ (179)
Management of Marine Communications and Transportation ······ (186)
Management of Shipping Industry ······ (186)
System Reform ······ (195)

Local Marine Management and Economy

Liaoning Province ······ (199)
Summary ······ (199)
Management of Sea Area Use ······ (200)
Marine Environmental Protection ······ (202)
Marine Administrative Law-enforcement Work ······ (203)
Marine Science & Technology and Marine Education ······ (205)
Development of Marine Resources and Marine Economy ······ (205)
Local Key Marine Engineering Projects ··· (211)

Dalian City……(212)
Summary……(212)
Management of Sea Area Use……(213)
Marine Environmental Protection……(214)
Marine Administrative Law-enforcement Work……(214)
Development of Marine Resources and Marine Economy……(215)
Local Key Marine Engineering Projects……(218)
Hebei Province……(221)
Summary……(221)
Management of Sea Area Use……(221)
Marine Environmental Protection……(222)
Marine Administrative Law-enforcement Work……(225)
Development of Marine Resources and Marine Economy……(225)
Marine International Cooperation and Interflow……(226)
Statistical Data……(227)
Tianjin City……(229)
Summary……(229)
Marine Economy……(230)
Management of Sea Area Use……(231)
Marine Environmental Protection……(231)
Marine Administrative Law-enforcement Work……(232)
Marine Public Welfare Service……(233)
Marine International Cooperation and Interflow……(234)
Marine Science and Technology……(234)
Marine Engineering……(234)
Shandong Province……(235)
Summary……(235)
Management of Sea Area Use……(236)
Marine Environmental Protection……(238)
Marine Disasters and Prevention……(240)
Marine Administrative Law-enforcement Work……(240)
Development of Marine Resources and Marine Economy……(342)
Statistical Data……(245)
Qingdao City……(248)
Summary……(248)
Management of Sea Area Use……(249)
Marine Environmental Protection……(249)
Marine Administrative Law-enforcement Work……(249)
Development of Marine Resources and Marine Economy……(250)
Marine Science & Technology and Marine Education……(254)
Marine Culture……(256)
Jiangsu Province……(258)
Summary……(258)
Management of Sea Area Use……(259)
Marine Environmental Protection……(259)
Marine Administrative Law-enforcement Work……(260)
Development of Marine Resources and Marine Economy……(260)
Statistical Data……(261)
Shanghai City……(262)
Summary……(262)
Management of Sea Area Use……(263)
Marine Environmental Protection……(265)
Marine Administrative Law-enforcement Work……(269)
Marine Public Welfare Service……(270)
Marine International Cooperation and Interflow……(270)
Local Key Marine Engineering Projects……(270)
Zhejiang Province……(273)
Summary……(273)
Management of Sea Area Use……(275)
Marine Environmental Protection……(275)
Marine Disasters and Prevention……(276)
Marine Administrative Law-enforcement Work……(277)
Marine Public Welfare Service……(277)
Development of Marine Resources and Marine Economy……(279)
Local Key Marine Engineering Projects……(285)
Marine International Cooperation and

Interflow ······ (285)
Chronicle of Events of Zhejiang Province ··· (286)
Ningbo City ······ (288)
Summary ······ (288)
Development of Marine Resources and Marine Economy ······ (288)
Management of Sea Area Use ······ (291)
Marine Administrative Law-enforcement Work ······ (291)
Marine Culture ······ (293)
Zhoushan City ······ (295)
Summary ······ (295)
Management of Sea Area Use ······ (296)
Marine Environmental Protection ······ (297)
Marine Disasters and Forecast Service ··· (298)
Marine Science & Technology and Marine Education ······ (300)
Development of Marine Resources and Marine Economy ······ (302)
Marine Public Welfare Service ······ (309)
Ocean Supervision and Law-enforcement ··· (311)
Marine International Cooperation and Interflow ······ (312)
Statistical Data ······ (314)
Fujian Province ······ (317)
Summary ······ (317)
Local Marine Legislation and Management ······ (318)
Marine Environmental Protection ······ (318)
Marine Public Welfare Service ······ (319)
Development of Marine Resources and Marine Economy ······ (319)
Marine Science & Technology and Marine Education ······ (321)
Marine International Cooperation and Interflow ······ (322)
Statistical Data ······ (322)
Xiamen City ······ (325)
Summary ······ (325)
Management of Sea Area Use ······ (325)
Marine Administrative Law-enforcement Work ······ (329)
Marine Environmental Protection ······ (330)
Marine Disasters and Prevention ······ (331)
Development of Marine Resources and Marine Economy ······ (333)
Statistical Data ······ (334)
Guangdong Province ······ (337)
Summary ······ (337)
Development and Management of Marine Resources ······ (337)
Management of Sea Area Use ······ (337)
Marine Science and Technology ······ (339)
Marine International Cooperation and Interflow ······ (341)
Marine Public Welfare Service ······ (342)
Marine Administrative Law-enforcement Work ······ (343)
Guangxi Zhuang Autonomous Region ······ (344)
Summary ······ (344)
Management of Sea Area Use ······ (345)
Ocean Supervision and Law-enforcement ··· (348)
Marine Public Welfare Service ······ (350)
Development of Marine Resources and Marine Economy ······ (350)
Hainan Province ······ (353)
Summary ······ (353)
Management of Sea Area Use ······ (354)
Marine Environmental Protection ······ (354)
Marine Administrative Law-enforcement Work ······ (356)
Marine Public Welfare Service ······ (356)
Development of Marine Resources and Marine Economy ······ (357)
Marine International Cooperation and Interflow ······ (359)
Local Key Marine Engineering Projects ······ (359)

Marine Public Welfare Service

Marine Environment Monitoring ······ (365)
Summary ······ (365)
Marine Environmental Monitoring ······ (366)
Environmental Quality Situation of Sea Area ······ (368)

Environmental Situation of Marine Function Area······ (370)
Quality Guarantee & Management of Marine Environmental Monitoring··· (371)
Marine Disasters and Environmental Forecast Service······ (373)
Storm Surge Disaster and Forecast······ (373)
Sea Waves Disaster and Forecast······ (376)
Forecast of Sea Surface Temperature and Current······ (379)
Sea Ice Disaster and Forecast······ (380)
Red Tide Disaster and Forecast······ (381)
The Management and Service of Marine Information and Archives······ (386)
Marine Network Construction······ (386)
Marine Information Service······ (387)
Marine Archives Management and Service······ (389)
Marine Standards and Metrological Work······ (392)
Maritime Service······ (400)

Marine Science & Technology, Education and Culture

Marine Scientific Research······ (407)
Summary······ (407)
State Key Scientific Research Projects··· (409)
Key Projects of the National Natural Science Fund······ (433)
Key Marine Laboratories······ (440)
Ocean Technology······ (453)
Ocean Observing and Monitoring Technology······ (453)
Marine Remote-Sensing Technology······ (466)
Technologies for Seawater Desalination and Multipurpose Use······ (470)
Technology for Marine Environmental Protection······ (471)
Marine Biotechnology······ (472)
Marine Information Technologies······ (474)
Coastal and Offshore Engineering Technology······ (476)
Marine Education······ (479)
Introduction of Some Ocean- Related Universities and Colleges······ (479)
Marine Culture······ (489)
Marine Journalism······ (489)
Marine Publication Work······ (490)
Military Oceanography······ (497)

Polar and International Seabed

Polar Research Work······ (505)
International Seabed······ (510)
Summary······ (510)
China Ocean Mineral Resources Research and Development Association······ (511)
Activities of International Seabed Authority······ (512)
International Seabed Investigation and Research······ (514)
Exploring and Exploiting Technology in Deep Seabed······ (517)
International Cooperation······ (518)

International Marine Cooperation

International Marine Cooperation······ (521)
Bilateral Agreements······ (521)
Bilateral and Multilateral Marine Cooperation······ (521)
International Marine Organizations and Meetings······ (523)
International Marine Economic Cooperation······ (528)

Appendixes

Appendix 1 Award-Winning Achievements of the Marine Scientific Research Projects During 2003······ (533)
Appendix 2 Brief Introduction of Some Ocean-Related Institutions and Entities··· (539)
Appendix 3 Name List of Celebrities······ (548)
Appendix 4 Summary of Foreign Marine Work······ (549)

综合信息

General Information

特　载

Special Contributions

学习贯彻“十六大”精神　全面“实施海洋开发”

（国家海洋局局长　王曙光）

（2003 年 4 月 15 日）

党的十六大报告和国务院今年的政府工作报告都提出“实施海洋开发”，这是党中央、国务院重要的战略部署，是在新时期推动我国海洋事业大发展的重要战略决策，具有深远的历史意义和重要的现实意义。认真学习贯彻党中央提出的“实施海洋开发”的战略部署，是我们今后一个时期工作的中心和重点。“实施海洋开发”的战略，将极大地鼓舞海洋战线广大干部和群众更加自觉的投身于我国海洋事业的建设之中，推动我国海洋事业的大发展，为中华民族在21世纪的伟大复兴做出更大的贡献。

一、“实施海洋开发”的重大战略意义和作用

“实施海洋开发”，是顺应时代潮流的科学决策。海洋是人类社会可持续发展的宝贵财富和最后空间，是能源、矿物、食物和淡水的战略资源基地。20世纪70年代以来，世界海洋产业总产值10年左右翻一番，从60年代末的1 100亿美元，已达到目前的约1万亿美元。2000年海洋产业对全球GDP的贡献达到了31万亿美元。21世纪中叶，沿海地区的人口有可能达到人口总数的四分之三。可以断言，今后世界海洋经济仍将持续快速发展，成为世界经济发展的新的增长点。联合国和其他国际组织都很重视海洋的开发与保护，并要求沿海国家把海洋开发列入国家发展战略，对海洋开发实行综合管理。世界上沿海各国政府不断提高对海洋的认识，积极调整海洋政策，加强海洋开发与保护，都将海洋开发列为新世纪的重要战略任务。我国周边海上邻国，也都很重视发展海洋事业，不断加强对管辖海域的管理和控制。海洋开发已经成为国际事务的热点领域之一。党的十六大高瞻远瞩，审时度势，把“实施海洋开发”作为新世纪我国经济和社会发展的一项重要战略部署，这是一项顺应时代潮流、与时俱进的重大科学决策。

“实施海洋开发”，是实现祖国和平统一的客观需要。中国是一个陆海兼具的国家。海洋与中华民族的生存发展、国家的统一强大、社会的稳定和发展休戚相关。中国自北向南，完全处在由岛屿链形成的半封闭海的包围中，没有强大的海洋力量，就无法保证安全的出海通道和海洋国土安全。在香港和澳门顺利回归之后，台湾问题更加突出。台湾的回归，祖国的和平统一成为本世纪一项具有重要现实意义和深远历史意义的重大课题。“实施海洋开发”，建设海洋强国，全面建设小康社会，是维护国家安全，实现祖国和平统一和中华民族在21世纪“伟大复兴”的重要基础和保证条件。

“实施海洋开发”，是有效维护国家海洋权益的重要措施。根据《联合国海洋法公约》和《中华人民共和国专属经济区和大陆架法》的规定，我国主张管辖的海域面积约 300 万平方千米。实施海洋开发战略部署，加强我国管辖海域的勘探和开发，在专属经济区形成生物资源开发和海产品生产基地，在大陆架区域形成油气资源开发基地，是有效维护海洋权益的重要措施和实际步骤。实施海洋开发战略部署，

还可以推动我国更加积极参与开发利用公海生物资源、国际海底区域的矿产资源，维护我国的大洋利益。

“实施海洋开发”，是解放和发展社会生产力的重要举措。“十六大”报告指出，“全面建设小康社会，最根本的是坚持以经济建设为中心，不断解放和发展社会生产力。”我国海岸线长达1.8万千米，面积在500平方米以上的岛屿6 000多个，主张管辖的海域面积近300万平方千米，具有丰富的油气资源沉积盆地和广阔的海洋渔场。我国已经在国际海底区域获得7.5万平方千米多金属结核矿区，多金属结核储量5亿多吨。实施海洋开发，必将有力地促进海洋资源的开发和利用，极大地解放和发展海洋领域方面的社会生产力。

“实施海洋开发”，是促进海洋经济快速发展的根本保证。改革开放20多年来，我国的传统海洋产业稳步发展，新兴产业迅速崛起，2001年主要海洋产业总产值已达到7 234亿元，海洋产业增加值占全国GDP的3.4%。海洋经济成为国民经济新的增长点。但从世界范围来看，我国可以说是一个海洋经济大国，但还不是海洋经济强国。今后我国社会经济发展必然越来越多地依赖海洋，海洋也必将对国民经济做出越来越大的贡献。可以预见，通过“实施海洋开发”，海洋经济在未来20年将持续快速发展，我国将逐步发展成为海洋经济强国。

“实施海洋开发”，是推动社会经济可持续发展的必由之路。虽然我国幅员辽阔，但陆地自然资源人均值低于世界平均水平，多种陆地资源日渐短缺。在这种形势下，人们将目光更多地转向海洋。广阔富饶的海洋，是重要的资源接替区。海洋资源是缓解粮食（食品）安全、能源安全、水资源安全的重要出路。随着人口的增长和社会经济的发展，必然要求海洋为经济建设和社会发展提供越来越多的资源。推进海洋资源开发，建设海上食物资源开发基地、油气资源开发基地、水资源开发基地，以及开发建设用地和生产生活空间，从而为我国的可持续发展做出越来越大的贡献。

“实施海洋开发”，是全面建设小康社会的客观要求。党的十六大报告指出，“有条件的地方可以发展得更快一些，在全面建设小康社会的基础上，率先基本实现现代化。”实施海洋开发战略，必然加快东部沿海地区的发展和建设小康社会的步伐，率先实现现代化。我国有5亿人口居住在沿海地区，人口高峰时期，居住在沿海地区的人口将增加到8亿左右。实施海洋开发战略，有助于向海洋扩展人类居住空间，包括建设海上城市、海上人工岛、海上机场、海底隧道、海底仓库等。海洋开发还可改善沿海地区居民的生存环境，提供更多的就业机会。同时，实施海洋开发战略还能提供更多更好的海产食品，提高和改善人们的物质生活。因此，开发利用海洋是缓解人口、资源和环境压力的重要途径，可以为提高人民的生活质量，满足人们日益增长的物质文化需要提供物质基础和保证。

“实施海洋开发”，是维护我国海洋国土安全的基本保障。海洋国土安全是在新的国际形势下凸显出来的新的安全和战略问题。海洋国土安全，除传统的海防安全外，还包括海上走私、人口贩运、武器走私、海上贩毒、海盗以及海上恐怖主义活动等非传统安全问题。通过实施海洋开发战略，必然能够提高我国海洋科研调查能力、海洋开发能力、海上执法能力，为有效维护国家统一和出海通道安全，维护海上治安，打击海盗行为和海上恐怖主义等活动做出重要贡献。

二、“实施海洋开发”的战略任务和措施

“实施海洋开发”的核心任务是发展海洋经济。我们应围绕“实施海洋开发”的战略部署，研究制定海洋开发战略规划，加强海洋综合管理，提高和强化政府服务功能，更好地推动海洋经济持续快速发展，提高海洋经济贡献率，为全面建设小康社会做贡献。“实施海洋开发”，首先要从政府的政策、管理和服务这三大职能方面开展工作。

研究和制定海洋开发战略规划。近期内，要启动实施《全国海洋经济发展规划》，调整海洋产业结构，构筑各具特色的海洋经济区域，保持海洋经济持续快速发展，提高我国海洋产业的国际竞争能力。同时，启动实施海洋开发战略规划工程，研究编制2020年中国海洋开发战略规划。研究工作包括世界海洋资源开发利用趋势；我国海洋国土的总体战略；新世纪我国海洋资源开发战略；我国海洋产业现代化的发展战略；海洋资源可持续利用、海洋经济可持续发展战略，以及发

展海洋高新技术，推动海洋新兴产业发展的战略和措施等。

改善和加强海洋综合管理。实施海洋综合管理是《联合国海洋法公约》的规定和要求。联合国大会曾多次做出决议，敦促世界沿海国家把开发利用海洋列入国家发展战略，加强海洋综合管理，保证实现海洋的可持续利用。联合国环境和发展大会通过的《21 世纪议程》，也强调要加强“沿海和海洋区域包括专属经济区的综合管理和可持续发展”。我们应该响应联合国的号召，落实海洋法公约的有关规定，制定和执行全面性海洋政策和管理战略，以便使海洋领域与国家宏观政策融合在一起，更有效地管好用好海洋。

提高和完善政府的海洋服务功能。各级海洋行政管理部门，要不断适应社会主义市场经济建设的要求，树立政府为经济发展服务的全新理念。通过政策、管理和公益事业的服务，不断增加面向社会和经济发展的服务项目，丰富和完善服务内容。大力培育多层次的海洋经济市场，营造各类海洋经济主体公平竞争的环境，整顿海洋经济领域的市场秩序，完善市场运行机制，为国内外企业进入海洋经济领域创造良好的环境。努力开辟与人民群众生活质量息息相关的服务领域，开展重点区域的海洋环境整治，建设海洋自然保护区，营造优美舒适的生活环境。最后，要调动各方面力量，切实搞好为海防建设服务的工作。

“实施海洋开发”的“八大工程”。党的十六大提出的“实施海洋开发”的战略部署，是今后一个时期海洋工作的一项中心任务。为更好地贯彻落实“实施海洋开发”的任务，应启动和实施以下“八大工程”：

(1) 海洋强国工程。开展和推进建设海洋强国战略研究，力争使之成为与西部大开发战略相呼应的国家长远发展战略。编制和出台《全国海洋经济发展规划》，并成为指导海洋经济发展的纲领性文件。

(2) 海洋权益工程。积极稳妥地开展我国专属经济区和大陆架以及国际海底等区域的调查，为开发海洋资源和海上划界做好准备工作。大力倡导建立东亚沿海国家间海洋事务协调机制，按照《南海各方行动宣言》的基本精神，利用开展海洋科技等领域的合作，增信释疑，促进“主权属我，搁置争议，共同开发”的既定方针的落实，有效维护国家海洋权益。

(3) 海域管理工程。积极贯彻以《海域使用管理法》为核心的海洋法律制度，把海域使用三项制度（海域使用审批、海洋功能区划、海域有偿使用）落实到位。依法审批各类海洋开发活动，严格规范海洋开发利用秩序。编制无居民海岛开发利用保护规划，促进无居民岛开发利用走上法制化轨道。

(4) 海洋环保工程。编制重点海域环境综合整治规划，重视海洋生态保护和恢复工作，提高海洋环境保护技术装备水平，遏制近岸海域环境污染。

(5) 海上维权工程。强化海上执法机构和能力建设，明确海上执法队伍职责，积极倡导海上联合执法，建立应对海上突发事件的快速反应机制，有效监控我国管辖海域，维护我国的海洋权益。

(6) 海洋研发工程。加强极地科学考察，在南极内陆和北极组建科学考察站。启动载人深潜器研制项目，实现深海资源调查新突破。加速海洋卫星研究进程，建立海洋卫星系列。

(7) 数字海洋工程。开展我国海洋基础大调查，基本摸清我国管辖海域的“家底”。加快海洋信息化进程，构建面向多用户、宽平台的海洋综合管理信息系统，奠定数字化海洋的基础，实现海洋管理和开发的现代化。

(8) 科教兴海工程。突破一批海洋传统产业升级的关键技术，提高传统海洋产业的科技含量。新建一批海洋高科技园区，加快科技成果向生产力的转化。推动有潜力的海洋高新技术实现跨越式发展，尽快形成产业规模，推动海洋经济快速健康发展。实施人才培养战略，提高干部队伍素质。

我们坚信，在党中央和国务院的正确领导下，经过海洋战线上全体同志的共同努力，“实施海洋开发”的宏伟目标和任务一定能够早日实现！

认真贯彻海洋经济发展规划 持续健康发展海洋经济

（国家海洋局局长 王曙光）

（2003 年 6 月 3 日）

最近，国务院发布了《全国海洋经济发展规划纲要》（以下简称《规划》）。这是我国制定的第一个指导全国海洋经济发展的宏伟蓝图和纲领性文件，是党中央、国务院贯彻落实十六大提出的“实施海洋开发”战略部署的重大举措。《规划》确定了海洋经济发展的战略目标、海洋区域开发原则和海洋产业布局，以及相关支持领域的发展方向和重要措施。贯彻和实施好《规划》，将有力推动海洋经济的发展步伐，使我国逐步成为海运强国、船舶工业强国、海盐生产大国、海洋旅游大国和海洋油气资源开发大国，并最终成为海洋强国，为全面建设小康社会，促进中华民族的伟大复兴做出贡献。

海洋经济是具有战略意义的新兴经济领域

海洋作为人类不断开发利用的新领域，在生物、能源、水、金属等资源供给和促进全球环境改善等方面正发挥越来越重要的作用。目前，海洋资源开发与可持续利用已成为沿海国家特别是海洋大国的国家发展战略。

海洋经济是人类开发利用海洋形成的各种海洋产业及相关经济活动的总和，其包括的主要海洋产业为海洋渔业、海洋交通运输业、海洋石油天然气业、滨海旅游业、沿海修造船业、海洋盐业、海滨砂矿开采业、海洋医药业、海水利用业等。近 20 年来，海洋经济持续快速发展，对世界经济的贡献率达到 4%以上，已成为具有重大战略意义的新兴经济领域。目前，许多国家都在积极发展海洋高技术，深化海洋资源利用，催化新兴海洋产业，推动海洋经济发展。一些发达国家的海洋产业已经超过 20 个，成为独具魅力的新的经济领域。

我国海域辽阔，资源丰富，发展潜力巨大。我国濒临的海域跨越热带、亚热带和温带，大陆海岸线长达 18 000 多千米，领海、专属经济区和大陆架等管辖海域广阔。海洋渔业资源丰富。近海石油资源量约 240 亿吨，天然气资源量 14 万亿立方米，还有天然气水合物资源。深水岸线 400 多千米，深水港址 60 多处。滩涂面积 380 万公顷，0～15 米水深的浅海面积 12.4 万平方千米。海洋和滨海旅游资源丰富。滨海砂矿资源储量 31 亿吨。海洋能源理论蕴藏量 6.3 亿千瓦。此外，在国际海底区域我国还拥有 7.5 万平方千米多金属结核矿区。加快开发海洋资源，发展海洋经济，对于我国实现建设小康社会的战略目标具有重要意义。

我国是世界上人口最多的沿海大国，要使经济社会长期繁荣发展，必然越来越多地依赖海洋。改革开放 20 多年来，我国海洋经济一直持续快速发展，已经成为国民经济新的增长点。特别是“九五”以来，主要海洋产业增加值年均增长速度达到 16%，远高于同期全国国内生产总值的增长速度。海洋产业门类不断增多，产业规模迅速扩大，海洋产业成为包括 13 个门类的新兴海洋产业群。2001 年主要海洋产业增加值占全国 GDP 比重为 3.44%，占沿海地区 GDP 比重达到 5.48%。但是也必须看到，在海洋经济高速发展的同时，也暴露出种种不容忽视的问题。主要是海洋经济发展缺乏宏观指导、协调和规划；海洋资源开发管理体制不够完善；海洋产业结构性矛盾突出；部分海域生态环境恶化的趋势尚未得到有效遏制；部分海域和海岛开发秩序混乱等等。制定并实施《规划》，就是要使上述的突出问题逐步得到解决，引导我国的海洋经济走上一条持续、健康、协调、稳定发展的道路。实现《规划》制定的目标，在 21 世纪的头 10 年，我国的海洋经济将继续保持高于国内生产总值的增长速度。海洋经济结构和产业布局将进一步优化，海洋支柱产业将得到显著发展。海洋科学技术的贡献率必然会有较大幅度的提高。海洋生态环境质量也将得到明显改善，2005 年海洋产业增加值有望占国内生产总值的 4%左右，2010 年海洋产业增加值占国内生产总值达到 5%左右。可以预见，到21世纪中叶，海洋产业将成为国民经济的支柱产业之一，并形成若干个海洋经济大省以及一批海洋经济强市、强县，从而为东部地区率先实现现代化和建设小康社会做出更大贡献。

调整结构，优化布局，持续快速发展海洋产业

海洋经济能否保持持续快速发展的态势，在很大程度上取决于能否有效地对海洋产业调整结构，优化布局，扩大规模，积极培育支柱产业和海洋新兴产业，不断扩大海洋产业群。在这一方面，《规划》明确提出了一系列有针对性的指导原则。一是积极推进渔业和渔区经济结构的战略性调整，推动传统渔业向现代渔业转变，实现数量型渔业向质量型渔业的转变。要加快发展养殖业，养护和合理利用近海渔业资源，积极扩大远洋渔业，搞好水产品深加工，保持渔业持续、稳定、健康发展。二是海洋交通运输业的发展要实施结构调整、优化港口布局、拓展港口功能、港口市场化、可持续发展和依靠科技进步加速现代化的战略，逐步建设海运强国。三是海洋矿产资源开发要积极开展海域综合地质调查，提出新的油气远景区和新的含油气层位，开展天然气水合物的前期调查研究工作；进行富钴结壳、海底硫化物矿床、多金属结核等新型矿产的战略调查。开展滨海砂矿资源潜力评价，合理开发砂矿资源。四是滨海旅游业发展要进一步突出海洋生态和文化特色，积极开发国内旅游客源市场，努力开拓国际旅游客源市场。实施旅游精品战略，大力发展海滨度假旅游、海上观光旅游和涉海专项旅游。大力加强旅游基础设施与生态环境建设，科学确定旅游环境容量，促进滨海旅游业的可持续发展。五是船舶工业要坚持主业突出、多元经营、军民结合发展原则，增强国际竞争力，尽快把我国修造船业做强、做大。重点提高高技术、高附加值船型的建造水平，牢固确立造船大国的地位，向造船强国稳步发展。六是海盐及盐化工业要坚持以销定产，产销平衡，合理安排生产建设。继续坚持以盐为主、盐化结合、多种经营的方针，做好结构调整，提高工艺技术和装备水平，大力开发高附加值产品，提高效益。七是把发展海水利用作为战略性产业进行部署，继续积极发展海水直接利用和海水淡化技术。努力降低成本，逐步形成海水利用产业规模，使海水成为工业和大生活用水的重要水源。积极发展海洋生物活性物质筛选技术，重视海洋微生物资源的研究开发，加强医用海洋动植物的养殖和栽培，加快形成规模较大的海洋医药产业。同时，要积极培育海洋环保、海洋公益服务等新兴产业。

突出重点，因地制宜，形成各具特色的海洋经济区

发展海洋经济，必须高度重视海洋经济区的建设。为此，《规划》提出，我国海洋经济区域开发建设，要本着“由近及远，先易后难”的原则，实行优先开发海岸带及临近海域，加强海岛保护与建设，有重点开发大陆架和专属经济区，加大国际海底区域的勘探开发力度的规划部署，以逐步形成东部大海洋经济带。

一要把海岸带区域建设成为综合海洋经济带。根据沿海地带的自然条件、优势资源、经济基础等发展要素，以及行政区划的现状，把我国海岸带及邻近海域划分为 11 个海洋综合经济区。这些区域是以海洋功能区划为基础，适应区域经济发展大趋势划分的。开发建设的过程中应着眼于共同发展的大局，顺应区域生态经济一体化的自然规律，尽量减少行政区划分割对海洋经济区内生态环境建设、海洋经济发展的制约。要发挥比较优势，发展有竞争力的产业和产品，在东部沿海地区形成各具特色的海洋经济区。

二要开发建设专属经济区和大陆架海洋资源开发区。黄海、东海和南海渔业区有丰富的渔业资源，要以可持续发展的战略思路，严格控制捕捞强度。加强对海洋鱼类产卵场、索饵场、越冬场和洄游区域的保护。大力投放人工鱼礁，严格实施限额捕捞制度，逐步恢复渔业资源，建设可持续利用的海洋渔业区。我国大陆架区域拥有广阔的含油气资源盆地，石油天然气资源丰富。要加大勘探工作的力度，力争获得重大发现，加快油气开发的步伐。要研究新的勘探开发技术，逐步开发边际油田。同时加强重点区域勘探，力争找到大型油气田。

三要加强海岛特殊经济区的开发建设和管

理。海岛在政治、经济和军事上具有十分重要的作用，需要采取特殊方式进行管理。发展海岛经济要因岛制宜，建设与保护并重，军民兼顾、平战结合，实现经济发展、资源环境保护和国家安全的统一。加大海岛和跨海基础设施建设力度，加强中心岛屿涵养水源和风能、潮汐能电站建设。调整海岛渔业结构和布局，重点发展深水养殖；发展海岛休闲、观光和生态特色旅游；推广海水淡化利用；建立各类海岛及邻近海域自然保护区。

重视环境，保护资源，保证海洋的可持续利用

发展海洋经济要重视海洋生态环境保护与建设，走产业化发展、生活富裕、生态优化的可持续发展之路。《规划》要求，海洋资源与生态环境保护要贯彻预防为主、总量控制、生态建设与经济发展相结合的原则，促进海洋经济持续健康发展。实行捕捞限额制度，控制和压缩传统渔业资源的捕捞强度，继续实行禁渔区、禁渔期和休渔制度，保护好渔业资源。海洋污染防治工作要严格控制污染物入海量，重点治理重金属、油类、COD、营养盐等污染物。继续保持未污染海域环境质量的良好状态，使已受到污染的河口、海湾和城市附近海域环境质量有所好转，把污染事故控制在最低限度。海洋生态建设要修复近海重要生态功能区，加强特殊海洋生态系保护，增加一批海洋自然保护区和特别保护区。建立海洋生态监测系统和网络，形成有效的监测、评价和预警能力。建设一批沿海生态监测站和大型全自动生态环境浮标，形成良性循环的海洋生态系统。严格控制滩涂围垦和围填海。因地制宜、突出重点进行河口综合整治。

开拓思路　完善机制　推动海洋经济持续健康发展

21 世纪初，我国的现代化建设和社会主义市场经济体制改革进入了一个新的历史时期。海洋经济发展必须适应这种新形势，运用新思路、新机制和新方法，抓住机遇，与时俱进，加快建设海洋强国的步伐，努力开创我国海洋经济发展的新局面。一要继续以高新技术培育海洋新兴产业、改造传统产业，提高海洋产业和产品的国内外市场竞争力。二要不断完善海洋法律、法规制度建设，为整体海洋经济的发展创造公正、公平、公开的社会环境。三要逐步理顺海洋管理体制，提高政府的政策管理服务效率，降低各级政府的管理成本，改进海洋公益服务质量，为海洋事业的大发展创造条件。四要遵循市场经济运作机制，拓宽海洋风险投融资渠道，确立企业在海洋产品市场的主导地位。五要坚持科技兴海，实行海洋人才战略，多层次培育海洋管理、海洋经济、海洋科技、海洋教育方面人才。六要突破地区行政界限，以海洋功能区划为基础，推动海洋区域经济发展。七要高度重视海洋资源、环境对发展海洋经济的基础性作用，坚持“开发保护并举，速度效益统一”的基本原则，实行“两个市场、两种资源”的开发战略，实现海洋经济持续快速健康发展。

我们相信，在党的十六大确立的“实施海洋开发”战略部署和《全国海洋经济发展规划纲要》的指导下，我国的海洋经济一定能够持续、健康、快速的发展，为沿海地区率先实现全面建设小康社会的目标，为实现中华民族的伟大复兴做出更大的贡献！

开拓进取　建设世界第一造船大国

（中国船舶工业集团公司总经理　陈小津）

（2003 年 10 月 13 日）

船舶制造业是我国国民经济的重要组成部分，它既是技术密集型产业，又是劳动密集型产业。加快发展船舶制造业，对于提高我国制造业整体水平、带动钢铁及配套机电设备制造等相关产业发展和扩大就业，具有重要的推动作用。近年来，中央领导同志十分重视并充分肯定了船舶工业在国民经济发展中的积极作用，对船舶工业更快、更大发展寄予殷切期望，勉励我们要把我

国建设成为世界第一造船大国。我国船舶工业已经具有跨越式发展的基础和各种有利条件，我们要在“三个代表”重要思想指引下，全面贯彻党的十六大精神，开拓进取，努力在世界造船业中扮演更重要的角色。

一

我国造船业经过建国以来特别是改革开放20多年来的发展，已经奠定了建设世界第一造船大国的雄厚基础。

建国初期至改革开放前是船舶工业打基础阶段。面对长期战乱留下的烂摊子，国内造船界认真贯彻毛泽东同志“建设海上钢铁长城”的指示精神，积极引进、消化、吸收国外舰船制造技术，修造结合，自力更生、独立自主地研制出了中国第一代核潜艇、导弹驱逐舰、航天测量船和一批新型民用船舶。

改革开放以来是船舶工业取得长足发展的重要时期。造船界按照邓小平“船舶工业要军民结合”、“要积极引进国外先进技术”、“要打进国际市场”等一系列重要指示精神，以出口为导向，积极“走出去”，在国际船舶市场的风浪中拼搏，闯出了一条外向型的发展道路。从1979到1981年，国内造船界抓住国际船舶市场尚较景气的最后一段时间，以香港为船舶出口的突破口，以略低于日本船价的经营策略，共承接出口船订单80万吨，打开了国际船舶市场的大门。1982年以后，国际航运和船舶市场进入了萧条时期，船舶过剩，船价大跌。船舶工业在千方百计降低成本的同时，大胆承接了全集装箱船、冷藏集装箱船、汽车滚装船、大型穿梭油船、化学品/成品油船等一批品种档次较高、技术难度较大的出口船舶。到1987年，经过5年左右的潜心经营和奋力拼搏，我国船舶出口稳步上升，不仅走出了国际船舶市场的低谷，而且自身造船技术水平大幅度提高，国际竞争力明显增强。1994年，我国船舶工业从国际造船“马拉松”赛的第二方阵中脱颖而出，首次居世界造船第三位，目标直逼第一方阵中的日本、韩国两大造船“超级大国”。

进入20世纪90年代中期，我国船舶工业进入快速发展时期。几大船厂技术改造相继完成，造船能力跃上了一个新台阶，船舶工业成为我国机电产品出口的支柱产业。20世纪90年代末期，持续数年的国际航运市场低迷及雪上加霜的“亚洲金融危机”，使不少国外船厂宣告破产或陷入低谷，而我国造船业却一枝独秀。在江泽民同志“开拓进取，再创辉煌”指示的激励下，积极克服各种困难，全力开拓国际市场，不断取得新的突破。

自20世纪90年代以来，我国造船产量每年以17%的速度增长。到2002年，我国造船年产量达到461万吨，是1980年造船产量的5.5倍；船舶接单量占世界份额的13%。我国年造船产量占世界造船总产量的份额和名次，由1982年的0.8%、居世界第17位，上升到2002年的8.3%、连续8年居世界第三位。20多年来，我国造船骨干企业共计出口民用船舶2 300万吨，出口船舶产量约占造船总量的60%；出口船的品种，从一般的散货船、油船发展到具有当代先进水平的大型集装箱船、大型液化石油气（LPG）船、巨型油船（VLCC）、自卸船、滚装船等高技术、高附加值船；出口的区域，从香港特别行政区和东南亚地区扩展到包括欧美发达国家在内的50多个国家和地区。中国船舶工业的飞跃发展，取得了角逐世界第一造船大国的“决赛权”，已经在世界造船业中扮演着重要角色。

二

目前，我国造船业应对国内国际两个市场，实现较快发展，有一系列的有利条件。

一是有机遇。纵观百年造船发展史，造船中心从先行工业化国家逐步向后起工业化国家转移、从劳动力高成本国家逐步向低成本国家转移，是世界造船业发展的一条基本规律。世界造船中心不断东移，世界造船霸主交替领跑，东亚造船中心内部结构悄悄演变，这些都是这一产业发展规律的生动演绎。日本和韩国就是分别在20世纪50年代和70年代，用了10年左右时间相继实现了船舶工业的快速发展，赶超欧美造船强国，跃居世界造船大国前两位。进入21世纪，世界造船格局继续演变，中国正在成为世界新的造船中心。在世界造船产业转移规律的支配下，中国造船业赶超日、韩，应是历史的潮流，不可阻挡。

二是有优势。船舶工业是劳动力、资金、技术密集型产业，其中劳动力成本的高低是决定一个国家造船产业竞争力强弱的重要因素之一。与发达国家相比，我国拥有丰富的劳动力资源，具有低劳动成本的明显优势。当前，我国工业化进程已进入中期阶段，大力发展船舶工业的基础和条件大大优于日本、韩国当时的水平，既保持着发达国家所没有的劳动力资源和低劳动成本优势，又具有其他发展中国家尚不具备的技术、资金和工业基础等优势。这种先进国家与后进国家难以同时具备的综合优势，是我国发展成为世界第一造船大国的重要保障。

三是有需求。据预测，由于世界经济和海运量稳定增长以及大量老龄船舶需要更新，国际造船市场受新增需求与更新需求的双重推动，在未来几年内新造船成交量将保持较高水平。同时，随着我国经济快速发展和加入世贸组织后对外贸易量的大幅增加，中远、中海、中外运等国内主要船东对新船的需求也十分旺盛。此外，海洋渔业、海洋运输业、海洋油气业等传统海洋产业也得到了进一步发展，勘探平台、采油平台及浮式生产储油船（FPSO 船）等海洋工程船舶的市场需求十分强劲。国内外造船市场需求旺盛，为中国船舶工业提供了更为广阔的发展空间，必将带来中国船舶工业大发展的又一个“黄金时期”。

四是有条件。我国船舶工业主动参与国际竞争已经有 20 多年的时间，历经磨炼，积累了宝贵的经验。我国船舶工业在经营方式、市场运作、技术标准等方面已基本与国际接轨，拥有比较稳定的客户群，积累了较丰富的国际市场营销经验，完全能够在国际市场竞争中自主、自强；船舶工业通过走外向型发展之路，形成了一支业务能力强、工作作风实的干部和职工队伍；随着以信息技术为核心的高新技术蓬勃发展，造船技术在集成和高新技术基础上不断创新，现代造船工业已成为高新技术支撑下的现代产业。我国造船业正处于全新建设和发展时期，完全可以抓住历史机遇，发挥后发优势，实施高起点的引进和开发，促进科技进步和产业升级，争取在一些领域里与世界先进水平齐头并进，从而实现跨越式发展。

党的十六大强调指出，综观全局，21 世纪头 20 年，对我国来说，是一个必须紧紧抓住并且可以大有作为的重要战略机遇期。对船舶工业来说，这 20 年也是必须紧紧抓住并且可以大有作为的重要战略时期。国家为促进船舶工业发展提供了有力的政策支持，使船舶工业战略性的产业地位更加明确，出口支柱产业的作用也更为突出；随着各省市特别是上海、广州、青岛等沿海发达地区经济发展和结构调整步伐的加快，一批国内骨干船厂面临着大搬迁、大调整、大发展的重大机遇。今年 8 月份以来，我们已相继与上海市政府和广州市政府达成合作协议，上海市在长江入海口处的长兴岛安排 8 千米岸线用于中船集团公司系统内船厂调整搬迁，广州市在珠江入海口处的龙穴岛安排 4.5 千米岸线用于中船集团公司发展造船。我们要乘势而上，开拓进取，加快发展，争取早日成为世界第一造船大国。

三

中船集团公司是我国船舶工业的“旗舰”，应担负起主力军的历史责任，不断开拓进取，打造世界第一造船集团，为中国成为世界第一造船大国倾尽全力。我们的目标是：在 2005 年、2010 年分别进入世界造船集团“五强”、“三强”的基础上，再经过 5 年的努力，到 2015 年力争成为世界第一造船集团，从而推动我国成为世界第一造船大国。

做大做强造船主业。我们实现“五三一”目标，关键要抓好上海、广州两大造船基地建设。长兴岛 8 千米岸线和龙穴岛 4.5 千米岸线为中国船舶工业实现跨越式发展提供了优越的物质条件。我们要抓住这难得的历史性机遇，科学规划，统一部署，精心建设好大型造船总装厂，从而使上海地区成为世界最大的造船基地和我国最大的海军装备建设基地，使广州地区成为我国华南地区最大的造修船基地。初步设想，上海造船基地主要由江南造船（集团）公司、沪东中华造船（集团）公司、外高桥造船公司、上海船厂这四大造船总装厂组成，2015 年规划造船能力 1 200 万吨。广州造船基地由广州现有 3 个船厂和新规划建设的龙穴新厂组成。

加强科技创新，提高技术水平。根据当代科技与经济融合发展、经济全球化和全球信息化的新特点，我们要牢固树立振兴船舶工业必须依靠科技进步的观念，以市场为导向，以经济效益为中心，加强科技创新，应用现代高新技术实现造船技术升级。要以信息化建设为重点，提高管理水平和生产效率，缩短造船周期，重点突破一批高技术、高附加值船舶的关键技术，缩小与世界先进造船国家的技术差距。要通过有计划、有步骤地开发高技术、高附加值船型，优化产品结构，大幅度提升产业技术水平和国际竞争力。

狠抓船舶配套，做强重点配套产品。要在认真总结经验的基础上，抓好重点船用配套设备的技术更新和产品升级换代。中速柴油机和主要船用辅机在“十五”期间要达到20世纪90年代末期世界水平；低速柴油机要紧跟世界先进水平，实现大功率低速柴油机国内制造，逐步实现曲轴的国产化。要逐步提高船舶导航和机舱自动化设备的国产化率，为出口船、远洋船和高性能船提供先进的现代化设备。通过做强重点船舶配套产品，提高国产船用设备的实际装船率，充分发挥造船业对配套机电设备制造等产业的带动作用，提高我国船舶工业的增加值，形成造船与配套互相促进、协调发展的新格局。

坚持“走出去”，在国际市场竞争中求得更快发展。以进一步扩大出口促进外向型发展为切入点，积极探索，稳妥推进跨国经营，全方位与国际接轨，逐步向联合开发设计、经营、工程项目投资乃至投资办厂方向发展，最终实现较大规模的跨国投资、生产、销售和研究开发。

应当清醒地看到，与世界先进造船集团相比，我们在造船总量、创新能力、配套产品国产化率和内部管理等方面，还存在着较大差距。我们要全面贯彻党的十六大精神，认真落实中央领导同志的一系列指示精神，加快改革与发展步伐，不断缩小与造船强国的差距，力争在世界造船业中扮演重要角色。我们要继续发扬自力更生、艰苦奋斗的精神，全力以赴，只争朝夕，与时俱进，开拓进取，为实现中国成为世界第一造船大国的目标而努力奋斗。

积极努力做好《港口法》的实施工作

（交通部副部长　洪善祥）

（2003年12月31日）

历经10年的起草协调工作，《港口法》终于在十届全国人大常委会第三次会议上获得通过。《港口法》深刻总结了几十年来我国港口管理，特别是20多年改革开放的实践和经验，借鉴吸收了国际上港口管理和立法的有益做法，在港口的规划、建没、维护、经营、管理等方面确立了一系列重要法律制度，是我国水路运输法律体系中的一部“龙头”法。《港口法》的出台是交通法制建设取得的又一重大成果，填补了港口立法的空白，结束了我国港口行业长期以来无法可依的历史，标志着我国港口事业真正步入了法制的轨道，是实现依法治港，推进港口事业健康发展的重要保证，将对我国港口的发展产生深远的影响。

《港口法》出台后，全国交通系统立即投入了学习、宣传和实施前的准备工作。交通部在深圳召开了“交通系统《港口法》宣传贯彻会议”，会议系统地阐述了《港口法》的重要意义、《港口法》的基本法律制度以及建立这些法律制度的指导思想，全国人大法工委安建副主任、国务院法制办工交司胡可明司长对深刻理解《港口法》的重要意义和《港口法》的宣传贯彻工作也提出了指导意见。与会代表普遍认为，《港口法》确立了中央政府宏观调控、地方政府实施具体管理的港口管理体制，保证了港口管理的科学和有效；明确了政企分开的港口运行机制，保证了港口的运行与社会主义市场经济体制基本相适应；规范了港口规划体系，保证了港口的可持续发展；确立了港口市场准入制度和行为规范，保证了港口市场的公平竞争和有序发展；建立了港口保护和安全管理制度，保证了港口良好的生产秩序和公共环境。宣传落实《港口法》，有效地实行《港口法》确立的这些基本制度，必将全面提高我国港口行业的管理水平，促进港口行业的改革与发展，使港口行业在全面建设小康社会的进程中发挥更大的作用。

按照“交通系统《港口法》宣传贯彻会议”的部署，全国交通系统全面展开了《港口法》的学习、宣传活动。各地纷纷召开了有关《港口法》

的宣传贯彻会、工作部署会、理论研讨会等，系统地学习了《港口法》的立法思想和相关规定，不少单位都是全体领导班子成员全程参加，表现了高度的学习热情。交通部也专门组织编写了《港口法》学习材料，对《港口法》立法背景、指导思想、基本原则、基本制度以及贯彻实施《港口法》的意义和措施等进行广泛宣传，并派出人员积极协助各地的《港口法》学习、宣传工作。不少单位在做好行业内学习的同时，还组织力量向全社会进行广泛宣传，在宣传《港口法》的同时，也宣传了港口本身，对全社会进一步了解港口在国民经济和社会发展中的重要作用、推进港口的改革和发展、实现依法治港产生了重要影响。

在展开《港口法》学习、宣传活动的同时，《港口法》实施前的准备工作也已经全面展开。加快港口管理体制改革的步伐、实现政企分开是贯彻《港口法》的基本前提；通过各有关单位的共同努力，港口政企分开工作已经取得了突破性进展，新建立起来的港口行政管理机构已经或者正在全面履行起港口行政管理职能，港口企业已经开始作为完全的市场主体进行经营活动；按照《港口法》的规定，部积极组织了《港口法》配套法规的制定工作，《港口危险货物管理规定》已经出台，近期正在制定或将要制定的法规和规章有《港口经营管理规定》、《港口岸线管理规定》、《港口规划编制办法》、《港口统计规则》等。同时，将根据国家投融资体制改革的进展情况适时提请国务院制定《港口投融资管理条例》，近期部还要公布《全国主要港口名录》、《港口深水岸线标准》等内容，各地港口行政管理部门也在积极地开展港章的制定工作。

2004 年 1 月 1 日是《港口法》正式实施的日子，对于交通系统来说这并不是一个轻松的时刻，而是迎接考验的时刻。今年是落实《港口法》关键的一年，与前阶段相比，工作量更大、更实在，我们要继续抓紧《港口法》配套法规的制定工作；抓紧完善港口管理体制，建立、健全港口管理执法队伍；编制港口布局和总体规划，合理规划港口的发展；要建立和健全港口安全生产监督管理体系，切实按照《港口法》的要求，保证港口基础设施的安全和港口的安全生产。

今年以来，国务院有关部门和各地人民政府认真贯彻落实胡锦涛总书记视察湛江港时提出的“抓住机遇，理清思路，加快港口发展”的重要指示精神，认真制定港口规划，加强港口建设，推进体制改革。港口改革和发展呈现良好的态势。我国经济的高速发展为港口行业的发展提供了良好的机遇。今年在非典肆虐、三峡大坝截流长江断航、美伊战争以及反恐安全等对于我国港口和航运产生不利影响的情况下，由于我国经济强劲增长以及广大水运职工的努力奋斗，港口生产仍然再次创造了历史新高，全国主要港口货物吞吐量将超过 28 亿吨，比上年大幅度增长；全国主要港口集装箱吞吐量预计全年完成近 4 800 万标准箱，比上年增长 30%。港口下放地方后，在中央对建设和发展港口的政策基本不变的基础上，地方人民政府投资建设和发展港口的积极性得到了极大提高，纷纷把港口提高到经济和社会发展的战略高度来认识，起点高，政策和措施“手笔”大，2003 年全国沿海港口建设完成投资 200 亿元，开工建设中级以上泊位 199 个，深水泊位达到 127 个，已形成新增吞吐能力 5 000 万吨。可以说我国港口的建设和发展出现了从来没有过的良好势头。

在新的一年里，港口工作任务仍将是十分繁重的，我们要以发展为主题，以市场为导向，以改革开放和科技进步为动力，以结构调整为主线，合理布局，加快建设，最大限度地满足国民经济和社会发展以及未来世界竞争对我国港口的要求。我们要以《港口法》的实施为契机，加强港口行业管理，进一步深化港口体制改革，加强港口管理的制度建设和队伍建设，进一步提高我国港口行业的管理水平，为全面建设小康社会，实现港口新的跨越式发展目标做出我们的贡献。

2003 年大事记

Chronicle of Events

1 月 4 日 在海南省考察工作的中共中央政治局常委、国务院副总理吴邦国专程视察了中海石油化学有限公司。他充分肯定了中国海油的未来改革和发展思路，并对公司今后的改革和发展工作提出了要求和期望。

1 月 6 日 李鹏委员长为第 19 次南极考察队题词，亲切关怀和勉励中国南极考察事业和全体考察队员。

1 月 8 日 “大洋一号”科学考查船增改装工程通过专家鉴定。改装后的“大洋一号”船进入了国际先进科学考察船的行列，成为我国第一艘满足国际海底区域研究开发活动的、面向国内外开放的综合性科学考查船。

1 月 10 日 国家海洋局召开新闻发布会，向社会公开发布了2002 年《中国海洋环境质量公报》和《中国海洋灾害公报》以及进一步优化全国海洋环境监测网的建设和运行情况。

1 月 14 日 国务院发布《中国 21 世纪初可持续发展行动纲要》（国发[2003]3 号）。纲要提出了发展海洋资源的可持续利用，并强调：“制定合理利用和保护海洋的发展规划，严格执行海洋功能区划，强化海域使用管理，加强海域使用审批，全面推行海域有偿使用制度。”

1 月 15～16 日 全国海洋厅局长会议在北京隆重举行。来自全国沿海各省、自治区、直辖市海洋厅局长，计划单列市、地级市海洋局局长，国家海洋局直属单位和局机关各部门的负责同志以及有关部门的领导共 150 余人出席了大会。国家海洋局局长王曙光做了工作报告，提出了今后五年海洋工作的奋斗目标以及 2003 年的具体工作任务。会议在总结过去工作的基础上，进一步统一思想，提高认识，对当前及今后一个时期全国海洋管理工作做出部署。

1 月 20 日 受联合国教科文组织基金支持的《山口红树林自然保护区生态旅游建设和公众教育》项目研究报告，通过联合国教科文组织人与生物圈理事会的评审。报告在对山口红树林进行全面考察和评估后指出，山口红树林旅游开发在技术上和管理上不存在障碍。

1 月 20 日 交通部发布《中华人民共和国国际海运条例实施细则》(交通部令 2003 年第 1 号)。

1 月 24 日 国家海洋局召开《2002 年中国海洋行政执法公报》发布座谈会。该公报显示，在 2002 年里，海洋行政主管部门及其所属的中国海监依法检查各类项目 3 258 个，是 2001 年的 3.4 倍；累计检查 7 037 次，是 2001 年的 2 倍；发现海洋违法行为 1 100 起；做出行政处罚 771 件，比 2001 年增加了 162 件。

1 月 30 日 中共中央政治局常委、国务院副总理温家宝来到国家海洋局，代表党中央、国务院和全国人民,通过卫星通讯，向远离祖国和亲人、团结战斗在南极第一线的中国第 19 次南极考察队全体队员和“雪龙”号船船员祝贺新春。

2 月 10～13 日 国家海洋局局长王曙光一行赴海南省考察，王曙光在考察时指出，充分发挥海南自然优势，建设海洋经济强省。

2 月 12 日 由国家海洋局组织，国家海洋技术中心、国家海洋局南海分局等 11 个单位参加的“神舟 4 号”地面配合试验，经过 10 余天的海上连续测试，已获得圆满成功。受命参加海上试验的“中国海监 72”船和 40 余名参试人员顺利回到广州。

2 月 14～16 日 国家海洋局局长王曙光在广西考察海洋工作并参加了中国海监广西总队挂牌成立大会。王曙光在考察期间强调，海洋管理部门要立足全局，把握方向，认真谋划海洋工作的新思路、新举措，努力开创海洋工作的新局面。特别是在海洋经济逐步成为国民经济新增长点的新形势下，要切实加强海洋监察执法工作，为海洋经济的可持续发展提供强有力的法律保障和行政支持，充分发挥海监队伍保驾护航的重要作用。

2 月 24～25 日 国家海洋局人事工作会议在京召开，会议交流了干部人事制度改革的经验，统一思想，提高认识，部署了今后一个时期的工作任务。

2月26日　全国县际间海域勘界试点工作经验交流会在福建泉州市召开。来自沿海11个省、区、市海洋行政主管部门等70余位代表参加了会议。福建省副省长刘德章、国家海洋局副局长张宏声出席了会议并讲话。

3月1日　《海洋行政处罚实施办法》实施。《办法》分总则、管辖、简易程序、一般程序、听证程序、送达和附则等7章，共42条。《办法》分别就立法目的、适用范围、实施机关和实施机构、管辖原则、处罚程序等方面做出了明确、具体的规定。

3月3～6日　第五次国际ARGO科学组会议在杭州召开。来自美、英、法、德、日本、加拿大和中国等11个国家的54位国际ARGO科学组成员和各国代表参加了会议。这次会议为我国海洋和大气科学家进一步了解国际ARGO计划，以及密切与各国科学家在该领域的交流合作提供了一次难得的机会。会议全面、系统地回顾了第四次会议以来各国ARGO计划的实施进展状况以及所遇到的主要问题等。到2003年1月20日，世界上15个国际ARGO计划的成员国（或团体）已经在太平洋、大西洋、印度洋和南大洋布放了650个ARGO浮标，其中也包括我国在北太平洋和东印度洋布放的16个浮标。到2003年末，全球海洋中的ARGO浮标总数将达到2 197个。

3月3～14日　全国政协十届一次会议在北京举行，会议共收到涉海提案40件，其中有张登义的“建议强化海洋综合管理，建立海洋协调管理体制案”、“关于加速海岛立法工作的建议案”，巫致中的“关于加大海洋开发力度和海洋环保力度的建议案”，汪品先的“关于纪念郑和下西洋六百周年的建议案”，苏纪兰的“关于建设国家深海海洋科技基地的建议案”，谢华安的“关于请求尽快出台国家‘海域使用金征收管理条例’的建议案”，徐善衍的“关于加强管理，实现水产养殖业的可持续发展案”等。

3月5～18日　全国人大十届一次会议在北京举行，会议共收到涉海议案21件，其中有刘庆宁等31名代表提出的“关于制定船舶法的议案”，王守业等31名代表提出的“关于加强军港及附进海域管理的议案”，倪岳峰等30名代表提出的“关于加快实施国家海洋开发战略的议案”，倪岳峰等30名代表提出的“关于制定海岛法的议案”等。

3月7日　国务院批准了《省级海洋功能区划审批办法》，由国家海洋局组织实施。该办法主要规范了沿海省、自治区、直辖市海洋功能区划的审查依据、审查内容、审查报批程序及其他事项。该办法的发布进一步完善了海洋功能区划制度，为沿海省市海洋功能区划的编制和审批工作提供了重要的法律依据。

3月15日　国内首个海上救助机场上海高东直升机机场投入试运行。从3月15日起，直升机机场接受交通部救捞局和上海救捞局的指挥，随时待命。这标志着我国已具备海空联合救助的能力。我国是国际公认的航运大国，在国际海事组织连续当选为A类理事国。1982年我国加入了《1979年国际海上搜寻救助公约》。为了更好地履行海上搜救职能，交通部选择在上海高东镇建设海上救助直升机机场。高东直升机机场濒临吴淞口，占地13.67万平方米，建有一条长250米、宽30米的跑道，以及停机坪、机库、指挥中心等。我国已从美国引进了两架S-76C＋海上救助专用直升机。目前高东直升机机场仅实行白天值班制度，可执行白天的较好气象条件下的救助任务，救助范围可达80海里。

3月20日　我国第19次南极考察队在圆满、出色地完成本次队的各项科考任务后，乘“雪龙”船载誉回归上海。

3月21日　由中国大洋矿产资源研究开发协会建立、以国家海洋局第二海洋研究所为依托的“中国大洋勘查技术与深海科学研究开发基地”在杭州组建挂牌。该基地的建成将为我国积极参与国际深海“知识”与“技术”的多元化竞争，深化人类对地球系统的认识，带动我国深海高新技术和深海产业的发展，并为我国深海资源的研究开发提供技术保障。

3月28日　交通部发文明确部救助打捞局等7个单位的主要职责、内设机构和人员编制（交人劳发[2003]97号）

3月31日　人事部、建设部和交通部联合发出了“关于印发《注册土木工程师（港口与航道工程）执业资格制度暂行规定》、《注册土木工程师（港口与航道工程）执业资格考试实施办法》和《注册土木工程师（港口与航道工程）执业资格考核认定办法》的通知”，从2003年5月1日起施行。交通建设行业第一个全国性专业技术人员执业资格制度——注册土木工程师（港口与航道工程）执业资格制度正式实施。

3 月 中国海洋石油总公司开始在全集团范围内实施用工与薪酬制度改革，参与改革的所有人员按照新的竞聘程序重新竞聘上岗。这是中国海油在人力资源配置方面实现市场化和国际化，全面提高企业国际竞争力的重要举措。

4 月 1 日 国际海运安全会议在美国波士顿举行，来自中国、美国、荷兰等 10 多个国家的大型国际海运公司的代表聚集在美国马萨诸塞州的港口城市波士顿，讨论如何应对经济全球化和国际恐怖主义给全球海运业带来的挑战。中国远洋运输（集团）总公司总裁魏家福应邀参加了会议，并发表了讲话。魏家福表示，作为一个重视安全的国际运输企业，中远集团支持为避免恐怖分子利用国际贸易渠道进行恐怖活动而采取的各项安全措施和规定。中远集团愿意和国际同行一起，为建设一个安全的国际物流供应链继续努力。

4 月 3 日 国土资源部在京召开《2002 年中国国土资源公报》新闻发布会，对我国 2002 年土地资源、矿产资源、海洋资源、国土资源大调查等 8 项内容向社会公布。

4 月 8 日 国家海洋局副局长孙志辉会见新任中国驻牙买加大使、常驻国际海底管理局代表处代表赵振宇。孙志辉向新任大使介绍了国内开展大洋工作的情况，并对常驻国际海底管理局代表处多年来所给予的支持表示感谢。孙志辉表示，大洋工作关系子孙后代，战略意义重大，国内、国外的工作一定要更加紧密地配合，为维护我国在国际海底的权益做出贡献。

4 月 10 日 胡锦涛总书记视察湛江港，并做出港口要“发挥优势、抓住机遇理清发展思路”的重要指示，深刻阐明了港口在城市经济、区域经济发展中的重要地位和作用，明确了以港兴市的发展思路。

4 月 10 日 国家海洋局副局长倪岳峰、中国大洋矿产资源研究开发协会理事长陈炳鑫以及来自有关涉海部门的领导、社会各界在国家海洋局北海分局所属青岛中苑码头举行隆重的欢送仪式，热烈欢送远赴太平洋国际海域执行为期 8 个多月大洋资源勘查 DY105-12、DY105-14 航次任务的“大洋一号”科学考察船，国家海洋局北海分局局长王志远主持了欢送仪式。这次远洋勘查任务是根据我国《国际海底区域资源开发“十五”计划》的要求，由国家海洋局北海分局具体组织实施的，“大洋一号”此次的主要使命是在国际海底区域进行以富钴结壳、多金属结核等资源为重点的勘察和深海技术开发实验。

4 月 11 日 广州海洋地质调查局“探宝号”船在南海北部陆缘深水区开展“长排列大容量震源地震采集技术”的海上试验。试验获得了清晰的海底中、深部地质资料，同时，还获得了可靠的地球深部圈层结构反射信号，初步解决了珠江口盆地东部碳酸盐岩声波强屏蔽的技术难点，获取了碳酸盐岩层之下清晰的地震反射资料。我国油气地球物理勘探技术取得重大突破，深海勘探直下水深 3 000 米海域。

4 月 17 日 中国海洋石油总公司管理委员会于 4 月 17 日成立。管理委员会是中国海油行政方面的最高决策机构，主要负责中国海油的重大发展战略、重大经营决策、重大改革事项等的制定和调整。

4 月 19 日 国务院批准发布了《报国务院批准的项目用海审批办法》，由国家海洋局组织实施。该办法依据《海域使用管理法》制定，分别从审批范围、审查原则、审查依据、审查内容、审批程序和其他事项等 6 个方面规范了需报国务院批准的项目用海审查和报批工作。该《办法》规定，共有 7 类项目用海需报国务院批准：填海 50 公顷以上的项目用海，围海 100 公顷以上的项目用海，不改变海域自然属性的用海 700 公顷以上的项目用海，国家重大建设项目用海，跨省、自治区、直辖市管理海域的项目用海，国防建设项目用海以及国务院规定的其他项目用海。

4 月 24 日 大连老虎滩海洋公园珊瑚馆正式向游客开放。除了展示珊瑚礁生物群 230 种，单体 5 000 余个，和来自西南太平洋海域的精品珊瑚 100 余种、2 000 余个形态色彩各异的精品珊瑚外，珊瑚馆里还有一条长达 20 米，蓄水量达 200 余吨的“海底隧道”，在国内第一次以 90° 的角度展示珊瑚及珊瑚礁鱼类。

4 月 25 日 国家海洋局天津海水淡化与综合利用研究所承建的巴基斯坦瓜达尔港配套工程——500 米^3/天海水淡化系统，完成最后调试并运抵天津港装船。这是我国首台出口的较大规模海水淡化设备，标志着该所在海水淡化设备制造和出口方面走在全国的前列。500米^3/天海水淡化处理系统是中国政府援建巴基斯坦瓜达尔港口工程（将于2004年12月底竣工）的配套项目。在港口工程施工期间，海水淡化系统为港口建设和生活等供水；港口工程竣工后，海水淡化系统将移交巴方使用。

4月26日 上海外高桥造船有限公司获得美国ABS质量评估公司向中国内地船厂颁发的第一张OHSAS18001职业安全健康管理体系证书。至此，我国最大的现代化船厂已通过包括ISO9001质量管理体系、ISO14001环境管理体系在内的“三大体系”审核认证，顺利获得三张国际通行证，成为中国内地惟一通过“三大体系”审核认证的船舶企业。

4月28日 青岛港明港公司在“地中海法米娅”轮作业中，船时效率和单机最高效率分别创出每小时339自然箱和70.3自然箱的世界纪录。

4月30日 全国政协副主席、中国工程院院长徐匡迪莅临中国极地研究中心视察指导工作。

5月8日 中国船舶工业集团公司为中海集团建造5艘5 688TEU集装箱船合同在上海签字。这是迄今为止国内最大的集装箱船，也是国内船东与国内船厂签订的最大一笔造船合同。该5艘船将全部由国内最大的船厂沪东中华造船(集团)公司建造。中船集团有关负责人介绍说，2003年以来，钢材涨价、美伊战争和非典疫情突发等重大事件，相继给中船集团船舶经营工作带来较大影响。但在重重困难面前，中船集团主动出击，适时调整经营策略和工作方法。1～4月份，中船集团已签约新船订单233万吨，同比增长239%。

5月9日 中海石油化学有限公司总经理吴振芳被中华全国总工会授予“全国五一劳动奖章”。

5月9日 国务院向各省、自治区、直辖市人民政府，国务院各部委、各直属机构印发了《全国海洋经济发展规划纲要》。这是我国政府为促进海洋经济综合发展而制定的第一个具有宏观指导性的规划。

5月9日 中国海监总队在全国范围内组织开展“海盾2003”专项执法行动。

5月9日 交通部发布《港口大型机械防阵风防台风管理规定》（交通部令2003年第3号）。

5月15日 中国海洋石油有限公司与澳大利亚西北大陆架天然气项目(NWS)股东就收购该项目上游油田的产量及储量权益签订了购买协议，中海油取得在NWS项目内新组建的合资实体——中国液化天然气合资实体(CLNG JV)25%的股权，并获得NWS项目特定生产许可证、租赁所有权及勘探许可证大约5.3%的权益，中海油将为此次收购支付3.48亿美元。同时，中海油还将享有未来在已探明储量之外勘探的参与权。

5月19日 海军361潜艇遇难官兵追悼会在大连隆重举行。中共中央政治局委员、中央军委副主席郭伯雄在追悼会上，代表军委主席江泽民、副主席胡锦涛和中央军委向全体遇难官兵表示深切的哀悼，向他们的亲属和361潜艇所在部队表示亲切的慰问。江泽民、胡锦涛向361潜艇遇难官兵送了花圈。中共中央书记处书记、中央军委委员、总政治部主任徐才厚宣读5月2日中央军委主席江泽民和5月3日中共中央总书记、国家主席胡锦涛给遇难官兵亲属发的唁电。海军361潜艇在执行训练任务中失事，艇上70名官兵全部遇难。

5月23日至6月1日 海事部门将对渤海海域1 000余艘船舶全部实行铅封管理，船上油污水禁止直接排放入海，改由岸上专门的油污水处理设施接收。船舶排污设备一经铅封后，必须始终保持铅封完好。因擅自启封而造成污染事故，海事部门最高可给予30万元人民币的行政处罚。

5月25日 国土资源部广州海洋地质调查局“海洋四号”船的科学考察队员们，再次从广州黄埔码头起航，远赴太平洋，执行中国《国际海底区域研究开发》“十五”计划DY105-15航次的科学考察任务。这是中国大洋勘查开发活动实施战略调整的重要航次。

5月27日 经中俄两国政府授权，中国国家海洋局局长王曙光与俄罗斯联邦政府自然资源部部长阿尔久霍夫先生共同签署了《中华人民共和国政府和俄罗斯联邦政府关于海洋领域合作协议》。中华人民共和国国家主席胡锦涛和俄罗斯联邦总统普京在莫斯科克里姆林宫出席了中俄海洋领域合作协议签字仪式。此次签署的中俄海洋领域合作协议，涵盖了海洋政策与立法、海岸带综合管理、海洋生态环境保护、海洋学研究与海洋技术、防灾减灾与海洋服务、大洋合作、极地合作等几乎所有海洋工作领域，是一个综合性的海洋合作协议。双方认为，中俄海洋领域合作协定的签署，是中俄海洋事业合作的里程碑。

5 月 28 日 中国海洋石油有限公司入选英国《金融时报》评选的新一期全球 500 强，排名由 2001 年的 443 位上升到 2002 年的第 315 位。同月《福布斯》中文版公布该杂志每年一度评选的“顶尖企业榜”全球 400 最佳大企业，中国海洋石油有限公司名列其中。

6 月 3 日 青岛港前港公司在“易凯”轮矿石卸船作业中，创出单船平均每小时卸率 5 698 吨的世界最高纪录。

6 月 8 日 世界最长的跨海大桥——杭州湾跨海大桥在杭州湾滩涂上奠基。整座大桥共有 623 跨，全长 36 千米，海上的长度有 32 千米。2009 年大桥将建成通车。

6 月 11 日 第 29 届奥林匹克运动会组织委员会帆船委员会在青岛正式成立。奥帆委的成立，标志着第 29 届奥运会海上项目的筹备工作进入了一个新阶段。青岛市委副书记、市长夏耕为奥帆委主席。国家海洋局北海分局作为直接承担奥运任务的委员单位应邀出席了成立大会。

6 月 19～21 日 由中国文教体育用品协会钓具分会和威海市政府联合主办的 2003 威海国际钓具博览会在山东省威海市举行。

6 月 22 日 由中国海洋石油总公司投资建造的 15 万吨海上浮式生产储油装置（FPSO）“海洋石油 111”号在上海外高桥正式交付。该项目建设速度之快创造了新的世界纪录。该 FPSO 是中国海油第一个以总承包的方式建造，并向油田作业方提供出租、操作与管理服务的项目，是海洋石油基地公司寻求发展、创造新的经济增长点、建立新的支柱产业的一种全新尝试。

6 月 22 日 上海外高桥造船有限公司首制海洋工程——上海开埠以来建造的最大吨位 15 万吨海上浮式生产储油装置（FPSO）“海洋石油 111”号提前竣工，正式交付中国海洋石油南海西部公司，不仅刷新了 16 个月建造一艘大吨位 FPSO 的世界新记录，而且还创造了世界 FPSO 建造史上的一个奇迹。

6 月 23 日 中国国家海洋局和印度政府海洋开发部在北京签订了两国在海洋科技领域的谅解备忘录。受国家海洋局委托，外交部副部长王毅和印度外交秘书分别代表两国政府在备忘录上签了字。国务院总理温家宝和印度总理瓦杰帕伊出席了签字仪式。这是中印两国签署的第一个海洋领域的双边合作协定。根据谅解备忘录，两国在海岸带综合管理、海底资源勘探与开发技术、极地科学、海洋能源、天然气水合物勘探与开发技术、海洋资源评估、海藻养殖及加工以及卫星海洋学等领域开展合作。

6 月 23 日 外交部发言人孔泉在答记者提问时说，钓鱼岛及其附属岛屿自古以来就是中国的固有领土，中国对这些岛屿拥有无可争辩的主权。任何企图侵占中国领土的图谋都是不可能得逞的。

6 月 23 日 中共中央政治局常委、全国政协主席贾庆林在山东省委书记张高丽等领导的陪同下视察青岛港。

6 月 24 日 经国务院学位委员会批准，国务院学位委员会第五届学科评议组正式组成。该评议组由 764 人组成，共分 70 个专业评议组。其中，海洋学科评议组由 7 名专家组成，召集人为中国海洋大学冯士筰院士和同济大学汪品先院士，成员有国家海洋局第二海洋研究所潘德炉院士、国家海洋局第一海洋研究所赵进平研究员、厦门大学洪华生教授、中国海洋大学陈戈教授、中国科学院海洋研究所相建海研究员。本届海洋学科组主要负责全国海洋科研教学领域的学位评议和审核工作，并承担国务院学位委员会委托其承办的其他审议工作。

6 月 24 日 国家海洋局印发《海洋工程排污费征收标准实施办法》。

6 月 27 日 国务院总理温家宝签署第 383 号国务院令，颁布《中华人民共和国渔业船舶检验条例》。该条例自 2003 年 8 月 1 日起行施。条例规定，国家对渔业船舶实行强制检验制度违反本条例规定，渔业船舶未经检验、未取得渔业船舶检验证书、擅自下水作业的，没收船舶；按规定应当报废的渔业船舶继续作业的，责令立即停止作业，强制拆船，并处以 2 000 元以上 5 万元以下的罚款。构成犯罪的，依法追究刑事责任。

6 月 28 日 《港口法》在十届全国人大常委会第三次会议上通过，经国家主席胡锦涛签署颁发，2004 年 1 月 1 日起实施。该法律调整了中国港口的行政管理关系及政府对港口的宏观管理。《港口法》的面世，确立了中国港口由地方政府直接管理并实行政企分开的行政管理体系，该管理体系的核心就是：政企分开，多家经营；“一港一政”，统一管理。确立了政府通过对港口规划、岸线的管理，保证港口资源得到合理利用的制度；确立了多元化投资主体和经营主体建设和经营港口的制度；确立了港口业务经营人的准入制度和公开公平的竞争制度；确立了港口基础设施的保护制度；港口的安全生产制度和对危险品运输安全作业监管制度。

6月28日 江苏省在淮河入海水道滨海枢纽举行全线通水仪式。中共中央政治局委员、国务院副总理回良玉出席。这项工程全线通水标志着淮河有了完整意义的独立入海尾闾，结束了淮河800年没有入海通道的历史，淮河下游及洪泽湖地区的防洪标准由50年一遇提高到百年一遇。

6月28日 我国北海、东海、南海三大救助局和烟台、上海、广州三大打捞局及交通部上海海上救助队飞行队成立，交通部在上海举行了揭牌仪式，我国海上专业救助队伍诞生。三大救助局分别担负我国北部海域及黑龙江干线、东部海域及长江干线和南部海域及珠江口三个救助责任区的海上救助工作，实行全天候值班待命制度。救助局的事业经费全部由国家承担。按照国务院六部委批准的改革方案，交通部将原烟台、上海、广州海上救助打捞局直接用于海上救助值班和人命救生的资产和人员划分出来，分别组建了救助局，下设救助基地。原救助打捞局分别更名为三大打捞局，保留事业单位性质，自收自支，承担海上财产救助、沉船沉物打捞、港口及航道清障等抢险救灾职责。新组建的救助局和打捞局由交通部救助打捞局实行统一垂直领导和管理。标志着中国救捞体制改革基本完成，新的求捞体制和立体救助体系正式运行。

7月1日 《无居民海岛保护与利用管理规定》正式施行。该管理规定已明确了民政部门作为无居民海岛地名工作的行政主管部门，遵循《地名管理条例》和国家有关制度标准，要积极做好无居民海岛的命名、更名及名称标志设立工作，尽快告别昔日的无序状态。

7月3日 《福布斯》杂志排出了新的全球最大公司2 000强，排名综合考虑了销售额、利润额、总资产及市值等多个因素。中国海洋石油有限公司综合排名居第532位，销售额、盈利、资产及市值分别排名1 279，171，1 161和340位。

7月6～13日 由国家海洋局、青岛市人民政府主办，市南区人民政府承办的第五届中国青岛海洋节在青岛举行。中共山东省委常委、青岛市市委书记杜世成，青岛市市委副书记、市长夏耕，国家海洋局副局长孙志辉，市政协主席张旭升，海军北海舰队副政委于常启等党政军领导、驻青单位和外宾代表等出席了开幕式。本届海洋节以“五环旗下、四海一家”为主题，通过开展迎接2008年奥运会和以海洋为主题的科技、文化、体育、环保、旅游、经贸等系列活动，大力弘扬奥运文化和“海纳百川，追求卓越”的城市精神，积极倡导科技创新、保护海洋和发展海洋特色经济，进一步提升了青岛城市形象，增强了青岛市人民的海洋意识和凝聚力。本届海洋节由开幕式暨海上焰火表演、海洋科技系列活动、海洋文化系列活动、海洋体育系列活动、海洋旅游系列活动、闭幕式等六大板块22项活动组成。

7月10日 交通部发布《沿海航标管理办法》（交通部令2003年第7号）、《海上海事行政处罚规定》（交通部令2003年第8号）。

7月12日 为贯彻落实“海盾2003”专项执法行动和中国海监执法示范工作，全面推进海洋行政执法实践，实现海监工作重点转移，国家海洋局在江苏省无锡市召开了“海盾2003”专项执法行动和海监执法示范工作会议。本次会议的召开，标志着中国海监工作开始从以自身队伍建设为主转向以全面开展执法实践为主的历史新阶段。

7月12日 在由江泽民同志题写桥名的“东海大桥”陆上段建设现场，上海国际航运中心洋山深水港区工程建设现场汇报会7月12日上午隆重举行。中共中央政治局委员、上海市委书记陈良宇，中共浙江省委书记、省人大常委会主任习近平出席汇报会并为“东海大桥”揭牌。国家发展和改革委员会副主任李盛霖、交通部部长张春贤、浙江省省长吕祖善、上海市市长韩正出席会议并讲话。根据洋山深水港区总体规划，大小洋山地区共可布置50余个大型集装箱泊位。规划到2020年，在小洋山岛一侧形成约11千米深水岸线，布置33～35个集装箱泊位，码头实际通过能力可达2 000万标准箱。洋山深水港区一期工程，自2002年6月经国务院审议通过开工报告即进入全面施工阶段。一期工程主要包括港区工程、东海大桥、辅助配套工程等，总投资 143.1 亿元，2005 年底建成。

7 月 15 日 载有中国北极科学考察队队员的“雪龙”号科考船，从大连港起航，扬帆远征北极。中共中央政治局委员、国务院副总理曾培炎向全体考察队员表示亲切的问候。曾培炎在 14 日听取国家海洋局汇报时指出，这次考察对于认识极地变化对我国环境的影响，参与国际北极事务，进行海洋、大气、生物、化学、地质等多学科研究有着十分重要的意义。他希望全体考察队员，以顽强的意志和科学的精神，战胜极地恶劣环境的挑战，平安、圆满地完成各项任务，在人类探索自然的道路上取得新的成就。

7 月 15 日 中国第一个海上专业救助飞行队——交通部上海海上救助飞行队经过 4 个月的试运行后，开始担负海上救助值班待命，正式在东海辖区执行以人命救助救生为主的海空立体救助任务。首个海上救助飞行队的运行，标志着中国海空立体救助体系建设的正式起步。中国将逐步建立覆盖整个中国海岸线的立体救助体系，今后还将在渤海等国家重点海区分别组建海上救助飞行队。组建海上救助飞行队是中国救捞体制改革的重要举措。

7 月 15～17 日 国家海洋局领导干部财政制度改革知识讲座在京召开。国家海洋局局长王曙光，副局长孙志辉及全局系统的主要领导干部和财务处长参加了此次学习。

7 月 16 日 青岛海底世界建成并投入试运营。青岛海底世界集海洋生态旅游、海洋科普教育、休闲娱乐于一体，着力突出“海洋”主题，以全新的视角向海内外游客展现神秘的海洋世界。

7 月 18 日 由中国长江航运集团自行研制建造的 5 000 吨级江海直达轮“长通海”轮在武汉举行首航式，宁波至武汉的江海直达航线由此开通。这是目前沿海至武汉航线上吨位最大的江海直达船舶。

7 月 18 日 中国海洋石油有限公司与 BP 中国勘探及生产公司及科麦奇中国石油有限公司签订中国南海珠江口盆地 29/04 合同区石油合同的出售和购买协议，中方 100%拥有流花油田。这充分表明中海油在具备了中深水域作业的技术水平的同时，也已成长为成熟的、符合国际要求的作业者，已完全具备自主管理及开发该油田的素质和能力。

7 月 18 日 中国海洋石油总公司向宋庆龄基金会捐赠人民币 1 000 万元仪式在北京人民大会堂举行。捐款将用于对全国 24 所大学部分在校贫困大学生的资助。

7 月 21 日 青岛港集团与英国铁行集团、丹麦马士基集团、中远集团在北京人民大会堂签约，共同出资 8.87 亿美元，联手经营青岛港前湾集装箱码头。国务院总理温家宝、英国首相布莱尔率两国多位部长出席了签约仪式。

7 月 21 日 上海港外高桥港区四期工程通过竣工验收。该工程新建 4 个可靠泊第四代集装箱船舶的集装箱专用泊位，设计年吞吐能力 180 万标准箱。

7 月 24 日 台风“伊布都”（0307 号）于是日 14 时在广东省阳西至电白县沿海登陆。受该台风影响，珠江口以西沿海普遍出现了 100～300 厘米的风暴潮。这次灾害广东省受灾人口 477.6 万人，死亡 3 人，倒塌房屋 5 950 间，直接经济损失 19.07 亿元。广西北海市受灾人口 69.1 万人，直接经济损失 2.47 亿元。

7 月 24～25 日 以学习贯彻《全国海洋经济发展规划纲要》为主要内容的全国海洋厅局长会议在乌鲁木齐市举行。中共中央政治局委员、新疆维吾尔自治区党委书记王乐泉在国家海洋局局长王曙光的陪同下，看望会议代表，并就海洋工作的改革与发展等问题发表重要讲话。

7 月 29 日 北京时间 7 月 29 日下午 2 时 30 分，在 65° 30′ N、168° 50′ W 的白令海峡峡口，中国第二次北极科考队向 50 米深的海底布放了中国极地考察的第一个潜标。

7 月 中国海洋石油有限公司在南海东部获重大天然气发现。公司对 2002 年底番禺 30-1 和番禺 34-1 两个重大发现的初步评估结果证实，两气田预计储量约为 424.5 亿立方米，是南中国海珠江口盆地获得的第一个重大天然气发现。中海油拥有这两个气田 100%的权益。

8 月 1 日 历经 3 年建设的国家重点工程“东方 1-1 气田”向位于海南省东方市的富岛化工公司二期工程送天然气。我国第一个自主开发的海上天然气气田——“东方 1-1 气田”，将通过全长 256 千米的输气管线，把天然气分别送往海南省的八所、洋浦、海口等重要工业基地。总投资 32.7 亿元的“东方 1-1 气田”是国家重点建设项目，由中海石油（中国）有限公司自主投资开发。该气田位于南海北部湾莺歌海海域，距东方市113千米，水深75米。其天然气储量996.8亿立方米，含气面积287.7平方千米，年开采量为24亿立方米。

8月1日 由中国海洋石油总公司与英荷皇家壳牌公司分别出资50%建设的中海壳牌石油化工有限公司南海石化项目44.6亿美元的有限追索权定期贷款项目融资协议签署。中海壳牌成功地与中外银团签署了总额为27亿美元的项目融资协议。该项融资是亚太地区有史以来成交的最大的私营项目融资。

8月2～7日 全国人大环境与资源保护委员会海岛调研组先后抵达浙江省宁波市、舟山市、岱山县、温州市和乐清市进行海岛立法前期调研。调研组由全国人大常委会委员、全国人大环境与资源保护委员会主任委员毛如柏，全国人大常委会委员、全国人大环境与资源保护委员会委员倪岳峰，国家海洋局副局长张宏声组成。调研期间，全国人大环资委海岛立法调研组实地考察了舟山市、岱山县、温州市的一些海岛的开发利用和保护管理情况，并听取了浙江省海洋与渔业局以及宁波市、舟山市、岱山县、温州市和乐清市政府及海洋行政主管部门关于海岛管理工作情况的汇报，并进行了海岛立法必要性的专题讨论。

8月7日 “海上通道安全与中美核不扩散”研讨会在京举行。30余名与会的中国专家学者普遍认为，在目前复杂多变的国际形势下，海上通道安全十分重要。加强各国间的理解与信任，减少敌对冲突和误解，有助于保障海上通道安全和建立地区经济政治新秩序，维护世界和平与稳定。会上，专家学者们就“中美海事安全合作前景与挑战”、“大规模杀伤性武器扩散对海上通道安全的影响”、“恐怖活动对海上通道安全的威胁及对策”等问题作了专题发言，并呼吁建立共同对付海上犯罪、维护海上安全的安全机制。与会者还围绕海上通道安全面临的诸多挑战及中美两国在核不扩散领域的合作等进行了深入探讨。

8月10日 中国海油第一条陆地天然气长输管道东方—洋浦—海口输气管道工程建设完工，实现了将东方1-1气田的天然气安全顺利输送到海南洋浦经济开发区和海口市的目标。工程的建成对开发利用南海西部丰富的天然气资源，促进海南经济的发展，对中国海油实现建设沿海天然气大动脉战略具有十分重要的意义。

8月12日 2003年全国水上交通事故调查处理工作会议在大连落下帷幕。会议总结了2001年以来的水上交通事故调查处理工作，分析了存在的问题，部署了今后的任务。交通部海事局及其14个直属海事局、全国16个省(直辖市)地方海事局和大连海事大学等39个单位的70余名代表出席了会议。

8月13日 中船重工大连新船重工有限责任公司为美国科诺克·菲利普斯石油总公司建造的我国最大的23万吨浮式生产储油船在大连建成并交付船主。新船重工于2001年9月通过国际招标获得了该船的建造合同。这是我国建造的第一艘出口浮式生产储油船，代表世界最先进水平，能连续30年固定在水深90米的巴拉耐克油田作业，日处理原油10万桶，可抵御百年一遇台风。该船的交工，标志着我国造船业在国际海洋工程装备这一巨大市场上，继钻井平台之后的又一重大突破，也标志着我国在海洋工程装备建造方面上了一个新台阶。

8月15日 全国“海盾2003”专项执法行动在沿海拉开序幕。此次专项执法行动的对象是那些没有经过各级人民政府批准或未按批准内容使用海域的填海、围海项目。填海、围海项目是指通过填海、围海造地等方式改变海域自然属性的用海活动，如港口码头用海、海岸工程用海、填海造地用海、围海造地用海及在海域内修筑各种堤坝等。此次专项执法行动查处的违法用海项目既包括海域法施行之前发生、但至今未办理用海批准手续的违法用海项目，也包括海域法施行之后发生的违法用海项目。

8月18日 “花果山杯”2003年斯沃奇世界女子沙滩排球巡回赛中国江苏连云港站的比赛圆满落下了帷幕。来自荷兰的选手瑞贝卡·卡迪克和玛丽特·丽恩斯达力挫群雄，夺得了冠军。德国选手苏珊娜·拉姆和丹佳·姆舒夺得亚军，澳大利亚的选手耐塔利·库克和尼古拉·桑德森成为季军。

8月20日 交通部部长张春贤会见世界海事大学校长劳伯斯坦先生一行，双方就进一步加强合作、如何更好地为中国培养优秀海事管理人才交换了意见。

8 月 22 日 中国第二次北极科考队通过“雪龙”船和直升机配合作业，成功地将一套自行研制的极区海洋水文气象卫星跟踪浮标布放在 78° 24′ N、149° 05′ W 点附近的面积达 350 平方千米、厚度达 3 米的浮冰上，实现了我国极区卫星跟踪浮标零的突破。

8 月 24 日 大连残疾人谢延红于英国当地时间 8 月 23 日上午 7 时 46 分在多佛尔下水，8 月 24 日零时 30 分在法国加来上岸，以 16 小时 44 分的时间成功横渡了英吉利海峡（多佛尔海峡），横渡直线距离 32 千米，成为继张健之后又一位成功横渡英吉利海峡的中国人，也成为世界上第一位成功横渡英吉利海峡的残疾人。

8 月 23～25 日 国家“863”计划资源环境技术领域第一届海洋生物高技术论坛会在浙江海洋学院召开，300 余位专家学者出席了会议。这次会议围绕促进我国海洋生物高技术方面的学术交流与合作，推动相关学科和技术的发展，重点交流了海水养殖新品种及品种性状的改良，海水养殖病害控制、动物营养，海洋生物重要功能基因，海洋活性物质和海洋药物等 9 个课题。

8 月 25 日 9 时 30 分，“雪龙”船缓缓压破一块巨冰的阻挡，从 148° 16′ W 处，胜利进入 80° N。这是中国极地考察事业的一个里程碑时刻，实现了中国北极科学考察史上新的突破。使我国成为进入该纬度的少数国家之一，标志着中国已跨入北极科考强国之列。

8 月 25 日 台风“科罗旺”（0312 号）于是日 4 时左右登陆海南省文昌市，登陆时台风中心气压 970 百帕，近中心最大风速 35 米/秒。海南省受灾人口 188.4 万人，倒塌房屋 1 700 间，直接经济损失 6.83 亿元。25 日 6 时左右该台风再次登陆广东省雷州半岛南端徐闻，登陆时中心气压 965 百帕，近中心最大风速 38 米/秒。广东省受灾人口 509.7 万人，死亡 2 人，倒塌房屋 9 060 间，直接经济损失 8.47 亿元。25 日 22 时左右台风又登陆广西与越南交界沿海地区，广西壮族自治区受灾人口 148.3 万人，北部湾沿海许多海上养殖网箱被毁，水产养殖损失惨重，全自治区直接经济损失 5.76 亿元。

8 月 27 日 中国海洋石油有限公司国际顾问委员会在澳洲悉尼举行年会。中海油国际顾问、董事、高级管理层代表以及特邀嘉宾与会。

8 月 28 日 由大连理工大学承办的“第二届全国船舶与海洋工程学术会议”在大连理工大学科技园大厦举行。中共大连市委副书记王有为出席开幕式并讲话。上海交通大学海洋与船舶工程学院杨槱院士、大连新船重工沈闻孙院士、大连理工大学校长程耿东院士、中国造船工程学会秘书长罗季燕研究员以及来自全国各大学、科研院所和造船企业共 32 个单位的 120 余位专家学者出席了大会。

8 月 29 日 交通部发布《港口危险货物管理规定》（交通部令 2003 年第 9 号）。

9 月 1 日 为提高养殖水产品质量安全水平，保护渔业生态环境，促进水产养殖业健康发展，农业部出台的《水产养殖质量安全管理规定》开始实施。

9 月 1 日 新的海上海事行政处罚规定——《中华人民共和国海上海事行政处罚规定》正式施行。新的处罚规定对旧的处罚规定作了较大修改，充分考虑到了几年来水上运输的新发展，反映了海事行政管理的新要求，总结了海事行政执法工作的新经验。

9 月 2 日 台风“杜鹃”（0313 号）于是日晚先后在广东省惠东县、深圳市和中山市三次登陆，登陆时中心最大风力均为 12 级，近中心最大风速达 40 米/秒，阵风 55 米/秒。这次台风横穿珠江三角洲地区，强度强、范围大、移速快，是继 1979 年第 8 号台风后影响珠江三角洲最严重的一次台风。广东省受灾人口 641.0 万人，死亡 19 人，倒塌房屋 5 400 间，直接经济损失 22.87 亿元。

9 月 2～5 日 第四届北太平洋海上警务执法机构高官会在韩国济州岛召开。俄罗斯边防总局(RFBC)、美国海岸警备队(USCG)、日本海岸警备队(JCG)、加拿大海岸警备队(CCG)、韩国海洋警察厅(KNMPA)主要负责人分别率团出席了会议，我国公安部边防局陈伟明副局长率中国代表团以观察员身份与会，会议代表 50 余人。中国代表团成员有公安部、交通部、农业部和国家海洋局的代表。会议对各国通过合作共同打击海上贩毒、偷渡等犯罪行为及非法渔业作业行为，分享信息情报，并为保障海上安全和保护海洋资源与环境而做出的积极努力，给予了高度评价；达到了加强沟通、充分参与、交流经验、积极协作的目的。

9 月 3 日 国家海洋局发布《海域使用面积测

量规范》等4项海洋行业规范。

9月4日 中国海洋石油有限公司宣布，截至2003年6月30日，中海油的纯利显著增加至63亿元人民币(7.65亿美元)，较上年同期大幅上升75.0%，收入总额亦飙升68.3%。中海油董事会批准向股东派发中期股息每股0.14港元和特别中期股息每股0.18港元。

9月6日 国家海洋局印发《临时海域使用管理办法》的通知。

9月6日 由中山大学和深圳东山珍珠岛合作的深圳市海洋生物城在龙岗区南澳镇的东山珍珠岛落成。同时，南海海洋生物技术国家工程研究中心产业化基地也挂牌成立。在未来5年里，海洋生物城将成为中国最大的国家级海洋生物技术产业化基地，并有望为深圳东部地区带来50亿元的投资。海洋生物城以海水养殖、海洋生物资源高值化深加工及海洋生物基因工程研究、技术成果推广应用为主导，引进一批国家海洋生物"863"课题，实现海洋生物项目和产品的专业化、集约化、规模化、产业化。

9月15日 交通部救捞系统"北海102"轮、"德鲲"轮、"德意"轮与海军舰船通力合作，圆满完成"神舟5"号载人航天飞行海上应急救援保障任务。张春贤部长签发表扬电。

9月16日 国内迄今最大吨位的海事巡视船"海巡21"轮从外高桥码头出发，进行为期11天的跨海区巡航任务。这是我国海事系统巡视船首次跨海区远程航行，沿途停靠连云港、青岛、大连等地。"海巡21"轮此次的巡航任务包括对长江口以北的东海、黄海海域石油平台和水上施工作业进行现场监督检查，对长江口等地分道通航海域的航行秩序进行维护，检查沿途航标、水上建筑物安全标志的使用状态等。"海巡21"轮设有直升机起降平台，在风力5级以下、船舶航速不超过6节时可以保证直升机安全起降，技术性能堪称国内一流。

9月20日 经中央军委批准，俄罗斯海军"潘捷列耶夫海军上将"号大型反潜舰（舷号548），在俄太平洋舰队副司令科涅夫·亚历山大·瓦西里耶维奇中将的率领下，驶入青岛港，开始对青岛进行为期5天的友好访问。随舰来访官兵共332人。北海舰队某驱逐舰支队"哈尔滨"号导弹驱逐舰执行海上礼仪并陪访。

9月21～25日 中国与意大利合作"黄、东海海岸带综合管理系统研讨会暨项目申报预备会"在杭州召开，会议由国家海洋局海洋动力过程与卫星海洋学重点实验室、国家海洋局第二海洋研究所主办。来自意大利国家地球物理与火山研究所、国家海洋与实验地球物理研究所及澳大利亚的9位科学家参加了会议。我国参加会议的有国家海洋局所属5个单位、中国海洋大学、浙江大学和浙江省海洋与渔业局等单位的30余位科学家。会议交流了双方在海洋环境监测与预报方面的研究成果，进一步完善了"黄、东海海岸带综合管理系统"项目建议书。

9月22日 中国开渔节"荣安杯"首届国际海钓邀请赛在浙江象山渔山海域落下帷幕。来自韩国、日本和中国内地、香港、澳门特别行政区及台湾省的26支代表队共78名运动员参加了此次邀请赛。来自澳门的蔡健民凭一条重达2.98千克的真鲷，夺得大赛的单尾冠军；来自韩国的任润赫以5.51千克的总成绩获个人第一；团体赛则由韩国一队以12.08千克的总成绩胜出。应广大海钓爱好者要求，象山将在渔山筹建亚洲最大的海钓基地。

9月23日 两艘在中国北部湾传统海域作业的中国渔船遭到越南炮舰枪击，中方一艘渔船返回，另一艘渔船"桂北渔63055"号下落不明，后证实被越方某边防派出所抓扣。越方向中国驻越使馆通报了渔船被扣押的消息，中方随即派人与越方进行交涉，要求越方尽快还船放人，并就整个事件的发生对中方进行说明。9月28日清晨6点35分，遭越方扣押4天之久的"桂北渔63055"号安全返回北海电建渔港。

9月26日 历时74个昼夜、航行13 985海里的中国第二次北极科学考察队115人乘坐"雪龙"号极地科学考察船，满载丰硕的科考成果胜利返抵上海港，圆满地完成了我国第二次北极科学考察任务。上午10时，国家海洋局在码头上举行了盛大的欢迎仪式，陈连增副局长出席并作了重要讲话，上海市副市长杨雄等有关方面领导也到码头迎接胜利归来的科考队员。

9月26日 经国务院和中编委批准，我国唯一专门从事极地科学考察与研究的中国极地研究所正式更名为"中国极地研究中心"，国家海洋局在上海浦东极地广场举行了隆重的中国极地研究中心成立揭牌仪式，国家海洋局副局长陈连增出席仪式并为中国极地研究中心成立揭牌。

9月26日 中国海洋石油有限公司与台湾中油公司共同合作的台潮石油合同第一口探井LF35-1-1井正式开钻，标志着中国两岸石油界的合作进入新的一页。

9月28日 国家海洋局在京召开HY-1A卫星交付运行一周年发布会，向有关部门及社会公布HY-1A卫星交付运行一年来的应用情况及成果。到目前，卫星已在轨一年，卫星地面应用系统运行稳定，卫星数据已逐步应用到国民经济建设中，显示了极大的应用潜力。

9月28日 郑和下西洋600周年纪念活动筹备领导小组在北京召开新闻发布会，从2003年开始，我国正式启动郑和下西洋600周年六大纪念活动。郑和是举世闻名的伟大航海家，郑和七下西洋，体现了中国当时雄厚的经济实力和先进的航海技术。在郑和下西洋600周年即将到来之际，纪念郑和下西洋的伟大壮举，对于弘扬和培育以爱国主义为核心的团结统一、爱好和平、勤劳勇敢、自强不息的伟大民族精神，增强中华民族的自信心、自豪感，加强航海知识和海洋知识教育，提高全民族的海洋意识，团结海内外同胞，促进祖国统一大业，具有深远的现实意见和深远的历史意义。这次纪念活动的主题是：“热爱祖国、睦邻友好、科学航海”。

9月30日 青岛港明港公司在“地中海阿莱西亚”轮作业中，创出了船时效率381自然箱的世界最新纪录，刷新了由上海港创造的世界最高集装箱作业船时效率。

9月30日 3艘17.5万吨好望角型散货船同时起浮、两船同时出坞实现，在我国最大的现代化船厂上海外高桥造船有限公司的一号船坞实现，此举创下了中国船厂一坞三船同时起浮、两船同时出坞的新记录，标志着中国并列半串联建造的造船技术跃上了一个新台阶。

10月4日 中共中央政治局常委、国务院副总理黄菊在山东省委副书记、省长韩寓群等领导的陪同下，视察了青岛港前湾新港区。

10月9日 载重3万吨的多用途重吊货轮——“中波明月”号，在上海船厂二号船台下水。“中波明月”号货轮配备了我国最大吊重的双重船吊——起重量为640吨，船长近200米、型宽27.8米、型深15.8米。可运载包括1～9级危险品、大型捆扎件和各型散货，也可全部或部分运输集装箱，最多可运载1 900余个标准集装箱，航速19.2节。这种目前中国最先进的重吊船，创造了中国4个之最：杂货船吨位最大，达3万载重吨；起重设备最大，达640吨；舱口围面积最大；最先采用共轨式电喷主机，安全性能好。

10月10日 为贯彻落实《全国海洋经济发展规划纲要》，国家发展和改革委员会、国家海洋局在青岛主持召开了“省级海洋经济发展规划编制工作座谈会”。国家海洋局副局长孙志辉、国家发展和改革委员会地区经济司副司长杨朝光到会并做了重要讲话，来自沿海11个省、自治区、直辖市和5个计划单列市的发展与改革行政主管部门和海洋行政主管部门60余名代表出席了会议。

10月12日 主题为“军事海洋与技术”的第二届海洋强国战略论坛在青岛拉开帷幕。中央军委原副主席刘华清上将欣然为本届论坛题词：“富国强军，经略海洋”。论坛由中国海洋学会、海军大连舰艇学院、中国船舶重工集团公司第七研究院联合主办。这届论坛共收到学术论文114篇，内容涵盖了海洋强国建设的理论、战略、科学技术和海防安全等许多热点问题。论坛加强了学术研究成果互动和学术研究横向比较，促进了理论创新和技术创新。

10月13～17日 由国际鲍学会主办，中国海洋大学承办的第五届国际鲍学术研讨会在青岛召开。国际鲍学术研讨会是国际鲍学会每3年举办一次的最高级别学术会议。会议围绕国际鲍市场、资源、管理、养殖、采收和加工等方面进行了交流。来自中国、日本、美国、泰国等20余个国家的专家、学者共280余人参加了研讨会。

10月14日 中国测绘学会第6届海洋测绘专业委员会第三次全体会议暨第15届海洋测绘综合性学术研讨会举行，106人出席了会议。本次会议共收到论文103篇，其中有16篇论文在大会上进行了交流，有99篇论文收入《第十五届海洋测绘综合性学术研讨会论文集》。这些论文内容广泛，基本上代表了当前我国海洋测绘领域理论研究、教育教学、科研管理和实际应用的现状及水平。

10月15日 国家海洋局在天津主持召开了中国一级标准海水研制项目鉴定会和课题验收会。课题组成功解决了海水自动化处理的技术问题，建立了一套制备中国一级标准海水的先进设备和合理的生产工艺流程。所研制的一级标准海水，盐度不确定度为0.001，填补了我国一级标准海水的空白，达到了国际标准海水的同等水平，可替代国际标准海水。

10月16日 我国在北京正式开通了海事卫星F岸站并开始向全球用户提供服务，此举标志着中国已跨入国际移动卫星通信领域先进行列。F岸站的开通将不仅为中国水上船舶通信现代化、海事遇险安全救助通信实现全程“可视”以及陆地抢险救灾应急通信等提供坚实保障，还将进一步拓展海事卫星的业务市场，广泛服务于政府、国防、水利、新闻、渔业、森林、石油等部门和行业。新建的海事卫星F系统除为中国船舶提供服务外，还有能力为香港、澳门特别行政区和台湾省以及周边国家甚至全球的运输船队提供安全和商务通信。今后中国将以F岸站开通为基础，有效集成整合交通无线、有线、卫星信息通信资源，努力构建中国现代交通物流信息港。

10月16日 中共中央组织部副部长王东明在中国海洋石油总公司宣布中央关于中国海油领导班子主要领导的任命决定，任命原中国海油副总经理、党组成员傅成玉为中国海洋石油总公司总经理、党组书记。

10月18日 上海外高桥造船有限公司一期工程通过验收小组验收，这座边建边生产的中国最大现代化船厂宣告正式问世，上海外高桥造船有限公司当天举行了竣工纪念碑揭幕仪式。它的建成标志着中国有了硬件一流的现代化造船厂，向着赶超日韩世界造船强国、成为世界第一造船大国的目标又迈进了一步。目前，该公司船舶订单逾400万载重吨，居中国各大船厂之首。

10月18日 中国海监新购飞机B-3837、B-7112托管合同签字仪式在北京举行。中国海监航空执法力量进一步壮大，海监航空执法队伍已经形成规模。

10月21～23日 中国科技部和东盟海洋科技委员会在北京联合召开了中国-东盟海洋学术研讨会。中国外交部亚洲司派代表参加了开幕式并讲了话。国家海洋局科技司司长周庆海在会上做了关于中国海洋研究概况的报告。东盟有关官员及东盟10国的代表20多人与会。国家海洋环境预报中心名誉主任余宙文和季晓阳研究员参加了会议。会上进行了广泛的学术交流，东盟各国代表介绍了各自国家的海洋科研情况，中方代表则主要介绍了海洋各领域的宏观情况。

10月27日 我国远洋运输船舶首次通过国际保安规则审核，中国远洋运输（集团）总公司获此资格的船舶颁证仪式是日在北京举行。中国船级社经中国海事局授权，经过严格审核，向中远集装箱运输有限公司“商城”轮、中远香港集团“鹏图”轮、中远航运公司“清江”轮，颁发了国际船舶保安证书。作为国有特大型航运企业，中远集团成立了实施保安规则工作领导小组，在中远近50%的远洋船舶上配备了先进自动识别系统、保安报警系统、船舶永久标识号等保安设施。

10月29日 代表亚洲最大规模和最高水平的第八届中国国际渔业博览会和中国国际水产养殖展览会在上海光大会展中心开幕。来自27个国家和地区的600家公司参展，57个国家和地区的2万名贸易商和观众与会参观。在展会同期举办了渔业贸易发展论坛、水产业革命性的冷冻保鲜技术、越南海产品介绍及品尝会、HACCP应用与水产品安全研讨会等专业活动。

10月31日 由交通部、上海市人民政府和上海航运交易所共同举办的“2003国际海运高级论坛”在上海国际会议中心开幕。近300名国际海运界知名人士到会，共同探讨新世纪国际海运政策发展的新趋势，中国海运市场开发将奏出更强音。

11月1日 《海洋行政处罚听证程序实施规则》于2003年11月1日起正式实施。该规则的发布对规范海洋行政主管部门的海洋行政处罚听证行为，维护当事人的合法权益，提高案件的查处工作效率具有重要意义。同时也是为了进一步完善《海洋行政处罚实施办法》配套制度，规范海洋行政处罚听证程序，保障和监督海洋行政主管部门依法实施行政处罚，保护当事人的合法权益。

11月3日 中国海监北海区检验鉴定中心在青岛举行揭牌仪式，该中心是经国家海洋局批准成立的。这是中国海监系统成立的首家技术支撑单位，将为海监执法监察提供强有力的技术支持，对保护海洋、合理开发利用海洋具有十分重要的意义。

11月3日 中国与欧盟在上海举行《中国-欧盟海运协定》框架下的海运会谈，表明中国与欧盟各国的海运合作进入了新阶段。

11月3～4日 根据《中华人民共和国和美利

坚合众国关于海洋与渔业科技合作议定书》的规定，中美海洋与海岸带管理联合协调会在陕西省西安市召开了第三次会议。会议对双方在海洋与海岸带管理领域的合作进行了回顾，并确定今后两年双方将开展南海生物多样性保护、海洋监测能力建设、海洋保护区管理、有害赤潮(HAB)监测、厦门海洋生态系统修复等项目的合作。

11 月 4 日 “海洋四号”船完成远洋科学考察任务胜利返回广州，初步圈定出部分富钴结壳申请的候选区，取得了不少重要的调查成果。“海洋四号”船于 2003 年 5 月 25 日从广州出发，远赴太平洋，航程 2 万余海里，圆满完成了我国《国际海底区域研究开发》“十五”计划代号为 DY105-15 航次的科学考察任务。

11 月 5 日 由国家发改委立项，山东省发改委主持，国家海洋局杭州水处理技术研究开发中心技术支撑，山东省荣成石岛水产供销集团总公司承担的国家高技术产业化示范工程项目“山东省荣成市万吨级反渗透海水淡化示范工程”一期工程调试成功，顺利出水。经测定，额定 5 000 吨/日单机（25℃），在 17℃时产水量已达 5 280 吨/日，出水含盐量仅为 160 毫克/升，优于国家 500 毫克/升的水质标准，能耗低于 3.8 度电/吨水。该项目是目前国内首套最大的万吨级反渗透海水淡化项目，突破了国际上 5 000 吨为单元的大规模海水淡化工程技术。万吨级反渗透海水淡化示范工程的建成，将极大地提高我国的膜工程技术水平，使我国膜技术应用进入了一个新的发展高潮。

11 月 6～7 日 2003 年全国水上交通安全工作会议在贵阳召开，交通部副部长洪善祥出席并主持。

11 月 12 日 国务院总理温家宝主持召开国务院常务会议，研究部署全国经济普查和海洋管理工作。会议强调，为保障海洋资源与环境的可持续利用，促进海洋经济健康发展，逐步实现海洋管理工作统一、有序、有力的目标，要重点做好以下工作：一要严格规范海洋开发利用秩序，从严控制围填海和海砂开采，加强近海捕捞和海水养殖管理；二要切实保护海洋环境，严格控制陆源污染物排海，加大渔业、港口海域环境污染监督和海洋环境监测力度；三要强化海上执法管理工作，努力提高执法水平；四要进一步强化部门责任，形成各司其职、密切配合、共同推动海洋事业发展的局面。

11 月 12 日 “中国深海研究战略研讨会暨中国大洋钻探第四届学术讨论会”在北京召开。会议探讨了我国参加国际综合大洋钻探计划的方针措施和我国未来 10 年的深海基础研究科学目标。中国大洋钻探学术委员会提出，在未来 10 年内，我国深海研究将优先发展三大领域：深部生物圈和海底下的海洋、古环境研究、西太平洋大陆边缘岩石圈演化和震源带研究。

11 月 14～16 日 “海岛保护与利用管理学术研讨会”在山东威海市举行。来自国家海洋局、中国海洋大学、海洋科技机构、部分沿海省市海洋管理部门的近百名代表参加了会议。会议围绕海岛保护、开发、利用、管理以及高级海洋管理人才培养等议题进行了广泛、深入的研究和探讨。

11 月 18 日 中船重工以原天津新河船厂为主体，吸收民营资本改制组建的天津新河船舶重工有限责任公司正式挂牌成立，3 家入股单位总注册资本为 1.386 6 亿元，民营企业天津贻成集团公司以 50%的股份成为控股股东。由民营资本控股原中央企业，不但在船舶工业是首次，在国防科技工业系统也不多见。

11 月 18 日 中国海油年产 60 万吨甲醇项目在中海油东方石油化工城正式开工。该项目投资 14.7 亿元，为我国目前规模最大的甲醇项目，也是中国海油下游产业的又一个重点项目。

11 月 19 日 中韩海洋科学技术联合委员会第七次会议在韩国济州岛召开。联委会回顾了第六次会议以来的合作项目执行情况，对实施情况和合作成果表示满意，并确定了下次联委会会议之前的工作计划。双方同意将合作项目分类别管理，并确定了 7 个合作项目于 2004 年继续执行，其中包括：黄海环境污染减轻对策研究、中韩黄海业务海洋学合作方案建立的可行性研究和战略计划、海洋浮标的开发和研制、黄海沿岸地区 TBT 监测和 TBT 灾害防治、目标赤潮生物种类的生态学与海洋学、黄海海洋环境预报与减灾合作研究和黄海大海洋生态系研究。

11 月 19～20 日 第 14 届“海洋水产资源培养科研人员研讨会”在北京举行，来自中国、日本、韩国从事海洋水产资源培养、特别是从事育苗、放流、疾病防治、生态环境保护、渔业经济研究领域的20多名专家学者参加了研讨会。农业部渔业局、中国水产科学研究院有关领导到会祝贺并发表了讲话。

11月19～21日 为加强温带风暴潮发生机理的研究，提高温带风暴潮监测、预报、预警能力，国家海洋环境预报中心和中国海洋学会中国海洋与湖沼学会风暴潮及海啸分会在河北沧州市联合组织召开了“10·11”渤海特大温带风暴潮灾害研讨会。来自国家海洋局、环渤海地区有关省市防汛办公室、水利水文局、海洋与渔业局、中国海洋大学、相关政府部门和港口、石油、渔业等涉海企业的领导、专家和学者共50余人出席了会议。会议对2003年10月11日渤海发生的特大温带风暴潮灾害进行了全面的、系统的回顾与研讨，提出了许多具体的、有针对性的意见和建议。

11月21日 香港特别行政区飞行服务队第一批队员抵达大连，与交通部所属救助飞行队共同承担2003年冬季渤海湾值班待命救助任务。

11月24日 国际海事组织第23届大会在英国伦敦开幕，交通部副部长洪善祥率团出席了本届大会，中国在该届大会上再次当选该组织新一届A类理事。这是自1989年以来我国连续第8次当选国际海事组织的A类理事。

11月26日 交通部海事局、中国海上搜救中心在渤海海域举行了代号为“渤海1号”的模拟海上搜救演习。这是中国海事部门首次举行模拟海上搜救演习。演习展示了中国海上搜救装备水平和搜救指挥能力的提高，中国海上搜救指挥部通过国际海事卫星组织推出的最新一代移动数字技术和微波移动视频通信、雷达跟踪监控等先进技术，实现了事发现场信息的“可视化”传输，同时充分利用全球卫星遇险通讯、搜救资源查询、中国船舶报告、海洋气象查询等10个支持系统，组织了快速有效的海陆空立体搜救和渤海海域各海事机构的联动体系。

11月27～28日 中国海洋学会2003年学术年会暨首届青年海洋科学家论坛在厦门举行。本届年会暨首届青年海洋科学家论坛的主题是“海洋与全球变化”，大会围绕着海洋对全球气候变化的影响与反馈等几个专题进行充分交流和深入探讨，以求获得更多的共识。为迎接21世纪“地球系统科学”的新挑战，大会还分4个专题组展开了热烈的交流、探讨及墙报展示。大会共收到论文摘要156篇，会上交流109篇。按照“同行认可”的原则评选出高质量的获奖优秀论文10篇。

11月28日 农业部发布消息称，到2010年我国海洋捕捞渔船将压减3万艘，初步控制海洋捕捞强度盲目增长和资源过度利用的趋势，逐步实现海洋捕捞强度与海洋渔业资源可捕量相适应。

11月28日 辽宁渤海船舶重工有限责任公司葫芦岛港隆重举行迄今为止我国国内订造、设计、建造、检验的最大国轮国造的15.9万吨油船命名签字仪式。这艘被命名为“大明湖”号的巨轮，是辽宁渤海船舶重工有限责任公司为中远集团批量建造15.9万吨油轮的第一艘，它长274米，型宽48米，型深24米，设计吃水16米，是中远集团远洋运输油品的重要船型。

11月30日 交通部发布《中华人民共和国船舶载运危险货物安全监督管理规定》（交通部令2003年第10号）。

12月1日 交通部部长张春贤会见德国交通部长施托尔佩一行，双方就双边合作交换意见并签署了《中华人民共和国交通部和德意志联邦共和国交通建设与住房部海运事务合作谅解备忘录》和《中华人民共和国交通部和德意志联邦共和国交通建设与住房部内河航运和水路交通合作协议》，温家宝总理和施罗德总理出席了签字仪式。

12月2日 交通部副部长洪善祥与塞浦路斯共和国交通和工程部部长卡萨米亚斯在塞浦路斯签署了《中华人民共和国政府和塞浦路斯共和国政府海运协定修改议定书》。

12月2日 “第十二届中国国际海事技术学术会议和展览会”在上海新国际博览中心隆重开幕，与会展同期举办的“国际海事高级论坛”也已于12月1日先期举行。此次会展是该会展1981年首次举办以来规模最大、参展商最多的一届，展厅面积18 000余平方米，809家参展商来自32个国家和地区。

12月2日 一架直升机从青岛沧口机场起飞，与此同时，山东沿海港口各海事部门的巡航船艇同时出动，对我国黄海、渤海海域进行了代号为“空巡1号”的空海立体巡航。这是我国海事部门在黄海、渤海海域首次进行空海立体巡航。

12月5日 中国知名的科技奖励基金——何梁何利基金在北京钓鱼台国宾馆举行2003年度颁奖大会，中国内地共有44名科学家获奖。中国科学院院士、国家海洋局第二海洋研究所苏纪兰教授获科学技术进步奖。

12 月 5～12 日 交通部部长张春贤随温家宝总理访问美国和加拿大，并签署《中美海运协定》、《中美交通科技合作备忘录》和《中加交通科技合作谅解备忘录》。

12 月 5～18 日 国际知名的专业财经杂志《资产》公布亚洲地区公司管治 2003 年度最佳公司的评选结果，中国海洋石油有限公司蝉联中国公司排行榜榜首。香港《远东经济评论》年度“亚洲企业 200 强”评选结果揭晓，中国海洋石油总公司居第六位。

12 月 6 日 中国水产学会 40 岁生日。10 月 20 日，中国水产学会在中国科技会堂举行庆典。来自国内涉水的大专院校、科研院所以及沿海各省、自治区、市渔业管理部门的专家、学者、企事业单位代表 500 余人，参加了庆典。庆典大会由中国水产学会秘书长张铭羽主持，理事长、中国工程院院士唐启升作了总结报告，总结 40 年来中国水产学会发展、壮大的风雨历程。会上表彰、奖励了 83 名“全国优秀水产科技工作者”和 40 名“全国优秀水产学会工作者”。此外，一批优秀水产论文、专著和优秀水产科技期刊、科普作品也获得奖励。庆典前后，还举行了中国水产学会七届二次理事会和中国水产学会学术年会。8 位水产界的院士和近 400 余名专家、学者一起就海水、淡水、渔业机械、渔业环境保护、渔业资源等专题进行了深层次的研讨。

12 月 6 日 世界第一艘海洋风车安装船在河北省山海关诞生并交付使用。这艘为英国五月花能源公司建造的海洋作业船，是山海关船厂历时 22 个月精心打造的，填补了国内乃至国际船舶制造史上的一项空白，是中国船舶工业发展史上的一座丰碑。这艘海洋风车安装船总长 130.5 米，载重 7 000 吨，是一种全新的多功能工程船舶，集运输、自航、海洋平台自升、发电、生活为一体，主要用于海上风力发电设备的运输与吊装，可实现全船 1 人驾驶。生活区能容纳 70 人，可在海上连续作业 25 天。

12 月 6 日 郑和下西洋 600 周年系列纪念活动——《郑和与航海》专题报告会在北京举行。江苏省郑和研究会秘书长时平和中国海洋学会副理事长吴兆麒分别以“郑和下西洋的历史航程和功绩”、“航海科学的历史和今天”为题，生动地讲述了郑和七下西洋的史实和深远意义，描绘了我国航海事业发展的宏伟蓝图。来自北京八中等学校的 300 余名中学生代表参加专场报告会，交通部和中国航海学会的相关领导出席报告会，国家海洋局副局长孙志辉主持会议。

12 月 11 日 中共中央政治局常委、国务院副总理黄菊在中共中央政治局委员、天津市委书记张立昌陪同下视察天津港。在码头现场，黄菊听取了从 1999 年 12 月考察天津港以来 5 年中发生的巨变以及未来发展目标和具体措施的汇报。国务院国有资产监督委员会主任李荣融、国务院副秘书长尤权、国家发改委副主任张国宝、财政部副部长朱志刚、劳动和社会保障部副部长张小建、人民银行副行长吴晓灵、国务院研究室副主任侯云春等随同视察。

12 月 11 日 国家“十五”高科技发展计划（“863”计划）“深海抗风浪网箱的研制”项目，在上海通过了科技部“863”计划海洋生物技术主题专家组的验收。该项目针对海洋渔业结构战略性调整的需要，用高新技术改造和提升传统养殖业，促进网箱养殖向深水区域推进，初步实现了网箱养殖的规模化、集约化和产业化。项目研制开发的深海抗风浪网箱设备，经受住了几次强台风的考验，性能达到预期目标，成本比国外同类网箱降低 50%。阶段性成果经专家鉴定认为：研制成功的具有我国特色的深海抗风浪网箱，具有很强的应用性和推广价值，在一些设备和技术水平上达到了国际先进水平，在结构工艺方面达到国际领先水平。该项目由浙江海洋学院承担，浙江大海洋科技有限公司、宁波大学、青岛高科技工业园海陆科技发展有限公司、宁波大成新材料股份有限公司等单位参加。

12 月 14 日 全国最大的紫菜市场——如东天一紫菜交易市场胜利竣工，这标志着我国紫菜行业有了自己的“航母”。加入如东天一紫菜交易市场的会员单位拥有加工机组 99 台套、紫菜育苗面积 5 万平方米、原藻栽培面积 0.47 万公顷，干紫菜年产能力 30 万箱，10 余家加工企业已通过了 HACCP、ISO9001 质量体系认证，其中，南通海达水产品有限公司作为全国紫菜业的龙头企业，还通过了美国国际有机作物改良协会的（OCIA）有机食品认证，取得世界上第一张“有机紫菜”认证证书。

12月19日 我国“大洋一号”科学考察船圆满完成了中国大洋协会DY105-12/14航次调查任务，胜利返航青岛。“大洋一号”2003年4月10日从青岛起航，历经254天，行程39 349海里，创造了大洋调查的多项考察新记录，是我国大洋考察史上历时最长、涉及学科最多最广、使用手段最先进、完成工作量最大、样品数据采集最多的一个航次。在全面超额完成预期工作量的同时，该次调查数据的质量也得到前所未有的提高。完成的富钴结壳、多金属结核等资源的深入勘察任务，特别是首次获得了宝贵的海底热液硫化物，为我国在“十五”期间圈定出具有商业开发潜力的钴结壳区域打下了良好的基础。

12月19～21日 来自台湾海峡两岸的近100名专家、学者相聚厦门，就厦门—金门建跨海大桥和区域经济合作进行了广泛深入的研讨。这是两岸专家、学者第四次就寻找建立金—厦间快捷、安全的通道及促进两岸经贸发展的途径进行研讨和磋商。

12月20日 中国第19次南极考察队长城站越冬队员圆满完成任务，顺利返回祖国。长城站越冬队员是于2002年11月20日乘“雪龙”船从上海启程的，于12月26日到达长城站。到站后，全体队员立刻投入工作，圆满完成了卸货、拆除废旧建筑的工作。同时，为保证安全越冬，在度夏期间，队员们对全站设施进行了彻底维护。在越冬期间，队员们以树立长城站良好的窗口形象为己任，明确责任，细化规程，安全、顺利地完成了长城站各项后勤保障和科学考察工作。

12月24日 海军在北京和东海前哨的舰艇、潜艇、航空兵部队，同时举行“爱舰爱岛爱海洋”系列教材首发式。这是海军大力推进“爱舰爱岛爱海洋”教育，筑牢思想政治工作“蓝色生命线”的又一重要举措。在教材首发仪式上，海军政委胡彦林要求各部队把“爱舰爱岛爱海洋”教育作为加强海军思想政治建设的基础工程、长远工程和战略工程，长抓不懈，务求实效。

12月24日 厦门港东渡港区三期通过竣工验收。该工程新建5万吨级集装箱专用泊位和有条件靠泊10万吨级散货船的通用泊位各1个，以及4个千吨级杂货泊位，设计年吞吐能力为45万标准箱和100万吨杂货。

12月26日 中国海洋石油有限公司宣布在中国南海西部海域获得涠洲11-1北-1和松涛24-1-1两个新的油气地质发现，在印度尼西亚东爪哇海的西马杜拉产品分成合同区获得3个油气新发现。

12月28日 我国重大能源基础设施项目广东液化天然气（LNG）项目在深圳大鹏镇秤头角正式打桩开工，标志着项目建设进入了新的阶段。广东LNG项目对缓解我国能源供需矛盾、优化能源结构具有重要意义。

12月28日 中国船舶工业集团公司总经理陈小津在上海宣布，世界最大规模的造船厂——中船长兴建造基地建设正式开工，面积为180万平方米的围堤吹填工程即日开始实施。这是中船集团公司立志在2015年成为世界第一造船集团迈出的坚实的步伐，同时也标志着中国吹响了向建设世界第一造船大国目标挺进的嘹亮号角。

12月31日 我国港口集装箱吞吐总量超过美国，跃居世界第一，上海、深圳港集装箱吞吐量双双突破1 000万标准箱大关。

海洋法规选编

Selected Marine Laws and Regulations

国务院关于印发全国海洋经济发展规划纲要的通知

国发[2003]13 号

各省、自治区、直辖市人民政府，国务院各部委、各直属机构：

现将国家发展和改革委员会、国土资源部、国家海洋局组织制订的《全国海洋经济发展规划纲要》印发给你们，请结合本地区、本部门实际，认真贯彻执行。

海洋蕴藏着丰富的生物、油气和矿产资源，发展海洋经济对于促进沿海地区经济合理布局和产业结构调整，保持我国国民经济持续健康快速发展具有重要意义。沿海各省、自治区、直辖市人民政府要根据《全国海洋经济发展规划纲要》，制定本地区的海洋经济发展规划。国务院海洋行政主管部门要加强对地方海洋经济发展规划编制工作的指导与协调，并监督实施。国务院有关部门要密切配合，加强对海洋经济发展规划实施的协调、管理与支持。

中华人民共和国国务院

二〇〇三年五月九日

全国海洋经济发展规划纲要

（中华人民共和国国务院　2003 年 5 月 9 日）

我国是海洋大国，管辖海域广阔，海洋资源可开发利用的潜力很大。加快发展海洋产业，促进海洋经济发展，对形成国民经济新的增长点，实现全面建设小康社会目标具有重要意义。为此，特制订《全国海洋经济发展规划纲要》（以下简称《纲要》）。《纲要》涉及的主要海洋产业有海洋渔业、海洋交通运输、海洋石油天然气、滨海旅游、海洋船舶、海盐及海洋化工、海水淡化及综合利用和海洋生物医药等；涉及的区域为我国的内水、领海、毗连区、专属经济区、大陆架以及我国管辖的其他海域（未包括我国港、澳、台地区）和我国在国际海底区域的矿区。规划期为 2001 年至 2010 年。

一、我国海洋经济的发展现状和存在的主要问题

海洋经济是开发利用海洋的各类产业及相关经济活动的总和。我国海洋经济居世界沿海国家中等水平，目前正处于快速成长期。发展海洋经济已具备良好的自然条件、经济基础和社会环境，但也存在一些问题。

（一）发展现状

1．海洋自然条件优越、资源丰富。我国海域辽阔，跨越热带、亚热带和温带，大陆海岸线长达 18 000 余千米。海洋资源种类繁多，海洋生物、石油天然气、固体矿产、可再生能源、滨海旅游等资源丰富，开发潜力巨大。其中：海洋生物 2 万余种，海洋鱼类 3 000 余种；海洋石油资源量约 240 亿吨，天然气资源量 14 万亿立方米；滨海砂矿资源储量 31 亿吨；海洋可再生能源理论蕴藏量 6.3 亿千瓦；滨海旅游景点 1 500 余处；深水岸线 400 余千米，深水港址 60 余处；滩涂面积 380 万公顷，水深 0～15 米的浅海面积 12.4 万平方千米。此外，在国际海底区域我国还拥有 7.5 万平方千米多金属结核矿区。

2. 海洋经济发展的社会条件日趋完善。20世纪90年代以来，我国把海洋资源开发作为国家发展战略的重要内容，把发展海洋经济作为振兴经济的重大措施，对海洋资源与环境保护、海洋管理和海洋事业的投入逐步加大。为规范海洋开发活动，保护海洋生态环境，国家先后公布实施了《中华人民共和国海洋环境保护法》、《中华人民共和国海上交通安全法》、《中华人民共和国渔业法》、《中华人民共和国海域使用管理法》等一系列法律法规。全民海洋意识日益增强。沿海一些地区迈出了建设海洋强省（自治区、直辖市）的步伐。海洋经济的快速发展已经具备了良好的社会条件。

3. 海洋经济发展已初具规模。近20年来，沿海地区经济快速发展，对海洋产业的投入力度逐年增加，为海洋经济的持续、稳定、快速发展奠定了基础。“九五”期间，沿海地区主要海洋产业总产值累计达到1.7万亿元，比“八五”时期翻了一番半，年均增长16.2%，高于同期国民经济增长速度。据统计，2000年主要海洋产业增加值达到2 297亿元，占全国国内生产总值的2.6%，占沿海11个省（自治区、直辖市）国内生产总值的4.2%。海水养殖、海洋油气、滨海旅游、海洋医药、海水利用等新兴海洋产业发展迅速，有力地带动了海洋经济的发展。我国海洋渔业和盐业产量连续多年保持世界第一，造船业世界第三，商船拥有量世界第五，港口数量及货物吞吐能力、滨海旅游业收入居世界前列。

（二）存在的主要问题

海洋经济发展缺乏宏观指导、协调和规划，海洋资源开发管理体制不够完善；海洋产业结构性矛盾突出，传统海洋产业仍处于粗放型发展阶段，海洋科技总体水平较低，一些新兴海洋产业尚未形成规模；部分海域生态环境恶化的趋势还没有得到有效遏制，近海渔业资源破坏严重，一些海洋珍稀物种濒临灭绝；部分海域和海岛开发秩序混乱、用海矛盾突出；海洋调查勘探程度低，可开发的重要资源底数不清；海洋经济发展的基础设施和技术装备相对落后。

二、发展海洋经济的原则和目标

（一）指导原则

1. 坚持发展速度和效益的统一，提高海洋经济的总体发展水平。我国海洋经济正处于成长期，应保持较高的发展速度，增加海洋经济总量，提高增长质量，提升海洋经济在国民经济中的地位。

2. 坚持经济发展与资源、环境保护并举，保障海洋经济的可持续发展。加强海洋生态环境保护与建设，海洋经济发展规模和速度要与资源和环境承载能力相适应，走产业现代化与生态环境相协调的可持续发展之路。

3. 坚持科技兴海，加强科技进步对海洋经济发展的带动作用。加快海洋科技创新体系建设，进一步优化海洋科技力量布局和科技资源配置。加强海洋资源勘探与利用关键技术的研究开发，培养海洋科学研究、海洋开发与管理、海洋产业发展所需要的各类人才，提高科技对海洋经济发展的贡献率。

4. 坚持有进有退，调整海洋经济结构。发挥市场配置资源的基础性作用，大力调整和改造传统海洋产业，积极培育新兴海洋产业，加快发展对海洋经济有带动作用的高技术产业，深化海洋资源综合开发利用。在国家规划指导下，调整主要海洋产业布局。沿海地区发挥自身优势，建设各具特色的海洋经济区域。

5. 坚持突出重点，大力发展支柱产业。努力扩大并提高海洋渔业、海洋交通运输业、海洋石油天然气业、滨海旅游业、沿海修造船业等支柱产业的规模、质量和效益。发挥比较优势，集中力量，力争在海洋生物资源开发、海洋油气及其他矿产资源勘探等领域有重大突破，为相关产业发展提供资源储备和保障。

6. 坚持海洋经济发展与国防建设统筹兼顾，保证国防安全。海洋经济发展要与增强国防实力、维护海洋权益、改善海洋环境相适应，坚持军民兼顾、平战结合，使海洋经济发展与国防建设相互促进、协调发展。保证国防建设的用海需要，保护海上军事设施。

（二）发展目标

1. 海洋经济发展的总体目标：海洋经济在国民经济中所占比重进一步提高，海洋经济结构和产业布局得到优化，海洋科学技术贡献率显著加大，海洋支柱产业、新兴产业快速发展，海洋产业国际竞争能力进一步加强，海洋生态环境质量明显改善。形成各具特色的海洋经济区域，海洋经济成为国民经济新的增长点，逐步把我国建设成为海洋强国。

2. 全国海洋经济增长目标：到 2005 年，海洋产业增加值占国内生产总值的 4%左右；2010 年达到 5%以上，逐步使海洋产业成为国民经济的支柱产业。

3. 沿海地区海洋经济发展目标：到 2005 年，海洋产业增加值在国内生产总值中的比重达到 8%以上，一部分省（自治区、直辖市）海洋产业总产值超过 1 000 亿元，形成一批海洋经济强市、强县，海洋产业成为沿海地区的支柱产业。到 2010 年，沿海地区的海洋经济有新的发展，海洋产业增加值在国内生产总值中的比重达到 10%以上，形成若干个海洋经济强省（自治区、直辖市）。

4. 海洋生态环境与资源保护目标：到 2005 年，主要污染物排海量比 2000 年减少 10%，近岸海域生态环境恶化趋势减缓，外海水质保持良好状态，海洋生物资源衰退趋势得到初步遏制。进一步提高对赤潮的监控能力，重点海域监控区内赤潮发现率达到 100%，努力减轻赤潮灾害造成的损失。渤海综合整治取得初步成效。逐步实现重点入海河口、湿地及滩涂资源的保护和可持续利用。到 2010 年，入海污染物排放量得到进一步控制，海洋生态建设取得新进展，沿海城市附近海域和重要海湾整治取得明显成效。

三、主要海洋产业

海洋产业要调整结构，优化布局，扩大规模，注重效益，提高科技含量，实现持续快速发展。加快形成海洋渔业、海洋交通运输业、海洋油气业、滨海旅游业、海洋船舶工业和海洋生物医药等支柱产业，带动其他海洋产业的发展。

（一）海洋渔业

积极推进渔业和渔区经济结构的战略性调整，推动传统渔业向现代渔业转变，实现数量型渔业向质量型渔业转变。加快发展养殖业，养护和合理利用近海渔业资源，积极发展远洋渔业，发展水产品深加工及配套服务产业，努力增加渔民收入，实现海洋渔业可持续发展。

海洋捕捞业要逐步实施限额捕捞制度，控制和压缩近海捕捞渔船数量，引导渔民向海水养殖、水产品精深加工、休闲渔业和非渔产业转移。积极开展国际间双边和多边渔业合作，开辟新的作业海域和新的捕捞资源。发展远洋渔业，重点扶持一批远洋捕捞骨干企业。

海水养殖业要合理布局，改变传统的养殖方式，提高集约化和现代化水平。因地制宜发展滩涂、浅海养殖，逐步向深水水域推进，形成一批大型名特优新养殖基地；开发健康养殖技术和生态型养殖方式，推广深水网箱，合理控制养殖密度；改善滩涂、浅海养殖环境，减少病害发生。

积极发展水产品精深加工业。对产业结构进行调整，以水产品保鲜、保活和低值水产品精深加工为重点，搞好水产品加工废弃物的综合利用。提高加工技术水平，搞好水产品加工的清洁生产。培植龙头企业，创立名牌产品，认真执行水产品绿色认证标准，努力开拓国内外市场。结合水产品海洋捕捞、养殖业区域布局，建设以重点渔港为主的集交易、仓储、配送、运输为一体的水产品物流中心。

重视海洋渔业资源增殖。采取放流、底播等养护措施，人工增殖资源。要把渔业资源增殖与休闲渔业结合起来，积极发展不同类型的休闲渔业。

鼓励发展与渔业增长相适应的第三产业，拓展渔业空间，延伸产业链条，大力推进渔业产业化进程。

（二）海洋交通运输业

海洋交通运输业的发展要进行结构调整，优化港口布局，拓展港口功能，推进市场化，建立结构合理、位居世界前列的海运船队，逐步建设海运强国。

保持港口总吞吐量稳步增长，到 2005 年沿海港口总吞吐量超过 16 亿吨。加快建设现代化集装箱、散货等深水港口设施，重点建设国际航运中心深水港和主枢纽港，扩大港口辐射能力，注重港口发展由数量增长型向质量提高型转化。集装箱运输要重点建设以上海国际航运中心为主、能靠泊 7 万～10 万吨及其以上集装箱船舶的干线港，相应发展支线港、喂给港，促进我国形成布局合理、层次清晰、干支衔接、功能完善、管理高效的国际集装箱运输系统。大宗散货运输要根据产业结构调整、资源调运量和工业布局的需要，衔接好北方、华东地区外运铁矿石、原油及液化天然气的运输接驳。

要根据船舶大型化发展的要求，实施以长江口深水航道为重点的治理工程，改善主要出海口航道及进出港通航条件；根据区域经济和港口城市社会经济发展的需要，适当建设区域性港口码头，改扩建部分老港口码头，并调整结构和功能。

到2010年，要基本建立比较完善的港口运输市场体系。以港口为中心的国际集装箱运输、大宗散货运输等综合运输网络基本建立，港口布局更加完善，运输能力进一步提高，港口服务功能更加多样化，装备技术水平不断提高，基本建成主要港口的智能化管理系统。

（三）海洋油气业

勘探与开发并举，利用与保护并重。开展海域综合地质调查，提出新的油气远景区和新的含油气层位，积极开展近海天然气水合物勘探前期工作，并纳入国家能源发展规划。

海洋油气资源勘探开发要贯彻“两种资源、两个市场”的原则，实行油气并举、立足国内、发展海外，自营开采与对外合作并举，积极探索争议海域油气资源的勘探开发方式。坚持科技创新，不断提高勘探成功率和采收率；坚持上下游一体化发展，有选择地发展下游产业，完善产业结构，增强产业抗风险能力。

重点建设面向珠江三角洲、长江三角洲、环渤海经济圈的南海、东海、渤海天然气田，逐步形成三个区域性市场供应体系。石油开发建设近期以渤海为重点，在现有开发区域周围扩大储量规模；海南岛近海及珠江口的现有油田以挖潜为主，同时加强新层系及深水区域的勘探；继续加强东海、南海的石油勘探工作。加快滩海地区重点区域的勘探开发。

（四）滨海旅游业

滨海旅游业要进一步突出海洋生态和海洋文化特色，努力开拓国内、国际旅游客源市场；实施旅游精品战略，发展海滨度假旅游、海上观光旅游和涉海专项旅游；加强旅游基础设施与生态环境建设，科学确定旅游环境容量，促进滨海旅游业的可持续发展。

滨海旅游业的区域布局重点是渤海海滨，北黄海海滨海岛，沪、浙、闽、粤海滨海岛以及海南岛和北部湾等区域。

（五）海洋船舶工业

海洋船舶工业要突出主业、多元经营、军民结合，由造船大国向造船强国稳步发展。形成环渤海船舶工业带和以上海为中心的东海地区船舶工业基地、以广州为中心的南海地区船舶工业基地。重点发展超大型油轮、液化天然气船、液化石油气船、大型滚装船等高技术、高附加值船舶产品及船用配套设备，同时稳步提高修船能力。

海洋工程装备制造要重点发展海洋钻井平台、移动式多功能修井平台、海洋平台生产和生活模块、从浅海到深水区导管架和采油气综合模块、大型工程船舶、浮式储油生产轮。

（六）海盐及海洋化工业

海盐及盐化工业要坚持以盐为主、盐化结合、多种经营的方针，做好结构调整，提高工艺技术和装备水平，大力开发高附加值产品。继续进行海洋化学资源的综合利用和技术革新，加强系列产品开发和精深加工技术，重点发展化肥和精细化工。海洋化工要逐步形成规模较大的海水化学资源开发产业。海藻化工要不断开发新产品，扩大原料品种和产品品种，提高质量。

（七）海水利用业

把发展海水利用作为战略性的接续产业加以培植。继续积极发展海水直接利用和海水淡化技术，重点是降低成本，扩大海水利用产业规模，逐步使海水成为工业和生活设施用水的重要水源。到2010年，海水淡化年产量达到2 000万吨以上，海水年利用总量达到500亿立方米以上；在北方沿海缺水城市（海岛）建立海水综合利用示范基地，建设一批大规模海水利用的沿海示范城市。

（八）海洋生物医药业

积极发展海洋生物活性物质筛选技术，重视海洋微生物资源的研究开发，加强医用海洋动植物的养殖和栽培。重点研究开发一批具有自主知识产权的海洋药物。努力开发一批技术含量高、市场容量大、经济效益好的海洋中成药。积极开发农用海洋生物制品、工业海洋生物制品和海洋保健品。到2010年，形成初具规模的海洋医药与生化制品业。

四、海洋经济区域布局

海洋经济区域分为海岸带及邻近海域、海岛及邻近海域、大陆架及专属经济区和国际海底区域。开发建设的时序和布局是：由近及远，先易后难，优先开发海岸带及邻近海域，加强海岛保护与建设，有重点开发大陆架和专属经济区，加大国际海底区域的勘探开发力度。

（一）海岸带及邻近海域

根据自然和资源条件、经济发展水平和行政区划，把我国海岸带及邻近海域划分为11个综合经济区，通过发挥区域比较优势，形成各具特色的海洋经济区域。

1. 辽东半岛海洋经济区：本区东起丹东市鸭绿江口，西至营口市盖州角，以基岩海岸为主，岸线长1 300千米，滩涂面积约900平方千米。优势海洋资源是港口资源、旅游资源、渔业资源。海洋开发基础好，是海洋经济较发达的地区之一。主要发展方向为：以大连港为枢纽，营口、丹东港为补充，建设多功能、区域性物流中心；提高海洋船舶制造的自动化水平和产品层次；建设大连、旅顺、丹东滨海旅游带；重点发展海珍品养殖；保障复州湾、金州湾盐业生产基地的持续发展；培植海水利用产业，提高大连市的海水利用程度。

2. 辽河三角洲海洋经济区：本区从营口市盖州角到锦州市小凌河口，为淤泥质海岸，岸线长300千米，滩涂面积约800平方千米。优势海洋资源是油气资源和海水资源。海洋开发基础弱。主要发展方向为：重点建设辽河油田的临海油气田，勘探开发笔架岭、太阳岛等油气区；加强海水资源开发利用，发展营口、锦州盐业生产基地；加快锦州港建设，为辽西、内蒙古东部地区物资运输服务。

3. 渤海西部海洋经济区：本区北起锦州市小凌河口，南到唐山市滦河口，主要为砂砾质海岸，岸线长400千米，滩涂面积约170平方千米。优势海洋资源是滨海旅游资源、港口资源、油气资源。海洋经济发展基础薄弱。主要发展方向为：发展北戴河、南戴河、山海关、兴城旅游业；继续保持秦皇岛港煤炭输出大港的地位，拓展综合性港口功能；加快绥中、秦皇岛海洋石油资源开发。积极发展海水淡化和海水直接利用。

4. 渤海西南部海洋经济区：本区北起唐山市滦河口，南至烟台市虎头崖，为淤泥质海岸，岸线长1 100千米，滩涂面积约3 800平方千米。优势海洋资源是油气资源、港口资源和海水资源。海洋开发北部基础较好，南部较差。主要发展方面为：开发建设歧口、渤中、南堡、曹妃甸海区的油气田，重点建设蓬莱、渤海油气田群；勘探开发赵东、马东东、新港滩海油气区；强化天津港的集装箱干线港地位，继续建设黄骅港、京唐港；继续发展海水淡化和综合利用产业，天津要建成海水淡化利用示范市。调整区内海盐生产能力，发展海洋化工产业。

5. 山东半岛海洋经济区：本区西起烟台市虎头崖，南至鲁苏交界的绣针河口，为基岩海岸，岸线长3 000千米，滩涂面积约2 400平方千米。优势海洋资源是渔业资源、旅游资源和港口资源。海洋开发基础好，海洋经济比较发达。主要发展方向为：发展海水养殖业和远洋捕捞业，搞好水产品精加工；强化青岛集装箱干线港的地位，提高烟台、日照等港口综合发展水平；以海洋综合科技为先导，大力发展海洋生物工程、海洋药物开发和海洋精细化工制品；开展建设以青岛、烟台、威海为重点的滨海及海岛特色旅游带；积极发展青岛等缺水城市的海水利用。

6. 苏东海洋经济区：本区北起绣针河口，南抵长江口，绝大部分为淤泥质海岸，岸线长954千米，滩涂面积约5 100平方千米。优势海洋资源是渔业资源、滩涂资源。南部、北部地区海洋开发程度较高。主要发展方向为：建设海珍品和鱼类养殖出口创汇基地；转变滩涂开发利用方式，发展特色水产品和经济作物；重点建设连云港主枢纽港，发挥新欧亚大陆桥桥头堡作用，开发南通港的外港区；结合沿海工业布局，积极引导海水利用；挖掘滨海旅游资源，形成独特的滨海旅游景区。

7. 长江口及浙江沿岸海洋经济区：本区北起长江口，南抵浙闽交界的沙埕湾，绝大部分为淤泥质海岸，岸线长2 012千米，滩涂面积约3 300平方千米。优势海洋资源是港口资源、旅游资源和渔业资源。长江口及杭州湾地区海洋开发基础好、程度高，是我国海洋经济发展最具潜力的地区之一。主要发展方向为：建设上海国际航运中心，加强宁波北仑深水港和杭州湾外港区建设；发展海洋油气和海洋化工深加工；优化资源配置、调整布局结构，发展海洋船舶工业，提高国际竞争力；完善杭州、宁波和舟山群岛旅游景区，建设浙北一上海海滨海岛旅游带；调整渔区经济结构，发展远洋捕捞，搞好浙南海水养殖基地建设；加强海水资源综合利用技术的研究与开发。

8. 闽东南海洋经济区：本区北起沙埕湾，南至漳州市诏安湾，主要为基岩海岸，岸线长3 324千米，滩涂面积约1 500平方千米。优势海洋资源是渔业资源、港口资源和旅游资源。海洋经济发展基础较好。主要发展方向为：调整海洋渔业结构，抓好海水养殖基地建设；强化厦门港集装箱干线港的建设，相应发展福州、泉州、漳州等港口；搞好厦门港、福州港的对台海运直航试点，为恢复对台直接通航做好准备；构筑海峡西岸有特色的滨海、海岛旅游带；加强海洋可再生能源、海洋生物工程技术的研究与发展。

9．南海北部海洋经济区：本区东起诏安湾，西至湛江市滘尾角，以基岩海岸为主，岸线长 3 204 千米。优势海洋资源主要有港口资源、油气资源、旅游资源和渔业资源。珠江口周边地区海洋开发基础好、程度高，是我国海洋经济发展最具潜力的地区之一。主要发展方向为：逐步形成珠江三角洲港口集装箱运输体系，搞好区内港口的优化配置，发挥广州、汕头、湛江等区域性枢纽港作用；加大珠江口油气资源综合利用，发展海洋油气和海洋化工深加工；发展滨海、海岛休闲旅游和港、澳、粤大三角城市观光、购物旅游；鼓励发展外海捕捞，重点发展海湾养殖业。

10．北部湾海洋经济区：本区东起湛江市滘尾角，西到防城港市北仑河口，海岸类型多样，海岸线长 1 547 千米。优势海洋资源是港口资源、渔业资源和油气资源。海洋经济处于发展阶段。主要发展方向为：优化港口布局，搞好防城港、北海港、钦州港资源配置；发展珍珠等特色海产品养殖；大力开发北部湾口的渔业资源；大力开发海洋生态旅游和跨境旅游，重点发展北海滨海度假旅游。

11．海南岛海洋经济区：本区海南岛本岛海岸线长 1 618 千米，滩涂面积约 490 平方千米。优势海洋资源是热带海洋生物资源、海岛及海洋旅游资源和油气资源。海洋经济基础较薄弱。主要发展方向为：发展海岛休闲度假旅游、热带风光旅游、海洋生态旅游；发展海洋天然气资源加工利用；完善海口、洋浦和八所港口功能，加强与内陆连接的运输能力；抓好苗种繁育和养殖基地建设，鼓励发展外海捕捞。

（二）海岛及邻近海域

海岛是我国海洋经济发展中的特殊区域，在国防、权益和资源等方面有着很强的特殊性和重要性。海岛及邻近海域的资源优势主要是渔业、旅游、港址和海洋可再生能源。总体经济基础薄弱，生态系统脆弱。发展海岛经济要因岛制宜，建设与保护并重，军民兼顾与平战结合，实现经济发展、资源环境保护和国防安全的统一。

海岛及邻近海域的主要发展方向是：加大海岛和跨海基础设施建设力度，加强中心岛屿涵养水源和风能、潮汐能电站建设；调整海岛渔业结构和布局，重点发展深水养殖；发展海岛休闲、观光和生态特色旅游；推广海水淡化利用；建立各类海岛及邻近海域自然保护区。

（三）大陆架和专属经济区

1．渔业区。黄海渔业资源严重衰退，要严格控制捕捞强度，加强对海洋鱼类产卵场、索饵场、越冬场和洄游区域的保护，扩大对虾和洄游性鱼类的增殖放流规模。东海主要渔业资源衰退，要加强对多种经济鱼、虾类索饵场和越冬场及部分种类的产卵场的资源保护，加强人工鱼礁投放，严格实施限额捕捞制度，逐步恢复渔业资源。南海渔业资源丰富，种类繁多，要控制捕捞强度，适当投放人工鱼礁，加快恢复渔业资源，继续开展渔业资源调查，增加可捕捞渔业资源。

2．油气区。黄海油气区要进一步调查勘探，努力发现商业性油气田。东海油气区要加大勘探工作力度，采用多种形式进行台西盆地和台西南盆地的勘探，稳步增加油气产量。南海油气区要加大珠江口盆地、琼东南盆地、北部湾盆地边际油田和莺歌海盆地的油气资源勘探力度，扩大勘探范围和程度，增加油气资源储备，重点开发建设北部湾油田、东方气田。要加强南部海域油气资源勘探，探索对外合作模式，维护我国南海南部海洋权益。

（四）国际海底区域

加强国际海底区域资源勘探、研究与开发。持续开展深海勘查，大力发展深海技术，适时发展深海产业。圈定多金属结核靶区，开展富钴结壳等新型矿产的调查，兼顾国际海底区域其他资源的前期调查，加强生物基因技术的研究与开发。努力提高深海资源勘探和开发技术能力，维护我国在国际海底区域的权益。

五、海洋生态环境与资源保护

严格实施海洋功能区划制度，合理开发与保护海洋资源，防止海洋污染和生态破坏，促进海洋经济可持续发展。

（一）海洋污染防治

严格控制陆源污染物排海，陆源污染物排放必须达标。逐步实施重点海域污染物排海总量控制制度。改善近岸海域环境质量，重点治理和保护河口、海湾和城市附近海域，继续保持未污染海域环境质量。加强入海江河的水环境治理，减少入海污染物。加快沿海大中城市、江河沿岸城市生活污水、垃圾处理和工业废水处理设施建设，提高污水处理率、垃圾处理率和脱磷、脱氮效率。限期整治和关闭污染严重的入海排污口、废物倾倒区。妥善处理生活垃圾和工业废渣，严格限制重金属、有毒物质和难降解污染物排放。临海企业要逐步推行全过程清洁生产。加强沿海地区面源污染控制，积极发展生态型种养殖。

加强海上污染源管理。提高船舶和港口防污设备的配备率，做到达标排放。海上石油生产及运输设施要配备防油污设备和器材，减少突发性污染事故。

开展重点海域污染治理。加强渤海综合整治和管理，加快渤海综合整治能力建设。开展大连湾、胶州湾、杭州湾和舟山海域等重点海域综合整治工作。

（二）海洋生态保护

海洋生态保护重点是加强典型海洋生态系保护，修复近海重要生态功能区，建立和完善各具特色的海洋自然保护区，形成良性循环的海洋生态系统。

开展全国性海洋生态调查，重点开展红树林、珊瑚礁、海草床、河口、滨海湿地等特殊海洋生态系及其生物多样性的调查研究和保护。加强现有海洋自然保护区保护能力建设，提高管理水平，规划建设一批新的海洋自然保护区。

加强近海重要生态功能区的修复和治理，重点是渤海、舟山海域、闽南海域、南海北部浅海等生态环境的恢复与保护。建设一批海洋生态监测站。开展海洋生态保护及开发利用示范工程建设。

（三）海洋生物资源保护

控制和压缩近海传统渔业资源捕捞强度，继续实行禁渔区、禁渔期和休渔制度，确保重点渔场不受破坏。加强重点渔场、江河出海口、海湾等海域水生资源繁育区的保护。投放保护性人工鱼礁，加强海珍品增殖礁建设，扩大放流品种和规模，增殖优质生物资源种类和数量。加强珍稀濒危物种保护区建设。

（四）海岸、河口和滩涂保护

合理利用岸线资源。开展海岸调查评价，制定海岸利用和保护规划。深水岸线优先保证重要港口建设需要。对具有特色的海岸自然、人文景观要加强保护。保护红树林等护岸植被，严禁非法采砂，加强侵蚀岸段的治理和保护。

因地制宜，突出重点，进行河口综合整治。加强长江口、珠江口、钱塘江口等通海航道综合整治和生态环境保护；治理保护黄河口三角洲，相对稳定黄河流路，防治河口区潮灾和海岸侵蚀。

严格控制滩涂围垦和围填海。对围垦滩涂和围填海活动要科学论证，依法审批。严禁围垦沿海沼泽草地、芦苇湿地和红树林区。

六、发展海洋经济的主要措施

加快海洋经济的发展，要充分发挥市场配置资源的基础性作用，同时要制定相应政策，增加政府投入，采取必要措施。总的要求是，建立和完善涉海法律法规和管理体系，理顺海洋管理体制，加大海洋经济发展的投融资力度和技术支持力度，加强和完善政府功能，推动各项工作措施的落实。

（一）完善法律法规体系，加大执法力度，理顺海洋管理体制

完善相关法律法规体系，抓紧制定和组织实施海域权属管理制度、海域有偿使用制度、海洋功能区划制度，完善海洋经济统计制度。加强海上执法队伍的建设、协调与统一。加大《中华人民共和国海域使用管理法》、《中华人民共和国海洋环境保护法》、《中华人民共和国海上交通安全法》、《中华人民共和国矿产资源法》、《中华人民共和国渔业法》等法律法规的执法力度。

理顺海洋管理体制，加强各级海洋行政管理机构建设，明确中央和地方、各有关部门在海洋管理中的工作职责，建立适应海洋经济发展要求的行政协调机制，维护海洋经济领域的市场秩序，改革和完善行政审批制度，为国内外企业进入海洋经济领域创造良好的投资环境。

（二）实施科技兴海，提高海洋产业竞争力

各级人民政府对海洋科技能力建设的投入，要重点支持对海洋经济有重大带动作用的海洋生物、海洋油气勘探开发、海水利用、海洋监测、深海探测等技术的研究开发。提高海洋科技创新能力，力争在若干海洋科技领域有所突破。实施海洋人才战略，加快培养海洋科技和经营管理人才。

（三）拓宽投融资渠道，确立企业投资主体地位。

要拓宽海洋基础设施建设的投资、融资渠道，确立企业在发展海洋经济过程中的投资主体地位，发挥大型海洋产业企业集团参与国内外市场竞争的作用，努力提高重点海洋产业的国际竞争力。鼓励和支持国内外各类投资者依法平等参与海洋经济开发。

（四）发挥沿海地区自身优势，推动海洋经济发展

沿海地区各级人民政府要把海洋经济作为重要的支柱产业加以培植，发挥各地区比较优势，打破行政分割和市场封锁，努力形成资源配置合理、各具特色的海洋经济区域。沿海各省、自治区、直辖市人民政府要按照国家海洋经济发展的总体要求，结合实际，抓紧制定和组织实施本地区海洋经济发展规划。

（五）加大海洋环境保护投入，保障海洋经济可持续发展

重点加强污染源治理，加快建设沿海城市、江河沿岸城市污水和固体废弃物处理设施。完善海洋生态环境监测系统与评价体系。加强赤潮研究、监控和预报，建立赤潮监控区。鼓励非政府组织开展海洋生态环境保护活动。加强海洋环境保护的国际合作。

（六）加大扶持力度，促进海岛的建设和发展

各级人民政府对海洋基础设施建设的投入，要重点支持海岛交通、电力、水利等项目建设；沿海地方各级人民政府要逐步提高对贫困海岛的财政转移支付力度；逐步扩大沿海岛屿对外开放领域，多渠道吸引资金参与海岛建设。

（七）提高海洋防灾减灾能力，完善海洋服务体系建设海洋立体观测预报网络系统，开展大范围、长时效、高精度预报服务，形成有效的监测、评价和预警能力，完善沿海防潮工程，减少风暴潮、巨浪等海洋灾害损失。努力发展海洋信息技术，建立海洋空间基础地理信息系统，大力推进海洋政务信息化工作。加强船舶安全管理，整顿、维护航行秩序，完善海上交通安全管理和应急救助系统，不断提高航海保障、海上救生和救助服务水平。

省级海洋功能区划审批办法

（中华人民共和国国务院　2003 年 3 月 7 日）

为了规范沿海省、自治区、直辖市海洋功能区划（以下简称省级海洋功能区划）的审查和报批工作，根据有关法律规定，制定本办法。

一、审查依据

（一）国家海域使用管理和海洋环境保护的法律、法规。

（二）国民经济和社会发展计划及中长期规划。

（三）全国海洋功能区划及其他经国务院批准的规划。

（四）国家海洋开发利用与保护的有关政策。

（五）省级国民经济和社会发展计划及中长期规划。

（六）海洋功能区划管理制度和技术规范。

二、审查内容

（一）省级海洋功能区划的编制是否依据《中华人民共和国海域使用管理法》、《中华人民共和国海洋环境保护法》和《国务院关于全国海洋功能区划的批复》（国函[2002]77 号）的有关规定。

（二）省级海洋功能是否与经国务院批准的涉海区划、规划相衔接，是否与军事设施保护要求相一致。

（三）对海洋功能区区位条件、自然资源和自然环境的分析，以及开发利用与保护状况的分析是否科学合理，是否有利于本地区生态环境保护和建设。

（四）省级海洋功能区划的目标是否与国家产业政策、本地区国民经济和社会发展计划及规划相协调。

（五）省级海洋功能区划是否有保证实施的措施，措施是否切实可行。

三、审查报批程序

（一）省级海洋功能区划由省、自治区、直辖市海洋行政主管部门组织编制，报同级人民政府审核。国家海洋局对区划的编制予以指导。

（二）省级海洋功能区划经省级人民政府审核同意后，由省级人民政府上报国务院，同时抄送国家海洋局（抄送时附区划文本、登记表、图

件、报告、编制说明、专家评审意见，一式20份)。

(三) 国务院将省级人民政府报来的请示转请国家海洋局组织审查；国家海洋局收到交办文件后，即分送国务院有关部门和单位征求意见；有关部门和单位应在收到征求意见文件之日起30日内，将书面意见反馈国家海洋局，逾期按无意见处理。

(四) 国家海洋局经综合协调各方面意见后，在15日内正式提出审查意见。审查认为不予批准的或有关部门提出重大意见而有必要对区划进行重新修改的，国家海洋局可将该区划退回报文的省级人民政府，请其修改完善后重新报国务院。

(五) 省级海洋功能区划经审查同意后，由国家海洋局起草审查意见和批复代拟稿，按程序报国务院审批。

四、其他事项

(一) 省级海洋功能区划经国务院批准后，省级人民政府应当自批准之日起30个工作日内向社会公布。但是，涉及国家秘密的部分除外。

(二) 《中华人民共和国海域使用管理法》施行前，已经省级人民政府批准的省级海洋功能区划，应当自本办法印发之日起2年内完成修订工作，并按本办法规定的程序报国务院审批。

报国务院批准的项目用海审批办法

(中华人民共和国国务院　2003年4月19日)

为认真贯彻实施《中华人民共和国海域使用管理法》(以下简称《海域使用管理法》)，规范需报国务院批准的项目用海审查和报批工作，制定本办法。

一、审批范围

按照《海域使用管理法》第十八条的规定，下列项目用海，需报国务院批准：

(一)填海50公顷以上的项目用海；(二)围海100公顷以上的项目用海；(三)不改变海域自然属性的用海700公顷以上的项目用海；(四)国家重大建设项目用海；(五)跨省、自治区、直辖市管理海域的项目用海；(六)国防建设项目用海；(七)国务院规定的其他项目用海。

二、审查原则

(一)严格控制填海和围海项目；(二)促进海域的合理开发和可持续利用；(三)保护海洋资源和生态环境；(四)保证国家建设用海；(五)保障国防安全和海上交通安全。

三、审查依据

(一)《海域使用管理法》及有关海洋法律、法规和规定；(二)海洋功能区划；(三)国家有关产业政策；(四)海域使用管理技术规范和标准。

四、审查内容

(一)项目用海是否在需报国务院批准的范围之内；(二)建设项目前期工作是否执行了国家规定的有关建设程序；(三)项目用海申请、受理是否符合规定程序和要求；(四)项目用海是否符合海洋功能区划；(五)项目用海是否与国家有关产业政策相协调；(六)项目用海是否影响国防安全和海上交通安全；(七)海域使用论证是否按照规定程序和技术标准开展，论证结论是否切实可行；(八)项目用海的界址、面积是否清楚，权属有无争议；(九)存在违法用海行为的，是否已依法查处；(十)有关部门意见是否一致；(十一)其他内容是否符合国家法律、法规的规定和有关政策。

五、审批程序

(一) 本办法审批范围第(一)、(二)、(三)项规定的项目用海，由项目所在地的县级海洋行政主管部门受理(未设海洋行政主管部门或跨县级管理海域的，由共同的上一级海洋行政主管部门受理)，经审核并报同级人民政府同意后逐级报至国家海洋局。

本办法审批范围第(四)、(五)、(六)、(七)项规定的项目用海，由国家海洋局直接受理。

(二) 国家海洋局接到海域使用申请材料后，应当抓紧办理，涉及国务院有关部门和单位的，应当征求意见。国家海洋局直接受理的项目用海，还应当征求项目所在地省级人民政府意见。有关部门、地方和单位自收到征求意见文件之日起7个工作日内，应将书面意见反馈国家海洋局。逾期未反馈意见又未说明情况的，按无意见处理。如有不同意见，由国家海洋局负责协调。

（三）在综合有关部门、地方和单位意见基础上，国家海洋局依照规定对项目用海进行审查。审查未通过的，由国家海洋局按程序将项目用海材料退回；审查通过的，由国家海洋局起草审查报告并按程序报国务院审批。

（四）项目用海经国务院批准后，由国家海洋局负责办理项目用海批复文件，主送海域使用申请人，抄送有关省级人民政府及海洋行政主管部门，并办理海域使用权登记发证手续。其中，按规定应缴纳海域使用金的，在缴纳后方可办理海域使用权登记发证手续。

六、其他事项

（一）国家重大建设项目需要使用海域的，建设单位应当在立项申请前提出海域使用申请，经国家海洋局预审同意后，方可按规定程序办理立项手续。

（二）依照法律、行政法规规定由国务院有关部门审批的海洋矿产资源勘查开采、海底电缆管道铺设等项目及海洋类国家级自然保护区内的开发项目，需要使用海域的，应依法履行报批手续。

（三）《海域使用管理法》实施前已经国务院或国务院有关部门批准的项目，符合海洋功能区划的，由国家海洋局根据有关批准文件直接办理海域使用权登记发证手续；不符合海洋功能区划的，不得办理海域使用权登记发证手续。

（四）凡存在未批先用、越权审批或者化整为零、分散批准等违法用海行为的，必须依法严肃查处，并追究有关责任人员的行政和法律责任。

（五）经国务院批准的项目用海，凡不违反保密规定的，由国家海洋局向社会公告。公告工作不收取任何费用。

（六）国家海洋局需在每年年末将项目用海审批情况汇总报告国务院。

中华人民共和国港口法

（2003 年 6 月 28 日第十届全国人民代表大会常务委员会第三次会议通过）

第一章　总　则

第一条　为了加强港口管理，维护港口的安全与经营秩序，保护当事人的合法权益，促进港口的建设与发展，制定本法。

第二条　从事港口规划、建设、维护、经营、管理及其相关活动，适用本法。

第三条　本法所称港口，是指具有船舶进出、停泊、靠泊，旅客上下，货物装卸、驳运、储存等功能，具有相应的码头设施，由一定范围的水域和陆域组成的区域。

港口可以由一个或者多个港区组成。

第四条　国务院和有关县级以上地方人民政府应当在国民经济和社会发展计划中体现港口的发展和规划要求，并依法保护和合理利用港口资源。

第五条　国家鼓励国内外经济组织和个人依法投资建设、经营港口，保护投资者的合法权益。

第六条　国务院交通主管部门主管全国的港口工作。

地方人民政府对本行政区域内港口的管理，按照国务院关于港口管理体制的规定确定。

依照前款确定的港口管理体制，由港口所在地的市、县人民政府管理的港口，由市、县人民政府确定一个部门具体实施对港口的行政管理；由省、自治区、直辖市人民政府管理的港口，由省、自治区、直辖市人民政府确定一个部门具体实施对港口的行政管理。依照前款确定的对港口具体实施行政管理的部门，以下统称港口行政管理部门。

第二章　港口规划与建设

第七条　港口规划应当根据国民经济和社会发展的要求以及国防建设的需要编制，体现合理利用岸线资源的原则，符合城镇体系规划，并与土地利用总体规划、城市总体规划、江河流域规划、防洪规划、海洋功能区划、水路运输发展规划和其他运输方式发展规划以及法律、行政法规规定的其他有关规划相衔接、协调。

编制港口规划应当组织专家论证，并依法进行环境影响评价。

第八条 港口规划包括港口布局规划和港口总体规划。

港口布局规划，是指港口的分布规划，包括全国港口布局规划和省、自治区、直辖市港口布局规划。

港口总体规划，是指一个港口在一定时期的具体规划，包括港口的水域和陆域范围、港区划分、吞吐量和到港船型、港口的性质和功能、水域和陆域使用、港口设施建设岸线使用、建设用地配置以及分期建设序列等内容。

港口总体规划应当符合港口布局规划。

第九条 全国港口布局规划，由国务院交通主管部门征求国务院有关部门和有关军事机关的意见编制，报国务院批准后公布实施。

省、自治区、直辖市港口布局规划，由省、自治区、直辖市人民政府根据全国港口布局规划组织编制，并送国务院交通主管部门征求意见。国务院交通主管部门自收到征求意见的材料之日起满三十日未提出修改意见的，该港口布局规划由有关省、自治区、直辖市人民政府公布实施；国务院交通主管部门认为不符合全国港口布局规划的，应当自收到征求意见的材料之日起三十日内提出修改意见；有关省、自治区、直辖市人民政府对修改意见有异议的，报国务院决定。

第十条 港口总体规划由港口行政管理部门征求有关部门和有关军事机关的意见编制。

第十一条 地理位置重要、吞吐量较大、对经济发展影响较广的主要港口的总体规划，由国务院交通主管部门征求国务院有关部门和有关军事机关的意见后，会同有关省、自治区、直辖市人民政府批准，并公布实施。主要港口名录由国务院交通主管部门征求国务院有关部门意见后确定并公布。

省、自治区、直辖市人民政府征求国务院交通主管部门的意见后确定本地区的重要港口。重要港口的总体规划由省、自治区、直辖市人民政府征求国务院交通主管部门意见后批准，公布实施。

前两款规定以外的港口的总体规划，由港口所在地的市、县人民政府批准后公布实施，并报省、自治区、直辖市人民政府备案。

市、县人民政府港口行政管理部门编制的属于本条第一款、第二款规定范围的港口的总体规划，在报送审批前应当经本级人民政府审核同意。

第十二条 港口规划的修改，按照港口规划制定程序办理。

第十三条 在港口总体规划区内建设港口设施，使用港口深水岸线的，由国务院交通主管部门会同国务院经济综合宏观调控部门批准；建设港口设施，使用非深水岸线的，由港口行政管理部门批准。但是，由国务院或者国务院经济综合宏观调控部门批准建设的项目使用港口岸线，不再另行办理使用港口岸线的审批手续。

港口深水岸线的标准由国务院交通主管部门制定。

第十四条 港口建设应当符合港口规划。不得违反港口规划建设任何港口设施。

第十五条 按照国家规定须经有关机关批准的港口建设项目，应当按照国家有关规定办理审批手续，并符合国家有关标准和技术规范。

建设港口工程项目，应当依法进行环境影响评价。

港口建设项目的安全设施和环境保护设施，必须与主体工程同时设计、同时施工、同时投入使用。

第十六条 港口建设使用土地和水域，应当依照有关土地管理、海域使用管理、河道管理、航道管理、军事设施保护管理的法律、行政法规以及其他有关法律、行政法规的规定办理。

第十七条 港口的危险货物作业场所、实施卫生除害处理的专用场所，应当符合港口总体规划和国家有关安全生产、消防、检验检疫和环境保护的要求，其与人口密集区和港口客运设施的距离应当符合国务院有关部门的规定；经依法办理有关手续，并经港口行政管理部门批准后，方可建设。

第十八条 航标设施以及其他辅助性设施，应当与港口同步建设，并保证按期投入使用。

港口内有关行政管理机构办公设施的建设应当符合港口总体规划，建设费用不得向港口经营人摊派。

第十九条 港口设施建设项目竣工后，应当按照国家有关规定经验收合格，方可投入使用。

港口设施的所有权，依照有关法律规定确定。

第二十条 县级以上有关人民政府应当保证必要的资金投入，用于港口公用的航道、防波堤、锚地等基础设施的建设和维护。具体办法由国务院规定。

第二十一条 县级以上有关人民政府应当采取措施，组织建设与港口相配套的航道、铁路、公路、给排水、供电、通信等设施。

第三章 港口经营

第二十二条 从事港口经营，应当向港口行政管理部门书面申请取得港口经营许可，并依法办理工商登记。

港口行政管理部门实施港口经营许可，应当遵循公开、公正、公平的原则。

港口经营包括码头和其他港口设施的经营，港口旅客运输服务经营，在港区内从事货物的装卸、驳运、仓储的经营和港口拖轮经营等。

第二十三条 取得港口经营许可，应当有固定的经营场所，有与经营业务相适应的设施、设备、专业技术人员和管理人员，并应当具备法律、法规规定的其他条件。

第二十四条 港口行政管理部门应当自收到本法第二十二条第一款规定的书面申请之日起三十日内依法作出许可或者不予许可的决定。予以许可的，颁发港口经营许可证；不予许可的，应当书面通知申请人并告知理由。

第二十五条 经营港口理货业务，应当按照规定取得许可。实施港口理货业务经营许可，应当遵循公开、公正、公平的原则。具体办法由国务院交通主管部门规定。

港口理货业务经营人应当公正、准确地办理理货业务；不得兼营本法第二十二条第三款规定的货物装卸经营业务和仓储经营业务。

第二十六条 港口经营人从事经营活动，必须遵守有关法律、法规，遵守国务院交通主管部门有关港口作业规则的规定，依法履行合同约定的义务，为客户提供公平、良好的服务。

从事港口旅客运输服务的经营人，应当采取保证旅客安全的有效措施，向旅客提供快捷、便利的服务，保持良好的候船环境。

港口经营人应当依照有关环境保护的法律、法规的规定，采取有效措施，防治对环境的污染和危害。

第二十七条 港口经营人应当优先安排抢险物资、救灾物资和国防建设急需物资的作业。

第二十八条 港口经营人应当在其经营场所公布经营服务的收费项目和收费标准；未公布的，不得实施。

港口经营性收费依法实行政府指导价或者政府定价的，港口经营人应当按照规定执行。

第二十九条 国家鼓励和保护港口经营活动的公平竞争。

港口经营人不得实施垄断行为和不正当竞争行为，不得以任何手段强迫他人接受其提供的港口服务。

第三十条 港口行政管理部门依照《中华人民共和国统计法》和有关行政法规的规定要求港口经营人提供的统计资料，港口经营人应当如实提供。

港口行政管理部门应当按照国家有关规定将港口经营人报送的统计资料及时上报，并为港口经营人保守商业秘密。

第三十一条 港口经营人的合法权益受法律保护。任何单位和个人不得向港口经营人摊派或者违法收取费用，不得违法干预港口经营人的经营自主权。

第三十二条 港口经营人必须依照《中华人民共和国安全生产法》等有关法律、法规和国务院交通主管部门有关港口安全作业规则的规定，加强安全生产管理，建立健全安全生产责任制等规章制度，完善安全生产条件，采取保障安全生产的有效措施，确保安全生产。

港口经营人应当依法制定本单位的危险货物事故应急预案、重大生产安全事故的旅客紧急疏散和救援预案以及预防自然灾害预案，保障组织实施。

第三十三条 港口行政管理部门应当依法制定可能危及社会公共利益的港口危险货物事故应急预案、重大生产安全事故的旅客紧急疏散和救援预案以及预防自然灾害预案，建立健全港口重大生产安全事故的应急救援体系。

第三十四条 船舶进出港口，应当依照有关水上交通安全的法律、行政法规的规定向海事管理机构报告。海事管理机构接到报告后，应当及时通报港口行政管理部门。

船舶载运危险货物进出港口，应当按照国务院交通主管部门的规定将危险货物的名称、特性、包装和进出港口的时间报告海事管理机构。海事管理机构接到报告后，应当在国务院交通主管部门规定的时间内作出是否同意的决定，通知报告人，并通报港口行政管理部门。但是，定船舶、定航线、定货种的船舶可以定期报告。

第三十五条 在港口内进行危险货物的装卸、过驳作业，应当按照国务院交通主管部门的规定将危险货物的名称、特性、包装和作业的时间、地点报告港口行政管理部门。港口行政管理部门接到报告后，应当在国务院交通主管部门规定的时间内作出是否同意的决定，通知报告人，并通报海事管理机构。

第三十六条 港口行政管理部门应当依法对港口安全生产情况实施监督检查，对旅客上下集中、货物装卸量较大或者有特殊用途的码头进行重点巡查；检查中发现安全隐患的，应当责令被检查人立即排除或者限期排除。

负责安全生产监督管理的部门和其他有关部门依照法律、法规的规定，在各自职责范围内对港口安全生产实施监督检查。

第三十七条 禁止在港口水域内从事养殖、种植活动。

不得在港口进行可能危及港口安全的采掘、爆破等活动；因工程建设等确需进行的，必须采取相应的安全保护措施，并报经港口行政管理部门批准；依照有关水上交通安全的法律、行政法规的规定须经海事管理机构批准的，还应当报经海事管理机构批准。

禁止向港口水域倾倒泥土、砂石以及违反有关环境保护的法律、法规的规定排放超过规定标准的有毒、有害物质。

第三十八条 建设桥梁、水底隧道、水电站等可能影响港口水文条件变化的工程项目，负责审批该项目的部门在审批前应当征求港口行政管理部门的意见。

第三十九条 依照有关水上交通安全的法律、行政法规的规定，进出港口须经引航的船舶，应当向引航机构申请引航。引航的具体办法由国务院交通主管部门规定。

第四十条 遇有旅客滞留、货物积压阻塞港口的情况，港口行政管理部门应当及时采取有效措施，进行疏港；港口所在地的市、县人民政府认为必要时，可以直接采取措施，进行疏港。

第四十一条 港口行政管理部门应当组织制定所管理的港口的章程，并向社会公布。

港口章程的内容应当包括对港口的地理位置、航道条件、港池水深、机械设施和装卸能力等情况的说明，以及本港口贯彻执行有关港口管理的法律、法规和国务院交通主管部门有关规定的具体措施。

第四十二条 港口行政管理部门依据职责对本法执行情况实施监督检查。

港口行政管理部门的监督检查人员依法实施监督检查时，有权向被检查单位和有关人员了解有关情况，并可查阅、复制有关资料。

监督检查人员对检查中知悉的商业秘密，应当保密。

监督检查人员实施监督检查时，应当出示执法证件。

第四十三条 监督检查人员应当将监督检查的时间、地点、内容、发现的问题及处理情况作出书面记录，并由监督检查人员和被检查单位的负责人签字；被检查单位的负责人拒绝签字的，监督检查人员应当将情况记录在案，并向港口行政管理部门报告。

第四十四条 被检查单位和有关人员应当接受港口行政管理部门依法实施的监督检查，如实提供有关情况和资料，不得拒绝检查或者隐匿、谎报有关情况和资料。

第五章 法律责任

第四十五条 有下列行为之一的，由县级以上地方人民政府或者港口行政管理部门责令限期改正；逾期不改正的，由作出限期改正决定的机关申请人民法院强制拆除违法建设的设施；可以处五万元以下罚款：

（一）违反港口规划建设港口、码头或者其他港口设施的；

（二）未经依法批准，建设港口设施使用港口岸线的。

建设项目的审批部门对违反港口规划的建设项目予以批准的，对其直接负责的主管人员和其他直接责任人员，依法给予行政处分。

第四十六条 未经依法批准，在港口建设危险货物作业场所、实施卫生除害处理的专用场所的，或者建设的危险货物作业场所、实施卫生除害处理的专用场所与人口密集区或者港口客运设施的距离不符合国务院有关部门的规定的，由港口行政管理部门责令停止建设或者使用，限期改正，可以处五万元以下罚款。

第四十七条 码头或者港口装卸设施、客运设施未经验收合格，擅自投入使用的，由港口行政管理部门责令停止使用，限期改正，可以处五万元以下罚款。

第四十八条 有下列行为之一的，由港口行政管理部门责令停止违法经营，没收违法所得；违法所得十万元以上的，并处违法所得二倍以上五倍以下罚款；违法所得不足十万元的，处五万元以上二十万元以下罚款：

（一）未依法取得港口经营许可证，从事港口经营的；

（二）未经依法许可，经营港口理货业务的；

（三）港口理货业务经营人兼营货物装卸经营业务、仓储经营业务的。

有前款第(三)项行为，情节严重的，由有关主管部门吊销港口理货业务经营许可证。

第四十九条 港口经营人不优先安排抢险物资、救灾物资、国防建设急需物资的作业的，由港口行政管理部门责令改正；造成严重后果的，吊销港口经营许可证。

第五十条 港口经营人违反有关法律、行政法规的规定，在经营活动中实施垄断行为或者不正当竞争行为的，依照有关法律、行政法规的规定承担法律责任。

第五十一条 港口经营人违反本法第三十二条关于安全生产的规定的，由港口行政管理部门或者其他依法负有安全生产监督管理职责的部门依法给予处罚；情节严重的，由港口行政管理部门吊销港口经营许可证，并对其主要负责人依法给予处分；构成犯罪的，依法追究刑事责任。

第五十二条 船舶进出港口，未依照本法第三十四条的规定向海事管理机构报告的，由海事管理机构依照有关水上交通安全的法律、行政法规的规定处罚。

第五十三条 未依法向港口行政管理部门报告并经其同意，在港口内进行危险货物的装卸、过驳作业的，由港口行政管理部门责令停止作业，处五千元以上五万元以下罚款。

第五十四条 在港口水域内从事养殖、种植活动的，由海事管理机构责令限期改正；逾期不改正的，强制拆除养殖、种植设施，拆除费用由违法行为人承担；可以处一万元以下罚款。

第五十五条 未经依法批准在港口进行可能危及港口安全的采掘、爆破等活动的，向港口水域倾倒泥土、砂石的，由港口行政管理部门责令停止违法行为，限期消除因此造成的安全隐患；逾期不消除的，强制消除，因此发生的费用由违法行为人承担；处五千元以上五万元以下罚款；依照有关水上交通安全的法律、行政法规的规定由海事管理机构处罚的，依照其规定；构成犯罪的，依法追究刑事责任。

第五十六条 交通主管部门、港口行政管理部门、海事管理机构等不依法履行职责，有下列行为之一的，对直接负责的主管人员和其他直接责任人员依法给予行政处分；构成犯罪的，依法追究刑事责任：

（一）违法批准建设港口设施使用港口岸线、违法批准建设港口危险货物作业场所或者实施卫生除害处理的专用场所，或者违法批准船舶载运危险货物进出港口、违法批准在港口内进行危险货物的装卸、过驳作业的；

（二）对不符合法定条件的申请人给予港口经营许可或者港口理货业务经营许可的；

（三）发现取得经营许可的港口经营人、港口理货业务经营人不再具备法定许可条件而不及时吊销许可证的；

（四）不依法履行监督检查职责，对违反港口规划建设港口、码头或者其他港口设施的行为，未经依法许可从事港口经营、港口理货业务的行为，不遵守安全生产管理规定的行为，危及港口作业安全的行为，以及其他违反本法规定的行为，不依法予以查处的。

第五十七条 行政机关违法干预港口经营人的经营自主权的，由其上级行政机关或者监察机关责令改正；向港口经营人摊派财物或者违法收取费用的，责令退回；情节严重的，对直接负责的主管人员和其他直接责任人员依法给予行政处分。

第六章 附 则

第五十八条 对航行国际航线的船舶开放的港口，由有关省、自治区、直辖市人民政府按照国家有关规定商国务院有关部门和有关军事机关同意后，报国务院批准。

第五十九条 渔业港口的管理工作由县级以上人民政府渔业行政主管部门负责。具体管理办法由国务院规定。

前款所称渔业港口，是指专门为渔业生产服务、供渔业船舶停泊、避风、装卸渔获物、补充渔需物资的人工港口或者自然港湾，包括综合性港口中渔业专用的码头、渔业专用的水域和渔船专用的锚地。

第六十条 军事港口的建设和管理办法由国务院、中央军事委员会规定。

第六十一条 本法自2004年1月1日起施行。

中华人民共和国国务院令

（第383号）

《中华人民共和国渔业船舶检验条例》已经2003年6月11日国务院第11次常务会议通过，现予公布，自2003年8月1日起施行。

总理：温家宝

二〇〇三年六月二十七日

中华人民共和国渔业船舶检验条例

第一章 总 则

第一条 为了规范渔业船舶的检验，保证渔业船舶具备安全航行和作业的条件，保障渔业船舶和渔民生命财产的安全，防止污染环境，依照《中华人民共和国渔业法》，制定本条例。

第二条 在中华人民共和国登记和将要登记的渔业船舶（以下简称渔业船舶）的检验，适用本条例。从事国际航运的渔业辅助船舶除外。

第三条 国务院渔业行政主管部门主管全国渔业船舶检验及其监督管理工作。

中华人民共和国渔业船舶检验局（以下简称国家渔业船舶检验机构）行使渔业船舶检验及其监督管理职能。

地方渔业船舶检验机构依照本条例规定，负责有关的渔业船舶检验工作。

各级公安边防、质量监督和工商行政管理等部门，应当在各自的职责范围内对渔业船舶检验和监督管理工作予以协助。

第四条 国家对渔业船舶实行强制检验制度。强制检验分为初次检验、营运检验和临时检验。

第五条 渔业船舶检验，应当遵循安全第一、保证质量和方便渔民的原则。

第二章 初次检验

第六条 渔业船舶的初次检验，是指渔业船舶检验机构在渔业船舶投入营运前对其所实施的全面检验。

第七条 下列渔业船舶的所有者或者经营者应当申报初次检验：

（一）制造的渔业船舶；

（二）改造的渔业船舶（包括非渔业船舶改为渔业船舶、国内作业的渔业船舶改为远洋作业的渔业船舶）；

（三）进口的渔业船舶。

第八条 制造、改造的渔业船舶，其设计图纸、技术文件应当经渔业船舶检验机构审查批准，并在开工制造、改造前申报初次检验。渔业船舶检验机构应当自收到设计图纸、技术文件之日起20个工作日内作出审查决定，并书面通知当事人。

设计、制造、改造渔业船舶的单位应当符合国家规定的条件，并遵守国家渔业船舶技术规则。

第九条 制造、改造的渔业船舶的初次检验，应当与渔业船舶的制造、改造同时进行。

用于制造、改造渔业船舶的有关航行、作业和人身财产安全以及防止污染环境的重要设备、部件和材料，在使用前应当经渔业船舶检验机构检验，检验合格的方可使用。

前款规定必须检验的重要设备、部件和材料的目录，由国务院渔业行政主管部门制定。

第十条 进口的渔业船舶，其设计图纸、技术文件应当经渔业船舶检验机构审查确认，并在投入营运前申报初次检验。进口旧渔业船舶，进口前还应当取得国家渔业船舶检验机构出具的旧渔业船舶技术评定证书。

第十一条 渔业船舶检验机构对检验合格的渔业船舶，应当自检验完毕之日起5个工作日内签发渔业船舶检验证书；经检验不合格的，应当书面通知当事人，并说明理由。

经检验合格的渔业船舶，任何单位和个人不得擅自改变其吨位、载重线、主机功率、人员定额和适航区域；不得擅自拆除其有关航行、作业和人身财产安全以及防止污染环境的重要设备、部件。确需改变或者拆除的，应当经原渔业船舶检验机构核准。

第十二条 进口的渔业船舶和远洋渔业船舶的初次检验，由国家渔业船舶检验机构统一组织实施。其他渔业船舶的初次检验，由船籍港渔业船舶检验机构负责实施；渔业船舶的制造地或者改造地与船籍港不一致的，初次检验由制造地或者改造地渔业船舶检验机构实施；该渔业船舶检验机构应当自检验完毕之日起5个工作日内，将检验报告、检验记录等技术资料移交船籍港渔业船舶检验机构。

第三章 营运检验

第十三条 渔业船舶的营运检验，是指渔业船舶检验机构对营运中的渔业船舶所实施的常规性检验。

第十四条 营运中的渔业船舶的所有者或者经营者应当按照国务院渔业行政主管部门规定的时间申报营运检验。

渔业船舶检验机构应当按照国务院渔业行政主管部门的规定，根据渔业船舶运行年限和安全要求对下列项目实施检验：

（一）渔业船舶的结构和机电设备；

（二）与渔业船舶安全有关的设备、部件；

（三）与防止污染环境有关的设备、部件；

（四）国务院渔业行政主管部门规定的其他检验项目。

第十五条 渔业船舶检验机构应当自申报营运检验的渔业船舶到达受检地之日起 3 个工作日内实施检验。经检验合格的，应当自检验完毕之日起 5 个工作日内在渔业船舶检验证书上签署意见或者签发渔业船舶检验证书；签发境外受检的远洋渔业船舶的检验证书，可以延长至15个工作日。经检验不合格的，应当书面通知当事人，并说明理由。

第十六条 渔业船舶经检验需要维修的，该船舶的所有者或者经营者应当选择符合国家规定条件的维修单位。维修渔业船舶应当遵守国家渔业船舶技术规则。

用于维修渔业船舶的有关航行、作业和人身财产安全以及防止污染环境的重要设备、部件和材料，在使用前应当经渔业船舶检验机构检验，检验合格的方可使用。

第十七条 营运中的渔业船舶需要更换有关航行、作业和人身财产安全以及防止污染环境的重要设备、部件和材料的，该船舶的所有者或者经营者应当遵守本条例第十六条第二款的规定。

第十八条 远洋渔业船舶的营运检验，由国家渔业船舶检验机构统一组织实施。其他渔业船舶的营运检验，由船籍港渔业船舶检验机构负责实施；因故不能回船籍港进行营运检验的渔业船舶，由船籍港渔业船舶检验机构委托船舶的营运地或者维修地渔业船舶检验机构实施检验；实施检验的渔业船舶检验机构应当自检验完毕之日起 5个工作日内将检验报告、检验记录等技术资料移交船籍港渔业船舶检验机构。

第四章 临时检验

第十九条 渔业船舶的临时检验，是指渔业船舶检验机构对营运中的渔业船舶出现特定情形时所实施的非常规性检验。

第二十条 有下列情形之一的渔业船舶，其所有者或者经营者应当申报临时检验：

（一）因检验证书失效而无法及时回船籍港的；

（二）因不符合水上交通安全或者环境保护法律、法规的有关要求被责令检验的；

（三）具有国务院渔业行政主管部门规定的其他特定情形的。

第二十一条 渔业船舶检验机构应当自申报

临时检验的渔业船舶到达受检地之日起 2 个工作日内实施检验。经检验合格的，应当自检验完毕之日起 3 个工作日内在渔业船舶检验证书上签署意见或者签发渔业船舶检验证书；经检验不合格的，应当书面通知当事人，并说明理由。

第二十二条 渔业船舶临时检验的管辖权限划分，依照本条例第十八条关于营运检验管辖权限的规定执行。

第五章 监督管理

第二十三条 有下列情形之一的渔业船舶，渔业船舶检验机构不得受理检验：

（一）设计图纸、技术文件未经渔业船舶检验机构审查批准或者确认的；

（二）违反本条例第八条第二款和第九条第二款规定制造、改造的；

（三）违反本条例第十六条、第十七条规定维修的；

（四）按照国家有关规定应当报废的。

第二十四条 地方渔业船舶检验机构应当在国家渔业船舶检验机构核定的范围内开展检验业务。

第二十五条 从事渔业船舶检验的人员应当经国家渔业船舶检验机构考核合格后，方可从事相应的渔业船舶检验工作。

第二十六条 渔业船舶检验机构及其检验人员应当严格遵守渔业船舶检验规则，实施现场检验，并对检验结论负责。

渔业船舶检验规则由国家渔业船舶检验机构制定，经国务院渔业行政主管部门批准后公布实施。

对具有新颖性的渔业船舶或者船用产品，国家尚未制定相应的检验规则的，可以适用国家渔业船舶检验机构认可的检验规则。

第二十七条 当事人对地方渔业船舶检验机构的检验结论有异议的，可以按照国务院渔业行政主管部门的规定申请复验。

第二十八条 渔业船舶的检验收费，按照国务院价格主管部门、财政部门规定的收费标准执行。

第二十九条 渔业船舶的检验证书、检验记录、检验报告的式样和检验业务印章，由国家渔业船舶检验机构统一规定。

第三十条 渔业船舶检验人员依法履行职能时，有权对渔业船舶的检验证书和技术状况进行检查，有关单位和个人应当给予配合。

重大渔业船舶海损事故的调查处理，应当有渔业船舶检验机构的检验人员参加。

第三十一条 有下列情形之一的渔业船舶，其所有者或者经营者应当在渔业船舶报废、改籍、改造之日前 7 个工作日内或者自渔业船舶灭失之日起 20 个工作日内，向渔业船舶检验机构申请注销其渔业船舶检验证书；逾期不申请的，渔业船舶检验证书自渔业船舶改籍、改造完毕之日起或者渔业船舶报废、灭失之日起失效，并由渔业船舶检验机构注销渔业船舶检验证书：

（一）按照国家有关规定报废的；

（二）中国籍改为外国籍的；

（三）渔业船舶改为非渔业船舶的；

（四）因沉没等原因灭失的。

第六章 法律责任

第三十二条 违反本条例规定，渔业船舶未经检验、未取得渔业船舶检验证书擅自下水作业的，没收该渔业船舶。

按照规定应当报废的渔业船舶继续作业的，责令立即停止作业，收缴失效的渔业船舶检验证书，强制拆解应当报废的渔业船舶，并处 2 000 元以上 5 万元以下的罚款；构成犯罪的，依法追究刑事责任。

第三十三条 违反本条例规定，渔业船舶应当申报营运检验或者临时检验而不申报的，责令立即停止作业，限期申报检验；逾期仍不申报检验的，处 1 000 元以上 1 万元以下的罚款，并可以暂扣渔业船舶检验证书。

第三十四条 违反本条例规定，有下列行为之一的，责令立即改正，处 2 000 元以上 2 万元以下的罚款；正在作业的，责令立即停止作业；拒不改正或者拒不停止作业的，强制拆除非法使用的重要设备、部件和材料或者暂扣渔业船舶检验证书；构成犯罪的，依法追究刑事责任：

（一）使用未经检验合格的有关航行、作业和人身财产安全以及防止污染环境的重要设备、部件和材料，制造、改造、维修渔业船舶的；

（二）擅自拆除渔业船舶上有关航行、作业和人身财产安全以及防止污染环境的重要设备、部件的；

（三）擅自改变渔业船舶的吨位、载重线、主机功率、人员定额和适航区域的。

第三十五条 渔业船舶检验机构的工作人员未经考核合格从事渔业船舶检验工作的，责令其立即停止检验工作，处1 000元以上5 000元以下的罚款。

第三十六条 违反本条例规定，有下列情形之一的，责令立即改正，对直接负责的主管人员和其他直接责任人员，依法给予降级、撤职、取消检验资格的处分；构成犯罪的，依法追究刑事责任；已签发的渔业船舶检验证书无效：

（一）未按照国务院渔业行政主管部门的有关规定实施检验的；

（二）所签发的渔业船舶检验证书或者检验记录、检验报告与渔业船舶实际情况不相符的；

（三）超越规定的权限进行渔业船舶检验的。

第三十七条 伪造、变造渔业船舶检验证书、检验记录和检验报告，或者私刻渔业船舶检验业务印章的，应当予以没收；构成犯罪的，依法追究刑事责任。

第三十八条 本条例规定的行政处罚，由县级以上人民政府渔业行政主管部门或者其所属的渔业行政执法机构依据职权决定。

前款规定的行政处罚决定机关及其工作人员利用职务上的便利收取他人财物、其他好处，或者不履行监督职责、发现违法行为不予查处，或者有其他玩忽职守、滥用职权、徇私舞弊行为，构成犯罪的，依法追究直接负责的主管人员和其他直接责任人员的刑事责任；尚不构成犯罪的，依法给予行政处分。

第七章　附　则

第三十九条 外国籍渔业船舶，其船旗国委托中华人民共和国检验的，依照本条例的规定执行。

第四十条 本条例自2003年8月1日起施行。

中华人民共和国国土资源部令

（第24号）

《海底电缆管道保护规定》，已经2003年12月30日国土资源部第12次部务会议通过，现予公布，自2004年3月1日起施行。《海底电缆管道保护规定》，由国家海洋局负责监督执行。

部长：孙文盛

2004年1月9日

海底电缆管道保护规定

第一条 为加强海底电缆管道的保护，保障海底电缆管道的安全运行，维护海底电缆管道所有者的合法权益，根据《铺设海底电缆管道管理规定》和有关法律、法规，制定本规定。

第二条 中华人民共和国内海、领海、大陆架及管辖的其他海域内的海底电缆管道的保护活动，适用本规定。

军事电缆管道的保护活动，不适用本规定。

第三条 国务院海洋行政主管部门负责全国海底电缆管道的保护工作。

沿海县级以上地方人民政府海洋行政主管部门负责本行政区毗邻海域海底电缆管道的保护工作。

第四条 任何单位和个人都有保护海底电缆管道的义务，并有权对破坏海底电缆管道的行为进行检举和控告。

第五条 海底电缆管道所有者应当在海底电缆管道铺设竣工后90日内，将海底电缆管道的路线图、位置表等注册登记资料报送县级以上人民政府海洋行政主管部门备案，并同时抄报海事管理机构。

本规定公布施行前铺设竣工的海底电缆管道，应当在本规定生效后90日内，按照前款规定备案。

第六条 省级以上人民政府海洋行政主管部门应当每年向社会发布海底电缆管道公告。

海底电缆管道公告包括海底电缆管道的名

称、编号、注册号、海底电缆管道所有者、用途、总长度（千米）、路由起止点（经纬度）、示意图、标识等。

第七条 国家实行海底电缆管道保护区制度。

省级以上人民政府海洋行政主管部门应当根据备案的注册登记资料．商同级有关部门划定海底电缆管道保护区，并向社会公告。

海底电缆管道保护区的范围，按照下列规定确定：

（一）沿海宽阔海域为海底电缆管道两侧各500米；

（二）海湾等狭窄海域为海底电缆管道两侧各100米；

（三）海港区内为海底电缆管道两侧各50米。

海底电缆管道保护区划定后，应当报送国务院海洋行政主管部门备案。

第八条 禁止在海底电缆管道保护区内从事挖砂、钻探、打桩、抛锚、拖锚、底拖捕捞、张网、养殖或者其他可能破坏海底电缆管道安全的海上作业。

第九条 县级以上人民政府海洋行政主管部门有权依照有关法律、法规以及本规定，对海底电缆管道保护区进行定期巡航检查；对违反本规定的行为有权制止。

第十条 国家鼓励海底电缆管道所有者对海底电缆管道保护区和海底电缆管道的线路等设置标识。

设置标识的，海底电缆管道所有者应当向县级以上人民政府海洋行政主管部门备案。

第十一条 海底电缆管道所有者在向县级以上人民政府海洋行政主管部门报告后，可以对海底电缆管道采取定期复查、监视和其他保护措施，也可以委托有关单位进行保护。

委托有关单位保护的，应当报县级以上人民政府海洋行政主管部门备案。

第十二条 海底电缆管道所有者进行海底电缆管道的路由调查、铺设施工，对海底电缆管道进行维修、改造、拆除、废弃时，应当在媒体上向社会发布公告。

公告费用由海底电缆管道所有者承担。

第十三条 海上作业者在从事海上作业前，应当了解作业海区海底电缆管道的铺设情况；可能破坏海底电缆管道安全的，应当采取有效的防护措施。

确需进入海底电缆管道保护区内从事海上作业的，海上作业者应当与海底电缆管道所有者协商，就相关的技术处理、保护措施和损害赔偿等事项达成协议。

海上作业钩住海底电缆管道的，海上作业者不得擅自将海底电缆管道拖起、拖断或者砍断，并应当立即报告所在地海洋行政主管部门或者海底电缆管道所有者采取相应措施。必要时，海上作业者应当放弃船锚或者其他钩挂物。

第十四条 海上作业者为保护海底电缆管道致使财产遭受损失，有证据证明的，海底电缆管道所有者应当给予适当的经济补偿；但擅自在海底电缆管道保护区内从事本规定第八条规定的作业除外。

第十五条 单位和个人造成海底电缆管道及附属保护设施损害的，应当依法承担赔偿责任。

因不可抗力或者紧急避险，采取必要的防护措施仍未能避免造成损害的，可以依法减轻或者免除赔偿责任。

第十六条 有下列情形之一的，当事人可以申请县级以上人民政府海洋行政主管部门调解：

（一）海上作业者需要移动、切断、跨越已铺设的海底电缆管道与所有者发生纠纷，或者已达成的协议在执行中发生纠纷的；

（二）海上作业与海底电缆管道的维修、改造、拆除发生纠纷的；

（三）海上作业者与海底电缆管道所有者间的经济补偿发生纠纷的；

（四）赔偿责任或赔偿金额发生纠纷的。

第十七条 海底电缆管道所有者有下列情形之一的，由县级以上人民政府海洋行政主管部门责令限期改正；逾期不改正的，处以1万元以下的罚款：

（一）海底电缆管道的路线图、位置表等注册登记资料未备案的；

（二）对海底电缆管道采取定期复查、监视和其他保护措施未报告的；

（三）进行海底电缆管道的路由调查、铺设施工，维修、改造、拆除、废弃海底电缆管道时未及时公告的；

（四）委托有关单位保护海底电缆管道未备案的。

第十八条 海上作业者有下列情形之一的，由县级以上人民政府海洋行政主管部门责令限期改正，停止海上作业，并处1万元以下的罚款：

（一）擅自在海底电缆管道保护区内从事本规定第八条规定的海上作业的；

（二）故意损坏海底电缆管道及附属保护设施的；

（三）钩住海底电缆管道后擅自拖起、拖断、砍断海底电缆管道的；

（四）未采取有效防护措施而造成海底电缆管道及其附属保护设施损害的。

第十九条 县级以上人民政府海洋行政主管部门工作人员在海底电缆管道的保护活动中玩忽职守、滥用职权、徇私舞弊的，依法给予行政处分；构成犯罪的，依法追究刑事责任。

第二十条 本规定自2004年3月1日起施行。本规定公布前制定的有关文件与本规定不一致的，依照本规定执行。

中华人民共和国农业部令

（第 27 号）

《远洋渔业管理规定》业经 2003 年 4 月 14 日农业部第 8 次常务会议审议通过，现予发布，自 2003 年 6 月 1 日起施行。

部长：杜青林

二〇〇三年四月十八日

远洋渔业管理规定

（2003 年 4 月 14 日）

第一章 总 则

第一条 为加强远洋渔业管理，维护国家和远洋渔业企业及从业人员的合法权益，保护和合理利用海洋渔业资源，促进远洋渔业的持续、健康发展，根据《中华人民共和国渔业法》及有关法律、行政法规，制定本规定。

第二条 本规定所称远洋渔业，是指中华人民共和国公民、法人和其他组织到公海和他国管辖海域从事海洋捕捞以及与之配套的加工、补给和产品运输等渔业活动，但不包括到黄海、东海和南海从事的渔业活动。

第三条 农业部主管全国远洋渔业工作，负责全国远洋渔业的规划、组织和管理，会同国务院其他有关部门对远洋渔业企业执行国家有关法规和政策的情况进行监督。省级人民政府渔业行政主管部门负责本行政区域内远洋渔业的规划、组织和监督管理。

第四条 农业部对远洋渔业实行项目审批管理和企业资格认定制度，并依法对远洋渔业船舶和船员进行监督管理。

第二章 远洋渔业项目申请和审批

第五条 同时具备下列条件的企业，可以从事远洋渔业，申请开展远洋渔业项目：

（一）在我国工商行政管理部门登记，具有独立法人资格；

（二）拥有适合从事远洋渔业的合法渔业船舶；

（三）具有承担项目运营和意外风险的经济实力，资信良好；

（四）有熟知远洋渔业政策、相关法律规定、国外情况并具有 3 年以上远洋渔业生产及管理经验的专职经营管理人员；

（五）申请前的3年内没有被农业部取消远洋渔业企业资格的记录；企业主要负责人和项目负责人申请前的 3 年内没有在被农业部取消远洋渔业企业资格的企业担任主要负责人和项目负责人的记录。

第六条 符合本规定第五条条件的企业申请开展远洋渔业项目的，应当通过所在地省级人民政府渔业行政主管部门提出，经省级人民政府渔业行政主管部门审核同意后报农业部审批。中央直属企业直接报农业部审批。

第七条 申请远洋渔业项目时，应当报送以下材料：

（一）项目申请报告。申请报告应当包括企业基本情况和条件、项目组织和经营管理计划、已开展远洋渔业项目（如有）的情况等内容，同时填写《申请远洋渔业项目基本情况表》（见附表一）。

（二）企业营业执照复印件和银行资信证明。

（三）项目可行性研究报告。

（四）到他国专属经济区作业的，提供与外方的合作协议或他国政府主管部门同意入渔的证明、我驻项目所在国使（领）馆的意见；到公海作业的，填报《公海渔业捕捞许可证申请书》（见附表二）。

（五）拟派渔船所有权证书、登记（国籍）证书、远洋渔船检验证书（或勘验报告）原件和复印件（复印件由省级人民政府渔业行政主管部门审核无误并盖章确认后报农业部）。属制造、更新改造、购置或进口的专业远洋渔船，需同时提供农业部《渔业船网工具指标批准书》复印件；属非专业远洋渔船（具有国内有效渔业捕捞许可证转产从事远洋渔业的渔船），需同时提供国内《海洋渔业捕捞许可证》复印件；属进口渔船，需同时提供国家机电进出口办公室批准文件；属代理或租赁国内其他企业或个人的渔船，需同时报送本规定第八条规定的代理或租赁协议。

（六）农业部要求的其他材料。

第八条 申请项目企业代理或租赁非本企业所有国内渔船开展远洋渔业项目的，应当与被代理或租赁渔船的所有人签订协议，并在协议中明确承担项目经营、渔船和船员管理、渔事纠纷和事故处理等义务。

第九条 农业部收到符合本规定第七条要求的远洋渔业项目申请后，在15个工作日内做出是否批准的决定。特殊情况需要延长决定期限的，应当及时告知申请企业延长决定期限的理由。经审查批准远洋渔业项目申请的，农业部书面通知申请项目企业及其所在地省级人民政府渔业行政主管部门，并抄送国务院其他有关部门。从事公海捕捞作业的，农业部批准远洋渔业项目的同时，发给《公海渔业捕捞许可证》。经审查不予批准远洋渔业项目申请的，农业部将决定及理由书面通知申请项目企业。

第十条 取得农业部远洋渔业项目批准后，企业持批准文件和其他有关材料，办理远洋渔业船舶和船员证书等有关手续。到公海或他国管辖海域从事捕捞作业的非专业远洋渔船，出境前应当将《海洋渔业捕捞许可证》交回原发证机关暂存。

第十一条 到他国管辖海域从事捕捞作业的远洋渔业项目开始执行后，企业项目负责人应当持农业部远洋渔业项目批准文件到我驻外使（领）馆登记，接受使（领）馆的监督和指导。

第十二条 企业在项目执行期间，应当及时、准确地向所在地省级人民政府渔业行政主管部门报告下列情况，由省级人民政府渔业行政主管部门汇总后报农业部：

（一）渔船出（入）境情况。渔船出入境之日起 5 个工作日内提供海事部门出具的《国际航行船舶出口岸许可证》或《船舶进口岸手续办妥通知单》。

（二）投产各渔船渔获量、主要品种、产值等生产情况。除另有规定外，应当于每年 1 月 10 日、7 月 10 日前分别报告前 6 个月情况，填报《远洋渔业项目生产情况表》（见附表三）。

（三）自捕水产品运回情况。按照海关总署和农业部《远洋渔业企业运回自捕水产品不征税的暂行管理办法》的要求报告。

（四）农业部或国际渔业管理组织要求报告的其他情况。

第十三条 远洋渔业项目执行过程中需要改变作业国家（地区）或海域、作业类型、入渔方式或渔船数量（包括更换渔船）的，应当提供本规定第七条规定的与变更内容有关的材料，按照本规定第六条规定的程序事先报农业部批准。其中改变作业国家（地区）或海域的，除提供第七条第（四）款规定的材料外，还应当提供我驻原项目所在国使（领）馆的意见。

第十四条 项目中止或执行完毕后，远洋渔业企业应当及时向省级人民政府渔业行政主管部门和农业部报告，并于30日内提交项目执行情况总结。

第三章 远洋渔业企业资格认定和项目确认

第十五条 对于已获农业部批准并开始实施

远洋渔业项目的企业，其生产经营情况正常，认真遵守有关法律、法规和本规定，未发生严重违规事件的，农业部授予其远洋渔业企业资格，并颁发《农业部远洋渔业企业资格证书》。取得《农业部远洋渔业企业资格证书》的企业，可以根据有关规定享受国家对远洋渔业的扶持性政策。

第十六条 农业部对远洋渔业企业资格实行年审换证制度，对远洋渔业项目实行年审确认制度。申请年审的远洋渔业企业应当于每年1月15日以前向所在地省级人民政府渔业行政主管部门报送下列材料：（一）上年度远洋渔业项目执行情况报告；（二）《远洋渔业企业资格和项目年审登记表》（见附表四）；（三）《农业部远洋渔业企业资格证书》复印件；（四）渔船出（入）境情况及证明，有效的渔业船舶所有权证书、国籍证书和检验证书复印件，公安边防机关出具的渔船和船员边防检查材料。

省级人民政府渔业行政主管部门应当于1月31日前将审核意见和有关材料报农业部。农业部于3月31日前将远洋渔业企业资格审查和远洋渔业项目确认结果书面通知省级人民政府渔业行政主管部门、有关企业和国务院有关部门。对审查合格的企业，换发当年度《农业部远洋渔业企业资格证书》。

第四章 远洋渔业船舶和船员

第十七条 远洋渔船应当经渔业船舶检验部门技术检验合格、渔港监督部门依法登记，取得相关证书，符合我国法律、法规和有关国际条约的管理规定。不得使用超过报废船龄或未取得相关证书的渔船从事远洋渔业生产。

第十八条 制造、更新改造、购置、进口远洋捕捞渔船，应当根据《渔业捕捞许可管理规定》事先报农业部审批。远洋渔船所有权变更为他国公民或企业所有的，应当按《中华人民共和国渔业船舶登记办法》的有关规定，事先办理渔船所有权注销登记。远洋渔业企业应当将渔船所有权注销登记证书复印件报农业部备案。

第十九条 远洋渔船应当随船携带有关证书，按规定悬挂旗帜。到公海作业的远洋渔船，应当具有中华人民共和国国籍，悬挂中华人民共和国国旗，按照农业部远洋渔业项目批准文件和《公海渔业捕捞许可证》限定的作业场所、类型和时限作业，遵守我国缔结或者参加的国际条约、协定。在他国管辖海域作业的远洋渔船，应当遵守我国与该国签订的渔业协议及该国的法律法规。专业远洋渔船不得在我国管辖海域从事渔业生产。

第二十条 远洋渔船应当填写《中华人民共和国渔捞日志》（见农业部《渔业捕捞许可管理规定》附件4），并接受渔业行政主管部门的监督检查。

第二十一条 远洋渔业船员应当经农业部审定合格的专业培训机构培训，经农业部授权的渔政渔港监督管理机构考试合格，取得《中华人民共和国渔业船舶职务船员适任证书》（以下简称“职务船员证书”）和《中华人民共和国渔业船员专业训练合格证》（以下简称“专业训练合格证”），并具有1年以上海洋捕捞经历。远洋渔业船员、远洋渔业企业及项目负责人和经营管理人员应当学习国际渔业法律法规和涉外知识，参加渔业行政主管部门或其委托机构组织的培训。

第二十二条 远洋渔业企业应当与其聘用的远洋渔业船员或远洋渔业船员所在单位直接签订合同，为远洋渔业船员办理有关保险，按时发放工资，保障远洋渔业船员的合法权益，不得向远洋渔业船员收取不合理费用。远洋渔业企业不得聘用未取得“职务船员证书”和“专业训练合格证”的人员作为远洋渔业船员，聘用的远洋渔业船员不得超过农业部远洋渔业项目批准文件核定的船员数。

第二十三条 远洋渔业企业应当凭农业部远洋渔业项目批准文件、远洋渔业船员聘用合同、远洋渔业船员“职务船员证书”和“专业训练合格证”、远洋渔业船员政审等材料，为远洋渔业船员办理海员证。

第二十四条 远洋渔业企业应当在远洋渔业船员出境前对其进行外事纪律和法律知识教育。远洋渔业船员在境外应当遵守所在国法律、法规和有关国际条约、协定的规定，尊重当地的风俗习惯。

第五章 监督管理

第二十五条 远洋渔业企业的法定代表人和远洋渔业项目的主要负责人，应当对远洋渔业项目的执行、经营管理、渔船的活动和船员的行为负责，并承担相应的法律责任。

第二十六条 农业部根据管理需要对远洋渔

船进行船位和渔获情况监测。远洋渔船应当根据农业部制定的监测计划安装渔船监测系统（VMS），并配备持有技术培训合格证的船员，保障系统正常工作，及时、准确提供真实信息。农业部可根据有关国际组织的要求或管理需要向远洋渔船派遣政府观察员。远洋渔业企业和渔船有义务接纳观察员，承担有关费用，为观察员的工作、生活提供协助和方便。

第二十七条 两个以上远洋渔业企业在同一国家（地区）或海域作业，或从事同品种、同类型作业，应当建立企业自我协调和自律机制，接受行业协会的指导，配合政府有关部门进行协调和管理。

第二十八条 远洋渔业企业、渔船和船员在国外发生涉外事件时，应当立即如实向农业部、企业所在地省级人民政府渔业行政主管部门和有关驻外使（领）馆报告，省级人民政府渔业行政主管部门接到报告后，应当立即核实情况，并提出处理意见报农业部和本省级人民政府，由农业部协调提出正式处理意见通知驻外使领馆。对海难和重大涉外事件需要国家紧急救助和对外交涉的，由农业部协调提出正式处理意见，商外交部通知驻外使领馆进行外交交涉。远洋渔业企业和所在地各级人民政府渔业行政主管部门应当认真负责、迅速、妥善处理涉外事件。

第二十九条 远洋渔业企业、渔船或船员有下列违法行为的，由省级以上人民政府渔业行政主管部门或其所属的渔政渔港监督管理机构根据《中华人民共和国渔业法》和有关法律、法规予以处罚。对已经取得农业部远洋渔业企业资格的企业，农业部视情节轻重和影响大小，暂停或取消其远洋渔业企业资格。

（一）未经农业部批准擅自从事远洋渔业生产，或未取得《公海渔业捕捞许可证》从事公海捕捞生产的；

（二）申报或实施远洋渔业项目时隐瞒真相、弄虚作假的；

（三）不按农业部批准的或《公海渔业捕捞许可证》规定的作业类型、场所、时限生产，或使用禁用的渔具、渔法进行捕捞，或非法捕捞珍稀水生野生动物的；

（四）远洋渔船未取得有效的检验、登记和其他船舶证书，或不符合远洋渔船的有关规定的；

（五）违反本规定招聘或派出远洋渔业船员的；

（六）妨碍或拒绝渔业行政主管部门监督管理的；

（七）不按规定报告情况和提供信息，或故意报告和提供不真实情况和信息的；

（八）拒绝接纳农业部派出的观察员或妨碍其正常工作的；

（九）不按规定填报《渔捞日志》的；

（十）发生涉外违规事件，造成严重不良影响的；

（十一）依法应予处罚的其他行为。

第三十条 被暂停农业部远洋渔业企业资格的企业，整改后经省级人民政府渔业行政主管部门和农业部审查合格的，可自暂停之日起一年后恢复其远洋渔业企业资格。整改期过后经审查仍不合格的，取消其农业部远洋渔业企业资格。

第三十一条 当事人对渔业行政处罚有异议的，可按《中华人民共和国行政复议法》和《中华人民共和国行政诉讼法》的有关规定申请行政复议或提起行政诉讼。

第三十二条 各级渔业行政主管部门工作人员有不履行法定义务、玩忽职守、徇私舞弊等行为，尚不构成犯罪的，由所在单位或上级主管机关予以行政处分。

第六章 附 则

第三十三条 本规定所称远洋渔船是指中华人民共和国公民、法人或其他组织所有并从事远洋渔业活动的渔业船舶；远洋渔业船员是指在远洋渔船上工作的所有船员，包括职务船员。本规定所称省级人民政府渔业行政主管部门包括计划单列市人民政府渔业行政主管部门。

第三十四条 本规定自 2003 年 6 月 1 日起施行。农业部 1998 年 3 月 3 日发布的《农业部远洋渔业企业资格管理规定》和 1999 年 7 月 20 日发布的《远洋渔业管理暂行规定》同时废止。

（附表 1～4 略）

中华人民共和国农业部令

（第31号）

《水产养殖质量安全管理规定》，已于2003年7月14日经农业部第18次常务会议审议通过，现予发布，自2003年9月1日起实施。

部长：杜青林

二〇〇三年七月二十四日

水产养殖质量安全管理规定

第一章 总 则

第一条 为提高养殖水产品质量安全水平，保护渔业生态环境，促进水产养殖业的健康发展，根据《中华人民共和国渔业法》等法律、行政法规，制定本规定。

第二条 在中华人民共和国境内从事水产养殖的单位和个人，应当遵守本规定。

第三条 农业部主管全国水产养殖质量安全管理工作。

县级以上地方各级人民政府渔业行政主管部门主管本行政区域内水产养殖质量安全管理工作。

第四条 国家鼓励水产养殖单位和个人发展健康养殖，减少水产养殖病害发生；控制养殖用药，保证养殖水产品质量安全；推广生态养殖，保护养殖环境。

国家鼓励水产养殖单位和个人依照有关规定申请无公害农产品认证。

第二章 养殖用水

第五条 水产养殖用水应当符合农业部《无公害食品海水养殖用水水质》(NY5052-2001)或《无公害食品淡水养殖用水水质》(NY5051-2001)等标准，禁止将不符合水质标准的水源用于水产养殖。

第六条 水产养殖单位和个人应当定期监测养殖用水水质。

养殖用水水源受到污染时，应当立即停止使用；确需使用的，应当经过净化处理达到养殖用水水质标准。

养殖水体水质不符合养殖用水水质标准时，应当立即采取措施进行处理。经处理后仍达不到要求的，应当停止养殖活动，并向当地渔业行政主管部门报告，其养殖水产品按本规定第十三条处理。

第七条 养殖场或池塘的进排水系统应当分开。水产养殖废水排放应当达到国家规定的排放标准。

第三章 养殖生产

第八条 县级以上地方各级人民政府渔业行政主管部门应当根据水产养殖规划要求，合理确定用于水产养殖的水域和滩涂，同时根据水域滩涂环境状况划分养殖功能区，合理安排养殖生产布局，科学确定养殖规模、养殖方式。

第九条 使用水域、滩涂从事水产养殖的单位和个人应当按有关规定申领养殖证，并按核准的区域、规模从事养殖生产。

第十条 水产养殖生产应当符合国家有关养殖技术规范操作要求。水产养殖单位和个人应当配置与养殖水体和生产能力相适应的水处理设施和相应的水质、水生生物检测等基础性仪器设备。

水产养殖使用的苗种应当符合国家或地方质量标准。

第十一条 水产养殖专业技术人员应当逐步按国家有关就业准入要求，经过职业技能培训并获得职业资格证书后，方能上岗。

第十二条 水产养殖单位和个人应当填写《水产养殖生产记录》(格式见附件1)，记载养殖种类、苗种来源及生长情况、饲料来源及投喂情况、水质变化等内容。《水产养殖生产记录》应当保存至该批水产品全部销售后2年以上。

第十三条 销售的养殖水产品应当符合国家或地方的有关标准。不符合标准的产品应当进行净化处理，净化处理后仍不符合标准的产品禁止销售。

第十四条 水产养殖单位销售自养水产品应当附具《产品标签》(格式见附件2)，注明单位名称、地址，产品种类、规格，出池日期等。

第四章 渔用饲料和水产养殖用药

第十五条 使用渔用饲料应当符合《饲料和饲料添加剂管理条例》和农业部《无公害食品渔用饲料安全限量》(NY5072-2002)。鼓励使用配合饲料。限制直接投喂冰鲜(冻)饵料，防止残饵污染水质。

禁止使用无产品质量标准、无质量检验合格证、无生产许可证和产品批准文号的饲料、饲料添加剂。禁止使用变质和过期饲料。

第十六条 使用水产养殖用药应当符合《兽药管理条例》和农业部《无公害食品渔药使用准则》(NY5071-2002)。使用药物的养殖水产品在休药期内不得用于人类食品消费。

禁止使用假、劣兽药及农业部规定禁止使用的药品、其他化合物和生物制剂。原料药不得直接用于水产养殖。

第十七条 水产养殖单位和个人应当按照水产养殖用药使用说明书的要求或在水生生物病害防治员的指导下科学用药。

水生生物病害防治员应当按照有关就业准入的要求，经过职业技能培训并获得职业资格证书后，方能上岗。

第十八条 水产养殖单位和个人应当填写《水产养殖用药记录》(格式见附件3)，记载病害发生情况，主要症状，用药名称、时间、用量等内容。《水产养殖用药记录》应当保存至该批水产品全部销售后2年以上。

第十九条 各级渔业行政主管部门和技术推广机构应当加强水产养殖用药安全使用的宣传、培训和技术指导工作。

第二十条 农业部负责制定全国养殖水产品药物残留监控计划，并组织实施。

县级以上地方各级人民政府渔业行政主管部门负责本行政区域内养殖水产品药物残留的监控工作。

第二十一条 水产养殖单位和个人应当接受县级以上人民政府渔业行政主管部门组织的养殖水产品药物残留抽样检测。

第五章 附 则

第二十二条 本规定用语定义：

健康养殖 指通过采用投放无疫病苗种、投喂全价饲料及人为控制养殖环境条件等技术措施，使养殖生物保持最适宜生长和发育的状态，实现减少养殖病害发生、提高产品质量的一种养殖方式。

生态养殖 指根据不同养殖生物间的共生互补原理，利用自然界物质循环系统，在一定的养殖空间和区域内，通过相应的技术和管理措施，使不同生物在同一环境中共同生长，实现保持生态平衡、提高养殖效益的一种养殖方式。

第二十三条 违反本规定的，依照《中华人民共和国渔业法》、《兽药管理条例》和《饲料和饲料添加剂管理条例》等法律法规进行处罚。

第二十四条 本规定由农业部负责解释。

第二十五条 本规定自2003年9月1日起施行。

(附件1～3略)

关于印发《关于2003－2010年海洋捕捞渔船控制制度实施意见》的通知

(农渔函[2003]63号)

沿海各省、自治区、直辖市人民政府：

海洋渔业是我国沿海地区的重要产业。由于多年来捕捞强度过度增长，大大超过了渔业资源的可捕总量，严重影响了海洋渔业和沿海渔区经济的可持续发展。为进一步保护海洋渔业资源和生态环境，实现渔业可持续发展，根据《中华人民共和国渔业法》有关规定，结合“八五”、“九五”期间海洋捕捞渔船控制制度实施情况，我部制订了《关于 2003-2010 年海洋捕捞渔船控制制度实施意见》，并报经国务院同意。现印发给你们，请认真贯彻执行。

农业部渔业局

二〇〇三年十一月十二日

《关于 2003—2010 年海洋捕捞渔船控制制度实施意见》

经国务院批准，农业部从“八五”开始对全国海洋捕捞渔船船数和功率实行总量控制（以下称“双控”）制度。按照总量控制的原则，1999 年、2000 年农业部分别实施了海洋捕捞“零增长”和“负增长”政策，进一步加大了对海洋捕捞强度的控制力度。但许多沿海地区由于受就业压力、捕捞渔民转产转业补助和渔业劳动就业政策不配套等因素影响，“双控”制度未得到全面贯彻执行。据统计，到 2002 年底，全国海洋捕捞渔船为 222 390 艘、12 696 631 千瓦，与“九五”期间的“双控”指标相比，船数按可比口径增加 0.5%，功率增加 35.6%。

为贯彻保护环境、保护资源的基本国策，实现全面建设小康社会目标，有效减轻海洋捕捞强度，养护和合理利用海洋渔业资源，促进渔业可持续发展，根据《中华人民共和国渔业法》的有关规定，对 2003 年至 2010 年全国海洋捕捞渔船控制工作提出以下实施意见：

一、总体目标

根据渔民的可承受能力和渔区经济社会发展状况，全国海洋捕捞渔船船数和功率数分别从 2002 年底的 222 390 艘、12 696 631 千瓦，压减到 2010 年的 192 390 艘、11 426 968 千瓦以内，船数减少 3 万艘，功率数减少 1 269 663 千瓦，年均减少 3 750 艘、158 708 千瓦(各省、自治区、直辖市的控制指标详见附表)。通过压减捕捞渔船船数和功率数，达到初步控制我国海洋捕捞强度盲目增长和资源过度利用，逐步实现海洋捕捞强度与海洋渔业资源可捕量相适应的目的。

沿海各省、自治区、直辖市应按国家有关法律、法规、政策的规定，根据本地区经济社会发展情况，可在完成本地区“双控”指标的基础上，加大减船力度，早日实现本地区捕捞强度与渔业资源可捕量相适应的目标。

2010 年前，香港、澳门特别行政区持有广东省户籍的流动渔船在除香港水域以外的我国管辖海域作业，其船数和功率数控制在 2002 年的基数以内。

根据国务院批准实施的《我国远洋渔业发展总体规划（2001—2010 年)》，在严格控制建造拖网渔船的前提下，可适度建造符合远洋渔业发展方向的围网、钓业渔船。

二、组织实施

(一)职责分工

控制海洋捕捞渔船工作实行统一领导，分级管理。

农业部负责全国海洋捕捞渔船“双控”指标的分解和监督管理工作。农业部各海区渔政渔港监督管理局负责本辖区海洋捕捞渔船“双控”指标实施的督察与统计汇总等工作。

沿海地方各级人民政府按照国家下达的“双控”指标任务，负责组织、协调有关职能部门具体实施，并将完成“双控”指标任务情况作为本级政府及有关部门考核的指标之一。

各级渔业行政主管部门负责本行政区域“双控”指标的贯彻落实和监督管理。计划、财政、银行、工商等有关部门根据职能分工负责控制海洋捕捞渔船的相关工作。

(二)实施方式

1. 控制计划的上报和核准。沿海各省、自治区、直辖市人民政府根据国家下达的“双控”指标，结合本地区的实际情况制定出 3 至 4 年应减船数、功率数的计划，报农业部核准。

2. 控制计划的执行。控制计划报经农业部核准后，由沿海各省、自治区、直辖市人民政府按《中华人民共和国渔业法》、《渔业船舶检验条例》、《渔业捕捞许可管理规定》、《渔业船舶报废暂行规定》等法律法规和以下要求执行：

(1) 禁止制造(按规定淘汰旧船再建造、更新改造捕捞渔船的除外)、进口拟在我国管辖海域从事生产的海洋捕捞渔船；

(2) 重点压减持《临时渔业捕捞许可证》渔船，以及从事拖网、帆张网、定置张网作业的渔船。

(3) 结合渔船报废制度，引导捕捞渔民转产转业。

3. 上缴核减渔船指标。沿海各省、自治区、直辖市渔业行政主管部门按照农业部核准的控制计划，于翌年第一季度末向所在的海区渔政渔港监督管理局集中上缴上年度本省(区、市)已核减的捕捞渔船有效凭证。各海区渔政渔港监督管理局应将上缴的有效凭证统一登记造册，以备后查，并根据农业部的要求，集中销毁。核减渔船数以转产转业(淘汰)、报废后不再从事捕捞作业，并按规定收回、注销了《渔业捕捞许可证》或《临时渔业捕捞许可证》的渔船为准。其中，减船数以上缴注销后的《渔业捕捞许可证》和《临时渔业捕捞许可证》数为准；减少功率数以《渔业捕捞许可证》贴附的功率凭证数和《临时渔业捕捞许可证》的功率数为准。

三、保障措施

(一)提高认识，加强领导，建立工作责任制

沿海各级人民政府和渔业行政主管部门务必从实践“三个代表”重要思想，维护广大渔民长远和根本利益的高度，以对渔民、对国家负责任的态度，加强对海洋捕捞渔船控制制度工作的领导，采取切实措施，将本辖区海洋捕捞渔船严格控制在国家下达的指标以内。要建立由省级主管领导牵头，相关职能部门参加的领导小组和工作责任制，将其纳入各级政府和有关部门的目标责任制考核项目中。

各级渔业行政主管部门要在国家下达的“双控”指标内，严格按《渔业捕捞许可管理规定》执行捕捞许可管理签发人制度，核发捕捞许可证，并按渔船主机功率如实贴附功率凭证。凡违反规定审批“双控”指标和发放捕捞许可证，或因组织领导、落实政策不力，弄虚作假，导致超标建造捕捞渔船或未完成核减任务的，由其所在地上级人民政府或农业部通报批评；对有渎职行为的责任人，要依法追究其相关责任。

沿海各省、自治区、直辖市人民政府应在每年底前将本年度“双控”指标实施情况报农业部。农业部向全国通报各省、自治区、直辖市执行海洋捕捞渔船控制制度的情况。

(二)落实政策，加快捕捞业结构调整，大力推进渔民转产转业

沿海各省、自治区、直辖市人民政府和国家有关部门要贯彻《中华人民共和国农业法》第六十三条规定，落实好国务院关于沿海捕捞渔民转产转业政策。各级渔业行政主管部门要积极引导、鼓励捕捞渔民向水产养殖业、休闲渔业等二、三产业以及其它非渔产业转移。各级财政要加大对转产转业渔民的支持力度。各级计划部门要按照规划，加大对转产转业基础设施建设的扶持力度。有关金融机构要在保全转产转业渔民未清偿贷款的基础上，增加对渔业结构调整贷款的投放。工商行政管理部门要对转产转业渔民投资兴办企业或从事个体经营给予积极支持。民政部门要及时做好生活困难渔民的救济工作，符合农村低保条件的渔民家庭应及时纳入农村低保范围，没有实施农村低保制度的地区，应通过社会救济解决其生活困难。

(三)建立健全管理制度，切实加强渔船管理工作

渔船管理是整个渔业管理的主要环节，沿海各级人民政府要高度重视渔业船舶的管理工作。

有关金融机构应凭申请人提供的省级（含省级）以上渔业行政主管部门出具的有效准造证件，提供制造、更新改造捕捞渔船贷款或担保。

各级渔业行政主管部门及其渔政渔港监督、渔业船舶检验机构要进一步规范渔船建造和购置活动，渔业船舶建造单位必须凭省级（含省级）以上渔业行政主管部门出具的有效准造证件制造、更新改造捕捞渔船，渔业船舶的购置要严格按规定的程序和审批权限办理相关手续，捕捞渔船的初次检验必须提供省级（含省级）以上渔业行政主管部门出具的有效准造证件。要进一步完善渔船管理规定，加强渔船建造审批、检验、登记、许可发证等环节的管理。要完善渔船报废的相关规定，严格执行《渔业船舶检验条例》和渔船报废制度，对达到报废年限的渔船要严格按规定进行报废处理，凡违规检验超过报废年限渔船的，要依法追究检验人员的责任。

各级渔业行政主管部门要建立和完善渔政管理指挥系统，实现“双控”指标和捕捞许可的计算机网络管理，推进渔船管理现代化建设。要积极引导和培育渔业行业协会或渔民协会，充分发

挥其在控制捕捞强度工作和渔船管理中的自我约束、监督作用。

(四)强化渔业执法，严格查处非法捕捞活动

沿海各级人民政府要进一步贯彻落实《国务院批转农业部关于进一步加快渔业发展意见的通知》(国发[1997]3号)中有关将渔政渔港管理机构工作人员依照公务员管理的精神，从根本上解决渔业执法人员依法行政经费得不到保障的问题。各级财政要加大渔业执法基础设施建设的投入，改善执法手段。各级渔业行政主管部门要加强渔业执法监督，提高渔业执法人员素质和能力。沿海各级人民政府应进一步贯彻《中华人民共和国渔业法》，落实《国务院对清理取缔“三无”船舶通告的批复》(国函[1994]111号)精神，组织有关部门，加大对“三无”渔船的查处力度，对渔船修造行业进行专项整治，依法查处无证捕捞和电、炸、毒鱼等非法捕捞活动。

2003—2010年海洋捕捞业船网工具控制指标

省（区、市）及海区	2002年捕捞渔船总数①		2010年控制数	
	船数(艘)	功率数(千瓦)	船数(艘)②	功率数(千瓦)③
辽　宁	28 441	1 086 054	24 604	972 534
天　津	1 237	46 587	1 070	41 717
河　北	8 406	378 335	7 272	338 789
山　东	35 363	1 472 874	30 593	1 318 921
黄渤海区小计	73 447	2 983 850	63 539	2 671 962
江　苏	15 089	730 370	13 054	654 028
上　海	725	85 416	627	76 488
浙　江	34 543	3 835 696	29 883	3 434 769
福　建	22 924	1 560 285	19 832	1 397 196
东海区小计	73 281	6 211 767	63 396	5 562 480
广　东	49 659	2 218 997	42 960	1 987 056
广　西	14 321	732 325	12 389	655 778
海　南	11 682	549 692	10 106	549 692
南海区小计	75 662	3 501 014	65 455	3 192 526
全国总计	222 390	12 696 631	192 390	11 426 968

备注：

① 2002年各省(区、市)捕捞渔船和功率数，根据2002年全国清理整顿海洋渔船后的渔船数据库统计得出。包括国内大型捕捞渔船，但不含专业远洋渔船。

② 全国2010年的控制船数，以2002年的船数为基础，减少3万艘。各省(区、市)2010年的船数，按照全国减少3万艘的幅度(13.49%)相应减少。

③ 全国2010年总功率数以2002年的总功率数为基础，减少10%。除海南省2010年功率数控制不超过2002年的水平外，其他各省(区、市)功率数，以2002年功率数为基础减少10.45%。

④各省(区、市)2010年的船数和功率控制数，未考虑因捕捞渔船合法跨省买卖后造成的指标转移。

中华人民共和国交通部令

（2003年第7号）

《沿海航标管理办法》已于2003年6月25日经第9次部务会议通过，现予公布，自2003年9月1日起施行。

部长 张春贤

二〇〇三年七月十日

沿海航标管理办法

第一章 总 则

第一条 为加强沿海航标管理，保持沿海航标处于正常使用状态，保障海上交通安全，根据《中华人民共和国海上交通安全法》、《中华人民共和国航标条例》，制定本办法。

第二条 本办法适用于中华人民共和国境内沿海水域、被海港覆盖的通海河口以及用于为保障海上船舶航行安全设置航标的相关陆域的航标管理活动，但军用航标和渔业航标除外。

本办法下列用语的含义是：

（一）“航标”，与《中华人民共和国航标条例》中使用的同一用语含义相同，即指供船舶定位、导航或者用于其他专用目的的助航设施，包括视觉航标、无线电导航设施和音响航标。

（二）公用航标，是指在沿海为各类海上船舶提供助航、导航服务而设置的航标。

（三）专用航标，是指在沿海专用航道、锚地和作业区以及相关陆域，为特定船舶提供助航、导航服务或者保护特定设施等而设置的航标。

第三条 交通部主管全国沿海航标工作。

交通部海事局按照本办法规定的职责负责沿海航标的有关管理工作。

交通部直属海事管理机构和县级以上地方人民政府交通主管部门，根据各自的职责和有关法律、行政法规的授权以及本办法的规定，具体负责本辖区范围内的沿海航标管理工作。

交通部海事局、交通部直属海事管理机构和县级以上地方人民政府交通主管部门，统称沿海航标管理机构。

第二章 航标规划

第四条 编制沿海水域航标总体规划，应当遵循便利航行、确保安全、统筹兼顾、科学布局的原则。

编制沿海水域航标总体规划，应当与港口、航道发展规划和航运发展规划及其他有关发展规划相协调。

第五条 交通部海事局负责组织编制全国沿海航标总体规划，报交通部批准。

沿海航标管理机构负责本辖区范围内的沿海航标总体规划，报交通部海事局批准。

辖区沿海航标总体规划应当符合全国沿海航标总体规定的要求。

第六条 沿海航标管理机构可以根据海上交通发展的需要，对沿海航标总体规划进行局部调整，报交通部海事局备案；但对沿海航标总体规划作重大变更的，应当报交通部海事局批准。

第三章 航标配布

第七条 配布沿海航标，应当符合国家有关技术标准。

配布沿海航标的类别，应适应沿海通航条件及航行需要，并通过技术经济论证确定。

第八条 配布沿海航标，应当编制沿海航标配布图和沿海航标配布方案，并报上级沿海航标管理机构审批。

第九条 沿海航标管理机构可以根据海上交通发展的需要，对沿海航标配布方案进行局部调整，报交通部海事局备案；但对沿海航标配布方案作重大变更的，应当报交通部海事局批准。

第十条 设置沿海航标，应当以经依法批准的沿海航标配布图和沿海航标配布方案为依据，做到标位准确、安装牢固，效能可靠。

第十一条 海峡进出口段及通海河口段的航标配布，应注意连贯、衔接，明确航道的方向与界限，不得与其他标识相混淆。

第十二条 设置沿海航标，应当按照国家有关规定向沿海航标管理机构提出申请，取得沿海航标管理机构的同意。

第十三条 港口、航道、桥梁以及沿海其他建设工程涉及沿海航标建设的，在履行基本建设程序审查批准过程中，沿海航标管理机构参加沿海航标设计方案的审查确定工作。

本条前款规定的沿海建设工程涉及有关沿海航标建设的费用，应当列入主体工程建设项目经费总概算，并与该项主体建设项目同时投入使用。

第十四条 承揽沿海航标建设工程项目的可行性研究、勘察设计、施工和监理的单位，应当具备国家规定的相关资质。

第十五条 沿海航标建设工程项目竣工后，应当经沿海航标管理机构对航标效能进行验收；验收合格的，方可投入使用。

第四章 航标维护

第十六条 负责沿海航标维护的单位，应当建立沿海航标维护质量保证体系，健全、落实沿海航标维护管理制度，加强对沿海航标的维护，保证其处于正常使用状态。

第十七条 配布沿海航标，应当选用符合国家标准的航标设备，并配备足够的备用航标设备。

第十八条 任何单位和个人发现沿海航标发生位移、漂失或者效能失常，应当及时向沿海航标管理机构报告。

第十九条 沿海出现影响沿海航行安全的沉没物、漂浮物、搁浅物，其所有人或者使用人、管理人应当及时向沿海航标管理机构报告，并按沿海航标管理机构的要求设置航标；不能按沿海航标管理机构的要求设置航标的，可以委托沿海航标维护单位设置航标，并承担有关费用。

船舶、设施所有人或者使用人以及沿海航标维护单位，发现沿海出现沉没物、漂浮物、搁浅物，应当及时向沿海航标管理机构报告。

需要打捞清除沿海沉没物、漂浮物、搁浅物的，应当遵守国家有关规定。

第二十条 发生下列情况，应当报沿海航标管理机构备案：

（一）沿海航标的维护单位发生变更；

（二）沿海航标的管理单位发生变更；

（三）公用航标改为专用航标；

（四）专用航标改为公用航标。

第二十一条 沿海航标的设置、失常、拆除、恢复或者发生其他较大变化，应当按国家有关规定发布航标动态通告。

第五章 航标保护

第二十二条 任何单位或个人不得侵占、破坏沿海航标。

第二十三条 在沿海航标保护范围内，不得进行下列影响沿海航标效能的行为：

（一）种植植物；

（二）设置灯具或者音响装置；

（三）设置非航标标志；

（四）堆放物件；

（五）修建建筑物、构筑物；

（六）《航标条例》禁止的其他行为。

第二十四条 因施工需要移动或者拆除沿海航标，应当经沿海航标管理机构同意。

第二十五条 禁止下列危害沿海航标的行为：

（一）非法侵占、损坏沿海航标设施；

（二）非法移动、拆除沿海航标；

（三）非法改变沿海航标效能；

（四）在沿海航标设施上攀架物品；

（五）在沿海航标设施上拴系船舶、牲畜、渔具；

（六）其他损坏沿海航标的行为。

第二十六条 船舶、设施触碰沿海航标，船舶、设施所有人或使用人应当立即向沿海航标管理机构报告。

第六章 专用航标

第二十七条 在沿海设置、拆除、更改专用航标，应当报经沿海航标管理机构同意。

第二十八条 沿海专用航标由其所有人或者使用人维护。委托他人维护的，应当签订书面合同，并向维护人提供有关技术资料，承担有关费用。

第二十九条 沿海专用航标的设置、维护应当符合国家有关技术标准，并接受沿海航标管理机构的业务指导和监督。

第三十条 沿海专用航标有下列情况之一的，沿海航标管理机构应当责令其所有人或使用人拆除、变更或者恢复：

（一）未经批准，擅自设置、拆除或者改变沿海航标的；

（二）沿海航标选位、效能不符合国家有关技术标准要求的；

（三）与相邻沿海航标的形状、颜色、光亮等相混淆，可能引起误认的。

第七章 监督检查与处罚

第三十一条 沿海航标管理机构应当建立健全沿海水域航标监督检查制度，并组织落实。

第三十二条 沿海航标管理机构应当依法履行职责，对发现的航标隐患，应当责令有关单位和个人立即消除或者限期消除。

第三十三条 沿海航标管理机构的工作人员依法在沿海水域进行航标监督检查，任何单位和个人不得拒绝或者阻挠。

有关单位或者个人应当接受沿海航标管理机构依法实施的航标监督检查，并为其提供方便。

第三十四条 沿海航标管理机构的工作人员依照本办法实施沿海航标监督检查时，应当出示合法证件，表明身份。

第三十五条 违反本办法，按照有关法律、行政法规和交通部公布的海事行政处罚规定给予行政处罚。

第八章 附 则

第三十六条 本办法由交通部负责解释。

第三十七条 本办法自2003年9月1日起施行。交通部1982年8月23日发布的《海区航标管理工作的若干规定》同时废止。

中华人民共和国交通部令

（2003年第8号）

《中华人民共和国海上海事行政处罚规定》已于2003年6月25日经第9次部务会议通过，现予公布，自2003年9月1日起施行。

部长：张春贤

二〇〇三年七月十日

中华人民共和国海上海事行政处罚规定

第一章 总 则

第一条 为规范海上海事行政处罚行为，保护当事人的合法权益，保障和监督海上海事行政管理，维护海上交通秩序，防止船舶污染沿海水域，根据《海上交通安全法》、《海洋环境保护法》、《行政处罚法》及其他有关法律、行政法规，制定本规定。

第二条 在中华人民共和国（简称中国）管辖沿海水域及相关陆域发生的违反海上海事行政管理秩序的行为，适用中国有关法律、行政法规和本规定实施海事行政处罚。

在中国管辖沿海水域及相关陆域外但属于中国籍的海船内发生的违反海上海事行政管理秩序的行为，也适用中国有关法律、行政法规和本规定实施海事行政处罚。

中国籍船员在中国管辖沿海水域及相关陆域外违反海上海事行政管理秩序，并且按照中国有关法律、行政法规应当处以行政处罚的行为，也适用中国有关法律、行政法规和本规定实施海事行政处罚。

第三条 本规定所称沿海水域、船舶、设施、作业，其含义与《海上交通安全法》使用的同一用语的含义相同，但有关法律、行政法规和本规定另有规定的除外。

本规定所称船舶经营人，包括船舶管理人。

本规定所称设施经营人，包括设施管理人。

本规定所称当事人，包括自然人和法人以及其他组织，可以与有海事行政违法行为的船舶所有人、经营人互相替换。

第四条 本规定所称违反海上海事行政管理秩序的行为，简称海事行政违法行为，包括下列行为：

（一）违反船舶所有人、经营人和船舶安全营运管理秩序；

（二）违反船舶、海上设施检验管理秩序；

（三）违反海上船舶登记管理秩序；

（四）违反海上船员管理秩序；

（五）违反海上航行、停泊和作业管理秩序；

（六）违反海上通航安全保障管理秩序；

（七）违反海上危险货物载运安全监督管理秩序；

（八）违反海难救助管理秩序；

（九）违反海上打捞管理秩序；

（十）违反海上船舶污染沿海水域监督管理秩序；

（十一）违反海上交通事故调查处理秩序；

（十二）其他海事行政违法行为。

第五条 本规定援引的法律、行政法规如下：

（一）《海上交通安全法》，是指《中华人民共和国海上交通安全法》；

（二）《国旗法》，是指《中华人民共和国国旗法》；

（三）《公民出境入境管理法》，是指《中华人民共和国公民出境入境管理法》；

（四）《船舶登记条例》，是指《中华人民共和国船舶登记条例》；

（五）《船舶和海上设施检验条例》，是指《中华人民共和国船舶和海上设施检验条例》；

（六）《航标条例》，是指《中华人民共和国航标条例》；

（七）《海上航行警告和航行通告管理规定》，是指《中华人民共和国海上航行警告和航行通告管理规定》；

（八）《危险化学品安全管理条例》；

（九）《关于外商参与打捞中国沿海水域沉船沉物管理办法》；

（十）《防止拆船污染环境管理条例》；

（十一）《海洋环境保护法》，是指《中华人民共和国海洋环境保护法》；

（十二）《海上交通事故调查处理条例》，是指《中华人民共和国海上交通事故调查处理条例》；

（十三）《行政处罚法》，是指《中华人民共和国行政处罚法》。

第六条 实施海事行政处罚，应当遵循合法、公开、公正，处罚与教育相结合的原则。

第七条 海事行政处罚，由海事管理机构依法实施。

第二章 海上海事行政处罚的种类和适用

第八条 海事行政处罚的种类如下：

（一）警告；

（二）罚款；

（三）撤销船舶检验资格；

（四）吊销船舶国籍证书或临时船舶国籍证书；

（五）没收船舶登记证书；

（六）扣留船员职务证书；

（七）吊销船员职务证书；

（八）吊销海员出境入境证件；

（九）没收违法所得；

（十）没收船舶；

（十一）法律、行政法规规定的其他海事行政处罚。

本条前款所称船员职务证书，包括船员培训合格证、船员服务簿、船员适任证书及其他适任证件。

本条第一款所称的船舶登记证书，包括船舶国籍证书、船舶所有权登记证书、船舶抵押权登记证书、光船租赁登记证书。

第九条 海事管理机构实施海事行政处罚时，应当责令当事人改正或限期改正海事行政违法行为。

第十条 对有两个或两个以上海事行政违法行为的同一当事人，应当分别处以海事行政处罚，合并执行。

对有共同海事行政违法行为的当事人，应当分别处以海事行政处罚。

对当事人的同一个海事行政违法行为，不得处以两次以上罚款的海事行政处罚。

第十一条 海事行政处罚的轻重，应当与海事行政违法行为和承担的海事行政法律责任相适应。

海事违法行为轻微并及时纠正，没有造成危害后果的，不予海事行政处罚。

海事行政违法行为的当事人有《行政处罚法》第二十七条所列情形之一的，应当依法从轻处以海事行政处罚或减轻海事行政处罚。

有海事行政违法行为的中国籍船舶和船员在境外已经受到海事行政处罚的，不得重复给予海事行政处罚。

第十二条 海事行政违法行为的当事人有下列情形之一的，应当从重处以海事行政处罚：

（一）造成较为严重后果或情节恶劣；

（二）一年内因同一海事行政违法行为受过海事行政处罚；

（三）胁迫、诱骗他人实施海事行政违法行为；

（四）伪造、隐匿、销毁海事行政违法行为证据；

（五）拒绝接受或阻挠海事管理机构实施监督管理；

（六）法律、行政法规规定应当从重处以海事行政处罚的其他情形。

第三章 海上海事行政违法行为和行政处罚

第一节 违反船舶所有人、经营人和船舶安全营运管理秩序

第十三条 违反船舶所有人、经营人安全营运管理秩序，有下列行为之一的，对船舶所有人或船舶经营人处以罚款：

（一）未取得船舶所有人、经营人安全营运与防污染管理体系符合证明从事航行或其他有关活动；

（二）提供虚假材料或以其他不正当手段骗取船舶所有人、经营人安全营运与防污染管理体系符合证明；

（三）伪造、变造船舶所有人、经营人安全营运与防污染管理体系审核的符合证明；

（四）转让、买卖、租借、冒用船舶所有人、经营人安全营运与防污染管理体系审核的符合证明；

（五）使用伪造、变造的船舶所有人、经营人安全营运与防污染管理体系符合证明从事航行或其他有关活动。

本条前款规定罚款的数额，依照下列规定确定：

（一）属于非经营活动中的违法行为的，处以200元以上1 000元以下罚款；

（二）属于经营活动中的违法行为，有违法所得的，处以违法所得的3倍以下、最多不超过3万元的罚款；

（三）属于经营活动中的违法行为，无违法所得的，处以300元以上1万元以下罚款。

第十四条 违反船舶安全营运管理秩序，有下列行为之一的，处以罚款、扣留船员职务证书直至吊销船员职务证书：

（一）未取得船舶安全管理证书从事航行或其他有关活动；

（二）提供虚假材料或以其他不正当手段骗取船舶安全管理证书；

（三）伪造、变造船舶安全管理证书；

（四）转让、买卖、租借、冒用船舶安全管理证书；

（五）使用伪造、变造的船舶安全管理证书从事航行或其他有关活动。

本条前款规定罚款的数额、扣留船员职务证书的期限或吊销船员职务证书，依照下列规定确定：

（一）属于非经营活动中的违法行为的，对船舶所有人或船舶经营人处以200元以上1 000元以下罚款；对船长处以200元以上1 000元以下的罚款，并扣留船员职务证书3个月至6个月。

（二）属于经营活动中的违法行为，有违法所得的，对船舶所有人或船舶经营人处以违法所得的3倍以下、最多不超过3万元的罚款；对船长处以本人违法所得的3倍以下、最多不超过2万元的罚款，并扣留船员职务证书12个月至24个月。

（三）属于经营活动中的违法行为，无违法所得的，对船舶所有人或船舶经营人处以500元以上1万元以下罚款；对船长处以300元以上8 000元以下的罚款，并扣留船员职务证书6个月至12个月。

第二节 违反船舶、海上设施检验管理秩序

第十五条 本节所称船舶、海上设施，其含义与《船舶和海上设施检验条例》使用的同一用语的含义相同。

第十六条 违反《海上交通安全法》第四条的规定，船舶和船舶上有关航行安全、防治污染等重要设备无相应的有效的检验证书的，依照《海上交通安全法》第四十四条的规定，处以下列行政处罚：

（一）属于非经营活动中的违法行为的，对船舶所有人或船舶经营人处以300元以上1 000元以下罚款；对船长处以200元以上1 000元以下的罚款，并扣留船员职务证书3个月至6个月。

（二）属于经营活动中的违法行为，有违法所得的，对船舶所有人或船舶经营人处以违法所得的3倍以下、最多不超过3万元的罚款；对船长处以本人违法所得的3倍以下、最多不超过3万元的罚款，并扣留船员职务证书12个月至24个月直至吊销船员职务证书。

（三）属于经营活动中的违法行为，无违法所得的，对船舶所有人或船舶经营人处以300元以上1万元以下罚款；对船长处以200元以上1万元以下的罚款，并扣留船员职务证书6个月至12个月。

本条前款所称船舶和船舶上有关重要设备无相应的有效的检验证书，包括下列情形：

（一）无相应的检验证书；

（二）持伪造、变造、转让、买卖或租借的检验证书；

（三）所持检验证书与船舶、船舶上有关重要设备的实际情况不符；

（四）持已经超过有效期限的检验证书；

（五）其他不符合法律、行政法规和规章规定情形的检验证书。

第十七条 违反《海上交通安全法》第十六条规定，大型设施和移动式平台的海上拖带，未经船舶检验机构进行拖航检验，并报海事管理机构核准，依照《海上交通安全法》第四十四条的规定，处以下列行政处罚：

（一）属于非经营活动中的违法行为的，对船舶、设施所有人或经营人处以300元以上1 000元以下罚款；对船长、设施主要负责人处以200元以上1 000元以下罚款，并扣留船员职务证书3个月至6个月。

（二）属于经营活动中的违法行为，有违法所得的，对船舶、设施所有人或经营人处以违法所得的3倍以下、最多不超过3万元的罚款；对船长、设施主要负责人处以本人违法所得的3倍以下、最多不超过3万元的罚款，并扣留船员职务证书12个月至24个月直至吊销船员职务证书。

（三）属于经营活动中的违法行为，无违法所得的，对船舶、设施所有人或经营人处以300元以上1万元以下罚款，对船长、设施主要负责人处以200元以上1万元以下罚款，并扣留船员职务证书6个月至12个月。

第十八条 违反《海上交通安全法》第十七条规定，船舶的实际状况同船舶检验证书所载不相符合，船舶未按照海事管理机构的要求申请重新检验或采取有效的安全措施，依照《海上交通安全法》第四十四条的规定，处以下列行政处罚：

（一）属于非经营活动中的违法行为的，对船舶所有人或船舶经营人处以200元以上1 000元以下罚款；对船长处以100元以上1 000元以下罚款，并扣留船员职务证书3个月至6个月。

（二）属于经营活动中的违法行为，有违法所得的，对船舶所有人或船舶经营人处以违法所得的3倍以下、最多不超过3万元的罚款；对船长处以本人违法所得的3倍以下、最多不超过3万元的罚款，并扣留船员职务证书12个月至24个月直至吊销船员职务证书。

（三）属于经营活动中的违法行为，无违法所得的，对船舶所有人或船舶经营人处以300元以上1万元以下罚款；对船长处以200元以上1万元以下罚款，并扣留船员职务证书6个月至12个月。

第十九条 违反《船舶和海上设施检验条例》的规定，涂改船舶、海上设施、货物集装箱的检验证书、擅自更改船舶载重线，或以欺骗行为获取船舶、海上设施、货物集装箱的检验证书的，依照《船舶和海上设施检验条例》第二十六条的规定，撤销已签发的相应检验证书，并可以责令补办有关手续。

第二十条 违反《船舶和海上设施检验条例》的规定，伪造船舶检验证书，或擅自更改船舶载重线，依照《船舶和海上设施检验条例》第二十七条的规定，处以通报批评，并可以处以相当于相应的检验费1倍至5倍的罚款。

本条前款所称伪造，包括变造、涂改。

第二十一条 船舶检验机构的检验人员违反《船舶和海上设施检验条例》的规定，有下列行为之一的，依照《船舶和海上设施检验条例》第二十八条的规定，分别以滥用职权、徇私舞弊、玩忽职守、严重失职论，撤销其检验资格：

（一）超越职权范围进行船舶、设施检验；

（二）未按规定的检验规范进行船舶、设施检验；

（三）未按规定的检验项目进行船舶、设施检验；

（四）未按规定的检验程序进行船舶、设施检验；

（五）所签发的船舶检验证书或检验报告与船

舶、设施的实际情况不符；

（六）未按照有关规定标准收取船舶、设施检验费用。

第三节　违反海上船舶登记管理秩序

第二十二条　本节所称船舶，其含义与《船舶登记条例》使用的同一用语的含义相同。

第二十三条　违反《海上交通安全法》第五条的规定，船舶无船舶国籍证书或使用虚假的船舶国籍证书航行的，依照《海上交通安全法》第四十四条的规定，处以下列行政处罚：

（一）属于非经营活动中的违法行为的，对船舶所有人或船舶经营人处以 200 元以上 1 000 元以下罚款；对船长处以 100 元以上 1 000 元以下的罚款，并扣留船员职务证书 3 个月至 6 个月。

（二）属于经营活动中的违法行为，有违法所得的，对船舶所有人或船舶经营人处以违法所得的 3 倍以下、最多不超过 3 万元的罚款；对船长处以本人违法所得的 3 倍以下、最多不超过 2 万元的罚款，并扣留船员职务证书 12 个月至 24 个月直至吊销船员职务证书。

（三）属于经营活动中的违法行为，无违法所得的，对船舶所有人或船舶经营人处以 300 元以上 1 万元以下罚款；对船长处以 200 元以上 8 000 元以下的罚款，并扣留船员职务证书 6 个月至 12 个月。

第二十四条　违反《船舶登记条例》规定，船舶假冒中国国籍，悬挂中国国旗航行的，依照《船舶登记条例》第四十九条第一款的规定，依法没收船舶。

违反《船舶登记条例》规定，中国籍船舶假冒外国国籍，悬挂外国国旗航行的，适用《船舶登记条例》第四十九条第一款的规定。

第二十五条　违反《船舶登记条例》规定，隐瞒在境内或境外的登记事实，造成双重国籍的，依照《船舶登记条例》第五十条的规定，吊销其船舶国籍证书，并视情节对船舶所有人或船舶经营人处以下列罚款：

（一）500 总吨以下的船舶，处 2 000 元以上 1 万元以下的罚款；

（二）501 总吨以上、10 000 总吨以下的船舶，处以 1 万元以上 5 万元以下的罚款；

（三）10 001 总吨以上的船舶，处以 5 万元以上 20 万元以下的罚款。

第二十六条　违反《船舶登记条例》规定，有下列情形之一的，依照《船舶登记条例》第五十一条的规定，可以视情节对船舶处以警告、根据船舶吨位对船舶所有人或船舶经营人处以依照《船舶登记条例》第五十条规定的罚款数额的 50%直至没收船舶登记证书：

（一）在办理登记手续时隐瞒真实情况、弄虚作假的；

（二）隐瞒登记事实，造成重复登记的；

（三）伪造、涂改船舶登记证书的。

第二十七条　违反《船舶登记条例》规定，船舶不按照规定办理变更或注销登记的，或使用过期的船舶国籍证书或临时船舶国籍证书的，依照《船舶登记条例》第五十二条的规定，责令其补办有关登记手续；情节严重的，可以根据船舶吨位对船舶所有人或船舶经营人处以《船舶登记条例》第五十条规定的罚款数额的 10%。

第二十八条　违反《船舶登记条例》规定，擅自雇用外国籍船员或使用他人业经登记的船舶烟囱标志、公司旗的，依照《船舶登记条例》第五十三条的规定，责令其改正；拒不改正的，可以根据船舶吨位对船舶所有人或船舶经营人处以《船舶登记条例》第五十条规定的罚款数额的 10%；情节严重的，并可以吊销其船舶国籍证书或临时船舶国籍证书。

第二十九条　违反《国旗法》和交通部公布的《船舶升挂国旗管理办法》，船舶不按规定悬挂中国国旗，或悬挂的中华人民共和国国旗破损、污损、明显褪色或不合规格，依照《船舶升挂国旗管理办法》第十七条的规定，责令立即改正。

第四节　违反海上船员管理秩序

第三十条　本节所称船员，包括船长、轮机长、驾驶员、轮机员、无线电人员、引航员和水上飞机、潜水器的相应人员以及其他船员。

第三十一条　违反《海上交通安全法》第七条的规定，未取得合格的船员职务证书或未通过船员培训，擅自上船服务的，依照《海上交通安全法》第四十四条的规定，处以下列数额的罚款：

（一）在非经营性船舶上服务的，处以 200 元以上 1 000 元以下罚款；

（二）在经营性船舶上服务，有违法所得的，处以本人违法所得的 3 倍以下、最多不超过 3 万元的罚款；

（三）在经营性船舶上服务，无违法所得的，处以 300 元以上 1 万元以下罚款。

本条前款所称未取得合格的船员职务证书，包括下列情形：

（一）无船员职务证书；

（二）持采取弄虚作假的方式取得的船员职务证书；

（三）持伪造、变造的船员职务证书；

（四）持转让、买卖或租借的船员职务证书；

（五）所服务的船舶的航区、种类和等级以及所任职务超越所持船员职务证书限定的范围；

（六）持已经超过有效期限的船员职务证书；

（七）其他不符合法律、行政法规和规章规定情形的船员职务证书。

对本条第二款第(二)项、第(四)项规定的违法行为，除处以罚款外，并处吊销船员职务证书。

对本条第二款第(五)项规定的违法行为，除处以罚款外，并处扣留船员职务证书 3 个月至 12 个月。

第三十二条 违反《海上交通安全法》第八条的规定，设施未按照国家规定配备掌握避碰、信号、通信、消防、救生等专业技能的人员，依照《海上交通安全法》第四十四条的规定，处以下列数额的罚款：

（一）属于非经营活动中的违法行为的，对设施所有人或设施经营人处以 200 元以上 1 000 元以下罚款；对设施主要负责人和直接责任人员处以 100 元以上 1 000 元以下罚款。

（二）属于经营活动中的违法行为，有违法所得的，对设施所有人或设施经营人处以违法所得的 3 倍以下、最多不超过 3 万元的罚款；对设施主要负责人和直接责任人员处以本人违法所得的 3 倍以下、最多不超过 2 万元的罚款。

（三）属于经营活动中的违法行为，无违法所得的，对设施所有人或设施经营人处以 300 元以上 1 万元以下罚款；对设施主要负责人和直接责任人员处以 200 元以上 8 000 元以下罚款。

第三十三条 违反《公民出境入境管理法》的规定，持海员出境入境证件招摇撞骗的，依照《公民出境入境管理法实施细则》第二十二条的规定，将其海员出境入境证件予以吊销或宣布作废。

本条前款规定的持海员出境入境证件招摇撞骗，包括下列行为：

（一）持用弄虚作假、贿赂及其他不正当方式从海事管理机构获取的海员出境入境证件；

（二）持用伪造、变造的海员出境入境证件；

（三）持用采取转让、买卖、租借以及其他非法方式获得他人的海员出境入境证件；

（四）持已经超过有效期限的海员出境入境证件。

第五节 违反海上航行、停泊和作业管理秩序

第三十四条 违反《海上交通安全法》第六条的规定，船舶未按照标准定额配备足以保证船舶安全的合格船员，依照《海上交通安全法》第四十四条的规定，处以下列行政处罚：

（一）属于非经营活动中的违法行为的，对船舶所有人或船舶经营人处以 300 元以上 1 000 元以下罚款；对船长处以 200 元以上 1 000 元以下罚款，并可扣留船员职务证书 3 个月至 6 个月。

（二）属于经营活动中的违法行为，有违法所得的，对船舶所有人或船舶经营人处以违法所得的 3 倍以下、最多不超过 3 万元的罚款；对船长处以本人违法所得的 3 倍以下、最多不超过 2 万元的罚款，并可扣留船员职务证书 3 个月至 12 个月。

（三）属于经营活动中的违法行为，无违法所得的，对船舶所有人或船舶经营人处以 500 元以上 1 万元以下罚款；对船长处以 300 元以上 8 000 元以下罚款，并可扣留船员职务证书 3 个月至 6 个月。

本条第一款所称未按照标准定额配备足以保证船舶安全的合格船员，包括下列情形：

（一）船舶所配船员的数量低于船舶最低安全配员证书规定的定额要求；

（二）船舶所配船员未持有有效的适任证书；

（三）船舶未持有有效的船舶最低安全配员证书。

第三十五条 违反《海上交通安全法》第九条的规定，船舶、设施上的人员不遵守有关海上交通安全的规章制度和操作规程，影响船舶、设施航行、停泊和作业的安全，依照《海上交通安全法》第四十四条的规定，处以下列数额的罚款：

（一）属于非经营活动中的违法行为的，处以100元以上1 000元以下罚款；

（二）属于经营活动中的违法行为，有违法所得的，处以本人违法所得的3倍以下、最多不超过3万元的罚款；

（三）属于经营活动中的违法行为，无违法所得的，处以100元以上1万元以下罚款。

本条前款所称不遵守有关海上交通安全的规章制度，包括下列情形：

（一）在船上履行船员职务，不携带有效船员职务证书；

（二）在船上履行船员职务，超越船员职务证书所载职务、职能、航区、航线、等级或主机种类；

（三）在船上履行船员职务，未按照船员值班规则实施值班；

（四）未获得必要的休息上岗操作；

（五）在船上值班期间，体内酒精含量超过规定的标准；

（六）在船上履行船员职务，服食可能影响安全操作的违禁药物；

（七）不遵守有关海上交通安全的规章制度的其他情形。

本条第一款所称不遵守有关海上交通安全操作规程，包括下列情形：

（一）不采用安全速度航行；

（二）不按规定的航路航行；

（三）不遵守避碰规则、雾航规则；

（四）不按规定停泊、倒车、调头、追越、抢头；

（五）不按规定显示信号；

（六）不按规定守听航行通信；

（七）不按规定进行试车、试航、测速、辨校方向；

（八）不按规定检修影响船舶适航性能的设备；

（九）不按规定检修通信设备和消防设备；

（十）不按规定保持船舱良好通风或清洁；

（十一）不按规定使用明火；

（十二）不按规定填写航海日志；

（十三）不按规定保障人员上、下船舶、设施的安全；

（十四）不按照有关海上交通安全操作规程进行其他操作。

第三十六条 违反《海上交通安全法》第九条的规定，船舶、设施上的人员不遵守有关海上交通安全的规章制度和操作规程，影响船舶、设施航行、停泊和作业的安全，造成海上交通事故的，还应依照《海上交通安全法》第四十四条的规定，处以下列行政处罚：

（一）造成特别重大事故的，对全部责任者、主要责任者吊销船员职务证书，对次要责任者扣留船员职务证书12个月直至吊销船员职务证书；对相当责任者，扣留船员职务证书24个月或吊销船员职务证书。

（二）造成重大事故的，对全部责任者、主要责任者吊销船员职务证书，对次要责任者扣留船员职务证书12个月至24个月；对相当责任者，扣留船员职务证书18个月或吊销船员职务证书。

（三）造成大事故的，对全部责任者、主要责任者扣留船员职务证书24个月或吊销船员职务证书，对次要责任者扣留船员职务证书6个月；对相当责任者，扣留船员职务证书12个月 。

（四）造成一般事故的，对全部责任者、主要责任者扣留船员职务证书12个月至24个月，对次要责任者扣留船员职务证书3个月至6个月；对相当责任者，扣留船员职务证书6个月至12个月。

（五）造成小事故的，对全部责任者、主要责任者扣留船员职务证书6个月至12月，对次要责任者扣留船员职务证书3个月；对相当责任者，扣留船员职务证书3个月至6个月。

第三十七条 违反《海上交通安全法》第十条的规定，船舶、设施不遵守有关法律、行政法规和规章，影响其他船舶、设施航行、停泊和作业的安全，依照《海上交通安全法》第四十四条的规定，处以下列数额的罚款：

（一）属于非经营活动中的违法行为的，对船舶或设施所有人、经营人处以200元以上1 000元以下罚款；对船长或设施主要负责人和其他直接责任人员处以100元以上1 000元以下罚款。

（二）属于经营活动中的违法行为，有违法所得的，对船舶或设施所有人、经营人处以违法所得的3倍以下、最多不超过3万元的罚款；对船长或设施主要负责人和其他直接责任人员处以本人违法所得的3倍以下、最多不超过3万元的罚款。

（三）属于经营活动中的违法行为，无违法所得的，对船舶或设施所有人、经营人处以 300 元以上 1 万元以下罚款；对船长或设施主要负责人和其他直接责任人员处以 100 元以上 1 万元以下罚款。

本条前款所称船舶、设施不遵守有关法律、行政法规和规章，影响其他船舶、设施航行、停泊和作业的安全，包括下列情形：

（一）不按规定检修、检测影响船舶适航性能的设备；

（二）不按规定检修、检测通信设备和消防设备；

（三）不按规定载运旅客；

（四）不按规定装载货物、车辆；

（五）不符合安全航行限制条件而开航；

（六）不符合安全作业限制条件而作业；

（七）未经批准从事夜航；

（八）强令船员违规操作；

（九）强令船员疲劳上岗操作；

（十）未按船员值班规则安排船员值班；

（十一）超过核定航区航行；

（十二）未按规定的航路行驶；

（十三）不遵守避碰规则、雾航规则；

（十四）不采用安全速度航行；

（十五）不按规定停泊、倒车、调头、追越、抢头；

（十六）不按规定进行试车、试航、测速、辨校方向；

（十七）不遵守航行、停泊和作业信号规定；

（十八）不遵守强制引航规定；

（十九）不遵守航行通信和无线电通信管理规定；

（二十）不按规定保持船舱良好通风或清洁；

（二十一）不按规定保障人员上、下船舶、设施的安全；

（二十二）不遵守有关明火作业安全操作规程；

（二十三）未按规定拖带，或非拖带船从事拖带作业；

（二十四）违反船舶并靠或过驳有关规定；

（二十五）不按规定填写航海日志；

（二十六）未按规定报告船位、船舶动态；

（二十七）不遵守有关法律、行政法规和规章，影响其他船舶、设施航行、停泊和作业安全的其他情形。

第三十八条 违反《海上交通安全法》第十一条规定，外国籍非军用船舶未经中国海事管理机构批准，进入中国的内水和港口，或进入中国的内水和港口不听从海事管理机构指挥，依照《海上交通安全法》第四十四条的规定，处以警告或下列数额的罚款：

（一）属于非经营活动中的违法行为的，对船舶所有人或船舶经营人处以 200 元以上 1 000 元以下罚款；对船长处以 100 元以上 1 000 元以下罚款。

（二）属于经营活动中的违法行为，有违法所得的，对船舶所有人或船舶经营人处以违法所得的 3 倍以下、最多不超过 3 万元的罚款；对船长处以本人违法所得的 3 倍以下、最多不超过 2 万元的罚款。

（三）属于经营活动中的违法行为，无违法所得的，对船舶所有人或船舶经营人处以 200 元以上 1 万元以下罚款，对船长处以 100 元以上 1 万元以下罚款。

第三十九条 违反《海上交通安全法》第十三条规定，外国籍船舶进出中国港口或在港内航行、移泊以及靠离港外系泊点、装卸站等，不按规定申请指派引航员引航，或不使用按规定指派的引航员引航的，依照《海上交通安全法》第四十四条的规定，处以警告或下列数额的罚款：

（一）属于非经营活动中的违法行为的，对船舶所有人或船舶经营人处以 200 元以上 1 000 元以下罚款；对船长处以 100 元以上 1 000 元以下罚款。

（二）属于经营活动中的违法行为，有违法所得的，对船舶所有人或船舶经营人处以违法所得的 3 倍以下、最多不超过 3 万元的罚款；对船长处以本人违法所得的 3 倍以下、最多不超过 2 万元的罚款。

（三）属于经营活动中的违法行为，无违法所得的，对船舶所有人或船舶经营人处以 200 元以上 1 万元以下罚款，对船长处以 100 元以上 1 万元以下罚款。

第四十条 违反《海上交通安全法》第十四条规定，船舶进出港口或通过交通管制区、通航密集区和航行条件受到限制的区域时，不遵守中国政府或海事管理机构公布的特别规定的，依照《海上交通安全法》第四十四条的规定，处以警告或下列行政处罚：

（一）属于非经营活动中的违法行为的，对船舶所有人或船舶经营人处以 500 元以上 1 000 元以下罚款；对船长处以 200 元以上 1 000 元以下罚款，并可扣留船员职务证书 3 个月至 6 个月。

（二）属于经营活动中的违法行为，有违法所得的，对船舶所有人或船舶经营人处以违法所得的 3 倍以下、最多不超过 3 万元的罚款；对船长处以本人违法所得的 3 倍以下、最多不超过 2 万元的罚款，并可扣留船员职务证书 6 个月至 12 个月。

（三）属于经营活动中的违法行为，无违法所得的，对船舶所有人或船舶经营人处以 1 000 元以上 1 万元以下罚款，对船长处以 500 元以上 5 000 元以下罚款，并可扣留船员职务证书 3 个月至 6 个月。

第四十一条 违反《海上交通安全法》第十五条规定，未经海事管理机构特别许可，船舶进入或穿越禁航区，依照《海上交通安全法》第四十四条的规定，处以警告或下列行政处罚：

（一）属于非经营活动中的违法行为的，对船舶所有人或船舶经营人处以 200 元以上 1 000 元以下罚款；对船长处以 100 元以上 1 000 元以下罚款，并扣留船员职务证书 3 个月至 6 个月。

（二）属于经营活动中的违法行为，有违法所得的，对船舶所有人或船舶经营人处以违法所得的 3 倍以下、最多不超过 3 万元的罚款；对船长处以本人违法所得的 3 倍以下、最多不超过 2 万元的罚款，并扣留船员职务证书 6 个月至 12 个月。

（三）属于经营活动中的违法行为，无违法所得的，对船舶所有人或船舶经营人处以 200 元以上 1 万元以下罚款；对船长处以 100 元以上 8 000 元以下罚款，并扣留船员职务证书 3 个月至 6 个月。

第四十二条 违反《海上交通安全法》第十二条规定，国际航行船舶进出中国港口，拒不接受海事管理机构的检查，依照《海上交通安全法》第四十四条的规定，处以下列行政处罚：

（一）属于非经营活动中的违法行为的，对船舶所有人或船舶经营人处以 200 元以上 1 000 元以下罚款；对船长处以 100 元以上 1 000 元以下罚款，并可扣留船员职务证书 3 个月至 6 个月。

（二）属于经营活动中的违法行为，有违法所得的，对船舶所有人或船舶经营人处以违法所得的 3 倍以下、最多不超过 3 万元的罚款；对船长处以本人违法所得的 3 倍以下、最多不超过 2 万元的罚款，并可扣留船员职务证书 12 个月至 24 个月直至吊销船员职务证书。

（三）属于经营活动中的违法行为，无违法所得的，对船舶所有人或船舶经营人处以 200 元以上 1 万元以下罚款；对船长处以 100 元以上 1 万元以下罚款，并可扣留船员职务证书 6 个月至 12 个月。

本条前款所称拒不接受海事管理机构的检查，包括下列情形：

（一）拒绝或阻挠海事管理机构实施安全检查；

（二）中国籍船舶接受海事管理机构实施安全检查时不提交《船舶安全检查记录簿》；

（三）在接受海事管理机构实施安全检查时弄虚作假；

（四）未按照海事管理机构的安全检查处理意见进行整改。

第四十三条 违反《海上交通安全法》第十二条的规定，中国籍国内航行船舶进出港口，不办理进出港签证，依照《海上交通安全法》第四十四条的规定，处以下列行政处罚：

（一）属于非经营活动中的违法行为的，对船舶所有人或船舶经营人处以 200 元以上 1 000 元以下罚款；对船长处以 100 元以上 1 000 元以下罚款，并可扣留船员职务证书 3 个月至 6 个月。

（二）属于经营活动中的违法行为，有违法所得的，对船舶所有人或船舶经营人处以违法所得的 3 倍以下、最多不超过 3 万元的罚款；对船长处以本人违法所得的 3 倍以下、最多不超过 2 万元的罚款，并可扣留船员职务证书 12 个月至 24 个月直至吊销船员职务证书。

（三）属于经营活动中的违法行为，无违法所得的，对船舶所有人或船舶经营人处以 200 元以上 1 万元以下罚款；对船长处以 100 元以上 8 000 元以下罚款，并可扣留船员职务证书 6 个月至 12 个月。

本条前款所称不办理进出港签证包括下列情形：

（一）拒绝或阻挠海事管理机构办理进出港签证；

（二）办理进出港签证所提交的船舶法定证书、文书不全或不真实；

（三）在办理进出港签证时弄虚作假；

（四）国际航行船舶未按规定办理进出口岸

手续。

第六节 违反海上通航安全保障管理秩序

第四十四条 本节所称航标，其含义与《航标条例》使用的同一用语的含义相同。

第四十五条 违反《航标条例》第六条第二款的规定，擅自设置、撤除、移动专用航标或改变专用航标的其他状况的，依照《航标条例》第十九条的规定，责令限期拆除、重新设置、调整专用航标。

第四十六条 有下列行为之一的，依照《航标条例》第二十条的规定，责令限期改正或采取相应的补救措施：

（一）违反《航标条例》第十一条的规定，在航标附近设置有碍航行安全的灯光或音响装置；

（二）违反《航标条例》第十三条的规定，在航标周围构筑建筑物、构筑物或种植植物以及其他影响航标效能的障碍物。

第四十七条 船舶违反《航标条例》第十四条第二款的规定，触碰航标不报告的，依照《航标条例》第二十一条的规定，可以根据情节处以2万元以下的罚款；造成损失的，应当依法赔偿。

第四十八条 违反《航标条例》第十五条、第十六条、第十七条的规定，危害航标及其辅助设施或影响航标工作效能的，依照《航标条例》第二十二条的规定，责令其限期改正，处以警告，可以并处 2 000 元以下的罚款；造成损失的，应当依法赔偿。

第四十九条 违反《海上航行警告和航行通告管理规定》第五条第一款的规定，在中华人民共和国沿海水域从事下列活动，未事先向海事管理机构申请发布海上航行警告、航行通告，依照《海上航行警告和航行通告管理规定》第十七条的规定，责令其停止活动，并可以处 2 000 元以下罚款：

（一）改变航道、航槽；

（二）划定、改动或撤销禁航区、抛泥区、水产养殖区、测速区、水上娱乐区；

（三）设置或撤除公用罗经标、消磁场；

（四）打捞沉船、沉物；

（五）铺设、撤除、检修电缆和管道；

（六）设置、撤除系船浮筒及其他建筑物；

（七）设置、撤除用于海上勘探开发的设施和其安全区；

（八）从事扫海、疏浚、爆破、打桩、拔桩、起重、钻探等作业；

（九）进行使船舶航行能力受到限制的超长、超高、笨重拖带作业；

（十）进行有碍海上航行安全的海洋地质调查、勘探和水文测量；

（十一）进行其他影响海上航行和作业安全的活动。

第五十条 违反《海上航行警告和航行通告管理规定》第五条第一款、第八条规定，海上航行警告、航行通告发布后，申请人未在国家主管机关或区域主管机关核准的时间和区域内进行活动，或需要变更活动时间或改换活动区域的，未按规定重新申请发布海上航行警告、航行通告，依照《海上航行警告和航行通告管理规定》第十七条的规定，责令其停止活动，并可以处 2 000 元以下罚款。

第五十一条 违反《海上航行警告和航行通告管理规定》第六条、第七条规定，未在规定的时间内申请发布海上航行警告、航行通告的，依照《海上航行警告和航行通告管理规定》第十八条的规定，可以处以警告，可以并处 800 元以下罚款。

第五十二条 违反《海上航行警告和航行通告管理规定》第十四条规定，未按照规定抄收海岸电台播发的海上航行警告，对船舶、设施的有关责任人员，依照《海上航行警告和航行通告管理规定》第十九条的规定，根据情节，可以处以警告、扣留职务证书或吊销职务证书。

第五十三条 违反《海上航行警告和航行通告管理规定》，造成海上交通事故的，依照《海上航行警告和航行通告管理规定》第二十条，除依法承担民事赔偿责任外，根据情节轻重，处以下列行政处罚：

（一）属于非经营活动中的违法行为的，对船舶、设施所有人或经营人处以 300 元以上 1 000 元以下罚款；对船长或设施主要负责人和其他直接责任人员处以 200 元以上 1 000 元以下罚款，并可扣留船员职务证书 3 个月至 12 个月。

（二）属于经营活动中的违法行为，有违法所得的，对船舶、设施处以违法所得的 3 倍以下、最多不超过 3 万元的罚款；对船长或设施主要负责人和其他直接责任人员处以本人违法所得的 3 倍以下、最多不超过 2 万元的罚款，并可扣留船员职务证书 12 个月至 24 个月或吊销船员职务证书。

（三）属于经营活动中的违法行为，无违法所得的，对船舶、设施处以 300 元以上 1 万元以下罚款；对船长或设施主要负责人和其他直接责任人员处以 200 元以上 1 万元以下罚款，并可扣留船员职务证书 6 个月至 24 个月。

第五十四条 违反《海上交通安全法》第二十二条规定，未经海事管理机构批准，在港区、锚地、航道、通航密集区以及海事管理机构公布的航路内设置、构筑设施或进行其他有碍航行安全的活动，除责令其所有人限期搬迁或拆除外，依照《海上交通安全法》第四十四条的规定，处以下列数额的罚款：

（一）属于非经营活动中的违法行为的，处以 200 元以上 1 000 元以下罚款。

（二）属于经营活动中的违法行为，有违法所得的，处以违法所得的 3 倍以下、最多不超过 3 万元的罚款。

（三）属于经营活动中的违法行为，无违法所得的，处以 300 元以上 1 万元以下罚款。

第五十五条 违反《海上交通安全法》第二十六条规定，搬迁、拆除设施，打捞清除沉船沉物，处理水下工程善后事项，遗留有碍航行和作业安全的隐患，或在搬迁、拆除设施，打捞清除沉船沉物，处理水下工程善后事项前，其所有人或经营人未按规定设置标志，并将碍航物的名称、形状、尺寸、位置和深度准确地向海事管理机构报告，依照《海上交通安全法》第四十四条的规定，处以下列数额的罚款：

（一）属于非经营活动中的违法行为的，处以 200 元以上 1 000 元以下罚款。

（二）属于经营活动中的违法行为，有违法所得的，处以违法所得的 3 倍以下、最多不超过 3 万元的罚款。

（三）属于经营活动中的违法行为，无违法所得的，处以 300 元以上 1 万元以下罚款。

第七节 违反海上危险货物载运安全监督管理秩序

第五十六条 本节所称危险货物，是指具有爆炸、易燃、毒害、腐蚀、放射性等特性，在运输、装卸和储存过程中，容易造成人身伤亡、财产毁损和环境污染而需要特别防护的货物，包括危险化学品。

第五十七条 违反《危险化学品安全管理条例》的规定，从事危险化学品运输船舶的船员，未经考核合格，取得上岗资格证的，依照《危险化学品安全管理条例》第六十六条的规定，处 2 万元以上 10 万元以下的罚款。

第五十八条 违反《危险化学品安全管理条例》的规定，有下列行为之一的，依照《危险化学品安全管理条例》第五十九条的规定，责令立即或限期改正，处 2 万元以上 20 万元以下的罚款；逾期未改正的，责令停产停业整顿：

（一）运输危险化学品的船舶及其配载的容器，未按照国家有关规范进行检验合格；

（二）船舶运输危险化学品，使用的包装的材质、型式、规格、方法和单件质量（重量）与所包装的危险化学品的性质和用途不相适应；

（三）船舶运输危险化学品，重复使用的包装物、容器在使用前，不进行检查；

（四）船舶运输危险化学品，使用未经检验合格的包装物、容器包装、盛装、运输。

第五十九条 违反《危险化学品安全管理条例》的规定，船舶运输、装卸危险化学品不符合国家有关法律、法规、规章的规定和国家标准，并按照危险化学品的特性采取必要安全防护措施的，依照《危险化学品安全管理条例》第六十六条的规定，处 2 万元以上 10 万元以下的罚款。

本条前款所称不符合国家有关法律、法规、规章的规定和国家标准，并按照危险化学品的特性采取必要安全防护措施，包括下列情形：

（一）装运危险化学品的船舶未按有关规定编制应急预案和配备相应救援设备和器材；

（二）装运危险化学品的船舶进出港口，不依法向海事管理机构办理申报手续；

（三）装运危险化学品的船舶擅自在非停泊危险化学品船舶的锚地、码头或其他水域停泊；

（四）船舶所装运的危险化学品，包装标志不符合有关规定；

（五）船舶装运危险化学品发生泄漏或意外事故，不及时采取措施或不向海事管理机构报告；

（六）其他不符合国家有关危险化学品法律、

法规、规章的规定和危险化学品国家标准的情形。

第六十条 违反《海上交通安全法》第三十二条规定，船舶、设施储存、装卸、运输危险化学品以外的危险货物，不具备安全可靠的设备和条件，或者不遵守国家关于危险化学品以外的危险货物管理和运输的规定的，依照《海上交通安全法》第四十四条的规定，处以下列行政处罚：

（一）属于非经营活动中的违法行为的，对船舶、设施所有人或经营人处以 300 元以上 1 000 元以下罚款；对船长或设施主要负责人和其他直接责任人员处以 200 元以上 1 000 元以下罚款，并扣留船员职务证书 3 个月至 12 个月。

（二）属于经营活动中的违法行为，有违法所得的，对船舶、设施处以违法所得的 3 倍以下、最多不超过 3 万元的罚款；对船长或设施主要负责人和其他直接责任人员处以本人违法所得的 3 倍以下、最多不超过 3 万元的罚款，并扣留船员职务证书 12 个月至 24 个月或吊销船员职务证书。

（三）属于经营活动中的违法行为，无违法所得的，对船舶、设施处以 300 元以上 1 万元以下罚款；对船长或设施主要负责人和其他直接责任人员处以 200 元以上 1 万元以下罚款，并扣留船员职务证书 6 个月至 24 个月。

本条款所称不具备安全可靠的设备和条件，包括下列情形：

（一）装运危险化学品以外的危险货物的船舶，未按有关规定编制应急预案和配备相应救援设备和器材；

（二）装运危险化学品以外的危险货物的船舶及其配载的容器，未按照国家有关规范进行检验合格；

（三）船舶装运危险化学品以外的危险货物，所使用包装的材质、型式、规格、方法和单件质量（重量）与所包装的危险货物的性质和用途不相适应；

（四）船舶装运危险化学品以外的危险货物，包装标志不符合有关规定；

（五）装运危险化学品以外的危险货物的船舶，未按规定配备足够的取得相应的特殊培训合格证书的船员。

本条款所称不遵守国家关于危险化学品以外的危险货物管理和运输的规定，包括下列行为：

（一）使用未经检验合格的包装物、容器包装、盛装、运输；

（二）重复使用的包装物、容器在使用前，不进行检查；

（三）不按规定显示装载危险货物的信号；

（四）未按照危险货物的特性采取必要安全防护措施；

（五）不按照有关规定对载运中的危险货物进行检查；

（六）装运危险货物的船舶擅自在非停泊危险货物船舶的锚地、码头或其他水域停泊；

（七）船舶装运危险货物发生泄漏或意外事故，不及时采取措施或不向海事管理机构报告；

（八）不遵守国家关于危险化学品以外的危险货物管理和运输的规定的其他行为。

第六十一条 违反《海上交通安全法》第三十三条规定，船舶装运危险化学品以外的危险货物进出港口，不向海事管理机构办理申报手续，依照《海上交通安全法》第四十四条的规定，处以下列行政处罚：

（一）属于非经营活动中的违法行为的，对船舶、设施所有人或经营人处以 300 元以上 1 000 元以下罚款；对船长或设施主要责人和其他直接责任人员处以 200 元以上 1 000 元以下罚款，并扣留船员职务证书 3 个月至 12 个月。

（二）属于经营活动中的违法行为，有违法所得的，对船舶、设施处以违法所得的 3 倍以下、最多不超过 3 万元的罚款；对船长或设施主要负责人和其他直接责任人员处以本人违法所得的 3 倍以下、最多不超过 3 万元的罚款，并扣留船员职务证书 12 个月至 24 个月或吊销船员职务证书。

（三）属于经营活动中的违法行为，无违法所得的，对船舶、设施处以 300 元以上 1 万元以下罚款；对船长或设施主要负责人和其他直接责任人员处以 200 元以上 1 万元以下罚款，并扣留船员职务证书 6 个月至 24 个月。

第八节 违反海难救助管理秩序

第六十二条 违反《海上交通安全法》第三十四条规定，船舶、设施或飞机遇难时，不及时向海事管理机构报告出事时间、地点、受损情况、救助要求以及发生事故的原因的，依照《海上交通安全法》第四十四条规定，处以下列行政处罚：

（一）属于非经营活动中的违法行为的，对船舶、设施处以200元以上1 000元以下罚款；对船长、设施主要负责人处以100元以上1 000元以下罚款，并可扣留船员职务证书3个月至6个月。

（二）属于经营活动中的违法行为的，对船舶、设施处以200元以上1万元以下罚款；对船长、设施主要负责人处以100元以上8 000元以下罚款，并可扣留船员职务证书6个月至12个月。

第六十三条 违反《海上交通安全法》第三十六条规定，事故现场附近的船舶、设施，收到求救信号或发现有人遭遇生命危险时，在不严重危及自身安全的情况下，不救助遇难人员，或不迅速向海事管理机构报告现场情况和本船舶、设施的名称、呼号和位置，依照《海上交通安全法》第四十四条规定，处以下列行政处罚：

（一）属于非经营活动中的违法行为的，对船舶、设施处以200元以上1 000元以下罚款；对船长、设施主要负责人处以100元以上1 000元以下罚款，并可扣留船员职务证书3个月至6个月。

（二）属于经营活动中的违法行为的，对船舶、设施处以200元以上1万元以下罚款；对船长、设施主要负责人处以100元以上8 000元以下罚款，并可扣留船员职务证书6个月至12个月。

第六十四条 违反《海上交通安全法》第三十七条规定，发生海上交通事故的船舶、设施有下列行为之一，依照《海上交通安全法》第四十四条规定，处以警告、罚款，扣留或吊销船员职务证书：

（一）不互通名称、国籍和登记港；

（二）不救助遇难人员；

（三）在不严重危及自身安全的情况下，擅自离开事故现场或逃逸。

本条前款规定罚款的数额、扣留船员职务证书的期限和吊销船员职务证书，依照下列规定确定：

（一）属于非经营活动中的违法行为的，对船舶、设施所有人或经营人处以200元以上1 000元以下罚款；对船长、设施主要负责人处以100元以上1 000元以下罚款，并可扣留船员职务证书3个月至6个月。

（二）属于经营活动中的违法行为的，对船舶、设施所有人或经营人处以200元以上1万元以下罚款；对船长、设施主要负责人处以100元以上8 000元以下罚款，并可扣留船员职务证书6个月至12个月。

第六十五条 违反《海上交通安全法》第三十八条规定，有关单位和在事故现场附近的船舶、设施，不听从海事管理机构统一指挥实施救助，依照《海上交通安全法》第四十四条规定，处以下列行政处罚：

（一）属于非经营活动中的违法行为的，对船舶、设施所有人或经营人处以200元以上1 000元以下罚款；对船长、设施主要负责人处以100元以上1 000元以下罚款，并可扣留船员职务证书3个月至6个月。

（二）属于经营活动中的违法行为的，对船舶、设施所有人或经营人处以200元以上1万元以下罚款；对船长、设施主要负责人处以100元以上8 000元以下罚款，并可扣留船员职务证书6个月至12个月。

第六十六条 违反《海上交通安全法》第三十九条规定，外国派遣船舶或飞机进入中国领海或领海上空搜寻救助遇难的船舶或人员，未经海事管理机构批准，依照《海上交通安全法》第四十四条规定，处以下列行政处罚：

（一）属于非经营活动中的违法行为的，对船舶所有人或船舶经营人处以300元以上1 000元以下罚款；对船长处以200元以上1 000元以下罚款。

（二）属于经营活动中的违法行为，有违法所得的，对船舶所有人或船舶经营人处以违法所得的3倍以下、最多不超过3万元的罚款；对船长处以本人违法所得的3倍以下、最多不超过2万元的罚款。

（三）属于经营活动中的违法行为，无违法所得的，对船舶所有人或船舶经营人处以300元以上1万元以下罚款；对船长处以200元以上1万元以下罚款。

第九节 违反海上打捞管理秩序

第六十七条 本节所称外商、沉船沉物、打捞作业，其含义分别与《关于外商参与打捞中国沿海水域沉船沉物管理办法》使用的同一用语的含义相同。

第六十八条 违反《海上交通安全法》第四十条规定，对影响安全航行、航道整治以及有潜在爆炸危险的沉没物、漂浮物，其所有人、经营人不按海事管理机构限定期限打捞清除，依照《海上交通安全法》第四十四条规定，处以下列行政处罚：

（一）属于非经营活动中的违法行为的，对法人或其他组织处以 200 元以上 1 000 元以下罚款；对自然人处以 100 元以上 1 000 元以下罚款。

（二）属于经营活动中的违法行为，有违法所得的，对法人或其他组织处以违法所得的3倍以下、最多不超过 3 万元的罚款；对自然人处以本人违法所得的 3 倍以下、最多不超过 2 万元的罚款。

（三）属于经营活动中的违法行为，无违法所得的，对法人或其他组织处以 300 元以上 1 万元以下罚款；对自然人处以 200 元以上 8 000 元以下罚款。

第六十九条 违反《海上交通安全法》第四十一条规定，未经海事管理机构批准，擅自打捞或拆除沿海水域内的沉船沉物，依照《海上交通安全法》第四十四条规定，处以下列行政处罚：

（一）属于非经营活动中的违法行为的，对法人或其他组织处以 200 元以上 1 000 元以下罚款；对自然人处以 100 元以上 1 000 元以下罚款。

（二）属于经营活动中的违法行为，有违法所得的，对法人或其他组织处以违法所得的 3 倍以下、最多不超过 3 万元的罚款；对自然人处以本人违法所得的 3 倍以下、最多不超过 2 万元的罚款。

（三）属于经营活动中的违法行为，无违法所得的，对法人或其他组织处以 300 元以上 1 万元以下罚款；对自然人处以 200 元以上 8 000 元以下罚款。

第七十条 外商违反《关于外商参与打捞中国沿海水域沉船沉物管理办法》的规定，擅自打捞中国沿海水域沉船沉物的，依照《关于外商参与打捞中国沿海水域沉船沉物管理办法》第二十条的规定，除责令其停止打捞作业，处以警告或 1 000 元以下罚款。

第十节 违反海上船舶污染沿海水域环境监督管理秩序

第七十一条 本节所称水上拆船、海港、船舶，其含义分别与《防止拆船污染环境管理条例》使用的同一用语的含义相同。

本节所称内水、海洋环境污染损害、排放、倾倒，其含义分别与《海洋环境保护法》使用的同一用语的含义相同。

第七十二条 违反《防止拆船污染环境管理条例》规定，有下列情形之一的，依照《防止拆船污染环境管理条例》第十七条的规定，除责令其限期纠正外，还可以根据不同情节，处以 1 万元以上 10 万元以下的罚款：

（一）未持有经批准的环境影响报告书（表），擅自设置拆船厂进行拆船的；

（二）发生污染损害事故，不向监督拆船污染的海事管理机构报告也不采取消除或控制污染措施的；

（三）废油船未经洗舱、排污、清舱和测爆即行拆解的；

（四）任意排放或丢弃污染物造成严重污染的。

第七十三条 违反《防止拆船污染环境管理条例》规定，有下列情形之一的，依照《防止拆船污染环境管理条例》第十八条的规定，除责令其限期纠正外，还可以根据不同情节，处以警告或处以 1 万元以下的罚款：

（一）拒绝或阻挠海事管理机构进行现场检查或在被检查时弄虚作假的；

（二）未按规定要求配备和使用防污设施、设备和器材，造成环境污染的；

（三）发生污染损害事故，虽采取消除或控制污染措施，但不向监督拆船污染的海事管理机构报告的；

（四）拆船单位关闭、搬迁后，原厂址的现场清理不合格的。

第七十四条 违反《海洋环境保护法》有关规定，船舶有下列行为之一的，依照《海洋环境保护法》第七十三条的规定，责令限期改正，并处以罚款：

（一）向沿海水域排放《海洋环境保护法》禁止排放的污染物或其他物质的；

（二）不按照《海洋环境保护法》规定向海洋排放污染物，或超过标准排放污染物的；

（三）未取得海洋倾倒许可证，向海洋倾倒废弃物的；

（四）因发生事故或其他突发性事件，造成海洋环境污染事故，不立即采取处理措施的。

有前款第（一）项、第（三）项行为之一的，处 3 万元以上 20 万元以下的罚款；有前款第（二）项、第（四）项行为之一的，处 2 万元以上 10 万元以下的罚款。

第七十五条 违反《海洋环境保护法》有关规定，船舶有下列行为之一的，依照《海洋环境保护法》第七十四条的规定，予以警告，或处以罚款：

（一）不按照规定申报，甚至拒报污染物排放有关事项，或在申报时弄虚作假的；

（二）发生事故或其他突发性事件不按照规定报告的；

（三）不按照规定记录倾倒情况，或不按照规定提交倾倒报告的；

（四）拒报或谎报船舶载运污染危害性货物申报事项的。

有前款第（一）项、第（三）项行为之一的，处2万元以下的罚款；有前款第（二）项、第（四）项行为之一的，处5万元以下的罚款。

第七十六条 违反《海洋环境保护法》第十九条第二款的规定，船舶拒绝现场检查，或在被检查时弄虚作假的，依照《海洋环境保护法》第七十五条的规定，予以警告，并处2万元以下的罚款。

第七十七条 违反《海洋环境保护法》规定，船舶在港口区域内造成珊瑚礁、红树林等海洋生态系统及海洋水产资源、海洋保护区破坏的，依照《海洋环境保护法》第七十六条的规定，责令限期改正和采取补救措施，并处1万元以上10万元以下的罚款；有违法所得的，没收其违法所得。

第七十八条 违反《海洋环境保护法》第三十九条第二款的规定，船舶经中华人民共和国管辖沿海水域，转移危险废物的，依照《海洋环境保护法》第七十九条的规定，责令非法运输该危险废物的船舶退出中国管辖沿海水域，并处5万元以上50万元以下的罚款。

第七十九条 违反《海洋环境保护法》规定，有下列行为之一的，依照《海洋环境保护法》第八十八条的规定，予以警告，或处以罚款：

（一）船舶未按规定配备防污设施、器材的；

（二）船舶未持有防污证书、防污文书的；

（三）不按照规定记载涉及污染物排放及操作记录的；

（四）从事水上和港区水域拆船、旧船改装、打捞和其他水上、水下施工作业，造成海洋环境污染损害的；

（五）船舶载运的货物不具备防污适运条件的。

有前款第（一）项、第（五）项行为之一的，处2万元以上10万元以下的罚款；有前款第（二）项、第（三）项行为的，处2万元以下的罚款；有前款第（四）项行为的，处以5万元以上20万元以下的罚款。

第八十条 违反《海洋环境保护法》规定，船舶不编制溢油应急计划的，依照《海洋环境保护法》第八十九条的规定，予以警告，或责令限期改正。

第八十一条 违反《海洋环境保护法》规定，造成海洋环境污染事故的法人或其他组织，依照《海洋环境保护法》第九十一条的规定，根据所造成的危害和损失处以直接损失的百分之三十的罚款，但罚款数额最高不得超过30万元。

第十一节 违反海上交通事故调查处理秩序

第八十二条 本规定所称海上交通事故，其含义与《海上交通事故调查处理条例》使用的同一用语的含义相同。

第八十三条 违反《海上交通事故调查处理条例》规定，有下列行为之一的，依照《海上交通事故调查处理条例》第二十九条的规定，对船员处以警告或200元以下罚款；对船舶所有人或经营人处以警告或5 000元以下罚款：

（一）发生海上交通事故，未按规定的时间向海事管理机构报告或提交《海上交通事故报告书》；

（二）发生海上交通事故，在国外进行诉讼、仲裁或调解，船舶所有人或经营人未按《海上交通事故调查处理条例》第三十二条规定的时间将判决书、裁决书或调解书的副本或影印件报船籍港的海事管理机构备案；

（三）发生海上交通事故，未按海事管理机构的要求驶往指定地点，或在未发现危及船舶安全的情况下未经海事管理机构同意擅自驶离指定地点；

（四）发生海上交通事故，报告或《海上交通事故报告书》的内容不符合《海上交通事故调查处理条例》第五条、第七条规定的要求，或不真实，影响事故调查或给有关部门造成损失；

（五）发生海上交通事故，不按《海上交通事故调查处理条例》第九条的规定，向当地或船舶第一到达港地的船舶检验机构、公安消防监督机关申请检验、鉴定，并将检验报告副本送交海事管理机构备案，影响事故调查；

（六）拒绝接受事故调查或无理阻挠、干扰海事管理机构进行事故调查的；

（七）在接受事故调查时故意隐瞒事实或提供虚假证明。

第四章 海上海事行政处罚程序

第一节 管辖

第八十四条 海事行政处罚案件由海事行政违法行为发生地的海事管理机构管辖，法律、行政法规和本规定另有规定的除外。

本条前款所称海事行政违法行为发生地，包括海事行政违法行为的初始发生地、过程经过地、结果发生地。

第八十五条 各级海事局所属的海事处管辖本辖区内的下列海事行政处罚案件：

（一）对自然人处以警告、1 000 元以下罚款、扣留船员职务证书3个月至6个月的海事行政处罚；

（二）对法人或其他组织处以警告、1 万元以下罚款的海事行政处罚。

各级海事局管辖本辖区内的所有海事行政处罚案件。

第八十六条 对海事行政处罚案件管辖发生争议的，报请共同的上一级海事管理机构指定管辖。

下级海事管理机构对其管辖的海事行政处罚案件，认为需要由上级海事管理机构办理的，可以报请上级海事管理机构决定。

第八十七条 海事管理机构对不属其管辖的海事行政处罚案件，应当移送有管辖权的海事管理机构；受移送的海事管理机构如果认为移送不当，应当报请共同的上一级海事管理机构指定管辖。

第八十八条 上级海事管理机构自收到解决海事行政处罚案件管辖争议或报请移送海事行政处罚案件管辖的请示之日起7日内作出管辖决定。

第二节 简易程序

第八十九条 海事行政违法事实确凿，并有法定依据的，对自然人处以警告或处以 50 元以下罚款，对法人或其他组织处以警告或 1 000 元以下罚款的海事行政处罚的，可以当场作出海事行政处罚决定。

第九十条 海事行政执法人员依法当场作出海事行政处罚决定，应当遵守下列程序：

（一）向当事人出示海事行政执法证件；

（二）告知当事人作出海事行政处罚决定的事实、理由和依据以及当事人依法享有的权利；

（三）听取当事人的意见；

（四）复核当事人提出的事实、理由和证据；

（五）填写预定格式、统一编号的海事行政处罚决定书；

（六）将海事行政处罚决定书当场交付当事人；

（七）当事人在海事行政处罚决定书副本上签字。

第九十一条 海事行政执法人员依法当场作出海事行政处罚决定的，应当在 3 日内将海事行政处罚决定书副本报所属海事管理机构备案。

第三节 一般程序

第九十二条 除依法可以当场作出的海事行政处罚外，海事管理机构发现自然人、法人或其他组织有依法应当处以海事行政处罚的海事行政违法行为，应当自发现之日起 7 日内填写海事行政处罚立案呈批表，报本海事管理机构负责人批准，但本规定另有规定的，从其规定。

发生海上交通事故应当处以海事行政处罚的，应当自海上交通事故调查完结之日起 7 日内填写海事行政处罚立案呈批表，报本海事管理机构负责人批准。

第九十三条 海事管理机构对海事行政处罚案件，应当全面、客观、公正地进行调查，收集有关证据；必要时，可以依法进行检查。

第九十四条 能够证明海事行政处罚案件真实情况的事实，都是证据。

海事行政处罚案件的证据种类如下：

（一）书证；

（二）物证；

（三）视听资料；

（四）证人证言；

（五）当事人的陈述；

（六）鉴定结论；

（七）勘验笔录、现场笔录。

第九十五条 进行海事行政处罚案件的调查或检查，由海事管理机构负责人指定 2 名以上海事行政执法人员担任调查人员。

调查人员与本案有直接利害关系的，应当回避。

第九十六条 调查人员询问或检查，应当出示海事行政执法证件，并制作询问笔录或检查笔录。

询问笔录或检查笔录经被询问人、被检查人确认无误后，由被询问人、被检查人签名或盖章。拒绝签名或盖章的，调查人员应在笔录上注明情况。

对涉及国家机密、商业秘密和个人隐私的，海事管理机构和调查人员、检查人员应当为其保守秘密。

第九十七条 收集海事行政处罚案件的书证、物证和视听资料，应当是原件、原物。收集原件、原物确有困难的，可由提交证据的自然人、法人或其他组织在复制品、照片等物件上签名或盖章，并注明“与原件（物）相同”字样。

海事管理机构可以使用照相、录音、录像以及法律允许的其他调查手段。

第九十八条 调查人员、检查人员查阅、调取与海事行政处罚案件有关资料，可以对有关内容进行摘录或复制，并注明来源。

第九十九条 调查人员、检查人员对与案件有关物品或场所进行勘验或检查，应当通知当事人到场，制作勘验笔录或检查笔录。当事人不到场或暂时难以确定当事人的，可以请在场的其他人作证。

勘验笔录或检查笔录应当由当事人或证人签名或盖章；拒绝签名或盖章的，调查人员应当在勘验笔录或检查笔录上注明情况。

第一百条 对需要抽样取证的，应当通知当事人到场，并制作抽样取证清单。当事人不到场或暂时难以确定当事人的，可以请在场的其他人作证。

抽样取证清单，应当由调查人员、当事人或证人签名或盖章。

海事管理机构应当妥善保管抽样取证物品；需要退还的，应当及时退还。

第一百零一条 为查明海事行政处罚案件事实需要进行技术鉴定的专门性问题，海事管理机构应当聘请有关技术鉴定机构或具有专门技术的人员进行鉴定，并制作鉴定结论，由技术鉴定机构和人员签名或盖章。

第一百零二条 海事行政处罚案件的证据可能灭失或以后难以取得的，经海事管理机构负责人批准，可以通知当事人或有关人员到场，先行登记保存证据，并制作证据登记保存清单。当事人或有关人员不到场或暂时难以确定当事人、有关人员的，可以请在场的其他人作证。

证据登记保存清单，应当由调查人员、检查人员、当事人或有关人员、证人签名或盖章。拒绝签名、盖章的，调查人员应当在证据登记保存清单上注明情况。

海事管理机构对登记保存的物品，应当在 7 日内作出下列处理决定：

（一）需要进行技术鉴定的，依照本规定第一百零一条的规定送交鉴定；

（二）对不应当处以海事行政处罚的，应当解除先行登记保存，并将先行登记保存的物品及时退还；

（三）法律、法规、规章规定应当作其他处理的，依法作其他处理。

第一百零三条 海事行政处罚案件调查结束后，应当制作海事行政处罚案件调查报告，连同海事行政违法案件立案呈批表和证据材料，移送本海事管理机构负责法制工作的内设机构进行预审。

第一百零四条 海事管理机构负责法制工作的内设机构预审海事行政处罚案件采取书面形式进行，主要内容包括：

（一）案件是否属于本海事管理机构管辖；

（二）当事人的基本情况是否清楚；

（三）案件事实是否清楚，证据是否确实、充分；

（四）定性是否准确；

（五）适用法律、法规、规章是否准确；

（六）行政处罚是否适当；

（七）办案程序是否合法。

第一百零五条 海事管理机构负责法制工作的内设机构预审完毕后，应当根据下列规定提出书面意见，报本海事管理机构负责人审查：

（一）违法事实清楚，证据确实、充分，行政处罚适当、办案程序合法，按规定不需要听证或当事人放弃听证的，同意负责行政执法调查的内设机构的意见，建议报批后告知当事人；

（二）违法事实清楚，证据确实、充分，行政处罚适当、办案程序合法，按规定应当听证的，同意调查人员意见，建议报批后举行听证，并告知当事人；

（三）违法事实清楚，证据确实、充分，但定性不准、适用法律不当、行政处罚不当的，建议调查人员修改；

（四）违法事实不清，证据不足的，建议调查人员补正；

（五）办案程序不合法的，建议调查人员纠正；

（六）不属于本海事管理机构管辖的，建议移送其他有管辖权的机关处理。

第一百零六条 海事管理机构负责人审查完毕后，应当根据《行政处罚法》第三十八条的规定作出行政处罚决定、不予行政处罚决定、举行听证、移送其他有关机关处理的决定。

对自然人罚款或没收非法所得数额超过 1 万元，对法人或其他组织罚款或没收非法所得数额超过 3 万元，以及撤销船舶检验资格、没收船舶、没收或吊销船舶登记证书、吊销船员职务证书、吊销海员出境入境证件的海事行政处罚，海事管理机构的负责人应当集体讨论决定。

第一百零七条 海事管理机构负责人对海事违法行为调查报告审查后，认为应当处以行政处罚的，海事管理机构应当制作海事违法行为通知书送达当事人，告知拟处以的行政处罚的事实、理由和证据，并告知当事人有权在收到该通知书之日起 3 日内进行陈述和申辩，对依法应当听证的告知当事人有权在收到该通知书之日起 3 日内提出听证要求。

第一百零八条 当事人提出陈述和申辩的，海事管理机构应当充分听取，并对当事人提出的事实、理由和证据进行复核；当事人提出的事实、理由或证据成立的，海事管理机构应当采纳。

当事人要求组织听证的，海事管理机构应当按本章第四节的规定组织听证。

当事人逾期未提出陈述、申辩或逾期未要求组织听证的，视为放弃有关权利。

第一百零九条 海事管理机构作出海事行政处罚决定，应当制作海事行政处罚决定书，并加盖本海事管理机构的印章。

第一百一十条 海事行政处罚决定书应当在海事管理机构宣告后当场交付当事人，并将告知情况记入送达回证，由当事人在送达回证上签名或盖章；当事人不在场的，应当在 7 日内依法采取其他方式送达当事人 。

第一百一十一条 海事行政处罚案件应当自立案之日起 2 个月内办理完毕。因特殊需要，经海事管理机构负责人批准可以延长办案期间，但最长不得延长至 3 个月。如 3 个月内仍不能办理完毕，经上一级海事管理机构批准可再延长办案期间，但最长不得延长至 6 个月。

第四节 听证程序

第一百一十二条 在作出较大数额罚款、吊销证书的海事行政处罚决定之前，海事管理机构应当告知当事人有要求举行听证的权利；当事人要求听证的，海事管理机构应当组织听证。

本条前款所称“较大数额罚款”，是指对自然人处以 1 万元以上罚款，对法人或其他组织处以 10 万元以上罚款。由地方海事管理机构处以罚款的，也可以按照省、自治区、直辖市人民代表大会常务委员会或人民政府规定的标准确定“较大数额罚款”。

第一百一十三条 海事行政处罚听证依照《行政处罚法》第四十二条的规定组织。

第一百一十四条 海事管理机构的听证人员包括听证主持人、听证员和书记员。

听证主持人由海事管理机构负责人指定本海事管理机构负责法制工作的机构的非本案调查人员担任。

听证员由海事管理机构负责人指定 1 至 2 名本海事管理机构的非本案调查人员担任，协助听证主持人组织听证。

书记员由海事管理机构负责人指定 1 名非本案调查人员担任，负责听证笔录的制作和其他事务。

第一百一十五条 当事人委托代理人参加听证会的，应当向海事管理机构提交当事人签署的授权委托书。

第一百一十六条 当事人有正当理由要求延期举行听证的，经海事管理机构批准，可以延期一次。

第一百一十七条 海事行政处罚听证，按以下程序进行：

（一）宣布案由和听证纪律；

（二）核对当事人或其代理人、本案调查人员、证人及其他有关人员是否到场，并核实听证参加人的身份；

（三）宣读并出示海事管理机构负责人签署的听证决定，宣布听证人员名单，告知当事人有申请主持人回避、申辩和质证的权利；

（四）宣布听证开始；

（五）案件调查人员提出当事人违法的事实、证据，说明拟作出行政处罚的建议和法律依据；

（六）当事人或其委托代理人对案件的事实、证据，适用法律，行政处罚裁量等进行申辩和质证；

（七）主持人就案件的有关问题向当事人或其委托代理人、案件调查人员、证人询问；

（八）经主持人允许，当事人、调查人员就案件的有关问题可以向到场的证人发问；

（九）本案调查人员、当事人或其委托代理人按顺序就案件所涉及的事实、各自出示的证据的合法性、真实性及有关的问题进行辩论；

（十）辩论终结，听证主持人可以再就本案的事实、证据及有关问题向当事人或其代理人、本案调查人员征求意见；

（十一）中止听证的，主持人应当时宣布再次进行听证的有关事宜；

（十二）当事人或其委托代理人做最后陈述；

（十三）主持人宣布听证结束，听证笔录交当事人或其委托代理人核对无误后签字或盖章。认为有错误的，有权要求补充或改正。当事人拒绝的，由听证主持人在听证笔录上说明情况。

第一百一十八条 有下列情形之一的，主持人可以决定延期举行听证：

（一）当事人因不可抗拒的事由无法到场的；

（二）当事人临时申请回避的；

（三）其他应当延期的情形。

第一百一十九条 有下列情形之一的，主持人可以宣布中止听证：

（一）证据需要重新鉴定、勘验的；

（二）当事人或其代理人提出新的事实、理由和证据，需要由本案调查人员调查核实的；

（三）作为听证申请人的法人或其他组织突然解散，尚未确定权利、义务承受人的；

（四）当事人因不可抗拒的事由，不能继续参加听证的；

（五）听证过程中，当事人或其代理人违反听证纪律致使听证无法进行的；

（六）其他应当中止听证的情形。

中止听证，应当在听证笔录中写明情况，由主持人签名。

第一百二十条 延期、中止听证的情形消失后，由主持人决定恢复听证并将听证的时间、地点通知听证参加人。

第一百二十一条 有下列情形之一的，应当终止听证：

（一）当事人或其代理人撤回听证要求的；

（二）当事人或其代理人接到参加听证的通知，无正当理由不参加听证的；

（三）当事人或其代理人未经听证主持人允许，中途退出听证的；

（四）其他应当终止听证的情形。

听证终止，应当在听证笔录中写明情况，由主持人签名。

第一百二十二条 听证结束后，主持人应当依据听证情况制作海事行政处罚听证报告书，连同听证笔录报海事管理机构负责人审查后，依照本规定第一百零六条的规定作出决定。

第五节 执行程序

第一百二十三条 有《行政处罚法》第四十七条规定第（一）项、第（二）项规定情形之一，或有《行政处罚法》第四十八条规定的情形的，海事管理机构及其海事行政执法人员可以当场收缴罚款。

罚款以人民币计算，并向当事人出具符合法定要求的罚款收据。

当事人无正当理由逾期不缴纳罚款的，海事管理机构依法每日按罚款数额的3%加处罚款。

第一百二十四条 被处以扣留证书的，当事人应当及时将被扣留证书送交作出处罚决定的海事管理机构。扣留证书期满后，海事管理机构应将所扣证书发还当事人，也可以通知当事人领取被扣证书。

被处以扣留、吊销证书，当事人拒不送交被扣留、被吊销的证书的，海事管理机构应当公告该证书作废。

第一百二十五条 海事管理机构对船员处以海事行政处罚后，应当记入该船员的《船员服务簿》。

第一百二十六条 对当事人处以没收船舶处罚的，海事管理机构应当依法处理所没收的船舶。

第一百二十七条 当事人在法定期限内不申请复议或提起诉讼，又不履行海事行政处罚决定的，海事管理机构依法申请人民法院强制执行。

第一百二十八条 海事行政处罚案件执行完毕后，应当填写海事行政处罚结案表，并将全部案件材料立卷归档，交海事管理机构负责法制工作的内设机构登记并妥善保管。

第六节 监督程序

第一百二十九条 自然人、法人或其他组织对海事管理机构作出的行政处罚有权申诉或检举。

自然人、法人或其他组织的申诉或检举，由海事管理机构负责法制工作的内设机构受理和审查，认为海事行政处罚有下列情形之一的，经海事管理机构负责人同意后，予以改正：

（一）主要事实不清、证据不足的；

（二）适用依据错误的；

（三）违反法定程序的；

（四）超越或滥用职权的；

（五）具体行政行为明显不当的。

第一百三十条 海事管理机构负责法制工作的内设机构发现本海事管理机构作出的海事行政处罚有第一百二十九条第二款规定的情形之一的，应当向海事管理机构负责人提出建议，予以改正。

第一百三十一条 上级海事管理机构发现下级海事管理机构作出的海事行政处罚有第一百二十九条第二款规定的情形之一的，应当责令其改正。

第一百三十二条 海事管理机构和海事行政执法人员违法实施行政处罚的，按照《行政处罚法》有关规定追究法律责任。

第五章 附 则

第一百三十三条 本规定所称以上、以下、以内，包括本数，本规定另有规定的除外。

第一百三十四条 本规定所称日，是指工作日。本规定所称月，按30日计算。

第一百三十五条 海事管理机构办理海事行政处罚案件，应当使用交通部制订的统一格式的海事行政处罚文书。

第一百三十六条 本规定自2003年9月1日起施行。1998年9月2日交通部令第1998年第7号公布的《中华人民共和国水上安全监督行政处罚规定》同时废止。此前交通部公布的其他有关规章与本规定不一致的，以本规定为准。

中华人民共和国交通部令

（2003年第9号）

《港口危险货物管理规定》已于2003年8月7日经第10次部务会议通过，现予公布，自2004年1月1日起施行。

部长：张春贤

二〇〇三年八月二十九日

港口危险货物管理规定

第一条 为加强港口危险货物管理，保障人民生命、财产安全，根据《中华人民共和国港口法》（以下简称《港口法》）、《中华人民共和国安全生产法》（以下简称《安全生产法》）、《危险化学品安全管理条例》等有关法律、行政法规，制定本规定。

第二条 在港口装卸、过驳、储存、包装危险货物或者对危险货物集装箱进行装拆箱等项作业（以下简称“危险货物港口作业”）适用本规定。

用于危险货物港口作业的港口设施的建设和运营应当符合本规定的有关要求。

第三条 本规定所称“危险货物”，是指列入国家标准GB12268《危险货物品名表》和国际海事组织制定的《国际危险货物运输规则》，具有爆炸、易燃、毒害、腐蚀、放射性等特性，在水路运输、港口装卸和储存等过程中，容易造成人身伤亡和财产毁损而需要特别防护的货物。

第四条 交通部负责全国港口危险货物管理工作。

省级和设区的市级人民政府交通（港口）主管部门根据地方人民政府确定的职权负责本行政区域内港口的危险货物管理工作。

港口所在地人民政府设置的港口行政管理部门具体负责该港口的危险货物管理工作。

第五条 禁止在港口装卸、储存国家禁止通过水路运输的危险货物。

第六条 新建、改建、扩建危险货物作业码头、库场、储罐、锚地等港口设施，应当符合港口总体规划和国家有关建造规范和标准，经所在地港口行政管理部门批准后，按照国家有关基本建设程序办理审批手续。

港口行政管理部门在批准新建、改建、扩建危险货物码头、锚地时，应当事先征得海事管理机构同意。

第七条 危险货物港口作业的码头、库场、储罐、锚地等港口设施投入作业前，应当按照国家有关规定组织验收。验收合格后，方可交付使用。

第八条 港口经营人从事危险货物港口作业，应当具备本规定第九条规定的条件，并向所在地港口行政管理部门申请危险货物港口作业资质认定。未取得危险货物港口作业资质的，不得从事危险货物港口作业。

第九条 从事危险货物港口作业的港口经营人，应当具备以下条件：

（一）符合《港口法》规定的港口经营许可条件；

（二）具有符合国家标准的应急设备、设施；

（三）具有健全的安全管理制度和操作规程；

（四）至少有一名企业主要负责人应当具备与本单位所从事的危险货物港口作业相关的安全生产知识和管理技能；

（五）配备足够的具有上岗资格证书的管理、作业人员；

（六）具备事故应急预案；

（七）取得消防、环保部门核准意见。

前款事故应急预案的主要内容应当包括：危险货物作业码头、库场、储罐、锚地等港口设施的概况、重点部位、应急队伍的组成及职责、应急措施、应急救援流程图、指挥序列表、通讯方式、应急人员联络表等。

第十条 港口行政管理部门应当自收到危险货物港口作业资质申请之日起三十日内按照第九条规定予以审核，作出予以认定或者不予认定的决定。予以认定的，应当根据该港口经营人的危险货物作业能力确定认可作业的范围，并核发相应的危险货物港口作业认可证；对不予认定的，应当书面通知申请人并说明理由。

第十一条 危险货物港口作业认可证由所在地港口行政管理部门按照国务院交通主管部门规定的统一格式制作、发放、管理。

第十二条 从事危险货物港口作业的企业应当在危险货物港口作业认可证上核定的危险货物港口作业范围内从事危险货物港口作业活动。

第十三条 从事危险货物港口作业的企业，应当对从事危险货物港口作业的人员进行有关安全作业知识培训。

从事危险货物港口作业的管理、作业人员，必须接受有关法律、法规、规章和安全知识、专业技术、职业卫生防护和应急救援知识的培训，并经交通部或其授权的机构组织考核。考核合格，取得上岗资格证后，方可上岗作业。

第十四条 对危险货物港口作业人员进行培训的机构，应当具备相应的教学、师资条件，按照交通部规定的考核科目、考试大纲和培训大纲进行培训，保障学员能满足本规定规定的资格要求。

第十五条 船舶载运危险货物进出港口，应当将危险货物的名称、理化性质、包装和进出港口的时间等事项，在预计到、离港 24 小时前向海事管理机构报告。但定船舶、定航线、定货种的船舶可以按照有关规定向海事管理机构定期申报。海事管理机构接到上述报告后应当及时将上述信息通报港口所在地港口行政管理部门。

第十六条 作业委托人应当向从事危险货物港口作业的企业提供正确的危险货物名称、国家或联合国编号、适用包装、危害、应急措施等资料，并保证资料正确、完整。作业委托人不得在委托作业的普通货物中夹带危险货物，不得将危险货物匿报或者谎报为普通货物。

第十七条 从事危险货物港口作业的企业，在危险货物港口装卸、过驳、储存、包装、集装箱装拆箱等作业开始 24 小时前，应当将作业委托人，以及危险货物品名、数量、理化性质、作业地点和时间、安全防范措施等事项向所在地港口行政管理部门报告。港口行政管理部门应当在接到报告后24小时内作出是否同意作业的决定，通知报告人，并及时将有关信息通报海事管理机构。未经港口行政管理部门同意，不得进行危险货物港口作业。

第十八条 从事危险货物港口作业的企业，应当按照安全管理制度和操作规程组织危险货物港口作业。

第十九条 从事危险货物港口作业的人员应当按照企业安全管理制度和操作规程进行危险货物的操作。

第二十条 从事危险货物港口作业的企业，应当对危险货物包装进行检查，发现包装不符合国家有关规定的，不得予以作业，并应当及时通知作业委托人处理。

港口行政管理部门应当根据国家有关规定对危险货物包装进行抽查。不符合规定的，可责令作业委托人处理。

第二十一条 爆炸品、压缩气体和液化气体、易燃液体、易燃固体、自燃物品和遇湿易燃物品的港口作业，企业应当划定作业区域，明确责任人并实行封闭式管理。作业区域应当设置明显标志，禁止无关人员进入和无关船舶停靠。作业期间严禁烟火，杜绝一切火源。

第二十二条 发生下列情况，从事危险货物港口作业的企业应当及时处理并报告所在地港口行政管理部门：

（一）发现未申报或者申报不实、申报有误的危险货物；

（二）在普通货物或集装箱中发现性质相抵触的危险货物。

第二十三条 从事危险货物港口作业的企业应当按照事故应急预案进行定期演练，做好演练记录，并根据实际情况对事故应急预案进行修订。

第二十四条 当危险货物港口作业发生事故时，从事危险货物港口作业的企业应迅速启动事故应急预案，采取应急行动，排除事故危害，控制事故进一步扩散。并按照国家有关规定立即向港口行政管理部门和有关部门报告。

第二十五条 港口行政管理部门应当制定事故应急预案，当危险货物港口作业发生事故时，应当及时组织救助。

发生特大安全事故，港口行政管理部门和有关单位、企业应当服从地方人民政府指挥，积极配合救助，并按照规定向有关部门报告。

第二十六条 港口行政管理部门应定期对从事危险货物港口作业企业的资质进行审验，发现其不再具备条件的，应当限期整顿，或按照《安全生产法》第五十四条规定撤消其资质。

第二十七条 港口行政管理部门及其管理人员对从事危险货物港口作业的企业进行监督检查，可以行使下列职权：

（一）进入并检查港口危险货物作业场所，查阅、抄录、复印相关的文件或者资料，提出整改意见；

（二）发现危险货物港口作业和应急设备、设施不符合法律、法规、规章规定和标准要求的，责令立即停止使用；

（三）发现安全隐患，应当责令立即排除或者限期排除；

（四）发现违法行为，应当当场予以纠正或者责令限期改正。

第二十八条 违反本规定，未取得危险货物港口作业资质认定，擅自从事危险化学品港口作业的，由所在地港口行政管理部门按照《危险化学品安全管理条例》第六十五条的规定处罚；在港口经营活动中擅自从事其他危险货物的作业的，由所在地港口行政管理部门处以3万元以下罚款。未取得港口经营许可的，按照《港口法》第四十八条处罚。

第二十九条 违反本规定，有违反《危险化学品安全管理条例》下列行为之一，由港口行政管理部门按照《危险化学品安全管理条例》第六十六条的规定处罚；在经营活动中有下列行为但不属于违反《危险化学品安全管理条例》规定行为的，由港口行政管理部门处以3万元以下的罚款并责令改正：

（一）从事港口危险货物作业的人员未经考核合格取得上岗资格证的；

（二）在港口装卸、储存国家禁止通过水运运输的危险货物的；

（三）作业委托人未向港口危险货物作业人提供危险货物名称、国家或联合国编号、适用包装、危害、应急措施等资料或上述资料申报不实；

（四）作业委托人委托作业的普通货物或集

装箱中有性质相抵触的危险货物；

（五）未按规定对危险货物的包装进行检查的。

第三十条 违反本规定，从事爆炸品、压缩气体和液化气体、易燃液体、易燃固体、自燃物品和遇湿易燃物品的港口作业，企业未划定作业区域，明确责任人并实行封闭式管理的，由港口行政管理部门按照《安全生产法》第八十五条第（一）项规定处罚。

第三十一条 违反本规定，未按有关规定、标准和规范配备应急器材、必要安全设施、设备的，由港口行政管理部门按照《安全生产法》第八十三条第（五）项规定处罚。

第三十二条 违反本规定，有下列行为之一的，由港口行政管理部门按照《安全生产法》第八十五条规定处罚：

（一）安全管理制度和操作规程不健全的；

（二）未按事故应急预案进行定期演练的。

第三十三条 违反本规定，企业未对危险货物港口作业人员进行有关安全作业知识培训的，由港口行政管理部门按照《安全生产法》第八十二条第（三）项规定处罚。

第三十四条 港口经营人有第二十九条、第三十条、第三十一条、第三十二条、第三十三条违法行为，情节严重的，港口行政管理部门可依据《港口法》第五十一条规定吊销港口经营许可证。

第三十五条 违反本规定第六条规定，未经批准建设、改建和扩建危险货物作业码头、库场、储罐、锚地等港口设施的，由港口行政管理部门按照《港口法》第四十六条规定处罚。

第三十六条 违反本规定，从事危险货物港口作业企业未按规定在作业前向港口行政管理部门报告并经其同意的，由港口行政管理部门按照《港口法》第五十三条规定处罚。

第三十七条 违反本规定，从事危险货物港口作业的人员未按照安全管理制度和操作规程作业的，由港口作业单位予以批评教育，依照有关规章制度予以处分；造成重大事故，构成犯罪的，由有关机关依法追究刑事责任。

第三十八条 违反本规定，未及时报告危险货物港口作业事故的，分别按照《安全生产法》第九十一条和第九十二条的规定处理。

第三十九条 从事危险货物港口作业不具备本规定第九条规定的条件，港口行政管理部门应当责令停业整顿，经停业整顿仍不具备条件的，取消其危险货物港口作业资质。构成犯罪的，由有关机关依法追究刑事责任。

第四十条 交通（港口）主管部门和港口行政管理部门的工作人员在执行本规定中，滥用职权、玩忽职守、徇私舞弊的，依法给予行政处分。构成犯罪的，由有关机关依法追究刑事责任。

第四十一条 本规定自2004年1月1日起施行。交通部1984年发布的《港口危险货物管理暂行规定》[（84）交海字1181号文]同时废止，本规定发布前交通部发布的其他有关规定与本规定相抵触的，以本规定为准。

中华人民共和国交通部令

（2003年第10号）

《中华人民共和国船舶载运危险货物安全监督管理规定》已于2003年11月21日经第15次部务办公会议通过，现予公布，自2004年1月1日起施行。

部长：张春贤

二〇〇三年十一月三十日

中华人民共和国船舶载运危险货物安全监督管理规定

第一章 总 则

第一条 为加强船舶载运危险货物监督管理，保障水上人命、财产安全，防止船舶污染环境，依据《中华人民共和国海上交通安全法》、《中华人民共和国海洋环境保护法》、《中华人民共和国港口法》、《中华人民共和国内河交通安全管理条例》、《中华人民共和国危险化学品安全管理条例》和有关国际公约的规定，制定本规定。

第二条 本规定适用于船舶在中华人民共和国管辖水域载运危险货物的活动。

第三条 交通部主管全国船舶载运危险货物的安全管理工作。中华人民共和国海事局负责船舶载运危险货物的安全监督管理工作。

交通部直属和地方人民政府交通主管部门所属的各级海事管理机构依照有关法律、法规和本规定，具体负责本辖区船舶载运危险货物的安全监督管理工作。

第四条 船舶载运危险货物，必须符合国家安全生产、水上交通安全、防治船舶污染的规定，保证船舶人员和财产的安全，防止对环境、资源以及其他船舶和设施造成损害。

第五条 禁止利用内河以及其他封闭水域等航运渠道运输剧毒化学品以及交通部规定禁止运输的其他危险化学品。

禁止在普通货物中夹带危险货物，不得将危险货物匿报或者报为普通货物。

禁止未取得危险货物适装证书的船舶以及超过交通部规定船龄的船舶载运危险货物。

第二章 通航安全和防污染管理

第六条 载运危险货物的船舶在中国管辖水域航行、停泊、作业，应当遵守交通部公布的以及海事管理机构在其职权范围内依法公布的水上交通安全和防治船舶污染的规定。

对在中国管辖水域航行、停泊、作业的载运危险货物的船舶，海事管理机构应当进行监督。

第七条 载运危险货物的船舶应当选择符合安全要求的通航环境航行、停泊、作业，并顾及在附近航行、停泊、作业的其他船舶以及港口和近岸设施的安全，防止污染环境。海事管理机构规定危险货物船舶专用航道、航路的，载运危险货物的船舶应当遵守规定航行。

载运危险货物的船舶通过狭窄或者拥挤的航道、航路，或者在气候、风浪比较恶劣的条件下航行、停泊、作业，应当加强了望，谨慎操作，采取相应的安全、防污措施。必要时，还应当落实辅助船舶待命防护等应急预防措施，或者向海事管理机构请求导航或者护航。

载运爆炸品、放射性物品、有机过氧化物、闪点 28℃以下易燃液体和液化气的船，不得与其他驳船混合编队拖带。

对操作能力受限制的载运危险货物的船舶，海事管理机构应当疏导交通，必要时可实行相应的交通管制。

第八条 载运危险货物的船舶在航行、停泊、作业时应当按规定显示信号。

其他船舶与载运危险货物的船舶相遇，应当注意按照航行和避碰规则的规定，尽早采取相应的行动。

第九条 在船舶交通管理（VTS）中心控制的水域，船舶应当按照规定向交通管理（VTS）中心报告，并接受该中心海事执法人员的指令。

对报告进入船舶交通管理（VTS）中心控制水域的载运危险货物的船舶，海事管理机构应当进行标注和跟踪，发现违规航行、停泊、作业的，或者认为可能影响其他船舶安全的，海事管理机构应当及时发出警告，必要时依法采取相应的强制措施。

船舶交通管理（VTS）中心应当为向其报告的载运危险货物的船舶提供相应的水上交通安全信息服务。

第十条 在实行船舶定线制的水域，载运危险货物的船舶应当遵守船舶定线制规定，并使用规定的通航分道航行。

在实行船位报告制的水域，载运危险货物的船舶应当按照海事管理机构的规定，加入船位报告系统。

第十一条 载运危险货物的船舶从事水上过驳作业，应当符合国家水上交通安全和防止船舶污染环境的管理规定和技术规范，选择缓流、避风、水深、底质等条件较好的水域，尽量远离人口密集区、船舶通航密集区、航道、重要的民用目标或者设施、军用水域，制定安全和防治污染的措施和应急计划并保证有效实施。

第十二条 载运危险货物的船舶在港口水域内从事危险货物过驳作业，应当根据交通部有关规定向港口行政管理部门提出申请。港口行政管理部门在审批时，应当就船舶过驳作业的水域征得海事管理机构的同意。

载运散装液体危险性货物的船舶在港口水域

外从事海上危险货物过驳作业，应当由船舶或者其所有人、经营人或者管理人依法向海事管理机构申请批准。

船舶从事水上危险货物过驳作业的水域，由海事管理机构发布航行警告或者航行通告予以公布。

第十三条 申请从事港口水域外海上危险货物单航次过驳作业的，申请人应当提前24小时向海事管理机构提出申请；申请在港口水域外特定海域从事多航次危险货物过驳作业的，申请人应当提前7日向海事管理机构提出书面申请。

船舶提交上述申请，应当申明船舶的名称、国籍、吨位，船舶所有人或者其经营人或者管理人、船员名单，危险货物的名称、编号、数量，过驳的时间、地点等，并附表明其业已符合本规定第十一条规定的相应材料。

海事管理机构收到齐备、合格的申请材料后，对单航次作业的船舶，应当在24小时内做出批准或者不批准的决定；对在特定水域多航次作业的船舶，应当在7日内做出批准或者不批准的决定。海事管理机构经审核，对申请材料显示船舶及其设备、船员、作业活动及安全和环保措施、作业水域等符合国家水上交通安全和防治船舶污染环境的管理规定和技术规范的，应当予以批准并及时通知申请人。对未予批准的，应当说明理由。

第十四条 载运危险货物的船舶排放压载水、洗舱水，排放其他残余物或者残余物与水的混合物，应当按照国家有关规定进行排放。

禁止船舶在海事管理机构依法设定并公告的禁止排放水域内，向水体排放任何禁排物品。

第十五条 载运危险货物的船舶发生水上险情、交通事故、非法排放事件，应当按照规定向海事管理机构报告，并及时启动应急计划和采取应急措施，防止损害、危害的扩大。

海事管理机构接到报告后，应当启动相应的应急救助计划，支援当事船舶尽量控制并消除损害、危害的态势和影响。

第三章 船舶管理

第十六条 从事危险货物运输的船舶所有人或者其经营人或者管理人，应当根据国家水上交通安全和防治船舶污染环境的管理规定，建立和实施船舶安全营运和防污染管理体系。

第十七条 载运危险货物的船舶，其船体、构造、设备、性能和布置等方面应当符合国家船舶检验的法律、行政法规、规章和技术规范的规定，国际航行船舶还应当符合有关国际公约的规定，具备相应的适航、适装条件，经中华人民共和国海事局认可的船舶检验机构检验合格，取得相应的检验证书和文书，并保持良好状态。

载运危险货物的船用集装箱、船用刚性中型散装容器和船用可移动罐柜，应当经中华人民共和国海事局认可的船舶检验机构检验合格后，方可在船上使用。

第十八条 曾装运过危险货物的未清洁的船用载货空容器，应当作为盛装有危险货物的容器处理，但经采取足够措施消除了危险性的除外。

第十九条 载运危险货物的船舶应当制定保证水上人命、财产安全和防治船舶污染环境的措施，编制应对水上交通事故、危险货物泄漏事故的应急预案以及船舶溢油应急计划，配备相应的应急救护、消防和人员防护等设备及器材，并保证落实和有效实施。

第二十条 载运危险货物的船舶应当按照国家有关船舶安全、防污染的强制保险规定，参加相应的保险，并取得规定的保险文书或者财务担保证明。

载运危险货物的国际航行船舶，按照有关国际公约的规定，凭相应的保险文书或者财务担保证明，由海事管理机构出具表明其业已办理符合国际公约规定的船舶保险的证明文件。

第二十一条 船舶载运危险货物，应当符合有关危险货物积载、隔离和运输的安全技术规范，并只能承运船舶检验机构签发的适装证书中所载明的货种。

国际航行船舶应当按照《国际海运危险货物规定》，国内航行船舶应当按照《水路危险货物运输规定》，对承载的危险货物进行正确分类和积载，保障危险货物在船上装载期间的安全，

对不符合国际、国内有关危险货物包装和安全积载规定的，船舶应当拒绝受载、承运。

第二十二条 船舶进行洗（清）舱、驱气或者置换，应当选择安全水域，远离通航密集区、船舶定线制区、禁航区、航道、渡口、客轮码头、危险货物码头、军用码头、船闸、大型桥梁、水下通道以及重要的沿岸保护目标，并在作业之前报海事管理机构核准，核准程序和手续按本规定

第十三条关于单航次海上危险货物过驳作业的规定执行。

船舶从事本条第一款所述作业活动期间，不得检修和使用雷达、无线电发报机、卫星船站；不得进行明火、拷铲及其他易产生火花的作业；不得使用供应船、车进行加油、加水作业。

第四章 申报管理

第二十三条 船舶载运危险货物进、出港口，或者在港口过境停留，应当在进、出港口之前提前24小时，直接或者通过代理人向海事管理机构办理申报手续，经海事管理机构批准后，方可进、出港口。国际航行船舶，还应当按照国务院颁布的《国际航行船舶进出中华人民共和国口岸检查办法》第六条规定的时间提前预报告。

定船舶、定航线、定货种的船舶可以办理定期申报手续。定期申报期限不超过一个月。

船舶载运尚未在《危险货物品名表》(国家标准GB12268)或者国际海事组织制定的《国际海运危险货物规则》内列明但具有危险物质性质的货物，应当按照载运危险货物的管理规定办理进、出港口申报。

海事管理机构接到报告后，应当及时将上述信息通报港口所在地的港口行政管理部门。

办理申报手续可以采用电子数据处理（EDP）或者电子数据交换（EDI）的方式。

第二十四条 载运危险货物的船舶办理进、出港口申报手续，申报内容应至少包括：船名、预计进出港口的时间以及所载危险货物的正确名称、编号、类别、数量、特性、包装、装载位置等，并提供船舶持有安全适航、适装、适运、防污染证书或者文书的情况。

对于装有危险货物的集装箱，船舶需提供集装箱装箱检查员签名确认的《集装箱装箱证明书》。

对于易燃、易爆、易腐蚀、剧毒、放射性、感染性、污染危害性等危险品，船舶应当在申报时附具相应的危险货物安全技术说明书、安全作业注意事项、人员防护、应急急救和泄漏处置措施等资料。

第二十五条 海事管理机构收到船舶载运危险货物进、出港口的申报后，应当在24小时内做出批准或者不批准船舶进、出港口的决定。

对于申报资料明确显示船舶处于安全适航、适装状态以及所载危险货物属于安全状态的，海事管理机构应当批准船舶进、出港口。对有下列情形之一的，海事管理机构应当禁止船舶进、出港口：

（一）船舶未按规定办理申报手续；

（二）申报显示船舶未持有有效的安全适航、适装证书和防污染证书，或者货物未达到安全适运要求或者单证不全；

（三）按规定尚需国家有关主管部门或者进出口国家的主管机关同意后方能载运进、出口的货物，在未办理完有关手续之前；

（四）船舶所载危险货物系国家法律、行政法规禁止通过水路运输的；

（五）本港尚不具备相应的安全航行、停泊、作业条件或者相应的应急、防污染、保安等措施的；

（六）交通部规定不允许船舶进出港口的其他情形。

第二十六条 船舶载运需经国家其他有关主管部门批准的危险货物，或者载运需经两国或者多国有关主管部门批准的危险货物，应在装货前取得相应的批准文书并向海事管理机构备案。

第二十七条 船舶从境外载运有害废料进口，国内收货单位应事先向预定抵达港的海事管理机构提交书面报告并附送出口国政府准许其迁移以及我国政府有关部门批准其进口的书面材料，提供承运的单位、船名、船舶国籍和呼号以及航行计划和预计抵达时间等情况。

船舶出口有害废弃物，托运人应提交我国政府有关部门批准其出口，以及最终目的地国家政府准许其进口的书面材料。

第二十八条 核动力船舶、载运放射性危险货物的船舶以及5万总吨以上的油轮、散装化学品船、散装液化气船从境外驶向我国领海的，不论其是否挂靠中国港口，均应当在驶入中国领海之前，向中国船位报告中心通报：船名、危险货物的名称、装载数量、预计驶人的时间和概位、挂靠中国的第一个港口或者声明过境。挂靠中国港口的，还应当按照本规定第二十三条的规定申报。

第五章 人员管理

第二十九条 载运危险货物船舶的船员，应当持有海事管理机构颁发的适任证书和相应的培训合格证，熟悉所在船舶载运危险货物安全知识和操作规程。

第三十条 载运危险货物船舶的船员应当事先了解所运危险货物的危险性和危害性及安全预防措施，掌握安全载运的相关知识。发生事故时，应遵循应急预案，采取相应的行动。

第三十一条 从事原油洗舱作业的指挥人员，应当按照规定参加原油洗舱的特殊培训，具备船舶安全与防污染知识和专业操作技能，经海事管理机构考试、评估，取得合格证书后，方可上岗作业。

第三十二条 按照本规定办理船舶申报手续的人员，应当熟悉船舶载运危险货物的申报程序和相关要求。

第六章 法律责任

第三十三条 海事管理机构依法对载运危险货物的船舶实施监督检查，对违法的船舶、船员实施相应的行政强制措施。

海事管理机构发现载运危险货物的船舶存在安全或者污染隐患的，应当责令立即消除或者限期消除隐患；有关单位和个人不立即消除或者逾期不消除的，海事管理机构可以采取责令其临时停航、停止作业，禁止进港、离港，责令驶往指定水域，强制卸载，滞留船舶等强制性措施。

对有下列情形之一的，海事管理机构应当责令当事船舶立即纠正或者限期改正：

（一）经核实申报内容与实际情况不符的；

（二）擅自在非指定泊位或者水域装卸危险货物的；

（三）船舶或者其设备不符合安全、防污染要求的；

（四）危险货物的积载和隔离不符合规定的；

（五）船舶的安全、防污染措施和应急计划不符合规定的；

（六）船员不符合载运危险货物的船舶的适任资格的。

本规定第二十八条所述船舶违反国家水上交通安全和防治船舶污染环境的法律、行政法规以及《联合国海洋法公约》有关规定的，海事管理机构有权禁止其进入中国领海、内水、港口，或者责令其离开或者驶向指定地点。

第三十四条 载运危险货物的船舶违反本规定以及国家水上交通安全、防治船舶污染环境的规定，应当予以行政处罚的，由海事管理机构按照有关法律、行政法规和交通部公布的有关海事行政处罚的规定给予相应的处罚。

涉嫌构成犯罪的，由海事管理机构依法移送国家司法机关。

第三十五条 海事管理机构的工作人员有滥用职权、徇私舞弊、玩忽职守等严重失职行为的，由其所在单位或者上级机关给予行政处分；情节严重构成犯罪的，由司法机关依法追究刑事责任。

第七章 附 则

第三十六条 本规定所称“危险货物”，系指具有爆炸、易燃、毒害、腐蚀、放射性、污染危害性等特性，在船舶载运过程中，容易造成人身伤害、财产损失或者环境污染而需要特别防护的物品。

第三十七条 本规定自2004年1月1日生效。1981年交通部颁布的《船舶装载危险货物监督管理规定》（[81]交港监字2060号）同时废止。

倾倒区管理暂行规定

（国家海洋局2003年11月14日发布）

第一条 为加强海洋倾废管理，保护海洋环境，科学合理地利用倾倒区，根据《中华人民共和国海洋环境保护法》和《中华人民共和国海洋倾废管理条例》有关规定，制定本规定。

第二条 在中华人民共和国内水、领海、毗连区、专属经济区、大陆架及中华人民共和国管辖的其他海域从事与倾倒区选划、使用、监测、管理有关活动的单位和个人应遵守本规定。

第三条 本规定所指的倾倒区包括海洋倾倒区和临时性海洋倾倒区。

海洋倾倒区是指由国务院批准的、供某一区域在海上倾倒日常生产建设活动产生的废弃物而划定的长期使用的倾倒区。

临时性海洋倾倒区是指为满足海岸和海洋工程等建设项目的需要而划定的限期、限量倾倒废弃物的倾倒区。

第四条 国家海洋局及其海区分局是实施本规定的主管部门。

第五条 选划倾倒区应当符合全国海洋功能区划和全国海洋环境保护规划的要求。

第六条 国家海洋局根据全国海洋功能区划、全国海洋环境保护规划及沿海经济发展需要制定倾倒区规划。

第七条 临时性海洋倾倒区由国家海洋局负责审批。

国家海洋局受理和组织选划下列临时性海洋倾倒区：

（一）疏浚物或惰性无机地质废料总倾倒量在500万立方米（含500万立方米）以上的临时性海洋倾倒区；

（二）倾倒除疏浚物、惰性无机地质废料和人体骨灰以外的其他废弃物的临时性海洋倾倒区；

（三）倾倒作业活动涉及两个海区的临时性海洋倾倒区；

（四）军事工程、绝密工程等特殊性质工程使用的临时性海洋倾倒区；

（五）香港、澳门特别行政区的废弃物在内地管理海域倾倒的临时性海洋倾倒区；

（六）国家海洋局认为对海洋环境可能产生较大影响的其他临时性海洋倾倒区。

国家海洋局海区分局受理和组织选划前款规定以外的临时性海洋倾倒区。

第八条 海洋倾倒区由国家海洋局根据倾倒区规划提出并组织选划，也可由需要倾倒废弃物的单位提出选划申请，经国家海洋局同意后开展选划工作。

临时性海洋倾倒区由需要倾倒废弃物的单位在工程可行性研究阶段向具有受理权限的主管部门提出书面申请，经同意后开展选划工作。

申请报告的主要内容包括：申请理由、拟倾倒废弃物的名称、数量、作业时限、废弃物特性以及其他有关材料。

第九条 主管部门在接到需要倾倒废弃物的单位书面申请之日起10个工作日内做出是否同意选划倾倒区的答复。

第十条 倾倒区选划程序如下：

（一）由申请单位委托主管部门认可的选划技术单位编制倾倒区选划大纲。

（二）主管部门自收到申请单位提交的倾倒区选划大纲送审稿之日起15个工作日内组织评审。

（三）主管部门自收到申请单位提交的倾倒区选划大纲报批稿之日起15个工作日内提出审查意见回复申请单位。

（四）申请单位根据主管部门对选划大纲的审查意见开展倾倒区选划工作并编制倾倒区选划报告。

（五）主管部门自收到申请单位提交的倾倒区选划报告送审稿之日起 15 个工作日内组织评审。

（六）申请单位将倾倒区选划报告报批稿报送主管部门，并抄送海事、渔业行政主管部门和所在海域的省级海洋行政主管部门。由国家海洋局组织选划的，申请单位应将倾倒区选划报告报批稿同时报送国家海洋局海区分局。

（七）国家海洋局海区分局应在收到倾倒区选划报告报批稿之日起10个工作日内提出初审意见报国家海洋局。

（八）国家海洋局自收到海洋倾倒区选划报告报批稿之日起15个工作日内送国务院环境保护行政主管部门审核。国务院环境保护行政主管部门应在15个工作日内提出审核意见并回复国家海洋局，逾期未回复审核意见则视为同意。国家海洋局在收到国务院环境保护行政主管部门的审核意见之日起15个工作日内将海洋倾倒区选划报告报国务院审批。

国家海洋局自收到临时性海洋倾倒区选划报告报批稿之日起30个工作日内予以审批。

第十一条 国家海洋局组织倾倒区选划大纲和选划报告评审时，征求国家海事、渔业行政主管部门的意见。

国家海洋局海区分局组织倾倒区选划大纲和选划报告评审时，征求所在海区国家海事、渔业行政主管部门直属机构的意见。

国家海事、渔业行政主管部门或其直属机构

应在倾倒区选划大纲和选划报告评审后10个工作日内向国家海洋局或海区分局提交书面意见，逾期则视为同意。

主管部门在组织选划倾倒区时应征求所在海域省级海洋行政主管部门意见。

第十二条 在编制倾倒区选划报告时，应对废弃物的特性、成分、倾倒的方式、数量、强度、频率、倾倒物质的扩散方式、倾倒物质对海洋生态环境、通航安全、海洋开发利用活动的影响等因素进行分析并做出相应的结论，同时要提出防止倾倒污染的管理措施、对策和建议。

第十三条 在已有倾倒区的附近海域，原则上不再设立新的倾倒区。但是已有的倾倒区由于其容量、环境因素以及经济和社会条件等原因不宜使用或不能满足倾倒作业需要时，可选划新的倾倒区。

第十四条 两项以上工程同时使用一个临时性海洋倾倒区时，可按照总倾倒量将选划论证工作予以合并，提交一份选划报告。

一项工程使用另一项工程已选划或正在使用的临时性海洋倾倒区时，应在原选划工作的基础上对倾倒增量的可行性进行论证，并提交论证报告，报国家海洋局批准。

第十五条 疏浚物倾倒总量在 50 万立方米以下的工程项目需要使用临时性海洋倾倒区时，可由选划技术单位在收集倾倒区及其附近海域现有自然环境和社会经济资料的基础上开展专题论证，直接编制选划报告。倾倒申请单位将选划报告报送国家海洋局海区分局，海区分局在组织专家审查并征求有关部门意见后提出初审意见，报国家海洋局审批。

疏浚物倾倒总量在 5 万立方米以下且对海洋环境影响很小的工程项目需要使用临时性海洋倾倒区时，由国家海洋局海区分局在征求有关部门意见后确定临时性海洋倾倒区的位置和范围，报国家海洋局审批。

人体骨灰所需的倾倒区由国家海洋局海区分局根据需要指定倾倒区域。

第十六条 国家海洋局负责发布海洋倾倒区公告。公告内容包括海洋倾倒区的位置、倾倒废弃物的种类和数量、使用期限等。

国家海洋局海区分局负责发布临时性海洋倾倒区公告。公告内容包括临时性海洋倾倒区的位置、倾倒单位、工程名称、倾倒数量、作业时间和倾倒区使用期限等。

第十七条 当海洋倾倒区不宜使用或暂时不宜使用时，由国家海洋局予以封闭或暂停使用，并发布公告。

当临时性海洋倾倒区不宜使用或暂时不宜使用时，由国家海洋局海区分局予以封闭或暂停使用，并发布公告。

对使用期限已满或倾倒活动已结束的临时性海洋倾倒区，国家海洋局海区分局应在期满或倾倒作业结束后立即予以封闭，并于封闭后20个工作日内报国家海洋局备案。

废弃物倾倒单位应自倾倒区暂停使用或封闭之日起终止在该倾倒区的倾倒作业。

第十八条 临时性海洋倾倒区的有效期一般不超过 3 年。在临时性海洋倾倒区 3 年期满时，倾倒作业尚未完成的，废弃物倾倒单位必须向主管部门提出延期申请，并提交环境监测报告。

主管部门根据倾倒作业状况和环境监测结论做出是否延期的决定，并将延期使用情况通告国家海事、渔业行政主管部门或其直属机构。临时性海洋倾倒区的延长期限不得超过1年。

第十九条 废弃物倾倒单位在实施倾倒作业过程中应当接受中国海监机构的监督检查，并为执法人员执行公务提供方便。

第二十条 在产业活动密集区域或倾倒作业活动与其他产业活动容易发生冲突的区域划定的倾倒区实施倾倒作业时，废弃物倾倒单位应当发布倾倒作业公告。

第二十一条 国家海洋局海区分局应当根据倾倒区使用的状况适时组织环境监测工作，并根据监测结果制定相应的管理措施，包括封闭或暂停使用倾倒区，调整倾倒的方式、数量、强度、使用年限等。

废弃物倾倒单位应当委托主管部门认可的机构承担倾倒区进行监测与评价工作，监测评价方案应当报国家海洋局海区分局核准。

第二十二条 国家海洋局海区分局应将海洋倾倒区的监测结果定期报送国家海洋局备案。

在临时性海洋倾倒区倾倒作业结束后 90 日内，废弃物倾倒单位应向国家海洋局海区分局提交环境监测评价报告。主管部门可根据临时性海洋倾倒区的使用状况和倾倒作业强度，要求废弃物倾倒单位提交阶段性监测结果。

第二十三条 倾倒区的选划和监测工作应当符合倾倒区选划和监测技术规范。

第二十四条 承担倾倒区选划和环境监测的单位对选划结论和监测结论负责，并严格按照国家有关规定收取倾倒区选划费用和海洋环境监测费用。

第二十五条 违反本规定，未开展倾倒区选划工作擅自实施倾倒作业的，主管部门按《中华人民共和国海洋环境保护法》第七十三条之规定予以处罚。

第二十六条 违反本规定，向已封闭的倾倒区倾倒废弃物的，主管部门按《中华人民共和国海洋环境保护法》第八十六条之规定予以处罚。

第二十七条 废弃物倾倒单位违反本规定，在倾倒区选划工作中弄虚作假的，由主管部门给予警告；情节严重的，主管部门可责令其停止倾倒作业，吊销倾倒许可证。

第二十八条 从事倾倒区选划和监测的单位，在倾倒区选划和监测工作中弄虚作假的，由主管部门予以警告；情节严重的，在 5 年之内不得从事倾倒区选划和监测工作。

第二十九条 废弃物倾倒单位不按规定向主管部门提供倾倒情况记录、拒绝接受中国海监机构的现场检查、或者在检查中弄虚作假的，主管部门按《中华人民共和国海洋环境保护法》第七十四条第三项、第七十五条之规定予以处罚。

第三十条 对违反本规定，造成海洋环境污染损害的，由主管部门依照《中华人民共和国海洋环境保护法》和《中华人民共和国海洋倾废管理条例》的有关规定予以处理。

第三十一条 本规定自 2004 年 1 月 1 日起施行。

无居民海岛保护与利用管理规定

国海发[2003]10 号

沿海省、自治区、直辖市海洋厅（局）、民政厅（局），沈阳、北京、济南、南京、广州军区司令部，海军、空军、第二炮兵司令部：

现将《无居民海岛保护与利用管理规定》印发给你们，请遵照执行。

国家海洋局　民政部　总参谋部

二〇〇三年六月十七日

无居民海岛保护与利用管理规定

第一章　总　则

第一条 为了加强无居民海岛管理，保护无居民海岛生态环境，维护国家海洋权益和国防安全，促进无居民海岛的合理利用，根据有关法律，制定本规定。

第二条 在中华人民共和国内水、领海、专属经济区、大陆架及其他管辖海域内，从事无居民海岛的保护与利用活动，适用本规定。

第三条 无居民海岛属于国家所有。国家实行无居民海岛功能区划和保护与利用规划制度。

国家鼓励无居民海岛的合理开发利用和保护，严格限制炸岛、岛上采挖砂石、实体坝连岛工程等损害无居民海岛及其周围海域生态环境和自然景观的活动。

第四条 国家加强无居民海岛名称管理。无居民海岛的命名、更名及名称标志的设立，应当遵循《地名管理条例》和国家有关规范、技术标准。

第五条 国家建立无居民海岛保护与利用管理信息系统，对无居民海岛基本情况和保护、利用状况进行调查、监视、监测和统计，发布基础信息。

第六条 任何单位和个人都有遵守无居民海

岛保护与利用等有关法律、行政法规的义务，不得非法侵占和买卖无居民海岛，并有权对违反本规定的行为提出检举和控告。

第二章　功能区划和规划

第七条　国家海洋局会同国务院有关部门和总参谋部制定并公布实施全国无居民海岛功能区划。

沿海县级以上地方海洋行政主管部门会同同级有关部门和有关军事机关，依据上一级无居民海岛功能区划，编制地方无居民海岛功能区划；地方无居民海岛功能区划应当报上一级海洋行政主管部门备案，经上一级海洋行政主管部门审查同意、准予备案后，公布实施。

第八条　无居民海岛功能区划依照下列原则编制：

（一）按照海岛的区位、自然资源和自然环境等自然属性，确定海岛利用功能；

（二）保护海岛及其周围海域生态环境；

（三）促进海岛经济和社会发展；

（四）维护国家主权权益，保障国防安全，保护军事设施。

第九条　无居民海岛功能区划的调整和修订，按照第七条规定的程序办理。

第十条　沿海县级以上地方海洋行政主管部门应当依照无居民海岛功能区划编制无居民海岛保护与利用规划。

第三章　申请审批

第十一条　单位和个人利用无居民海岛，应当向县级以上海洋行政主管部门提出申请，并提交以下申请材料：

（一）无居民海岛利用申请书；

（二）申请单位的法人资格证明或者申请个人的身份证明、资信证明材料；

（三）海岛利用方案；

（四）利用海岛的保护方案；

（五）其他相关材料。

第十二条　县级以上海洋行政主管部门依据无居民海岛功能区划和保护与利用规划，对无居民海岛利用申请进行审查，并按规定逐级上报有批准权的机关批准。

海洋行政主管部门审查无居民海岛利用申请，应当征求同级有关部门和有关军事机关的意见。

第十三条　炸岛、实体坝连岛工程等严重改变海岛属性的项目用岛，由国家海洋局征得总参谋部同意后批准；涉及军事设施和国防安全的项目用岛，由国家海洋局会同总参谋部批准；利用外资对岛屿开发经营的项目用岛，报国务院批准。

前款规定以外的岛上采挖砂石、无居民海岛整体利用，由省级海洋行政主管部门批准。

其他项目用岛，由县级以上地方海洋行政主管部门批准。具体审批权限由沿海省、自治区、直辖市海洋行政主管部门规定。

管辖区域不明确或者有争议无居民海岛的利用，由共同的上一级批准机关批准。

第十四条　无居民海岛利用申请经批准后，由批准机关下达《无居民海岛利用批准书》。经国务院批准的无居民海岛利用申请，由国家海洋局下达《无居民海岛利用批准书》。

第十五条　《无居民海岛利用批准书》应当包括无民海岛利用项目位置、范围、面积、用途、方式和期限等内容。具体格式由国家海洋局统一规定。

无居民海岛利用期限最长不得超过50年。

第十六条　申请单位和个人应当持《无居民海岛利用批准书》，依照有关法律和行政法规申请办理其他有关手续。

第四章　保护和整治

第十七条　国家对领海基点所在无居民海岛实行严格保护制度。

领海基点所在无居民海岛及其周围海域，禁止采石、挖砂、砍伐、爆破、射击等破坏性活动；在领海基点周围 1 公里范围内的区域，除可以进行有利于领海基点保护的工程建设项目外，禁止进行其他工程建设项目。

第十八条　国家海洋局根据无居民海岛功能区划，公布无居民海岛保护名录。

纳入无居民海岛保护名录的海岛及其周围海域，禁止开展与保护目的不一致的利用活动；特殊情况下，要使用保护名录内的海岛及其周围海域，应当报国家海洋局批准。

第十九条　具有特殊保护价值的无居民海岛及其周围海域，由县级以上海洋行政主管部门依法申报建立海洋自然保护区或海洋特别保护区。

第二十条　重要无居民海岛及其周围海域的生态环境遭到破坏的，由县级以上海洋行政主管部门依据无居民海岛功能区划和保护与利用规划，拟定无居民海岛整治方案，报有关人民政府批准后组织实施。

第二十一条 利用无居民海岛的单位和个人，有保护海岛及其周围海域生态环境和军事设施的义务。

第五章 名称管理

第二十二条 民政部门是无居民海岛名称管理的行政主管部门，在进行无居民海岛命名、更名等管理活动时，应当征求海洋行政主管部门、有关军事机关及其他有关部门的意见。

海洋行政主管部门、有关军事机关及其他有关部门，应当配合地名行政主管部门做好无居民海岛名称管理工作。

第二十三条 沿海县级以上人民政府应当拟定本行政区域内无居民海岛命名、更名和名称注销方案，逐级上报有批准权的人民政府审批。

拟定无居民海岛命名、更名和名称注销方案，应当征求有关军事机关的意见。

第二十四条 领海基点、领海基线外侧、领海基线内侧有海洋权益价值和涉及省际海域界线及其他涉及国防、外交事务的无居民海岛的命名、更名和名称注销，由有关省级人民政府提出意见，报国务院审批。

领海基线内侧的其他无居民海岛的命名、更名和名称注销，由省级人民政府审批，并分别报送民政部和国家海洋局备案，同时抄送有关军事机关。在规定的期限内，民政部和国家海洋局未提出异议，即可公布生效。

第二十五条 沿海省级人民政府应当及时将已批准的本行政区域内的标准无居民海岛名称向社会公布。

民政部会同国家海洋局发布全国无居民海岛标准名录。

第二十六条 任何单位和个人可以向各级地名、海洋行政主管部门提出无居民海岛命名、更名的建议。

第二十七条 沿海地区的地名行政主管部门应当会同海洋行政主管部门，在需要设置海岛名称标志的无居民海岛上，按照有关的国家标准设置无居民海岛名称标志。

第二十八条 任何单位和个人在公务活动中，或者在新闻、出版、影视、商品、标志等领域使用无居民海岛名称时，必须使用国家批准的标准名称。

第六章 罚 则

第二十九条 未取得或者骗取《无居民海岛利用批准书》，非法利用无居民海岛及其周围海域，或者未按利用海岛的保护方案履行保护义务，对无居民海岛生态环境造成损害的，由县级以上海洋行政主管部门按照《中华人民共和国海洋环境保护法》第七十六、九十条的规定，责令限期改正和采取补救措施，并处罚款；有违法所得的，没收违法所得；构成犯罪的，依法追究刑事责任。

第三十条 擅自移动和破坏无居民海岛名称标志，或者有其他违反无居民海岛名称管理行为的，由县级以上海洋行政主管部门会同民政部门等，责令停止非法活动；对国家财产造成损失的，依法追究损害赔偿责任；构成犯罪的，依法追究刑事责任。

第三十一条 海洋行政主管部门工作人员在无居民海岛管理工作中，玩忽职守、滥用职权、徇私舞弊的，应当依法给予行政处分；构成犯罪的，依法追究刑事责任。

第三十二条 对于破坏军事设施的行为，依照《中华人民共和国军事设施保护法》和《中华人民共和国军事设施保护法实施办法》的有关规定予以处罚。

第七章 附 则

第三十三条 无居民海岛不得作为公民户籍登记的地址和企业登记注册的地址。

确需将无居民海岛转为有居民海岛的，除按规定报批外，应当逐级上报国家海洋局、民政部和总参谋部备案。

第三十四条 本规定中下列用语的含义是：

（一）无居民海岛，是指在我国管辖海域内不作为常住户口居住地的岛屿、岩礁和低潮高地等。

（二）炸岛是指通过人工手段降低岛、礁高度，造成岛屿在高潮时没入水中或者低潮高地在低潮时没入水中的行为。

第三十五条 本规定由国家海洋局会同民政部和总参谋部负责解释。

第三十六条 本规定自2003年7月1日起施行。

2004

中国海洋年鉴

海洋经济

Marine Economy

CHINA

OCEAN YEARBOOK

海洋渔业

Marine Fishery

综　述
Summary

【概况】 2003年全国沿海地区渔业部门全面贯彻党的十六大精神，紧紧围绕海洋渔业产业结构调整和渔民增收的中心任务，以“三个代表”重要思想为指导，坚持可持续发展战略，坚持以提高质量和经济效益为中心，以科技与改革为动力，以发展海水养殖、远洋渔业、水产品加工为主线，加强资源保护、法制建设和捕捞行业管理，在面对“非典”疫情突发、海洋灾害严重、水产品出口受阻的不利形势下，保持了海洋渔业经济的适度增长，为全国渔业经济稳步发展、渔民增收做出了贡献。

2003年，海洋渔业在控制捕捞、发展养殖、大力推进海洋渔业二、三产业增长的方针指引下，全国海洋渔业产量达到2 685.62万吨，比2002年增长1.48%，海水产品产量占全国渔业总产量的57.07%。

2003年全国海水产品产量增长至2 685.62万吨，海水养殖业做出了主要贡献。2003年全国海洋捕捞产量为1 432.31万吨，扣除远洋渔业捕捞产量，比2002年实际减少7.25万吨，负增长0.58%；而全国海水养殖产量则达到1 253.31万吨，比2002年增加40.46万吨，增长3.34%。

2003年按现行价计算的全国海洋渔业捕捞、养殖业产值为1 473亿元，占全国渔业捕捞、养殖产值3 323.41亿元的44.32%，其中海洋捕捞产值为739.25亿元，海水养殖产值为733.75亿元。2003年按现行价计算的海洋渔业的增加值为800.69亿元，其中捕捞业为388.83亿元，养殖业为411.86亿元。

新世纪以来，我国海洋渔业受资源衰退加剧、捕捞生产作业区域缩小、渔需物资价格不断上涨、海域污染程度不断提高、从渔人员不断增加、捕捞能力严重过剩、“三无”渔船仍非法增长等不利因素的困扰，沿海渔区经济形势较为严峻。为确保渔区经济的繁荣、渔民收入有所增长，国家开始花巨资对海洋渔业实施产业结构调整，并通过减税、补贴等经济措施和伏季休渔等法律措施促进捕捞能力的削减和海水养殖业的发展。2003年是实施沿海渔区产业结构调整重大部署的新的一年，在各级渔业部门和渔业工作者的努力下，相关调整措施得到落实，捕捞能力有所压缩，转产转业工作力度加大，沿海渔区经济保持了平稳发展。

2003年渔业发展呈现出以下特点：

1. 以发展名优养殖为主线，狠抓技术创新和市场建设

2003年，沿海各地把发展名特优新产品养殖作为渔民增收的突破口，狠抓养殖技术和市场建设，渔业经济效益明显提高。沿海各地把以对虾、海参、鲍鱼和优质海水鱼为代表的海珍品养殖作为生产重点，效果显著。辽宁省海珍品增殖面积为7.3万公顷，约占总面积的70%。山东省海参产量为29 961吨，同比增长16%，鲍鱼增长17%。每吨水产品产值平均为5 241元，比2002年增长2.4%。随着养殖技术的提高，养殖方式逐渐由传统型向现代化、工厂化、集约化和效益型转变。在海水养殖生产中，海上养殖生产海域由10米等深线向30米等深线海域发展。各沿海地区把发展大型抗风浪深水网箱养殖作为重点，加大了资金投入，养殖规模有效扩大。全国深水网箱，养殖面积3 529 821立方水体，养殖产量13 022吨。福建省2003年新建深水网箱为42组168口，累计建成深水网箱为99组396口，工厂化养殖面积8 985 591立方水体，养殖产量35 288吨。

2. 海洋捕捞产量继续保持负增长

自1999年农业部首次提出海洋捕捞计划产量实行“零增长”目标以后，至今我国海洋捕捞产量已经累计下降65.31万吨，4年间累计降幅4.36%。其中，2000年下降1.35%；2001年下降2.49%；2002年下降0.49%；2003年下降0.58%。由此看出，海洋捕捞产量的降幅已经逐步趋缓。

3. 远洋渔业呈现良好的发展态势

我国远洋渔业稳步发展，2003年全国远洋渔

业总产量115.76万吨,比2002年增长6.12万吨,增长5.58%；国外经营盈利4 980万美元，比2002年增加3 301万美元，增长196.61%。远洋渔业发展最快的地区是海南省，远洋渔业产量为1 765吨，比2002年的77吨增加1 688吨，增长2 192%；其次是上海市，远洋渔业产量为84 719吨，比2002年增加18 172吨，同比增长27.31%。

4. 积极开展专属经济区巡航检查，加大涉外渔业管理力度

2003年是落实和实施相关渔业协定的重要年份，东、南、黄、渤海渔业管理部门按照农业部及各地政府的部署和要求，加强了相关渔区的专属经济区巡航检查，积极协调有关省市渔业行政主管部门，采取多种措施，下大力气遏制违规事件上升的趋势。各地坚持统一组织、统一管理，以海区渔改船巡航为主，省市渔政船配合的原则，合理调整安排渔政船的巡航计划，组织渔政船重点加强相关海域的巡航检查，加大了查处力度，及时处置突发事件，圆满完成了专属经济区渔政巡航任务。

黄渤海区渔政局及该区三省一市的渔政船在韩国特定禁止水域西侧海域累计巡航12航次，巡航检查196天，航程12 600海里，查处违规作业渔船159艘，驱赶、拦截试图进入韩国特定禁止水域作业渔船159艘。根据《中韩渔业协定过渡水域2003年联合编队检查实施方案》，该区渔政船与韩国渔业指导船在过渡水域进行了3次渔政船联合检查，在双方的友好合作和共同努力下，圆满地完成了2003年的联合检查任务。

东海区渔政局面对涉外渔业管理形势严峻的现状，以教育、监管、查处并重为原则，专门制发了文件，明确各级渔业行政主管部门必须从讲政治的高度认识加强涉外渔业管理的重要性，通过建立涉外渔业事件责任追究制度，将责任落实到人。同时，重新编印了涉外渔业生产宣传手册，提高对渔民群众宣传教育的实效。并加强了对入渔他国管辖水域申请者和渔船船长及主要职务船员的培训工作，建立培训人员档案，对未经培训或培训不合格的坚决不予核发入渔许可证。此外，对入渔渔船还实行了告知单和承诺书制度，进一步明确和完善了渔船入渔信息通报的要求和机制，并进一步强调了对无证进入他国管辖水域作业、不正确履行通报义务、存在安全事故隐患屡教不改、不如实填写捕捞日志及不上交捕捞日志的渔船实行黑名单制度，取消其下一年入渔资格。对没有按规定及时通报、调报入渔信息的渔船及时提出警告，对故意错报、晚报和多次警告无效的渔船中止其入渔资格，同时通过加大海上巡航检查力度，确保双边渔业协定的有效实施，维护我国执行双边渔业协定的形象。在实施巡航管理工作中该局按照农业部渔政指挥中心关于全面做好专属经济区巡航管理工作的要求，2003年东海区三省一市7艘渔政船参加了专属经济区巡航，共巡航14个航次，累计航行98天，航时833小时，航程10 483海里，主要对中日渔业协定中方管辖水域、暂定措施水域及中间水域和中韩渔业协定中方管辖水域、暂定措施水域及双方过渡水域、长江口渔业管理区、台海渔场进行了重点管理。据统计，巡航中共观察渔船1 373艘，其中中国内地渔船1 336艘、台湾省渔船1艘、外国渔船36艘；共登临检查渔船60艘，其中中国渔船52艘、韩国渔船8艘，现场处理10艘。在2003年的巡航中，该区渔政船还成功登临了6艘韩国渔船，实现了登临检查外籍渔船的突破。

南海区渔政局在2003年继续组织力量开展北部湾维权护渔行动。由于2003年中越双方渔业协定后续谈判陷入僵局，越方疯狂抓扣该区正常生产渔船，维权护渔行动引起党和国家领导人的高度重视，并得到农业部、外交部、总参、公安部等有关部门和各级领导的大力支持。党和国家领导人及农业部领导多次批示要求认真抓好保护渔民的生命和财产安全工作。为贯彻落实各级领导批示精神，南海区渔政局多次召开专门会议研究保护渔民生命和财产安全的措施及行动方案，并在实施维权护渔中克服各种困难，会同三省区渔政部门、努力做好北部湾维权护渔工作。全年共组织派出渔政船57艘(次)，巡航667天(艘)，航程135 868海里，观察渔船13 895艘次，检查外国渔船21艘，解救被越南炮艇抓扣和追赶的我国渔船21艘，协助外交部通过外交途径迫使越方无条件放回被抓扣的我国渔船4艘。

5. 克服非典不利影响，加强伏季休渔管理

非典型肺炎防治工作是2003年沿海渔业部门面临的特殊任务。面对突如其来的“非典”疫情，各地管理、生产部门及时组织大家学习胡锦涛总书记和温家宝总理关于抗击“非典”的指示，确

保2003年伏季休渔成功。黄渤海区渔政管理部门根据农业部对伏休时间进行了调整，将35° N以北黄海海域的伏休时间向前平移半个月。该局针对2002年出现的规模性违捕问题，做到了早宣传、早部署、早行动，制定了《黄渤海区2003年伏季休渔管理工作实施方案》。另外，在伏休前期，黄渤海区渔政管理部门还组织各省市进行了海陆联合检查，重点检查了港口、码头、港湾，同时组织渔政船加大海上违规作业的处理力度。总体看，该区2003年的伏休管理工作取得了比较理想的效果，伏休秩序明显好于往年。东海区2003年共有应休渔船30 968艘，在该区各级渔业行政主管部门和渔政管理机构的努力下，三个月的休渔基本取得成功。2003年由于受“非典”的影响，重点工作主要放在伏休初期和伏休后期组织了两次较大规模的海上联合检查行动。在伏休初期海区，省市共有36艘渔政船参加了联合行动，共登临检查渔船286艘，查获违规渔船206艘，对其中违反伏休规定的4艘拖网渔船进行了处理。在伏休后期，与黄渤海区局共同组织了十几艘渔政船沿35° N线海域联合行动，本海区共查获违规渔船73艘，其中违反伏休规定的61艘，违反作业场所的12艘。扣船51艘。这次行动是历年来近海管理巡航时间最长、扣押违规渔船最多的一次。通过组织伏休期间的联合检查行动，有效地检验了渔政队伍，积累了海上渔政巡航的经验。整个行动对休渔地区的渔民起到了良好的思想稳定和警示作用，伏休制度得到有效的贯彻。南海区渔政局成立了南海区伏季休渔工作领导小组，并先后发出了《关于2003年南海海域伏季休渔的通告》和《关于认真做好2003年伏季休渔工作的通知》，要求南海各级渔业主管部门坚持执行休渔制度不放松，在当地人民政府的领导和各有关部门的支持配合下，加大宣传力度，加强组织管理，严格执法，增强服务意识，关心渔民疾苦，确保南海休渔取得成功。2003年南海区应休渔船22 111艘(其中广东13 551艘，广西5 282艘，海南3 278艘)在6月1日12时前全部按要求回港休渔。休渔期间渔政管理部门依法管理，全海区共查处141起违规案件，其中广东省查处违规渔船83艘，广西区查处16艘，海南省查处42艘。确保了该区伏季休渔制度的有效贯彻。

6. 积极开展打击非法海洋捕捞专项行动，规范渔船管理

根据农业部《关于全国统一开展查处非法海洋捕捞专项行动的通知》精神，2003年初，各地渔政管理部门召开专门会议，讨论相关实施方案，如黄渤海区渔政局通过了《黄渤海区开展查处非法海洋捕捞专项行动实施方案》，印制了《农业部黄渤海区渔政渔港监督管理局打击非法海洋捕捞专项行动通告》，广泛宣传，大造声势，陆地和海上同步进行，做到了内容、时间、标准“三统一”。5月10～25日在全海区开展了代号为“春雷行动”的打击非法海洋捕捞专项行动，全海区共出动渔政检查船118艘，渔政检查车1 302车次，渔业执法人员9 880余人次，陆地检查渔港507个，登临检查渔船17 263艘，处罚各类违规渔船3 576艘。东海区渔政局成立了专门的领导小组和工作班子，严密部署行动方案和时间步骤，明确重点打击对象和查处原则，建立和完善定期通报机制和协查机制，设立扣船所，设置举报电话，于3月至5月间，在东海区三省一市海域内组织开展了由29艘渔政船参加的4次海上专项联合行动。通过采取集中与分片相结合的方式，共检查渔船487艘，对查获的74艘违规、违法渔船，依法予以了行政处罚，其中8艘“三无”渔船扣押在港内。据统计，违规渔船中，跨区域生产的占36%，在底拖网禁渔区线内从事拖网作业的占17%，有证但未随船携带的占6%，“三无”渔船占6%，“三证不齐”或不符要求的占6%，其他类违规的占29%。查获情况表明，小功率渔船持证状况不容乐观。通过组织联合行动，并结合伏季休渔管理和禁渔区线管理，从严打击了从事电炸毒鱼等违法作业的渔船及其他违反渔业法律、法规的行为，较好地维持了渔业生产秩序。

7. 海洋渔业生产安全得到高度重视

2003年是渔业灾害与意外事故频发的一年，沿海台风与赤潮及其他意外灾害对海洋渔业的影响有所加深。全国2003年由于渔业灾害与意外事故造成直接经济损失达114.58亿元，大部分发生在沿海地区，沉船2 100多艘，也主要在沿海。死亡人数、水产品损失量、受灾养殖面积较2002年前几年都有所上升。仅东海区前三季度发生的重大以上等级的事故就有21起，同比增加23%以上。

存在的主要问题

1. 国内海域捕捞生产形势严峻

2003年国内海域捕捞生产形势十分严峻。一是捕捞强度居高不下。2003年，海洋机动渔船中生产渔船为266 339艘，总功率为12 744 108千瓦，分别比2002年减少180艘和增加295 607千瓦。虽然渔船总数减少，但渔船总功率却明显增大。据调查，个别地区非法渔船有抬头之势。尽管海洋捕捞渔船船数和功率数从“九五”期间的“总量控制”阶段进入了“总量压减”的新阶段，但是要真正达到减船目的，还要加大对非法渔船的打击力度。二是海域资源逐渐恶化，难以形成中心渔场。据东海区渔业资源监测网对重点渔场水母的监测表明，从1998年开始舟山群岛发现了以往没有的水母，且种类迅速增加，2002年开始影响到渔业生产。2003年，东海区各渔区每网渔获物中几乎都有水母。水母密度大的渔区，带鱼和总渔获量密度就相应趋小，并且难以形成中心渔场，对渔业生产造成了非常大的损害。三是捕捞成本加大，渔民增收越来越困难。随着柴油供应短缺和价格的不断上涨，渔民出海的捕捞成本加大，渔民增收困难，生产热情受到不同程度的打击。

2. 渔业安全生产形势十分严峻

由于渔业灾害和意外事故造成直接经济损失114.58亿元，其中，沉船2 102艘；水产品数量损失133.12万吨；受灾养殖面积为674 893公顷；死亡人数375人。比往年有上升趋势。仅东海区前三季度发生重大以上等级事故就有21起，同比增长23.53%。渔业生产事故频频发生的主要原因，一是对安全生产重视不够，存在重生产、轻安全的倾向；二是安全生产基础差，投入不足；三是安全生产规章制度不健全或执行的力度不够。

3. 水产品出口继续面对反倾销贸易壁垒

近几年，我国水产品的出口额以年均超过10%的速度增长，从2002年起，出口创汇位居世界首位。但同时也遭到有关国家贸易壁垒的限制。在欧盟对我国水产品进口实施禁令后，日本和韩国相继对我国水产品提出药检超标、禁止输入的禁令，近来，美国对我国又实施对虾反倾销调查。我国水产品的出口面临更为严峻的挑战。

（刘大安）

统计资料
Statistical Data

表1 2003年全国海洋捕捞产品产量增减情况表

单位：吨

指标	2003年		2002年		2003年比2002年增(+)减(-)		增减幅度(%)	
	总产量	远洋数量	总产量	远洋数量	总产量	远洋数量	总产量	远洋数量
海洋捕捞产量	14 323 121	1 157 653	14 334 934	1 096 445	-11 813	61 208	-0.08	5.58
一、鱼类	9 731 406	741 716	9 644 846	700 766	86 560	40 950	0.90	5.84
二、甲壳类	2 319 436	6 157	2 535 684	6 717	-216.248	-560	-8.53	-8.34
虾	1 742 672	5 646						
其中：毛虾	623 933	16	578 634		45 299		7.83	
对虾	95 218	1 340	99 468		-4 250		-4.27	
鹰爪虾	427 861	2 470	233 736		194 125		83.05	
虾蛄	290 682							
蟹	576 764	511						
其中：梭子蟹	310 142	42	347 103		-36 961		-10.65	
青蟹	79 689		61 981		17 708		28.57	
蟳	72 341							
三、贝类	806 163	5 232						
四、藻类	29 338		29 716		-378		-1.27	

续 表

指　　标	2003 年		2002 年		2003 年比 2002 年增(+)减(—)		增减幅度(%)	
	总产量	远洋数量	总产量	远洋数量	总产量	远洋数量	总产量	远洋数量
五、头足类	902 114	380 905	1 672 618	349 718	-770 504	31 187	-46.07	8.92
其中：乌　贼	161 310	20 086	212 232		-50 922		-23.99	
鱿　鱼	599 642	343 095						
章　鱼	117 393	16 806						
六、其他类	534 664	23 643	452 070	39 244	82 594	-15 601	18.27	-39.75
其中：海　蜇	298 884	2 537	288 113		10 771		3.74	

表 2　2003 年全国海洋捕捞主要鱼类产量增减情况表

单位：吨

指　　标	2003 年		2002 年		2003 年比 2002 年增（+）减（—）		增减幅度（%）	
	总产量	远洋数量	总产量	远洋数量	总产量	远洋数量	总产量	远洋数量
海　鳗	292 291	2 647	257 659		34 632		13.44	
鳓　鱼	95 984	7	94 509		1 475		1.56	
鳀　鱼	1 302 388		1 173 196		129 192		11.01	
远东拟沙丁鱼	163 945		186 281		-22 336		-11.99	
鲱　鱼	45 006	8 500	48 693		-3 687		-7.57	
鳕　鱼	28 040	18 902		51 607		-32 705		-63.37
石 斑 鱼	65 279		45 448		19 831		43.63	
鲷	124 640	1 802	118 576		6 064		5.11	
蓝 圆 鲹	672 114		603 015		69 099		11.46	
白 姑 鱼	105 032	869						
黄 姑 鱼	65 622	607						
鮸　鱼	43 163	1 670						
大 黄 鱼	101 661	18 627	83 087		18 574		22.35	
小 黄 鱼	279 809	16 646	260 457		19 352		7.43	
梅 童 鱼	246 430	1 098						
方 头 鱼	52 989							
玉 筋 鱼	259 849							
带　鱼	1 264 857	150 723	1 287 798	183 673	-22 941	-32 950	-1.78	-17.94
金 线 鱼	433 515	860	306 397		127 118		41.49	
梭　鱼	125 241		113 879		11 362		9.98	
鲐　鱼	436 382		415 364		21 018		5.06	
鲅　鱼	393 807	8 029						
金 枪 鱼	132 910	102 123		48 748		53 375		109.49

续 表

指　标	2003 年		2002 年		2003 年比 2002 年增（+）减（-）		增减幅度（%）	
	总产量	远洋数量	总产量	远洋数量	总产量	远洋数量	总产量	远洋数量
鲳　鱼	371 135	21 731	386 317		-15 182		-3.93	
马面鱼	183 785	10	158 661		25 124		15.84	
竹夹鱼	150 030	124 375						
鲻　鱼	132 057							

表 3　2003 年全国海洋捕捞分海区、渔具等产量增减情况表

单位：吨

指　标		2003 年	2002 年	2003 年比 2002 年增(+)减(-)	增减幅度(%)
合　计		14 323 121	14 334 934	-11 813	-0.08
按捕捞海域分	渤　海	1 314 064	1 329 807	-15 743	-1.18
	黄　海	3 000 281	3 154 883	-154 602	-4.90
	东　海	4 980 583	5 144 434	-163 851	-3.19
	南　海	3 703 562	3 587 517	116 045	3.23
	其他海域	1 324 631	1 118 293	206 338	18.45
按捕捞渔具分	拖　网	7 042 905	7 182 625	-139 720	-1.95
	围　网	697 748	724 217	-26 469	-3.65
	刺　网	2440 862	2353 894	86 968	3.69
	张　网	2 109 528	2 096 121	13 407	0.64
	钓　具	684 823	569 506	115 317	20.25
	其他渔具	1 347 255	1 408 571	-61 316	-4.35

表 4　2003 年沿海各省、市、自治区海水养殖产量情况表（按产品类别分）

单位：吨

地　区	海水养殖产量合计	1. 鱼　类										
		小　计	鲈　鱼	石斑鱼	美国红鱼	军曹鱼	鰤鱼	鲷　鱼	大黄鱼	河　豚	鲆　鱼	鲽　鱼
全国合计	12 533 061	519 157	78 346	26 790	44 925	16 481	11 572	42 276	58 684	10 141	36 227	5 356
天　津	8 759	823		30	23					145	301	
河　北	178 574	10 824	983		40			28		1 640	771	
辽　宁	1 828 818	25 886	1 013				356	32		4 873	3 519	50
上　海	2 718	18										
江　苏	409 400	8 157	434	119				20		27		40
浙　江	918 504	43 080	7 347	307	11 112	34		4 038	7 221	4	8	391
福　建	2 866 726	119 226	9 940	5 751	8 644	382	5 260	14 055	45 800	470	1 501	2 395
山　东	3 360 712	81 269	19 139	466	3 642			2 968	3	1 345	28 979	1 512
广　东	1 973 006	195 542	31 255	13 636	17 440	13 350	5 771	17 520	5 660	1 569	1 123	619
广　西	836 326	22 511	7 438	3 229	3 588	20		3 220			25	349
海　南	149 518	11 821	797	3 252	434	2 695	185	395		68		

续 表

地区	2. 甲壳类 小计	(1) 虾 小计	南美白对虾	斑节对虾	中国对虾	日本对虾	(2) 蟹 小计	梭子蟹	青蟹	3. 贝类 小计	牡蛎
全国合计	661 174	493 061	308 947	51 086	61 685	42 400	168 113	56 222	100 870	9 853 207	3 668 237
天津	7 104	6 344	2 589		3 590	165	760	760			
河北	14 950	14 685	2 792	1 018	6 054	4 811	265	265		152 266	12 227
辽宁	26 482	22 572	5 318		12 668	3 454	3 910	2 396		1 426 398	203 327
上海	2 700	2 690	2 455	231	4		10		10		
江苏	21 680	12 032	3 420	170	3 689	184	9 648	6 397	497	365 009	6 885
浙江	88 049	40 312	22 365	867	6 213	1 227	47 737	17 017	29 992	748 969	124 670
福建	62 474	33 305	10 316	7 654	6 951	4 956	29 169	6.468	19 544	2 266 461	1 622 774
山东	63 902	44 243	10 232	10	9 949	21 491	19659	18 623	2	2 612 789	582 146
广东	194 233	151 729	101 620	26 060	12 567	5 144	42 504	4 296	36 379	1 539 414	656 136
广西	87 924	78 135	63 824	12 338		968	9 789		9 789	720 895	451 263
海南	91 676	87 014	84 016	2 738			4 662		4 657	21 006	8 809

地区	3. 贝类（续） 鲍	螺	蚶	贻贝	江珧	扇贝	蛤	蛏	4. 藻类 小计	海带	裙带菜
全国合计	11 206	155 733	317 870	683 237	40 183	897 956	2 546 133	672 402	1 383 790	818 768	172 613
天津											
河北			5827	9 520		70 184	49 977	50			
辽宁	318		64 263	153 630		207 146	467 552	2 390	330 441	165 708	162 928
上海											
江苏		37 133	9 785	128		542	220 042	38.137	12 457	172	
浙江		18 263	138 875	50 264		456	81 615	311 984	37 974	8 442	1
福建	3 156	1 328	39 539	80 835	24 000	9 871	234 620	193 972	414 052	338 795	100
山东	4 321	2 100	18 446	269 267		599 611	966 776	103 457	533 374	305 044	8 304
广东	2 031	77.373	33 684	109.530	16 183	9 146	286 280	21 792	29 923	607	1 280
广西	679	18 782	4 446	9 808		800	232 497	620	604		
海南	701	754	3 005	255		200	6 774		24 965		

地区	4. 藻类（续） 紫菜	江篱	麒麟菜	石花菜	羊栖菜	苔菜	5. 其他海水养殖产品 小计	海参	海胆(千克)	海水珍珠(千克)	海蜇
全国合计	72 753	50 536	7 312	99	8 674	278	115 733	38 952	3 817 320	29 674	26 809
天津							832				
河北							534				381
辽宁							19 611	7 185	803 000		9 923
上海											
江苏	12 125	141					2 097				1 063
浙江	24 497	50			3 891	218	432				
福建	30 340	100	168		4 783		4 513	1			
山东	3 759	6 000		50			69 378	29 961	193 200		7 662
广东	2 032	25 865		49		60	13 894	1 456	2 821 120	20 133	4 001
广西		475	129				4 392	349		9 191	3 779
海南		17 905	7 015				50			350	

表 5　2003 年沿海各省、市、自治区海水养殖产量情况表（按水域和养殖方式分）

单位：吨

地　区	海水养殖	按养殖水域分			其中：集约化养殖方式		
	产量合计	海　上	滩　涂	陆　基	深水网箱	普通网箱	工厂化
全国合计	12 533 061	6 318 026	5 091 330	1 123 705	13 022	214 842	36 863
天　津	8 759			8 759			491
河　北	178 574	84 582	88 204	5 788			2 147
辽　宁	1 828 818	1 166 086	566 683	96 049	447	3 717	5 319
上　海	2 718		2 718				
江　苏	409 400	53 959	300 454	54 987		241	1 240
浙　江	918 504	222 402	431 419	264 683	7 077	25 347	86
福　建	2 866 726	1 670 113	1 042 696	153 917	3 597	73 526	2 197
山　东	3 360 712	2 093 851	1 126 951	139 910	1 463	28 862	16 274
广　东	1 973 006	795 583	930 228	247 195	438	73 676	6 374
广　西	836 326	209 976	520 808	105 542		3 150	1 875
海　南	149 518	21 474	81 169	46 875		6 323	860

表 6　2003 年沿海各省、市、自治区海洋捕捞产量情况表（按产品类别分）

单位：吨

地　区	海洋捕捞产量合计	1. 鱼类								
		小　计	海 鳗	鳓 鱼	鳀 鱼	远东拟沙丁鱼	鲱 鱼	鳕 鱼	石斑鱼	鲷
全国合计	14 323 121	9 731 406	292 291	95 984	1 302 388	163 945	45 006	28 040	65 279	124 640
天　津	41 006	17 174								
河　北	311 128	166 949		50	27 951		370		3	
辽　宁	1 479 639	812 333	1 138	728	60 475	1 931	9 475	5 945	2 407	2 169
上　海	130 773	97 824	988	168				3p 576		
江　苏	572 315	354 634	9 943	1 642	3 648	6 506	1 132	1 371	824	104
浙　江	3 141 511	2 041 436	83 180	7 813	101 822	15 984	1 706	240	190	7 189
福　建	2 212 006	1 670 895	59 248	18 131	85 132	22 040	5414	49	12 685	25 740
山　东	2 680 831	1 786 175	24 962	1 010	968 613	7 124	13 410	5 287	320	732
广　东	1 819 063	1 391 858	46 904	25 715	40 475	90 389	10 215	5 041	18 869	43 058
广　西	851 042	549 316	24 800	33 063		13 580	2 265	602	9 707	29 284
海　南	895 610	757 138	41 128	7 664	14 272	6 391	1 019	533	20 274	15 845
中水总公司	188 197	85 674						5 396		519

续 表

地 区	1. 鱼 类（续）											
	蓝圆鲹	白姑鱼	黄姑鱼	鮸鱼	大黄鱼	小黄鱼	梅童鱼	方头鱼	玉筋鱼	带鱼	金线鱼	梭鱼
全国合计	672 114	105 032	65 622	43 163	101 661	279 809	246 430	52 989	259 849	1 264 857	433 515	125 241
天 津		116				742	3		354	1 885		1 056
河 北		176	6	3 290	47971	1 173			8 854	370	15 636	927
辽 宁	2 625	16 047	6 910	2 370	31 968	66 819	26 106	52	38 266	53 343	18	25 071
上 海			190	5 177		190	790			1 642		
江 苏	527	4 097	5 928	2 854	1 077	38 406	53 240	1 284	5	83 110	84	2 698
浙 江	91 794	48 751	20 878	13 913	3 283	71 906	125 033	16 041	23 948	531 009	2 983	10 674
福 建	213 494	7 474	5 655	6 428	10 559	6 129	24 458	5 961	37 067	202 995	137 088	14 974
山 东		6 380	14 686	689	9 391	73 183	12 367	16 000	147 737	99 252	401	19 950
广 东	236 221	17 162	7 615	2 258	36 880	13 117	4 089	9 651	548	184 700	99 199	24 430
广 西	90 454	288	232	4 110	388	1 779			258	36 651	32 688	16 646
海 南	36 999	4 541	3 522	2 074	3 144	6 365	344	4 000	2 812	69 900	145 418	8 815
中水总公司												

地 区	1. 鱼 类（续）							2. 甲 壳 类					
								小 计	(1) 虾				
	鲐 鱼	鲅 鱼	金枪鱼	鲳 鱼	马面鱼	竹荚鱼	鲻 鱼		小 计	毛 虾	对 虾	鹰爪虾	虾 蛄
全国合计	436 382	393 807	132 910	371 135	183 785	150 030	132 057	2 319 436	1 742 672	623 933	95 218	427 861	290 682
天 津		725	3 305	90				6 124	5 950	569	352		3 345
河 北	7 744	10 188	620	2 164		1 230	151	75 533	66 572	13 012	104	3 912	36 923
辽 宁	77 752	72 531	3 829	13 184	2 143	24 786	14 402	299 086	220 3t3	55 558	2 582	15 147	72 211
上 海	8 272	210	13 149	433		48 337		14 446	7 296	3 478	6		
江 苏	18 989	3 804	3 974	31 648	1 919	4	5 768	99 318	49 504	30 783	790	9 072	4 717
浙 江	135 120	64 317	14 346	119 272	17 596		3 211	732 726	617 773	241 157	9 296	267 941	34 496
福 建	66 393	14 329	2 282	68 426	36 075	8 758	6 871	310 287	201 529	59 097	15 099	61 430	29 120
山 东	52 359	170 389	58 924	40 032	7 039	27 820	3 572	419 754	361 220	135 578	3 286	41 526	87 436
广 东	30 551	50 171	11 235	58 888	64 344	1 366	39 112	202 804	116 156	39 569	35 712	16 794	15 367
广 西	25 098	2 658		10 731	36 002		4 026	111 460	65 720	30 508	17 366	10 517	6 803
海 南	14 104	4 485	18 932	26 267	18 667	11 486	54 944	47 080	29 821	14 624	10 625	1 522	264
中水总公司			2 314			26 243		818	818				

续　表

地　区	2. 甲壳类（续）				3. 贝类	4. 藻类	5. 头足类				6. 其他类	
	(2) 蟹											
	小 计	梭子蟹	青蟹	蟳			小 计	乌贼	鱿鱼	章鱼	小 计	海 蜇
全国合计	576 764	310 142	79 689	72 341	806 163	29 338	902 114	161 310	599 642	117 393	534 664	298 884
天　津	174	114			6 555		10 756	359	9 957	440	397	
河　北	8 961	6 572	941	195	29 018		20 780	5 547	4 525	10 510	18 848	6 714
辽　宁	78 773	13 217	10 527	34 464	163 880		61 845	6 812	45 583	7 529	142 495	135 274
上　海	7 150	3 200					14 370	3 141	8 659	2 570	4 133	584
江　苏	49 814	31 801	1 062	1 824	50 220	1 834	18 151	1 025	9 300	7 406	48 158	27 797
浙　江	114 953	72 075	4 467	19 561	18 533	608	296 056	41 857	225 405	27 694	52 152	1 731
福　建	108 758	68 170	11 711	4 234	76 024	3 135	93 998	27 583	47 560	10 781	57 667	10 673
山　东	58 534	22 956	14 143	7 273	235 333	2 628	136 501	13 231	90 474	23 565	100 440	57 972
广　东	86 648	54 081	22 659	1 883	82 596	6 200	80 708	21 119	42 280	14 531	54 897	21 530
广　西	45 740	32 952	8 284	2 525	105 719	24	44 477	23 746	15 866	4 838	40 046	31 895
海　南	17 259	5 004	5 895	382	38 285	14 909	22 767	6 774	13 797	2 176	15 431	4 714
中水总公司							101 705	10 116	86 236	5 353		

表 7　2003 年沿海各省、市、自治区海洋捕捞产量（按捕捞海域分）

单位：吨

地　区	海洋捕捞产量合计	渤　海	黄　海	东　海	南　海	其他海域
全国合计	14 323 121	1 314 064	3 000 281	4 980 583	3 703 562	1 324 631
天　津	41 006	24 115	677			16 214
河　北	311 128	253 038	52 173	76		5 841
辽　宁	1 479 639	552 772	634 173	31 631	2 575	258 488
上　海	130 773			41 198		89 575
江　苏	572 315		405 634	150 886		15 795
浙　江	3 141 511	400	106 503	2 750 686	2 045	281 877
福　建	2 212 006		55	1 830 754	202 892	178 305
山　东	2 680 831	483 739	1 801 066	175 352	20 000	200 674
广　东	1 819 063				1 731 540	87 523
广　西	851 042				851 042	
海　南	895 610				893 468	2 142
中水总公司	188 197					188 197

表 8　2003 年沿海各省、市、自治区海洋捕捞产量（按捕捞渔具分）

单位：吨

地　区	海洋捕捞产量合计	拖　网	围　网	刺　网	张　网	钓　业	其　他
全国合计	14 323 121	7 042 905	697 748	2 440 862	2 109 528	684 823	1 347 255
天　津	41 006	3 881		17 664	607	11 881	6 973
河　北	311 128	51 234		106 496	95 038	3 901	54 459
辽　宁	1 479 639	526 230	13 460	479 143	173 339	71 573	215 894
上　海	130 773	114 070	8 018		3 829	4 856	
江　苏	572 315	97 104	11 880	78 210	276 732	130	108 259
浙　江	3 141 511	1 965 652	75 114	197 069	598 385	178 650	126 641
福　建	2 212 006	892 392	160 132	229 596	523 984	31 183	374 719
山　东	2 680 831	1 563 479	72 393	363 067	366 745	82 789	232 358
广　东	1 819 063	976 921	180 315	461 550	19 599	105 216	75 462
广　西	851 042	618 101	49 578	82 033	10 845	6 942	83 543
海　南	895 610	132 865	126 858	426 034	40 425	100 481	68 947
中水总公司	188 197	100 976				87 221	

表 9　2003 年沿海各省、市、自治区海水养殖面积（按产品类别分）

单位：公顷

地　区	海水养殖面积合计	1. 鱼类	2. 甲壳类					
			小　计	(1) 虾				
				小　计	南美白对虾	斑节对虾	中国对虾	日本对虾
全国合计	1 532 152	75 941	306 270	243 009	89 334	21 203	52 719	58 240
天　津	5 087	499	4 263	3 156	1 310		1 206	639
河　北	77 588	4 662	20 312	19 839	3 037	1 098	6 546	9 075
辽　宁	381 090	5 889	32 609	31 003	7 606		15 767	7 262
上　海	466	9	457	450	395	43	12	
江　苏	156 947	4 005	20 772	14 883	2 454	233	10 617	1 105
浙　江	117 408	6 319	37 907	20 480	6 870	335	3 471	1 107
福　建	139 420	8 809	20 925	14 429	3 501	3 051	1 866	2 511
山　东	358 349	5 600	76 252	62 943	13 007	46	9 970	33 968
广　东	216 763	37 096	61 764	47 251	28 368	11 927	3 264	1 671
广　西	62 269	1 991	19 161	17 715	12 684	3 795		902
海　南	16 765	1 062	11 848	10 860	10 102	675		

续 表

地 区	2. 甲壳类（续） (2) 蟹			3. 贝类					
	小 计	梭子蟹	青 蟹	小 计	牡 蛎	鲍	螺	蚶	贻 贝
全国合计	63 261	26 603	34 610	963 698	121 101	4 119	53 673	68 259	34 380
天 津	1 107	1 107							
河 北	473	473		51 923	143			3 087	1 020
辽 宁	1 606	1 263		291 283	8 862	450		39 653	3 520
上 海	7		7						
江 苏	5 889	5 397	432	119 564	590		34 715	1 716	17
浙 江	17 427	3 164	13 903	65 388	5 858		8 130	12 442	1 914
福 建	6 496	1 787	4 174	83 291	45 182	342	166	4 231	2 226
山 东	13 309	13 015	2	202 839	14 343	1 855	1 999	3 988	17 887
广 东	14 513	397	13 662	107 301	25 309	1 329	5 496	2 286	4 443
广 西	1 446		1 446	40 425	20 128	60	3 120	587	3 333
海 南	988		984	1 684	686	83	47	269	20

地 区	3. 贝类（续）				4. 藻 类				
	江 珧	扇 贝	蛤	蛏	小 计	海 带	裙带菜	紫 菜	江 蓠
全国合计	1 552	145 854	353 735	62 397	80 699	35 895	7 047	28 427	4 323
天 津									
河 北		16 150	31 277	216					
辽 宁		75 707	102 938	3 440	11 647	5 266	6 381		
上 海									
江 苏		45	72 151	10 012	11 177	22		11 142	10
浙 江		62	8 861	25 429	7 223	540	1	5 500	
福 建	400	475	12 738	15 366	25 833	12 559	180	10 592	180
山 东		51 995	89 732	7 356	19 039	17 435	334	857	67
广 东	1 152	1 054	22 768	538	3 586	73	151	336	2 728
广 西		353	12 804	40	60				30
海 南		13	466		2 134				1 301

续 表

地 区	4. 藻类（续）				5. 其 他				
	麒麟菜	石花菜	羊栖菜	苔 菜	小 计	海 参	海 胆	海水珍珠	海 蜇
全国合计	978	35	1 967	68	105 544	47 244	3 497	3 673	9 980
天 津					325				
河 北					691				670
辽 宁					39 662	30 257	926		5 649
上 海									
江 苏					1 429				953
浙 江			1 107	68	571				
福 建	130		860		562	1			
山 东					54 619	16 751	30		2 010
广 东		35			7 016	117	2 541	3 330	524
广 西	30				632	118		307	174
海 南	818				37			36	

表10　2003年沿海各省、市、自治区海水养殖面积（按水域和养殖方式分）

单位：公顷

地 区	海水养殖面积合计	按养殖水域分			其中：集约化养殖方式		
		海 上	滩 涂	陆 基	深水网箱（米立方水体）	普通网箱（米^2）	工厂化（米立方水体）
全国合计	1 532 152	590 455	676 184	265 513	3 529 821	15 175 299	9 228 558
天 津	5 087			5 087			56 250
河 北	77 588	20 404	49 234	7 950			286 800
辽 宁	381 090	244 810	90 731	45 549	200 000	381 350	926 060
上 海	466		466				
江 苏	156 947	11 542	119 666	25 739		10 720	56 000
浙 江	117 408	15 271	63 552	38 585	2 420 992	1 039 472	15 370
福 建	139 420	56 528	61 940	20 952	281 230	9 469 063	664 184
山 东	358 349	151 589	154 540	52 220	603 873	1 554 905	1 746 310
广 东	216 763	72 743	94 662	49 358	23 726	2 369 470	961 194
广 西	62 269	16 018	30 180	16 071		24 018	243 000
海 南	16 765	1 550	11 213	4 002		326 301	4 273 390

表11　2003年沿海各省、市、自治区海水养殖单产水平（按养殖品种分）

单位：千克／公顷

地区	所有种类总体水平	1. 鱼类平均单产	2. 甲壳类平均单产								
			总体水平	(1) 虾类平均单产					(2) 蟹类平均单产		
				总体水平	南美白对虾	斑节对虾	中国对虾	日本对虾	总体水平	梭子蟹	青蟹
全国	8 180	6 836	2 159	2 029	3 458	2 409	1 170	728	2 657	2 113	2 914
天津	1 722	1 649	1 666	2 010	1 976		2 977	258	687	687	
河北	2 302	2 322	736	740	919	927	925	530	560	560	
辽宁	4 799	4 396	812	728	699		803	476	2 435	1 897	
上海	5 833	2 000	5 908	5 978	6 215	5 372	333		1 429		1 429
江苏	2 609	2 037	1 044	808	1 394	730	347	167	1 638	1 185	1 150
浙江	7 823	6 818	2 323	1 968	3 255	2 588	1 790	1 108	2 739	5 378	2 157
福建	20 562	13 535	2 986	2 308	2 947	2 509	3 725	1 974	4 490	3 619	4 682
山东	9 378	14 512	838	703	787	217	998	633	1 477	1 431	1 000
广东	9 102	5 271	3 145	3 211	3 582	2 185	3 850	3 078	2 929	10 821	2 663
广西	13 431	11 306	4 589	4 411	5 032	3 251		1 073	6 770		6 770
海南	8 918	11 131	7 738	8 012	8 317	4 056			4 719		4 733

地区	3. 贝类平均单产										4. 藻类平均单产		
	总体水平	牡蛎	鲍	螺	蚶	贻贝	江珧	扇贝	蛤	蛏	总体水平	海带	裙带菜
全国	10 224	30 291	2 721	2 902	4 657	19 873	25 891	6 157	7 198	10 776	17 148	22 810	24 495
天津													
河北	2 933	85 503			1 888	9 333		4 346	1 598	231			
辽宁	4 897	22 944	707		1 621	43 645		2 736	4 542	695	28 371	31 468	25 533
上海													
江苏	3 053	11 669		1 070	5 702	7 529		12 044	3 050	3 809	1 115	7 818	
浙江	11 454	21 282		2 246	11 162	26 261		7 355	9 211	12 269	5 257	15 633	1 000
福建	27 211	35 916	9 228	8 000	9 345	36 314	60 000	20 781	18 419	12 623	16 028	26 976	556
山东	12 881	40 587	2 329	1 051	4 625	15 054		11 532	10 774	14 064	28 015	17 496	24 862
广东	14 347	25 925	1 528	14 078	14 735	24 652	14 048	8 677	12 574	40 506	8 344	8 315	8 477
广西	17 833	22 420	11 317	6 020	7 574	2 943		2 266	18 158	15 500	10 067		
海南	12 474	12 841	8 446	16 043	11 171	12 750		15 385	14 536		11 699		

续 表

地区	4. 藻类平均单产(续)						5. 其他平均单产				
	紫菜	江篱	麒麟菜	石花菜	羊栖菜	苔菜	总体水平	海参	海胆	海水珍珠	海蜇
全国	2 559	11 690	7 476	2 829	4 410	4 088	1 097	824	1 092	8	2 686
天津							2 560				
河北							773				569
辽宁							494	237	867		1 757
上海											
江苏	1 088	14 100					1 467				1 115
浙江	4 454	7 143			3 515	3 206	757				
福建	2 864	556	1 292		5 562		8 030	1 000			
山东	4 386	89 552					1 270	1 788	6 440		3 812
广东	6 048	9 481		1 400			1 980	12 444	1 110	6	7 635
广西		15 833	4 300				6 949	2 958		30	21 718
海南		13 762	8 576				1 351			10	

表12 2003年沿海各省、市、自治区海水养殖单产水平（按水域和养殖方式分）

单位：千克/公顷

地区	按水域分平均单产(千克/公顷)			其中：集约化养殖方式平均单产		
	海上	滩涂	陆基	深水网箱(千克/立方水体)	普通网箱(千克/米^2)	工厂化(千克/立方水体)
全国	10 700	7 530	4 232	3.69	14.16	3.99
天津			1 722			8.73
河北	4 145	1 792	728			7.49
辽宁	4 763	6 246	2 109	2.24	9.75	5.74
上海		5 833				
江苏	4 675	2 511	2 136		22.48	22.14
浙江	14 564	6 788	6 860	2.92	24.38	5.60
福建	29 545	16 834	7 346	12.79	7.76	3.31
山东	13 813	7 292	2 679	2.42	18.56	9.32
广东	10 937	9 827	5 008	18.46	31.09	6.63
广西	13 109	17 257	6 567		131.15	7.72
海南	13 854	7 239	11 713		19.38	0.20

表 13 2003 年沿海各省、市、自治区海水育苗数量情况表

地 区	鱼类育苗			虾类育苗		贝类育苗		海 带（亿株）	紫 菜（亿贝壳）	海 参（亿头）
	合 计（万尾）	大黄鱼（万尾）	鲆 鱼（万尾）	合 计（亿尾）	南美白对虾（亿尾）	合 计（万粒）	鲍鱼（万粒）			
天 津	1 500.00		210.00	40.72	26.04					
河 北	4 804.00		535.00	78.00	35.00	62 000.00				
辽 宁	4 529.00		1 883.00	77.00	9.00	3 100 956.00	4 542.00	2.00		18.00
上 海	18 000.00			106.26	86.22					
江 苏	500.00			81.67	40.20	339 417.00				
浙 江	3 903.00	2 760.00		88.98	42.18	18 667 912.00				
福 建	146 965.50	56 394.00	1 630.00	459.43	161.42	25 057 880.00	42 315.00	27.54	2.78	
山 东	20 516.00		16 111.00	240.00	37.00	25 935 047.00	17 274.00	56.00		38.23
广 东	35 838.00	35.00	2 288.00	768.00	411.00	260 545.00	35 990.00		0.04	1.00
广 西	2 005.00			99.01	72.56	51 200.00	200.00			
海 南	3 560.00			213.90	205.40	3 519.00	3519.00			

表 14 2003 年海洋渔业经济总产值

单位：万元

指 标	产 值（按当年价格计算）			增 加 值（按当年价格计算）		
	2003 年	2002 年	2003 年比 2002 年增(+)减(−)	2003 年	2002 年	2003 年比 2002 年增(+)减(−)
渔业（含淡水）	57 788 311.03	49 513 160.00	8 275 151.03	25 295 220.38		
渔业捕捞及养殖	33 234 067.91	31 099 340.98	2 134 726.93	18 071 286.63		
海洋捕捞	7 392 543.53			3 888 345.58		
海水养殖	7 337 481.37			4 118 553.14		

表 15 2003 年各省、市、自治区海洋渔业经济总产值

单位：万元

地 区	海洋捕捞	海水养殖
全国总计	7 392 543.53	7 337 481.37
天 津	35 422.00	46 067.00
河 北	178 472.00	128 505.00
辽 宁	854 927.00	902 882,00
上 海	109 356.00	6 524.00
江 苏	614 194.00	439 358.00
浙 江	1 495 548.90	898 129.52
福 建	881 714.00	1 761 025.00
山 东	1 347 240.00	1 679 650.00
广 东	895 718.63	970 361.85
广 西	373 951.00	205 479.00
海 南	606 000.00	299 500.00

表16 2003年各省、市、自治区海洋渔业经济增加值

单位：万元

地　区	海洋捕捞	海水养殖
天　津	16 619.20	23 500.00
河　北	91 348.00	66 822.00
辽　宁	519 883.00	562 399.00
上　海	25 151.88	1 500.52
江　苏	307 098.00	219 679.00
浙　江	520 165.27	368 417.69
福　建	512 942.09	1024 472.24
山　东	808 344.00	990 994.00
广　东	510 559.62	553 080.25
广　西	194 454.52	113 013.45
海　南	381 780.00	194 674.99

表17 2003年各省、市、自治区海洋渔业人口与劳动力

地　区	1. 渔业乡(个)	2. 渔业村(个)	3. 渔业户(户)	4. 渔业人口(人)		5. 渔业劳动力(人)
				小　计	其中：传统渔民	
全国总计	399	3 991	1 330 328	5 663 153	3 460 917	3 094 793
天　津	3	28	4 388	12 346	7 149	4 800
河　北	11	73	31 172	121 652	102 198	55 225
辽　宁	99	424	115 936	448 296	182 376	301 117
上　海		10	1 869	7 153	3 339	5 838
江　苏	9	109	37 739	142 928	128 682	203 359
浙　江	86	668	266 753	913 525	452 461	470 670
福　建	44	507	325 507	1 373 538	870 018	615 423
山　东	63	951	272 411	975 581	622 899	513 044
广　东	62	793	211 608	984 069	671 426	594 088
广　西	5	117	61 515	246 193	119 777	152 635
海　南	17	311	71 430	437 872	300 592	178 594

续 表

地　区	专业劳动力（人）				兼业劳动力(人)
	小　计	捕　捞	养　殖	其　他	
全国总计	2 214 870	1 148 298	745 641	320 931	879 923
天　津	4 493	2 624	1 719	150	307
河　北	42 277	21 301	12 724	8 252	12 948
辽　宁	251 010	132 484	93 970	24 556	50 107
上　海	5 614	3 846	580	1 188	224
江　苏	120 642	80 960	28 558	11 124	82 717
浙　江	364 390	176 245	99 997	88 148	106 280
福　建	407 554	194 432	172 416	40 706	207 869
山　东	381 116	168 828	162 595	49 693	131 928
广　东	398 453	246 631	103 968	47 854	195 635
广　西	87 827	38 146	38 161	11 520	64 808
海　南	151 494	82 801	30 953	37 740	27 100

表 18　2003 年各级水产技术推广机构海水养殖项目产量、效益情况表

地　区	总产量(吨)		产　值（万元）		受益农户	指导面积(公顷)
	合　计	其中新增产量	合　计	其中新增产值		
合　计	7 522 659	1 416 698	3 503 507	475 300	1 468 973	514 075
天　津	1 095	758	3 177	2 064	107	488
河　北	57 346	6 720	38 502	4 927	770	3 420
辽　宁	536 956	178 113	300 695	47 731	15 563	90 451
上　海	437		1 846	346	300	100
江　苏	160 029	31 082	149 225	31 469	13 120	43 792
浙　江	360 590	34 737	498 247	30 403	31 080	37 873
福　建	1 531 359	120 624	620 777	52 508	254 849	70 821
山　东	3 670 629	881 391	528 106	93 654	1 118 639	181 165
广　东	473 561	56 141	880 957	97 567	15 141	48 081
广　西	36 916	2 193	13 749	1 516	1 340	958
海　南	6 968		12 962		220	512
大　连	294 712	59 972	103 894	32 425	11 137	20 895
青　岛	361 112	42 776	320 792	78 827	4 034	12 172
深　圳	3 242	365	5 677	840	260	790
厦　门	6 254	131	577	233	310	943
宁　波	21 453	1 695	24 324	790	2 103	1 614

（刘大安）

海洋交通运输业

Marine Communications and Transportation

综　述

Summary

【概况】　2003 年，全国水路运输完成客运量 1.7 亿人，旅客周转量 63 亿人千米，分别为上年的 91.4%和 77.1%。水路运输完成货运量 15.8 亿吨，货物周转量 28 716 亿吨千米，同比分别增长 11.3%和 4.4%。详见下图。

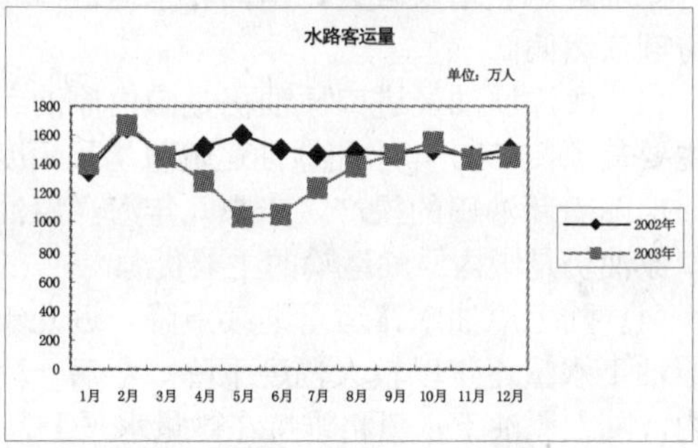

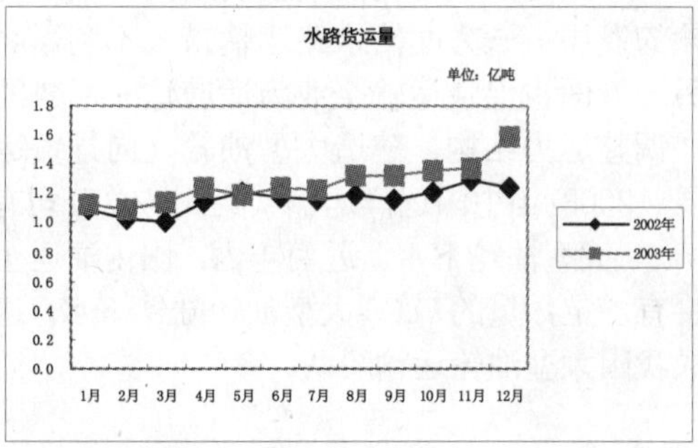

2003 年第一季度，国民经济运行开局良好，水路运输生产呈现稳定增长的良好态势。全国水路运输完成客运量 4 547 万人，增长 1.6%，货运量完成 3.4 亿吨，增长 7.6%。第二季度，“非典”疫情的传播和蔓延对交通运输生产造成很大的冲击。4 月份，水路客运量在一季度略有增长的情况下，开始出现大幅下滑的局面，降幅达到 15%。5 月份影响最为严重，水路客运量、旅客周转量分别下降了 35.1%和 60.5%，水路货运量、货物周转量分别下降 1.4%和 0.7%。广东省水路客运量下降 45.6%，水路运输生产形势异常严峻。据统计，受“非典”疫情影响，第二季度全国水路运输完成客运量 3 381 万人，比上年同期下降 26.7%。对比往年同期水平测算，第二季度“非典”疫情直接造成的客运损失，约为全年客运总量的七八个百分点。

面对“非典”疫情，交通系统按照党中央、国务院的统一部署和要求，坚持防治“非典”与发展交通两手抓，一方面，制定处置紧急突发情况的预案，严格防止“非典”疫情通过车船等交通工具传播；另一方面，全力做好各项运输保障工作，制定并实施行业振兴计划，努力克服“非典”给水路运输生产带来的不利影响。随着全国“非典”疫情好转和交通运输振兴计划的实施，水路运输生产开始逐步恢复。第三季度全国水路运输完成客运量为 4 105 万人，已恢复到上年同期 92.7%；全国水路货运量完成 3.9 亿吨，同期增长 11.2%。第四季度，“非典”疫情完全消除，水路运输生产加快回升，水路客运量完成 4 452 万人，同比只下降了 0.5%；水路货运量完成 4.3 亿吨，同比增长 15.5%。水路货运量在综合运输体系中的比重略有提高，达到 10.1%，比上年提高 0.6 个百分点。水运客运量、水路旅客周转量和水路货物周转量的比重分别为 1.1%、0.5%、53.5%，同比分别下降 0.1、0.1 和 0.9 个百分点。

海 洋 运 输

Marine Transport

【国内水路集装箱运输】　2003 年，全国主要港口内贸集装箱吞吐量完成 820.8 万标准箱，较上年增长了 29%，占全国港口集装箱总吞吐量的比重达 17%。从事沿海内贸集装箱运输的船舶从 1999 年的 40 余艘增加到 70 余艘，总箱位接近 6 万标准箱。共开辟沿海内贸集装箱班轮航线 30 余条，每月航班多达 580 班，基本覆盖了全国沿海的主要港口，初步形成了规模化、网络化，内贸集装箱船舶日趋大型化，1 000 标准箱以上船舶逐渐成为主流船型。2003 年，有 4 100 标准箱的大型集装箱船舶投入内贸集装箱航线，内贸集装箱运输的竞争力显著提高。

2003 年，在我国外贸运输的强劲带动下，集装箱内支线运输增长势头迅猛，全国共有 50 余个港口开展了集装箱内支线业务，主要港口累计完成内支线集装箱吞吐量 303.6 万标准箱，比上年增长 62%，其中沿海主要港口内支线吞吐量 216.6 万标准箱。

【春运和“黄金周”水路旅客运输】 近几年，随着人民生活水平的提高，旅游运输持续升温。水路旅客运输企业适应新的形势，由传统的普通运输向高速、客滚、旅游休闲等方向发展，以满足新的市场需求。2003 年春运及旅游“黄金周”期间，船舶运力充足，服务质量有明显改善。春运 40 天，全国水路共运送旅客 2 588 万人次，同比增长 6.1%。春节“黄金周”全国主要省市完成水路客运量 442.1 万人次，同比增长 13% 。

由于受“非典型性肺炎”疫情的影响，国家取消了“五一”长假，“非典”期间及随后的几个月，水路客运受到很大影响，2003 年全社会水路客运量完成 1.71 亿人次，同比下降 8.6%。“十一”黄金周期间全国主要地区水路客运量完成 430 万人次，同比增长 2.4%。在水路客运整体下降的情况下，“十一”黄金周期间能保持同比增长，进一步印证了水路旅客运输的发展趋势，传统水路长线运输已退出舞台，短途、高速、游览、娱乐等休闲运输趋势突现。

【水路煤炭运输】 2003 年国际、国内煤炭市场供需两旺，价格稳步上升，供需基本平衡，我国煤炭产销量和水运中转量创历史最高水平。全国主要港口发运煤炭 29 079.2 万吨，同比增长 13.2%，其中，外贸出口煤炭完成 9 407.4 万吨，同比增长 7.8%，外贸进口煤炭完成 1 076 万吨，同比增长 58.2%。

【水路进口铁矿石运输】 2003 年，中国外贸进口铁矿石 15 345 万吨，其中，水运进口完成 15 215 万吨，同比增加 3 640 万吨，增长 31.4%，创历史最高水平。外贸进口铁矿石占我国外贸进口物资总量的 28%，是我国外贸进出口货物的第一大品类，在外贸进口货物中起到了主导作用。

【水路原油运输】 2003 年，全国港口发运和接卸原油完成 12 212 万吨，同比增长 19.3%，其中外贸出口完成 315 万吨，同比增长 6.7%，外贸进口完成 8 951 万吨，同比增长 27.9%，海洋原油完成 1 545 万吨，同比增长 1.8%，海洋进江河原油完成 1 671 万吨，同比增长 31.2%。2003 年水路原油运输的主要特点有：

(1) 外贸进口原油的大量、集中到港，造成了进口原油接卸特别是中转港口不同程度的压港。

(2) 随着我国外贸进口原油的大幅度增加，国内原油运输量增长较大，但国轮承运进口原油的份额依然偏低。

(3) 海洋原油及进口原油仍是国内原油运输的主要货源。2003 年水路原油运输量增长幅度不大，但随着新油田的投产，未来几年海洋原油和进口原油仍是国内原油运输的主要货源。

(4) 陆上原油水路运量继续下降。近几年陆上原油下水量逐年以较大幅度下降。今后一段时间内，陆上原油下水量将维持在微量水平上。

(5) 国内原油运输面临新的结构调整。管道运输的发展，一方面给水路运输带来不利影响，但另一方面也促使运输企业为适应这一形势的变化，调整运力结构，建造大型油轮，向外贸运输发展。2003 年中国远洋运输（集团）总公司有 3 艘 VLCC 大型油轮下水。近两年内，国内油运企业还将有一定数量的 VLCC 大型油轮陆续下水，逐渐形成我国大型油轮运输船队。

【港口集装箱运输】 2003 年，我国港口集装箱吞吐量完成 4 867 万标准箱，增幅达到 31%，首次超过美国，成为世界港口集装箱吞吐量第一大国。规模以上港口集装箱吞吐量完成 4 736 万标准箱，增幅为 30.9%。其中沿海主要港口完成 4 454.9 万标准箱。

2003 年，我国港口集装箱运输发展呈现出以下特点：

(1) 沿海主要港口集装箱吞吐量快速增长，集装箱枢纽港口正在逐步形成。2003 年，我国港口集装箱发展迅猛，并加快向沿海主要港口集中。

沿海主要港口集装箱吞吐量已占全国规模以上港口集装箱吞吐量的 94.1%，其中：上海港和深圳港分别完成1 128.2万标准箱和1 065万标准箱，超越韩国釜山港一跃成为世界第三、第四大港；上海、深圳两港的集装箱吞吐量已占全国规模以上港口的 46.3%，使其在华东、华南地区主枢纽港的地位进一步巩固。其他主要沿海港口集装箱吞吐量也有明显增长。我国集装箱干线、次干线、支线港的层次结构日益明显，集装箱枢纽港口正在逐步形成。

(2) 国际航线集装箱运输带动内支线全面增长。2003 年，全国规模以上港口完成外贸集装箱吞吐量 3 611.5 万标准箱，同比增长 29.4%，其中沿海主要港口完成 3 491 万标准箱，同比增长 30.3%；沿海外贸集装箱吞吐量已占到整个沿海集装箱吞吐量的 78%，外向型特征非常明显。中国集装箱运输量目前占到世界集装箱总量的20%～25%。

在外贸集装箱运输的带动下，集装箱内支线运输发展突飞猛进。全国共有 50 余个港口开展了集装箱内支线业务，全国规模以上港口完成内支线吞吐量 303.6 万标准箱，同比增长 62.4%，其中沿海完成 216.6 万标准箱，增长 69.2%。

(3) 适箱率提高促进内贸集装箱运输快速发展。旺盛的运输需求，为内贸集装箱运输发展开拓了广阔的市场空间。2003 年，全国主要港口内贸集装箱吞吐量完成 820.8 万标准箱，同比增长 29.1%。内贸集装箱适箱货源除传统的粮食、果蔬、瓷砖等外，机电、汽车备件等高附加值产品不断增多，国内沿海内贸集装箱化率从 1998 年的 4.2%上升到 2003 年的约 10%。内贸集装箱船舶的大型化、航班密度的增加及码头的专业化，使运行成本较公路、铁路运输更具竞争力。

(4) 港口集装箱吞吐能力紧张状况仍在加剧。2003 年，通过改善港口软硬件设施和服务质量来提高集装箱处理能力，沿海主要港口船时量、昼夜接卸量等指标均得到了较大的提升；同时，新一轮港口建设热潮正在掀起。2003 年相继投产、开工了一批大型集装箱码头，港口经营性设施的投资逐步呈现多元化，跨部门、跨地区、跨所有制的投资格局正在形成，如上海国际港务集团有限公司投资长江港口战略、青岛港（集团）有限公司“三国四方”的新合作模式以及其他沿海港口吸收外资合资和独资建设经营集装箱码头也有实质性的进展。

【国际集装箱班轮运输】 2003 年，全国外贸进出口总额达到 8 512 亿美元，净增 2 304 亿美元，比上年增长 37.1%。进出口贸易的强劲增长推动了国际集装箱运量的增长。全国港口集装箱吞吐量完成 4 867 万标准箱，比上年增长 1 146 万标准箱，增长率为 30.8%。

2003 年，亚欧和跨太平洋两大主干线运量增长强劲，年运输量需求增长略高于运力增长，缓解了世界持续多年的运力过剩供需矛盾突出的局面，班轮运价逐步恢复。亚欧航线运价水平比 2002 年增长了 500 美元/标准箱左右，北美航线保持稳定增长。尽管我国对日本出口贸易额始终保持高增长，但由于日本航线运力投入过多，供过于求，致使日本航线运价大起大落。2003 年，全国各港国际集装箱航班每月总计 4 000 多班，共有 143 家国际班轮公司在华开展国际班轮运输业务。业务种类包括集装箱、客运、客货、滚装、旅游船班轮运输，其中，中国内地班轮公司有 44 家，海外班轮公司有 99 家，分别来自 30 个国家和地区。

沿海港口生产
Coastal Ports Production

【港口生产概况】 2003 年，我国国民经济的快速增长，尤其是投资的快速增长，使生产物资的区际调运需求大增，进出口贸易大进大出的格局依旧。全国港口生产继续呈现快速增长势头，全国港口完成货物吞吐量 33 亿吨，比上年增长 17.8%，其中沿海港口完成 20.6 亿吨，同比增长 20.3%。全国港口完成外贸货物吞吐量 9.7 亿吨，比上年增长 23.7%。全国港口完成集装箱吞吐量 4 867 万标准箱，比上年增长 30.8%。

(1) 集装箱运输飞速发展，吞吐量突破 4 000 万标准箱，跃居世界首位。2003 年，我国港口集装箱运输持续快速增长。全国规模以上港口完成集装箱吞吐量 4 736 万标准箱，增长 30.9%，其中沿海规模以上港口完成 4 455 万标准箱，增长 31.7%。2003 年我国进出口总额达 8 512 亿美元，比上年增长 37.1%，进出口贸易大进大出的格局进一步带动了港口外贸集装箱运输持续增长。从外贸集装箱的流向看，与香港特别行政区、亚洲周边国家和地区以及欧美的贸易程度进一步加深。2003 年，全国规模以上港口完成香港特别行政区、台湾省以及日本、韩国、新加坡、美国和欧洲等国家和地区航线集装箱吞吐量 2 758 万标准箱，比上年增长 24.3%，其中，美国和欧洲航线集装箱吞吐量增势强劲，分别增长了 68.6%和 44.5%，所占比重分别比上年提高了 4.1 和 2.8 个百分点。

(2) 能源、原材料和粮食等大宗货物运输持续增长。在国内用电和燃油需求增加、煤炭和原油结构性供应紧张的情况下，各港口采取措施有效保证了电煤的运输和进口原油的接卸运转，并完成工业生产原料、粮食等重要物资运输，为经济正常运转提供有利保障。2003 年，全国规模以上港口完成了 13.5 亿吨的煤炭及制品、石油天然气及制品、金属矿石和粮食货类的大宗货物运输，比上年增长 16.1%，上述货类的吞吐量占到货物吞吐总量的 50.7%。

(3) 综合性大港发展进一步加快。随着深圳港货物吞吐量超过 1 亿吨，全国规模以上港口吞吐量超过亿吨的达到 8 个。上海港全年货物吞吐量突破 3 亿吨，达 3.2 亿吨，比上年增长 19.8%。全年集装箱吞吐量超过 100 万标准箱的港口为 8 个，上海和深圳港的集装箱吞吐量均超过 1 000 万标准箱，分别完成 1 128 万标准箱和 1 065 万标准箱，分别增长 31.0%和 39.8%，跃升为世界第三、第四位集装箱大港。

(4) 旅客吞吐量持续萎缩。随着全国水路客运的结构性调整，除环渤海、东南沿海陆岛之间、琼州海峡等地区客运仍较平稳外，其他地区港口旅客吞吐量呈现持续萎缩的趋势，尤其是“非典”疫情对港口旅客运输造成了较大冲击。全年全国规模以上港口完成旅客吞吐量 7 652 万人，比上年下降 9.7%。其中沿海规模以上港口完成 5 859 万人，比上年下降 4.5%。

【丹东港】 2003 年是丹东港口历史上发展速度快、建设规模大、改革成果好、经济效益高的一年。全港完成吞吐量 707.8 万吨，比上年增长 16.7%。集装箱吞吐量完成 6.8 万标箱，比上年增长 33.2%。旅客发送量 5.6 万人次，与上年基本持平。完成船舶引航 1 478 艘次，比上年增长 12.8%。完成理货量 21 万吨，与上年基本持平。港口企业实现经营收入 1.31 亿元，比上年增长 30%，同比增收 2 700 万元。

【营口港】 营口港是中国东北第二大港和沿海主枢纽港之一。营口港现辖营口和鲅鱼圈两个港区，共有生产性泊位 29 个，其中，鲅鱼圈港区 20 个，营口港区 9 个。营口港已同 40 余个国家（地区）、130 余个港口建立了运输业务联系，开辟了日本、韩国以及香港特别行政区和东南亚等多条集装箱班轮航线和数条可中转世界各地的内支线。内贸集装箱航线覆盖中国沿海主要港口。2003 年，营口港完成货物吞吐量 4 009 万吨，增长 22%。集装箱完成 40 万标准箱，增长 33%。

【秦皇岛】 2003 年，全港职工紧紧围绕发展港口生产和提高经济效益中心，聚精会神搞建设、谋发展，成绩令人瞩目。全年共完成吞吐量 1.256 亿吨，比上年增长 12.5%。港口吞吐总量，煤炭、杂货、集装箱吞吐量等指标均创历史最高纪录，其中，煤炭完成 10 971 万吨，比上年增加 1 179 万吨，增长 12%；杂货完成 1 167 万吨，比上年增加 231 万吨，增长 24.7%，年吞吐量首次超过千万吨；石油完成 424 万吨，基本与上年持平；集装箱完成 54 982 标准箱，比上年增加 10 587 标准箱，增长 23.8%。全年实现总收入 25.61 亿元，比上年增长 14.7%，其中主营业务收入 21.78 亿元，比上年增长 11.6%；实现经营利润 3.38 亿元，在沿海港口中位居前列；职工人均收入比上年增长 13.7%；港口固定资产投资完成 11.67 亿元。

参股建设曹妃甸港口，实现横向扩张。曹妃甸港的开发，对振兴河北省区域经济和拓展对外窗口有重要意义。投资曹妃甸港矿石码头，是集团公司实施跨港发展战略的切入点，不仅有社会效益，还有企业效益。集团公司组织开展了曹妃甸港口开发设想方案，完成了收购“唐山曹妃甸实业开发有限责任公司股权报告”及第 4 次股东会入股说明书等有关文件，使集团公司成为曹妃甸港的第一大股东。

【天津港】 2003年，天津港全面加快港口发展，取得了抗击"非典"和经济建设的双胜利。全年完成货物吞吐量1.62亿吨，同比增长25.4%；集装箱吞吐量完成301.5万标准箱，同比增长25.2%；完成固定资产投资21.4亿元，同比增长26.5%；完成主营业务收入48.9亿元，同比增长29.6%。

(1) 港口生产实现历史性突破。全港吞吐量比上年净增加3 000万吨，一年越上3个千万吨级台阶，集装箱净增60万标准箱，创天津港吞吐量纪录。一年来四大支柱货类和重点货类的市场开发方面也取得很好成绩；召开了天津港国际集装箱运输发展论坛，加强了航线和货源的开发，全年新增班轮航线17条，使航线总数达到了71条；在煤炭生产组织方面，在逐步加大"北煤南移"力度的同时，全年煤炭吞吐量不断增加；积极进行了油品市场研究和开发，全港原油吞吐量净增400余万吨；在铁矿石方面，一方面积极开拓市场，另一方面加大生产组织力度，南北疆两翼齐飞，铁矿石净增500余万吨。在努力发展港口生产的同时，强化安全管理，保持了全局稳定的安全生产形势，为全港货物吞吐量的历史性突破提供了保证。

(2) 固定资产投资实现历史性突破。认真贯彻天津市港口建设工作会议精神，围绕港内十大建设项目，掀起新一轮港口建设热潮。全年固定资产投资完成21.4亿元，同比增长26.5%。东突堤北侧码头改扩建的4个大型专业化集装箱码头工程已竣工；南疆#11通用散货码头泊位主体结构工程完工；15万吨级航道、北大防波堤一期工程已竣工，二期工程已开工建设；集装箱物流中心已经开始建设、散货物流中心皮带长廊也已经开始试运转。此外，为提高天津港泊位专业化生产能力实施的南疆9号、10号码头泊位扩能工程已按计划完工；为美化港口环境，还完成了四号路拓宽改造及绿化、美化工程。上述工程为进一步加快天津港可持续发展打下了坚实基础。

(3) 对外开放和吸引利用外资实现历史突破。天津港对外合作取得突破性进展。东突堤北侧泊位改扩建工程，由5家合资公司出资建设，合同已经签署，目前正在履行报批程序；与荷兰孚宝公司合资建设的南疆孚宝乙烯仓储项目已正式挂牌。全年合同利用外资额超过1亿美元，创天津港近年来利用外资新纪录，不仅加快了天津港的发展、也引进了先进技术、管理理念，加快了天津港国际化的步伐。

【烟台港】 港口生产经营。2003年是烟台港发展史上不平凡的一年。烟台港务局全年完成货物吞吐量2 593万吨，增长13.3%，其中，散杂货完成1 511.7万吨，集装箱完成234.8万吨，同比增长分别为9.1%和59.9%。外贸吞吐量完成1 434.7万吨，增长8.2%，其中散货完成1 306.6万吨，增长7.6%。集装箱完成26.6万标准箱，增长65.9%。客运量完成258.1万人次，其中旅客发送量完成125.5万人次，同比下降分别为14.3%和15.9%。营运收入完成5.53亿元（人民币，下同），增长14%。货物吞吐量、外贸吞吐量、集装箱吞吐量和营运收入4项指标均创历史最好水平。

海上货运增加了至韩国釜山、平仄两条航线和4条内贸航线。至年底有13家船公司在烟台港上线，共计开通8条国际航线、7条内贸航线，月航班密度最高达127班，增长61%。外贸集装箱量增幅为17.1%，其中韩国航线集装箱量增长55.8%。内贸集装箱量突破11万标准箱，增长2.8倍。

客运滚装运输，战胜非典疫情后，很快恢复了市场竞争优势，10月份创出单月收入历史最好水平；同时，加强市场营销网络建设，进一步完善计算机售票系统，在国内港口首次开通因特网售票业务，使旅客售票和滚装车发送的市场占有率分别达到63.6%和40.4%。

对外经济合作。年内烟台港务局与美国环球货柜码头有限公司合资建设经营三期工程集装箱码头项目获得成功。美国环球货柜码头有限公司是美国CSX集团（全球500强企业之一）的全资子公司。2003年3月12日双方在香港举行了合资项目合同签字仪式。项目总投资8.23亿元，注册资本2.9亿元，双方各占50%的股份，合资期限为30年。新成立的烟台环球码头有限公司拥有两个深水泊位，具备装卸超巴拿马型集装箱船的能力，年集装箱处理量为60万标准箱。烟台环球码头有限公司已于2003年12月18日举行开业典礼。该项目的运作成功，是烟台港对外经济合作史上新的里程碑。

【青岛港】 2003年，青岛港完成货物吞吐量14 089万吨，比上一年(下同)增长15.3%，连续第三年一年跨越两个千万吨级台阶，其中，外贸吞吐量10 247万吨，增长24.4%，成为中国第二个外贸亿吨大港。集装箱吞吐量423.8万标准箱，增长24.3%，列中国内地港口第三位；铁矿石吞吐量4 524万吨，其中进口铁矿石3 495万吨，增长42%，保持全国第一位；石油吞吐量2 882万吨，增长8.4%，列全国港口第二位。全年集装箱、煤炭、石油、铁矿石、粮食5大货种完成13 108万吨，占全港吞吐量93.1%，增长16.2%。黄岛新港区完成货物吞吐量12 201万吨，占全港货物吞吐量的86.7%。安全引领及时靠离船舶14 190艘次，其中船长超过200米的大型船舶3 322艘次。上缴国家各项税费4.75亿元，增长8%。港口资产增值裂变为110.4亿元，增长7%。全员劳动生产率达到人均11 016吨，增长15.8%。

青岛港有效运行安全质量环境管理体系，弘扬“诚纳四海”服务品牌，实现了“五消灭一控制”目标，顺利通过“国家环境友好企业”国家专业验收组验收。外贸集装箱港区西移后，老港区再造新优势，着力打造内贸箱转运、粮食进口、钢材进出口、散货灌包、罐集装存货物中转、国际旅游六大基地。

外贸集装箱成功西移前湾新港区后，青岛港新增远、近洋航线22条，实现了航线全球通。新港区集装箱创造了所有核心干线班轮“10小时保班”的全国最高效率。

坚持项目就是增长点，加快建设改造，不断打造港口新的核心竞争优势。前湾三期工程1～4泊位通过国家验收，正式竣工投产。液体化工码头、散水泥分拨基地开工建设。深入挖潜扩大堆场，港口矿石堆存能力达到900万吨，居世界港口之首。

7月21日，青岛港集团与世界第一大航运公司丹麦马士基集团、世界第二大航运公司英国铁行集团、中国最大航运公司中远集团，三国四方在北京人民大会堂隆重举行签约仪式，共同出资8.87亿美元，联手经营青岛港前湾集装箱码头。国务院总理温家宝、英国首相布莱尔率两国多位部长出席了签约仪式。成功举办了INAP（友好协作港口国际网络）2003国际友好港口研讨会，来自日本、菲律宾、斯里兰卡等国家港口代表出席了会议，扩大了青岛港的影响。与世界500强企业日本三菱集团合资建设散水泥分拨基地，第6家世界500强企业落户青岛港。

【日照港】 2003年，港口生产经营实现历史性突破。全年完成货物吞吐量4 506万吨，同比增加701万吨，增长18.4%。全年实现利税2.06亿元，利润1.47亿元，分别比上年增长65%和76%。

港口建设高起点、大投入，各项重点工程齐头并进。全年完成基本建设、更新改造等项目90项，工程总投资10.51亿元，是整个“九五”期间建设投资总额的1.8倍。西港区工作船码头工程累计完成投资5 630万元，用于生产性的155米码头已完成；集装箱码头工程完成投资16 031万元，完成抛石护岸和砂袋围堰及基槽挖泥260米、基床抛石160米、基槽爆破清渣215米和12个沉箱预制；散粮码头工程完成投资3 717万元，完成沉箱预制8个、沉箱安装2个、基床抛石90米、夯实66米；东港区三期工程(第一阶段)完成投资19 307万元；东西港区航道改扩建工程完成投资10 551万元，累计完成疏浚量943万立方米；煤系统改扩建工程竣工投产；岚山港区5万吨级通用泊位工程完成投资11 220万元；岚山港区液体化工码头扩建前期工作基本完成。

【连云港】 2003年，连云港港完成货物吞吐量3 751.7万吨，再创港口历史最高纪录，与上年相比，吞吐量实际增长13.13%，增加435.5万吨。全港无重大货运质量事故，货运质量3项主要考核指标（重大货运质量事故、件货赔偿率和散货赔偿率）均为零。

集装箱运量首次突破30万标准箱，达到301 108标准箱，比上年增加95 978标准箱，增长达46.8%，实现历史性突破。全年外贸进出口实际完成2 408.96万吨，为上年的116.9%，外贸运量占总吞吐量的份额为64.2%，继续保持在中国10大外贸港口行列，其中，出口完成1 058.1万吨，出口首次过千万吨，较上年增长13.5%。

港口主要运输货种有煤炭、铁矿砂、其他各种金属矿石和非金属矿石、粮食、氧化铝、化肥、集装箱、木材、饲料、机械、钢铁、纯碱、盐、化工品、电子产品、建材、汽车等数百种。氧化铝全年运量达 244.0 万吨，再创新高，是上年的124.9%。化肥和硫磺运量虽较上年有不同幅度的下降，但仍继续位居全国港口前茅，其中，化肥运量为 130.0 万吨，硫磺运量为 23.7 万吨，矿石中转近千万吨。各类矿石进出口达 985.0 万吨，首次接近千万吨。粮食运量攀 300 万吨台阶。粮食外贸进出口量分别为 188.4 万吨、102.7 万吨，内贸进出口量为 6.9 万吨，总运量达 298.0 万吨，接近 300 万吨。

新亚欧大陆桥和国内“五定”班列正常运行，运输集装箱 3 万余标准箱，海上集装箱班轮航线航班持续增加。对外交往日益扩大，与连云港港有航运往来关系的有 160 余个国家和地区的千余港口。港口进出船舶 6 700 余艘次。其中经港口引航机构引领的船舶为 4 920 艘次，包括外国籍船舶 3 753 艘次，中国籍船舶 1 167 艘次，引领船舶净吨共计 3 222 万吨。

全年协议利用外资 5 355 万美元，实际利用外资 2 007 万美元。主要建成年产值近 50 亿元的粮油加工基地等。

【宁波港】 2003 年，货物吞吐量完成 1.85 亿吨，比上年增长 20.4%。集装箱吞吐量达到 277.2 万标准箱，比上年增长 49.1%，国内排名第 5 位。全年国际中转箱量为 8 万标准箱，同比增长208%。全年新增航线 29 条，其中远洋干线 14 条，到年底共有航线 96 条，月航班超过 460 班。旅客吞吐量完成 636.7 万人次，同比增长 3.9%。进口铁矿接卸量为 2 725.8 万吨，原油接卸量为 1 652 万吨，煤炭接卸量为 1 057 万吨，同比增长分别为 12.8%、60%、4.5%。杂货增长势头强劲，其中液体化工吞吐量突破 200 万吨大关，装卸、储存品种接近 90 种。2003 年，宁波港务局再次跻身中国企业 500 强，名列全国交通百强企业第 16 位。

全年合资合作项目总投资 21.2 亿元人民币，合同利用外资 11.5 亿元人民币，北仑五期、太仓武港码头有限公司等 10 家合资合作企业组建，杭钢项目、奥里油码头、舟山金塘岛开发等合作项目也有新进展。

【厦门港】 2003 年，全港货物吞吐量完成 3 403.88 万吨，同比增长 24.48%，其中外贸货物吞吐量完成 2 300.16 万吨，占全港货物吞吐量的 67.57%，同比增长 129.09%。集装箱吞吐量完成 233.11 万标准箱，同比增长 32.87%，其中内贸集装箱吞吐量完成 15.74 万标准箱，同比增长 74.59%。在集装箱吞吐量中，台湾航线吞吐量完成 40.64 万标准箱，同比下降 10.69%，海峡两岸试点直航集装箱吞吐量完成 32.44 万标准箱，同比下降 6.45%。旅客吞吐量完成 48.78 万人次，同比增长 2.38%。其中金门旅客吞吐量完成 16.03 万人次，同比增长 200.36%。

目前，全国有八成的石材从厦门港进出口，每年以 30%的速度递增，2003 年厦门港进出石料达 100 余万吨，占全国进口石材的 80%以上，散装和集装箱运输各半，厦门港现已成为全国石材进出口集散地。进口石材主要从南非、印度、巴西、欧美等国进口，然后通过水铁联运或汽车运往全国各地，销售重点是闽南地区的石材加工厂，石材成品以及工艺品再通过厦门港出口东南亚各国和日本等国。

【广州港】 2003 年，广州港拥有码头泊位 527 个，其中万吨级以上泊位 46 个。拥有生产泊位 92 个，其中万吨级以上泊位 32 个，万吨级浮筒泊位 11 个；拥有铁路专用线 48 913 米、生产用仓库 30.9 万平方米、堆场 101.1 万平方米、圆筒仓容积 5.7 万立方米、港务工作船 61 艘、生产用装卸机械 1 161 台。全港货物吞吐量完成 17 187 万吨，比上年增长 12.2%，创历史最高水平，其中煤炭、石油、金属矿石、钢铁、粮食等 5 大货类的全港吞吐量达到 10 116 万吨，比上年增加 979 万吨，占全港新增吞吐量的 52.5%。全港国际集装箱吞吐量完成 276.9 万标准箱，比上年增长 27.4%，创历史最高纪录。旅客发送量为 3.95 万人次，比上年减少 12.2%。全港外贸吞吐量完成 4 946.9 万吨，占全港吞吐量的比重为 28.8%，比上年增加 16.6%，其中，外贸进口吞吐量完成 3 399.6 万吨，增加 11.0%；外贸出口吞吐量完成 1 547.2 万吨，增加 31.3%。外贸吞吐量中增加的货类主要是成品油、铁矿石、钢铁、粮食、矿建材料、机电设备、集装箱等。全港内贸吞吐量完成 12 240.3 万吨，占全港吞吐量的比重为 71.2%，比上年增加 10.5%，其中，内贸进口吞吐量完成 8 130.0 万吨，增加 9.8%；内贸出口吞吐量完成 4 110.3 万吨，增加 11.8%。内贸吞吐量中增加的货类主要是成品油、金属矿石、矿建材料、机电设备、木材、集装箱等。

2003 年，广州港投入 1.94 亿元，用于集装箱码头改造和设备定购。广州集装箱码头有限公司全年完成集装箱吞吐量 133.0 万标准箱，比上年增长 30.7%，已成为广州港集装箱吞吐量增长的重要力量。由于内贸集装箱运输保持较快增长，内贸集装箱主枢纽港地位得到巩固和加强。同时，广州港积极抓好新班轮航线的开辟工作。与世界十大班轮公司之一的日本邮船合作开辟的“珠江—日本快线”成功首航。2003 年，广州港拥有外贸班轮航线 5 条，每月平均到港航班 24 班；内贸航线 20 条，每月到港航班 90 余班次。

2003 年，广州港单船效率和船舶作业计划兑现率明显提高。平均每次在港停时 1.5 天，比上年缩短 21.0%；平均每装卸千吨货在港停时 0.15 天，比上年缩短 11.8%；平均舱时量为 224.7 吨，比上年增加 15.9%；平均船时量为 187.1 吨，比上年增加 12.9%。为加快广州港石油化工码头的建设，成立了广州港能源发展有限公司，并与英国 BP 公司、华凯公司建立起稳固的合作关系。

沿海港口建设
Coastal Ports Construction

【沿海港口建设概况】 2003 年，沿海港口新建和续建工程进展顺利，共完成投资 241 亿元，新开工建设中级以上泊位 199 个，其中深水泊位 127 个。建成中级以上泊位 161 个，新增吞吐能力 7 683 万吨，其中深水泊位 40 个，新增吞吐能力 6 766 万吨。沿海主要港口计划安排 32 个项目，年度计划投资 63.2 亿元，其中中央投资 10.808 9 亿元。实际完成投资 67 亿元，为年度计划的 106%。沿海主要港口建成深水泊位 23 个，新增生产能力 3 707 万吨。建成的项目包括上海港外高桥港区 4 期工程、大连新港油码头改扩建、秦皇岛港戊己码头、青岛港前湾三期工程前 4 个泊位等。新开工建设了青岛港前湾三期工程、连云港庙岭三期工程、南通港狼山港区三期工程、温州港龙湾港区二期工程等。

同年，为缓解集装箱快速发展对基础设施需求的压力，国家加快了沿海主要港口集装箱码头的建设步伐，重点加强上海国际航运中心和沿海主要港口集装箱码头的建设，建设完成上海港外高桥港区四期工程、宁波港北仑港区三期工程、厦门港东渡港区三期工程、青岛港前湾港区三期一阶段工程等。湛江港铁矿石码头以及天津港、大连港、深圳港、黄骅港等一批新建和续建重点工程进展顺利。

【洋山深水港区一期工程】 一期工程由洋山深水港区、跨海大桥和芦潮后方配套工程三部分组成，总投资约 140 余亿元，其中港区部分投资约需 70 余亿元，计划到 2005 年底建成投产。自开始至今工程建设累计完成投资 40 亿元（其中征地动迁 7.37 亿元），为总投资计划的 60%。

【厦门港东渡港区三期工程通过验收】 2003 年 12 月 24 日，交通部在厦门组织有关单位和部门对厦门港东渡港区三期工程进行了竣工验收。厦门港东渡港区三期工程是利用亚洲开发银行贷款的国家大中型建设项目，是福建省与厦门市的重点建设工程，由厦门港务集团有限公司负责组织建设。工程于 1998 年 11 月开工，2002 年 10 月基本建成并投入试生产；建成 5 万吨级集装箱专用泊位 1 个、2 万吨级通用泊位 1 个、5 千吨级杂货泊位 1 个、千吨级杂货泊位 3 个，设计年吞吐能力集装箱 45 万标准箱、杂货 100 万吨。工程项目概算总投资为 78 838 万元，其中，中央专项基金（交通部港口建设费）5 257 万元、地方专项基金 11 471 万元、企业自有资金 9 500 万元、国家开发银行软贷款 2 900 万元、国家开发银行硬贷款 10 700 万元、亚洲开发银行贷款 39 010 万元（折合 4 700 万美元）。同时，国家计委批准商检配套设施建设利用亚洲开发银行贷款 300 万美元。该工程项目实际完成投资 70 782.13 万元人民币，其中，人民币 37 315.73 万元、外币折合人民币 33 466.40 万元。

该工程建设单位为厦门港务集团有限公司，主要设计单位为中交第四航务工程勘察设计院、上海航道勘察设计研究院，主要施工单位有中港第三航务工程局、广州航道局，由厦门港湾建设监理咨询公司实施工程监理。

【上海港外高桥港区四期工程验收】 上海港外高桥港区四期工程码头岸线长 1 250 米，建设第四代集装箱泊位 4 个（水工结构及装卸设备兼顾第五代以上集装箱船舶的靠泊）、长江驳船泊位 2 个，设计年吞吐能力 180 万标准箱，工程概算为 25.68 亿元，竣工决算为 25.68 亿元。

该工程于 2000 年 3 月开工，2002 年 12 月 30 日建成，并投入试生产。2003 年 7 月 21 日，交通部组织有关单位和部门组成验收委员会，对上海港外高桥港区四期工程进行了竣工验收，工程质量总评为优良。该工程由上海国际港务（集团）有限公司组织建设，设计单位为中交水运规划设计院，主要施工单位为中港第三航务工程局和上海航道局，监理单位为上海远东水运工程建设监理咨询公司。

上海港外高桥港区四期工程是促进长江三角洲地区经济发展，加快建成上海国际航运中心的重要基础设施之一，也是缓解上海港集装箱吞吐能力不足和调整港口生产布局的需要。

【青岛港前湾港区三期工程验收】 青岛港前湾港区三期工程前 4 个泊位工程建设 5 万吨级集装箱专用泊位 2 个，8 万～10 万吨级集装箱专用泊位 2 个，码头岸线总长 1 480 米，泊位水深和设备配置可满足第六代大型集装箱船舶作业要求，设计年吞吐能力 140 万标准箱。工程概算为 309 929.09 万元，竣工决算为 274 169.76 万元。

该工程于 2000 年年底开工建设，2003 年 8 月竣工。2003 年 9 月 29 日，交通部在青岛组织有关单位和部门对青岛港前湾港区三期工程前 4 个泊位工程进行了竣工验收，工程质量总评为优良。该工程由青岛建港指挥部组织建设，设计单位为中交水运规划设计院，主要施工单位为中港第一航务工程局和天津航道局。

青岛港前湾港区三期前 4 个泊位工程的建成投产，标志着青岛港已经拥有能够靠泊超大型集装箱船的泊位，提高了青岛港集装箱的装卸能力。

【宁波港北仑港区三期工程验收】 宁波港北仑港区国际集装箱码头三期工程建设集装箱专用泊位 4 个，码头岸线总长 1 238 米，水工结构按可靠泊平均载箱量 8 800 标准箱的集装箱船设计，设计年吞吐能力 100 万标准箱。工程概算为 22.196 3 亿元，竣工决算为 21.572 5 亿元。

该工程于 1999 年 3 月 8 日开工，2001 年 12 月 28 日竣工。2003 年 3 月 18 日，交通部在宁波组织有关单位和部门对宁波港北仑港区国际集装箱码头三期工程进行了竣工验收，工程质量总评为优良。该工程由宁波港务局组织建设，设计单位为第三航务工程勘察设计院，主要施工单位为中港第三航务工程局。

宁波港北仑港区国际集装箱码头三期工程的建成投产，标志着宁波港已经拥有能够靠泊超大型集装箱船的泊位，大大提高了宁波港集装箱的装卸能力。

【水运工程建设标准管理】 2003 年，交通部在加强水运工程建设标准定额制定和修订工作的基础上，不断探索水运工程建设标准管理的新模式。截至 2003 年年底，已发布实施的水运工程建设标准共 98 项，其中，国家标准 4 项，交通行业标准 88 项，专项标准 6 项；现行标准中有 58 项是 1998 年以前发布实施的，占总数的 59.2%。已发布实施的水运工程定额有 21 项，分为港口工程定额、航道（疏浚）工程定额和测量工程定额三大类。

(1) 水运工程建设标准管理工作。2003 年完成《工程建设标准强制性条文（水运工程部分）》的宣贯、出版发行工作；完成《港口工程结构可靠度设计统一标准》、《沿海港口集装箱码头最大通过能力测算标准》、《三峡库区港口客运缆车安全设施技术规程》和《内河集装箱码头工艺设计规范》等 4 项标准工作大纲的审查工作；完成《船闸闸阀门设计规范》、《港口工程地下连续墙结构设计与施工规程》、《通航建筑物水力学模拟技术规程》、《内河通航标准》、《航道整治工程技术规范》、《液化天然气码头设计规范》、《港口工程质量检验评定标准（局部修订）》、《水上深层拌和技术规程》、《航道工程质量检验评定标准》、《长江口深水航道整治建筑物质量检验评定标准（局部修订）》和《长江口深水航道疏浚工程质量检验评定标准》等 11 项标准的部级审查工作；完成《船闸闸阀门设计规范》、《港口工程地下连续墙结构设计与施工规程》、《通航建筑物水力学模拟技术规程》、《内河通航标准》、《航道整治工程技术规范》、《液化天然气码头设计规范》、《长江口深水航道整治建筑物质量检验评定标准（局部修订）》、《长江口深水航道疏浚工程质量检验评定标准》等8项标准的总校、发布工作；组织完成《工程建设标准强制性条文（水运工程部分）》发行和宣传贯彻工作。组织召开了“集装箱码头分级标准研讨会”、“三峡库区客运缆车安全装置技术规程编制工作会”和“水运工程建设标准结构设计可靠度研讨会”。加强标准制定和修订工作的管理，对所有在编项目进行了全面检查，截至2003年底，在编标准项目49项（其中新立项目16项）。

(2) 水运工程造价管理工作。召开了“水运工程建设项目造价情况调查工作交底会”；完成2003年港口、疏浚工程造价统计资料的调查和汇编工作；组织审查了《沿海港口水工建筑工程定额》等5本定额；完成《水运工程概预算补充定额》的编制工作；审批并颁发了第5批390名水运工程造价人员岗位资格证书。

(3) 加强水运工程建设标准的技术交流。2003年，召开了中、日、韩三国港湾局长会议，共同完成了“海港工程混凝土耐久性研究（中方）”、“港口工程抗震设计技术研究（日方）”和“防波堤波浪力计算方法研究（韩方）”的专题研究报告。

【海事设施与装备建设】 2003年，海事系统基本建设完成投资2.6亿元，主要包括海事码头基地、基层站点业务用房、安全通信及船舶交通管理系统等工程项目，其中，广东仑头航标保养基地及深圳蛇口工作船码头已完工交付使用；天津南疆码头、山东日照巡逻船码头、广东海巡码头基地立项开工；大连VTS、厦门VTS工程试运行，上海VTS一期改扩建、南通VTS改造、广州交管一期完善工程及福建辖区VHF通信工程、大连海岸电台微波改造工程、广西漓江GPS监控系统开始施工；3个直属海事局、5个分支海事局、30余个派出海事机构的业务用房工程开始建设。2003年7月，水上安全监督信息系统一期工程通过工程验收，交付使用。二期工程建设同时启动，并先后完成工程初步设计和招投标工作，12月签订合同。天津、山东、辽宁船员考试系统项目立项。

2003年，海事系统装备建设完成投资1.55亿元，在建船舶38艘（跨年11艘，新开27艘），完工32艘。一批大型海事系统船舶相继开始招标、设计、开工，如广东局千吨级巡视船3月开工、浙江局60米级巡逻船签订合同、5艘45米级巡逻船完成招标、上海400吨航标船和水文测量船、辽宁2条30米巡逻船、天津小型航标船、浙江30米巡逻船、广西漓江30米巡逻船等完成招投标、上海海事局45米级小水线面巡逻船设计任务书已批复，正做方案设计。

水上交通安全
Marine Traffic Safety

【概况】 2003年，水上交通安全管理工作以“巩固、落实、规范、提高”为总方针，以水上运输安全“巩固提高年”活动为载体，针对突出问题，重点组织了8省（市）11家海事局打击水上运输超载联动执法行动、对地方内河船舶登记工作大检查和“四客一危”船舶检查等专项活动，强化对“四区一线”等重点水域的安全生产检查，狠抓隐患整改。2003年，全国共发生运输船舶水上交通事故643件，死亡失踪498人，沉船343艘，直接经济损失3.8亿元。同比分别下降6.8%、上升7%、下降10.7%、上升15.2%。

(1) 齐抓共管、良性互动的水上交通安全管理链初步形成。通过安全责任意识教育，理顺了安全、运管、海事、航道、船检以及与地方海事部门之间的关系，加强了中央直属海事部门与各级地方政府特别是乡镇政府以及各级安全监督、公安、水利、海洋渔业等部门的联系与合作，管理合力，齐抓共管的水上交通安全管理局面初步形成。

(2) 水运市场秩序向健康有序方向发展。在巩固客运、危险品运输市场整顿成果基础上，继续加大对整个水路运输市场监督管理的力度，根据2001年发布的1、2、3号部长令要求，对已取得水路运输和水路运输服务业经营资格的经营人及其所属运输船舶进行严格的资质复查。

(3) 重点船舶监督管理得到加强。根据交通部颁布的“滚装船舶安全管理规定”，狠抓滚装船舶的安全管理，限令琼州海峡轮渡只能从事货运。参照国际惯例，对船舶实行“白名单”、“黑名单”管理制度，有效解决了不同档次船舶安全管理问题。同时开展清理船舶登记资料的专项行动，加强了危防工作过程的监督，强化从业人员的培训工作，有效推动溢油应急计划的落实与实施，进一步规范国际航运公司的审核发证工作，大力推进 “国内安全管理规则”的实施。

(4) 进一步完善船员管理模式。在严格船员准入管理的基础上，强化船员过程监控管理，初步形成船员从培训、考试、审核发证、现场检查、收存违章船员证书、多次违章吊销船员证书等一整套闭环管理机制，促进船员适任水平的提高。加强事故人为因素和违章行为的分析研究，查找船员培训、考试和管理过程中的薄弱环节，建立健全船员培训、考试和检查质量的分析评估体系，提高船员管理水平。推广海船船员适任证书理论考试实行无纸化考试模式，提高船员管理的科技含量和海事服务水平。

(5) 船舶检验质量管理体系初步建立。大力开展了整顿船舶检验机构的资质认可工作，逐步建立与国际标准接轨的船舶检验质量管理体系。实施了验船人员考试发证和持证上岗制度，强化非水网地区验船人员的培训，提高验船人员的业务水平。继续贯彻落实《船舶检验机构及验船人员工作过错追究办法》，提高各级验船机构和人员的责任意识。制订《船舶检验登记管理规则》和《船舶检验档案管理办法》，进一步明确船舶检验的责任部门，理顺船检部门之间的业务关系。继续抓好重点船舶的检验工作，强化客渡船和小型危险化学品船的检验。统一实施国内航行船舶检验报告、记录格式和检验项目表，进一步规范现场检验行为。按照国际通行做法，政府对授权的船检机构进行了资质审核。

(6) 航行安全保障体系向深层次迈进。全面规划通航水域，加大交通用海的规划、管理力度。逐步制定重点水域船舶定线制和船舶报告制等交通管制规定，颁布实施了《长江江苏段船舶定线制规定》和《三峡库区船舶定线制规定》。依靠地方政府和有关部门的支持，继续对影响水上交通安全的养殖捕捞、挖砂碍航等行为进行治理整顿，有效净化了通航环境。加强了船舶交通管理系统、船舶自动识别系统、应急搜救决策系统等信息化建设，通航和搜救管理水平进一步提高。进一步完善巡航、搜救机构的编制和经费制度，规范内部管理，充分调动社会资源，建立健全全社会水上搜救体系和运转机制。

(7) 加大安全装备建设力度。对部分海事局的 VTS 设施进行改扩建和新建（厦门、大连新建，上海、南通扩建，深圳东部和广州海事局改建完善），建成了部分重点水域的电视监控系统，南海 3 000 吨级海上巡视船开工建造；安全通信方面，新一代的海事卫星 INMARSAT-F 站通信系统建成开通，长江干线船岸甚高频（VHF）通信系统基本建成；搜寻救助方面，大连、三亚救助基地主体建成，宁波救助站开工，3 艘 6 000 千瓦的大功率救助船舶开工建造。通过加大装备投入，使监管手段更加先进，救助力量更加强大。

【公司安全管理体系审核】 2003 年，管理体系审核总体目标是：服从服务航运企业需要，改进审核发证管理模式，提高审核员队伍总体水平，促进国际航运公司安全管理体系巩固完善和国内航运公司安全管理体系的深化实施。2003 年，海事局组织 194 个审核组，调用审核员 741 人次，对 182 家国际航运公司实施审核，其中，对 10 家公司实施跟踪审核，对 2 家公司实施附加审核，吊销或收回了 3 家公司的符合证明（DOC）。通过国际安全管理规则的强化实施，航运公司逐步接受了航运安全的先进文化，管理工作日趋规范，规章制度不断健全，公司安全与防污染管理水平明显提高。

为了全面加强国内航运公司的安全和防污染管理，中国海事局大力推进《国内安全管理规则》的实施，研究确定了《国内安全管理规则》对第二批船舶生效的时间和范围，进一步加强了对审核发证工作的领导和指导。至 2003 年底，海事局已完成对 243 家国内航运公司的审核发证，签发船舶安全管理证书（SMC）1 623 份，促进了国内航运公司规范化管理，提高了国内航行船舶的安全和防污染管理水平。

海事局通过组织召开审核研讨会、公司总经理座谈会，制定《ISM 规则指南》、《SMS 问答》等，研究解决审核管理中存在的突出问题，不断改进审核发证管理工作。中国海事局还举办了审核员培训班和提高培训班，重新修订了审核员守则，制定了审核员培训教材，建立了审核员考试题库，进行了审核员考核评估工作，进一步规范了审核员培训管理工作，促进了审核员队伍整体水平的

提高。（中国海事局 陈德丽）

海上救助与打捞
Salvage at Sea

【概述】 2003 年是救捞体制改革的关键一年。为保证改革的顺利推进，救捞系统广大干部职工以高度的政治责任感，把“加强救助，发展打捞”作为第一要务，发扬“把生的希望送给别人，把死的危险留给自己”的救捞精神，完成了救助抢险与打捞的各项任务。2003 年，交通救捞系统共完成救助值班待命 8 664 艘天，实施专业救助 260 次，出动专业救助船舶 268 艘次，出动专业飞机 10 架次，救助遇险人员 1 445 人（其中外籍人员 189 人），救助遇险船舶 98 艘（其中外轮 13 艘），比上年出动专业救助力量艘（架）次和执行救助任务次数分别增加了 54.9%和 69.9%。打捞沉船 12 艘，其他打捞作业 31 次，获救财产价值达 11.26 亿元。

【圆满完成“神舟”5 号载人飞船预备安全保障任务】 交通部救捞系统从 2000 年开始参加的载人航天工程海上应急救援保障工作，是中国载人航天工程着陆系统重要的组成部分。2003 年 2 月，交通部救捞系统正式接受了承担“神舟”5 号载人飞船的海上应急救援任务。救捞系统派出 3 艘大功率救助拖轮“北海救 108”轮、“德鲲”轮和“德意”轮分别开赴黄海至西太平洋中部的预定海域执行保障任务。全体参试人员不负众望，克服重重困难，在西起连云港东至关岛 2 400 海里的 A、B、C 三个海域，为执行首次飞行任务的航天员筑建了一条生命保障线。在“神舟”5 号载人飞船发射圆满成功和安全着陆后，3 艘救援船返回祖国，光荣完成预备安全保障任务。

【海空立体救助模式初见端倪】 加强海空救助力量建设，是提高快速反应、实施有效救助的重要手段。“九五”期间，交通部在上海建设了高东机场，购置两架 S76C+救助直升机，并组建了交通部上海海上救助飞行队，海空立体救助初具雏形。2003 年 3 月 15 日正式担负海上救助任务。到 2003 年底，已成功救助 10 起，救助遇险人员 15 人。

渤海水域是“四区一线”中的十分重要的“特区”，特别是“烟—大”航线，客船、客滚船和高速客船流量大，冬季气象恶劣，极容易发生海难事故。为了保证渤海水域的水上交通安全，保护人民生命财产，交通部决定实施冬季部署救助直升机参与渤海水域救助值班待命，并于 2003 年 10 月 28 日将两架救助直升机从上海高东机场转至大连周水子国际机场，12 月 1 日正式担负海上救助值班待命任务。2003 年 12 月，交通部又租用一架固定翼飞机担负渤海水域和黄海北部水域的海上搜寻任务。至此，多机种、多架飞机的立体救助体系已在渤海水域初步建成。空中救助力量的加强，增强了渤海水域值班待命力量，有效地提升了渤海水域海空立体搜寻救助的综合能力。

【救助打捞案例】 2003 年，交通部救捞系统以高度的政治责任感，把“加强救助，发展打捞”作为第一要务，发扬“把生的希望送给别人，把死的危险留给自己”的救捞精神，战风斗浪、奋勇拼搏，圆满地完成了各项救助、打捞任务。

2003 年完成的典型救助案例有：

(1) 成功救助朝鲜籍“金东”轮 40 名遇险船员。2003 年 5 月 16 日，朝鲜货轮“金东”(GUM DONG) 轮（12 665 载重吨，主尺度 150 米×21 米×11 米，载 2 000 余吨碱粉）与外轮“悦城”号（伯里兹籍）在长江口外(31° 53.0′ N, 122° 56.0′ E) 发生碰撞事故。碰撞后“金东”轮逐步下沉，船上的 40 名船员弃船逃生。上海救捞局先派出“德强”轮将 40 名朝鲜船员救起，随后派出 “沪救捞 3 号”、“沪救 17”轮对“金东”轮进行救助，成功排除险情，救助获得圆满成功。

(2) 成功救助“冀滦渔 3299”号船 7 名遇险渔民。2003 年 10 月 11 日 08 时 05 分，河北籍渔船“冀滦渔 3299”在天津曹妃甸灯塔以东 22 海里（38° 54′ N，118° 25′ 5″ E）海域作业时遭遇风暴，船上 7 名渔民遇险。交通部北海救助局“烟救 9”轮克服风大浪险的困难，赶到事故现场。在渔船上方抛“八字锚”，利用逐渐放下的锚链长度接近难船，用撇缆枪为难船带上了缆绳，将渔船绞近，把遇险渔民逐一接到“烟救 9”轮上，15 时 30 分，7 名渔民全部获救。

(3) 组织海空力量成功救助“胜鑫 8”轮和“协昌 11”轮上 26 名遇险船员。2003 年 11 月 11 日 08 时 08 分，“协昌 11”轮在长江口东北 53 海里（31° 47.8′ N，122° 35.3′ E）处出现舵机故障。

遇险海域涌浪大，船舶横摇严重，15 名船员陷于危险境地。10 时 13 分，“胜鑫 8”轮在长江口以东 62 海里（31° 20.7′ N，122° 49.0′ E）处船舱盖被大浪打掉，船舱进水，船体倾斜。遇险水域现场北风 7～8 级，船上 11 人处境十分危险。

交通部东海救助局组织“德意”轮和“B-7308”号救助直升机出动救助，先对“胜鑫 8”轮进行救助，救助直升机从“胜鑫 8”轮甲板上成功救起 2 名船员。随后“德意”轮追赶到“胜鑫 8”轮遇险海域，搜寻跳水的船员，予以救助。为尽快营救“胜鑫 8”轮其余 8 名船员，经“德意”轮船员的耐心劝导，13 时 15 分“胜鑫 8”轮待救的船员终于稳定住情绪，抛锚并关停了主机，随后施放救生筏离开遇险船。“德意”轮从救生筏上将余下的 8 名船员全部救起。同时，为避免过往船只与无人看守的“胜鑫 8”轮发生碰撞事故，“东海救 159”轮于 18 时 0 分抵达现场，发布航行警告并在附近水域守护该船。

18 时 30 分，“德意”轮顶着大风连续航行近 6 个小时抵达“协昌 11”轮遇险水域，在大风浪中实施快速接拖作业，19 时 20 分带缆成功后拖起“协昌 11”轮离开遇险水域返航，并于次日 14 时 15 分在“沪救 26”轮、“沪救 18”轮共同协助下拖抵吴淞口锚地。“胜鑫 8”轮也于次日下午由“沪救捞 3”轮拖抵吴淞口安全水域，救助圆满结束。

(4) 成功救助 “大庆 767”号油轮，抽出货油 900 余吨。2003 年 4 月 23 日 5 时 49 分，“大庆 767”轮在温州附近海域（27° 17′ N，120° 46′ E）与他船发生碰撞，导致该轮沉没（沉没处水深 20 米）。“大庆 767”轮长 67 米，1 730 载重吨，本航次载约 1 000 吨 200 号溶剂汽油。事故发生后，沉船的汽油开始外泻，对该海域的生态环境构成了严重威胁，必须立即将油料回收。交通部上海救捞局派遣“沪救 1”轮进行了救助，又派遣多功能打捞船“沪救捞 3”号负责沉船抽油工作，并于 27 日 17 时 0 分抵达沉船位置，至 5 月 5 日经过救助人员艰苦奋战共抽出沉船内货油 900 余吨，随后救助人员对沉船进行进一步清舱扫测，于 5 月 10 日圆满完成了沉船抽油任务，避免了海上重大燃油污染事故的发生。

(5) 组织船舶对“沙河口”轮实施抢险打捞。2003 年 4 月 4 日，中远集团所属“沙河口”轮（万吨级自航式半潜驳）于 10 时 45 分在三亚榆林角附近下潜后拉卸所载沉箱时，意外搁沉在海床上。沉船搁座位置水深 16 米，沉船内有重油约 520 吨，轻油 68.8 吨，给当地海洋环境造成严重威胁。事故发生后，交通部广州救捞局调遣湛江救助站潜水员对沉船进行了探摸，随后投入“南洋”、“南天柱”及 2 艘拖轮对沉船实施了水下抽油（共抽油 475 吨）、沉箱模块吊卸（4 个 347 吨重沉箱）、封舱和充气起浮作业，于 5 月 2 日起浮沉船获成功。5 月 7 日“穗救 208”轮起拖“沙河口”轮抵达蛇口。广州救捞局的快速抢险打捞获得圆满成功，解除了沉船对海洋环境的威胁。

海洋交通科技
Science and Technology in Marine Traffic

【软科学研究项目介绍】 水上交通安全行业管理研究项目 该研究借鉴美国和日本水上交通安全行业管理体制和管理内容，结合我国当前水上交通安全行业管理中存在的问题，研究了水上交通安全行业管理的定义、内容、管理的方式、管理的主体等，并根据我国法律、法规的立法状况及我国市场经济体系完善的要求，研究了水上交通安全行业管理与政府交通安全管理的关系；水上交通安全行业管理与企业安全管理的关系；水上交通安全行业管理与海事执法之间的关系。其主要创新点是：①全面归纳了水上交通安全行业管理的定义，管理主体、管理内容及管理方式。②调查研究和分析了我国水上交通安全行业管理的现状，全面分析了水上交通安全行业管理与政府交通安全管理的关系；水上交通安全行业管理与企业安全管理的关系；水上交通安全行业管理与海事执法的关系。③在对海事执法主体的管理水平进行定量评价时，建立了各指标的模糊隶属函数，为解决多因素的综合评判问题提供了参考。④提出了建立和完善我国水上交通安全行业管理责任制的原则、思路和对策；提出了建立和完善水上交通安全行业管理体制、完善管理法律体系、加强对水上交通安全保障体系规划、加强水上安全管理各相关部门协调对策。

（交通部科教司 李 奇）

海洋油气业

Offshore Oil and Gas Industry

综　述
Summary

【中国海洋石油总公司概况】 中国海洋石油总公司（以下简称中国海油）成立于1982年，是中国三大石油公司之一。经国务院授权，中国海油是负责在中国海域与外国石油公司合作开采石油和天然气资源的国家石油公司。公司注册资本500亿元人民币，职工2.4万人，总部设在北京。

依据《中华人民共和国对外合作开采海洋石油资源条例》，中国海油负责在中国海域对外合作开采海洋石油、天然气资源，是中国海上石油和天然气的最大生产者。公司主要从事油气勘探开发的上游业务、中下游业务、专业技术服务、后勤服务和金融业务。目前控股或全资拥有一家独立油气勘探生产公司、一家研究中心、一家化学公司、一家油气开发公司、二家专业技术服务公司、五家基地公司、一家财务公司、一家信托投资公司，与壳牌公司合营一家石油化工公司。

经过20多年的发展，中国海油目前已成长为全球最大的石油和天然气勘探与生产企业之一，经营效绩连续多年在中国大型国企中名列前茅。2003年实现销售收入538.6亿元，利润149.8亿元，纳税67.8亿元，分别比上一年度增长56.9%、28.4%和30.4%。至2003年底，公司总资产达1 198.4亿元，净资产达684.7亿元。

在持续快速发展的同时，中国海油成功登陆国内外资本市场。其负责海上油气勘探开发的控股企业中国海洋石油有限公司于2001年在香港和纽约成功上市，2002年下属专业技术公司海洋石油工程股份公司和中海油田服务股份公司分别在上海和香港上市。三支股票在资本市场表现优异，海油工程公司股票在2003年10月入选上证180指数样本股。2003年5月，中国海洋石油有限公司首开中国企业发行30年债券先河，成功发行5亿美元全球债券，为中国国企在国际超长期债券市场树立了良好形象。

中国海油近年来良好的发展业绩获得了国内外的广泛认可。国际权威资信评定机构标准普尔和穆迪公司分别将总公司和有限公司的评级调高至BBB+和A2，等同于中国国家主权级。在香港《远东经济评论》公布的2003年度“亚洲企业200强”评选中，中国海洋石油总公司位居第6位。在香港和纽约上市的中国海洋石油有限公司荣获国际知名财经杂志《财资》评出的2003年度“中国最佳治理公司”、“中国信誉最佳公司”和“中国发债最佳公司”三项第一名。

（中国海洋石油总公司　崔　忻）

【中国石油化工集团公司概况】 截至2003年12月底，中国石化海域勘查登记区块分布渤海湾、南黄海、东海、雷琼、北部湾及琼东南等6个盆地，共24块，总面积83 997.912平方千米，另外在东海盆地与中海油联合登记6个区块，面积19 301.97平方千米。

中国石化海上油田共有各类采油平台84座，油井229口，气井10口，中国石化海上油田2003年生产原油212.65万吨、天然气31 484万立方米。

（中国石油化工股份有限公司）

海洋石油天然气资源
Offshore Oil and Gas Resources

【概况】 我国拥有近300余万平方千米的可管辖海域，包括渤海、黄海、东海、南海以及台湾以东太平洋5大海区。近海大陆架面积达130余万平方千米，发育10个大型的沉积盆地，总面积约89.6万平方千米，有效勘探面积约60万平方千米。我国南沙、中沙海区面积约60万平方千米，发育16个沉积盆地，总面积约51万平方千米。勘探实践证明，在中国海域众多的沉积盆地中蕴涵着丰富的油气资源。

中国近海沉积盆地以第三纪盆地为主。随着勘探工作量的投入和对近海油气资源的认识在不断加深，对近海主要石油、天然气区的资源潜力有了更深的认识和较明确的估价。根据第二轮资源评价的结果，中国近海石油总资源量预计有225亿吨，经济资源量78.9亿吨；天然气总资源量预计有8.4万亿立方米，经济资源量有2.9万亿立方米。

截至2003年，中国近海累计发现三级石油地质储量44.70亿立方米(约合38.2亿吨)，其中，探明石油地质储量21.35亿立方米(约合18.3亿吨)(原油21.12亿立方米、凝析油0.23亿立方米)，探明石油可采储量4.75亿立方米(约合4.06亿吨)。累计发现三级天然气地质储量11 755亿立方米，其中，探明天然气地质储量4 301.45亿立方米（气层气3 514.19亿立方米、溶解气787.26亿立方米)，探明天然气可采储量2 609.06亿立方米。

胜利浅海油气资源　至2003年底，胜利浅海地区已发现埕岛油田明化镇组、馆陶组、东营组、沙河街组、中生界、古生界、太古界七套含油层系和垦东地区的垦东12、垦东30、垦东1、垦东4、垦东34等5个含油构造，探明加控制含油面积226.8平方千米，石油地质储量55 180万吨。

东海油气资源　东海陆架盆地位于上海市、江苏省、浙江省和福建省以东的东海大陆架，面积约27万平方千米，目前已经发现了平湖、天外天、残雪、断桥、宝云亭、武云亭、孔雀亭和春晓等8个油气田和一批含油气构造，探明油气地质储量1 400亿立方米天然气当量。

据目前的认识，西湖凹陷油气地质条件最好，瓯江凹陷次之。西湖凹陷位于东海陆架盆地东北部，面积5.6万平方千米，是陆架盆地中一个最主要的含油气凹陷。瓯江凹陷位于东海陆架盆地西南部，面积约1.8万平方千米。东海石油公司将瓯江凹陷划分为椒江凹陷和丽水凹陷。

（中国海洋石油总公司　崔　忻
中国石油化工股份有限公司）

海洋油气勘探
Offshore Oil and Gas Exploration

【中国海洋石油总公司海洋油气勘探】　2003年，中国海洋石油有限公司共完成二维地震采集18 407千米，其中，自营16 106千米，合作2 301千米；三维地震采集3 403平方千米，其中，自营1 764平方千米，合作1 639平方千米。共完成探井47口，其中，自营29口，合作18口；钻井进尺122 723米，其中，自营74 888米，合作47 835米。

2003年，中国海油在全海域共获得9个油气发现。其中，自营发现6个，包括渤海海域的渤中34-1、渤中34-1南、渤中3-2；珠江口盆地的流花19-5、番禺35-1；北部湾盆地的涠洲11-1北；合作发现3个，包括渤海海域的蓬莱19-9（康菲石油公司11/05区块）；曹妃甸11-5和曹妃甸11-6（科麦奇04/36区块)。

全海域10个含油气构造评价获得成功。其中，自营评价6个，包括锦州25-1南、渤中34-1南、渤中34-1、番禺30-1、涠洲11-1、文昌15-1。合作评价4个，包括科麦奇公司04/36区块的曹妃甸11-3、曹妃甸11-6和05/36区块的曹妃甸12-1、曹妃甸12-1南。这些含油气构造的评价成功大大加快了油气田开发建设进程。　（崔　忻）

【中国石油化工集团公司海洋油气勘探】　**胜利浅海油气勘探**　到2003年底，胜利浅海共完成了1∶20万、1∶10万、1∶5万重力测量和航磁测量；二维地震测线6 633.2千米，三维地震1 588.58平方千米，精细重力3 984.5平方千米；完钻探井155口。发现7套含油层系，发现了垦东新滩油田、垦东4、垦东34等含油构造和埕北低凸起的埕岛油田。

上海海洋油气分公司自营油气勘探　上海海洋油气分公司2003年在东海海礁-钱塘油气勘查区完成了礁一井和富阳一井的钻探。礁一井位于东海陆架盆地海礁凸起礁一构造，2003年6月12日开钻，6月27日完井，井深1 519米，该井揭示了海礁凸起第四系、上第三系及上白垩统地层，证实该地区缺失下第三系地层，下白垩统为火山岩系，该井没有发现油气显示。富阳一井位于东海钱塘凹陷富阳构造，于2003年7月4日开钻，9月21日完井，井深4 502米，自上而下揭示了第四系、上第三系、下第三系和白垩统地层，钻探证实钱塘凹陷的白垩统为一套氧化环境下的沉积，不具备生烃条件。

2003年，中国石化上海海洋油气分公司自营油气勘探完成海上二维地震6 202千米，重力勘探332千米，磁力勘探296千米。其中，东海钱塘-海礁油气勘查区完成二维地震4 567千米，东海南部油气勘查区完成常规二维地震1 558千米；粤、琼徐闻油气勘查区完成常规二维地震77千米、重力勘探332千米、磁力勘探296千米。

东海西湖对外合作项目油气勘探 2003年完成27/05区块二维地震采集636千米，组织开展了2003年新采集二维地震资料处理和4 800千米老地震资料的重新处理，所有处理和重处理的二维地震测线将作为2004年探井井位的依据。

（中国石油化工股份有限公司）

海洋油气开发工程
Offshore Oil and Gas Development Engineering

【中国海洋石油总公司海洋油气开发工程】 2003年是中国海洋石油总公司的工程建设年。在这一年里，工程建设者们克服了年初SARS给工程项目带来的困难和影响，圆满地完成了工程建设年所确定的目标。锦州9-3天然气综合利用、平湖气田改扩建、东方1-1气田、番禺4-2/5-1油田等4项工程相继投产，为2003年生产任务的完成做出了贡献。全年16个项目在建，在建设施包括导管架21座、上部组块17座，FPSO装置3个，陆地终端5座。全年完成9座导管架、5座上部组块的海上安装作业，铺设海底管道205千米。

投产油气田项目简介

(1) 东方1-1气田。东方1-1气田是中海石油有限公司在南海自营开发的第一个气田，该项目一期工程包括1座8腿的CEP综合平台，1座4腿井口平台，1条110千米的22英寸（1英寸=2.54厘米）上岸输气管道，两座平台间铺设1条12英寸的3.6千米的海底管道和1条海底电缆，在陆上建设1座气体终端处理厂。经过3年多的开发建设，气田于2003年9月顺利投产。

(2) 番禺4-2/5-1油田。该项目包括番禺4-2和番禺5-1两个油田，位于南海东部海域，距香港以南200千米海域的15/34合同区块。该油田是DEVON能源中国有限公司为作业者（股份占24.5%）的合作项目，合作伙伴为中海石油有限公司（股份占51%）和百灵顿（BURLINGTON）能源中国有限公司（BRCL）（股份占24.5%）。两个油田计划建成年产原油330万吨的生产设施，并于2003年10月顺利实现投产。

(3) 番禺FPSO项目。番禺FPSO和单点系泊系统由中国海洋石油南海西部公司承建、以租赁方式为DEVON能源中国有限公司为作业者的合作油田番禺4-2/5-1油田使用，并且负责提供FPSO的生产操作与管理。

番禺FPSO是一艘单底双舷侧结构形式的浮式生产储卸油轮，单点系泊为内转塔式永久系泊系统，台风不解脱，设计能力可承受百年一遇的风暴。该FPSO由上海外高桥造船有限公司总包船体的设计和建造，船体的设计由上海708所分包；海洋石油工程股份有限公司承担上部模块的EPIC总包工作，其中Kerwana公司承担上部模块的设计工作；挪威的APL公司承担单点系泊系统的设计与建造EPIC工作。

该FPSO于2003年6月22日在上海外高桥造船有限公司举行了隆重的交船仪式，比计划交船日期2003年7月1日提前8天；2003年8月托航出海，9月17日与单点系泊连接完成并于当日进行了交接。

（4）平湖油气田扩建。平湖油气田扩建海上工程项目是由SPC委托中海石油有限公司管理并由其上海分公司具体实施管理的工程项目。该项目于2002年4月1日启动，2003年10月16日正式投产。投产后平湖油气田向上海市的供气量达到180万立方米/日。（崔 忻）

【中国石化海洋油气开发工程】 **胜利浅海油气开发工程** 胜利浅海埕岛油田应用先期防砂完井和油气层保护、螺杆泵、电泵采油等新技术，采取集中建设中心平台，分散辅之以简易卫星采油平台、海底管线输油、海底电缆供电、钻井平台作业投产、移动式作业平台维护作业的优化滚动开采方式。2003年，胜利油建公司共施工CB243A井组平台等综合平台13座；CB805-CBG4A等海底管线5条，共计15千米；CBZX1-CB11D等海底电缆9条，共计18千米。

截至2003年底，埕岛油田海上共有各类平台83座，其中，井组平台45座，单井平台33座，开发平台3座，中心平台2座；海底输油管线58条，海底输气管线2条，海底油、气管线总长度97.9千米；海底电缆60条，总长度85.316千米；海底注水管线35条。

2003年，胜利海洋石油船舶公司建成投产了1艘10 000马力（1马力=0.735千瓦）多用工作船、1艘5 000马力带破冰功能的多用工作船和2艘800吨原油船，1艘4 000马力多用工作船开工建造，填补了油田无特大功率多用工作船和破冰船的空白。已投产的10 000马力多用工作船胜利291，在国内首次采用了具备国际先进水平的动力定位系统，每小时 7 200 米^{3}排量的FF2级消防能力，使其成为国内最大的非专职消防船；已投产的5 000马力多用工作船“胜利251”，具备B3级破冰能力，可冲破40厘米平整冰安全航行。

春晓气田群开发工程前期工作 中石化、中海油、壳牌、优尼科四方经过两年的谈判，于2003年8月19日在北京签订了东海西湖、春晓、宝云亭、27/05、20/14、12/21 五个石油合同。2003年9月1日，中华人民共和国商务部正式批准东海西湖石油合同，2003年10月1日起石油合同正式开始执行。

在春晓气田群开发工程方面，2003年根据天外天4井和断桥2井钻后储量变化情况，对2001年由中国石化、中海油联合编写的《春晓气田群总体开发方案》进行了优化调整，完成了《春晓气田群开发工程基本设计》，编制并形成了《春晓气田群开发调整方案深化报告》。

春晓气田群开发调整方案开发调整原则为：油气并重、统筹兼顾、整体调整，弥补因油气储量变化导致的经济效益损失；利用气田群投产周期长和周边潜力气田大的特点，提高开采速度，力保年产25亿立方米的产能规模。

春晓气田群设计开发井24口，计划评价井4口，1座综合平台，4座井口平台，3条外输管线（包括宁波三山至上海漕泾管线），3条平台间管线及电缆，1个陆上终端。截至2003年底，有55个工程服务合同、40个设备购置合同已签订。 （中国石油化工股份有限公司）

海洋油气开发与生产
Offshore Oil and Gas Development and Production

【中国海洋石油总公司油气开发与生产概况】 截至2003年12月31日，中国海洋石油有限公司中国海域在生产油气田29个，全年净产量130.207百万桶油当量，日均净产量356 729桶油当量，其中，国内生产石油液体 2 509.6 万立方米，天然气37.663 9亿立方米，净产量109.227百万桶油当量，日均净产量299 252桶油当量。2003年中国海域在生产和开发的主要油气田及其储量、生产能力详见表1。

（中国海洋石油总公司 崔 忻）

【中国石化海洋油气开发生产概况】 **胜利浅海油气开发生产** 至2003年已投产总井数275口，其中，油井222口，注水井52口，凝析气井1口。2003年生产原油201.13万吨，天然气15 084万立方米。

平湖油气田合作开发项目 平湖油气田共有7口油井，其中开井6口；9口气井，其中开井8口。截至2003年12月底，投入开发的油气藏包括放鹤亭构造放一、放二断块的花港组油藏以及的平湖组气藏，共动用含油面积为2.9平方千米、原油地质储量800万吨、溶解气地质储量为7.15亿立方米；共动用含气面积 8.9 平方千米、动用天然气地质储量119.82亿立方米、凝析油地质储量193.9万吨。

2003年，平湖油气田原油（包括凝析油）产量 38.4 万吨，天然气（包括溶解气）产量 5.45亿立方米，上海海洋油气分公司份额原油（包括凝析油）11.52万吨，份额天然气（包括溶解气）1.64亿立方米。 （中国石油化工股份有限公司）

海洋油气科技工作
Scientific & Technological Work for Offshore Oil and Gas

【中国海洋石油总公司科技工作】 2003年是中国海洋石油总公司深入贯彻党的十六大提出的全面建设小康社会长远目标的第一年，公司根据国家社会与经济发展对能源的要求，审时度势，提出了海洋石油新的产量目标和规划。这一目标和规划，对海洋石油的科技工作提出了新的要求与挑战。发展一批具有自主知识产权、具有国际竞争力的核心技术已成为中国海洋油气科技发展的必然。

围绕新的产量目标，中国海油在2003年对公司的科研体制与结构进行了改革，重新调整了科技发展的布局，集中建设了一支高效、精干的科研队伍。

科研项目进展 2003 年开展的国家级及总公司级项目研究共30项，其中包括9个国家“863”计划课题，2 个国家自然基金课题，2 个国家科技攻关课题和国家公益类项目1项子课题，20项总公司综合科研课题，其中，针对海洋油气勘探开发生产中的问题可分为新领域及区域基础、研究项目、边际油田开发及稠油提高采收率研究项目、深水油田勘探开发技术、降低成本增强总公司竞争力的新技术新方法类项目和安全生产环保类项目等。

2003年申请成功国家攻关课题2项，即“渤海下第三系油气勘探地质评价技术”和“莺-琼盆地隐蔽气藏勘探技术研究及有利储集体预测”。新确立“聚合物驱产出物处理研究”、“深水勘探开发评价及分析”等总公司课题5项。

尽管2003年受到SARS及公司科研机构改革的影响，但开展的科技研究项目总体进展良好。承担的国家“863”计划课题进展顺利，2个课题提前签订了二期滚动合同；4个课题通过了国家“863”专家组一期合同验收，并获专家组好评；30个项目不但在技术创新上有所突破，在实际生产中应用的效果也初步显现。

国家及总公司重点科研课题取得的成果包括：时移地震油藏监测技术、可控（闭环）三维轨迹钻井技术、渤海油田深部调驱提高采收率技术、新型平台抗冰振技术、钻井中途油气层测试技术、水下干式管道维修系统等。

课题研究对形成中国海油具有自主知识产权的技术有极大的促进作用，一大批成果申请了国家专利。

科技获奖情况 2003年由中海石油研究中心主要完成的“中国海上边际油田开发新型平台技术”获国家科技进步二等奖。

中海石油研究中心原总地质师何汉漪获得第8届“李四光地质科学奖”。

“中国海洋石油总公司科学技术奖”获准在国家科技部登记为社会力量设立的科学技术奖，并获证书。

15项科技成果获得海油石油科学技术奖。

（崔 忻）

【中国石油化工集团公司海洋油气科技工作】 中国石化集团公司承担的“浅滩海地区高精度地震勘探技术研究”、“海底管道内爬行器及检测技术”、“正压冲固平台技术”等“十五”“863”课题2003年取得较大进展。“浅滩海地区高精度地震勘探技术研究”课题研制了陆用压电检波器和炸药震源；制定了现代海底沉积结构调查试验方案和取芯方案；完成了观测系统的技术设计；制定了数字检波器试验方案。“海底管道内爬行器及检测技术”课题完成了模拟样机的研制。“正压冲固平台技术”课题完成了岸滩中间试验、复合基础承载力计算软件编制、平台技术设计。

（中国石油化工股份有限公司）

表1 中国海域在生产和开发的主要油气田及其储量、生产能力

位置及油田名称	作业者	合作伙伴	中海油（中海石油有限公司）权益	2003年的日均产量（合：桶油当量/天）油：桶/天；气：百万英尺^3/天	实际投产日期	截至2003年12月31日中海油占有净储量（合：百万桶油当量）油：百万桶；气：10亿英尺^3
渤海湾——在生产油气田						
锦州20-2	中海油		100%	合：8 079 油：2 816 气：32	1992	合：45.20 油：13.99 气:187.25
锦州9-3	中海油		100%	合：13 679 油：12 773 气：5	1999	合：32.27 油:28.71 气:21.37
绥中36-1	中海油		100%	油：64 203	1993	油：196.41
渤西油田群	中海油		100%	合：14 020 油：12 342 气：10	1997	合：11.32 油:9.42 气：11.45
埕北油田	中海油		100%	油：4 358	1985	油：9.14
秦皇岛32-6	中海油	雪佛龙/德士古	75.5%	油：22 444	2001	油：104.07
蓬莱19-3	康菲公司	菲利普斯渤海	51%	油：8 272	2002	油：136.18
渤中34-2/4	中海油		100%	油：2 298	1990	油：4.34
渤海湾——在开发油气田						
锦州21-1	中海油		100%			合：13.82 油：5.73 气：48.51
旅大4-2/5-2/10-1	中海油		100%			油：76.46
南堡35-2	中海油		100%			油：75.73

续 表

位置及油田名称	作业者	合作伙伴	中海油（中海石油有限公司）权益	2003年的日均产量（合：桶油当量/天）油：桶/天；气：百万英尺^3/天	实际投产日期	截至2003年12月31日中海油占有净储量（合：百万桶油当量）油：百万桶；气：10亿英尺^3
岐口 8-9/18-2	中海油		100%			合：9.62 油：8.46 气：6.99
渤南油田群	中海油		100%			合：67.95 油：31.90 气：216.34
渤中 5-1/25-1 南	中海油	雪佛龙/德士古	83.8%			合：230.21 油：217.76 气：74.65
渤中 4-1/34-1 南	中海油		100%			油：12.30
蓬莱 25-6	康 菲	菲利普斯渤海	51%			油：10.70
曹妃甸 11-1/11-2	科麦奇	能源资源	51%			油：47.36
曹妃甸 18—1	科麦奇	能源资源	51%			油：1.73
渤海小计				**合：137 353 油：129 506 气：47**		**合：1 084.81 油：990.39 气：566.56**
南海东部——在生产油气田						
惠州油田群	CACT		51%	油：24 551	1990	合：25.01 油：18.14 气：41.21
西江 24-3	康菲、中海油	壳 牌	51%	油：16 095	1994	油：11.84
西江 30-2	康菲、中海油	壳 牌	40%	油：12 775	1995	油：6.72
流花 11-1	中海油		100%	油：13 708	1996	油：13.54
陆丰 13-1	JHN		25%	油：2 931	1993	油：1.88
陆丰 22-1	挪威国家石油，中海油	挪威国家石油	25%	油：1 312	1997	油：0.52
番禺 4-2/5-1	丹 文	柏灵顿	51%	油：1 609	2003	油：33.41
南海东部——在开发油气田						
惠州 19-3/19-2/19-1	CACT		51%			油：25.59
番禺 30-1	中海油		100%			合：87.16 油：2.67 气：506.94
西江 23-1	中海油		100%			油：40.44
南海东部小计				**油：72 981**		**合：246.11 油：154.75 气：548.15**
南海西部——在生产油气田						
涠州油田群	中海油		100%	合：28 462 油：27 494 气：6	1993	合：55.20 油：52.62 气：15.50
文昌 13-1/13-2	中海油	哈斯基	60%	油：32 572	2002	油：33.44
崖城 13-1	中海油	科佩克 BPCEPC	51%	合：19 047 油：825 气：99	1995	合：90.87 油：5.08 气：514.73
东方 1-1	中海油		100%	合：3 929 油：54 气：23	2003	油：234.67 气：1 407.99
南海西部——在开发油气田						
文昌 8-3	中海油		100%			油：11.58
文昌 19—1	中海油		100%			油：26.09
文昌 15-1	中海油		100%			油：22.94

续 表

位置及油田名称	作业者	合作伙伴	中海油（中海石油有限公司）权益	2003 年的日均产量（合：桶油当量/天）油：桶/天；气：百万英尺^3/天	实际投产日期	截至2003年12月31日中海油占有净储量（合：百万桶油当量）油：百万桶；气：10亿英尺^3
崖城 13-4	中海油		100%			合：22.40 油：1.30 气：126.62
乐 东	中海油		100%			油：83.20 气：499.18
涠洲 11-1	中海油		100%			油：9.46
文昌 14-3	中海油		100%			油：11.17
南海西部小计				**合：84 010 油：60 945 气：128**		**合：601.02 油：173.68 气：2 564.02**
东海——在生产油气田						
平湖气田	中海油		30%	合：4 908 油：2 536 气：14	1998	合：12.74 油：4.64 气：48.66
东海——在开发油气田						
残 雪	中海油	中石化、壳牌、优尼科	30%			合：6.81 油：1.82 气：29.93
断 桥	中海油	中石化、壳牌、优尼科	30%			合：4.71 油：1.36 气：20.12
春 晓	中海油	中石化、壳牌、优尼科	30%			合：18.32 油：2.22 气：96.56
天外天	中海油	中石化、壳牌、优尼科	30%			合：3.21 油：0.07 气：18.82
宝云亭	中海油	中石化、壳牌、优尼科	30%			合：11.25 油：2.69 气：51.36
武云亭	中海油	中石化、壳牌、优尼科	30%			合：2.76 油：1.12 气：9.85
东海小计				**合：4 908 油：2 536 气：14**		**合：59.80 油：13.92 气：275.30**
中国海域总计				**合：299 252 油：265 968 气：189**		**合：1 991.74 油：1 332.74 气：3 954.03**

1 按平均密度计算，原油 1 桶约合 0.136 吨。
2 按平均密度计算，原油 1 立方米约合 0.855 吨。
3 天然气 1 英尺^3 约合 0.028 3 立方米。

滨海旅游业

Coastal Tourism Industry

【概况】 2003 年，受“非典”影响，我国入境旅游和国内旅游出现十多年以来的第一次下降。全年共接待入境旅游者 9 166.21 万人次，实现国际旅游外汇收入 174.06 亿美元，分别比上年下降 6.4%和 14.6%；国内旅游人数 8.70 亿人次，收入 3 442.27 亿元，分别比上年下降 0.9%和 11.2%；中国公民出境旅游人数达到 2 022.19 万人次，比上年增长 21.8%；旅游业总收入 4 882 亿元，比上年下降 12.3%；相当于当年全国国内生产总值的 4.18%，比上年降低 1.26%。

1. 入境旅游业实绩

从 2003 年 3 月开始，我国入境旅游市场受到了“非典”的严重冲击。6 月 24 日北京实现“双解除”后，我国政府、相关部门及旅游全行业采取了一系列恢复发展旅游业的措施，全年入境旅游业实绩要好于预期：

入境旅游人数达 9 166.21 万人次，比上年下降 6.4%，其中，外国人 1 140.29 万人次，比上年下降 15.1%；香港同胞 5 877.01 万人次，比上年下降 5.0%；澳门同胞 1 875.73 万人次，比上年下降 0.9%；台湾同胞 273.19 万人次，比上年下降 25.4%。

入境过夜旅游人数达 3 297.05 万人次，比上年下降 10.4%。在入境过夜旅游者中，外国人 889.00 万人次，比上年下降 17.0%；港澳同胞 2 170.19 万人次，比上年下降 5.2%；台湾同胞 237.86 万人次，比上年下降 25.5%。

国际旅游（外汇）收入达 174.06 亿美元，比上年下降 14.6%。

2. 国内旅游业实绩

2003 年，由于“非典”疫情，国内旅游业也受到了明显影响：

全国国内旅游人数达 8.70 亿人次，比上年下降 0.9%，其中，城镇居民 3.51 亿人次，农村居民 5.19 亿人次。

全国国内旅游收入 3 442.27 亿元，比上年下降 11.2%，其中，城镇居民旅游消费 2 404.08 亿元，农村居民旅游消费 1 038.19 亿元。

全国国内旅游出游人均花费 395.7 元，比上年降低 45.9 元，其中，城镇居民国内旅游出游人均花费 684.9 元，农村居民国内旅游出游人均花费 200.0 元。

在春节、“十一”两个“黄金周”中，全国共接待国内旅游者 1.49 亿人次，实现旅游收入 603.6 亿元。

3. 旅游业产业规模及从业人员

根据本年度对国内旅游住宿设施（不包括星级饭店）抽样调查的结果，结合对全国星级饭店和旅行社等经营单位的全面统计，到 2003 年末，全国共有各类旅游企事业单位 30.44 万个，比上年增长 3.6%，其中，旅游住宿设施 28.38 万个（包括星级饭店 0.98 万个，社会旅馆 8.01 万个，个体旅馆 19.40 万个），旅行社 13 361 个，主要旅游景点和旅游车船公司等其他旅游企业 7 205 个。

到 2003 年末，全国旅游业共拥有固定资产原值 8 439.22 亿元，比上年末增长 2.4%，其中，旅游住宿设施 7 013.53 亿元，占 83.1%（星级饭店 2 915.55 亿元，社会旅馆 3 572.12 亿元、个体旅馆 525.86 亿元）；旅行社 387.86 亿元，占 4.6%；主要旅游景点和旅游车船公司等其他企事业单位 1 037.83 亿元，占 12.3%。

到 2003 年末，全国旅游业直接从业人员 648.74 万人，比上年末增长 5.9%，其中，旅游住宿设施 541.43 万人（星级饭店 135.06 万人，社会旅馆 336.97 万人，个体旅馆 69.41 万人），占 83.5%；旅行社 24.98 万人，占 3.8%；主要旅游景区（点）和旅游车船公司等其他企事业单位 82.33 万人，占 12.7%。全国旅游业间接从业人员约为 3 244 万人。

4. 各省、自治区、直辖市入境旅游接待与收入情况

2003 年，全国各省、自治区、直辖市旅游经营单位接待的入境旅游者总计为 3 016.93 万人次，比上年下降22.9%。接待量超过20万人次的有 21 个省（区、市），其中，滨海省（区、市）有广东、上海、江苏、浙江、福建、辽宁、山东、广西、天津、海南、河北等 11 个省（区、市）。广东省接待入境旅游者 1 196.96 万人次，继续居全国第一位。

2003 年，全国各省、自治区、直辖市旅游经营单位接待的外国旅游者总计为 1 506.72 万人次，比上年下降 24.2%。接待量超过 10 万人次的有 24 个省（区、市），其中，滨海省（区、市）有广东、上海、江苏、浙江、辽宁、山东、福建、天津、广西、河北、海南等 11 个省（区、市）。广东省接待外国旅游者 245.76 万人次，居全国第一位。

2003 年，国际旅游（外汇）收入超过 1 亿美元的有 17 个省（区、市），其中，滨海省（区、市）有广东、上海、江苏、福建、浙江、辽宁、山东、天津、广西等 9 个省（区、市），比上年减少 4 个。广东省的旅游（外汇）收入达 42.67 亿美元，继续居全国第一位。

海洋旅游
Coastal Tourism

广西走可持续海洋旅游发展道路 广西立足海洋特色，大力开展海域使用管理的清理整顿，较好地保护了海洋旅游资源，使滨海旅游走上了可持续发展之路。

钦州“七十二泾”是由 100 多个大小岛屿星罗棋布在长约10千米的钦州湾海面上形成的天然奇景，曾有一段时间景区内存在无证用海、违法用海现象，影响了景区的自然景观和旅游业的发展。为提高群众依法用海意识，海洋部门大力开展《海域法》宣传月活动，并以形式多样、内容新颖的活动来广泛宣传海洋法规；同时开展了大规模的海域使用清理整顿工作。全区共摸底调查 2 276 户用海户，面积 9 738.2 公顷，实施海域权属管理和有偿使用制度，发放海域使用证、征收海域使用金。制定法律法规和各项制度作为海域管理的有效保障。通过整顿，“七十二泾”景区内乱霸、乱占用海得以控制，有力地保护了景区的自然景观和生态环境，促进了旅游业的发展。通过科学、合理、有效的海域管理，广西的红树林、珊瑚礁等大批海洋特色旅游资源均得到不同程度的保护，为大规模发展滨海旅游打下了良好的基础。

湛江全面推进海洋旅游的发展 湛江有着旖旎的南亚热带风光，其热带海洋景观极具特色。拥有连绵 28 千米长海滩的东海岛，海滩宽达 100 至 300 米，是我国第一长滩，白沙碧浪，风景宜人，是极好的海滨度假地。硇洲灯塔是世界目前仅有的两座水晶磨镜灯塔之一，由 1898 年法国人所建，具有浓郁的欧洲风格。白沙湾，与海南省海口市仅隔 18 海里遥遥相望，是我国大陆最南端海水最蓝、海沙最白、海水最暖的海湾。国家级历史文化名城雷州市为古代雷州府所在地，素有“岭南古郡、海北奇观”之美誉，古迹众多。国家地质公园湖光岩为 20 万年前火山爆发形成，是除德国艾菲尔地区以外，世界上仅有的两个玛珥湖之一。人文和自然资源的和谐并存构成了湛江蓝色海滨旅游与海洋旅游资源、绿色生态与农业旅游资源、红土风情与历史文化资源这“蓝、绿、红”三大旅游特色。

海岛旅游
Island Tourism

全球性海岛旅游成为中国人出境游新热点

越来越多的中国人喜欢上了全球性的海岛之旅，中国游客的足迹正遍及太平洋诸岛、印度洋岛国到爱琴海群岛的各个旅游胜地。2003 年春节和“五一”黄金周期间，包机直飞马尔代夫、塞班岛的旅游线路受到中国游客的广泛好评。由于“十一”国庆是欧洲 32 国集体对中国开放入境旅游后的首个长假，除了印度洋和太平洋，2003 年秋天大批中国游客的船艇还首次划破地中海的浪花。

浙江舟山大力发展海洋旅游业 浙江舟山是长江三角洲地区唯一的海岛城市，拥有普陀山和嵊泗列岛两个国家级风景旅游区，生态环境保护较好，发展海洋生态经济很有潜力。近年来舟山各区县充分发挥海岛景观优势，做大做强海岛旅游产业。

浙江省委、省政府对发展海洋旅游业非常重视。为打造海岛强市，舟山依托普陀山佛教文化，依托海洋和渔业优势，通过举办国际沙雕节、观音文化节和海鲜美食节等活动，发展休闲渔业等特色旅游，在海洋旅游的开发上取得了一定的成绩。

舟山市管辖的嵊泗县，把发展滨海旅游业作为兴海强县的重要内容来抓，要把嵊泗建设成为沪、杭、甬等大中城市的后花园。2003年，嵊泗县还通过发展景观房产、休闲渔业、海洋休闲度假等，丰富旅游内涵，壮大海洋旅游经济实力。发展海岛景观房产具有很大的潜力，这种新型的经济开发运作方式，能为旅游区带来稳定的客源，增加人流、物流、信息流，带动海洋旅游经济的发展。随着洋山港区的建成和投入使用，嵊泗的海洋旅游还将迎来更大的发展空间。目前嵊泗正在积极引进四五个旅游大项目，以做大海洋旅游产业。

舟山地区抓住全省大力发展海洋旅游业这个契机，加快推进海洋旅游业的发展，建设休闲渔港，打造渔港经济，并利用自身的优势，积极发展游艇业，以全新的视角，市民同心协力，促进当地海洋经济建设有一个新的突破和增长。

中国海南岛欢乐节 中国海南岛欢乐节是以“健康”和“美丽”为主题的旅游节庆活动，对于弘扬特色鲜明、健康向上的热带海岛旅游文化具有十分重要的意义，2003年的中国海南岛欢乐节更是好戏连台，异彩纷呈。在为期半个月的节庆期间在全省开展旅游、会展、美食、优惠购物等特色活动，并相继在主要旅游城市掀起一个个各具地方特色的群众性文化娱乐、体育健身和旅游休闲活动的高潮。

第53届世界小姐总决赛在海南岛的三亚举行，这是海南人民期盼已久的幸事。佳丽们的莅临，使本届中国海南岛欢乐节变得更加朝气蓬勃，绚丽多彩，扩大了海南在世界的影响和声望。

世界小姐组织机构主席莫莉夫人说，能在海南举办世界小姐决赛，是我们巨大的荣幸，今天我们感受到了最多的热情和最惊人的美。她认为，海南岛欢乐节是一个非常成功的设想，是一个非常美丽的节日，她和佳丽们将永远和海南连在一起。

南航开通广州至舟山直航航班 南航分别开通了广州至浙江舟山以及广州至山西长治的直航航班，执飞的机型均为南航最新引进的“空中快巴”——新型支线飞机EMB145，不但方便了珠江三角洲地区旅客到上述两地旅游经商，也为东南亚的中转旅客提供了便利。

据了解，舟山是中国第一大群岛，也是全国唯一以群岛组成的海上城市和唯一的省辖海岛港口旅游城市；是中国海岛海洋旅游的聚焦点，也是中国东部著名的海岛旅游胜地。以往珠江三角洲及东南亚地区旅客前往舟山要先从广州乘机到宁波，再经宁波坐船前往舟山。广州—舟山航班开通后，不但大大节省旅途时间，便利了游客，缩短了行程，且由于EMB145支线飞机机型新，飞行平稳舒适，使行程更为舒心。

“第八届岛屿观光政策论坛” 由海南省人民政府主办的“第八届岛屿观光政策论坛”于2003年11月5日上午在海南省海口市举办。国内外旅游研究和咨询机构、国内高校著名学者150多人参加了论坛。来自韩国济州道、印尼巴厘省、日本冲绳县、芬兰奥鲁省、斯里兰卡南方省、奥地利萨尔茨堡州、西班牙加纳利自治大区、美国夏威夷州、日本兵库县、坦桑尼亚桑给巴尔市等9个国家10个地区的代表以及来自相关国家使节应邀出席了本届大会。海南省省长卫留成、常务副省长吴昌元等领导参加了本次大会。卫留成省长做了基调发言。

岛屿观光政策论坛是海南省与韩国的济州道、日本的冲绳县、印尼的巴厘省于1997年共同创立的国际性旅游合作组织。其宗旨是各参与方充分肯定相互之间的互补性和各自具有的独特性，并以振兴旅游业和促进相互之间的交流与合作为共同的目标，共同为岛屿地区的发展和世界和平做出贡献。论坛自成立以来每年举办一届大会。

作为21世纪的朝阳产业，旅游业在全球范围内迅速发展。海南省拥有非常优越的自然生态条件和独特的文化，在发展旅游业方面得天独厚。海南省一直把旅游业作为支柱产业加以培育和发展，经过不懈的努力，海南的旅游业健康快速发展。但也应该看到，海南的境外游客占海南接待游客的比重相对较小，同世界各地的交流与合作还需要更加紧密。岛屿观光政策论坛的创立，为我国岛屿地区提供了分享旅游业成功经验的机会，提供了岛屿地区旅游业交流与合作的平台，并受到了越来越多岛屿地区的关注。

本届论坛大会围绕“建立岛屿观光促销新型伙伴关系”的主题进行深入研讨，涉及如何建立岛屿观光促销伙伴关系，如何进行岛屿目的地的网络营销，如何进行信息共享，加强地区国际合作等。（国家旅游局规划发展与财务司 王成志）

海洋船舶工业

Marine Shipbuilding Industry

综　述
Summary

【概况】 2003 年，我国船舶工业生产快速增长，造船完工量、承接新船订单、手持船舶订单再创历史新高，船舶出口增势强劲，结构调整取得积极进展，企业管理水平和生产效率显著提高，经济效益明显改善，实现了年初制订的行业发展目标。据专家预测，2004 年在航运市场繁荣的带动下，世界造船市场将继续保持兴旺。

船舶工业经济运行基本情况

(1) 造船三大指标再创历史新高。全国造船完工量 605 万载重吨，比上年增长 45%；承接新船订单 1 850 万载重吨，比上年增长 182%；手持船舶订单 2 659 万载重吨，比上年增长 102%。

(2) 船舶出口增势强劲。据海关统计，船舶产品（含浮动结构体）共出口到 93 个国家和地区，出口金额总计 30.22 亿美元，比上年增长 57%，打破了船舶出口金额长期在十几亿美元徘徊的局面，增长速度比我国机电产品出口增长率高出 12%。从出口区域来看，欧洲和亚洲仍是我国船舶产品出口的主要市场。出口到欧洲和亚洲的船舶金额分别占全国出口总额的 56% 和 32%。尤其是欧洲市场增长强劲，出口金额达 16.95 亿美元，同比增长 105%，占出口总额的比例比上年增长 13%。

(3) 工业生产快速增长。全国规模以上船舶工业企业完成现价工业总产值 636 亿元，比上年增长 20%。从年内发展走势看，月度工业生产比较均衡，保持高位运行。

(4) 经济效益明显改善。规模以上船舶工业企业实现产品销售收入 573 亿元，比上年增长 33%。全行业工业企业盈亏相抵后实现利润总额 7.4 亿元，比上年增长 54%。

船舶工业经济运行主要特点

(1) 承接新船订单大幅增长。2003 年我国承接新船订单巨增，超过了 2000 年、2001 年和 2002 年 3 年成交量的总和。其主要原因是市场需求旺盛。进入 2003 年，由于世界经济总体情况好转，国际航运市场兴旺，带动世界造船市场异常活跃，全年新船成交突破 1 亿载重吨。同时，国内航运业快速发展，国内船舶订单尤其是内销远洋船订单大幅度增加。另一方面，国内造船企业生产效率普遍提高，骨干船厂技术改造速度加快，以及上海外高桥造船有限公司的建成投产，使我国造船能力有了较大幅度的提高，为大量承接新船订单奠定了坚实基础。

(2) 承造船舶大型化、批量化。承造大型船舶的比重提高。造船完工量中，7 万载重吨及以上的大型船舶（含 3 000 标准箱集装箱船及以上）占 46.9%；完工船舶的平均单船吨位由 2002 年不足 7 000 载重吨提高到 1.1 万载重吨；新承接船舶订单中，大型船舶所占比例进一步提高到 67%，比上年增加 20%。批量接单明显增多，部分骨干船厂的主力船型实现批量化。上海外高桥造船有限公司共承接 17.5 万吨散货船 18 艘；江苏新世纪股份公司承接 7.34 万吨成品油轮 17 艘；大连新船重工有限责任公司承接 11 万吨成品油轮 9 艘。

(3) 骨干船厂造船周期明显缩短。在造船总量增长的同时，骨干船厂管理水平和生产效率明显提高，造船周期不断缩短。沪东中华造船（集团）有限公司承建的 5 668 标准箱大型集装箱船 3 号船的建造周期比 1 号船缩短了 2.5 个月，船坞周期由 146 天缩短为 112 天；大连新船重工造船有限公司承建的 VLCC4 号船建造周期为 16 个月，比 1 号船缩短了 7 个月。

(4) 船舶两大集团公司主力军地位明显，地方船舶工业蓬勃发展。船舶工业集团公司和船舶重工集团公司仍然发挥主力军作用。两大集团造船完工量、新承接船舶订单、手持船舶订单分别占全国总量的 62%、69% 和 67%。江苏、浙江、福建、山东等地方船舶工业蓬勃发展。尤其是江苏省造船业发展引人瞩目，除船舶两大集团的企业外，江苏省造船完工量、新承接船舶订单、手持船舶订单分别占全国总量的24%、26%和27%。

【中国船舶工业集团公司 2003 年发展概况】

2003 年，是中国船舶工业集团公司（以下简称中船集团公司）成立以来极不平凡而又意义重大的一年。这一年，中国船舶工业既遇到了意想不到的困难，同时也迎来了前所未有的机遇。“非典”疫情、钢材涨价等给中船集团公司各项工作带来了很大困难。而就在“非典”肆虐的四五月份，党中央、国务院领导多次对中国船舶工业集团公司、对中国船舶工业作出重要批示，明确指出，中国完全有可能建成世界第一造船大国，还针对这一宏伟目标提出了具体要求。这些批示不仅极大地激励了广大造船职工战胜困难、再创辉煌的斗志，而且为中船集团公司加快发展带来了难得的历史性机遇。把我国建成世界第一造船大国，是党中央的战略号召，是国务院的重大决策。为此，经过多次研究，中船集团公司把第三次工作会议上提出的“五三一”发展目标又提前了 6 年，即在 2005 年、2010 年进入世界造船集团“五强”、“三强”的基础上，进一步加快发展，再用 5 年的努力，到 2015 年成为世界第一造船集团，从而推动我国成为世界第一造船大国。

2003 年是中船集团公司成立 4 年多来发展最快、成绩最显著的一年。主要表现在以下几个方面：

1. 生产经营工作取得显著成绩

2003 年，中船集团公司生产经营工作既面临“非典”疫情和钢材涨价的不利局面，也遇到了国际造船与航运市场持续好转、全球新船订造异常活跃的好时机。在抗击“非典”灾害的非常时期，集团公司审时度势，及时加强了集团公司上海总部的指挥功能，集团公司领导和一些部门同志进驻上海船舶大厦办公，贴近基层，贴近生产经营第一线，使集团公司生产经营工作克服重重困难，主要生产经营指标全面大幅度增长，取得了显著成绩。

生产方面，2003 年中船集团公司生产总量高速增长，主要指标全面完成年度计划。工业总产值全年完成 198 亿元，完成年计划的 113.8%，同比增长 24.5%，是集团公司成立以来增长幅度最大的一年；全年新开工船舶 396 万吨，为年计划的 125.8%，同比增长 60.9%；全年完工船舶 216.9 万吨，为年计划的 103%，同比增长 77.1%，完工量继 2001 年集团公司首次突破 200 万吨大关以来，再创新高；配套产品完成产值 19.1 亿元，为年计划的 117.9%，同比增长 13.7%。

经营方面，2003 年中船集团公司按照“积极进取、稳健经营、防范风险”的经营方针，共承接已生效船舶订单 872.7 万吨，同比增长 253.9%，其中出口船 731 万吨，占 83.8%；承接合同金额 362.3 亿元，同比增长 124.2%；各船厂手持船舶订单 1 163 万吨，与上年同期相比，增加了 656 万吨，骨干船厂有了 3 年稳定的造船任务。870 万吨的年接单量相当于原中国船舶工业总公司最高接单记录的 4 倍，近 1 200 万吨的手持船舶订单量相当于原船舶总公司最高手持船舶订单量的 3 倍。

在船舶产品生产经营取得好成绩的同时，海洋工程生产经营工作也取得了突出成绩。2003 年 6 月 22 日，15 万吨 FPSO“海洋石油 111 号”，在外高桥造船公司完工并交付中海油。这艘上海开埠以来建造的最大吨位海洋工程，建造周期只有 16 个月，比合同期提前了一周交付，刷新了大吨位 FPSO 最短建造周期的世界记录。外高桥造船公司正在建造另一艘 17 万吨 FPSO，并积极开发 32 万吨 FPSO。海洋工程已开始成为中船集团公司未来发展新的经济增长点。

2. 重大工程项目进展顺利

中国最大、最现代化的外高桥造船基地一期工程，2003 年 10 月 18 日全面竣工，圆了我国几代造船人的一个梦。4 年来，外高桥造船基地在一期工程建设中实现了建厂、造船、育人“三同步”。2003 年，上海外高桥造船公司新船订单 406 万吨，累计手持新船订单 510 万吨，两项指标均居国内排行榜第一名；同时，造船完工 3 艘，计 50 万吨。外高桥造船基地的建成投产，为中船集团公司积累了快速高效建设现代化大型船厂的经验。

卢浦大桥建成通车。控股投资建设卢浦大桥，是中船集团公司多元化经营的重大突破，是中船集团公司为上海经济发展和城市建设服务，积极参与上海经济建设的重大举措。由造船企业直接投资大型桥梁建设，这在国际造船界尚无先例。2003 年 6 月 28 日，卢浦大桥工程建设全面完成，顺利通车。这座由江南厂承担钢结构制造的世界上跨度最大的钢结构拱桥，以高超的技术和良好的质量赢得了广泛赞誉，并且被美国“国际桥梁会议”评为2004年度国际“桥梁奖”。控股投资建设卢浦大桥充分体现了集团优势，为集团公司开拓民品市场积累了新鲜经验。

中船集团公司“长兴工程”和“龙穴工程”两大新造船基地项目全面启动。为贯彻落实党中央、国务院关于把我国建设成为世界第一造船大国的重要批示精神，推进上海地区船舶工业布局调整和结构升级，2003年7月24日，中船集团公司与上海市人民政府签署了“关于上海地区船厂布局调整有关问题的合作备忘录”。备忘录明确了上海市在长兴岛安排8千米岸线用于中船集团公司所属江南等船厂调整搬迁。“长兴工程”的建设目标是世界最大、最具竞争力的造船基地。8月28日，中船集团公司又与广州市政府签署合作协议。广州市政府在广州南沙龙穴岛安排岸线4.5千米，用于集团公司建设。根据协议，广州南沙龙穴造船基地投资45亿元，在2008年以前形成200万～300万吨造船能力，将成为华南最大、国际一流的现代化造船基地。

3．科技工作取得较好成绩

中船集团公司科技创新体系建设工作得到加强。一年来，中船集团公司以项目为纽带，按照上下游结合的原则，推进了708所、上海船舶研究设计院与集团骨干船厂在研究开发方面的合作；探索了上海外高桥造船有限公司与708所合资成立的欣业船舶设计公司运作模式，走出了一条厂所结合的新路；在继续抓好江南、沪东中华、广船国际3家国家认定的企业技术中心的基础上，完成了外高桥国家级技术中心的认定工作。

在推进厂所结合的同时，以新船型开发为重点的产品开发工作取得新的成绩。新型海上油田浮式生产储油轮、大型集装箱船、17.5万吨大型散货船等项目完成研究任务，扩大了中船集团公司在这些产品领域的领先优势；继中标广东LNG项目后，又中标福建LNG项目，批量接获世界顶级船舶产品大型液化天然气（LNG）船，将实现中国造船史上的新突破；大功率低速机研制项目取得阶段性成果，首台VLCC主机交付船厂。另外，在非船产品开发方面也取得了一定的成果，为中船集团公司下一步发展打下了良好基础。

信息化建设取得新进展。2003年重点实施了集团公司骨干网络的升级工作，并向江南、沪东中华、广船国际等10个骨干单位延伸，目前大部分工作已经完成；外高桥公司引进韩国HANA造船CIMS软件的前期准备工作已经结束，并签订合同转入实施阶段。

4．各项改革不断深化

“四集中”改革稳步推进。从2002年起，中船集团公司开始探索和实行对各企业经营、采购、资金和船型开发的集中管理，即“四集中”改革，以优化集团公司资源配置，加快形成集团优势，增强集团整体竞争力。2003年，通过发挥中船贸易公司、中船财务等现有功能性公司的作用，中船集团公司“四集中”改革取得了初步成效。

从集团公司实际出发，在完善公司法人治理结构方面不断创新。2003年，集团公司在沪东中华、江南造船公司开始试点在公司设立常务董事会制度，在完善公司法人治理结构中进行了探索和创新。

推进了存量资产的战略性调整。一是积极推进上海船厂与澄西船厂的重组，构建崇明修造船基地。二是继续对广州地区四厂一院进行整合，并于2003年8月份更名成立了广州造船公司。三是积极推进主辅分离辅业改制分流工作。对于资不抵债、扭亏无望的企业，中船集团公司也正在按照国家有关政策，稳妥操作，帮助它们有序退出市场。

5．经济效益稳步提升

2003，“非典”疫情和钢材涨价大大增加了集团公司生产经营成本，严重影响了中船集团公司经济效益水平。面对不利局面，中船集团公司全面深化“四集中”改革，细化各项改革措施，进一步加强全面预算管理，不断压缩单船成本，仍然取得了较好的经济效益。中船集团公司实现销售收入194亿元，同比增长9.6%。与上年同口径相比，全年实现利润总额2.8亿元，同比增长21.7%，实现了国有资本保值增值。

（中国船舶工业集团公司　郑　言）

【中国船舶重工集团公司2003年发展概况】 2003年，中国船舶重工集团公司认真实践“三个代表”重要思想，紧紧抓住发展这个第一要务，努力克服非典造成的不利影响，狠抓经营管理，稳步推进改革创新，全面完成了年度计划，主要经济指标实现两位数以上的增长，保持了持续快速发展的好势头。

（1）经济发展。全年共完成工业总产值210亿元（1990年不变价，下同），比上年增长19%。其中，造船产值137.8亿元，比上年增长16%；修船产值9.6亿元，与上年基本持平；非船产品产值63亿元，比上年增长30%。出口产值46亿元，比上年下降9.6%。完成工业增加值50亿元，比上年增长16%。实现主营业务收入291亿元，比上年增长56%。补贴后实现利润和结余总额4.3亿元。

（2）主要产品产量按类别划分完成情况。全年造船开工77艘、192万吨，吨位数比上年增长44%。造船完工86艘、165万吨，吨位数比上年增长20%，创历史新高，其中，出口船35艘、113万吨，吨位数比上年减少4.6%。主要船用配套产品船用柴油机全年完工419台/42万千瓦，功率数与上年持平，锚绞舵机完工233台，比上年增长63%。主要非船舶产品蓄电池、自动化物流系统、液压支架、小径流增压器等比上年均有较大幅度增长（见表1）。为三峡二期工程研制生产的一批重要装备顺利通过了蓄水、通航、发电的考验，福建水口升船机项目全面完成。

2003年集团公司工业生产总体上大幅增长，重点船舶产品15.9万吨原油船、7.2万吨原油船、5 668标准箱集装箱船、23万吨浮式生产储油轮（FPSO）、海洋风车安装船等一批首制船实现交船。其中，山海关船厂建造的世界上第一艘海洋风车安装船交付船东，填补了世界造船史上的一项空白。批量船建造周期大大缩短。30万吨超大型油轮（VLCC）4号船建造总周期比1号船缩短了7个月，5 668标准箱集装箱船3号船建造总周期比1号船缩短了5个月。修船企业克服非典造成的不利影响，全年累计修理船舶555艘、1 125万吨，其中外轮修理完成234艘、873万吨，出口创汇7 935万美元。

（2）经营工作。2003年集团公司把握宏观经济环境向好、船舶市场需求回升的有利时机，加强经营工作的组织协调，围绕产品结构调整，在系列化、批量化上下功夫，重点承接了30万吨VLCC、11万吨成品油船、3.5万吨成品油船、5.73万吨散货船、7 000吨多用途船等一批成熟船型，同时，批量承接了4 250标准箱集装箱船、11万吨原油船、7.5万吨原油船、17.4万吨优选型散货船、3.76万吨散货船等一批新船型，共计承接船舶订单109艘/423万吨，合同金额175亿元，超过了前3年的总和。全年共承接各类产品合同金额318亿元，比上年增长58%。截至2003年底，集团公司手持合同总金额400亿元，手持船舶订单超过630万吨。

（3）重点建设和技术改造。2003年，集团公司完成固定资产投资26.5亿元，其中基本建设18.6亿元，技术改造7.9亿元，新增固定资产10亿元。大连造船重工新建大坞、大连新船重工大坞接长工程已基本完工，两坞配套建设以及渤海船舶重工30万吨船坞建设列入国家首批东北老工业基地重点改造项目。

（4）科技开发。2003年科技创新项目和成果产业化取得成效。高新优船舶关键技术开发、优选型散货船开发等一批重大专项新列入国家科研计划。在研项目中20项完成了中期评估和验收，一批创新成果得到较好应用。渤海船舶重工承担的国家科研项目优选型散货船开发，已研发出具有自主知识产权的17.4万吨双壳散货船，并已签订4艘新船订单；昆明船舶设备集团公司新开发的造纸法再造烟叶技术通过了国家鉴定，并开始推广应用；大连新船重工和大连造船重工分别承担了“20万吨浮式生产储油轮（FPSO）”和“海上作业多用途工作船”国家科研课题。组织编制集团公司科技发展规划纲要，进一步明确了技术发展方向和重点。初步理清了集团公司信息化建设的基本思路，对船厂、船用设备厂和科研院所提出了分类指导意见。研究制订了集团公司技术创新评价体系。

（5）改革与脱困。进一步加强和完善集团公司的功能建设，2003年相继成立了科技投资公司、国际贸易公司，重组了军品技术研究中心。积极推进调整重组工作，集团公司出资2.7亿元回购了其它股东所持大连新船重工的部分股份，确保了对关键企业的控股权；对天津新河船厂进行合资改制，由民营企业控股经营，实现了集团公司在一般企业国有资本股比的首次减持。加大了改革脱困工作力度，集团公司37个项目、涉及33户企业已全部列入国家下发的建议名单。2003年，集团公司预算内工业企业补贴后实现利润1.4亿元，亏损企业由8户减少到5户，亏损面下降至9%。

(6) 管理工作。加强制度建设，逐步制定、完善和实施了集团公司《对外投资管理办法》、《股权管理办法》、《固定资产处置管理办法》、《全面预算管理办法》、《成员单位收益分配办法》、《对外承包工程管理办法》、《法律顾问工作规定》以及科研生产、质量安全、党风廉政建设等方面共30多项规章制度。财务管理方面，成立了集团公司预算管理委员会，制定了全面预算管理办法、预算编制若干规定和具体操作指导意见，正式试行全面预算管理。启动了资金适度集中管理工作。深化人事、劳动、分配3项制度改革，年薪制试点扩大到33户企业、25家科研院所。集团公司总部开展了新一轮全员竞聘上岗工作，并实行了全员劳动合同制。专业人员队伍建设取得明显成效，34人获得政府特殊津贴，33人荣获“国防科技工业学术技术带头人”称号，6人荣获全国“五一”劳动奖章，10人荣获“国防科技工业技术能手”称号，6户企业被批准列为国家高技能人才培训基地。加强生产管理和组织协调，进一步推进了“转模”工作。2003年集团公司系统企业产品质量稳定，无重大质量责任事故。质量体系建设工作进展顺利，积极推进质量文化建设。

(7) 精神文明建设。集团公司上下广泛兴起学习贯彻“三个代表”重要思想的新高潮，开展贯彻落实十六大和十六届三中全会精神活动。开展向人民的好公仆郑培民同志学习活动，树立并宣传了集团公司系统见义勇为的好职工刘昶同志。企业文化建设取得新的成果，716所被中国企业文化促进会评为中国企业文化建设先进单位。进一步落实党风廉政建设责任制，开展领导干部廉洁自律和企业“三重一大”决策制度执行情况的检查。加强对物资采购、工程建设等效能监察，节约资金1亿多元。

(中国船舶重工集团公司办公厅政研室　朱雪松)

统计资料
Statistical Data

表1　2003年主要非船舶产品生产情况

产品名称	单　位	产　量	比上年增长(%)
蓄电池	万只/万千瓦小时	540/387	31.07/26.06
复印机	台	7 306	41.15
铁路货车	辆	1 121	-1.92
烟草机械	台(套)	2 110	37
自动化物流	套	14	42.86
液压支架	架	757	83.29
煤气表	万只	62.7	-5.94
厚壁无缝钢管	吨/根	14 253/1 959	24.93/7.70
增压器	台	1 677	26.85
小径流增压器	台	10 008	99.44
齿轮箱	台	767	14.14

(中国船舶重工集团公司办公厅政研室　朱雪松)

表2　2003年造船企业造船完工前10名

序号	单　位	造船完工量(万载重吨)
1	大连新船重工有限责任公司	84.4
2	南通中远川崎船舶工程有限公司	69.8
3	沪东中华造船(集团)有限公司	65.0
4	上海外高桥造船有限公司	50.0
5	江苏新世纪造船股份有限公司	41.1
6	广州广船国际股份有限公司	36.1
7	大连造船重工有限责任公司	33.4
8	江南造船(集团)有限责任公司	28.1
9	渤海船舶重工有限责任公司	25.1
10	上海船厂	16.0

表3　2003年造船企业新承接船舶订单前10名

序号	单　位	新承接船舶订单(万载重吨)
1	上海外高桥造船有限公司	406.0
2	沪东中华造船(集团)有限公司	200.2
3	大连新船重工有限责任公司	180.5
4	南通中远川崎船舶工程有限公司	160.4
5	江苏新世纪造船股份有限公司	139.0
6	江南造船(集团)有限责任公司	102.2
7	大连造船重工有限责任公司	100.4
8	渤海船舶重工有限责任公司	92.5
9	广州广船国际股份有限公司	70.8
10	国内贸易部口岸船舶工业公司	54.4

表 4 2003 年造船企业手持船舶订单前 10 名

序号	单 位	手持船舶订单（万载重吨）
1	上海外高桥造船有限公司	510.5
2	大连新船重工有限责任公司	318.3
3	沪东中华造船（集团）有限公司	280.1
4	江苏新世纪造船股份有限公司	243.8
5	南通中远川崎船舶工程有限公司	204.0
6	渤海船舶重工有限责任公司	135.8
7	江南造船（集团）有限责任公司	127.6
8	大连造船重工有限责任公司	126.6
9	江苏江都船舶集团公司	95.8
10	广州广船国际股份有限公司	90.3

表 5 2003 年造船企业出口交货值前 10 名

序 号	单 位	出口交货值（亿元人民币）
1	大连新船重工有限责任公司	15.6
2	大连造船重工有限责任公司	14.9
3	广州广船国际股份有限公司	14.5
4	南通中远川崎船舶工程有限公司	14.3
5	江南造船（集团）有限责任公司	14.0
6	江苏新世纪造船股份有限公司	12.0
7	中国长江航运集团金陵船厂	11.8
8	沪东中华造船（集团）有限公司	11.2
9	上海船厂	9.9
10	江苏扬子江船厂有限公司	7.0

表 6 2003 年修船企业销售收入前 10 名

序 号	单 位 名 称	修船销售收入（万元）
1	中海工业有限公司	90 480
2	南通远洋船务工程有限公司	70 032
3	大连中远船务工程有限公司	65 356
4	澄西船舶修造厂	53 700
5	山海关船厂	32 183
6	北海船厂	27 445
7	广州文冲船厂有限公司	24 200
8	上海船厂	20 768
9	广州中远船务工程有限公司	19 939
10	华润大东船务工程有限公司	18 150

注：本表统计范围为从事民用船舶修理、改装的企业。

表 7 2003 年修船企业出口创汇前 10 名

序 号	单 位 名 称	修船出口创汇（万美元）
1	南通远洋船务工程有限公司	7 119
2	大连中远船务工程有限公司	6 791
3	澄西船舶修造厂	4 938
4	山海关船厂	4 129
5	中海工业有限公司	3 010
6	北海船厂	2 659
7	广州文冲船厂有限公司	2 585
8	上海船厂	2 295
9	华润大东船务工程公司	2 065
10	广州中远船务工程有限公司	2 006

注： 本表统计范围为从事民用船舶修理、改装的企业。

表 8 2003 年修船企业修船数前 10 名

序 号	单 位 名 称	厂修艘数(艘)
1	中海工业有限公司	492
2	上海船厂	234
3	澄西船舶修造厂	190
4	有联(蛇口)船厂有限公司	178
5	大连中远船务工程有限公司	175
6	南通远洋船务工程有限公司	142
7	山海关船厂	124
8	北海船厂	119
9	广州文冲船厂有限公司	117
10	广州中远船务工程有限公司	107

注：1. 本表统计范围为从事民用船舶修理、改装的企业。

2. 报告中国内数据为国家船舶工业统计快报数据。

3. 各项统计数据均未包括香港特别行政区、澳门特别行政区和台湾省。

4. 造船完工量、承接新船订单、手持船舶订单的统计范围是100 总吨及以上的钢质机动船舶及浮式生产储油轮（FPSO）。

（中国船舶工业行业协会）

海盐及海洋化工业

Marine Salt Industry and Marine Chemical Industry

【概况】 2003年，全国共产盐3 653.7万吨，其中海盐2 204.6万吨（表1），比2002年减产近400万吨，降低15%，但海盐产量仍居世界第一位。北方海盐区气象条件极不利，仅产盐2 038.7万吨。南方海盐区则由于气象条件较好，产盐166.0万吨，比2002年多产49.3万吨，增加42%。2003年海盐盐化工产品产量达90万吨，同比增加70.25%。据统计，2003年全国海盐区工业增加值为20.55亿元，职工人数为12.55万人。

2003年我国在承诺持续消除碘缺乏病目标的基础上，中国盐业为全国提供质量合格的加碘盐725万吨，其中海盐282万吨。

【海盐生产】 北方海盐区减产的主要原因是雨季提前且持续时间较长及10月风暴潮的影响，降水量比2002年增加1倍，较常年仅多一二成，产盐2 038.7万吨，属于平产年。从2003年全国海盐的产、销、存情况来分析（表2），可以看出：北方海盐连续12年产大于销的局面开始发生转变，产不敷销达276万吨，其中缺口较大省有山东、江苏和天津。若不是2002年盐存量较多，年底就会产生盐荒。从2003年全国工业盐各盐种构成情况看（表3），北方海盐仍是左右两碱工业盐的主要来源。井矿盐成本高，湖盐运距长，均解决不了两碱工业盐的需要。到2003年底盐的供求关系产生了较大变化，从近5年两碱产量、用盐量及实际盐产量的变化看（表4），盐销量（主要是两碱工业盐）在快速增长，近5年平均增长率在8.75%，但盐产量的增长严重滞后，5年平均增长率仅在3.23%。盐碱发展不协调，将成为相当长一段时期内盐产不敷销的主要原因。从1992年以后国家没有再批准建设大的海盐项目，而民营企业无论从资金、用地、建设周期等条件来讲都很难建设大的海盐项目。我国两碱工业盐主要分布在沿海，海盐不发展，两碱工业盐的发展将要受到严重制约。

【海盐盐化工】 2003年海盐盐化工产品总产量为66.24万吨（表5），同比增长24.63%，是盐化工的丰产年。海盐盐化工的生产和产量主要是看上一年盐化工的原料是否充裕。由于2002年海盐是特大丰产年，苦卤资源充裕，使得2003年盐化厂普遍延长了生产周期，盐化工产品获得较好的收成。尤其是氯化钾、氯化镁都达到了近10年的最高产量。目前山东省仍是我国产溴大省，产量稳定在6.5万吨/年以上。河北省溴素产量居全国第二。我国溴产量已达7万～8万吨/年，约占世界溴产量的15%，居第三位，仅次于美国和以色列。溴素主要应用于医药、染料、阻燃剂、化学试剂等化学工业领域。中国溴系列产品在制盐工业生产中已有60余个品种，占市场份额较大的品种有十溴联苯醚、四溴双酚A、二溴醛、氢溴酸、八溴醚、三溴苯酚和二溴磷等系列产品。

【中盐集团成立】 2003年8月9日，中盐总公司在人民大会堂召开“中盐集团”成立大会。出席大会的有全国政协副主席周铁农，国家发展和改革委员会、财政部、卫生部、国家质检总局、商务部、中国轻工业联合会等有关部委领导，联合国儿基会、工发组织、世界银行等国际组织官员，各省、自治区、直辖市盐务局局长、盐业公司经理和大中型制盐企业厂长，以及盐业科研、勘探、设计等单位负责人，共计400余人。中盐集团是以资本为主要连接纽带，以中盐总公司所属全资子公司、控股子公司、参股公司和科研、勘探、设计、质量检测等企事业单位，以及与中盐总公司在生产经营、运销、科研、贸易等方面联系密切的有关盐业企业为集团成员的企业法人联合体。现有企业成员57家，其中省级盐业公司 29 家，大型制盐企业（公司）、食盐经营企业、科研、勘探、设计等企事业单位 28 家。集团总资产 234 亿元，年销售收入 140 亿元，盐产量 1 871.6 万吨，职工总数 12.84 万人。

【持续消除碘缺乏病国际会议在京召开】 2003 年 10 月 15～17 日，持续消除碘缺乏病国际会议在北京人民大会堂召开。会议由中华人民共和国卫生部、联合国儿童基金会联合主办，中国盐业协会协办。来自 38 个国家和地区的 400 余名代表参加了会议。卫生部、中国疾控中心、中国地方病协会、国家发改委、国务院妇儿工委、关工委、中轻联和中国残联等 16 个部委派代表与会。联合国儿基会、世界卫生组织、持续消除碘缺乏病全球联盟、国际控制碘缺乏病理事会等 10 个国际组织的主要负责人以及美国、俄罗斯、澳大利亚、蒙古、伊朗等 30 余个国家的政府官员参加了会议。国务院副总理、卫生部长吴仪致欢迎词并发表重要讲话，联合国儿基会执行主任卡罗·贝拉米女士、世界卫生组织助理总干事凯瑟琳、中国卫生部副部长马晓伟、科瓦尼斯基金主席朱安·涛瑞丝、中国盐业协会理事长兼中国盐业总公司总经理董志华等先后在会上发言。会后，全体与会者就保证国家级和地区级的政治承诺、通过建立碘盐基金保证碘盐供应、社会动员及创造需求和社区参与、碘盐质量监督和保证碘营养水平、建立国家联合阵线保证持续消除碘缺乏病 5 方面的工作发表声明。

表 1　2003 年全国海盐产量及盐田生产面积

单位：万吨，公顷

	海盐产量	其中加碘盐产量	盐田生产面积
全国海盐	2 204.64	282.55	341 439
北方盐区	2 038.68	200.01	313 176
辽　宁	220.77	49.05	55 970
山　东	995.79	76.40	95 875
河　北	422.10	24.28	79 099
天　津	228.68	8.72	34 657
江　苏	171.34	41.56	47 576
南方盐区	165.96	82.54	28 262
浙　江	54.02	15.12	7 385
福　建	53.25	16.62	6 168
广　东	25.99	28.99	8 868
广　西	15.11	12.34	2 535
海　南	17.59	9.41	3 306

表 2　2003 年全国海盐产能、产量、销量及存量

单位：万吨

	产　能	产　量	销　量	存　量
全国海盐	2 737.17	2 204.64	2 433.23	923.12
北方盐区	2 557.79	2 038.68	2 314.75	826.57
辽　宁	337.02	220.77	216.32	76.98
山　东	1 261.09	995.79	1 213.71	291.46

续 表

	产 能	产 量	销 量	存 量
河 北	530.05	422.10	403.09	280.80
天 津	213.63	228.68	243.81	97.32
江 苏	216.00	171.34	237.82	80.01
南方盐区	179.38	165.96	118.48	96.55
浙 江	42.89	54.02	40.24	36.60
福 建	73.87	53.25	32.67	37.89
广 东	23.34	25.99	21.22	8.89
广 西	14.35	15.11	12.84	1.88
海 南	24.93	17.59	11.51	11.29

注：产能为2002年底的数据。

表3 2003年全国工业盐各盐种构成情况

单位：万吨，%

盐 种	全 国	海 盐			井矿盐	湖 盐
		合 计	北方海盐	南方海盐		
产 量	2 707.75	2 104.22	2 081.87	22.35	382.72	220.81
所占比重	100.00	77.71	76.89	0.82	14.13	8.15

表4 近5年两碱产量、用盐量及实际盐产量的变化

单位：万吨，%

年 份	纯 碱		烧 碱		合 计		用盐量	实际盐产量	
	产 量	同 比	产 量	同 比	产 量	同 比		产 量	同 比
1999	766.00	2.96	580.14	7.56	1 346.14	4.89	2 019.21	3 116.6	22.08
2000	834.00	8.87	667.88	15.12	1 501.88	11.57	2 252.82	3 518.1	12.88
2001	914.37	9.64	787.96	17.98	1 702.33	13.35	2 553.50	3 454.8	-1.8
2002	1 033.15	12.99	877.97	11.42	1 911.12	12.26	2 866.68	3 958.6	14.58
2003	1 107.50	9.00	939.90	13.8	2 047.40	7.13	3 071.10	3 653.7	-7.70
平 均		7.65		10.13		8.75			3.23

注：用盐量按1.5吨盐产1吨碱折算。

表5　2003年海盐区主要盐化工产品产量

单位：吨

地　区	氯化钾	工业溴	氯化镁	无水硫酸钠	硫酸钾
辽　宁	5 209	606	50 780	2 878	-
山　东	-	65 101	93 010	-	21 412
河　北	7 408	4 628	66 278	-	-
天　津	22 269	2 287	233 923	-	-
江　苏	6 213	570	79 797	-	-
合　计	41 099	73 192	523 788	2 878	21 412

（中国盐业总公司　胡　宁）

海洋生物制药和保健品开发

Development of Marine Biological Pharmaceutical and Health Products

【概况】 海洋生物作为药用，是我国医药学宝库的重要组成部分。海洋生物种类繁多，海洋生物的研究与开发也不断开拓。按医药界目前的看法，海洋药物按用途大体可分为：预防、治疗心脑血管系统疾病的药物、抗癌药物、抗微生物感染药物、滋补保健药物和其他药物等五大类。从海洋生物中提取分离的海洋活性物质按其生物活性可分为：海洋抗癌活性物质、海洋抗菌活性物质、海洋抗心血管活性物质、海洋抗放射活性物质、海洋前列腺素以及海洋生物酶和海洋医用生物材料。各类制品、制剂或产品按其功能可分为：增强机体免疫功能的药品、保健品，抗心脑血管疾病的药物，具有抗风湿、类风湿功能的药物，抗肿瘤药物，抗过敏药物，抗病毒类药（包括抗爱滋病的药物），防治肥胖和健美用药，抗衰老及妊娠保健用药，功能紊乱调节药（包括抗抑郁、内分泌失调、性功能障碍等）和补益类营养保健药。当前海洋药物的应用日益广泛，不断产生巨大的社会和经济效益。

在对海洋生物活性物质的研究中，海洋毒素是进展最为迅速的领域。多数海洋毒素具有独特的化学结构，由于许多毒素的毒性是以对生物神经系统或心血管系统的高特异性为基础的，因此这些毒素及其作用机制是发现新神经系统或心血管系统药物的重要导向化合物或线索，也可作为寻找新农药的基础。甲壳质的研究与开发在往年的基础上又有了更大的发展。随着海洋药物科学研究的不断深入，由此形成的新产品开发也取得了快速进展，海洋医药工业异军突起，已发展成为新兴产业。此外，科研与生产的紧密结合，在一些地区正在形成科研、开发、生产一体化的网络体系。

【海洋药物学研究现状】 海洋药物学是一门研究海洋药物资源、海洋生物活性物质的贮量、分布、作用以及作为药物系统地研究与开发，同时也包括药物工艺工程化研究的学科。现代概念的海洋药物系指来自海洋生物资源和矿产资源的药物。但就当代的研究与开发来说，主要还是侧重于海洋生物资源。当前海洋药物研究的内容包括：海洋现代药、海洋中药及中成药、海洋卫生材料、海洋保健食品及海洋药用添加剂等诸方面。这是一门跨学科的新兴学科，它既是海洋资源化学发展的一个重要的分支学科，也是为海洋生物资源和海洋矿产资源深层次开发而发展起来的一门新学科。

我国对海洋药物的现代研究始于 20 世纪 60 年代前后，但发展相当迅速。1980 年在中国药学会中成立了“海洋药物学术组”；1981 年创刊了在中国乃至世界也是唯一的海洋药物专业性的杂志《海洋药物》，现名为《中国海洋药物》；一些专业研究机构在沿海各大城市，甚至是内地城市相继建立，学术活动也十分活跃。相关的学术协会或组织如“中国海洋湖沼学会药物学分会”、“中国航海医学会海洋生物工程专业委员会”、“中国生物工程学会海洋生物工程专业委员会”等先后建立。一些制药企业陆续扩大海洋制药的规模。

青岛是我国较早从事海洋药物研究与生产的基地，在海洋药物的研究中，中国海洋大学是一个重要的研究中心，其成就十分显著。中国海洋大学管华诗院士等研制开发了我国第一个海洋药物——藻酸双酯钠(PSS)。结合国内海洋药物研究的状况，针对海洋药物研究的瓶颈因素，建立了符合我国国情的海洋药物研究的理论与技术体系，为我国海洋药物事业的发展做出了贡献。这些成就主要包括：

(1) 提出解决海洋药物药源问题的思路。针对制约海洋药物产业化的瓶颈因素—药源问题，选择资源丰富、结构独特、活性多样的海洋多糖作为药源，成功解决了海洋糖类药物研究开发的药源问题；提出了培育海洋药源生物的发展规划，为海洋药物研究与开发提供了可人工养殖的药源生物，对海水养殖结构的调整以及海洋农牧化的发展做出了一份贡献。针对药源问题，依据国际海洋药物发展趋势，提出开拓新药源的发展思路。对尚未触及或可大量培养的海洋生物和微生物，特别是极端环境海洋生物、海洋共生微生物等资源进行系统研究，拓展海洋药物研究新的资源领域。

(2) 建立海洋糖类化合物成药的基础理论体系。发现了某些海洋多糖类化合物生物学功能的化学本质，即独特的聚阴离子特性；揭示了这些化合物的分子骨架、阴离子化程度、官能团类型、取代位置是其成药的化学结构基础。总结了海洋糖类化合物结构与功能的规律，建立了海洋糖类化合物成药的理论体系，为海洋糖类药物研究开发奠定了理论基础。

(3) 构建了我国第一个海洋糖库。历经20余年的积累，构建了我国第一个“海洋糖库”。该库中已有褐藻胶、卡拉胶、琼胶、甲壳质等各种结构类型的系列海洋寡糖及其衍生物 200 余个，为海洋糖类药物及其他相关研究提供了物质基础和数据信息。

(4) 建立了海洋药物研究开发技术体系。建立了海洋药源生物培养、活性物质提取分离、生物降解及化学修饰等海洋药物研究开发技术体系；以海洋生物技术为主导技术，整合、集成现代制药技术，构建了海洋药物工程化技术体系，实现了海洋药物产业化。上述技术体系的建立，推动了海洋创新药物的研究，加快了产业化进程，为我国海洋制药业雏形的形成奠定了技术基础。1995 年在中国海洋大学多个海洋药物研究机构的基础上，组建成“国家海洋药物工程研究院”，1996 年经国家科委批准，以中国海洋大学为技术依托组成“国家海洋药物工程技术研究中心”。

在海洋一类创新药物的研制方面，“九五”和“十五”期间，中国海洋大学海洋药物研究所承担并完成了国家“九五”科技攻关项目 2 项，国家海洋“863”项目 2 项，先后开发出国家一类新药 3 个、五类药 1 个。其中国家一类新药抗心脑血管疾病的海洋生物新药 D-聚甘酯、抗艾滋病海洋药物 911、抗动脉粥样硬化海洋药物 916 正在二期临床研究。海洋创新药物研究开发取得的重大进展，为形成我国海洋制药规模产业奠定了重要的基础。目前，以新药为核心的产业化合作也已全面展开。

在一些企业、研究单位，甚至在一些县也成立了海洋药物研究的基地、实验室和研究机构。如青岛第三制药厂建立了“国家海洋药物工业中试基地”，中国科学院海洋研究所建立了“藻类基因工程实验室”，山东省长岛县建立了“长岛海洋药物研究所”等。

在海洋药物的研究中，开发新型海洋药物的基础是海洋生物活性物质。进入 20 世纪 80 年代后，由于高压液相层析、分子光谱、核磁共振波谱、高分辨质谱、单晶 X 衍射等精密仪器的应用，使微量复杂的海洋生物活性物质得以快速分离和鉴定，从而加速了海洋生物活性物质的发现。30 余年来，学者们集中对海洋藻类、海绵动物、棘皮动物、腔肠动物、被囊动物、软体动物以及微生物等进行了广泛研究，从中分离和鉴定出大批的新型化合物和各种生物活性物质。在国内，现已从海洋生物中发现数百种新化合物。其中，海藻硫酸多糖、二倍半萜、内酯二萜、环二肽、藻胆蛋白、EPA 和 DHA、鲨骨素、甲壳素及其衍生物、海洋毒素等，经药理证明有抗菌、抗病毒、抗肿瘤、抗放射、防治心血管疾病等作用。临床上已经应用的“准”字号海洋药物已有多个(藻酸双酯钠、甘糖酯、河豚毒素、多烯康、甘露醇烟酸酯)，“健”字号药用品也达数十个。除海洋药物外，国内外利用海洋生物研究和开发的海洋保健品已形成多种系列，如鱼油系列、水解蛋白系列、海藻系列、贝类系列等。

中国科学院海洋研究所研制的“海昆肾喜胶囊”和“褐藻多糖硫酸酯”（获国家食品药品监督管理局新药中药二类证书）是经过十多年的研究与开发，以海藻为原料制备的纯天然海洋新药，主要成分是海带（*Laminaria japonica*）细胞间产物——褐藻多糖硫酸酯，是褐藻类海藻特有的一种化学组分。此前，“褐藻多糖硫酸酯的制备方法”和“褐藻多糖硫酸酯在制备治肾衰病药品中的应用”已获得 2 项国家发明专利。

以基因工程等生物技术为手段，进行有价值的海洋生物活性物质基因分离，培育新的活性物质转基因生物，或培育药用活性物质含量高、生长快、抗病强的海洋生物，是解决由于海洋生物中生物活性物质含量低而造成的药源不足问题的途径之一。

1999年底以来，在国家科技部的支持下，国家海洋局第三海洋研究所与中国海洋大学合作，共同开展了海洋药源资源库和基因库的构建。已收集保存了大量海洋微生物菌种，其中包括具有药用价值的菌种和不易采集的深海、南极、北极菌种。并筛选到有明显抗菌活性或有明显抗肿瘤细胞活性的微生物70余株，保存了海水微藻88种159株、大型藻类17种137株，已收集和保存了海洋药源生物标本150余种。在海洋药源生物基因库的建设上，已经提取了珊瑚、对虾、鲍鱼、海鞘、黄海葵、鲨鱼软骨、螺旋藻、原生动物的染色体DNA和mRNA，下一步将构建其DNA文库和cDNA文库。同时，构建了一些不易采集的微生物样品，如深海、极地微生物的基因文库。在海洋药源生物信息库的建设方面，目前已完成信息库基本框架的构建和计算机系统编程工作，并查阅和收集了我国多年来有关海洋生物资源调查与研究的报告和文献。现已整理出100余条具有药用功能的海洋生物相关信息，每种生物的相关信息分别归为不同条目录入信息库。目前，该库已试行网络化查询服务，实现了资源共享。

【海洋生物资源开发利用技术发展规划】 “十一五”期间及以后更长的时期内，我国海洋生物资源开发领域，应以海洋生物资源保护、新生物资源开拓、生物资源综合利用为主要战略任务，以海洋生物技术为主导技术，以海洋制药为制高点，以海洋传统产业改造为基础，综合发展海洋渔业、海水养殖业、水产品加工业、海洋制药业等高新技术产业，构筑海洋生物技术产业群，提高海洋产业在我国社会经济发展中的地位，为国家安全和现代化发展做出应有的贡献。

以海洋生物技术为主导技术，其他相关技术为辅助技术的技术体系，将是未来海洋生物资源研究开发实现技术跨越的基石。21世纪海洋生物资源研究开发总的趋势将是从特殊到普遍，从部分到整体，从个别到系统。现代科学技术的高速发展对海洋资源与环境领域的发展产生了巨大的牵引力，必将对未来海洋生物资源的保护和开发产生无法估量的推动作用。综合运用现代科学技术，特别是生命科学领域的研究方法、技术和思路（如基因组学、蛋白质组学、生物组合化学、生物信息学及化学生态学等新兴学科方法和技术），嫁接或移植其他现代产业的先进技术，从而组装和构建海洋生物技术产业完善而独特的技术体系，形成新的技术平台，在此基础上实现技术的跨越，由此支撑起未来海洋生物技术这一庞大的高新技术产业。

海洋生物资源开发利用的关键技术是海洋生物技术 海洋生物技术是现代生物技术与海洋生物科学相结合的产物。海洋生物技术的开发和利用将为解决人类面临的食品与营养、资源和能源、环境与健康等一系列重大问题提供更多的有效手段，开辟新的途径，并对下一代新兴产业的建立起到催化作用。例如，将海洋生物技术应用于物种改良、生态修复、环境保护和生物材料的加工、处理和生产，将推动新的高技术产业的形成。目前，世界上对海洋生物技术研究(无论是基础还是应用)最多、发展最快的国家是美国，其次为日本。基于海洋生物技术的重要性及其所蕴含的巨大市场潜力，许多发达国家都在逐步将这方面的研究开发提高到重要的战略地位。

在生物技术中，基因组学技术属前沿技术，在海洋生物资源保护和基因资源利用中发挥着极其重要的作用。当今的生命科学研究已由单个基因的克隆、分析时代步入生物整体基因组分析、功能研究的新时代。在多种学科交叉互动的21世纪，基因组学在生命科学的各学科间架起了一座桥梁，使人类能够在宏观模式和微观机制的不同层次上，探索生物发育、进化、生物多样性起源、衰老及疾病的防治等重大科学问题，成为新世纪生命科学最前沿的研究领域，也是高科技研究的焦点之一。近年，一些发达国家已率先启动海洋生物基因组的研究，特别是美国、日本、加拿大、澳大利亚及欧洲国家纷纷投入巨资，展开海洋生物的基因组研究。对海洋生物功能基因组进行研究，将从根本上打破资源限制，为海洋生物物种保存、品种改良、食物和药物开发等开辟崭新领域。

建议重点发展的技术领域：

- 海洋生物基因工程技术；
- 海洋生物基因组学技术；
- 海洋生物发酵工程技术；
- 海洋生物信息学研究技术；
- 海洋化学生态学研究技术。

海洋生物资源研究、保护和环境治理

1. 濒危物种资源的保护

由于人类的活动，环境的恶化，滥捕及海洋生物食物链的变迁，许多海洋生物濒临灭绝，有些生物种群稀少、难以采集或不易保存，一些具有重要经济价值的海洋动植物物种也受到严重威胁。对这些生物种群的基因组学进行研究，构建这些生物的基因库，同时构建种质库，挽救并永久保存这些生物的基因和种质，将为后续开发提供长远的资源保障。

2. 海洋生态环境的保护和治理

随着海洋的开发，海洋污染已成为日益严峻的问题。海洋污染形式很多，如油污染、工业废物、废水、放射性污染、热污染和生物污染等。这些污染破坏了海洋生物赖以生存的生态环境，严重威胁着海洋生物资源。海洋生态环境的综合治理关系到国家乃至世界社会经济发展的安全，将是我国在“十一五”期间重点解决的重大问题。需要特别注意的是，生物污染引起的赤潮现象，在世界范围的沿海水域频繁发生，已成为一种严重的世界性海洋灾害，对海洋生态系统、海洋经济以及大众健康构成了严重威胁。科学、有效地进行赤潮的治理和控制，已成为迫切需要解决的世界性课题。赤潮的生物防治技术将是今后重点发展赤潮防治技术。

3. 研究和开拓海洋生物新资源

(1) 新品种培育和高价值经济动植物增养殖。海水养殖与海水增殖也是海洋生物技术研究发展的重要领域，是海洋农牧化的主要技术支撑，也是提高水产品质量和产量的重要途径。利用生物技术手段可获得优良的抗逆品种和及时快捷的监控、防治，包括养殖品种病害治理、转基因（转移生长激素基因、抗冻基因、抗盐基因等）鱼类培育、改变鱼类习性（细胞融合技术）、性别控制、单倍体及多倍体细胞工程育种、病原体快速诊断等。

(2) 新的海洋生物资源发现和开拓。目前为止，人类触及的海洋生物几乎涉及到了所有海洋生物种类，但由于传统上易于采集和处理的海洋生物多已被研究或利用，再从中发现新的食物、药物、生物制品及其他应用价值的资源，已日益困难。因此，开拓新的海洋生物资源领域，对21世纪海洋生物资源研究和开发具有重要的战略意义。可以预见，人们尚未触及、尚未充分研究或尚未有条件和相应技术进行研究和开发的海洋生物资源将成为未来研究开发的热点。海洋生物在长期的进化过程中获得了不同于陆地生物的生存能力，如耐盐性、耐寒性、耐高压及高渗透性、光合成、固氮、发光、吸磁性等等，海洋生物技术为揭示这些独特生存能力的奥秘提供了新的工具；也为探索发现极端条件下具有特殊能力的、有价值的、新的海洋生物资源提供有力的技术支撑。

海洋微生物是具有巨大开发潜力的资源领域。例如，陆地微生物早已成为抗生素、酶抑制剂等生物活性物质的重要来源，形成了辉煌的抗生素时代。随着陆地微生物新种发现难度的增大，从中获得新的生物活性物质的几率大幅度降低。而高盐、高压、低温、光照特征等海洋特殊环境造就了海洋微生物的多样性。据估计，海洋微生物的种类高达2亿种，其种类和总数量比陆栖微生物多得多；其次级代谢产物的多样性也是陆地微生物无法比拟的。但能被人工纯培养的海洋微生物只有几千种，还不到微生物种类的1%。由于微生物可经发酵工程大量获得发酵产物（如酶，胞外多聚物等），对其研究和开发意义重大。此外，对海洋极端环境微生物生存分子机制的探讨，对生命起源和进化、生物修复均具有重要意义。

建议重点发展的新资源领域：

• 海洋大型生物资源：新培育的生物品种、转基因生物，深海、极地以及人迹罕至的岛礁等海洋环境的动植物；

• 海洋微生物资源：高压、高盐、高温、低温（极地）等极端环境微生物（嗜高压微生物、嗜热微生物、嗜低温微生物、嗜盐微生物等）及海洋生物附生、内生和共生微生物等；

• 建立海洋生物基因库和种质收藏中心。

海洋生物资源利用 迄今为止，海洋已为人类提供了多种多样的、大量的食物、药品、原材料等物质。随着海洋生物技术的进一步开发应用，将有更多更新的海洋生物所独有的重要物质被不断的开发利用。一个以海洋生物资源为基础原料，以海洋生物技术为主导技术的蓝色工业体系，不久的将来就会显现在世人面前。

“十一五”期间，我国海洋生物资源利用重点发展的领域：

• 海洋食品研究开发技术；

• 海洋药物研究开发技术；

• 海洋生物材料研究开发技术；

• 海洋生物能源物质研究开发技术。

(1) 海洋食品研究开发技术。人类虽然在陆地上居住，但也是海洋食物网中的最高环节，消耗着大量的海洋鱼类、无脊椎动物和藻类。渔获物已成为世界上动物蛋白的重要来源，更是许多发展中国家动物蛋白的基本来源。总的看来，海洋的动物蛋白占人类所消耗动物蛋白的 20%左右(渔业发达国家占25%～50%；发达国家占 10%～20%，发展中国家占 20%～50%，我国占 28%～30%〔1997 年〕)。增加海洋蛋白比重，改善人类膳食结构，仍是一些国家发展海洋生物技术的基本出发点。据专家估计，到 2025 年，全世界对海产品的需求量将增至现在产量的 6～7 倍，约需 7 亿吨左右。值得注意的是，这些水产品的加工率，发达国家为 70%，我国仅为 30%(折合原料计)。海洋生物技术的运用，必将提高渔获物的加工率，提高水产品的利用率，促进水产品综合利用业的形成。根据渔业发展总的态势，我国水产加工业在今后一段时间内，主要任务应是以高新技术来充分挖掘水产品的利用价值，提高水产品的利用率，提高渔获物的加工率。在资源充分利用的前提下，使水产品加工向以食品为主的系列化、多样化，高值综合利用的多功能化方向发展。

此外，鱼虾贝藻生活在特定的水环境中，其食物链与生物圈同陆生动植物相比有很大的差异，这就使得水生生物保持着特有的进化方式，并且在营养、风味、质地、保健功能等方面具有诸多特异性。这些特异性在开发和生产未来军用食品方面也将发挥其独特而重要的作用。

“十一五”期间，我国食用海洋生物资源研究开发重点发展的领域：

• 海洋生物食用新资源的开拓研究技术；

• 食用海洋生物新资源开发及安全性评价技术；

• 海洋水产生物资源高质化利用技术；

• 海洋水产品深加工利用技术。

(2) 海洋药物研究开发技术。海洋生物资源不但是人类巨大的蛋白质源泉，而且更是生物活性物质的宝库。海洋是一个生物多样性也是化学多样性的世界。随着生化分离技术及分析鉴定技术长足的进步，加之海洋生物技术的开发与应用，20 世纪 60 年代以来，已从海洋生物中分离得到 15 000 余种结构明确的化合物，其中近 1/2 具有各种生物活性。有些在抗病毒、抗肿瘤、抗炎、抗心血管疾病等方面显示了明显的药用前景。随着海洋生物技术深入开发应用，在探寻新的药源生物、培育目的药源生物等方面将取得重大进展。

药源问题一直是海洋药物研究开发的制约因素。针对药源问题国内外探索过许多解决途径，如人工养殖药源生物、组织细胞培养、功能基因克隆表达等，寻找可人工再生的、对环境无破坏的、稳定的、经济的药源已成为海洋药物研究领域最紧迫的课题。基因工程和发酵工程技术在解决海洋生物药源问题上将起至关重要的作用。特殊的海洋环境也造就了海洋生物基因的特殊性，其特殊的药用基因资源与生物活性物质一样，也是开发海洋药物的巨大宝库。海洋生物活性代谢产物是由基因（如直链肽等）或基因簇（绝大多数次级代谢产物）编码、调控和表达的，获得这些基因即预示着可获得这些化合物。近年，海洋生物基因资源的研究进展迅速，已成功地克隆与表达了某些海洋生物功能基因，但仅限于分子量适中的直链肽、酶等蛋白质类物质，大量的具有开发前景的海洋生物活性物质的功能基因尚未被克隆和表达。海洋生物基因组学的研究，特别是海洋药用基因资源的研究对海洋药物研究与开发的推动作用将是无法估量的。

“十一五”期间，我国药用海洋生物资源研究开发重点发展的领域：

• 海洋生物药用新资源的开拓利用技术；

• 药用海洋微生物资源筛选、发现和利用技术；

• 海洋共生微生物分离、鉴定、培养、发酵技术；

• 海洋活性天然产物高效筛选、分离、鉴定技术；

• 海洋生物药用功能基因克隆、表达技术。

(3) 海洋生物材料研究开发技术。新材料技术是现代社会经济的先导，我国的新材料产业在整体上具有优势，巨大的国内市场使新材料行业的迅速产业化成为可能。目前，新材料领域关键技术的研究还不足以带动整个行业的产业化发展，研究的力度还需加强。海洋生物材料是十几年来被人类重视开发的新的天然材料资源，具有来源丰富、无毒安全、生物可降解等优点。海洋生物材料中如甲壳质和褐藻胶等在药物缓释胶囊中的研究受到广泛重视。建议重点研究领域：

• 医用生物材料研究（可降解生物膜材料研究，组织修复生物膜材料，药物缓释膜材料研究）；

• 微囊化技术研究和开发（微米颗粒化、微米胶囊化、纳米颗粒化、纳米胶囊化及药物包装技术开发研究）；

• 微载体研究（细胞载体，药物载体、生物酶载体）；

• 抑菌包装材料助剂；

• 高分子表面活性生物材料；

• 可降解生物保鲜材料；

• 转基因海藻生产天然橡胶；

• 用磁细菌生产超高密度磁性记录材料。

(4) 海洋生物能源物质研究开发技术。海藻是油类及化学品的经济来源。研究发现，海藻可将2/3的生物量转化为脂类，而80%的脂类可转化为石油。从养殖海藻中提取燃油的技术将成为可能，也可利用固定化藻类（氢藻、油藻等）生产氢能，据推测，不久的将来将出现以海藻为原料生产氢燃料的行业。

建立海洋生物工程制品工业园区 我国海洋生物技术起步较晚，与先进国家相比，技术相对落后。但在最近几年，综合加工利用海洋生物资源已经有了一定的技术基础，加之近年来国家各种科技计划的支持，以海洋生物为研究对象的基础及应用研究成果亦有了相当的积累。建议在我国选择一个海洋科技力量、科技成果较为集中的省(市)，筹建我国带有标志性的海洋生物工程制品工业园区，以促进开发海洋生物资源工业技术体系的形成，带动相关传统产业的改造。以海洋生物技术为主导技术，结合其他技术，形成开发海洋生物资源的工业技术体系，提升海洋生物资源工业开发利用的技术水平，促进我国海洋生物工程产业的发展。由于海洋生物自身的特点及其特殊应用价值，该工业园以多层次、多方位综合利用海洋生物为宗旨，以海洋制药为技术制高点，生产各种功能不同的海洋生物工程制品(包括保健制品，工业制品、功能饵料、农用肥料、农药等等)。高新技术的突飞猛进将给21世纪带来许多新概念、新特点。生物技术，特别是海洋生物技术，随着科学技术的发展，还会派生出许多分支领域，形成许多新的产业群体。

（中国海洋大学海洋药物与食品研究所）

【褐藻多糖硫酸酯和海昆肾喜胶囊】 经过10余年的努力，褐藻多糖硫酸酯和海昆肾喜胶囊于2003年5月21日被国家药品食品监督管理局批准为国家新药并获得新药证书和准字号批件，这是我国海洋药物研究领域新的突破。该成果主要是：

(1) 我国是世界第一位的海带人工养殖和海带加工大国。紧密结合我国海带加工的实际，研究海带高值利用，将资源优势转化为经济优势，为此而发明的“褐藻多糖硫酸酯的制备方法”（已获发明专利）意义重大。

(2) 将化学试剂“褐藻多糖硫酸酯”作为药品推向市场，尤其是将其利用于目前国内外均没有特效药的肾衰病（尿毒症），填补了国内外空白，这是一项重要发明（已获发明专利）。“肾衰”病（后期称尿毒症）是一种常见、多发疑难病症，被称为第二“癌症”。目前该病国内外尚没有特效药物，多采用血液透析和换肾治疗办法，由于其费用高、肾源紧缺，多数病人无法承受。“海昆肾喜胶囊”进入临床应用是肾病患者的福音。“海昆肾喜胶囊”主要是通过降低肾病患者的血肌酐和血尿素氮水平，改善肾功能、治疗肾衰病，服用得当可治愈慢性肾衰病者，对已透析的患者也可延长透析间隔，逐步减少透析次数。该药长期服用经临床应用验证，证明无毒副作用。

海洋新药——褐藻多糖硫酸酯（英文名为：Fucoidan，也有译为：褐藻糖胶、岩藻聚糖硫酸酯、岩藻聚糖等）简称FPS，商品名“海昆肾喜胶囊”，属中药Ⅱ类新药，是海带（*Laminaria japonica*，传统的中药材，全藻入药）细胞间的产物、是一种水溶性杂聚糖，是褐藻特有的一种化学组分。其主要组分是L-褐藻糖-4-硫酸酯，其次还伴随有少量的半乳糖、甘露糖、木糖、葡萄糖、阿拉伯糖、糖醛酸及蛋白质、钾、纳、钙、镁等金属离子。

(3) 该药已于2003年9月正式上市，受到了广大患者的欢迎，已经供不应求，预计年内产值近亿元。“褐藻多糖硫酸酯”和“海昆肾喜胶囊”进入市场一定会产生巨大的经济效益和社会效益。

（中国科学院资源环境科学与技术局大气海洋处）

其他海洋产业
Other Marine Industries

海洋矿产资源开发
Marine Mineral Resources Development

按《联合国海洋法公约》有关规定，中国管辖海域约 300 万平方千米。我国海域蕴藏着丰富的矿产资源。矿产资源的矿种和地域分布从海岸带的滨海砂矿、滨海平原地下卤水和海底煤矿，到陆架和陆坡区的石油、天然气和天然气水合物。此外，在太平洋国际海底区域，属于中国的开辟区中还有多金属结核、富钴结壳等。

【滨海砂矿】 我国海岸线漫长，仅大陆海岸线长约 18 000 千米，其中一半以上为砂质海岸，海岸类型多样而曲折，具有良好的地形地貌条件和丰富的陆源物质来源，在近岸河口浅滩和沿岸浅海海域蕴藏着丰富的砂矿资源。

根据现有资料的不完全统计，目前已探明具有工业储量的砂矿有：锆石、锡石、独居石、钛铁矿、磷钇矿、铬铁矿、磁铁矿、铌铁矿、褐钇铌矿、金红石、石英砂、砂金和金刚石共 13 个矿种。现已探明的主要矿产地有上百处，各类矿床 195 个（其中，大型 48 个，中型 48 个，小型 99 个），矿点 110 个。

根据现有资料得知，各类滨海砂矿的总储量约 31 亿吨以上。其储量分别为：磁铁矿 76 万吨、钛铁矿 2 340 万吨、锆石 318 万吨、独居石 24 万吨、金红石 4 万吨、磷钇矿 9 000 吨、铌铁矿 60 吨、锡石 9 400 吨，褐钇铌矿 104 吨、砂金 22.6 吨、金刚石 144 万克拉、铬铁矿 1.6 万吨和石英砂 30.7 亿吨（其中玻璃砂近 3 亿吨），浅海区圈定的重矿物高含量区 20 个，Ⅰ级异常区 26 个、Ⅱ级异常区 24 个和两条成矿带、12 个成矿远景区。此外，砂金和金刚石砂矿亦有一定的远景。

我国滨海砂矿主要分布在海南、广东、广西、福建、台湾和山东省；而辽宁、江苏、浙江省仅探明有个别小型矿。探明储量较多的矿种为锆石、钛铁矿、独居石和石英砂。锆石广泛分布于沿海各省，以山东、广东、海南省的规模较大、储量较多；钛铁矿分布在山东、广东、广西、海南、福建省，以海南、两广的矿床规模较大、储量较多；独居石、磷钇矿遍布沿海各省区，但仅在海南、广东和台湾形成工业矿床；石英砂主要分布在山东、福建、广东、广西和海南省；砂金分布在辽宁、山东、两广，多为矿点；锡石、铬铁矿、金红石、铌铁矿主要分布在广东和海南省，规模为中、小型。浅海砂金异常区分布在山东半岛莱州湾东部；磁铁矿异常区（或高含量区）分布在渤海和东海西部沿岸；独居石、磷钇矿异常区分布在南海北部；金红石异常区分布在南黄海和南海北部。

滨海砂矿种类、规模统计表

单位：个

矿　种	大　型	中　型	小　型	矿　点
磁铁矿	0	2	15	8
钛铁矿	10	9	19	15
锆　石	12	12	26	38
独居石	6	7	10	17
金红石	0	1	2	7
磷钇矿	2	2	1	0
铌铁矿	0	0	0	3
锡　石	0	0	6	6
褐钇铌矿	0	0	1	3
石英砂	17	15	12	1
砂　金	1	0	4	10
金刚石	0	0	0	2
铬铁矿	0	0	3	0
合　计	48	48	99	110

目前，我国滨海砂矿开采程度较低，在沿岸的砂矿开采中，仅建成国营和地方矿山 10 余个，民采点百余处。滨海砂矿采选场一般为中、小型，开采的机械化或自动化程度也不高，工业矿物回收率和综合利用程度还较低，选矿技术有待改进

和提高。

据有关统计资料，2000年全国滨海砂矿总产量1亿余吨，仅占全国海洋产业总产值的1%左右。

【滨岸平原地下卤水】 我国滨海平原地下卤水，主要是环渤海滨海平原地下卤水成矿带和黄海沿岸基岩港湾海岸成矿带，总储量达57.4亿立方米。渤海周围滨海平原有4个成矿区：①莱州湾南岸地下卤水成矿区；②黄河三角洲及其两侧地下卤水成矿区；③渤海湾沿岸地下卤水成矿区；④辽东湾滨海平原地下卤水成矿区。其面积大、卤水浓度高。

开发实践证明，利用地下卤水晒盐较之海水晒盐具有极大的优越性，它克服了海水含盐量低、盐田占地面积大、工艺流程长、抗灾害能力弱等缺点，经济效益显著，是海盐生产发展的好途径。目前海盐产量的近一半来自井滩盐，其井晒盐面积仅占晒盐生产面积的20%，成本降低了50%～60%，工业流程缩短了30%，是我国盐业发展的重要资源。目前山东省盐业开发，其产量占全国盐产量的一半，其中80%是地下卤水生产的。河北、天津和辽宁等省市的地下卤水资源丰富，现开发已具规模，其前景相当可观。

我国地下卤水大规模开发井滩盐始于20世纪60年代，开创于山东羊口盐场。70年代扩大到莱州湾南岸，并创立了井滩晒盐的新工艺。80年代以来发展到直接从地下卤水中提取盐化工产品。90年代除在生产上进一步扩大外，地域上也由莱州湾滨海平原扩大到河北、天津和辽东湾滨海平原地区。除制盐和盐化工产品外，还开始利用地下卤水（咸水）发展养殖业。

当前，卤水发展盐化工产品主要是利用晒盐剩余的苦卤中提取和直接从高浓度地下卤水中提取。提取的产品主要有钾盐、卤块、无水芒硝、镁盐和溴素等，其它元素的提取正在试制过程中。如山东莱州湾一些盐田利用高浓度地下卤水生产溴素的实践，一座年产万吨盐场，每年利用10° Be地下卤水1 500万立方米，可年产溴素4 000吨。渤海滨海平原高浓度卤水储量达数10亿立方米，如果都开发利用，仅溴素的产量就可达数百至上千万吨，将获得巨大的经济效益。

【海底煤田】 山东半岛黄县北皂陆上煤田于1968年发现，地质储量2亿余吨，年产量近100万吨。目前地下生产巷道已掘进至海岸。海底煤田位于龙口东北约5千米处，属黄县新生代含煤盆地一部分。盆地为中生代开始，新生代继承发展形成的单边断陷盆地，受黄县—大辛店及玲珑—蓬莱两组基底断裂的控制。第三系不整合于老地层之上，上第三系为伊丁石化橄榄玄武岩，下第三系县服组厚达1 600米，分为3个亚组，中亚组是上、下两个含煤段；可采煤层有6层，煤系地层总厚67～278米，一般厚约200米。经地震勘探推测，煤田延伸至海底下面积约150平方千米，海下主采煤层厚约10米，地质储量约10亿吨。

1989年，地矿部海洋地质研究所与上海海洋地质调查局第一海洋地质调查大队合作，在海区进行了地震详查和钻探工作，工区面积约3平方千米，1989年施工1口钻孔，翌年在工区打成我国第一口海下煤井。经近几年努力，现已投入设计，预计2005年将正式开始采煤。

我国海底煤田，除已探明的山东龙口市海底煤田外，在黄海、东海和南海北部以及台湾省浅海陆架区大约300平方千米的新生代地层中也蕴藏着丰富的煤炭资源。这些新生代煤系建造厚度一般为500～3 500米，煤层厚度为0.3～2.5米，最厚可达3～4米。主要为褐煤，其次为泥煤、长焰煤、含沥青质煤等。由于这些海域是油气聚集区，因而成为我国两大类矿床叠加共生的产油气和煤炭的海域。尽管目前开采技术条件困难，但海域的煤炭也是未来潜在的能源。

【石油与天然气】 我国近海大陆架油气资源丰富，据1994年全国第二次油气资源评价结果，沿海大陆架有油气资源评价资料的10个盆地——渤海盆地、北黄海盆地、南黄海盆地、东海盆地、台西盆地、台西南盆地、珠江口盆地、琼东南盆地、莺歌海盆地和北部湾盆地，石油资源量为245.6亿吨，占全国石油总资源量（940亿吨）的26.2%；天然气资源量为8.43万亿立方米，占全国总资源量（38.04万亿立方米）的21.4%。

迄今为止，我国在近海海域钻探井及评价井近700口，发现含油气构造140余个，评价出具有商业开采价值的油气田45个，获探明地质储量约30亿吨，天然气地质储量近4 000亿立方米。

1. 渤海区

现已探明地质储量的油气田30个，其中亿吨级大型油气田9个，分别是绥中36-1、南堡35-2、秦皇岛32-6、蓬莱19-3、渤中25-1、曹妃甸11-1、曹妃甸21-1、蓬莱9-3、旅大27-2。1999—2001年，在不到两年的时间内，渤海又接连找到几个亿吨级大油田，使新发现的石油地质储量达到16亿吨，超过以往32年的勘探总和，使渤海成为中国第一个总储量达25亿吨的大油区，其中的蓬莱19-3油田是迄今我国发现的最大海上油田，也是目前我国第二大整装油田，探明地质储量6亿吨，仅次于陆上的大庆油田。

2001—2005年，我国将在渤海建设50座轻型海上生产平台，开钻1 100口生产井，使渤海油区年产量在2005年突破2 000万吨，成为我国海上石油第一大产区。

2. 东海区

东海陆架盆地，自1983年地矿部上海海洋地质调查局在平湖构造带放鹤亭构造上打“平湖一井”，于下第三系渐新统和下中新统龙井组上部首次试获工业油气流，获日产原油174立方米、天然气46万立方米，取得了东海油气勘查的重大突破。继发现平湖油气田后，又先后发现探明了残雪、武云亭、宝云亭、春晓4个油气田和天外天、孔雀亭、玉泉、断桥、龙二、玉泉、丽水等10个含油气构造。现已探明加控制的油气地质储量达1 300亿立方米（气当量）。

1997年，东海石油公司与英国超准石油公司合作，在32区块施工的丽水36-1-1井，于井深2 250米古新统砂岩层测试获产天然气28万立方米、凝析油18.07吨，取得对外合作勘探油气的重大突破。

距上海市386千米的平湖油气田开发，于1996年投入建设一条长356千米的海底油气混输管线，直输海上浦东南汇终端处理厂。1999年3月26日正式投产，每天可为上海市供应40万立方米天然气，其生产能力可提高到每天稳定供应80万～120万立方米的水平，可连续稳定供气15年。浦东地区有100万户居民可用上洁净的天然气。

继开发“平湖油气田”后，我国正在与美、英、荷油田公司合作建设“春晓气田群”的开发，通过海底管道每年向宁波输送25亿立方米天然气。在“春晓天然气群”将设立5个开采区，并在相连的“宝云亭油气田”建设第二座开采设施。由于“春晓气田”距中日中间线约5千米，因此引起日方的密切关注，这有可能发展为中日之间海域划界的新悬案。

据国内外专家估计，东海陆架盆地油气资源量相当于黑海油田的蕴藏量，为72亿吨。专家普遍认为，东海油气勘探开发前景非常乐观。

3. 南海北部

南海北部是对外合作开发的主要海区。近10多年来，南海北部海域的珠江口、北部湾和莺琼盆地的油气勘探开发取得一系列突破性进展。现探明地质储量的油气田33个，其中已投产的油气田15个，分别是：珠江口海域的惠州21-1、惠州26-1、惠州32-2、惠州32-3、惠州32-5、西江24-1、西江24-3、西江30-2、陆丰13-1、陆丰22-1和流花11-1；北部湾海域的涠洲10-3（含10-3N），涠洲11-4（含12-1）油田；莺歌海海域的崖城13-1、东方1-1。其中流花11-1油田为地质储量2亿吨的大油田，崖城13-1（地质储量1 077亿立方米）和东方1-1（地质储量996.8亿立方米）为大气田。此外，还发现含油气构造约40个。

南海北部经过10多年的勘探已找到5亿余吨的石油地质储量和2 500亿立方米的天然气地质储量，但仍有很大的油气勘探潜力。目前南海北部石油年产约1 000万吨，天然气40亿立方米。

我国海洋石油产量2003年达到2 090万吨，比2002年增长4.2%，占全国石油总产量的13%，海洋油气业异军突起，产值450亿元，占海洋总产值约10%，居第四位。预计到2005年，我国海上油气产量实现3个1 000万吨，即渤海1 000万吨，南海北部1 000万吨和以南海为主的全海域的天然气产量达到100亿立方米。

【大洋多金属结核】 我国大洋多金属结核勘查始于20世纪80年代初。从1983年首航太平洋海域（7°～13° N，167°～178° W）至1989年东太平洋海盆（夏威夷西南洋区，克拉里昂断裂带克里珀顿断裂之间C-C区的A、B、C三个海区），进行了第一阶段共8个航次的概查；第二阶段从1990年起对中国大洋协会在联合国正式登记注册的多金属结核资源开辟区共进行了10个航次的详细勘探。

经过18个航次的调查，在东太平洋海盆C-C区15万平方千米获多金属结核开辟区。1999年3月15日，中国大洋协会向国际海底管理局（ISA）递交了《开辟区50%区域放弃报告》，我国最终获得拥有7.5万平方千米海底矿区采矿的优先权。矿区内控制干结核资源储量4.2亿吨，其中可获锰11 175.52万吨、铜406.40万吨、镍514.42万吨、钴98.49万吨。这一矿区的资源，经过技术经济评价的结果大体是：年产300万吨干结核，开采周期20年，按总回收率25%计，总投资16亿～17亿美元，投资回收期8～10年，总利润45亿美元左右。

“十五”期间，我国大洋矿产资源调查目标由过去单一的多金属结核资源拓展为面向国际海底区域多种战略资源。主要任务为：

(1) 以寻找富钴结壳资源靶区为重点的勘查，圈定一块具有商业开发价值的矿区，对深海生物基因资源进行调查、采集、保藏，为我国建立深海生物基因资源研究实验基地，研发具有国际先进水平的深海生物基因分子技术作“开源”准备。

(2) 进行海底6 000米水下机器人工程、深海底浅钻和7 000米载人深潜器的研制及试验，为跨越式地发展我国深海高新技术及其相关仪器设备作准备。

(3) 建立我国7.5万立方千米的专属勘探与开发区域的环境监测和评价体系。目前我国正在太平洋西部麦哲伦海山区和中太平洋海山区进行富钴壳加密调查和新区探查，为基本圈定满足商业性开发规模所需资源量要求的富钴结壳区域打下基础，为向国际海底管理局申请开辟矿区作资源与技术的准备。

（国土资源部青岛海洋地质研究所　莫　杰）

海洋能源开发
Ocean Energies Development

【岱山签约建浙江最大风力发电场】 东海之滨的浙江省岱山县将兴建浙江省最大的风力发电场。风电场建成后，到2005年，装机容量可达2万千瓦，到2008年，装机容量可达5万千瓦。届时，50余个篮球场大的巨型风车出现在海岛岱山，“东海蓬莱”将呈现“海上荷兰”壮丽景观。

这个总投资为4.5亿元的风力开发项目由浙江省水利水电集团有限公司兴建，2003年，该公司已同岱山县政府就该项目开发签约。

【莆田沿海实施建设大型风力发电项目】 2003年，福建省莆田市秀屿区政府与福建风力发电有限公司签订合作开发风力资源框架协议，将共同建设10万千瓦的莆田风力发电项目。此举标志着总投资近9亿元的莆田沿海风电场项目正式进入实施阶段。

莆田风电场项目选址于该市埭头石城、平海石井、南日岛后山仔，工程项目计划总投资8.713 5亿元，总装机容量111万千瓦，年预计发电量2.891 65亿度，年可创产值1.48亿元。2003年，该项目已正式被列入莆田市“五年计划”。

【我国将投入8亿元勘测可燃冰】 2003年10月28日，从中国科学院广州能源研究所举办的天燃气水合物（可燃冰）国际研讨会传出消息，我国准备在未来10年，投入8.1亿元对这项新能源的资源量进行勘测。该项工作将主要由广州海洋地质调查局承担。

近年来，随着可燃冰利用与开发研究在全球的不断“升温”，中国在可燃冰的探测上也加大了力度。早在2000年，广州海洋地质调查局就利用地震波探测海底地表反射，在南海区域发现了一条“可燃冰”带，经初步判定，其能源总量估计相当于全国石油总量的一半。

可燃冰的学名叫“天然气水合物”，它是在一定高压和低温条件下，由气体或挥发性液体与水相互作用形成的白色固态结晶物质。因含有大量甲烷或其他碳氢气体，极易燃烧，故被称为“可燃烧的冰”。在同等条件下，这种“可燃冰”燃烧所产生的能量比煤、石油、天然气都多得多，并且燃烧后几乎不产生任何残渣或废弃物，所以污染比煤、石油、天然气等也要小得多。

国家基金委已经制定了这方面的研究项目计划。继“863”计划后，正在制定中的“973”计划也有可燃冰的研究项目。

【长岛县10万千瓦风力发电工程建设全面启动】 2003年12月，山东长岛风力发电一期工程续建和技术改造项目进入了装机建设阶段，由此拉开了长岛县10万千瓦风力发电场建设工程的帷幕。

此次风电工程需建设总投资 5 400 余万元，总装机容量 6 900 千瓦，其中的 2 台 750 千瓦和 2 台 600 千瓦风机国产化达到 50%，标志着我国研制大功率风力发电机组技术水平有了整体提高。工程完工后，长岛风力发电机组将达到 20 台，总装机容量 1.23 万千瓦，年发电量可达到 2 000 万千瓦时。

【南海北部 3 000 米海底惊现“冷泉”】 广州海洋地质调查局首次在南海北部发现可证实天然气水合物（俗称“可燃冰”）存在的又一可靠标志——“冷泉”。这一成果进一步证实，在我国海域直接找到可燃冰已为期不远。

广州海洋地质调查局调查船在南海北部海域利用海底摄像技术，在 3 000 米水深的海底获得了灰白色团块状的沉积物质影像记录。根据对这些记录的分析认为，这种灰白色团块状物质是深部地层中的可燃冰分解后，甲烷气体沿海底断裂喷溢出海底后形成的，说明这一位置存在“冷泉”。

“冷泉”的发现以及此前掌握的各种证据已表明，南海北部海域存在“可燃冰”，而且潜在的资源前景令人乐观。

“可燃冰”是目前地球上尚未开发的储量最大的潜在能源，是 21 世纪最理想的、最具有商业开发前景的新能源。这一成果将对我国未来能源战略产生深远影响。

【我国首个海上风电项目启动】 随着德国英华威建设南澳 2 万千瓦海上风电场项目获得广东省计委的批准立项，标志着我国首个海上风电场建设项目在粤东南澳岛正式启动。目前，这个总投资达 2.417 亿元人民币的建设项目，已进入可行性研究阶段，将于两年内建成投产。

南澳是广东省惟一的海岛县，海域面积达 4 600 平方千米，风力资源丰富，风况属世界最佳之列，发展前景广阔。南澳风电场可开发的风电总装机容量达 60 万千瓦以上，其中海上风电场可开发的装机容量达 40 万千瓦。经过 15 年的开发建设，南澳虽然已成为亚洲海岛最大的风力发电场和我国第二大风电场，但是由于资金、技术等方面的原因，海上风电场建设仍处于起步阶段，阻碍了南澳风力资源的充分利用。

英华威公司通过多方面的调查、研究和测绘分析，在南澳县投资设立独资风电项目公司，以风电技术力量雄厚、风电场运行管理经验丰富的南澳县振能风电有限公司为协作单位，着手开发、兴建 2 万千瓦实验性海上风力发电场。项目选择风况质量优良、地质适宜、发展规模大、位于内湾的南澳岛走马埔一带海域作为建设场址，计划引进当今世界上机型最大、技术最先进的丹麦 Nordex（恩德）公司 8 台单机功率 2 500 千瓦的风力发电机，项目竣工投产后，年可发电 7 000 万千瓦时。按照项目建议书，这个海上风电场建成后，投资商将委托我国厂家南澳县振能风电有限公司负责风电场运行管理，计划运行生产期为 20 年。

南澳 2 万千瓦海上风电场建设项目的正式启动，填补了我国海上风电场建设空白，将为国内更大规模地开发和发展海上风电场积累资料、掌握新的风电技术，探索建设新途径。 （海 网）

【波浪能利用】 由中国科学院广州能源研究所承担的国家“十五”攻关项目“振荡浮子式波浪能独立发电系统”已取得阶段性成果。振荡浮子式波浪能独立发电系统是一种半飘浮、半固定的波浪装置，它具有漂浮式的浮子，固定式的浮子滑槽。当波浪进入装置是浮子在滑槽里上下运动，将波浪能转换成液压能，经稳压后成为稳定的电能。由于该装置采用了具有我国自主知识产权的稳压技术，将不稳定的波浪能变成稳定的机械能，因此装置可以不依赖电网而独立稳定发电和进行海水淡化。装置可以用于边远海岛、岛礁、钻井平台等能量和淡水缺乏的地方。

振荡浮子式波浪能独立发电系统目前已完成了 1/10 模型试验，1/6 装机容量的实型液压发电系统实验。海工施工正在进行，估计在 2005 年底建成。

【潮流能利用】 由哈尔滨工程大学承担的国家“十五”“863”计划后续能源技术领域专题“漂浮式潮流能独立发电系统研究”、国家自然科学基金项目“可控变攻角直叶片潮流水轮机水动力学原理及性能研究”和中国-意大利政府间科技合作项目“潮流电站水轮机导流装置和新型锚定平台水动力性能研究”，在潮流电站水轮机和潮流电站总体技术方面取得了重要进展。主要工作包括：

(1) 提出了一种新型弹簧控制式变攻角直叶片潮流水轮机，理论计算和模型试验表明，水轮机叶片控制机构得到简化、效率提高；

(2) 提出了一种直叶片水轮机水动力性能优化方法，并给出了“最优”变攻角规律及其工作原理，其水轮机效率大大提高；

(3) 提出了一种导流型水轮机机型，完成了水动力模型试验。

【航标灯用波力发电装置产品改进成功】 自1984年中国科学院广州能源研究所研究成功的航标灯用波力发电装置在中国沿海灯浮标上得到广泛应用，已批量生产了700多台。由于环境恶劣，材料易腐蚀，发电机结构脆弱，翻修量大，2000年交通部广东海事局与广州能源研究所合作在原BD102A型上进行了改进：①发电机轴承改用陶瓷球轴承；②将原铝合金的转轮改成30%玻璃纤维增强的高强度聚碳酸塑料，整体压塑成型，保证翼型准确并耐腐蚀，使平均输出电功率提高17%；③重新设计的BD102B型还具有抗冲击和耐腐蚀等能力，重量也减少1千克，达到在海上无故障工作周期1年以上。到2003年底，新型的BD102B型已向广东海事局、上海海事局、泉州航标处、连云港航标处提供了92台产品，继续为我国沿海海上航标导航事业做出贡献。

2003年1月，在上海举办的2003年航标测绘技术设备展览会上，BD102B型受到国内外用户和厂商的关注，已具备打入国际市场的潜力。

（高祥帆）

海水利用业
Seawater Utilization

【万吨级反渗透海水淡化示范工程】 2003年，由国家海洋局杭州水处理技术研究开发中心承担的目前国内最大的万吨级反渗透海水淡化示范工程在山东省荣成市兴建。一期工程单机5 000吨/天的反渗透淡化装置已经于2003年11月竣工建成，工程达到合同指标：产水TDS≤500毫克/升，符合中华人民共和国国家饮用水标准GB5749-85要求，系统水回收率≥35%，每吨水耗电≤4.5千瓦小时。

2003年11月20～21日，由国家发改委环境和资源综合利用司、高新技术产业司支持，中国膜工业协会主办，荣成市发展计划局和国家海洋局杭州水处理技术研究开发中心承办的“膜法国家海水淡化示范工程现场技术交流会”在山东荣成顺利召开。与会专家、代表一致认为该项目工程技术水平已达到国际先进水平；形成了具有自主知识产权的大型反渗透海水淡化工程技术软件；为建设更大规模的（10万吨级）反渗透海水淡化工程奠定了扎实的技术基础。

（杭州水处理技术中心）

【山东省海水淡化应用全国领先】 山东省利用先进的海水淡化技术解决沿海水资源短缺问题走在了全国前列，海水淡化日产水量占全国总量的57%。

目前全国各类海水淡化装置日产淡水1.66万吨，而山东省海水淡化装置日产淡水就达9 500吨，占全国总量的57%，设备装置总量和技术水平也居全国前列。

我国海水淡化技术是在政府支持和国家重点攻关项目驱动下发展起来的，电渗析、反渗透海水淡化技术和蒸馏法海水淡化技术的研究开发等，都取得相当大的进展。经过40多年的发展，我国具备了万吨级海水淡化的设计和工程能力，技术经济指标达到同等容量的世界先进水平，每吨海水淡化水成本已降至5元左右，并培养造就了一大批专门技术人才，技术日益成熟，成本日趋降低，具备了产业化发展的基本条件。

山东省是目前我国海水淡化应用最广泛的省份，长岛县日产千吨级海水淡化装置，是我国首座用于居民供水的反渗透海水淡化装置，使我国海水淡化事业开始走向产业化和民用化；而荣成市石岛万吨级海水淡化项目的投产，表明我国反渗透海水淡化的工程技术水平已达到了国际先进水平。

【营口建海水淡化厂】 一项海水淡化项目2003年在辽宁营口动工。不久的将来，营口市严重缺水的现状将得到改善，营口市民将喝上海水淡化水。该项目总投资2.2亿元，建成后每天可生产成品水1 000吨。目前，海水淡化项目基础建设正在紧张施工。

该项目主要是利用潮汐蓄能发电，采用“三项一体”的“电厂云雾法”使海水和氯化钠同时分离，彻底地改变了传统的海水淡化技术，将大大降低海水淡化的成本。该项目建成后将为营口市民提供大量的饮用水，可缓解营口地区的供水不足情况。（海　网）

【我国大生活用海水技术研究取得重大进展】 由国家海洋局海水淡化与综合利用研究所承担的国家“九五”和“十五”期间重点科技攻关项目——大生活用海水技术研究取得重大进展，2003 年已进入示范工程阶段。青岛市崂山区一个占地面积达 80 万平方米的小区，作为示范工程于 2003 年年底开工。

大生活用海水实际上是指直接利用海水来替代淡水，作为城市替用水主要用来冲洗厕所，以解决沿海城市淡水资源紧缺的局面。大生活用海水对于淡水资源短缺的沿海城市，不论从社会发展、经济增长，还是人民生活质量提高的角度来说，其意义是非常重大的，国家也非常重视。科技部在“九五”和“十五”期间，两次将大生活用海水技术列为国家重点科技攻关项目。国家海洋局海水淡化与综合利用研究所承担此项攻关任务后，经过几年的努力，对有关技术和推广应用的限制因素进行了系统研究，形成了海水净化技术、防腐蚀技术、防生物附着技术、生化处理技术、海洋处置技术、水质标准、排放标准等多项研究成果。在青岛市政府及有关部门的支持下，该研究所与青岛市节水办合作，经过广泛调研和充分论证，占地面积达 80 万平方米的崂山一小区被确定为示范工程具体建设地址。该示范工程设计规模为每天供水 2 334 立方米，可供 3.3 万人使用，年供水总量可达 85 万立方米。目前，该示范工程已列入青岛市政府 2003 年的 12 项重点工程之一，并于年底前动工建设。

【天津市 1 000 米^3/天反渗透海水淡化示范工程】

1 000 米^3/天反渗透海水淡化示范工程是天津市第一个海水淡化科技集成项目。该项目由国家海洋局天津海水淡化与综合利用研究所集成相关技术资源建设，对海水预处理、海水深度处理、反渗透海水淡化主体装置、能量回收装置、浓海水化盐等进行全面的试验，以示范工程为依托形成开放式的试验基地。试验基地将为把天津建设成海水淡化示范城市做出贡献，以促进反渗透海水淡化技术在天津及我国其他地区的推广，同时为缓解我国北方沿海地区的淡水资源紧缺探索技术解决方案。

该工程 2003 年 7 月经项目论证并立项，经过紧张设计施工，于同年 12 月 30 日装置投入运行。

【中国出口的第一台反渗透海水淡化系统】 2003 年 1～4 月，国家海洋局天津海水淡化与综合利用研究所自行设计并研制成功了 500 米^3/天的反渗透海水淡化系统。该系统是我国出口的第一台反渗透海水淡化设备，是中国政府援建巴基斯坦瓜达尔港口工程的配套项目。在港口工程施工期间，海水淡化系统为港口建设和生活等供水；港口工程竣工后，海水淡化系统将移交巴方使用。

该系统将反渗透海水淡化的预处理和主机集中于两个 40 英尺的集装箱内，系国内首创。通过试运行，产品水水质经天津市产品质量监督检验所检验，达到《生活饮用水卫生标准 GB5749-85》的要求；最大产水量达到 25 米^3/小时，优于合同要求；能量回收装置效率达到 92%～95%，吨水电力消耗指标低于 3.2 千瓦小时，造水成本约为 3.8～4.2 元/米^3。上述技术经济指标均达到国际同类设备先进水平。（国家海洋局天津海水淡化与综合利用研究所）

重大海洋工程项目

Key Marine Engineering Projects

【我国第一条跨海铁路通道正式开通】 2003年1月7日，举国瞩目的中国第一条跨海铁路通道——粤海铁路通道轮渡工程正式开通。粤海铁路通道总投资45亿元，由广东省境内的湛江至海安铁路、琼州海峡跨海轮渡、海南省境内的海口至叉河西环铁路组成，全长345千米。它北起湛江市，纵贯雷州半岛，在海安通过火车轮渡跨越琼州海峡至海口市，再沿海南省西环线，途经澄迈县、儋州市等至叉河车站，与叉河至三亚铁路接轨。其中湛江至海安铁路长139千米，年设计输送能力为货运1 100万吨，客车8对；海口至三叉铁路长182千米，年设计输送能力为货运1 000万吨，客车9对；先期建造的两艘新型客货混装渡轮，可同时载运货车40节或客车18节，汽车50辆，旅客1 360人。海上运行时间约50分钟。

1992年，海南省、广东省和铁道部召开会议，首次在会议纪要中提出建设“海南铁路通道”，跨海铁路通道建设正式摆上了议事日程。1998年8月，国家计委正式批准可行性研究报告，同意粤海铁路通道开工建设，确定了分批实施、分段建设、分批投产运营的建设方针。2002年12月18日，“粤海铁1”号满载火车、汽车与码头栈桥的对接取得成功，具备了正式投入运营的条件。2003年1月7日，“粤海铁1”号从广东湛江海安轮渡码头成功驶入海南海口南港码头，至此粤海铁路正式开通投入运营。

【天津滨海大道工程提速】 被列为天津市和滨海新区“十五”期间交通设施建设重点工程、连接滨海新区南北交通动脉的海滨大道工程2003年加快施工进度，年内开工13项工程，预计投资12.3亿元，计划完成投资9.1亿元，原定2005年底全线贯通提前为2004年底，天津的海洋经济“新干线”海滨大道建设将明显提速。

海滨大道是在原海防路的基础上重新规划建设的，全长90千米，南起津歧公路，沿大港、塘沽、汉沽区海岸线延伸，东到河北省涧河，城区以外道路按高速公路规划，近期按一级公路实施。全路需新建大型桥梁3座，中小桥梁4座，外移渔船码头2处，拓宽改造原有道路27.8千米，新建道路47.3千米，工程于2002年3月1日启动，预计全部建成后总投资将达到22亿元。

海滨大道工程2002年开工建设了6个单项工程，总投资5亿元，2003年17.2千米的海滨高速路改扩建工程已经通车使用，2.25千米的连接线已经完工，全线征地拆迁工作已完成80%，为整个工程的加快实施创造了条件。

海滨大道作为滨海新区南北干线公路，与京津塘高速、津塘公路、津滨高速、津沽一线、二线等多条东西向干线公路相接，构成以港口为龙头的区域交通网络，从而进一步发挥天津港作为枢纽口岸的辐射作用。同时还与河北省沿海公路连接，将天津港、黄骅港、京唐港、秦皇岛港连接起来，形成渤海湾地区水陆交通网络。

【舟山大陆海底送水工程成功试通水】 2003年，浙江舟山从大陆引水工程成功试通水。从此，舟山将告别“水荒”。

大陆引水工程从宁波姚江引水，穿越杭州湾灰鳖洋海底，至舟山本岛。工程输水管道管径1米，全长67千米，其中跨海段长36千米，设计引水规模为1米^3/秒，每日8.6万立方米，年平均引水天数可达250天，年平均引水总量2 160万立方米。工程总投资3.16亿元。

舟山大陆引水工程是迄今我国最长、最大的跨海输水工程，第一次采用长距离全程焊接钢管法进行敷埋施工，解决了管封性和耐压性差的难题；第一次采用自制的108米巨型着地式可调浮的托管架，从而保证了敷管时管道免受水力冲击，确保管道敷埋质量；第一次采用自行研制的水力喷射埋设机在水下21米深处开沟，将管道埋入海底2米，质量达到设计要求。

大陆引水工程的成功建成，将从根本上解决舟山本岛缺水问题。舟山投资环境将大大改善，为舟山乃至全省、全国海岛资源性缺水城市从根本上解决缺水问题提供了工程实例，积累了有益的经验。

【温州滨海半岛工程正式开工】 历经10年的试验论证和可行性研究工作，浙江温州整个城市发展的控制性工程——温州半岛工程2003年正式开工建设。这是温州市继温州机场、金温铁路和珊溪水利枢纽等工程之后的又一重大基础设施，也标志着温州城市的格局将从滨江城市转向美丽的滨海城市建设。

温州半岛工程是一个连岛兴港、围涂造地、拓展城市空间的综合性开发工程。该工程涵盖水利、交通、港口等建设项目，主要有浅滩工程、洞头五岛连桥工程、灵昆大桥、灵昆接线公路和状元岙深水港区等。

【岙山基地－册子岛－镇海跨海原油管道工程启动】 2003年5月30日由中国石化集团公司投资建设的“岙山－册子岛－镇海”原油输送管道工程正式启动。“岙山－册子岛－镇海”原油管道工程总投资9.8亿元，管线总长近90千米，起自岙山石油转运码头，经长峙岛、舟山本岛、外钓岛、册子岛，最后到达镇海炼化。其中海底部分44.7千米，横穿岙山港、担峙水道、岑港水道、富翅门水道、灰鳖洋5个海域。该工程是中石化集团“甬沪宁原油运输管网”的一个重要分段，工程的启动标志着舟山市石油储运业正式纳入长三角“甬沪宁”石化产业体系。该项目于2003年8月份进入工程主体实施阶段，并计划在2004年4月份完成。

【杭州湾跨海大桥奠基】 6月8日，世界上最长的跨海大桥——杭州湾跨海大桥在杭州湾南岸的慈溪市庵东镇水路湾海涂上举行隆重的奠基仪式。

杭州湾跨海大桥是浙江省“五大百亿工程”项目之一。大桥北起海盐郑家埭，跨越宽阔的杭州湾海域后止于慈溪水路湾，全长36千米，其中桥梁长35.67千米，按双向6车道高速公路设计，设计时速100千米，设计使用寿命100年以上，总投资118亿元。大桥将于2008年建成。

这座跨海大桥是目前国内第一家以地方民营企业为投资主体、投资超百亿元的国家特大型交通基础设施项目。大桥资本金38.5亿元，其中民营资本占50%以上，共有宋城集团等17家浙江省内民营企业投资入股。

杭州湾跨海大桥桥形设计为S形，有4个转折点，这样既可预防交通事故，又可增加大桥的美观。大桥设南、北两个航道，其中北航道桥为主跨448米的钻石型双塔双索面钢箱梁斜拉桥，通航标准为3.5万吨级轮船；南航道桥为主跨318米的A型单塔双索面钢箱梁斜拉桥，通航标准为3 000吨级轮船，其余引桥采用30～80米不等的预应力混凝土连续箱梁结构。

大桥将采用全方位的监控系统。整座大桥将设置中央监视系统，平均每千米就有一对监视器，整座大桥上的一举一动都将在中央监视系统的“眼”中。这样，不仅大桥可进行科学合理的维护管理，而且大桥“身体”的健康状况也在实时掌握之中。

而在景观设计上，大桥特别地设计了独一无二的海中平台。在离南岸大约14千米处，有一个面积达1万平方米的海中平台。该平台在施工期间将作为施工平台，是海中施工的据点。大桥建成后，这一海中平台则是一个海中交通服务的救援平台，同时也是一个绝佳的旅游观光台。平台上有一高高的观光塔，既可俯瞰波涛汹涌的大海，饱览海上风光，也可以一览大桥雄姿。整个海中平台以匝道桥连通大桥，距离大桥约有150米左右。

杭州湾跨海大桥是长度仅次于美国彭特恰伦大桥（全长38千米，非跨海桥）的特长大桥，也是目前世界上最长的跨海大桥。杭州湾跨海大桥在6月8日奠基后，在2003年年底全面开工。到2008年建成大桥，2009年正式通车。总体规划和排出的建设时间表是：2004年之前为施工的准备阶段，主要完成海上和滩涂上的施工准备。2005年，建设完成大桥南北两侧通航孔桥，并完成大桥的主墩基础及海上部分钢管桩的安装。2006年，建设通航孔桥的主塔。完成海上全部的钢管桩安装。2007年，大桥主体工程全部完成，即大桥全部的上部结构、下部结构全部完成建设。2008年，大桥的收尾建设，即桥面的施工等。2009年，大桥建成通车。

【我国首座海上立交桥主体工程完工】 我国首座海上立交桥——厦门环岛路立交桥主体工程已于2003年6月8日提前一个月完工，于2003年8月竣工通车。

这座桥以其简洁的造型、花瓶式桥墩、鱼腹式的流线箱梁为厦门本岛和鼓浪屿之间又添一景。

该桥自2002年12月份开工，位于厦门南端，面临鼓浪屿风景点，既为交通工程，又为景观工程，外观要求严。

该桥由中铁大桥局集团七公司承建，是一座海上立交桥，为厦门市规划“三环三辐射”道路网骨架之一。由左右两幅主线桥、4个匝道桥及1个叉桥组成，累计桥长1 870米。全桥基础为钻孔灌注桩，共83根，最大桩径2.5米；墩柱79个，全桥砼量共32 200米^3。

【淮河入海水道工程建成】 2003年6月28日上午，江苏省在淮河入海水道滨海枢纽举行全线通水仪式。中共中央政治局委员、国务院副总理回良玉出席。这项工程全线通水标志着淮河有了完整意义的独立入海尾闾，结束了淮河800年没有入海通道的历史，淮河下游及洪泽湖地区的防洪标准由50年一遇提高到百年一遇。

淮河入海水道位于江苏省淮安市、盐城市境内，西起洪泽湖二河闸，东至滨海县扁担港注入黄海，全长163.5千米。近期工程设计排洪流量2 270米^3/秒，使洪泽湖防洪标准从目前的50年一遇提高到百年一遇。远期工程设计排洪流量7 000米^3/秒，防洪标准可进一步提高到300年一遇。

【烟台将建世界最大核能海水淡化工程】 由山东省与清华大学共同建设的核能海水淡化处理项目于2003年年底在烟台启动。

这一项目总投资达16亿元，主要建设一座200兆瓦壳式低温核供热堆海水淡化厂，形成日产14.3万吨纯净水的生产能力，年产净水5 200万吨。

近年来，由于气候变化等原因，山东半岛降雨量较前些年明显减少，缺水已成为束缚当地经济发展的瓶颈之一。为把大面积的海水变成淡水，山东省于2001年将山东核能海水淡化项目上报国家计委，随后请中科院院士王大中率领的清华大学专家组，对海水淡化项目进行研究论证。2003年3月，国务院办公会同意建设，国家计委随即正式批准了项目建议书。该项目建成后，将成为世界上最大的利用核能海水淡化工程。

这个核能海水淡化处理厂建成后，不仅能为烟台市提供足够的备用水源，而且将促进整个山东半岛生物医药、食品、化工等相关产业的发展，使半岛的缺水状况得到一定改观。

【青岛海底世界建成并投入试运营】 2003年7月16日，青岛海底世界建成并投入试运营。目前，它创造了国内第一个展示部分全部在地下的海底世界；中国第一家拥有开放式海洋实验室的海底世界，并附带有海洋教室，实现了海洋旅游和科普教育的有机结合；拥有目前国内乃至亚洲最大的单体巨大圆柱形水体，圆柱的内径5米，高达7.6米；在国内首家采用180°弧度、254°超常规大弧度、360°圆柱水体及窗式观景结构的多种亚克力玻璃造型，使得游客可以在更大的范围和角度进行观赏，进一步满足了游客视觉上的享受。

青岛海洋科技馆(青岛水族馆)与山东鲁信投资集团股份有限公司共同出资2.2亿元人民币精心打造，由青岛汇泉海洋科技开发有限公司承建经营的青岛海底世界，建筑面积7 300平方米，地下5层，全部水体4 000余吨，周围群山环绕于怀，使其与周围的海光山色连接成一体，形成“山中海”的自然美景。独特的地理环境，现代化的展示手段，以及与青岛水族馆活体生物展区、标本生物展区良好的整合与互补，使其成为全国独具特色的海洋生态大观园。

青岛海底世界由国际著名的海洋展示设计公司“新西兰海景公司”全新设计，多项关键设备均由新西兰、日本、德国等国际专业知名厂家设计制造，关键部位也全部由国际技术权威单位亲自施工。

青岛海底世界集海洋生态旅游、海洋科普教育、休闲娱乐于一体，着力突出“海洋”主题，以全新的视角向海内外游客展现神秘的海洋世界。青岛海底世界主要由潮间带生物展示区、大水体生物展示区、海洋剧场展示区、大圆柱水缸展示区、触摸池展示区、珍稀生物展示区、多媒体互动区、开放式实验室、娱乐休闲学习区等8个区域构成。每一个环节以螺旋上升的构造展示形成，使人身临其境，充分领略魅力无边的蓝色海洋。同时，采用大面积荧光壁画，向游人展现出梦幻深邃的宇宙海洋景象。

【海南第一条天然气长输管道建成投产】 海南第一条陆地天然气长输管道东方—洋浦—海口输气管道工程已于8月10日、11日完成送气到海南洋浦经济开发区和海口市的目标，基本建成投产。

该输气管道总投资4亿余元，全长247千米，经过海南西部8个市县和洋浦经济开发区，一期建成后每年可输送天然气 8 亿立方米，其中向洋浦电厂和洋浦经济开发区工业用户供气 7 亿立方米，向老城开发区和海口市民用供气 1 亿立方米。

该管道的建成，对于开发利用南海西部的天然气资源，实现建设沿海天然气大动脉战略具有十分重要的意义。

【深港跨海大桥开工兴建】 2003 年，深港西部跨海大桥开工兴建。大桥跨越深圳湾，全长 4 770 米，其中深圳将建约 1 600 米，香港将建约 3 170 米，面宽 33.1 米，使用寿命 120 年，主要承载过境集装箱货柜车。

深港跨海大桥是迄今为止国内最大规模的跨界公路工程项目，是国内设计使用寿命最长的跨海公路大桥，交通承载也属世界最重。大桥建成后深圳的皇岗口岸、文锦渡口岸的过境货车将大部分转移由该桥通过。运营车辆中，大型的集装箱货柜车占 85%以上，其车辆重量等级高于国内其他桥梁，即使在世界范围内，这样的大桥也不多见。①深港跨海大桥通航孔桥造型别致，是目前世界最宽的单索面斜拉桥，第一次采用带挑臂的倒梯形斜腹板钢箱梁。该桥是独柱斜塔，断面采用棱角分明的多边形，形态犹如造型独特的雕塑。这种构思在国内外是绝无仅有的。②非通航孔桥是在国内第一次正式大规模采用预制拼装的施工工艺。最大跨度为 75 米，建成后将成为世界范围内用此方法施工的最大跨径。③在设计中，深港跨海大桥第一次全面引进国际先进的环保设计思路，对大桥建设全过程进行环境保护监控。④第一次全面系统开发大桥智能桥梁健康检测系统。通过监测仪器对结构工作状况进行数据采集，并通过信号传输到控制室主计算机数据库中，经计算机进行智能分析后，对大桥的结构状况进行显示。可在控制室内对大桥每部分的工作状况了如指掌，充分保证大桥的安全使用。

深港跨海大桥由深港两地合作兴建，因而在项目设计方面颇具匠心，特别是其主体工程深圳湾大桥的桥型设计，更是体现出两地政府“握手成桥”的深刻寓意。独特的设计，带来施工的高难度和高要求。为保证大桥的设计和建设可同时满足深港两地的要求，将大桥建成为一个统一的整体，深港政府成立了联合工作小组。在无任何成功先例可循的情况下，两地先后召开了百余次技术协调会，相关资料厚达数米。近几年来，世界各国最有名的桥梁建设专家，几乎都曾亲临深圳考察、指导。

根据规划，深港跨海大桥 2005 年建成通车，将首次启运“一地两检”，改变传统的“两地两检”。深圳和香港口岸管理部门将集中在一个区域完成所有的查验工作。这不仅在全国绝无仅有，在世界上也不多见。深港跨海大桥将加强海关查验的技术力量，通关速度和监管质量一起抓。设置海关集装箱查验智能系统。在海关通道设置车辆自动识别系统，通过装在通道顶的扫描装置，远距离读取汽车玻璃上装的 IC 卡里的信息；申报单自动识别系统则自动读取、录入申报单并进行分析，加快货车通过速度。

【黄河口防潮大堤竣工】 黄河三角洲开发建设史上投资最多、规模最大的水利基础工程--东营市中心城防潮体系工程，经过 18 个月的艰苦奋战，于 9 月 16 日全面竣工。

黄河口防潮大堤位于莱州湾西岸，北起黄河岸，南至支脉河，全长 41.4 千米，由东营市与胜利油田共同投资 3.06 亿元建成。大堤具备抵抗 50 年一遇大海潮的能力。这一工程的建成，可以有效抵御海潮侵袭，防止海水倒灌和内陆污染海洋，为东营市中心城建设和胜利油田生产提供了安全屏障。

【上海建国内最大海滩人工湖】 国内最大的海滩人工湖 2003 年在与洋山深水港一水相隔的上海东南端海滩边完成开挖，正式引入清水。这个名为“滴水湖”的人工湖面积相当于杭州西湖，直径 2.66 千米、总面积达 5.56 平方千米，是作为上海国际航运中心建设一部分的海港新城的核心规划景观。上海国际航运中心建设主体项目包括大小洋山深水港、跨海大桥和承担腹地港区产业及办公、居住功能的海港新城。

海港新城将以滴水湖为中心，由内向外呈“涟漪”状推展出 3 个城镇功能层面：城区行政和商务环带、城市公园环带和主要为港区产业就业人口服务的居住区。海港新城规划用地 95 平方千米，其中 54 平方千米在滩涂上由围垦造地而成。围垦工程计划在 2004 年 9 月底完工。2005 年海港新城一期基础设施建设初具形态。

滴水湖开挖成功，是海港新城完成的第一个项目。该湖虽然临海，但滴水湖将是一个淡水湖，由一条13千米长的专用引水河道，与内河相连，最终引黄浦江水入湖。10月19日，引水工程正式开闸引水，整个引水将持续2个月，引水完成后，滴水湖的水位将达2.7米，湖水容量可达1 620万立方米，湖水最深处可达6.2米。

【苍南县“江南”海涂围垦工程破土动工】 2003年，地处浙江最南端的苍南县动工兴建0.29万公顷的围海造地工程。

该海涂围垦工程北起著名“农民城”——龙湾镇新美洲，南至舟巴艚镇外侧琵琶山，围区面积0.29万公顷，工程总投资10.1亿元，整个工程建设周期为5年。此工程为苍南县建县以来投资规模最大的工程。在省、市水利、海洋、环保、国土等有关部门的大力支持下，工程前期各项准备工作全部就绪。这项工程对缓解土地紧张、合理开发海洋资源具有重大而深远的意义。

【石浦国家级中心渔港工程开工】 11月4日，浙江省象山县石浦国家级中心渔港工程开工。石浦港是全国四大群众渔港之一，港岸全长10千米，海域面积27平方千米，平均水深13米。根据规划，国家级中心渔港工程总投资3 693万元，将在石浦渔港北路、东路修建500吨级码头1座，200吨级码头2座，新建后方护岸1 060米，改造护岸1 010米，建透空护岸420米，疏浚港池、航道20万立方米，并建设相关陆域配套设施。渔港建成后可满足7 000余艘渔船的停泊、作业、避风，并推动渔区城镇建设和渔港经济发展。

【华东原油管道舟山段成功跨海】 12月3日，由中国石化集团总公司投资9.8亿元建设的“岙山－册子－镇海”原油输送管道工程项目，在舟山海域成功实施海底管道首穿工程，并顺利完成担峙水道的管线回拖。

该工程采用国际先进的定向钻技术，历时7天终于完成了担峙水道段的穿越回拖工作，穿越长度为1 165米，穿越深度在海底以下14.5米。

【温岭市26条海塘全部竣工】 浙江温岭市长新横塘、沙山塘、松发塘、渔种场塘和国庆塘大闾段等5条海塘2003年12月顺利通过竣工验收。至此，该市26条、长54.97千米的高标准海塘已全部竣工。

该市26条海塘总投资2.03亿元，其中25.2千米按50年一遇标准建设，其他均按20年一遇建设。它像“海上长城”一样矗立在百里海岸线上，抵御着恶浪和风暴潮，守护着全市百万群众的生命财产安全和经济发展。海塘建成后，可使昔日半种半荒的杂地和低产盐碱地变为高产地，同时带动堤内养殖业的发展，经济效益将十分可观。

【中船长兴造船基地围堤吹填工程开工】 12月28日，世界最大规模的造船厂——中船长兴建造基地建设正式开工，面积为180万平方米的围堤吹填工程即日开始实施。这是中船集团公司立志在2015年成为世界第一造船集团迈出的坚实的步伐，同时也标志着中国吹响了向建设世界第一造船大国目标挺进的嘹亮号角。

实施围堤吹填工程是建设长兴造船基地的第一步。该基地位于长江入海口处的长兴岛南岸，岸线长达8千米，岸线水深12～16米，适合建设超大型造船基地。该基地按照一次规划、分步实施的原则，计划在2015年前建成7个大坞，实现年产800万吨的造船能力，产品涵盖液化天然气船、海洋工程船乃至豪华游轮等高技术船舶。届时，上海的造船能力将由目前的300万吨提升到1 200万吨。

长兴造船基地围堤吹填工程由中船集团旗下的上海中船长兴建设有限公司、中国船舶工业第九设计研究院负责勘察、设计、施工总承包。该工程从长兴岛新开港下游1千米起至横沙港转弯处，围堤总长9 083米，吹填面积约180万平方米，按照200年一遇的高潮位加12级台风组合防汛标准设计。预计整个围堤吹填工程将于2004年底完成，随即将进入全面建设阶段。

【珠海-澳门海底互联电缆管道贯通】 4月18日，接连珠海横琴岛与澳门湾仔之间的海底互联管道正式贯通，这标志着珠海供电公司可通过海底110千伏双回路电缆向澳门供电。

随着最后一节拖管拉出地面，全长460米的珠澳海底互联管道正式贯通。在珠海横琴岛与澳门湾仔之间，由两条平行管道构成，埋设在海底10米以下。两管间隔7米，每根管管径为426毫米，管套内部安装有5根动力电缆，两管共有10根，其中6根为110千伏电力电缆，两根通讯电缆，两根光纤。中国天然气第二工程安装公司采用定向钻穿技术，大大缩短了海底管道的施工周期。在不影响航道通航的情况下，质量得到充分保障。由于海底管道工程的提前完工，使得整个珠澳供电线路施工时间大大缩短，珠海供电公司在 6 月初通过海底电缆向澳门供电，作为珠澳两地电网间的第 2 条“光明通道”，优质、充足、可靠的电力将从珠海源源不断输送到澳门。

【国内最长深海排污管道工程竣工】 2003 年，国内最长、口径最大的深海排污管道工程在山东日照竣工。该工程于 2001 年 9 月 9 日开工，历时一年半完工，是目前国内最大的木浆造纸企业——山东日照森博浆纸有限公司木浆生产线的配套工程，其主要由陆域高位井、海水泵房、2 500 米长的海洋放流管（主管线）、480 米长的应急排放管等组成。

该项工程由多次承担国家重点建设工程的海军工程尖兵——北海舰队工程指挥部施工完成。在施工任务重、工期紧、管道焊接技术高、安装难度大、施工环境差及周边环境复杂的情况下，特别是安装主排管道工程，主管线钢管每根长 60 余米、直径 1.4 米、重达 40 余吨，海上安装非常困难，他们采用先进的施工技术和灵活多样的施工方法，加班加点，连续作战，提前完成施工任务，为国内最大木浆生产企业早投产、早创效益和改变我国高档纸依赖国外进口的局面打下良好的基础。

【世界首座建在超软淤泥上的防波堤竣工】 历时近一年建设的世界上第一座在超软淤泥基上建造的半圆形构件防波堤——天津港北大防波堤一期工程 2003 年上半年竣工。该工程集防波、护岸、围海造陆三大功能于一身，是天津市加快建设现代化国际深水大港的港内十大建设项目之一，也是天津港实现向北扩张、百年大计起点工程。该工程总投资额为 6.55 亿元，将在 2005 年建成外堤长 10 901 米，内堤长 9 123 米，为未来形成面积近 30 平方千米的大型人工岛奠定基础。

【天津围海造陆工程启动】 2003 年天津临港工业区围海造陆一期工程开工。

为确保一期造陆工程的安全可行，按照《海域使用管理法》等相关法律法规的要求，中国海洋大学等单位的有关院士和教授组成了专家评审组，专家经过质疑、讨论和评议，认为该工程项目用海“符合‘全国海洋功能区划’，对周边产业的不良影响较小，海域使用合理。”天津临港工业区围海造陆一期工程总投资约 100 亿元，计划造陆 20 平方千米，首期计划造陆 6.5 平方千米。由于要开发的滩涂为淤泥质软地基，工程造陆需要先围埝，围埝浅水地段采用袋装沙或袋装固化土做堤芯，深水地段采用钢筋混凝土半圆体做堤芯，形成护岸后，再利用疏浚天津海河入海口的泥土或疏浚天津港港池航道的泥土，进行分区吹填造陆，当吹填达到规定标高时再进行地基处理，以消除地基沉降，达到用地要求。计划该期工程 2005 年全部完成，2006 年确保项目投入使用。

天津塘沽区计划在完成此次论证的临港工业区滩涂开发一期工程后，最终将建成 50 余平方千米的临港工业区。2 000 万吨渤海石油上岸及炼油厂工程、60 万～120 万吨/年乙烯工程、国家战略石油储备库工程等三大工程已经选定或拟选落户在此，是最终实现天津市工业东移、开发滨海新区战略的重要组成部分。

【玉环旋门湾大桥及接线工程正式开工】 2003 年 12 月 30 日，浙江玉环县旋门湾大桥及接线工程奠基。玉环旋门湾大桥及接线工程概算总投资 1.41 亿元，建设路线全长 3.07 千米，其中旋门湾线工程建成后，将对旋门湾两岸经济带来连动的大桥长 528.44 米。浙江玉环海岛旋门湾大桥及接发展，进一步发挥旋门二期的综合效益，实现玉环经济发展布局的战略性调整。

【玉环 11 条标准海塘通过专家验收】 总长 19.75 千米、总投资达 7 500 余万元的浙江玉环县 11 条标准海塘，2003 年底通过专家验收。

该县原有海塘 129 条，总长 79.3 千米。但这些海塘大多标准低，抗风御潮能力弱，而当地又是风暴潮等自然灾害的多发区。为此，从 1998 年开始，玉环县将总长度为 34.55 千米的 17 条海塘列为标准化建设项目，在原有基础上加固和完善其结构设施，达到 20 年一遇或 50 年一遇标准。

＊资料来源：《中国海洋报》。

2004

中国海洋年鉴

海洋管理

Marine Management

CHINA

OCEAN YEARBOOK

海域管理
Sea Area Management

海域使用管理
Management of Sea Area Use

【概况】 2003年是贯彻实施《中华人民共和国海域使用管理法》（以下简称《海域法》）的关键一年。一年来，国家海洋局先后组织开展了《海域法》及配套制度执行情况大检查、海域有偿使用情况调研、养殖用海海域使用管理调研等重点工作，有条不紊地完成了《海域法》配套制度建设、海洋功能区划、海域有偿使用管理、国家直接受理的项目用海管理、海岛与海岸带管理、海洋技术资质管理、海域管理信息系统建设和海域勘界等各项工作任务，全面推进了海域管理工作。沿海各地普遍加强了对海域使用情况的摸底排查和清理整顿工作，全面清理不合理用海和无证用海，依法审批海域使用项目，征收海域使用金。截至2003年末，全国累计发放海域使用权证书26 902本，确权海域面积783 011公顷。其中2003年全年共发放海域使用权证书7 686本，确权海域面积205 266公顷。辽宁、山东、江苏、福建、广东和广西等地的部分市、县还依法开展海域使用权招标拍卖试点工作，共招标和拍卖30余宗项目用海，出让海域面积3 000余公顷，促进了海域资源的合理配置和海域市场体系的不断完善。

【《海域法》配套制度建设】 (1) 国务院批准了两个规范性文件。2003年3月，国务院批准发布了《省级海洋功能区划审批办法》(国函[2003]38号)，规范了沿海省、自治区、直辖市海洋功能区划的审查和报批工作，明确了省级海洋功能区划的审查依据、审查内容、审查报批程序及其他事项。5月，国务院批准发布了《报国务院批准的项目用海审批办法》(国函[2003]44号)，进一步明确了报国务院批准的项目用海审批范围，规定了国务院审批项目用海的审查原则、依据、内容和审批程序。自《海域法》颁布实施以来，国务院专门就海域管理工作，发布了5个规范性文件，大大加快了《海域法》配套制度建设的进程，为依法推进海域管理工作提供了有力的制度保障。

(2) 配合全国人大法工委开展海域物权法律制度建设。针对2002年底提交全国人大常委会审议的《中华人民共和国民法（草案）——物权法编》中只规定了渔业权、而未规定海域使用权的情况，国家海洋局及时组织有关专家开展了海域物权法律制度研究工作，完成了《海域物权法律制度专题研究》等研究报告。2003年2月和5月，分别起草了《关于在〈中华人民共和国民法（草案）〉中规定海域的国家所有权及海域使用权的建议》和《关于〈中华人民共和国民法（草案）〉的修改意见》，先后报全国人大法工委。4月16日，国家海洋局领导专门向全国人大法工委汇报了海域使用管理法律制度建设与执行情况，进一步阐明了海域物权列入物权法的必要性和重要性。

(3) 会同财政部开展海域有偿使用管理方面的政策法规制定工作。海域有偿使用制度是《海域法》确立的基本制度之一，也是《海域法》配套制度建设工作中的重点。2003年国家海洋局集中力量加快了海域有偿使用制度的建设步伐。4月初，会同财政部综合司、经建司、国库司、国库支付局和预算司等5个部门到浙江、江苏等地开展了海域有偿使用调研。在此基础上，拟定了《国务院办公厅关于进一步加强海域有偿使用管理工作的通知（代拟稿）》，并以财政部的名义征求了农业部的意见。与此同时，国家海洋局海域管理司还组织草拟了《海域使用金征缴管理办法（初稿）》和《海域使用金使用管理办法（初稿）》，并征求了有关部门和地方的意见。

(4) 会同国家发改委拟订国家重大建设项目用海管理规定。为规范重大建设项目用海的海域使用申请、审查和报批工作，根据国务院《报国务院批准的项目用海审批办法》中“国家用海重大建设项目必须经过国家海洋局预审”的规定，国家海洋局海域管理司拟订了《关于国家重大建设项目用海管理工作的通知》，并多次与国家发改委进行协商。鉴于国家将对投融资体制作重大改革，根据国家发改委有关业务司的意见，该通知将在国务院批准发布投融资体制改革方案后，作相应修改并正式发布。

(5) 会同总参制定军事用海管理法规。军事用海是海域使用的重要类型之一，但在海域使用管理工作中存在着军事用海项目与非军事用海活动矛盾突出、军事用海规划不合理导致海域资源浪费以及部队与地方人民政府之间缺乏有效的协调沟通机制等问题。为了尽快将军事用海纳入海洋行政管理，加快立法进程，国家海洋局在2002年联合总参调研的基础上，起草了《中华人民共和国军事用海管理条例》，并征求了有关部门的意见。

(6) 依法建立和完善临时用海管理制度。为了减少临时用海活动对国防安全、海上交通安全和其他开发利用活动的不利影响，规范对临时用海活动的管理，2003年9月国家海洋局依法制定并发布了《临时海域使用管理暂行办法》。

(7) 指导地方全面开展配套制度建设。在国家加快《海域法》配套制度建设的同时，沿海地方也相继制定了一些法规、规章和规范性文件，有效地推进了《海域法》的贯彻实施。2003年9月，山东省审议通过了《山东省海域使用管理条例》，这是全国第一部与《海域法》相配套的地方法规。《河北省海域管理条例》的修订、《江苏省海域使用管理条例》的制定、《海南省〈海域法〉实施办法》的制定也已列入了省级人大的立法计划。11个沿海省级政府均出台了海域使用审批权限划分的意见；近一半沿海省份已从省政府申请启用了“海域使用管理专用章”，简化了项目用海审批程序。《海域法》颁布实施以来，沿海省级人民政府发布了13个规章和规范性文件，省级海洋部门（包括会同财政、计划等部门）发布了40个规范性文件，市、县政府和海洋部门发布了100余个规范性文件。这些法规、规章和规范性文件的出台，对于推动沿海地方的海域使用管理工作起到了重要作用。

【《海域法》及配套制度执行情况大检查】 《海域法》颁布实施以来，各级海洋行政主管部门在海域管理工作中取得了很大成绩，但也出现了工作程序不规范、越权审批等一些不容忽视的问题。为了提高沿海地方海域使用管理工作的规范化水平，督促各级海洋行政主管部门依法行政，国家海洋局在2003年上半年开展了《海域法》及配套制度执行情况大检查活动。检查活动的主要依据是《海域法》及国务院、国家海洋局发布的海域使用管理配套制度，主要内容是全面检查地方各级海洋功能区划编制和实施、海域使用申请审批、海域使用金征收使用以及海域使用权登记制度执行情况。这是《海域法》实施以来，国家海洋局组织开展的第一次全国范围内的大规模检查活动，根据国家海洋局领导“检查要注重实效，坚决不走过场”的指示精神，国家海洋局海域管理司进行了周密的部署和动员，提出了“自查为主、突出重点、重在整改”的三大原则，制定了详细的大检查活动工作计划和抽查工作方案，分为自查、抽查和总结3个阶段。在抽查阶段，海域管理司会同有关部门组织成立了5个检查组分赴沿海11个省（区、市）、25个地（市），近50个县（市、区）进行了抽查。为了配合抽查工作，国家海洋局海域管理司编印了8期《海域法及配套制度大检查工作简报》，及时发放到沿海230余个省、市、县级海洋行政主管部门。

通过检查，既肯定了各地海域管理工作取得的成绩和经验，同时也发现了存在的问题和不足。抽查中发现不符合《海域法》及有关制度的地方人大法规和政府规章10余个，发现管理上存在的问题100余个。在大检查的推动下，各地加快了配套制度的实施。由地方逐步上报国务院审批的项目用海从无到有，已有10个；海域使用金征收率和征收金额有较大幅度增长。

【养殖用海管理调研】 为了摸清养殖用海基本情况，规范养殖用海海域使用管理，2003年下半年，国家海洋局先后组织了两项专门调研。8月份，在10个沿海省份选22个县（市）进行了书面调研。10月份，按照国家海洋局《关于开展养殖用海海域使用管理调研工作的通知》（海办发[2003]66号）的要求，国家海洋局海域管理司组织了5个调研组，分别赴辽宁葫芦岛、山东荣成、江苏东台、福建莆田、广东台山、广西北海等6个地区进行了养殖用海实地调研。各调研组通过召开座谈会、走访用海单位和个人、发放调查问卷、考察用海现场，基本掌握了上述六地养殖用海情况，形成了《关于养殖用海海域使用管理的调研报告》。

【海域使用管理普法宣传工作】 《海域法》出台以后，国家海洋局始终坚持深入持久地开展《海域法》宣传以及对地方各级海域管理人员的培训，以期增强广大用海者的依法用海意识，促进和指导地方海域管理工作。以《中国海洋报》为主要宣传阵地，结合管理工作进行实时跟踪报道，相继开展了以《海域法》实施一周年、《海域法》及配套制度执行情况大检查等为专题的系列报道，在《中国海洋报》开设了海域管理法律信箱，及时解答基层海域管理者及一些用海单位和个人在执行《海域法》及配套制度过程中所遇到的问题。

2003年3月，根据2002年我国海域使用管理工作情况和海域使用统计结果，编制并发布了《2002年海域使用管理公报》，系统总结了《海域法》实施一年来，各级海洋主管部门取得的成绩和进展。公报的发布，为国家制定海洋可持续发展战略和海洋产业政策提供了参考依据，也有助于社会各界全面了解我国海域使用管理工作的基本情况。

《海域管理工作通讯》是由国家海洋局海域管理司主办的内部刊物。2003年共印发了4期，直接寄送到沿海11个省市和230余个沿海市县（区）海洋行政主管部门、局属各单位及国务院有关部门和专家，及时宣传了《海域法》有关配套制度建设情况，广泛交流了地方管理经验与实践。

【海洋功能区划工作】 截至2003年末，沿海11个省的海洋功能区划已经全部编制完成，并大部分已经得到省政府批准实施。其中，辽宁、山东、海南、广西4个省（自治区）的海洋功能区划已经上报国务院，国家海洋局根据《省级海洋功能区划审批办法》的规定，经征求国务院各部门和有关单位的意见，将按规定程序报国务院审批。沿海三分之二以上市、县海洋功能区划已经编制完成，大部分地区已批准实施。

随着海洋功能区划工作和制度建设的逐步深入和完善，原有的《海洋功能区划技术导则》（国标）已经不能适应新的工作需要，根据工作计划，2003年完成了《海洋功能区划技术导则》（修订稿），并征求了沿海地方和有关单位、专家的意见。

【国家直接受理项目海域使用管理】 结合目前管理现状，制定了《国家直接受理项目海域使用管理程序》，明确了申请程序、申请材料、面积计算、审查方式、登记发证和海域使用金缴纳等内容和程序。针对国家大型企业用海项目一直未纳入《海域法》管理范围的情况，积极主动采取措施，通过直接向用海企业寄送《海域法》及配套制度、发挥国家海洋局各分局海域处对企业的督促作用、举办面向企业的海域使用培训班、走访企业进行现场办公、确定重点企业和用海项目名单等措施，解决中海石油（中国）有限公司、中国电信、中国网通、香港电信等主要用海企业在《海域法》实施前已发生的用海项目确权发证。目前第一批共106个用海项目已完成登记发证，征收海域使用金4 000余万元。除倾倒区用海外，发证率达到93.6%，海域使用金100%征收，超过了年初确定的80%的目标。

对于新上国家重大建设项目的海域使用管理，国家海洋局始终坚持“支持经济发展、为国家建设服务”的原则，为重大建设项目做好海域使用管理和服务。2003年，完成了广西北海电厂、蓬莱19-3油田等4个用海项目的审核，正在上报国务院批准之中；完成了上海洋山深水港、杭州湾跨海大桥、广东液化天然气、蛇口港三期、盐田港二、三期等8个国家重大建设项目海域使用论证专家评审工作；正在催办上海港外高桥、青岛港和湛江港扩建、泉州外走马埭围填海等9个国家重大建设用海项目。在海砂开采海域使用管理中，2003年共办理了12个海砂开采海域使用证，收取海域使用金63万多元。

另外，2003年国家海洋局还受理了6个由地方逐级上报国务院批准的围填海项目用海申请，完成了项目用海的审核工作，将上报国务院批准。

【海域有偿使用】 截至2003年末，沿海10个省（自治区、直辖市）人民政府颁布了海域使用金征收管理政策，10个省（自治区、直辖市）及部分计划单列市发布了海域使用金征收标准，加强了海域使用金管理工作。海域使用分类定级、价值评估工作已正式启动。

【海域使用管理示范区建设】 2003年，海域使用管理示范区建设工作的重点转到规范化管理和制度创新。各示范区按照《关于进一步做好海域使用管理示范区建设工作的若干意见》的要求，不断开拓创新，在确权发证、海域使用金的收缴、重点海域的清理整顿以及规范管理等方面积累了丰富经验，有力地推动了全国海域使用管理工作。各示范区都通过公示栏和流程图的形式直观显示申请、审批、缴金、登记、发证程序。在审核过程中，有的示范区总结了“四清楚”（界址、用途、期限、标准清楚）、“三到场”（审核项目、确定界址、项目实施时到场）、“二公开”（公开审批程序和结果）等管理经验。有的示范区在权属审核过程中，要求相邻用海人指界签字，在项目用海报政府批准前向社会公示，在项目用海批准后按规定进行了登记和海籍管理工作。

各示范区也因地制宜，采取各种方式推动海域管理工作的开展，如青岛市依法运用法律强制手段追缴海域使用金产生了较大的威慑力量，惠州市政府牵头的大型用海项目（如中海壳牌石化项目，惠州港用海项目等）主动办理海域使用证，产生了良好的带动作用。30 个示范区的确权、发证和海域使用金的征收分别达到全国的 90%。

【海洋资质管理】 为了适应我国海洋技术服务领域在加入 WTO 后与世界接轨的要求，我国急需建立和完善相应的海洋技术执业资格管理制度。根据海域管理工作需要，重点推进了海域使用和海洋工程资质制度的建设和执业质量的提高。

(1) 2003 年 3 月，国家海洋局举办了第一期海域使用论证资质培训班，各论证资质单位和沿海省海洋厅（局）的技术人员和工作人员共 90 余人参加了培训，其中 70 余人参加并通过了考试，领取了《海域使用论证业务培训证书》。

(2) 根据《海域使用论证资质管理规定》，开展了 2003 年度的海域使用论证资质单位的年审工作，对部分资质单位进行了实地检查，经认真审查年审材料和实地检查结果，对 10 家甲级资质单位和 15 家乙级资质单位通过了年审，并向社会公告。

(3) 为建立海域使用论证项目的收费制度，国家海洋局会同国家发改委拟定了《海域使用论证收费标准》（试行），经过调查、听证等程序后，经国家发改委同意，2003 年 3 月，由国家海洋局下发试行。

(4) 为规范海域使用论证工作程序，国家海洋局对现行《海域使用论证大纲》进行了修改，并编制了《海域使用论证报告书》、《海域使用论证报告表（格式）》，正式下发沿海地方征求意见。

(5) 2003 年 4 月，国家海洋局组织召开了第一次全国注册海洋工程师专业筹备委员会会议。会议公布了“全国注册海洋工程师专业筹备委员会组成单位”和“全国注册海洋工程师专业筹备委员会考试专家组名单”，讨论并原则通过了《注册海洋工程师考试大纲》和《注册海洋工程师管理暂行规定》等配套制度。

(6) 为完善海域有偿使用制度，维护国家海域资源性资产的权利，国家海洋局开展了注册海域评估师制度的前期研究工作，编写了《建立注册海域评估师论证报告》和《注册海域评估师管理规定（草稿）》。

【海域管理信息系统建设】 (1) 2003 年 3 月，国家海洋局下发了《关于配置海域管理信息系统有关设备的通知》，完成了辽宁、山东、广西等地区地市级以上海洋部门的设备配置工作，配置设备包括台式计算机、打印机和证书打印机等。

(2) 针对我国目前大地坐标系统比较混乱的局面，在充分征求国家测绘局、总参测绘局、交通部等部门意见的基础上，根据工作实际情况，国家海洋局要求我国海域使用测量工作统一使用 84 坐标系统，从而有效规范了我国海域使用权界址测量工作和海域管理信息系统建设工作。

(3) 国家海洋局在对广东、广西等地海域管理信息系统建设情况实地调查的基础上，拟订了全国系统数据上报暂行办法和报送数据格式，并在广西开展了系统数据上报制度试点。

【海域使用管理培训】 为提高全国海域管理人员依法行政水平，2003 年 3 月，国家海洋局举办了全国省、市级海域管理培训班，委托国家海洋局 3 个分局分别组织了 3 个海区 205 个县级海洋行政主管部门分管领导和海域科长的大培训。培训班邀请了国务院法制办、财政部、北京大学、国家海洋信息中心、国家海洋环境监测中心、国家海洋局海域管理司等单位的领导和专家进行了专题讲座，并安排了先进海域使用管理示范区的领导进行了经验介绍。通过培训，不仅提高了地方海域管理工作者的业务水平，同时凝聚了向心力，激发了地方海域管理者的工作热情，对于深入贯彻实施《海域法》和配套制度，全面推进海域管理工作产生了积极影响。

【海域勘界工作】 根据海域勘界工作总体进度安排，苏沪海域界线勘定正式启动；冀津北线、冀津南线已由河北和天津分别提出了主张线，目前正在对其进行协调、论证，涉界省市有关资料的编写工作也已初步完成。考虑到背景资料调查是全面海域勘界的基础，组织专家成立了调查组，分别对各省际间海域界线区域进行了调访。调查组走访了省、市、县海洋、民政、国土、测绘、渔业、史志办等单位；召开了若干次座谈会，参加人员包括部门领导和涉界地区的群众；搜集了调查区的海洋经济、自然地理、历史沿革等资料，听取了各级领导及群众对海域勘界的意见。

为总结经验、进一步推动县际海域勘界工作，2003年2月，国家海洋局召开了全国县际间海域勘界经验交流会，进一步理清了工作思路，相互交流了成功经验，各省普遍反映收获很大。2003年已有100余条市县际界线正式启动，完成了大部分工作量，40余条签定了界线协议书，以政府名义确定了95条海河分界线。在开展外业调查和协调的同时，还加强制度建设和技术支持，以保证勘界工作顺利进行。

(1) 组织政策措施研究。对国际海洋划界实践进行总结分析，并参考和借鉴民政部的陆域勘界工作经验，为全面海域勘界提供了政策依据。组织有关专家制定了《海域勘界成果编辑出版办法》，已下发给各任务承担单位。

(2) 加强档案管理工作。在试点工作基础上，结合全面背景资料调研工作中遇到的实际情况，对初稿进行了修订，经反复研究，并征求沿海省市和有关部门的意见，经技术指导组审查，现已完成《海域勘界档案工作手册》，作为海域勘界档案管理工作的重要依据。

(3) 制定海域勘界质量管理体系文件。为保障海域勘界工作的质量，组织专家编写了海域勘界质量体系文件:《质量手册》、《程序文件》和《作业文件》，以实施对海域勘界工作的全过程质量控制，规范海域勘界的各项活动。

(4) 制定县际间海域勘界技术导则。为更好地指导县际间海域勘界工作，严格规范各类勘界程序、技术要求及成果格式，在《全国县际间海域勘界工作规程》的基础上，总结县际间海域勘界试点工作经验，修订了《县际间海域勘界技术导则》。

海洋资源开发管理
Management of Marine Resources Development

【海底电缆管道管理】 (1) 全国海底电缆管道普查登记工作圆满完成。目前正在进行资料整编工作，预计2004年年初出版图籍和发布公告。

(2) 2002年年底起草完成的《海底电缆管道保护规定（草案)》，经过多次协调和征求意见后，现已通过国土资源部审查，将以部门规章形式颁布实施；完成了《海底电缆管道管理条例》修订草案，将上报国务院批准发布。

(3) 审批了春晓油气田海底管道、惠州21-1油田输油输气管道的路由改造勘察和中海壳牌惠州油用码头输油输气管道路由调查。同时指导国家海洋局各分局和地方完成了蓬莱19-3输油输气管道、琼州海峡跨海电缆等10几个项目的路由调查及铺设施工的审批。

【海岸带和海岛资源管理】 2003年6月17日，国家海洋局、民政部、总参谋部联合印发了《无居民海岛保护与利用管理规定》，明确了无居民海岛属于国家所有的原则，规定了无居民海岛功能区划、保护与利用规划、开发利用申请审批程序、海岛保护名录、海岛名称管理等制度。

为进一步贯彻落实《无居民海岛保护与利用管理规定》确立的各项制度，国家海洋局于2003年7月3日印发了《关于贯彻落实〈无居民海岛保护与利用管理规定〉的若干意见》；要求沿海各省、自治区、直辖市海洋行政主管部门专门组织对《管理规定》学习和研讨，理解、掌握并积极向社会各界介绍、宣传《管理规定》确立的各项制度；编制《无居民海岛功能区划》和《无居民海岛保护与利用规划》，为无居民海岛管理提供科学决策依据；为规范无居民海岛利用申请审批工作，于2003年11月11日印发了《关于印发〈无居民海岛利用申请审批暂行办法〉等有关制度的通知》，公布了《无居民海岛利用申请审批暂行办法》、《无居民海岛利用申请书（格式）》、《无居民海岛利用批准书登记表（格式）》和《利用海岛的保护方案编写大纲（试行）》。

（国家海洋局海域管理司　张志华）

【北海区海域管理】　(1) 强化《海域法》学习和宣传。①组织举行北海分局《海域法》知识有奖现场竞答活动，共 644 人参加国家海洋局组织的《海域法》知识有奖问答活动，31 人获得不同层次奖励，北海分局获得优秀组织奖。②承办北海区县级海域管理培训班。为三省一市培训基层管理干部 96 人，提高了依法行政水平，收到良好效果。③组织分局有关部门相关人员 50 余人次参加了海域评估、海域使用论证、海域使用测量资质培训以及国管项目海域使用管理和海域勘界档案管理等培训。

(2) 强化法规建设，不断完善海域使用管理配套制度。结合北海区的实际情况，起草了《北海区海底电缆管道管理程序》、《海底电缆管道铺设施工现场监督检查程序》、《海底电缆管道复查实施方案》，下发了《关于填报海砂开采情况记录表的通知》等 6 个规范性文件。组织分局各有关单位对《海域使用论证大纲》、《海域使用论证报告书》等规范性文件提出了修改意见。

(3) 加强海域使用管理检查工作。针对北海区的具体情况，召开了海域使用管理工作会议，分析存在的问题，提出了工作思路和具体安排。确定以国管海域使用项目调查为重点，积极开展工作。北海总队执法队及各执法中队对各辖区内的国管海域使用项目进行了全面的执法检查，共进行海域使用检查 156 人次，收集证据材料 57 份，依法查处违法围海、填海案件 8 起。整理编辑完成了《青岛、日照辖区国管海域使用项目资料汇编》及专题报告，基本摸清了北海区国管海域使用项目情况。

根据海域使用管理的需求和北海分局的工作安排，结合航空飞行覆盖面广，时效快的特点，制定了《航空飞行监视指南》、《2003 年下半年海域管理航空监察需求表》，下达海洋事务飞行任务书，重点开展对北海区围、填海及大型海洋工程建设项目、铺设海底电缆管道施工、海砂采挖活动的航空监视。发现吸砂吹填及筑坝用海工程、海砂采挖等共 15 起，

参加了“海盾 2003 专项执法行动”，参与了山东荣成海达造船有限公司非法占用海域等 3 起案件的调查取证、案情处理、案件听证工作。

发现并查处了青岛港（集团）有限公司黄岛液体化工码头无证违法填海的行为，下达了“责令停止海洋违法行为通知书”。派出执法人员对违法施工现场进行了 37 人次长达 10 天的现场执法监视监控。

(4) 加大工作力度，积极参与海域使用项目管理。对青岛港前湾新港区扩大堆场工程项目、天津塘沽滩涂改造和大连星海湾海岸改造工程项目进行了前期海域使用管理，考察了工程现场；对蓬莱 19-3 油田一期工程项目用海情况进行了初步审核；组织专家对《锦州 20-2 至锦州 9-3 海底管道海域使用论证报告》进行了评审，为使这些项目纳入海域使用管理奠定了基础。

(5) 加强指导，提高全海区的确权发证率。2003 年，北海区三省一市海域使用确权发证率、海域使用金征收率、海域使用金收缴额均有较大幅度的增长。据统计，全海区颁发海域使用权证书 1 932 套，确权海域面积 76 393 公顷，征收海域使用金 11 387 万元。

(6) 为加强海域使用权证书管理，北海分局下发了《关于上报 2002 年海域使用权证书使用情况的通知》。加强了证书的宏观管理，对各省提出了严格的管理要求，全年发放海域使用权证书 2 084 套。

(7) 为带头贯彻落实《海域法》，对北海分局所属有关单位下达了《关于办理海域使用手续的通知》，要求北海分局各用海单位，根据《海域法》的有关规定，尽快依法办理海域使用手续。

(8) 积极开展海籍调查工作。海籍调查是强化海域使用登记确权的一项重要工作。2003 年，北海分局在承担海域使用论证工作的同时，严格按照《海籍调查规程》对渤南油气田等 13 个用海项目进行了调查勘测；绘制宗海图，填写海籍调查表，编写海籍调查报告，为全面准确及时地查清海域的使用现状提供依据。

海底电缆管道管理　(1) 为强化海底电缆管道管理，适应海洋综合管理需要，使铺设海底电缆管道管理程序化、制度化，组织有关人员起草了《北海区海底电缆管道管理程序》、《海底电缆管道铺设施工现场监督检查程序》以及《海底电

缆管道复查实施方案》等规范性文件。

(2) 对旅大、南堡及蓬莱19-3油田海底管线路由调查申请及附件资料进行审查，批准路由调查、勘测作业项目3个。

(3) 对渤南油气田等3份海底管道铺设施工作业申请及相关资料进行审查，签发《海底电缆管道铺设施工许可证》5份。2003年批准铺设海底管道8条，总长度176.81千米；海底电缆2条，总长度21千米。

(4) 对菲利普斯中国有限公司等6份海底管道注册备案申请及相关资料进行核查。2003年准予注册备案海底管道18条、海底电缆16条。

(5) 对青岛奥运指挥部拆除青岛市第三海水浴场挡浪坝施工作业进行为期8天共32人次的现场执法检查、监视。组织开展拆除挡浪坝对中韩光缆影响的论证工作，对海上作业提出了严格要求，采取有效的保护措施，确保了中韩光缆的安全；对渤南油气田等5个铺设海底电缆管道施工进行了现场执法检查；对中海油天津分公司、长岛电业总公司、龙口电业公司3家企业违规事件进行了调查处理，并分别作出行政处罚决定。

(6) 指导北海分局有关单位完成海底管线路由及井场调查、勘测项目7个，创造了一定的经济效益。

海砂开采管理 (1) 为加强海洋资源和生态环境保护，切实履行监督管理职能，对山东省长岛县庙岛南部海域等6个海砂开采项目进行跟踪监测。下发了《关于填报海砂开采情况记录表的通知》，要求海砂开采单位将作业船舶、作业时间、到达作业现场时间、装载开始时间、满载离开时间及靠港时间等如实填写上报。通过动态跟踪监测和核查记录表，及时准确地了解和掌握了海砂开采区工程进展情况以及开采区附近海洋环境变化状况。

(2) 会同青岛市海洋与渔业局开展了为期21天的海砂开采专项执法行动，共出动海监人员56人次，采取海上巡视，陆上雷达监视等手段对青岛前海海砂开采进行监控，发现并一举抓获两艘非法采砂船。此项行动对非法采砂者起到了巨大的震慑作用，有效地遏制了青岛地区非法盗采海砂的不良现象。

(3) 对天津腾龙实业有限公司报送的《关于辽宁绥中六股河口海砂清淤工程海域使用的申请》和山东省海阳市交通工程公司呈报的《关于山东省海阳市交通工程公司海砂开采延期使用海域意见的报告》及相关资料进行了审查，向国家海洋局提交了审查意见，为这两个项目的海域使用审批提供了依据。

(4) 组织有关专家对《辽东半岛西侧李家礁附近海域海砂开采工程海域使用论证报告》等3份报告进行了专家评审，得出了客观公正的评审意见。

海域勘界管理 (1) 根据国家海洋局的统一部署，对津冀南线勘界档案资料进行了自查，在此基础上又组织了全面的检查，使各种资料基本符合档案管理的要求，得到了国家海洋局和国家档案局的高度评价。

(2) 认真落实国家海洋局勘界办的指示精神，对津冀南线海域划界方案进行了多次修改完善。在国家海洋局勘界办的组织下，完成了津冀南线方案的征求意见和相互协调。界线方案与协议书已于2003年11月定稿，上报国土资源部。

无居民海岛管理 无居民海岛管理是一项新的事业。为做好此项工作，采取专题讨论会、学术研讨会等形式组织进行学习研讨，在《海岛保护与利用管理学术研讨会论文集》上发表了“无居民海岛管理开发必须坚持保护为主，在保护中开发的原则”等多篇文章，先后编写了“无居民海岛管理工作建议”、“无居民海岛利用与保护方案”、“无居民岛资源开发利用与管理对策”等文章，详细阐述了目前国内外无居民岛的开发保护状况、无居民岛的分布状况、无居民岛资源开发状况和无人岛资源的利用与保护状况，对规范无居民岛资源开发与保护提供了切实可行的措施和建议。

（国家海洋局北海分局）

【东海区海域管理】 **海域使用论证** 受国家海洋局委托，为新建国批用海项目审批提供审查意见，东海分局分别于2003年6月和11月召开海域使用论证评审会，组织对《杭州湾跨海大桥海域使用论证报告书》、《江苏大唐吕四港电厂一期工程海域使用论证报告书》进行了专家评审。经详细质疑和认真审核，在汇总归纳专家评审组意见的基础上，向国家海洋局提出了审查意见。2003年5月，对福建省福安市湖塘围垦工程、连江县晓奥围垦工程、福鼎市秦屿镇歧头围垦工程和福鼎市鱼井围垦工程 4 个用海项目的海域使用论证报告书，组织进行了函审。函审中严格按照评审程序，广泛征求当地省级海洋行政主管部门和各方面专家意见，依据审查标准和专家意见，对 4 个用海项目提出了审查意见。

重大项目用海协调　受国家海洋局委托，东海分局就上海洋山深水港海域使用中的有关问题进行了协调，经与各方协商讨论和研究，形成 4 点协调意见：①有关各方应从国家整体利益出发，积极支持配合解决好国家重大建设项目洋山深水港工程的用海问题；②舟山市人民政府和嵊泗县人民政府积极稳妥地在 2003 年 2 月底前依法收回原已颁发的全部海域使用权证，以保证国家重大建设项目用海；③为保证按时收回原已颁发的全部海域使用权证，由舟山市人民政府和嵊泗县人民政府在 2003 年 1 月 20 日前向洋山深水港建设指挥部提出补偿方案；④2003 年 2 月 20 日前，洋山深水港建设指挥部会同舟山市人民政府和嵊泗县人民政府协商确定有关经济补偿范围及补偿额度。另外，针对江苏大唐吕四港电厂一期工程业主对该项目用海审批权限上的不同认识和担心影响工程建设进度，经与江苏省海洋与渔业局沟通，消除了建设单位对上报国家审批在时间上可能影响工程进度的顾虑，协助建设单位在很短的时间内完成了该建设项目海域使用论证报告书的审查工作。

县（区）海域使用管理培训　为进一步提高基层海域行政管理干部依法行政的意识和能力，加强《海域法》及其配套制度的贯彻落实，作为全国县（区）海域使用管理人员培训工作的组成部分，2003 年 4 月，东海分局在沪举办了东海区三省一市县（区）海域使用管理人员培训班。来自东海区三省一市近 70 个沿海基层海域行政管理部门约 150 余名海域使用管理干部参加了培训。培训班开设了“海域使用管理”、“海域物权的法律性质”、“海籍管理”和“海洋使用执法监察”4 个专题讲座，并请乐清市海洋与渔业局的管理人员介绍了海域使用管理的经验。经培训，学员们不仅加深了对海域使用管理工作内容和程序的系统认识和对《海域法》及配套制度相关条款的理解，而且就工作中遇到的问题与授课老师进行了探讨，促进了《海域法》及其配套制度的贯彻落实，培训取得了良好效果。

海砂开采管理　受国家海洋局委托，组织召开了“福建省泉州鲤城万盛建材有限公司泉州湾海域海砂开采海域使用可行性论证报告专家评审会”，会议形成的专家评审意见为国家海洋局的审批提供了科学依据。会同福建省海洋与渔业局协调解决了福建惠安县东园经济开发公司和泉州鲤城万盛建材有限公司采砂项目的矛盾。核查了福建惠安县东园经济开发公司和福建省长顺海洋实业有限公司要求免除动态监测的申请。落实了温州键能建材有限公司海砂开采区的动态监测工作。

无居民海岛管理　为贯彻实施《无居民海岛保护与利用管理规定》，交流东海区各省市海洋管理部门在无居民海岛保护与管理工作上的经验，推动东海区无居民海岛保护与管理工作，2003 年 11 月，东海分局在宁波组织召开了“东海区无居民海岛管理工作座谈会”。会议交流了三省一市无居民海岛管理工作经验和工作设想，研究分析了当前无居民海岛管理工作中遇到的主要问题。会议要求东海区各地一要尽快开展无居民海岛的调查，查清无居民海岛的资源状况和生态特征、编制无居民海岛名录等；二要结合各地实际搭建管理框架，积极稳妥地开展无居民海岛的管理试点；三要研究无居民海岛管理工作的切入点、管理对象、管理体制以及与其他相关法律的衔接等工作，为无居民海岛的立法和管理奠定基础。

海底光缆、管道管理　2003 年 1～11 月，东海区共受理审批和公告铺设海底电缆管道路由调查、故障维修施工作业申请 17 起。其中东海分局受理审批公告 8 起，分别为：①中海石油(中国)有限公司上海分公司的“春晓气田群海底输气管道改动段路由调查作业的申请”；②上海市金山区金山三岛海洋生态自然保护区管理处（筹）的“金山嘴岸至大金山岛海底电缆路由调查申请”；③中英海底系统有限公司“水下机器人‘海狮’号海试”作业申请；④“亚太二号海底光缆(APCN2) S3 段上海侧光缆故障修理施工”作业申请；⑤“C2C 海底光缆上海南汇侧光缆故障紧急维修施工”作业申请；⑥“FLAG 海底光缆上海南汇侧光缆故障紧急维修施工”作业申请；⑦“中日海底光缆(CJ2)上海侧光缆故障维修施工”；⑧“FLAG 海底光缆上海侧故障紧急维修施工”作业申请。东海区海光缆安全保护成为维护海洋开发秩序中的重点和难点。

海域行政勘界 组织浙闽线技术承担单位的东海海洋工程勘察设计院，对浙闽线划界方案组织进行了多次审查和修改。划界方案在向国家海洋局海域勘界办公室汇报后，按照勘界办公室的要求，11月向浙江、福建两省通报了浙闽线海域划界情况，并再次征求了双方的意见。

（国家海洋局东海分局 张华明）

【南海区海域管理】 (1)大型用海项目的确权发证成效显著。采取积极有效的措施，促使广东电信、海南电信、中海油深圳分公司、阿科中国有限公司、亚洲环球、香港电信、FLAG和C2C等8家用海单位提交了申请，基本解决了《海域法》实施前遗留的未办证已用海问题；及时跟踪，敦促深圳盐田港集团有限公司提交了三期项目用海申请、中海壳牌南海石化项目提交了海底管线预选路由用海申请，并进行海域使用可行性论证，国管用海项目都纳入了《海域法》的管理范围；加强监督检查，推进地方政府对海洋部门工作的支持，例如，促使了珠海市委、市政府责成市海洋与渔业局对全市的围填海项目进行全面检查、登记造册，使珠海市的海域管理工作向前迈进一步。

(2) 积极为企业提供服务。组织完成了广东液化天然气接收站和输气干线项目、深圳港蛇口港三突堤集装箱码头三期工程等6个国管大型用海项目的海域使用论证专家评审工作。

(3) 加强海域使用管理人员的培训。举办了南海区市、县级海域使用管理培训班，共培训沿海市、县海域使用管理人员近百人。

(4) 继续开展《海域法》的宣传。结合海域使用普查登记、清理整顿和确权发证等管理工作，南海三省区各级海洋管理部门开展了一系列形式多样、群众喜闻乐见的《海域法》宣传活动，有效地提高海洋群体的依法用海意识。

(5) 大力推进《海域法》配套规章制度的建立和完善。南海三省区共制定（草拟）了9个《海域法》配套规章制度，使《海域法》更具可操作性。此外，对一些地方法规与《海域法》相冲突的问题，在认真调研的基础上，向地方政府提出了修改或撤销地方法规的建议。

海底电缆管道管理 (1) 在海底电缆管道普查的基础上，将大量的电缆管道数据数字化，基本完成了南海区海底电缆管道管理信息系统建设。

(2) 2003年5月22日在广州组织召开了惠州21-1天然气项目海底输气管线路由改道协调会暨路由桌面研究报告专家评审会；受理了中国南方电网责任有限公司琼州海峡海底电缆路由申请，于2003年8月13日组织召开了路由协调暨桌面研究报告专家评审会，11月17日批准了该电缆路由勘察申请；受理了亚太二号S8A段汕头侧光缆（两次）、港日韩海底电缆系统、粤海铁路通道海安南至海口跨海光缆、亚太光缆二号系统S3段、亚太光纤系统、FLAG北亚光纤环系统、亚欧光缆的维修施工作业申请；完成了粤海铁路琼州海峡海底光缆、北亚光缆系统中国段的登记注册。

海砂开采使用海域管理 受国家海洋局海域管理司的委托，分别召开了《珠江口内伶仃岛西北水域海砂开采海域使用论证报告》、《珠江口川鼻浅滩海砂开采使用海域论证报告》专家评审会；继续对广东金颐发保得荣达砂石开发有限公司、东莞盛海实业发展公司、东莞江海贸易有限公司的海砂开采区进行动态监测，及时了解海砂开采过程对海洋环境的影响，为国家海洋局调整海砂开采区提供决策依据。

海域勘界 (1) 2003年7月19～27日，海域勘界调研小组赴上海、江苏两地实地考察，完成了沪苏线海域勘界前期调研。

(2) 2003年6月至8月，编制了业务培训计划、海域勘界计划任务书和作业指导书；开展了海域勘界法规、技术规程、计量基础、档案管理、作业指导书、设备操作等培训。

(3) 2003年8月19至9月25日，完成了沪苏线海域勘界任务的底质、生物资源、海流和泥沙等外业调查。

（国家海洋局南海分局）

海洋环境保护

Marine Environmental Protection

综 述

Summary

【概况】 2003年，海洋环境保护工作以“为海洋经济建设服务、为社会发展服务、为行政管理服务、为国防安全服务、为人民生活服务”为宗旨，认真履行海洋环境保护的各项职责，明确了“加强海洋环境保护监督管理，积极推进海洋环境保护规划和立法进程，强化海洋环境监测能力建设，提高监测服务效果，加快保护区建设，加大污染控制管理力度”的指导思想和目标，全面完成了2003年海洋环境保护工作重点任务。

【健全海洋环境保护法规体系和海洋环境保护规划】 为加强海洋工程环境保护立法工作，全面推进立法进程，完成了海洋工程环境保护条例立法论证材料和条例送审稿的编制工作。为积极推进地方海洋环境保护法规的建设进程，使各项管理工作做到有法可依，国家海洋局积极指导沿海省（自治区、直辖市）海洋行政主管部门开展海洋环境保护立法工作，其中，《浙江省海洋环境保护管理条例》已出台，《河北省海洋环境保护管理条例》也列入立法计划。

【全面开展海洋环境保护规划编制工作】 为推动地方海洋行政主管部门深化海洋环境保护工作，落实国务院《关于全国海洋功能区划的批复》和《关于印发全国海洋经济发展规划纲要的通知》精神，国家海洋局积极部署和落实全国海洋环境保护规划编制工作，并组织制定了《关于做好海洋环境保护规划纲要编制工作的意见》，以全面启动和进一步指导沿海省（自治区、直辖市）的海洋环境保护规划编制工作，2003年，浙江、河北等省已完成规划的编制工作，其他省市的编制工作也已全面启动。

【发布海洋环境公报】 发布海洋环境公报是各级海洋行政主管部门履行海洋环境保护管理职能的一项重要工作。国家海洋局于2003年1月发布了2002年度《中国海洋环境质量公报》和《中国海洋灾害公报》。沿海省（自治区、直辖市）海洋行政主管部门在对近岸海域环境质量全面评价的基础上，均于上半年组织编制并发布了海洋环境质量公报。沿海14个地级市（深圳、厦门、宁波、青岛、珠海、温州、嘉兴、舟山、台州、烟台、威海、沧州、唐山、秦皇岛）也发布了当地的海洋环境质量公报。2003年度《中国海洋环境质量公报》、《中国海洋灾害公报》、《中国海平面公报》预定于2004年1月发布。

【地市级海洋环境监测机构能力建设】 针对各地海洋环境保护工作的具体形势和特点，在推进海洋环境监测机构的建设中，国家海洋局着重宏观指导和督促协调，积极、稳妥、有序地开展了海洋环境监测机构的建设工作。通过共建和地方自建方式，截至2003年底，全国沿海已有41个地级市建立了海洋环境监测机构，国家海洋局直属海洋环境监测系统计量认证工作全面完成，国家与地方相结合的海洋环境监测体系已基本形成。

【进一步提高国家级业务中心建设】 国家海洋局加强了4个业务中心（监测、预报、信息和标准计量中心）的建设，各中心围绕管理职能保障和业务化运行，在对比国内外同行发展水平的基础上，分别提出了中长期的发展规划和设想。

【拓展公益服务领域】 国家海洋环境监测中心从2003年5月份起将评价发布赤潮监控区质量通报纳入了国家海洋环境监测中心业务化运行。国家海洋环境预报中心从2002年起围绕“海水浴场环境监测预报”工作，先后开展了各浴场环境背景调研，拟定了有关浴场资料实时接收、分析、处理以及综合评价技术方法，该项工作已纳入业务化运行。此外，ARGO 资料与数据管理实现业务化。

【海洋生态环境保护与管理】 在 2002 年海洋生态调查工作的基础上，2003 年国家海洋局进一步汇总有关调查基础数据和资料，总结完成了《中国近岸海域海洋生态问题调查研究报告》，为今后海洋生态管理工作实践提供了依据。同时提出了若干具体工作建议，包括加强海洋环境保护规划工作和对陆源污染物的治理，建立生态监控区，加大科技支撑力度等。这些建议得到了国务院领导的高度重视，6 月 27 日，国务院领导对海洋生态保护工作做出重要批示。为认真贯彻国务院领导批示精神，国家海洋局积极开展生态监控区建设工作，编制了 2004 年海洋生态监控区监测工作方案。 （王 斌）

【加强海洋石油开发工程环境影响的监督管理】 积极采取措施加强海上石油开发的环境保护，根据《环境影响评价法》的有关规定，2003 年组织制定并发布了《海洋石油开发工程环境影响后评价管理规定》。2003 年组织审查和审批了歧口 18-2 油田、锦州 20-2 油气田向下游增加供气量项目、渤中 25-1 油田、旅大 4-2/5-2/10-1 油田、陆丰 13-2 油田、茂名 30 万吨级单点系泊及海底管道、镇海—漕泾石脑油管线、岙山—镇海进口原油管道、天津临港工业区滩涂开发一期工程、深圳至香港输气管线（深圳段）工程等 11 项工程的环评大纲或报告书。加强海洋石油勘探开发的污染控制和管理，对于在重点海域尤其是渤海海域新建的工程，在环评报告书审批阶段对其污染物的排放总量和排污混合区范围实行严格控制，鼓励应用回注技术，努力实现污染物的零排放。目前，渤海的一些油田如蓬莱 19-3、赵东 C/D 油田等基本实现了含油污水的零排放，蓬莱 19-3 油田甚至实现了泥浆和钻屑的零排放。同时，对已建油田的污染物排放加强管理，全部实现达标排放。为加强海上油田含油污水排放浓度数据的准确性和可靠性，组织了中国海洋石油总公司海上油气田含油污水监测人员的培训。为贯彻落实“三同时”制度，组织了赵东 C/D 油田、番禺 4-2/5-1 油田环保设施的“三同时”检查和东方 1-1 气田环保设施的竣工验收。 （高 琳）

海洋倾废管理
Ocean Wastes Disposal Management

【颁布海洋倾废管理规章制度】 为完善倾倒区管理制度，规范管理程序，2003 年国家海洋局颁布实行了《倾倒区管理暂行规定》。该规定对倾倒区选划申请要求，受理、组织选划及审批权限，选划大纲和报告报送要求、审批程序，倾倒区监测要求和具体的监督管理等，都做了规定，为倾倒区的科学和依法管理奠定了基础。《疏浚物海洋倾倒分类和评价程序》和《疏浚物海洋倾倒生物学检验技术规程》已颁布实施。规程明确了海洋倾倒疏浚物的分类和在倾倒之前对疏浚物进行评价的原则、主要内容及要求。海洋倾倒许可证签发管理信息系统启用。

【强化海洋倾废日常管理】 全国共批准设立 7 个临时性海洋倾倒区，签发倾倒许可证 663 份，批准疏浚物倾倒量 131 701 946 立方米，征收倾倒费 6 155 357.65 元。组织审查和审批了茂名水东港航道、湛江 25 万吨级航道、秦皇岛港、珠海高栏港、北海电厂航道疏浚、广东 LNG 站线项目、大亚湾石化项目、烟大轮渡羊头洼码头、大连湾通用杂货泊位、岚山港、赵东 C/D 油田、青岛港外航道扩建工程、长江口深水航道二期工程、厦门港等疏浚工程所需的 14 个海洋倾倒区的选划大纲或报告。

【港澳倾废合作】 按照国务院的批复精神，国家海洋局继续推动与香港和澳门特别行政区的废弃物跨区倾倒合作，及时研究和处理了香港和澳门特别行政区提出的有关跨区倾倒管理的有关技术问题，并与香港举行了第三次跨区倾倒合作安排会谈，草签了合作安排文本，研究了香港惰性拆建物料事宜。通过沟通和联系，与澳门的合作协议文本也已达成一致。有关港澳跨区倾倒管理的政策、管理程序和办法已基本出台，为今后的港澳跨区倾倒管理提供了稳定的政策基础。 （高 琳）

海洋自然保护区建设与管理
Construction and Management of Marine Nature Reserves

【概况】 海洋自然保护区建设管理是海洋生态

保护工作的一项重要内容。依照我国现行法规确立的综合管理与分部门管理相结合的保护区管理体制以及国务院赋予的工作职责，国家海洋局作为主管海洋类型保护区的部门，积极推进各级海洋自然保护区的建设管理。到2003年底，主管的海洋自然保护区已达到27个（国家级9个，地方级18个），保护区面积达到1.6万平方千米，个数约占全国自然保护区（近80个）的35%。2003年国家海洋局加强了海洋自然保护区建设管理工作的监督指导。

【组织开展了海洋自然保护区检查评估】 为进一步推进各级海洋部门落实“监督管理海洋环境保护，监督海洋生物多样性”的职责，加强对海洋自然保护区建设管理的指导和监督，国家海洋局组织制定了《海洋自然保护区管理评估导则》，并印发了“关于开展海洋自然保护区管理工作检查评估的通知”，部署沿海省（自治区、直辖市）海洋行政主管部门从管理条件、管理制度、工作进展、管理成效四个方面，对其主管的各级海洋自然保护区（重点是国家级）开展自查评估工作。沿海省（自治区、直辖市）海洋行政主管部门分别按照通知要求，结合各自情况开展评估，以实事求是的态度，对照《导则》，全面检查，客观自评，对多年来的保护区管理工作进行了全面总结，基本摸清了情况，找出了差距和原因，明确了下一步工作目标，评估工作达到了预期目的。经过对结果汇总评估，国家级保护区综合评定达到合格，某些方面达到优秀；地方级保护区综合评定基本合格。具体来讲：管理条件方面，各国家级保护区基本上落实了机构和编制，地方级保护区基本做到有机构和人员从事管护工作，但各级保护区普遍存在编制数太少的问题；保护区运行经费主要由地方财政列支，国家级保护区经费基本能保障人员工资和日常管护开支，但大多数地方级保护区没有经费来源；各国家级保护区有基本的管护设施，个别地方级保护区没有必要的管护设施；各保护区四至明确，大多数国家级保护区设立了界标界桩，但地方级保护区大多界标不明确；另外，保护区还存在土地、海域权属不十分明确的情况。管理制度方面，各国家级保护区和多数地方级保护区管理机构都制定了相应的法规和规章，能够做到依法照章办事。海南、浙江等省已经出台了海洋保护区管理的相关法规，各级海洋行政主管部门都在按照“一区一法”的原则，积极努力争取地方人大和政府出台有关管理法规和规章。管理进展方面，多年来海洋行政主管部门积极工作，争取当地政府的支持，对保护区保护对象有针对性地采取了管护措施，加强了海洋自然保护区的监督管理。各保护区开展了科研调查、发展规划的编制工作，开展了生态监测、资源恢复、养护和国际合作交流活动等工作，加强了执法管理，同时积极利用电视、报刊、广播等多种方式加强保护宣传，提高公众自觉保护和参与的意识。海南三亚、河北昌黎、浙江南麂、广西山口等有条件的保护区在坚持保护为主、适度开发的原则下，尝试性地开展了生态旅游活动，进一步探索了可持续发展道路，取得了可借鉴的经验。管理成效方面，在沿海各地政府和公众的重视和支持下，各级海洋行政主管部门为建设管理海洋自然保护区做了大量工作，通过推进海洋自然保护区建设管理工作，近几年保护区内生态呈现恢复趋势，对保护典型、代表性海洋生态系统、海洋生物多样性，加快海洋资源恢复等起到了重要的不可替代的作用。综合此次自评结果并结合调研情况表明，海洋自然保护区发展建设中还存在着整体发展建设的长远规划不够，总体发展不平衡，管护面积较小、管理力量薄弱，保护与开发矛盾加剧等急需解决的问题。

【组织指导国家级海洋自然保护区开展管理工作】 南麂列岛保护区完成资源环境遥感动态监测，建立了地理信息系统，并开展了功能区调整工作，编制完成各种报批材料已获省政府同意。昌黎黄金海岸保护区完成了保护区总体规划的修订，已获批准并实施。天津古海岸与湿地保护区完成了建区10年科考报告编写工作，并完成展示中心基本建设。广西山口红树林保护区完成了国际生物圈组织资助的两个项目。海洋行政主管部门主管的浙江南麂列岛海洋自然保护区、福建东山珊瑚礁自然保护区、广西山口红树林自然保护区、海南三亚珊瑚礁自然保护区被列为联合国环境规划属“中国南部沿海生物多样性保护示范区”，目前项目已开展有关工作。

【地方海洋部门新建多处海洋自然保护区】 山

东滨州古贝壳堤岛与湿地生态系省级自然保护区完成了升国家级有关材料的编写，已由山东省政府向国务院报送。沿海省（自治区、直辖市）海洋行政主管部门新建了山东崆峒列岛、浙江韭山列岛、广东徐闻珊瑚礁和南澎列岛4个省级海洋自然保护区，福建省新建了平潭海洋生态特别保护区。（王艳香）

【东海区海洋环境保护】 **海洋环境监测** 根据国家海洋局“2003年全国海洋环境保护工作会议”的精神和“2003年海洋环境监测工作方案”，2003年3月25～26日，在福建省龙岩市召开了“2003年东海区海洋环境监测工作会议”，会议传达了2003年国家海洋局海洋环境保护工作要点，总结交流了2002年东海区环境监测、赤潮防治工作的经验；结合东海区实际，讨论审定了2003年东海区和省市海洋环境监测、赤潮监测、海水浴场监测工作方案。根据监测方案，全年组织完成各类环境监测52次，其中，趋势性监测12次，较上年增加4次；长江口生态监测10次，较上年增加4次；监督性监测27次，较上年增加9次（监督性监测中包括水源保护区、倾废区、生态保护区在内的海洋功能区监测14次，海洋重大工程监测11次，排污口监测2次）；长江口入海污染物总量控制监测3次。东海区布设监测站位305个，获监测数据35 184组，数据量35万个。发布监测通报47期，提交技术报告47份。另外，完成2月份和8月份的东海断面调查2次，完成专项区块调查测线5 000千米。

赤潮监测与防治 东海区8个赤潮监控区全年现场监测460航次，其中，江苏海州湾监控区监测16次，浙江岱山、嵊泗、象山、洞头监控区监测116次，福建闽江口、三都湾、厦门海域监控区监测328次。全年发现赤潮81起，较上年增加26起，影响面积1.4万平方千米，较上年增加面积5 000平方千米。东海区赤潮主要发生在浙江、福建沿海，舟山海域是赤潮重灾区。发现赤潮藻种19种，主要有具齿原甲藻、中肋骨条藻、夜光藻等，平均密度1.3×10^7个/升，最大密度达1×10^8个/升。检测各监控区海产品赤潮毒素样品44份，检测原产地海产品赤潮毒素样品66份。检测到含有赤潮毒素样品占全部检测样品数的15%，有毒藻种有链状亚历山大藻、塔玛亚历山大藻、长崎裸甲藻、短裸甲藻等。赤潮远程会商系统起用53次，诊断大面积赤潮6次，接收诊断电子邮件70封，照片180张，回复咨询电话101个。全年发布赤潮通报62期。每月按时向国家海洋局上报赤潮情况月报表。赤潮在东海区的趋势性特征主要表现为赤潮发生频率加大，长江口、厦门西海域有毒赤潮生物检出率增加，赤潮危害性趋于严重。

海洋倾废监管 东海区现有各类倾倒区29个，其中，正式倾倒区17个，临时倾倒区12个。年内组织选划了“长江口深水航道二期专用倾倒区”、“洋山深水港工程临时海洋倾倒区”和“厦门港疏浚物临时倾倒区”，关闭了上海泰和路越江隧道工程疏浚物临时倾倒区。2003年使用的正式倾倒区13个，临时倾倒区11个。年内共签发普通许可证339本，其中，疏浚物倾倒许可证332本，骨灰撒海许可证7本。全年批准三类疏浚物倾倒量4 266.6万立方米，骨灰撒海1 130盒。与上年相比，疏浚物倾倒量增加12.4%，骨灰撒海数增加16.2%。收取疏浚物倾倒费213.3万元。东海区海洋倾倒物主要是码头和航道疏浚物，由于加强对疏浚物的成份检测和超标疏浚物倾倒的控制，经2003年8月，对吴淞口北倾倒区、椒江口倾倒区、闽江口倾倒区环境监测表明，各倾倒区环境质量无异常，对周边海域的环境影响不大。向社会发布了2002年《东海区倾废公报》，组织编制了2003年《东海区倾废公报》。

海洋石油勘探开发环境保护 2003年，东海区勘探生产作业的石油平台有“东海平湖天然气生产平台”、“勘探三号”和“南海五号”3座。受国家海洋局委托，年内对《春晓气田群总体开发工程环境影响评价报告》和《东海平湖油气田扩建工程环境影响评价大纲》组织进行了评审。为预防和减轻海洋污染事故，年内审批“溢油应急计划”3份，督促业主做好环境保护，落实溢油应急事故防范措施，开展应急演练。督促业主填报并严格核实《防污记录簿》、《季度防污报表》，按时向国家海洋局上报石油平台环保月报表。2003年10月13～14日，组织召开了东海区海洋石油勘探开发环境保护座谈会，研究落实海洋环境保护措施，贯彻《海洋工程排污费征收标准实施办法》，全年收取排污费11.9万元。东海区石油勘探开发区海洋环境状况良好，未发生溢油事故。

长三角海洋生态环境建设行动计划推进 继2002年10月“长江口、杭州湾海洋生态环境修复工程研讨会”后，协调组织开展了“长三角近岸海洋生态环境建设行动计划”立项的推进工作，2003年3月，组织编制完成了“长三角近岸海洋生态环境建设行动计划”初稿，2003年6月，组织召开了长三角近岸海洋生态环境建设项目第二次领导小组会议，经向苏、沪、浙两省一市领导汇报，组织编制完成了两省一市的行动计划初稿。长三角联合开展海洋生态环境建设项目的立项工作取得阶段性成果。

东海区海洋环境监测和预报服务系统共建共管共用不断深化 2003年7月28日，国家海洋局东海分局与连云港市人民政府共建的“连云港市海洋监测中心”、“连云港市海洋预报中心”和“连云港市水产品质量检测中心”（以下简称“中心”）在连云港市举行协议签订和挂牌仪式。东海分局张有份局长与连云港市刘永忠市长代表共建双方签订了协议书。“中心”是一个集海洋环境监测、海洋环境预报、水产品检测多种功能为一体的事业机构，由国家海洋局东海分局和连云港市人民政府共同管理，设有海洋环境监测室、海洋预报室、水产品分析检测室等6个实验室。主要任务是承担连云港市海域的海洋环境监测、预报、水产品检测和海洋环境保护工作，为连云港市各级政府海洋经济发展规划和海洋环境保护规划、科学合理开发利用海洋资源提供科学依据和服务。

2003年8月8日，国家海洋局东海分局与舟山市人民政府在舟山市举行了共建“舟山市海洋环境监测预报中心”挂牌仪式。东海分局张有份局长与舟山市虞洁夫副市长代表共建双方签订了协议书。“中心”是国家海洋局东海分局和舟山市人民政府共同管理的事业单位，主要任务是承担舟山市海域的海洋环境监测和海洋环境保护工作，开展海洋环境预报和海洋灾害预测预报。

2003年12月26日，国家海洋局东海分局与南通市人民政府在上海签订了共建《南通市海洋环境监测预报中心意向书》。江苏省人民政府副省长黄莉新、上海市人大原副主任沙麟、江苏省海洋与渔业局副局长魏绍芬以及南通市委、市政府有关领导出席了签字仪式。国家海洋局东海分局环保处袁丁处长与南通市人民政府沈红星副秘书长分别代表共建双方在意向书上签字。

截至2003年底，东海区先后与地方政府共建了4个省级、5个地级海洋环境监测或预报中心（台），大部分海洋站也与当地县政府实现了共建。 （国家海洋局东海分局 张华明）

海洋执法监察工作

Ocean Supervision and Law-Enforcement Work

【概况】 “海盾2003”专项执法行动成效显著 2003年5月，国家海洋局决定由中国海监总队组织各海区及沿海各省（区、市）总队开展以查处填海、围海造地等项目中的重大违法案件为主的“海盾2003”专项执法行动，并下发了《关于开展“海盾2003”专项执法行动的通知》。国家海洋局组织在全国范围内开展“海盾2003”专项执法行动，通过对相关用海项目的摸底排查，确定了拟查处的违法项目，并进行案件查处。“海盾2003”专项执法行动共立案查处10起重大围、填海违法案件。

此次行动不仅直接、有力地打击了违法围、填海行为，震慑了非法用海者，捍卫了法律的尊严，规范了海域使用行为，而且对《海域使用管理法》的贯彻实施起到了推动作用。标志着海监工作从以自身建设为主的阶段，进入到全面履行海洋行政执法实践为主的新阶段。

中国海监总队以抓专项执法行动为主线，全力推进全国海监执法监察工作的扎实开展。截止到11月底，中国海监各级队伍共检查各类项目6 950个（海区646个，省6 304个），其中海域使用5 983个（海区141个，省5 842个），海底电缆管道37个，海洋工程建设项目206个（海洋石油勘探开发项目63个，其他海洋工程项目143个），海洋倾废项目499个。进行各类检查次数总计12 844次（海区1 813次，省11 031次），共发现各类违法行为2 189起(海区159起，省2 030起)，做出行政处罚775件（海区44件，省731件），罚没款总额1 611.946 4万元（海区357.954 4万元，省1 253.992万元)。

“中国海监执法示范工作”全面启动 为加大执法实践的力度，宣传、交流和推广示范工作经验和成果，起到以点带面的作用，推进违法案件的查处力度，以加快基层海监机构的执法工作向高效、规范化迈进，从而推动全国海监执法水平的全面提高，6月18日，国家海洋局印发了《关于开展中国海监执法示范工作的意见》。决定在全国海监系统中开展中国海监执法示范工作。

根据文件精神，中国海监总队分别于7月和11月召开专题会议，对开展执法示范工作进行了研究和部署。国家海洋局于9月19日确定了在中国海监葫芦岛市支队等10个海监支队开展海监执法示范工作。至此，执法示范工作全面启动。

以开展中国海监执法示范工作为突破口，通过抓好示范支队的执法示范工作，进一步推进中国海监工作的全面启动。一是把基层的日常执法检查工作带动起来，进一步强化各级队伍的执法检查工作力度；二是建立和完善办案程序，推进海洋行政处罚制度建设；三是探索自由裁量权规范行使的方式、方法；四是推进海洋执法人员的能力建设和综合素质的提高。这对探索执法工作模式，推动执法水平意义重大，是实现海监执法工作重点转移的一项重要举措。

执法监察规章制度逐步完善 为贯彻实施《海洋行政处罚实施办法》，完善配套制度，国家海洋局分别于6月18日和10月20日印发了《重大海洋违法案件会审工作规则》及《海洋行政处罚听证程序实施规则》。两《规则》明确了重大海洋违法案件会审和海洋行政处罚听证工作程序，对保障和监督海洋行政主管部门依法实施行政处罚，保护当事人的合法权益，及时有效查处违法案件具有重要的意义。两《规则》的出台在“海盾2003”专项执法行动处罚案件中起到了指导和规范处罚工作的作用。

为及时汇总中国海监队伍执法成果与办案经验，为海洋立法、政策研究和制定提供第一手资料，2003年重点结合“海盾2003专项执法行动”组织开展案例分析工作，开展了“中国海洋行政执法案例库”工作。下半年，组织开展了《海洋行政处罚案件层级管辖意见》的拟订工作。

执法能力建设工作显著加强 (1) 为沿海省（区、市）海监机构配备执法艇工作。为壮大海监队伍的实力，扩大海监队伍的影响，引导地方政府加强海监队伍的海上执法力量的基础建设，为海洋执法监察工作提供基础保证，中国海监总队组织开展了“为沿海省（区、市）海监机构配备执法艇”的工作。至2003年底，已经完成了调研、信息资料的收集、选型、配置方案建议等基础工作，其他各项工作正按程序进行。

(2) 新建海监船舶、飞机工作。中国海监总队完成了船舶建造合同谈判、20项设备的国际招标和船载、机载专业设备购置及有关技术、商务谈判工作，共签订商务合同和协议45份，技术协议书32份，签署技术规格书338份。其中1 000吨Ⅱ型船6月28日正式开工建造，1 000吨Ⅰ型1 500吨船年底前开工建造，Z9型直升机和Y12Ⅳ海监飞机11月26日通过验收和交接。总体上看，项目各项工作正在紧张有序地推进。

中国海监队伍建设继续推进 为贯彻落实《关于地方各级海监机构设置若干意见的通知》及国家海洋局党组确定的2003年海监支队组建达到80%、海监大队组建完成60%以上的总体目标，中国海监总队大力推进海监队伍组织体系建设，截止到2003年底，11个沿海（省、区、市）已有10个省总队（海南省总队正在积极组建中）、46个支队和144个大队完成组建。中国海监各地（市）支队建设完成92%，中国海监各大队建设完成80%，完成了国家海洋局党组年初确定的建设目标。

2003年2月起，中国海监总队组织对全国1 750名持《海洋执法监察证》人员进行了年度考核。经考核，有1 734人符合持证规定并进行了公示。2003年新核发《海洋执法监察证》792本，至2003年年底，全国已有2 542名海监执法人员持有效《海洋执法监察证》。

海监飞机飞行管理工作改革积极推进 为更好地发挥海监飞机速度快、覆盖面宽、威慑力大和机动性强的特点，提高海监飞机在海洋执法监察、海洋事业和社会服务等工作中的综合效能，使其成为海洋行政管理和海监执法工作的优势力量，中国海监总队提出了深化海监飞机飞行任务的改革意见。

6月2日，国家海洋局印发了《关于海监飞机飞行工作改革意见》。本着统筹安排、分类管理、协调发展的原则，明确了海监飞机的飞行任务，在加强执法监察飞行的前提下，适量开展海洋事业飞行和社会服务飞行工作，明确了飞行计划的形成及飞行经费的保障措施。中国海监总队在总参海军局、国家空管局及民航、空航、海航的大力支持下，确立了海监飞机的飞行地位。向总参上报的《关于中国海监飞机飞行有关问题的请示（函）》也得到了正式的批复。多年来，困扰海监飞机飞行难的问题得到了根本的解决。

【监视美“黑森”号海洋测量船情况】 根据国家海洋局部署，中国海监总队依据《联合国海洋法公约》、《中华人民共和国专属经济区和大陆架法》和《中华人民共和国涉外海洋科学研究管理规定》，组织中国海监北海总队对进入我专属经济区的美军测量船实施维权执法。7月至8月期间，美国派出有军事目的的海洋测量船和电子侦察船对我管辖海域进行系统的、大规模的调查测量。“中国海监22”船奉命出航，对美海军“黑森”号海洋测量船、“常胜”号电子侦察船实施跟踪监视，在跟踪监视过程中，“中国海监22”船首先声明我船是中国海监执法船，美船已进入中国管辖海域，此海域是中华人民共和国政府宣布的专属经济区，并要求确认美船身份及作业目的。美船不予正面回答，始终称美国海军舰船，隶属于美海军作战部门，在此海域所进行的活动是依据有关国际法在国际水域进行军事测量活动，并不是在进行科学考察活动，同时美船表示非常尊重中国在此应享有的权利。但美船未对作业目的作正面回答，仅重复其在此海域所进行的活动是依据有关国际法在国际水域进行军事测量活动，并不是在进行科学考察活动，同时非常尊重中国在此应享有的权利。我船向其申明：根据《联合国海洋法公约》、《中华人民共和国专属经济区和大陆架法》和《中华人民共和国涉外海洋科学调查管理规定》，你船应向中华人民共和国政府申请，得到批准后方可在此海域作业。

通过对美海军测量船“黑森”号的监视中发现，该船航线大致呈“十”字型，其测线较密集，偶尔发现其船尾有两根较松的细缆绳拖入海中，所拖物不明。美国海军电子侦察船“常胜”号作业时一般航速3～4节，有时做高速航行，高速航行时航速10节左右。 （中国海监总队）

【北海区海洋执法监察情况】 **执法检查情况**

2003 年度，北海分局组织执法监察人员 2 000 余人次，海监船执法监察出航 70 余航次，累计航程达 92 980.6 海里；进行海洋航空执法监察飞行 27 架次，航行 106 小时 41 分；实施车辆岸边巡视 75 721 余千米。共组织完成各类海洋执法检查 805 次，其中，涉外海洋维权执法 5 次，海域使用执法检查 99 次，海底电缆管道执法检查 19 次，海洋工程建设项目执法检查 196 次，海洋倾废执法检查 486 次；发现各类违章事件 75 起。编发《北海海洋执法监察通报》7 期。

1. 海域使用监督检查

(1) 围、填、用海。2003 年，组织执法人员对围、填、用海活动进行了重点监督检查，共实施检查项目 56 个，检查 99 次。发现违法行为 24 起，主要有：天津海域临港工业区、北洋舰船工程、青岛港（集团）有限公司黄岛液体化工码头、黄岛安居小区无证填海行为、日照港（集团）集装箱码头、日照港集团三期工程。在“海盾 2003”专项执法行动中，还检查了辽宁省大连港 5 个项目：30 万吨进口原油码头、25 万吨矿石专用码头、新港油码头改扩建(一、二期)、大窑湾二期工程、大连湾通用杂货泊位码头；营口港的 3 个项目：营口港鲅鱼圈港区成品油液体化工码头工程、三期工程、南部港区工程；河北省的秦皇岛港务局填海一建造码头工程；山东荣成好当家集团围海养殖项目。为加强对国管海域使用项目的监督管理，组织对北海区辖区 34 个国管海域使用项目进行了全面的执法检查，逐一进行现场调查、核实、登记，编写完成了《青岛、日照辖区国管海域使用项目情况汇编》、《关于环胶州湾填海、围海情况的报告》等国管海域使用项目调查报告。

(2) 海底电缆管道铺设。实施海底电缆管道铺设检查共 11 个项目 19 次。发现 2 起违章事件，分别是：1 月份查处长岛电业局未经海洋主管部门审批擅自铺设了长岛至大竹岛的 11 千伏的海底电缆事件；5 月份检查青岛第三海水浴场挡浪坝拆除对中韩海底通信光缆的影响事件；7 月份在龙口海域进行海洋监察时发现，龙口电业公司在 6 月 20 日铺设了港栾一桑岛的海底电力电缆，经查证未办理任何手续，施工作业者是长岛电业公司。

2. “海盾 2003”专项执法行动

(1) 专项执法行动会议。为贯彻落实国家海洋局 155 号文件精神，总结交流北海区三省一市“海盾 2003”专项执法行动的准备工作情况，研究确定北海区拟查处违法用海项目和执法检查预案，确保“海盾 2003”专项执法行动在北海区的顺利实施，北海总队组织北海区三省一市海监总队于 8 月 1 日在河北省秦皇岛市召开了北海区“海盾 2003”专项执法行动会议，共 19 人出席了会议。对北海区“海盾 2003”专项执法行动进行了具体部署。

(2) 专项执法行动启动。“海盾 2003 执法行动”是《海域法》及《海洋行政处罚实施办法》施行以来由国家海洋局和中国海监总队统一组织的首次重大专项执法行动。“海盾 2003”专项执法行动对推动海监工作的建设与发展意义重大。8 月 15 日，为贯彻落实“海盾 2003”专项执法行动，全面推进海洋行政执法工作，实现海监执法工作的重点转移，按照国家海洋局的部署和中国海监总队的统一安排，组织了北海区“海盾 2003”专项执法行动启动式。

(3)“海盾 2003”专项执法调查与查处。自 8 月 15 日至 10 月，在北海总队和三省一市总队密切配合、共同努力下，北海区“海盾 2003”专项执法行动稳步推进。首先对相关用海项目进行了实地摸底、排查，然后确定了“海盾行动”拟查处的 4 起违法项目，并及时组织开展了外业调查取证、案件查处工作。10 月底，对 4 起案件的调查工作基本结束，组织三省一市总队召开了 5 次案件会审会，提出了处罚意见。11 月份，分别对山东省《荣成海达公司非法占用海域案》、天津市《天津港北大防波堤工程违法填海案》、河北省《唐山三友化工股份有限公司违法改变海域用途案》进行了 3 个案件的海洋行政处罚听证会。12 月 5 日，北海总队分别向 4 个案件的当事人下达了《行政处罚决定书》。12 月底前，天津市《天津港北大防波堤工程违法填海案》、河北省《唐山三友化工股份有限公司违法改变海域用途案》、辽宁省《大连金石滩度假区金满街道办事处什字街村违法用海案》3 案罚款已缴纳到位，共计 138.36 万元。

3. 海洋环境保护执法检查

(1) 海洋石油勘探开发。2003 年是渤海海洋石油生产进入大规模开发的一年，分别派出执法人员 14 批次，44 人次参加，对渤海海上石油平台进行了执法检查，共登检石油平台 120 座(次)；

检查项目40个，检查次数188次，发现违法、违规案件16起；采集各类样品138个。与环保管理部门共同部署了对渤海海洋石油勘探开发溢油应急能力和环保设施情况的核实检查，同时对排海污染物进行采样分析，全面掌握了渤海海洋石油勘探开发现状、环保情况。编制了《北海区海洋石油勘探开发溢油应急能力和环保设施核实检查工作报告》。检查结束后，发布了3期专项执法监察通报，对守法作业先进者予以表彰，对发现的问题予以通报批评，对违法作业者起到了震慑作用。

(2) 海洋倾废。2003年，共检查海洋倾废项目97个，实施检查486次，发现违章事件4起。3月3～28日由南至北，执法人员对北海区倾废航行数据记录仪进行了年检，登检了在青岛、烟台、大连、秦皇岛和黄骅港等锚泊或作业的所有倾废船舶共76艘，年检倾废记录仪共76台；4月份，对烟台、龙口、塘沽等辖区的倾废作业单位进行了倾废专项检查，历时10天，共登检8条船；4月、6月、9月，分别在黄岛、烟台和长沙召开了青岛、烟台辖区和秦皇岛2002年度海洋倾废执法管理总结表彰会、座谈会，共有40个单位代表入会。会上，青岛、秦皇岛辖区宣读了《倾倒船信誉等级评定办法》；烟台辖区宣传讲解了《关于进一步加强海洋倾废执法管理工作的通知》。

4. 航空监察与海洋环境监督

根据国家海洋局《关于海监飞机飞行工作改革意见》和中国海监总队《中国海监航空执法监察工作有关规定》的精神，为使航空执法监察工作向规范化、定量化迈进，编制了《2003年下半年中国海监飞机北海区飞行任务指南》。2003年，北海区航空执法监察飞行外业累计115天，监察飞行27架次，航时106小时41分，航程23 075千米。发现海洋污染及违章事件24起，呈报海洋航空执法监察信息快报26份，制作海洋航空执法监视报告、年报共6份。

5. 应急监视

共开展了中海油天津分公司绥中原油处理厂原油污染事件、青岛第三浴场挡浪堤拆除事件、开发区城市发展投资有限公司安居小区填海工程、阿帕奇中国公司赵东区块发现原油污染事件、秦皇岛国务院浴场原油污染事件等5次应急监视。

6. 联合执法行动

积极支持地方省市开展以突出海域使用管理、海洋环境保护和渔政管理为重点的执法行动。分别配合山东省、青岛市开展了“保护蓝色行动”、“蓝剑行动”、“双剑行动”等活动，派出中国海监船圆满完成了任务。对青岛前海海域偷采海砂活动派出执法人员进行了24次行动，共86人次参加的执法检查，并进行了专项昼夜执法巡视，与青岛市海监支队联合抓扣了违法采砂船2艘。

案件查处工作　2003年，结办16起海洋行政执法案件，处罚总金额为152.58万元，其中，2起2002年立案的案件，14起2003年立案的案件。

海洋监察员培训　2003年，根据山东省、辽宁省、天津市总队海洋监察员的培训需求，按照《中国海监总队2001－2005年教育培训工作纲要》的要求，在4月和9月份分别在烟台、天津举办了两期海洋监察员上岗资格培训班，共培训海洋监察人员166人，其中，山东省总队102名、辽宁省总队40名、天津市总队24名。进行了有关法律法规、执法监察管理专业知识与相关知识等系统而全面的培训，全部通过了考试，极大地提高了北海区海监队伍的整体水平。

（国家海洋局北海分局）

【东海区海洋执法监察情况】　**海监机构**　东海区海监队伍组织体系基本形成。截止到2003年底，东海区已有省级海监总队4个，地级海监支队12个（其中，江苏3个、浙江3个、福建6个），县级海监大队42个（其中，江苏6个、浙江14个、福建22个）。经批准成立了中国海监上海市总队，新组建了7个地级海监机构，24个县级海监机构。尚待组建的还有2个地级海监机构（嘉兴、台州），18个县级海监机构。

总队长办公会议　2003年3月27～28日，“2003年度东海区总队长办公会议”在福建召开。沈阿坤总队长回顾总结了2002年工作，部署安排了2003年工作。各有关单位就2002年工作和2003年工作思路作了交流发言。会议讨论通过了《东海区2003年度工作要点》。2003年的重点工作：一是落实完善总队长办公会议制度；二是大力开展联合执法行动；三是组织开展海域使用专项执法行动；四是加强涉外执法监察；五是强化海洋环境保护执法工作；六是做好海洋监察员上岗资格和岗位培训、案例分析、海洋行政执法数据统计等工作，落实海洋执法监察通报制度等。

“海盾 2003”专项行动 “海盾 2003”东海区专项行动中查处3起案件。组成了负责福建、浙江、江苏省的 3 个专项行动执法小组，行动中分别查处了“惠安县崇武水族馆工程违法填海案”、“宁波北仑四期集装箱码头填海工程违法填海案”和“大丰市大丰港 5 000 吨级码头违法用海案”。作为“海盾 2003”行动首个结案的案件，对“崇武水族馆工程违法填海案”当事人做出了“退还非法占用的海域，恢复海域原状，并处罚款人民币50万元”的行政处罚。给予“宁波港务局北仑四期集装箱码头违法填海案”当事人“退还非法占用的海域，恢复海域原状，并处罚款人民币 133 818.75 元”的行政处罚；给予“大丰市大丰港 5 000 吨级码头违法用海案”当事人“退还非法占用的海域，恢复海域原状，并处罚款人民币 171 150 元”的行政处罚。东海区专项行动不仅查处了一批案件，震慑了一批违法用海者，而且有力地推动了《海域法》的贯彻实施，提高了执法人员的业务素质。

维权执法 2003 年监管经批准进入我东海管辖海域从事涉外科研调查、海底电缆管道铺设及维修作业外籍船舶2国2艘，核查船位76次。组织对日本“阳光丸”原定调查海域和建造在我专属经济区苏岩暗礁上的韩国环境监测平台进行了监视。

涉外海洋科学调查研究专项执法行动共对 5 个单位的 5 个项目进行了检查核实。检查结果表明，多数单位执行法规情况良好。

专项执法 中国海监东海总队所属执法机构全年各类行政执法检查 323 次，其中，倾废执法检查 250 次，石油平台执法检查 2 次，自然保护区检查1次，国批和省批海域使用项目检查10次，电缆、管道和排污口等其他检查60次。中国海监东海总队于 2003 年 4 月 23～24 日，对连云港海域海洋倾废活动进行了专项执法检查。检查了中国港湾集团第三航务工程局第五工程公司、连云港港务局轮驳公司、上海航道局连云港 7 万吨级航道扩建工程项目经理部等 3 家疏浚工程施工单位；检查了现场施工的连云港轮驳公司所属“云港 3”和“云港 4”号，浙江海洋工程有限公司所属“浙普泥 801”和“浙普泥 802”号，上海航道局连云港 7 万吨级航道扩建工程项目经理部所属“航驳 3504”、“航驳 3506”、“航驳 4301”、“航驳 4302”、“航驳 4394”、“航驳 4503”号、“航浚 1002”号等 11 艘废弃物倾倒船。

在浙江省海洋与渔业局的组织下，中国海监东海总队与浙江省总队联合开展了“蓝盾行动”。6 月 13 日，海陆空“蓝盾行动”联合执法在浙江省温州市港务码头启动。中国海监“47”号船和中国海监“3808”号飞机从海上和空中为“蓝盾行动”提供海空支持。行动的重点是海域使用、海砂开采和伏季休渔情况的执法检查。

针对宁波甬江口峙头海域无证采砂和采砂秩序混乱情况，中国海监第四支队和中国海监宁波支队于 6 月和 9 月，在该海域联合开展了两次海砂开采专项执法检查。6 月的执法检查中，登临检查采砂船 8 艘，查获涉嫌违法采砂船 7 艘，处罚违法采砂船 4 艘，罚款额 2 万元。9 月的执法检查中，登临检查采砂船 19 艘，查获涉嫌违法采砂船 10 艘，处罚违法采砂船 5 艘，罚款额 2. 5 万元。

中国海监东海总队于 3 月至 8 月，就《海域使用管理法》贯彻实施情况，组织对上海市金山、奉贤和南汇区的 28 个用海单位进行了执法检查。通过执法检查，进一步掌握了 3 区海域使用面积、类型、期限，用海主体等基本现状。执法检查中反复向用海单位宣传依法用海意识，督促其按《海域使用管理法》和相关配套制度规定，依照法定权限和程序，尽快办理海域使用申请。

案件查处 全年东海区 3 省 1 市共发现违法行为 497 起（含海盾），实施行政处罚 258 起，其中，中国海监东海总队查处 11 起，罚款金额 1 025 968. 75 万元。另办结去年立案的 2 起案件，处以 3 万元的罚款。

在东海总队处罚的案件中，海域使用违法案件 3 起，罚款金额 804 968. 75 万元，占罚款总额的 78. 5%，海洋环境违法案件 8 起，罚款金额 22. 1 万元。全年发布海区执法监察通报 4 期。

中国海监东海航空支队在沪组建成立 作为国家海洋航空监察组织体系的组成部分，东海航空支队在原国家海洋局东海监测中心遥感室的基础上，经支队领导班子配备，机构、人员、办公场所、设备等的准备，2003 年 1 月 29 日在沪挂牌成立。东海航空支队的组建适应了东海区海洋航空监察任务日益增多的需要，为保证不久增配新型运 12 飞机和直升飞机等其他配套装备的需要，更是发挥海洋航空监察监视范围广、机动性强等作用的需要。

海监船舶飞机 截至2003年底，东海分局拥有海监船舶12艘，合计8 908.06吨。其中，千吨以上3艘，千吨以下9艘。年内自筹经费新购千吨级调查船1艘。遵循保证重点兼顾一般、一船多用注重效益、满足需求保证安全、计划与临时相结合的原则，全年船舶航行7 244小时，航程7.529万海里，海上活动1 161天。其中，执法监察用船1 700.9航时，环境监测用船1 220.8航时，重大专项用船3 415.5航时，其他用船906.6航时，分别占总航时的23%、17%、47%、13%。年内召开了2次由军、民、航涉航单位参加的海监执法监察飞行协调会。全年二时段海监飞机飞行49架次、154小时，航程4万千米，作业时间180天，监察区域约28万平方千米。制定实施了《东海总队海监飞机飞行工作管理(暂行)规定》，并于2003年8月1日起执行。严格执行船检规定，根据船龄长隐患多的现状，按轻重缓急安排船舶修理，通过招标择优厂修，积极扩大自修，全年坞检海监船4艘，特检2艘，年检5艘，修理项目共1 562大项，其中自修216项。全年补给燃油1 000吨，去年转存523吨，年内消耗1 226吨。年内疏浚和维修码头1个。办理船舶保险11艘，办理出海人员意外险722人次，办理2船、1人保险理赔，获理赔费18.9万元。

（国家海洋局东海分局 张华明）

【南海区海洋执法监察情况】 **依法实施海洋执法监察** (1)海域使用执法监察。组织检查海域使用项目66项次，查获违法违规行为19起；先后两次对珠海市科技创新海岸、临港工业区的用海项目进行执法检查，并根据中国海监总队的批复精神向项目用海单位发出限期办理海域使用手续的通知；配合广西区沿海政府部门做好海域使用清理整顿工作，清理整顿用海面积572.79公顷，拆除围海木桩3 000余根。

(2) 海洋环境保护执法监察。组织检查海洋环境保护项目136项次，查获违法违规行为38起；通过准确使用法律准则，及时掌握上级有关文件精神，耐心细致的说服教育，成功地促使珠海市唐家科技创新海岸三期吹填工程施工单位补办了废弃物海洋倾倒许可证。

(3) 综合执法监察。海监飞机飞行34架次，飞行130小时44分钟。巡航监视中发现赤潮1起、石油平台和储油轮附近海域存在油膜块各1起，有关部门根据通报采取了有效的处理措施；海监飞机还配合南海伏季休渔监管，对广东沿海渔场、渔港实施空中监视，及时将渔港和渔船动态通报地面渔政执法队伍，产生了较好的威慑力和社会影响。

(4)“海盾2003”专项执法监察。对广西钦州港七十二泾旅游码头项目、粤海铁路通道北港码头工程项目、海南三亚市大东山养殖有限公司违规填海及超面积养殖项目进行了专项检查，均已做出行政处罚，分别处罚款39.6万元、161.568万元和209.271 5万元。

抓好海监队伍建设 为了合理部署执法监察力量，进一步落实执法监察职能，加大对南海区沿岸海域海洋权益、海洋环境、海域使用等的执法监察力度，实现海监队伍由自身建设为主向全面开展执法实践、履行海监基本职能为主的工作中心转移，通过各支队分区包干责任制形式，在各支队中形成“比、学、赶、帮”的既竞争又协同的良好局面，提高了各支队的执法监察意识和能力，执法监察逐步由单一的船舶海上巡航上升为空中、海上、陆上执法同时开展的格局。

在2002年的工作基础上，2003年继续开展为期3个多月的冬季训练，期间举行了第2届船员技术能手竞赛。认真的政治学习使队员的思想品质在学习和思考中得到升华；艰苦的军事训练和严格的内务管理进一步锻炼了队伍步调一致、令行禁止的作风；潜心的业务学习和技能训练，提高了队伍的业务能力，营造了爱学习、讲技术的蓬勃向上的氛围：为全面推进海监队伍的“作风军事化、行为规范化、技术现代化”建设探索了新的路子。组织海洋执法监察办案模拟考试；举办海洋监察员上岗资格培训班3期，培训海洋执法监察员197名。海洋执法监察人员通过培训班和研讨会等形式学习《海洋行政处罚实施办法》、海洋倾废案件分析、海域使用案件调查等，效果明显。

完善船舶管理体制 在船舶管理上继续推行行之有效的“突出一个细字、强调一个严字”的工作要求系统。《船舶管理手册》、《船员岗位工作手册》已分别于2003年1月份和10月份在中国海监73船和中国海监第八支队试行，这将为防止

"跟着感觉走"、"长官意志"和"拍脑袋"等随意性决策，提高船舶使用效率，确保船舶安全提供有力的保障;《安全检查工作管理规定》的建立，强调了机关各职能部门对所管业务范围的安全责任，变集团检查为职能性、经常性检查，避免"走过场"式的大规模检查的弊端，同时广纳众言，稳步改进安全工作；各船《船舶滚动式修理工程单系统》已经建立并开始运行，该系统为合理安排经费、减少浪费、完善船舶管理、提高船舶适航水平、管好新海监船奠定良好的基础。

（国家海洋局南海分局）

海洋交通管理

Management of Marine Communications and Transportation

航运行业管理
Management of Shipping Industry

【水运管理信息系统（二期）建设】 2003 年，组织进行了水运管理信息系统（二期）的开发建设。开发单位是南京伊康计算机工程公司，监理单位是中国交通水运规划院。按照合同进度，水运管理信息系统（二期）将于 2004 年底完成软件的开发、试点单位用户培训和试运行、验收等工作。

水运管理信息系统（二期）选用主流操作系统 Windows 2000，数据库管理系统选用 SQL Server 2000，软件体系架构从以前的 C/S 结构升级到基于 Net 的技术构架的三层 B/S(Browse/Server)应用体系结构，使之具有更高的安全性和易维护性、可操作性。水运管理信息系统（二期）增加了行政许可事项管理流程、申报材料和自定义功能；增加了水运信息统计、查询和对外发布的功能。该系统为提高工作效率，加强市场监管，规范管理行为和提高行政管理水平提供信息技术支持。

【确保大型油轮运输进口石油安全】 2003 年，全国原油进口量突破 9 000 万吨，石油消费量达 2.58 亿吨，国内石油消费对进口的依存度达到 34%，成为仅次于美国的世界第二大石油消费国。但是，由于种种原因，全国目前尚不拥有一支足够规模、结构合理的油轮船队，特别是缺乏适合中东和西非等中远程航线的大型油轮，全国 90% 进口石油的海上运输是石油进口企业通过即期市场租用外轮完成的，全国油轮船队在进口石油运输中的承运份额平均不足 10%，石油海上运输极易受制于人。

2003 年，交通部对保障国家进口石油海上运输安全问题开展了相关工作，完成了《中国进口石油海上运输安全报告》，并于 2003 年 8 月 4～6 日与国家发展和改革委员会联合召开了“中国进口石油海上运输安全研讨会”，国务院有关部门、航运企业、石油企业、造船企业以及有关港口和科研单位的代表出席了会议。会议认为，发展大型油轮船队，建立经济、有效、安全、稳定的进口石油海上运输安全保障体制和机制，对于保障进口石油海上运输，完善国家石油安全体系，保证国家经济的稳定持续增长，对于实现全面建设小康社会的奋斗目标，具有重要的战略意义和作用。

在政府的组织和推动下，促进石油进口企业和国有骨干大型航运企业之间的合作，发挥石油进口企业和航运企业的积极性，形成有利于发展大型油轮运输的体制环境和有效机制。交通部正在和有关部门组织中国主要石油进口企业和航运企业就有关发展大型油轮运输、保障国家进口石油海上运输安全的重点问题进行专题深入研究。

【水运业 WTO 谈判进展情况】 2003 年是中国加入世界贸易组织的第二年。各级交通主管部门继续履行中国在海运方面的承诺，按照 WTO 规则完善法律法规和相关管理制度，调整管理方式，简化市场准入手续，加强市场监管，规范市场行为。

2003 年，中国积极参与 WTO 新一轮海运服务贸易谈判，强化双边和多边磋商机制；参加 WTO 服务贸易理事会、特别会议及工作组会议，并在会议期间与 10 多个成员举行了市场准入双边磋商；多次审议各国出价、向 20 多个国家提出要价，并确定重点谈判国家。

服务贸易市场准入谈判进展顺利，发达国家成员为了进一步推动市场准入谈判，根据《多哈宣言》中规定的时间表，2003 年 3 月底提出了最初出价单，要求各发展中国家和地区成员做出同样努力。事实上，到 2003 年底，各成员方的海运出价仍未完成。中国作为 WTO 的主要发展中国家成员，积极工作，按时提出了出价和要价，争取了主动。

由 12 个国家和地区（日本、挪威、欧盟、韩国、加拿大、澳大利亚、新加坡、墨西哥、巴拿马以及中国、中国香港、台澎金马单独关税区）

发起成立的"海运之友活动小组"在2003年进行了几次活动。活动中肯定了海运服务贸易在世界经济贸易中的重要性，推动各国积极参加第二轮WTO海运服务贸易谈判，提出和讨论了多式联运、现代物流等新的问题。在2003年3月举行的服务贸易理事会特别会议上，52个成员（包括中国）联合提交了"海运服务谈判联合声明"，阐述了基本立场。

美国成为第二轮WTO海运服务贸易谈判的关注焦点。各国代表对美国在第一轮谈判中的表现和第二轮谈判的出价表示不满。日本希望其他成员继续对美国提出要价，特别是要求美国尽快就海运服务提出最惠国待遇例外，目的是促使美国尽快表明谈判立场，以便其他成员有针对性地对美国提出要价；欧盟表示其将继续要求美国对海运服务提出开价；挪威、加拿大则表示要求美国应努力就海运服务提出最惠国待遇例外或开价。到2003年底，只有近40个成员提出了开价，第二轮海运服务贸易谈判进展并不十分顺利。至2003年底，共有29个国家和地区提出申请加入WTO。

【水运业信息化建设】 2003年，水运信息化工作的重点是：理清水运信息化建设的总体思路，开展技术基础性工作。

1. 水运行业信息化建设总体思路

总体设想：建立包括行业业务信息、生产信息、信息公众服务及支持平台的完整的水运管理信息系统。

行业信息：将全国水运方面各种行业信息统一起来，归口省级交通主管部门管理，通过网络实现全国联通，保证信息及时提供和共享。

生产信息：改造和完善交通部现有的水路运输生产快速统计信息系统，扩大覆盖范围，更新设备和软件。拓展快速统计数据渠道，在已接入快速统计系统的50多个单位的基础上，增加吞吐量在500万吨以上的港口。

信息服务：将地理信息系统连接到交通部政府网站上，便于社会各界查询相关信息，扩大行业影响，服务社会。

支持平台：建立全国水运数据交换平台，支持行业信息、快速统计、信息服务的数据传输及文件交换。

2. 2003年开展的几项主要工作

(1) 进行水运行业管理数据整合和开展水运信息需求调查。组织交通部水运科学研究所进行水运信息数据整合方案研究和部分数据的整合处理。

(2) 修改快速统计系统技术参数，编制查询系统。快速统计系统已运行多年，各港口运输生产能力和实际吞吐量发生很大变化，原定统计范围已不能准确、快速反映全国水运生产形势。调整目标是将20多个年吞吐量在500万吨以上的港口补充进入快速统计，修改统计指标体系和数据标准代码，便于进行灵活的数据转换，使生产数据能够覆盖全国水运生产数据的92%。2003年完成了两件工作：一是组织专家调整了原有软件，从技术上保证能够实现补充港口及相关数据记录。二是编制了条件查询程序，分港口、货种、时间段可对现有数据进行快速处理、分析，生成需要的表格、曲线、柄图及所需要的分析数据，解决数据查询功能不足，减少繁琐的人工查询工作量，提供直观的数据曲线及图示。

(3) 编制水运地理信息系统。水运地理信息系统（一期）由大连海事大学编制，完成了沿海主要港口的地理信息的矢量化数据处理，能够提供电子海图及主要港口信息，并可以进行简要数据分析。

(4) 筹划并推动水运行业EDI建设工作。2003年12月，在海南召开了第一次全国水运行业EDI工作座谈会，研究了中国EDI中心建设和发展的技术及管理问题。

【国际船舶代理业管理】

1. 国际船舶代理市场的基本情况

2003年，我国国际船舶代理企业已经由2002年的394家增加到700家，其中中外合资国际船舶代理企业15家。国际船舶代理企业数量的迅速增加，加大了国际船舶代理行业的竞争程度，同时也带来了服务质量的进一步提高。

2. 实施新的国际船舶代理市场准入制度

按照《国际海运条例》及其实施细则的有关规定，国际船舶代理行业市场准入制度由审批制改为登记制。按照《国际海运条例》，具备有相关资质的高级业务管理人员和固定的营业场所以及必要的营业设施的申请人，经国务院交通主管部门登记后，即可经营国际船舶代理业务。

3. 规范外商投资国际船舶代理业秩序

按照《国际海运条例》及其实施细则的有关规定，经国务院交通主管部门批准，外商可以投资设立中外合资经营企业或者中外合作经营企业经营国际船舶代理业务。经营国际船舶代理业务的中外合资经营企业，外商的出资比例不得超过49%。

设立外商投资企业经营国际船舶代理业务，须向交通部提出申请，经交通部许可后，申请人根据国家外商投资法律、行政法规的规定，到商务部办理外商投资企业的设立审批手续，取得《外商投资企业批准证书》。外商投资国际船舶代理企业依法设立后，申请人依据工商行政管理机关颁发的营业执照向交通部申领《国际船舶代理经营资格登记证》，取得资格登记证后方可从事国际船舶代理经营活动。

4. 改革国际船舶代理费收制度

为适应市场环境和管理模式的变化，2003 年 12 月 2 日，交通部废止 1994 年发布的《航行国际航线船舶代理费收项目和标准》，国际船舶代理收费不再实行国家统一定价，改为由市场机制定价。

为促进国际船舶代理市场健康发展，中国船舶代理行业协会研究制定了《航行国际航线船舶代理费收项目和建议价格》，为国际船舶代理收费提供参考。

【内地与港澳台地区航运】 祖国大陆至港澳台地区的航线为实行特殊管理的国内航线，管理方式实行审批制。未经交通部批准，外国航运公司及船舶不得从事中国内地至港澳台地区的海上运输。

从事中国内地至港澳航线运输的企业主要集中在福建、广东、广西和海南四省区。截至 2003 年底，上述四省区从事港澳航线的企业为 430 家，其中，广东省 356 家、福建省 35 家、广西壮族自治区 29 家、海南省 10 家；船舶 2 038 艘，其中，广东省 1 794 艘、广西壮族自治区 148 艘、福建省 68 艘、海南省 28 艘；合计约 216 万载重吨，其中，广东省 196.6 万载重吨、广西壮族自治区 8.6 万载重吨、福建省 7.8 万载重吨、海南省 3.0 万载重吨。

按照台湾海峡两岸航线运输管理的有关规定，交通部加强对两岸及两岸三地航运的监管，维护两岸试点直航市场秩序，积极推动直航，为发展两岸贸易创造良好条件。落实《内地与香港、澳门更紧密经贸关系安排》（CEPA）中涉及海运业务的相关工作。根据 CEPA 的规定，内地的部分国际海运业务对香港服务业提供者作出了进一步开放安排。

截至 2003 年底，两岸三地集装箱班轮运输由 11 家船舶公司使用 25 艘方便旗船舶经营 13 条航线，共涉及内地 9 个港口，台湾 4 个港口。两岸三地集装箱班轮运输两岸贸易货物 200 余万标准箱。

台湾海峡两岸三地不定期船运输呈现逐年上涨的趋势，截至 2003 年底，共计 64 家公司 326 艘船舶营运。两岸间不定期船货运种类随流向有着明显的不同。从内地运往台湾的货物种类以散杂货为主，其中煤炭运输占了很大比重，而从台湾运往内地的货物主要是各类化学品。

台湾海峡两岸试点直航方面，自 1997 年 4 月和 7 月开通了福州、厦门与高雄之间的“试点直航”以来，截至 2003 年底，共有内地 6 家公司和台湾 4 家公司参加了“试点直航”运输，共运输货物 270 余万标准箱。

【外商在华经营海运业的状况及管理】 截至 2003 年底，已有 30 余家中外合资船舶代理企业、10 余家中外合资国际船舶运输企业、4 家中外合资国际船舶管理企业在华设立机构。外国船公司在北京、上海、深圳等地共设立了 25 家外商独资船务公司，87 家分公司，其中，智利的南美轮船有限公司、日本的神原汽船株式会社、法国的达贸轮船有限公司是首次在华投资设立其独资船务公司；北京及上海共有 8 家外商独资集装箱运输服务公司和 41 家分公司。

2003 年实施《国际海运条例实施细则》后，简化了对外国航运公司在华代表机构变更首席代表、代表机构更名实施备案制的手续。2003 年，外国航运公司在华设立代表机构的数量与 2002 年相比，继续保持着较快增长速度，设立代表机构地域范围有所扩大。截至 2003 年底，近 40 个国家和地区的航运公司在全国 50 余个城市设立了

1 000余家代表机构，比2002年增加了120余家。外国航运公司在内陆城市设立的代表机构数量也有所增加。

2003年，中央政府与香港、澳门特别行政区政府分别签署了《更紧密经贸关系安排》（CEPA），于2004年1月生效。根据CEPA的规定，香港、澳门航运公司以独资形式在内地设立企业，经营国际船舶管理、国际海运货物仓储、国际海运集装箱站和堆场业务以及无船承运业务；可在内地设立独资船务公司，为其拥有或经营的船舶提供揽货、签发提单、结算运费、签订服务合同等日常业务服务；可利用干线班轮船舶在内地港口自由调配自有和租用的空集装箱，但须办理有关海关手续。CEPA的实施将有助于香港、澳门航运企业在内地更方便地开展业务，获得更多的商机，有利于促进香港、澳门经济的持续稳定发展。

【贯彻实施《国际海运条例》】 《国际海运条例》是目前我国国际海运管理最重要的行政法规，对规范和加强国际海运业的管理、维护市场秩序、履行我国加入世界贸易组织承诺具有重要意义。

2003年1月，交通部颁布了《国际海运条例实施细则》，实施细则的出台，使中国国际海运市场的管理更加透明、更具可操作性。为实施条例及其细则，交通部在北京、上海、深圳组织举办培训讲座，向各地方交通主管部门、航运及相关企业和行业中介组织介绍条例及其实施细则的指导原则和具体规定。

条例及其实施细则颁布实施以来，国际海上运输及相关企业反应积极。截至2003年底，已有220家航运企业获准从事国际海运业务，国际船舶代理公司及其分支机构逾700家，无船承运业务经营者突破1 200家。

在交通部政府网站开辟《国际海运专栏》，公布条例及其实施细则等法规规章，同时公开办事程序，明确申请条件，在网站上公布取得经营资格的企业名单，便于企业查询和社会监督。

依据《国际海运条例》的规定，加强国际航运市场秩序的监管。2003年，交通部组织实施了关于码头作业费收取问题的调查；调查处理了多起违规经营行为，对保护当事人的合法权益，规范航运企业经营活动，维护公平竞争的航运市场秩序起到了积极作用。

【无船承运业务管理】 2003年，随着《国际海运条例》进一步实施，共有1 214家企业获得无船承运业务经营资格，其中，内地境外企业192家（中国香港特别行政区85家，日本48家，美国32家，英国5家，英属维尔京群岛4家，中国台湾省3家，新加坡3家，丹麦、荷兰、意大利各2家，澳大利亚、巴林、德国、法国、韩国、瑞士各1家），内地企业1 022家。

交通部在加强无船承运业务管理方面主要做了以下几项工作：

(1) 加强市场监管，加大处理违规行为的力度。交通部加大对无船承运业务市场准入管理力度，加强市场秩序管理，对无船承运业务经营者无单放货、一些公司未经登记擅自开展经营、改变经营者名称违规开展经营等违规行为进行调查处理。

(2) 及时总结无船承运业务管理经验。2003年7月，交通部召开了无船承运业务管理座谈会，参会者有相关部委和企业界的代表，参会代表肯定了该项制度对规范我国国际海运市场秩序，保护有关当事人合法利益所起的积极作用，同时提出了一些企业经营中遇到的具体问题。对于企业提出的问题，交通部进行了认真研究，并开展工作，帮助无船承运业务经营者解决遇到的实际问题，为企业经营创造了良好的经营环境，使无船承运业务管理制度得以落实。

【国际航运业发展概况】 2003年，国际海运市场需求旺盛，国际主要航线运价回升，各类大型船舶新造订单增加，港口吞吐量快速增长，外贸集装箱、铁矿石、原油海运量均有较大幅度增长。2003年，中国内地港口集装箱吞吐量达到4 867万标准箱，跃居世界首位。上海港和深圳港集装箱吞吐量双双突破1 000万标箱，分别升至世界集装箱大港的第三、第四位。

1. 基础设施建设

为更好地满足我国经济及对外贸易增长的需要，加快了一批航运基础设施工程的建设。重点推进建设上海国际航运中心洋山深水港、长江口深水航道整治工程和沿海主要港口集装箱、原油、铁矿石等专业化码头；进一步调整海运船队的船型和船龄结构，提高船队技术水平。

2. 法规建设

《国际海运条例》自2002年1月起施行以来，中国海运市场经营行为得到规范，市场环境不断改善。交通部于2003年1月颁布了《国际海运条例实施细则》，自2003年3月1日起施行。《实施细则》的出台，使中国国际海运市场的管理更加透明、更具可操作性。

3. 对外开放

加入WTO以来，中国政府全面履行国际海运承诺，不断扩大对外开放，积极参与双边和多边海运合作与交流。2003年12月8日，中国与美国正式签署了新的海运协定，标志着中国的国际海运市场进一步与国际接轨。2003年举行了中欧、中韩海运会谈，取得良好成果。在上海举办了“国际海运高级论坛”，对宣传我国改革开放形象，交流海运政策，加强国际合作有着重要作用。

4. 国际航运市场概况

至2003年底，我国国际航运企业有220家，无船承运业务经营者达到1 214家，国际船舶代理公司超过700家。外国航运公司在北京、上海、大连等地共设立了33家外商独资船务、集运公司和124家分公司，102家境外航运公司取得了国际班轮运输经营资格，近200家取得了经营无船承运业务的资格。

5. 内地与港澳台航运

落实《内地与香港、澳门更紧密经贸关系安排》（CEPA）中涉及海运业务的相关工作。CEPA对维护香港国际航运中心的地位将起到积极作用。根据CEPA的规定，对《国际海运条例》作出了补充规定，把CEPA中涉及海运服务承诺的内容纳入《国际海运条例》。

加强海峡两岸航运管理，积极推动直航。维护两岸试点直航市场秩序，继续保持良好发展状况。按照两岸航线运输管理的有关规定，加强对两岸三地航线的监管工作，为发展两岸贸易创造良好条件。

6. 其他热点问题

(1) 进口石油海上运输安全问题。2003年，交通部与国家发改委共同组织召开了进口石油海上运输安全研讨会，形成了《中国进口石油海上运输安全报告》。

(2) 码头作业费（THC）调查。这是《国际海运条例》实施后的首次调查案例，在航运界引起广泛关注。对规范国际班轮公会、班轮公司订立涉及我国港口的运价协议等行为，维护国际航运市场公平竞争秩序起到积极作用。

(3) 水运行业物流发展研究。交通部组织有关单位进行专题研究。对中国水运行业（包括港口企业）发展物流的现状、问题等进行调查，总结经验，分析问题，形成了第一阶段调查报告。

【《港口法》颁布与实施工作】 2003年6月28日，《港口法》在十届全国人大常委会第3次会议上获得通过。《港口法》对港口的规划、建设、维护、经营、管理及其相关活动进行了全面的规范，是我国水路运输法律体系中的一部“龙头法”。《港口法》的颁布结束了我国港口行业长期以来无法可依的历史，填补了港口立法的空白，是我国交通运输领域的一件大事。

(1)《港口法》确立了中央宏观调控、地方政府进行具体管理的港口管理体制，保证了港口管理的科学、高效、低成本。

《港口法》确定了我国港口管理体系的基本框架，其主要内容是：交通部作为中央政府行政主管部门，对全国港口实行统一行政管理，负责制定全国港口行业的规划，按有关规定调控岸线资源的的合理利用，制定港口行业发展政策和法规，并实施监督；省级人民政府交通（港口）主管部门负责本行政区域内港口的行政管理工作；省级或港口所在城市人民政府港口主管部门按照“一港一政”的原则依法对港口实行统一的行政管理。

(2)《港口法》明确了政、企分开的港口运行机制，保证了港口的运作与社会主义市场经济体制相适应。

政企分开，港口才能实现港口经营人的多元化和平等竞争，保证各经营人拥有明确的财产权利，并保证港口经营人独立地承担民事责任；政府才能维持港口经营人之间及港口经营人与其他市场主体之间公开、自主、平等、公平、合作、竞争的关系，对港口市场实施有效的宏观调控和宏观管理。政企分开成为《港口法》的一项重要原则，在法律条文中作了充分的体现。

(3)《港口法》规范了港口规划体系，保证了港口资源的保护和合理利用。

港口资源具有不可再生性。管理、使用和开发好国家宝贵的港口资源是各级港口管理部门的重要职责。为此，《港口法》明确了各级人民政府应当在国民经济和社会发展计划中体现港口的发展和规划要求，依法保护和合理利用港口资源的原则，并通过确定港口的规划体系确保港口资源的保护和合理利用。《港口法》还对港口规划的制定、修改程序作出了明确的规定。

(4)《港口法》明确了港口投融资政策，有利于港口的可持续发展。

根据《港口法》的规定，我国各级政府有责任保证必要的资金投入，用于港口公用的航道、防波堤、锚地等基础设施的建设和维护，促进港口的发展。与此同时，《港口法》还规定国家鼓励国内外经济组织和个人依法投资建设港口。

(5)《港口法》确立了港口市场准入制度和行为规则，保证了港口市场的公平和有序发展。

按照《港口法》的规定，建立和完善统一开放、竞争有序的港口市场是各级港口管理机构的重要职责。港口管理机构要依法对港口市场进行监督、管理和调控，依法规范和维护港口市场秩序，要进一步打破部门、行业垄断和地区封锁，提高市场开放度和透明度；要充分发挥由市场配置资源的机制作用，推进价格改革，完善市场形成价格的机制；要明确市场准入标准，加强市场的准入管理和企业经营行为的监督管理，保护合法经营，鼓励合理竞争，打击非法活动，制止垄断经营。《港口法》确立了港口经营人的市场准入制度、港口经营人的公平竞争制度和对港口经营人的合法权益依法保护的制度。

(6)《港口法》建立了港口保护和安全管理制度，保证了港口良好的公共环境。

港口安全管理的目的是维护港口的公共秩序和环境，同时保障人们生命、财产的安全。《港口法》针对国务院交通主管部门、负责港口行政工作的部门、其他管理机构、港口经营人、港口服务的用户以及其他相关方在港口安全管理方面的职责与义务做出了详尽的规定。

【理货体制改革】 按照《国务院办公厅转发交通部等部门关于深化中央直属和双重领导港口管理体制改革意见的通知》(国办发[2001]91号)精神，2003年交通部进行了理货体制改革，逐步放开理货市场，建立竞争机制，保证理货的公正性，促进理货质量的不断提高。交通部相继印发《关于组建第二家外轮理货公司有关问题的通知》、《关于组建各港口第二家理货公司有关问题的补充通知》等文件，推动了理货体制改革。2003年3月12日，交通部批准成立中联理货有限公司，该公司由中国对外贸易运输（集团）总公司、中国外轮代理总公司、中国海运（集团）总公司、中国外轮理货总公司合资组建。第二家全国性理货总公司——中联理货有限公司的成立，标志着理货体制改革取得了实质性进展。中联理货有限公司加紧与各港口企业商谈合资组建各港口第二家理货公司，已相继在汕头、镇江、泰州、营口、烟台成立了第二家理货公司，并在泉州、锦州、常熟、太仓、厦门、深圳等暂未达成合资组建协议的港口设立了分公司开展经营，待条件成熟后再组建合资公司。

2003年，交通部还印发了《关于原中央直属和双重领导港口外轮理货公司改制工作有关问题的通知》和《关于进一步推进各地港口外轮理货分公司改制工作的通知》等文件，积极推动中国外轮理货总公司各分公司的改制工作。理货经营者奉行“严守公正立场，遵循实事求是原则，维护委托方正当权益”的理货宗旨，理货质量、服务质量不断提高，服务手段和经营方式不断改进创新。

2003年，随着水运业的高速增长，理货业经营形势良好，中国外轮理货总公司完成理货船舶229 838艘次，理货吨数4.33亿吨，理货箱数3 700万标准箱，均比上年有较大幅度增长。

【口岸管理】 2003年，海事系统严格把关，加强船舶进出口岸管理，据统计，累计进港船舶1 072 675艘次，出港船舶1 073 202艘次。详见表1。

表 1　2003 年进港船舶统计

项　目		艘数（艘）	总吨（万吨位）	总载重量（万吨）	客位（个）	船员人数（人次）	货物到达量（万吨）	旅客到达量（人）
港口共计26个	合　计	1 072 675	249 789.737 5	294 862.224 3	89 207 483	10 229 028	99 156.339 6	44 885 478
	中国籍船舶	978 063	1 150 86.132 3	128 238.448 8	87 072 211	8 653 270	53 973.787 9	44 200 644
	其中:外贸船	48 280	116 973 640	14 842.426 0	4 478 908	547 664	5 070.861 7	1 716 371

表 2　2003 年出港船舶统计

项　目		艘数（艘）	总吨（万吨位）	总载重量（万吨）	客位（个）	船员人数（人次）	货物到达量（万吨）	旅客到达量（人）
港口共计26个	合　计	1 073 202	250 519.680 7	297 254.717 9	89 370 694	10 472 277	82 322.801 4	45 670 850
	中国籍船舶	977 812	115 095.298 9	129 344.466 0	87 227 850	8 883 226	52 094.678 9	45 019 173
	其中:外贸船	50 529	13 028.743 0	14 664.979 8	4 724 178	535 126	3 519.123 8	1 584 382

2003 年，交通部审批国际航行船舶临时进靠我国非开放区域有 40 次，主要涉及天津、辽宁、山东、江苏、浙江、福建、广东、海南等地，有力地促进了地方经济的发展。

2003 年，交通部宣布 5 个口岸对外开放。它们是广东万山港口岸（2003 年 4 月 1 日）、江苏常州港口岸(2003 年 4 月 1 日)、宁波港口岸大榭港区(2003 年 8 月 28 日)、广东东莞虎门港口岸（2003 年 9 月 28 日)、广东番禺南沙港口岸(2003 年 12 月 18 日)。

【2003 年船舶登记】

组织进行了对《船舶登记条例》的修订工作，完成征求意见稿。

制定并发布了《船舶登记工作规程》，从程序上进一步规范了全国船舶登记管理工作。

组织并开展了直属海事系统船舶登记清理整顿工作，对地方海事系统船舶登记实施大检查，对发现的有关问题采取了严格的纠正措施。

【船舶载运危险货物管理】　2003 年，海事系统共申报监管危险货物船舶 341 988 艘次，其中，国内航行船舶 274 646 艘次，国际航行船舶 67 342 艘次；危险货物数量 49 754 万吨，其中，进港 29 717 万吨，出港 17 357 万吨，过境 2 680 万吨。海事系统加强了危险品船舶靠离泊位和装卸作业的现场安全监督管理，全年纠正违章 3 140 次。

为加强法规建设，修改后的《船舶载运危险货物安全监督管理规定》，以交通部长第 10 号令颁布实施。针对各地方海事局对危管防污工作做法不一致问题，交通部海事局编写了《船舶载运危险货物监督检查指南》一书，供基层执法人员学习。

为加强对集装箱危险货物管理，从 6 月 20 日起，在全国海事系统集中开展了对危险货物集装箱监督检查，历时一个月，共检查危险货物集装箱 4 095 箱，发现缺陷集装箱 419 箱，缺陷率为 10.23%。发现各种缺陷 632 处，其中，集装箱（罐柜）安全标牌问题 81 处，箱（罐）体状况问题 39 处，集装箱（罐柜）标志、标记问题 158 处，危险货物包装问题 57 处，危险货物标志、标记问题 145 处，系固问题 95 处，隔离问题 14 处，文书问题 43 处。

【船员管理】　2003 年，海事局对船员管理更加严格规范：①根据 STCW 公约要求以及海安会 997 号通函的要求，海事局向国际海事组织提交了独立评价报告，对我国船员培训教育、考试、评估和发证质量管理审核、有关法规体系和材料，进行全面介绍，使船员管理更加规范和与国际接轨。

②举办了 3 期海船船员适任证书全国统考，共有 17 713 名船员参加考试。③举办长江干线三等以上船舶船员职务适任证书两期理论统考，共有 7 474 名船员参加，同时颁布了统考实施办法，建立了试题库。

【水运工程建设市场准入管理】

1．水运工程施工企业资质和人员资质管理

(1) 做好水运工程施工企业资质的准入和监管工作。完成了直接管理的 12 家企业（长江航道局、救捞局系统、通信系统等）施工资质年检审查、注册登记工作，全部年检合格。对 2003 年度新申请港口与航道类一级施工资质的 7 家企业的申报材料按规定程序和标准进行审查，其中有 4 家企业获得港口与航道工程施工总承包一级资质，它们分别是：中港疏浚股份有限公司、海南龙湾港疏浚工程有限公司、葛洲坝集团第五工程有限公司、宁波交通工程建设集团有限公司。截至 2003 年底，全国共有 48 个施工企业获得港口与航道工程类施工一级以上资质证书（特级 2 个、一级 46 个），其中港口与航道工程总承包企业由 20 个增加至 24 个，中港集团拥有总承包企业由 14 个增加至 15 个，所占比例由 70％下降为 62.5％，大集团对水运建设施工高端市场垄断情况有所缓解。

(2) 做好过渡期内（2003－2008 年）项目经理资质证书管理工作。完成了第 15 批一级项目经理资质（398 人）的审批、发证工作，为 156 名项目经理办理了资质证书变更手续。

(3) 开展港口与航道工程专业建造师执业资格制度建立工作。组织有关单位进行了《港口与航道工程专业建造师执业资格体系研究》软科学课题研究。完成了《港口与航道工程专业建造师考试大纲》编制工作。

(4) 做好非自航工程船舶船员证书管理工作，审查公布了 2003 年度非自航工程船舶船员合格名单和换证名单。

2．水运工程设计咨询造价单位资质和人员资质管理

(1) 组织实施注册土木工程师（港口与航道工程）执业资格制度。2003 年 3 月，交通部会同人事部、建设部联合下发了“关于印发《注册土木工程师（港口与航道工程）执业资格制度暂行规定》、《注册土木工程师（港口与航道工程）执业资格考试实施办法》和《注册土木工程师（港口与航道工程）执业资格考核认定办法》的通知”，从 2003 年 5 月 1 日起施行。2003 年完成了对近 700 份申请考核认定申报材料的专家审查、专委会审定、网上公示等工作，正式公布《注册土木工程师（港口与航道工程）执业资格考试基础考试大纲》和《注册土木工程师（港口与航道工程）执业资格考试专业考试大纲》；组织完成了考试试题的命题工作和题库管理软件的编写工作；组织编写并审定出版了《考核认定测试手册》、《基础考试手册》、《考试复习手册》、《考试辅导材料》和《港口与航道工程规范汇编》，为 2004 年全国统一考试打下基础。

(2) 做好水运工程设计、咨询和造价咨询单位资质管理日常工作。完成了 27 个单位工程咨询资质换证及证书发放工作和 1 个单位新申请工程咨询资质的初审、上报工作，注册咨询工程师（投资）资格认定的初审、上报工作，61 名注册咨询工程师（投资）执业资格认定培训组织和证书发放工作，以及 2003 年度交通部水运工程优秀咨询成果奖的评审和发布工作。审批并颁发第 5 批共计 390 人水运工程造价岗位资格证书。

【船舶检验管理工作概况】 2003 年，船舶检验及其管理机构，主要从“抓好源头管理、规范船检行为、提高验船质量”三个方面做工作。首先，对船舶检验人员、机构和船舶全面实行管理，共检验船舶 20 万艘次、8 000 万总吨，检验认可产品工厂 231 家、型式 637 种，共签发验船师适任证书 1 092 本，对全国各地各级船检机构现职验船人员的考试、发证工作已基本完成；对中国船级社及全国水网地区船检机构，其中，包括广西、广东、福建、浙江、江苏、上海、安徽、辽宁、黑龙江、山东、河北、北京、河南、天津、湖南、湖北、江西以及重庆等 18 个省、市、自治区的船检机构，同时包括非水网地区的吉林省、宁夏自治区的船检机构完成了资质认可。此项工作量大面广，建国以来尚属首次。通过资质认可，使船舶检验机构的分布更趋合理。

其次，海事局组织开展以“建造或初次检验程序、旧材料或旧设备使用、异地检验、实船检查、焊工和无损检测人员持证情况”为主要内容的建造船舶检验质量专项检查活动。本次质量检查活动遍及全国16个省市，涉及船检机构33家，检查船厂共40家，216艘新建和改建船舶，对确有问题的机构和个人分别作了处理。

第三，为推进船检信息化建设，在各方面的努力下，全国船检技术数据库已基本建成。

第四，根据《外国船舶检验机构在中国设立常驻代表机构管理办法》，共批准新设外国驻华验船机构3个，机构延期4个、常驻代表变更共计41人次。

第五，加强进口二手船的勘验管理。2003年，海事局受理二手船的进口申请390项，评定符合进口要求的二手船舶198艘。

第六，加强救生筏检修站的管理。按照《关于救生筏检修站认可情况的通报暨几项工作安排》的布置，海事局首次开展对全国气胀式救生筏检修站的专项检查，各筏站的检修质量得到了有效控制，救生筏检修站的管理工作逐步走上正轨。

【海区航标管理】 ①2003年，海事局以实施《中国海事工作发展纲要》和航测“十五”规划为重点，圆满完成了海区航标维护管理各项任务，管理各类航标2 562座，同比增加117座，航标正常率为99.95%，航标维护正常率为99.99%，全海区没有因航标失常而导致航行安全事故的发生。2003年7月10日，《沿海航标管理办法》以第7号部长令公布，对于规范中国沿海航标管理具有重要意义，此令自9月1日起施行。海事局还完成了《海区浮动助航标志配布规范》、《海区雷达应答器配布指南》反馈意见的整理、《中国历史灯塔保护管理办法》的编写、《沿海航标管理办法释义》的起草、《钢质活节式灯桩通用技术要求》的修订、《助航设施防雷规范》的制定等项工作。为落实“十六大”精神，实现海事管理的跨越式发展，中国海事局正在着手制订指导海事航标长远发展的纲领性文件——《中国海事航标发展战略》。②加强基本建设。2003年，东洲灯塔、鱼鳞洲灯塔、大沽灯塔改造完成，青岛航标工培训基地、仑头航测基地、亭江航标站建成投入使用，海标0519航标夹持船、1022、1512巡检船投入使用。③2003年，海事局积极组织开展航标新技术、新能源、新材料、新设备的研究与应用，新研制的浮标标号显示牌取得了良好的助航效果，进一步推广应用新型LED灯器。在珠江口水域创新使用蓝色光源，极大改善了通航条件。七里屿灯塔风力发电试验获得成功。全国海事AIS建设取得初步成果。中国航标助航官方网站完成改版。④为提高助航效能，保障船舶航行安全，对各海区的航标多次进行配布和调整工作，如对东海海区宝山、崇明、新桥等水道的航标进行两次较大规模的调整，改善了长江口船舶航行条件。继续接收沿海港口地方航标。对连云港航道、上海东海大桥临时航道等处的22项配套航标的设置进行审批。为支持地方建设，在大小洋山深水港建设、长江口深水航道二期工程、上海外环线越江隧道、洋口港进港航道等重大工程建设中，相应完成了航标调整工作。向长江航道局无偿赠送一套多波束测深仪和一艘航标船，加强三峡库区的导航力量。以建立应急反应机制，提高快速反应能力，确保出现突发事件时，能够及时、准确地抛设标示、标志，为搜救打捞和通航安全提供技术保障为目标，在“辽旅渡7”轮、“顺达2号”等沉船标的抛设任务、修复科罗旺台风造成的航标失常等几次突发事件中，以最短时间恢复航标正常，保证了港口作业正常进行和海区航行安全，树立了海事部门良好的社会声誉。⑤2003年，中国海事局继续积极参加国际航标事务与学术交流活动，认真履行国际公约，国际交往日益频繁，树立了海事大国的良好形象。中国海事局参加了9月29日至10月3日在日本东京召开的远东无线电导航服务（FERNS）理事会第十二次会议。11月24～26日，21世纪航标发展国际研讨会在韩国釜山召开，中国海事局代表团向研讨会提交了题为《数字航标——传统航标的变革》的文章。2003年4月和10月，国际航标协会（IALA）工程/环境/保护委员会（EEP）、航标管理委员会（ANM）第2次会议和第3次会议分别举行，中国海事局提交的《标示沉船的信息或实例》、《灯塔保护研讨会大纲》、《使用蓝色光的信息》、《船舶对航标需求模板（不含高速船）》等4份提案被IALA列为会议正式提案。2003年10月，APEC全球卫星导航应用工作组第四次会议在泰国清迈召开，中国海事局特派员参加了会议。

体制改革
System Reform

【救捞体制改革取得重大突破】 根据中央编办《关于交通部海上救助打捞局等8个单位机构编制调整的批复》精神，交通部海上救助打捞局，更名为交通部救助打捞局，成立交通部救助打捞局飞行调度中心；交通部烟台海上救助打捞局，更名为交通部烟台打捞局，交通部上海海上救助打捞局，更名为交通部上海打捞局，交通部广州海上救助打捞局，更名为交通部广州打捞局；成立交通部北海救助局、交通部东海救助局、交通部南海救助局，以上单位由交通部救助打捞局实行垂直领导管理。各打捞局及救助局管辖区域的职责划分，与原烟台、上海、广州三个海上救助打捞局管辖区域一致。2003年6月28日，烟台、上海、广州三个打捞局，北海、东海、南海三个救助局正式挂牌。标志交通部救捞系统体制改革基本完成，海空立体救助力量开始运行。

【救捞新旧体制平稳过渡】 2003年6月28日，交通部北海救助局、东海救助局、南海救助局和交通部烟台打捞局、上海打捞局、广州打捞局以及交通部上海海上救助飞行队正式挂牌成立，这标志着中国海上救捞体制改革胜利完成。它彻底改变了救捞合一，以经营养救助的局面。为以人命救生为主要目的的救助工作提供了重要的组织保证和物质保证。同时也为打捞事业的发展提供了良好的机制和环境，为救捞事业跨越式发展奠定了坚实的基础。这次救捞体制改革是在党中央国务院的关怀下，在国务院有关部门的支持下，在交通部党组的领导下进行的。在改革的过程中实现了新旧体制的平稳过渡，做到了“思想不乱、队伍不散、工作不断”。实践证明，救捞体制的改革符合中国国情和“十六大”精神以及中国救捞的实际，是“三个代表”重要思想在救捞工作中的具体体现。

【中央直属及双重领导港口体制改革】 2003年，港口管理体制改革在2002年全面启动实施的基础上，取得卓有成效的成果。38个原中央直属和双重领导港口中的绝大部分港口的政企分开工作基本完成，港口理货改革顺利推进。

1. 港口政企分开工作基本完成

2003年3月，交通部《关于加快港口政企分开步伐和加强港口行政管理的通知》进一步推动各地港口的政企分开工作。截至2003年底，秦皇岛、大连、营口、天津、烟台、青岛、日照、连云港、上海、汕头、南通、张家港、江阴、泰州、镇江、南京、马鞍山、芜湖、铜陵、池州、安庆、武穴、黄石、武汉、洪湖、城陵矶、监利、荆州、枝城、宜昌、巴东、万州、涪陵、重庆等港口基本完成政企分开工作，其余几个港口也明确了改革实施方案。各地新成立的港口行政管理部门迅速展开工作，承担起管理港口的行政职能；港口企业剥离行政管理职能后，按照建立现代企业制度的要求，成为自主经营、自负盈亏的法人实体。港口下放和政企分开工作的基本完成，调动了地方政府建设和管理港口的积极性，有力地促进了港口的发展。

2.《港口法》出台

2003年6月28日《港口法》出台，通过法律形式将新的港口管理体制固定下来，明确各级政府交通（港口）行政管理部门管理港口的权力和责任。按照《港口法》的要求，我国港口行业管理的新体制逐步建立起来，即：交通部作为中央政府交通行业主管部门，对全国港口实行统一的行政管理，负责制定全国港口行业的发展规划，按有关规定负责港航设施岸线规划和使用的行业管理，对大中型港口建设项目提出行业审查意见，制定港口行业发展政策和法规，并监督实施；省级人民政府交通主管部门负责本行政区港口行业的管理工作；港口所在地人民政府港口主管部门（有的地方单独设置港口管理部门，有的由交通管理部门负责）按照“一港一政”的原则依法对港口实行统一的行政管理。

3. 各项配套法规陆续出台

2003年，交通部在港口的基础设施建设、发展战略、规划、法律法规、经营管理、安全管理等方面开展了一系列的工作，重点是加强配套法规的制订工作。《港口危险货物管理规定》于2003年8月公布，《港口经营管理规定》、主要港口名录、港口岸线标准和港口信息统计管理办法等的制订工作也取得实质性进展。为推动新建立的省和地市两级港口管理部门展开工作，加强港口安全管理，2003年4月18日，交通部印发了《关于开展港口安全管理调查研究活动的通知》，要求港口管理部门对沿海港口、长江、珠江、黑龙江干线主要港口的安全管理，特别是危险化学品的安全管理进行一次摸底普查。通过“港口安全管理调查活动年”的开展，港口管理部门基本掌握了安全管理现状和存在问题，为下一步全面履行安全管理职责提供了决策和管理依据；同时开展港口设施保安履约的有关准备工作。

为提高港口行政管理人员素质，逐步完善新的港口管理体系，2003 年，交通部在上海举办了两期港口高级行政管理培训班，为省、地市两级港口管理部门的负责同志就我国港口的行政管理体制、《港口法》、港口规划与投融资政策、港口费收管理、港口发展战略及政策、港口市场管理、港口安全管理、港口信息管理、国外港口管理等内容进行培训；交通部还邀请德国港口管理专家先后在南通、南京、张家港、舟山和汕头港举办研讨班，讲授国外港口管理的先进理念和经验。这些都为港口行政管理的全面展开打下了良好基础。同时，各地方已经设立的港口行政管理部门也根据各自地区特点，积极开展工作，如宣传贯彻《港口法》、加强港口安全管理、制订港口规划、推进港口基础设施建设、探索投融资机制、协调相关口岸部门等，开始全面履行港口行政管理的职能。

（交通部科教司　李　奇）

沿海海洋管理与海洋经济

Local Marine Management and Economy

CHINA
OCEAN YEARBOOK

辽 宁 省

Liaoning Province

综 述

Summary

【自然概况】 辽宁省位于中国大陆海岸线最北部，濒临黄海和渤海。西衔河北省，东与朝鲜半岛隔江相望。土地面积147 500平方千米，2003年人口4 161.6万人。全省海岸线长2 920千米，其中，大陆岸线长2 292.4千米，岛屿岸线长627.6千米。在黄海和渤海的近岸海域中，面积在500平方米以上的海岛有266个，其中有人居住的海岛30个，岛屿面积191.5平方千米，岛上有居民9.7万余人。全省管辖的近岸海域面积达6.8万平方千米，滩涂面积2.7万平方千米。辽东湾和海洋岛两大渔场面积达600余万公顷，在全省海洋渔业资源开发中具有重大意义。沿海6市土地面积57 900平方千米，占全省土地面积39.3%。

表1 辽宁省沿海行政区划表

省辖市	县级市	县	区
大 连	庄河、普兰店、瓦房店	长 海	金州、甘井子、旅顺口、开发区
丹 东	东 港		
锦 州	凌 海		经济技术开发区
营 口	盖 州		老边、鲅鱼圈
盘 锦		盘山、大洼	
葫芦岛	兴 城	绥 中	龙港、连山

【行政区划】 辽宁省共有14个地级市，17个县级市，27个县，56个区，其中沿海地级市有6个，即大连、丹东、锦州、营口、盘锦、葫芦岛；沿海县级市有7个，即东港、庄河、普兰店、盖州、瓦房店、凌海、兴城；有长海、盘山、大洼、绥中等4个沿海县；有金州区、甘井子区、旅顺口区、大连开发区、锦州经济技术开发区、老边区、鲅鱼圈区、龙港区、连山区等9个沿海区。

表2 2003年沿海地区人口及从业人员情况

单位：万人

地区名称	年末总人口	农业人口	非农业人口
辽 宁	1 339.48	2 211.69	663.74
大 连	274.78	55.78	225.12
丹 东	75.67	15.81	60.00
锦 州	86.66	14.22	71.07
营 口	85.10	15.23	63.50
盘 锦	56.60	6.76	50.14
葫芦岛	93.38	44.09	49.85
瓦房店	103.05	71.17	32.45
普兰店	83.06	64.46	19.78
庄 河	90.29	72.92	17.48
东 港	64.05	52.51	11.79
凌 海	60.44	52.22	9.94
盖 州	72.16	64.66	14.60
兴 城	55.30	42.42	12.73
沿海市合计	672.19	571.54	519.68
长 海	8.98	6.37	2.58
大 洼	39.16	30.33	8.69
盘 山	28.63	24.68	3.78
绥 中	62.17	52.89	9.33
沿海县合计	667.29	114.35	144.06

大连市 位于辽东半岛南端，东临黄海，西滨渤海，全市土地面积12 600平方千米，人口560.2万人。辖瓦房店市、普兰店市、庄河市、长海县、中山区、西岗区、沙河口区、甘井子区、旅顺口区、金州区、开发区。大陆海岸线长1 906千米。

丹东市 位于辽宁省东南部，濒临黄海，北接吉林省，东隔鸭绿江与朝鲜民主主义人民共和国相望。全市土地面积 15 000 平方千米，人口 241.2 万人。辖东港市、凤城市、宽甸满族自治县、元宝区、振安区、振兴区，其中东港为沿海县级市，大陆海岸线长 93 千米。

锦州市 南接渤海的辽东湾。全市土地面积 10 300 平方千米，人口 307.5 万人。辖凌海市、北宁市、义县、黑山县、古塔区、凌河区、太河区，其中凌海市为沿海县级市。大陆海岸线长 97.7 千米。

营口市 西临渤海的辽东湾。全市土地面积 5 400 平方千米，人口 229.2 万人。辖大石桥市、盖州市、站前区、西市区、老边区、鲅鱼圈区，其中盖州市、老边区、鲅鱼圈区为沿海县（市、区）。大陆海岸线长 96 千米。

盘锦市 位于辽宁省西南部，全市土地总面积 4 100 平方千米，人口 124.4 万人。辖盘山县、大洼县、兴隆台区、双台子区，辽河油田、双台子河口国家级自然保护区座落其中。盘山县、大洼县为沿海县。大陆海岸线长 118 千米。

葫芦岛市 位于渤海辽东湾的西岸，西与河北省相接。全市土地面积 10 500 平方千米，人口 271.4 万人。辖兴城市、绥中县、建昌县、连山区、南票区、龙港区，其中兴城市、绥中县、连山区、龙港区为沿海县（市、区）。大陆海岸线长 237 千米。

表 3 辽宁省海洋管理机构表

沿海地市	沿海县（市、区）
大连市海洋与渔业局	长海县海洋与渔业局、瓦房店市海洋与渔业局、普兰店市海洋与渔业局、旅顺口区海洋与渔业局、庄河市海洋与渔业局、甘井子区海洋与渔业局、金州区海洋与渔业局、开发区社会事业管理局
丹东市海洋与渔业局	东港市海洋与渔业局
锦州市海洋与渔业局	锦州市经济技术开发区农业发展局、凌海市海洋与渔业局
营口市海洋与渔业局	盖州市海洋水产局、老边区海洋与渔业局、鲅鱼圈区海洋与渔业局
盘锦市海洋与渔业局	大洼县海洋与渔业局、盘山县海洋与渔业局
葫芦岛市海洋与渔业局	兴城市海洋与渔业局、绥中县海洋与渔业局、龙港区海洋与渔业局、连山区海洋与渔业局

【海洋管理机构】 辽宁省海洋与渔业厅是主管全省海洋事务和渔业行政的省政府组成部门。内设办公室（政策法规处）、计划财务处、科技教育处、海域管理处、海洋环境保护处、渔政处（渔港监督管理处）、渔业处、机关党委（人事处）等。省辖沿海 6 个市分别设有海洋与渔业局，负责管理市辖海域的海洋事务。具体设置是：大连市海洋与渔业局内设海域处和环保处；丹东市海洋与渔业局内设海洋科；锦州市海洋与渔业局内设海洋处；营口市海洋与渔业局内设海洋科；盘锦市海洋与渔业局内设海域环保科；葫芦岛市海洋与渔业局内设海域科和环保科。

海域使用管理
Management of Sea Area Use

【概况】 2003 年是海域法实施的第二年，随着海域法的深入贯彻实施，辽宁省海域使用管理工作进展良好。全省确权海域使用面积约 3 万余公顷，颁发海域使用权证书 550 套，收缴海域使用金 3 500 余万元，均比上年有所增加，其中省本级颁发海域使用权证书 5 套，确权海域面积 100 余公顷，收缴海域使用金 678 万元，同比增长 80%。

【海域使用管理】 一是认真做好国家直接受理项目前期审核工作。配合国家海洋局对油气开采和海砂开采用海加强了审核。对辽河油田石油勘探井项目，耐心细致地做好市、县两级海洋部门工作，讲解海域管理政策，协调涉界双方关系，妥善解决了矛盾，顺利地上报国家局审批。葫芦岛的致远公司与万发公司几乎是同时在同一区域申请开采海砂，省、市两级海洋管理部门多次研究，几经协调，征求用海双方意见，妥善解决了两个采砂单位用海冲突。天津腾龙公司在绥中县海域续期开采海砂与当地乡政府产生了矛盾，省市县三级海洋部门积极工作，对原海域使用位置进行了调整，较好地协调了用海单位与乡政府之间的关系。

二是做好省本级审批项目管理。采取各种措施，积极推进渔业用海管理。对 1995 年原省海洋局审批的大洼县蛤蜊岗管理站 1 万公顷用海纳入管理，责令限期办理换证手续，缴纳海域使用金，换证手续已报国家海洋局。长海县对养殖用海逐一审查登记、确权发证，不仅增收了海域使用金，而且为县财政增加了税收。2003 年长海县海域使用金征收了 600 万元。港口用海是海域使用依法管理阻力较大的行业。2003 年，辽宁各级海洋管理部门克服畏难情绪，加大管理力度，效果较好。营口港鲅鱼圈港区海域使用管理起到了示范带头作用。根据营口港务集团有限公司申请，海洋管理部门批复了其 2005 年之前的用海计划，审核并上报省政府批准鲅鱼圈港区南部港区的用海。顺利完成了丹东港大东港区码头用海审批工作。丹东港大东港区海域使用审批是丹东地区多年来第一个履行正式海域使用手续的用海项目，是丹东地区海域使用管理的重大突破，也是全省港口用海管理的重大进展，对其他大型商港依法办理海域使用手续具有一定的积极作用。大连港在贯彻海域使用管理制度上，效果并不是很好，在一定时期一定程度上还给全省的海域使用管理带来了负面影响。2003 年，辽宁省、大连市两级海洋管理部门统一思想，坚决对其用海实施管理，先后十余次到建港指挥部进行沟通协调，宣传海域管理政策法规，催办海域使用手续，加大监督检查力度，最终上报了海域使用申请，严格按程序履行海域使用审批手续。大连港办理海域使用手续对全省港口依法用海管理具有重要意义，消除了其他港口的等待观望攀比思想。

三是市县两级海域使用管理工作得到根本改观。大连市占全省海域面积 2/3 以上，海域管理基础较好。2003 年，大连市重点做好基础性工作，在全市范围内换发新版海域使用权证书，现已基本结束。海域法实施后，大连市执行新的审批权限，逐级上报审批。针对长海县的王家乡和石城乡的行政隶属关系划到庄河市这一情况，庄河市与长海县海洋管理部门及时沟通协调，对这两个乡镇的海域使用管理情况进行交接，换发了海域使用权证书。营口市个别地区养殖用海存在少批多占，审批面积与实际使用面积不符等情况，市海洋部门认真贯彻实施海域法，严格执行辽宁省政府制定的审批权限；对每宗用海进行核实后，按审批权限重新上报审批，换发海域使用权证书。

【海域法及配套制度大检查】 根据国家海洋局的部署，为了深入贯彻落实海域法，进一步推进海域使用的规范化、法制化管理，2003 年，辽宁省历时两个月，从实际情况出发，以查找海洋管理部门工作中的问题为重点，以全面提高管理水平为目标，以保护海洋资源、促进社会稳定和海洋经济可持续发展为目的，广泛深入开展了海域法及配套制度执行情况大检查活动。省检查组历时 20 余天，行程 2 000 余千米，深入沿海 6 市及重点县进行检查，听取 15 个市、县海洋管理部门汇报，走访了 20 余个用海单位，检查和征询对海域管理工作意见。在检查方式上，采取了“听、看、查、访”，即听汇报、看现场、查档案、走访用海户等形式，查找出问题，分析原因，提出解决问题的办法。整个大检查活动突出一个“改”字，全省上下形成一个共识，即未查先改，边查边改，查后即改，检查活动最后落到抓落实、抓整改上。据不完全统计，在全省自查过程中，梳理出养殖用海、招标拍卖、围填海等 9 个方面共 30 多个问题，形成系统完整的全省海域法及配套制度执行情况报告上报国家海洋局。在自查的基础上，国家检查组历时 10 余天，对辽宁省进行了检查验收，给予了充分肯定。

【海域勘界】 根据国家海洋局的总体安排，从 2002 年开始，计划用 3 年时间，完成辽宁省的市、县两级海域勘界任务。万事开头难，三年看头年。辽宁省海域待勘界线 30 余条，时间紧，任务重。根据海域勘界总体情况，专门召开会议进行了安排部署，对全省海域勘界工作的机构、经费、勘界方法等提出了指导性意见。之后，市、县级海域勘界工作全面开展。为使勘界工作有所遵循，更好地指导基层开展海域勘界工作，制定下发了《全省海域勘界工作实施方案》。海域勘界涉及面较广，影响久远，必须做好档案资料的搜集整理和保存工作。省海洋管理部门会同省档案局对海域勘界档案工作进行了调研，颁布了《辽宁省海域勘界档案管理办法》，下发执行。重点抓好 5 条市际间海域勘界工作。东港一庄河线作为辽宁省第一条勘界线，已完成了勘界的调查、方案的修改审定工作，征求了两地意见，得到涉界地区市、县两级政府的同意并上报了书面意见。2003 年 12 月 12 日，辽宁省第一条县际海域勘界正式完成。锦州开发区一葫芦岛连山线方案编制工作已经完成。大连市完成了 2 条县际线。配合国家海洋局勘定辽-鲁线，走访了技术承担单位——国家海洋局第二海洋研究所，就辽-鲁海域勘界有关问题交换了意见，沟通了情况，为辽-鲁线的顺利勘定奠定了基础。

另外，辽宁省海洋功能区划上报国务院后，根据各部门提出的意见，进行了重新修改上报国家海洋局。继营口市海洋功能区划上报省政府后，丹东市海洋功能区划已上报省政府，并征求了有关部门意见，已将修改稿重新上报省政府待批。海岛管理方面，省海洋管理部门会同省军区、省民政厅联合转发了国家三部的海岛管理规定。

海洋环境保护
Marine Environmental Protection

【海洋环境管理】 一是抓好海洋环境监测工作。近岸海域趋势性监测方面，辽宁省共设监测站位 61 个（其中大连市下达监测站点 27 个）。技术单位组成 20 余人的监测队伍，进行海水采样和化验分析；委托国家海洋环境监测中心和大连海洋中心站进行 40 项指标的实验室分析，形成监测的初步结果，并对监测数据进行分析、整理与汇总。

渤海专项监测共设置监测站位 71 个（其中大连市下达监测站点 18 个），2003 年进行两次监测活动，共计出海 132 人次，获得水质监测数据 2 910 个，沉积物监测数据 180 个，生物质量监测数据 169 个，总计获得监测数据 3 259 个；委托国家海洋环境监测中心和大连海洋中心站进行了实验室分析。

海水浴场监测方面，国家海洋局将大连市金石滩海水浴场和葫芦岛市绥中海水浴场列为国家级监测范围，每天在中央电视台早间新闻播报。为此，组织两个市制定了《海水浴场环境监测工作方案》，技术单位共监测 100 余天。对水文气象和水质情况进行监测，每天将监测数据及时报送国家海洋环境预报中心，保证每天在中央电视台按时播报。大连市海水浴场全年累计接待旅游者达到 230 万人，葫芦岛海水浴场全年累计接待旅游者达 30 万人。

养殖功能区监测方面，组织辽宁省海洋水产研究所对辽东湾对虾、毛虾及海蜇产卵场进行养殖功能区监测，布设监测站点 38 个，2003 年共计出海 3 个航次，监测面积达 2 000 平方千米，采样 152 个，获得数据 514 个。通过监测，了解掌握辽东湾对虾、毛虾及海蜇产卵场的污染程度，为加强海洋环境治理提供了重要依据。

江河入海污染物总量监测方面，完成了辽河、双台子河口海域环境必测项目和选测的采样分析，获得了该海域环境数据资料。组织国家海洋局环保所，制定了重点河口生态环境监测工作方案，布设 10 个站位，监测项目 18 个。除了现场测试外，在鲅鱼圈设置临时实验室，及时完成当日取样的分析测试工作，对污染物样品进行处理。

海洋预报及环境评价工作，组织指导辽宁省海洋预报台开展了渤海和黄海海浪分析和预报、沿海风暴潮预报和警报、沿海主要港口及渔港潮汐预报，每天在辽宁电视台一频道午间新闻后播出，收视率保证在 11%，位居收视率的第三位，取得了预期成效。组织编制发布《2002 年辽宁省海洋环境质量公报》，对 2002 年海水环境质量、海洋生物质量、海洋功能区环境状况及海洋灾害情况进行分析评价，使相关部门了解我省海洋环境现状，树立海洋环保意识。

二是抓好赤潮的防灾减灾工作。2003 年的赤潮监控工作坚持以监测预防为主，建立应急响应系统，把灾害减少到最小程度，努力为全省海洋经济服务。制定了赤潮监控的实施方案和应急响应预案，指导大连市、东港市和葫芦岛市 3 个国家级赤潮监控区，结合各自特点制定本监控区的实施方案和应急响应预案。3 个国家级赤潮监控区主要领导挂帅，相关部门参加，抽调配备专业人员，形成强有力的监控区监测力量。监控区以市级海洋环境监测站为依托，请大连海洋中心站作为技术支撑，形成监测的主体力量，每市组织 20 名从事海上生产作业的志愿者，共同形成赤潮监视网络。2003 年，3 个监控区共计组织监测人员 540 余人次，共计出海监视监测 90 余次，监控区域达到 3 000 平方千米，获得监测数据 4 000 个，发布预警预报信息 120 份。2003 年 3 个监控区共计监测赤潮发生 5 次，面积达 190 平方千米。葫芦岛监控区发生赤潮 2 次，面积达 140 平方千米；丹东东港市监控区发生赤潮 2 次，面积 30 平方千米；大连市监控区发生赤潮 1 次，面积为 20 平方千米。上述 5 次赤潮发生时，各监控区立即启动应急响应预案，密切监视监测赤潮的发展，及时通知邻近海域内的养殖户采取防范措施，减少渔业经济损失 1 亿元。

三是抓好海洋倾废管理。在国家海洋局主持下，明确辽宁省海域的海洋倾废管理权由辽宁省海洋与渔业厅单独行使。管理权限明确后，辽宁省海洋管理部门及时与北海分局进行了衔接，对北海分局在辽宁海域已发的倾废许可证，办理换证手续，避免出现“两证并行”的现象，做到了倾废工作的统一归口管理。为进一步规范海洋倾废审批程序，辽宁省海洋管理部门制定了相关制度，着手起草了《辽宁省海洋倾废管理暂行规定》，依法规范管辖海域内实施疏浚物、惰性无机地质材料、人体骨灰倾倒作业行为，启用新式海洋倾倒许可证。要求从事倾倒作业的海洋倾倒船只，必须安装倾废仪。加强监督检查，对海洋倾废违法违规事件及时查处，海洋倾废管理逐渐走入正轨。2003 年，对大化热电厂、大连石化、大连港集团公司等单位依法签发了海洋倾倒许可证，总计签发许可证 25 个，收缴倾倒费 17.7 万元。

四是抓好渤海环境管理项目。辽宁省承担的渤海环境管理项目在双台子河口环境管理中建立公共管理部门与企业的合作伙伴关系。2003 年 3 月，制定了项目实施的工作计划，加强了省、市项目办的力量配备。组织专家组广泛收集资料，开展项目报告的编写工作。项目办会同专家组到盘锦地区开展了项目外业调查，深入辽河油田、自然保护区和渔业养殖区域进行考察，收集整理影像资料，丰富项目报告内容。协助国家海洋局国际合作司召开了渤海环境管理项目工作会议，辽宁项目办的汇报得到国家海洋局国际合作司和东亚海项目办的好评。为促进项目学习与交流，参加了国家海洋局项目办赴菲律宾考察团，与东亚海项目办和当地示范区进行广泛的交流与考察。为扩大渤海环境管理项目的合作领域，省项目办与葫芦岛市局商议参加东亚海项目办的海洋环境投资机会项目，力争引进国际私人财团资金，开展辽西海域海洋环境治理项目。

五是抓好海洋石油勘探开发环境管理。辽河油田作业区地处近岸滩涂，海洋环境主管部门和环保部门管理权限不够明晰。2003 年，国家海洋局检查辽宁海洋环保工作时，专程到辽河油田，明确高潮线以下的油田环境管理必须由海洋主管部门实施，理顺了管理关系。要求企业制定溢油应急计划，健全海洋环保工作制度，将油田的环境管理纳入制度化轨道。2003 年，葫芦岛等共发生 3 起海上溢油事故，由于及时采取措施，没有造成大的生态破坏和经济损失。

海洋行政执法
Marine Administrative Law-enforcement Work

【概况】 第一，海监机构建设有所突破。2003 年，在原有大连、营口、盘锦市海监支队基础上，葫芦岛市和锦州市海监支队正式挂牌组建。庄河、瓦房店、东港市和盘山、大洼县等海监大队，由本级编制部门对称谓、编制、职能进行了批复确认。丹东市支队、老边区大队的组建工作已进入批复程序。2003 年底，辽宁省已有半数以上的沿海市县组建了海监机构，三级海监执法体系初步建立，执法能力建设逐渐增强，为海监工作提供了重要的组织保障。2003 年，辽宁省海洋执法监察员总数已达到 231 名，比上年增加 48 名；全省有 41 人参加了国家举办的上岗培训，省海监总队组织了 2 期业务培训，执法人员素质普遍提高，队伍逐步成熟。

第二，建立和完善规章制度。2003 年，先后制定或修订了《辽宁省海洋执法监察员管理办法》、《海洋执法监察员年度计划编制制度》、《海洋监督检查和行政处罚统计报表制度》、《海洋执法监察通报和公报制度》、《海监支队长例会制度》、《海洋执法监察工作报告及信息制度》、《海洋执法监察案例分析制度》和《海洋违法行为举报制度》等规章制度。这些规章制度的执行，保证了海监工作程序和工作互动，收到了较好地效果。

第三，开展海监示范队伍建设。2003 年，葫芦岛市海监支队通过加强自身队伍建设，提高海监执法能力和水平，被中国海监总队批准为首批海监示范队伍建设单位。该支队在基础数据建立、执法检查方式和案例分析等方面有所进展，为全省海监机构提供了较好地工作模式。

第四，开展海监执法检查工作。根据中国海监总队的总体要求，制定了《2003 年辽宁省海洋执法监察工作计划》，对各级海监机构工作项目和目标做出安排。辽宁省海监总队重点是配合中国海监总队开展“海盾 2003”专项行动，检查违法使用海域案件 20 余宗，将大连金石滩什字街村违法围海案件作为辽宁省案例报中国海监总队进行了处罚。辽宁省海监总队组织沿海各市对海洋环境进行了专项执法检查，取得了预期的效果。在辽东湾海蜇资源保护工作中，较好地发挥了海监队伍作用。各市海监工作各有特色，大连实行岸段分片执法负责制，营口开展集中整顿海域使用秩序行动，葫芦岛设立海岸信息员举报网，东港市实施地毯式检查等。2003 年，辽宁省共开展各类执法检查活动 400 余次，对 37 起违法违规案件进行了处罚，罚款 39.6 万元。办案率、结案率比上年有大幅提高。

【渔业行政执法】 2003 年，辽宁省渔业行政执法工作以渔业资源保护为重点，狠抓管理，严格执法，渔业资源保护工作取得新进展。一是海蜇资源管理取得重大突破。沿海各地按照辽宁省人民政府的部署，早动员、早安排，落实责任，靠前指挥，坚决执行船网分离，坚决禁止渔船转港停泊，海蜇管理实现成熟期开捕，总产量突破 10 万吨，产值超过 10 亿元，分别比上年增长 1.5 倍和 2.1 倍，为沿海渔民人均增收 2 000 元。

二是伏季休渔管理力度加大。针对国家调整黄海伏季休渔时间的实际情况，各级渔业执法机构认真执行全省伏季休渔管理方案，加大伏休宣传力度，开展渔业综合执法，实行海陆联合检查，先后出动 60 艘渔政执法船，严厉查处非法捕捞活动，共查处违规渔船 521 艘，行政拘留 177 人，有力地维护了休渔大局，受到广大渔民欢迎。

三是越界捕捞势头得到有效遏制。辽宁沿海有关市、县从讲政治的高度，认真贯彻落实国务院和辽宁省人民政府关于制止越界捕捞的指示精神，组织渔政人员深入渔村、渔港、渔户，宣传涉外渔业政策和法规，增强渔民法制观念。积极配合有关部门开展联合执法，加大海上检查力度，使渔船违法越界捕捞现象明显减少。

四是捕捞渔民转产转业工作进展顺利。抓住沿海渔民减船转产的机遇，克服各种困难，制定实施方案，精心组织，周密安排，积极落实配套资金，扎实推进渔民减船转产工作。辽宁省共报废拆解渔船 316 艘，转产渔民 1 490 人，减少渔船功率 1 万千瓦，享受政策扶持资金 3 200 万元。

五是渔港监督和渔船检验工作创新开展。各级渔监机构不断改进工作方式，促进渔船签证规范化，使渔船适航率达 68%，比上年增加 3 个百

表 4 辽宁省海洋开发资料统计

统计项目		2003 年
海洋捕捞产量（万吨）	鱼类	83.1
	贝类	23.2
	藻类	—
	虾蟹类	30.3
	其他	11.3
	合计	147.9
海水养殖产量（万吨）	鱼类	2.6
	贝类	142.7
	藻类	33.0
	虾蟹类	2.6
	其他	2.0
	合计	182.9
海洋货物运输量（万吨）	沿海	1 398
	远洋	1 583
	合计	2 981
沿海主要港口货物吞吐量（万吨）	其中：大连港	8 733
	丹东港	707.8
	锦州港	1 706.8
	营口港	4 009
	大东港	700
海盐生产	面积（公顷）	48 026
	产量（万吨）	220
滨海国际旅游收入（亿元）		184.60
滨海城市国际旅游收入(亿元)		24.45
滨海城市旅游接待能力	饭店个数	224
	旅行社总数	474
	国际旅行社	33
	国内旅行社	441
海盐化工产量(吨)	氯化镁	40 531
	工业溴	600
	氯化钾	5 000
	无水硫酸钠	1 802
浅海滩涂开发利用情况	海水养殖产量（吨）	1 828 818
	海水养殖面积（公顷）	381 090

分点，船舶进出港签证 9 万余船次，签证率达85%，比上年增加 5 个百分点。各级渔船检验机构秉公执法，集中整治“沙滩造船”、“无证造船”现象，检验各类渔船 2.6 万艘次、船用产品 1.6 万台（件），检船数量为历年最高水平。积极争取，主动工作，辽宁省人大直接立法，出台了《辽宁省海洋渔业安全管理条例》，为全省海洋渔业安全工作的法制化奠定了基础。

海洋科技与教育
Marine Science & Technology and Marine Education

【海洋渔业科技】 辽宁省拥有雄厚的海洋科技力量。全省共有海洋水产研究所 22 家，教育单位 3 个，省属海洋水产研究所 1 个。共有科技人员 679 名，其中具有高级职称的 85 人。全省水产技术推广单位 69 家，389 人，其中具有高级职称的 39 人。在海洋与渔业科学研究的许多领域居国内领先水平，有的达到国际先进水平。2003 年，辽宁渔业科技坚持面向生产一线，紧扣发展主题，突出重点，抓住难点，解决关键点，充分发掘潜力，开展科技攻关，转化新技术新成果，科技对渔业的贡献率提高到58%。

一是加大精品苗种繁育和养殖技术的推广。针对精品渔业发展的需要，重点推广应用海参育苗、鲍鱼杂交育苗等 10 项生产新技术，精品苗种繁育取得历史性突破。2003 年，全省共培育海蜇苗 23 亿头，比上年增长近 1 倍；海参苗 22.4 亿头，比上年增长 135%。庄河市海洋村应用杂色蛤三段式育苗及养殖技术，缩短了贝类养殖周期，提高了商品贝产出率，育苗突破 50 亿粒，比上年增长 120%；大连壹桥海产有限公司通过种苗繁育架起致富金桥，育出扇贝苗 70 亿枚，车虾苗 1.5 亿尾，海参苗 1 亿头，实现产值 5 000 万元；辽阳灯塔的忠信公司采用新技术，育出黄颡鱼 1 亿多尾，比上年增长 4 倍。河蟹土池生态育苗规模达 0.26 万公顷，产量 4.6 万千克，分别比上年增长 30%和 21.1%，生态育苗量达到 89%，为河蟹养殖的稳步发展奠定了基础。

二是加快新品种引进。按照薄熙来省长提出的“每年都要引进几个新品种”的要求，各地坚持开发一批，投产一批，储备一批的思路，继续加大新品种引进开发的力度。先后引进了日本海大河蟹、美国南美白对虾原种、半滑舌鳎、马来西亚蓝白鲨、云斑鮰、紫菜等 10 余个名优精品，部分品种初步实现了产业化。

三是科研新项目取得阶段性成果。辽宁省海洋与渔业厅所属科研机构承担的 11 个省部级以上科研项目进展顺利。栉孔扇贝杂交育种及养殖技术取得成功，试验性育苗 9.9 亿粒，养殖规模达 520 余公顷，养殖成活率平均达 74.5%，为恢复发展栉孔扇贝养殖带来了希望。辽宁省海洋水产研究所攻克海胆杂交育苗技术难题，拥有自主知识产权，展示出良好的市场开发前景。有 8 项技术成果获得省政府及农业部科技进步一、二、三等奖。

四是水产品质量安全得到有效控制。认真贯彻《关于加强全省水产品质量安全工作实施意见》，实施全省无公害水产品行动计划。以无公害水产品产地认定为切入点，加强苗种质量检疫检验，推行“两项登记，五项制度”，逐步实现生产全过程的质量控制。有 27 家养殖基地和企业通过认定，面积达 6.47 万公顷。完成了国家渔业行业养殖技术标准 2 项，省地方标准 10 项，不断推进无公害水产品养殖生产。

海洋资源开发与海洋经济
Development of Marine Resources and Marine Economy

【海洋水产】 2003 年，辽宁省海洋经济总产值达 830 亿元，增加值 500 亿元，分别比上年增长 18.6%和 19%。渔业总产值实现 435 亿元，增加值 235 亿元，分别比上年增长 19.2%和 20.5%。水产品总产量达 405 万吨，比上年增长 8%，其中，养殖产量 257 万吨，比上年增长 13.7%；捕捞产量 148 万吨，比上年减少 1%。水产品出口量实现 50 万吨，出口创汇 9 亿美元，分别比上年增长 25%和 32%。渔民人均纯收入预计达 7 000 元，比上年增长 8%。产业结构进一步优化，渔业一、二、三产业产值之比由上年的 60∶21∶19 调整到 57∶22∶21；养殖与捕捞产量之比由上年的 59∶41 调整到 60∶40。

精品渔业养殖产量突破 100 万吨 从沿海到

内陆，从海水到淡水，精品渔业呈现出多区域、多模式、多品种一齐上、竞相发展的喜人局面。鲍鱼、海参、海蜇、对虾、扇贝、大菱鲆、河蟹等海淡水名特优珍品养殖规模、产量实现双突破。精品渔业养殖规模达 17.33 万公顷，产量达 112 万吨，分别比上年增长 18.2%和 21.1%；产值达 130 亿元，比上年增长 21.5%，占水产品总产值的 53.7%。海参、海蜇实现同步倍增，养殖区域扩展，遍布沿海 6 市，养殖规模分别达 0.81 万公顷和 0.97 万公顷，比上年增长 1.8 倍和 2.3 倍；产量 6 030 吨和 7 100 吨，分别比上年增长 40.2%和 2.4 倍。对虾养殖走出了一条以精养、混养为主，海水与淡水互补，土池与工厂化大棚相结合的新路子，产量达 2.5 万吨，比上年增长 19%，综合效益达到历史最高水平。东方虾健康养殖和南美白对虾淡水养殖均创每公顷超过 22.5 吨的新纪录。淡水养殖南美白对虾成为新的增长点，养殖区域扩展到 14 个市，面积达 0.17 万公顷，比上年增长 36.8%。扇贝养殖产量达 22 万吨，比上年增长 10%。河豚养殖规模达 0.4 万公顷，产量 2 400 吨，分别比上年增长 33%和 26.3%。河蟹养殖规模达 9.93 万公顷，产量 3.5 万吨，分别比上年增长 12.1%和 10%。黄颡鱼养殖面积和产量分别比上年增长 3.2 倍和 4 倍，实现产值 8 000 余万元。

渔业工厂化养殖面积突破 100 万平方米 各地大力发展工厂化大棚养殖，推进传统渔业向现代渔业转变。辽宁省工厂化养殖面积达 110 万平方米，产量达到 7 000 吨，分别比上年增长 57%和近 2 倍。大连市继续走在全省前列，新增工厂化养殖面积 15 万平方米，总规模达 55 万平方米；瓦房店市工厂化面积近 20 万平方米，较上年翻一番多。大连有德海洋生物有限公司投资 5 000 余万元，当年施工、当年投产、当年见效，新建工厂化面积 3.4 万平方米，创产值 9 300 余万元。葫芦岛市工厂化养殖达 20 万平方米，比上年增长 1.6 倍。辽宁省淡水工厂化养殖规模达 35 万平方米，比上年增长 2 倍多。海淡水网箱达 1.1 万只，比上年增长 10%。其中引进挪威技术建造的深海抗风浪大网箱达 105 只，年生产精品鱼 1 000 余吨。

浅海底播增殖面积突破 10 万公顷 坚持以浅海资源为依托，发展浅海底播增殖，建设“海底庄园”，打造“海底银行”。辽宁省浅海底播增殖面积达到 10.67 万公顷，产量 23 万吨，分别比上年增长 23%和 15%。以海参、虾夷扇贝、魁蚶为主的海珍品增殖面积达 7 万余公顷，约占总面积的 70%。长海县獐子岛渔业集团仅增殖一项创产值 2 亿元，成为全乡第一致富产业。黄海北部对虾放流增殖取得成效，共投放 4 亿尾优质虾苗，回捕产量 386 吨，创产值 3 860 余万元，投入产出比 1：6.9。车虾增殖实现多点放流，增殖区域也从渤海向黄海北部沿岸拓展。

表 5 2003 年沿海地区渔业情况

指标名称	指标值	指标名称	指标值
渔业乡数（个）	99	海洋渔业及相关产业总产值（万元）	417.44
渔业村数（个）	424	#海洋渔业和服务业总产值（万元）	2.15
渔业人口（人）	448 296	#海洋渔业工业总产值（万元）	83.95
渔业劳动力（人）	301 117	海洋渔业及相关产业增加值（万元）	205.32
其中：专业	251 010	#海洋渔业和服务业增加值（万元）	180.33
兼业	50 107	#海洋渔业工业增加值（万元）	24.99
渔业企业数（个）		海洋捕捞产量（吨）	1 479 639
		海水养殖产量（吨）	1 828 818
		海水养殖面积（公顷）	381 090

远洋渔业捕捞产量突破 20 万吨 积极更新改造远洋渔船，通过调整作业渔场和作业方式，发展大洋性远洋渔业，加快引导过洋性生产向大洋性金枪鱼钓、鱿鱼钓生产转变，增加产量，提高效益。在淘汰 29 艘远洋渔船的基础上，仍然保持 340 艘的远洋船队规模，其中大洋性作业渔船达 94 艘，占全省远洋渔船的 27.1%。远洋渔业产量预计实现 21 万吨，产值 1.8 亿美元，分别比上年增长 16.7%和 10.5%。

休闲渔业产值超过 20 亿元 随着人民生活水平的提高，以垂钓、观赏、旅游度假为标志的休闲渔业成为人们的新需求，逐步发展为新兴的朝阳产业。辽宁省休闲渔业产值达 24 亿元，比上年增长 20%。大连市积极做好大海的文章，涉海、涉渔的旅游休闲项目特色突出，引人入胜。鞍山市继续扩大观赏鱼基地建设规模，总面积达11万余平方米，创产值7 500余万元，分别比上年增长21.2%和22%。观赏渔业初步形成了鞍山、辽阳、沈阳、锦州、丹东5大养殖基地，养殖面积达15万平方米，比上年增长33.3%。

渔业龙头企业产值突破100亿元 按照高标准起步，多元投入，机制创新的思路，积极培育水产精品养殖、精深加工及水产品市场龙头企业，发挥其在开拓市场，引导基地，带动农户，加工增值，科技创新等方面的优势，加快渔业发展，壮大自身实力。初步统计，2003年，辽宁省年产值超过3 000万元以上的龙头企业约50家，实现产值80亿元，其中，达亿元的加工企业13家，流通批发企业15家，已成为连接农户和基地顺利进入市场的桥梁，有力地推进了渔业产业化经营。

渔业创汇持续增长 2003年，辽宁省渔业创汇持续增长，创汇总额突破9亿美元。立足国内外两个市场、两种资源，积极开展进出口贸易。大连市水产品出口保持快速增长态势，仅来进料加工出口水产品就达12万吨，创汇近3亿美元，出口额比上年增长30%。大连富谷水产有限公司出口“绿水”牌鲜活河豚986吨，创产值1.3亿元，创汇1 294万美元。沈阳市依托淡水鱼资源优势，实现出口创汇1 200万美元，比上年增长25%。丹东市、营口市扩大河豚、海蜇出口，创汇1 000余万美元。全省通过招商新增渔业“三资”企业21家，引进外资5 000余万美元，内资超过22亿元。

【港口建设与海洋运输】 辽宁宜港岸线资源丰富，适宜建港的大陆岸线有1 000余千米，其中，深水岸线400千米，中水岸线300千米，浅水岸线300千米。经勘察有优良商港港址38处，其中，可建设10万～30万吨级深水泊位的港址11处；1万～5万吨级深水泊位的港址14处；可建设万吨级以下泊位的港址13处，2003年全省已建成商港12个。有渔港港址资源77处，已开发利用的20处，可建二级渔港的港址37处。已形成以大连为中心，营口、锦州、丹东为枢纽，旅顺、葫芦岛、绥中、盘锦、庄河、瓦房店等为网络，中小结合，层次分明，功能齐全，分布合理的海洋交通运输格局。

2003年，辽宁省港口经济运行情况良好，全年完成货物吞吐量1.94亿吨，为上年的117%，内河港口吞吐量2万吨。集装箱吞吐量221万标准箱，为上年的126%；外贸货运量7 297万吨，是上年的128%；由于突如其来的“非典”疫情，使旅客吞吐量有所下降，全年完成旅客吞吐量736万人次，为上年的88%。截至2003年末，拥有生产性码头泊位270个，码头长度3.68万米，港口综合通过能力1.54亿吨，其中公用码头泊位219个，码头长度3.13万米，港口综合通过能力1.34亿吨。

大连市港口管理 根据《国务院办公厅转发交通部等部门关于深化中央直属和双重领导港口管理体制改革意见的通知》精神，大连市委、市政府实施港口管理体制改革，于2003年4月7日成立大连市港口管理局，为市政府工作部门，同时组建大连港集团有限公司。将原大连港务局的行政职能和现交通口岸管理局的港口及航运管理职能划入港口管理局。2003年，大连市港口企业以港口体制改革为动力，克服沈大高速公路封修、突发的“非典”疫情等诸多不利因素影响，加快产业结构调整，生产建设继续保持快速增长态势。

全年完成货物吞吐量1.26亿吨，比上年增长13%。其中，外贸吞吐量4 861.4万吨，增长26.2%；集装箱吞吐量167万标准箱，增长23.5%。港口货物吞吐量在全国沿海港口中位居第6位，集装箱吞吐量位居第8位。旅客吞吐量513.9万人次，下降12.1%。陆岛运输货物吞吐量40.9万吨，比上年增长13%。其中，皮口港完成32.1万吨，增长21.6%；长海港完成6.1万吨，增长103.3%；庄河港完成2.7万吨，下降60.3%。重点工程建设项目完成投资24.1亿元，30万吨级原油码头、30万吨级矿石码头和大窑湾二期工程等一批事关大连港未来发展的重大项目建设正在快速推进。

一是集装箱量主要指标全面提升。2003年集装箱吞吐量比上年增长23.5%，其中，外贸集装箱吞吐量增长25.2%，内贸集装箱增长14.9%。大连港采取有效措施，年内新增集装箱干线3条，并不断完善包括环渤海公共内支线、内陆干线港、集装箱直达班列等在内的集装箱集疏运网络。已开通5条集装箱班列和3个内陆干线港。全年海铁联运箱量达到 19.7 万标准箱，增长 141.1%。集装箱中转量达到 12.1 万标准箱，增长 11%。月航班密度近 300 班。

二是外贸吞吐量比重为近年新高。受国家振兴东北老工业基地决策的鼓舞，东北腹地经济日趋活跃。2003 年，东三省全年对外贸易值 380.2 亿美元，比上年增长 26.7%。有力地促进了大连港外贸吞吐量的加速增长。全年外贸吞吐量比上年增长 26.2%，外贸吞吐量占总吞吐量比重由上年同期的 34.5%提升到 38.6%，提高 4.1 个百分点。

三是油品、粮食、集装箱运输成为三大亮点。油品、滚装、粮食、集装箱为大连市港口四大支柱性货种。2003 年，油品、滚装、集装箱高速攀升，三货种增量占总增量 95%。其中，全年累计完成油品 3 923.7 万吨，比上年增长 19%；完成粮食吞吐量 1 779 万吨，增长 38.1%；完成集装箱 1 461.5 万吨，增长 22%。

四是主要港口企业生产形势良好。除旅顺港由于受滚装下滑影响吞吐量大幅下降外，其他主要港口企业吞吐量均保持较高速度增长，其中，大连港集团完成 8 733 万吨，增长 7.5%；大连石化公司跨越千万吨大关，完成 1 119 万吨，增长 73.1%；北良港务公司完成 928 万吨，增长 68.3%；大连湾新港完成 819 万吨，增长 19.2%。

五是旅客吞吐量下降。上半年受“非典”疫情影响，旅客吞吐量直线下滑。2003 年 5 月份下降幅度高达 70.4%。7 月份开始出现恢复性增长，但全年旅客量仍比上年同期下降 12.1%。陆岛完成旅客吞吐量 179.4 万人次，增长 4.8%。

营口港 营口港是我国沿海主枢纽港之一，是东北内蒙古东部地区及辽宁中部城市群最近的出海口岸，现辖营口和鲅鱼圈两个港区。营口港 2003 年共完成货物吞吐量 4 009 万吨，比上年增长 22%，装运集装箱 40 万标准箱，比上年增长 33%，营业总收入增长 24%。

2003 年，营口港至韩国仁川港国际客货班轮航线正式开通运营，结束了营口港没有国际客运的历史；15 万吨级散货船直航营口港，成为东北口岸之最；三期工程 51、52 号两个集装箱专用泊位提前竣工投产，提升了港口通过能力；10 万吨散粮筒仓及码头配套设施的建成使用，完善了港口主体功能。强化公路运输，成立了港丰物流运输公司并实施“绿卡”行动，确保沈大高速公路封路后港口货物的集疏运仍然快捷、及时。

100 万平方米的物流园区已启动 60 万平方米，园区 3 条铁路线开通，冷藏库的使用，10 余万吨玉米、钢材存储，不仅为国际化物流平台的构建提供了硬件保证，也为营口港粮食、钢材、食糖和蔬菜及水果市场的形成和发展起到推动作用。营口港接卸的主要货种有：矿粉、化肥、钢材、非矿、粮食、集装箱、煤炭、成品油等数十种。开通了日本、韩国、东南亚等地区以及香港特别行政区多条国际集装箱班轮航线和数条可中转世界各港的内支线。内贸集装箱航线覆盖全国沿海主要港口。

2003 年 5 月 16 日，营口港务集团有限公司正式挂牌，标志着营口港改制成功，成为政企分开、实行现代企业制度管理的企业（集团）公司。首次荣获全国精神文明建设先进单位、全国思想政治工作优秀企业光荣匾，第二次荣获全国“五一”劳动奖状。

锦州港 2003 年，锦州港完成吞吐量 1 706.8 万吨，比上年增长 21.6%，其中集装箱 7.17 万标准箱，增长 52.2%。主营业收入 3.96 亿元，增长 21%。主要指标均创锦州港历史同期最高纪录，港口主业取得了开埠以来最高水平。

生产营运上，在货源市场开发方面继续坚持“两平衡、两倾斜、两提高”策略，努力追求货源结构的吞吐平衡、油杂平衡，向高货值、高效率的货源倾斜。坚持“以油立港”，制定“因势利导、加强联盟、优质服务、带动产出”的市场开发战略，发挥联盟优势，使全年油品货源稳中有升，一路上扬，全年油品吞吐 723.4 万吨，增长 34.9%。杂货全年完成 881.1 万吨，增长 10.2%，其中粮食完成 488.9 万吨，创造了港口单货种吞吐的纪录。

港口建设上，新建工程 8 项，根据公司营运形势新增 15 项，新增投资 1 263 万元；已完成工程 19 项，完成投资 2.02 亿元。2003 年已经完成的工程有：新建钢筋囤工程、集装箱堆场工程、新建西围堰工程、二港池北岸堆场、101 泊位改建、501B 工程收尾、102 泊位改造、103 泊位改造、501 泊位改造等 19 项；港池挖泥 130 万立方米；航道挖泥 350 万立方米等。为适应未来港口发展，6 月，辽宁省发改委代表省政府在锦州市召开《锦州港总体规划修编报告》审查会。通过后的锦州港总体规划，规划水平年为2010年、2020年。港口总平面调整后将形成石化一区、通用散杂货作业区、集装箱作业区、石化二区、预留远景发展区齐头并进的合理布局。未来港口将形成生产性泊位43个，岸线长度1.13万米，陆域面积1 826万平方米，最终锦州港将发展成为我国北方多功能、现代化的枢纽港。

港口管理上，生产经营系统通过简化程序、减少环节、自已动手等措施，增收节支1 104万元，为利润指标的完成提供有力支持。加强资金管理，降低资金成本。清理公司过多的银行账户，注销24个，初步解决出纳工作繁重、公司资金分散以及年末审计确认难度大等问题。争取银行增加对公司的授信额度，将担保方式改为信用方式，降低借款利率。强化内部控制，维护公司利益。公司坚持狠抓“基础、基层、基本功”，形成全新的管理模式，取得了较为显著的成效。成立了公司治理建设工作组、内部控制系统建设工作组、会计核算清理整改工作组，自查自纠，彻底整改。形成了一套符合上市公司规范要求的制度体系。修订完善了《印信管理办法》、《财务管理办法》、《资金管理办法》、《财务审批办法》、《备用金管理办法》、《应收账款管理办法》等规章制度。进一步完善劳动用工管理。公司正式编制总人数970人。全体员工签订个性化劳动合同，使人员的流入、流出完全规范化、合法化，减少遗留问题；实施个性化人员考核。将日常表现与目标考核相结合，起到以考促改、以考促建的作用；深化分配制度改革，完善岗位贡献系统。建立新的薪酬分配办法，适时推出按工作环境划分的薪酬与绩效挂钩的分配办法，将年薪制度引入职能部门，将月考核、季考核与分配挂钩，并按岗位确定不同的贡献系数；加强公司有关人力资源管理制度建设，遵循科学化、人性化的原则修订6项、制定2项人事管理制度；加强培训，通过形式新颖、效果明显的各类培训，提高员工综合素质，如组织“港口规划”、“走进港口法”、“上市公司治理”3次大型培训，并组织机关青年员工到一线学习、体验，收到较好的效果。

以港兴市，为在锦州市建设“港口锦州、工业锦州、开放锦州、文明锦州”战略中充分发挥应有的作用，公司2003年全面调整发展思路，积极主动将港口融入锦州市经济发展的整体格局之中，谋求共同发展。港口的努力得到了回报，锦州港的发展得到了省市政府、社会各界的关注和支持，面临前所未有的良好内外环境。由于近年来一直致力于自身牵动作用和辐射功能的发挥，锦州港已成为东北西部和内蒙东部地区物流集散中心，对地区经济的带动作用日益明显。2003年依港已形成了地区油品经销中心、粮食销售仓储中心、木片加工中心和瓷砖批发中心，为锦州市GDP的增长做出了应有的贡献。由港口营运、货物周转给锦州市带来的资金流每年达160亿元，利用港口直接就业，如运输、仓储、施工、建材、餐饮、劳务服务人口达3万余人，间接就业人口15万人。锦州港与国内外千余家港口和企业建立了业务往来，在增加锦州市客流、配合招商引资、带动第三产业，尤其是旅游业、金融业、交通运输服务业、信息业的发展方面，发挥了越来越显著的作用。

丹东港 2003年，全港完成吞吐量707.8万吨，比上年增长16.7%，其中本港吞吐量完成598.2万吨，增长21.9%。集装箱吞吐量完成6.8万标准箱，增长33.2%。旅客发送量5.6万人次，与上年基本持平。完成船舶引航1 478艘次，增长12.8%。完成理货量21万吨。港口企业实现经营收入1.31亿元，增长30%，增加2 700万元。

综合能力方面，全年完成港口基础设施投资1.3亿元，使多年来制约大东港区通过能力的瓶颈得到有效缓解。投入1 000余万元，将航道浅段部分由-6.5米浚深至-7米，实现了3月枯水期5万吨级以上大船进港的目标，基本扭转了长期以来丹东港口生产上半年过于闲淡、下半年过于集中的不均衡局面；筹措8 000万元，新建散杂货、集装箱及粮食专用堆场55万平方米，超过上年末大东港区各类堆场总面积之和；投资1 100万元，购置了正面吊、叉车、集拖等各类高效专用设备，大幅度提高港口作业效率；投入200万元，租建铁路装卸线1 200延长米，缓解了线路紧张的状况；总投资2 700万元开展的大东港区西进港公路、综合办公楼、食堂招待所、流机库、集装箱拆装库、大门改造和景观绿化等基础建设项目，均按计划竣工。

大东港区二期工程正式启动。为抓住沈大高速公路封修之机，拓展港口散杂货和集装箱市场覆盖，迅速缓解港口生产能力严重不足的矛盾，依照省政府批复的《丹东港总体布局补充规划》，经国内水运专家论证建议，投资1.88亿元，在大东港区6号客滚泊位以北顺岸建设7号5万吨级散杂货泊位、8号3万吨级集装箱专用泊位，作为大东港区二期工程的启动过渡工程。工程已于2003年8月正式开工并正在加速推进，预期于2004年6月末前正式投产，年可增加吞吐能力300余万吨。

市场开发方面，在散杂货市场开发上，稳抓粮食、矿石两大传统支柱货源，加大钢铁制品市场开发力度，形成港口新的货源增长点，保证了大东港区淡季不淡的生产局面；在社会及局内公开招聘专职、兼职市场开发人员，并完善市场开发激励制度，初步形成了多层面、宽领域和全方位的市场开发局面。在集装箱市场开发上，为进一步满足市场发展要求，正式开通了丹东－东京、大阪、神户等日本基本港集装箱班轮航线，开通了丹东－日本舞鹤港国际集装箱班轮航线，拓展了丹东港在日本东、西海岸的覆盖范围；联合韩国兴亚海运株式会社、中国丹东外轮代理公司开通了丹东－韩国仁川集装箱班轮航线，使丹东至仁川的集装箱航线密度增至每周5班；新建集装箱专用堆场5.2万平方米，购置拖挂车、正面吊等专用机械，为港口集装箱业务的快速发展提供了基本保障。在客运市场开发上，结合国内水运市场发展变化，就开辟丹东－烟台客滚航线，进一步展开详细充分的市场调研、洽谈合作等前期工作并取得了实质性进展。

制度改革方面，理顺港口管理体制。根据《港口法》要求和交通部、省交通厅有关文件精神，借鉴其他港口经验，积极稳妥地推进港口政企分开，港口企业改制工作取得实质性进展。按照分块实施、整体推进的方针，对浪头港务公司砂石作业区成功进行了股份制改造，以存量资产吸引了山东民间资本进入并控股，成立丹东东方大明港埠砂石有限责任公司。改制后，该公司通过采取投入新设备、引进新机制等举措，取得了优异的经营业绩，扭转了浪头港区长期亏损的局面，也为港口企业整体改制积累了经验；同时还同芜湖港股份有限公司、沈阳和光集团股份有限公司、吉林粮食集团公司和大连港务集团公司等，就丹东港的股份制改组，进行了多次实质性洽谈，并制定了实施方案。

【盐与盐化工】 辽宁省是全国海盐重要产区之一，近年来加大了对盐田基本建设投资力度，加快企业技术改造，使盐的产量和质量有了很大提高。2003年，全省共生产原盐220万吨，是上年的81.5%；销售290万吨，同上年基本持平。盐化工产品总产量6.56万吨，其中，氯化钾5 000吨、氯化镁4万吨、溴素600吨、除雪剂2万吨。盐业养殖的规模、品种等均有较大幅度增长，综合经济实力进一步增强。全行业实现经营收入8.2亿元，实现利税2亿元，其中利润持平。盐业生产和批发企业经济运行质量进一步提高，呈现出良好的发展态势。食盐专营各项指标全面完成。各食盐生产企业生产食盐60万吨，销售59.6万吨，其中省内销售22万吨，均超额完成了年计划。食盐质量合格率达到95%以上，直接入口的食盐达到100%的统一防伪包装。

根据国家和省政府的统一安排，辽宁省对年产5万吨以下的小盐场进行全面整顿，淘汰落后生产力、整顿盐业生产秩序。经过此次清理整顿，全省沿海地区各小盐场已由原来的103家减少到63家。建立了食盐定点企业质量基本情况数据库，对全省食盐定点企业化验员进行检验技术培训考核、考试。按现代企业管理模式进一步完善法人治理结构，食盐专营企业在国有控股的前提下实现投资主体多元化，建立规范的有限责任公司。全省有5家定点生产企业、15家定点批发企业完成或正在完成企业改制工作。辽宁省盐业公司以资产为纽带参与营口、锦州、金州三家盐场转制工作已基本完成，新的企业已经开始运转。

【海洋矿产开发】 辽宁省海洋矿产资源比较丰富，主要有石油、天然气、煤、铁、硫、钾、盐、锰结核、滨海砂矿等。

石油天然气资源主要分布在辽东湾，其特点是油气资源储量丰富，储油构造、特别是盖层条件良好。据初步测算，石油资源量6亿～7.5亿吨，天然气1 000亿立方米，开发潜力很大。已探明石油储量1.25亿吨，天然气135亿立方米。较大的油田有辽河油田、绥中36-1油田等。滨海砂矿主要品种有金刚石、沙金、锆英石、独居石、石榴子石、型砂、砂砾等。其中沙金在鸭绿江口发现多处矿点分布，地质条件好，有较好的开发远景。金刚石砂矿主要矿点在长兴岛沿海地段。绥中县滨海砂矿储量约有2亿余立方米。

表6 2003年沿海地区国内生产总值

单位：亿元

地区名称	国内生产总值	第一产业	第二产业	第三产业
全省合计	2 723.95	278.03	1 359.29	1 086.62
沿海市合计	1 992.48	90.50	1 016.05	885.93
大 连	1 254.66	60.63	574.32	619.71
丹 东	98.82	2.39	37.03	59.40
锦 州	140.39	6.91	64.13	69.35
营 口	101.44	10.53	50.65	40.26
盘 锦	259.85	2.65	210.61	46.59
葫芦岛	137.32	7.39	79.31	50.62
沿海县(市)	731.47	187.53	343.24	200.69
瓦房店	126.00	22.12	71.14	32.74
普兰店	117.55	22.71	74.21	20.63
庄 河	117.71	27.40	62.19	28.12
东 港	100.06	20.96	41.17	37.93
凌 海	50.22	16.85	10.78	14.59
盖 州	38.43	12.71	14.28	11.44
兴 城	35.65	5.04	14.60	16.01
长海县	15.64	9.87	1.17	4.60
大洼县	42.02	19.71	12.51	9.80
盘山县	37.13	14.83	13.47	8.83
绥中县	51.06	15.33	19.73	16.00

【滨海旅游】 辽宁省海岸类型多样，怪石嶙峋，礁林错落，秀峰异洞，水质清澈，天然海水浴场众多。海蚀景观主要分布在黄海北部的金州、旅顺沿岸，辽东湾东岸的盖州及西岸的兴城、绥中一带。著名的有金州区海滨喀斯特地貌景观，大连市南部的蚀洞，锦州的笔架山，兴城的菊花岛及绥中的姜女坟等。滨海湿地自然景观主要分布在辽东湾顶部、辽河入海口及鸭绿江口至大洋河口的平原淤泥海岸地带。这一带地势低洼，河网密布，芦苇丛生，鱼虾繁多，有丹顶鹤等鸟类14目35种。辽宁天然海水浴场72处，海岸线长149.6千米，占全省海岸线总长的6%，开发潜力较大的有金州、旅顺、盖州、鲅鱼圈、瓦房店、兴城和绥中等地。近几年来，各级政府十分重视和积极开发旅游资源，不断加强滨海旅游区建设，发展全省滨海旅游业。

地方重大海洋工程项目
Local Key Marine Engineering Projects

前盐滚装新港项目 近年来，环渤海腹地经济持续增长，渤海海峡运输量不断增加，特别是滚装货运量、客运量迅猛增长。为了加快“大大连”发展，充分发挥大连口岸资源的优势，推进东北亚航运中心的建设，大连亨成实业总公司建设大连前盐滚装新港。项目地处大连市甘井子区大连湾镇前盐村，距沈大高速公路后盐出入口1千米，总投资2.47亿元，建设4个5 000吨级滚装泊位。该项目的建设，对于提高大连滚装货运、客运能力，缓解大连市区交通压力，扩大渔农民就业，促进海洋经济发展具有重要意义。该项目共使用海域52.9公顷，其中，填海造地21.543公顷，水域面积31.358公顷。

烟台救捞局大连救助站建设 环渤海地区是我国水上交通发达地区之一，尤其是水上客运十分繁忙，老铁山水道为事故多发水域。为保障人民生命财产安全，履行海上搜救国际公约，加强该水域海上搜救能力，根据沿海救助站点总体布局规划，交通部烟台海上救助打捞局在大连市旅顺口区建设大连救助站。烟台救捞局大连救助站是国家交通部投资项目，主要用于搜救海上遇险船舶，保障人员生命及财产安全，属公益性项目。该项目位于旅顺羊头洼港区，填海1.235公顷，使用期限50年。救助站建设可同时停靠800千瓦救助拖轮和4 500千瓦救助拖轮泊位各一座，码头长度190米，堆场6 020平方米，道路和场地面积15 180平方米，生产、生活建筑物2 100平方米以及2 100平方米的直升机停机坪。

(朱莉丽 付 欣)

大 连 市

Dalian City

综 述

Summary

【概况】 大连市地处辽东半岛南部，位于38° 43′ ～40° 12′ N、120° 58′ ～123° 31′ E之间。西临渤海与华北相望，东濒黄海与朝鲜半岛近邻，南隔渤海海峡与山东半岛相对，北依东北大陆广阔腹地。

大连是我国北方重要的港口、工业、贸易和旅游城市。全市辖6个区、3个县级市和1个海岛县，总面积12 573.85平方千米，人口560.2万人，其中非农业人口为297.5万人，比重为53.1%。

大连市海洋资源丰富，海岸线长1 906千米，占辽宁省海岸线总长的73%，其中，陆岸线长1 288千米，岛岸线长618千米。岛屿星罗棋布，包括无名礁砣在内共226个，其中70%集中于东南海区。最大的岛屿是瓦房店市的长兴岛，面积223平方千米，是中国第五大岛。有港湾30余处，最大的是大连湾，水域面积186平方千米，岸线长72千米，水深湾阔，不淤不冻。海岸和滩涂类型齐全，比例协调，功能多样。沿海有海洋生物3大类共209科414种，分别占辽宁省海洋生物类和海洋生物资源总量的48%和86%。鱼、虾、贝、藻等种类繁多，资源量大，特别是海珍品在国内外享有盛誉。

大连涉海工业的发展在国内外享有一定的知名度。大连造船重工、大连新船重工是闻名全国的大型造船企业。大连港是中国最大的综合国际商港之一，拥有煤炭、原油、木材、集装箱、管道运输等多种码头。

2003年，大连市党政领导班子全面贯彻“三个代表”重要思想，认真落实党的十六大和十六届三中全会精神，围绕“大大连”建设和老工业基地振兴，抢抓机遇，奋力拼搏，努力推进国民经济全面发展和社会事业全面进步，圆满完成了市十三届人大一次会议确定的各项任务。全市完成国内生产总值1 632.6亿元，比上年增长15.2%。其中，第一产业增加值135.6亿元，增长12.4%；第二产业增加值782.5亿元，增长17.3%；第三产业增加值714.5亿元，增长13.5%。三次产业构成比例为8.3∶47.9∶43.8。人均国内生产总值29 206元，按年末汇率测算约合3 529美元。完成农林牧渔业现价总产值253.5亿元，增长15.8%；完成工业增加值697.1亿元，增长15.7%。完成外贸自营进出口总额155.4亿美元，增长19.6%，其中，进口72.5亿美元，增长24.2%，出口82.9亿美元，增长21%；出口商品供货总值656亿元，增长15.6%。新批外商投资企业879家，增长5.6%；实际使用外商直接投资22.11亿美元，增长37.9%。

【海洋机构】 大连市海洋与渔业局是大连市海洋行政管理部门，为市政府直属机构，正局级建制，内设海域管理处、海洋环境保护处等海洋管理业务处室。沿海各区县海洋机构见表1。

表1 大连市沿海地区及其海洋机构

地区名称	海洋管理机构
长海县	长海县海洋与渔业局
金州区	金州区海洋与渔业局
甘井子区	甘井子区海洋与渔业局
旅顺口区	旅顺口区海洋与渔业局
庄河市	庄河市海洋与渔业局
瓦房店市	瓦房店市海洋与渔业局
普兰店市	普兰店市海洋与渔业局

【海洋立法】 2003年，大连市海洋与渔业局制定下发了《关于加强大连市海洋与渔业水域环境保护工作的通知》和《关于加强海岸工程、海洋工程、海洋倾废环境保护工作的通知》，明确了海洋与渔业水域环境保护的具体负责部门和职能以及海岸工程、海洋工程、海洋倾废环境保护三方

面重要海洋环境管理工作的管理程序。在转发了国家出台的《报国务院批准的项目用海审批办法》、《关于报国务院批准的项目用海申请审批工作的补充规定》和《关于印发〈海域使用论证报告书编写大纲〉和〈海域使用论证报告书〉（格式）的通知》的基础上，相继出台了地方性配套政策。长海县政府制定了《长海县海域使用审批登记暂行办法》、《长海县海域使用金征收管理暂行办法》，庄河市政府出台了《庄河市海域使用管理规定》。按照国家和省厅的统一部署，开展了《海域法》及配套制度执行情况自查，并于 4 月中旬和 7 月中旬，接受了省海洋与渔业厅检查组和国家海洋局检查组分别来大连进行的执法检查，使海洋管理做到制度健全、严格规范。

海域使用管理
Management of Sea Area Use

【稳步推进海域使用两项制度】 为了规范“海域权属制度”和“海域有偿使用制度”审批管理，编制了行政审批程序，建立了过错追究制度。按照市政府的统一要求，2003 年 10 月开始海域审批项目全部进入行政审批大厅，由窗口统一受理用海申请。严格执行《辽宁省贯彻实施海域使用管理法暂行意见》中规定的海域使用金征收标准和减免审批程序。2003 年度，全市共批准海域使用项目 583 宗，确权面积 19 105 公顷，征收海域使用金 1 448 万元。截止 2003 年底，全市累计批准用海项目 3 491 宗，确权面积 139 089 公顷，征收海域使用金 7 614 万元。开展了海域使用权证书的换发工作，换证重点是把换证同海上的清理整顿工作结合起来，对不符合条件的用海项目将予以清理和规范。向各区市县下发了《关于换发海域使用权证书的通知》，并在 3 月 19 日、20 日的《大连日报》上发布了《限期换发海域使用权证书的通告》，年末全市已换发海域使用权证书 1 117 套，核销证书 19 套。

【基本完成海洋功能区划编制任务】 大连市市、县两级海洋功能区划通过了市级和省级评审验收。该区划编制自 1998 年 7 月至 2002 年 6 月，历时 4 年。在此期间，区划受到市县两级政府的高度重视和全市沿海干部群众的广泛关注，有近 10 家科研院所、约 50 个涉海管理机构、近百名科研人员和千余名公众参与了此项工作。从 2002 年底开始，按照国家海洋局新的海洋功能区划分体系要求及省、市评审验收意见，根据市委市政府关于振兴东北老工业基地、加快建设“大大连”的基本思路及大连建设东北亚重要国际航运中心和市区南部海域功能定位的需要，又组织相关技术单位对市、县两级海洋功能区划做了 3 次修改和完善。在各区市县海洋功能区划获得当地政府同意，全市海洋功能区划总成果修改完毕后，2003 年 12 月 13 日，经大连市政府常务会议讨论，原则通过市、县两级海洋功能区划，在做适当调整后上报省政府批准。大连市海洋功能区划系统地剖析了全市近岸海洋资源，将各产业的发展规划有机地进行了衔接，兼顾了各产业的利益和发展空间，突出了重点海域的主导功能，并注重海洋生态环境保护和资源可持续利用，为今后的海域使用管理工作，乃至整个海洋行政管理工作提供了可靠的依据和坚实的基础。

【海域勘界试点工作启动】 市政府成立了以主管市长为组长的大连市海域勘界工作领导小组，组织召开了全市县际间海域勘界工作会议，对勘界工作进行了动员和部署，并下发了《关于开展大连市县际间海域行政区域界线勘定工作的通知》。根据全市海域勘界工作会议精神和勘界工作计划安排，在 5 个市区分别召开了勘界座谈会，现场踏勘了涉界的区域，拍摄照片近 200 张，收集资料近 60 份；并按照《海域勘界技术规程》，开展了海底地形测量、地貌调查、地质取样、海岸修测等项工作。为了使此项工作得到积极稳妥而扎实有效地实施，将甘井子区和旅顺口区渤海、黄海两条县际间海域行政区域界线作为全市勘界的试点线先期进行。通过调查，掌握了大量的资料，找到了可靠的依据，利用科学的方法，设计了多种方案。经反复论证，确定了两条试点线的海域行政区域界线方案（草案）。在涉界地区的支持、理解与帮助下，顺利完成了海域勘界的试点工作，进一步维护了涉界地区的稳定，为下一步在全市范围内开展海域勘界工作积累了宝贵的经验，奠定了良好的基础。

海洋环境保护
Marine Environmental Protection

【海洋环境概况】 2003 年，大连市废水排放量 44 669 万吨，比 2002 年增长 3.4%，其中工业废水排放量 31 889 万吨，占全市废水排放量的 71.4%。大连市近岸海域主要污染物为无机氮，其次为石油类和活性磷酸盐，主要污染海域为大连湾。大连湾海域，无机氮年均值超国家二类海水水质标准，其他监测指标年均值符合国家二类海水水质标准。各类功能区各项监测指标年均值均符合相应功能区海水水质标准。与 2002 年相比，无机氮、石油类、活性磷酸盐年均值有所下降，其他监测指标基本持平。南部海域、大窑湾、小窑湾、营城子湾、旅顺海域、金州湾、红土堆子湾、普兰店湾及瓦房店、庄河、长海海域水质良好，各项监测指标年均值符合国家二类海水水质标准。各海域水质状况，长海海域最好，其余依次为营城子湾、小窑湾、大窑湾、南部沿海、旅顺海域、庄河海域、瓦房店海域、普兰店湾、红土堆子湾、金州湾、大连湾。

2003 年，棒棰岛浴场、傅家庄浴场水质良好，各项监测指标符合国家二类海水水质标准；海之韵浴场无机氮年均值超标；凌水湾浴场、星海公园浴场、星海湾浴场粪大肠菌群年均值超标。与 2002 年相比，海之韵浴场、星海公园浴场、星海湾浴场和凌水湾浴场无机氮年均值有不同程度上升；各浴场粪大肠菌群年均值没有明显变化。各浴场水质状况，棒棰岛浴场水质最好，其余依次为傅家庄浴场、海之韵浴场、凌水湾浴场、星海湾浴场、星海公园浴场。

【海洋环境保护主要工作】 2003 年，组织进行了近岸海水趋势性监测、海洋渔业重要经济生物质量监测、海水浴场水质监测、自然保护区海洋生态环境监测和重要渔业养殖区水域环境监测。重点开展了金石滩海水浴场环境质量监测和赤潮监控区监测的预报工作。组织有关技术单位对金石滩海水浴场展开了 106 天的监测，首次并适时准确地在中央电视台发布了监测信息，同时将信息刊登在大连日报、半岛晨报上，为滨城人民及来大连旅游者提供服务；对獐子岛赤潮监控区实施了水质环境监测，进行的预报为该海域取得较好的经济效益和社会效益提供了保障。完成了对小长山乡、海洋岛乡、獐子岛镇重要土著海洋生物物种 3 个市级海洋自然保护区的调查、论证、评审和报批工作。完成了北良港成品油泊位的环评及大连港改扩建工程、30 万吨原油码头建设、烟大火车轮渡等项目环境影响评价工作。协助省海洋与渔业厅开展了大连港、庄河港、烟大轮渡的倾废区选划工作。通过环评和倾废管理工作，扩大了海洋环境保护工作的影响，增强了用海企业对海洋环境及渔业水域环境保护的意识。调查处理了渔业污染损害事故，对金州区登沙河滩涂菲律宾蛤仔死亡、普兰店市普兰店湾虾池污染等较重大的污染损害案，进行现场查看，及时掌握污染源性质、来源和损失，提出了解决问题的途径和建议，有效地制止了违法行为。组织了全市海洋环境管理人员培训，提高了海洋环境管理人员的业务素质。

【首次编报海洋环境质量公报】 2003 年大连市海洋环境质量公报主要包括大连市近海海水环境质量、海洋生物质量、海洋底栖环境质量、重点养殖区环境质量、重点海洋自然保护区质量、渤海海域重要区域海水及底栖环境质量、金石滩海水环境质量、獐子岛赤潮监控区环境质量，无公害水产品生产基地的海域环境质量，水生野生动物保护工作，渔业资源增殖放流等方面的环境情况。公报通过国家海洋局公布。

海洋行政执法
Marine Administrative Law-enforcement Work

【海域执法监察】 2003 年，中国海监大连市支队在市管海域内实施监察 196 次，出动监察人员 588 人次，检查涉海单位及业户 350 余家，对海岸工程实施了重点监察，对部分海洋倾废作业船只实施了跟踪监视，并对违规用海单位及业户及时进行了查处，共实施行政处罚 16 起。同时，支队还配合辽宁省海监总队进行了“海洋倾废专项执法检查”活动，对海洋倾废项目进行了集中检查。为全面推动海洋法规的贯彻落实，在全市涉海村镇、单位及业户中积极开展了“普法、学法”活动，重点加强了对从事海洋工程作业的施工单位的普法宣传教育。采取“请进来、走出去”的办法先后对本市、外埠等20余家施工单位进行了海洋法规的专门培训。为提高执法人员依法行政水平，支队于3月和10月组织了两期海洋监察员执法培训班，提高了海洋执法监察人员的业务理论水平，统一了执法程序，规范了执法行为，增强了全市海洋执法队伍的整体素质。

【渔业行政执法】 2003年市、县两级共举办《渔业法》及相关法规培训班、轮训班14期，参加人员380人次，参加农业部渔业局和海区局、省海洋与渔业厅培训班及选送高等院校进修班共52人次。全市共出动宣传车900余台次，出动执法人员2 200人次，发传单31 000余份，张贴宣传标语850幅，开展《渔业法》及配套法规的宣传教育。大力开展伏季休渔管理，参加休渔管理人员6 000余人次，出动渔政船（艇）700余艘次，渔政检查车辆700余台次，检查渔船9 000余艘次，查获违规案件1 000余例，有力地维护了正常的生产秩序。加强水生野生动物保护，在斑海豹繁殖期间，抽调两艘渔政船进行巡查，组织陆地人员沿岸检查，共救治斑海豹34头。全力以赴抓好制止越界捕鱼工作，制定专项整治方案，成立了专项整治工作领导小组，在集中整治的8天时间里，工作小组深入大小港口15个，散发宣传单1 000余份，教育渔民8 000余人次，签订不越界捕鱼保证书438份。贯彻大连市依法行政工作会议精神，组织全市渔政队伍开展为期40天的“摆问题、查根源、抓整顿、树形象”活动。整改的重点是，执法人员在依法行政、规范执法、文明执法、廉政执法、渔政纪律等方面存在的问题。整顿工作按照学习教育、摸底查摆、民主评议、搞好整改和总结验收四个阶段进行。通过整顿，进一步修改完善了现有的规章制度，规范了执法人员的执法行为，提高了渔业行政执法队伍的素质。

海洋资源开发与海洋经济
Development of Marine Resources and Marine Economy

【海洋渔业】 2003年，大连市渔业发挥优势，开拓创新，继续以结构调整为主线，加大招商引资力度，通过体制创新和机制创新，加快发展渔业经济。在港口建设征海影响养殖产量7万吨、产值4亿元的情况下，渔业经济仍保持快速发展的势头，全市渔业产值达到120.5亿元，渔业经济总产值达到235亿元，分别比2002年增长10.3%和11.9%；渔民人均收入8 500元，增加500元。

海参、鲍鱼、海胆、魁蚶、牙鲆鱼、菲律宾蛤仔、河豚鱼、虾夷扇贝等10大优势养殖品种规模逐步扩大。海参增养殖出现热潮，增养殖面积达到2.8万公顷，全市海参产量达7 000吨、产值7亿元，仅瓦房店市就投资1.7亿元，改造养参虾池2 000公顷，一年扩大的规模是前5年的总和；陆地工厂化养殖新增15万平方米，总规模达到55万平方米；深水养鱼大网箱由2002年的40只增加到105只；虾夷扇贝、海参、鲍鱼、魁蚶、海胆、象拔蚌等优质海珍品的底播面积新增1.3万公顷，累计面积达到7.3万公顷；獐子岛渔业集团、市水产研究所及大连富谷水产有限公司、大连天正实业有限公司成功探索“北鲍南养”、“北鱼南养”新模式，取得较好的经济效益。全市完成海水养殖产量126万吨，比2002年减产3.8%；实现产值64亿元，比2002年增长10.3%。

继续贯彻国家关于严格控制和降低近海捕捞强度的产业政策，围绕渔业结构调整主题，强化远洋渔业管理和中日、中韩渔业协定入渔船只管理。在抓住引发涉外事件的重点企业和问题开展专项整治的基础上，大连市政府出台了《加强我市远洋渔业管理的意见》，远洋渔业逐步纳入法制化、规范化管理的轨道。包括外省代理新增远洋渔船40艘在内，2003年全市派往国外的远洋渔船已达302艘。远洋渔业效益普遍提高，长海远洋渔业有限公司在几内亚的25艘单拖渔船，共获利润3 000余万元；在印尼海域的80余艘拖网渔船对船平均年利润200万～400万元。全市完成海洋捕捞产量86.2万吨，产值49.6亿元，产量持平，产值增长6.4%，其中，远洋渔业产量16万吨，产值12亿元，分别比2002年增长14.3%和20%；占捕捞产量比重由2002年的16.2%提高到18.7%，增加了2.5个百分点。

继续改扩建高标准、高起点的水产品加工厂，培育和开发一批上质量、上档次、上规模的加工企业与产品。全市水产品加工企业达到428个，比2002年增加86个；年加工能力98万吨，增加17万吨。善岛、金山、中联等水产加工龙头企业实力不断增强，增强了辐射带动能力。善岛食品有限公司投资 9 000 万元，增加了寿司甜虾、獐鱼蛸、寿司海螺肉、蔬菜饼等新品种生产线，带动 2 000 多渔（农）户增加收入共 700 万元；龙王塘渔业加工园区经过两年开发，水产品加工企业发展到 20 家，园区框架已基本形成，当年实现加工产值 4.5 亿元。来进料加工得到发展，新成立 18 家来进料精深加工外资企业，其中世界 500 强之一的全球著名跨国公司日本日商岩井株式会社，与大连獐子岛渔业集团股份有限公司合作投资 860 万美元，成立了我国东北地区第一家以超低温金枪鱼片加工、仓储为主的合资企业。另有 8 家来进料加工企业追加投资，其中专门从事水产品加工及进出口贸易的跨国公司新日本环球株式会社，继 2000 年在大连投资建立以鳕蟹、鳕鱼来进料加工贸易为主的独资企业后又增资 3 500 万美元新建一座大型现代化水产品来进料精深加工企业，一期工程投资就达到 1 000 万美元。已基本建成棉花岛、大连湾、皮口、黑岛等年加工出口能力 3 万吨以上的六大水产品来进料加工基地，形成中太、东扬、善岛、富岛、兴叶等年加工出口能力 1 万吨以上的十大水产品来进料加工出口企业。全市完成水产品加工成品 65.1 万吨，实现产值 53 亿元，分别比 2002 年增长 2.5%和 12.8%。

水产品出口创汇又创新高，全年水产品出口创汇达到 5.6 亿美元，比 2002 年增长 7.7%。其中鱼类、贝类、虾蟹类及其他水生无脊椎动物出口创汇达到 4.2 亿美元，比上年增长 13.6%；裙带菜、海带等藻类以及水产精深加工制品出口创汇达到 1.4 亿美元，与上年基本持平。由于受到“非典”不利影响，5 月份以后许多招商展览活动被迫取消，商务人员来往受阻，一些在谈和在建项目随之搁置或延迟。自 6 月份开始出口数量一路下滑，到 9 月末出口创汇仅比 2002 年同期增长 1.2%。为克服“非典”的不利影响，全市渔业系统积极开展网上招商、网上促销、网上成交等电子商务活动。对外推出的 60 余个招商项目中，年末就有 30 个项目正式成交并开工建设。水产品出口从 10 月份开始也止住下滑趋势并逐步回升，到 12 月份当月出口创汇就达到 8 000 余万美元，比 2002 年同期增长 33.3%。

【海洋交通运输业】 2003 年 4 月 7 日，根据国家港口管理体制改革要求，大连港完成管理体制改革，成立大连市港口管理局，组建大连港集团有限公司。新组建的大连市港口管理局为市政府工作部门，原大连港务局行政职能和交通口岸管理局的港口及航运管理职能划入港口管理局。5 月 8 日，新组建的大连港集团、大连港集团有限公司正式挂牌成立。大连港集团有限公司为国有独资公司，资产总额 116.8 亿元，注册资金 40 亿元。以大连港集团有限公司为母公司的大连港集团是以资产和产业为纽带组建成的法人联合体。此次改革的完成，标志着大连港由过去政企合一的企业转变成现代企业集团。

2003 年，大连港共有泊位 209 个，其中，生产性泊位 175 个，非生产性泊位 34 个；岸线总长 2.99 万米，其中，生产性泊位岸线长 2.46 万米，非生产性泊位岸线长 5 316 米。生产性泊位中，万吨级以上深水泊位 55 个，其中，5 万吨级以上 9 个，10 万吨级以上 1 个。生产性泊位年通过能力 1.08 亿吨，其中集装箱吞吐量 190 万标准箱。码头最大靠泊能力达 15 万吨级。防波堤 9 座，总长度 7 000 米。航道 7 条。大连港集团有限公司有泊位 100 个，其中生产性泊位 69 个，生产性泊位中万吨级以上 42 个（含浮筒泊位 3 个）；岸线长 1.99 万米。

大连港 2003 年完成货物吞吐量 1.26 亿吨，完成集装箱吞吐量 167 万标准箱，均创历史最高水平，分别比 2002 年增长 13%和 23.5%，货物吞吐量位居内地沿海港口第六位，集装箱吞吐量居内地沿海港口第八位。完成海铁联运集装箱 19.7 万标准箱，比上年增长 1.4 倍；完成海上中转箱 12.1 万标准箱，比上年增长 11%，其中，外贸中转箱 10.1 万标准箱，增长 12%；内贸中转箱 2 万标准箱，增长 3.1%。油品、粮食、集装箱吞吐量增速迅猛，其增量占全年货物吞吐量总增量的 95%，其中，粮食吞吐量增幅最大，增长 38.1%。外贸货物吞吐量所占比重由 2002 年的 34.5%升至 38.6%，提高 4.1 个百分点。旅客吞吐量因受“非典”疫情影响，全年完成旅客输送量 693.3 万人次，比上年下降 12%。

港口运营航线增加。大连港共有内外贸集装箱班轮航线 64 条，其中，外贸航线 55 条，内贸航线 9 条。外贸航线包括远洋干线 8 条，近洋航线 41 条，外贸内支线 6 条。55 条外贸航线中有 10 条航线为年内新增加的集装箱外贸班轮航线，其中集装箱远洋班轮干线3条，即大连—美西（美国西海岸）、大连—欧洲、大连—欧地（欧洲地中海）航线，为远洋干线增加最多的1年。航班密度大幅度提高，月挂靠航班密度近300班次。

港口建设进入高速发展期。2003年在建重点工程17项，总投资110.8亿元，完成投资24.1亿元，占内地沿海各港口总投资的10%，其中，大连港集团的30万吨级原油码头工程累计完成投资2.5亿元，30万吨级矿石码头累计完成投资7.6亿元，大连湾区通用杂货泊位工程完成投资1.4亿元，庄河港改造工程完成投资1.7亿元。

至年末，全市共有港口企业38家，其中经营规模较大的有大连港集团有限公司、大连石化集团港务公司、大连北良有限公司、辽渔集团大连湾新港港务公司、大连新海航运有限公司等5家港口企业货物吞吐量占全市港口货物吞吐总量的96%，其中大连港集团有限公司货物吞吐量8 732.5万吨，占全市港口货物吞吐总量的69%。

2003年，全地区海运货运量3 309万吨，比2002年增加16.7%；客运量由于受“非典”疫情影响减至523万人次，比上年下降13.7%。

【滨海旅游业】 2003年，大连市共有旅行社、旅游饭店、景区景点、旅游定点购物店等单位2 500余家，从业人员20余万人。上半年，受“非典”影响，来大连旅游的海内外游客大幅度减少，导致全年游客接待量比2002年明显下降。全年共接待海内外游客1 189.3万人次，比上年下降18%，其中国内游客1 152万人次，海外游客37.3万人次，分别下降18%和24%；实现旅游总收入126亿元，比上年下降6.8%；旅游创汇2.5亿美元，比上年下降24%。全年接待旅游包机59架次，比上年减少47架次，其中海外包机11架次；接待海外游船1艘。

“非典”疫情过后，大连市旅游业内人士积极开展多种自救互救活动。旅行社联合组织新线路考察，推出健身户外游项目；市旅游局以“比赛在北京，观光在大连”和“浪漫之都·海滨之都”作为主题，相继推出“大连之夏”、“大连之秋”、“大连之冬”、10万市民游滨海路等旅游复苏促销活动；金石滩旅游度假区以“金石快轨旅游年”为主题，推出“快轨一日游”、“促销万里行”、“万名市民乘轻轨畅游金石滩”等活动；老虎滩极地动物馆邀请“雪龙”号北极科学考察船从大连起航；市政府主办第一届徒步登山大会；市旅游局等部门联合举办大连首届海鲜美食文化月活动；“浪漫之都”率先在中国工商总局成功注册；国际服装节和国际啤酒节等大型活动如期举行。上述活动促进了旅游市场快速复苏。到7～8月，全市星级饭店的平均入住率已由4月末的14.5%升至62%，全市旅行社全部开门纳客；到9月，国内游、出入境游全面恢复正常；8～12月，全市接待海内外游客比2002年同期增长10%以上。与此同时，大连“旅游大篷车”先后12次赴国内外宣传促销，签下当年和2004年来大连海内外游客订单110万人次。

2003年，大连市有重点旅游建设项目32项，已建成项目主要有：水上人间（二期）海洋乐园，是世界最大室内海洋公园；贝壳博物馆、老虎滩海洋公园珊瑚馆，均为亚洲之最；安波、林海滑雪场2个项目填补了大连此类旅游项目的空白；升降厕所获得国家发明专利；旅游超市为东北地区首家。

2003年7月，第五届亚欧经济部长会议、国家旅游局驻外办事处主任工作会议相继在大连市成功召开。会议期间，来自亚欧各国的经济部长、驻外办事处的主任及各界来宾参观考察了大连的主要旅游资源和旅游项目。通过举办国际重要会议和大型会议，树立起大连会议旅游的良好形象。

【海洋船舶工业】 2003年全市规模以上海洋船舶制造以及配套生产企业有19家。大连船舶工业公司（集团）成立于1984年，是具有独立法人资格的经济实体，受中国船舶重工集团公司委托，对大连船舶重工集团公司和新船重工有限责任公司以及船用柴油机、船用推进器、船用阀门等配套生产企业行使管理职能。2003年，该公司(集团)在大连的所属企业完成船舶产量19艘、120万吨，比2002年增加11艘、21.2万吨，完成船用柴油机产量15台、16.17万千瓦。比2002年减少3台、2.6万千瓦；完成工业总产值（1990年不变价）61.96亿元，比上年增长18.4%；出口创汇2.75亿美元，比上年增长1倍；完成固定资产投资6.16亿元，比上年增长31.8%。

该公司(集团)所属的大连造船重工和新船重工企业已有百年历史，在国内外有较大声誉。两家企业能够按照中国、英国、挪威、美国、德国、日本等船级社和各种国际规范和标准，设计建造各种船舶和海洋工程，所造船舶已出口日本、挪威、美国、巴基斯坦、希腊、丹麦以及香港特别行政区等20余个国家和地区；30余项产品、技术获得国优、部优或者省优，并获得多项国家级、省(部)级科技进步奖，在原油轮、成品/化学品船、集装箱船、滚装船等大型船舶的开发建造上达到国际先进水平。

【海洋盐业】 2003年，大连市生产海盐112万吨，比2002年减少40.1%。全面完成国家下达的海盐、食盐分配调拨计划，特别是在发生“非典”疫情期间，及时平息了食盐抢购风潮，确保了食盐市场稳定，保证了供应和国家紧急调拨需求。全市碘盐普及率95%，比国家规定的碘盐普及率85%高出10个百分点；碘盐合格率100%，比国家规定的碘盐合格率95%高出5个百分点；食盐包装计划完成率达100%。

地方重大海洋工程项目
Local Key Marine Engineering Projects

【大连造船重工公司扩建项目协议签字】 2003年1月7日，由大连市政府、中国船舶重工集团公司支持的大连造船重工有限公司扩建项目协议书在大连举行签字仪式。大连市常务副市长王承敏、中国船舶重工集团公司副总经理于世春分别代表双方在协议书上签字。根据协议，大连市政府和中国船舶重工集团公司将对大连渔轮公司进行划转，对大连水产公司滨海渔港进行搬迁，将其用地、用海作为造船生产发展用地，西侧海域填海后新建船坞。届时，大连造船重工公司将新增有效作业场地50万平方米，使该公司在场地资源规划上有了新的发展空间。该协议的签订，对把造船重工公司建成现代化造船总装厂具有重要意义。

【大连国际物流园项目开工】 2003年4月16日，大连建设东北亚国际航运中心项目中，由大连保税区、大连港集团有限公司联合建设的大连国际物流园首批6个项目开工建设。物流园位于大窑湾南岸，规划面积7.6平方千米，其中一期工程1.33平方千米。区内设国际分拨中心、汽车展示中心、订制物流区、增值加工区、海铁联运区等诸多功能区。园区作为大连市发展现代物流业的主要载体，将依托保悦区的政策优势和大连港的口岸优势，把港口和保税区结为一体，为大连及东北地区的企业提供现代综合物流服务。国际物流园的开园对于推进“大大连”建设和把大孤山半岛建成东北亚重要的国际物流港具有重要意义。

【大连港大连湾通用杂货泊位工程开工】 2003年8月16日，大连湾通用杂货泊位工程正式开工。该工程位于大连港集团大连湾港区，主要用于承接老港区因改造而转移的功能。该工程由大连港集团有限公司投资11.22亿元，拟建5万吨级深水杂货泊位3个，预留7万吨级杂货泊位1个，泊位前沿最大水深13.7米，码头长902米，纵深590米，吞吐能力350万吨，计划建设工期3年。工程建成后，大连湾港区的通过能力将大幅度提高，成为大连港最大的综合性港区，将为港口招商引资、发展临港工业开拓广阔的空间。

【30万吨级船坞主体工程竣工】 2003年10月15日，大连造船重工有限责任公司新建30万吨级船坞浇注完成，新建船坞主体工程比计划提前2个月竣工。该新建船坞工程是国家“十五”重点建设项目，2001年4月开工建造，计划2003年12月末全部建成。船坞主体长400米，宽96米，深13米。建造过程中填海造地近30万平方米，总计完成坞墙294段、坞底板106段，工程所有浇注段均一次浇注成功并达到质量要求。该船坞的建成，将改变该公司一直延续的在船台造船的传统方式，建造单船能力由8万吨以下船型提高到30万吨级的大型船舶，年造船生产能力由30万～40万吨提高到100万～120万吨。

【大连保税区填海工程开工】 2003年11月28日，大连建设东北亚国际航运中心的又一重点项目——大连保税区填海工程开工。该项目规划临港陆域面积5平方千米，北接大连出口加工区和大窑湾北岸，南临大窑湾集装箱码头三期工程，是实现区港联运的重点项目。

【大连汽车码头项目举行签字仪式】 2003年12

月28日，由大连港集团有限公司、日本邮船株式会社、中远太平洋有限公司共同投资的大连汽车码头项目在大连举行签字仪式。这是我国第一个具有国际标准的现代化汽车专用滚装码头，也是中央确定把大连建成东北亚国际航运中心之后，大连市启动的第一个码头建设项目。

表 2　大连市沿海地区人口及从业人员情况

单位：万人

区 市 县	年末总人口数	农业人口数	非农业人口数	单位从业人员数
大 连 市	560.2	262.7	297.5	87.2
长 海 县	9.0	6.3	2.7	0.7
金 州 区	67.1	30.9	36.2	4.0
甘井子区	57.6	10.7	46.9	2.6
旅顺口区	20.8	8.1	12.7	3.2
庄 河 市	90.3	72.8	17.5	3.6
瓦房店市	103.0	70.6	32.4	2.8
普兰店市	83.1	63.3	19.8	4.8

表 3　大连市沿海地区国内生产总值、工农业总产值（当年价）一览表

单位：亿元

区 市 县	国内生产总值				工业总产值	农业总产值
	合 计	第一产业	第二产业	第三产业		
大 连 市	1 632.6	135.6	782.5	714.5	1 546.9*	253.5
长 海 县	14.5	10.2	0.9	3.4	2.3	19.5
金 州 区	160.2	12.6	106.2	41.5	436.6	28.2
甘井子区	151.0	8.1	73.6	69.3	169.6	14.9
旅顺口区	61.2	9.1	31.8	20.3	81.4	22.8
庄 河 市	116.3	27.5	62.0	26.8	273.2	50.1
瓦房店市	126.0	25.0	71.0	30.0	260.1	45.6
普兰店市	115.0	22.7	74.0	18.3	358.7	41.9

* ① 为规模以上企业完成总产值。

② 更正：《2003 中国海洋年鉴》大连市 2002 年工业总产值数据有误，正确数据应为 1 250.5 亿元。

表 4 大连市海洋开发资料统计

项目		数量
海洋捕捞产量（万吨）	鱼类	57.3
	贝类	6.9
	虾蟹类	12.5
	其他	9.5
	合计	86.2
海水增养殖产量（万吨）	鱼类	1.5
	贝类	89.7
	虾蟹类	0.6
	藻类	33.0
	其他	1.4
	合计	126.2
港口旅客吞吐量（万人次）		693.3
港口货物吞吐量（亿吨）		1.26
海洋货物运输量（万吨）		3 309
盐业	产量（万吨）	112
滨海旅游人数（万人次）	国内	1 152
	国外	37.3

（大连市海洋与渔业局 翟 兵）

河 北 省
Hebei Province

综 述
Summary

【概况】 河北省大陆岸线长487千米，海岛132个，海岛岸线长199千米，海岸线平直，主要由基岩质、砂质和淤泥质海岸构成。沿海海域浪差小，风浪一般在3级以下，气候属暖温带半湿润大陆性季风气候。海岸带总面积11 379.88平方千米，其中，陆地面积3 756.8平方千米，潮间带面积1 167.9平方千米，浅海面积6 455.6平方千米。

河北省海洋管理机构健全。河北省海洋局作为河北省海洋事务的行政主管部门，承担着对毗邻海域海洋资源进行规划、管理、保护与合理利用的职能。沿海市、县两级均设有海洋管理部门。中国海监河北省总队下辖秦皇岛、唐山、沧州三个大队，负责河北省毗邻海域的海洋监察工作。

表1 河北省沿海市县一览表

沿海市	沿海县级市、县及县级单位
秦皇岛市	山海关区、秦皇岛市开发区东区、海港区、北戴河区、抚宁县、昌黎县
唐山市	滦南县、乐亭县、唐海县、丰南区、京唐港经济技术开发区、南堡经济技术开发区
沧州市	黄骅市、海兴县、中捷友谊农场、南大港农场、黄骅港经济技术开发区

2003年，河北省海洋局严格执行海洋管理法律法规和各项方针政策，加强海洋管理，保障资源供应，有力地促进了全省经济社会发展。海域使用依法、有序、有偿使用局面正在形成；海洋环境保护工作取得新进展；海洋执法监察力度不断加大；海域使用市场化建设开始起步。

2003年，全省共发生海洋灾害10次，其中风暴潮1次，赤潮6次，巨浪1次，船舶溢油2次，直接经济损失近6亿元。

表2 河北省沿海市县海洋机构一览表

省及市县（区、县级市、县级单位）	海洋管理机构
河北省	河北省海洋局
秦皇岛市	秦皇岛市海洋与水产局
山海关区	山海关区海洋局
秦皇岛开发区东区	秦皇岛开发区建设规划局
海港区	海港区海洋局
北戴河区	北戴河区海洋局
昌黎县	昌黎县海洋局
抚宁县	抚宁县海洋局
唐山市	唐山市海洋局
乐亭县	乐亭县海洋局
滦南县	滦南县海洋局
唐海县	唐海县海洋局
丰南区	丰南区海洋局
沧州市	沧州市海洋局
黄骅市	黄骅市海洋与水产局
海兴县	海兴县海洋局
黄骅港开发区	黄骅港开发区海洋局
中捷友谊农场	中捷友谊农场海洋局
南大港农场	南大港农场海洋局

海域使用管理
Management of Sea Area Use

【海域使用管理稳步推进】 积极推进海域权属管理制度和有偿使用制度 加大对项目的咨询服务和海域使用论证工作，加快项目进展速度，提高项目实施的科学性。2003年，先后组织开展了秦皇岛港西煤东迁改造工程和动力出海口基地工程、武警边防总队海警码头工程等十几个工程用海海域使用可行性论证、审查、组卷报批工作。协助国家海洋局组织开展了曹妃甸工业园区一期工程15平方千米围填海项目的海域使用可行性论证。2003 年，全省海域使用确权面积 5 266 公顷，确权项目 167 个，实缴海域使用金 2 487.74 万元，其中新增项目征收海域使用金 1 465.34 万元，年审项目征收海域使用金 1 022.40 万元。新上工程用海项目确权发证率和使用金征缴率达到了 100%。3 月份，发布了全国第一份省级海域使用管理公报，总结、宣传、推动了全省的海域使用管理工作。

以示范区建设为龙头，推动全省海域管理工作全面发展 2003 年，河北省对示范区建设提出了“巩固、加强、突破、推进”的工作目标。唐山市海洋局与省海监总队配合，加大执法力度，责令违法用海单位补办手续。海域使用管理实现了登记率、发证率和使用金征缴率全部 100%。在借鉴前两年海域使用招标拍卖尝试的基础上，唐山市积极培育海域使用权市场，并着手制定了养殖用海招标拍卖管理暂行办法。2003 年，昌黎县政府正式下文，明确海域使用管理权由县海洋行政管理部门负责，解决了长期以来养殖用海使用权一直由乡镇政府管理的矛盾，理顺、规范了管理工作。示范区的建设有力地推动了全省的海域管理工作。

组织开展《海域使用管理法》及配套制度大检查工作 根据国家海洋局《关于〈海域法〉及配套制度执行情况大检查工作的通知》要求，组织制定了河北省的工作方案，下发到沿海市县，并于 3 月中旬在唐山市召开了沿海三市海洋局长会议，全面部署大检查工作，明确工作要求。采取听取汇报、座谈、检查登记档案等形式，对该项工作进行了联合检查。7 月份，国家海洋局组织检查组对秦皇岛、唐山两市进行了抽查，认为河北省的海域管理工作指导思想明确，思路清晰，工作细致扎实，管理技术含量较高，能够较好地把管理工作与为经济建设服好务相结合。

海洋管理基础工作 在全国率先启动了新一轮的海洋资源调查工作，此项工作得到了省政府的高度重视，并列入政府议事日程。此次调查范围为河北省全部管辖海域和依托陆域，分为生物、环境、水文、社会经济等 16 个专项调查内容，资源调查将采取概查与详查、现场调查与资料收集相结合的方法进行，计划 2005 年完成。2003 年起草了调查工作实施方案及有关技术规程。

海域分等定级与基价评估工作进展顺利 为了深入贯彻和实施海域有偿使用制度，科学、合理地制定海域使用金征收标准和管理办法，引入市场机制，为培育海域使用权市场创造条件，有效保护海域国有资源性资产，2003 年开展了“河北省海域分等定级与基价估价”工作，现已完成外业调查、资料收集等第一阶段工作。

【海洋功能区划编制与实施】 在做好省级海洋功能区划实施的同时，认真抓了市、县级海洋功能区划编制督导工作。2003 年，沿海三市海洋功能区划均已编制完成，唐山市海洋功能区划已经省政府批准实施，沧州市已报省政府审批，秦皇岛市已上报市政府审议；山海关区、抚宁、昌黎、乐亭、滦南 5 个县（区）级海洋功能区划编制工作正在进行。

【启动县级海域勘界工作】 完善海域勘界制度，拟定县际海域勘界技术规程，草拟《河北省实施〈海域勘界档案管理规定〉细则》，组织了由沿海市县海洋局主要领导和业务骨干参加的“河北省海域勘界培训班”。县际海域勘界工作全面启动，开展了滦南—唐海、昌黎—滦南、北戴河—抚宁、昌黎—抚宁 4 条县际海域界线的勘定工作，收集整理了涉界县、乡有关社会经济、历史沿革、海域使用纠纷的资料，走访涉界乡村，协调汇总基层划界方案意见，并于 2003 年底，初拟了 4 条县际线勘界方案。唐山市海域勘界领导小组就滦南—乐亭县际（试点）界线（草案）已与两县进行协调。

积极配合国家勘界办协调津—冀南北两线，基本确定了勘界方案，根据国家海洋局海管字[2003]373 号文件精神，组织有关人员对方案与协议进行了审核，召开省勘界领导小组会议，对反馈意见进行了审议，并已按时上报国家海洋局。

海洋环境保护
Marine Environmental Protection

【海洋环境监测机构建设】 河北省把海洋环境监测机构建设列为工作的重点来抓，通过多次协商，多方努力，与北海分局初步达成了共建“河北省海洋环境监测中心”协议；省编办 2003 年 10

月 20 日《河北省机构编制委员会办公室关于成立河北省海洋环境监测中心的批复》（冀机编办〔2003〕117 号）中，批准共建省海洋环境监测中心，各项建设工作正在筹备中；市级海洋环境监测站建设也取得进展，其中，秦皇岛市海洋环境监测站于 2003 年 5 月挂牌成立，唐山和沧州两市监测站的建设工作在积极申报中。

【海洋环境监测预报】　一是海洋环境监测工作进展顺利。开展了海洋环境趋势性监测、渤海专项监测、陆源排污口污水和邻近海域水质监测、海洋功能区监测和海洋生态监测等 10 个方面工作。初步统计，获取水质监测数据 2 125 个，生物质量监测数据 117 个，底栖环境监测数据 48 个，生物体残毒监测数据 13 个，沉积物数据 84 个。通过实施监测，较全面地掌握了全省近岸海域环境质量状况和变化趋势，为编制河北省年度海洋环境质量公报、开展海洋工程可行性研究和环境影响评价以及防治、减少海洋污染事故对海洋环境的损害等，准备了重要的技术参数。二是海洋预报工作逐步加强。继续加强唐山、秦皇岛两市海洋预报工作，为地方经济发展服务。积极推动全省海洋预报工作的开展，海洋预报于 2003 年 1 月 6 日正式通过河北电视台卫视频道向社会发布。继续开展冬季海冰中、长期预报和对十几个大中型港口进行专项预报，暑期通过秦皇岛西浴场电子显示屏发布浴场环境质量状况。按照国家要求，暑期成功地对北戴河老虎石浴场和黄金海岸浴场的环境质量状况进行了预报。据统计，通过中国海洋环境监测系统数据传输网络向北海监测中心提交电子文档 106 份。通过河北卫视向社会发布北戴河老虎石浴场、黄金海岸浴场环境预报 106 期。通过秦皇岛电视台发布秦皇岛东浴场、秦皇岛西浴场、北戴河老虎石浴场、黄金海岸浴场预报 99 期。通过燕赵都市报发布秦皇岛东浴场、秦皇岛西浴场、北戴河老虎石浴场、黄金海岸浴场预报 68 期。直接向全国政协疗养院提供政协浴场预报 103 期。每周编写一期《暑期浴场环境监测通报》报送省、市有关部门，全年共编写通报 14 期，报送 168 份。2003 年度浴场环境监测表明，北戴河老虎石浴场、黄金海岸浴场、秦皇岛东浴场和西浴场，平均游泳健康指数均达到 86 以上。对 10 月 11 日凌晨发生在我省秦皇岛、唐山和沧州海区罕见的大浪和风暴潮灾害，通过电视、电台和报纸等新闻媒体，较准确地向社会发布了在冷空气作用下全省的海浪和秦皇岛、唐山潮位预报。三是海洋环境质量公报制度建设逐步完善。继省、唐山市海洋环境质量公报发布后，2003 年，秦皇岛、沧州两市相继发布了 2002 年海洋环境质量公报，河北省已形成了省、市两级海洋环境质量公报发布制度，为海洋经济发展提供了有力保障。

【赤潮监控区和群测群防网络工作】　一是全省赤潮防灾减灾工作得到全面加强。及时启动全省赤潮灾害防治监视监测网，编印《海洋赤潮灾害防治资料汇编》，并通知技术单位、海洋管理部门和赤潮监测志愿者，加强赤潮灾害信息通报和防灾减灾工作，发现情况及时报告，并采取有效措施，降低赤潮灾害损失。唐山市海洋局 2003 年 5 月份向沿海各县下发了《提前部署赤潮监视工作的通知》，各县区海洋局对赤潮监测志愿者分发科普资料，进行技术培训。据统计，2003 年河北省沿海共发生赤潮 6 次（其中 4 次是赤潮监测志愿者报告的），较 2002 年有所增多，秦皇岛和唐山海域 5 次，沧州海域发现赤潮 1 次。二是赤潮监控区监测工作进展顺利。对赤潮监控区的临时实验室和监测站位进行了重新建立和调整，监测化验室设在黄骅市海洋与水产局院内。在近海、近岸增养殖区和池塘对虾养殖区等养殖敏感区布设 6 个监测站位，监测范围 200 平方千米。监测人员自 6 月 15 日进驻监控区开展工作，到 9 月 15 日结束，历时 3 个月，先后分 6 批 18 人次参加了监测工作，共出海 14 次，其中，8 月 13 日成功地实施了海面船舶与空中飞机同步监测赤潮的任务。初步统计，在整个监测过程中共获取水文气象数据 140 余个，水质监测数据 1 200 余个，赤潮生物数据 500 余个。

【海洋工程环境保护监督管理】　一是加强海洋工程项目的管理，加大对用海单位的宣传和服务工作，规范海洋环境评价程序，对未进行海洋工程环境影响评价的项目，不予核发海域使用证。二是建立海洋工程环境评价报告的审批制度。为了确保海洋工程环境影响评价质量，海洋工程环境评价大纲必须经专家审查同意后，才能正式编写环评报告。报告审批时，由用海单位提出申请，市局呈报，省局组织专家审查，下达审批文件。三是建立了联合评审制度。为了减轻企业负担，提高办事效率，对条件具备的海洋工程项目，采用海域使用可行性论证报告和海洋环境影响评价报告一并组织专家评审。四是加强海洋环境监察力度，加大各种用海单位的环境监察工作。省海监总队配合各市海洋部门两次对全省用海企业进行现场排查，发现问题及时制止，并责令限期改正。7月1～7日，唐山市海洋局统一对重点用海项目的环保设施运行情况、污染应急计划制定和执行情况、责任制落实情况、防污记录等工作进行全面检查。沧州市海洋局2003年以海洋石油和港口建设项目检查为重点，先后进行了12次巡航监察，对海洋倾废作业船只进行了三次全航次跟踪监察；对检查中发现的问题及时提出整改意见，并检查落实情况，使作业单位环保措施进一步完善。

【海洋自然保护区建设】　昌黎黄金海岸国家级自然保护区的管理和建设进一步加强，基础设施建设不断得到改善，各项管理制度和法规建设逐步完善，其中，由多部门专家组织编制的《昌黎黄金海岸国家级自然保护区发展规划》已完成，已报国家海洋局审批；黄骅古贝壳堤省级自然保护区管理工作逐渐展开，建立了保护区区碑，在保护区边界设置了界碑、界牌等标志性设施；乐亭石臼坨诸岛省级自然保护区管理机构正在筹建中。为了做好该保护区的管理工作，河北省专门下发了《关于落实乐亭石臼坨诸岛自然保护区保护工作的通知》（冀海函〔2002〕11号），要求在未落实管理机构之前，唐山市海洋局按照《自然保护区条例》规定和《乐亭石臼坨诸岛自然保护区建设规划》的要求，认真加强自然保护区生态环境的保护工作。滦河口湿地省级自然保护区通过了省自然保护区专家评审组审查，正在组织申报中。沧州古海岸与滨海湿地海洋特别保护区已完成《科考报告》初稿，目前正在修改中。

【海洋倾废管理】　向各市海洋管理部门下发了《河北省海洋局关于建立海洋倾倒许可证签发管理系统的通知》（冀海发〔2003〕4号），明确海洋倾废的申报程序、管理范围、倾倒费缴纳方式、信息报告要求等管理内容，开展了沿海主要陆源入海排污口情况统计调查。

截至2003年底，河北沿海共有4个倾倒区，批准倾倒疏浚物2 533万立方米。

【其他海洋环境保护工作】　**海洋环境综合整治**　在国家海洋局的直接组织下，由国际组织资助，河北省承担的渤海环境保护示范项目“秦皇岛旅游沙滩保护与治理”已全面启动。课题组多次深入现场进行实地调研，搜集有关资料，按国家要求制定了项目实施方案，召开了由社会各界代表参加的项目听证会，实施方案等到了公众的认可和支持，正在顺利实施，预计2004年年初可提交项目报告。列入国家海洋局渤海综合整治的“秦皇岛海岸防护综合整治”示范工程项目也在积极准备中；同时，还开展了《河北省海洋污染物排放总量控制研究》和《河北省海洋环境保护规划》的编制工作。

暑期秦皇岛海洋环境保护工作　成立了省海洋局暑期办公领导小组和办公室，制定了暑期办公方案，并派出办公室人员于暑期进驻秦皇岛进行现场办公，专门召开协调会，成立监察组、监测组和监察网视组并将任务到组，责任到人；对外公布举报电话，坚持24小时值班，建立起快速反应机制。监察组由中国海监河北省总队负责，监测组由北海分局秦皇岛海洋环境监测中心站负责，分别负责对主要入海河口、浴场、码头及海洋工程的海洋环境进行海陆执法监察和水质监测，对突发事件应急监视处理；监察网视组由秦皇岛市海洋局与水产局，县（市）、区海洋局组成，负责毗邻海域的环境监视。7月25日，省海监总队在北戴河国务院东浴场发现原油污染，当日向省政府作了报告。省海监总队组织当地有关部门对秦皇岛陆域和海域进行了拉网式巡视、调查，国家海洋局北海分局接到情况报告后，派出执法处长和业务技术人员赶赴秦皇岛协助调查工作。

海洋环境保护宣传　各级海洋管理部门充分利用宣传手段，通过电视、广播、报纸、传单等多种形式，广泛宣传海洋环境保护的重要性，加大了海洋环境的社会公开监督力度，普及海洋科普知识。省海洋局每年利用纪念“4·22世界地球日”之机，在全省组织开展海洋环境保护科普宣传活动，对增强全社会的海洋环境保护意识发挥了重要作用。

海洋行政执法
Marine Administrative Law-enforcement Work

【概况】 2003年，以在秦皇岛市建立“海监执法示范支队”为契机，由省海监总队下属的各支队分别与所在地的海洋行政主管部门共同组建市海监支队。这种模式既有利于上级海监机构对下级海监机构的业务指导，又有利于办案过程中省市间的沟通与配合，有效地解决了执法体制不顺的问题。全年开展各类执法检查509项（次），累计检查项目 87 个。通过执法检查发现违法用海行为 38 起，其中，给予警告 8 起，责令限期办理海域使用权证13起，处以罚款17起。组织了对“旅游娱乐用海、无居民岛屿、海上石油勘探开发、海洋自然保护区”的4次专项执法检查。在国家海洋局组织的“海盾2003”专项执法行动中，配合中国海洋北海总队对唐山三友化工股份有限公司“新建储碴场围海工程”擅自改变海域用途项目进行了处罚。《海洋行政处罚实施办法》于3月1日开始实施，省海监总队组织全体监察人员进行了系统的学习，并制发了《海洋行政执法文书填写指南》和《执行〈海洋行政处罚实施办法〉有关规定》的通知，已下达各市海监机构遵照执行。

海洋资源开发与海洋经济
Development of Marine Resources and Marine Economy

【海洋经济发展现状】 河北省海洋局会同省发改委组织编制了《河北省海洋经济发展规划》，并于2003年11月12日上报省政府审议。《河北省海洋经济发展规划》第一次把海洋经济规划从产业和部门规划上升为政府综合指导性规划。它明确了今后一段时期河北省海洋经济综合发展的指导思想与发展目标，并首次确立了以大项目带动大发展的规划思路，标志着河北省由陆域经济向海洋经济着力发展的重大转变。

2003年，受“非典”和海洋灾害的影响，部分海洋产业出现下滑，但全省海洋经济仍保持了较好的增长势头，主要海洋产业产值229.47亿元，增加值105.84亿元，同比增长23.06%，占本省GDP比重1.49%。

1. 海洋水产业

2003年，河北省沿海遭受了近10年来最强的风暴潮灾害，冲毁虾池 2 466 余公顷，受损扇贝590万笼，损坏渔船1 390条，直接经济损失3.26亿元。全省海洋水产业总产值 43.74 亿元，同比下降3.83%。水产品总产量48.97万吨，同比下降6.77%，其中海洋捕捞31.11万吨，同比下降1%，海水养殖17.86万吨，同比下降15.64%。为保护近海渔业资源，严格控制近海捕捞强度，大力推进“压船减产”工程，沿海捕捞渔民转产转业工作取得积极进展。全省共报废渔船209艘，转产捕捞劳动力1 000余人。

2. 海洋旅游业

2003年，河北省海洋旅游业总收入50.42亿元，同比下降26%，其中国内旅游收入46.94亿元，同比下降 23.30%，国际旅游创汇 4 208.82万美元，同比下降49.20%。国内旅游1 008万人次，同比下降27.10%，其中秦皇岛592万人次，唐山316万人次，沧州100万人次。国际旅游10.79万人次，同比下降40.70%，其中秦皇岛8.20万人次，唐山2.45万人次，沧州0.14万人次。

3. 海洋交通运输业

2003年，全省海洋交通运输业产值34.30亿元，同比增长22.98%。全省港口吞吐量1.80亿吨，同比增长25%。

河北省拥有秦皇岛港、秦皇岛市新港、秦山港（秦山液体化工码头）、京唐港、神华港、黄骅港6个港口，生产用泊位58个（比上年增加3个，其中京唐港新增一个吞吐能力 45 万吨的泊位，黄骅港新增一个吞吐能力3 500万吨的煤炭泊位，秦皇岛港新增一个30万吨的散杂泊位），其中万吨级泊位 44 个，全省港口设计吞吐能力1.78亿吨，比上年增加835万吨。秦皇岛港不仅是全省最大的港口，也是全国最大的能源输出港，2003年，秦港集团实现了总吞吐量和煤炭吞吐量双超亿吨，其中总吞吐量为 1.26 亿吨，增长 12.50%，占全省的 69.80%，达到设计吞吐能力的99%，煤炭吞吐量为1.097亿吨，占全省的 70.30%。

全省港口建设加快，全年投资 30.60 亿元，完成年计划的 125%。其中黄骅港一期完善工程码头水工于 5 月 20 日正式通过竣工验收，工作船及多用途码头主要工程完工，堆场面层等工程受风暴潮影响有所滞后。京唐港二港池收尾工程和 3.5 万吨级航道疏浚工程正在抓紧建设。曹妃甸通路工程完成投资近亿元，工程计划 2004 年 3 月份完工。秦皇岛港戊己码头主要工程完工，计划 2004 年初竣工验收，西煤东迁各项工程进展顺利。

4. 海洋盐业

2003 年是河北省盐业遭受挫折最多的一年，3 月份以来，气温持续偏低，阴雨天气增多，10 月份，沧州、唐山盐区又遭受近 50 年来同期降雨量最大、风暴潮最强、持续时间最长的一次灾害性天气，生产基础设施遭到毁灭性破坏，造成直接经济损失近 2 亿元。全省海盐产量 418.11 万吨，同比下降 13.70%，实现工业总产值 6.47 亿元。

5. 其他产业情况

2003 年，修造船业产值 4.50 亿元，同比下降 11.10%；海洋化工业产值 20.21 亿元，同比增长 12.20%，其中纯碱产量 135.35 万吨，烧碱 41.43 万吨；海水综合利用业产值 16 亿元，同比增长 9.20%。

2003 年，新增海洋石油化工、海洋工程建筑产业统计，产值分别为 15.90 亿元和 37.93 亿元。

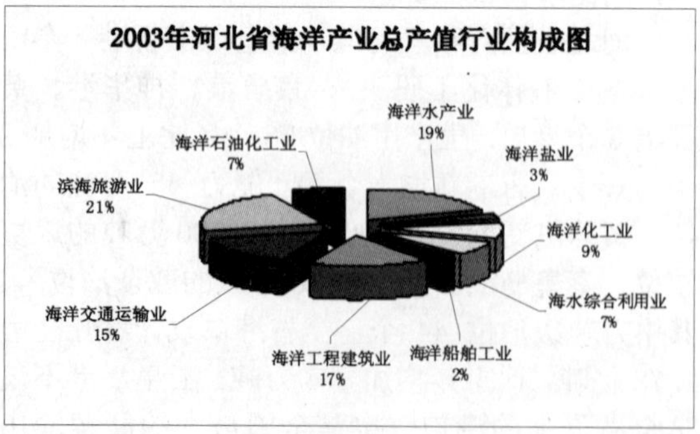

海洋国际合作与交流
Marine International Cooperation and Interflow

【国土资源科技新进展】 编制并印发了《河北省国土资源科技发展“十五”计划及 2010 年规划纲要》，从战略高度确定了河北省国土资源科技“十五”计划及 2010 年发展目标和任务，明确了以创新体系为核心、以实施措施和支撑条件为保障的国土资源科技发展总体思路，并以此为指导，部署国土资源科技工作。

推进科技信息服务，建立了国土资源科技信息网页和编印《河北省国土资源科技信息》，及时发布国土资源科技动态、热点问题、科技人物、科研成果、国土资源科普、对外开放等信息，强化了科技信息的服务功能。

【对外合作与交流】 河北省国土资源厅于 2003 年 12 月 16 日在石家庄市召开了“河北省国土资源对外开放座谈会议”，这是该厅第一次召开的对外开放工作会议。会上厅长周明、副司长李志坚作了重要讲话。会议对《河北省国土资源厅对外开放工作部署》、《河北省国土资源厅关于进一步扩大国土资源领域对外开放的实施意见》进行了讨论，统一了思想。研究部署本省国土资源行业对外开放工作，对组织实施“引进来，走出去”的国土资源发展战略，积极参与国际上国土资源的大分配，逐步建立起适合本省省情的国土资源战略储备体系，促进和保障河北省国民经济跨越式发展具有重要意义。

2003 年全系统赴外交流、培训出访 30 人次，主要赴澳大利亚、美国、日本、瑞典、南非等国家。其中，赴美国、日本的海洋管理与技术考察团与美国国家海洋大气局及其科研机构、美国加州旧金山海湾保护与发展委员会、美国夏威夷海洋自然保护区、日本水产厅，学习交流了海洋管理经验与技术，对招商引资项目进行了推介，并就以后加强联系、互通信息、交流经验等方面达成共识，形成了会谈纪要。

统计资料
Statistical Data

表 3　沿海市县人口及从业人员情况

地区名称	年末总人口（万人）	非农业人口	社会从业人员（万人）	单位从业人员
河北省	6 769.00	1 809.00	3 470.23	576.57
沿海城市合计	1 029.72	375.10	547.75	124.76
唐山市	706.28	223.54	390.00	84.90
秦皇岛市	273.29	113.09	145.72	28.65
沧州市	50.15	38.47	12.03	11.21
沿海地带合计	414.37	130.07	174.19	22.74
滦南县	57.20	5.30	30.00	2.70
乐亭县	49.20	6.20	27.00	3.15
唐海县	13.68	1.18	8.00	0.90
丰南区	51.95	11.86	30.40	3.24
海港区	53.45	53.45	31.25	1.84
山海关区	14.12	14.10	8.46	0.91
北戴河区	6.40	6.40	4.02	0.68
昌黎县	54.70	13.10	2.43	2.25
抚宁县	51.20	6.08	3.22	3.02
黄骅市	40.97	9.80	18.91	2.90
海兴县	21.50	2.60	10.50	1.15

表 4　河北省沿海市县国内生产总值一览表

单位：亿元

地区名称	国内生产总值（亿元）	第一产业	第二产业	工业	第三产业
河北省	7 098.56	1 064.33	3 657.19	3 212.96	2 377.04
沿海城市合计	2 310.89	326.82	1 196.71	1 095.07	787.37
唐山市	1 295.00	194.00	714.00	668.00	387.00
秦皇岛市	387.03	38.90	153.51	129.04	194.63

续 表

地区名称	国内生产总值(亿元)	第一产业	第二产业	工业	第三产业
沧州市	628.86	93.92	329.20	298.03	205.74
沿海地带合计	548.99	124.93	245.05	215.32	179.00
滦南县	95.60	22.73	45.94	35.00	26.93
乐亭县	82.58	34.13	24.55	16.07	23.90
唐海县	20.30	8.00	5.94	12.50	6.36
丰南区	133.00	24.80	69.50	65.90	38.70
海港区	33.52	1.33	11.10	8.51	21.09
山海关区	16.27	1.88	5.35	4.27	9.04
北戴河区	8.55	0.71	1.95	0.60	5.89
昌黎县	47.46	13.11	19.82	18.01	14.53
抚宁县	42.75	10.73	21.21	18.78	10.81
黄骅市	59.39	5.26	35.18	31.66	18.95
海兴县	9.57	2.25	4.51	4.02	2.80

表 5 河北省海洋开发资料统计

统计项目		2003 年
海洋捕捞产量（万吨）	鱼类	16.69
	甲壳类	7.55
	贝类	2.90
	头足类	2.08
	其他	1.88
	合计	31.11
海水养殖产量（万吨）	鱼类	1.08
	甲壳类	1.50
	贝类	15.23
	其他	0.05
	合计	17.86
海盐生产	面积（公顷）	78 178
	产量（万吨）	418.11
沿海港口货物吞吐量（万吨）	全省(亿吨)	1.80
	其中：秦皇岛港（亿吨）	1.26
海洋旅游业(亿元)		50.42
	滨海城市国内旅游收入（亿元）	46.94
	滨海城市国际旅游收入（万美元）	4 208.82

（河北省国土资源厅宣传中心 杨淑梅）

天 津 市
Tianjin City

综 述
Summary

【概述】 **自然概况** 天津市东临渤海湾，北依燕山，西接北京，南北与河北省接邻，地处华北平原的东北部，海河流域下游。天津市腹地广阔，是华北、西北广大地区的最近的出海口，是欧亚大陆桥中国境内距离最短的东部起点。

天津夏季受海洋影响，冬季受内陆作用，四季分明，属于海洋型海陆过渡气候，冬冷少雪，夏热多雨，春秋气候温和，多风少雨，具有明显的暖温带半湿润季风性气候特点。天津海洋资源主要有盐业、天然气、石油和鱼类等。

行政区划 天津市下辖18个区县，其中沿海区3个：塘沽区、汉沽区、大港区，面积约2 200平方千米。地理坐标38° 34′ ～40° 15′ N，116° 43′ ～118° 04′ E。南北长189千米，东西宽117千米，周长900千米，总面积11 919.7平方千米，其中2002年以前海岸线长约153千米，2002年国务院批准的陆域勘界津冀省际线北界，天津海岸线缩短2.4千米，总长度为150.93千米，陆界长700余千米，滩涂370平方千米，按现行规定，管理海域面积3 000平方千米，其中还有无居民海岛——三河岛。该岛位于塘沽区东北部，面积15 900平方米，周长563米，坡度0° ～10° 。

【海洋机构】 天津海洋管理机构为天津市海洋局（同时加挂国家海洋局天津海洋管理办公室的牌子），是主管天津市海洋行政事务的市政府职能部门，由天津市规划和国土资源局管理。天津市海洋局内设4个处室，即办公室、发展计划处、海域管理处和海洋环境处。下属单位有：天津古海岸与湿地国家级自然保护区管理处、中国海监天津市总队以及经天津市编办批准、由天津市海洋局与国家海洋局北海分局共建的天津市海洋环境监测预报中心。天津市沿海三区塘沽区、大港区及汉沽区均设有海洋管理部门，承担着对毗邻海域海洋规划管理、保护与合理利用的职能。

表1 天津市及沿海区海洋机构一览表

市及沿海区	机构名称	上级主管部门	机构级别	成立时间	在职人员
天津市	天津市海洋局	天津市规划和国土资源局	厅 级	1996.4.23	19
塘沽区	塘沽区海洋局	塘沽区规划和国土资源局	处 级	2002.5.13	9
大港区	大港区海洋局	大港区规划和国土资源局	处 级	2002.1.9	4
汉沽区	汉沽区海洋局	汉沽区规划和国土资源局	处 级	2002.4.11	4

表2 天津市沿海区乡镇一览表

沿海区	区辖涉海乡镇
塘沽区	北塘街、大沽街、新港街、渤海石油街
大港区	古林街
汉沽区	营城镇

【滨海新区】 2003年是滨海新区全面落实天津市委"三步走"战略目标的第一年，也是完成"十年基本建成滨海新区"阶段性目标后迈入新征程的第一年。2003年，滨海新区经济持续快速健康发展。全年实现国内生产总值977.08亿元，比2002年增长20.1%，按户籍人口计算，人均国内生产总值达到1.1万美元。滨海新区已经成为天津市国民经济最大的经济增长点和中国北方地区对外开放的窗口。

2003年，天津市为了实施"三步走"战略，中共天津市委、市人民政府高度重视海洋工作，市委八届三次全会把大力发展海洋经济作为实现天津市"三步走"发展战略目标的五大重要举措之一。天津市海洋局认真履行海域立法、规划和管理的职能，积极为天津市海洋经济发展做好服务保障工作。（王春荣）

【主要海洋工作】 2003年4月，天津市海洋局积极配合市滨海委完成了《关于做好"海"的文章，实施海洋开发的总体报告》的编制工作。在编制过程中，完成了"海洋及海岸带现状研究"、"海洋灾害防治研究"、"天津海岸潮间带开发研究"三个大型研究课题，形成了几十万字的总报告及13个分报告。

按照天津市人民政府的部署，天津市海洋局会同市计委落实《天津市海洋经济发展规划》的编制工作，并承担了海洋经济规划中有关建设"天津数字海洋"内容的规划构想编写工作。应天津市计委的要求，市海洋局于2003年10月下旬，承担了《天津市海水利用发展规划》的编制工作。天津市海洋局克服各种困难，充分调动和依靠国家海洋局海水淡化和综合利用研究所的科研力量，协调水利局、滨海新区的有关单位抓紧调研搜集资料，于2003年12月完成了该项规划的编制。这项规划的编制填补了天津市海水利用规划的空白。

探索研究建立天津市海洋经济统计新体系。随着大力发展海洋经济战略的实施，为反映天津市海洋经济发展的整体情况，需要重新确定海洋经济统计的指标体系。2003年8月，天津市海洋局与市计委、市统计局、滨海委协调，参照国家的有关行业标准重新界定海洋经济定义的内涵和外延，向天津市科委申请《天津海洋经济核算方法和统计指标体系研究》立项工作，截止到2003年底该项研究工作正在进行中。

为适应市场经济发展的需要，组织编制全国第一部《海域评估师培训教程》。天津市海洋局会同国家海洋技术中心，组织全国知名的土地和海洋方面的专家学者编制了全国第一部《海域评估师培训教程》，为海域分类定级评估师的培训奠定了基础，受到国家海洋局的高度重视。这项工作于6月启动，于10月完成定稿，已上报国家海洋局审定。这项工作填补了我国海域评估方面的空白。

加强宏观管理，推行海域使用年度计划制度，提高审批效率。自2003年度起，天津市试行了海域使用年度计划制度。由天津市沿海塘沽、汉沽和大港三区海洋局对区内拟上报的用海项目进行统计筛选后，报天津市海洋局进行平衡，审核后，列入天津市海域使用年度计划。这样对天津市当年用海情况既能做到心中有数，杜绝无序无度用海，又能提前准备，提高审批效率。

在做好省际勘界的同时，积极做好区际勘界的准备工作。2003年10月30日，天津市海洋局主持召开了塘沽、汉沽和大港三区主管区长及海洋局长参加的区际勘界工作会议，区际勘界工作正式启动。

提高机关办事效率，坚持依法行政，主动接受社会监督。天津市海洋局在认真贯彻执行国家及天津市有关海域管理的法律法规的同时，2003年，将海域使用申请审批、受理条件、海域使用金减免等规定向社会进行公示。

完成天津市全部用海项目普查勘测核定工作。2003年首次摸清了天津市海域使用项目的底数，全面掌握了海域使用情况，为天津市规范海域管理和海籍工作奠定了坚实的基础。

共建天津市海洋环境监测预报中心。经国家海洋局和天津市机构编制委员会批准，天津市海洋局与国家海洋局北海分局共建天津市海洋环境监测预报中心。2003年2月20日上午，天津市海洋局在塘沽举行天津市海洋环境监测预报中心揭牌仪式。（祝德和）

海洋经济
Marine Economy

2003年天津市海洋经济总产值达到651.09亿元，比2002年增长56.77%，增加值达到269.16亿元，比2002年增长61.93%。2003年天津市海洋产业增加值已占当年全市GDP的11%，比2002年提高了2.8个百分点。占全市GDP的比重首次突破10%。

从2003年各海洋产业情况看，海洋石油与天然气开采业增速最快，总产值达229.5亿元，比2002年增长105.3%，增加值达157.64亿元，比上年增长78.97%；其次为海洋石油化工业，其总产值达201.59亿元，比2002年增长35%，增加值达32.57亿元，比上年增长74%。海洋石油与天然气开采业、海洋石油化工业已成为拉动天津市海洋经济增长的支柱产业，而且发展潜力仍然很大。

港口交通运输业、海洋化工业继续保持较快的增长态势。港口交通运输业2003年营运收入达96.22亿元，增加值31.97亿元，天津港全年共完成货物吞吐量16 182万吨，国际集装箱吞吐量完成301.5万标准箱；海洋化工总产值达71.73亿元，比2002年增长33.8%，增加值17.44亿元，比2002年增长15.88%。

海洋水产业、海洋盐业、沿海修造船业保持平稳的增长态势，2003年产值和增加值都有一定幅度的提高。但其总量仍旧较低，在天津市海洋经济各产业中所占比重正逐年减小。

由于受“非典”疫情影响，2003年天津市滨海旅游业比2002年略有下降，2003年共接待入境游客48.9万人次，旅游外汇收入3.29亿美元，比2002年下降3.8个百分点。

表3 2003年天津市海洋经济各产业总产值及增加值

产 业	总产值（亿元）		增加值（亿元）	
	产 值	比重(%)	增加额	比重（%）
海洋水产	10.08	1	6.92	3
海洋石油天然气	299.5	42	157.64	58
海洋交通运输业	96.22	13	31.97	12
沿海造船业	9.39	1	1.68	1
海洋石油化工	201.59	28	32.57	12
海洋盐业	5.23	1	4.53	2
海洋化工	71.73	10	17.44	6
滨海国际旅游业	27.35	4	16.41	6
合 计	721.09	100%	269.16	100%

（周 亮）

海域使用管理
Management of Sea Area Use

【海域使用审批】 2003年，天津市人民政府批准用海项目45宗，16 657.92公顷（包含《海域法》实施前的历史确权项目41宗，16 170.86公顷，新上用海项目4宗），其中，渔业用海9宗，面积286.698公顷；交通运输用海12宗，面积15 022.558公顷；旅游娱乐用海3宗，面积360.245公顷；排污倾废用海17宗，面积737.964公顷；填海项目4宗，面积250.455公顷。批准临时用海2宗，面积6.936公顷。用海单位涉及天津港务局、天津国际游乐港有限公司、交通部天津海事局、塘沽区驴驹河渔工商公司和海晶集团等。另外，报国家审批的2宗，均为填海造陆项目，即天津港北大防波堤和塘沽临港工业区滩涂开发一期工程，共5 464.03公顷。两项目均已经过塘沽区及天津市人民政府审查，报送国家海洋局。临港工业区海域使用论证报告已通过国家海洋局组织的专家评审。2003年8月天津港北大防波堤海域使用论证报告编写完成，并已上报国家海洋局。

【区际勘界工作启动】 2003年5月30日，天津市海域勘界领导小组办公室向天津市人民政府提出《关于我市开展区际间海域勘界工作的请示》，得到市政府领导批准。7月17日，天津市人民政府批准实施《天津市汉沽区和塘沽区、塘沽区和大港区海域勘界工作实施方案》。10月30日，天津市海洋局召开区际海域勘界工作会议。正式启动天津市区际海域勘界工作。塘沽、汉沽、大港三区人民政府分别成立了领导机构和办事机构。

【海洋功能区划修订工作启动】 根据《国务院关于国土资源部〈省级海洋功能区划审批办法〉的批复》（国函[2003]38号）精神，2003年7月25日，天津市人民政府批准实施《〈天津市大比例尺海洋功能区划〉修订工作实施方案》。组织落实功能区划修订协调组、工作组成员34个单位，共50余人。11月28日，天津市海洋功能区划修订工作会议召开，修订工作正式启动。（于 华）

海洋环境保护
Marine Environmental Protection

【海洋环境保护工作】 **海洋灾害防治的调查研究** 为了提高应对海洋灾害的综合防御能力，天津市海洋局积极开展了《海洋灾害防治研究》的课题研究。课题分为海洋灾害的防治、海上污染的防治和海岸带污染的防治3个子课题。《海洋灾害防治研究》预测了天津市滨海地区未来10年可能发生的主要自然灾害和近岸海域污染状况及主要污染物，提出了滨海地区防灾减灾和控制海洋环境污染的思路、目标和对策，为制定滨海地区防灾减灾和海洋环境保护规划提供了科学依据，对滨海地区实现跨越式发展、创造更好的投资环境起到积极的促进作用。

海洋环境保护行政审批工作 ①海洋倾废管理。从2003年开始，天津市海洋局负责的海洋倾废申请、发证和统计工作进入计算机全国联网系统，使海洋倾废管理更加公开、规范和科学。至2003年底天津市未发生违法倾倒活动。2003年天津市共颁发海洋倾倒许可证正本25个，副本36个，批准倾倒量506.2万立方米。加强对倾废船只的管理，增加随船监视的频率，每星期派人随船监视一次，确保倾废船只倾倒到位率达到100%，避免违法倾倒事件的发生。②海洋工程项目通过天津市海洋局组织的专家评审。天津市海洋局组织审批了《天津北洋舰船游乐港工程环境影响报告书》，配合国家海洋局组织了《天津临港工业区滩涂开发一期工程环境影响报告书》专家评审会，并通过了专家评审意见。

延伸海洋环境监测领域，开展海洋工程项目的跟踪监测工作 天津市海洋环境监测预报中心与北洋舰船游乐港有限公司达成航母落位工程项目跟踪监测协议，对航母落位工程项目进行跟踪监测。施工期间，天津市海洋环境监测预报中心及时向相关政府部门提供了3份跟踪监测报告，有力地保护了施工单位的合法权益，得到了业主的赞誉。 （薛艳晨）

【海洋自然保护区】 **编制天津古海岸与湿地国家级自然保护区七里海湿地保护规划** 天津古海岸与湿地国家级自然保护区管理处（以下简称保护区管理处）以国家的有关法律、法规以及政府规章为依据，以促进社会经济发展和自然资源的可持续利用以及生态环境的良性循环为目的，以恢复自然，服从自然规律，人与自然和谐共处，开发促进保护为原则、全面规划，综合治理，社区共管；结合现状，合理布局。2003年6月底编制完成《天津古海岸与湿地国家级自然保护区七里海湿地保护规划》。

保护区科研项目管理 天津古海岸与湿地国家级自然保护区零点综合科学考察项目是天津市3个国家级保护区同时申请唯一得到批准的国家专项资金资助的重点项目。项目于2003年2月份开始启动，在天津市出现“非典”疫情时，管理处及时调整野外考察工作计划，制订各项防范措施，使综合考察课题按计划顺利进行。

保护区贝壳堤展示中心主体建设工程竣工 保护区管理处为积极配合天津市大港区规划和国土资源局做好贝壳堤展示中心建设工作，依据《天津古海岸与湿地国家级自然保护区管理办法》，对贝壳堤展示中心主体建设工程进行监管，并多次主动与项目管理部门和施工单位进行协商和科学论证，使保护措施得力，施工建设工程得以顺利进行，该工程已于2003年底竣工。

保护区监理所办公房建设竣工 由天津市计委投资的天津古海岸与湿地国家级自然保护区管理处第二监理所办公用房建设项目，经过保护区管理处多次与天津市宁河县有关部门协商，就实施方案的制定、选址、工程招标、基建等工作达成一致，2003年12月，顺利完成第二监理所的基本建设工作，并投入使用。

第二监理所成立 保护区面积大，重点保护区域分散，为加强保护管理工作，在天津市海洋局的支持帮助下，第二监理所于2003年1月组建成立，至此保护区的内部机构设置基本完成。监理所现有监察管理人员3名，经过执法管理培训全部持证上岗。监理所的建立壮大了一线监察执法队伍，加强了日常巡视力度，基本遏制了破坏事件的发生，使保护监察工作初见成效。

【保护区管理工作检查评估】 保护区管理处根据国家海洋局下达的《关于开展海洋自然保护区管理工作检查评估的通知》精神，结合保护区近年来工作的实际情况，事实求是地开展了自查自评工作。为使评估工作更加客观、真实地反映保护区的现有水平，管理处在查找了大量资料的基础上，对照评估《导则》制定出统计分值级别的统计方案，2003年10月完成了保护区管理的检查评估工作。 （高晓云）

海洋行政执法
Marine Administrative Law-enforcement Work

【天津市海监总队组建】 根据天津市编委津编二字[2002]3号文件和津编机字[2002]8号文件精神，2003年1月，面向天津市社会人员和军队转业干部，通过招聘择优录用了10人，于2003年7月完成了中国海监天津市总队的组建工作，并于

2003年7月31日召开了天津市首届海洋执法监察工作会议。

此外，2003年8月，天津市海监总队完成了“机关法人”注册，实现了由事业法人向机关法人的转变，向行政执法体制迈出了关键性步伐。9月，成功构建了海监、法院协同办案机制。12月，天津市海监总队建立了与天津公安边防总队、天津渔政渔港监督管理处等单位的横向联合，形成军地协作、联合处置海上突发事件的应急处理机制，为全面开展海洋执法监察工作创造了有利条件。

【海监人员业务培训】 2003年9月，中国海监天津市总队全体人员参加了国家海洋局北海分局主办的“北海区第八期海洋监察员上岗资格培训”，以优秀率50%、良好率90%的优异成绩全部通过海洋监察员上岗资格考试，取得了《海洋执法监察证》。

【总队建章立制】 天津市海监总队全体员工努力克服“队伍起步晚，执法经验缺乏”等困难，坚持“边组建，边执法”，组建后对塘沽、汉沽、大港三区的重点用海项目进行了检查，对不同项目的用海性质、用海面积和海域使用现状等情况进行了登记；同时，根据调查研究的情况，结合中国海监总队和天津市海洋局对海域执法监察工作的要求，制定了完整的执法监察工作计划，明确了工作目标、步骤和措施。建立了监督检查、案件举报和查处、执法统计、执法监察通报和案例分析等8项执法监察工作制度。

【海洋执法监察】 2003年9月至12月，天津市海监总队对辖区所有用海单位和用海项目实施海域执法检查26次，其中，常规执法检查17次，专项执法检查2次，联合执法检查7次。对天津港务局、大港油田公司、天津国际游乐港有限公司、天津市塘沽区临港工业区和天津碱厂等一批大型用海单位和用海项目，实施了重点监控。积极配合国家海洋局、中国海监总队“海盾2003”执法行动组，对天津港务局北大防波堤违法填海案进行了大量的前期取证工作，为案件查处的顺利实施打下了良好的基础。这些案件的查处，有效地震慑了各种违法用海行为，产生了较大的社会影响。

【催缴海域使用金】 针对一些用海单位不按期缴纳海域使用金的问题，天津市海监总队认真研究有关法律法规，及时采取有效对策，给逾期未缴纳海域使用金的14个单位下达了《限期缴纳海域使用金通知书》，取得了明显的成效。2003年度，天津市海域使用金征缴达到历年总和的3倍，实现了历史性的突破。

【海监宣传信息工作】 天津市海监总队领导高度重视海监宣传信息工作，将其列入重要工作日程，不断加强组织领导力度。2003年8月至12月，天津市海监总队在各类媒体上共发表稿件13篇，扩大了海监队伍的社会影响，提高了海监执法的显示度。 （韩玉峰 刘 莉）

海洋公益服务
Marine Public Welfare Service

【海洋环境监测预测】 2003年度，天津市进行了近岸海域海洋环境趋势性监测、渤海海域环境质量监测、监督监测、海洋功能区监测、赤潮应急监测和赤潮监控区监测。天津市海洋局按照《2003年天津市海洋环境监测工作方案》和《天津市沿岸海域海洋排污口调查工作方案》，组织进行了5、8、10月海洋环境监测工作，编制了《天津市海洋环境质量公报》和《天津海域环境质量监测评价报告》。监测结果表明，天津市大部分近岸海域海水环境质量符合较清洁海域水质标准；永定新河河口之间5米等深线以内海域属于轻度污染海域，局部海域属于中度污染海域；永定新河河口区属于严重污染海域；天津市近岸海域海洋沉积物质量符合二类海洋沉积物标准；天津市汉沽（蛏头沽）和大港（唐家河和北大港）近岸海域海洋生物质量符合二类海洋生物质量标准；其他近岸海域海洋生物质量符合一类海洋生物质量标准。

【天津市海洋环境监测预报中心成立】 2002年10月29日，经市编委批准，天津市海洋预报台更名为天津市海洋环境监测预报中心（津编事字[2002]23号），该中心与国家海洋局天津海洋环境监测中心站为一个机构两块牌子。2003年2月20日上午，天津市海洋局在塘沽举行天津市海洋环境监测预报中心揭牌仪式，国家海洋局陈连增副局长、市人大王德惠副主任和市政协王家瑜副主席以及各有关部门的领导和来宾出席了揭牌仪式。

【海洋灾害与防御】　赤潮监控区工作　2003年，天津市塘沽区驴驹河贝类增养殖区被正式列为国家海洋赤潮监控区。按照《2003年天津市赤潮监控区工作方案》的要求，从5月10日至9月5日天津市海洋环境监测预报中心开展赤潮监控区的监测工作，在赤潮监控区内布设监测站位6个进行常规巡视和监测，共对监控区进行了19次外业调查，监测项目29项，贝毒监测4次，共取得赤潮监测数据约2 394个，并进行了实验室分析，为赤潮发生的机理研究提供了可靠的科学依据。根据监视监测结果，发布了20期《赤潮监控区海域监测要素分析及赤潮趋势预测》。使驴驹河村的渔民能够及时掌握赤潮监控区水质变化情况，采取必要的防灾减灾措施。

赤潮应急监视监测工作　2003年7月，天津市海域发生了2次赤潮，面积分别为60平方千米和100平方千米左右。天津市海洋环境监测预报中心及时进行了跟踪监测，取得赤潮监测数据约315个。

天津市海洋局共发布了6次赤潮通报，及时传递至市政府、国家海洋局和各成员单位，为各级领导和政府部门及涉海单位及时准确地了解赤潮灾情及损失情况，组织防灾减灾和加强海洋综合管理提供重要的信息和决策依据，收到良好的经济效益和社会效益。　（薛艳晨）

海洋国际合作与交流
Marine International Cooperation and Interflow

【东亚海渤海环境管理项目】　在国家海洋局的大力支持下，天津市海洋局与PEMSEA于2003年2月，正式签署了东亚海渤海环境管理区域项目合同书，启动了“海河口区域生态环境评估”项目，2003年12月该项目第一阶段已基本完成。正在推进建立跨地区、跨部门的渤海环境管理协调机制和行动计划。

【加强国际合作与交流】　天津市海洋局经过努力，广开渠道，于2003年10月，在天津市人民政府引智办的支持下，成功地组织了“海洋建设项目环境影响评价管理团组”赴德国进行培训。该团组一行13人，境外培训21天，学习了发达国家的海洋管理经验，对推进天津市海洋工程环境影响评价管理和建设起到了积极的作用。

海洋科技
Marine Science and Technology

【渤海综合整治天津方案及其关键基础问题研究】　为配合国家海洋局“渤海综合整治规划和‘十五’计划”的实施，天津市海洋局与天津大学联合承担了“渤海综合整治天津方案及其关键基础问题研究”重大科技基金项目研究。天津市海洋局主要承担渤海综合整治天津方案的研究。天津大学开展了渤海潮流、余流、对流扩散数学模型及水交换计算方法研究；波浪潮流作用下渤海湾近岸污染物输移扩散研究；波流相互作用和沿岸流的实验研究以及渤海湾生态系统调查与评价和生态水动力学模型等关键基础问题研究。该研究不仅取得了重要成果，而且对天津市海洋经济发展，指导开发近岸海域和建设发挥了作用，得到天津市人民政府和有关涉海行业部门的高度重视。2003年11月通过了项目验收，评审专家一致认为该项研究成果实现了与国际接轨并达到了国内先进水平。　（周　亮）

海洋工程
Marine Engineering

【海洋工程项目】　2003年，受理批准及待国务院批准的海洋工程项目共7件，其中，已经批准的海洋工程项目4件，待国务院批准的海洋工程项目3件。具体为：

已经批准的海洋工程项目：

(1) 天津国际游乐港航道（槽）工程；

(2) 天津国际游乐港人工岛南岛工程；

(3) 天津国际游乐港旅游海域及人工岛北岛工程；

(4) 大港油田涧海2井工程。

待国务院批准的海洋工程项目：

(1) 天津港北疆集装箱港区扩建工程；

(2) 临港工业区滩涂开发一期工程；

(3) 大港油田唐H2井导堤工程。　（于　华）

山 东 省
Shandong Province

综　述
Summary

【海洋经济与海洋渔业概况】　2003年，山东省海洋与渔业系统认真落实中央、省委工作会议精神和国家海洋局的各项部署，以结构调整为主线，以水产品竞争力增强、渔业增效、渔民增收为目标，努力克服资源衰退、生产成本增加、内陆渔业先旱后涝等不利因素，深化改革，落实政策，强化服务，加快发展，全省海洋与渔业经济保持了良好的发展态势。全省海洋经济总产值达到1 802亿元，比上年增长18.8%；水产品总产量达到706万吨，比上年增长1.6%，其中海洋捕捞产量268万吨，下降1.5%，海水养殖产量336万吨，增长3.1%，渔业总产值突破1 000亿大关，达到1 003亿元，比上年增长18%，产量、产值继续保持全国首位。渔业国际化进程不断加快。新增渔业外资项目66个，实际利用外资超过5 500万美元。有193家渔业企业达HACCP认证，96家企业获欧盟注册，43个水产品获全国首批无公害产品质量认证，分别占全国同行业总数的34%、30%和51%。出口水产品80.5万吨，创汇18.3亿美元，创汇额分别占全省大农业和全国渔业行业的30%以上。扎实搞好渔船报废和渔民转产转业工作，全省共拆解渔船468艘，累计向渔民发放补助金1 740万元，有3 000多渔民转产转业，收入有新的增加。拓展渔业发展的新领域，做好渔业和旅游业结合的文章，建成了一大批集垂钓、观赏、餐饮、游乐于一体的休闲渔业园区。全省休闲渔业场点已达4 500处，安置农村富余人员1.5万人，年收入3亿多元。

【海洋立法】　加强海洋法制建设，推进海洋综合管理。《山东省海域使用管理条例》通过省人大常委会审议，于2004年1月1日正式实施。这是《海域使用管理法》颁布后全国出台的第一个地方性配套法规，标志着山东省海域使用管理进入了法制化、规范化的新阶段。

制定并完善地方海洋环保法规制度，强化了全省的海洋环保意识。会同省人大法工委、省政府法制办连续3次到沿海市县进行了海洋环保立法调研工作，在此基础上起草了《山东省海洋环境保护条例》初稿，已报省政府法制办批准，作为明年立法草本。制定了《山东省海洋和海岸工程环境影响评价管理暂行办法》，并已下发沿海市县海洋行政管理部门执行。建立并不断完善海洋环境污染事故报告制度，从管理范围、程序等方面进一步规范海洋污染事故的查处。保护区的法制建设工作已经起步，省厅起草了《省级自然保护区管理规定》，拟提交省政府批准后发布执行。无棣县政府制定了《无棣贝壳堤岛与湿地系统省级自然保护区管理办法》。各级保护区管理机构多数制定了相应的制度，做到按章办事、依法管理。

表1　山东省沿海市县一览表

沿海市地	沿海县级市	沿海县
青岛市	胶州、即墨、胶南	
烟台市	莱阳、海阳、蓬莱、龙口、招远、莱州	长岛
威海市	荣成、文登、乳山	
潍坊市	寿光、昌邑	
日照市		
东营市		垦利、广饶、利津
滨州市		无棣、沾化

表2　山东省沿海市、县（市、区）海洋机构一览表

沿海市海洋机构	沿海县、市、区海洋机构
青岛市海洋与渔业局	城阳区海洋与渔业局
	崂山区海洋与渔业局
	黄岛区海洋与渔业局
	胶州市海洋与渔业局
	即墨市海洋与渔业局
	胶南市海洋与渔业局

续 表

沿海市海洋机构	沿海县、市、区海洋机构
烟台市海洋与渔业局	莱山区海洋与渔业局
	蓬莱区海洋与渔业局
	龙口市海洋与渔业局
	长岛县海洋与渔业局
	芝罘区海洋与渔业局
	福山区海洋与渔业局
	莱州市海洋与渔业局
	招远市海洋与渔业局
	牟平区海洋与渔业局
	海阳市海洋与渔业局
	莱阳市海洋与渔业局
威海市海洋与渔业局	环翠区海洋与渔业局
	荣成市海洋与渔业局
	文登市海洋与渔业局
	乳山市海洋与渔业局
潍坊市海洋与渔业局	寒亭区海洋与渔业局
	寿光市海洋与渔业局
	海化区海洋与渔业管理处
	昌邑市海洋与渔业局
东营市海洋与渔业局	东营区海洋与渔业局
	河口区海洋与渔业局
	广饶县海洋与渔业局
	垦利县海洋与渔业局
	利津县海洋与渔业局
日照市海洋与渔业局	东港区海洋与渔业局
滨州市海洋与渔业局	无棣县海洋与渔业局
	沾化县海洋与渔业局

海域使用管理
Management of Sea Area Use

【海域使用审批管理】 一是严格执行国务院办公厅和山东省政府关于海域使用审批权限划分的新规定，理顺审批程序，提高行政效率。为适应山东省海域使用审批管理和提高行政效能的实际需要，经省政府办公厅同意，刻制了“山东省人民政府海域使用专用章”，由山东省海洋与渔业厅保管和使用。为管好、用好专用章，经省政府办公厅同意，制定印发了《山东省人民政府海域使用专用章使用管理办法》，进一步规范了省级海域使用审批管理，提高了审批工作效率。

二是依据《海域法》，在总结试点经验的基础上，组织开展了全省《海域使用权证书》换发工作，进一步规范了海域使用项目的管理。立足全省海域使用项目类型多，换证工作量大的实际，自行研究开发了海域使用权证书换发管理系统，并于 4 月份举办了全省海域使用权证书换发培训班，动员部署了换证工作，并以会代训，培训业务骨干 80 余人，对换证的工作原则、政策、工作程序和海域使用权证书管理数据库建设技术等进行了培训。通过新的海域使用权证书换发，纠正了以往越权审批、用海定位不准、用海者和持证者不符等问题，保护了海域使用权人的合法权益。目前，通过省厅严格审查，已依法换发新的海域使用权证书 3 000 余本。

三是海域使用管理更加规范。按照“依法行政、规范管理”的总体要求，以海域使用权证书管理为切入点，在规范用海审批权限、海域管理法制建设和重大用海工程管理上搞突破，在健全法制和建立健全管理监督机制上下功夫，严格执行《山东省海域使用申请审批管理暂行办法》等一系列规范性文件，有效地提高了管理效率和规范化程度。到 2003 年底，已有日照港、岚山港、龙口港、黄海船厂、蓬莱尉阳集团、荣成水供等 20 多个用海工程填海项目严格按程序纳入了省级审批，使山东省重点工程用海管理纳入了法制化管理轨道，海域权属管理制度已经从最初的养殖用海全面延伸到所有用海行业。海域使用确权审批程序明显规范，越权审批、先干后批、边干边批等违法违规行为得到有效遏制，海域使用论证、海域使用权登记、公告、海籍调查、信息查询等管理制度得到有效贯彻落实。目前，全省海域使用确权面积已达 24 万余公顷，累计发放海域使用权证书 6 000 余本。其中，2003 年新发证 1 000 余本，确权海域使用面积近 2 万公顷，大型工业和工程用海占 50 余宗。新上项目用海确权发证率达到 98%以上，基本上将山东省毗邻海域纳入了有效管理，使海域开发秩序显著改善。

四是强化了对全省海域使用论证资质单位的年度审核。严格按照国家海洋局的有关规定，对 7 家有海域使用论证资质的单位进行了初审，客观地提出了审查意见，使 7 家单位都及时通过了年度审查。同时，对全省 45 家涉海行业的海域使用测量资质单位进行了为期一周的业务培训，培训业务骨干80余人。

【海域有偿使用制度】 积极做好省财政的工作，以港口工程用海为切入点，从根本上解决省级海域使用金征收难的问题。

一是按照《海域法》的规定以及国家和省政府关于海域使用审批权限的重新划分，组织沿海各市对海域使用金征收管理办法进行了研究讨论，起草了新的《山东省海域使用金征收管理办法》(征求意见稿)，并争取省财政厅同意对原《山东省海域使用金征收管理暂行办法》本着“谁审批，谁征收”的原则进行修订。目前，已完成了修改稿的征求意见，对征收原则、征收标准、征收方式和用途等进行了重新规定。

二是加大工作力度，实现省级海域使用金征收重大突破。2003年，在以往工作的基础上，抓住填海项目用海不放，与沿海市县海洋与渔业局相互配合，上下形成合力，实质性突破了日照港等近20项省批项目的海域使用金征收工作，批准征收海域使用金总额1 100余万元，目前已缴纳500余万元。

【海洋功能区划】 海洋功能区划既是《海域法》确定的一项重要基本制度，也是海域使用审批和调整不合理用海项目的科学依据。目前，《山东省海洋功能区划》和功能区划管理信息系统在经专家评审通过的基础上，已由省政府审查同意后，正式报国务院审批。沿海7市除青岛市的海洋功能区划正在进一步调整修订外，其他6市的海洋功能区划业已编制完成，并通过了专家评审和同级政府的审查，已上报等待批复。据统计，全省已有60%的县（市）编制完成了本级海洋功能区划。目前，各级海洋部门在审批海域使用中，都把项目用海是否符合海洋功能区划作为首要条件，对不符合海洋功能区划的用海项目坚决不予批准。威海、烟台、青岛等市还依据海洋功能区划，制订并实施了海域使用调整计划，将市区毗邻海域确定为旅游主导功能，海域内的养殖项目进行了调整、搬迁，严格执行了功能区划制度。另外，全省的海洋功能区划管理信息系统，业已在省厅初步安装使用，为海洋管理工作提供了科学的依据和良好的决策辅助支持。

【海域管理示范区建设】 山东省现有四个国家级海域使用管理示范区，2003年，各示范区紧紧围绕示范区建设标准，开展规范管理，针对海域使用管理中的热点和难点问题，立足本地区海域使用管理的实际，积极探索和实践具有地方特色、形式新颖、手段先进的海域使用管理模式，在完善海域管理体制、健全配套法规、加强执法力度、推行招标拍卖和促进信息化建设等方面取得了新突破。如青岛市作为全省工业和工程用海的重点地区，在规范审批工业和工程用海、加强执法监察、提高信息化管理水平等方面探索出了一套行之有效的管理方法；烟台市在海域使用管理的规范化和海域使用权的招标拍卖方面进行了卓有成效的探索和实践；东营市在滩涂贝类护养和油气开发用海管理方面成效显著；威海市在加大市区填海工程项目和调整海域使用产业布局方面加大了工作力度；日照市作为省级示范区，在将港口码头用海全面、规范纳入海域使用管理方面为全省树立了榜样。

【海域勘界】 2003年是海域勘界工作比较关键的一年，在做好指导沿海各市启动县际间勘界工作的同时，努力协调解决2条市际间试点线的签字工作，使威海和烟台两市于2003年7月达成协议并正式签字。在总结试点工作的基础上，召开了全省海域勘界工作会议，部署了全省县级海域勘界工作。在省财政的支持下，共落实了三条市际间海域界线的勘界经费。为做好省际间勘界工作，一方面，积极配合国家海洋局第二海洋研究所做好鲁辽线的勘测工作。另外，多次深入滨州市无棣县进行现场调查，按照省政府领导的批示，较好地解决了寿光和广饶的海域边界纠纷，同时还协助国家海洋局妥善处理了山东与河北海域边界纠纷。目前，全省已启动省际间海域界线2条，市际间5条，县际间14条。

【无居民海岛管理】 无居民海岛管理是海洋综合管理的新领域，《无居民海岛保护与利用管理规定》已于2003年7月1日正式实施。对管理规定的实施，山东省重点抓了三个方面的工作，一是组织宣传和学习，各级海洋行政主管部门以实施《管理规定》为契机，开展了多形式、多层次的宣传活动，有效地宣传了海岛属国家所有、对海岛开发实行功能区划制度、保护与利用规划制度、申请审批管理制度、保护和整治制度、名称管理制度等，使各级政府、各有关部门和社会各界的海岛意识有了提高，为启动、加强无居民海岛管理工作营造了良好的社会环境。二是与有关部门联合在威海市举办了无居民海岛开发利用和保护研讨会，深入研讨了无居民海岛的立法、管理和保护问题，为下步立法奠定了基础。三是部分沿海市开展并完成了无居民海岛基础调查。威海、青岛两市在科研、教学部门的配合下，今年对全市无居民海岛进行了全面调查，摸清了资源状况和开发利用现状，为下步制定海岛保护与开发利用政策和规划、加强保护管理打下了基础。长岛县在海岛开发管理试点的推动下，现已对多个无居民海岛实施了管理。

海洋环境保护
Marine Environmental Protection

【海洋环境监测预报和信息工作】 2003 年，圆满完成了赤潮监控区的监测预报工作。为做好赤潮监控区——烟台近岸养殖区的监测预报工作，加强了对国家级赤潮监控区监测预报的组织领导，完善了工作机制。研究制定并实施了《2003 年烟台市近岸海域赤潮应急处理预案》，成立了“烟台市赤潮处理领导协调小组”，全面负责组织、协调、监督赤潮监测、监视、预测、预报预警的工作。建立了市、县、乡三级赤潮快速反应机制，提高了对赤潮的应急反应能力。组建了多级、多层次、多行业参与的“赤潮监视、预测和预警网络”，实现了对赤潮灾害的全方位监控。建立了赤潮应急报告制度并向社会公布了举报电话，进一步增加了对赤潮的监控力度。建立信息发布制度，以地方媒体为主体，及时发布赤潮监测预报信息。自 2003 年 5 月份以来，按照赤潮监测技术规程的要求，技术监测单位以及各赤潮监视、预测、预警网络各成员单位能够各负其责，发现异常情况均能立即报告，并按时向市局、省厅、国家海洋环境预报中心提供赤潮监测海域水文气象预报。按照统一要求，及时报送赤潮监控区的监测数据，省厅通过电视、电台、报纸和“海上山东”政府网站等新闻媒体及时发布赤潮预报信息，扩大了赤潮监测的社会影响。

高质量地完成海水浴场监测预报工作。按照国家海洋局统一部署，山东省 4 处全国重点海水浴场都按规定，及时将监测数据传送到国家有关部门，确保做好海水浴场的监测预报工作，引起了社会各界的广泛关注。此外，威海市对蜊江海水浴场、乳山银滩海水浴场进行了监测预报，烟台市对蓬莱阁海水浴场进行了监测预报。

更好地发挥山东省海洋预报台的作用。对省海洋预报台的运作模式和信息传输方式进行了改善，使海洋预报信息能够更直接、更便捷、更及时地传输到市县人民政府和涉海部门，为各级政府决策发挥了重要作用，减轻了海洋灾害和损失。

【海洋工程环境影响评价】 在海岸和海洋工程管理方面，参与了“新建铁路烟台至大连铁路轮渡港口工程”、“国电蓬莱发电厂工程可行性项目”的环境影响评价工作；审核了“岚山港液体化工品码头扩建工程”、“胜利油田 162 和 163 井组产能工程”、“烟台技术开发区热电厂冷却海水吸取工程”等《环评大纲》和《环评报告》。根据有关法律法规，针对实际工作中出现的问题，对《山东省海洋和海岸工程环境影响评价管理暂行办法》确定的职责分工和工作程序作了进一步规范完善。

【海洋保护区建设与管理】 2003 年，山东省政府新批建了“烟台崆峒列岛海洋生态自然保护区”。做好了“无棣贝壳堤岛与湿地省级自然保护区”升国家级准备工作。最近，根据国家海洋局办公室《关于开展海洋自然保护区管理工作检查评估的通知》要求，依照《海洋自然保护区管理评估守则(暂行)》中规定的评估项目和内容，对省级海洋自然保护区管理工作进行了检查评估。总的来看，海洋保护区管理工作卓有成效。一是机构设置与人员配置完备，各级海洋行政主管部门对建设和管理海洋自然保护区工作非常重视，特别是已建省级海洋自然保护区所在市的海洋行政主管部门，积极主动向当地政府申报保护区管理机构和人员配置。无棣县编委批准成立无棣贝壳堤岛与湿地系统省级自然保护区办公室，编制人员 15 人，与海洋与渔业局合署办公，科技人员占总人数 53%。青岛市编委批复大公岛自然保护区管理机构与市渔业技术推广站合署办公，技术人员的配备完全能满足保护区管理工作的需要。其他自然保护区管理机构和人员配置正在申报定编过程中。二是运行经费有了保障。现已经当地政府批准定编的保护区管理机构都是全额事业单位，其人员工资由当地财政拨款。无棣贝壳堤岛与湿地系统省级自然保护区还可以自筹和申请县财政部分管理经费，以保障日常管护和必要的宣教、科研等工作。三是保护区面积不断扩大，功能区适宜性增强，管护设施不断得到强化。2001年至2003年山东省批准建立海洋行政主管部门管辖的海洋自然保护区共6处，总面积为101 245.2公顷，核心区面积为 7 046.6 公顷。符合国家建保护区要兼顾保护对象完整性、适应性和当地居民生产、生活需要的要求。虽然保护区的核心区面积达不到保护区总面积的1/3，但能满足保护需要，便于管理。各保护区重点加强对核心区的管护，在进入核心区的路口和码头设立专门的站卡、禁止无关人员进入核心区。还派遣渔政或海监船对核心区进行巡逻。四是管理范围界线与海域、土地权属相对清晰。所有的保护区的边界都已埋设了界碑、界桩，并以当地政府名义发布告示；保护区海域、土地权属清楚，无棣贝壳堤岛与湿地系统省级自然保护区海域部分已经申办了公益性海域使用证，潮上带滩涂也已划归保护区管理。到目前为止，无棣贝壳堤岛、青岛大公岛、荣成成山头自然保护区与中国海洋大学等科研机构联合进行了科学考察，并编写完成了保护区科学考察报告。其余保护区在建区前对保护区的自然地理、生物多样性、人文资源和环境背景等有了清楚的了解。在保护区日常管理中，多数都设立了保护区警示牌，成立了巡护队，组织了望观察、哨卡守护，加强保护管理。各个保护区利用制作图片、科普画廊、标语牌、在电视上放 VCD 片等形式向社会宣传自然保护区。无棣贝壳堤岛与湿地系统省级自然保护区与中国海洋大学签定了技术协作协议，青岛大公岛、荣成成山头等自然保护区管理机构积极探索以区养区、资源可持续利用的路子，实验性地开展生态旅游，示范生态养殖模式，既提高保护区的知名度，又促进环境和资源的恢复。通过推进海洋自然保护区工作， 近几年海洋自然保护区的生态呈现恢复、发展趋势，重点保护对象得到较好的保护，管护工作也逐步趋向规范，促进了当地海洋产业的发展。

【海洋环境监测】 为做好海洋环境监测工作，切实履行《海环法》赋予海洋行政主管部门“组织、管理海洋环境监测”的职责，更好地为沿海经济和渔业生产服务，为各级政府环境治理提供决策依据，山东省各级海洋行政主管部门加强了海洋环境监测工作力度，卓有成效地开展了以下几方面工作。

近岸海域趋势性监测工作。根据省厅分工，近几年的趋势性监测由省厅统一部署，各市按照国家要求具体组织实施。由于山东省沿海各市的监测机构相继建立，监测队伍不断完善，地方的监测能力和监测水平有了新的提高。

专项性监测工作。近几年，全省认真组织实施邻近海域海洋环境监测。2003 年，青岛市在奥运帆船赛区及邻近海域的海洋环境监测工作共开展了两个航次的监测。7月1～4日，共进行了26个水质站(其中有9个浮游动、植物站)的监测，8月7～9日，共进行了26个水质站(其中有浮游动、植物站各9个)和9个底栖站的监测。

渤海专项监测如期完成。在省厅组织下，有关市于2003年6月上旬(枯水期)、2003年8月下旬(丰水期)对渤海水域进行了专项监测。共设20个监测站位。监测项目：盐度、化学需氧量、活性磷酸盐、氨氮、硝酸氮、亚硝酸氮、水中油、砷、汞、pH、溶解氧、温度和浮游生物。样品采集、分析均按国家海洋监测规范及有关规定进行。评价标准为国家海水水质标准(GB3097-1997)。

监督性监测工作。潍坊市在2003年8月对海化集团排污口进行了取样监测，对水质、沉积物、底栖生物种类和数量等27项监测项目进行化验分析。寿光市分别在8月和10月对小清河口海域进行了常规监测，并对重金属和油类进行了监测；8月对赤潮生物和浮游植物进行了监测，并根据监测结果编写了《小清河口海域海洋环境监测报告》。东营市对神仙沟排污口进行了常年监测、监视，对黄河等重点河口进行了常规监测。烟台市组织了2处重点养殖区、2处省级自然保护区、9处重点港口区、2处近岸敏感海域进行了监督性监测。威海市对威海湾、桑沟湾增养殖区进行了监测。日照市加强了海洋与渔业污染事故应急监测工作。2003年8月日照市发电厂因水泵自动控制系统故障，造成污水外溢污染了附近海域和部分虾池，日照市海洋环境监测站进行了监测，根据监测结果，对此污染事故进行了调查处理，电厂赔偿渔业污染损失费45万元。日照市海洋与渔业局还及时组织有关监测单位对日照开发区附近养殖区被污染海域进行了监测，污染由日照港务局疏浚航道作业造成，事故正在调查处理中。

【《2002年海洋环境质量公报》编制发布】 海洋环境质量公报是各级海洋行政主管部门加强海洋环境保护、依法履行海洋环境监督管理职能的重要措施之一，也是海洋行政主管部门为海洋经济建设服务的具体形式。为切实做好山东省海洋环境质量公报的编制发布工作，根据国家海洋局《海洋环境质量公报编制工作方案》和《海洋灾害公报编制工作方案》，该省研究制定了《2002年山东省海洋环境质量公报编制工作方案》，成立了由省海洋与渔业厅分管厅长为主、市地海洋与渔业局分管局长为成员的公报审定委员会和以具体技术承担单位为主成立的公报编写委员会。按照工作计划，于2003年4月发布了《2002年山东省海洋环境质量公报》。按照省厅统一部署，青岛、威海、烟台、日照等4市均发布了本市海洋环境质量公报。

【海洋环境保护宣传】 通过发布公报、浴场预报、海洋灾害预报警报信息的发布，宣传了海洋环境保护工作，让大众了解海洋环境保护是群众自己的事，与百姓生活息息相关。群众对海洋环境保护工作的关注和支持越来越高。山东省海洋与水产厅每年都参与山东省的“齐鲁环保世纪行”活动，通过宣传法理、舆论监督，大大提高了社会各界对海洋环境保护工作的重视。2003年省海洋预报台10月11日、12日发布的风暴潮预报、警报信息及时的传送到各级政府和有关部门，同时在“海上山东”网站发布，各地及时采取了有效的防范措施，避免了人员伤亡，最大程度地减少了损失，受到了社会各界的好评。

海洋灾害与防御
Marine Disasters and Prevention

【概况】 认真贯彻全国、全省安全生产一系列会议精神，落实山东省政府对安全工作的部署，按照属地管理、一岗双责的要求，下达年度控制指标，签订安全生产目标责任书。根据省政府、省委的部署组织开展了8次全省渔业安全检查，并负责了对日照、东营、威海三市的3次社会安全检查。开展了全年渔业安全生产专项整治，制定实施方案与考核验收标准，严督细查，从严整治，解决影响渔业安全生产的事故隐患。同时，加大安全生产宣传教育，精心组织开展了“安全生产月活动”。积极做好海上抢险救助和安全值班工作，迅速传递风情信息，做好防台风、防风暴潮、防汛和防火工作，及时掌握海上突发险情，积极实施抢险救助。特别是我省沿海遭受第14号台风袭击期间，组织全省渔业系统全力防范，确保了万无一失；积极参与组织“2.22”辽旅渡7号特大海难事故的抢险救助，救起54名遇险人员；全力组织对“10.11”特大风暴潮期间遇险、被困渔民的抢险救助，奋战两昼夜，成功施救海上、陆上被困遇险渔民99人，无一人伤亡。制定了《全省海洋与渔业特大海损事故应急救援预案》，起草了《山东省渔业安全生产操作规程》。经过各方面的共同努力，确保了渔业安全形势的稳定。截止到目前，渔业安全三项指标：海损事故35起、直接经济损失316.85万元、死亡失踪渔民31人，较上年分别下降38.6%、28.1%、53%，一次死亡失踪3人以上的重大事故起数、人数减少50%、57.9%。全年共抢险救助遇险渔民和其他工作人员650人、渔船198艘，挽回直接经济损失1 613.7万元。

海洋行政执法
Marine Administrative Law-enforcement Work

【海监队伍建设】 一是根据国家海洋局《关于地方各级海监机构设置若干意见的通知》精神，拟定了《关于加强海监队伍建设进一步理顺省海监机构的决定》，对山东省海监队伍建设提出了具体要求。截至11月底，全省沿海7个地级及以上城市均成立了海监支队，具有海洋管辖权的29个县（县级市、区）也都成立了海监大队，使全省沿海市县海监机构的组织、人员配备、称谓、职责分工等方面得到了进一步完善。二是认真抓了省级示范队伍建设，起草了《山东省海洋行政执法示范队伍建设意见》。目前，首批6个示范市、县大队已经公布。这项工作的开展对规范执法行为、提高执法水平具有重要意义。三是强化了海监执法人员的专业技术培训。下发了《2003 年山东省海监培训纲要》，举办了两次海监人员培训班和一期海监人员上岗资格培训班，120 名学员全部考试合格。2003 年是本省海监培训自海监总队成立以来密度最大、质量最高和培训人数最多的一年；同年，为规范全省海监执法工作的开展，提高海监执法的水平与效率，在全国率先下发了《山东省海域行政处罚规程》、《山东省海洋行政执法规范》，对海洋行政执法处罚程序、管辖、海监执法的基本原则及管理制度、错案追究等方面进行了规范，为全省海监执法工作的开展提供了依据。

【海域使用执法监察】 2003 年初在潍坊市召开了全省海监工作会，会议确定 2003 年为海监执法工作年。①山东省海监总队根据会议精神制定了《2003 年海洋执法监察工作计划》，部署了 2003 年的全省海监执法工作。全省各级海监队伍按照“抓点带面、重点突破、全面开花”的工作思路，在海域使用、海洋环境保护、海底电缆管道管理等方面积极开展执法监察工作，有重点、分层次、有步骤地加大执法力度，通过日常执法行动的开展，集中精力抓热点、求突破，取得明显成效。据统计，全年全省海域使用检查项目 2 751 个，检查次数 4 291 次，发现违法行为 197 起，有效地维护了本省的海域使用秩序。②组织实施了全省海域管理大检查。对全省沿海 7 个市、38 个县（县级市、区）的《海域使用管理法》、《海洋环境保护法》及其配套法规的执行情况进行了为期一个月的拉网式检查。该次检查是本省海域使用管理以来层次最高、规模最大、时间最长的一次，引起了省领导的高度重视。③强化了对违法用海项目的执法监察。开展了打击非法围、填海专项执法行动，成立了 5 个执行小组，根据大检查情况，确定了 10 个涉嫌违法围、填海项目，查处了 3 个违法用海项目，在用海单位中引起强烈反响。④开展了“保护蓝色国土”行动。根据行动方案的部署，全省各级海监机构加大执法力度，在第一阶段先后查处了荣成海达造船有限公司违法填海案（即日结案）、环翠区王家村超面积填海案（已经结案）、青岛港有限公司液体码头违法填海案（已经结案）、蓬莱蔚阳集团违法填海案（已经结案）4 处违法用海、填海案。近日，又组织实施了“保护蓝色国土行动”专项执法行动（第二阶段），本次行动重点对大宇船业违法案、中磊石材有限公司非法填海案、龙口港违法填海案等案件进行了查处。通过执法行动的开展，严厉打击了违法用海行为，在社会上引起了很大反响，广大用海业户依法用海的自觉性大大增强。行动期间，许多用海业户向当地海洋行政主管部门提出用海申请，主动补办有关手续，缴纳海域使用金。海域国家所有、用海必须到海洋行政主管部门依法办理有关手续的观念普遍加强。

【海砂资源执法监察】 严厉打击违法开采海砂行为。山东省海监总队黄岛支队查处违法开采海砂船 7 艘，结案率 100%，无一起复议。省海监总队长岛支队、烟台市支队、青岛市支队、日照市支队也先后查获挖砂船 15 艘，有效地打击了违法采挖行为。

【渔政监督管理】 渔船年审收费任务基本完成。2003 年的渔船年审收费工作面对近海资源衰退、渔船脱审严重和国家政策性拆解渔船等因素的影响，在山东省海洋与渔业厅领导的重视与支持下，渔政处采取了处领导分片包干、各市县密切协作等有效措施，特别是在防治“非典”的特殊时期，采用下发年审简报、电话督促协调等方式，及时解决工作中碰到的难点问题，有力地推动了年审工作的开展。各级渔业行政主管部门主要领导亲自抓，渔政机构一把手靠上抓，经过全省上下的共同努力，克服重重困难，基本完成了收费任务。

渔场管理工作有序开展。2003 年的亲虾、莱州湾海蜇、渤海秋汛对虾等资源管理继续采取激励竞争机制，对参管单位、人员实行目标管理责任制，严格奖惩，极大地调动了各方面的工作积极性，保证了各项管理工作的正常进行。在本年渔业资源衰退、受非典影响严重的严峻形势下，经过全体参管人员的共同努力，较好地完成了管理任务。强化专属经济区管理，全年共抽调了 2 艘性能良好的渔政船参加巡航检查 6 次，出海检查 63 天，航程 8 000 海里，检查渔船 246 艘，查处违规渔船 118 艘，较好地完成了专属经济区的巡航检查任务，得到了上级业务部门的好评。

强化了海洋捕捞渔船管理。根据农业部《关于全国统一开展查处非法海洋捕捞专项行动的通知》和黄渤海区渔政局《关于印发春雷行动实施方案的通知》，扎扎实实地进行非法捕捞渔船的清理整顿，据统计，全省仅在春雷行动期间共检查渔港 225 个，检查渔船 9 680 艘次，查处违规渔船 1 545 艘次，有力地打击了非法捕捞行为，维护了全省的渔业生产秩序。

伏季休渔工作圆满结束。2003 年的伏休管理在山东省政府、省海洋与渔业厅及全省各级渔业行政主管部门及渔政机构的关心和支持下，伏休秩序总体良好。主要有以下几个特点：一是组织领导到位。省政府办公厅下发了《关于加强伏季休渔管理工作的通知》，山东省海洋与渔业厅制定下发了伏季休渔管理工作实施方案，并成立了以宋修武厅长任主任的伏季休渔管理委员会。为进一步强化措施，落实责任，伏休前夕，省海洋与渔业厅与沿海 7 市签订了伏季休渔管理目标责任书。二是宣传教育到位。渔政处印发了 40 000 份“致全省渔工、渔民的一封信”，分发至沿海市县，并得到山东省电视台、《大众日报》社等新闻媒体的支持，先后于伏休前夕对 2003 年的伏休规定进行了专题报道。聘请了 60 名山东省伏季休渔监督员，并发放了致伏休监督员的一封信，自觉接受社会各界的监督。三是监督检查到位。根据往年的伏休管理经验，加强了对全省 110.25 千瓦以上功率渔船的监督与管理，每条船逐一落实停靠码头，重点监控，效果良好。四是管理措施到位。在管理期间，对顶风而上的个别违规渔船进行重罚严管。伏休伊始，对胶州、胶南两对未按时返港的渔船进行了严肃处理。7 月下旬、8 月中上旬对威海、荣成、日照等地 12 对违规出海作业渔船进行了重罚，分别对违规渔船采取拉坞扣押、没收渔具和渔获物、吊销捕捞许可证和高额罚款等处罚，并对违规情节严重的 1129/1130 号渔船的船长由公安机关予以治安拘留。通过以上措施，有效地遏制了违规势头，维护了伏休秩序。

水生野生动物管理工作顺利开展。一是完成了《山东省水生野生动物保护管理工作实施方案》的修改工作。二是深入贯彻落实国家 5 部局《关于严厉打击非法捕捉和经营利用野生动物行为的通知》，在全省范围内开展了对违法捕猎和经营水生野生动物的专项整治和规范工作，联合工商、林业、公安对济南市大型海鲜批发市场、酒店、餐馆等经营利用水生野生动物的场所进行了联合突击检查。三是严格行政审批，认真做好水生野生动物特许证的审核、发放工作。

海洋资源开发与海洋经济
Development of Marine Resources and Marine Economy

【海水养殖】 实施优势水产品区域布局规划，提高了养殖业质量和发展水平。把优势水产品养殖业作为调整渔业结构，增加渔民收入的主攻方向，做好优势水产品区域布局规划，因地制宜，发挥优势，扶持发展，优势水产品养殖面积达 11.27 万公顷。对虾、扇贝“二次创业”取得新成效，养殖产量、产品质量、品种结构均为近年来最好的一年。对虾产量 6.1 万吨，比上年增长 40.2%。进一步扩大设施渔业规模，全省工厂化养殖面积达 300 余万平方米，海水网箱养鱼发展势头迅猛，成为海水养殖的中坚力量。大菱鲆产量 7 000 吨，比上年增长 189%，深水大型网箱已突破 200 个。海参、鲍鱼等海珍品养殖不断掀起高潮，沿海各地利用虾池养参大获成功，海参养殖的区域不断由东部沿海向潍坊等西北部沿海沿伸。海参养殖产量达 3 万吨，比上年增长 32%。大力发展生态渔业，营造“海底森林”，沿海人工投石造礁规模不断扩大，增殖放流得到有效开展，经济、生态和社会效益显著。全省以海珍品、名优海水鱼类养殖为主的胶东半岛优势水产品养殖产业带已成雏形。

以科技进步为强力支撑，提升渔业整体发展水平。取得渔业科研成果 60 余项，有 12 项获得省级科技进步奖和农业部丰收奖。已建成 9 个国家级、省级水产原良种场和 150 余处省市县三级名优水产养殖示范基地，渔业科技进步贡献率达 50%以上。推广“对虾健康养殖技术”、“池塘养参”等先进实用技术，为渔民群众科技致富提供了支撑。加快水产良种产业化和科技示范园区建设，推进渔业科技成果向现实生产力的转化。引进了澳洲宝石鲈、纽约贝、短沟对虾等国外和省外优良品种，半滑舌鳎、象拔蚌等新品种繁育成功，正在推广。大菱鲆产业化规模效益大幅增长，产值已达 15 亿多元。南美对虾海淡水养殖技术迅速推广，已发展到 2.67 万公顷，年产值 12 亿元。加大了对渔业科技项目的投入，良种繁育、病害监测与防治、渔技推广、信息网络等设施、机构建设不断完善，提高了渔业整体生产能力和水平。有40个国家“863”高新技术项目在山东省落户，海洋生物工程技术开始应用于良种繁育、生态渔业、设施渔业、海洋生态保护等。（李明文）

【盐业】 全行业累计实现工业总产值(不变价)32.73亿元，利税6.31亿元。盐业批发企业累计实现销售收入11.5亿元，实现利税1.16亿元，其中利润1 831万元，同比增长54.78%。盐业企业总数275个，其中，生产企业143个，批发企业132个，至年末因受两次暴雨和风暴潮的影响，2003年全省共生产原盐1 014万吨，同比减少233万吨；销售1 223万吨，比上年增加144万吨。盐化工产品总产量达31.51万吨，同比增长24.57%；其中溴素6.51万吨，比上年下降3.91%。共生产食盐86.65万吨，同比增长15.72%；销售食盐88.56万吨，同比增长18.78%，其中复合膜包装食盐销售27万～30万吨，完成年计划的101.11%。省内食盐计划完成率达到124.65%，碘盐覆盖率98.4%，合格食用碘盐率96.13%，“二率”均超过了国家规定标准。

1．细化管理，完善网络，进一步提高食盐专营水平

年初山东省盐务局与各市盐务局签订了目标责任书，将食盐“三率”指标列为主要考核内容，以食盐年度计划作为总量调控，逐月调度、审核，重点加强对精盐和复合膜包装食盐计划的考核，严格控制购销、流向和盐种；完善食盐货款统一结算，加速资金周转，降低结算成本；从2003年6月1日起，统一了全省食盐大包装和腌制、畜牧用盐的盐种及包装；制定下发了《山东省多品种食盐管理规定》和《多品种食盐购销管理细则》，确定了山东莱央子盐场、山枣东岳精制盐厂、山东肥城精制盐厂、莱州市誉鑫碘盐厂、青岛冠海盐化有限公司等5家多品种食盐生产企业，规范了多品种食盐的购销秩序；组织开展了食盐批发企业管理质量等级达标评定工作，经考评，全省有两家达到了“AAA”级标准，已报请中盐协会审批，31家达到了“AA”级标准，85家达到了“A”级标准。另有20家批发企业因达不到“A”级标准，给予一年暂缓期。自2003年8月1日起，国家发改委盐业管理办公室启用了新版食盐准运证，在食盐、畜牧用盐、渔业用盐、加工盐的小工业用盐的运输管理中使用。小工业盐“五统一”管理在销区市县全面推开，最大限度地减少了其对食盐市场的冲击。继续对两碱用盐实行监督管理。

各级盐业经营管理部门努力完善食盐营销网络，扩大市场覆盖面．提高服务质量，积极推行碘盐送销、物流配送等新型营销方式，有效提高了合格碘盐的市场占有率。全省提前一个月完成了全年食盐购销计划。省内累计销售食盐62.07万吨，完成年度考核计划的124.65%，同比增长11.56%。有113家经发企业完成或超额完成年度计划，占总数的91.87%。圆满完成了27万吨复合膜小包装食盐的销售任务，全省有16个市、86个县（县级市、区）完成或超额完成了全年计划。

2．发挥体制优势，平息食盐抢购风潮

受“非典”疫情的影响，“五一”前后全省城乡市场相继发生了食盐的抢购。4月28～30日，全省食盐日销量均在5 500吨以上，29日峰值达到6 476吨，为正常日销量的近10倍。盐业行业广大干部职工全部放弃休假，在山东省盐务局的统一安排部署下，认真落实省政府领导“无脱销、不断档、确保重点、保障供应”的指示精神，积极采取措施，全力以赴保障市场供应。省盐务局成立了局长挂帅的防治“非典”时期食盐供应工作领导小组，建立了局领导班子成员分片联系制度，分7个小组赶赴各市县，检查、督导食盐生产、供应工作。各级盐业部门、企业也都成立了相应机构，建立24小时值班制度，加强组织、调度。经过省、市、县各级盐业主管部门和全体干部职工的共同努力，仅10天时间全省食盐市场即恢复正常。整个抢购过程中，全省共销售小包装食盐44 506吨，占全年人口食盐总量的18%。根据中盐总公司的安排，山东紧急调运500吨食盐支援北京，保证了北京的食盐供应。由于在防治“非典”、平息抢购工作中的突出表现，山东省盐业总公司被省委、省政府授予“全省防治非典型性肺炎工作先进集体”荣誉称号，全系统有1人荣记二等功，2人荣记三等功。山东省盐务局、莱央子盐场和肥城精制盐厂被中盐总公司评为平息食盐抢购工作先进集体，有4人被评为先进个人。

3．加强行业管理，加快结构调整提高综合经济实力

2003年4月，山东省盐业协会成立，为加强市场经济条件下的行业管理做好了组织准备。加强盐业资源调查，省盐务局、省国土资源厅共同组织了全省地下卤水资源调查，基本摸清了山东地下卤资源状况，为今后制定盐业生产发展规划提供了资料。省盐务局在严格审核生产资质、质量保证体系基础上，对全省制盐企业的生产资格进行了重新确认。截至年底，有122家制盐企业获得新的制盐生产许可证。针对原盐减产、供应紧张的形势，11月初，省盐务局组织全省两碱生产企业和制盐企业，召开了2004年度工业盐订货会，要求盐、碱企业严格履行合同，遵守两碱用盐监督管理的有关规定，以全省经济大局为重，互谅互让，保持了省内工业盐市场的稳定有序供应。

全省盐业组织结构调整取得一定进展。潍坊、烟台、日照、威海等地采取集约化经营、退盐还林、退盐还养等方式，大力调整和压缩制盐企业和生产单位，控制产能，提高经济效益，效果日益显现。在产品结构调整方面，各市积极贯彻省盐务局提出的“盐为基础，大力发展海产养殖、盐化工，促进非盐产业发展”的指导思想，因地制宜，宜化则化，宜养则养，宜商则商。潍坊、广饶的盐化工，烟台、威海、日照等地的海珍品养殖、育苗，淄博、临沂、济宁等地的代理经销等新领域、新业务给企业带来了很好的经济效益。

4．加强部门协作，规范盐政执法，营造良好市场环境

2003年2月，省盐务局与省公安厅联合下发了《关于成立打击非法经营食盐违法犯罪工作联合办公室的通知》。各市、县盐务局积极开展工作，主动与公安部门联系协商，召开公安盐政联席工作会议，设立联合执法办公室，充实完善盐政110联动体系的职能和作用，确立了新的盐政执法格局，开展了形式多样的打击非法经营食盐犯罪集中行动。全省有14个市盐务局成立了公安、盐政打击非法经营食盐违法犯罪联合办公室，联合执法查处盐业市场的力度进一步增强。为强化边界市场管理，省盐务局制定了《山东省盐业总公司整顿和规范省内市际边界盐业市场秩序(暂行)办法》，毗邻各市普遍加强和完善了协查联防机制，签订了执法协议。全年共查处涉盐违法案件27 505起，查没私盐1.83吨，端窝点882个，没收、销毁制假设备108台(件)，假包装袋29.4万个。移送司法机关处理561起，刑事拘留218人，判刑46人。清窝点、判团伙的数量超过前两年的总和。

截至2003年底，全省执证上岗的盐政执法人员共1 845人。省盐务局严格落实盐政执法设岗定员办法，对不合格者坚决调离执法岗位。同时还制定了《山东省盐政管理制度》，全面规范盐政管理工作。切实提高盐政队伍的素质和执法水平。

（于本杰　钱秉军）

【海洋油气业】　胜利油田是全国第二大油田。现在的胜利油田是指中国石化集团胜利石油管理局和中国石化胜利油田有限公司的统称。中国石化集团胜利石油管理局是隶属于中国石油化工集团公司的国有特大型企业。2003年，油田拥有固定资产原值208.01亿元，净值131.10亿元，职工101 629人。机关设有26个职能处室，23个直属单位，辖43个二级单位，12个局属经济实体，12个控股公司，1个派出机构，1个直属处级机构。中国石化胜利油田有限公司是中国石油化工股份有限公司下属的全资子公司，拥有固定资产和油气资产总量1 115.82亿元，其中，固定资产原值158.59亿元，净值96.14亿元，油气资产原值957.23亿元，净值360.21亿元，职工75 801人，机关设有14个职能部门，5个直属单位，辖22个二级单位。

胜利油田的工作区域主要分布在山东省的东营、滨州、德州等8个市的28个县(区)，主体位于东营境内黄河入海口两侧。山东境内取得探矿权面积约4.6万平方千米。近年来，油田积极实施“走出去”战略，先后在新疆、安徽、浙江、宁夏等地区新增探矿面积10多万平方千米。截至年底，胜利油田登记探矿权总面积达15万平方千米，油气资源总面积达15万平方千米，油气资源总量已达170亿吨，比“八五”末增加了一倍多。截至年底，胜利油田已找到油气田72个，累计探明石油地质储量44亿吨，探明天然气地质储量2 075亿立方米(包括气层气和伴生气)。从1983年开始已连续21年年均新增探明石油地质储量保持在1亿吨以上。累计生产原油79 929万吨，生产天然气389.8亿立方米，实现工业总产值3 952.56亿元（现价），上缴利税（费）1 164.67亿元，创汇132亿美元，为我国石油石化工业的发展和国民经济建设做出了重大贡献。

2003 年，在中国石化集团公司、股份公司和山东省委、省政府的正确领导及油区党政军民的大力支持下，油田广大干部职工解放思想，开拓创新，励精图治，攻坚克难，先后战胜“非典”疫情和“10·10”风暴潮等自然灾害的袭击，努力化解一些历史遗留问题和前进道路上的系列热点、难点问题，圆满完成了各项工作任务，使油田各项事业在迎接挑战，战胜困难中创造出新的业绩。2003 年，全油田实现总收入 624.2 亿元，其中，有限公司 421.6 亿元，管理局 202.6 亿元。共实现税费 129.8 亿元，其中，有限公司 114.6 亿元，管理局 15.2 亿元。

“三大目标”在扎实推进中开局良好。按照“立足当前、着眼长远，一手抓谋划、一手抓发展”的工作思路，油田各行各业按照“三大目标”，调整规划、落实部署，坚持把油田的战略规划落实到每个阶段，细化到每个工作环节，“三大目标”在开局之年按计划、有步骤、循序渐进地展开。

“油气当量重上 3 000 万”的资源基础更加牢固。勘探工作取得突破性进展。全年新增预测储量 1 亿～3 亿吨，控制储量 1.16 亿吨，探明储量 1.13 亿吨，首次实现三级储量同时“过亿吨”，进一步改善了资源序列结构。勘探区域进一步扩展，在辽东湾新登记 6 500 平方千米的勘探区块，实现了油田海上勘探由滩海和浅海向深海的新跨越。在胜利老区、阳信洼陷、桩海潜山、郑家-王庄地区、东营凹陷南坡深层均取得实质性的重大突破，发现了一批具有战略意义的新层、新带、新构造；外围新区勘探实现了具有转折意义的重大突破。新疆准噶尔探区的董 1 井、排 1 井以及海外伊朗卡山探区的 Am-1 井均见到油气显示，特别是 Am-1 井经测试日产油为 791 吨，同时伴有可观的天然气，有望在海外发现一个较大规模的背斜构造。储量规模有较大改善，在连续勘探开发 40 年的情况下，胜利老区一举发现了郑家－王庄、东营南坡、罗家垦西和桩海潜山等 4 个 5 000 万吨级整装区 1 块。勘探效益有新的提高，吨油储量勘探成本控制在 18.6 元，比上年降低 3.5 元。油气开发工作着眼老区稳产这个目标，狠抓滚动勘探、新区产能建设和老油田综合治理三项重点工作，油气生产平稳运行，全年生产原油 2 665.5 万吨，超计划 5.5 万吨。开发指标和开发水平进一步好转，自然递减 14.19%；综合递减 6.13%，同比下降 0.08 个百分点；综合含水连续 7 年控制在 90%以下，连续第 7 年实现年度储采平衡。科技兴油战略向纵深发展，理论创新和科技进步突出资源战略接替和提高采收率两大主题，在隐蔽油气藏理论、老油区提高采收率理论、西部和海外新区找油理论等方面取得突破性进展。全年油田共承担科研课题 503 项，完成各类科技成果 312 项，取得专利 120 项，科技成果转化率达 80%，科技进步贡献率为 46.3%。

（贾文昌　杨荣才　宋占魁）

统计资料
Statistical Data

表 3　2003 年山东省沿海地区人口及从业人员情况

单位：万人

地区名称	年末总人口			从业人员	职工人数
		农业人口	非农业人口		
烟台市辖区	235.06	120.61	114.45	145.03	19.75
龙口市	62.58	37.79	34.79	38.61	5.26
莱阳市	88.72	68.86	19.86	54.74	7.45

续 表

地区名称	年末总人口	农业人口	非农业人口	从业人员	职工人数
莱州市	85.95	64.33	21.62	53.03	7.22
蓬莱市	44.73	31.47	13.26	27.60	3.76
招远市	56.86	39.17	17.69	35.03	5.67
海阳市	67.45	55.29	12.16	41.62	5.67
长岛县	4.47	2.59	1.88	2.76	0.38
烟台市合计	645.82	420.11	225.71	458.53	54.25
垦利县	21.24	13.85	7.39	13.11	1.78
利津县	29.10	22.69	6.41	17.95	2.44
广饶县	47.67	37.84	9.83	29.41	4.00
东营市辖区	78.80	21.69	57.11	48.62	16.62
东营市合计	176.81	96.07	80.74	109.09	14.85
日照市合计	278.48	206.98	71.51	171.82	23.39
威海市辖区	56.94	15.00	41.94	35.13	14.78
文登市	64.99	42.07	22.92	40.10	5.46
荣成市	67.03	39.47	27.56	41.36	5.63
乳山市	58.67	41.10	17.57	36.20	4.93
威海市合计	247.63	137.64	109.99	152.79	30.80
无棣县	43.45	37.94	5.51	26.81	3.64
沾化县	38.30	34.19	4.11	23.63	7.06
滨州市合计	366.15	279.24	86.91	186.92	30.76
青岛市辖区	452.92	168.29	284.63	288.83	87.27
胶州市	76.45	61.15	15.30	47.17	6.42
即墨市	107.51	92.48	15.03	66.33	9.03
胶南市	83.80	68.8	15.00	51.70	7.04
青岛市合计	720.68	390.72	329.96	454.03	109.76
潍坊市辖区	142.30	60.20	82.10	87.80	11.95
寿光市	106.40	82.70	23.70	65.65	8.94
昌邑市	67.80	54.80	13.00	41.83	5.70
潍坊市合计	847.71	612.30	235.41	523.04	71.21
沿海合计	3 283.28	2 143.05	1 140.23	2 025.78	325.80

表4　2003年山东省沿海地区国内生产总值

单位：亿元

地区名称	国内生产总值	工业总产值	农业总产值
烟台市辖区	323.10	498.72	36.34
龙口市	192.10	476.27	27.71
莱阳市	104.59	202.37	27.93
莱州市	162.69	251.23	42.89
蓬莱市	106.61	226.82	21.36
招远市	132.61	326.63	16.29
海阳市	70.80	99.81	34.17
长岛县	13.85	4.18	12.20
烟台市合计	1 316.00	1 958.82	260.45
垦利县	34.83	78.73	10.33
利津县	33.85	67.81	17.07
广饶县	78.70	168.75	25.57
东营市辖区	549.70	554.18	17.66
东营市合计	696.08	779.45	70.63
日照市合计	311.67	207.61	94.12
威海市辖区	218.34	449.00	27.62
文登市	226.8	559.81	40.88
荣成市	264.16	621.42	63.73
乳山市	126.72	264.18	33.57
威海市合计	836.02	1 673.73	165.83
无棣县	45.77	85.70	9.65
沾化县	38.42	40.43	9.22
滨州市合计	406.50	480.30	134.45
青岛市辖区	130.54	883.35	1.97
胶州市	178.30	332.60	37.66
即墨市	189.78	280.40	47.06
胶南市	191.40	325.80	50.66
青岛市合计	1 780.42	2 558.87	282.57
潍坊市辖区	145.50	166.70	36.4
寿光市	155.50	183.23	59.10
昌邑市	80.20	117.75	33.70
潍坊市合计	1 030.00	1 243.70	321.12
沿海合计	6 376.69	8 902.12	1 329.07

注：地区名称系指沿海省、市、区、县名称；城市辖区仅统计市区数据。

（史更新）

青 岛 市
Qingdao City

综 述
Summary

【概况】 青岛市地处山东半岛南部华北经济区和华东经济区的结合地带，位于 119° 30′ ～121° 00′ E、35° 35′ ～37° 09′ N，三面环海，与朝鲜、韩国、日本隔海相望，是中国重要港口和上海与天津之间最大的经济中心城市以及山东省沿黄流域最大的出海口和信息、金融、货物集散中心之一。截止到 2003 年底，全市总面积为 10 654 平方千米，其中市区（市南、市北、四方、李沧、崂山、城阳、黄岛等七区）为 1 102 平方千米，所辖胶州、即墨、平度、胶南、莱西等五市为 9 552 平方千米。全市共有 720.68 万人，比上年（下同）增长 0.70%。青岛为海滨丘陵城市，地势东高西低，海岸线（含所属海岛岸线）总长为 862.64 千米，其中大陆岸线 730.64 千米，占山东省岸线的 1/4 强，沿海分布 49 处港湾和 69 个岛屿，管辖海洋面积 1.38 万平方千米，沿海滩涂 3.8 万公顷。青岛属正规半日潮港，每个太阳日有 2 次高潮和 2 次低潮。青岛验潮站 1950—1956 年观测的平均潮位被命名为“黄海平均海水面”，其高度在青岛观象山国家水准原点下 72.289 米。中国自 1957 年起，大陆国土的地物高程即以此为零点起算。

表 1　青岛市沿海区（市）及其海洋管理机构

区（市）名称	海洋管理机构
青岛市	青岛市海洋与渔业局
胶南市	胶南市海洋与渔业局
胶州市	胶州市海洋与渔业局
即墨市	即墨市海洋与渔业局
崂山区	崂山区海洋与渔业局
城阳区	城阳区海洋与渔业局
黄岛区	黄岛区海洋与渔业局

表 2　青岛市涉海地方性法规及政府规章

法规及规章名称	施行时间	备注
《青岛市近岸海域环境保护规定》	1995 年 3 月 16 日，青岛市十一届人大常委会第十六次会议通过	地方性法规
《青岛市海岸带规划管理规定》	1995 年 5 月 26 日，青岛市十一届人大常委会第十七次会议通过，1999 年 11 月 19 日青岛市十二届人大常委会第十二次会议修订	地方性法规
《胶州湾及邻近海岸带功能区划》	1995 年 10 月 26 日，经青岛市人民政府青政字［1995］48 号文件印发实施	规范性文件
《青岛市渔业安全生产管理办法》	1997 年 6 月 16 日，经青岛市人民政府第十一次常务会议审议通过，1997 年 6 月 25 日发布施行	政府规章
《青岛市海域使用管理暂行规定》	1997 年 10 月 13 日，经青岛市人民政府第十八次常务会议审议通过，1997 年 10 月 27 日发布施行	政府规章
《青岛市海洋渔业管理条例》	1997 年 12 月 13 日，青岛市第十一届人大常委会三十四次会议通过，2003 年 12 月 18 日修订，2004 年 3 月 1 日施行	地方性法规
《青岛市海域使用金征收管理暂行规定》	1998 年 1 月 12 日，经青岛市人民政府青政字［1998］3 号文件发布施行	政府规章
《青岛市海域使用管理条例》	1999 年 1 月 22 日，青岛市十二届人大常委会七次会议通过，1999 年 8 月 22 日施行	地方性法规
《青岛市海洋与渔业局渔业污染事故调查处理程序》	2001 年 6 月 20 日，经青岛市海洋与渔业局青渔海［2001］10 号文件印发实施	规范性文件
《关于规范海岸工程和海洋工程建设项目环境影响评价申报登记制度的通知》	2002 年 5 月 12 日，青岛市海洋与渔业局青渔海［2002］27 号文件	规范性文件
《青岛市水产苗种管理办法》	2003 年 9 月 11 日，经青岛市十三届人民政府第六次常务会议审议通过，2003 年 9 月 19 日公布施行	政府规章
《无公害水产品管理规定》	2003 年 5 月 16 日，经青岛市海洋与渔业局青渔海［2003］25 号文件公布实施	规范性文件

海域使用管理
Management of Sea Area Use

【概况】 认真贯彻《海域使用管理法》及其配套制度，深入推进国家级海域使用管理示范区建设工作。全面规范海域使用申请审批程序，加强了海域使用权证书及海域使用档案的规范化管理。在对全市用海项目重新登记的基础上，结合年审工作开展了新版海域使用权证书发放工作，新版证书换发率达到 99%。年内新发放海域使用权证书 111 本，全市累计发放海域权证 824 本，发证率达到 96%。特别是海岸工程的确权发证力度明显加大，目前全市 57 个较大的海岸工程项目，已有 53 个项目办理了海域使用手续，发证率达到 95%。组织开展了海域勘界工作，完成了各市区间海域勘界技术工作及划界草案。启动了海洋功能区划编制工作，开展了收集资料及调查研究工作。召开了胶州湾开发保护管理专家座谈会，深入分析了胶州湾开发的历史、现状和存在问题，并对开发保护管理等提出了意见和建议，为加强胶州湾的治理保护奠定了基础。构建起覆盖全市的海域使用管理信息网络系统，对海域使用调查登记、海域使用申请审批、海域使用权证书发放、海域使用金征收、海洋功能区划等工作和涉海法律法规全面实施计算机管理，大大提高了海域使用管理的信息化水平。全面学习贯彻《全国海洋经济发展规划纲要》，专门召开全市海洋与渔业局长工作例会，传达贯彻《全国海洋经济发展规划纲要》。组织分管海洋工作的市（区）长、海洋与渔业（主管）局长及海洋管理工作人员认真学习规划纲要，两次邀请国家海洋发展战略研究所的专家来青授课，从规划编制的背景、思路和目的，产业发展蓝图，海洋经济区域布局，政策措施等进行了全面深入的讲解和辅导，在全系统掀起了全面学习贯彻规划纲要的高潮。年内，青岛市被评为全国海洋综合管理先进单位。

海洋环境保护
Marine Environmental Protection

【概况】 发布了 2002 年青岛市海洋环境质量公报，增强了社会各界的海洋环保意识。编制完成 2008 年奥帆赛海洋水文、气象、水质监测预报总体方案和奥帆赛区海洋水文、水质监测预报系统项目建议书，从海洋环境本底调查、海洋环境动态监测、海洋水文气象预报、海洋赤潮和污染事件应急反应等四个方面为奥帆赛提供海洋环境服务，年内该项目已经市政府批准实施。开展了近岸海域 16 个国控水质监测站的趋势性监测、奥运会帆船赛区及邻近海域海洋环境监测、第一海水浴场海洋环境监测、胶州湾主要底播养殖区渔业环境监测等环境监测工作，并在中国海洋报、青岛市海洋与渔业局网站上及时发布监测数据。建立了全市赤潮监视网，认真落实海洋赤潮防灾减灾工作方案，及时开展赤潮应急监测监视。严格执行海岸工程、海洋工程环境影响评价制度，对中苑海上广场防波堤等两项工程用海项目环境影响评价进行审核。调查处理了红石崖渔业养殖污染事故、北海船厂填海污染事故和青岛碱厂白泥污染事故。成立了大公岛自然保护区筹建处，开展了文昌鱼自然保护区可行性调研。年内，青岛市被评为全国海洋环境保护先进单位。

海洋行政执法
Marine Administrative Law-enforcement Work

【概况】 加大海上执法力度，先后查处了 13 起非法建造鲍鱼池行为，查处了青岛港（集团）有限公司非法填海案件。联合中国海监北海总队开展了海砂开采专项整治行动，严厉查处了“春洋 1 号”、“苏连海 528 号”船等 8 起非法采砂、破坏海洋生态及渔业资源案件，有效地打击了非法采砂行为。组织开展了保护蓝色国土“蓝箭行动”，深入宣传和贯彻国家有关海洋与渔业的方针政策和法律法规，依法严肃查处违法违规用海涉海案件，增强了全社会海洋国土意识和海洋法制观念，树立起海洋与渔业主管部门依法管海、依法治渔的形象。年内，全市海监执法队伍共出动检查车、船 541 次，处理各类违规案件 73 次，协调用海纠纷 31 起，并对欠缴海域使用金的单位申请法院强制执行，维护了良好的海洋开发秩序。开展了法制宣传活动及“四五”普法知识考试，组织执法人员认真学习行政执法程序，在全系统营造起学法、懂法、讲法、用法的良好氛围。制定了《青岛市海洋与渔业局关于青岛市行政执法评议考核办法实施意见》，对行政执法责任制、行政执法队伍建设、行政执法监督、立法及规范性文件制定、行政审批、评议考核等方面进行了规范，对实行错案追究制度、执法人员业务学习、培训考试、文明执法、依法行政等方面做了具体规定，努力促进依法行政水平的提高。在全市海洋与渔业执法队伍中开展了军事化集训活动，强化军事化管理意识，促进队伍的正规化建设，努力建设一支的敢打硬仗、善打胜仗的高素质执法队伍。年内，中国海监青岛市支队被国家海洋局确定为中国海监执法示范支队，青岛市被评为全国海洋执法先进单位。

海洋资源开发与海洋经济
Development of Marine Resources and Marine Economy

【概况】 2003 年，青岛市海洋经济继续保持较快的发展速度，主要海洋产业总产值达到 474.79 亿元，比上年增长了 16.58%。主要海洋产业增加值达到 206.86 亿元，比上年增长了 6.73%，主要海洋产业增加值已占全市 GDP 的 11.62%。青岛港是全国最大的集装箱中转港、全国最大的进出口油中转港、北方最大的矿石中转港和全国重要的煤炭转运基地，货物年吞吐量进入国内前五强，集装箱年吞吐量跨入全国三强和世界前 15 强。滨海旅游发展迅猛，2003 年接待海内外游客 1 689 万人次，实现滨海旅游总收入 119.72 亿元。以高科技、高标准、高品质、高效益为内涵的现代渔业发展迅猛，海洋水产品年产量达 126 万吨，总产值 159.55 亿元，位居全国 15 个副省级城市前二位。临港工业发展壮大，其中修造船厂有 10 余家，年造船达 38 万综合吨，年产值 14 亿余元。盐业及盐化工保持稳步发展，原盐产量 43.26 万吨，纯碱产量 13.5 万吨，烧碱产量 62.5 万吨，实现产值 25.61 亿元。海水利用产业发展较快，其中用于工业冷却的海水 76 650 万吨，全年海水利用产值 21.57 亿元。海洋工程建筑业稳步发展，总产值 16.46 亿元。海洋药物和保健品制造业成为新的经济增长点，实现产值约 5.35 亿元。

【海洋渔业】 2003 年，青岛市积极应对世界性的渔业资源衰退和青岛市渔业用海面积不断减少等诸多不利因素的影响，调整优化渔业结构，加快科技应用，充分挖掘潜力，引导内外资投入，扩大对外出口，拉动渔业经济发展。特别是面对突如其来的非典疫情带来的诸多不利影响，青岛市坚持一手抓防治非典，一手抓经济发展，渔业经济仍保持良好发展势头，经济结构进一步优化，高科技、高效益、设施化、外向型渔业发展迅猛，全市完成水产品总产量 132.08 万吨，完成水产品产值 85.92 亿元，实现渔业总产值 164.31 亿元，分别增长 1.16%、2.43%和 16.48%，三项主要经济指标在全国 15 个副省级城市中位居第二位，水产品出口创汇位居国内城市首位，渔业标准化程度及渔业科技含量位居国内城市前列，渔业总体发展实力和核心竞争力明显提高。

水产养殖 面向国内、国外两个市场，加大水产养殖结构调整力度，大力发展以工厂化养虾、深海抗风浪网箱养鱼和虾池养海参为突破口的高效渔业，推动渔业向高科技、高标准、高投入、高效益方向发展。全市水产养殖面积达到 6.04 万公顷，其中，海水养殖面积 4.25 万公顷，淡水养殖面积 1.81 万公顷。水产养殖产量 87.77 万吨，增长 2.18%，在 15 个副省级城市中位居第二；水产养殖产值 53.6 亿元，比上年增长了 9.5%。全市新发展工厂化养虾 20 万平方米、工厂化养鱼 2 万平方米，全市工厂化育苗及养殖总面积突破 75 万平方米，增长 30%。新增深水抗风浪网箱 104 个，全市深水抗风浪网箱突破 140 个，继续在北方地区保持领先位置。虾池改造及综合利用步伐明显加快，新发展高标准虾池养海参 335.87 公顷、虾池养海蛰 333.33 公顷。对虾养殖“二次创业”取得新成效，产量达到 1.37 万吨，增长 28%，创造对虾养殖单产和总产两项历史新纪录。海珍品养殖快速发展，鲍鱼产量 2 160 吨，海参产量 4 350 吨，分别增长 8.5%和 5%。

海洋捕捞 进一步压缩近海捕捞强度，保护近海渔业资源，捕捞产量降为 44.3 万吨，下降 0.9%。海洋捕捞产值 32.3 亿元，下降 1.1%。远洋渔业取得较大突破，通过外引内联的方式，成立了青岛福瑞渔业有限公司，共有 9 条金枪鱼延绳钓船在大西洋和太平洋从事远洋渔业，填补了青岛市大洋性渔业的历史空白。增殖放流规模加大，放流中国对虾 3 000 万尾，比上年增加了 20%，投入产出比达 1∶10；开展了南美白对虾增殖放养试验，放流南美白对虾130万尾，回捕率27%，投入产出比高达1∶15。

水产加工业 充分利用青岛市港口优势和对外开放优势，不断发展水产加工业，重点发展水产品来料加工和进料加工，全年水产品加工量44.7万吨，产值67.86亿元，分别增长35.45%和42.86%，在全国水产加工贸易和海藻化工中保持了龙头位置。

渔业科技及推广 以全国农业科技年为契机，推进渔业科技革命，加速渔业科技成果转化。继续实施农业部科技跨越计划项目“贝类健康化生产技术体系示范”和“948”计划项目“大西洋牙鲆种质和育苗技术引进”。开展了10余项新的科研项目，其中，海水养殖种子工程北方基地项目等4个项目被列入国家“863”计划，“对虾工厂化养殖与质量安全控制技术”被列入农业部科技跨越计划项目，“虾池综合利用高效养殖技术推广”项目被列入市农业重点科技成果转化项目。积极转变技术推广职能，大力推广虾池养海参、工厂化养殖等先进适用技术和无公害生产技术，引进推广了大西洋牙鲆、虹鳟、太平洋鲑、西伯利亚鲟、达氏鳇、齐尔白鲑等新品种。坚持开展养殖病害月测报工作，为渔民提供技术信息服务。为加快科技成果转化，与中国科学院海洋研究所、水科院黄海所、中国海洋大学、省海水养殖研究所等四家海洋科研单位联合建设了国家海洋科学研究中心水产种苗产业化基地，着力建设“规模全国最大、档次国内最高、科技含量国际一流”的集苗种繁育、饲料加工、渔药生产、科学研究等功能于一体的科技成果转化基地，目前已累计完成投资5 667万元，完成土建工程2万平方米。

水产品质量安全管理 实施了贝类产品中有毒有害物质监控计划，开展了胶州湾养殖区域“划型”及贝类产品质量监控。组织无公害水产品及生产基地认定，认定了22个市级无公害水产品生产基地和10种无公害水产品。加强对养殖基地、批发市场进行产品质量抽检，重点检查鱼类产品的渔药残留、贝类产品的微生物及重金属含量、水发产品的甲醛含量等指标。开展了对虾产品药物残留专项监测工作，对4个沿海市区50个对虾养殖点进行了两批次抽样检测，抽样合格率达到100%。认真贯彻农业部《关于加强水产养殖用药管理工作的通知》及农业部渔业局“水产品药物残留专项整治计划”，加强渔药、饲料及其添加剂等渔用投入品的监管工作。对全市渔用生产资料的生产、经营单位进行了普查登记，专门成立了“青岛市渔用生产资料打假专项斗争工作领导小组”，全力开展渔用药物、渔用饲料的打假工作。全年查处1家使用违禁药物的水产苗种生产企业、2个销售过期饵料的经销商、3个销售违禁渔药的单位、8家使用违禁渔药的养殖企业。年内，根据农业部推荐，中央电视台专门对青岛市水产品质量管理先进经验进行了全面报道。

水产苗种生产及管理 全年投入育苗水体11万立方米，培育苗种300亿单位，其中，对虾苗种52亿尾，扇贝210亿粒，海珍品1.4亿头(粒)，海水鱼类2 100万条。加快了种质改良步伐，利用加拿大海湾扇贝、美国海湾扇贝与本地海湾扇贝杂交，培育“中科红”海湾扇贝优质苗种6.5亿粒。利用日本皱纹盘鲍与本地皱纹盘鲍杂交，培育“中国红”皱纹盘鲍优质苗种260万粒。引进美国新技术，培育三倍体单体牡蛎苗种6 000万粒。认真贯彻《青岛市水产苗种管理办法》，严格实施水产苗种生产许可证制度，对经检验、审核合格的68家大中型水产苗种场发放了苗种生产许可证，进一步规范了苗种生产经营活动，确保苗种质量。

水产品进出口 加强与驻外使馆、商务机构的联络，通过参加渔业博览会、推介会等形式，为水产品生产者、采购商、贸易商搭起交流合作平台。坚持实施市场多元化战略，利用国家中小企业开拓国际市场资金及青岛市外贸发展基金，组织企业巩固日本、美国等传统市场，夺回欧盟市场，努力开拓南美、东欧、澳大利亚等新兴市场。在其他农产品出口下滑的情况下，水产品出口仍保持快速发展势头。全市水产品进出口总量85.9万吨，进出口总额14.52亿美元，分别比上年同期增长15.3%与22%。其中，出口量33.7万吨，创汇8.06亿美元，分别同比增长17%与20.8%；进口量52.2万吨，进口额6.46亿美元，分别同比增长14.2%与23.5%。

国际间渔业经济交流与合作 为加快渔业经济国际化步伐，青岛市坚持走出去，请进来，不断加强与国际间的交流与合作，加大招商引资力度，设立了网上招商馆，大力推介投资环境及渔业开发项目，吸引内、外资的涌入。全市新增渔业三资企业33家，投资总额1.2亿美元，合同利用外资7 437.8万美元，涉及水产品加工、贝类净化、海淡水养殖、网箱养殖、微生物制剂生产等多个领域。引进内资项目18个，投资总额2.57亿元，实际到位资金1.25亿元。

基础设施建设 全年共有约4亿元资金投入渔业基础设施建设，建设了国家海洋科学研究中心水产种苗产业化基地、金瀛海珍品繁育中心、国家级菲律宾蛤仔良种场、卓越工厂化养殖基地、东海湾工厂化养虾基地、宜海虾池养海蛰基地、润勃工厂化养鱼基地以及即墨、胶南、黄岛虾池养海参基地等一批规模化高效渔业开发基地；完成东营、沙子口渔港维修改造工程；建设了金贝、浩源、康大三家水产品出口企业质量监测体系，渔业开发档次和发展能力明显提升。

【港口建设与海洋运输】 2003年,大力实施依港兴市战略,推进北方国际航运中心建设。加快港口管理体制改革。1月8日，青岛港（集团）有限公司成立，港口由政企合一、以企为主改制成为企业集团。年内，前湾三期工程1～4泊位通过国家验收,正式竣工投产。6月27日，液体化工码头开工建设，截至年底，西围堰、北围堰主体工程和引桥沉桩完工。7月18日，散水泥分拨基地开工建设，4座筒仓仓壁浇注施工完工。开展了25万吨级煤矿兼用码头、30万吨级三期油码头、前湾四期、外航道拓宽浚深等工程的前期工作。通过扩大堆场，港口矿石堆存能力达到近800万吨，居世界港口首位。全国沿海规模最大，集视频监控、电子海图、卫星云图等8大功能于一体的现代化青岛港中央调度室投入运行，实现了生产、引航、船舶调度三位一体。与新港区发展相配套的全国最大的18通道集装箱检查桥、新建加油站投入使用，2座共2万平方米的新建仓库竣工投产。推进“数字港口”建设，港口视频监控系统覆盖新老港区，对集装箱码头管理等信息系统进行升级换代，优化完善了集成数据平台、信息管理平台，港口引航动态监控系统获国家倍增计划优秀项目和青岛市科技成果一等奖，青岛港“物流信息网”上线开通，开发了港口财务核销和单货类核算系统。7月21日，与世界第一大航运公司丹麦马士基集团、世界第二大航运公司英国铁行集团、中国最大航运公司中远集团在北京人民大会堂举行签约仪式，共同出资8.87亿美元，联合经营青岛港前湾集装箱码头；这是英国首相布莱尔2003年访华惟一的签约项目，也是世界三大航运公司在亚洲最大的码头投资项目。与世界500强企业日本三菱集团合资建设散水泥分拨基地，建设1.5万吨水泥储罐1座、1 000吨水泥储罐3座及相应配套供电、通讯等设施；工程投产后，使青岛市具有年生产规模40万吨的现代化散水泥装卸、储存和分拨基地,这也是落户青岛港的第6家世界500强企业。随着外贸集装箱航区西移，新增远、近洋航线22条，实现航线“全球通”。2003年，青岛港（集团）有限公司完成货物吞吐量1.41亿吨,比上年(下同)增长15.3%。其中，外贸吞吐量1.02亿吨，增长24.4%，成为中国第二个外贸亿吨大港；集装箱吞吐量423.8万标准箱，增长24.3%，列中国内地港口第三位；铁矿石吞吐量4 524万吨，其中进口铁矿石3 495万吨、增长42%，保持全国港口第一位；石油吞吐量2 882万吨，增长8.4%，其中进口原油1 670万吨、增长17%，列内地港口第二位。海运企业发展较快，年货运量达2 772.70万吨，货运周转量达4 022 740万吨千米。海洋交通运输业全年完成产值67亿元，比上年增长了47.61%。

【船舶修造业】 青岛市船舶修造业坚持以市场为导向，以修船和制造集装箱船、游艇等为重点，加快新产品的开发，实现了由传统造船模式向现代造船模式的转变。2003年，青岛市修造船业在加快海西湾大型船舶修造基地建设的同时，依靠技术优势，积极拓展国外市场，增强竞争力，全年共造船26艘，修船311艘，造船达38万综合吨，完成总产值14.03亿元。年内，重点抓好青岛北海船舶重工有限责任公司旧址搬迁与新厂建设。5月22日，青岛北海船舶重工有限责任公司成立“企业搬迁指挥部”，该公司最大的标志性设备10万吨级浮船坞迁移海西湾新厂，最大的生产车间轮机、铜工等厂房和设施及游艇分厂、船机分厂等单位的办公楼和部分厂房、物资搬迁完毕，修船分厂所属6个车间全部搬离。年内，海西湾造修船基地修船区域基本建成。东、西修船码头全部竣工并通过验收,4座门座式起重机通过市质监局特种设备质检所验收;2个国内最大的修船坞于12月26日开工，工程总投资1.58亿元，总工期为 18 个月。该工程主要包括 1 号 30 万吨级、2 号 15 万吨级修船坞及坞坑开挖建设。修船分厂厂房及生活辅助办公楼全部交付使用，修船区水电开通，修船主要固定设备全部就位并通过验收交付使用；游艇分厂厂房区于 11 月 26 日开始地基强夯处理。年内，修船业务遍及 20 个国家或地区，全年完成修船 119 艘、产值 2.29 亿元，其中外轮 100 艘、产值 2.18 亿元。全年承接造船等合同金额近 1.2 亿元；完成造船包括出口日本驳船 6 艘、国内原油 800 吨运输船 3 艘和打桩船 1 艘，共计 10 艘/16 550 吨，实现产值 1.19 亿元，增长 41.59%。年内，继续巩固日本驳船市场，签订了 5 艘出口日本驳船合同；加强国内工程船舶市场开发，签订了 3 艘打桩船建造合同，其中为中港第三航务工程局建造的国内迄今为止最大的打桩船“三航桩 15 号”于 3 月 10 日开工、11 月 16 日竣工离厂、11 月 28 日在杭州湾大桥建设工地投入使用。第二条打桩船“打桩 18 号”也于 12 月底基本完工。全年生产各种型号玻璃钢艇 280 艘，同比增加 29 艘，实现产值 6 666 万元，增长 18.51%。2003 年，青岛北海船舶重工有限责任公司实现工业总产值 4.3 亿元，与上年持平；实现销售收入 4.97 亿元，比上年（下同）增长 10%；出口创汇 34 430 万美元。

【海洋旅游】 年内，对《青岛市发展旅游总体规划》进行了新一轮的修改、充实和完善；组织编制了《青岛市旅游总体规划》、《青岛海滨旅游规划》、《青岛城市海滨旅游规划》、《青岛海上旅游规划》、《青岛度假旅游规划》、《青岛旅游资源分布图》、《国际旅游市场示意图》、《国内旅游市场分布图》等旅游总体规划；编制完成了《青岛奥运行动规划》的旅游专项行动规划；开展了对薛家岛旅游度假区、奥林匹克水上运动中心、滨海公路、海滨步行道、青岛歌剧院、海洋极地世界等 20 余个项目的策划和论证工作。举办了“青岛网上招商会”，用中、英、日、韩等 4 国文字推介了 11 个旅游招商项目。投资 2 亿美元以上的极地海洋世界项目已经签约，投资约 2 000 万美元的旅游大项目“世界之星”摩天轮项目已经通过规划定点。全年全市旅游项目引进资金达 34 亿元，其中外资、民营等社会性投资达到 80%以上。确立了加快“1 线 10 区 36 个大项目”建设的目标，年内“36 个大项目”已完工 14 个。崂山巨峰、九水十八潭、海底世界、青岛啤酒博物馆、雨林谷、海滨步行道等一批重点旅游项目相继投入使用。旅游度假区建设取得进展。薛家岛旅游度假区概念性规划于 8 月通过市政府审批，基础设施建设已投资 2 亿元；即墨温泉旅游度假区总体规划正在编制中，金麒玉麟温泉山庄与改造后的物探局疗养院被评为三星级饭店；启动琅琊台旅游度假区总体规划编制；石老人旅游度假区开展了极地海洋世界、大歌剧院、石老人海水浴场改造、青岛现代艺术中心等项目的规划和论证工作；田横岛度假区已累计投资 3 亿余元进行了综合性开发，十里沙滩综合开发项目、田横避暑山庄等项目正在招商中。全市有 9 家企业被授予“青岛市工业旅游示范点”，其中，海尔集团、青岛啤酒股份有限公司、青岛港、华东葡萄庄园等 4 家工业旅游示范点已被国家旅游局列为全国首批工业旅游示范验收项目。国家旅游局根据青岛市开展工业旅游的实践，制订了《工业旅游示范点》国家标准，工业旅游示范项目在国内领先。第一季度，全市旅游业开局良好，海外游客接待人数及旅游创汇同比均增长 25%以上，旅游经济多项指标创多年来首季增长最高点；第二季度，受“非典”影响，全市旅游业损失重大，旅游业总收入仅为 14.34 亿元，同比下降了 67%；第三季度，全市旅游业各项指标出现强力反弹，到 9 月份，海外旅游人数恢复正增长。年内，全市共接待海内外游客 1 688.68 万人次。旅游业总收入 136.8 亿元，比上年（下同）下降 9%，相当于全市 GDP 的 7.7%。其中滨海旅游总收入 119.72 亿元。

【盐业生产】 2003 年，全市生产原盐 39.21 万吨；食盐 6.13 万吨，其中，加碘精盐 2.42 万吨，多品种盐 1 836 吨；实现产品销售收入 1.34 亿元，工业增加值 4 337 万元，工业总产值 9 514 万元，利润 195 万元；原盐、精制盐优一级品率 100%；全市销售食盐 5.83 万吨，完成年计划的 133.5%。继续加大盐政稽查监管工作力度，严厉打击各种涉盐违法事件，维护人们的切身利益。年内，全市共查处盐业违法案件 1 326 起，其中，一般案件 209 起、简易案件 1 117 起；没收私盐和伪、劣食盐 1 357 吨，其中，食盐 521 吨、其他盐 836 吨；罚款 50.86 万元。举报案件查处率和盐业违法案件结案率均为100%。

海洋科技与教育
Marine Science & Technology and Marine Education

【概况】 青岛是中国主要的海洋科研教育机构集中地和中国进行海洋科研、教学和国际学术交流的基地，海洋科技密集度居全国之首，素有“海洋科技城”之称。截至2003年底，全市拥有国家级、省级各类海洋科研机构11所，分别是中国科学院海洋研究所、中国科学院声学研究所北海研究站、国家海洋局第一海洋研究所、农业部中国水产科学院黄海水产研究所、国土资源部青岛海洋地质研究所、海洋化工研究院、青岛海洋腐蚀研究所、山东省科学院海洋仪器仪表所、山东省海水养殖研究所、山东省社会科学院海洋经济研究所、山东海洋工程研究院；另有与海洋专业相关的教学单位5家，分别为中国海洋大学、青岛远洋船员学院、海军潜艇学院、海军航空技术学院青岛分院、青岛远洋运输公司船员职业学校。在青的海洋科研与教学单位约占全国同类单位的1/3。在青的海洋科技研究开发机构拥有的海洋科技研究开发与教学方面的高级专家、学者约占全国同类人才的50%以上。其中，中国科学院院士、中国工程院院士共15名，占全市38名院士（含外聘客座院士）的39%。年内，承担了国家重大基础研究发展规划项目的8个海洋领域项目，有7个项目的首席科学家和主持单位在青岛（新上由中国海洋大学主持的“973”项目“糖化学与糖生物学特征糖链结构与功能及其调控机制”，经费1 000万元）；本市还有116个项目被列入国家“863”计划，获得近6.6亿元经费支持。承担国家自然科学基金项目（62项）、国家“十五”攻关计划及“703”专项、天然气水合物专项、渤海综合整治、省际间海域勘界等一批国家重大专项的研究工作。

【海水养殖种苗产业】 年内，青岛市加强水产苗种基础设施建设，重点扶持、改造了一批科技含量高、基础设施好的苗种企业。青岛金瀛海洋科技发展有限公司经国家科技部批准成为国家级的种苗基地“海水养殖种子工程北方基地青岛分基地”。全市投入生产的苗种场130家、育苗总水体13.5万立方米、生产苗种370亿单位，实现产值近3.2亿元。海水养殖育苗种类已发展到包括海湾扇贝、中国对虾、日本对虾、南美白对虾、南美蓝对虾、梭子蟹、真鲷、大菱鲆、牙鲆、鲍鱼、海参、夏鲆、大西洋鲑、裙带菜等几十个品种。

【海水养殖生物遗传与繁殖生物学研究】 青岛市在海洋经济藻类育种育苗、贝类及虾类遗传育种、对虾和扇贝抗病机理和抗病基因的筛选等方面取得国际瞩目的成果。中国科学院海洋研究所在雌雄同体型海湾扇贝的育种理论和方法方面取得重大进展，在利用四倍体大批量生产三倍体贝类的技术中取得关键性进展，培育出100%的三倍体太平洋牡蛎。硬壳蛤和蓝对虾的养殖已具规模。率先成功从国外引进凡纳滨对虾，并在全国进行推广，对我国养虾业的恢复与发展起到重要作用，该虾的产量已占我国总产量的70%以上。农业部黄海水产研究所主持的“中国对虾的遗传改良及中试示范”课题暨红鳍东方、漠斑牙鲆、半滑舌鳎、菲律宾蛤仔苗种人工繁育等均取得重大进展。中国海洋大学承担的国家“863”计划重大项目课题——“养殖扇贝的遗传改良及中试示范”的一系列研究，培育了生态适应性广、抗逆性强、增产明显的优良品种，改变了我国无人工培育的海水养殖动物优良品种的历史，为我国养殖扇贝的遗传育种研究及养殖业的持续发展构筑了新的平台。

【海洋药物与活性物质研究开发】 2003年，青岛市继续保持该领域的国内领先位置。由中国海洋大学承担的抗艾滋病药物“911”、缺血性心脑血管病的防治药物D-聚甘酯和动脉粥样硬化防治药物“916”等3个具有自主知识产权的国家一类药物已进入Ⅱ期临床研究阶段；构建的我国第一个“海洋糖库”，为海洋糖类药物及其他相关研究提供了物质基础和数据信息；获准建设了“山东省海洋中药现代化基地”。中国科学院海洋研究所海洋活性先导化合物的研究取得重要进展，已从4种海藻中分离鉴定61种化合物，确定了7种新结构化合物，其中1种是自然界中首次发现的全新化合物。由农业部黄海水产所主持的“海洋新型酶的产业化研究”课题在高产菌的选育、海洋碱性蛋白酶发酵过程动力学模型的建立和发酵条件的优化研究等方面取得重大进展，已进行 100 升发酵罐规模放大实验研究。

【病害机理及防治技术】 由中国海洋大学主持的“纤毛虫原生动物研究”在国际上首次建立了纤毛虫原生动物 26 个属种的细胞发生模式，对多种环境内纤毛虫原生动物展开了形态分类学、生态学及病害学的研究，填补了国内外相关领域的空白。中国科学院海洋研究所主持的国家“973”项目“海水重要养殖生物病害发生和抗菌基础研究”，在病原和流行病学研究方面取得了一系列具有国际水平的成果。确定了球形病毒是导致我国北方栉孔扇贝大规模死亡的直接病原；建立了对虾白斑杆状病毒（WSSV）与对虾细胞间相互作用的研究方法，证实了 WSSV 与对虾细胞间存在特异性的结合作用；首次定位了 WSSV 的粘附蛋白（VAP）；确定了南北方养殖鱼类的主要病原为弧菌；弄清了虾贝的抗病免疫体系及其在抗病免疫过程中作用，初步建立了虾、贝的免疫指标和抗病力的综合判定体系；初步提示了温度、盐度、pH、饥饿和养殖密度等环境因子对扇贝抗病力的影响及其与病害发生的关系；在栉孔扇贝抗病品系的研究方面取得重要进展；在生物对虾和扇贝基因组研究和抗病基因的筛选方面取得国际瞩目的成果。承担的国家“973”项目中“中国近海赤潮发生的生态学、海洋学机制及预测防治”研究，首次全程跟踪了近年来在东海海域重复发生的原甲藻赤潮的形成、维持和消退过程，取得了有关该海域赤潮形成和主要环境影响因素方面的生物学、化学和海洋学数据，为进一步研究我国大规模赤潮的爆发机制、发展赤潮监测技术和建立有害赤潮综合的生态调控原理及模式打下基础。

【2003 海洋生物技术高层论坛】 2003 年 10 月 24 日，为了配合国家中长期科学和技术规划的制订，由中国科学院海洋研究所发起，海洋研究所科技处承办的“2003 海洋生物技术高层论坛”在青岛举行。中国科学院海洋研究所所长相建海研究员主持了论坛，“863”资源、能源、海洋专题组副组长苏纪兰院士、国家自然科学基金委生命学部副主任杜笙明教授、农业部黄海水产研究所唐启升院士、王清印研究员、国家“十五”海洋“863”主题专家组专家张元兴、徐安龙、果德安、麦康森教授，中国科学院海洋研究所张国范、秦松研究员等参加了论坛。国家海洋局第三海洋研究所徐洵院士、中国科学院上海药物研究所丁健研究员做了书面发言。与会人员围绕海洋生物技术主题进行了深入研讨，并就相关学科研究阐述了自己的见解。

【第五届亚太地区藻类生物技术会议】 由中国科学院海洋研究所、中国海洋湖沼学会藻类学分会主办，青岛市生物工程学会承办的第五届亚太地区藻类生物技术会议于 2003 年 10 月 18～21 日在青岛举行。此次会议以“藻类——为了人类的健康和环境”为主题。代表来自美国、德国、法国、英国、日本等 23 个国家和地区，外国专家约 100 人，国内专家约 200 人。本次会议就藻类的医药功效，藻类生物地理学、生物多样性和分子系统学，藻类养殖遗传改良，藻类在环境保护中的作用，有害藻类水华，雨红球藻产虾青素的生物技术等 6 个方面进行了讨论。会议同时举办了“藻类制氢和生物燃料”的小型会议，以推动新兴的藻类能源技术的发展。为了扶植民族企业，还专门举办了“兰太盐藻生物技术论坛”，评选了“优秀青年学者报告奖”和“优秀青年学者墙报奖”。

【第五届国际鲍学术研讨会】 由国际鲍学会主办，中国海洋大学承办的第五届国际鲍学术研讨会于 2003 年 10 月 13～17 日在青岛召开。国际鲍学术研讨会是国际鲍学会每 3 年举办一次的最高级别学术会议，今次是亚洲第一次举办该系列会议。本次会议围绕国际鲍市场、资源、管理、养殖、采收和加工等方面进行了交流。来自中国、日本、美国、泰国等 20 余个国家的专家、学者共 280 余人参加了研讨会。

【第二届海洋强国战略论坛】 由中国海洋学会、海军大连舰艇学院、中国船舶重工集团公司第七研究院联合主办的第二届海洋强国战略论坛于 2003 年 10 月 12 日在青岛拉开帷幕。原中央军委副主席刘华清上将欣然为本届论坛题词：“富国强军，经略海洋”。本届论坛主题为“军事海洋与技术”，旨在贯彻“十六”大提出的“实施海洋开发”战略方针，就建设海洋强国，提高综合国力，为国防建设服务，在21世纪把我国建设成为海洋强国等热点问题献计献策。论坛主要报告内容包括现代高科技在海洋军事国防中的重要地位和应用、我国海洋权益与执法现状、海洋权益与国际合作、海洋环境对海军装备的影响分析、国家海上安全与海洋战略以及我国军事海洋学如何向更深理论层次发展等。论坛主席由中国海洋学会副理事长、中国科学院院士苏纪兰担任。中国海洋学会名誉理事长、中国科学院院士刘光鼎担任论坛科学委员会主任。这届论坛共收到学术论文 114 篇，内容涵盖了海洋强国建设的理论、战略、科学技术和海防安全等许多热点问题。论坛加强了学术研究成果互动和学术研究横向比较，促进了理论创新和技术创新。国家海洋局原局长张登义，中国海洋学会顾问、军事科学院原政委张序三等领导、专家和 200 余位军内外代表参加了论坛。

海洋文化
Marine Culture

【第四届中国青岛海洋节】 由国家海洋局、青岛市人民政府共同举办的第五届中国青岛海洋节于2003年7月6～13日在青岛举行。山东省委常委、青岛市委书记杜世成，青岛市委副书记、市长夏耕，国家海洋局副局长孙志辉，青岛市政协主席张旭升，海军北海舰队副政委于常启，海军青岛基地副政委王登平，海军潜艇学院副政委刘清仁等党政军领导、驻青单位和外宾代表等出席了开幕式。本届海洋节是青岛市防治非典工作取得阶段性重大胜利后举办的第一项大型节庆活动。本届海洋节以“五环旗下、四海一家”为主题，通过开展迎接2008年奥运会和以海洋为主题的科技、文化、体育、环保、旅游、经贸等系列活动，大力弘扬奥运文化和“海纳百川，追求卓越”的城市精神，进一步提升青岛形象，增强全市人民的凝聚力，积极倡导科技创新、保护海洋和发展海洋特色经济，提倡健康文明的生活方式。本届海洋节主要活动包括开幕式暨海上焰火表演、海洋科技系列活动（“海洋特色学校”工作交流会、走进海洋走近奥运——海洋生物标本展览、“海之情”人才交流大会、海洋船舶船舵展）、海洋文化系列活动（“海洋世纪与未来青岛”征文比赛、“海洋之星”歌手大赛、第三届海洋丽人风采大赛、走进社区——青岛人唱青岛歌CD首发仪式、岛城名家书画笔会、“海之情”社区系列文化活动、“科海泛舟”文艺专场演出、妈祖文化、海洋文化和民俗文化展览）、海洋体育系列活动（沙滩排球表演赛、全民健身路径比赛、“海之情”社区旭日晨练、青岛市门球锦标赛）、海洋旅游系列活动（“海情之旅”系列旅游活动、银海格曼“迎奥运”海上系列表演、夜间海上看青岛、黄金海岸公益游、生态环境一日游、欧洲古典建筑一日游、海上看青岛垂钓一日游、山里人家一日游）、闭幕式暨音乐歌舞会等活动。

【第十三届青岛国际啤酒节】 本届国际啤酒节由中国国际贸易促进委员会、中国国际商会、国务院侨务办公室、中国轻工业联合会和青岛市人民政府共同主办，青岛市崂山区人民政府和青岛啤酒股份有限公司、青岛市啤酒节办公室承办，于8月15～31日在青岛石老人国家旅游度假区的青岛国际啤酒城及周边区域举行。吉祥物为卡通羊——“洋洋”。本届啤酒节以“百年青啤，百年青岛”、“青岛与世界干杯！”为主题，举办了开幕式暨“百年华诞”大型歌舞晚会、啤酒品饮、文艺晚会、艺术巡游、文体娱乐、饮酒大赛、旅游休闲、经贸展览、闭幕式晚会等九大板块活动。啤酒节期间，参节总人数超过 300 万人次，其中啤酒城接待游客 150 万人次，比上年（下同）增长25%，创历届之最；销售啤酒总量超过635吨，增长22%，创历届之最；创下日入城游客20万人次、销售啤酒70吨的单日最高记录，啤酒大篷面积创历届之最，达到 1.4 万平方米，其中，百威啤酒以 2 000 平方米面积创单体最高纪录；网络信息报道创历届之最，刊发新闻覆盖 100 余个国家和地区。突出了国际化色彩，推出“国际友人日”等主题活动，有26个国外品牌参节。节日前及期间共有30余家海外媒体、170余家国内媒体参与节日报道宣传，刊发各类新闻近3 000余条，综合发稿量创历届之最。山东电视台、凤凰卫视台、台湾东森电视台、中国国际广播电台等媒体对开幕仪式进行了现场直播；青岛人民广播电台等媒体进行了全程直播。中央电视台、《人民日报》、新华社、《经济日报》、《科技日报》、《大众日报》、《大公报》、美联社、英国路透社、欧洲图片社等国内外权威媒体，从不同角度进行了报道。

【2003 中国青岛金沙滩文化旅游节】 本届文化旅游节于 8 月 9～15 日在青岛经济技术开发区举行。是本市继啤酒节、海洋节之后第三大国际性知名节庆品牌，由青岛经济技术开发区管委会、黄岛区人民政府主办，2003 中国青岛金沙滩文化旅游节组委会、黄岛区重大节庆活动办公室承办。该项活动以“弘扬民族精神，时代精神，开发区精神”为宗旨。至今已举办 5 届。活动期间，共举办开幕式暨“激情飞扬”大型文艺晚会、闭幕式暨“大家一起来，健身展风采”广场健身大赛颁奖文艺晚会、系列群众文体活动等三大版块共 11 项活动。系列群众文体活动包括全区环岛越野长跑接力赛、“大家一起来、健身展风采”全区广场健身活动、“夕阳风采”文艺演出、“海之韵”广场文艺演出、全区中小学校园舞大赛、“畅想青春”民族音乐会、中外经典电影回放暨金沙滩电影晚会、“文旅节”活动摄影抓拍大赛、“情系珠山”系列活动等。参加节庆各项活动的人数达 1 万人以上，前来旅游观光的海内外游客达 100 万人次。活动期间，中央人民广播电台、中央电视台、山东电视台等新闻媒体对节日活动进行了报道。

【奥帆赛筹备工作】 奥帆委成立后，注重加强与北京奥组委和国际奥委会、国际帆联的联系，夏耕、杨军、臧爱民、罗永明等市领导先后专程赴北京和洛桑、雅典报告工作，邀请北京奥组委的有关领导来青视察，通过多种方式争取北京奥组委、国际奥委会和国际帆联的支持。北京奥组委、国际奥委会和国际帆联对奥帆委的工作给予了肯定。12 月，国际奥委会前主席萨马兰奇应邀访问了青岛，并实地考察了奥帆赛筹备工作。

奥帆赛基地规划与建设 《第二十九届奥运会青岛国际帆船中心赛时规划》获得正式批准。在整体规划方案国际招标之后，对《第二十九届奥运会青岛国际帆船中心赛时规划》方案进行了整合，并通过北京奥组委和国际帆联的审核批准。截至年底，建筑单体设计方案正在进行国际招标；奥帆赛基地区域综合管网设计已初步完成；奥帆赛基地水工工程设计初步完成，已进行奥帆赛基地海域平面物理模型试验；奥帆赛基地陆域和海域地质详勘已着手进行，原有岸线、码头改造工程的检测和取样工作基本结束。

完成《青岛奥运行动规划》的编制 为做好《青岛奥运行动规划》的编制，分别向市长办公会议和市委常委会作了专题汇报，并通过“青岛新闻网”和《青岛日报》、《青岛晚报》、《青岛早报》等媒体广泛征求社会各界的意见。分别向市人大常委会和市政协报告了《青岛奥运行动规划》编制的有关情况。在根据市领导的要求和各方面的意见做了进一步的修订完善后，《青岛奥运行动规划》向社会正式发布实施。为进一步明确各职能部门及相关单位的工作职责和任务目标，根据《青岛奥运行动规划》，编制完成了《奥帆赛总体工作计划》。

北海船厂的搬迁工作达到预定目标 为按期完成北海船厂搬迁任务，市有关部门组成了北海船厂搬迁协调小组，对搬迁工作进行了全面督促协调。奥运场馆用地基本搬迁完毕，除需保留的建筑和个别搬迁确有困难的部位外，已完成搬迁地块的房屋拆除、建筑垃圾清运、场地平整等事项。浮山湾清淤工程已经结束，清淤总量约 31 万立方米。浮船坞已完成迁移，4 个大型靠坞墩、引导墩及引堤的拆除工程已经开工。奥帆赛基地水、电等外配套管线跨越东海路段的工程已经结束。北海船厂原址已基本具备了奥运场馆开工建设的场地条件。

海洋水文气象监测预报系统的建设工作进展顺利 按照国际帆联的技术标准和要求，协调有关部门推进奥帆赛海洋水文气象监测预报系统的建设工作，先后成立了北京奥运会气象预报服务中心青岛分中心和奥运气象服务工作领导小组，制定了《2008 年奥运气象服务行动计划》，完成了《青岛近海夏季天气预测和海上运动项目气象保障研究》。本着“早建设、早积累、早服务”的原则，加快了青岛市大气探测自动化系统工程、气象信息网络系统和预测预报系统的建设，并优化调整了观测设施的空间布局，提高了对大、中尺度天气过程的监测水平和中长期天气预测能力。自 7 月 1 日起，按照北京奥组委和国际帆联的要求，向全球公开发布实时气象资料。制定实施了 2008 年奥帆赛海洋水文、气象、水质监测预报总体方案，开展了近岸海域 16 个国控水质监测站的趋势

江 苏 省
Jiangsu Province

综 述
Summary

【自然概况】 江苏跨江滨海，平原辽阔，水网密布，湖泊众多。海岸线 954 千米，长江横穿东西 425 千米，京杭大运河纵贯南北 718 千米。有淮、沂、沭、泗、秦淮河、苏北灌溉总渠等大小河流 2 900 余条。全国五大淡水湖，江苏有其二，太湖 2 250 平方千米，居第三；洪泽湖 2 069 平方千米，居第四，此外还有大小湖泊 290 余个。平原、水域面积分别占 69%和 17%，比例之高居全国首位。低山丘陵面积占 14%，集中分布在西南和北部。连云港云台山玉女峰是全省最高峰，海拔 625 米。

江苏处于亚热带向暖温带的过渡区，气候温和，雨量适中，四季分明。年平均气温 13～16℃，年降雨量 1 000 毫米左右。

【行政区划】 全省现设 13 个省辖市，下辖 106 个县（市、区），其中，有 27 个县级市、25 个县、54 个市辖区。共有 1 243 个乡镇，其中建制镇 1 117 个、行政村 19 896 个。经国务院批准，江苏对省辖市行政区划进行了较大规模的调整。1996 年，扬泰分设，撤县级泰州市，设地级泰州市；淮宿分设，撤县级宿迁市，设地级宿迁市。2001 年以来，全省调整了苏州、无锡、常州、南京、镇江、扬州、淮安、连云港、盐城、宿迁 10 个省辖市的行政区划，共撤并 14 个县（市、区），新设立 12 个区，基本解决了市县同城问题。近年来，全省对布局不合理和规模偏小的乡镇、村进行了撤并。目前全省乡镇平均面积由 49.14 平方千米增加到 78.04 平方千米，平均人口规模由 3.13 万人增加到 4.97 万人。

【海域资源】 江苏毗邻海域位于黄海南部和东海北端，北起“前三岛”的平岛，南至长江口北支，面积约 3.75 万平方千米，占全省土地面积的 37%；水深 15 米以内浅海面积 2.5 万平方千米，占全国浅海总面积的 20%；沿海滩涂面积 5 100 平方千米，占全国海涂总面积的 25%。近海分布有“前三岛”等基岩岛屿 13 个和兴隆沙、永隆沙等沙岛，岛屿面积 68 平方千米。江苏海域以淤泥质海岸为主，在沿海中部分布有全国首屈一指的辐射沙洲，面积约 1 268.4 平方千米。江苏海洋

性监测、奥帆赛区及邻近海域海洋环境监测、第一海水浴场海洋环境监测、胶州湾主要养殖区环境监测；建立了“全市赤潮监视网”，及时开展赤潮应急监测监视。

组织开展宣传活动 利用电视、报纸等新闻媒体开辟了“奔向 2008”等迎奥运专题栏目，开展奥林匹克文化与知识的宣传教育，借助“青岛国际啤酒节”、“中国青岛海洋节”、“国际奥林匹克日”、“七一三申奥成功日”等组织开展了“做文明市民，办成功奥运”、“五环小蓝帽”志愿者行动、“迎奥运，讲外语，说普通话系列活动”等，动员市民参与“美化家园、迎办奥运”活动；与北京同步举办了“‘北京 2008’首届奥林匹克文化节（青岛）”活动，在内容上突出了“奥林匹克文化与教育”主题，安排了六大板块 18 项活动，共有 10 余万人次参与活动；组织了“中国印·舞动的北京”——第二十九届奥运会会徽展；为迎接奥帆赛，全面提升青岛窗口行业的形象，市交通局已开始公开征集出租车车身图案等；为奥帆赛配套的超大型户外电子屏已正式启用。通过组织开展各种宣传活动，普及了奥林匹克特别是帆船比赛知识，弘扬“更快、更高、更强”的奥林匹克精神，市民的奥运意识明显增强，支持奥运、参与奥运的氛围更加浓厚，为打造“帆船之都”奠定了群众基础。

（青岛市海洋与渔业局 孙云潭）

资源种类繁多，拥有港航、土地、生物、旅游、盐化工和油气资源，资源的密度指数在全国沿海省市区中居第二位，丰度指数居全国第六位，资源综合指数居全国第四位。

海域使用管理
Management of Sea Area Use

【概况】　全省海洋系统围绕依法管理、服务发展的宗旨，深入贯彻实施《海域使用管理法》、《海洋环境保护法》等法律法规，加强管理制度和能力建设，认真履行海洋管理职责，推进海洋功能区划、海域权属管理和有偿使用“三项制度”的实施，加大海洋监察执法和海洋环境保护力度，全省海洋综合管理工作取得了重大进展。在国家海洋局组织开展的2003年度全国海洋行政管理部门评优活动中，江苏省海洋与渔业局被评为“全国海域使用管理先进集体”，受到国家海洋局的表彰。

【管理体制调整】　2003年，省政府召开专题会议，研究海域滩涂管理职能调整问题，形成了2003年第47号《专题会议纪要》，明确将省农业资源开发局的滩涂权属管理职能划转省海洋与渔业局，由省海洋与渔业局实施权属管理，统一发放海域使用证，解决了影响江苏省海洋管理工作多年的体制问题。沿海市、县政府按照这一原则，也相应基本理顺了海洋管理体制。

【法制建设】　加快了海洋管理法律法规和配套制度建设进程。地方立法方面，经过努力，省人大将实施《海域使用管理法》和《海洋环境保护法》的两个地方性法规列入了省五年立法计划。2003年，省海洋与渔业局开展了《江苏省海域使用管理条例》的调研起草工作，向省政府上报了初稿。《江苏省实施〈海洋环境保护法〉办法》的立法工作也已启动。配套制度建设方面，为规范海域使用申请审批工作，江苏省政府办公厅发出《关于地方海域使用审批权限划分有关问题的通知》(苏政办发[2003]119号)，决定对全省管辖海域使用实行分级审批，将不改变海域属性的面积在700公顷以下的用海审批权全部下放给市县政府。为规范全省海域使用金的征收与管理，经省政府同意，省财政厅、省海洋与渔业局11月20日联合发文，正式出台了《江苏省海域使用金征收管理暂行办法》，并于2004年1月1日起施行。

【确权发证】　海域使用确权发证工作取得较大进展。2002—2003年两年累计确权用海477宗，面积9.95万公顷，征收海域使用金1 338万元。海域使用金征收率和海域使用权登记率均为100%。非渔业用海取得了突破，确权非渔业用海4宗，面积100.13公顷；海域使用拍卖试点扩大，盐城市响水县拍卖海域4宗，面积为423.602 6公顷，拍卖所得海域使用金52 800元。规范海域使用审批工作，结合年审，对拒不缴纳海域使用金、变更登记手续不完备、自愿放弃使用海域的用海进行了调整，注销12份海域使用权证书，面积3 177.45公顷。

【县际间海域勘界】　为加强对海域勘界工作的组织领导，省政府于2003年3月在南京召开了第二次全省海域勘界工作会议，黄莉新副省长出席会议并作了重要讲话。会后，省勘界办对全年的工作目标进行了分解，明确了计划进度，实行按月考核。在勘界经费上，省财政继续安排经费100万元，沿海三市财政也支持了总额超过100万元的勘界专项资金。全省13条县际间海域界线，到年底已有滨射线、连灌线和响滨线签订了勘界协议书，射丰线达成了勘界意向书，其余9条县际线均有不同程度的进展。

海洋环境保护
Marine Environmental Protection

【海洋环境监测体系建设】　全省提出了以省海洋环境监测中心为主、市中心站为辅、县监测站为基础的海洋环境监测网络体系建设思路。省海洋环境监测中心和连云港市中心站相继通过了计量认证。连云港海洋环境监测中心站与国家海洋局东海分局实现共建共用，盐城滨海、南通启东海洋环境监测中心站也先后与国家海洋局东海分局达成共建协议。

【海洋环境质量公报】　在省委、省政府的领导和国家海洋局的指导下，省海洋与渔业局加大了海洋环境保护和海洋环境监测的工作力度，组织实施了2002年江苏省海洋环境质量监测工作，掌握了海洋环境质量的总体状况，2003年6月编制发布了《2002年江苏省海洋环境质量公报》。公报显示，2002年，江苏近海海域海水水质状况大部分为清洁和较清洁。其中，清洁海域约占总面积的38%。与上年比较，江苏近岸海域海水质量下降，大部分为轻度污染以下海水水质，其中灌河口、射阳河口和长江口等河口外邻近海域污染较重，主要污染物为总无机氮、活性磷酸盐、铜、锌、铅、汞等。重点增养殖区环境质量总体达到较清洁标准，部分区域受到铅、铜、汞等重金属的污染，表现出中度污染趋势。

海洋行政执法
Marine Administrative Law-enforcement Work

【海洋监察】 江苏省海洋执法部门以渔业用海为监督检查重点，组织海域使用执法检查，全年组织开展了2次综合检查和6次专项检查，检查用海项目98个，发现违法用海行为37起。根据国家海洋局的统一部署，开展了“海盾2003”专项执法行动，加大了对重大违法用海行为的打击力度，配合中国海监东海总队，依法查处了“江苏大丰港5 000吨级码头建设工程”违法用海案，提高了海监队伍的执法能力。加大了海洋环境监督检查力度，共检查涉海排污企业10余家，查处环境污染案件8起，促进了海洋生态环境的保护。

海洋资源开发与海洋经济
Development of Marine Resources and Marine Economy

【海洋工业】 2003年，江苏海洋工业继续保持强劲的发展势头，1～6月，全省海洋工业完成总产值72亿元，预计全年完成海洋工业总产值160亿元。船舶修造形成以中远船务、中远川崎和中远钢结构为龙头、多种经济成分并存的船舶修造及配套企业群体。海洋化工、海洋医药、海洋机械也有较快发展，连云港碱厂、南通双林生物制品公司、南通瑞雪海洋科技设备公司等一批企业脱颖而出。

【海洋渔业】 海水养殖加快发展，新增面积6 667公顷，达到15万公顷，紫菜、对虾、梭子蟹、文蛤、青蛤、泥螺等主要品种稳步发展，海蜇、沙蚕等品种养殖技术渐趋成熟，南部沿海贝类底播、紫菜浮流式养殖，为开发浅海作了有益的探索。沿海捕捞渔民转产转业工作向前推进，较好地完成了国家部署的第一年度的工作任务，减船326艘，实施转产项目26个，转产渔民1 700多人。吕四、洋口、青口渔港等建设进展顺利。

【海洋三产】 2003年1～6月，连云港港口吞吐量为2 020万吨，比上年同期增长21%；集装箱运量13.8万标箱，比上年同期增长37%。南通港货物吞吐量达2 220万吨，比上年同期增长21.3%；集装箱运量为11.2万标箱，比上年同期增长25.8%。滨海风光带旅游和休闲渔业发展进一步加快，2003年，接待游客1 200万人次，旅游收入达115亿元。

【滩涂开发】 江苏滩涂占全国沿海滩涂总面积的1/4，是江苏省最大的一块后备土地资源。1996年以来，在沿海各级党委、政府的有力推动下，集体经济组织、外商和私企等各类资本积极参与了江苏沿海滩涂的开发，建成了一批文蛤等贝类养护基地、紫菜养殖加工基地，兴办了一批水产品加工、冷藏保鲜企业，形成了独具特色的沿海开发产业带。目前滩涂围垦新增耕地面积5.3万公顷，而同期全省耕地减少面积8.4万公顷。沿海滩涂开发特色旅游项目也吸引了大批海内外旅客观光。2003年全省沿海滩涂工农业总产值达267亿元。

【沿海公路建设】 2003年，江苏沿海地区及相邻地区高速公路总规模为1 242千米，在建里程797.3千米(其中2003年建成123.7千米)，占全省2003年在建里程的37%。2003年计划完成投资72.5亿元，实际完成投资81.1亿元，为年度计划的112%。涉及项目有连徐、汾灌、宁靖盐、通启、徐宿淮盐、连盐通高速公路和苏通长江公路大桥。

2001—2003年，江苏沿海地区国省干线公路网改造工程共计改造国省干线公路 1 418.1 千米（一级 187 千米，二级 1 231.1 千米），总投资规模 48.44 亿元。2003 年建成 414.94 千米，其中一级 12.2 千米，二级 402.74 千米。2001—2003 年全省沿海地区滩涂公路建设计划改造公路 925.2 千米，总投资规模 9.75 亿元（其中省奖励资金 1.75 亿元），2003 年计划投资 3.88 亿元（其中省奖励资金 0.65 亿元），实际完成投资 3.88 亿元。

【洋口港建设】 洋口港地处长江口北翼，如东县海域，经过国内数十家著名科研设计部门 10 多年的勘察论证，具备建设 10 万～20 万吨级深水大港的自然条件。建成后的洋口港将成为长江经济带进一步繁荣的海上支撑点，江苏经济持续增长的辐射源，上海国际航运中心最理想的北翼和强有力补充。2003 年 9 月 22 日，南通市政府批准了《南通港洋口港区总体规划》。11 月 18 日，洋口港开发建设正式开工，首期在洋口港规划区内开工围垦土地 10 平方千米。12 月 31 日，江苏省海洋与渔业局分别向江苏洋口港投资开发有限公司、江苏洋通开发投资有限公司颁发了在西太阳沙围填海的海域使用权证书。

统计资料
Statistical Data

表 1 江苏省沿海市行政区划一览表

市 名	市辖区县（市）
连云港市	连云区、新浦区、海州区、赣榆县、东海县、灌南县、灌云县
盐城市	盐都区、亭湖区、响水县、滨海县、阜宁县、射阳县、建湖县、东台市、大丰市
南通市	崇川区、港闸区、海安县、如东县、启东市、如皋市、通州市、海门市

表 2 江苏省海洋机构一览表

单位名称	机构级别	单位名称	机构级别
江苏省海洋与渔业局	正厅	盐城市海洋与渔业局	正处
江苏省海监总队	正处	滨海县海洋局	正科
江苏省海洋环境监测中心	正处	响水县海洋与渔业局	正科
江苏省海洋渔业指挥部	正处	射阳县海洋与渔业局	正科
江苏省海洋水产研究所	正处	大丰市滩涂海洋与渔业局	正科
连云港市海洋与渔业局	正处	东台市海洋与渔业局	正科
灌南县海洋局	正科	南通市海洋与渔业局	正处
灌云县海洋与渔业局	正科	启东市海洋与渔业局	正科
赣榆县海洋与渔业局	正科	如东县海洋与渔业局	正科
东海县海洋与渔业局	正科	海安县农牧渔业（海洋）局	正科
连云区海洋与渔业局	正科	海门市海洋与渔业局	正科
新浦区海洋与渔业局	正科	通州市海洋与渔业局	正科

表 3 江苏省沿海市经济主要统计数据

市 别	生产总值（亿元）	工业增加值（亿元）	农林牧渔业总产值（亿元）	城镇居民人均可支配收入（元）	农民人均纯收入（元）
连云港市	351.13	58.75	151.16	7 782	3 139
盐 城 市	760.90	180.52	177.1	8 059	4 037
南 通 市	1 006.65	301.19	231.50	9 598	4 393

上 海 市
Shanghai City

综 述
Summary

【自然概况】 上海，简称沪，位于31° 14′ N，121° 29′ E，北界长江，东濒东海，南临杭州湾，西接江苏、浙江两省。

上海地处长江三角洲东缘，属于长江三角洲冲积平原的一部分，境内除西南部有少数残丘外，地势坦荡低平，平均海拔高度4米左右。

上海位于我国南北海岸的中心，长江由此入海，交通便利，腹地广阔，地理位置优越，是一个良好的江海港口。

上海全市面积6 340.5平方千米，其中陆地面积6 218.65平方千米，水面面积121.85平方千米。南北长约120千米，东西宽约100千米。上海市江海岸线总长度449.66千米。

上海地区天然河网密布，多属太湖流域，主要河流有黄浦江及其支流吴淞江（苏州河）。

上海地区属亚热带轻季风气候，四季分明，气候暖湿，雨量充沛，年平均气温15.0～15.3℃，年平均水温17.0～17.4℃，年平均降雨量1 083毫米。

（管永华）

【行政区划】 上海市共有19个区县，其中沿海有5区1县，分别是：宝山区、浦东新区、金山区、南汇区、奉贤区和崇明县。

【海洋立法】 新时期本市海洋立法工作的宏观形势发生了较大变化，为适应依法行政的要求，有必要对原立法规划框架作相应修订。2003年，根据市建委关于修订上海市建设交通系统立法框架的要求，市海洋局组织对海洋领域的立法框架进行了修订。新修订的上海市建设交通系统立法框架及其说明中指出，为了更好地贯彻实施《海域使用管理法》，并适应海洋开发、利用和管理日显重要的趋势，此次框架修订强化了海洋管理立法力度，覆盖了海域资源管理、海洋开发管理、海洋环境保护和海洋防灾减灾等4块内容。建委下发的文件中确定了海洋领域立法规划框架如下：

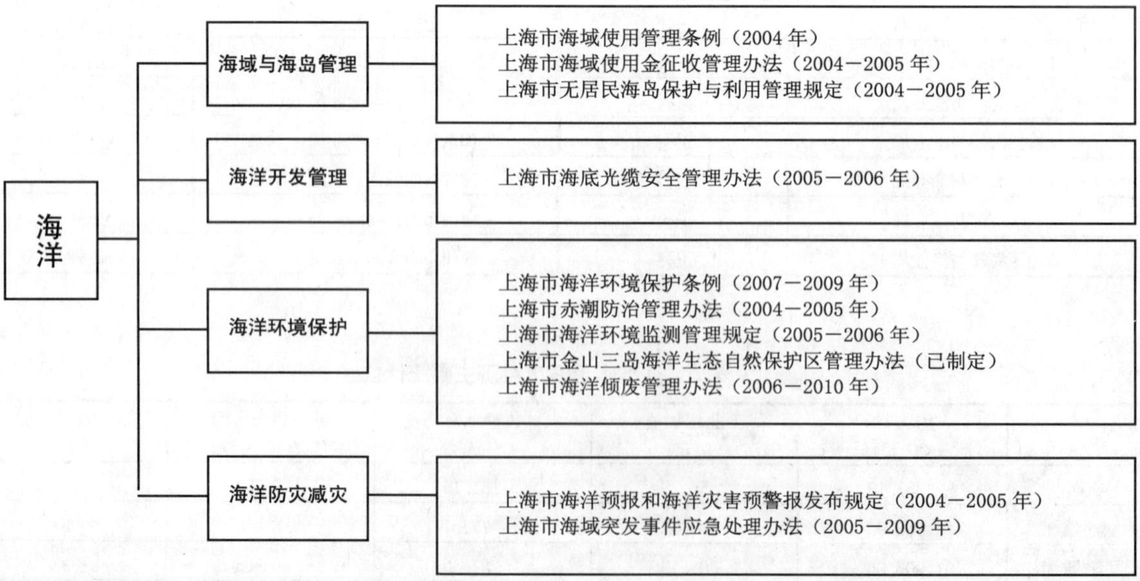

根据市人大常委会关于征集2003－2007年立法规划建议的要求，向市人大常委会、市法制办上报了关于《抓紧研究制定〈上海市海域使用管理条例〉的五年立法规划立项建设征集表》。

依据上位法和市海洋局职能，就《上海市滩涂管理条例》和《上海市港口岸线管理办法》的修订，向市法制办呈报了修改意见，并将意见抄报市人大常委会，提出修订上述条例和办法，对涉及海域使用的，要与作为上位法《海域使用管理法》等规定相一致。根据海洋防灾减灾工作法制化建设的实际，组织启动了上海市海洋预报和灾害预警报号发布规定的立法调研工作。

【上海市副市长杨雄听取上海市海洋局工作汇报并作指示】　2003年10月23日，上海市副市长杨雄和市政府副秘书长张惠民在市政府听取了上海市海洋局张有份局长的工作汇报。张有份向市领导汇报了三项工作，一是关于本市海域行政勘界工作；二是长三角近岸海域海洋生态环境保护与建设行动计划有关情况；三是关于上海市海洋经济联席会议第二次会议的准备情况。

杨雄副市长对市海洋局工作给予了肯定。他说，上海市海洋局在海域勘界上做了许多工作，工作是积极主动的，这项工作今后还要抓紧。针对本市海域使用管理工作中的问题，杨雄副市长指示要研究解决的办法。张有份局长建议市委、市政府进一步加强对本市海域使用管理工作的领导，加紧研究制定《上海市海域使用管理条例》和《上海市海域使用金征收管理办法》。对于苏沪浙联合开展长三角近岸海域海洋生态环境保护与建设行动计划的动议，杨雄指出，上海要积极响应，上海市的《行动计划》由市海洋局牵头组织编制。市委市政府高度重视生态环境问题，这方面的投入是很大的，取得的成绩也是有目共睹的。苏沪浙三地领导对长三角要处理一些共同关心的问题已达成共识。关于召开上海市海洋经济联席会议第二次会议，杨雄副市长同意待准备工作就绪后召开。杨雄副市长非常关心海底光缆的安全保护和海底电缆管道新登陆区选址问题，要求市海洋局继续抓好这项工作，多关心海底光缆的安全保护问题。

【召开上海市海洋经济发展联席会议第二次会议】　2003年12月10日，上海市海洋经济发展联席会议第二次会议在市政府会议室召开，联席会议22个成员单位的领导、联络员出席会议。副市长杨雄到会并作了重要讲话。会议由执行主席、市发改委副主任祝兆松主持。会议首先宣读通过了经调整后的联席会议成员名单，联席会议主席由市政府副秘书长张惠民担任。执行主席、市海洋局局长张有份就上海市沿海区县海域行政勘界、海洋环境保护和生态建设及海洋功能区划修订三项工作，向会议作了工作通报。祝兆松向会议传达了全国省级海洋经济规划编制工作会议精神，介绍了本市海洋经济发展“十一五”规划编制工作。会议回顾了联席会议一年多来的工作，认为联席会议按照“三个加强、一个加大”和“三个统一”的要求，在“沟通信息、工作合作、政策协调和提供服务”上的作用得到初步体现和发挥。期限至2005年的本市海洋经济发展规划业已下发执行，本市海域行政勘界工作正按计划有序开展，联席会议的组织体系逐步完善，各项海洋工作取得新的进展。会议强调，要深刻领会党的十六大“实施海洋开发”的战略部署和党中央国务院有关海洋工作的一系列方针政策，要结合上海实际，认真贯彻落实国务院常务会议要求重点做好的四方面海洋工作。杨雄要求按照国务院文件精神和国家统一部署，按时保质完成好本市沿海区县的海域行政勘界工作，进一步做好本市的海洋环境保护和生态建设工作，修订好本市海洋功能区划和组织编制好“十一五”海洋经济规划，抓紧研究制定上海市海域使用管理条例，加强海洋立法工作。希望大家按照会议精神，认真落实各项工作。联席会议办公室要加强与各成员单位的联系和沟通，更好地发挥联席会议的作用。（张华明）

海域使用管理
Management of Sea Area Use

【海域使用确权】　截至2003年底，上海市已登记的用海项目近80个，登记率占全部已知用海项目的60.41%，其中13个用海项目取得海域使用权证，用海面积4 599.18公顷。13个用海项目中，由上海市海洋局受理，市人民政府审批的用海项目4个，用海面积811公顷；由国家海洋局受理、国务院审批的用海项目9个，用海面积3 787.82

公顷。

2003年，上海市海洋局受理的市批用海项目7个，具体是：①上海金海马船务有限公司车客渡码头用海项目；②奉贤星火开发区污水外排工程用海项目；③上海市金山三岛海洋生态自然保护区用海项目；④上海东海辐条厂排污口用海项目；⑤上海金山石化有限公司2号排污口用海项目；⑥上海金山石化有限公司3号排污口用海项目；⑦上海金山石化有限公司4号排污口用海项目。其中，①、②两项受理后，已完成审核报批，现在市政府审批中。其余正在受理或审查中。

【海域行政勘界】 上海市区（县）际间海域勘界工作以资料收集、调访为主，外业勘测为辅，在此基础上编写海域勘界报告，勘定海域行政界线。在完成《上海市海域行政区域勘界实施方案》编制、落实技术承担单位和海域勘界技术队伍基础上，2003年完成了金山-奉贤线、南汇-奉贤线的海域勘界报告和界线方案，完成了全部大陆海岸的修测，会同上海市档案局出台了“上海市海域勘界档案管理办法”。此外，协助国家海洋局协调处理沪苏线、沪浙线海域勘界有关问题，为相关勘界单位提供资料和后勤保障。组织开展了沪苏线、沪浙线海域的地形地貌、海洋水文和海洋生物等环境现状调查研究，会同市民政局、崇明县和金山区政府提出了沪苏线、沪浙线海域勘界划界的主张线方案。

【海域使用现状调查】 2003年上海市海洋局组织对上海南汇区、奉贤区、金山区和浦东新区白龙港以南地区的海域使用现状进行了调查登记。通过调查登记，摸清了四区最新的海域使用现状，并向用海单位进一步宣传海域法及配套制度，督促其尽快依法办理使用海域的有关手续，年内有11个用海项目的业主单位前来咨询办理用海申请有关事项，有5项提出海域使用申请并进行了用海测量。

【海域使用示范区建设】 金山区是上海市海域使用示范区。2003年示范区建设，一是加强海域法宣传力度。将《海域法》单行本和有关海域管理材料发放到示范区所有用海单位，用以提高用海单位依法用海意识，推动《海域法》的贯彻落实。二是在金山区开展全面系统海域使用普查登记。普查内容包括单位名称、法定代表人、地址、电话、分管部门、联系人；用海项目名称、类型、位置、占用岸线长度、使用海域面积、原海域使用许可途径等内容。通过普查掌握了有关海域使用项目的位置（或工程）示意图、原批准文件（或许可证）等书面资料复印件。普查表明，金山示范区的海域使用主要类型有交通运输、旅游娱乐、排污排水、围海填海、渔业用海和特殊用海共六大类，用海单位12家。

【海域使用检查】 根据国家海洋局《关于开展海域使用管理法及配套制度执行情况大检查工作的通知》要求，自2003年3月底起，按照文件要求认真细致地开展了为期2个月的自查，向市政府办公厅上报了开展海域使用管理法及配套制度执行情况大检查及落实大检查工作的安排，完成了迎接国家组织的海域法及配套制度执行情况检查的准备工作。

【海底电缆管道普查登记】 由上海市海洋局和上海市信息办牵头组织实施的上海海域海底光（电）缆、管道普查工作，于2001年8月启动，2002年10月基本完成，2003年7月通过验收。本次普查登记完成了以下几项成果：①上海海域海底电缆管道注册登记表；②上海海域海底电缆管道统计一览表；③上海海域海底电缆管道普查报告；④上海海域海底电缆管道图册；⑤上海海域海底电缆管道信息库。通过普查登记查明，包括国际通信光缆，市内通信电缆、输电电缆，海底输气、输油、输水管道共有24条。

【上海海底电缆管道登陆备选区选址】 上海是我国三大出口通信基地之一，目前已有6个系统9条国际海底光缆和1条东海平湖油气田天然气管道从崇明东滩和南汇芦潮港登陆。为适应国际通信业务和油气等管道输运日益增长的需要，解决现有海底电线管道登陆区资源紧张状况和用海矛盾，2003年10月23日，上海市海洋局组织召开了“上海海域海底电缆管道登陆备选区选址座谈会”。上海市建委、市信息委、市海洋局、市港口管理局、中国海底电缆建设公司、中英海底系统有限公司、上海石油天然气有限公司、上海交通大学、华东师范大学、东海海洋工程勘察设计研究院等单位的领导和专家出席了会议，围绕开辟第三登陆区的必要性、可行性和登陆备选区选址问题进行了深入交流讨论。会议认为，有必要启动第三登陆区选址工作，组织力量深化对海底电缆备选区选址的研究论证，并将登陆备选区选址与新一轮近海海洋调查和评价工作有机结合起来，在上海市海洋功能区划修订时做出安排。上海市海洋局局长张有份主持会议并传达了上海市副市长杨雄对“电缆管道登陆备选区选址”和“海底光缆安全保护工作”的指示，并表示上海海洋行政主管部门将继续在服务中做好海底电缆管道的管理工作。

【上海市无居民海岛现状概查】 为更好地贯彻落实“无居民海岛保护与利用管理规定”，查清上海市无居民海岛的分布、数量、自然环境和资源状况以及目前的保护与开发利用情况，上海市海洋局于 2003 年月 9 月至 12 月，组织对上海市海域无居民海岛进行了概查。概查表明，分布于上海毗邻海域的无居民海岛总数为 14 个。按海岛物质组成可分为两类，一类是基岩型无居民海岛，数量 5 个，它们是佘山岛、鸡骨礁、大金山岛、小金山岛和浮山岛。总面积约为 0.334 4 平方千米；另一类是冲积沙质型无居民海岛，数量 9 个，它们是九段沙、青草沙、扁担沙、东风沙、黄瓜沙、顾园沙和需进一步查证的白茆沙、带鱼沙、无名沙地。总面积大于 200 平方千米。由于“规定”中的低潮高地的界定标准不明，预计待查明的无名沙地数量还将增加。14 个无居民海岛中，大金山岛、小金山岛和浮山岛及周围海域已被批准为市级金山三岛海洋生态自然保护区，九段沙已被批准为湿地自然保护区，青草沙已辟为水源保护区；佘山岛、鸡骨礁作为军事和航标区；黄瓜沙、顾园沙尚存归属争论；其他无居民海岛的开发利用程度较低，功能定位尚不确定。另外，2003 年 11 月，组织召开了“上海市无居民海岛管理工作专家座谈会”。与会专家就上海市无居民海岛的保护与开发利用现状和相互关系，无居民海岛的立法和地方法规制定，无居民海岛的调查与动态管理等问题发表了看法，提出了管理建议，会议情况已上报市政府办公厅。 （张华明）

海洋环境保护
Marine Environmental Protection

【海洋环境监测】 根据《中华人民共和国海洋环境保护法》和国家海洋局“关于 2003 年海洋环境监测方案”的要求，上海市海洋局结合上海海域的海洋环境特点，制定了“2003 年上海市海洋环境监测计划”，共设置监测站位 127 个，监测项目 57 个，并分别于 2 月份（65 站）、5 月份（91 站）、8 月份（118 站）、11 月份（64 站）4 次实施海洋环境监测作业，获得水质分析样品 3 309 个（4 次分别为 375、1 308、841、785 个），沉积物样品 138 个，生物样品 720 个。2003 年共计获得监测数据 22 107 组，其中，水文气象数据 5 326 组（762、1 230、2 397、937 组），船测项目化学数据 5 749 组（764、1 639、2 601、745 组），水质、沉积物、生物分析数据共 11 032 组。

2003 年海洋环境监测范围为长江口及杭州湾北岸的上海海域（30° 45′ 00″ ～31° 40′ 00″ N，123° 00′ 00″ E 以西海域），监测介质为水文气象、水质、沉积物、生物（生态）等；监测项目为水文气象的风向、风速、简易天气现象、水温、水色、水深、透明度、海况；水质的 pH、盐度、浊度、溶解氧、化学需氧量（锰法、铬法）、活性磷酸盐、亚硝酸盐-氮、硝酸盐-氮、氨-氮、硅酸盐、六价铬、总汞、铜、锌、铁、锰、镉、铅、砷、硫化物、油类、悬浮物、叶绿素-a、挥发酚；沉积物的总汞、铜、铅、锌、镉、砷、DDT、PCBs、油类、硫化物、有机质、粒度；生物质量的总汞、铜、镉、铅、砷、DDT、六六六、PCBs、油类以及浮游植物、浮游动物、底栖生物等 57 个项目。

【海水环境质量】 上海海域水质总体较 2002 年有所改善。海水中主要污染物是无机氮，其次为活性磷酸盐，油类和重金属铅在部分海域存在不同程度的超标，上述 4 项指标平均含量均呈降低趋势。长江口南支和杭州湾北岸海域水质污染程度依然较为严重。

表 1 上海海域水质主要污染物标准指数变化趋势

	无机氮	活性磷酸盐	油 类	重金属铅
2002 年	6.11	2.93	0.84	2.07
2003 年	5.94	2.06	0.58	0.64

标准指数：实测平均值与国家海水一类水质标准值的比值。

表 2　上海海域各主要区域水质统计

单位：毫克/升

	无机氮	活性磷酸盐	油类	重金属铅
长江口外	0.834	0.022 9	0.027	0.000 72
长江口南支	1.501	0.034 2	0.030	0.000 59
杭州湾北岸	1.607	0.056 5	0.036	0.000 47
国家一类海水水质标准	0.20	0.015	0.05	0.001

主要污染物分布：无机氮含量达到一类海水水质标准的范围仅占整个监测海域的5.4%，而严重污染海域面积约占监测海域面积的77.5%。活性磷酸盐含量未达到一类海水水质标准的范围占整个监测海域的83.9%，中度污染和严重污染海域面积分别占整个监测海域面积的13.9%和29.3%。

油类含量在竹园和白龙港排放口附近海域达到三类海水水质标准，属于轻度污染海域，其他为清洁、较清洁海域。重金属铅含量在122°30′E以东小部分海域未达到一类海水水质标准，约占监测海域面积的8.1%，其他基本为清洁海域。

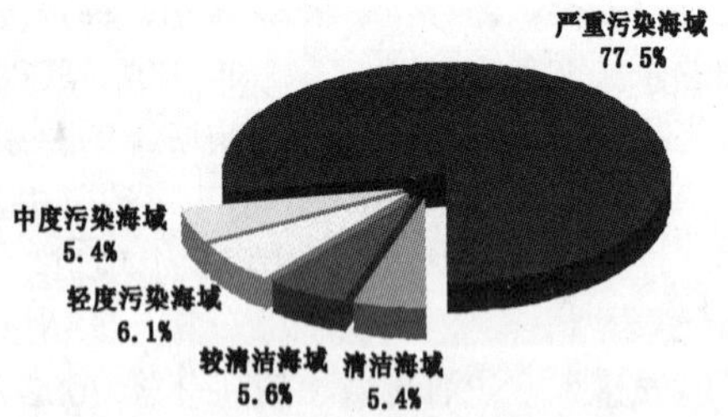

无机氮不同含量的面积比例

【海洋沉积物质量】 2003年，上海市近岸海域沉积物监测结果显示，石油类和重金属铜各有10%的区域超一类海洋沉积物质量标准，重金属镉与铅、汞、砷、PCBs、DDT、硫化物和有机碳含量均符合一类海洋沉积物质量标准。

表 3　上海海域沉积物评价因子平均含量及超标率状况

项　目	平均含量	一类海洋沉积物标准	超标率（%）
石油类（$\times 10^{-6}$）	136.97	500.0	10
有机质（%）	1.02	2.0	0
硫化物（$\times 10^{-6}$）	26.55	300.0	0
铜（$\times 10^{-6}$）	23.31	35.0	10
铅（$\times 10^{-6}$）	18.39	60.0	0
砷（$\times 10^{-6}$）	10.96	20.0	0
镉（$\times 10^{-6}$）	0.19	0.50	0
汞（$\times 10^{-9}$）	30.71	200	0
PCBs（$\times 10^{-9}$）	1.11	20	0
DDT（$\times 10^{-9}$）	0.62	20	0

【海洋生物质量】 2003年，上海市近岸海域泥螺采样监测的结果显示，崇明东滩湿地泥螺体内的铅和镉含量超一类海洋生物质量标准，金山三岛潮间带泥螺体内的铅含量超一类海洋生物质量标准。

表 4　上海海域泥螺体内主要污染物残留量

单位：毫克/千克（鲜重）

监测项目	崇明东滩	金山三岛	一类海洋生物质量标准
铅	0.612	0.638	0.1
镉	1.140	0.088	0.2
砷	0.365	0.388	1.0
汞	0.006 4	0.003 9	0.02
DDT	0.001 3	0.001 1	0.01
六六六	0.000 6	0.000 4	0.05
PCBs	0.002 3	0.001 4	0.1
石油烃	未检出	未检出	15

【海洋自然保护区】 2003 年对金山三岛海洋生态自然保护区、崇明东滩鸟类自然保护区、九段沙湿地自然保护区、陈行水库及青草沙水资源保护区周围海域的水质、浮游生物和沉积物进行了 4 次监测。结果表明：保护区海域水体中无机氮、活性磷酸盐含量达到四类或劣于四类海水水质标准，油类、化学需氧量、重金属（铅、铜、锌、汞）含量有不同程度的超标，其他水质指标基本符合一类海水水质标准。保护区海域水体中浮游植物和浮游动物种类丰富，浮游植物优势种为中肋骨条藻、中心圆筛藻和旋链角毛藻；浮游动物优势种为火腿许水蚤、虫肢歪水蚤、真刺唇角水蚤、肥胖箭虫。浮游生物的种类、数量存在明显季节性变化特征，春季和夏季浮游生物种类、数量明显大于秋季和冬季。保护区海域沉积物环境质量总体良好，仅重金属铜和砷在个别区域有不同程度超标，其余指标均符合一类海洋沉积物质量标准。

【海洋生物多样性】 上海海域生物多样性较为丰富。4 个航次共监测到浮游植物 112 种，浮游动物 80 种，底栖生物 84 种，潮间带生物 66 种。浮游生物的种类和多样性指数时空差异明显，春季和夏季明显比秋季和冬季高。浮游生物种类和多样性自长江口外海域向近岸均呈递减的趋势，在长江口南支和北支入海冲淡水区浮游生物较多，长江口外嵊泗海域浮游植物种类最多，数量最大，优势种类为中肋骨条藻，长江口内低盐海域浮游植物种类组成简单，数量少，小细柱藻为主。崇明东滩潮间带生物种类和个体数量相对丰富，生物多样性指数较高。白龙港排放口海域生物种类相对较少，仅发现耐污种生物，生物多样性指数较低。

表 5 2003 年上海海域生物多样性

生物类群 \ 月份/海域		2 月 金山三岛海域	5 月 上海海域	8 月 上海海域	11 月 上海海域
浮游植物	种类数	49	58	112	61
	物种丰度	0.72	0.44	0.61	0.42
	生物多样性	0.65	1.67	1.59	1.05
	均匀度	0.17	0.55	0.42	0.35
浮游动物	种类数	—	62	80	49
	物种丰度	—	1.31	1.37	0.94
	生物多样性	—	2.09	1.94	1.52
	均匀度	—	0.69	0.69	0.59
底栖生物	种类数	—	—	84	—
	物种丰度	—	—	0.74	—
	生物多样性	—	—	1.70	—
	均匀度	—	—	0.70	—

注：“—”表示此海域未采样

表 6 2003 年上海潮间带生物多样性

月份 \ 潮间带		崇明东滩	上海化学工业园区	白龙港排放口	朝阳农场	东海农场	芦潮港农场
5 月	种类数	21	13	3	4	8	16
	物种丰度	0.71	0.62	0.07	0.08	0.29	0.45

续 表

月份 \ 潮间带		崇明东滩	上海化学工业园区	白龙港排放口	朝阳农场	东海农场	芦潮港农场
5月	生物多样性	1.20	1.45	0.17	0.23	1.00	1.86
	均匀度	0.39	0.91	0.17	0.23	0.57	0.93
8月	种类数	21	21	2	—	12	14
	物种丰度	0.99	1.55	0.00	—	0.53	0.46
	生物多样性	1.78	2.15	0.00	—	1.10	1.06
	均匀度	0.54	0.84	0.00	—	0.45	0.51
11月	种类数	20	17	1	14	20	9
	物种丰度	0.60	0.65	0.00	0.56	0.80	0.29
	生物多样性	0.88	1.92	0.00	1.93	1.42	0.98
	均匀度	0.41	0.90	0.00	0.90	0.60	0.67

【海洋倾倒管理】 2003年，上海市共使用海洋倾倒区8个。海洋行政管理部门受理海洋倾倒申请199起，年倾倒疏浚物2 484.47万立方米，骨灰撒海1 068盒。为保障海洋工程建设的环境安全，经国家海洋局批准，组织选划了上海市国际航运中心洋山港一期工程建设项目、长江口深水航道整治工程建设项目临时海洋倾倒区。

表7 2003年上海市海洋倾倒区使用情况统计

倾倒区名称	倾倒量（万立方米）
吴淞口北倾倒区	425.25
鸭窝沙北倾倒区	50.23
长江口2号临时倾倒区	536.07
长江口3号临时倾倒区	119.45
长江口5号临时倾倒区	1 344.48
外环隧道工程临时倾倒区	0.50
金山疏浚物临时倾倒区	8.49
长江口骨灰临时倾倒区	1 068盒

【石油平台管理】 东海的石油勘探开发区域为28°～29°30′N，123°～125°15′E。2003年，“平湖油气田”、“勘探三号”、“南海五号”等平台在该区域实施生产或勘探作业。平湖天然气生产平台年产原油497 204立方米，产天然气5.17亿立方米。在生产作业过程中，产生含油污水1 183 119立方米，平均含油量为26.50×10^{-6}，均符合国家排放标准；产生的生活垃圾613.8吨，均运回陆地处置。在钻井作业期间，产生钻屑450.18吨，排放泥浆1 713吨；7～12月份，产生生活污水8 348立方米，包括生活灰水（即洗刷流水等）。

2003年，依据国家有关法律法规的规定，加强了东海区海洋石油勘探开发中的海洋环境保护。东海区的海洋钻井平台的勘探作业共116天，海洋采油平台的作业共365天。期间，海洋行政主管部门对“海礁一井”、“富阳一井”、“残雪四井”和“南平11-4-1井”等4口井的《溢油应急计划》进行了审核，核查了在东海作业的油气田生产和勘探平台的防污记录薄和防污季度报表。登检了参加春晓油气田钻探作业的“勘探三号”和“平湖油气田”平台。

为贯彻落实国家海洋局《关于印发〈海洋工程排污费征收标准实施办法〉的通知》精神，组织中海石油（中国）有限公司上海分公司、中国石化集团公司上海油气分公司、上海石油天然气有限公司等单位认真学习了《海洋工程排污费征收标准实施办法》。通过学习，业主们对国家海洋环保政策有了进一步的认识，提高了保护海洋环境的责任感。从2月1日开始，实施对海洋工程排污费征收工作，到12月份，共征收油气田排污费119 212.8元。

履行海洋行政管理职能，督促春晓项目组根据《春晓气田群总体开发工程环境影响评价报告》的批复，编制《项目设计环境保护篇章》。对编制过程中的环境问题，及时指出，明确工程环保方向，使海洋石油勘探开发工程的环境保护从项目可行性阶段介入管理，为海洋环境保护奠定了科学基础。

【海洋赤潮监视监测及毒素检测】 根据《上海市赤潮防治工作预案》，上海市海洋局加强了赤潮监视监测力度，安排了海监飞机航空遥感监视监测30多架次，船舶巡航监测3个航次；加大了对集贸市场海产品贝类赤潮毒素的检测频率和范围，5～10月对上海水产品市场及周边地区海产品每月抽检一次，累计获取样品111份。发布赤潮信息9期。

赤潮监视监测 2003年，上海市及邻近海域共发现赤潮11起，累计影响面积超过2 300平方千米。赤潮发生时间主要集中于5～8月，影响面积超过1 000平方千米的赤潮2起，赤潮生物优势种为中肋骨条藻、具齿原甲藻，未发现有毒藻类赤潮。

表8　2003年上海海域赤潮发生情况一览表

发生时间	地　　点	颜色或形状	面积(平方千米)	赤潮生物	细胞密度(个/升)
4月28日	长江口外海域	褐色、团块状	100	微型绿藻	1.0×10^7
5月19日	长江口外海域	褐色、条丝、块状	1 000	具齿原甲藻	1.2×10^7
6月2日*	长江口外海域	褐色、条状	150		
6月5日*	崇明岛以东海域	褐色、条状	6		
6月5日*	鸡骨礁附近海域	褐色、条状	2		
6月8日*	花鸟山附近海域	褐色、条状	10		
6月25日	长江口外海域	褐色	1 000	中肋骨条藻	1.6×10^7
6月28～30日	长江口外海域	褐色		中肋骨条藻 具齿原甲藻	1.0×10^7 2.0×10^6
6月29日	长江口外海域	浅褐色	小范围	异甲藻	2.0×10^6
8月17日	长江口外鸡骨礁附近海域	浅褐色		中肋骨条藻	1.2×10^7
8月28～30日	长江口外海域	褐色	100	中肋骨条藻	1.7×10^7

* 海监飞机发现

赤潮毒素检测 上海水产品市场海产贝类赤潮毒素检测结果表明，麻痹性贝毒和腹泻性贝毒检出率分别为5%和9%。市场常见的18种经济贝类中，海湾扇贝、扁玉螺等贝类受到麻痹性贝毒污染的几率较高；而菲律宾蛤仔、齿纹花生螺、紫贻贝、扁玉螺、栉江珧、绉红螺等贝类易受到腹泻性贝毒的污染。海产贝类体内检出麻痹性贝毒的月份主要集中于5～7月，检出腹泻性贝毒的月份主要集中于6～10月。　（尤建军）

海洋行政执法
Marine Administrative Law-enforcement Work

【近海海洋环境执法】 依据《中华人民共和国海洋环境保护法》、《中华人民共和国海域使用管理法》等法律法规的规定，2003年，上海市海洋局加强了上海海域的执法监督，全年开展专项执法行动5次，安排“中国海监”船舶海上巡航67天、航程3 353海里；“中国海监”飞机空中巡航

33架次、106小时；组织执法人员陆检140次、行程5 672千米，查处案件2起，处罚金额4万元。

海洋倾废执法 安排“中国海监”船舶对长江口、杭州湾、大小洋山等海洋倾倒区开展了例行性巡航监视，共组织海上巡航17航次、67天；安排执法人员陆上检查100次，出动执法人员139人次，海监车辆行驶4 064千米；查处违法倾废案件2起，处罚金额4万元，另外，对2002年查处的2起案件，执行了3万元罚款。

海洋工程执法 6月和10月，2次组织开展海洋石油勘探开发环境保护专项执法活动。执法人员分别对上海海洋石油局所属的“勘探三号”钻井作业平台和“平湖油气田”石油生产平台实施了登临检查。检查结果表明，有关单位能够按照《海洋环境保护法》的规定，认真落实各项环保措施。

海洋自然保护区执法 8月底，会同金山区商旅委，对上海市金山三岛海洋生态自然保护区实施了专项执法检查。检查情况总体良好，对于检查中发现的个别问题，已要求有关部门进行整改。

海域使用执法 组织开展了3次、为期24天的海域使用执法检查，对金山、南汇、奉贤等区的27家用海单位进行了上门宣传和普查登记，绘制了用海草图，获取了大量的海域使用资料。

“海盾2003”专项执法行动 按照国家海洋局的统一部署，组织执法人员，在金山、南汇、奉贤等区开展了“海盾2003”海上专项执法行动，广泛宣传《海域法》的有关规定，对2家无证用海的单位进行了教育和督促，并责成其限期办理海域使用证。

海底管道路由执法 组织对在上海市登陆的国际海底电缆的巡航监视，共安排“中国海监”飞机开展了5架次、16小时38分的空中监视。根据有关单位的举报，4次组织执法人员对“中日海底光缆阻断事件”进行调查核实和对相关活动实施了全程监督，并向上海市政府作出专题报告。

航空执法飞行 安排“中国海监”飞机加强对上海市近岸海域的海域使用、海洋倾废、海洋工程、海洋自然保护区进行例行性巡航监视，组织对洋山深水港、芦洋大桥、东海大桥等国家重点建设工程项目海洋环境保护情况以及赤潮灾害、秦山核电站温排水情况的专项监视，共出动海监飞机33架次、航行106小时，发现赤潮9起，面积约2 800平方千米。 （施星平）

海洋公益服务
Marine Public Welfare Service

【海洋预报】 上海市海洋预报台负责上海市近岸海域和主要港口、东海海域的海洋环境预报。预报要素有：海浪、潮汐、风暴潮、海温等。预报时效是：24、48、72小时及三天以上的中长期预测。预报形式主要有：消息、预报、警报。

2003年，预报台通过上海电视台发布预报365份、上海人民广播电台发布预报730份，发布海温预报36份。通过预报台网络发布全市沿海主要港口潮汐、海浪、海温预报365份。预报准确率达90%。

2003年初，预报台对影响上海市的海洋灾害进行了预测研究，提出全年影响上海市长江口和杭州湾海域的强风暴潮1～2次，强度与常年持平偏弱，全年灾害性海浪11～16天。经与实际情况比较，基本符合。2003年汛期有1个热带气旋外围对上海市沿海造成了一定的影响。预报台共发布上海地区风暴潮电视警报1次，上海地区风暴潮广播预报2次，上海地区风暴潮网络预报4次；东海区风暴潮消息28次（186份）、警报12次（90份）、紧急警报2次（42份）。

上海海洋预报台还承担着全市港口及海上交通安全的海洋环境保障预报任务以及洋山深水港建设工程、长江口航道工程、上海市沿海滩涂造地工程等重大海洋、海岸工程作业安全保障任务。

（尤建军）

海洋国际合作与交流
Marine International Cooperation and Interflow

【中美海洋与海岸带协调小组美方代表团访沪】 2003年10月28日，中美海洋与海岸带协调小组美方代表团一行9人抵达上海，在沪行程3天。期间美方代表团参观了上海渔博会及上海城市建设，与上海市海洋局有关人员进行了座谈，主要就2005年郑和航海暨国际海洋博览会、海岸带管理等有关事宜进行了交流。 （王　培）

地方重大海洋工程项目
Local Key Marine Engineering Projects

【洋山深水港工程进展顺利】 经过有关方面的

共同努力，洋山深水港一期工程建设取得了良好进展，其中洋山深水港区一期工程的主体工程——1.6千米集装箱码头桩基工程已全部完成，为2004年建设工程全面推进奠定了基础。在浙江省、舟山市和嵊泗县等政府部门的支持下，2003年征地工作已经提前半年完成，岛上原有的1 423户、总计3 553名岛民已经全部搬迁。造陆2 000万立方米的工程已经基本完成。连接东海大桥进岛的2.5千米进港道路已经全面开工，穿过小洋山的2个双拱隧道也已开工。经过爆破和开凿，将成为上面6车道、下面4车道的隧道直通港区。

2003年，作为上海国际航运中心洋山深水港一期工程的重要配套工程的东海大桥（1标）陆上段已实现贯通，与沪芦高速公路接通的300米长的连接通道正在抓紧建设。浅海段两台造桥机正以每13天架设1跨箱梁的建设速度向前推进，力争2004年10月实现单向贯通，2004年底实现双向贯通的目标。东海大桥2标预计年底完成全部立柱浇筑任务，完成预制箱梁250榀，架设箱梁240榀。

不包括东海大桥在内的一期工程总投资约70多亿元，到2003年底总共完成了投资近37亿元。从2004年起，洋山工程的单体建设将全面开工，整个工程将全面推进。同时，二期工程1.4千米的集装箱码头成陆工作已经开始启动。2005年底，洋山一期工程将如期完成，建有5个集装箱船泊位，配有15台集装箱岸桥，设计能力为220万标准箱/年，最大装卸能力将有望达到300万标准箱/年。2006年，投资近60亿元的二期工程也将建成，形成1.4千米集装箱码头岸线，4个集装箱船泊位，一、二期工程将使洋山深水港区的最大吞吐能力达到600万标准箱/年。（金左文）

表9 上海市海洋开发资料统计表

统计项目	2003年
海洋捕捞产量（吨）	130 773
海水养殖产量（吨）	2718
海水养殖面积（公顷）	465
海洋货物货运量（万吨）	30 967.25
海洋旅客客运量（万人次）	1 001.48
上海港货物吞吐量（万吨）	31 621.10
境外来沪旅游人数（万人次）	244.71

表10 上海市及沿海区县国内生产总值、工农业总产值（现价）

市区县	年份	国内生产总值（亿元）					工业总产值（亿元）	农业总产值（亿元）
			第一产业	第二产业	#工业	第三产业		
上海市	2003	6 250.81	92.98	3 130.72	2 865.85	3 027.11	10 700.91	247.29
宝山区	2003	206.21	3.55	99.25	83.77	103.41	1 004.69	12.92
浦东新区	2003	633.25	6.67	290.01	250.25	336.57	2 772.45	14.21
南汇区	2003	190.91	13.86	111.01	95.90	66.05	329.41	37.78
奉贤区	2003	141.73	9.38	90.83	84.44	41.52	361.08	30.08
金山区	2003	116.93	7.58	67.21	58.60	42.14	499.48	21.82
崇明县	2003	70.07	14.68	28.40	20.25	27.00	82.98	37.24

表 11　上海市及沿海区县人口及从业人员情况一览表

市区县	年份	年末总人口（万人）		从业人员（万人）	
		合计	#非农业人口	合计	#职工人数
上海市	2003	1 341.77	1 041.39	813.05	358.59
宝山区	2003	85.43	68.50	51.02	23.16
浦东新区	2003	176.69	153.46	78.85	45.33
南汇区	2003	69.91	23.11	51.22	7.02
奉贤区	2003	50.87	16.64	33.51	7.98
金山区	2003	52.71	21.44	36.55	9.16
崇明县	2003	63.54	16.40	36.43	5.79

浙　江　省
Zhejiang Province

综　述
Summary

【自然概况】　浙江省地处中国东南沿海长江三角洲南翼，东临东海，南接福建，西与江西、安徽相连，北与上海、江苏接壤。境内最大的河流钱塘江，因江流曲折，称之江，又称浙江，省以江名，简称“浙”。东西和南北的直线距离均为450千米左右，陆域面积10.18万平方千米，为全国的1.06%，是中国面积最小的省份之一。地形复杂，山地和丘陵占70.4%，平原和盆地占23.2%，河流和湖泊占6.4%，耕地面积仅208.17万公顷，故有“七山一水两分田”之说。地势由西南向东北倾斜，大致可分为浙北平原、浙西丘陵、浙东丘陵、中部金衢盆地、浙南山地、东南沿海平原及滨海岛屿等六个地形区。海岸曲折，海域开阔，多港湾和岛屿。大陆海岸线长1 840千米，岛屿3 061个，是全国海岛最多的省份。有建港条件的港址60余处。江河、湖泊众多，有钱塘江、瓯江、灵江、苕溪、甬江、飞云江、鳌江、京杭运河（浙江段）等八条水系，源短流急，暴涨暴降，除苕溪外，均受潮汐影响。有杭州西湖、绍兴东湖、嘉兴南湖、宁波东钱湖四大名湖及人工湖泊千岛湖。自然景观呈千岩竞秀、万壑争流、山海兼优、田园水乡的多姿风貌。

浙江省位于27°12′～31°31′N之间，地处亚热带中部，属季风性湿润气候。气候特点是冬夏季风交替显著，年温适中，四季分明，雨量充沛，雨热基本同步，空气湿润，光照充足。在夏季经常受台风（热带风暴）直接影响，尤其是8月份在浙江登陆的台风，造成人民生命财产巨大损失。年平均气温16～18℃之间。7～8月气温最高，月平均气温26～29.5℃；1月最冷，月平均气温3～8℃；无霜期225～280天。年平均雨日140～180天，年平均雨量980～2 000毫米之间，3～7月初雨水最丰。

【行政区划】　至2003年底，浙江省行政区划分设为杭州、宁波、温州、嘉兴、湖州、绍兴、金华、衢州、舟山、台州、丽水11个地级市或副省级城市，下辖36个县、22个县级市和30个市辖区。与海相接的副省级市或地级市有杭州、宁波、温州、嘉兴、绍兴、舟山、台州等7个；沿海县及县级市、区有37个。舟山市为全国唯一海岛地级市，舟山市及所辖的嵊泗县、岱山县、定海区、普陀区以及温州市的洞头县均由海岛组成，台州市的玉环县大部分为海岛。　（纪志康）

【人口与经济】　2003年，浙江省年末总人数4 551.58万人，其中沿海地区年末总人数2 368.94万人，占全省总人数的53.05%。全省国内生产总值9 395亿元，比上年增长20.51%，居全国省市第4位，其中沿海地带国内生产总值6 511.93亿元，比上年增长14.57%，占全省的69.31%。2003年浙江省沿海市、县地区生产总值、人口、从业人员情况如表1所示。　（应　晓）

表1　2003年浙江省沿海地区生产总值、人口、从业人员一览表

单位：万人，亿元

地区名称	地区生产总值				年末总人口	其中：非农业人口	全社会从业人员
	合　计	第一产业增加值	第二产业增加值	第三产业增加值			
全省合计	9 395	728	4 941	3 726	4 551.58	1 157.5	2 918.74
沿海城市合计	8 227.68	573.46	4 594.17	3 060.05	3 350.66	908.69	2 180.07
宁波市	1 786.85	112.23	1 001.21	673.41	549.07	168.81	386.20

续 表

地区名称	地区生产总值				年末总人口	其 中: 非农业人口	全社会 从业人员
	合 计	第一产业增加值	第二产业增加值	第三产业增加值			
温 州 市	1 226.44	57.94	700.89	467.61	742.28	142.95	444.31
舟 山 市	172.27	32.99	71.14	68.14	97.12	33.59	55.24
台 州 市	995.03	92.89	578.09	324.05	552.61	95.35	358.87
嘉 兴 市	858.03	68.37	508.66	281.00	332.96	101.31	200.20
绍 兴 市	1 089.29	82.45	644.86	361.98	433.84	103.01	284.66
杭 州 市	2 099.77	126.59	1 089.32	883.86	642.78	263.67	450.59
沿海县(市、区)合计	6 511.93	404.80	3 617.51	2 489.62	2 368.94	700.26	1 605.93
杭州市区	1 617.78	66.51	817.20	734.07	393.19	216.13	291.24
宁波市区	1 025.04	27.88	561.24	435.92	206.91	109.95	147.10
余 姚 市	213.36	19.67	126.24	67.45	82.43	16.44	55.66
慈 溪 市	245.57	18.19	144.49	82.89	100.71	15.13	80.00
奉 化 市	95.15	10.57	54.80	29.78	48.15	9.94	33.40
象 山 县	107.54	21.73	56.03	29.78	52.63	10.10	36.94
宁 海 县	100.20	14.18	58.42	27.60	58.24	7.25	33.10
温州市区	530.53	5.84	300.38	224.31	134.65	59.48	151.51
瑞 安 市	192.55	9.14	109.44	73.97	112.52	18.28	63.30
乐 清 市	217.08	11.56	129.15	76.37	115.67	11.37	64.15
洞 头 县	13.34	2.96	3.81	6.57	12.39	1.40	7.14
平 阳 县	96.49	6.81	54.42	35.26	84.61	14.56	44.21
苍 南 县	109.88	10.75	58.46	40.67	122.56	23.10	59.74
平 湖 市	123.73	9.28	77.30	37.15	48.36	13.75	27.50
海 宁 市	188.35	12.20	117.86	58.29	64.12	22.48	38.64
海 盐 县	110.81	9.70	75.29	25.82	36.45	9.26	22.12
上 虞 市	177.54	18.11	105.27	54.16	77.41	14.56	49.62
绍 兴 县	272.24	14.17	179.21	78.86	70.16	11.74	45.47
舟山市区	119.10	17.68	52.67	48.75	68.96	26.03	38.15
岱 山 县	30.94	9.92	10.03	10.99	19.97	4.86	12.72
嵊 泗 县	22.24	5.40	8.44	8.40	8.19	2.70	4.37
台州市区	378.79	19.86	232.94	125.99	146.05	28.55	103.83
温 岭 市	248.63	26.48	132.21	89.94	114.50	17.49	77.33
临 海 市	124.12	14.75	67.71	41.66	110.58	14.07	66.21
玉 环 县	115.95	12.51	68.87	34.57	39.28	17.59	30.39
三 门 县	34.98	8.95	15.63	10.40	40.25	4.05	22.09

海域使用管理
Management of Sea Area Use

【海域使用管理】 2003 年，浙江省各级海洋行政主管部门在贯彻落实《中华人民共和国海域使用管理法》，全面加强海洋综合管理方面做了大量的工作，所有用海类型都纳入依法管理的范围，并基本实现了确权发证，海域使用金征收额有了较大幅度的增长。浙江省还根据《中华人民共和国海域使用管理法》和《国务院办公厅关于沿海省、自治区、直辖市审批项目用海有关问题的通知》要求，经省政府同意，下发了《浙江省人民政府办公厅关于审批项目用海有关问题的通知》，就全省审批项目用海有关问题进行了规定和授权。截至 2003 年底，全省累计审批海域使用项目 2 517 个，确权海域面积 45 974 公顷，征收海域使用金 2 303 万元。2003 年全省确权发证的项目 690 个，确权面积 11 807 公顷，征收海域使用金 956 万元。 （庄 曙 吴映美）

【海域行政区域勘界】 2003 年，海域勘界工作任务是在继续抓好试点工作的同时，全面铺开市、县际线的勘界工作。3 月份召开了全省海域勘界工作会议，在总结 2002 年勘界工作情况的同时布置了 2003 年的勘界工作任务。4 月份制定了《浙江省海域勘界档案管理实施办法》，还编印下发了《海域勘界工作文件选编》，为全省海域勘界工作提供了技术文件，初步规范了浙江省海域勘界工作。6 月份举办了第二期全省海域勘界业务培训班。7 月初，在温州台州线海域勘界试点工作基本完成的同时，省勘界办组织下发了嘉兴舟山线（2 段县际线）、宁波嘉兴线（2 段县际线）、宁波舟山线（6 段县际线）和宁波台州线（3 段县际线）4 条市际线海域勘界工作实施方案，标志着全省海域勘界工作全面展开。9 月 9 日，温州台州线双方分管市长在协议书上签字。全年除完成温州台州线（3 段县际线组成）1 条市际线之外，还完成了定海普陀（北线）县际线的试点工作，其他 4 个市也各自基本完成了 1 条县际线的协调工作。 （任迪康 方康保）

【海底电缆管道实现规范化管理】 按照国务院 27 号令《铺设海底电缆管道管理规定》和国家海洋局 1992 年颁布的《铺设海底电缆管道管理规定实施办法》的规定，浙江省各级海洋行政主管部门认真履行职责，维护浙江海域内铺设海底电缆、管道的良好秩序，合理开发利用海底资源，在铺设海底电缆管道管理方面做了大量的工作。2003 年 4 月，浙江省对未经登记公告的电缆管道进行了注册工作，共注册登记海底管线 22 条，其中，输水管道 1 条，输电电缆 6 条，通信光缆 12 条，排污管道 1 条，输油气管道 2 条。全省已铺设各类海底管线 124 条（其中，输油气管道 4 条，输水管道 8 条，输电电缆 55 条，通信电缆光缆 56 条，排污管道 1 条）。全省海底电缆管道已完全进入规范化管理轨道。 （庄 曙 吴映美）

海洋环境保护
Marine Environmental Protection

【海洋资源保护工作力度不断加大】 结合生态省建设，积极参与《浙江省生态省建设总体规划纲要》的编制，努力把海洋生态环境保护与建设作为全省生态建设的重要有机组成部分，在生态环境区划、相关生态指标设置及重大工程建设项目编制上，都较以往更突出了海洋生态环境的重要性。继浙江省海洋环境监测预报中心建成之后，沿海舟山、宁波、台州、温州 4 市海洋环境监测中心相继挂牌运行，并开展了 2003 年海洋环境趋势性监测、2002 年市级海洋环境质量公报的编制发布。 （张元和）

【继续开展全省海域环境质量监测】 2003 年，浙江省继续加强海洋环境监督管理工作，组织开展了全省海洋环境调查、监测、监视和预报工作。监测结果表明，全省近岸海域水环境富营养化趋势略有缓解，但富营养化程度依然严重。严重富营养化海域主要分布在杭州湾、甬江口等重点海湾和河口区域；近岸海域沉积物质量状况较好；近岸大部分海域生物质量状况良好。重点监测的陆源入海排污口邻近海域污染未有改观，严重影响了邻近海域功能区的功能发挥和利用；海洋赤潮发生频率依然居高不下；重点海水养殖区海水质量基本满足增养殖环境功能的要求；海水浴场环境质量优良；海洋自然保护区生态系统稳定，生物多样性保持良好。 （周 燕）

【海洋（海岸）工程环境影响评价程序初步建立】 2003 年，浙江省制订完善了《海洋工程环境影响评价核准办法》，初步建立了海洋（岸）工程环境影响评价程序。年内全省各级涉海行政部门共组织海洋（海岸）工程项目环评审查 39 个，涉海工程的环境影响评价逐步纳入监督管理的轨道，初步形成了海洋、环保和其他相关部门联合审批的涉海工程环境影响评价管理新模式。

【海砂资源调查基本完成】 为加强对全省海砂资源的管理，改变盲目开采海砂的现状，通过搜集资料、调查研究、整理分析，完成了《浙江省沿海海砂资源分布及开发管理对策研究》报告、26 张全省及分市、县的《浙江沿海海砂资源分布面积、储量一览表》和 24 幅《浙江沿海海砂分布图》，基本摸清了全省沿海海砂分布状况、形成机理、开发现状，划分出可供开采区域，提出了开发管理措施，为全省海砂资源合理开采和加强审批管理提供了依据。 （张元和）

【韭山列岛省级海洋生态自然保护区批准建立】 4 月 18 日，浙江省人民政府以“浙政函〔2003〕60 号”文，批准建立韭山列岛省级海洋生态自然保护区。韭山列岛地处宁波市象山县爵溪镇以东海域，位于舟山渔场、大目洋渔场、渔山渔场交界处，所处海域生物资源丰富，是大黄鱼、带鱼、曼氏无针乌贼等重要渔业资源的产卵场，该区还有江豚、黑尾鸥等国家、省重点保护动物。保护区总面积 114 950 公顷，其中，核心区面积 5 884 公顷，缓冲区 11 375 公顷，实验区 97 691 公顷，是省内面积最大的海洋类型自然保护区。核心区规划分为六个区，即：大黄鱼产卵场及其苗种资源保护区，带鱼产卵场保护区，曼氏无针乌贼产卵、索饵及其幼体保护区，江豚保护区，鸟类保护区，韭山列岛岛礁保护区。建立韭山列岛海洋生态自然保护区，将使海洋生态环境保护与海洋资源开发利用结合起来，有利于恢复和保护生物资源，发展海洋经济。 （谢寿华）

海洋灾害与防御
Marine Disasters and Prevention

【赤潮监测与减灾防灾】 2003 年，浙江省进一步加大对赤潮的监控，将赤潮监控区从 2 个增加至 4 个，监控范围从监控区扩展到全海域，监测手段从调查船、海监飞机到卫星遥感，形成全方位、立体监控系统。2003 年，全省近海共监测到赤潮 46 次，累计面积约 7 000 平方千米，次数和面积都比上年增加二成左右，其中 500 平方千米以上大面积赤潮发生 4 次(浙北中街山列岛附近 1 次，浙中东矶山、渔山列岛、南田岛附近 2 次，浙南南麂列岛附近 1 次)。初次赤潮发生于 4 月 28 日，比上年推迟 15 天。经监测，全年形成赤潮的主要藻种为具齿原甲藻、夜光藻、中肋骨条藻等无毒藻种，但在局部海域也发现少量有毒藻种。2003 年全省赤潮发生次数和面积虽比往年严重，但经各地密切监测、及时发布信息、及早防范，沿海养殖水产品没有受到赤潮污染，也没有发生大规模养殖水产品死亡事件或养民因恐慌提前盲目采捕而造成损失，赤潮防灾减灾工作取得预期成效。 （傅国君）

【台风暴潮】 2003年影响浙江的主要为11号(环高）热带风暴。11 号热带风暴（环高）于 8 月 19 日 14 时在台湾以东洋面（22.6° N，124.7° E）上生成后，快速朝西北方向移动，于 20 日 10 时 10 分在浙江省平阳县鳌江镇(27.6° N,120.6° E)登陆，中心气压 990 百帕，近中心最大风力 9 级，登陆后继续向西北方向移动，强度减弱，20 日 20 时左右在浙江省开化县境内消亡。风暴影响期间，正值农历 7 月 23 日小潮汛，沿海潮位未达警戒潮位；浙江中部、南部沿海海面和东南沿海局部地区出现 8～11 级大风，实测较大风速有：南麂（29 米/秒）、平阳（26 米/秒）。温州、台州、丽水大部、宁波南部、金华西部、杭州西南部等地出现大雨到暴雨，部分大暴雨。“环高”带来的强降雨，使温州瑞安、平阳、苍南一些村镇、农田受淹，部分公路一度中断，一些堤防等水利工程损坏。据统计，全省 59 个乡镇、50 万人不同程度受灾，倒塌房屋 900 间，受淹农田面积 0.77 万公顷，其中，成灾 0.45 万公顷，公路中断 16 条次，损坏堤防 9 千米，直接经济损失 0.85 亿元。

【标准海塘建设】 2003 年，浙江省标准海塘建设进入了续建配套的扫尾最后阶段，至2003 年底，浙江省已建成标准海塘 1 340 千米。这些标准海塘，分别经受了2000年12、14号台风，2002年5、16号台风和2003年11号热带风暴的袭击，发挥了显著的防台减灾效益，但未加固达标的非标准海塘损毁严重，为此在千里标准海塘基本建成后，为进一步提高沿海地区特别是舟山岛屿等较重要海塘的防御能力，浙江省继续扶持非标准海塘达标续建和加固，同时，继续对沿塘水闸进行配套加固，逐步形成塘闸整体防御能力。浙江省千里标准海塘建设综合经济效益显著。（沈水土）

海洋行政执法
Marine Administrative Law-enforcement Work

【海洋资源开发利用执法检查】 2003年，中国海监浙江省总队积极参与东海区“海盾2003”专项执法行动，组织6艘执法船参加联合执法大检查，对35个各类非法采砂单位、“北仑四期集装箱码头围填海工程”等17个非法用海单位进行了执法大检查，对违法用海单位和个人分别给予了行政处罚。对平湖市27千米海岸线的海域使用情况开展执法调研，相继检查了乍浦港一、二、三期工程、上海石化陈山原油码头、嘉兴电厂码头、嘉华电厂码头、九龙山海滨浴场、上海石化煤场等大型用海项目。根据宁波市宁海县群众举报，严肃查处了旗门港海域的6艘无证采砂船。2003年，全省共查处各类涉海案件137起，有力地遏制了非法围填海、非法采砂活动，维护了海洋法规的严肃性。中国海监浙江省总队也在这一系列执法检查中得到了锻炼，提高了执法水平。

【海洋渔业综合执法检查】 积极参与北太非法流网生产“11.20”专案的查处，对2002、2003年涉案的8个捕捞单位作出了公正严厉的处罚；对2002年在案、2003年重犯的2条违法渔船，予以没收拍卖处理。一主要责任人被地方人民法院判处有期徒刑2年，缓刑2年，这是1997年新刑法实施后，浙江省第一例因非法捕捞水产品被司法机关追究刑事责任的案件。认真贯彻执行《浙江省渔港渔业船舶管理条例》，先后对全省4个重点县（市、区）20余家渔船修造企业进行了三次专项执法检查，依法对温岭、岱山等地非法修造渔船的行为给予了严肃查处，并以此为契机，建立了海洋捕捞渔船制造和更新改造预警制度。组织开展了全省贯彻实施《浙江省水产种苗管理办法》专项执法大检查，对水产种苗依法生产、规范经营起到了明显的促进作用，目前全省水产种苗生产、经营持证率上升到82%。（谢加洪）

海洋公益服务
Marine Public Welfare Service

【海洋科技】 2003年，浙江省以海洋高新技术园区为先导，以海洋科技企业为主体，以海洋科研院所、高校为技术依托，以科技兴海园区和示范区为纽带，引进和吸收国内外先进的海洋科技成果，加快传统产业的改造步伐，大力发展海洋高新技术产业，积极开发海洋新兴产业，强化科技创新和综合集成，贯彻落实全省海洋经济工作，全面推进科技兴海战略的实施。在关键技术开发、学科建设、人才培养等方面，为浙江省海洋经济的发展和海洋渔业结构的调整提供了有力的科技支撑。

海洋科技园区、科技兴海示范区建设取得新进展 2003年，浙江省在建三个省级海洋科技园区。舟山普陀海洋科技园区快速发展，核心区内3 000平方米的科技孵化基地、三大海洋生物加工工业基地和三大海水养殖基地相继建成，设立了人事部批准的海洋科技博士后科研工作站、水产品精加工技术服务中心等。台州玉环海洋科技园区启动了孵化器建设，项目总投资4 000万元，征用地0.67公顷，建筑面积为20 000平方米（其中，9 000平方米为科研用房，11 000平方米为专家公寓楼）。温州龙湾科技示范园区自2002年年末创建以来，已投入经费500余万元，启动标准化养殖示范区、振龙苗种育苗场、灵昆万亩文蛤示范基地建设，已初具规模。2003年，三个海洋科技园区入区企业107家、中介机构7家，科技人员1 767人，创总产值40.61亿元，新增产值9.72亿元，利税合计5.62亿元。

2003年，宁波大学、玉环、温岭、普陀、洞头、平阳、象山等7个省级科技兴海示范区发挥各自的资源优势和区域特色，加快科技成果转化，组织企业与中国科学院海洋所、国家海洋局二所、浙江大学、中国海洋大学、浙江海洋学院等建立了长期协作关系，增强了企业的创新开发能力。

示范区内企业有930余家，实施科技兴海项目200余项，示范区海洋总产值达250亿元，新增产值50亿元，科技提升企业的经济效益占三成以上，扶持培育海洋中小企业350余家，发挥了很好的示范带动效应。

反渗透海水淡化技术投入生产性应用 国家海洋局杭州水处理中心承担的国家项目“万吨级反渗透海水淡化示范工程”一期工程于2003年11月5日在山东省荣成市石岛镇调试成功，顺利出水。经测定，额定5 000吨/日单机（25℃）在17℃时产水量已达5 280吨/日，出水含盐量仅为160毫克/升，优于国家500毫克/升的水质标准，电能耗低于3.8度/吨水。该项目是目前国内首套最大的万吨级反渗透海水淡化项目，也是国际上最大规模的单机之一，突破了国际上5 000吨为单元的大规模海水淡化工程技术瓶颈。标志着我国成功开发了拥有自主知识产权的海水淡化装置及工程技术，使我国膜技术应用进入一个新的技术发展阶段。

该中心承担的科技部日产4 000立方米海水淡化示范工程建设基地项目，一期工程日产1 000立方米淡水反渗透海水淡化示范工程也于2003年9月在舟山市嵊泗县菜园镇建成，对缓解沿海地区、海岛地区生产和军民生活用水紧张，起到了积极的作用，并具有重大推广价值。

国家“863”计划项目“6 000米海底有缆观测与采样系统——电视抓斗”突破关键技术 经过一年多时间的攻关，国家海洋局二所课题组成功解决了电视抓斗的关健技术，研制出原创性、具有自主知识产权的深海液压工作系统，部件和材料全部国产化，并在富钴结壳调查中投入使用，性能指标处于国际领先水平，填补了我国在深海极端条件下的液压工程技术空白。该设备在海洋调查中具有重大推广应用价值。

“赤潮灾害预报技术研究”项目全面完成 该项目由国家海洋局二所承担，2003年底通过了国家海洋局的验收评审。项目实施期间发送卫星遥感监测预报30次(期)、赤潮统计与数值预报113次（期），为政府管理部门和有关机构及时了解赤潮灾情、组织防灾减灾、加强海洋综合管理提供了重要的信息和依据，特别是在国内首次提出了《赤潮灾害信息标准化技术规范》，为进一步提高预报技术与预报精度等业务化水平奠定了基础。

潮流实验发电站建成投入使用 国家重点科技攻关项目“70千瓦潮流实验发电站”，在舟山市岱山县官山岛附近海域建成，并顺利通过专家的验收和鉴定。这是目前亚洲第一座潮流实验发电站。

深水网箱产业化开发再创佳绩 由浙江省科技厅立项，浙江海洋学院承担的深水网箱研究和产业化开发，在网箱专用材料、结构形式、框架配件、加工设备、网箱网具及固定方式等方面取得新进展，形成了系列技术。专家组鉴定认为：研制成功的具有我国自己特色的深海抗风浪网箱，具有很强的应用性和推广价值，在一些设备和技术水平上达到了国际先进水平，在结构工艺方面达到国际领先水平。深水抗风浪网箱设备，经受住了“杰拉华”、“派比安”、“飞燕”等台风的考验，抗风抗流性能进一步提高，成本比国外同类网箱降低50%。深水网箱研制已申请国际发明专利1项、国内发明专利7项、实用新型专利8项，并制订企业标准和技术规范9项。2003年，全省共推广深海抗风浪网箱1 044只，占全国同类网箱的90%左右，实现产值7 600余万元，销售收入5 300万元、利税2 600万元，取得了显著的经济效益和社会效益。

应用大黄鱼脱脂技术成功解决养殖鱼销售难题 由浙江省科技厅立项，宁波金宏水产食品公司、宁波大学承担的“大黄鱼脱脂技术及产业化开发”项目，应用微生物酶法对养殖大黄鱼进行脱脂、风干等深加工，使大黄鱼肉质紧密，口味接近野生鱼，色泽自然，香味纯正，脂肪含量≤20%，推向市场后受到广大消费者的欢迎，每千克卖到了70元左右仍供不应求，除供应国内市场外，还远销香港、新加坡。这使原本严重滞销、价格一跌再跌的养殖大黄鱼，又成了众多水产加工企业争相收购的畅销产品，价格比过去提高了两倍左右，有力地支持了浅海养殖业的发展。目前，全省已有养殖大黄鱼加工企业数十家，年加工能力近万吨。

辣素防污漆项目取得重大应用成果 由国家海洋局第二海洋研究所承担的省科技厅辣素防污漆项目取得重大突破，成功解决了船舶和海上设施无公害防污损生物附着这一国际性技术难题，对于保护海洋生态环境具有重要意义。通过科研成果入股的方式，国家海洋局二所与杭州麦林环保船用漆有限公司合作，建成了一条自动化程度高、密闭性生产效果好、年产达 1 000 吨的生产线，并取得良好的销售业绩。2003 年 5 月，国家海洋局二所举行高新技术产业成果奖励大会，对科技人员实施重奖，其中，项目负责人获 100 万元奖励，项目组获 50 万元奖励。　（张建荣　刘　建）

【海洋环境监测预报服务】　2003 年，浙江省海洋环境监测预报体系继续开展以海水、海洋沉积物和海洋生物质量为主要内容的全海域环境质量趋势性监测，加大了对海水浴场、海水增养殖区、海洋保护区等海洋功能区的监测力度。开展了常规海浪、风暴潮、巨浪、潮汐、海温等海洋环境预报，加强了海水浴场环境预报，新增了滨海旅游区海洋环境预报，每天（或在游泳季节）通过浙江卫视新闻频道、浙江人民广播电台新闻综合频道、旅游之声电台、浙江农网和浙江省海洋监测预报中心网站等途径向社会公众发布预报产品，为海洋经济建设、社会发展需求和人民生活服务。　（周　燕）

海洋资源开发与海洋经济
Development of Marine Resources and Marine Economy

【概况】　2003 年，浙江省认真贯彻落实党的十六大提出的"实施海洋开发战略"和《全国海洋经济发展规划纲要》，加快发展海洋经济，深入开展调查研究，召开了第三次海洋经济工作会议，提出了建设海洋经济强省的战略目标、海陆联动的发展思路和相关政策举措，努力营造海洋经济综合优势，促进了浙江省海洋经济的进一步发展。据统计，2003 年全省海洋经济总产出 2 155 亿元，比上年增长 22.2%，增加值 702 亿元，增长 20.6%，增加值占 GDP 比重 7.5%，与上年持平，其中，第一产业产出 241 亿元、增加值 128 亿元，各增长 2.7%；第二产业产出 1 167 亿元、增加值 269 亿元，分别增长 22.7% 和 28.5%；第三产业产出 747 亿元、增加值 305 亿元，各增长 23%。海洋经济三产结构比例从 2002 年的 21∶36∶43 调整为 2003 年的 18∶38∶44，结构更趋合理。全省海洋开发情况详见表 2。

（纪志康　应　晓）

表 2　2003 年浙江省海洋开发资料统计

统计项目		
海洋捕捞产量（万吨）	鱼　类	204.14
	虾　类	61.77
	蟹　类	11.50
	贝　类	31.46
	藻　类	0.21
	其　他	0.06
	合　计	309.14
海水养殖产量（万吨）	鱼　类	4.31
	虾蟹类	8.80
	贝　类	74.89
	藻　类	3.80
	其　他	0.05
	合　计	91.85
海洋水产业总产值（亿元）	海洋渔业（一产）	240.84
	其中：海洋捕捞业	149.55
	海水养殖业	91.29
	海洋涉渔工业（二产）	218.89
	其中：海洋水产加工业	160.24
海洋运输	沿海货运（万吨）	10 399
	远洋货运（万吨）	683
	沿海客运（万人次）	1 783
沿海主要港口货物吞吐量（万吨）	合　计	29 388
	宁波港	18 543
	舟山港	5 722
	台州港	1 457
	温州港	2 338
	嘉兴港	1 328
滨海城市国际旅游	涉外饭店个数（个）	373
	客房数（间）	38 869
	床位数（张）	70 693
	接待境外游客人次数（人次）	527 070
	国际旅游外汇收入（万美元）	26 112
海盐生产	面积（公顷）	7 378.75
	产量（万吨）	53.97
	工业总产值（万元）	25 619
潮汐、风能发电	潮汐电站数量（个）	3
	年发电量（千瓦·时）	6 775 000
	风能电站数量（个）	25
	年发电量（千瓦·时）	17 010 000
沿海滩涂开发利用（公顷）	滩涂总面积	239 315
	可利用面积	111 179
	已利用面积（其中养殖用）	85 753 （74 704）

【全省第三次海洋经济工作会议】 2003年8月18日，经过近2年的调查研究和工作筹备，浙江省委、省政府在杭州召开第三次全省海洋经济工作会议。会议总结了全省海洋经济发展所取得的成就，提出了今后一个时期全省发展海洋经济的目标任务。会议要求全省沿海各地进一步整合资源、强化特色，大力推进海陆联动，将六大联动、六大突破作为浙江省新时期加快发展海洋经济的主线，努力把浙江省建成海洋经济综合实力强、海洋产业结构布局合理、海洋科技先进、海洋生态环境良好的海洋经济强省。会后，省委、省政府批准成立了浙江省海洋经济工作领导小组，出台了《关于建设海洋经济强省的若干意见》(浙委〔2003〕20号)，部署开展了《浙江建设海洋经济强省总体规划》和涉海行业专项规划的编制工作。

(商玉坤)

【海洋渔业】 2003年，全省继续全面停止国内捕捞渔船更新改造审批，严格限制休渔期作业调整，认真执行伏季休渔制度，加大渔业资源增殖放流力度，积极鼓励和引导捕捞渔民减船转产，国内捕捞生产规模和捕捞产量有所下降。与此同时，全省海水养殖规模、产量、效益有所增长，海洋渔业产业结构更加优化。2003年全省海洋水产品产量406.00万吨，比上年减产0.81%；海洋渔业(捕捞和养殖)产出239.37亿元，比2002年增长2.75%，其增加值88.86亿元。全省海洋渔业人口91.35万人，渔业专业劳动力36.44万人(其中，海洋捕捞劳力17.62万人，海水养殖劳力10.00万人)，渔业兼业劳动力10.63万人；海洋渔村人均收入6 383元，比2002年增收379元，增幅6.31%。

海洋捕捞 国内捕捞继续紧缩，远洋渔业稳步发展。全省投入海洋捕捞生产的机动渔船3.02万艘、功率364.69万千瓦。国内捕捞产量289.8万吨(净减12.46万吨，减幅4.18%)，远洋捕捞24.35万吨(增长12.01%)。海洋捕捞总产量中，鱼类占64.98%，甲壳类占23.32%，头足类占9.42%。产量超过20万吨的品种主要有带鱼(53.10万吨)、虾类(27.72万吨)、毛虾(24.12万吨)、鱿鱼(22.54万吨)等。带鱼、鲳鱼、梭子蟹、鲐鱼等主要捕捞品种产量略有减少，毛虾、蓝圆鲹、鳀鱼等有所增产。主要作业方式依次是拖网、张网、刺网和钓，产量分别占到总捕捞产量的62.57%、19.05%、6.27%和5.69%。因海湾局势紧张油价上涨，导致捕捞生产成本大幅增加，生产效益下降，各种捕捞作业均不同程度出现停船停产现象。9～11月份，浙江沿海部分渔场水母泛滥，也给海洋捕捞生产带来了较大影响。

海水养殖 2003年，全省海水养殖面积11.68万公顷(比2002年减少0.01万公顷)，以养殖贝类、甲壳类、鱼类为主，其中，贝类74.90万吨、甲壳类8.80万吨、鱼类4.31万吨，分别占到海水养殖总产量的81.55%、9.58%和4.68%。大黄鱼、海水蟹类、对虾类、泥蚶等省六大优势水产养殖品种产业带培育工程已全面启动。深水抗风浪网箱规模化、产业化开发取得长足进步，养殖规模达到1 787只、242.10万立方米。深水网箱养殖技术设备成功向缅甸输出，开了全国先河。水产养殖病害测报范围扩大到了8个市(新增1个)、15个品种(新增5个)，指导各市县将测报工作与鱼病门诊有机结合，规范用药、科学配药，取得了良好的效果。

水产品加工和市场销售 2003年，全省各地全力做好抗“非典”、药残专项整治、迎欧盟检查工作，使水产品加工量值、出口量值都比2002年有较大幅度增长，水产品加工龙头带动地位日益显现。全省共有水产加工企业1 859家，拥有水产冷库1 153座。全年加工水产品206.2万吨(水产品加工率达到42.7%，比2002年增加10.8个百分点)，水产加工品产量146万吨，加工产值197.3亿元。主要加工产品有虾仁系列、鱿鱼系列、冷冻小包装、鱼糜、鱼片、鱼粉、珍珠系列和多烯康、角鲨烯、甲壳素、壳聚糖等海洋药物。全省水产品市场交易量380.41万吨、交易额468.02亿元，分别比2002年增长9.17%和4.24%。组织参加第八届中国渔业国际博览会、浙江农业博览会、韩国釜山国际水产贸易展览会、北京中国首届国际农产品交易会、浙江名特优新农产品上海展销会等五次展会，现场销售和签约额约8亿元人民币。全年出口水产品28.37万吨、出口值达到8.92亿美元，分别比上年增长14.77%和12.91%。

渔业科技与推广 2003年全面完成了国家“十五”时期攻关项目——“东海区抗风浪深水网箱研究与开发”课题研究，顺利通过了部项目评审和省技术鉴定并获省科技进步二等奖，为全省深水网箱养殖业蓬勃发展提供了有力的技术保障。组织开展了《乐清湾和三门湾养殖生态与养殖容量研究与评价》专题研究，已取得阶段性成果。经过3年攻关，"贻贝、羊栖菜精深加工产业化技术研究"项目全面完成课题各项目标，贻贝、羊栖菜推广养殖面积分别达到万余亩和1 000余公顷，成为当地渔区一项新兴产业。引进、驯化和繁育推广了南美白对虾、黑鮸、东海大黄鱼、美国硬壳蛤等国内外优质种苗，促进了水产养殖品种结构的不断优化。全省有4.7万渔民接受了转产转业、渔业准入、职业技能和实用技术培训，渔业从业人员素质有了进一步的提高。

渔业基础设施建设　2003年先后制定了《浙江省渔港工程建设管理暂行办法》、《浙江省渔港工程竣工验收管理暂行办法》，全省22个列入重点建设计划的渔港项目，有17个已开工建设，部分渔港已竣工或主体工程完工。新建扩建后的渔港在解决渔船安全避风锚泊、渔民转产转业、保障渔民生命财产安全等方面发挥了重要作用，对渔区经济繁荣发展起到了明显的龙头带动作用。总投资1 000余万元，集水产品质量检测、渔业环境监测、水产病害防治于一体的浙江省水产质量检测中心于9月正式挂牌、10月通过了双认证（计量认证CMA与审查认可CAL），现已具备了对87个产品99项参数的法定检测资格及授权，使浙江省水产品质量检测能力有了质的提高。中心挂牌后，先后参加省绿色农产品认证、无公害水产养殖基地认证、水产品质量抽检及全省水产品质量普查工作，发挥了重要作用。

渔业标准化和水产品质量安全管理　水产品质量安全意识继续提高，出口加工和养殖企业内部质量管理不断增强，质量安全标准制定工作步伐加快，质量标准体系日趋完善，水产品质量安全总体水平有明显提高。2003年，全省发布或通过审定的省级水产技术与质量标准有15项（使省级水产技术与质量标准总数达到29个），制订发布了约300项市、县级质量技术标准。新认定无公害水产养殖基地115家、2.31万公顷；通过浙江省绿色农产品认定的水产企业49家、60个产品。在省政府组织的2003年浙江名牌产品认定中，又有15种水产品被确定为名牌产品，使全省水产行业获得浙江名牌产品称号的水产品种类达到30种。在2003年度农业部药物残留监控和省政府组织的质量抽检中，水产品质量安全达标率达到98.75%。

渔业资源环境保护　结合渔船淘汰报废工作的开展，人工鱼礁建设进程逐步加快，已在温州平阳南麂、舟山普陀朱家尖等地投礁14万余空方，投礁规模居全国首位。全年投入500万余元资金，增殖放流了海淡水鱼、蟹、贝等17种、3.7亿余尾（只），其中，南麂人工鱼礁海域放流真鲷、双斑吞、大黄鱼苗种和标志鱼205万尾，舟山海域放流鱼苗、海蜇500余万尾（只），象山港海域放流鱼苗种200余万尾，对渔业资源的修复起到了积极的作用。全省共调处各类渔业污损事件417起，挽回经济损失1 868万元，维护了广大水产养殖户的合法权益。

海洋捕捞渔民转产转业　2003年，全省共报废拆解捕捞渔船1 523艘，上缴功率指标13.99万千瓦，有6 796名渔民弃捕转产，超额完成渔船淘汰报废年度计划50%以上。舟山市普陀区双转工作坚持以发展养殖、拓展远洋、深化加工、搞活流通、开发第三产业为主要途径，2002年拆解捕捞渔船254艘、分流专业捕捞渔民1 566人，通过转产转业，促进了当地水产养殖业、远洋渔业、水产品流通业和休闲渔业的发展，促进了渔区群众思想观念的转变，推动了城乡一体化进程的不断加快。玉环县每年拨出500万元专款，用于渔民转产转业项目开发、支持渔民再就业技能培训，捕捞渔民转产转业从事二三产业者，只要手续齐全，视同下岗职工，享受有关优惠政策。

渔业安全生产管理　先后制订了《2003—2007年全省渔业安全生产管理行动计划》及《2003年渔业安全工作计划》、《渔业重特大事故处理应急预案》、《渔船防台工作预案》、《浙江省休闲渔业船舶安全管理办法》，摄制了渔船安全警示教育片《警钟长鸣》免费向渔民发放。组织开展了6次安全检查活动，完成了对10家船用产品生产厂家15类船用产品的认可，开展了渔船船用产品打假整治专项活动，没收了一批假冒伪劣产品。组织渔政船在大型船舶主航道附近海域巡航，教育规劝渔船在航行、作业、锚泊时要及时避让大船，有效避免了重大恶性事故的频繁发生。进一步建立和完善全省渔业安全通信网络，基本形成了以港口为依托的渔业通信信息服务体系。倡导开展海上自救互救行动，全省渔业系统共成功救起海上遇险人员 411 人，挽回经济损失 1 625 万元。通过以上努力，全省渔业安全状况有明显好转，全年共发生渔业安全事故 382 起（其中，重大事故 10 起、特大事故 1 起）、沉船 69 艘、死亡 271 人、直接经济损失 2 102.53 万元，分别比上年下降了 27.1%、35.0%、30.0%、39.0 %。

（纪志康　谢寿华）

【海洋交通运输业】　2003 年，浙江省港口业进一步推进改革进程，加快港口基础设施建设步伐，依托区位优势，狠抓企业管理，积极开辟新货源，努力发展新产业，港口经济持续稳步增长。2003 年全省港口完成货物吞吐量 5 亿吨，比 2002 年增长 19.7%，其中沿海港口完成 3.1 亿吨，比 2002 年增长 20.8%，居全国第 3 位。全省港口完成旅客吞吐量 2 042 万人次，其中沿海港口完成 1 643 万人次。宁波、温州、台州、嘉兴、舟山 5 个沿海主要港口完成货物吞吐量 2.96 亿吨，比 2002 年增长 32.7%。2003 年全省共完成港口基础设施投资 10.8 亿元。

港口生产持续稳定增长　2003 年，宁波、舟山、温州、台州、嘉兴等港口货物吞吐量增幅分别为 20.4%、40.7%、39.5%、32.5%、17.5%。宁波、舟山港在浙江省港口中的龙头作用日渐显现，宁波港货物吞吐量达到 18 543 万吨，居全国大陆沿海港口第 2 位；舟山港货物吞吐量达到 5 722 万吨，居全国大陆沿海港口第 9 位，舟山港的吞吐量增幅列全省沿海主要港口之首；温州港货物吞吐量达到 2 338 万吨，吞吐量增幅接近舟山港，列全省第 2 位。台州港、嘉兴港分别完成吞吐量 1 457 万吨和 1 328 万吨，均比 2002 年有较大增长。

外贸货物运输继续增长，集装箱运输长足进步　2003 年，全省港口外贸吞吐量 10 740 万吨，集装箱吞吐量 304.84 万标准箱，分别比 2002 年增长 35.8%和 46.7%，其中沿海港口集装箱吞吐量 303.94 万标准箱，比 2002 年增长 25.7%。宁波港集装箱吞吐量 277.22 万标准箱，比 2002 年增长 49.1%，占浙江省港口集装箱吞吐量的 90.9%，居全国大陆沿海港口第 5 位；温州港集装箱吞吐量 18.11 万标准箱，比 2002 年增长 20.5%，居全省第 2 位。宁波港、舟山港分别完成外贸货物吞吐量 8 213 万吨和 1 929 万吨，比 2002 年分别增长 31.6%和 126.8%；温州港完成外贸货物吞吐量 179 万吨，比 2002 年下降 12 万吨。

宁波港集装箱吞吐量突破 200 万　2003 年宁波港集装箱吞吐量首次突破 200 万标箱，增幅已连续 5 年保持全国大陆沿海主要集装箱港口第一位。宁波港面对国际航运市场变化和周边港口激烈竞争，以浙江省、宁波市外贸发展为支撑，与船公司携手合作，大力开辟新航线，增加集装箱航班密度，世界排名前 20 位的班轮公司都已落户宁波港。至年底，宁波港集装箱航线总数已达 89 条，集装箱月航班突破 450 班。其中远洋干线 33 条，在欧洲、地中海、北美等主要贸易地区，达到了日均一班或以上的高密度运输，初步形成了覆盖全球的集疏运网络。目前，宁波港 1 小时进提箱兑现率在 99.2%以上，桥吊台时平均效率达 29 个自然箱。9 月 25 日，在对第六代集装箱巨轮“地中海中国号”的作业过程中，宁波港以 5 小时 33 分装卸 992 个集装箱的成绩，创下了港口船时效率 186.12 自然箱的新记录。

宁波港北仑集装箱码头正式投产　2003 年 3 月 18 日，宁波港北仑国际集装箱码头工程（北仑集装箱码头三期）通过国家验收并正式投产。北仑国际集装箱码头工程总投资 22 亿元，新建集装箱码头泊位 4 个，码头总延长 1 238 米，可靠泊 21 世纪初世界上最先进的第六代集装箱船，码头年设计吞吐能力为 100 万标准箱。该工程于 1999 年 3 月开工，2001 年 12 月竣工并投入试生产。

宁波大榭口岸通过国家验收　2003 年 7 月 2 日，宁波港大榭港区对外国籍船舶开放顺利通过了由交通部、海关总署、解放军总参、中央编办、公安部、质检总局等单位代表组成的国家验收组的验收。大榭港区自 2002 年 10 月 17 日经国务院批准对外开放以来，相继建成了宁波大榭 25 万吨级原油中转码头及储罐、华东 BP 液化石油气基地站、2 万吨级多用途码头等，建成大小泊位 13 个，基础建设日趋完善，已具备了接卸国际航运大型船舶的能力。2003 年上半年，大榭港区完成货物吞吐量 1 011.5 万吨，其中外贸 519.8 万吨，接靠船舶 554 艘次，其中外轮 41 艘次，均超过 2002 年全年水平。目前，大榭港区装卸的货种主要为原油、液化石油气、燃料油和散杂货等。

乍浦港二期工程多用途、件杂货码头正式投入使用　乍浦港隶属嘉兴港。2003 年 6 月 10 日，乍浦港二期工程多用途、件杂货码头项目通过省发改委组织的竣工验收，质量总评为优良。乍浦港二期工程由煤炭作业区和多用途、件杂货作业区两部分组成，多用途、件杂货码头项目包括外海1.5万吨级多用途、件杂货泊位各1个以及相应的陆域配套设施，工程于1999年8月正式开工。至此，嘉兴港全港外海泊位增至12个，万吨级以上泊位8个，年核定吞吐能力达到1 254万吨。

浙江省港口规划建设委员会成立　为切实加强对全省港口建设的统一规划和领导，合理使用本省丰富的深水岸线，2003年8月6日，浙江省港口规划建设委员会成立。该委员会由省发改委、交通厅、财政厅、建设厅、国土资源厅、海洋与渔业局、环保局、体改办、国税局、地税局、口岸办、边防、检验检疫、海事、海关及宁波、舟山、温州、台州、嘉兴市负责人等27人组成。由吕祖善省长任主任，委员会办公室设在省交通厅，由省交通厅赵詹奇厅长兼任办公室主任。原宁波和舟山港口开发规划领导小组同时撤销。

宁波—舟山港口资源整合规划方案确定　2003年12月2日，浙江省港口规划建设委员会第一次会议确定：宁波—舟山港口功能应在三方面定位，①大进大出、储备、集散基地；②适应临港工业发展的基地；③对外贸易的基地。根据规划方案，两港资源整合主要考虑分为煤炭、石油及制品、金属矿石、集装箱等四大货种规划利用岸线，结合整合目的，计划将宁波—舟山港口资源整合范围划分为三块区域：一是以宁波的北仑、大榭、穿山、梅山以及舟山本岛南北两侧岛屿（向北包括岱山本岛和秀山岛，向南包括虾峙岛和六横岛，中部包括金塘岛和册子岛等）组成的核心水域。二是核心区域以北地区，包括大小洋山、马迹山、绿华山、大衢岛等岛屿组成的水域。三是核心区域以南地区，包括象山湾和石浦等水域。将主要形成以修造船基地、化工基地、钢铁、电厂等为主的大型临港工业区和依托集装箱发展的物流园区。

水运强省工程正式启动　被列为浙江交通“六大工程”的重点工程之一的“水运强省工程”于2003年起正式启动，其目标是：到2007年，新建30个万吨级以上泊位、新增300千米高等级航道和新增300万载重吨运力；到2020年，港口货物吞吐能力达到10亿吨、港口集装箱吞吐能力达到2 000万标准箱、四级以上内河航道里程超过1 000千米、运输船舶总规模达到2 000万载重吨。

（陈建光）

【滨海旅游业】　2003年，浙江省海洋旅游业由于受非典的冲击和影响，连续增长的势头受到了影响，全省海洋旅游区共接待海外游客52.7万人次，国际旅游收入2.61亿美元，分别比2002年下降了4.7%和3.4%；接待国内游客5 188万人次，国内旅游收入432亿元，与2002年基本持平。

非典疫情得到有效控制后，本省海洋旅游区一手抓抗击非典，一手抓产业复苏，积极抢抓新机遇，打造新亮点，采取措施启动旅游市场，使本省海洋旅游在遭受非典重创之后很快实现了强劲反弹。杭州市于5月31日率先推出“杭州人游杭州”活动，宁波市启动了“浙东人游浙东”活动，台州推出“台州生态健身之旅”，舟山确定“绿色舟山，健康舟山”的旅游新形象，组织“亲近山和水，健康舟山行”千人游舟山活动。

沿海各市以抓好旅游招商引资和重点景区的深度开发为突破口，着力打造海洋旅游精品。杭州市坚持“以旅促商，商贸互动”工作思路，大力推进旅游商贸特色街区建设；宁波市坚持政府主导，市场运作，加快旅游开发，2003年全市旅游在建项目达40个，总投资64.4亿元，其中重大项目有投资5.4亿元的宁波东钱湖动物园、投资7亿余元的慈城景区、投资8亿元的凤凰山主题公园等。温州、台州、嘉兴、舟山等市也都精心包装旅游招商项目，积极利用各种渠道，吸引社会资金投资开发当地旅游。通过近年来的开发建设，浙江省海洋旅游产品类型更加丰富，功能逐步完善，在传统海洋旅游产品的质量、档次得到提升的同时，又形成了一批有特色、上规模、有影响的新的海洋旅游产品，如宁波的中国渔村、舟山的基湖滨海旅游区、台州的千年曙光公园和十里长街等。

旅游资源普查　从2003年7月开始，按照全省统一部署，参照国家统一标准，各地积极组织开展旅游资源普查。该项工作历时一年多，沿海各地参与普查的专家、工作人员达2 000余人次，投入资金1 000余万元。据统计，沿海地区共有旅游资源单体8 824个，其中，优良级的资源单体1 535个，五级资源单体92个。旅游资源普查为各地旅游资源的有效保护与合理开发利用、旅游资源的整合、旅游规划的编制打下良好的基础。各地纷纷利用普查成果着手新一轮规划的编制工作，如杭州市邀请西班牙和北京大学的专家，投入 700 余万元编制全市旅游发展规划；宁波、温州、台州等市也进行了旅游发展总体规划的编制。

（金炳雄）

【海洋盐业】 2003 年，全省产盐 54 万吨，比上年增长 60.68%；各类盐产品销量达到 89.05 万吨，比 2002 年增长 13.54%，创历史新高，居全国第三位，其中销售食盐 69.62 万吨。全省居民人均食用小包装碘盐 5 千克以上，名列全国前茅。

切实强化质量管理和食盐安全工作 各级盐业部门从源头抓起，突出重点环节，严格检测，充分发挥省、市、县三级盐产品质量保证体系和质量检测网络功能的作用，严格执行一级日晒盐作为加碘口食盐，二级日晒盐仅用于腌制加工用盐的规定。无论是省内出场的盐产品还是省外调入的盐产品，凡不符合质量标准的，一律降等使用或改作其他用盐。同时，坚持食盐质量抽检通报制度，及时公布检测结果。2003 年，碘盐质量普查选取了全省 115 个食盐零售网点，11 家国家食盐定点生产企业，抽取盐样品 1 948 批次。普查结果显示，全省居民户碘盐覆盖率达到 96.69%，食用合格碘盐率为 94.6%，食盐零售网点碘盐合格率为 96.99%，比上年有所提高。

整顿和规范盐业市场秩序取得阶段性成果 按照省政府《2003 年浙江省整顿和规范市场经济秩序重点整治工作计划》，“盐业专营问题”被列为省政府整顿和规范市场经济秩序第一类第八项重点工作计划。各级盐业部门以此为契机，加大力度，积极行动，严厉打击各类盐业违法行为，全年累计出动人员 51 373 人次，检查生产、经营单位 9.8 万家，受理举报 56 起，查获各类盐产品 4 127 吨，查获各类盐业违法案件 1 660 起，9 起涉盐犯罪案件中的犯罪分子全部被定罪判刑，遏制了涉盐犯罪活动。同时，截至 2003 年底，全省已设立各级公安机关驻盐务部门联络室 60 家，建立了预防、打击扰乱盐业市场管理秩序违法犯罪的协作机制和行政执法与刑事执法相衔接的工作机制。这为全省有效打击各种涉盐犯罪，维持盐业市场秩序创造了良好的条件。

食盐专营企业规范化建设初见成效 全省各级盐业部门以贯彻落实《食盐批发企业管理质量等级划分及技术要求》国家标准为抓手，大力改造运销基础设施，改善仓储条件，不断提高科学管理水平和实施专营的能力，推动食盐批发企业管理质量上等升级。2003 年 12 月，省盐业主管局对 76 家食盐批发企业进行了逐个考核验收，72 家食盐批发企业通过了升级达标考核，其中 AA 级 31 家，A 级 41 家。

积极推进食盐流通方式改革 一年来，全省各级盐业部门按照国家和省局的有关要求，结合当地的实际情况，因地制宜，大力开展食盐流通方式的改革，集中分装，统一配送初成规模。宁波市在原来市区范围内实行食盐配送制的基础上，着重对全市进行了“集中分装，统一配送，直达运输”的流通方式改革，并于 2003 年 7 月正式投入运行；杭州盐业公司打破传统经营模式，对市级范围内的盐产品配送全部实行计算机统一管理，这为全市更大范围的配送打下了良好的基础。另外，根据国家加快制盐企业食盐成品化进程，鼓励销区直接从产区调入小包装碘盐的要求，省盐务管理局合理调整食盐流向，积极实施小包装碘盐集中分装、统一配送，将浙赣铁路沿线原由销区盐业公司分装小包装碘盐改由省外国家食盐定点生产企业直接集中分装，省盐业公司统一配送。这不仅大幅度地降低了食盐流通费用，确保了小包装碘盐的质量，而且有效实现了产销企业的双赢发展，得到了国家有关部门的充分肯定。至 2003 年 12 月止，全省已有 40%以上的口食盐实行了集中分装，统一配送。

全省盐业结构调整取得突破性进展 全省各级盐业部门根据省人民政府和国家发改委等要求，抓住浙江省大力发展效益农业、加快城市化建设和土地复垦有利时机，积极开展废盐转产工作。据统计，2003 年，全省共废转低产盐田 1 113.55 公顷，压缩生产能力 5 万吨以上，全省结构调整取得突破性进展。

（虞 峰）

【海洋矿产开发】 浙江省海洋矿产资源除东海油气田勘探并开采的石油、天然气外，仅有海砂和海底蛎壳资源。另外，在海岛上分布较多的凝灰岩、花岗岩等建筑石料资源，发现或查明的还有舟山岱山县的铅锌矿、大理石矿和温州市洞头县的矿泉水、玛瑙等。

海砂资源主要分布在舟山、宁波及温州市洞

头县等地的海域。开采海砂的企业有舟山向往石桥采砂装运工程有限公司、舟山巨能实业有限公司、舟山市瑞昌采砂有限公司和宁波经济技术开发区宁波港物资公司等，但正常生产的仅有舟山瑞昌采砂有限公司，开采海域面积 0.681 4 平方千米，生产规模 200 万立方米/年，实际年产海砂 180 万立方米。

蛎壳资源主要分布于乐清湾、洞头县附近浅海海底，2000 年以前曾少量开采，主要用于炼制石灰。

海岛矿产资源主要开采建筑石料和矿泉水，铅锌矿和大理石早已停采。舟山市开采建筑用花岗岩和凝灰岩等企业共 163 个，分布在舟山 42 个大小岛屿上，实际年产花岗岩 202 万吨，凝灰岩 749 万吨，工业总产值 1.38 亿元。温州市洞头县开采花岗岩、凝灰岩的企业共 14 个，年产量 23.66 万立方米，工业产值 930 万元；开采矿泉水的企业 2 个，年产矿泉水 0.14 万吨，工业总产值 32.76 万元。

（魏夕生）

地方重大海洋工程项目
Local Key Marine Engineering Projects

【杭州湾跨海大桥】　2003 年 6 月 8 日，杭州湾跨海大桥正式动工兴建。杭州湾跨海大桥为双向六车道高速公路斜拉桥，共有 623 跨，南起宁波慈溪，北至嘉兴平湖，全长 36 千米，呈高低错落、蜿蜒有序的“S”形。该桥总投资 118 亿元，其中民营资本占总投资的 50%以上。大桥两岸连接线工程总长 84.4 千米，投资 52 亿元。大桥全线预计将在 2009 年建成通车。大桥建成后，将使宁波到我国金融和经济中心上海的路程缩短 120 千米，将直接加速长江三角洲地区经济和社会的一体化，加速以上海为龙头的长三角国际级都市圈的形成。杭州湾水文地质条件复杂，500 余位专家历时 8 年几十易其稿，最终确定了大桥建设方案，并经国务院批准立项建设。杭州湾跨海大桥将是迄今世界上最长的跨海大桥，将创下中国大桥建设的多项中国和世界之最。

【舟山至宁波大陆连岛工程】　舟山大陆连岛工程起自舟山本岛的 329 国道线鸭蛋山的环岛公路，经里钓岛、富翅岛、册子岛、金塘岛至宁波镇海区，与规划中的宁波至杭州沿海北线高速公路相接。连岛工程总长 50.5 千米，由五座大桥组成，从舟山到镇海依次为岑港大桥、响礁门大桥、桃夭门大桥、西堠门大桥、金塘大桥，以金塘大桥为最长，达 24.4 千米。桥面按高速公路双向四车道标准设计，总投资约 84 亿元，其中金塘大桥投资为 42 亿元。至 2003 年底，连岛工程的前三座大桥已开工建设，将于 2004 年完成。金塘至宁波镇海的金塘大桥项目建议书 2003 年获国家发改委批准，整个工程将于 2007 年完成。

【温州洞头半岛工程】　2003 年 4 月 9 日，温州洞头半岛工程关键工程浅滩围涂工程北堤——温州市瓯海区灵昆岛至洞头县霓屿岛之间的灵霓海堤动工兴建。灵霓海堤长 9.5 千米，设计高程 7 米，将于 2006 年上半年完成施工任务，达到初步通车要求。浅滩围涂南堤工程将于 2005 年底前后开工建设。温州洞头半岛工程是针对温州市人多地少、可开发建设土地缺乏和港口建设滞后等问题而提出的，是一项以桥梁、海堤及促淤造地等工程形式，将海岛洞头和温州市区陆域相连的综合性基础工程，主要由洞头五岛连桥围涂工程（已建成）、温州浅滩围涂工程、灵昆大桥、状元岙深水港区等工程组成。整个工程完成后，可为温州市新增 0.7 万公顷的建设用地和 10 千米以上的港口深水岸线，温州市将藉此真正从河港城市迈向海港城市，对温州市经济社会的持续快速发展将带来重大影响。

（纪志康）

海洋国际合作与交流
Marine International Cooperation and Interflow

【概况】　据海关统计，2003 年浙江省进出口总额 614.23 亿美元，同比增长 46.4%；其中，出口 416.03 亿美元，增长 41.5%；进口 198.20 亿美元，增长 58.0%。国民经济对外贸的依存度 55.3%，对出口依存度 37.4%，分别比 2002 年提高 10.8 个和 6.2 个百分点。全省新批外商投资企业 4 442 家，投资总额 272.54 亿美元，合同外资金额 120.50 亿美元，实际外资金额 54.49 亿美元，分别比 2002 年同期增长 32.0%、72.8%、77.5%

和72.4%。2003年，浙江省国外经济合作完成营业额125 056万美元，同比增长19%；新签合同额122 250万美元，外派劳务8 907人次，与2002年基本持平；期末在外劳务25 228人，由于受全面暂停对新加坡建筑劳务和对台渔工输出规定的滞后影响，同比下降11%。2003年，浙江省的外经业务遍及世界106个国家和地区。

【水海产品出口】 水海产品是浙江省外贸出口的大宗商品之一。2003年，浙江省累计出口水海产品45 879万美元，比2002年增长5.18%。出口的主要产品有：活鱼6 619万美元，比2002年增长131.60%；冻鱼、冻鱼片15 268万美元，比2002年减少8.32%；鲜、冻对虾922万美元，比2002年减少55.06%；冻虾仁8 545万美元，比2002年增长42.78%；其他水海产品14 525万美元，比2002年减少9.61%。从浙江省水海产品的出口市场情况来看，对传统市场，如日本、韩国、美国的出口额有所下降，但对东盟及欧洲的水海产品出口有大幅度的增长，其中，浙江省对东盟的水海产品出口比上年增长了139.93%；对欧洲则更增长了279.50%。浙江省水海产品出口的主要市场是：韩国18 030万美元、日本16 495万美元、美国2 803万美元、欧盟1 947万美元、菲律宾1 724万美元、印度尼西亚1 138万美元、马来西亚1 053万美元。浙江省水海产品出口额最大的10家企业分别是：慈溪徐龙进出口有限公司（3 420万美元）、舟山市定海一舟水产养殖有限公司（1 831万美元）、舟山国际经济技术合作有限公司（1 533万美元）、舟山兴业有限公司（1 418万美元）、舟山市国泰水产公司（1 353万美元）、舟山震洋发展有限公司（1 261万美元）、舟山加藤佳食品有限公司（979万美元）、舟山海富水产有限公司（951万美元）、临海市楚升远水产品有限公司（943万美元）、舟山粮油食品进出口有限公司（927万美元）。

【海洋渔业企业利用外资】 2003年，浙江省共批准涉及海洋渔业企业的利用外资项目8个，投资总额710万美元，合同外资金额486.6万美元。2003年浙江省海洋渔业利用外资的企业经营范围主要是水产养殖和水海产品储运加工等。从投资方式来看，有合资项目2个，分别是长兴茹兴生态养殖有限公司和台州超越水产养殖开发有限公司；独资项目4个，分别是湖州永健龟鳖苗种有限公司、杭州千岛湖东洋水产有限公司、宁波弘瑞渔业有限公司和宁波中宇水产养殖有限公司；中外合作项目2个，分别是浙江恒兴水产养殖有限公司和舟山升鲜水产种苗有限公司。

【海洋渔业企业的国际投资与合作】 2003年，浙江省共签订海洋渔业经济技术合作项目21个，主要有墨西哥、阿根廷、西班牙和印度尼西亚渔业捕捞项目等，合同金额11 000万美元，全年完成渔业合作营业额21 631万美元，占浙江省当年外经营业额的17.3%。随渔业合作项目派出的各类人员3 857人次。这些渔业合作项目涉及的主要国家和地区有：墨西哥、阿根廷、西班牙、摩洛哥、塞内加尔、塞拉利昂、印度尼西亚等。浙江省从事海洋渔业劳务合作的企业主要有：浙江远洋渔业集团股份有限公司、中国水产舟山海洋渔业公司、舟山国际经济技术合作公司。

2003年，浙江省外派渔工、海员劳务1 026人次，其中渔工829人次，主要派往印尼、日本、约旦、菲律宾、秘鲁等国；海员197人次，主要派往香港特别行政区以及德国等地。 （程世昌）

浙江省海洋工作大事记
Chronicle of Events of Zhejiang Province

1月1日 《浙江省渔港渔业船舶管理条例》生效实施。该条例于2002年9月3日在浙江省九届人大常委会第36次会议上获得通过，共7章52条，分别对浙江省渔港规划与建设、渔港管理、渔业船舶管理、渔业船舶安全作业和救助及相应的法律责任等作了明确具体的规定，特别是强化了对渔船修造企业的源头管理，确立了渔港规划的法律地位。

3月18日 浙江宁波港北仑国际集装箱码头工程（北仑集装箱码头三期）通过国家验收，并正式投产。该工程总投资22亿元，新建集装箱码头泊位4个，码头总延长1 238米，可靠泊目前世界上最先进的第六代集装箱船，码头年设计吞吐能力为100万标箱。该工程于1999年3月开工，2001年12月竣工并投入试生产。

4月9日 浙江省温州洞头半岛工程关键工程

浅滩围涂工程北堤——温州市瓯海区灵昆岛至洞头县霓屿岛之间的灵霓海堤动工兴建。灵霓海堤长9.5千米，设计高程7米。温州洞头半岛工程是将海岛洞头和温州市区陆域相连的综合性基础工程，主要由洞头五岛连桥围涂工程（已建成）、温州浅滩围涂工程、灵昆大桥、状元岙深水港区等工程组成。整个工程完成后，可为温州市新增0.7万公顷的建设用地和10千米以上的港口深水岸线，温州市将藉此真正从河港城市迈向海港城市。

6月3日　北太非法捕捞水产品案由浙江省舟山市普陀区人民法院作出一审判决，判处被告人陈勇有期徒刑2年，缓刑2年；判处被告人陆核平罚金计人民币7万元。被告人陈勇被公安机关扣押的非法所得款计人民币50万元，予以没收，上缴国库。这是1997年新刑法实施后，浙江省第一例因非法捕捞水产品被司法机关追究刑事责任的案件。

6月8日　杭州湾跨海大桥正式动工兴建。杭州湾跨海大桥为双向六车道高速公路斜拉桥，共有623跨，南起宁波慈溪，北至嘉兴平湖，全长36千米，呈高低错落、蜿蜒有序的“S”形，总投资118亿元，其中民营资本占总投资的50%以上。大桥两岸连接线工程总长84.4千米，投资52亿元。

7月2日　浙江省宁波港大榭港区对外国籍船舶开放顺利通过了由交通部、海关总署、解放军总参谋部、中央编办、公安部、质检总局等单位代表组成的国家验收组的验收。大榭港区自2002年10月17日经国务院批准对外开放以来，相继建成了宁波大榭25万吨级原油中转码头及储罐、华东BP液化石油气基地站、2万吨级多用途码头等，建成大小泊位13个，基础建设日趋完善，已具备了接卸国际航运大型船舶的能力。

8月18日　经过近2年的调查研究和工作筹备，浙江省委、省政府在杭州召开第三次全省海洋经济工作会议。会议总结了全省海洋经济发展所取得的成就，提出了今后一个时期全省发展海洋经济的目标任务。会议要求全省沿海各地进一步整合资源、强化特色，大力推进海陆联动，将六大联动、六大突破作为浙江省新时期加快发展海洋经济的主线，努力把浙江省建设成为海洋经济综合实力强、海洋产业结构布局合理、海洋科技先进、海洋生态环境良好的海洋经济强省。会后，省委、省政府批准成立了省海洋经济工作领导小组，出台了《关于建设海洋经济强省的若干意见》（浙委〔2003〕20号），部署开展了《浙江建设海洋经济强省总体规划》和涉海行业专项规划的编制工作。

11月5日　国家海洋局杭州水处理中心承担的国家项目“万吨级反渗透海水淡化示范工程”一期工程在山东省荣成市石岛镇调试成功，顺利出水。经测定，额定5 000吨/日单机（25℃）在17℃时产水量已达5 280吨/日，出水含盐量仅为160毫克/升，优于国家500毫克/升的水质标准，能耗低于3.8千瓦时/吨水。该项目是目前国内首套最大的万吨级反渗透海水淡化项目，也是国际上最大规模的单机之一，突破了国际上5 000吨为单元的大规模海水淡化工程技术瓶颈。

12月2日　浙江省港口规划建设委员会第一次会议召开，确定宁波－舟山港口功能应在三方面定位，即：①大进大出、储备、集散基地；②适应临港工业发展的基地；③对外贸易的基地。根据规划方案，两港资源整合主要考虑分为煤炭、石油及制品、金属矿石、集装箱等四大货种规划利用岸线，结合整合目的，计划将宁波－舟山港口资源整合范围划分为以宁波的北仑、大榭、穿山、梅山以及舟山本岛南北两侧岛屿组成的核心区域、核心区域以北地区和核心区域以南地区三块区域。将主要形成以修造船基地、化工基地、钢铁、电厂等为主的大型临港工业区和依托集装箱发展的物流园区。（纪志康）

宁 波 市
Ningbo City

综 述
Summary

【概况】 宁波简称“甬”，位于东海之滨，中国大陆海岸线中段，长江三角洲东南翼，宁绍平原东端，即 120° 55′ ~122° 16′ E, 28° 51′ ~30° 33′ N; 东有舟山群岛为天然屏障，北濒杭州湾，西接绍兴市的嵊县、新昌、上虞，南临三门湾，并与台州的三门、天台相连。宁波市辖海曙、江东、江北、鄞州、镇海、北仑5区，奉化、慈溪、余姚3市和象山、宁海2县，总面积9 365平方千米。

近几年，宁波市坚持实施以港兴市、产业立市、科教强市的发展战略，建设大港口，发展大产业，构筑大都市，繁荣大文化，努力构筑宁波经济社会发展新优势，建设“生态宁波”。2003年，全市经济持续快速发展，全年完成国内生产总值 1 786.86 亿元，增长 15%；财政总收入 330 亿元，增长 25.9%；港口货物吞吐量 1.85 亿吨，其中集装箱 277 万标准箱，增长 49%；外贸进出口总额 184 亿美元，增长 50%，出口 118 亿元，增长 45%；城镇居民人均可支配收入 14 200 元，农民人均纯收入 6 200 元，分别增长 10%和 7%。

海洋经济已成为宁波市经济发展新的增长点，2003 年，全市实现海洋经济总产值 349.71 亿元，比上年增长 18.71%；实现海洋经济增加值 177.36 亿元，比上年增长 10.94%。临港工业、港口运输业、海洋渔业、滨海旅游业等都呈现了前所未有的良好发展势头。

宁波辖区海域面积 9 758 平方千米，海洋面积超过陆地面积近 400 平方千米，大陆海岸线和海岛海岸线总长 1 562 千米，其中大陆海岸线 778 千米，海洋资源极为丰富。一是全球性港湾航道资源优势。宁波位于我国海岸中部，长江三角洲南翼，紧靠国际航运干线和长江黄金水道，地理位置十分优越，岸线资源极为丰富，仅北仑区域可开发港口岸线就有 121 千米，且海域水深浪静，陆域腹地广阔，拥有天然的深水大港。二是全国性渔业资源优势。宁波临近海域渔业资源种类多，数量大，种群恢复能力强，特别是象山港由西向东约 60 千米，是我国沿海不可多得的鱼虾贝藻等海洋生物栖息、生长、繁殖和肥育的优良场所。三是全省性滩涂、浅海资源优势。宁波拥有潮间带滩涂面积约 10.4 万公顷，可直接用于养殖的约 1.87 万公顷。拥有-10 米以上的浅海面积约 7.67 万公顷，其中可直接养殖面积约 3 300 公顷。四是区域性滨海旅游资源优势。宁波具有独特的海洋文化人文景观与别具一格的滨海自然景观优势，拥有河姆渡、招宝山、东钱湖等著名的旅游景观以及松兰山、石浦渔港等具有浓郁海洋特色的休闲场所，拥有象山东门岛、渔山岛、宁海横山岛、北仑大榭岛群等面积在 500 平方米以上的海岛共 531 个，旅游开发潜力巨大。

海洋资源开发与海洋经济
Development of Marine Resources and Marine Economy

【海洋渔业】 按照“提升养殖、稳定捕捞、深化加工、拓展远洋、搞活流通”的渔业工作思路，通过深化改革、提升科技、调整和优化产业结构、加速渔民转产转业，不断挖掘和寻找渔业经济发展的新突破口。2003 年，全市海洋渔业总产出 54.33 亿元，同比增长 3.20%；海洋渔业增加值 31.08 亿元，同比增长 4.58%。

在市委、市政府政策的引导下，沿海地区掀起了开发海洋资源、发展海水养殖业的热潮。海水养殖面积连年拓展，低洼低产地、盐碱地种改养面积不断扩大。到 2003 年底，全市养殖总面积为 66 074.5 公顷，其中海水网箱养殖已发展到 73 800 余箱，养殖区域已由内湾浅水区向开敞深水区转移；深水大型网箱 170 只，养殖区域从象山港扩展到渔山海区。依靠科技兴渔，宁波市水产养殖产量和产值仍保持适度增长。海水养殖产量达到 26.78 万吨，海水养殖产值 30.13 亿元。

全市养殖业正从单纯量的扩张向稳定面积、保证质量、提高效益的方向发展，同时注重调整养殖品种结构，推广适销对路的新品种。

随着中日、中韩渔业协定的生效，全市海洋捕捞渔船传统作业渔场大幅度缩小，“船多海小”、“船多鱼少”的矛盾十分突出，海洋捕捞渔业资源进一步衰退。针对这一现状，全市各地积极加强捕捞技术改造，推广疏目拖网、网板单拖、灯光围网、深水流网、鱿鱼钓、金枪鱼钓等多种作业技术，引导渔民合理利用和保护近海渔业资源。2003年，全市海洋捕捞产量56.1万吨，捕捞产值25.40亿元，海洋捕捞生产继续呈现负增长；同时积极引导帮助捕捞渔民从海洋捕捞向其他相关行业转移，寻找新的发展空间，开拓新的发展领域。2003年，全市报废渔船212艘，减功率8 170.36千瓦，转产渔民770人，共向各地下拨2002年海洋捕捞渔船拆解补助差额及2003年补助资金511.9万元。

全市远洋渔业有了新的发展。2002年3月成立了宁波联合远洋渔业有限公司(以下简称联合公司)。联合公司是按照现代企业制度要求组建的股份有限公司，全市远洋渔业企业参股，还吸纳了工商企业的资金，注册资金4 000万元，成为宁波市发展远洋渔业潜力最好的公司。2003年，全市有5家企业从事远洋渔业生产，实施了北太平洋鱿钓、西南大西洋鱿钓、东南太平洋鱿钓、乌拉圭拖网、日本专属经济区及日本海鱿鱼钓5个项目。全市远洋渔业总产量达到21 670吨、产值11 800.1万元，成为宁波市渔业经济发展的新亮点。

截至2003年，全市共有水产品冷冻和加工企业357家，拥有大小冷库296座，速冻能力达7 000吨/日，冻藏能力10万吨/次，制冰能力4 000吨/日。全市水产品加工量达48.09万吨，占水产品总产量的44.8%，加工产值达15.25亿元以上，水产品出口量4.9万吨，产值1.45亿美元，出口水产品占加工产值的36.4%，略高于全国平均水平(34.9%)。

目前，全市水产加工企业中拥有国家级农业龙头企业2家，省级农业龙头企业4家和市级龙头企业30余家。年销售收入500万元以上的加工企业60余家，其中，年销售收入超亿元的有5家，超5 000万元的约16家，超1 000万元的近40家。有40余家企业拥有自营出口权，30家获得HACCP注册认证，8家通过欧盟注册。拥有冷冻鱼糜、烤鱼片、烤鳗、鱿鱼丝、鱼粉、鱼油等生产线以及单冻机、低温干燥设备、海洋药物等各类加工设备100余条(台)。

【科技兴海】 象山港科技兴海示范园区建设进展顺利，园区建设的海水网箱标准化健康养殖、海水池塘高效养殖、贝藻生态养殖、紫菜现代化养殖加工、梭子蟹养殖加工等5个示范点的带动效应正在形成。全市水产品加工业计划投入资金7.9亿元，新改（扩）建项目22个，2003年实际完成投资3.9亿元。随着技术的进步和产业的发展，宁波市出产的水产加工品种类日益丰富，在传统加工水平的基础上，逐步向精深加工产品转化，已形成了富有宁波特色的产品系列，红膏咸蟹、蟹糊、泥螺、鱼鲞等传统风味食品已成为江浙沪市民喜爱的美味佳肴；脱脂大黄鱼在2001年开发成功后，由于口味接近野生黄鱼，色泽自然、肉色米白、香味独特，产品广受消费者欢迎，2003年生产企业增加到23家，产量达到1 200吨，已成为宁波市又一重要水产品新兴加工产业。

（张士锋）

【港口运输业】 港口是宁波最大和最有潜力的海洋资源。历年来，宁波市深入实施“以港兴市”战略，推进港口开发，发展临港工业，建设现代化物流，把港口资源优势逐步转化为经济发展优势。2003年，宁波口岸的吞吐量和发展速度再攀新高，货物吞吐量达到1.85亿吨，跃居世界港口第五位，增幅已连续5年居全国第一位；口岸进出口贸易总额340亿美元，占全省总量的78%。

口岸开放迈出新步伐。大榭港区和北仑港三期集装箱码头正式对外开放，海港口岸的集装箱泊位紧张状况有所缓解。北仑港四期码头开放稳步推进，宁波港口岸开放范围已划定上报。认真组织实施了第三轮口岸大通关建设，立足科技创新、制度创新、服务创新、管理创新和宣传创新，在信息化、集聚化、数据化方面取得了明显的进展，达到了通关速度进一步加快、工作效率进一步提高、口岸服务环境进一步优化的要求，如宁波检验检疫局和宁波海关联合推出的进口集装箱“提前报检报关，实货放行”模式，对出口货物实施的“绿色通道”，边防检查站实施的“电子门警”等。各口岸查验单位不断深化工作方式和监管模式改革，用信息化、用科技方法来缓解人手紧缺与业务量快速增长的矛盾，有力地促进了口岸效率的提高和口岸竞争力的增强。

（张士锋　吴晓东）

【临港型工业】 宁波市发挥“海洋经济”优势，坚持“产业立市”战略，以新型工业化为方向，以打造宁波先进制造业基地为目标，以石化、电力、电子、造纸、汽车、船舶、钢铁、机械等8大沿海临港型工业为先导，努力构建工业经济发展的可持续发展机制，工业经济指标创近6年来最高增长水平，为全市经济继续保持快速增长做出了重大贡献。

2003年，全市完成工业增加值892.68亿元，增长18%，其中规模以上企业完成工业增加值622.7亿元，增长23.5%，均高于全省平均水平。经济效益迈上新台阶。全年累计实现利税总额突破300亿元大关，达到318.47亿元，比上年增长19.37%，其中利润总额189.18亿元，增长23.28%。经济效益考核得分为230.52分，比上年同期提高9.87分，得分再创历史新高，居浙江省第一。增长格局发生较大变化，重工业增长快于轻工业。生产性企业自营出口成为全市外贸出口第一主体，大企业（大集团）发展强劲。

宁波北仑新区依托良好的区位优势和港口优势，至2003年，引进总投资达200亿美元的20个重大项目，成为全省重大项目最为集中、规模最大、产业配套最为完善的区域，其中总投资在1亿美元以上的项目有18个。总投资在100亿元以上的有石化、钢铁、造纸、化工等8个制造业项目，以及东海油气田气体分离、港务局四期码头等基础设施项目，初步形成以钢铁、石化、修造船、汽配等为主的临港大工业产业群和以集成电路、半导体、计算机主机及周边设备、注塑机等为主的高新技术产业群。（董其岳）

【滨海旅游业】 宁波滨海旅游开发起步于20世纪90年代中后期。1998年全市海洋经济会议召开以来，滨海旅游业进入了一个高速发展时期。滨海旅游业发展受到各级政府及社会各界的重视，旅游开发投入连年增加。全市范围的滨海旅游资源开发、旅游产品策划、基础设施配套建设以及客源市场拓展等方面都取得了较好的发展。

2003年，宁波充分发挥东方大港、河姆渡文化、名人故里、百里黄金海岸等旅游资源优势，以创新和发展为动力，推进滨海旅游产业的发展。象山改革旅游管理体制，组建旅游集团；各地组建政府主导的旅游投资开发公司，以旅游景区的深度开发和招商引资为重点，加大旅游项目的投入力度。象山设800万元旅游发展专项资金；慈溪投入2 000万元启动相关旅游项目；余姚市、宁海县分别拨专款3 427万元和1 300万元，用于完善旅游基础设施建设；北仑区用于重点旅游景区的开发建设资金高达3.52亿元。

“东海海滨旅游带”作为宁波市旅游业布局规划4带中的重要一环。截至2003年底，政府、社会和企业用于宁波市滨海旅游业发展的投入已有10多亿元。已开发建成慈溪杭州湾海滨游乐园、北仑洋沙山、镇海招宝山风景区、镇海口海防遗址博物馆、象山北黄金海岸度假村、松兰山滨海旅游度假区、金沙湾狩猎度假村、檀头山自然保护区、红岩旅游区、中国渔村（一期）、石浦渔港、石浦老街、花岙岛石林风景区等滨海旅游景区（点）。已连续举办中国开渔节、海鲜节、三月三踏沙滩、小曹娥镇钱塘江观潮等滨海旅游节庆活动。

滨海旅游业欣欣向荣。以东方大港、象山松兰山、中国渔村、中国开渔节为主要内容的滨海旅游带已经形成。目前，上海等地企业财团纷纷参与象山松兰山、石浦渔港旅游项目的开发，正在加紧建设中国渔村、半边山旅游区、石浦渔港镇等一批重大旅游项目。2003年，全市接待入境旅游者22.15万人次，比上年增长7.8%，其中外国游客13.64万人次，比上年增长15.24%。全市滨海旅游业总产出达到82亿元。

2003年10月16日，宁波市人民政府联合中国旅游协会和中国烹饪协会成功举办了2003中国（宁波）海鲜美食节，推出宁波海鲜美食体验旅游线路，海内外宾客“吃海鲜，游宁波”活动。象山实施旅游富民战略，大力开发滨海旅游资源，促进资源优势向经济优势转变，游客人数和旅游收入年均递增60%以上。象山滨海旅游已成为长三角南翼重要的旅游胜地和浙江省十佳度假地之一。（周新生）

【滩涂围垦业】 宁波市滩涂资源主要分布在杭州湾南岸、象山港和三门湾一带。按已围面积看，围涂面积最多的是在杭州湾南岸沿线，沿岸的 3 地余姚、慈溪、镇海围涂面积达 2.49 万公顷，占全市已围面积的 52.7%，其次为三门湾，围垦面积达 1.07 万公顷，占已围面积的 22.5%，象山港内已围面积 5 713 公顷，占已围面积的 14.25%。由于杭州湾南岸滩涂属淤涨型岸滩，按照宁波市滩涂围垦总体规划，杭州湾南岸今后将是宁波市围垦的主要地段。

在已围的土地中，万亩以上围涂面积共有 9 处，面积为 1.65 万公顷，占全市围涂面积的 34.9%，千亩以上围涂面积共有 117 处，面积 2.33 万公顷，占全市围涂面积的 49.3%。万亩以上围垦的 9 处基本上都是在 20 世纪 70 年代后期围成的，随着施工条件的改变和施工工艺的提高，大面积围涂将是今后围垦发展的方向。

在已围的 4 万公顷土地中，用作耕地有 1.47 万公顷，经济林用地 2 467 公顷，海水养殖 2 267 公顷，盐田 2 267 公顷，水库 5 667 公顷，其他建设用地 2 400 公顷。据初步统计，近两年来，海水养殖面积发展势头良好，新增的海水养殖面积已成为沿海镇乡、农业产业结构调整的主要发展方向，并成为宁波市农村经济的主要增长点。

（陈永东）

海域使用管理
Management of Sea Area Use

【海域综合管理】 经过全市上下的共同努力，已基本形成了依法用海、依法管海的新局面。通过几次大的海洋联合执法监察，镇海炼化、北仑电厂等一批大型企业用海项目及象山、宁海、北仑、奉化等 7 项围垦养殖用海项目均办理了海域使用权证。2003 年新上 19 个市级项目均纳入海域使用管理，已征收海域使用金 638.74 万元。慈溪、象山、北仑、奉化等县（市）、区的海域使用权证发放工作均取得了明显进展。群众对违规开采海砂、违法使用海域等现象进行举报的意识明显增强，海域使用综合管理工作进一步强化。首先是深入贯彻实施《海域使用管理法》，加大了海洋综合管理力度。4～6 月全市深入开展了第二轮《海域使用管理法》宣传教育，建立和完善了由各地普法办、乡镇司法所和渔政站共同实施的海洋法律法规宣传网络。通过宣传海洋法规，广大群众了解和掌握了有关海域的权属、使用和管理等方面的法律知识，进一步提高了依法使用和管理海洋资源的法制观念。其次是全面推进海域确权发证工作。各地普遍加强了对海域使用情况的摸底排查和清理登记，全面清理不合理用海和无证用海，加快了海域确权、登记和发证工作。全市累计发放海域使用权证书 710 本，确权海域面积 14 921 公顷，新的项目用海基本达到登记发证。2003 年 3 月 12 日，市政府下发了《关于调整滩涂围垦政策的通知》（甬政办发[2003]55 号），宁波市海洋与渔业局会同市水利局、市发展计划委员会、市财政局、市国土资源局制定了宁波市滩涂围垦政策实施意见，水利围垦用海管理问题得到了解决。

【海域勘界】 2002 年 8 月 11 日成立了宁波市海域勘界工作领导小组及其办公室，12 月 24 日召开了海域勘界工作领导小组第一次会议，全市海域勘界工作正式启动。为了确保海域勘界工作的顺利开展，市海域勘界办和各县（市）、区海域勘界办重点围绕宁波市海域勘界工作中存在的争议区域收集了大量历史资料，编制了《宁波市市际间海域行政区域勘界主张线报告》、《宁波市海域勘界工作方案》和《宁波市海域勘界工作实施意见》，明确了海域勘界总的原则和海域行政区域界线的位置——核定法定线、法定习惯线、解决争议线，提出了 4 条市际主张线。

【韭山列岛海洋生态自然保护区建设获得批准】 2003 年 4 月 18 日，省政府下发了《关于建立浙江省韭山列岛省级海洋生态自然保护区的批复》，同意建立韭山列岛海洋生态自然资源保护区，为保护海洋生态环境迈出了可喜的一步。（张士锋）

海洋行政执法
Marine Administrative Law-enforcement Work

【海监队伍建设】 2003 年，宁波市各地加快了海洋执法监察队伍的建设步伐，建立了以中国海监宁波市支队为中心，以中国海监象山县大队、中国海监宁海县大队、中国海监奉化市大队、中国海监北仑区大队、慈溪市海洋与渔业执法大队、江北区海洋与渔业行政执法大队等 6 个县级大队为基础的二级海监执法体系，75%的沿海县（市、区）建立了海监机构。在机构建设的同时，全市各地积极抓好海监执法人员的培训工作，到8月底，全市选送了80名执法人员参加了各期海洋监察员培训，全部考试合格，等待国家海洋局统一签发海洋执法监察证。

为贯彻执行国家海洋法律法规，促进宁波市海域的依法管理，2002年1月，经宁波市机构编制委员会的批准，原宁波市渔政渔港监督管理处整体改编，成立了中国海监宁波市支队，成为浙江省第一支海监执法队伍。支队现有编制60人，实际在编56人，分设办公室、海监科、通讯科、宁波港检查站、象山港分站和执法船艇等8个科室站，并在依法监督管理用海活动、保护海洋环境、查处海洋违法案件等方面发挥了较大的作用。

奉化、象山、宁海、北仑等4个县级海监大队已组建完毕。上述4个县（市、区）在通过当地机构编制委的批准，由原渔政监督管理站改编成为海监执法大队的基础上，积极向中国海监总队申报，要求同意使用“中国海监”的称谓和标志，已获批准，并在海洋执法检查、查处海洋违法案件中发挥了应有的作用。

慈溪市、江北区的海洋与渔业执法大队已通过当地机构编制委的批准，正在向中国海监总队申报使用“中国海监”的称谓和标志，并开始履行依法管理海洋的职责。

【海洋执法监察】 针对宁波市用海的基本情况，2003年海监工作的重点是：加快县级海监队伍的建设步伐、查处违法使用海域的行为，整治采砂用海中的违规违法行为，开展对管道路由的巡视和无居民海岛及其周围海域的检查活动。为确保海洋执法监察的顺利开展，一是制订并实施了《办公工作规则》，对执法机构各运转环节进行了具体的规定，以规范执法队伍的内部管理。二是制订并实施了《待岗学习暂行办法》，对那些严重违反上级部门禁令、工作散漫、不服从工作安排、违反制度规定、不能胜任现岗位、年度考核不合格及旷工严重的人员实行强制待岗学习，促进了执法队伍素质的提高。三是制订了《对违法采砂采贝用海处罚的自由裁量规定》，从制度上对执法人员的执法行为进行了规范，避免了行政处罚中人为造成执法不公等问题的出现。

组织实施海洋执法检查。2003年以来，宁波市市县两级海监机构，采取与上级海监总队联合和市县单独组织实施的形式，分别对采砂用海、群众围填用海、建设项目用海、滨海旅游用海、海底电缆管道路由、无居民海岛及其周围海域等进行执法监察工作，共组织各类项目的常规检查21次，组织专项执法行动6次，海监执法已覆盖了各种用海类型，并对群众举报的用海活动一一查证，取得了满意的效果。

坚决查处海洋违法行为。针对常规检查和专项检查中发现问题的单位，及时组织分析，对涉嫌违法违规的单位，不论情况有多复杂，坚决予以立案查处。一年来，对20个涉嫌海洋违法的行为，进行了立案查处。通过调查审理，对12个违法用海单位依法进行了处罚，对8个违法用海单位予以通报，案件的处理率为100%，结案率为100%，有力地打击了海洋违法违规行为，取得了较好的社会效益。

规范执法行为，树立良好形象。为树立良好的执法形象，规范执法人员的行为，海监执法人员实行严格的着装制度，外出执法佩带证件、执法中语言文明、态度严肃而不粗暴；执法中能坚持按照《海洋行政处罚实施办法》的有关规定，自觉做到执法程序规范，行为文明庄重、审理祥尽细致，报批手续完备，卷宗装订整齐。到目前为止，立案查处的案件中还未出现败诉。

编发监察通报，整理典型案例。在开展海洋执法监察，查处违法用海行为的同时，积极做好编发执法监察通报。2003年已编发通报4期，及时将全市各地的海域使用情况、执法检查中发现的问题以及海洋违法案件的查处等情况，上报下发给有关单位。此外，还注重抓好典型案例的总结工作，完成了“对象山旦义涂非法用海的查处”、“对镇海围填用海的思考”等案例分析3篇，已在《宁波市海洋与渔业研究》上刊登，并在2003年浙江省海洋执法监察工作交流会上向各地代表进行了介绍。 （申亦波）

【宁波市海洋与渔业局被评为全国海洋执法监察先进集体】 2004年1月15日，国家海洋局下发了《关于2003年度全国海洋行政管理部门奖励表彰获奖的通知》。宁波市海洋与渔业局在国家海洋局开展的2003年度全国海洋行政管理部门奖励表彰活动中，被评为“全国海洋执法监察先进集体”。

海 洋 文 化
Marine Culture

【宁波海洋预报台预报室被共青团中央授予全国“青年文明号”光荣称号】 宁波海洋预报台成立于1998年，主要负责浙北沿海海洋环境预报工作。预报室现有工作人员8名，其中，中共党员2名，共青团员6名，平均年龄27岁，均为35岁以下、大专学历以上的年轻人。几年来，预报室本着“科学管理、规范操作、质量为本、诚信为重”的工作态度，与时俱进、开拓进取，为宁波市海洋防灾减灾工作做出了重要贡献。1998—2001年，预报室连续4年被国家海洋局东海分局评为“文明单位”，2001年被东海分局树为“青年文明号”，2003年被共青团中央授予全国“青年文明号”光荣称号。

【宁波市海洋与渔业系统举办“海之魂”文艺汇演】 2003年9月28日，“海之魂”文艺汇演在宁波青少年宫举行，宁海县海洋与渔业局选送的歌伴舞“吆喝一声开渔罗”获一等奖。此次汇演充分展示了海洋与渔业系统的精神风貌，进一步扩大了海洋与渔业工作的影响，增强了凝聚力和战斗力。

（张士锋）

表1　2003年宁波及各县（市）、区人口及从业人员情况一览表

单位：万人

市（县）、区	年末总人口	农业人口	非农业人口	单位从业人口	职工人数
全　市	549.07	380.26	168.81	386.2	65.34
市　区	131.33	41.28	90.05	90.57	35.04
鄞州区	75.58	55.68	19.9	56.53	5
余姚市	82.43	65.99	16.44	55.66	4.66
慈溪市	100.71	85.58	15.13	80	4.59
奉化市	48.15	38.21	9.94	33.4	2.63
象山县	52.63	42.53	10.1	36.94	11.19
宁海县	58.24	50.99	7.25	33.1	2.24

表2　2003年宁波及各县（市）、区国内生产总值、工农业总产值（现行价）一览表

单位：亿元

市区县	国内生产总值				工　业		农　业	
	合　计	第一产业	第二产业	第三产业	总产值	增加值	总产值	增加值
全　市	1 786.86	112.22	1 001.22	673.42	2 630.3	892.68	173.75	112.22
市　区	792.73	13.64	401.22	377.87	1 133.91	344.1	20.85	13.85
余姚市	213.36	19.67	126.24	67.45	267.22	117.23	27.76	19.67
慈溪市	245.57	18.19	144.49	82.89	334.87	131.53	26.57	18.19

续 表

市区县	国内生产总值				工业		农业	
	合计	第一产业	第二产业	第三产业	总产值	增加值	总产值	增加值
奉化市	95.15	10.57	54.8	29.78	178.69	51.46	16.61	10.37
象山县	107.54	21.73	56.03	29.78	129.36	49.04	40.59	21.73
宁海县	100.2	14.18	58.42	27.6	125.74	51.09	20.47	14.17
鄞州区	232.31	14.24	160.02	58.05	460.51	148.23	20.9	14.24

表3　2003年宁波市海洋开发资料统计一览表

统计项目		数额
海洋捕捞产量（万吨）	鱼类	40.616 9
	贝类	0.591 4
	虾蟹类	10.193 4
	其他	4.698 6
	合计	56.100 3
海水养殖产量（万吨）	鱼类	1.829 4
	贝类	20.860 4
	虾蟹类	3.598 9
	藻类	0.475
	合计	26.763 7
沿海港口货物吞吐量	总量（万吨）	18 543
	其中集装箱吞吐量（万标准箱）	277.2
海盐生产	产量（万吨）	5.877
	产值（万元）	1 708
沿海修造船	产值（万元）	14 014
滨海旅游	收入（万元）	820 201
	涉外旅馆数（个）	130
	入境旅游人数(人)	221 500
水产品加工	总量（万吨）	48.09
	产值（万元）	152 510
沿海石油加工	产值（万元）	863 606

舟 山 市

Zhoushan City

综 述
Summary

【概况】 舟山是我国重要的海洋渔业基地和唯一以群岛设市的地级港口城市。所辖区域东西长182千米，南北宽169千米，区域总面积2.22万平方千米，其中陆域为1 440.12平方千米，海域2.08万平方千米。500平方米以上岛屿有1 390个，誉为“千岛城市”，岛屿数占浙江省总数的45%，全国的26%，为我国最大的群岛。常年住人的岛103个，其中万人以上岛11个。市委、市政府所驻的舟山本岛东西长44千米，南北宽18千米，总面积502.65平方千米，是我国第四大岛。

舟山市辖定海、普陀两区和岱山、嵊泗两县，共35个乡镇（街道），93个社区（居委会），591个行政村，有户籍人口97.12万人。人口密度为每平方千米679人，高于全国平均水平的4倍。2003年全市出生6 000人，出生率6.16‰；死亡人口6 899人，死亡率7.08‰；人口自然增长率为-0.92‰。舟山是浙江的重点侨乡，旅居38个国家和地区的华侨、外籍华人和港澳同胞达10余万人，舟山籍台胞约6万余人，他们捐赠、投资、经商，为繁荣舟山做出了贡献。

舟山历史沿革 1950年5月17日成立定海县人民政府；1953年成立舟山专区，将定海县辖分为定海、普陀、岱山3县，从江苏省划入嵊泗县；1967年3月改称舟山地区；1987年1月经国务院批准撤地建市。近几年来，在市委、市政府领导下，加强海洋综合管理与合理开发，提出了“建海洋经济强市，创海洋文化名城”的口号，全市上下抢抓机遇，开拓进取，国民经济获得持续健康发展，人民生活水平不断改善，社会各项事业取得新的进步。

国民经济快速增长 2003年全市实现国民生产总值171.82亿元，按可比价格计算比上年增长15.5%。其中第一产业增加值33.16亿元，第二产业增加值70.32亿元，第三产业增加值68.34亿元，分别比上年增长0.5%、27.5%和13.3%。第一、二、三产业在全市生产总值的比例由上年的22.5∶36.5∶41变化为19.3∶40.9∶39.8，第一产业比重首次低于20%，工业化进程加快，产业结构呈“二、三、一”分布格局。2003年全市人均生产总值达到17 633元，按现行汇率折算为2 132美元，高于全国平均水平一倍。财政收入大幅增长，全年实现预算内财政总收入18.98亿元，比上年增长20.8%，其中地方财政一般收入11.39亿元，增长31.8%。

渔业结构得到调整 2003年突出渔业结构调整主线，围绕渔业增效、渔民增收、渔区稳定和海洋经济可持续发展、海洋资源可持续利用两大目标，渔业生产保持稳步发展。全年水产品产量124.49万吨，与上年基本持平，其中地方渔业产量117.59万吨，增长4.2%。全市实现渔业产值65.53亿元，增长2.4%。渔业内部结构不断调整，积极推行捕捞渔民转产转业，国内捕捞生产能力得到有效控制。全市国内捕捞产量95.99万吨，比上年下降6.1%。年末全市拥有机动渔船9 841艘，比上年减少4.8%；渔船总吨位85.94万吨，总功率146.85万千瓦，分别减少3.0%和2.7%；渔业生产实际劳动力7.61万人，减少2.3%，其中捕捞专业劳动力比上年减少3 785人。海水养殖持续快速发展。水产养殖面积达10.57千公顷，产量10.95万吨，分别比上年增长6.4%和30.7%。深水网箱及普通网箱产量分别达到1 589吨和1 973吨。

工业主导地位更加突出 自1999年全市工业总产值跃上100亿元台阶以来，仅用4年时间，产值规模就实现总量翻番，2003年达到240.1亿元，增长26.3%。工业增长拉动全市经济增长7个百分点。产值上亿元工业企业数由上年的23家增加到35家，产值增长38.6%，高于全市平均值12.3个百分点。个体私营工业继续蓬勃发展，全年完成产值140.12亿元，增长20.8%。

对外经济继续增长 2003年，舟山地方外贸自营进出口总额6.2亿美元，比上年增长25.1%。其中进口0.81亿美元，增长55.7%；出口5.4亿美元，增长21.5%。全年新批利用外资项目60个，实际利用外资1 755万美元，增长2.4倍。完成国外经济合作业务营业额2 053万美元，比上年增长1.3倍。旅游业发展步伐加快。全年共接待国内外游客645.09万人次，比上年增长2.1%。实现旅游收入35.62亿元，增长0.6%。旅游收入占全市生产总值的比例为20.7%，旅游商品创汇占全市旅游创汇的比重达25.9%。

城乡居民生活水平继续提高 2003年城镇居民人均可支配收入12 213元，比上年增长11.2%，人均消费性支出9 009元，增长12.5%；渔农村居民人均纯收入5 018元，增长7.7%，人均消费性支出3 899元，增长7.5%。城乡居民居住条件继续改善，人均住房面积达到21.92平方米，比上年增长5%。全市共有社会福利事业单位64个，床位1 323张，收养798人，其中社会敬老院41所，床位991张，收养605人，农村“五保”和城镇“三无”对象集中供养率分别达到70.3%和67%。

海域使用管理
Management of Sea Area Use

【海域使用管理概况】 2003年是深入贯彻《中华人民共和国海域使用管理法》（以下简称《海域法》）的一年，该年在普及宣传《海域法》的基础上，重点对用海者进行了有关法律、法规知识的培训，使其海洋国土意识普遍有了增强。是年，全市共发放《国家海域使用权证书》332本，计确权用海面积122.339公顷。对海域使用有偿项目，按照《海域法》规定，基本做到海域使用金征收与确权发证同步，全市征收额达136.236 3万元（其中：新增项目65.042 6万元，年审项目71.193 7万元）。至该年底，全市累计确权发证747本，达到应发用海项目的77%，累计确权用海面积4 302.219公顷，累计征收海域使用金262.541 35万元。

按项目性质分 公益性用海项目225本，确权面积1 674.026公顷，征收海域使用金2.839万元；交通运输类用海253本，确权面积451.828公顷，征收海域使用金83.340 75万元；工矿类用海156本，确权面积143.07公顷，征收海域使用金26.575 9万元；旅游娱乐用海10本，确权面积289.65公顷，征收海域使用金4.211 3万元；海底工程用海67本，确权面积84.011公顷，征收海域使用金15.160 9万元；排污倾倒用海3本，确权面积53.57公顷；围海造地用海15本，确权面积835.411公顷，征收海域使用金104.23万元；特殊用海1本，确权面积0.053公顷；其他用海17本，确权面积770.6公顷。

按行政区域分 市级发证32本，确权面积1 050.495公顷（其中：渔业用海2本，确权面积265.474公顷；交通运输类用海9本，确权面积94.012公顷；旅游娱乐用海1本，确权面积6.25公顷；海底工程用海12本，确权面积18.696公顷；围海造地用海8本，确权面积666.063公顷），征收海域使用金136.527 3万元。定海区发证228本，确权面积640.641公顷（其中：渔业用海52本，确权面积336.642公顷；交通运输用海119本，确权面积237.413公顷；工矿用海50本，确权面积53.853公顷；海底工程用海7本，确权面积12.733公顷），征收海域使用金68.519 5万元。普陀区发证224本，确权面积443.986公顷（其中：渔业用海93本，确权面积300.774公顷；交通运输用海72本，确权面积75.507公顷；工矿用海35本，确权面积37.239公顷；海底工程用海22本，确权面积29.902公顷；围海造地用海2本，确权面积0.564公顷），征收海域使用金34.694 9万元。岱山县发证124本，确权面积1 848.698公顷（其中：渔业用海24本，确权面积630.174公顷；交通运输用海27本，确权面积28.016公顷；工矿用海28本，确权面积31.938公顷；旅游娱乐用海9本，确权面积283.4公顷；海底工程用海14本，确权面积8.28公顷；排污倾倒用海3本，确权面积53.57公顷；围海造地用海1本，确权面积42.667公顷；特殊用海1本，确权面积0.053公顷；其他用海17本，确权面积770.6公顷），征收海域使用金10.026 55万元。嵊泗县发证139本，确权面积318.399公顷（其中：渔业用海54本，确权面积140.962公顷；交通运输用海27本，确权面积16.88公顷；工矿用海42本，确权面积20.04公顷；海底工程用海12本，确权面积14.4公顷；围海造地用海4本，确权面积126.117公顷），征收海域使用金12.773 1万元。

【海域勘界】 2003年，也是舟山市全面开展海域勘界工作的一年。该年，根据《浙江省海域行政区域勘界工作实施方案》，结合舟山习惯界线多，涉及面广，历史沿革复杂等特点，制定了《舟山市海域行政区域勘界工作实施方案》，对一条省际线，两条市际线，五条县际线开展了全面调查和资料收集的基础性工作，使舟山市海域勘界工作取得了较大进展。

(1) 完成了定海与普陀（北线）的县际线勘界试点工作。定海区与普陀区行政界线分南线和北线两条海域界线，定（海）普（陀）北线是浙江省海域勘界办公室确定的试点线。2003年初，在定海与普陀两区提出划界主张意见的基础上，市海域勘界办公室提出了划界草案，进行了现场踏勘及反复讨论、协商，于该年12月24日达成一致意见，并签订了定海与普陀（北线）海域勘界协议书。该界线的起始点位于定海区北蝉乡小展村和普陀区展茅镇松山村的蛏子湾海塘堤上，122° 15′ 17.1″ E、30° 03′ 54.9″ N；该界线的终点位于定海、普陀、岱山三县、区的海域界线三交点，122° 15′ 49.9″ E、30° 06′ 58.4″ N。

(2) 4条县际线勘界工作全面展开。舟山市内有5条县际线，除定海与普陀（北线）为省试点线外，还有定海与普陀（南线）、定海与岱山线、普陀与岱山线、岱山与嵊泗线4条。各县（区）政府对勘界工作十分重视，勘界人员不断充实，勘界必要设备相继购置到位，各自对管辖区域开展了全面调查。经过一年多的调查、走访和资料查实，掌握了海域界线的有关历史沿革，对一些有争议的区域还进行了现场踏勘和民众调访，在此基础上，各自提出了划界主张意见。

(3) 提出了2条市际线主张。舟山2条市际线涉及宁波、嘉兴两市和五个县（区），界线曲折，长达212千米，勘界难度较大。市勘界工作领导小组要求各县、区认真对待，在深入调查、广泛收集资料基础上，提出在市际线上涉及县、区的主张意见。市勘界办公室在认真分析各县、区划界主张意见的基础上，广泛听取各方面意见并进行实地踏勘，最后提出了划界理由充分、资料翔实、依据可靠的舟山与宁波、舟山与嘉兴海域划界主张意见，按时上报省勘界办。

(4) 协助省勘界办做好浙江与上海省际线勘界工作。浙江省与上海市的海域勘界主要涉及嵊泗县。历史上由于嵊泗列岛行政区域归属变化较多，故浙（江）沪（上海）线争议较大。2003年，舟山市勘界办公室，对该线的勘界做了大量的前期工作，查阅历史资料，现场巡视踏勘，走访老领导和组织长期在嵊泗工作的老同志座谈，收集有关各种资料，形成了浙（江）沪（上海）初步勘定意见，为浙江省勘界办公室做好该线勘界提供了良好的基础。（何仁义）

海洋环境保护
Marine Environmental Protection

【舟山市海洋环境监测预报中心成立】 为切实履行海洋环境监测职能及提高舟山海洋防灾减灾能力，经舟山市机构编制委员会批复同意，由舟山市人民政府和国家海洋局东海分局共建的舟山市海洋环境监测预报中心于2003年8月8日在沈家门正式挂牌成立。

该中心是在国家海洋局沈家门海洋环境监测站的基础上共建的，是全国海洋环境监测和海洋预报网络的重要组成部分。根据共建协议，该“中心”将主要承担以下职责：①负责编制舟山市海域环境监测年度实施方案和组织实施舟山市海域环境监测工作；②负责编制舟山市海洋环境质量年报；③负责舟山海域赤潮监视监测，并发布赤潮简报；④负责发布舟山市沿海海域的潮汐、海浪、海表温度（海温）等常规海洋环境预报，并对各类风暴潮增水、巨浪、海平面异常变化等海洋灾害进行预测和警报，开展海洋灾害、灾情调查等工作；⑤负责为海岸、海洋工程建设项目环境影响评价提供技术保障和服务；⑥负责舟山市海洋环境等专项调查研究工作。

【海洋环境监测工作全面开展】 根据国家海洋局、浙江省海洋与渔业局的统一部署，本着为海洋经济服务的宗旨，舟山市海洋与渔业局及早安排了2003年的海洋环境监测工作，具体业务以市海洋环境监测预报中心为主，同时积极发挥岱山、嵊泗海洋监测站（预报台）的作用，在省海洋监测预报中心、东海分局的大力支持下，年初的各项主要任务得以顺利完成：①海洋环境质量趋势性监测。通过对全市海域的水文气象条件、水质、海洋生物和沉积物等的监测，掌握了舟山海域海洋环境质量及变化趋势，编制完成了《舟山市海洋环境质量公报》；②赤潮监控区工作。2003 年，在岱山丁嘴门和嵊山重点养殖区建立了两个国家级赤潮监控区，共布设了 12 个监控点，4～10 月，连续监控 7 个月，共进行 57 航次监视监测，监测到赤潮 6 次。由于赤潮发现早，通报及时，预防充分，因此没有给舟山渔业生产和海水养殖业带来大的影响和损失；③浴场监测。2003 年对朱家尖海水浴场进行了监测，时间为 6～10 月共 5 个月，共出动监测人员 596 人次，动用监测车辆 105 次，船舶 30 次，按规定完成了监测任务，并在中央电视台、浙江卫视及其他媒体上公布，得到了上级部门和业主单位的肯定。

【2003 年舟山海域海洋环境质量状况】 根据业务部门提供的监测数据分析，2003 年舟山市所辖海域环境质量状况虽比 2002 年有所好转，但仍不容乐观。

2003 年舟山市海洋环境监测结果表明，全海域未达到清洁海域水质标准的面积约 13 032.7 平方千米，比上年减少了 7 767.3 平方千米，总体污染趋势有所减缓；海水中主要超标因子是营养盐类；海域沉积物质量较好，各项监测指标均符合一类海洋沉积物质量标准；部分沿海地区经济贝类的卫生质量状况尚可，抽样检测的经济贝类（缢蛏、菲律宾蛤仔等）中重金属铜、铅、锌、镉、汞与非金属砷、石油烃和多氯联苯的含量均符合一类生物质量评价标准，部分地区有些贝类体内含有粪大肠菌群、DDT 等有害物质。

【海洋自然保护区建设与管理】 2003 年，在舟山市政府、浙江省海洋与渔业局和其他有关部门的支持下，不断推进五峙山列岛省级海洋鸟类自然保护区的各项管理工作。目前，市和区二级管委会已成立，委托浙江省自然博物馆编制的保护区总体规划已接近完成。保护区内各项保护措施逐步到位，鸟的种类和数量已有较大幅度增加。随着基础设施的改善和保护区知名度的提高，到保护区旅游、观光的人数增加较快，有的旅行社还主动与保护区联系，开辟五峙山鸟岛观光游。保护区已成为当地经济发展的一个亮点。

同时，为配合省、市开展的生态省、生态市建设，积极做好海洋保护区的申报工作，秀山海洋湿地保护区、嵊泗海洋特别保护区等一批保护区已列入浙江省统一规划。 （翁良才）

海洋灾害与预报服务
Marine Disasters and Forecast Service

【"鸣蝉"台风影响舟山】 2003 年 5 月 29 日至 9 月 19 日，舟山市气象台发布热带风暴（台风）共 7 次，其中"鸣蝉"对舟山造成一定影响，局部受损。

2003 年，第 14 号台风"鸣蝉"于 9 月 11～12 日在舟山东部海域过境，其近中心最大风力在 12 级以上，最低气压为 920 百帕，强度强，影响范围大，又正逢天文大潮汛。舟山市受其外围影响，沿海海面出现 11 级大风。台风过程降雨量：定海 38.1 毫米，普陀 35.8 毫米，岱山 21.7 毫米，嵊泗 9.7 毫米。最高潮位：定海站 11 日 23 时 2.19 米（黄海高程，以下同），沈家门站 11 日 22 时 15 分 2.37 米，超警戒潮位 0.07 米，岱山站 11 日 23 时 2.15 米，嵊泗站 11 日 22 时 50 分 2.67 米，超警戒潮位 0.07 米。在台风过境前的 9 月 10 日 9 时，舟山市政府就召开了关于抗御第 14 号台风的电视电话会议，动员全市人民紧急行动起来，做好各项防御工作，把台风损失减少到最低程度。

为防范 14 号台风"鸣蝉"，舟山市共转移安置群众 9 468 人，加固蔬菜大棚 42.8 公顷、海上养殖网箱 546 只，转移外海养殖成品魚 172 吨，1 万多艘船只全部回港避风。台风过程，冲毁路面 2.6 千米，塌方 5 处，沉没码头 3 座，冲坏涵闸 2 座，嵊泗沿海部分设施和养殖未收割的贻贝受损。据统计，共造成经济损失 75.73 万元。

【围堤建设】 据统计，舟山市尚有重要非标准海塘 133 条约 100 千米，海塘断面大多低矮单薄，结构性差，整体抗御台风暴潮能力标准未达到 5 年一遇。为此，舟山继续加大建设力度，从 2003 年开始，计划分 5 年对保护面积在 13.3 公顷（200 亩）以上或人口在 500 人以上的重要非标准海塘进行加固建设，以提高抗御台风侵袭能力。2003 年，计划投资 2 360.2 万元加固建设 20 年和 10 年一遇设计标准的重要非标准海塘共 16 条 16.016 千米。至此，舟山已建成高标准海塘 159 条 278.3 千米，有力地保障了人民生命财产的安全。

（宋亚民）

表 1 2003 年舟山市非标准海塘建设情况表

设计标准 \ 县（区）		定海区	普陀区	岱山县	嵊泗县	市本级
20 年一遇	数 量（条）	1				1
	长 度（千米）	1.12				0.15
10 年一遇	数 量（条）	4	5	4	1	
	长 度（千米）	4.286	5.94	2.42	2.10	
合 计	数 量（条）	5	5	4	1	1
	长 度（千米）	5.406	5.94	2.42	2.10	0.15
	计划投资（万元）	912.3	754	283.9	324	86

【赤潮灾害】 2003 年全市海域共发生赤潮 14 起，累计面积约为 2 600 平方千米，其中两个赤潮监控区内共发生 5 起赤潮。以上几次赤潮虽存在有毒赤潮生物种类，但均未检出赤潮毒素，也未造成人员中毒和大面积养殖水产品死亡。由于发现早，通报及时，预防充分，因此没有给全市养殖、近海捕捞生产和其他涉海产业带来大的影响和损失。

【舟山发生一起重大海洋污损事件】 2003 年舟山海域发生了一起重大海洋污损事件：2003 年 4 月 18 日 6 时 40 分，“浙岭渔油 211”与“金石 7”号船在舟山市佛渡岛附近双屿门水道发生碰撞，“浙岭渔油 211”号船于 8 时 15 分沉没。船上装载的 500 吨 0 号柴油在沉船不久就开始泄漏，在双屿港海区形成了大范围的油膜层。由于沉船地点离舟山市重点养殖区之一的佛渡网箱养殖区约 1 千米，因此对佛渡的网箱和滩涂养殖影响较大，同时对围塘养殖也带来了重大威胁。事故发生后，舟山市海洋与渔业部门立即组织有关人员会同普陀区海洋与渔业及海事等部门赶赴现场，开展取证和污损情况调查，同时，还委派养殖专家现场指导养殖户采取防护措施。据统计，该次污损事件,造成养殖业的直接经济损失在 100 万元以上。

（翁良才）

【海洋气象监测】 2001 年、2002 年舟山先后在实施海岛自动测风站网一、二期工程建设基础上，舟山市气象局于 2003 年 6 月启动三期工程建设。三期工程设计建设海岛自动测风站 11 个，并将 6 个原测风站改建为自动气象站，主要建设在舟山海域外缘岛屿。2003 年底，完成海礁、浪岗、花鸟、白节、大戢、七姐八妹、长白、长涂、佛渡、东亭、西磨盘等 11 个站建设，其中 8 个站采用 GSM 无线通讯方式。同时，投资完成了次蓬山自动站建设。三期工程完成后，舟山海域内测风站总数将达到 34 个，可基本覆盖舟山各经济大岛、主要航道，填补舟山外缘岛屿气象监测的空白点，初步形成中尺度气象(测风)监测网络。

【台风预报】 2003 年有 3 个台风外围影响舟山，第 14 号台风“鸣蝉”影响较大。舟山沿海海面出现最大为 11 级的西北大风，鼠浪湖风力达 29.2 米/秒，衢山 26.3 米/秒，嵊泗、嵊山、岱山、秀山、长涂、普陀山、虾峙、长白等自动测风站出现 7～9 级西北大风。

对该台风，舟山市海洋气象台于 9 月 7 日上午就向各渔业部门发布热带风暴消息。9 月 8 日，舟山市气象局向舟山市政府汇报：“台风将沿东经 125 度附近北上，于 11 日起外围影响我市，11 日夜里到 12 日对我市有严重影响”。并于 9 日上午起每天 2～3 次向舟山市政府主管领导和舟山市海洋与渔业局提供各渔场风力预报及台风活动情况报告，10 日开始连续 3 天通过普陀山海洋气象广播电台增发 22 时 30 分的渔场风力预报，10 日下午发布各渔场台风紧急警报。台风影响期间，舟山市海洋气象台加强海岛自动测风站监测，发挥专项航线预报的优势，根据遮蔽航线的特点，最

大限度地延长了舟山岛际和舟山至大陆各交通航线的安全通行时间。（邱洪芳）

海洋科技与教育
Marine Science & Technology and Marine Education

【海洋科技概况】 2003年，舟山市投入科技三项经费232.08万元、新产品开发经费200万元，争取到上级科技补助经费1 414.9万元。组织实施各级各类科技计划项目421项，其中国家级14项，省级135项。20项科技项目通过市级以上科技主管部门组织的鉴定、评审和验收。21项科技成果获市科技进步奖。认定登记技术合同125项，成交合同金额959.55万元。全年申请专利125件，授权专利97件。5家企业被浙江省科技厅认定为省级区外高新技术企业，19家企业被认定为省科技型中小企业。5月，定海区科技局正式挂牌单设。是年，舟山市通过国家科技进步市考核；岱山县成为全国科技进步先进县。

【舟山被列为全国“食品安全关键技术应用综合示范区”】 2003年1月，国家“十五”期间12个重大科技专项之一——“食品安全关键技术应用综合示范”中的“海产品鱼虾全程安全操作规范与控制集成技术应用示范”项目落户舟山，并获得国拨研究经费135万元。该项目由舟山市人民政府和舟山市科技局等单位承担，主要任务是：①建立海产鱼虾从生产、加工、储运、销售到消费全过程的食品安全检测监控技术优化方案，提出HACCP体系和食品安全预警、快速应急反应系统及改进控制的有效措施；②建设围塘和深水网箱无公害安全海产品养殖生产基地。培育5个符合国家食品卫生要求及进口国卫生要求的标准规范的海产品加工企业和2个养殖公司（或养殖场），创建2个规范的海产品专业市场，并建立20个以上无公害或绿色安全海产品专柜、专销区、专销店等；③海产品氯霉素污染调查及控制技术等。

【3个涉海项目列入浙江省重大科技攻关计划】
2003年8月20日，由舟山德昇海洋生物工程研究所等单位承担的“海产品超低温快速单体冷冻加工与工艺技术开发”、舟山港明食品有限公司等单位承担的“超市海洋食品精深加工技术研究及产业化”项目，被浙江省科技厅列入省重大科技攻关社会发展计划。11月10日，由浙江海洋学院承担的“舟山渔场主要经济鱼类活体捕捞、驯化培养与苗种繁育技术研究”项目也被列入该计划。上述3个项目共获得浙江省科技经费268万元，其中，由舟山德昇海洋生物工程研究所承担的“超导超低温速冻水产品保鲜加工设备研制”，已生产样机3台并投入使用。经测试，直径为30厘米的40千克的鱼体，经10小时超低温冷冻处理后，其鱼体中心温度可达-50℃以下，为国内首创。

【养殖大黄鱼品质改良育种技术】 2003年11月14日，由普陀区科技开发中心、厦门大学等单位联合承担的国家“863”计划项目“养殖大黄鱼品质改良育种技术”，在普陀通过了由国家“863”计划海洋生物主题专家等组成的专家组阶段性现场验收。该项目经过近一年的基础研究，已获得闽粤东族养殖大黄鱼与岱衢族野生大黄鱼F1代的形态特征、营养成分、RAPD和生长速度等方面翔实的技术数据资料，为养殖大黄鱼品质改良提供了理论依据。

【南美白对虾吨产养殖技术研究通过省级鉴定】
2003年12月27日，由定海区绿源水产养殖有限公司承担的省重点科技计划项目“南美白对虾（出口标准）吨产养殖技术研究”，在定海通过浙江省科技厅组织的省级鉴定。该项目通过实施适宜浙江围塘实际的高产健康养殖模式和技术，实现整个养殖过程水体多因子监测和水质实时调节，并在平衡控制技术、有益菌种优势种群培养技术、微生物降解等多种生物净化技术、水质物理处理技术和虾病生物防治、虾塘集污、排污清洁技术等方面取得重大突破。南美白对虾单茬养殖平均亩产达到1.21吨，最高亩产达1.85吨，最高成活率89.5%，虾体平均规格59尾/千克，平均饵料系数1.245。创建了围塘海水养虾质量安全、精养高产的新模式，达到国内领先水平。

【浙江首家省级民营科研开发机构诞生】 2003年6月24日，舟山欣海船舶工程研究所有限公司在普陀通过由省科技厅组织的浙江省省级民营科技研究开发机构认定，成为全省首家省级民营科技研究开发机构。根据浙江省科技厅《关于促进我省民营科技研究开发机构发展的若干意见》规定，通过省级民营科技研究开发机构认定的民营科研机构，可申报浙江省科技计划项目和省属科研院所财政专项事业费中的研究开发和公共服务专项项目，同时还可享受一系列优惠政策。8月2日，省科技厅批准舟山欣海船舶工程研究所有限公司为“舟山船舶修造业省级区域科技创新服务中心”。

【舟山首家博士后科研工作站在普陀举行揭牌仪式】　2003年12月12日，舟山首家博士后科研工作站——“普陀海洋高科技园区博士后科研工作站”在普陀勾山举行揭牌仪式。该博士后科研工作站将重点开发海洋水产品精深加工、海洋生物化工、海洋药物、海洋功能食品和海洋精细化工等领域科研项目。目前，首位进站的浙江大学29岁博士王阳光，将首先进行“东海区优质鱼种资源保存”、“壳聚糖改性”等课题研究。

【首届海洋生物高技术论坛在舟山召开】　2003年8月23～25日，由国家“863”计划资源环境技术领域办公室主办，浙江海洋学院协办，中国21世纪议程管理中心承办的国家“863”计划资源环境技术领域第一届海洋生物高技术论坛在浙江海洋学院召开。国家“863”计划资源环境技术领域专家委员会首席科学家相建海等专家作了大会报告和分组报告。国家“863”计划资源环境技术领域办公室主任孙洪、浙江省科技厅副厅长邱飞章、舟山市委副书记姚志文、浙江海洋学院领导等到会并讲话。来自国内有关领域的专家学者近300人参加了本次论坛。

【科技合作】　2003年11月9日，在杭州举行的国家“863”计划成果与浙江民营企业对接活动会上，浙江大海洋科技有限公司与中国水产科学研究院黄海水产研究所签定了国家“863”计划项目“半滑舌鳎生殖调控及人工繁育技术”成果转化协议。

11月21日，在浙江省人民政府、国家科技部、国家知识产权局主办的2003年中国浙江网上技术市场活动周开幕式上，舟山有3个科技合作项目在开幕式上现场签约。它们分别是嵊泗县海洋科技开发服务中心和上海水产大学合作的“贻贝的品种选优与遗传改良”项目，研发金额110万元；浙江帅马服饰有限公司和北京化工大学合作的“聚四氟乙烯弹性膜的研制及服装应用开发”项目，研发经费120万元；定海区人民政府、浙江金鹰集团和北京化工大学联合成立的“北京化工大学舟山聚合物加工技术研究所”，作为引进大院大所共建科技创新载体项目也在现场签约，该项目注册资金50万元，一期投入资金200万元。

（孙汉振）

【海洋教育】　为了在全市进一步推进海洋教育，舟山市教育教学研究中心编写了《海洋教育读本》（小学版和初中版共二册），有目的、有计划、有组织地把海洋教育纳入中小学社会综合实践课程，使学生从小了解海洋、热爱海洋，将海洋教育办出地方特色。2003年，市教研中心开展了《海洋教育区域教育特色构建的理论与实践》研究，全市有30余所学校作为该课题的子课题研究单位，并被列入浙江省“九五”重点课题、中国陶行知研究会课题。5月，中国陶行知研究会5位专家赴舟山检查该课题研究情况，对舟山推进区域性海洋教育及取得的成果给予了充分肯定和高度评价。全市一批中小学根据学校的自身条件，自主选择海洋教育内容，自主开展海洋教育项目，自主实施有效的海洋教育管理，逐步形成特色。为此，市教育教学研究中心组织全市海洋特色学校评比活动，全市有13所中小学校申报了“海洋教育特色学校”评选。定海四中的《海岛风情》获浙江省第二届基础教育教学成果二等奖、普陀虾峙中心小学的《海岛小学面向未来课程改革的实践与研究》、岱山高亭中心小学的《开放海洋劳技课，培养学生的实践能力》获舟山市第二届基础教育教学成果二等奖。

（舟山市教育教学研究中心）

【舟山渔民获技术职称】　舟山市坚持“实际、实用、实效”的农函大办学原则，积极组织渔农村党团员、基层干部和养殖专业户，开展渔农业适用技术培训。据统计，近两年全市共举办一年制以上农函大392班，招收学员1.4万人，有6 812名渔农民通过农函大学习，获得了农民技术职称，使舟山渔农民总体技术业务素质显著提高。近两年获得市渔农村“十佳”科技示范户和优秀科技示范户的渔农民，大多数是农函大结业学员。2003年初，舟山市4个县（区）都建立了农函大分校，全市41个乡镇（街道）已建立农函大辅导站33

个。计划今后5年，每年招收一年制以上学员5 000名，各类短期培训学员2万人次，使更多渔农民通过农函大学习掌握致富本领。 （何仁义）

【宣传远洋渔业法律、法规】 2003年10月28日农业部下发《关于将北太平洋鱿鱼钓渔业纳入远洋渔业管理的通知》后，舟山市海洋与渔业局积极做好宣传贯彻落实工作。为扩大《规定》的影响，让远洋渔民心理上做好承受准备，在舟山电视台“渔农天地”节目中介绍了有关远洋渔业政策、法规内容；在《舟山日报》上刊登有关文章进行宣传；同时还编印《远洋渔业学习资料》小册子共1 500本，发放到远洋渔业重点乡镇和从事远洋渔业企业、船东和船员的手中，以增强法制观念。 （黄德明）

海洋资源开发与海洋经济
Development of Marine Resources and Marine Economy

【舟山市机动渔船拥有量】 2003年，舟山拥有机动渔船9 841艘，总功率1 468 545千瓦，分别比2002年减少机动渔船492艘、减少总功率41 615千瓦（其中地方拥有机动渔船9 741艘，总功率1 410 125千瓦，比上年分别减少485艘，37 490千瓦）。超额完成了浙江省下达483艘报废渔船拆解计划的指标。 （何仁义）

表2 舟山市机动渔船一览表

单位名称		2003年	2002年	增减数	增减%	单位名称		2003年	2002年	增减数	增减%
机动渔船总数	艘	9 841	10 333	-492	-4.76	184千瓦(205马力)以上钢质船总数	艘	4 340	4 232	108	2.55
	吨位	859 367	886 026	-26 659	-3.01		吨位	655 910	635 366	20 544	3.23
	千瓦	1 468 545	1 510 160	-41 615	-2.76		千瓦	1 079 350	1 049 406	29 944	2.85
1.生产渔船	艘	8 721	9 141	-420	-4.59	1.生产渔船钢质船	艘	3 961	3 864	97	2.51
	吨位	753 789	783 678	-29 889	-3.81						
	千瓦	1 310 016	13 62 381	-52 365	-3.84		吨位	577 537	569 024	8 513	1.50
其中：捕捞渔船	艘	8 601	8 866	-265	-2.99						
	吨位	753 179	783 210	-30 031	-3.83		千瓦	975 465	947 513	27 952	2.95
	千瓦	1 308 037	1 360 476	-52 439	-3.85						
2.辅助渔船	艘	1 120	1 192	-72	-6.04	2.辅助渔船钢质船	艘	379	368	11	2.99
	吨位	105 578	102 348	3 230	3.16		吨位	78 383	66 342	12 041	18.15
	千瓦	158 529	147 779	10 750	7.27		千瓦	103 885	101 892	1 993	1.96

【船舶工业】 舟山市船舶工业经过长期的发展，目前已基本形成了船舶设计、船舶建造、船舶修理、船用配件产品制造、船舶及船用品交易于一体的产业体系，船舶工业的实力名列浙江省前茅。

截至2003年底，舟山市已拥有船舶修造企业151家，企业总数占全省船舶自修造企业的30%；从业人员1.2万人，占全省船舶自修造业从业人员的40%；实现产值18.3亿元，占全省的36%。2003年实现产值同比增长36%，其中造船产量10.94万吨，创产值9.23亿元，同比增长48.4%；修船创产值8.65亿元，同比增长27.2%。

全市船舶工业拥有各类大小修船坞77座，总坞容量71万吨，其中，万吨级以上修船坞7座，最大的为15万吨，5 000～10 000吨级的12座。拥有造船台(船排)100余座，最大的为1.5万吨级。全市修造船能力已经能够建造1.5万吨级以下运输船舶和工程船舶，能够坞修15万吨级以下各类货船，能够航修30万吨级的超级货轮。

船舶企业主要产品有：集装箱船、超低温金枪鱼钓船、大型鱿钓船、工程船、大吨位车客渡、大马力全回转拖轮、远洋渔船、油船、散装船。船用工业品生产主要有船舶驾驶台、船舶舱盖、船用液压件、螺旋桨、船用齿轮箱等。浙江省最大船舶交易市场——舟山船舶交易市场自1998年6月开办以来，至2003年底，已累计交易船舶2 832艘，177.4万载重吨，实现交易额28.4亿元。浙江省第一家中国(舟山)船用商品交易市场可为大中小型修造企业提供船舶配套件供应服务，自2003年7月开业至年底，实现交易额1.8亿元。全市28家重点船舶修造企业实现总产值14.75亿元,占全市151家船舶行业总产值的76%。

2003年，实现造船产量10.94万吨位，产值9.23亿元。其中：浙江扬帆船舶集团有限公司造船11艘，总吨位64 682吨，产值6.86亿元，同比增长50%。产品有主尺度为132.6米×19.2米×9.2米，最大吨位8 300吨的660标准箱的集装箱船、28米拖网渔船、3 500吨级油轮、车客渡等。是年，有6艘集装箱船出口德国，2艘拖网渔船出口尼日利亚。（沈贞海）

表3 2003年全市28家重点船舶修造业产量产值一览表

单位：万元

区 域	企业数	总产值(万元)	修 船		造 船		配套件产值(万元)
			艘 次	产 值	吨 位	产 值	
定海区	12	22 405	601	11 255	30 100	11 150	—
普陀区	6	16 728	327	16 728	—	—	—
岱山县	4	5 436.4	290	2 210	7 000	1 880	1 346.4
嵊泗县	—	—	—	—	—	—	—
市 属	6	102 912.4	274	24 139.8	67 475	76 435	2 337.6
合 计	28	147 481.8	1 492	54 332.8	104 575	89 465	3 684

表4 2003年舟山船舶工业总产值

单位：万元

区 域	总产值	修船产值	造船产值	拆船产值	配套件产值
定海区	31 116	16 765	11 430	—	2 921
普陀区	36 503	28 943	—	—	7 560
岱山县	21 505	15 179.1	4 459.5	520	1 346.4
嵊泗县	609	609	—	—	—
市 属	103 739.7	24 967.1	76 435	—	2 337.6
合 计	193 472.7	86 463.2	92 324.5	520	14 165

【舟山海盐业】 2003年，舟山干旱有益于盐业生产，盐业产量增幅较大。该年，舟山盐业针对全省食盐市场质量要求的提高，全面实行一级日晒细盐才能分装加碘的新要求，以“质量信用年”活动为主体，确保合格碘盐的供应。1月15日，市盐务局出台了《关于切实加强质量管理，确保合格碘盐供应的若干规定》，对盐业生产的工艺操作、检测定等、质量管理、放销管理、食盐加碘、供应服务、质量责任事故追究等做出了具体规定，并加大对盐业基础设施改造力度。2003年，盐业部门共举办各类培训班24期，受训1 200人。全市47个盐场，生产总面积3 737.76公顷，实有生产面积3 600.08公顷，全年产盐26.18万吨，比2002年增长70%，平均单产达72.72吨/公顷，总产和单产均列舟山盐业生产历史以来第二位。

调整盐种结构，规范放销管理 盐业运销以调整盐种结构，突出质量、效益，规范放销管理，完善售后服务宗旨，实施了《盐业质量事故责任追究制度》，有效保障了省内对应销区的供应。全年销售各类盐产品17.31万吨，完成浙江省年度计划94.46%；加碘食盐和本地用盐销售持续增长，市属定海全年销售加碘食盐3.31万吨，出场调拨比例为 0.31%；普陀区销售本地用盐 8 421 吨，均创历史新高。全市盐产品国家标准一级品率达 40%，比 2002 年提高 12%，加碘食盐质量合格率 100%。全年上缴盐税 1 423 万元。2003 年随着临港工业兴起和城市化建设的发展，盐田废转加快，全市共计废转盐田面积 247.63 公顷。多品种盐的开发和生产保持良好态势，全年加工生产销售合格碘盐 50 143.24 吨，生产低钠盐、高级自然精盐等多品种盐 227.81 吨。出口日本精制盐 72 吨。

盐政管理，强化执法 2003 年，舟山盐政管理进一步加强对私盐现象较重的盐场（村）和加工点实行带铺蹲点管理，开展专项整治。8 月，岱山县由县政府牵头召开协调会议，部署岱西飞机场附近晒鱼户非法买卖原盐整治工作方案。县政府发布《关于严厉打击非法销售、运输、收购私盐的通告》。县政府、县盐业局、县公安局、岱西镇人民政府召集晒鱼户，要求将已购私盐如实上报。8 月底，共有 32 户晒鱼户上报已购私盐 134.6 吨，并按每吨 100 元补交差价。9 月中旬起，岱山县盐业局从局机关抽调 45 人在飞机场附近进行 24 小时全天候值勤，查获私盐 29 吨。全市全年查处各类盐业违法案件 112 起，盐产品 228 吨，收缴罚没款 5.1 万元。

【中国海盐博物馆奠基】 2003 年，中国海盐博物馆作为岱山县委、县政府重点建设项目开始筹建，博物馆位于岱西生态养殖休闲园区内，工程投资预算 500 万元，总占地面积 4 000 平方米，主体工程占地面积 2 500 平方米，于 12 月 10 日在岱山县岱西镇奠基。（朱新平）

【新城大桥建设】 新城大桥是连接舟山本岛临城新区至长峙岛的又一座跨海大桥，大桥全长 1 277 米，宽 16.1 米。该大桥自 2002 年 7 月动工以来，2003 年，已完成水中大管桩打入桩 78 根，钢管桩 6 根；陆上钻孔灌注桩 30 根，水中钻孔灌注桩 23 根；预制与安装 30 米 T 梁 84 榀；完成主桥钢管拱钢管卷制；完成引桥承台 16 个，副墩承台 2 个，桥台 2 个；完成引桥墩立柱 19 个墩台，副墩立柱 2 个墩台，盖梁 19 根，主桥防撞墩 2 个。至年底，大桥引桥主体工程已顺利完工，并完成工程总量 70%，计划 2004 年底建成通车。

【连岛跨海大桥工程建设】 2003 年，连岛一期工程 3 座跨海大桥基本完成。舟山大陆连岛一期工程在 2002 年已完成第一座与第二座跨海大桥（岑港大桥、响礁门大桥）及其接线公路后，4 月 9 日，第三座跨海大桥——桃夭门大桥顺利合龙贯通。该大桥工程于 2001 年 3 月动工建造，总投资 28 276 万元，其主体工程提前 50 天完工。该桥为科技含量较高的混合式斜拉桥，在同类桥型中居国内第四。大桥全长 888 米，宽 22.5 米。至 2003 年底，已完成钢筋箱梁吊装和交通工程、路面铺装及一些接线公路建设。

2003 年，连岛二期工程的第四座册子岛至金塘岛的西堠门大桥通过浙江省组织的有关专家预评审；第五座金塘岛至宁波镇海的金塘大桥，被列入浙江省五大百亿工程，其《金塘大桥工可研究报告》已于 2003 年 7 月报送国家发改委，待立项审批。

（林迪渠）

【海岛旅游开发】 舟山旅游资源极为丰富，海岛自然风光、海洋文化和佛教文化构成了海岛旅游的独特魅力。境内有“海天佛国”普陀山和“列岛晴沙”嵊泗 2 个国家级风景名胜区，“东海蓬莱”岱山和“金庸笔下”桃花岛 2 个省级风景名胜区和唯一位于海岛的省级历史文化名城——定海。2003 年，舟山市政府正式出台《舟山市旅游产业发展总体规划》，并确定“海天佛国·渔都港城——中国舟山”为舟山整体形象的旅游宣传口号。普陀山风景名胜区第二轮总体规划已通过国家建设部、北京大学、浙江省建设厅和舟山市等有关专家的评审。“列岛晴沙”嵊泗重点建设中、高档旅游饭店，提升旅游接待水平。“沙雕公园”朱家尖完成了全岛总体规划、28.8 平方千米国家级风景区规划。“东海蓬莱”岱山明确两大建设主题为：以海景房产为核心的休闲度假品牌和以特色博物馆为载体的海洋文化主题。“金庸笔下”桃花岛抓旅游基础设施建设和景区建设，改善旅游环境，积极开展旅游促销，进一步提高桃花岛在省内外的知名度。定海集中力量加快旅游区（点）的开发建设，积极开展招商引资，吸引民间资本开发旅游产品，提升旅游区（点）的品味和产品档次。目前全市已有普陀山 1 个 AAAA 级景区，朱家尖 1 个 AAA 级景区，蚂蚁岛、六横 2 个 AA 级景区，小沙、马岙 2 个 A 级景区。在旅游资源普查中，推荐五级旅游资源单体 9 个，四级旅游资源单体 29

个，三级旅游资源单体105个。优良级以上旅游资源单体占总量的20%。舟山群岛已经形成食、住、行、游、购、娱配套服务的旅游网络，成为华东旅游网、浙东旅游线中不可缺少的重要部分。

2003年，舟山通过加大宣传促销、举办三大旅游节庆活动、开展区域合作等工作使旅游经济稳定发展。全市全年共接待游客645.09万人次，其中海外游客5.51万人次，旅游经济总收入达35.62亿元。与旅游业发展密切相关的交通、水电、通信等基础设施已配套并趋于完善。全市共有旅游星级饭店51家，国际国内旅行社58家，旅游从业人员4万余人。

【景点建设】 2003年，普陀山景区共投入近2 000万元完善各类基础设施，推行国际ISO14001环境管理体系建设，新建新罗礁纪念碑、司基坂公园等景点。朱家尖景区共投入2 000万元，完成沙雕艺术广场二期工程、观音文化苑二期工程、乌石塘二期工程、“绿眉毛”仿古木帆船、梭子蟹养殖观光园区休闲设施项目以及各景点之间道路建设等。嵊泗景区由嵊泗列岛旅游发展有限公司投资1 000万元，对基湖景区进行广场、道路、绿化等方面的改造。岱山景区以徐福文化为主题的徐福公祠土建工程、磨心山景区玉佛宝塔工程完工；完成岱西双合石壁景区清塘、整修工程，“海曙楼”搬迁至东沙镇；小岙渔村建成开放；台风博物馆一期工程建成开放。桃花岛景区投资540万元进一步完善安期峰景区各项基础设施，投资200万元完成桃花峪景区二期建设。定海完成东海鸟岛自然保护区——五峙山列岛、本岛第一高峰黄杨尖旅游区、“天然氧吧”青青世界景区的开发建设，位于临城的舟山半岛渔乐园已投资3 000余万元，目前工程已进入尾声。

【首届舟山中国海鲜美食文化节】 为配合国家旅游局“2003烹饪王国游”旅游年活动，由舟山市政府主办、舟山市旅游局承办的首届舟山中国海鲜美食文化节，于2003年7月18日至9月18日举行，推出了美食节开幕式、华东名厨技艺演示、舟山名菜、名小吃推选暨舟山名宴、名厨比赛、海鲜烹饪家庭比赛、美食节闭幕式暨颁奖晚会五项主体活动及全市青工技能比赛、优秀排档暨排档特色菜评选、美食节摄影大赛、海鲜美食节FLASH大赛和网上美食节五项配套活动。各县（区）政府和旅游部门也推出“沈家门渔港民间民俗大会”、“岱山海岛风筝展示”、“定海首届中华名小吃”等活动丰富当地的美食节安排。美食节深入挖掘舟山海鲜美食文化，做足“吃在舟山”的文章，编辑出版了《舟山名菜名小吃》。7～8月全市共接待游客202.51万人次，同比增长13.1%，旅游收入11.34亿元，同比增长19.5%。

【首届中国普陀山南海观音文化节】 2003年11月16～22日，由观音文化节组委会主办、普陀山管理局和普陀山佛教协会承办的首届中国普陀山南海观音文化节，以观音文化与生命自然为主题，通过开幕式、万信吉祥祈佛法会、佛教文化用品大展、副食品及绿色食品展、经贸洽谈会、四海莲心交流大会、健康养生讲座、闭幕式等9大板块、“佛国之约”大型音乐会、海上丝路研讨会、莲花灯会、四大佛教名山联谊会等18个项目，弘扬了普陀山观音文化，推出一大批具有浓厚观音文化特色、适应普陀山旅游市场需求的旅游文化产品和活动，推进经贸交流和旅游合作，赢得良好的经济效益。首届观音文化节期间，共接待游客2.58万人次，比上年同期增长16.21%，实现旅游收入1 115.92万元，比上年同期增长25.7%。

（李　民）

【海岛“文化村”奠基】 作为舟山市“十五”期间73个重点项目之一的中国舟山海岛风情文化村暨舟山市民俗博物馆于2003年3月22日在普陀区朱家尖举行奠基仪式。该项目为舟山市2003年百项重点工程之一，是舟山最具规模、投资最大、用地面积最多的文化产业“龙头”项目。工程总建筑面积10万平方米，总投资8 000余万元，拟分两期投资，其中一期投资3 000万元。工程预计2004年5月完工，年内完成总工程量的70%。文化村内将设立各种富有民风海味的旅游活动项目，如舢板摆渡、垂钓、踩高跷、滩涂游乐和“木龙赴水”、海岛渔民娶亲、抗击倭寇等表演。文化村内还设有人造海域、海钓区、简易码头、民俗大院、渔具馆、舟山老街、水上乐园等项目设施以及与之相配套的商务、生活、办公等服务设施。建成后的“文化村”，将对舟山旅游经济的发展和海洋名城的建设产生重要的推动作用。

（何仁义）

【临港工业】 2003年舟山实现工业总产值240亿元，同比增长26.3%，其中规模工业实现产值153亿元，同比增长26.6%。

2003年舟山市根据浙江省先进制造业基地建设规划纲要，结合本地实际，确立了发展临港工业，打造先进制造业基地的发展战略。明确了重点围绕发展临港工业这条主线，打造船舶工业、水产品精深加工、临港重化工、轻工机械和大宗货物集散加工五大制造业基地，建设一个港口物流中心，做优做强几大优势产业的发展目标。力争到2007年工业总产值突破500亿元，工业增加值达到120亿元以上，临港工业占全市工业经济的比重达65%。为此，舟山紧紧抓住接轨长三角融入大上海的战略机遇，以建设先进制造业基地为目标，全面部署和实施“工业强市”战略：

(1) 合理规划布局。围绕发展临港工业，打造先进制造业基地，舟山市制订了《发展临港工业、打造先进制造业基地规划纲要》、《环杭州湾产业带舟山产业布局规划》等带有全局性和长远性的重大规划以及水产加工、机械制造、商贸流通等一系列行业发展规划。进一步明确了在今后较长一段时间内如何充分利用海洋资源，发挥海洋优势，促进产业发展总体构想。

(2) 推进重点项目。总投资25亿元的中远集团修造船基地将于2004年初落户舟山。华东最大的马峙30万吨船坞已动工兴建。金鹰高科技工业园、扬帆鲁家峙扩建工程、港明超市食品等一批重点技术改造项目也已基本完成或投入生产。扬帆鲁家峙扩建工程的建成，使舟山具有新造8万吨级船舶的生产能力。

(3) 实行鼓励政策。2003年舟山市确定了两批31家扶优扶强企业，具体采取以下几个方面做法：一是出台了对企业经营者的奖励政策，对达到发展目标的给予奖励。二是出台了地方税收超基数优惠政策，鼓励企业大发展、快发展。三是实施一厂一（政）策，在总体政策框架范围内，根据企业的特殊情况和实际困难，切实解决企业发展过程中遇到的困难和问题。四是对扶优扶强企业实行动态管理。

(4) 提供保障体系。成立舟山市工业园区投资管理委员会和办公室，对进入市级工业园区的投资项目实行“一体化管理、一站式审批、一条龙服务”；成立中小企业融资担保机构，缓解企业融资难矛盾；积极拓展信用担保业务，扩大担保服务金额；努力构筑人才支持体系，全面制订先进制造业基地建设的人才发展规划，开展多层次的熟练工人培训。并积极为企业创造稳定安全的生产环境。

（林 磊）

【舟山渔民转产转业】 渔民转产转业（以下简称“双转”）取得突破性进展。渔民“双转”是舟山市实施渔业经济结构战略性调整的一项创造性举措。这项工作自2001年10月启动以来，到2003年取得了突破性进展。该年，舟山市海洋与渔业局在调查研究基础上，提出了10余项深化双转的政策建议，促进了市委、市政府《关于加快渔业结构调整推进渔民转产转业的若干意见》和渔民“双转”实施细则、海洋捕捞实行准入制及“双转”工作考核目标等三项配套政策的出台，使“双转”政策更具针对性和可操作性。该年，大力整治“三无”渔船，积极实施海洋捕捞行业准入制度；切实贯彻省政府关于三年内禁造新船的规定，实施减船和禁造新船的标本兼治，并着重对岱山县违规购、建新渔船问题作了严厉处罚；同时对全市捕捞渔民实行职业资格认定制度，对经过培训并符合条件的，颁发专业训练证书或专业基础训练证书，全面实行持证上岗。2003年，全市共拆解报废捕捞渔船483艘，核减总功率5.4万余千瓦，并分流捕捞渔民2 680人。两年多来，全市累计报废拆解捕捞渔船1 035艘，核减总功率10万余千瓦，分流捕捞渔民近6 000人。帮助渔民兴办转产项目100余个，获得省、部各类渔业补助资金6 366.9万元。同时，积极做好招商引资工作，引进项目4个，协议引资额达到2.73亿元。为促进“双转”渔民再就业，开展了多期海水养殖、海上运输及远洋捕捞等技能培训，全年培训人员达到6 200余名，使近3 000名“双转”渔民实现再就业。

此外，舟山渔业劳务工作重点是拓展转产转业渔民劳务输出渠道，全年劳务输出296人，主要输入地区为日本、南美、西非。同年，还新开辟了对韩国的劳务输出。

（邬振元 丁建伟 赵雪琴）

【捕捞渔业】 2003年末，舟山拥有机动渔船9 841艘，比上年减少4.76%，渔船总吨位859 367吨，总功率为1 998 020马力，分别比上年减少

3.01%和1.91%。这主要是国家实行渔船报废政策，鼓励渔民弃船上岸的政策导向所致。其中250马力以上的钢质渔船4 340艘，比上年增加2.55%，总吨位和总功率为655 910吨和1 468 503马力，分别比上年增加3.23%和2.85%。由于渔业资源的不断衰退和生产渔船的不断减少，捕捞产量逐年减少，全市年捕捞产量112.7861万吨，比上年减少2.39%。从作业情况看，产量列前五位的依次是帆张网、拖虾、钓、对拖及近洋张网，其中帆张网、拖虾和对拖减产，分别比上年减16.64%，13.76%和10.04%；钓和近洋张网增产，分别增加38.26%和41.60%。从渔获品种看，产量列前五位的依次是虾类、带鱼、头足类、蟹类和鲐鲹鱼，其中头足类和鲐鲹鱼增产，分别增加75.26%和80.20%；虾类、带鱼和蟹减产，分别减少5.63%、6.15%和13.57%。（严旭光）

【远洋捕捞】 2003年，舟山市地方远洋渔船达到213艘，产量11.89万吨，产值8.04亿元，分别比上年增加8%和7.7%。渔船作业渔场分布：北太平洋112艘、西南大西洋22艘、东南太平洋2艘、印度尼西亚双拖61艘、金枪鱼延绳钓14艘、缅甸帆张网2艘。2003年舟山市远洋渔业企业达到16家，其中舟山兴业有限公司、舟山海望远洋渔业有限公司、舟山新吉利远洋渔业有限公司、舟山盈海远洋渔业有限公司、舟山康丞水产有限责任公司等5家企业经农业部批准获得远洋渔业企业资格。（黄德明）

【特色水产养殖业】 2003年，为加快发展特色水产养殖业，在进一步完善和提高原5个浙江省级优质高效养殖示范基地的同时，全市又确定了15个重点培育和扶持的优势水产品产业带示范基地，其中，大黄鱼产业带先后建成了舟山中科海洋生物公司册子基地、半岛公司长峙基地、朱家尖基地、叮嘴门基地、嵊泗绿华基地等，面积达到71公顷，产量688吨；梭子蟹产业带先后建成了定海小沙、长峙，普陀朱家尖、登步，岱山大峧山等基地，面积达到0.32万公顷，产量6 722吨；对虾产业带面积达到0.49万公顷，产量5 645吨。贻贝示范园区养殖总面积达到0.07万公顷，产量4.1万吨。全市养殖面积达到1.29万公顷，产量11.7万吨，其中大黄鱼、梭子蟹、对虾、贻贝等四大优势水产品的面积、产量分别占养殖总面积、总产量的70.23%和45.29%。

2003年，加快了养殖种苗、饲料生产的发展。浙江华兴海洋水产苗种繁育基地、嵊泗县金义水产有限公司育苗厂、舟山市水产研究所岙山育苗厂先后培育出海蜇幼苗800万只，杂交大黄鱼6.2万尾，厚壳贻贝稚贝1亿粒。舟山市普陀新展望水产饲料有限公司、舟山大海洋科技饲料有限公司及舟山大昌盛饲料有限公司等研究生产梭子蟹饲料和美国红鱼饲料获成功，为解决舟山养殖主导产品的苗种和饲料紧缺问题起到了较好的作用。（何仁义）

【海水养殖】 2003年舟山海水养殖着力培育“三带一区”（大黄鱼、对虾、梭子蟹产业带和贻贝养殖区），加强种子种苗与饲料开发和养殖产品市场拓展，推进养殖标准化和养殖业规范化管理，为实现舟山市海水养殖业向产业化、规模化、科技化和优质化迈进打下了基础。

（1）海水养殖面积、产量、品种。全市海水养殖面积10 570公顷，产量10.948万吨，比2002年的9 938.2公顷和8.38万吨分别增长6.4%和30.6%，其中，浅海养殖面积1 629公顷，产量4.767 9万吨，分别增长18.5%和54.9%；滩涂养殖面积3 550公顷，产量1.715万吨，分别增长3.4%和31.9%；围塘养殖面积5 400公顷，产量4.464万吨，分别增长5.1%和11.9%。新引进鰤鱼、黑鮸鱼类新品种及南美白对虾（无病毒子1代）虾苗。

舟山市四大优势养殖产品大黄鱼、梭子蟹、对虾、贻贝面积、产量为8 971.9公顷和5.291万吨。分别占全市海水养殖总面积和总产量的84.9%和48.3%，其中大黄鱼养殖面积104.1公顷，产量803吨；梭子蟹养殖面积3 277.3公顷，产量6 722吨；对虾养殖面积4 890.6公顷，产量5 645吨；贻贝养殖面积699.87公顷，产量39 740吨。

（2）海水养殖育苗。全市海水育苗生产厂家12家，育苗总水体8 500立方米，共育出鱼类苗种208万尾，其中大黄鱼苗55万尾；虾类苗种57 740万尾，其中南美白对虾苗23 100万尾；贝类苗种2 117万粒；梭子蟹苗种703万只；紫菜苗6万贝壳。全市海水养殖育苗总产值658.3万元，净利87.5万元。

(3) 浅海网箱养殖。全市深水网箱养殖数量达到 366 只，普通网箱 6 779 只，投放各类鱼苗 1 270.2 万尾，收获各种鱼类（大黄鱼、鲈鱼、真鲷、黑鲷、美国红鱼等）1 924 吨。

(4) 养殖业的规范化管理。全市水产养殖证制度开始有步骤地实施。定海区作为舟山试点县（区）已发放养殖证 198 本，占应发面积的 95%。其他三个县（区）也已完成调查、宣传发动等前期准备工作。养殖产品安全质量管理全面启动。一方面严格规范了渔用药物、饲料的使用，切实加强了对苗种生产企业的监督检查。另一方面大力推行养殖生产标准化。2003 年舟山市先后制定了南美白对虾、泥螺 2 个市级地方标准和贻贝省级地方标准，使全市养殖地方标准达到 12 个。市、县（区）养殖主管部门帮助近 100 个养殖单位和个体建立养殖日志制度，对出口水产品养殖场实行登记备案制度，为 95 家生产单位发放出口水产品养殖场注册登记证；并帮助养殖企业做好无公害产品、绿色产品和原产地标志保护的认证申报。是年，全市有 7 个基地获得省级无公害产地认证，9 个水产养殖系列产品获得浙江省绿色农产品认证，3 个产品获得农业部无公害农产品认证。

（舒云华）

【海产品加工】 至 2003 年底，全市拥有水产加工企业 700 余家，各类冷库 400 余座，日速冻能力 7 400 吨，次冷藏能力 12.5 万吨，日制冰能力 7 500 吨，次贮冰能力 6.3 万吨，年加工各类水产品能力 60 万吨。2003 年，加工各类水产品 46.7 万吨，创产值 91.66 亿元，分别增长 8% 和 16%，水产品加工产值占全市工业产值 38.2%。先后从日本、意大利、丹麦和台湾等国家和地区引进虾仁、烤鳗鱼、鱿鱼系列、鱼糜、海洋药物、湿法鱼粉等各种现代化水产品加工生产线 200 余条，进一步提高了水产品附加值。全市共有 28 家水产企业和一条船获 FDA 注册。16 家水产企业和一条船获欧盟注册，86 家水产企业通过韩国注册，2003 年全市出口水产品 14.88 万吨，出口创汇 4.55 亿美元，分别增长 13.4% 和 13.5%。

为适应市场经济的需要，水产加工品向多样化发展，全市涌现出一批方便化、营养化、多样化、成品化、卫生化各种小包装冻品、制品等精加工为主的名、特、优、新产品。鱿鱼系列、多味鱼脯、蟹肉罐头、烤鳗、鱼糜、模拟蟹肉、鱼香肠、鱼肉汉堡包等产品畅销国内外市场，多烯康、鱼鲨烯胶丸等海洋药物产品已成为舟山拳头产品。其中舟山海洋渔业公司“明珠牌水产食品系列”、舟山兴业公司“兴业牌水产品”、浙江正龙食品公司“正龙牌鱿鱼丝”等被授予浙江省名牌产品和著名商标称号。2003 年全市水产加工企业已形成虾仁单冻生产线 86 条，日处理能力 350 吨；鱼糜生产线 5 条，年生产能力 8 000 吨；烤鳗制品生产线 3 条，年生产能力 3 000 吨；模拟食品生产线 2 条，年生产能力 2 000 吨；鱼片生产线 30 条，年生产能力 10 000 吨；海洋药物、保健品生产线 6 条；鱿鱼系列生产线 12 条，年生产能力 10 000 吨；现代化虾米生产线 3 条，年生产能力 2 000 吨；鱼油提炼生产线 10 条，年生产能力 4 000 吨；湿法鱼粉生产线 40 条，日处理原料能力 3 000 吨共十大不同系列、不同档次的水产制品加工生产线。（程国芳）

【水产品加工进出口】 2003 年，舟山水产品加工产值 91.66 亿元，加工量 46.7 万吨，分别比上年增长 86.53% 和 87.05%。全市水产品出口数量达 14.88 万吨，比上年增长 5.45%，贸易额达到 4.55 亿元，比上年增长 22.64%。

表 5　水产品加工情况

单位名称	2003 年	2002 年	增减%	单位名称	2003 年	2002 年	增减%
水产品加工总量（吨）	467 000	249 664	87.05	水产品出口量（吨）	148 841	141 155	5.45
水产品加工总产出（万元）	916 600	491 383	86.53	水产品出口额（万美元）	45 535	37 128	22.64
水产品交易量（吨）	303 888	297 258	2.23	水产品进口量（吨）	35 656	9 271	284.60
水产品交易额（万元）	319 606	329 009	-2.86	水产品进口额（万美元）	2 268	490	362.86

（范若儿）

【舟山引进最大的外商独资项目】　日本常石集团是一支实力较强的跨国修造船集团公司，在世界航运业和船舶修造业颇有影响力。2002 年 7 月起，该集团公司在舟山进行踏勘、调研基础上选定岱山县秀山岛落户。2003 年 3 月 9 日，日本常石研究发展有限公司社长小森真治正式与舟山签订投资合约，舟山市长张家盟等市政协、市委、市人大有关领导出席了签约仪式。这是舟山有史以来引进最大的外商独资项目。项目计划总投资 10 亿元人民币左右，规划建造船坞、船台及分段制造工厂、配套码头及相关设施，将形成建造 7 万吨以上船舶 9 艘的年生产能力。项目分期投入实施，一期总投资 1 640 万美元，占地面积 26 公顷，注册成立两家外商独资企业，生产船舶驾驶台、船舶后舱盖和船用配件。预计到 2005 年一期投资完成后可建造船舶驾驶台 24 台，年出口额达 5 000 万美元以上。

该项目的签约标志着舟山对外开放进入了一个新的阶段，对于提升和带动舟山船舶修造业、加快把舟山建设成为中国东南沿海重要修造船基地具有重大意义。　（何仁义）

海洋公益服务
Marine Public Welfare Service

【海洋气象服务】　近年来，舟山海洋气象服务领域从传统的渔业、盐业拓展到交通、海运、港口和海上重点工程建设等各行各业。

舟山群岛特殊的地理条件使各航线的风力差异很大，随着舟山海上交通的日益繁忙，安全和效益之间的矛盾越发突出。2000 年起，舟山市气象局通过建设海岛自动测风站，尝试利用测风站资料，区别各航线(航区)的局地特征，开展各航线(航区)的针对性风力专项预报，为有关部门进行航运安全监管和组织调度生产提供气象依据，在保证客运船只安全航行的前提下，提高船只开航率，实现社会效益和经济效益兼顾。2003 年，舟山海洋气象台共开展 29 条航线专项服务，受益交通船 94 艘，还以不同方式向 33 家航运企业提供国内二类航线 3～5 天风力趋势预报；开展马迹山港和岙山港针对性气象服务，为港口合理高效地安排作业提供气象保障；通过传真方式向虾峙门航道、舟山—宁波大陆连岛工程和小洋山国际航运中心建设工程提供时效达 5 天的天气、风力专题气象服务。　（邱洪芳）

【舟山电信】　2003 年，舟山市电信分公司加强体制创新、市场规划、经营与队伍建设，全年电信固定资产总投入超亿元，业务收入和业务总量均达 3 亿余元。年末，全市固定电话用户（含小灵通）41 万户，程控电话交换机总容量 51 万门，电话普及率达 56.9 部/百人，主干光缆长度 7 867 芯长千米。是年，舟山电信网与舟山通信网间采用光同步传输网自愈环网技术，实现两大固定电话运行网络的互联互通；开通浙江海洋大学新校区、海军 4806 工厂、普陀渔市大街等模块接入网，并在普陀六横组建小灵通虚拟网，全市完成 22 个接入网和 4 个模块局设备改造；完成电信宽带 IP 网 ADSL 设备 2 次扩容，全市新增 ADSL 万余线，扩大 ADSL 接入范围；完成定海至岱山海缆工程施工建设；相继开通定海盘峙一东蟹峙、普陀浦西一桃花等新（扩）建微波电路，并改造定海临城一长峙数字微波电路，调整嵊泗壁下传输电路，有效改善舟山偏僻农村、悬水小岛通信质量；配合舟山连岛大桥工程和嵊泗东海大桥建设，分别完成定海岑港富翅岛、册子岛通信线路工程，设置开通嵊泗颗珠山 3 个小灵通基站及洋山一颗珠山的新建微波电路；完成交换机时钟同步系统、计费账务系统、动力环境集中监控系统扩容工程；配合市政和重点工程，完成定海老塘山深水码头、舟山船用商品交易市场、普陀山风景区等处的管线安装扩容、改道移位、架空改建管道等配套建设工程；配合常石集团（日本）建设岱山秀山船台工程，完成光、电缆线路布放。建筑面积 1.2 万余平方米的舟山市电信调度大楼竣工通过验收，其一楼新电信营业厅于 10 月 18 日开业。　（王志宏）

【移动通信】　2003 年，浙江移动通信有限责任公司舟山分公司（以下简称舟山移动公司）加大基础管理力度，开展了运维体制的改革，实现全市运维的集中；加快传输网络的建设，GSM10 期工程建设和传输网本地二期工程稳步有序开展；完成 G9.3 期工程和 G10.1 期工程建设，新增基站 35 个，新增频点 292 只，增加直放站一套、室内分布系统 3 套，开通直放站监控系统；新增传输管道 30 千米，杆路 57 千米，光缆 105 千米；完成舟山到宁波海底光缆 SDH 系统调测和开通工作；完成 C3 微波第二路由建设。按照“发展、效益、创新、求实”这一工作主线，突出品牌战略和数据业务的推广，突出网络运维和营销服务模式的创新，突出人力资源改革与企业文化的建设。是年，发展移动通话用户数达 53 834 户，累计通话用户总数达到 264 112 户，公司的通话用户市场占有率为 68.17%。 （仇海忆）

【海岛供电】 2003 年，全市电力工业持续稳步发展，电力供需基本平衡，电网发供电秩序稳定，电力企业生产经营指标全面超额完成。全年全市电力工业完成发电量 15.99 亿千瓦时，售电量 10.94 亿千瓦时，电力销售收入 8.12 亿元，分别比上年增长 23.44%、24.92%、17.68%，舟山电网实现利税总额 1.84 亿元，均创历史新高。全年全社会用电量 13.44 亿千瓦时，比上年增长 27.34%。年末，全市电力职工 3 474 人，固定资产原值 22.92 亿元，比上年增长 3.43 亿元；发电装机容量 24.48 万千瓦，110 千伏变电所 4 座，35 千伏变电所 28 座，总容量 69.87 万千瓦，35 千伏及以上输电线路 60 条，总长度 568.14 千米，海底电力电缆 253.55 千米。

2003 年，全市城乡电网建设与改造力度加大，进度加快，电力部门共投入建设资金 1.5 亿余元。竣工投运的输变电工程有 110 千伏秀山输变电工程，普陀变电所至鲁家峙 35 千伏双回路工程、35 千伏泗礁－黄龙－构杞海缆工程、35 千伏马岙输变电等工程、新建输电线路 19 千米；同时 110 千伏白泉变电所、35 千伏沈家门变电所、定海临城变电所、岱山南峰变电所等一批输变电工程相继开工。

是年，舟山本岛电网 110 千伏及以下农村电网改造工程继续进行。5 月，岱山、嵊泗二县农村电网建设与改造工程正式启动。至年底，全市累计完成 545 个行政村的建设与改造；已实行城乡同网同价的村 331 个。

2003 年，全市总供电量 12.22 亿千瓦时，比上年增长 28.66%，其中向浙江电网输送电量 3.6 亿千瓦时。全市用电负荷继续增长，市电网最高负荷 25.3 万千瓦，比上年增加 5 万千瓦。全年全市社会用电量 13.44 亿千瓦时，其中工业用电 8.09 亿千瓦时，占 60.19%，农村及农业生产用电 0.14 亿千瓦时，占 1.06%，城乡居民生活用电 2.37 千瓦时，占 17.63%。供电部门全年新增电力客户 3 万余户，新增容量 34.95 万千瓦。

2003 年 7 月，浙江省电力公司正式对舟山市电力公司实行代管。按照省电力公司与舟山市人民政府签订的《代管协议》和省电力公司制定的《代管管理办法》，省电力公司从安全生产、规划与计划、电网建设、财务审计、电力营销、人事与劳动工资、领导班子建设 7 方面对舟山电力公司进行管理；同时，省电力公司把舟山电网建设纳入全省经济和社会发展范围，在资源共享等方面提供保障，以加快舟山电力发展。

投资 350 余万元的市电网电力营销系统经 3 年建设已基本形成。2003 年，营销系统已延伸至农村和海岛供电营业所，并同四大银行实现联网，建立了实时收费系统。营销系统的建立，提高了电力管理水平，方便了电力客户。 （唐定康）

【海上交通】 2003 年，舟山市岛际交通投入资金约 4.5 亿元，其中包括大陆连岛一期工程、交通码头建设、客（客滚）船及乡镇船舶更新改造等建设资金。是年，建成跨海大桥 1 座，新建成交通码头（含车渡码头）5 座，改扩建或重建交通码头 7 座及在建的 3 座；新辟海上客（客滚）运航线 6 条；新增与更新客运（客滚）船 20 艘，4 707 客位，100 车位；报废或转让退出营运老旧客（客滚轮渡）船 16 艘；新增与更新货船 69 艘，计 23.17 万载重吨，总净增货船 37 艘，18.76 万载重吨，报废或退出营运货船 32 艘，4.41 万载重吨。至年末，全市共建有海上跨海大桥 5 座；共有交通码头（含车渡码头）139 座；拥有海上客运（含滚装轮渡）企业 30 家，货运企业 81 家；海上客运航线（经过调整）共有 105 条，其中高速（快速）航线 25 条，滚装轮渡航线 11 条；拥有客（客滚）船 156 艘，29 301 客位，417 车位，其中高速（快速）客船 42 艘，计 3 945 客位，客滚（轮渡）船 24 艘，417 车位，7 742 客位；货船 980 艘，91.35 万载重吨，其中万吨级以上货船 6 艘，最大的 2.6 万吨（不含第一海运公司）。目前，舟山市内岛间及至宁波白峰、宁波镇海、宁波郭巨、上海芦潮港的 12 条滚装轮渡航线开通，同时岛内各经济大岛及通往宁波、上海等经济大城市的 25 条高速客轮航线贯通。全年共完成海上客运量 1 533 万人次，客运周转量 4.41 亿人千米；完成海上货运 2 438 万吨，货物周转量 193.22 亿吨千米。

（林迪渠）

海洋执法监察
Ocean Supervision and Law-enforcement

【海上交通安全监管】 2003 年，海上交通安全管理积极推行 NSM（安全管理机制）新体系，以防范重特大海上交通事故为重点，明确责任，强化监督。一是以消除重大事故隐患，进一步完善防范机制，加强对重点水域、重点船舶的安全生产监管。全年全系统共开展大规模检查 8 次，下发整改通知书 10 份，并督促整改，保障安全运营。二是继续实施重特大事故应急预案，主要有事故报告、事故应急求援、事故调查处理三大项。三是组织开展对重大危险源的监管，开展水上危险化学品安全运输专项整治，统一规定由专门船舶运输公司经营，落实岛际包装化学等危险品运输专用船舶，确定定点装卸码头，同时还加强对该从业人员的培训工作，使参训人员全部取得合格证书上岗。四是督促所属企业单位和乡镇渡口建立健全安全生产各项规章制度，落实安全防范措施。五是加强季节性、异常性气候条件和节假日安全生产工作，做到方案早计划、措施早准备、工作早布置、责任早落实。六是加强事故调查和责任追究。全年、全系统共查处事故责任人 60 余人。2003 年，全市发生水上交通责任事故 12 起，死亡（失踪）9 人，各项安全指标明显低于省、市控制指标。（林迪渠）

【渔港监督】 2003 年，舟山渔监部门紧紧围绕"安全第一，预防为主"的方针，加大了对蟹笼渔船、渔业渔船的专项整治力度，继续加强冬汛期间浙北渔场的安全管理。实施对休闲渔船的专项管理，实行渔船动态报告制度和船长违规扣分制度，保障了渔业生产安全。同时，加大对从业渔民的培训工作，共举办船员培训 78 期，参训人员 8 667 人次。全市共组织海上、陆上安全检查 1 573 次，参加检查 5 913 人次，检查渔船 4 847 艘次，查获违规渔船 1 227 艘。是年，全市共发生渔业船舶水上交通事故 111 起，沉船 27 艘，死亡（含失踪）49 人，其中死亡 5 人以上重大事故 5 起，直接经济损失 820.701 万元，与上年同期相比各项指标均呈下降态势。受理各种海事、渔事案件 277 起，结案率 87%。（张鸿滨）

【渔船检验】 2003 年，舟山渔船检验部门贯彻落实《中华人民共和国安全生产法》、《浙江省渔港渔业船舶管理条例》，结合舟山的实际，制定并实施了《舟山市渔业船舶检验实施办法》。深入开展渔业船舶修造检验质量年活动，全市有 126 家渔业船舶修造企业、21 家船用产品生产企业、7 家气胀筏修理站及渔业船舶设计单位被农业部渔船检验局资质认定。同时，协助渔船检验局做好远洋渔船的检验工作，全年共受理检验远洋渔船 282 艘，做到检验登船率 100%；对帆张网渔船进行专项整治，对全市渔业油船进行整顿，完成了 134 艘油船的整治；认真做好新版证书的发放工作，全年受检船 8 710 艘，新版证书的换发率为 100%。在浙江海洋学院的支持下，举办了二期质检人员培训班，共有 215 人参加了培训，经考试合格 211 人取得了省局颁发的质检人员上岗证书。

（李烨虎）

【渔政管理与执法】 2003 年，舟山各级渔政管理部门为打击非法捕捞，保护海洋渔业资源，实施海上、港口渔政检查 1 352 次，参加人员 8 024 人次，渔政船航程 55 407 海里，检查渔船 5 328 艘次，查处违法违规行为 490 起，收缴罚没款 600 万元。

是年，对小型渔船的各类证书，实行"三合一"证书的改革。从 5 月份起，深入渔区进行为期 3 个月的调查摸底，并于 10 月底全面完成全市小型渔船"三合一"证书换发工作。共换发小型渔船"三合一"证书 2 016 本，其中换基本证 1 262 本，临时证 954 本。各地还对全市 6 500 余艘中、大型捕捞渔船许可证的各类项目进行了年度审验，有效地规范了渔船的捕捞行为。

2003 年，是国家实行拖虾作业休渔制度的第一年。按照"船进港、人上岸、网入库"的管理目标，进一步加强领导，严格管理。全市 2 310 艘拖虾渔船，伏休期无一违规。拖网和帆张网渔船在 3 个月的伏休期间，除个别渔船在伏休后期有"抢跑道"违规现象，绝大部分伏休渔船遵守了伏休的各项规定。冬汛浙北渔场管理工作，通过深入宣传教育，加强执法力度，协调处理渔事纠纷，整个渔场秩序良好。

【海洋与渔业执法支队成立】 2003年12月，经舟山市编委舟编[2003]62号文件批准，组建成立舟山市海洋与渔业执法支队，并于同年12月25日正式挂牌。组建后的舟山市海洋与渔业执法支队为行政预算事业单位，按照公务员制度管理，正式编制为106人，拥有5艘渔政船。支队根据国家海洋与渔业的法律法规承担以下职能：依法履行本市海域的海洋环境、海域使用、海洋倾废的海洋监察；依法对全市渔业生产、水产养殖、水产种苗、渔业无线电通信及渔船修造业的监督检查；依法查处各类海洋与渔业的违法违规行为以及渔港渔船安全检查，维护渔业生产秩序，组织海上抢险救灾等。舟山市海洋与渔业执法支队的成立在浙江省内地市级尚属首家，对推进舟山“依法治海、依法兴海；依法治渔，依法兴渔”的进程，为海洋与渔业经济的可持续发展将起到积极作用。 （唐卫平）

海洋国际合作与交流
Marine International Cooperation and Interflow

【国际友好往来】 2003年，全市外事侨务工作紧紧围绕市委、市政府实现舟山经济跨越式发展的战略目标，努力发挥地方外事侨务职能优势，以服务舟山经济建设和社会发展为己任，努力开拓，求真务实，使舟山市的外事侨务工作上了一个新台阶。全年邀请外国人来舟山52批105人次，接待重要外宾、华侨和港澳同胞16批63人次，处理涉外事件19起，接受华侨华人、港胞捐赠（折合人民币）115.502 9万元。

友好交往 2003年8月，印度总领事齐湛一行3人、菲律宾总领事雅比诗、韩国总领事朴相起夫妇、德国总领事夫人凯茜博士一行7人，专程来舟山参加首届海鲜美食节暨沈家门渔民民俗大巡游活动。舟山市市长郭剑彪、副市长竺园会见了使节团一行。市政府举行了“舟山市经济发展情况说明会”。外宾还参观了普陀山、兴业公司、扬帆集团。

9月，韩国地方政府国际化协会北京代表处首席代表裴兴秀一行3人来舟山市访问。副市长竺园、副秘书长周国明会见了韩国客人，并介绍了舟山的经济发展情况。

10月，以市委副书记姚志文为团长的舟山市友好访问团一行7人赴挪威、法国访问考察，开展海外联谊和舟山经济发展推介活动。同月，以常务副市长刘爱世为团长的舟山市友好访问团一行9人赴美国、加拿大访问考察，进行友好城市隔年互访和旅游、教育、渔业考察活动。

11月，斐济参议院议长泰托·万加瓦卡通加携夫人一行4人来舟山访问考察。市委书记、市人大常委会主任张家盟会见了议长一行。同月，以市长郭剑彪为团长的舟山市政府代表团一行6人赴欧洲进行船舶、港口考察，顺访香港，考察香港航运业，与香港船东会联合召开“加快发展舟山航运业”座谈会，拜会董建华先生。同月，以市政府副秘书长沈承宏为团长的舟山市渔业合作项目代表团一行9人赴斐济开展渔业合作谈判，并赴新西兰、澳大利亚进行了市场考察。同月，以虞洁夫副市长为团长的市政府代表团一行8人赴斐济、澳大利亚、新西兰进行访问考察。虞洁夫代表舟山市政府与斐济渔业部常务秘书布托卡先生签署了双方政府关于渔业项目合作的框架协议。

12月，以市委书记张家盟为团长的舟山市城建港口考察团一行9人赴美国访问考察。

因公出国（境） 2003年，市外侨办在全市范围内推行了重点涉外企业因公出国（境）直报制度，实行表格式申报审批，简化了办事程序，同时结合市第三轮行政审批制度改革，简化外国人来舟山的审批手续，由“一审二核”制改为“一审一核”制。7月，《舟山市关于进一步加强党政领导干部因公临时出国（境）管理工作的若干规定》开始施行。全年共审核审批因公出国（境）团组198批497人次，国际海员29批921人次，邀请外国人来舟山52批105人次。

赴日研修生 2003年1月上旬，市外侨办本着公平合理、择优录用原则，选定第六期64名赴日研修生，并于4月初进行了为期一个月的全脱产日语和外事纪律培训。由于受“非典”影响，原定5月下旬出发的第六期研修生推迟至8月赴日研修。6月，第五期赴日研修生回国并召开总结表彰大会。

侨务接待 2003年6月，印尼华侨林国文在市外侨办陪同下到舟山交易市场有限公司进行购船业务洽谈，考察了舟山市海洋与渔业局和舟山市船舶工业总公司，并前往温岭同船主洽谈业务，成交额220万元人民币。11月，市外侨办接待“舟山市荣誉市民”王福元长女王培蒂，在竺园副市长陪同下参加了定海一中后勤生活楼落成庆典和定海五中塑胶体育场启动仪式，并考察了南海实验学校，参观了舟山市蓉蒲学院。

对外宣传　2003年，全市树立“大外宣”意识，努力在探索外宣工作与外事工作的结合点上下功夫，逐步形成全方位、多渠道、宽领域的工作格局。一是利用舟山大的节庆活动做好对外宣传工作。邀请外国驻沪总领事参加海鲜节活动；“观音文化节”期间邀请了泰国东方大学校友会友人参加。通过外国使节参加节庆活动，使外国人加深了对浓郁海岛风情和文化的认识，进一步促进和推动了舟山对外交往工作。是年，还接待斐济参议院议长一行，德国、印度、韩国、菲律宾的驻沪总领事，加拿大驻沪总领馆参赞，韩国江华郡政府代表团，中国驻南非开普敦总领事等重要来宾，对增进友谊和扩大对外影响起到了很好的作用。二是在政府代表团出国访问时努力争取在实质性项目上有所突破。刘爱世副市长率领市政府代表团赴美访问期间，在里士满市举行了舟山旅游推介会，拓宽了友城交往的新领域。普陀区政府代表团访问韩国谷城郡期间，考察了“沈清文化”项目，达成了普陀区与谷城郡建设“友好公园”的意向，推进了两地的合作与交流。三是以经贸信息丰富侨务外宣工作内涵。市外侨办建立了“海外华侨联络制度”，专门安排人员定期、不定期地向海外华侨华人、港澳同胞发出邮件和传真，传递舟山经济建设与发展的动态信息。全年向海外发出490余封电子邮件，涉及20余个国家和地区，帮助海外人员更多地了解舟山，同时，也使舟山获得了海外经贸方面的信息。

颁发荣誉市民证和外国专家证　5月，舟山市人大常委会第四届十次会议通过日本株式会社加卜吉加藤义和会长为舟山市荣誉市民称号，9月，舟山市政府举行“加藤义和舟山市荣誉市民授证仪式”，市长郭剑彪、副市长竺园等领导出席了会议，并为加藤义和颁发证件，赠送纪念品。同月，《外国专家证》颁证仪式在定海露亭宾馆举行，舟山市副市长竺园和浙江省外办有关领导为舟山兴业有限公司、常石集团（舟山）船业有限公司、舟山港明公司等7名外国经济专家颁发《外国专家证》。　（袁　滢）

【第五届中国舟山国际沙雕节】　由国家旅游局、中国人民对外友好协会、中国国际文化交流中心和舟山市人民政府主办、普陀区人民政府承办、舟山国际沙雕有限公司负责策划和运作的第五届舟山国际沙雕节于2003年9月18日开铲、10月2日在朱家尖南沙开幕。沙雕作品以“丝绸之路”为主题，除南沙主展区外，还在白山景区、情人岛、乌石滩、梭子蟹养殖观光园设置了“丝绸之路”相关内容的沙雕作品。本届沙雕节从沙雕主题策划、沙雕作品总体效果图设计、堆沙施工图设计、雕刻施工样图设计到整个堆沙工程的实施和展示沙雕作品的创作，全部由国内技术人员完成，并由舟山方面技术人员主持办理，标志着中国国内沙雕艺术在短短四年实现了本土化，是舟山沙雕发展史上的一个重要里程碑。9月18日至10月31日，朱家尖南沙观摩沙雕的游客达14.5万人次，比上年同期增长20%，创南沙景区日接待最高记录。　（李　民）

【国际科技合作】　2003年12月19日，在国家科技部国际合作司、俄罗斯工业科技国际合作司和浙江省科技厅共同主办的“2003年浙江省对俄科技合作项目对接活动”合作项目签约仪式上，浙江海洋学院海洋科学与技术学院和俄罗斯塔干罗州电子工程大学的“深水网箱养殖监视声学装置研究”、浙江海洋学院、浙江大海洋科技有限公司和俄罗斯国立湖河渔业研究所的“近海高效设施养殖工程设计和制造”、“俄罗斯鲟鱼引进、驯化与海水网箱养殖技术研究”三个科技合作项目在杭州现场签约。上述项目总投资4 000万元，其中总研发经费1 020万元。　（孙汉振）

统计资料
Statistical Data

表 6　舟山市基本情况一览表

县、区	(2003 年)辖区内			年末人口数（万人）						全社会从业人员数（万人）			
				2002 年			2003 年			2002 年		2003 年	
	乡镇数	岛屿数	区域面积(平方千米)	合 计	农业人口	非农业人口	合 计	农业人口	非农业人口	合 计	其中职工数	合 计	其中职工数
定海区	10	127.5	1 444	36.73	22.49	14.24	36.82	22.08	14.74	14.32	2.04	20.59	0.89
普陀区	11	454.5	6 728	32.37	21.28	11.09	32.14	20.85	11.29	20.20	4.04	17.56	1.72
岱山县	7	404	5 220	20.33	15.55	4.78	19.97	15.11	4.86	14.88	2.45	12.72	0.96
嵊泗县	7	404	8 824	8.33	5.92	2.41	8.19	5.49	2.7	5.44	2.06	4.37	0.84
合 计	35	1390	22 216	97.76	65.24	32.52	97.12	63.53	33.59	54.84	10.59	55.24	10.30

注：“2003 年职工数”合计 10.30 万人为市属企业职工与 4 县(区)城镇集体企业以上职工之和，未包括村级及个私企业职工。

表 7　舟山市沿海县（区）国内生产总值、工农业总产值一览表

单位：亿元

市区县	年 份	国内生产总值				工 业		农 业	
		合 计	第一产业	第二产业	第三产业	总产值	增加值	总产值	增加值
全市合计	2002	146.01	32.90	53.33	59.78	190.14	43.41	72.85	32.90
	2003	172.27	32.99	71.14	68.14	240.10	55.56	74.53	32.99
定海区	2002	53.98	5.06	24.19	24.73	59.60	13.11	10.30	5.02
	2003	62.74	5.13	29.47	28.14	74.38	23.29	10.60	5.13
普陀区	2002	47.09	12.29	17.19	17.61	49.51	14.65	25.60	12.29
	2003	54.75	12.23	21.52	21.00	63.11	18.52	26.57	12.23
岱山县	2002	27.01	9.77	7.73	9.51	27.51	6.67	22.65	9.77
	2003	30.93	9.92	10.03	10.98	35.84	8.69	23.02	9.92
嵊泗县	2002	17.87	5.70	4.70	7.50	12.40	3.00	10.90	5.70
	2003	22.23	5.40	8.44	8.39	16.02	3.51	9.43	5.40

表 8　舟山海洋开发资料统计

统 计 项 目		2002 年	2003 年
海洋捕捞产量（万吨）	鱼 类	71.77	63.47
	贝 类	10.92	0.53
	虾蟹类	32.71	30.43
	头足类		14.84
	其 他	0.15	3.52
	合 计	115.55	112.79

续 表

统计项目			2002 年	2003 年
海水养殖	产量（万吨）	鱼 类	0.66	0.64
		贝 类	6.0	8.72
		藻 类	0.04	0.23
		虾蟹类	1.68	1.34
		其 他		0.02
		合 计	8.38	10.95
	面 积（公顷）		9 938	10 570
沿海港口		货物吞吐量（万吨）	4 067.75	5 722
		旅客运输量（万人次）	1 583	1 533
		旅客周转量(万人千米)	49 686	44 069
		货物运输量(万吨)	1 942	2 438
		货物周转量(万吨千米)	1 333 805	1 932 174
海盐生产		面 积（公顷）	3 900	3 738
		产 量（万吨）	15.4	26.18
盐加工		产 量（万吨）	18.9244	17.31
滨海旅游人数		国 内（万人次）	623.48	645.09
		境 外（人次）	84 558	5 5071
国内外旅游收入		国 内（亿元）	32.11	33.50
		境 外（亿元）	3.28	2.12
滨海城市旅游接待能力		涉外饭店个数	54	64
		客 房 数（间）	3 702	3 362
		床 位 数（张）	7 357	5 663
水产品加工		加工总量（万吨）	24.97	46.70
		出 口 量(万吨)	14.12	14.88
滨海矿砂开采量（万吨）		石 料	1 209.68	2 478.42
		砂		
医药制造业		产 值（万元）	9 580	8 603
海洋能源		风能发电（千瓦时）	93 300	90 800

表 9 舟山市 2003 年海洋经济资料统计

单位：万元

指 标	总产出			增加值		
	2002 年	2003 年	同比增长数(%)	2002 年	2003 年	同比增长数(%)
合 计	2 357 150	2 927 938	24.22	892 923	938 711	5.13
第一产业	641 251	647 261	0.94	274 676	245 956	-10.46
其中：海洋渔业	622 675	640 832	2.92	266 833	234 291	-12.20

续　表

指　　标	总产出			增加值		
	2002 年	2003 年	同比增长数(%)	2002 年	2003 年	同比增长数(%)
第二产业	955 735	1 517 531	58.78	218 300	372 594	70.68
其中：水产品加工业	704 608	916 600	30.09	141 313	183 829	30.09
海洋药物	48 932	55 412	13.24	10 310	11 675	13.24
海盐及盐加工	9 400	4 005	-57.39	8 830	1 846	-79.09
土砂石开采	22 632	54 951	142.80	9 927	19 713	98.58
海洋船舶修造业	144 314	181 955	26.08	42 700	31 334	-26.62
第三产业	760 164	763 146	0.39	399 947	320 161	-19.95
其中：海洋运输、港口业	189 345	189 144	-0.11	116 410	87 518	-24.82
海洋旅游业	272 315	356 173	30.79	131 604	149 593	13.67

表 10　2000—2003 年舟山渔民就业与收入情况表

年　份	渔村总人数（人）	渔村总劳力（人）	其　中		渔村总收入（万元）	渔民户均收入（元）	劳均收入（元）	人均收入（元）
			捕捞劳力（人）	养殖劳力（人）				
2000	219 159	77 077	56 514	1 079	551 115.49	17 735	16 090	5 659
2001	219 236	79 503	58 580	1 562	534 552.39	16 847	15 052	5 458
2002	218 749	77 652	57 236	2 090	545 080.66	17 470	15 573	5 528
2003	207 970	77 026	54 937	2 713	581 035.86	17 481	15 674	5 805

注：资料来自舟山市海洋与渔业局渔村收益分配年报，未包括部属、市属、县（区）属专业渔业公司。

（江明方）

福 建 省
Fujian Province

综 述
Summary

【沿海资源概况】 丰富的海洋渔业资源。福建海域辽阔，海域面积13.6万平方千米，比陆地面积大12.4%；水深200米以内的海洋渔场面积12.51万平方千米，占全国海洋渔场面积4.5%；潮间带滩涂面积19.88万公顷；有闽东、闽中、闽南、闽外和台湾浅滩五大渔场；海洋生物种类2 000多种，有鱼类700多种，其中经济鱼类100多种，贝、藻、鱼、虾种类的数量居全国前列。

众多的天然良港资源。福建大陆海岸线蜿蜒，长达3 324千米，居全国第二位；海岸线曲折率居全国首位。沿海岛屿星罗棋布，共有大小岛屿1 546个（其中有人岛102个），占全国的1/6，居全国第二位，面积总计1 400.13平方千米；岛屿海岸线长2 804.3千米，大小港湾125个，其中深水港湾22处，可建5万吨级以上深水泊位的天然良港有东山湾、厦门湾、湄洲湾、福清湾、罗源湾、三都澳等6个，占全国34个的17.6%，港口吞吐量可开发潜力大。

富有潜力的滨海矿产资源。福建海岸地质构造复杂，矿种很多，已发现的矿产有60多种，有工业利用价值的20余种，矿产地300多处。砂、花岗岩、叶蜡石等探明储量居全国前列，其他如饰面花岗岩、高岭土、明矾石、玻璃用石英砂在全国占重要地位；台湾海峡石油、天然气资源和重矿物砂矿资源也已显示较好的资源潜力，海峡西部3个成油凹陷油气前景看好，有望在厦澎凹陷、乌丘屿凹陷、澎北隆起建设2.8亿～7.8亿吨储量的油气田。

多彩的滨海旅游资源。福建山多海阔，山海兼容，优越的亚热带海洋性气候，多种多样的海岸类型，景色秀丽且各具特色的岛屿，奇岩怪石千姿百态，海蚀景观翡翠，林木葱郁，沙滩连绵，构成许多壮丽的自然景观，加之沿海有许多富有宗教、文化、军事、历史内涵的名胜古迹和新兴的港口城市，构成理想的观光度假胜地。尤其是被列为国家重点风景名胜区的鼓浪屿、清源山、太姥山、海坛岛和国家旅游度假区的湄洲岛以及“海上绿洲”东山岛等，为沿海旅游业的发展提供了丰富多彩的资源条件。

优越的“蓝色能源”。福建沿海地热梯度较大，地热资源丰富，具有开采价值的热水区域较多。沿海风能资源丰富，可利用时数达7 000～8 000小时；沿海可用于潮汐发电的海水面积达3 000平方千米，潮汐能理论装机容量达3 425万千瓦，可开发装机容量1 033万千瓦，占全国的49.2%，居首位。

此外，盐业资源丰富，生产条件好，宜盐滩涂超过2.67万公顷，可以大规模利用的盐化工业品有氯化镁、溴素、石膏、钠镁盐、加碘盐等。

【行政区划】 福建沿海共有6个地级及以上城市，即福州市、厦门市、莆田市、泉州市、漳州市，宁德市；35个沿海县（市、区），其中8个县级市：长乐市、福清市、石狮市、晋江市、南安市、龙海市、福安市、福鼎市；11个县：霞浦县、连江县、罗源县、平潭县、仙游县、惠安县、金门县、漳浦县、云霄县、诏安县、东山县；16个区：马尾区、思明区、海沧区、集美区、同安区、湖里区、翔安区、龙文区、丰泽区、洛江区、泉港区、城厢区、荔城区、涵江区、秀屿区、蕉城区。

福建沿海地区2003年末人口2 668万人，占福建省总人口3 488万人的76.49%。

【经济综合实力】 2003年，全省上下以邓小平理论和“三个代表”重要思想为指导，认真贯彻落实党中央、国务院的一系列重大决策部署，围绕构建三条战略通道，积极实施项目带动战略，加快县域经济发展，出台了一系列改革发展的政策措施，经济社会全面发展。沿海地区的国内生产总值为4 623.83亿元，占全省国内生产总值

5 232.17 亿元的 88.37%。

2003 年,全省海洋经济总产值 1 531.43 亿元,比 2002 年增加 257.83 亿元,比增 20.24%。其中,海洋第一产业总产值为 265.25 亿元,占海洋经济总产值的 17.32%;海洋第二产业总产值为 322.93 亿元,占海洋经济总产值的 21.09%;海洋第三产业总产值为 943.25 亿元,占海洋经济总产值的 61.59%;海洋经济增加值 680.89 亿元,比 2002 年增加 127.63 亿元,比增 23.07%,占全省 GDP 的 12.99%。

【海洋科技水平不断提高】 福建省海洋科技力量较强,全省拥有 7 家海洋科研、教学、设计单位,有中高级职称的海洋科技人员数量居全国前列,在厦门的海洋科技人才规模仅次于青岛居全国第二。海洋生物工程技术、海洋药物、海洋功能食品技术、先进捕捞技术、集约养殖技术、水产品精深加工技术广泛应用于生产,科技进步对海洋经济增长的贡献率超过 50%。

地方海洋立法与管理
Local Marine Legislation and Management

【海洋政策制度】 2003 年,福建省有关海洋管理部门研究制订了《关于简政放权,优化海洋与渔业经济发展环境的若干意见》并报省政府审批。调研并拟定了《福建省渔港和渔业船舶管理条例》,并顺利通过省人大常委会一审。出台并实施了《渔业捕捞许可管理规定》,下放审批权限,服务渔民群众,有效地控制了捕捞强度。

【海洋监察执法】 海监执法体系建设进一步加强,截至 2003 年底,除省海监总队外,全省共组建基层海监机构 25 个(其中,支队 6 个,大队 19 个),编制数 143 人。海监执法加强,对 201 个用海项目进行了 527 次监察,发现违法违规行为 92 起,立案 64 起,结案 53 起,罚款 70.62 万元。积极开展打击非法海洋捕捞专项行动,全省共查处违规案件 1 539 起,罚款 375 万余元。

【海域管理】 海域管理水平进一步提高。沿海市、县两级海洋功能区划全部获得省政府批准并付诸实施。各级海洋行政主管部门不断加大海域使用有偿制度的实施力度,全省海域使用金年征收额达 3 196 万元,比原定 1 600 万元的征收任务超额完成 99.75%,比 2002 年的 1 013 万元增长 215.5%。海域确权面积为 7.45 万公顷,确权发证率达 90.36%,年审率实现 100%。积极开展海域使用权招标拍卖试点工作,福州、莆田等地海域使用权拍卖获得成功。着手编制第一部无居民海岛保护名录。完成厦门市无居民海岛保护与利用规划的编制,并对所属无居民海岛实施了一系列的保护与利用管理。采取对“插花”海域实行管理权和使用权相分离、海岛归属权与行政管辖权相分离、港口行业管理权与海域管理权相分离等创新办法,解决勘界中出现的难题,有力地推动了勘界工作顺利开展。至 2002 年底,该省已勘定福州—莆田市际线,其余 4 条市际间海域界线已形成界线草案;完成沿海 31 条县(区)际线的勘定,占应勘定 44 条海域行政管理界线的 70%,另有 9 条县际线已完成基础工作。在全国率先开展河海划界工作,共划定了 118 条河海分界线。目前该省海域勘界及河海划界工作继续保持全国领先地位。

海洋环境保护
Marine Environmental Protection

【全面开展海洋环境监测】 2003 年,福建省各级环境监测单位利用多种技术手段在该省管辖的海域开展了全方位动态监测。主要内容包括水环境、海洋沉积物和海洋生物质量的全海域环境趋势性监测,同时加强了海水浴场、海洋保护区、海水增养殖区等功能区监测。首次在平潭和云霄海域设置了贝类监控区。开展了围填海、海砂开采、互花米草、陆源排污口统计监测,并在闽江、九龙江、厦门杏林工业排污口、宁德蕉城市政排污口邻近海域开展污染物入海总量监测。

【海洋自然保护区】 2003 年 11 月,经福州市人民政府批准,福州市平潭岛礁海洋生态特别保护区建立,保护区面积 163.1 平方千米。到 2003 年底,全省已建立 12 个海洋保护区,总面积 1 716 平方千米。

海洋公益服务
Marine Public Welfare Service

【建设海洋监测网络】 加强海洋监测能力建设。沿海 6 个地级及以上城市经当地编办批准都成立了海洋与渔业环境监测站，全省海洋与渔业环境监测中心（站）总数达到 18 个。

【海洋赤潮】 2003 年，福建省海域共发现赤潮 29 起，累计面积 1 739 平方千米，主要分布在宁德市沿海、闽江口、泉州湾、厦门近岸海域，其中 13 起造成水产养殖业直接经济损失 4 248 万元。

【海洋赤潮监视监测】 在全省近岸海域开展赤潮监视监测，建立了三都湾、闽江口和厦门近岸海域 3 个国家级赤潮监控区，总面积 4 000 平方千米。2003 年，在三都湾、闽江口、厦门赤潮监控区内开展高频率、高密度的定时定点监测，监控区内赤潮发现率达 100%，起到了有效的防灾减灾作用，减少水产养殖业直接经济损失 9 350 万元。

【强台风暴潮】 福建省是风暴潮灾害最严重的省份之一。2003 年 8 月 4 日，“莫拉克”强热带风暴在晋江围头登陆，13 个县（市、区）降了暴雨到特大暴雨。全省受灾人口达 38.65 万人，死亡 1 人；损毁房屋 0.1 万间，损坏小型水库 5 座，损坏堤防 67 处，损坏水闸、塘坝、机电泵站、水电站等共 202 座；农作物受灾面积 14.19 千公顷。直接经济损失 2.5 亿元。

2003 年 9 月 1 日，“杜鹃”强风暴潮严重影响该省沿海，平潭县和东山县风力分别达 13 级和 12 级。此时恰逢农历 8 月大潮的高潮，全省沿海普遍最高潮位接近警戒水位，其中南部沿海高潮位超警戒水位，并普降暴雨。全省共有 26 个县（市、区）受灾，受灾人口 102.65 万人(死亡 1 人)，直接经济损失 5.45 亿元。

海洋资源开发与海洋经济
Development of Marine Resources and Marine Economy

【海洋渔业】 福建省海域辽阔，海岸线漫长曲折，港湾滩涂面积大，海洋生物资源丰富。2003 年，福建省各级渔业行政管理部门以深入贯彻“三个代表”重要思想为动力，认真落实中央和省委、省政府的政策措施和有关部署，立足于加强管理、调整结构、开拓市场和增强后劲，努力战胜“非典”、旱灾造成的困难，与时俱进，开拓创新，推动了全省渔业各项工作有序开展。全省水产品总产值、主导产品的数量等经济指标继续位居全国前茅，人均水产品占有量稳居全国首位，渔业经济保持稳定、快速、健康发展的好势头。全省渔业经济总产值 782.16 亿元，比 2002 年增长 68.01 亿元，比增 9.5%；渔业产值占农业产值比重的 32.02%，比增 3.3%；渔业经济增加值 443.65 亿元，比上年增长 42.21 亿元，比增 10.5%，占全省 GDP 的 8.53%，占农业增加值的 31.42%；水产品总产量 572.77 万吨，比增 2.5%（其中，海洋捕捞 221.20 万吨，比上年增长 9.37 万吨，增幅 4.4%；海水养殖 286.67 万吨，比上年增长 3.71 万吨，增幅 1.3%；淡水产品 64.9 万吨，比上年增长 0.97 万吨，增幅 1.5%)，养殖产量占水产品总产量的 59.91%；水产品人均占有量 164.36 千克，比上年增长 3.16 千克，增幅 2%；渔区渔民人均纯收入 5 202 元，比上年增加 261 元，增长 5.3%；水产品出口创汇 5.39 亿美元，比上年减少 0.32 亿美元，减幅 5.6%；水产品加工产值 131.1 亿元，比上年增长 10.68 亿元，增幅 8.87%。

渔业结构进一步优化。大力发展大型抗风浪深水网箱养殖，推进海水养殖从 10 米等深线内向 10～30 米等深线浅海的战略性转移。全年共投资 2 500 多万元，新发展大型抗风浪深水网箱 42 组、168 口。“非典”过后，根据鲍鱼、牙鲆、南美白对虾等一批名优养殖品种价格回升的情况，积极鼓励扩大养殖规模，使这些品种得到快速发展。如号称“鲍鱼之乡”的漳州地区（东山、漳浦等地）2003 年鲍鱼产量达 2 750 吨，比增 15.1%，产值 4.75 亿元，获利 2.15 亿元。南美白对虾新增养殖面积 2 000 余公顷，达 1 万公顷，产量 3 万余吨，普遍获利。宁德市全年培育香鱼苗 2 000 万尾，推广养殖 60 余公顷，收获 300 吨全部出口日本。海洋捕捞通过实施灯光围网技改、拖网渔船调整作业，鼓励发展笼捕等轻型、节能、高效作业，效益明显提高。远洋渔业再度成为投资热点，产量比增 17.4%。

渔业产业化经营水平明显提高。积极引导一

批企业严格按照 HACCP 和欧盟认证体系进行新建或改（扩）建，并认真做好龙头企业的评定工作。2003 年全省渔业系统被评为国家级农业产业化龙头企业的有 3 家，被评为省级农业产业化龙头企业的有 17 家，被评为省水产产业化龙头企业的有 28 家。以鳗业为主的福建三华股份有限公司在香港上市，募集港币 7 000 多万元，拥有全资、控股和参股公司 8 家，公司固定资产总值 5.6 亿元，年销售收入 7 亿元，出口创汇 4 350 万美元。渔业二、三产业发展步伐加快，福州、泉州等一批水产批发市场在搞活水产品流通，推进农业产业化经营中发挥了重要作用。华洲水产品批发市场有限公司在泉州、宁德、漳州和江西建立了水产品市场网络，年成交量近 20 万吨，交易额超过 18 亿元。各地先后成立了鳗鱼、大黄鱼、香鱼等协会，架起了市场和龙头企业与农户连结的桥梁，积极为渔业产业化发展提供产前、产中、产后的全程服务，渔业二、三产业年产值达 415.53 亿元，比上年增加 38.93 亿元，增幅 21.8%。

【海洋运输与港口建设】 2003 年，在经济快速增长的拉动下，海洋运输业承接上年的发展势头，继续快速增长。全年完成海洋货物运输量 4 953 万吨、货物周转量 830.47 亿吨千米，分别比上年增长 21.2%和 30.6%，其中沿海货运完成 3 991 万吨、周转量 507.66 亿吨千米，分别增长 25.1%和 44.0%。全年完成海洋旅客运输量 486 万人、周转量 5 981 万人千米，分别增长 76.7%和 68.3%。

2003 年全省港口基础设施建设步伐加大，完成投资 5.19 亿元。截至年底，全省沿海港口拥有生产性泊位 507 个，港口吞吐能力 9 359 万吨，其中，万吨级以上泊位 54 个，港口吞吐能力 5 811 万吨。全年沿海港口完成吞吐量 12 495 万吨，比上年增长 22.5%，其中外贸吞吐量完成 4 896 万吨，比上年增长 23%。沿海港口集装箱运输快速增长，完成国际标准集装箱吞吐量 342.27 万标准箱，首次突破 300 万标准箱大关，增长 34%，其中，外贸集装箱吞吐量完成 276.13 万标准箱，增长 28.1%；内贸集装箱吞吐量完成 66.14 万标准箱，增长 65.6%。

【旅游资源开发】 贯彻落实国家旅游局《旅游发展规划管理办法》和《旅游规划通则》（国家标准），以规划评审、专项规划编制、重点项目的确定与策划等手段，加强全省旅游规划的衔接、实施。新评定漳浦茶博院、惠安崇武古城、福清石竹山等一批国家 4A 级滨海旅游区。加大旅游招商引资力度。在厦门国际旅游节上，全省签约 26 个旅游开发项目，投资总额 43.43 亿元，利用外资 1.04 亿美元；其中合同项目 20 个，总投资 27.78 亿元，利用外资 8 900 万美元；投资额 1 亿元人民币以上的合同项目有 7 个。除旅游饭店、旅游景点开发项目外，出现了度假休闲中心、生态休闲区、主题公园等新的投资项目。厦门动工兴建可停靠 14 万吨大型邮轮，年通过能力 181 万人次的大型国际旅游码头。深圳鸿盛嘉实业发展有限公司斥资 1 亿元开发连江贵安温泉旅游度假区。省煤炭集团与宁德合作开发的第一期项目投资额 2.7 亿元，建设三都澳以青山岛为主体的海上旅游项目。古田引进投资 1 200 万元到翠屏湖景区内开发鸟岛、蛇岛等系列动物风情岛。连城在四堡雕版印刷基地选择 3 座古书坊旧址进行整治，建成雕版印刷流程馆。

全年旅游业受“非典”疫情的严重影响，各项主要指标均呈下降趋势。全省接待游客 3 860.93 万人次，比上年下降 6.2%；旅游收入 387.2 亿元，下降 8.8%。

【船舶工业】 全年规模以上修造船企业工业总产值 26.1 亿元，比上年增长 14%，其中，修船产品产量 1 329 艘，产值 103 159 万元，造船产品产量 98 艘/20.26 万吨，产品销售收入 19.4 亿元，出口创汇 1.25 亿美元，实现利润总额 5 332 万元，增长 55%。省船舶工业集团公司直属及控股企业实现工业总产值 12.17 亿元，增长 24%。马尾造船股份有限公司与德国船东定下了 8 艘 700 箱船的建造订单，前 2 艘船于 2003 年 10 月开始建造。厦门船舶重工股份有限公司成功接获了英国船东 3 艘 5.38 万吨散货船和 6 艘 4 300PCTC 汽车运输船，合同金额 2.5 亿美元。龙海国安船业首次承接 200 客位客轮和靠泊方舟，实现建造钢质机动船舶零的突破。科技进步和技术改造力度加大。单船建造能力实现了万吨级到 3.5 万吨级再到 5 万吨级的飞跃，造船品种从一般的渔船、散货船、油船发展到高技术性能的重吊集装箱船、4 300PCTC 汽车运输船、大功率深海拖轮及金枪鱼延绳钓渔船等一系列高技术船舶，并相继开发一些具有环保概念的船舶，船舶工业生产能力、技术、机制等软硬件全面提升。

【盐业资源开发】　福建是我国南方海盐生产基地，尤以生产的食盐质量优异，生产方式系采用手工操作，纯自然生产条件，产品富含矿物质、晶体颗粒洁白、细腻、均匀、杂质少，素以“细、白、干”闻名省内外，远销香港特别行政区以及日本、新加坡、韩国、菲律宾、马来西亚等国家和地区。福建省盐产品主要分为食用盐（含农、牧、渔用盐）和工业用盐，其中食用盐为主导产品。盐品种有日晒盐、精制盐、加碘盐、强钙精盐、低钠盐、调味盐、大颗粒工业盐等。近年来，福建的盐业由于村办小盐场点多面广、生产规模极小、技术设备落后，劳动生产率低及工业盐品质差和价格等原因，造成产品市场竞争能力较差，面临转产改制的困境。但是，随着该省盐业产业和产品结构调整力度的加大以及先进工艺技术的应用，必将促进盐业整体素质和经济运行质量与效益的提高。

【滨海矿产资源开发】　福建省沿海石英砂、花岗岩石材、叶蜡石及高岭土等是具有优势的矿产，地热、矿泉水分布点多，具有良好的开发前景，具有一定的发展潜力。改革开放以来，石材生产逐步从手工为主转变为以机械生产为主，板材加工业从无到有，从小到大，遍布沿海各地，年产量居全国第一位。石雕业发展迅速，传统工艺配上现代技术，增加了品种，提高了产品档次。高岭土和叶蜡石是福建省陶瓷工业的主要原料，近10年来，该省陶瓷工业就是依托高岭土和叶蜡石而得到迅速发展的。滨海砂产品有10多种，主要分布在平潭、惠安、晋江、漳浦、东山和诏安等沿海地区，已在玻璃、水泥、冶金、机械、石化等工业得到广泛应用。精选玻璃砂、水泥标准砂、铸造型砂、各类海砂产量基本满足本省的需要并外销省外或出口。在福州、漳州等地地热资源陆续被发现和探明，并且得到较好的开发，每年地热和矿泉水两项产值超亿元。

【沿海防护林建设】　2003年是福建实施沿海防护林体系四期工程建设的第三年，全年23个国债项目县共完成人工造林0.99万公顷，占计划任务数的100.3%。防护林建设坚持突出重点，以沿海基干林带断带造林、老林带更新、红树林建设、风口治理以及受病虫危害的沿海基干林带的更新改造为主，结合封山育林等措施，增强沿海防护林防灾减灾功能。

【海洋能资源开发】　福建省是全国利用潮汐能最早的省份之一，20世纪80年代，该省在平潭县兴建幸福洋试验潮汐电站，1989年4台机组投产发电，由于发电与养殖未协调好和其他方面的原因，未能正常发电和发挥应有的经济效益。但潮汐电站工程的设计是可行的，并积累了经验。20世纪90年代，在平潭幸福洋试验潮汐电站设计研建的基础上，又完成了连江大官坂“万千瓦级潮汐电站”的可行性研究成果。其后，福建省发改委委托省工程咨询总公司完成了《福鼎市八尺门潮汐电站预可行性研究报告》的评估工作，并正式报告了省发改委立项。根据该省现有工作基础，已具备研建万千瓦级潮汐电站的条件。

福建省风能资源开发利用目前还处于试验阶段，虽然没有形成较大规模和较好的社会效益，但为下一步风能开发工作积累了一定的经验。该省2003年具有一定规模的风电场工程仅有平潭莲花山、东山岛风力发电试验站。风能开发因技术的原因和国产设备不过关等因素，近十几年没有大的发展。虽然如此，但平潭莲花山和东山岛风力发电试验站的投入运行仍为该省今后开发风力资源，培训建设和管理人才积累了一定经验。随着沿海突出部位和岛屿开发的深入以及经济的发展，福建省风能资源的利用将再次提到议事日程上来。

海洋科技与教育
Marine Science & Technology and Marine Education

【海洋科技】　首先，福建省加大了对海洋科技人才的培养力度，通过科技项目的扶持引导，进一步激励了海洋科技人员的工作积极性和主动性，涌现了一批海洋优势学科带头人。其次，加大了海洋科技普及工作力度，在各涉海产业和沿海群众中提高了海洋科技意识。此外，开展了海洋各职业技术教育，提高了海洋各产业中劳动者素质。省政府加大海洋科技专项投入，集中力量解决海洋资源开发中的技术难点，促进了海洋开发产业化和海洋产业升级。通过海洋科技攻关，福建省海洋渔业、海洋港口及交通运输、海洋化工、滨海旅游、海洋矿业及海洋药物、海洋功能食品开发、海洋能利用等各方面都取得了较大的发展，科技对海洋经济增长的贡献率进一步提高。

【海洋教育】 福建省是中国海洋教育力量较强的省份之一，尤其是厦门大学海洋学院是中国海洋教育的“摇篮”。各海洋教育单位致力于经济与教育的紧密结合，通过深化教育体制改革，全面提高了教学质量，使得海洋教育事业得到了较快的发展。全省主要海洋教学单位有厦门大学海洋学院、厦门大学亚热带海洋研究所、集美大学水产学院、集美大学航海学院等。

海洋国际合作与交流
Marine International Cooperation and Interflow

2003 年，福建省充分利用对外开放前沿的有利条件，采取有力措施，积极推进海洋国际合作与技术交流。全省共组织海洋与渔业系统内 15 批 45 人次分赴欧美、日本、东南亚等国家和地区进行海洋与渔业的考察和培训，还邀请和接待了日本长崎、台湾海洋大学等学术和商贸代表团 8 批 30 多人次，达成远洋渔业合作、境外投资贸易、科技交流的合作意向、协议、备忘录 10 多项，进一步扩大了福建省海洋与渔业对外合作、交流的深度与广度。

统计资料
Statistical Data

表 1 福建省沿海市县一览表（2003 年底）

市名称	县级行政单位名称
福州市	马尾区 福清市 长乐市 连江县 罗源县 平潭县
厦门市	思明区 海沧区 湖里区 集美区 同安区 翔安区
莆田市	涵江区 城厢区 荔城区 秀屿区 仙游县
泉州市	丰泽区 洛江区 泉港区 石狮市 晋江市 南安市 惠安县 金门县
漳州市	龙文区 龙海市 云霄县 诏安县 漳浦县 东山县
宁德市	蕉城区 福安市 福鼎市 霞浦县

表 2 福建省沿海地区国内生产总值（2003 年）

单位：亿元

地区	国内生产总值	其中		
		第一产业	第二产业	第三产业
福州	1 347.68	143.70	681.56	522.42
厦门	759.69	18.42	444.51	296.76
莆田	262.76	40.07	130.71	91.98
泉州	1 380.11	84.04	734.83	561.24
漳州	603.40	126.75	237.41	239.23
宁德	269.87	68.91	95.36	105.60

表3 福建省海洋开发资料统计

项目			2003年
水产品产量			572.77
海水产品产量（万吨）	鱼类		179.01
	贝类		234.25
	虾蟹类		37.28
	藻类		41.72
	其他		15.62
	合计		507.87
海洋捕捞产量(万吨)			221.20
海水养殖产量(万吨)			286.67
海水养殖面积(公顷)			139 420
渔区年人均收入(元)			5 202
渔业总产值(亿元，当年价)			367.43
沿海主要港口货物吞吐量（万吨）	福州港		4 753.07
	厦门港		3 403.88
	泉州港		2 511.53
	涵江港		600.16
	赛岐港		141.78
	漳州港		1 085.06
	合计		12 495.48
海洋旅客运输量(万人)			486
造船产量(万吨)			20.26
船舶工业总产值(亿元)			26.1
原盐生产产量(万吨)			
滨海旅游（万人次）	国外		45.9
	国内	内地	3 711.22
		港、澳、台	85.3
全省旅游接待能力	旅游星级涉外饭店		322
	客房(间)		
	床位(张)		

表4　2003年福建省及沿海市县（含县级市）海洋机构

1	福建省海洋与渔业局	20	惠安县海洋与渔业局
2	厦门市海洋与渔业局	21	漳州市海洋与渔业局
3	厦门市同安区水产局	22	诏安县海洋与渔业局
4	厦门市湖里区农林水利局	23	漳浦县海洋与渔业局
5	厦门市杏林区农业局	24	龙海市海洋与渔业局
6	福州市海洋与渔业局	25	云霄县海洋与渔业局
7	福州市马尾区农村发展局	26	东山县海洋与渔业局
8	长乐市海洋与渔业局	27	莆田市海洋与渔业局
9	福清市海洋与渔业局	28	莆田市涵江区海洋与渔业办公室
10	连江县海洋与渔业局	29	仙游县农业局
11	平潭县海洋与渔业局	30	莆田市荔城区海洋与渔业工作领导小组办公室
12	罗源县海洋与渔业局	31	莆田市城厢区海洋与渔业工作领导小组办公室
13	泉州市海洋与渔业局	32	莆田市秀屿区海洋与渔业局
14	晋江市海洋与渔业局	33	宁德市海洋与渔业局
15	石狮市渔业办公室	34	宁德市蕉城区海洋与渔业局
16	泉州市洛江区农业水务局	35	福安市海洋与渔业局
17	泉州市泉港区农林水局	36	福鼎市海洋与渔业局
18	南安市农业与海洋局	37	霞浦县海洋与渔业局
19	泉州市丰泽区海洋与渔业中心		

（福建省海洋与渔业局　林旭东　廖信宁）

厦 门 市

Xiamen City

综 述
Summary

【概况】 厦门市位于台湾海峡西侧、福建省南部、九龙江入海口，地理位置 24° 24′～24° 55′ N、117° 53′～118° 25′ E，南北长 57 千米，东西宽 68 千米，陆地面积 1 565 平方千米，海域面积约 390 平方千米，海岸线长度约 234 千米，有大小岛屿 31 个，人口 137.8 万。厦门市下辖思明、湖里、集美、海沧、同安、翔安 6 个区。厦门海岸地貌具有海岸曲折、湾中有湾、湾中有岛的特征。厦门气候属亚热带南部海洋性季风气候类型，湿热同季，日照充足，年平均气温 20～22℃，年平均降水量 900～2 000 毫米，年平均风速 3.4 米/秒，年平均水温 21.3℃，每年平均有 5～6 次台风影响该区。厦门海域潮汐类型属于正规半日潮，平均高潮位 5.68 米，平均潮差 3.98 米。

厦门自然条件优越，海洋资源丰富，各类海洋生物近 2 000 种，其中有经济价值的常见鱼类 157 种，软体动物 89 种，甲壳类动物 127 种，藻类 139 种，拥有国家一类保护动物中华白海豚和文昌鱼。厦门港口资源丰富，拥有深水岸线约 27 千米，可建 40 个万吨级以上的深水泊位。厦门滨海旅游资源丰富，拥有鼓浪屿—万石山国家级风景名胜区等一批自然景观和人文景观。厦门市海洋科技力量雄厚，海洋科技实力较强，为厦门发展海洋经济创造了良好的条件。

厦门海域地处东海至南海、东北亚至东南亚的海上交通要冲，区位优势十分明显。2003 年，厦门市充分发挥对外开放优势，大力发展海洋经济，取得了良好的经济效益。以港口为依托大力发展外向型经济，实施海湾型城市发展战略。2003 年厦门国内生产总值 760 亿元，比上年增长 17.2%，其中海洋产业产值占国内生产总值比重约为 22%；港口集装箱吞吐量为 200 万标准箱并跻身全球 30 强，国际货运量升至全国第 4 位；全市接待国内外游客 1 334.07 万人次，其中接待境外游客 54.88 万人次，总收入 165.32 亿人民币，旅游创汇 3.02 亿美元。 （许金练）

海域使用管理
Management of Sea Area Use

【概况】 2003 年，市海洋与渔业局全面落实《中华人民共和国海域使用管理法》、《厦门市海域使用管理规定》和《厦门市海域功能区划》等法律、法规，加强海洋开发管理，按照海域使用申请审批程序要求和权限，认真受理海域使用申请，不断完善海域使用可行性论证制度。全年共办理各类海域使用申请和用海咨询 75 项，其中，已由市政府批准的项目 15 项，用海面积 885.13 公顷；办理临时用海手续 3 项，用海面积 47.37 万平方米；审核、批复海域使用论证报告书（表）14 份，用海面积 475.25 万平方米；收取海域使用金超过 1 100 万元。厦门市海洋与渔业局被国家海洋局评为全国海域使用管理工作先进单位。 （许金练 黄超群）

【建立海域使用管理信息系统】 2003 年，为提供海域管理良好的信息服务，市海洋与渔业局已建立海域使用管理信息系统，设立海域使用数据库。按照规定程序办理海域使用权初始登记 102 项、变更登记 4 项和注销登记工作 1 项。对已登记的用海项目，登记后一个月内在政府网站和报纸公布，颁发或换发国家海洋局统一印制的海域使用权证书。在实现《厦门市海域功能区划地理信息系统（GIS）》和高精度全球卫星定位系统（GPS）及利用卫星遥感技术（RS）的基础上，建立了厦门海域使用管理影像数据库，将建立的厦门海洋管理 GIS、RS、GPS 的 3S 海域使用管理和海洋环境及渔业资源综合监测网络信息系统应用于海洋综合管理的实践中。海域管理信息系统还收录了用海项目统计数据和相关档案，可以为海域使用管理提供快捷、准确的信息服务。

【应用先进技术完善海域使用管理】　2003年，厦门市海管部门在应用先进技术完善海域使用管理方面取得了新突破。一是用1∶1 000电子地图全面更新原有的1∶5 000电子地图；二是更新2003年卫星遥感数据，促进3S的有效应用；三是引入数模、物模研究成果，开发海洋三维模型；四是实现基于该系统的网络办公自动化。

（黄超群）

【厦门市海洋与渔业局网站正式开通】　厦门市海洋与渔业局网站于2003年12月30日正式开通，并在互联网上运行。该网站主要内容有：机构设置、办事指南、法律法规、海洋使用权公示、海洋功能区划、图片新闻、行业动态、海洋与渔业信息等内容，及时传播本市海洋与渔业的发展动态和政策法规等资讯。（许金练　林荣盛）

【厦门市海洋功能区划通过专家评审】　2003年4月，市海洋与渔业局委托厦门市海洋专家组对海洋功能区划进行了修编，并于10月完成《厦门市海洋功能区划》。11月5～6日，市海洋与渔业局主持召开《厦门市海洋功能区划》修编成果评审会。厦门市政府潘世建副市长、国家海洋局海域管理司于青松副司长以及省海洋与渔业局领导和由10名专家组成的专家技术评审组出席评审会。参加会议的还有厦门海事局、厦门航道分局和市政府有关委、局以及市辖区的代表。专家技术评审组在现场考察、审阅资料、听取报告之后，对《厦门市海洋功能区划》进行了审议。评审组认为：新修编的《厦门市海洋功能区划》，对厦门海域的功能定位准确，各种功能、资源配置科学、合理，能与省级海洋功能区划更好地衔接，可操作性强。

【水产养殖基本退出西海域】　2003年6月10日，市政府组织对厦门市西海域水产养殖的拆除情况进行检查验收，西海域禁止水产养殖综合整治的任务已基本完成。西海域禁止水产养殖综合整治的范围为嵩屿以北的西港区、马銮湾、高集海堤东侧海域及海沧港区范围内的海域，面积约70.84平方千米。海域内共有网箱养殖55 154箱、浅海吊养306公顷、滩涂养殖（包括围网、石蛎、蛏蛤等）1 543公顷。涉及4个区、8个镇（街道）、25个行政村（居民委员会）和6 629户、31 252人，17 337个劳力。按照《市西海域禁止水产养殖综合整治方案》，整治范围内的网箱养殖、浅海吊养、滩涂围网养殖的拆除率均达到100%，滩涂石蛎、蛏、蛤等养殖整治面达到78.9%。西海域水产养殖综合整治取得预期成效的主要原因：一是有一个切实可行的工作方案；二是宣传效果好，思想工作到位；三是领导高度重视；四是严格依法办事，加大执法力度；五是积极推动劳力转产转业，为养殖户解决实际问题。

【完成嘉庚广场岸线整治工作】　集美嘉庚广场岸线整治工程是集美学校90周年校庆的重点工程之一。该工程由市海洋与渔业局承担，主要是结合厦门大桥东侧海域清淤工程，利用清淤泥沙理顺鳌园北门的海岸线，同时为嘉庚文化广场及嘉庚纪念馆的建设提供场地。建设内容包括：护岸778米，清淤吹填约44万立方米，形成陆域总面积为88 304平方米，总投资概算为2 398万元。工程于2003年6月25日正式开工。施工过程中，根据现场实际情况及时修改施工方案，把大桥东侧清淤中含沙量高的泥沙直接吹填到嘉庚纪念馆的地基，使得形成的陆域不必经过软基处理就具有一定承载力，不仅节省软基处理费用1 000余万元，而且保证按时举行嘉庚纪念馆的奠基仪式。集美学校校庆活动结束后，吹填区的吹填、整平等后续工作继续进行，于2003年年底完工，并于2003年12月31日通过验收，质量评为优良。

【西海域整治与开发相关水动力数模物模研究】

为了搞好厦门西海域整治与开发这项十分复杂而庞大的系统工程，市海洋与渔业局组织开展相关的水动力数模物模研究，范围涵盖马銮湾、杏林湾和高集海堤开口等，目的是为西海域整治与开发提供科学依据和技术支撑。这项基础性前期工作由国家海洋局第三海洋研究所所辖厦门海洋研究开发院承担外业调查和数模研究任务，南京水科院承担物模研究任务。研究工作从4月11日开始，经过4个多月的紧张工作，完成了课题的中间成果。9月1日，市海洋与渔业局主持召开西海域整治与开发水动力数模、物模研究报告评审会。参加会议的有由厦门大学、河海大学、中国海洋大学等单位的专家学者组成评审专家组和有关单位的代表。会议认为该项研究取得了一系列重要成果：①厦门西海域（含马銮湾）水下地形测量各项技术指标均满足有关规范的要求，岸线修测准确，潮间带水深数据齐全，其中首次获得马銮湾 1∶5 000 的水下地形图，填补了马銮湾水下地形资料空白；②厦门西海域水动力和悬浮泥沙全潮变化调查研究项目，高质量地完成了规定的各项任务，首次应用国际上先进的海洋水文调查方法和调查仪器，对西海域的水动力环境进行较为全面、仔细的调查，获得了高分辨率、高精度的海流、潮汐、泥沙调查资料；③数模物模试验成果表明，打开马銮海堤，增加了西海域纳潮量，可以增强西海域（包括马銮湾内）大部分区域的水动力条件，达到改善水质、扩大海洋环境容量，增大流速减少泥沙回淤的目的。两种模型模拟了马銮湾各种整治方案，对马銮湾和西海域潮位、潮量、流速、流态、水体输移和口门稳定性、泥沙洄淤等众多因素可能发生的变化，从不同的途径和角度综合分析讨论各整治方案有利的和不利的影响。最后确定：①马銮湾浚深到厦零-0.5米；②马銮湾水域面积在 6～10 平方千米，建议采用 8 平方千米。马銮湾水域面积不宜过大，以尽量避免大范围或大规模的地形冲淤调整；③如马銮湾湾内对潮差（即水位变动幅度）和堤岸高程没有专门的要求，可采用中间开口，口门宽 200～300米，以改善流态、有利于马銮水道水深维护，并减少口门水流对口门和新阳大桥和桥墩的冲刷作用。如需对湾内水位进行调节控制，则可根据研究结果结合特定的控制要求，选择合适的闸孔尺度。至于闸孔的调节控制运行方式需进行专题研究。西海域整治与开发水动力数模、物模研究成果为马銮湾综合整治与开发主要控制参数的确定提供了科学依据。

【海域勘界全面展开】　厦门海域共有 2 条市际线、9 条区际线的勘界任务。根据国家海洋局的部署，市海域勘界办公室配合省局开展了市际间（厦漳线、厦泉线）海域勘界工作。深入涉界区域开展调访，召开意见征求会，收集划界依据，全市区际间海域勘界工作同时展开。各相关单位成立勘界组织机构，委托国家海洋局第三海洋研究所专家编制《厦门市区际间海域勘界调查勘测实施方案》，6 月 13 日，组织有关方面的代表对该方案进行了评审、修订。随后，全市区际线外业工作正式展开。至 12 月底，完成全市 4 条区际线的划界，2 条市际线的勘界工作也取得初步进展，市海域勘界办公室已提出市际线划界主张。（*黄超群*）

【无居民海岛修复生态计划开始实施】　2003 年，厦门市海域无居民海岛生态修复试点工作正式启动。2 月厦门市海洋与渔业局领导和厦门大学、国家海洋局第三海洋研究所的专家对大兔屿、大离亩屿、鳄鱼屿等无居民海岛的现状进行了考察，组织编制完成全国首部《厦门市无居民海岛保护与利用规划》，提出了无居民海岛修复生态的框架性的安排。厦门市海洋与渔业局制定了无居民海岛专项整治工作的通告与整治方案，组织工作组调查摸底，全年共出航上岛 11 次，制作调查笔录 32 份，丈量建筑物 42 处，收集了大量现场资料。2003 年 9 月底对大离亩、猫屿、猴屿、镜台屿、红屿等岛上的无任何批准手续的 9 座、316.6 平方米的建筑物进行拆除。厦门市无居民海岛的违章建筑已依法全部拆除。在电力第三通道建设中被严重破坏的猴屿岛生态恢复工作也有了进展，岛上的建设碎石已得到清理，绿化工作已基本完成。（*钟向前　黄超群*）

表 1　厦门市海域无居民岛屿名录

序号	海岛名称	中心位置		面积（米²）	高程（米）	海域
1	宝珠屿	24° 32′ 24″ N	118° 03′ 54.47″ E	2 710	17.4	西部海域
2	虾屿	24° 32′ 01.04″ N	118° 03′ 22.43″ E	471.4	3.3	
3	红屿	24° 32′ 24.10″ N	118° 03′ 37.51″ E	11 677	15.3	
4	猫屿	24° 31′ 04.58″ N	118° 03′ 42.01″ E	719.5	2.5	
5	镜台屿	24° 30′ 43.38″ N	118° 04′ 01.56″ E	1 032	11.3	
6	火烧屿	24° 29′ 37.90″ N	118° 03′ 43.96″ E	245 741	34.1	

续 表

序号	海岛名称	中心位置		面 积（米²）	高 程（米）	海 域
7	大兔屿	24° 29′ 18.56″ N	118° 03′ 16.63″ E	63 226	41.3	西部海域
8	小兔屿	24° 28′ 58.84″ N	118° 03′ 03.31″ E	4 645	10.5	
9	白兔屿	24° 28′ 49.69″ N	118° 02′ 51.72″ E	6 709	19.0	
10	猴 屿	24° 28′ 06.82″ N	118° 03′ 19.19″ E	14 306	20.3	
11	大 屿	24° 27′ 42.62″ N	118° 02′ 40.99″ E	185 742	59.9	
12	鸡 屿	24° 26′ 02.83″ N	118° 00′ 16.92″ E	361 741	64.4	
13	上 屿	24° 27′ 15.80″ N	118° 11′ 20.29″ E	6 210	11.4	东部海域
14	槟榔屿*	24° 26′ 13.38″ N	118° 11′ 53.56″ E	20 880	5.4	
15	烟 屿*	24° 25′ 56.21″ N	118° 11′ 27.42″ E	15 490	7.1	
16	鳄鱼屿	24° 35′ 13.49″ N	118° 11′ 25.82″ E	149 484	16.5	同安湾海域
17	大离亩屿	24° 33′ 27.68″ N	118° 09′ 04.25″ E	21 832	16.8	

* 为中线岛屿。

表 2 厦门市海域重点岩礁名录

序 号	名 称	位 置		海 域
1	外线礁	24° 27′ 29.57″ N	118° 03′ 32.22″ E	厦门西部海域
2	鸟崎礁	24° 27′ 31″ N	118° 03′ 38″ E	
3	将军礁	24° 27′ 16.27″ N	118° 03′ 12.17″ E	
4	官柴礁	24° 27′ 30.06″ N	118° 03′ 45.09″ E	
5	墓前礁	26° 26′ 22.67″ N	118° 02′ 26.99″ E	
6	鳗尾礁	24° 28′ 37.20″ N	118° 03′ 43.63″ E	
7	牛粪礁	24° 29′ 54.99″ N	118° 04′ 12.72″ E	
8	小镜台礁	24° 30′ 41″ N	118° 04′ 05″ E	
9	鹰 礁	24° 31′ 39″ N	118° 03′ 36″ E	
10	乌贼礁	24° 32′ 23″ N	118° 04′ 03″ E	
11	外剑礁	24° 26′ 25.69″ N	118° 04′ 10.52″ E	
12	印斗礁	24° 26′ 20.65″ N	118° 04′ 17.08″ E	
13	水尺礁	24° 27′ 07″ N	118° 03′ 57″ E	
14	七星礁	24° 25′ 53.64″ N	118° 05′ 55.53″ E	
15	杯信石	24° 25′ 39.14″ N	118° 06′ 36.59″ E	厦门岛东部海域
16	加北碹	24° 26′ 15.64″ N	118° 08′ 54.83″ E	
17	雷劈石	24° 26′ 17.93″ N	118° 08′ 56.68″ E	
18	大戳盘石	24° 26′ 35.62″ N	118° 09′ 24.88″ E	
19	和尚坩礁	24° 26′ 38.89″ N	118° 09′ 25.06″ E	
20	蒸笼礁	24° 27′ 40.78″ N	118° 11′ 06.45″ E	
21	石后礁	24° 30′ 53.38″ N	118° 11′ 43.75″ E	
22	北寮礁	24° 30′ 53.93″ N	118° 11′ 60″ E	

续 表

序 号	名 称	位 置		海 域
23	大尖礁	24° 29′ 05.96″ N	118° 12′ 12.24″ E	厦门岛东部海域
24	长尾礁	24° 29′ 57.12″ N	118° 11′ 42.08″ E	
25	半洋礁	24° 31′ 59″ N	118° 11′ 26″ E	同安湾海域
26	小石虎礁	24° 32′ 43″ N	118° 10′ 04″ E	
27	白哈礁	24° 31′ 53.04″ N	118° 22′ 08.59″ E	大嶝海域

注：以上岩礁包括与其连接及相邻的礁石。

【启动同安海域规范工作】 由于缺乏科学、统一的规划管理，同安湾、大嶝海域水产养殖出现了无序发展状态。2003 年，市海管部门采取三项措施，对该海域的水产养殖进行压缩养殖规模、逐步有序退出和及时有效管理：①修改和完善《同安湾、大嶝海域水产养殖规划》；②发布东部海域水产养殖规范管理通告，购买卫星图片，联系海洋勘测队伍，规范吊养方式，着手制定养殖设施的标准；③制定管理方案，做好前期工作。要求各区、各部门按照规定程序，尽快完成水产养殖登记工作，对新增网箱等养殖设施依法取缔。

（许金练）

海洋行政执法
Marine Administrative Law-enforcement Work

【概况】 2003 年，厦门市海洋与渔业局全面落实《中华人民共和国海域使用管理法》、《厦门市海域使用管理规定》和《厦门市海域功能区划》等法律、法规，加强海洋开发管理。市海洋执法部门认真履行市政府赋予的维护海域使用和渔业生产秩序、维护海洋与渔业生态环境和资源、维护国家海洋权益、协调海上联合执法等方面的职责，以对海洋工程、海洋倾废、生态保护区、渔业资源和水生野生动物资源为监督检查重点，全年共检查项目 219 个，累计检查 567 次；发现违法行为 18 起，做出行政处罚 3 件。海域使用执法监察全方位展开。通过开展对围填海、海砂开采、海水养殖用海等项目的常规检查、专项检查和综合性执法行动，强化对用海项目的监督检查，促进海域使用各项管理制度的贯彻落实。全年检查各类用海项目共计 35 个，累计检查 151 次；发现违法行为 19 起，作出行政处罚 19 件，其中，以未依法办理海域使用证、非法占用海域为主。同时，加强立法、普法和强化执法、规范执法行为作为海洋与渔业行政管理的重要组成部分，不断强化海洋与渔业法制建设。全年海上巡航 1 521 天次，岸线巡查 481 次，出动执法人员 7 000 余人次，检查各类船舶 4 589 艘次，发现海洋与渔业违法行为 232 起；立案 217 起，做出行政处罚 217 件，结案 214 件。厦门市海洋与渔业局被国家海洋局授予 2003 年全国海洋执法监察先进集体。

【强制拆除非法占用海域设施】 厦门海江浮动餐饮有限公司在厦门港监码头对面礁石边（海关码头南侧）海域内非法占用海域从事网箱养殖和餐饮经营，经过几年的查证处理，于 2003 年 4 月 10 日，由市海洋与渔业局牵头，组织各涉海单位执法人员 200 余人，船艇 14 艘，配合厦门海事法院强制拆除海江浮动餐饮公司非法占用的海域设施，为厦门公务码头开工扫除障碍，维护了法律尊严。

（钟向前）

【海沧定置网渔民领到转产转业补助金】 为保证猴屿西航道工程的顺利开工，市海洋管理部门组织开展了禁止西海域定置网作业专项行动，海沧 180 对定置网作业渔船退出上岸，360 户渔民转产转业。为保证这部分渔民的的正常生产和生活，有关部门筹集 630 万元补助资金，帮助渔民转产转业。截至 2003 年底，全部资金已按相关标准足额发放给转产转业渔民。

【打击非法采捕鳗鱼苗】 2002 年 12 月 16 日至 2003 年 3 月 15 日，市海管部门组织相关单位投入十多艘执法船艇，出动渔政执法人员近 3 000

人次，出海巡查500余航次，检查各类渔船777艘次，警告、驱赶占用航道及港区的捕捞渔船1 380艘次，强制拆除海沧10号码头航道上渔网浮标380个、网具15张，向离亩岛海域航道上的虾菇网、定置网发放限期自行拆除通告18份。行动中处罚非法采捕鳗鱼苗案件48起，罚款1万余元。

【海洋小型渔船证书简化合并和换发】 海洋小型渔业船舶证书“三证合一”换发工作是农业部2003年为广大渔民办理的11件实事之一。所谓“三证合一”系指将原来海洋小型渔业船舶的《渔业船舶检验证书》、《渔业船舶登记证书》和《渔业捕捞许可证》三种证书合并为《中华人民共和国海洋小型船舶证书》。实行“三证合一”后，简化了办证程序。10月9日，组织各区主管部门和有关单位在同安召开海洋小型渔业船舶换发证书现场会议，于11月26日在厦门日报上发布换发证书通告，全面换发证书，12月底完成。

【实施“午夜行动”、“拂晓行动”打击非法捕捞】 2003年3月1日至5月30日，根据福建省的统一部署，厦门市海洋执法部门开展了“午夜行动”、“拂晓行动”，渔业执法人员在公安边防等部门的配合下，兵分三路进行海上打击非法海洋捕捞执法检查。共查处非法捕捞案件55起。10月21日，市海洋与渔业局和市公物处理中心联合在海沧区对没收的7艘违规海洋捕捞渔船实施现场拆解。2003年，渔政部门查处电炸渔船等违规渔船52艘，罚没款近5万元，没收渔船16艘，没收电鱼工具、设备等62台件。渔监部门办结行政案件347起，处罚金额12.59万元。 （钟向前）

海洋环境保护
Marine Environmental Protection

【概况】 2003年，厦门市加大对海岸、海洋工程建设污染损害海洋环境的监督执法工作，要求在海岸工程建设环境影响评价报告中，对海域生态环境、珍稀海洋物种和重要渔业资源的影响作专节阐述，进行科学客观地评价。为有效预防和控制厦门海域海洋赤潮发生，厦门市政府于6月下发《厦门市海洋赤潮防灾减灾工作方案》。厦门市海洋与渔业局建立了赤潮防治协调机制和技术支撑体系。前者负责协调赤潮的监测、监视、信息传递和防灾减灾工作；后者负责赤潮和防治措施研究，形成了以海洋环境监测站为主、以相关监测单位为辅的赤潮常规、应急监测网络，并制定了赤潮三级预警及处置机制。全年共制作《厦门海洋环境保护通报》12期，对发生在厦门海域的7次赤潮进行了通报。市海洋与渔业部门加强水生野生动物的保护工作，全年组织执法行动7次，出动执法人员308人次，立案3起，处罚金额1 200元。

【陆源排污口调查】 2003年，厦门市海洋环境保护部门加大对厦门近岸海域的监测力度，全年开展了12项监测工作，布设68个站位，重点对厦门市的陆源排污口进行初步调查和监测。查出厦门陆源排污口共有182个，年排污总量1.41×10^9立方米。污染源主要来自九龙江和沿岸陆源排污以及海水养殖、船舶排污等。九龙江入海污染物总量约为1.77×10^5吨，其中，COD物质占83.3%，其次是无机氮15.28%、总磷0.75%、油类0.17%和重金属0.16%。

【编制《厦门市海洋环境保护规划》】 2003年，厦门市根据《全国海洋经济发展规划纲要》的要求，组织编制了《厦门市海洋环境保护规划》，坚持“在开发中保护，在保护中开发”的方针，全面贯彻落实《全国海洋经济发展规划纲要》确定的海洋环境保护任务，采取有效措施，确保“三控一达标”总目标的实现，即：重要海洋生态系统、重点海域污染总量、主要海洋生态灾害得到有效监控；海洋功能区环境质量全面达标。

【近岸海域海水质量】 2003年，厦门海域环境质量总体上较2002年略有改善。除东部海域、大嶝海域和同安湾海域海水水质基本符合Ⅱ类水质标准外，其他海域海水水质普遍超Ⅱ类或Ⅲ类水质标准，主要超标物为无机氮和无机磷。厦门海域沉积物质量除西海域和马銮内湾的部分指标外，其他海域和其他指标基本符合国家沉积物Ⅰ类质量标准。海洋贝类生物质量总体有所改善，其中总汞、六六六、多氯联苯和麻痹性贝毒等物质的污染指数小于0.5，表明贝类未受这些物质的污染。

【海水浴场水质】 2003年，厦门东部海域（椰风寨、黄厝、海韵台、太阳湾）海水浴场水质状况较好，总体符合二类海水水质标准；珍珠湾、白城、港仔后、大德记海水浴场粪大肠杆菌含量超标率在55%～85%之间。参照《海水浴场水质评价暂行标准》，东部海域海水浴场水质“优”等级占76.3%，西海域海水浴场水质“优”等级占16.2%，8个主要海水浴场水质“优”、“良”等级占96.9%。

【珍稀海洋物种国家级自然保护区管理】 厦门市海洋与渔业局根据《厦门市中华白海豚保护规定》，组织对5个涉及中华白海豚保护的厦门海洋、海岸水下炸礁工程进行审核，提出具体保护措施；组织抢救3只受伤宽吻海豚，并对其中1只宽吻海豚进行放流；开展《厦门珍稀海洋物种国家级自然保护区建设与管理规划》编制工作；开展“文昌鱼人工繁殖、放流技术以及保护的研究”、“中华白海豚种群数量、遗传结构和保护措施”的研究工作，对保护区实行科学管理。

【打击非法经营水生野生动物联合执法行动】 2003年8月，厦门市海洋与渔业局与厦门市工商行政管理局、厦门市林业局联合开展了一次较大规模的打击非法经营水生野生动物联合执法行动，共出动执法人员150人次，检查了厦门市湖里、开元、思明、鼓浪屿等4个区的集贸市场81家、宾馆酒家103个。查获国家二级保护动物花鳗鲡23尾、鲟鱼62尾，省级重点保护水生动物中国鲎20只；国家一级保护动物巨晰肉约0.5千克，省级一般保护动物草蛇、乌蛇等3.25千克。 （张荔峰）

【厦门海域增殖放流】 2003年，厦门市海洋与渔业局组织开展了以“修复海洋生态链、恢复生物多样性”为主题的生态修复增殖放流行动。项目组拟定自我生产部分虾苗和外出购买相结合的放流方案，并聘请厦大教授把关放流数量和品种认定工作。7月18日至11月，共组织放流8批次，其中西海域6批次，同安湾2批次。先后投放日本对虾1.3亿尾、长毛对虾4 040万尾、大黄鱼12万尾。 （郑 斌 张荔峰）

海洋灾害与防御
Marine Disasters and Prevention

【概况】 2003年，加大了对海洋与渔业防灾减灾工作管理力度，主要措施是：①加强对市海洋与渔业防灾减灾基本建设的监督管理，加快了项目建设的实施。全年共完成防灾减灾基础建设投资2 795万元；②建立快速反应系统，并加大投入和宣传。厦门市海洋与渔业局全年共投入海洋与渔业监测和保护经费296万元，组织厦门电视台、福建电视台和《厦门日报》等多家新闻单位进行宣传报道，并在市海洋与渔业局和厦门电视台合办的“海洋视点”栏目进行专题报道；③狠抓落实，责任到位。一是加强海域赤潮污染的监测和防治，组织制定了《厦门市海洋赤潮防灾减灾工作方案》和《厦门市赤潮防治技术支撑小组和规划》。二是强化海洋与渔业海岸工程建设损害海洋环境的监督执法，做好白海豚等珍惜海洋物种的保护管理。三是组织开展厦门海域环境质量监测与监视，发布了《厦门市2002年海洋环境质量公报》和编制了《厦门市2003年渔业环境质量年报》。四是开展水产养殖病害测报工作，并对4起突发性的渔业污染事故开展应急调查。

【厦门港避风坞清淤工程完成】 由于厦门港片区居民生活污水排入厦门港避风坞内，市政府于6月9日召集有关部门和单位领导现场办公，专题研究解决厦门港避风坞环境整治有关问题，决定由市海洋与渔业局牵头组织避风坞清淤工程项目。该项工程于8月22日动工。11月30日完工。此次清淤平均深度1米多，共清淤2.68万立方米，同时处理废弃船舶16艘，坞内多年未清理的卫生死角得到彻底整治。

【高崎闽台渔轮避风港一期工程交工验收使用】 12月16日，厦门市重点工程之一的高崎闽台渔轮避风港一期工程通过验收，工程质量被评为优良。该工程实际总投资为7 713万元，比原投资预算8 313万元节约了600万元。二期工程于2003

年6月25日完成监理单位的招标工作，11月26日完成施工单位的招标工作，将在2004年初正式开工，预计2004年10月完成水工部分，届时将可以形成避风能力。

【厦门市水产养殖病害防治中心动工】 厦门市水产养殖病害防治中心总投资238万元，总建设面积1 000平方米。该项目于7月开工建设。至12月底，已基本完成土建部分，预计2004年上半年交付使用。2004年市海洋与渔业局将在市渔业质量监测站和水产养殖病害防治中心的基础上，建"三合一"中心（即渔业质量监测、渔业环境监测和水产养殖病害防治中心），并已上报农业部渔业局。

【白海豚救助中心主体工程竣工】 白海豚救助中心总投资为877万元，其中，由农业部渔业局下达国债资金400万元，利用世行贷款57.7万美元（折合人民币477万元），总建设面积1 600平方米。该项目2003年12月29日主体工程结构验收，预计2004年可投入使用。

【海洋病害防治预测报网络初步形成】 2003年，厦门市海洋与渔业病害防治预测报网络初步形成。该网络主要涵盖下列内容：①渔业环境监测，2003年监测航次增加到17航次，监测范围扩大到石浔对虾、琼头牡蛎、大嶝紫菜等无公害水产养殖基地，并从5月份起实施每月2次高频率的水质监测，共完成13个项目的采样监测，合计取得监测数据4 352个。这些监测结果每月及时刊登在《厦门海洋与渔业信息》上，分发600余份，为服务养殖户发挥了作用；②海洋养殖功能区监测，2003年完成夏、秋2个航次，7个站点，38个项目的采检监测工作，并形成了《厦门市海洋养殖功能区环境监测报告》，且汇编入《厦门市海洋环境质量公报》；③海洋统计监测，2003年完成对厦门市围填海、海砂开采、近海捕捞、海水养殖等四个方面的统计监测；④水产养殖病害测报，建立测报点10个，测报面积养殖3 667公顷，养殖网箱2万个。每月对测报数据进行分析、汇总，尔后编报《厦门市水产养殖病情月报》，上报有关部门和单位，并汇入全国水产病害测报网络；同时下发各区主管部门和水产技术推广站。月报内容有：发病面积、发病种类、发病时间、发病率、死亡率、病因分析、预测预报、防治措施等。

（陈娟娟）

【厦门海域赤潮发生情况】 2003年，厦门海域共发生7次赤潮。详见表3。

表3 2003年厦门海域发生的主要赤潮一览表

序号	赤潮发生时间	赤潮发生地点	赤潮面积（平方千米）	密度（10^7个/升）	赤潮优势种
1	4月25~30日	西海域	25~38	0.98~2.48	中肋骨条藻
2	6月3~6日	西海域	40	0.1	裸甲藻
			10	0.26	米金裸甲藻
			6	0.06	红色中缢虫
3	6月23~30日	西海域，同安湾	200	0.064~2.07	地中海指管藻
				8.70	中肋骨条藻
				0.212	角毛藻
4	7月2~5日	西海域	15~20	0.816	中肋骨条藻
				0.321~8.87	柔弱角毛藻
5	7月14~15日	西海域	10	0.612	诺氏海链藻
6	7月22~28日	西海域	20	1.64~4.20	角毛藻
				0.147~1.05	中肋骨条藻
7	8月25~30日	西海域	15~25	2.71~3.72	旋链角毛藻
				11.8~13.5	中肋骨条藻

（张荔峰）

海洋资源开发与海洋经济
Development of Marine Resources and Marine Economy

【概况】 2003年，厦门围绕建设海湾型城市的战略目标，充分发挥对外开放优势，以港口为依托，实施“科技兴市”、“以海兴城”战略，大力开发海洋资源，港口航运业、滨海旅游业、海洋水产业和海洋高新技术产业四大体系的海洋经济成为全市国民经济的重要组成部分。2003年厦门国内生产总值760.06亿元，其中海洋产业开发程度超过35%。（许金练）

2003年，全市水产品产量17.67万吨，比2002年减少3.73万吨，减少17.43%，其中，海洋捕捞2.21万吨，减少28.01%；海水养殖13.12万吨，减少17.69%；淡水养殖2.34万吨，减少2.09%。渔业产值（按现行价）15.39亿元，比2002年减少1.11亿元，减少6.73%。水产品加工作为2003年渔业生产的一大亮点，得到较大的发展。水产加工技术、装备水平、生产能力、行业素质和管理水平等方面都有长足进步，整体实力明显增强，基本形成以冷库、加工厂为主要依托的包括渔业制冷、冷冻品、鱼糜制品、罐装品、干制品、藻类食品、调味品、保健品等多样化水产品加工体系。2003年全市拥有水产加工企业20家，水产冷库20座；全市水产品加工产量15万吨，实现水产加工产值10亿元，出口创汇上亿美元。

【渔业减产原因分析】 厦门渔业规模逐渐缩小、渔业生产产量和产值较大幅度缩减的主要原因，一是养殖面积锐减。2003年养殖面积减少4 733公顷，其中海水养殖面积约减少4 400公顷。产值约减少1.9亿元。二是海洋捕捞举步维艰。由于中日、中韩、中越北部湾渔业协定的生效，海洋捕捞作业开始由外海自由捕捞向专属经济区过渡，对原来资源状况就相当严峻的海洋捕捞业，造成了巨大的压力，再加上油价上涨，成本增加，作业船只仅剩3 824艘，下降了百分之十几，特别是大功率渔船减少的幅度更是惊人，440千瓦（600马力）以上的船只从高峰期的50余艘减少到17艘。远洋捕捞受到公司改制（水产集团与港务集团合并）的影响，从9月份开始全部退出，产量减幅达24.35%。三是2003年的持续干旱和高温导致淡水养殖池塘水源不足，水质恶化，造成缺氧，甚至泛塘。

【水产品加工与综合利用呈现四大优势】 2003年，厦门市水产加工业呈现四大优势：①企业整体素质提高，初步建立了水产品质量安全体系。至2003年底，全市20家水产品加工企业有15家获得HACCP和ISO9000质量体系认证，其中有2家获得欧盟注册，取得了水产品出口贸易的通行证；②实现了由初级加工向深加工方向的转变，外向型加工业得到迅速发展。烤鳗制品、鱼糜制品、水产调味品、紫菜、海蛎、鱿鱼干制品以及蟹肉、罗非鱼、牛蛙腿等各种冷冻水产品多数出口日本、美国、韩国以及东南亚等国家以及香港、澳门特别行政区。2003年度烤鳗制品的出口产量达到6 500吨，创汇约6 000万美元，成为水产品出口的拳头产品；③带动了养殖业等相关行业的发展。水产加工业的发展，不仅提高了资源利用的附加值，而且带动了养殖、饲料、包装材料等行业的发展，安置了渔区大量的剩余劳动力；④水产加工业向无公害、绿色食品方向发展。2003年，全市建立了对虾、牡蛎、紫菜、罗非鱼、鲍鱼等5个水产品无公害原料基地，面积达533公顷。紫菜饼、牡蛎干、鲍鱼等3个产品获得农业部授予的绿色食品称号。无公害对虾基地生产的对虾加工成烤虾产品投放市场供不应求，取得较好的经济和社会效益。

【实施“放心水产品工程”推动无公害水产标准】

“放心食品工程”是2003年度厦门市政府为民办实事的10件大事之一。厦门市主要开展了如下工作：一是建立5个无公害养殖基地，推行无公害水产标准。即建设同安西柯13.33公顷无公害对虾标准化养殖示范基地、同安石浔银祥33.33公顷对虾无公害基地、翔安大嶝200公顷紫菜无公害养殖基地、翔安洋江166.67公顷牡蛎无公害养殖基地和东坑133.33公顷罗非鱼无公害养殖基地。二是加强水产品质量监管。厦门市渔业质量监测站每月对水产品进行抽样检查，主要的分析项目有重金属、抗菌药物残留、激素残留和贝类毒素。厦门市鱼市场管理处加强水产批发市场水产品质量管理，实行准入监测制度，水产品甲醛检出率控制在0.4%以下。三是净化贝类于8月10日上市，部分净化贝类销往香港、澳门特别行政区。

【水产品实行检验证制度】 11月开始，厦门市水产批发市场交易的水产品进行甲醛检测和对有毒、有害水产品进行监控。对检验合格的产品开具检验合格证，零售商凭合格证到农贸市场和超市销售，无合格证的产品不得进入农贸市场和超市。2003年水产品共进行甲醛检测10 540批次，甲醛检出了28批次，检出率为0.27%；检查执法994次，出动人员2 337人次，堵截(销毁)约2.135吨含甲醛的水产品，并收到罚没款0.767万元。

【渔业科技推广获多项成果】 一是攻克新品种养殖和人工育苗技术难关。从印尼引进三板鱼(长丝鲈)2.5万尾进行试养；成功育出双棘黄姑鱼苗15万尾、倒刺鲃苗21.7万尾、攀山鲈苗12.1万尾，育出平均壳长3.54毫米、1.3亿粒的泥蚶苗。二是养殖模式和捕捞技术不断改进。开展了2公顷南美白对虾分级养殖模式试验，开展“对虾无公害养殖”技术示范，选定同安区西柯镇对虾养殖集中片区的6户带头人的17口池、13.53公顷作为试验养殖池塘，辐射面积达374.67公顷；在大嶝和新店大力推广“盐改渔”池虾、蟹、贝混养模式；开展了“灯光围网网具及光源改革试验”项目和“底拖网渔船改灯围作业试验”项目。三是渔业管理和服务水平得到提高。市水产研究所取得了渔业污染事故水质检测资质，鱼市场管理处取得甲醛快速检测合格证，市水产技术推广站建立了水产病害测报网络，并兴建了“厦门市水产病害防治中心”。四是渔民养殖技术得到提高。采取各种形式，举办“无公害网箱养殖技术”等各类培训班35期，共1 954人，印发水产科普资料2 000余份。 (池信才)

【推广“灯光围网网具及光源改革试验”项目】 市水产技术推广站以鼓浪屿渔业公司的“闽厦渔0404”号作为海上试验船进行改革试验，试验分两个阶段进行。第一阶段(2001年6月至2002年6月)为前期调查、可行性研究、网具设计和光源安装调试。课题组针对灯光围网作业的现状及存在问题，组织有关人员及部分灯光围网船船长到泉州等地参观调研，组织渔民座谈，使项目的可行性研究得到上级和有关部门的认可。试验生产表明，试验网具船、网匹配合理，网具沉降速度快，增加了围捕空间，提高网片利用率，增加网次产量，提高了生产效果和经济效益。试验船平均单产高出全市平均单产391.5吨，试验网比现在灯围平均年产量增加51%，增值78万元。该项成果一年中推广面积达85%。 (林荣盛)

统计资料
Statistical Data

表4 厦门市2003年国内生产总值情况表

单位：亿元

年度	国内生产总值	其中			其中				人均国内生产总值(元/人)	农民人均年收入(元/人)	渔民人均年收入(元/人)
		第一产业	第二产业	第三产业	工业总产值	农业总产值	其中				
							渔业总产值	所占比重(%)			
2003	760.12	19.85	443.61	296.66	1 394.19	31.77	14.85	46.74	53 621	5 176	5 374
2002	648.33	22.51	361.61	264.21	1 111.50	35.74	16.48	46.11	47 270	4 722	5 159

本表按当年价格计算。

表5 渔业生产基本情况统计表

单位：吨，公顷

单位	水产品总产量					水产养殖面积			机动渔船		
	合计	海洋捕捞	海水养殖	淡水捕捞	淡水养殖	合计	海水养殖	淡水养殖	艘	吨	千瓦
厦门市	176 692	22 110	131 244		23 338	14 159	10 289	3 870	5 008	15 654	44 232

续 表

单 位	水产品总产量					水产养殖面积			机动渔船		
	合 计	海洋捕捞	海水养殖	淡水捕捞	淡水养殖	合 计	海水养殖	淡水养殖	艘	吨	千瓦
湖里区	7 132	358	5 830	0	944	1 073	910	163	440	541	1 966
思明区	15 316	14 433	773	0	110	125	103	22	760	5 466	17 778
海沧区	8 785	648	2 167		5 970	930	140	790	290	580	1 066
集美区	25 217	671	18 135		6 411	2 667	1 087	1 580	425	643	1 700
翔安区	83 972	5 043	74 749		4 180	5 593	5 072	521	2 231	7 111	18 283
同安区	36 270	957	29 590		5 723	3 771	2 977	794	862	1 313	3 439

表 6 2003 年渔业灾害损失统计表

单 位	经济损失（万元）	水产品损失		受灾养殖面积（公顷）
		总量损失（吨）	经济损失（万元）	
厦门市	1 794.8	1 258	1 794.8	3 183
湖里区	0	0	0	
思明区	0	0	0	
海沧区	0	0	0	
集美区	232.8	209	232.8	383
翔安区	859	577	859	1 540
同安区	703	472	703	1 260

表 7 厦门市（区）人口与海洋（渔业）从业人员情况表

单位：人

单 位	总人口	渔业乡	渔业村	渔业户数	渔业人口		渔业劳动力							
								渔业专业劳动力						渔业兼业劳动力
		小计	小计	小计	小 计	其中：传统渔民	小 计	小 计	海 捕	海 养	淡捕	淡 养	其他小计	
厦门市	1 417 579	5	28	15 679	61 794	40 047	32 431	25 626	8 216	11 520	0	2 646	3 244	6 805
湖里区	138 775		1	500	2 500	2 500	1 048	728	498	210		20		320
思明区	468 759	1	5		4 412	2 599	2 390	2 151	2 021	0	0	76	54	239
海沧区	86 631			300	1 500	1 400	1 400	400				400		1 000
集美区	171 506		4	3 375	12 515	5 878	6 260	4 367	546	1 314		2 150	357	1 893
翔安区	257 913	3	13	9 106	32 356	22 710	16 661	13 818	4 083	6 952			2 783	2 843
同安区	293 995	1	5	2 398	8 511	4 960	4 672	4 162	1 068	3 044			50	510

表 8　厦门市 2003 年涉海工程项目投资情况一览表

单位：万元

序号	项目名称	开工时间	计划总投资	本年完成投资	建设规模
1	环岛路(五通—墩上段)	2001 年 12 月	78 279	51 417	大桥长 320 米，宽 27 米
2	环岛路(海军码头—演武路段)	2001 年 12 月	68 948	21 700	总长 6.223 千米
3	五通—刘五店滚装码头	2003 年	14 498	2 894	5 000 吨级码头
4	海沧大道	2000 年 9 月	66 800	4 470	长 5.85 千米，宽 52 米
5	厦门岛西岸线(第三码头—同益码头段)综合整治	2001 年 9 月	15 600	5 605	长 2 089 米
6	象屿保税区二期	2002 年 9 月	45 000	4 152	1 万平方米
7	东渡港区 18 号泊位	2002 年 6 月	19 975	8 941	5 万吨多用途兼滚装码头
8	10 万吨航道二期	2003 年	19 848	7 066	长 43.6 千米
9	海沧港区 1、5、6 号泊位	2003 年		5 836	万吨级泊位 3 个，设计吞吐能力 46 万标准箱及 40 万吨杂货
10	高崎闽台渔轮避风港(一期)	2000 年 9 月	9 397	2 355	堤岸 890 米，围堰 1 024 米
11	国际旅游码头	2003 年	24 886	2 582	建码头港池 66 900 平方米
12	香山至五通护岸	2003 年	8 499	3 202	护岸工程 136 230 平方米
13	海沧 9 号泊位	2003 年	14 615	2 570	建设码头港池 14 950 平方米
2003 年总投资				122 790	

广 东 省
Guangdong Province

综 述
Summary

【概况】 广东省是我国海洋大省之一，拥有大陆海岸线 3 368 千米，岛岸线 2 414 千米；海域面积 45 万平方千米，其中水深 0～－10 米的海域 12 896 平方千米，水深－10～－20 米的海域 10 358 平方千米。全省有可供开发利用的浅海、滩涂和港湾面积达 84 万公顷；大小海岛 1 431 个（含东沙群岛），总面积 1 593 平方千米；干出礁 956 个。全省有大小港湾 500 余个，其中适宜建港的有 200 个；沙滩 170 余处。

海洋开发与管理
Development and Management of Marine Resources

【海洋经济】 2003 年，广东省依托广阔的海域以及丰富的海洋资源，加快海洋综合开发，海洋经济继续保持健康、持续、快速发展。据统计，全省海洋产业总产值达 2 250 亿元，比 2002 年增长 15.4%，其中增加值 1 060 亿元，比 2002 年增长 16.5%，占全省 GDP 的 7.8%。海洋产业总产值位居全国沿海各省、直辖市、自治区之首。

(1) 海洋渔业及相关产业。2003 年，全省沿海地区共有渔业乡镇 62 个，渔业村 793 个，渔业人口 98.4 万人，其中渔业专业劳动力 39.8 万人；全省有海洋生产渔船 55.6 万艘、77.9 万吨、224 万千瓦，其中远洋渔船 195 艘、2.59 万吨、5.4 万千瓦；海洋捕捞总产量 181.9 万吨；全省海水养殖面积 21.7 万公顷，总产量 197.3 万吨。2003 年全省海洋渔业及相关产业总产值 471.78 亿元，比上年 440 亿元增加 31.78 亿元，增长 7.2%。

(2) 海洋石油天然气业。2003 年全省仅有中海石油（中国）有限公司湛江分公司提供的统计数据，该公司有采油井 74 口、采气井 25 口、注水井 8 口，全年共生产原油 418.2 吨、天然气 26.9 亿立方米，总产值 64.7 亿元，其中原油产值 53.8 亿元、天然气产值 10.9 亿元。

(3) 滨海砂矿业。2003 年全省砂矿业总产值为 1 亿元，比上年 0.8 亿元增加 0.2 亿元，增长 20%，其中广州砂矿产量就达 20 万吨。

(4) 滨海盐业。2003 年全省共有盐田生产面积 1.13 万公顷，末年海盐生产能力 21.71 万吨；全年生产海盐 35 万吨，总产值 0.8 亿元。

(5) 滨海电业。2003 年全省滨海电业总产值 600 亿元，比上年 400 亿元增加 200 亿元，增长 33.3%。

(6) 海洋船舶修造业。2003 年全省海洋船舶制造业总产值 50 亿元，比上年的 39.4 亿元增加 10.6 亿元，增长 21.2%，其中造船 19 艘，完工综合吨 44.8 万吨；修船 249 艘，完工综合吨 36.2 万吨。

(7) 海洋交通运输业。2003 年全省共拥有海洋运输船舶 1 711 艘，总吨位 215.3 万吨，总功率 127.2 万千瓦；海洋交通运输营运总收入 227 亿元，比上年 195 亿元增加 32 亿元，增长 14.1%。例如广州海运（集团）有限公司，该公司全年完成货运量 4 263 万吨、货物周转量 1 157.9 亿吨千米；广州远洋运输公司全年完成货运量 1 203.61 万吨、货物周转量 9 200.5 万吨千米。

(8) 滨海旅游业。2003 年全省滨海旅游业总收入 650 亿元，比上年 653 亿元略有下降，降幅仅为 0.46%，其中国际滨海旅游收入 40.7 亿元。

海域使用管理
Management of Sea Area Use

【海域使用管理】 2003 年，广东省紧紧围绕国家海洋局关于海域使用管理工作重点的要求，全面贯彻落实《中华人民共和国海域使用管理法》（以下简称《海域法》）规定的各项制度，重点加强海域权属管理、海域管理配套制度建设、海域管理示范区建设、无居民海岛管理及海域勘界工作，积极探索符合广东实际的海洋综合管理模式，海域使用管理工作均取得显著成绩。到2003年底为止，已完成非农业用海项目确权发证；《海域法》颁布实施后批准动工上马的新的重大用海项目全部办理了申办手续；除有纠纷或与海洋功能区划相抵触外，在《海域法》出台前的非农业用海项目已经办理和正在办理的已经达到95%以上；此外，许多以前办证难点项目，如江门、广州等地的围垦公司，珠海临港工业区、高科技创新海岸等经多次上门做工作也已按要求办理了手续。在农业用海发证方面，考虑目前渔业面临近海资源枯竭，渔场面积缩小，养殖效益低、渔民生活困难等实际情况，对农业养殖用海的指导思想是着重确权，强调全面覆盖，对转产转业困难渔民减免海域使用金，对养殖企业的用海则依据海域法严格征收。此外，针对养殖用海发证不平衡的矛盾，着重加大力度对原来发证较弱的东西区域展开发证工作。养殖用海的发证工作已在湛江、阳江、汕尾、汕头等原发证比较缓慢的区域全面展开。2003年上半年，养殖用海确权率有了大幅度提高，湛江市的廉江、遂溪、徐闻等县（区）的发证率已达到70%以上，雷州市也取得了发证的突破，全省整个农业用海的确权工作正通过各种途径进一步全面深入推进。全年全省共发放海域证1 581本，其中所有发放海域使用证的用海项目都符合海洋功能区划且按广东省海域使用金征收标准上缴了海域使用金；发证范围覆盖石油、化工、交通、运输、旅游、渔港、房地产、滨海工业和公共设施等领域，其中重大用海项目实现100%确权发证，涉及海域面积9 022.8公顷，收取海域使用金3 549.3万元。

【海域使用管理示范区】 2003年，湛江、台山、惠州、饶平等海域使用管理示范区继续在全省海域使用管理工作中发挥带头作用，其中惠州、台山发证率与收费率都达到100%。为创造良好的海域管理工作氛围，惠州专门在《惠州日报》开辟海域管理专栏解答群众疑问，并在《中国海洋报》、《惠州日报》上刊登了市长署名关于宣传海域管理工作的文章，群众的理解与领导的重视大大推动海域管理工作。为进一步实施规范化管理，台山对历年的档案进行整理，要求一证一档，专门购入档案柜由专人管理，并将发证资料输入电脑形成电子档案，完善了档案管理，做到了规范化管理。另外，在制度建设上，各示范区进一步健全完善科学决策，建立了内部会审、政务公开、窗口办文，责任追究、档案归档等各项制度，整个示范区的海域管理工作基本形成了结构合理、程序严密、制约有效、管理协调的运行机制。

【海域勘界】 2003年，广东海域勘界工作按照国家和省的部署分步有序地推进。按照省海洋与渔业局的要求，各涉界地市已将各自地方的海域勘界情况完成上报。自7月份起，省勘界办对全省各地海域勘界工作进行了一次全面检查，通过工作检查，了解各市勘界工作开展情况和进度，共同研究解决勘界工作中遇到的各种问题，对勘界工作起到了很大的促进作用。全省14个地级市建立了海域勘界领导机构和日常办事机构，落实了主管领导和工作人员。全省上报需要勘定的界线共42条，其中，市际界线15条，各市管辖海域范围的县际界线27条。到2003年底为止，15条市际界线中有12条已经申报了方案，提出了海域划界的主张意见和草图，完成了部分工作，江门市2条县际界线、湛江市5条县际界线也基本落实了划界方案。

【无居民海岛管理】 2003年，广东把无居民海岛管理作为海域使用管理工作重点来抓，要求对无居民海岛的管理要突出重点，覆盖全面，要先管起来，有条件的市县出台相应的海岛管理法规，争取人大立法，做到有法可依，结束无居民海岛无人管理的局面。各地依据省海洋与渔业局的要求，结合当地实际，纷纷出台了无居民海岛管理法规规章，如惠州、台山、南澳、饶平等市县都出台了地方的无居民海岛开发利用管理规定，揭阳、阳江、茂名、湛江等地级市也积极筹划出台了相关规定，其中阳江、揭阳等市的无居民海岛管理规定已交人大审议，整个立法程序正在顺利进行。

另外，各地市还积极采取各种形式体现管理力度，如惠州在主要岛屿上进行立碑，标明海岛名称，海岛面积，立碑机关、立碑日期等。汕头市达濠区投入一定的资金，制作了永久岛碑，安置在岛上，并制作了无人海岛管理的光碟进行宣传，填补了广东海岛管理工作的空白。

海洋科技
Marine Science and Technology

【科技兴海项目】　近年来，广东省海洋与渔业部门以发展海洋经济为中心，全面实施科技兴海战略且取得显著成效。经过三年实施，到2003年，八大科技兴海项目取得丰硕成果，已申请9项国家专利及国际专利，1项已获得国家专利局授权。

其中，由中国水产科学研究院南海水产研究所组织中山大学、深圳华油五金塑胶制品有限公司、深圳旭联海洋生物养殖有限公司等单位承担的“抗风浪深水网箱养殖系统的制作及应用技术”项目，在研制出具有自主知识产权的国产化深水抗风浪网箱的基础上，已完成网箱整体系列海上试验工作，编写出推广深水抗风浪网箱养殖计划及网箱系列化生产计划，总结并编写出抗风浪网箱生产操作规程和养殖技术报告，投放在深圳、珠海、湛江的开敞式海湾的深水抗风浪网箱经受了台风“王冕”、“伊布都”、“科罗旺”、“杜鹃”等强台风的袭击，网箱及鱼安全无恙，各项性能全部达到项目规定的各项技术指标。为使该成果加快转化为现实生产力，广东省海洋与渔业局组织专家对广东沿海自然条件优越、发展基础较好的海域选址进行海况本底调查，在深圳、珠海市抗风浪网箱养殖示范点基础上，已初步将饶平县的柘林、潮阳市的海门、汕尾市的红海湾、珠海市的万山、惠州市的大亚湾、阳江市的阳东、湛江东海岛等纳入全省首批深水抗风浪网箱养殖推广示范基地规划中，建立起5～8个深水抗风浪网箱养殖基地，实现具有广东特色的渔业机械化养殖，推动全省沿海渔业的发展。

海洋药物研发方面取得突破：由中山大学承担的“抗心律失常海洋生物Ⅰ类新药开发”项目按照国家新药临床前指导原则，全面开展了抗Ⅲ类心律失常新药临床前药代动力学研究及稳定性研究，同时进行了围产期实验、微核实验，开展手性化合物拆分研究，对A1998两种手性进行拆分，确定了具有药理活性的手性化合物空间结构；由湛江海洋大学承担的“抗癌海洋新药福安泰的研究与开发”，已分离出两个具有抗肿瘤和抗血管生成活性的单体，并找到了两个单体的作用靶点，已有4家投资公司提出投资开发该药的意向；由中国科学院南海海洋研究所承担的“Ⅱ类抗心律失常新药海藻CPG多糖的研究”已申请两项国家发明专利，于2003年5月14日获得1项授权（专利号为：ZL 99117252.3）。

【项目经费管理】　为切实加强广东重大科技项目经费使用的监督管理，推进项目顺利实施，省海洋与渔业局对全省重大科技兴海项目自立项以来的经费使用情况进行了全面检查，并以粤海渔函[2003]388号文下发《关于开展广东省重大科技兴海项目经费使用检查工作的通知》，要求各项目承担单位进行自查、全面检查和总结，如实撰写项目自查报告和填写广东省重大科技兴海项目经费使用表；10～11月份，重点对全省科技兴海项目经费使用情况进行了财务检查。

【渔业科技项目库建设】　根据农业部《新阶段渔业科技工作重点领域》，结合《广东省2001—2015年科技兴渔规划》，省海洋与渔业局已完成第一期渔业科技项目库的建设。广东渔业科技项目库共纳入项目64项，其中基础和应用基础类20项、成果转化类10项、高新技术产业类4项、技术引进类2项、行业重大技术攻关类28项。在此基础上，筛选出37项优秀项目向农业部渔业局推荐，争取纳入全国渔业科技项目库。同时，向财政厅、科技厅积极推荐渔业科技项目库的项目，争取纳入省科技计划。

【科技项目申报】　广东积极向省科技厅申报海洋与渔业方面科技项目，全省共申报30项（其中农业攻关22项、社会发展5项、科研条件建设3项），申报2个重点实验室（珠江水产研究所的“广东省水产动物免疫技术重点实验室”和广东省大亚湾水产试验中心的“广东省海水养殖种子工程重点实验室”）；向省农业厅申报广东省良种培育和引进项目4个：惠州市水产科学技术研究所的“淡水黑鲷的引进及养殖技术推广”、广东省大亚湾水产试验中心的“龙胆石斑鱼良种培育技术示范”、韶关市水产研究所的“淡水黑鲷的引进及驯化培育技术”、梅州市水产研究所报的“嘉应锦鲤的良种培育”。

【科技成果管理】 为加强海洋与渔业科技成果的管理，按照国家科委《科学技术成果鉴定办法》的规定，广东省海洋与渔业局组织专家对有关项目进行了鉴定或验收，其中通过鉴定的项目 7 个：惠州市水产科学技术研究所完成的“罗非鱼的良种选育及养殖技术推广”、珠海市斗门金鲵野生动物养殖有限公司和上海水产大学共同完成的“中国大鲵子二代全人工繁育技术及南方工厂化养殖模式的研究”、南海海洋研究所完成的广东省重大科技兴海项目“珠江口海沙资源勘探研究”、佛山市南海区水产技术推广总站等单位完成的“丰产鲫大面积养殖推广”、广东绿卡实业有限公司完成的“乌龟配合饲料主要营养指标、系列饲料配方与龟类规模化养殖研究”、佛冈县畜牧水产技术推广中心站完成的“翘嘴红鲌人工繁殖技术”和广州华宝珍稀水产养殖有限公司完成的“中国大鲵子二代全人工繁育技术及保护和产业化关键技术研究”。

通过现场验收的项目 4 个：珠江水产研究所承担的农业部“948”项目“褐塘鳢引进及其人繁、养殖的研究开发”、湛江海洋大学和广东恒兴集团有限公司承担的广东省重大科技兴海项目“军曹鱼人工繁殖与规模化育苗技术”、南海水产研究所承担的广东省重大科技兴渔项目“大规格优质成品对虾养殖技术”和广东省重大科技专项项目“对虾饲料专用益生素和免疫增强剂的研制”。

【项目推荐及评比】 根据国家海洋局《关于推荐 2003 年海洋创新成果奖项目的通知》（海科字[2003]17 号）精神，广东省海洋与渔业局组织有关单位申报海洋创新成果奖 6 项：南海水产研究所的“水产养殖清洁剂及应用示范”、“拖网网囊改革研究”、“杂色鲍暴发病防治研究”；湛江海洋大学的“马氏珠母贝全脏器抗肿瘤成分的研究”、“青鳞鱼的综合加工与利用”；阳江市海洋与渔业局的“阳江双山人工鱼礁试点建设项目”。

根据广东省农业厅《关于申报 2003 年全国农牧渔业丰收奖的通知》（粤农科[2003]1 号）要求，省海洋与渔业局，推荐惠州市水产科学技术研究所的“罗非鱼的良种选育及养殖技术推广”项目进行申报。

根据广东省科技厅《关于推荐 2003 年广东省科学技术奖项目的通知》（粤科奖字[2003]1 号）要求，广东省海洋与渔业局组织有关单位进行了申报，共推荐南海水产研究所的“水产养殖清洁剂及应用示范”和“拖网网囊改革研究”、阳江市海洋与渔业局的“咸酸田改造连片池塘健康养殖技术”、潮阳市海洋与渔业局的“南北鲍杂交繁育试验”、深圳新光饲料有限公司的“对虾无公害生态养殖的研究与开发”等 5 个项目申报省科学技术奖。其中，南海水产研究所的“水产养殖清洁剂及应用示范”获二等奖和“拖网网囊改革研究”获三等奖。

根据广东省农业技术推广奖评审委员会《关于申报 2002 年度广东省农业技术推广奖的通知》（粤农推奖办[2002]04 号）要求，广东省海洋与渔业局组织有关单位进行了申报，并组织召开了广东省农业技术推广奖渔业专业评审会议，评出一等奖获奖项目 1 个：“全雄性罗非鱼制种及养殖高产技术推广”（茂名市海洋科技创新中心）；二等奖获奖项目 3 个：“马尾藻高活性膳食纤维生产技术的推广应用”（水科院南海水产研究所）、“三角鲂产业化开发”（韶关市水产技术推广中心）、“咸酸田改造连片池塘健康养虾技术”（阳江市海洋与渔业局）；三等奖获奖项目 5 个：“东风螺的人工育苗及养殖”（中科院南海海洋研究所）、“彭泽鲫杂种优势利用及推广”（梅州市梅江水产良种试验场）、“珍稀龟类驯养繁殖技术的推广”（茂名市水产学会）、“对虾健康养殖技术的推广应用”（电白县水产研究所）、“澄海莱芜紫菜养殖技术及推广”（澄海市海洋与渔业局）。

【科技创新体系】 继 2002 年底建立起广东省湛江区域性水产试验中心之后，2003 年 7 月又建立起汕头区域性水产试验中心、东莞区域性水产试验中心、肇庆区域性水产试验中心、梅州区域性水产试验中心和珠海区域性水产试验中心。这批省级区域性水产试验中心的建立，将充分发挥渔业科技人员的作用，结合本地区和本身的科研、试验重点和主攻方向，进一步深化改革，加强建设，开拓创新，不断提高自身的科研技术水平，增强渔业科技成果的二次开发，与全省水产技术推广和技术服务网络互相补充、互相呼应，进一步提高科技对渔业经济增长的贡献率，为发展广东“三高”农（渔）业和可持续发展服务。

【水产技术推广】　根据农业部开展“全国农业科技年”活动的有关精神，结合广东省渔业的实际情况，编制了广东省“全国农业科技年”渔业行动方案，并以粤海渔[2003]64号文下发《关于印发广东省海洋与渔业局“全国农业科技年”渔业行动方案的通知》。要求各地海洋与渔业主管部门按照省“全国农业科技年”渔业行动方案的要求，切实做好宣传、发动和组织工作。

广东“全国农业科技年”渔业行动之一：动员大会及报告。3月21日，广东省在广州召开动员大会，广东省海洋与渔业局局长李珠江在会上作了题为《现阶段广东渔业科技工作的形势和任务》的报告，就广东渔业经济发展现状和主要问题以及科技进步对渔业经济发展的贡献、作用和现阶段广东省渔业科技工作主要任务等进行了深入分析，使广大渔业科技工作者能更有针对性地为全省渔业发展服务。

广东“全国农业科技年”渔业行动之二：钟麟先生诞辰88周年暨家鱼人工繁殖45周年庆典活动。为缅怀“家鱼全人工繁殖之父”钟麟先生的光辉业绩与优良品德，9月23日在中国水产科学研究院珠江水产研究所举行钟麟先生诞辰88周年暨家鱼人工繁殖45周年庆典活动。来自全国的水产科技者、钟麟先生的亲属和好友共300余人参加了庆典活动。

广东“全国农业科技年”渔业行动之三：2003’水产科技论坛。9月22～25日在广州市举行大型国际学术会议“2003’水产科技论坛”。来自国内外的水产科技工作者、相关企业管理者等250余人参加。林浩然院士、赵法箴院士、夏德全院士、鲍埃·凯纳德博士、道格拉斯·迈克里德博士作了专题报告。来自国内外的有关学者分别就“水产种质资源与育种”、“水产养殖生态环境与修复”、“水产养殖与质量安全”等专题进行了学术交流。

广东“农业科技年”渔业行动之四：2003年渔业院士广东行。为贯彻落实农业部渔业局《关于开展2003渔业院士行活动的通知》（农渔科函[2003]80号）的有关精神，作为“全国农业科技年”渔业行动标志性活动之一“2003年渔业院士广东行”于2003年11月23～26日在广东举行。此次活动以“依靠科技，发展现代渔业”为主题，邀请与渔业相关专业的院士及学者到广东进行调研，探讨渔业发展前景及科技需求，以推进全省海洋与渔业的科技进步。

广东“农业科技年”渔业行动之五：“百十万”渔业科普大行动。该行动包括全面展开推广抗风浪深水网箱养殖技术科普培训活动、“水产技术推广到乡村”系列活动和宣传推广“水产健康养殖技术”活动。

海洋国际合作与交流
Marine International Cooperation and Interflow

【外事接待】　全年接待外宾4批：2003年1月20～24日，接待韩国海洋水产部朴宰永次官辅一行7人。农业部渔业局杨坚局长、李健华副局长在广州与韩国代表团举行了第一次渔业会谈，就双、多边渔业关系、水产贸易等问题交换意见；广东省海洋与渔业局局长李珠江、副局长麦贤杰分别陪同代表团到番禺、深圳等地参观考察。2003年3月16～20日，接待孟加拉国渔业局水产推广官员一行22人。代表团参观了南海桂花鱼养殖场、顺德新世纪农业公司、大亚湾水产试验中心，并与广东省技术推广总站举行座谈。10月23～27日，接待澳大利亚鲍鱼考察团一行5人。代表团参观黄沙水产批发市场、惠东恒利鲍鱼养殖场并与广东省水产流通加工协会举行座谈。10月26～29日，接待越南水产部代表团。代表团由NACA项目官员周晓伟陪同，参观了广东省大亚湾水产试验中心、深圳旭联公司。

【出国考察】　2003年，广东省海洋与渔业局共办理出访团组共25批，87人次，出访国家和地区包括：美国、加拿大、法国、德国、日本、密克罗尼西亚、马绍尔、斐济、斯里兰卡、马尔代夫、泰国、菲律宾、澳大利亚、新西兰以及香港、澳门特别行政区和台湾省。任务包括海洋与渔业考察、经贸考察和洽谈、参加渔业博览会、技术培训、渔船检验、远洋渔业合作以及处理渔船渔民被扣案件等。其中包括广东省副省长李容根和广东省海洋与渔业局局长李珠江参加赴斯里兰卡、澳大利亚和新西兰远洋渔业考察团，广东省海洋与渔业局副局长麦贤杰为团长的赴日本和南太平洋渔业考察团，广东省海洋与渔业局副局长李建设为团长的赴香港渔业资源护理考察团，广东省海洋与渔业局副局长文斌为团长的赴美水产养殖和苗种开发考察团等 6 批较大的考察团组，另外还派出工作小组赴菲律宾处理一宗渔船被扣的涉外案件。

【水产种苗进出口管理】 根据农业部《渔业法》、农业部渔业局《关于进一步规范境外引进水产苗(种)审批工作的通知》的要求，切实做好水产苗种引进审批管理工作，广东省海洋与渔业局要求各有关企业申请进口水产种苗时均需填报《进口水产苗（种）放养（所）登记册》，至 10 月份已办理 10 余批次，主要品种有斑节对虾亲体、石斑鱼苗、鲈鱼苗、福寿鱼苗等十几个品种，也受理了几批观赏鱼引进的申请，并按规定办理了审批手续。

【水产品出口管理】 为贯彻落实好农业部《优势农产品区域布局规划》和省政府《中国加入世贸组织过渡期广东省行动指导要点》的有关部署，广东省海洋与渔业局以粤海渔函[2003]243 号文下发了《关于做好水产品出口企业基本情况调查的通知》，对全省各有关水产品出口企业的基本情况进行了调查，并提出了《关于如何进一步提升我省水产品出口贸易的国际市场地位并持续发展的建议》。

海洋公益服务
Marine Public Welfare Service

【资源环境监测】 广东省海洋与渔业局制定了《2003 年广东省海洋渔业资源动态监测工作方案》、《2003 年广东省赤潮监控区监测工作方案》、《2003 年广东省赤潮防灾减灾工作方案》和《2003 年广东省海洋与渔业环境监测工作方案》，将有关工作任务下达给各沿海市渔业行政主管部门，并召开全省海洋与渔业资源环境管理工作会议，落实海洋渔业资源环境监测工作。

广东省海洋与渔业局对饶平柘林湾赤潮监控区、深圳南澳峡赤潮监控区两个赤潮多发区域进行重点监测，将汕尾市红海湾开发区海水浴场、江门市飞沙滩海水浴场、阳江市闸坡海水浴场、湛江市龙海天海水浴场、深圳大小梅沙海水浴场等部分重点海洋浴场的环境质量预报上报中央电视台，对珠海桂山海水网箱养殖区环境进行了调查监测。

在上述调查监测基础上，编制出《2002 年广东省海洋环境质量公报》。

【资源环境保护】 广东省海洋与渔业局启动了《广东省海洋与渔业环境保护规划》的编制工作。该《规划》将明确海洋与渔业资源环境保护的相关职责，为全省各级海洋与渔业部门开展资源环境保护工作指明了方向。2003 年上半年已完成规划大纲编制工作。

在涉海工程环境管理方面，共参与了汕尾电厂一期工程、台山电山Ⅲ、Ⅳ号机组、惠州 21-1 天然气开发项目海底管道路由桌面研究、东联港及马鞭洲码头泊位疏浚泥临时海洋倾倒区选划、湛江奥里油发电厂 2×600MW 工程可行性研究等 20 余个项目；组织论证了《汕头港广澳港区一期工程水下爆破对渔业资源影响的评估报告》，并根据专家评审意见对汕头港广澳港区一期工程水下爆破工作进行了审批。

【增殖放流渔业资源】 继续开展渔业资源增殖放流活动，全省共投放淡水鱼苗 1.311 亿尾，淡水虾苗 825 万尾，贝类 152 吨；海水鱼苗 655 万尾，海水虾苗 1.097 亿尾。在休渔期间举行了大规模的沿海增殖放流活动，取得了良好的增殖效果。6 月 6 日，还首次与香港渔农自然护理署合作，在珠江口海域联合举办了增殖放流活动，共放流对虾苗 200 万尾。

【人工鱼礁建设】 按照广东省政府关于科学建礁的要求，组织有关科研部门和地质部门，对初选的海域进行了本底和地质调查，对收集的资料进行了分析，再根据不同的情况科学设计礁型，使礁体尽量符合当地的海洋生物和海流、地形地貌的特点，以期产生最大的效果。全年已经完成 12 个礁区中 10 个的本底调查和设计工作。

为保证人工鱼礁建设质量，广东省海洋与渔业局要求各地人工鱼礁建设必须到当地招投标中心进行公开招标。目前，茂名、江门、珠海、惠州、汕尾等已启动人工鱼礁建设工程的地方，都能按照“公开、透明、经济”的原则，进行招投标。

【水生野生动物保护】 为规范水生野生动物管理，按照农业部渔业局要求，继续开展《驯养繁殖证》和《经营利用证》的新证换发工作，共换发新《驯养繁殖证》270个，新《经营利用证》534个，同时办理《运输证》18个、函件220份，其中，鱼翅加工类90份，鉴定证明86份，上报进出口申请44份。根据加入WTO之后，水产品进出口必须遵守国际有关贸易规定的新形势，开展对进出口水生动物种类鉴定业务，对企业提交的样品进行鉴定，同时根据鉴定结果出具证明，方便了海关对进出口物种的监管。

全国人大农委《野生动物保护法》执法检查组于7月1～10日对广东省贯彻实施野生动物保护法情况进行了检查。广东省海洋与渔业局向检查组汇报了广东水生野生动物保护管理情况，并提交了《关于广东省水生野生动物保护管理情况的汇报》材料，使检查组顺利地完成了执法检查任务，而且对广东水生野生动物保护工作给予充分肯定。

【自然保护区建设】 成立了广东省海洋与水产自然保护区管理总站，并卓有成效地开展工作。一是加大海洋与水产自然保护区的建设力度，将原来10年建设23个保护区目标调整为150个保护区，有效保护面积由现在占全省管理海（水）域1%的目标扩大到4%；二是进一步理顺了保护区管理体制，建立了国家级和省级保护区基本由省局直接管理的体制，增强了保护区发展后劲；三是完成了珠江口中华白海豚省级自然保护区升级为国家级、徐闻珊瑚礁保护区和南澳海洋生态保护区升级为省级保护区的工作；四是初步建立起国家级、省级自然保护区后备库，各地已上报拟建保护区90余个，预计全省报齐约有120个。

海洋行政执法
Marine Administrative Law-enforcement Work

【海洋行政执法】 为加强海监执法队伍建设，广东除报送湛江支队作为国家海监执法示范队伍建设之外，还将广州支队和珠海金湾大队作为海监窗口单位建设试点。全年共组织开展三次专项海监执法行动。一是珠江口巡航执法行动。该行动是广东首次组织的区域性海洋执法监察行动。二是代号“碧海”的海域与渔业综合执法行动。该行动是广东首次组织开展的综合性执法行动，行动在粤东、粤西和雷州半岛同时展开。三是代号“海盾”的专项执法行动。行动重点是查处海洋违法案件。

【海洋行政执法大检查】 2003年，广东以国家海洋局开展《海域法》及其配套制度大检查为契机，采取各项措施加强指导督促，促进各地海域管理工作。广东省海洋与渔业局专门成立了以副局长李建设任小组长的大检查工作领导小组，并根据本省工作的实际情况专门下发了《关于贯彻开展海域使用管理法及配套制度执行情况大检查工作的通知》(粤海渔函{2003}126号)，对全省的海域法检查工作进行了具体部署。

全省各地海洋行政主管部门也都将《海域法》执法检查工作作为今年工作的重点，积极按照国家与省局要求，开展自查自纠，对海域使用确权、海域使用金征收、海域档案管理等内容逐项自查，针对自纠过程找出的问题认真整改，进一步促进海域管理工作向前推进。

6月18日与21日，国家海洋局海域管理司潘新春副司长率领国家检查组来广东检查海域管理工作，检查组一行先后到汕头、惠州、江门、台山等地检查海域管理工作。通过对这些地区的检查，检查组对广东海域管理工作给予充分肯定。

（《海洋与渔业》编辑部　钟晓庆）

广西壮族自治区

Guangxi Zhuang Autonomous Region

综 述

Summary

【行政区划】 广西壮族自治区成立于1958年3月5日。1978年起，将12月11日(右江苏维埃和红七军成立日)定为自治区成立日。广西行政区划现有14个地级市、7个县级市、57个县、12个民族自治县和33个市辖区。广西沿海地区有3个地级市(北海、防城港和钦州市)、1个县和1个县级市(合浦县、东兴市)和6个市辖区。广西有8个县(区、市)与越南接壤，现有边境口岸12个，其中，东兴、凭祥、友谊关、水口等4个口岸为国家一类口岸，另外还有25个边境贸易点，各边境口岸和边境贸易点都有公路相通。

【自然概况】 广西地处祖国南疆，位于20° 54′～26° 24′ N，104° 26′～112° 04′ E。与广东、湖南、贵州、云南四省相邻，与海南省隔海相望。西南与越南接壤，陆地疆界线长637千米。广西地处云贵高原东南边缘，地势大体是西北高东南低，由西北向东南倾斜；四周多崇山峻岭，呈盆地状，中部和南部多平地。

广西南临的北部湾海域面积约12.93万平方千米，天然港湾众多，海洋资源丰富，是中国著名的4大热带渔场之一。广西的海岸线东起粤桂交界处的英罗港，西至中越边境的北仑河口，长1 595千米。沿海20米以内的浅海面积6 400余平方千米，滩涂(潮间带)面积1 005平方千米，沿岸有红树林0.27万公顷，居中国第二位。北部湾是一个丰富的油气沉积盆地，开发前景广阔。广西海岸线曲折，港湾众多，是中国大西南在大陆最南端的最佳出海处，现已建成防城、北海、钦州等沿海港口，2003年沿海主要港口货物吞吐量2 404万吨。

【经济概况】 2003年是贯彻落实党的十六大精神的第一年。全区各族人民在自治区党委、政府的正确领导下，以邓小平理论和“三个代表”重要思想为指导，以解放思想再讨论为动力，深化改革，扩大开放，在投资增量、工业增速、农业增收、出口增效等方面下足功夫，努力克服“非典”疫情和长期干旱等自然灾害带来的不利影响，国民经济实现快速增长，经济运行质量和效益创历史最好水平；各项社会事业全面进步，城乡居民生活水平稳步提高。2003年广西国内生产总值（GDP，当年价）为2 735.13亿元，按可比价格计算增长0.2%，成为“九五”时期以来快速增长的年份之一；人均GDP（按常住人口计算）5 969元，增长0.4%。全年财政收入341.42亿元，按同比口径计算，增长1.8%。

【海洋机构】 广西海洋机构基本框架是以海洋机构并入国土资源管理部门之中，自治区设国土资源厅(海洋局)，北海市、防城港市、钦州市分别设国土资源局(海洋局)，海洋执法机构设置为：中国海监广西壮族自治区总队、中国海监广西壮族自治区直属支队，中国海监北海市支队、防城港市支队、钦州市支队，中国海监合浦县大队、中国海监东兴市大队。

表1 广西壮族自治区沿海地区行政区划

沿海城市	沿海地带(按区、县分列)
北海市	海城区
	银海区
	铁山港区
	合浦县
防城港市	防城区
	港口区
	东兴市
钦州市	钦南区

表 2 广西壮族自治区海洋机构一览表

地 名	海洋管理机构	海洋执法机构
广西壮族自治区	自治区国土资源厅(海洋局)：海域管理处、海洋环境保护处	中国海监广西区总队、广西区总队直属支队
北海市	市国土资源局(海洋局)：海域管理科、海洋环境保护科	中国海监北海市支队、中国海监合浦县大队
防城港市	市国土资源局(海洋局)：海域管理科、海洋环境保护科，海洋环境监测中心，北仑河口国家级自然保护区管理处	中国海监防城港市支队、中国海监东兴市大队
钦州市	市国土资源局(海洋局)：海域管理科、海洋环境保护科，海洋环境监测中心，海洋研究开发中心	中国海监钦州市支队
广西壮族自治区	广西海洋监测预报中心	

海域使用管理
Management of Sea Area Use

【概况】 2003 年 4 月，广西海洋局组织召开了广西海洋管理工作会议。本次会议是 2000 年区直机关机构改革以来，召开的规格最高、规模最大的海洋管理专题会议。自治区党委副书记、自治区常务副主席王万宾出席会议并作了指示。会议总结了广西近年来海洋管理工作取得的成绩：认真贯彻实施《中华人民共和国海域使用管理法》，海域管理工作逐步规范化；海域使用金征缴、海域使用权拍卖、海籍管理试点取得新的进展，海洋功能区划工作取得突破性进展；海洋管理各项规章制度逐步完善；积极贯彻《中华人民共和国海洋环境保护法》，与国家海洋局共建了全国首支国家与地方共建的海监队伍，有力地推动了广西海监体系建设。会议还指出了广西的海洋管理工作存在的不足并提出了 10 项措施和对策：即稳步推进《海域法》各项制度的实施；开展海洋立法、建立健全各项配套制度；做好省际、县际海域勘界工作；建立海洋管理信息系统，提高海洋管理的科学化、现代化水平；开展和完成海洋有关方面规划编制工作；完善广西海洋环境监测预报体系；加强海洋自然保护区建设和管理；按照国家最新要求，规范广西海洋倾废管理制度；进一步强化海洋监察执法工作；组织实施好已开展的国际合作项目。

王万宾副主席在会上强调指出，广西今后应充分利用丰富的海洋资源，在认真做好海洋保护工作的同时，紧紧依靠科技进步，大力发展资源技术型和外向型的海洋经济，努力构建高质量的海洋产业经济体系，力争实现海洋保护与开发的“双赢”。王万宾还对广西今后的海洋管理工作提出了要求：要继续深入贯彻实施《海域使用管理法》和《海洋环境保护法》；实施海洋功能区划，确保海洋利用的科学化、规范化和合理化；进一步转变政府职能和管理方式，加强海洋管理队伍的建设；进一步做好海域勘界工作，保障海域利用的有序化；贯彻党的十六大提出的“实施海洋开发”战略，以可持续发展为基本目标，进一步研究海洋事业发展的问题等。

【海域使用管理配套政策建设】 自治区人民政府根据国务院办公厅《关于沿海省、自治区、直辖市审批项目用海有关问题的通知》(国办发[2002]36 号)文件精神，2003 年 2 月印发了《关于广西壮族自治区沿海各市县审批项目用海有关问题的通知》(桂政办发[2003]22 号)，规范了全区沿海市县项目用海审批权限。

自治区海洋局还组织起草了《广西壮族自治区海域使用申请报批暂行办法》、《海域使用会审制度》，其中《广西壮族自治区海域使用申请报批暂行办法》已印发执行；组织修订了已出台的《海域使用论证评审管理办法》、《海域使用权招标拍卖暂行规定》、《海域使用证年审暂行规定》等一系列配套制度。

【旧版海域使用权证书换证】 在自治区的统一指导下，根据国家海洋局的要求，沿海 3 市均通过当地报纸作媒体宣传、发布公告，开展旧版海域使用证的换证工作。经过全区各级海洋行政部门的努力，完成了各式旧版海域使用权证书换发工作。

【海域使用确权发证和海域使用金征缴】 为了全面贯彻实施《海域法》，2003 年，全区加快进行海域使用确权发证工作。钦州市海洋局根据市委、市政府“改善投资环境年”活动的要求，出台了《关于海域使用申请审批发证等有关问题的通知》，实行市、区、镇“三级”联动机制和限时办理制度。全区全年共发放海域使用权证书 1 004 本，海域使用确权面积 5 087.36 公顷，代征海域使用金 2 041.988 3 万元，年内海域使用确权面积超过往年的年度海域使用确权面积，征收的海域使用金总额超过全区 1994—2002 年征收海域使用金的总和。其中沿海 3 市上报自治区人民政府审批的用海项目 4 项，已批复同意用海的 3 项。

【历史遗留疑难用海问题整治】 2003 年，按照国家海洋局开展《海域法》及配套制度大检查的要求，全区各级海洋行政部门认真做好有关项目用海的协调工作，并通过当地报纸等媒体宣传、发布公告，努力解决历史遗留疑难用海问题，迎接国家海洋局对本区的检查。经努力，其中一些遗留问题已得到解决，防城港西湾跨海大桥用海手续已完善，已收取海域使用金 50 万元；防城港港务局 11 号、12 号码头用海问题也已解决，已收取海域使用金 374 万元；铁山港湾跨海特大桥用海问题也取得新的进展。

【海域使用招标、拍卖试点】 为进一步加强海域使用管理，探索和完善海域使用权出让新途径，2003 年，本区继续开展海域使用招标拍卖试点。2 月 26 日，北海市开展了该市首次海域拍卖活动，成功拍卖了 100 公顷海域的 3 年(养殖)使用权，拍出的海域使用费平均每年每公顷为 1 500 元，高出市政府出让价 450 元，比自治区确定的出让底价提高一倍。3 月 29 日，北海市又成功举办了一次海域使用权拍卖活动，6 宗总面积为 208 公顷的海域被 3 家竞买者分别竞得，拍卖价格均在每年每公顷 1 500 元以上，本次拍卖还创下了广西区海域使用权一次拍卖面积之最。通过拍卖活动，北海市每年增加征收的海域使用金有 20 余万元，还树立了群众对海域是国家所有和有偿使用的观念，同时也提高了海域开发的科技含量，淘汰粗放的养殖方式，加快养殖业的升级换代。

【海洋功能区划】 2003 年 1 月，广西海洋局配合自治区人民政府将《广西海洋功能区划》上报国务院审批。6 月，广西海洋局又根据国家海洋局转来的有关部门对《广西海洋功能区划》的修改意见，组织专家进行了研究，将修改意见上报自治区人民政府，自治区人民政府组织沿海 3 市和区直有关部门审查同意后，将修改后的《广西海洋功能区划》上报了国家海洋局。此后，自治区海洋局根据国家海洋局转来农业部关于《广西海洋功能区划》的意见，与自治区水产畜牧局又进行了一次专题研究，最终解决了《广西海洋功能区划》报批中的所有问题。

北海市、防城港市、钦州市也分别将市级海洋功能区划上报自治区人民政府审批。根据自治区人民政府的要求，自治区海洋局组织区直有关部门对 3 市的海洋功能区划进行了审查，再经沿海 3 市修改重报广西海洋局审核后，上报自治区人民政府审批。至 2003 年底止，沿海 3 市海洋功能区划均已获自治区人民政府批准实施。

【海域使用秩序整治】 全区积极实施海洋功能区划，对不符合海洋功能区划、用海秩序混乱的海域进行了重点整治，有效改善了海域使用秩序，保护了海洋生态环境，促进了海洋经济持续发展。

北海市 2003 年继续整治市区海域的禁养区、营盘、西村港海域，共开展了 6 次拆除行动，清理拆除违法和不符合海洋功能区划养殖 70 个，面积 217 公顷，木桩 20 000 多根，禁止作业的渔箔 20 所，清理海域面积 15 平方千米。钦州市先后完成了茅尾海 248 宗续期清理，清理了犀牛脚沙角、岭脚、大环部分用海，清理面积达 600 余公顷；专项清理了钦州市海水养殖场等养殖大户，清理面积达 530 余公顷；开展对茅尾海“死角”——四方沙的用海进行清理，把四方沙用海纳入管理范畴。10 月，钦州市组织力量对在龙门港军事码头所在的航道以及各个防风水鼓半径 200 米范围内的影响军事设施使用的渔排、蚝排进行搬迁，共搬迁养殖排 35 宗，解决了龙门海军部队长期以来无法解决的难题。防城港西湾海域的养殖热和淘矿热等不规范用海行为，造成了港口业与养殖业、淘矿业与港口业和养殖业之间矛盾尖锐，影响了西湾主导功能的发挥。为此防城港市市委、市政府组织力量对西湾用海秩序进行清理整治，从 3 月份开始，组织 10 次清理行动，出动了 4 000 余人次，22 艘船，清理整治了西湾近 3 000 公顷的海域。目前已完成第一期清理工作，清理范围达到了400余公顷，拆除43个养殖设施，抓获了4艘违法淘矿船，拆除8台淘矿设施。位于防城港市防城区江山乡的潭西海域，是养殖贝类、特别是中外闻名的南珠的理想场所。防城区海洋局加强对该海域的管理力度，采取实地测量，重新规划的方法进行全面整治，合理规划出养殖区、采捕区、航道区、预留区，对无证用海者限期办理用海手续，对在航道区和采捕区非法的养殖限期拆除。针对个别养殖户拒不执行政府的决定、逾期不办理用海手续、继续非法用海的情况，6月7日，防城区政府组织了政法、海洋、环保、水产、公安以及江山乡政府和潭西村委会，在中国海监第九支队和防城港市海洋局的协助下，联合对该海域进行清理整顿，共拆除了非法用海设施50余公顷。清理工作实现零阻挠、零上访的预期效果，使潭西海域的用海秩序已明显好转。

【海域使用论证】 2003年，本区重点抓了铁山港特大桥养护站填海项目、粤桂水产生态养殖围海项目、北海外沙岛东侧码头填海项目、钦州滨海公路项目等重大项目的海域论证工作。

【海域管理信息系统】 在国家海洋局成功开发海域管理信息系统的基础上，本区组织开展了该套系统在全区的应用研究。经多次协商，国家海洋信息中心专为本区开发了1∶5万的近岸海域电子底图，使海域管理信息系统在本区初步达到实用化的目标。2003年初，国家海洋局在本区举办了一期海域管理信息系统高级培训班，全区十多名海域管理信息系统应用人员参加了培训；下半年，又配合国家海洋局在北海市举办了全国海域使用管理信息系统建设研讨会。2003年底，全区沿海各级海洋行政主管部门都已推广使用了海域管理信息系统，初步完成了GIS系统的建设，所有的用海项目、海域使用管理的有关资料数据都及时录入了海域管理信息系统，实现了海域使用计算机化管理，提高了科学管理水平，推动了全区海洋管理工作的信息化进程。

【海籍管理试点】 钦州市作为国家的海籍管理试点，2003年，把龙门、尖山、犀牛脚镇定为海籍管理示范点，确定了专项经费。已完成103幅工作底图的电子扫描、1∶5万海籍接合图表，编好海籍编号900多宗，初步建立海籍档案1 000余宗。北海和防城港也积极开展海籍管理试点工作。北海市建立了海籍调查制度，对申请用海的项目，严格按照规定进行海籍调查和测绘，绘制宗海位置图和平面图。防城港市根据海域管理工作需要，出资18万元，购买了1台实时差分GPS，配合原有的2台“全站仪”，重新开展了全市海籍调查工作，采用拉网式的实地调查方法，各调查组深入到各个乡镇、村、养殖点进行调查，调查内容详细到具体用海户、时间、面积、用途、养殖方式、投资等情况，把海籍调查的有关资料进行登记造册，并运用海域使用管理系统进行管理，目前已完成了东兴市和防城区的海籍调查工作，港口区的海籍调查工作也即将完成。

【《海域法》及配套制度大检查】 《海域法》及配套制度执行情况大检查工作是国家海洋局部署开展的一项重要工作。为做好此项工作，广西海洋局在全区海洋管理工作会议上作了动员和部署，编制和印发了实施方案，成立了有自治区人大环资委参加的领导机构和两个检查组，沿海市县海洋局也成立了领导机构，做好动员工作，制定了工作方案。

按照国家海洋局的统一部署，2003年3～4月，全区海洋行政主管部门认真学习《海域法》和国家有关配套制度，检查有关法律、法规和制度在本地区的落实情况，对发现的问题边整边改。4月上旬，自治区海洋局派出检查组检查了自查进展情况。至5月中旬，沿海市、县基本完成了自查工作，并将自查结果报告自治区海洋局。在此基础上，形成了广西区的自查阶段工作总结，上报国家海洋局。7月，国家海洋局派出检查组对广西实施《海域法》的情况进行检查监督。广西的海域使用管理工作得到了检查组的高度评价。

【服务涉海重点建设项目】 自治区人民政府2003年重点推进全区重点项目的建设工作，其中有多项工程涉及海洋。根据自治区人民政府的要求，为配合国投北海电厂、广西沿海炼油项目、钦州电厂、沿海两个纸厂和拟建于防城港市企沙的千万吨炼钢厂等的建设，自治区海洋局按照职责分工，以积极的、务实的态度，在法律允许的框架内，认真高效地为项目建设做好服务工作。

【编制《广西海洋经济发展规划》】 《国务院关于印发全国海洋经济发展规划纲要的通知》(国发[2003]13号)要求沿海各省、自治区、直辖市人民政府根据《全国海洋经济发展规划纲要》制定本地区的海洋经济发展规划。自治区海洋局对此项工作非常重视，专题向自治区人民政府领导汇报了国家有关要求，并与自治区发展计划委员会就《广西海洋经济发展规划》编制工作进行了多次协商。8月，自治区海洋局联合自治区发展计划委员会经自治区人民政府同意印发了编制《广西海洋经济发展规划》的初步工作方案，初步部署了工作，并成立了规划编制组(领导班子)和规划编写组(工作班子)。9月，组织有关人员在沿海3市进行了区内调研。10月10日，国家发展和改革委员会、国家海洋局在青岛召开了“省级海洋经济发展规划编制工作座谈会”，广西壮族自治区派出代表参加了本次会议，会后及时将会议精神报告了有关领导，并就《广西海洋经济发展规划》编制问题提出了意见。 (黄飞波)

【广西海域勘界】 国家海洋局开展的省际间海域行政区域界线的勘定，广西壮族自治区共涉及2条，分别是广东省与广西壮族自治区间的“粤桂线”和广西壮族自治区与海南省间的“桂琼线”。2002年4月，国家启动了“粤桂线”海域勘界工作，技术承担单位为国家海洋局第三海洋研究所。2002年9月，国家海洋局第三海洋研究所完成了“粤桂线”海域勘界外业调查和内业分析以及报告编制等工作，并向国家海洋局提交了“粤桂线”海域行政区域界线草案和协议书。2002年10月至2003年，国家海洋局分别多次征求广东省和广西区人民政府关于“粤桂线”划界草案和协议书的意见。“桂琼线”海域勘界工作尚未开展。

由广西壮族自治区人民政府组织进行的广西县际间海域行政区域界线的勘定，全区共有6条：①防城港市防城区与东兴市间的“防东线”；②防城港市防城区与钦州市钦南区间的“防钦北线”；③防城港市港口区与钦州市钦南区间的“防钦南线”；④合浦县与钦州市钦南区间的“合钦线”；⑤北海市海城区与合浦县间的“海合线”；⑥北海市铁山港区与合浦县间的“铁合线”。广西海洋研究所为广西县际间海域勘界技术承担单位，2003年底完成了“防东线”海域勘界外业调查和内业分析以及报告编制等工作，向广西海洋局提交了“防东线”海域行政区域界线草案和协议书，广西海洋局将“防东线”海域行政区域界线草案和协议书，分别征求了防城区人民政府和东兴市人民政府的意见。此间还开展了“防钦北线”和“防钦南线”海域勘界的资料收集和部分外业调查勘测工作。 (满桂喜)

海洋执法监察
Ocean Supervision and Law-enforcement

【海监机构】 2003年2月16日，中国海监广西壮族自治区总队成立挂牌仪式在南宁举行。国家海洋局王曙光局长、广西壮族自治区人民政府王万宾常务副主席参加了挂牌仪式。中国海监广西壮族自治区总队是经国家海洋局和广西壮族自治区人民政府协商同意共建的首支省（区）级海监总队。此举标志着广西海监队伍的组建迈出了关键的一步。2003年12月30日，中国海监防城港市支队的成立，则标志着广西沿海3个地级市的海监机构的组建全部完成。截至2003年底，广西已组建成立了中国海监北海市、钦州市、防城港市支队，中国海监合浦县大队以及中国海监广西壮族自治区总队直属支队（即中国海监第九支队，一套人马、两块牌子），全区持证的海洋执法监察人员76名。

【海域行政执法监察】 2003年，全区共完成海域清理整顿面积达860余公顷，其中，北海市支队配合市海洋局对廉州湾和铁山港附近海域的养殖用海采取拉网式的方法进行检查，并对全市工程用海逐个进行了检查，完成清理整顿的海域面积300余公顷；防城港市支队配合市海洋局从2003年3月份起对防城港西湾海域进行清理整治、对潭西海域进行清理整治以及对茅尾海海域、牛路-沙螺辽海域的清理整顿，已完成清理整顿的海域面积450余公顷；钦州市完成清理整顿海域面积130余公顷。

2003年全区海洋执法监察活动主要以查处违法养殖用海为突破口，全面开展海域使用检查、整治行动。据统计，一年来，全区共开展比较大的海域使用专项执法行动15例。其中主要的专项执法行动有：

(1) 北海市海洋局、水产局和中国海监广西区总队直属支队对北海市区北岸附近海域40户44宗、面积167.1公顷的违法用海联合进行了执法监察。2003年元月9～21日对无任何用海手续的14户14宗、面积59.7公顷违法用海实施强制清理拆除。2003年4月1～22日对有水产养殖证但过期的16户16宗、面积63.1公顷违法用海实施了强制清理拆除。2003年9月1～22日对水产养殖证8月31日到期的10户14宗、面积44.3公顷违法用海设施进行了强制清理拆除。

(2) 2003年6月26日至7月5日，中国海监北海市支队对铁山港营盘附近海域进行了检查，发现2户2宗、面积24.8公顷用海不符合编制海洋功能区划的用海设施，于7月30～31日联合铁山港区人民政府及公安、边防、水产等部门实施了强制清理拆除。

(3) 中国海监北海市支队对银滩西区海滩涂违法建设的虾塘共37户56宗、面积90.7公顷，在充分做好调查取证工作的基础上，进行了立案查处，于9月1～15日实施了强制清理拆除。

(4) 防城港市海洋局从2003年3月份开始，在市政府的组织领导下，协同市水产局、环保局、财政局等单位先后开展了对防城港市西湾近3 000公顷海域的专项清理行动10余次，出动了4 000余人次、船舶20余艘次，目前已清理400余公顷，拆除43个养殖设施，查获违法淘矿船4艘、拆除淘矿设施8台。

(5) 对防城港市潭西海域进行专项清理。从2003年6月7日开始，在中国海监广西区总队直属支队的大力支持下，防城港市防城区海洋局联合司法、环保、水产等部门对潭西海域养殖用海进行了清理，共清理非法用海面积50余公顷。

(6) 对防城港市茅尾海海域进行整治。从2003年2月份起，防城港市政府联合钦州市政府对茅尾海海域进行了违法淘矿淘沙专项整治行动，两市海洋局(海监支队)、环保局、公安局、水产局等部门一起，累计出动1 000余人次，查处非法抽砂采矿船210余艘，查扣多次违法作案船只55艘，没收矿产品50余吨，并处以罚款5万余元。通过两次联合执法行动，茅尾海海域的整治已初见成效，违法采矿活动基本绝迹。

【海洋环境保护行政执法监察】 2003年，全区共开展海洋环境专项检查活动4次，执法1次。具体如下：

海洋倾废

(1) 基本情况。2003年，中国海监广西区总队直属支队共检查倾废项目24个，登检倾废船舶22艘次，发现违法倾倒行为3起，其中，无证倾倒1起，不到位倾倒2起，共作出行政处罚3件，案件都已执行完毕。在检查中发现主要问题有：一是一些倾废船不按许可证规定的倾倒区进行倾倒，二是有些业主未经许可无证倾倒。

(2) 主要执法行动。2003年5月份，中国海监广西区总队直属支队开展倾废专项检查行动。5月7～10日，中国海监广西区总队直属支队开展了“广西海域倾废专项检查行动”，对正在广西海域进行倾废作业的船舶进行全面的检查，共登检船舶4艘，发现不按许可证规定进行倾倒的行为2起。

(3) 典型案例。查处广西地矿工程建设发展中心无证向海洋倾倒废弃物一案。

2003年2月28日，中国海监广西区总队直属支队执法人员在广西钦州港巡航时，发现广西地矿工程建设发展中心在金鼓江跨海大桥工程建设的施工中将桥墩基槽开挖产生的钻渣和泥水浆倒入海中。经查，该单位在施工中没有办理废弃物倾倒普通许可证，其行为违反了《中华人民共和国海洋环境保护法》第55条的规定，执法人员责令其停止违法向海洋倾倒行为，并作出罚款的行政处罚。

海洋生态保护

(1) 基本情况。2003年，全区各级海监机构开展了1次海洋生态保护监督检查，检查重点是北仑河口和山口红树林保护区。在检查中发现的主要问题有：一是保护区内围塘养虾的情况较为突出，二是保护区的管理力量太单薄，对保护区内的管理难以控制。

(2) 主要执法行动：①对广西海域红树林保护区进行专项检查。2003年5月上旬，中国海监广西区总队直属支队对防城港市北仑河口红树林保护区进行检查，发现在保护区范围内存在严重的违法养殖行为，检查发现保护区核心区范围内有围塘养殖 86 户、面积 80.2 公顷，在缓冲区范围内有围塘养殖 93 户、面积 147.6 公顷；②对北海正五海产品加工厂污水处理设施和排海污染物进行检查。2003 年 6 月中旬，中国海监北海市支队对北海正五海产品加工厂污水处理设施和排海污染物检查 1 次；③对国家级北海银滩旅游度假区海域海水水质进行检查。2003 年 8 月上旬，中国海监北海市支队会同北海市海洋环境监测预报中心对国家级北海银滩旅游度假区海域海水水质情况进行了检查。

【海洋执法监察人员培训】 2003 年 9 月份，中国海监广西壮族自治区总队联合中国海监南海总队在广西钦州市举办了一期“海洋执法监察人员上岗培训班”。参加培训人员 33 人。参加培训人员全部通过了考试，合格率 100%。 （覃立团）

海洋公益服务
Marine Public Welfare Service

【海洋环境监测及机构建设】 2003 年，在继续开展以海水、海洋沉积物和海洋生物质量为主要内容的海洋环境质量趋势性监测的基础上，加强了陆源排污监督监测、重点海水浴场、海洋自然保护区等海洋功能区的监测力度。在北海涠洲岛赤潮监控区实施了高密度、高频率监测。监测结果表明，本区管辖的大部分海域环境质量基本保持优良状态，绝大部分海域为清洁海域和较清洁海域；近岸海域各功能区的海水水质能满足其使用功能的要求；海域的海洋沉积物、海洋生物质量基本保持良好状态；海水浴场环境状况总体良好；海洋自然保护区内的珍稀濒危物种和生态环境得到有效保护。在涠洲岛海域发现一起赤潮，但经济损失不大。

在加强广西海洋监测预报中心建设的基础上，积极推进市级海洋监测机构的建设。截至 2003 年，沿海的北海、钦州、防城港 3 市已全部建立了海洋环境监测站。

【海洋倾废管理】 制定了《广西海洋倾废管理实施办法》，明确了有关单位的职责分工和相关制度，完善了收费的有关手续和管理监督机制。

【海洋公益服务】 广西海洋监测预报中心认真做好海洋预报和防灾减灾工作，通过广西电视台、北海市电视台、北海市人民广播电台等媒体，发布广西沿海、北部湾及周边海域每天的海浪、潮汐、海温等海洋环境预报；完成《广西沿海海洋灾害年度预测》意见和 5 月大潮预报，及时送报广西区和沿海政府防汛指挥部及有关服务部门；在第 7 号、8 号、12 号台风影响广西沿海时，进行跟踪监视预报，及时向各级政府和防汛指挥部门发送了台风风暴潮、大浪的警报和紧急警报的预报。

【防城港红树林保护示范区被列为“国际红树林示范区”之一】 2003 年，经过北仑河口自然保护区和广西红树林研究中心等单位的共同努力，“防城港红树林保护示范区”项目被列入 UNEP/GEF 资助的“扭转南中国海及泰国湾环境退化趋势项目”中 3 个“国际红树林示范区”之一。12 月，美国海洋与大气局官员访问山口红树林保护区，讨论合作交流的相关事宜。 （梁 群）

海洋资源开发与海洋经济
Development of Marine Resources and Marine Economy

【滨海旅游】 2003 年，广西北海、防城港、钦州 3 个滨海城市共接待入境旅游者 3.20 万人次，同比下降 59.7%；旅游外汇收入 594.07 万美元，同比下降 56.5%；国内旅游人数 618.55 万人次，同比下降 7.2%；国内旅游收入 24.34 亿元，同比下降 11.3%；旅游总收入 24.83 亿元，同比下降 13%。但是，各沿海市政府仍然把发展滨海旅游业作为大事来抓，积极加紧打造滨海旅游的良好基础。在旅游规划和项目建设方面，北海市，北海银滩旅游区(中区)改造一期工程规划设计通过专家评审；北海银滩旅游区(中区)恢复自然植被、拓宽道路、修建步行道等工程、北海大道西延线和美景路工程、外沙海鲜岛改造一期工程等已完成。防城港市，江山半岛旅游度假区总体规划初稿完成；防城港至越南下龙湾海上高速客运航线开通；京岛旅游区商品一条街、十万大山森林公园云雾山庄、商品市场、止山步道等完工。钦州市，《三娘湾旅游区总体规划》初步方案完成并投入 1 000 余万元建成了景区道路、沙滩广场、海滨浴场、停车场等设施，总投资 4 500 万元的七十二泾松飞岭旅游度假区正式开工建设。

“非典”疫情缓解后，沿海各市加大旅游促销活动。北海市举办“拥抱大海，浪漫北海之旅”和外沙海鲜岛的“中国蛋家风情欢乐月”等主题宣传。防城港市举办首届“十万大山森林旅游节”、“车行山水——广西中越边境公路旅游带”巡游宣传活动；向全国发行《防城港之旅》宣传册子。钦州市举行“三娘湾首届艺术节”和“三娘湾首届海歌擂台赛”；邀请《广西日报》等 10 余家媒体对三娘湾进行整体宣传；在南宁国际民歌节期间，播放钦州旅游风光片，散发宣传资料，开展旅游咨询等活动。同时，各沿海市加大了旅游市场管理力度。北海市查处在银滩浴场等地非法“陪游”、争夺地盘和敲诈勒索等行霸行为，安装了 A 版 IC 卡导游管理系统，实行导游员、旅行社违规公示制度。防城港市制订了《具备中越边境旅游业经营权的旅行社在防城港市设立营业部的暂行规定》，加强旅游业管理；出台《防城港市讲解员的管理暂行规定》，发放近 4 万份《游客须知》，增加游客的防范意识。钦州市加强旅行社的管理工作，对旅行社进行业务年检和考评。（廖燕玲）

【港口与运输】 2003 年，全区沿海港口建设完成投资 22 539 万元。港口主要建设项目有防城港 11、12 号泊位工程、防城港 20 万吨码头及配套航道、防城港 5 万吨级进港航道扩建工程、钦州港二期工程、钦州港中山码头二期工程、钦州港 3 万吨级进港航道。全区沿海港口完成货物吞吐量 2 404 万吨，比上年增长 17.3%，其中，防城港完成货物吞吐量 1 320 万吨，再创历史新高，比上年增长 8.22%；钦州港完成货物吞吐量 263 万吨，比上年增长 29.97%；北海港完成货物吞吐量 433 万吨，比上年增长 38.91%。

全区沿海(外贸)运输船舶 181 艘、8.87 万载重吨、3 066 客位，分别为 2002 年的 64.18%、164.1%、94.6%，完成客运量 43.2 万人、旅客周转量 4 181 万人千米、货运量 123.9 万吨、货物周转量 55 938 万吨千米，分别为 2002 年的 87.27%、84.65%、92.6%、145.6%。沿海客运以本区沿海港口城市与海南海口间陆岛运输为主。全区远洋运输船舶 143 艘、8.8 万载重吨、完成货运量 131 万吨，货物周转量 69 653 万吨千米，分别为 2002 年的 102.27%、98.21%。（赵 瑛）

广西壮族自治区沿海地区 2003 年主要社会经济指标见表 3 和表 4。

表 3 广西壮族自治区人口及从业人员情况

单位：万人

地区名称	年末总人口		社会从业人员	
		非农业人口		单位从业人员
沿海地区合计	562.36	208.39	321.41	21.07
北海市	146.77	139.99	84.18	5.48
海城区	25.26	20.76	8.68	—
银海区	12.99	2.05	6.36	—
铁山港区	15.69	2.03	—	—
合浦县	92.80	18.25	46.57	3.64
防城港市	78.85	30.75	43.25	5.40
港口区	—	—	—	0.19
防城区	36.56	—	—	1.60
东兴市	10.40	8.20	5.25	0.60
钦州市	336.74	37.65	193.98	10.19
钦南区	55.28	16.05	—	1.40

表 4 广西壮族自治区沿海地区国内生产总值、工农业总产值

单位：亿元

地区名称	国内生产总值					工业总产值	农业总产值
		第一产业	第二产业	工 业	第三产业		
沿海地区合计	367.57	128.03	103.99	81.41	134.65	137.27	216.20
北海市	140.45	39.08	42.82	33.29	58.24	55.08	72.39

续 表

地区名称	国内生产总值					工业总产值	农业总产值
		第一产业	第二产业		第三产业		
				工 业			
海城区	18.15	5.21	4.21	4.12	8.73	16.89	10.14
银海区	13.37	6.84	3.60	3.20	2.93	11.43	12.23
铁山港区	9.48	4.37	2.99	2.78	2.12	8.80	11.04
合浦县	55.83	21.54	16.86	15.07	17.42	47.69	22.99
防城港市	71.79	19.95	24.00	19.12	28.03	51.09	32.79
港口区	0.09	0.12	3.14	2.31	—	3.67	7.93
防城区	19.08	7.98	6.63	6.03	4.47	7.93	—
东兴市	11.00	4.00	3.00	2.52	3.99	6.60	3.93
钦州市	155.33	69.00	37.17	29.00	48.38	31.10	111.02
钦南区	29.79	18.94	5.04	4.35	5.82	15.49	31.52

（杨　菲）

海　南　省
Hainan Province

综　述
Summary

【行政区划】　海南省到2003年底设8市10县1区和1个办事处。即：海口市、文昌市、琼海市、万宁市、三亚市、东方市、儋州市、五指山市、澄迈县、临高县、昌江黎族自治县、乐东黎族自治县、陵水黎族自治县、琼中黎族自治县、保亭黎族自治县、白沙黎族自治县、屯昌县、定安县、洋浦经济开发区、西南中沙办事处。其中，海口市、三亚市和洋浦经济开发区为地厅级，其余的为县处级。原琼山市于2003年1月1日经国务院批准撤消，琼山市区划与海口市合并。沿海市县有海口市、文昌市、琼海市、万宁市、陵水黎族自治县、三亚市、乐东黎族自治县、东方市、昌江黎族自治县、儋州市、临高县、澄迈县、洋浦经济开发区和西南中沙群岛办事处（见表1)。

表1　2003年海南省辖沿海市县行政区划一览表

沿海地级市或经济开发区	沿海县级市	沿海县或办事处	沿海自治县
海口市、三亚市、洋浦经济开发区	文昌市、万宁市、琼海市、东方市、儋州市	澄迈县、临高县、西南中沙群岛办事处	乐东黎族自治县 陵水黎族自治县 昌江黎族自治县

海南省辖区虽然陆域国土面积小，但海洋国土面积较大。按《联合国海洋法公约》的规定和我国的主张，海南省管辖的海域约200万平方千米，是全国唯一经全国人大授权管理海域和管辖面积最大的省份。

【海洋自然概况】　海南省自然环境优越，属典型的热带海洋气候，全年暖热，雨量充沛，偶有台风。海洋水文要素变化不大。2003年，海南岛近岸海域平均表层水温为26.9℃，表层海水盐度与多年平均值持平，实测平均海洋波高为0.8米（1/10大波高)，平均潮高12厘米(榆林76基面)，比2002年略有上升，年最高潮位199厘米，年平均潮差120厘米。西沙群岛附近海域平均表层水温为28.2℃，表层海水盐度与往年比变化不大，实测平均海浪高1.2米。南沙群岛附近海域平均表层海水温度为28.9℃，表层海水盐度与往年比变化不大，海浪平均波高为1.3米。海南省沿海海平面比常年平均海平面高89毫米，比2002年平均海平面高20毫米。2003年海南省所辖外海海域水质均符合国家一类海水水质标准，全部为清洁海域。绝大部分近海海域的水质优良，仅有部分港湾、江河入海口邻近海海域和入海排污口附近海域的水质超国家一类海水水质标准，局部区域超国家二、三类海水水质标准。外海、近海和近岸海域的海洋沉积物测值均符合国家海洋沉积物质量标准（GB18668-2002）中的一类标准，沉积物环境质量状况优良。海洋生态系统状况良好。西沙、中沙和南沙珊瑚礁生态系统得到较好保护，各种非法炸鱼、采挖珊瑚礁烧制石灰的行为明显减少，海南岛近岸珊瑚礁生长环境得到初步的恢复。红树林是海南岛典型的生物海岸的重要生态系，面积达4 300公顷。2003年监测结果表明，清澜湾的红树林沿岸海域，水质好，基本符合国家一类海水水质标准，东寨港红树林海域水质劣于国家一类海水水质标准。

海南岛周边海域有海草分布，目前已发现海草床多处，有两处较大的分别为2.5平方千米和2.3平方千米。主要种类有喜盐藻、海菖蒲、泰莱草、二药藻等4种。

潟湖生态环境没有发现异常，除老爷海、红沙港局部海域受到一定的污染外，海南岛沿岸大部分潟湖区海洋生态环境状况保持良好。

【海洋机构】　2003年，海南省海洋机构随着行政区划的变化，逐步完善。除原琼山市撤消，并入海口市外，其余沿海市县海洋机构维持现状。海口市人民政府根据社会经济发展的需要，于5月设立正处级海洋管理机构——海口市海洋与渔业局。原琼山市海洋与渔业局自然撤销，编制人员划归海口市海洋与渔业局管理和安排。原海口市国土海洋资源局管理海洋的政府行政职能和人员，全部划转海口市海洋与渔业局。至此，海南全省除西南中沙群岛办事处外，均建立海洋与渔业局，负责管理海洋与渔业的政务。机构名称及级别详见表2。

表2　海南省沿海市县海洋机构一览表

厅级海洋管理机构	处级海洋管理机构	科级海洋管理机构
海南省海洋与渔业厅	海口市海洋与渔业局 三亚市海洋与渔业局 洋浦经济开发区海洋与渔业局	文昌市海洋与渔业局 琼海市海洋与渔业局 万宁市海洋与渔业局 陵水黎族自治县海洋与渔业局 乐东黎族自治县海洋与渔业局 东方市海洋与渔业局 昌江黎族自治县海洋与渔业局 儋州市海洋与渔业局 临高县海洋与渔业局 澄迈县海洋与渔业局

【海洋立法】　2003年海南省海洋立法工作进展顺利。省人大已将《海南省实施〈中华人民共和国海域使用管理法〉办法》和《海南省海岛保护与利用管理办法》列入本省人大五年立法规划。省法制办已将《实施〈中华人民共和国海域使用管理法〉办法》列入2004年立法计划，2003年6月完成《海南省海域使用管理办法》有关条款的调整和修订，7月6日省政府颁布实施。在此基础上制订了《海南省海域使用金征收管理办法》和《海南省海域使用金征收项目与标准（暂行）》等配套制度。此外，还组织拟定了《三亚国家级珊瑚礁自然保护区管理办法》（初稿）。

海域使用管理
Management of Sea Area Use

【概况】　2003年，海南省海域使用管理工作逐步规范化、制度化，有效地开展海洋功能区划、全省县际海域勘界，依法开展海域使用审核、审批、用海确权、发证、海域使用金征收、海域管理示范区建设、海岛管理与海底电缆管道管理等工作。海南省海洋功能区划已通过省政府审定，并报国务院批准。无居民海岛保护与开发管理规定出台后，海南省全面开展对无居民海岛的调研工作，并拟定了《海南省无居民海岛保护与开发实施细则》。三亚市作为全国海岛开发管理试点单位，先后进行了对无居民海岛开发情况调研，拟定了海岛资源使用开发规划和地方性海岛开发管理规定等。

【海域使用管理】　2003年，海南省海域使用管理严格按照国家和海南省的海域使用管理法规，对三亚坎秧湾海洋旅游开发海域使用等4个项目进行论证和评审；对海口秀英港区旅游船临时靠泊点码头工程等3个项目提出审核意见，报请省政府审批，并按权限、程序审核一批海域使用项目。2003年全省批准海域使用确权发证项目96宗，批准海域使用面积239.54公顷，征收海域使用金202.86万元，其中，养殖项目84宗，征收海域使用金13.29万元；电缆管道2宗，征收海域使用金7.59万元；港口码头4家，征收海域使用金36.37万元；围填工程1宗，征收海域使用金125.6万元；旅游用海1宗，征收海域使用金48.77万元；其他用海1宗，征收海域使用金12.4万元。

【海域勘界】　2003年，海南省县际海域勘界试点工作进展顺利，3～5月，沿海市县先后成立了海域勘界工作领导小组。县际海域勘界试点先行工作于琼海与万宁两市间进行。经过调查研究，认真协调，并参照县际历史界线，万宁和琼海市政府在2月分别签署了《海域行政区域界线协议书》。之后，5月底按照全国海域勘界档案管理规定的要求，经海南省海域勘界领导小组同意，成立了由海南省海域勘界办公室、海南省海洋与渔业厅和海南省档案局共同组建的海南省海域勘界档案办公室，承担全省海域勘界档案管理工作。

全省海域勘界试点工作在海南省海域勘界领导小组办公室和有关市县的努力下，于12月中旬完成了儋州和昌江、昌江和东方、东方和乐东、三亚和陵水等市县海域勘界协议书的签署工作。

海洋环境保护
Marine Environmental Protection

【概况】　2003年，海南省海洋环境保护工作紧密结合生产实际，开展高位池养殖废水的监督管理、海洋倾倒管理、海洋工程建设项目的管理、赤潮防治、海洋环境监测、海水浴场的监测预报等方面的工作。

近几年来，海南省高位池养虾业发展较快，高位池养殖废水的处理排放问题，成为社会关注的热点。对此，海南省海洋部门在进行全面调查掌握基本情况后，选定 7 个比较有代表性的高位池养殖密集区进行高位池养殖排放废水的监测。在编写《高位池养殖环境状况调查报告》后上报省政府的同时，组织有关专家对 2 处高位池养殖点开展养殖废水处理的试验。

2003 年，海南省海洋倾废管理工作进一步得到加强。在对海口、马村、八所、洋浦、三亚和清澜等海洋倾废区实施监督管理的同时，认真执行海洋倾废管理规定，积极开展倾倒期间的跟踪监测和管理服务工作。全年签发海洋倾倒许可证 5 张，批准倾倒三类疏浚物 28.16 万立方米。

2003 年，针对涉海工程建设项目的环境保护情况，海南省突出抓好两个方面的工作。一是加强对海洋工程建设项目对海洋环境影响的监管，全年对 8 项涉海工程建设项目认真履行了海洋环境保护审查手续，其中，涉海旅游开发 4 项，渔港码头建设项目 2 项，其他 2 项。二是制定了“海南省渔业港口环境整治工作方案”，对全省主要渔港环境进行整治，改善了渔港环境状况。

2003 年，海南省加大海洋赤潮防治的力度，赤潮监控区和赤潮应急监控有条不紊的开展。陵水县新村港再次被确立为国家海洋局赤潮监控区。根据监控方案要求，有效对新村港日常监视、定期监测与赤潮应急处置进行周密的安排，各项监测监视工作按预案完成，共发布赤潮监控通报 11 期。1 月下旬至 2 月上旬，文昌市翁田镇近岸海域发生小面积赤潮，省海洋主管部门会同文昌市海洋与渔业局迅速启动赤潮应急响应体系，使赤潮未造成明显灾害损失。

2003 年，海南省海口假日海滩、三亚亚龙湾海水浴场被国家海洋局列入统一监测预报的重点浴场。海南省海洋管理部门积极组织人力物力，按方案要求实施监测，较好地完成了各项任务。从 5 月 1 日起，CCTV-1 如期报告全国主要海水浴场环境预报。预报半年来的数据显示，三亚亚龙湾海水浴场水质指标名列前茅，是目前全国水环境最健康的海水浴场之一。

【海洋灾害及防御】 2003 年，海南省发生的海洋灾害有巨浪、风暴潮、高潮、赤潮和海上溢油等灾害。

巨浪灾害 2003 年南海的巨浪日数共有 65 天，其中，热带气旋（热带风暴及以上级别，下同）影响产生的巨浪日数为 19 天，因冷空气影响产生的巨浪日数为 46 天。夏秋季产生巨浪的影响因素主要为热带气旋，冬春季产生巨浪的影响因素主要为冷空气。2003 年严重影响或登陆海南岛的热带气旋有 0307 号台风“伊布都”、0308 号强热带风暴“天鹅”、0312 号台风“科罗旺”和 0320 号台风“尼伯特”。

风暴潮灾害 2003 年度海南岛沿岸出现三次明显的风暴潮增水过程，但实测水位均没有超过警戒水位，均未造成明显灾害损失。

由 0312 号台风“科罗旺”引发风暴潮，海口秀英海洋站 8 月 25 日 11 时实测最高潮位 124 厘米（榆林 76 基面），实测最大增水 194 厘米。

由 0307 号台风“伊布都”引发风暴潮，7 月 24 日 06 时海口秀英海洋站实测最高潮位 124 厘米（榆林 76 基面），实测最大增水 127 厘米。

由 0320 号台风“尼伯特”引发风暴潮，三亚 11 月 18 日 09 时实测最大增水 50 厘米。

罕见高潮潮灾 受天文大潮及冷空气的影响，11 月 26 日晚至 27 日凌晨，海南岛北部儋州市至临高县沿海出现历史罕见高潮位，超过当地警戒水位。沿海 7 个乡镇严重受灾，受灾人口 3.2 万，潮水淹没农田 100 公顷，养殖池塘 286.67 公顷，摧毁堤坝和村道约 2 千米，损坏渔船 2 艘，多处房屋进水，直接经济损失 2 000 余万元。

赤潮灾害 2003 年海南省管辖海域发生一次赤潮。1 月 25 日至 2 月上旬，文昌市翁田镇近岸海域发生赤潮，赤潮优势种为球形棕囊藻，赤潮面积约为 24 平方千米。由于发现及时，监控预防措施得力，本次赤潮未造成明显的灾害损失。

溢油灾害 2003 年海南省海域发生 2 起溢油事件。4 月 4 日，在三亚市附近海域，广州远洋运输公司的“沙河口”号轮在三亚海域施工过程中，出现生产事故，沉没溢油，持续溢油 3 天，溢油没有扩散，对失事附近海域未造成严重的环境影响。6月10日晚9时，在儋州市洋浦湾干冲渔港码头附近海域，儋州市干冲油库擅自向海洋排放冲洗油库产生的大量油水混合物，导致渔港码头附近海域受到污染，污染海域面积0.06平方千米。

2003年，海南省沿海受海洋灾害袭击较为频繁，有0304号“莲花”、0305号“浪卡”、0308号“天鹅”、0307号“伊布都”、0312号台风“科罗旺”、0313号台风“杜鹃”等6个热带气旋袭击南海，其中影响海南省的有3个，分别为：0308“天鹅”、0307号“伊布都”和0312号“科罗旺”等台风和热带气旋，有关部门预报准确、及时，海南省海洋预报台准确及时发布了巨浪、高潮风暴潮警报，为沿海市县预防海洋灾害提供科学依据，减少了海洋灾害的损失。

海洋行政执法
Marine Administrative Law-enforcement Work

【概况】 2003年，海南省海洋主管部门及下属单位，采取得力措施，加强海上行政执法活动，有效地保护了海洋环境资源和海上生产秩序。

海南省海洋与渔业厅主动配合中国海监总队、中国海监南海总队积极开展“海盾2003”执法行动，对三亚大东山养殖公司违法围填用海、违法养殖用海进行查处。并先后对三亚蜈岐洲岛旅游公司违法用海、儋州市白马井渔港项目违规填海用海、洋浦经济开发区违规审批海域等进行查处。

为更好地保护海洋生物资源和水生野生保护动物，海南省海洋与渔业厅组织专项执法行动，强化对海洋渔业资源的管理。全省统一行动，分别于6、9、10三个月份在全省范围内开展打击非法经营水生和野生动物行为行政执法活动。据统计，在3次专项行政执法活动中参加执法检查人员达1 013人次，共查获非法经营国家重点保护水生、野生动物1 218只，其中，活体花鳗鲡20尾，海龟184只，玳瑁1只，玳瑁标本6个，冠螺制品380个，虎斑宝贝627个，罚款11.1万元。

2003年，海南省先后组织海上巡逻执法931航次，参加海上执法人员6 499人次，在海上执法检查1 093天，查处禁渔区线内违规生产渔船7 546艘(次)，查获“三证不齐”渔船393艘(次)。全年共查处炸、电、毒鱼案件126宗，没收鱼炮382个，炸药195千克，雷管429个，罚款10.21万元。

此外，三亚国家级珊瑚礁自然保护区和大洲岛国家级海洋生态自然保护区也积极开展海上行政执法活动。

三亚国家级珊瑚礁自然保护区海上巡逻监察达1 313次，检查和驱赶违规进入海区作业船只149艘，教育违规人员达437人次，没收各种网具、钓鱼杆、潜水服、潜水镜等一批；清理违规进入鹿回头湾保护区海域用笼诱捕鱼的作业区3片共2公顷；清除违规进入鹿回头湾保护区海域种养麒麟菜13.33公顷；针对保护区大东海海域夜间小渔船季节性违规入区作业行为，保护区管理处制定整治方案，联合各有关单位进行打击；成功阻止了新海洋国际潜水俱乐部未经保护区批准，试图进入保护区鹿回头湾海域经营潜水旅游项目以及“扬帆一号”旅游船违规进入保护区大东海海域拍摄电影的行为。

国家级万宁大洲岛海洋生态自然保护区根据实际也积极开展巡逻执法，有力地打击炸、电、毒鱼、乱砍乱伐、乱搭乱建等违法行为。全年共制止上岛乱建棚屋10人次，制止上岭砍柴6人次，处理违规渔船35艘次，教育违规入区人员近100人次，较好地维护了保护区的秩序。

海洋公益服务
Marine Public Welfare Service

【概况】 2003年，海南省海洋公益服务紧紧围绕着科学利用海洋资源，持续发展海洋经济的宗旨，有计划有组织地开展海洋环境监测、海洋渔业环境监测、海洋环境预报、赤潮监控区水环境监测、海洋灾害预报、海水浴场监测预报等工作，为发展海洋经济提供科学依据；同时，先后完成编制发布《2002年海南省海洋环境状况公报》、完成南沙群岛永暑礁等8个海洋观测站每天定点、定时的海洋水文基本要素的观测及发报观测结果、高位虾池养殖区专项监测、赤潮、沉船溢油监测等日常性和应急性海洋环境监测工作。

【海洋环境监测】　2003 年，海南省海洋监测预报中心从生产实际出发，针对海南岛沿海养殖业的发展引发的海洋环境污染，积极开展重点港湾、渔业、水域环境、陆源排污口、赤潮监控区等海区的环境监测。对洋浦、三亚、清澜等 12 个重点海域进行 1 个航次、80 个水质站位的海洋环境控制性监测。航程 4 780 千米，发布通报 13 份。对三亚、陵水新村等 12 个渔业水域，72 个站点进行环境监测，编制了 13 份沿海渔业区域环境通报。对陵水海富对虾养殖基地进行 34 次高位虾池养殖废水排放与附近海域 19 个站位水质监测，编制监测通报 1 份。加强对海口湾水域环境的监控，对海口市秀英工业排污口、海口市龙昆沟口和海口市污水厂深海排污口附近海域水质进行 3 个航次、16 个水质站位的监测，获取实测数据 450 个，编制了 9 份海洋监测通报。

【海洋环境预报】　2003 年，海南省海洋预报台与时俱进，认真开展南海区海洋环境、海洋灾害、南海区海洋中长期预报和近海海洋环境试报工作。全年按时接收和分析各类海洋、气象资料 11 000 份，分析绘制天气图 1 460 件，制作发布南海区海洋环境预报 3 650 份，海浪预报图像 365 份，发布南海区旬报 36 份。及时发布了对海南省影响的热带气旋 0308 号“天鹅”、0307 号“伊布都”和 0312 号台风“科罗旺”所引发的巨浪、高潮和风暴潮灾害的预报、警报。此外，在完成南海区海洋环境中长期预报的同时，开展对近海海洋环境的试报工作。先后完成对海口市假日海滩、三亚市亚龙湾、东方、莺歌海、博鳌和洋浦共 6 站近海海浪试报，发出预报 2 190 份，预报准确率达 90%以上。

【海洋自然保护区管理】　2003 年，在海南省辖区内的三亚国家级珊瑚礁自然保护区和万宁大洲岛国家级海洋生态自然保护区，管理工作随着管理体制明确，各方面的工作顺利开展。2003 年 7 月，省海洋与渔业厅分别选派的海南三亚国家级珊瑚礁自然保护区管理处和海南万宁国家级大洲岛海洋生态自然保护区管理处负责人到位，两个保护区管理处作为海南省海洋与渔业厅直属单位履行保护区管理职能。

海南万宁大洲岛国家级海洋生态自然保护区管理处在加强海上巡视管理的同时，设立了陆上办公场所，加强大洲岛上临时居住人员的登记注册管理，开展岛上的卫生整治和编制了保护区发展规划等工作。

海南三亚国家级珊瑚礁自然保护区管理处在加强自身建设的同时，进一步完善了各保护站日常管理的措施、方法和制度，积极开展区内巡视执法，先后完成了《三亚国家级珊瑚礁自然保护区管理工作检查评估报告》、《三亚国家级珊瑚礁自然保护区保护与开发情况报告》、《三亚国家级珊瑚礁自然保护区生物物种资源保护工作汇报》等，为进一步加强该保护区的管理提供了依据。

【渔业资源增殖保护】　为了恢复和改善海南岛沿海渔场的生态环境，促进海南省渔业的可持续发展，2003 年海南省海洋与渔业厅投入资金 25 万元，建造重约 3.5 吨的钢筋水泥混凝土方形沉箱式的人工鱼礁 25 个，投放在三亚市双扉石一带海域。同时在附近海域放流体长 3～5 厘米的深海优质鱼类种苗红鳍笛鲷 1.5 万尾。

海洋资源开发与海洋经济
Development of Marine Resources and Marine Economy

【概况】　近 10 年来，由于省委省政府的重视，海洋及其资源逐步为海洋产业的发展提供资源保证，海南省海洋经济得到长足推进，有力地推动沿海城乡社会的进步和经济发展(详见表 3)。2003 年，全省海洋经济总产值达 249.1 亿元，其中，海洋水产总产值达 112.59 亿元、港口和海洋交通运输业产值达 16.7 亿元，滨海砂矿开采业产值达 2.06 亿元、滨海旅游业收入达 93.6 亿元。海洋油气工业产值 14.989 亿元、海盐业产值 0.753 亿元、修造船业和其他产业约 1 亿余元。其资源开发利用情况详见表 4。

【海洋渔业】　2003 年，海南省海洋与渔业系统和全省渔民及渔业企业，坚持“三个代表”重要思想，紧紧围绕渔业增效、渔民增收，促进渔业经济持续发展的主线，加大工作力度，采取有效措施，克服非典疫情及对虾种质退化等不利因素，有效地推动全省渔业经济的发展。2003 年，全省海洋水产品总产量达 104.51 万吨，渔业总产值 112.59 亿元，增长 12.4%；渔业增加值 67.76 亿元，增加 5.87 亿元，增长 10.36%；渔民人均收入为 5 649 元，增长 6.7%。

海洋捕捞 2003 年，海南省进一步调整优化捕捞作业结构，大力扶持龙头企业组建大型捕捞船队，带动群众渔业向外海发展，有组织有计划新增一批企业渔船，开赴南沙渔场生产。2003 年，海南省海洋捕捞生产渔船达 14 453 艘，其中赴南沙渔场生产的渔船达 183 艘。渔船捕捞作业方式主要有拖、围、刺、钓等。捕捞生产虽受“非典”疫情影响，但生产成效显著。全年海洋捕捞产量达 89.6 万吨，同比增长 13.5%，产值 60.6 亿元，同比增长 14.2%。

水产养殖 2003 年，海南省水产养殖产量达 31.2 万吨，其中，海水养殖产量 14.95 万吨，淡水养殖产量 16.28 万吨，分别比 2002 年增长 15.4%和 7.3%。全省水产养殖面积达 6.22 万公顷，其中，海水养殖面积 1.67 万公顷，淡水养殖面积 4.55 万公顷，养殖品种有罗非鱼、甲鱼、青蛙、罗氏沼虾、攀鲈鱼、鳗鱼和四大家鱼、南美白对虾、斑节对虾、龙虾、青蟹、石斑鱼、军曹鱼、紫红笛鲷、卵圆鲳、河豚、文蛤、牡蛎、鲍鱼、贻贝、扇贝、珍珠、江蓠、麒麟菜等。海水养殖产量居前三位的是南美白对虾 8.7 万吨、江蓠 1.9 万吨、牡蛎 0.9 万吨。2003 年，全省水产养殖产值为 44.35 亿元，占渔业总产值的 41%，其中，海水养殖产值 29.95 亿元，淡水养殖产值 12.8 亿元，水产苗种产值 1.62 亿元。

2003 年，海南省水产种苗场发展到 637 家，其中，对虾苗场 451 家，当年育苗水体 19.8 万立方米，年育苗 213.9 亿尾；鲍鱼育苗场 57 家，年育苗量 3 519 万粒；淡水鱼苗场 129 家，孵化鱼苗 49.7 亿尾，其中罗非鱼 16.2 亿尾。

水产品加工及贸易 2003 年，海南省水产品加工业、贸易发展势头强劲，加工规模增大，品种增多，质量档次提高，销售市场逐步扩展，初步形成冷藏包装、鱼片加工、鱼粉加工、藻类加工，干制品、腌制品、海洋制药及水产工艺品等加工产业。全省水产加工企业共 221 家，年加工能力 80 万吨。获得国内外各类认证的有 28 家企业。其中，22 家获 HACCP 认证，3 家获欧盟认证，3 家获 ISO9000 认证，5 家获韩国认证。全省加工水产品达 26.6 万吨，比 2002 年增长 7.3%。加工品种达 110 余个，其中，速冻加工产品 32 个，小包装干制品 60 个，藻类加工和保健药品品种 20 余个。

【港口和海洋交通运输业】 港口和海洋运输是海南省发展外向型经济的生命线。2003 年，海南省依托洋浦、海口、八所、三亚等四大港口优势，调整产业结构，全面发展海洋交通运输业。全省港口货物吞吐量达 3 045 万吨，比 2002 年增长 45.392%。其中海口港吞吐量占全省货物吞吐量的 50%以上。全年海洋交通货物运输总量达 2 190 万吨，营运收入达 16.7 亿元，增加值 6.3 亿元，分别比 2002 年增长 8.4%和 8.6%。

【滨海砂矿开发业】 2003 年，海南省加强滨海砂矿矿业权市场建设，开发优势矿种锆英石、钛铁矿及石英砂。通过市场配置资源方式，以公开竞标，有偿出让滨海锆英石、钛铁矿砂探矿权 9 个，滨海石英砂探矿权 2 个，面积分别为 37.16 平方千米和 35.96 平方千米，投入勘查资金前者为 143.58 万元，后者为 205.54 万元。到年底，9 个项目提交锆英石资源储量 29.22 万吨，钛铁矿资源储量 104.80 万吨。7 个滨海石英砂探矿除一个已提交玻璃用砂资源储量 6 085.39 万吨，其余 6 个仍在勘查中。全省滨海砂矿开发业产值达 2 亿元，增加值 0.5 亿元。

【滨海旅游业】 2003 年，海南省滨海旅游产品得到长足的进步。滨海度假休闲旅游产品、海洋观光旅游产品、专项海洋旅游产品等相对发展较快。滨海度假休闲旅游产品集中在海南岛的东部和南部滨海以及海口市的西海岸。主要分布在文昌市的云龙湾、高隆湾、东郊椰林，琼海博鳌，陵水县猴岛，三亚市蜈岐州岛、亚龙湾、大东海、三亚湾，其中亚龙湾的度假酒店档次高、数量多。海洋观光旅游产品有豪华游轮旅游和海洋主题公园。2003 年开辟了以香港为基地的丽星游轮“双鱼号”香港—海口—越南下龙湾豪华游轮旅游航线定期航班。海口港船务公司投入巨资从日本进口豪华高速游轮“椰香公主号”。“椰香公主号”

于1999年开始投入海口一广州航线，营运正常。2003年投入营运的海洋公园有海口市的“海南热带海洋世界”、三亚市的“天涯海洋动物园”。正在建设的有万宁“碧海情深海洋世界”。滨海专项旅游产品有滨海沙滩活动和海上活动两种。滨海沙滩活动有沙滩排球、沙滩足球、沙滩驰马、沙滩摩托车、沙滩越野车、沙滩拖曳车、沙浴、沙滩日光浴及沙滩拉网捕鱼，退潮赶海、沙滩垂钓等。海上活动有戏水踏浪、游泳、帆板、帆船、划艇、香蕉船、摩托艇、水上自行车、飞鱼艇、游钓船、观光游艇以及潜水、海钓等。全省滨海旅游接待国内外游客1 230万人次，滨海旅游业收入93.6亿元（其中国际旅游收入6.6亿元），增加值40.1亿元，分别比2002年减少1.8%和1.9%。

【海洋油气工业】 2003年已投产的莺歌海崖13-1气田运转正常，在海南省配套建设的三亚南山天然气发电厂和东方八所年产30万吨合成氨、52万吨尿素的天然气化肥厂运转良好。东方1-1气油开发前期工作正在紧张进行。全省海洋石油天然气产业产值为14.98亿元，比2002年增长11.5%。

【盐业与修造船业】 2003年，海南省制盐业在坚持依法管理的同时，加大对小盐田的整顿力度，组织力量打击非碘盐、劣质盐冲击市场的恶劣行为，生产形势较好，全省原盐产量17.98万吨，产值7 528.5万元，增加值4 394.7万元。

2003年，随着海洋渔业产业结构调整和发展远海渔业的需求，海南省修造船业有了长足发展，产值达1亿元，当年增加值达0.8亿元。

海洋国际合作与交流
Marine International Cooperation and Interflow

【概况】 2003年，由于受非典疫情的影响，海南省海洋与渔业部门开展国际合作交流活动不多，主要有2次。3月28日，海南生态环保与水产养殖可持续发展研讨会在海口市海南文华大酒店举行。这次研讨会由美国综合生物专家约瑟夫博士、菲律宾大学水产学院科利教授、菲律宾水产养殖专家克里斯先生和海南大学张本教授等主讲。全省水产科研单位的专家、技术人员、各市县农业养殖户、养殖企业的技术人员以及业内人员共200余人参加了研讨会。8月26～29日，国际自然资源保护协会（IUCN）长期从事海岸带管理、湿地保护管理和珊瑚礁保护管理的专家 Bernard Ocallayha 博士和越南国际项目主任 Chu Tien Vinh 博士一行2人到三亚国家级珊瑚礁自然保护区进行国际交流和考察。三亚国家级珊瑚礁自然保护区管理处组织了保护区管理人员和有关保护区内社区、渔业人员与专家就三亚国家级珊瑚礁自然保护区管理建设及珊瑚礁保护问题进行了交流和探讨。

地方重大海洋工程项目
Local Key Marine Engineering Projects

【概况】 2003年，按用海审批程序，海南省省级审查的海洋工程项目有：海口港秀英港区旅游船临时靠泊点码头工程项目、交通部广州海上救助打捞局海口救助站项目、海南天朗度假酒店旅游码头项目、三亚市坎秧湾海洋旅游开发等项目。海洋主管部门组织专家先后完成对项目使用海域实地勘查和对项目使用海域论证报告进行评审。到年底，完成了对海口港秀英港区旅游船临时靠泊点码头工程项目、交通部广州海上救助打捞局海口救助站项目、万宁市南燕湾“碧海情深海洋世界”项目用海的审核意见，并已上报省政府审批。

正在建设中的项目有琼海市潭门中心渔港、东方市东方中心渔港、三亚市六道湾中心渔港等海洋工程项目。 （陈家博　潘建纲）

表 3　2003 年海南省沿海地区主要社会经济状况

单位：亿元

地区名称	国内生产总值					工业总产值	农业总产值	年末总人口（万人）	非农业人口（万人）	社会从业人口（万人）	
		第一产业	第二产业	工业	第三产业						单位从业人员（万人）
沿海总计	605.040	211.052	151.842	89.233	242.145	369.717	301.646	666.900	190.319	298.608	46.854
沿海城市	270.025	37.931	85.202	58.150	146.892	232.430	56.663	189.577	95.005	103.296	26.341
海口市	228.860	20.862	76.096	53.960	131.902	220.568	34.642	139.191	76.052	79.557	22.264
三亚市	41.166	17.069	9.107	4.190	14.990	11.862	22.021	50.386	18.953	23.739	4.077
沿海县(市)	335.015	173.121	66.640	31.083	95.253	137.287	244.983	477.322	95.314	195.312	20.513
文昌市	40.938	20.226	7.810	4.096	12.902	16.369	30.025	54.073	9.508	20.956	2.271
琼海市	49.416	24.901	7.470	7.210	17.045	11.077	37.727	45.446	9.432	19.145	1.743
万宁市	35.629	14.310	7.385	4.010	13.934	15.363	19.324	55.961	7.947	20.109	2.332
陵水县	14.401	9.344	1.211		3.845	8.998	14.322	33.011	5.850	14.076	1.171
乐东县	21.001	13.214	1.200	0.580	6.587	1.650	17.365	46.943	7.314	21.778	1.654
东方市	27.752	10.541	9.795	6.750	7.415	12.777	14.902	38.168	8.988	17.527	1.971
昌江县	16.743	6.832	5.889	4.237	4.023	10.177	10.109	23.213	6.986	10.014	2.082
儋州市	63.593	35.347	8.613	4.200	19.633	16.812	46.564	90.098	23.048	35.165	3.061
临高县	28.108	23.061	2.170		2.877	3.330	34.728	41.576	7.367	18.253	1.192
澄迈县	30.147	13.901	11.254		4.993	32.674	17.535	48.834	8.875	17.999	2.784
洋浦区	7.287	1.444	3.844		1.999	8.061	2.383			0.289	0.254
全省合计	691.690	251.350	171.920	123.280	268.420	399.702	395.680	790.258	215.361	360.340	71.640

表 4　2003 年海南省海洋开发资料统计

统计项目		2003 年产量或产值
海洋捕捞产量（吨）	鱼类	757 138
	贝类	38 285
	虾蟹类	47 080
	其他	53 107
	合计	895 610
海洋养殖产量（吨）	鱼类	11 821
	贝类	21 006
	藻类	24 965
	虾蟹类	91 726
	合计	149 518

续 表

统 计 项 目		2003年产量或产值
海洋货物运输量（吨）	总 量	2 190
	远洋运输量	0
海洋旅客运输量(万人次)	客运总量	560.5
沿海主要港口吞吐量(万吨)	洋 浦	114
	海 口	1 329
	八 所	425
	三 亚	61
	海口新港	722
海盐生产	生产面积（公顷）	3 408.73
	产 量（万吨）	17.98
滨海砂矿	产 量（吨）	1 872 280
海洋油气业	天然气出口量（万吨）	236
	天然气总产值（万元）	149 890
滨海旅游	接待境外旅客（人次）	142 098(不含港澳台人次)
	接待境外游客收入（万美元）	7 959.95
滨海旅游接待能力	酒 店（座）	195
	客 房（间）	28 979
	床 位（张）	54 506

2004

中国海洋年鉴

海洋公益服务

Marine Public Welfare Service

CHINA

OCEAN YEARBOOK

海洋环境监测
Marine Environment Monitoring

综　述
Summary

【概况】 2003年是我国海洋环境监测工作全面快速发展的一年。为全面掌握我国管辖海域尤其是重要河口区域生态环境和近岸海域、渤海的环境质量状况及变化趋势，科学、客观地评价海洋环境质量，保护海洋环境，保障公众健康，维持海洋生态平衡等提供数据和信息产品服务。国家海洋局按照《海洋环境保护法》和国务院赋予国家海洋行政主管部门的职责，认真贯彻海洋环境监测“为经济建设、社会发展需求、行政管理、国防安全和人民生活服务”的宗旨，组织沿海省、自治区、直辖市海洋行政主管部门实行统一监测方案、统一技术标准、统一组织部署，划分监测责任区，以近岸海域及渤海为重点，以水质、底栖环境、生物监测为基础，全面铺开海水浴场环境监测预报工作，进一步加大赤潮监控区、自然保护区的监测力度，提高监测工作的针对性、时效性和显示度。2003年，在国家海洋局的统一组织下，各级海洋环境监测机构利用海洋卫星、飞机、调查船、岸基站等多种手段对我国管辖海域进行了全方位立体监测。开展了以海水、海洋沉积物和海洋生物质量为主要内容的全海域环境趋势性监测，加大了对海水浴场、海水增养殖区、海洋保护区、倾倒区和油气区等海洋功能区的监测力度，加强了河流污染物入海和沿岸排污口污染物排海的监测。在双台子河、黄河、长江和珠江开展了河口生态监测，在全国18个赤潮监控区内实施高密度、高频率监测，开展了渤海专项监测和重点岸段海岸侵蚀监测。我国的海洋环境监测已从单一的海洋环境污染监测扩展到包括海洋环境污染、海洋生态状况、海洋功能区环境质量和海洋灾害等多种监测在内的综合性海洋环境监测。2003年的海洋环境监测内容有：全海域海洋环境质量趋势性监测（包括：海水质量监测、底栖环境质量监测、海洋生物质量监测、海洋放射性环境质量监测、海洋大气环境质量监测、重点岸段海岸侵蚀监测）；重点河口生态环境监测（包括：双台子河口营养盐的改变所导致的生态结构及功能的变化监测、黄河口生态用水改变对河口生态系统及产卵场的影响监测、长江口主要经济鱼类产卵场资源、边滩湿地变化动态、三峡截流后河口区盐度和悬浮物变化状况监测和珠江口主要经济鱼类产卵场资源、珠江三角洲工业污染对潮间带和底栖环境的影响等监测）；监督监测（包括：陆源排污监督监测、江河入海污染物总量监测和建设项目环境影响跟踪监测）；海洋功能区监测[包括：养殖功能区监测、海水浴场监测、海洋自然保护区监测、海洋倾倒区监测、奥运帆船赛区（青岛）海洋环境质量监测]；海洋污染事故应急监测；赤潮监测；渤海专项监测；统计监测；重点陆源入海排污口及其邻近海域环境状况监测等9大项。监测结果表明：2003年，全海域未达到清洁海域水质标准的面积约14.2万平方千米，比上年减少了3.2万平方千米，总体污染趋势有所减缓。近岸海域污染依然严重，严重污染海域主要分布在鸭绿江口、辽东湾、渤海湾、长江口、杭州湾、珠江口等局部水域；近海大部分海域符合清洁海域水质标准；远海海域水质保持良好。海水中的主要污染物依然是无机氮、活性磷酸盐和铅。近岸部分海域沉积物受到不同程度的污染。近岸海域贝类体内的部分污染物含量仍然较高。重点监测的陆源入海排污口邻近海域环境污染严重，影响了邻近海水增养殖区、旅游区等海洋功能区的功能利用。双台子河、黄河、长江和珠江等河口海域生态群落结构发生变化，河口海域的鱼类产卵场受到威胁。海洋赤潮发生仍较频繁，主要集中在东海海域。海水增养殖区水质状况总体良好。海水浴场环境状况总体良好。倾倒区和油气区环境质量基本符合功能要求。

海洋环境监测
Marine Environmental Monitoring

【海水质量监测】 2003 年，近岸海域海水质量监测由沿海省、自治区、直辖市和计划单列市负责组织实施。国家共布设水质基本测站 334 个，监测项目 26 项，其中水文气象 8 项，水质项目 18 项，包括 pH、盐度、溶解氧、化学需氧量、磷酸盐、亚硝酸盐-氮、硝酸盐-氮、氨氮、总汞、铜、铅、镉、砷、油类、悬浮物、叶绿素-a、浮游植物和浮游动物。近海和远海海域海水质量监测由国家海洋局各分局负责组织实施。共布设水质基本测站 146 个，监测项目与近岸海域监测项目相同。监测时间为 8 月份。

【底栖环境监测】 2003 年，近岸海域底栖环境监测由沿海省、自治区、直辖市和计划单列市负责组织实施。国家共布设基本测站 149 个，监测项目 12 项，包括总汞、铜镉、铅、砷、DDT、多氯联苯、油类、硫化物、有机质（碳）、粒度和底栖生物。近海和远海海域底栖环境监测由国家海洋局各分局负责组织实施。共布设基本测站 49 个，监测项目与近岸海域监测项目相同。监测时间为 7 月中旬至 9 月中旬。

【海洋生物质量监测】 2003 年，海洋生物质量监测由沿海省、自治区、直辖市和计划单列市负责组织实施。国家共布设基本测站 79 个，其中渤海 17 个，黄海 12 个，东海 26 个，南海 24 个。监测项目包括石油烃、总汞、镉、铅、砷、六六六、DDT、PCB、弧菌数量、粪大肠杆菌、异养菌总数、腹泻性贝毒（DSP）、麻痹性贝毒（PSP）等 13 项。监测频率和时间则根据各地的具体情况，在生物成熟期（8～10 月）进行一次监测。

【海洋放射性环境质量监测】 2003 年，海洋放射性环境质量监测由国家海洋局各分局负责组织实施。在葫芦岛核地址、青岛沙子口核地址、秦山核电站、大亚湾核电站和连云港田湾等 5 个核地址附近海域布设测站，开展水质、沉积物和生物的放射性环境质量监测。水质项目包括 ^{90}Sr、^{137}Cs、总 U、总 β 和水温等 5 项，沉积物项目包括总 β、主要人工与天然核素 γ 谱分析等，生物项目包括总 β、主要人工与天然核素 γ 谱分析等。在丰水期进行一次监测。

【海洋大气环境质量监测】 2003 年，海洋大气环境质量监测由国家海洋局各分局负责组织实施。开展老虎滩、小麦岛、嵊山、万山岛等四个站的海洋大气监测。监测项目包括总悬浮颗粒物、铜、铅、镉、降水电导率和降水 pH 等，其中在大连老虎滩开展了降水中营养盐的监测试点工作。在 2 月、5 月、8 月、10 月四个月内实施连续监测，每月采样不少于 9 次。

【重点岸段海岸侵蚀监测】 重点岸段海岸侵蚀监测是 2003 年新开展的监测项目，由各分局和国家海洋环境监测中心负责组织实施。监测区域包括营口至鲅鱼圈、龙口至烟台、连云港至射阳河口、海口新海村（粤海铁路海口轮渡站以北）等岸段。监测内容包括监测岸段年海岸侵蚀的长度、最大侵蚀宽度、平均侵蚀宽度、侵蚀总面积等。分别在 4 月和 10 月各监测一次。

【重点河口生态环境监测】 重点河口生态环境监测是 2003 年新开展的监测项目，由北海、东海、南海分局和国家海洋环境监测中心分别负责黄河口、长江口、珠江口和双台子河口生态环境监测。在双台子河口设监测站 12 个，测站覆盖的区域与 2002 年生态调查区域相同，在 5 月份鱼类产卵季节进行一个航次监测。在黄河口设监测站位 15 个，测站覆盖的区域与 2002 年生态调查区域相同，在 5 月份和 8 月份分别进行一个航次监测。在长江口设产卵场生态监测测站 6 个，分别于 5、8、11 月各监测一次；在南汇边滩、崇明东滩各设 2～3 条潮间带断面，开展边滩湿地生态监测，每季度监测一次；沿河流流向呈扇形设 3 条断面，共 12 个河口区生态监测站，分别于 5、8、11 月监测。在珠江口设 9 个产卵场生态监测站，在 3、7、10 月各监测 1 次；设 10 个潮间带生物监测站、16 个底栖生物监测站、16 个沉积物监测站、16 个水质监测站，在 7 月监测 1 次。

【陆源排污监督监测】 由沿海省、自治区、直辖市及计划单列市负责组织实施，各沿海省、自治区、直辖市及计划单列市根据当地的实际和管理需要，选取适当数量的陆源直接入海排污口邻近海域作为监测区域。在排污口邻近海域，以排污口为起点，根据流向，向海直线布设不少于6个站位。监测项目包括海洋底栖生物种类和数量，沉积物粒度。8月份监测1次。

【江河入海污染物总量监测】 由各分局、沿海省、自治区、直辖市及计划单列市负责组织实施。北海、东海和南海分局分别负责黄河、长江和珠江的入海污染物总量监测，各沿海省、自治区、直辖市及计划单列市根据当地的实际和管理需要，选取适当数量的入海河流进行入海污染物总量监测。监测项目包括油类、COD、铵氮、硝酸盐氮、亚硝酸盐氮、磷酸盐、铜、铅、砷、锌、镉、汞及年径流量。分别在5月、8月和10月各进行一次监测。

【建设项目海洋环境影响跟踪监测】 由各分局、沿海省、自治区、直辖市及计划单列市组织实施。在建设项目影响海域布设不少于9个站位，监测项目则根据工程性质确定。

【养殖功能区监测】 由沿海省、自治区、直辖市及计划单列市组织实施。各沿海省、自治区、直辖市及计划单列市根据实际情况选取主要养殖功能区开展监测。每个相对独立的养殖区均匀布设不少于6个站位，在养殖区外1 000米范围内设置1个参照站位。监测项目包括养殖功能区概况（养殖功能区面积，养殖生物种类、数量，年投饵量，消毒药品年使用量等）、水环境（主要病菌、水温、透明度、pH、溶解氧、盐度、氨氮、硝酸盐氮、亚硝酸盐氮、活性磷酸盐、叶绿素-a。）、沉积物（总汞、铜、镉、铅、砷、DDT、六六六、多氯联苯、油类、硫化物、有机质、粪大肠菌群）和养殖生物（石油烃、总汞、镉、铅、砷、六六六、DDT、多氯联苯、弧菌数量、粪大肠菌群、异养细菌总数、腹泻性贝毒、麻痹性贝毒）。监测频率与时间由沿海省、自治区、直辖市及计划单列市根据实际情况确定，养殖高峰期内水环境监测每月不少于一次，沉积物和养殖生物一年监测一次。

【海洋自然保护区监测】 由沿海省、自治区、直辖市及计划单列市海洋厅（局）、国家海洋环境监测中心组织实施。监测内容主要包括：自然保护区总面积、核心区面积、缓冲区面积、主要保护对象、环境状况等，并给出保护区目前存在的主要环境问题。

【海洋倾倒区监测】 由各分局及有海洋倾废管理职能的沿海省、自治区、直辖市组织实施。在黄海、东海和南海各选3个重点倾倒区进行监测，每个倾倒区布设不少于3个站位。监测项目包括底栖环境和水深。

【海洋污染事故应急监测】 由沿海省、自治区、直辖市及计划单列市组织实施。以渤海海域及黄海、东海和南海的近岸海域为重点监测区域。

【渤海海域环境质量监测】 由环渤海地区的辽宁、河北、天津、山东及大连和北海分局组织实施。共布设153个海水环境质量监测站位、39个渤海底栖环境监测站位和34个生物质量监测站位。水质监测5月和8月各进行一次监测，底栖环境监测8月份进行，生物质量监测在生物成熟期（8月）监测一次。

【渤海海洋油气开发区环境质量监测】 由北海分局组织实施埕北油田和秦皇岛32-6油田的监测。在各石油勘探开发区布设不少于7个水质站位、1个底栖环境站位和1个生物质量站位。监测项目包括水质必测项目（油类、COD、悬浮物）、生物必测项目（石油烃）和底栖环境必测项目（底栖生物种类和数量）。

【统计监测】 2003年新增加的监测内容。由沿海省、自治区、直辖市组织实施。统计监测的内容包括围填海情况（面积、地点及用途）、海砂开采情况（开采量、地点、跟踪监测情况）、近海捕捞情况（捕捞总量、主要捕捞品种及捕捞量）和海水养殖情况（养殖方式及面积、品种、大规模病害、发生次数及直接经济损失等）。

【重点陆源入海排污口及其邻近海域环境状况监测】 此为2003年国家海洋局开展的重点监测工作。目的是通过全国沿海重点陆源入海排污口（企事业直接入海排污口、市政入海排污口等）监测，掌握全国重点排污口的位置、数量、污水入海量、主要污染物入海量等；通过重点排污口邻近海域监测，掌握排污口邻近海域环境质量状况、陆源污染物排放对周边重要海洋功能区的影响程度，作出现状及影响评价并发布通报；为2004年全面开展全国重点排污口及其邻近海域监测提供背景资料和经验。工作内容包括沿海主要陆源入海排污口统计监测、重点陆源入海排污口排污状况监测（排污口的名称、类型、地理位置，污水入海量、各种主要污染物名称及其入海量、排污口邻近的主要海洋功能区类型）、重点入海排污口邻近海域环境质量监测（排污口主要污染物浓度监测、邻近海域水质状况监测、邻近海域底质状况监测、邻近海域生物质量监测、大型底栖生物监测）、重点排污口邻近海域环境状况监测（确定排污口邻近海域三、四类及劣四类水质区面积，确定排污口邻近海域三类以上水质区面积，确定“无生物区”面积）。分别在8月和10月各监测1次。

全海域环境质量状况
Environmental Quality Situation of Sea Area

【海水质量】 2003年，全海域未达到清洁海域水质标准的面积约为14.2万平方千米，比2002年减少了3.2万平方千米，总体污染趋势有所减缓。其中，较清洁海域面积约为8.0万平方千米，减少3.1万平方千米；轻度污染海域面积约为2.2万平方千米，增加0.3万平方千米；中度污染海域面积约为1.5万平方千米，减少0.3万平方千米；严重污染海域面积约为2.5万平方千米，减少0.1万平方千米。2003年，我国近岸海域污染依然严重，但中度污染和严重污染海域的面积均比2002年有所减少；近海大部分海域符合清洁海域水质标准；远海海域水质继续保持良好。海水中的主要污染物依然是无机氮、活性磷酸盐和铅。严重污染海域主要分布在鸭绿江口、辽东湾、渤海湾、长江口、杭州湾、珠江口和部分大中城市近岸局部水域。渤海污染范围减小，未达到清洁海域水质标准的面积由2002年的3.2万平方千米降至2.1万平方千米，占渤海总面积的27.3%。污染范围减小的海域主要包括莱州湾和辽东湾，主要污染物是无机氮、活性磷酸盐和铅。黄海污染范围略有减小，未达到清洁海域水质标准的面积约2.7万平方千米，其中，轻度污染海域面积0.57万平方千米；中度污染和严重污染海域面积分别为0.35万平方千米和0.32万平方千米，主要集中在鸭绿江口、海州湾和大连湾海域，主要污染物为无机氮、活性磷酸盐和铅。东海污染范围有所减小，未达到清洁海域水质标准的面积约6.4万平方千米，比上年减少2.6万平方千米，其中，严重污染海域面积比上年减少0.4万平方千米，较清洁海域和中度污染海域面积均比上年减少0.6万平方千米。主要污染区域仍然集中在长江口和杭州湾海域，主要污染物是无机氮、活性磷酸盐和铅。南海污染面积有所增加，未达到清洁海域水质标准的面积约为3.0万平方千米，比上年增加0.5万平方千米。轻度污染、中度污染和严重污染海域面积分别为0.7万、0.2万和0.3万平方千米。主要污染物是无机氮、活性磷酸盐和铅。中度污染和严重污染海域主要集中在珠江口海域。辽宁近岸海域污染范围减小，中度和严重污染海域主要分布在双台子河口至辽河口、鸭绿江口和大连湾海域，其中，鸭绿江口中度和严重污染海域的范围比上年扩大，主要污染物为无机氮、活性磷酸盐和铅。河北近岸大部分为清洁海域，轻度污染海域主要集中在秦皇岛和毗邻天津的局部近岸水域，主要污染物为无机氮和铅。天津近岸海域中度和严重污染海域范围较小，主要集中在北塘近岸水域，轻度污染海域主要集中在渤海湾近岸海域，主要污染物为无机氮和铅。山东近岸海域污染范围减小，中度和严重污染海域主要分布在莱州湾和胶州湾局部海域，主要污染物为无机氮、铅和石油类。江苏近岸海域污染范围略有减小，污染海域主要分布在海州湾、射阳河口至斗龙港口等局部近岸海域，主要污染物为活性磷酸盐、无机氮和铅。上海海域污染依然严重，但中度和严重污染海域范围较上年有所减小，主要污染物为无机氮和活性磷酸盐。浙江近岸严重污染海域主要分布在杭州湾，中度污染海域主要分布在宁波市近岸，主要污染物为无机氮和活性磷酸盐。福建近岸海域污染范围减小，严重污染海域主要集中在闽江口、厦门西海域和湄州湾近岸水域。主要污染物为无机氮、活性磷酸盐和铅。广东近岸海域污染范围有所扩大，中度污染和严重污染海域主要集中在珠江口和汕头近岸局部水域，主要污染物为无机氮、活性磷酸盐和铅。广西和海南近岸海域水质状况良好。

【底栖环境质量状况】 2003年，我国近海和远海海域的海洋沉积物质量继续保持良好，部分近岸海域沉积物质量较差。大连湾、锦州湾、秦皇岛、胶州湾、汕头近岸、大亚湾、珠江口、湛江港等局部海域的沉积物分别受到不同程度的污染，其中，大连湾、锦州湾和珠江口海域沉积物污染较重。大连湾沉积物受镉、硫化物和有机质污染，60%测站沉积物的镉含量超过一类海洋沉积物质量标准，40%测站沉积物的硫化物含量超过一类海洋沉积物质量标准。锦州湾沉积物普遍受到石油类、镉和砷的污染，部分测站石油类的含量超过二类海洋沉积物质量标准，镉和砷的含量超过一类海洋沉积物质量标准，其中，排污口邻近海域沉积物污染严重，锌、镉、铅和石油类的含量超过三类海洋沉积物质量标准。珠江口近岸海域沉积物普遍受到镉、砷和铜的污染，多数测站砷的含量超过二类海洋沉积物质量标准，镉的含量超过一类海洋沉积物质量标准，部分测站铜和汞的含量超过一类海洋沉积物质量标准。

【海洋生物质量】 监测结果表明，2003年我国近岸海域贝类体内的部分污染物含量仍然较高，部分监测地点个别贝类体内残留的铅、镉、铜、砷等有害物质的浓度超过一类海洋生物质量标准，粪大肠菌群含量超过二类海洋生物质量标准，少数监测地点个别贝类体内仍然残留有六六六和DDT。辽宁兴城、王家窝铺、三道沟等监测地点的个别贝类体内砷含量超过二类海洋生物质量的标准。河北新开河口、山东虎头崖、广东下川等监测地点的个别贝类体内镉含量较高，超过一类海洋生物质量标准。广东海门湾、汕头、白浦等监测地点的个别贝类体内铅含量超过二类海洋生物质量标准。浙江键跳、山东羊角沟、广东深圳河口等监测地点的个别贝类体内石油烃含量较高，超过一类海洋生物质量标准。浙江镇海、泗州、广东下川等监测地点的个别贝类体内粪大肠菌群含量较高，超过二类海洋生物质量标准。

【主要河口污染物入海总量】 2003年，对滦河、黄河、长江、闽江、九龙江、珠江等重点河流的主要入海污染物监测的结果表明，由河流携带入海的主要污染物为COD、营养盐、石油类和重金属等，上述河流年排放入海的污染物总量约619万吨。2003年，由长江、珠江、闽江和九龙江携带入海的污染物总量均比2002年有所增长，致使河口海域环境污染严重，其水质不能满足河口海域主要海洋功能区的要求，河口海域生态环境压力增大。

【重点排污口邻近海域环境状况】 据统计，2003年全国有主要陆源入海排污口867个，其中，工业污水直接入海排污口448个，市政及生活污水直接入海排污口244个，排污河流入海口175个。对葫芦岛、大连、山海关、龙口、青岛、盐城、上海、镇海、椒江、宁德、厦门、汕头、深圳、珠海、湛江、北海和澄迈等地的20个重点陆源入海排污口及其邻近海域环境状况的监测表明，上述排污口日均排放入海的污水量达240多万吨，日均排放入海的各种主要污染物近3 500吨，部分排污口有超标排放现象存在，主要超标排放因子为COD、悬浮物、BOD_5、石油类和磷酸盐等。绝大部分排污口邻近海域环境污染严重，海水质量大都为四类或劣四类，影响了邻近的海水增养殖区、旅游区等海洋功能区的功能；海洋沉积物污染严重，近40%的排污口海域沉积物质量劣于三类海洋沉积物质量标准；海洋生物普遍受到污染，生物体内的粪大肠菌群含量均超过二类海洋生物质量标准；大型底栖生物分布密度低，种类少，数量小，生物多样性低。多个排污口邻近海域的底质出现无生物区。

【重点河口生态环境状况】 2003年双台子河河口区域活性磷酸盐污染严重，为1984年来最高水平，营养盐比例失衡。10米等深线内表层盐度最高为34.3，较往年明显升高，低盐度区域面积减小。监测到的黄姑鱼卵平均密度为180个/百立方米，仔鱼数量50个/百立方米；小黄鱼仔鱼数量为210个/百立方米。与20世纪80年代同期相比，鱼卵和仔鱼的种类及数量均明显降低，适于多种鱼类及其他海洋生物胚胎发育和幼体孵化的生境逐渐丧失，产卵场的功能严重退化。底栖生物趋向个体小型化，生物多样性降低，栖息密度显著增加，小型底栖贝类占绝对优势，经济生物数量明显减少，河口生态系统的经济价值显著下降。黄河河口区表层海水的最高盐度已达 34.2，与 1959 年同期相比，增加了约 25%，黄河淡水输入量的逐年减少，是导致该区域海水盐度增加的主要原因。盐度增加促使适宜低盐度环境发育和生长的海洋生物的生境范围逐渐减小，鱼卵种类显著减少，密度降低。入海径流量的减少同时导致河口区域营养盐入海量的下降，海洋初级生产力水平降低，浮游植物生物量仅为 1982 年的 50%。底栖动物的栖息密度和生物量降低，河口区生态结构发生较大改变。长江口河口区无机氮和活性磷酸盐含量超标严重，营养盐比例严重失衡。浮游植物数量激增，部分区域叶绿素-a 的含量高达 16.4 微克/升，致使邻近海域赤潮频发，生态平衡遭到破坏。珠江口由于部分海域长期受到营养盐和铅、镉等重金属污染，康氏小公鱼、石首鱼、小沙丁鱼等 10 余种鱼类产卵和康氏小公鱼、凤鲚、眶棘双边鱼、鰕虎鱼等多种仔鱼的正常发育受到威胁。

海洋功能区环境状况
Environmental Situation of Marine Function Area

【海水增养殖区环境状况】 2003 年，各级海洋行政主管部门组织开展了 26 个海水增养殖区的环境监测工作，对其中 18 个养殖区的水质、底质、赤潮生物和病原生物进行了高密度、高频率监测，在此基础上定期评价海水增养殖区环境质量。在全国 18 个重点监测的海水增养殖区中，56%的养殖区海水水质状况良好，44%的养殖区活性磷酸盐和无机氮的年平均浓度较高，超过海水增养殖环境要求的二类海水水质标准。其中，福建厦门沿岸、浙江象山港和岱山水域等增养殖区海水无机氮和活性磷酸盐含量超三、四类海水水质标准，水体呈富营养化状态。60%的海水增养殖区底质状况良好，27%的海水增养殖区底质有机质和 20%的海水增养殖区的底质粪大肠菌群含量较高，超一类海洋沉积物标准。厦门、象山港、岱山、三都湾、闽江口沿岸等近岸网箱养鱼海域，养殖过程中产生的残饵和粪便等使养殖区沉积物中有机质和粪大肠菌群数量大大增高，养殖自身污染问题较突出。重点监测的海水增养殖水域内没有发生大面积、暴发性病害，病害发生指数年平均值较低。在 2003 年 4 月 1 日至 10 月 28 日期间，18 个重点增养殖区 41%的时间内环境状况优良；57%的时间内环境状况较好；2%的时间内环境状况较差。造成养殖环境状况较差的主要原因是水质富营养化及养殖区内赤潮发生。

【海水浴场环境状况】 2003 年，各级海洋行政主管部门组织开展了全国重点海水浴场的环境质量监测预报工作。自 5 月 1 日至 11 月 30 日，通过中央电视台、国家海洋局政府网、人民网、新浪网等媒体发布了大连、葫芦岛、北戴河、青岛、烟台、蓬莱、威海、日照、连云港、宁波、南麂、普陀、平潭、厦门、东山、汕尾、阳江、江门、湛江、深圳、北海、防城港、海口、三亚等地的 24 个重点海水浴场的水质状况及未来 3 天的健康指数、适宜度和最佳游泳时段预报。在 24 个重点监测的海水浴场中，水质为优的天数占 80%，水质为良的天数为 19%，降雨是浴场水质出现波动的主要原因。年度综合评价结果表明，所有重点浴场的水质均达到了优良水平，水质为优的浴场为 42%，水质为良的浴场为 58%。24 个重点海水浴场健康指数均达到了优良水平，其中 91%海水浴场的健康指数达到了优秀水平。24 个重点海水浴场适宜和较适宜游泳的天数比例达 93%；不适宜游泳的天数比例为 7%。造成不适宜游泳的主要原因是风浪偏大、水温偏低和能见度较低。

【海洋保护区环境状况】 2003 年各保护区进一步加大了宣传工作和管理力度，保护区内基本杜绝了乱砍红树林、采挖珊瑚礁、炸鱼、捕鱼的现象，鱼群数量明显增多。保护区内红树林逐步恢复，保持和恢复了红树林生态系统基本的生态动力学过程和生态学功能，维护了红树林生态系统中物种的基本生命过程和生物多样性。广西山口国家级红树林自然保护区内生物多样性丰富，红树林生长茂盛，植物种类达 14 种，直接或间接地依赖于红树林系统生存的生物超过 800 种，其中，鱼类 40 余种，浮游生物 120 余种，底栖生物近 300 种。珊瑚礁生态有一定程度的恢复，三亚国家级珊瑚礁自然保护区加强了珊瑚病害调查与繁殖研究工作，积极研究珊瑚礁恢复技术，促进珊瑚礁的加速生长和恢复并取得了一定进展。通过控制陆源污染和海上污染源等有效的防污治污措施，使保护区海域水质达到一类海水水质标准，区内珊瑚礁及其生态保护和恢复取得明显成效。

【海洋倾倒区环境状况】 2003 年，全国共有海洋倾倒区 72 个，其中，2003 年新选划的倾倒区为 7 个。本年度全国实际使用的海洋倾倒区 67 个，倾倒的废弃物主要为疏浚物。全年共签发倾倒许可证 587 份，共倾倒疏浚物 12 681 万立方米，比上年增加 960 立方米，增加 18%。对 9 个倾倒区及其周边环境状况监测结果表明，所监测倾倒区的底质环境状况总体保持正常，倾倒区尚有底栖生物存在，其优势类群主要为软体动物和节肢动物；倾倒区环境质量基本满足倾倒区的环境功能要求；部分倾倒区的水深略有减少，但仍在可允许倾倒范围之内，对正常倾倒作业和其他海上活动不构成威胁。

【重点岸段侵蚀状况】 2003 年监测结果表明，辽宁省营口市盖州一鲅鱼圈岸段 20.9 千米的砂质岸段受蚀后退，海蚀陡坎平均高度 4.5 米，最高达 8 米；最大侵蚀宽度 3 米，年平均侵蚀宽度为 0.9 米。该岸段的侵蚀导致道路遭到破坏，农田和防护林受到严重威胁。山东省龙口市至烟台市海岸段监测结果表明，从 1996 年 12 月到 2003 年 8 月，该岸段侵蚀长度为 28.8 千米，侵蚀面积为 310 000 平方米，累计最大侵蚀宽度 51 米，年最大侵蚀宽度 6.7 米，年平均侵蚀速度 1.4 米。海岸侵蚀导致该岸段部分海滨浴场和渔港遭到严重破坏，沿岸农田和居民区受到威胁。江苏省滨海县岸段监测结果表明，2003 年岸线侵蚀长度为 29.1 千米，主要发生在新淮河口南侧至新建闸北岸段和振东闸至南八滩闸南侧岸段。岸线侵蚀造成 6.4 千米海堤被损坏，沿岸滩涂养殖受到威胁。海南省海口市新海乡新海村和田秀镇镇海村岸段，1998 年至 2002 年间，新海乡局部岸段侵蚀后退约 80 米，岸边的木麻黄树林被侵蚀后消失殆尽，新海村沿部分房子坍塌。2003 年修建了护岸堤，海岸侵蚀基本得以控制。2003 年田秀镇镇海村岸段的侵蚀长度约为 800 米，平均侵蚀宽度为 2 米，最大侵蚀宽度为 5 米，侵蚀面积约 2 500 平方米。1998 年至 2003 年，侵蚀的平均宽度为 30 米。

海洋环境监测质量保证与管理
Quality Guarantee & Management of Marine Environmental Monitoring

【概况】 2003 年，各级海洋行政主管部门进一步加强海洋环境监测质量保证体系建设，加大海洋环境监测质量保证工作力度，不断提高海洋环境监测人员的业务素质和质量意识。为保证 2003 年度海洋环境监测数据的科学性和可比性，监测成果和产品的可靠性和准确性，国家海洋局制定了《2003 年海洋环境监测质量保证工作计划》。国家海洋环境监测中心组织实施了海洋环境监测质量保证与监测质量控制活动。与往年相比，2003 年的海洋环境监测质量保证和控制活动强化了对现场监测活动进行质量控制的内容，分别增加了现场水质样品密码加标样的测定和现场沉积物样品的多家比对测定等监测质量控制项目。按照《2003 年海洋环境监测质量保证工作计划》，根据全国海洋环境趋势性监测工作实际，共组织 36 家监测机构参加 2003 年度的海洋环境监测质量保证和控制活动。要求全部参加单位进行水质外控样、现场水质密码加标样的测定以及赤潮生物外控样的鉴定。另外还安排其中的 10 家监测机构参加生物外控样的测定和现场沉积物样品的比对测定。结果表明，2003 年全国有 31 个监测机构参加了海洋环境监测质量保证和控制活动，参加单位比往年有所增加。其中，有数家监测机构虽未被列入 2003 年的监测质量保证工作计划中，也主动与国家海洋环境监测中心联系，积极参加了 2003 年的监测质量保证和控制活动。由此可以看出，各海洋环境监测机构对监测质量保证和控制工作的重视程度明显提高。从各级监测机构提交的质控数据可以看出，2003 年海洋环境监测系统的监测质量总体水平有明显提高。特别是通过计量认证后，国家海洋局系统中心站一级监测机构无论是在监测项目的数量上还是在监测项目的数据质量上，都比 2002 年有了显著增加和提高。尤其是烟台海洋环境监测中心站在近几年的水质外控样考核中，完成的测项全面，结果数据的准确度较高，综合成绩比较优秀；广西北海海洋环境监测中心站的进步较为显著，在水质外控样考核中，不论是测项的数量还是结果数据的质量，都比上年取得了长足的进步。另有海口、珠海、汕尾、大连等海洋环境监测中心站的考核成绩也比往年取得了不同程度的进步。一些地方监测机构的监测能力和技术水平也有很大提高。国家海洋环境监测中心和各海区监测中心的综合监测技术能力和质量仍然继续保持在较高水平。

【监测质量保证和控制工作内容】 结合2003年全海域海洋环境质量趋势性监测确定的监测内容与要求，组织开展了一次实验室水质、生物外控样分析测试以及赤潮生物外控样鉴别分析活动，主要有水质外控样测试项目（汞、铜、铅、镉、砷、油类、氨氮等7个项目）、生物外控样测试项目（石油烃、汞、镉、铅、砷等5个项目）和赤潮生物测试项目（种类和数量分析鉴定）。

【赤潮监测质量保证】 为提高赤潮监控区监测工作质量，结合2003年全国海洋赤潮防灾减灾工作方案——监控区赤潮监测预警确定的任务，组织开展了一次赤潮生物种类和数量鉴定分析的外控样测试活动，主要内容和技术要求是包括赤潮生物种类鉴定，并标注上相应拉丁文；每一个赤潮生物种类分别测定其数量（细胞/升）；说明是否达到赤潮预警浓度。国家海洋环境监测中心统一制备外控样品，并提交赤潮监测承担单位进行分析鉴定。共有22个监测机构参加了赤潮生物种类鉴定与数量分析的外控样分析鉴定活动，并提交了分析鉴定报告。

【现场监测质量保证与控制】 为强化对海洋环境监测现场工作的质量保证和质量控制，2003年的海洋环境监测质量保证和控制活动中，增加了现场水质样品密码加标样的测定和现场沉积物样品的多家比对测定。由国家海洋环境监测中心负责配制密码标准溶液分发至所有承担2003年海洋环境监测任务的监测机构，并规定了现场水质密码加标样的制备方法。各监测机构按各自监测站位10%的比例在现场采集、制备水质密码加标样品，分别分析测定加标前和加标后现场样品中的铅、镉、砷浓度。由国家海洋环境监测中心和各海区监测中心等10家监测机构共同参加现场沉积物中汞、砷、铜、铅、镉和油类含量的比对测定。用于进行比对测定的沉积物样品分别由北海、东海和南海监测中心根据各自承担的监测任务，自行确定10%的监测站位进行采集。三个海区监测中心在样品采集后，将每个样品分为10份，1份样品留作自测，其余9份分别寄往监测质量保证工作计划中确定的监测机构进行比对测定。

【外控样测试评定结果】 截至2003年底，收到31个监测机构提交的外控样测试报告，共获得质控数据1 000余个。统计结果表明，经过计量认证后，各监测实验室，尤其是一些海洋环境监测中心站的检测技术水平提高很大。水质外控样的测试结果的优秀率为46.5%，总体合格（包括优秀和良好）率为88.7%，生物外控样的测试结果优秀率为73%，总体合格率100%。

【赤潮生物种类鉴定结果】 2003年，22个监测单位中18个单位给出了全部4个赤潮生物种的鉴定结果，正确率100%，3个单位给出的鉴定结果有一处错误，正确率75%。

【现场沉积物比对测试结果】 2003年，安排了10家监测机构共同开展现场沉积物比对测试工作。其中国家海洋环境监测中心、南海环境监测中心、东海环境监测中心、北海环境监测中心参加了采自南海、东海、黄海和渤海4个海区的17个沉积物样品的比对测试，国家海洋局第三海洋研究所环境监测和海岸带管理技术中心参加了黄海和渤海海区的4个沉积物样品的比对测试。比对测试项目有汞、铜、铅、镉、砷、油类等6个项目。总体比对测试结果令人满意，但有个别项目的测试水平有待进一步提高。

（国家海洋环境监测中心）

海洋灾害与环境预报服务

Marine Disasters and Environmental Forecast Service

风暴潮灾害与预报

Storm Surge Disaster and Forecast

【风暴潮灾害概述】 2003 年，我国沿海共发生 10 次台风风暴潮，其中，“伊布都”（0307 号）、“科罗旺”（0312 号）和“杜鹃”（0313 号）3 次台风风暴潮在我国沿海酿成灾害，直接经济损失 65.47 亿元，死亡、失踪 24 人。10 月 11～12 日渤海湾、莱州湾沿岸发生一次特大温带风暴潮，河北、山东、天津两省一市直接经济损失 13.10 亿元，失踪 1 人；11 月 25 日天津沿海再次发生温带风暴潮。10 月 26～27 日，海南岛北部儋州至临高沿海出现历史罕见风暴潮，沿海 7 个乡镇 3.2 万人严重受灾，直接经济损失 2 000 余万元。全国沿海风暴潮灾害损失情况见表 1。

表 1　2003 年我国风暴潮灾害损失统计表（含近岸海浪灾害）

潮灾影响范围(省市)	受灾人口(万)	农田受灾面积(万公顷)	海水养殖损失(万公顷)	房屋损毁(万间)	冲毁崩决海塘堤防及其他海洋工程(处、千米、座)	损毁船只(艘)	死亡人数(人)	直接经济损失(亿元)
河北	16.6	1.4	1.65	1.03	受损海堤 24 千米，堤坝决口 6 处，闸涵 838 座，船台 8 座，大小泵站 73 个，节制闸板 4 块，桥梁 2 座。	1 450	—	5.84
天津	—	—	0.02	0.05	海堤损毁 7.3 千米，泵站损坏 13 处	156	1	1.13
山东	26.6	—	8.55	0.52	海堤损毁 260 处，26.9 千米，水闸 15 座，桥梁 1 座	329	—	6.13
广东	1 628.3	58.0	3.54	2.04	海堤损毁 2 822 处，447.7 千米，堤防决口 853 处，74.1 千米，损坏护岸 986 处，水闸 1 398 座	171	24	50.41
广西	217.4	12.8	1.81	0.16	海堤损毁 1 185 处，83.41 千米，堤防决口 23 处，2.3 千米，损坏护岸 51 处，损坏水闸 159 座	63	—	8.23
海南	188.4	7.6	0.39	0.17	—	—	—	6.83
合计	2 077.3	79.8	15.96	3.97	海堤损毁 4 267 处，589.21 千米；堤防决口 882 处，76.4 千米；损坏护岸 1 037 处；冲毁闸涵 2 410 座、泵站 86 座；进港路 3.8 千米	2 189	25	78.57

台风风暴潮灾害

(1)“伊布都”台风风暴潮灾害。台风“伊布都”（0307 号）于 2003 年 7 月 24 日 14 时在广东省阳西至电白县沿海登陆，登陆时台风中心气压 960 百帕，近中心最大风速 38 米/秒。受其影响，珠江口以西沿海普遍出现了 100～300 厘米的风暴潮，最大增水发生在粤西北津潮位站，达 319 厘米，最高潮位 301 厘米，超过当地警戒水位 116 厘米。超过当地警戒水位的潮位站还有闸坡（32 厘米）、灯笼山（67 厘米）、黄埔（12 厘米）。

这次灾害广东省受灾人口 477.6 万人，死亡 3 人，倒塌房屋 5 950 间，直接经济损失 19.07 亿元。其中，农作物受灾面积 30.9 万公顷，水产养殖受损面积 3.4 万公顷、6.6 万吨，农林渔业直接经济损失 9.24 亿元；停产工矿企业 1 951 个，公路中断 29 条，毁坏路基 723.2 千米，工业、交通运输业损失 2.53 亿元；损坏堤防 2 067 处、180.9 千米，堤防决口 800 处、73.3 千米，损坏护岸 636 处，水闸 1 208 座，水利直接经济损失 4.29 亿元。

7 月 24～25 日，“伊布都”台风影响广西，北海市受灾人口达69.1万人，倒塌房屋870间，直接经济损失2.47亿元。其中，农作物受灾面积4 358公顷，水产养殖受损面积4 930公顷，农林牧渔业直接经济损失1.46亿元；损坏堤防77处，堤防决口11处，损坏水闸40座，水利设施直接经济损失3 900万元；工业、交通运输业直接经济损失5 500万元。

(2)“科罗旺”台风风暴潮灾。台风“科罗旺”(0312号)2003年8月25日4时左右登陆海南省文昌市，登陆时台风中心气压970百帕，近中心最大风速35米/秒。受其影响，海南省海口市秀英潮位站最大增水184厘米，清澜潮位站最大增水98厘米。

海南省受灾人口188.4万人，倒塌房屋1 700间，直接经济损失6.83亿元。其中农作物受灾面积7.6万公顷，水产养殖受损面积3 947公顷。

台风“科罗旺”25日6时左右再次登陆广东省雷州半岛南端徐闻，登陆时中心气压965百帕，近中心最大风速38米/秒。受其影响，广东省南渡潮位站最大增水355厘米，最高潮位430厘米，超过当地警戒水位130厘米。沿海超过警戒水位的潮位站还有湛江(104厘米)、泗盛围(1厘米)、北津(28厘米)、闸坡(10厘米)。

广东省受灾人口509.7万人，死亡2人，倒塌房屋9 060间。农作物受灾面积13.3万公顷，水产养殖受损面积1.3万公顷、1.5万吨。停产工矿企业325个，公路中断184条，毁坏路基154.3千米。损坏堤防755处，266.8千米，堤防决口53处、0.8千米，损坏护岸350处，水闸190座。直接经济损失8.47亿元。

风暴潮影响最严重的湛江市东海岸，沿海的堤围、涵闸损坏十分严重。徐闻县3处海堤被冲断，吴川市黄坡三柏屯有60余米海堤崩塌，4个村庄3 000余人不同程度受浸泡，坡头区官渡镇海堤3处缺口；东海岛海堤6处决口，决口长717米，麻章区太平海堤几乎全线漫顶。

台风“科罗旺”25日10时进入北部湾海面，13时台风中心从北海市涠洲岛经过，涠洲岛记录到53米/秒的最大风速，22时左右台风登陆广西与越南交界处沿海。“科罗旺”是1954年以来袭击北部湾最强的一次台风。受其影响，防城港潮位站最大增水208厘米，北海潮位站最大增水132厘米，涠洲潮位站最高潮位520厘米，超过当地警戒水位40厘米(见图1)。

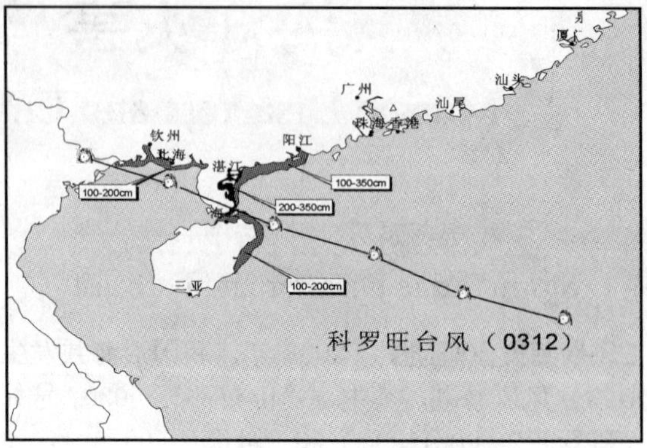

图1　“科罗旺”台风风暴潮沿海最大增水范围

广西壮族自治区受灾人口148.3万人，倒塌房屋760间。北部湾沿海许多海上养殖网箱被毁，水产养殖损失惨重，部分地区供电供水中断，一批标准较低的海堤工程受到严重损坏。农作物受灾面积8 400公顷，水产养殖受损面积1 316公顷、6.2万吨，沉没渔船63艘，农林牧渔业直接经济损失4.13亿元。停产工矿企业232个，毁坏公路83.2千米。损坏堤防1 108处，83.4千米，堤防决口12处，2.3千米，损坏护岸51处，损坏水闸119座，水利直接经济损失5 300万元。全自治区直接经济损失5.76亿元。

(3)“杜鹃”(0313号)台风风暴潮灾。台风“杜鹃”(0313号)于2003年9月2日晚先后在广东省惠东县、深圳市和中山市三次登陆，每次登陆时中心最大风力均为12级，首次登陆时台风中心最低气压960百帕，近中心最大风速达40米/秒，阵风55米/秒。这次台风横穿珠江三角洲地区，强度强、范围大、移速快，是继1979年第8号台风后影响珠江三角洲最严重的一次台风。受其影响，广东省海门潮位站最大增水176厘米，该站最高潮位203厘米，超过当地警戒水位73厘米。沿海超过当地警戒水位的潮位站还有广东省东溪口(64厘米)、汕头(32厘米)、泗盛围(15厘米)，福建省东山(16厘米)。

广东省受灾人口641.0万人，死亡19人，倒塌房屋5 400间，农作物受灾面积13.9万公顷，直接经济损失22.87亿元，其中，农林渔业12.79亿元、公交运输业4.90亿元、水利设施1.56亿元。

温带风暴潮灾害　2003年10月11～12日，受北方强冷空气影响，渤海湾、莱州湾沿岸发生了近10年以来最强的一次温带风暴潮。受其影响，天津塘沽潮位站最大增水160厘米，最高潮位533厘米，超过当地警戒水位43厘米；河北黄骅港潮位站最大增水200厘米以上，最高潮位569厘米，超过当地警戒水位39厘米；山东羊角沟潮位站最大增水300厘米，最高潮位624厘米（为历史第三高潮位），超过当地警戒水位74厘米。

此次温带风暴潮来势猛、强度大、持续时间长，渤海湾、莱州湾沿岸部分码头、港口、村庄进水。居民房屋被浸泡、倒塌，盐场、虾蟹池被淹或冲毁。渔船渔具被损坏，部分海堤被毁坏，水利、通讯、电力设施遭到破坏，海水沿河道上溯淹没农田、村庄。天津、河北、山东沿海部分地区受灾严重。

(1) 河北省风暴潮灾。河北省直接经济损失5.84亿元。受灾最严重的是渔业和养殖业，冲毁虾池2 466公顷，扇贝受损590万笼，网具3 000余条，多座育苗室和海产品加工厂被毁，损坏渔船1 450条，直接经济损失3.26亿元；损失原盐15万吨、盐田塑苫480万片、卤水30万立方米，盐业损失7 300万元。港口航道淤积，影响航运，部分在建的海洋工程受损。海水淹没农田0.11公顷、冲毁土地533公顷，农业损失700万元。28个村庄进水、500户民房被淹、损坏房屋2 800余间，民房损失1 000万元。冲毁闸涵775座、泵站69座、海堤4千米。刮倒电杆100余根，造成大面积停电，企业停产、学校停课；基础设施损失1.50亿元。

在三个沿海市中，秦皇岛市损失2.00亿元，主要是海上扇贝养殖设施被毁和70艘渔船损坏。唐山市损失8 000万元，主要是海上扇贝养殖、原盐和一些海堤等损失，渔船损毁70艘。沧州市损失最为严重，达3.04亿元，沿海的黄骅、海兴等地，潮水越过海堤和海防路，侵入内地5～10千米，沿河道上溯50千米，受灾人口15万余人，28个村庄大面积进水，潮水淹没范围达190.6平方千米，1 310艘渔船损毁（图2）。

(2) 天津市风暴潮灾。风暴潮给天津沿海港口、油田、渔业等也造成不同程度的损失，失踪1人，直接经济损失约1.13亿元，其中，农林渔业损失2 301万元，工业企业损失6 826万元，水利设施损失1 372万元，民用设施损失165万元，海洋石油业损失662万元。

图2　河北省黄骅市南排河港被潮水损毁搁浅的渔船

新港船厂部分设备被淹，库存物资损失严重，部分企业停产。天津港全港遭受浸泡的货物有37万余件，计22.5万吨，740个集装箱和107台（辆）设备遭到海水淹泡。大港石油公司油田停产1 094井次。原盐损失15.3万吨。淹没鱼池229.33公顷，渔船损毁156艘、渔网27排。海堤损毁7.3千米，泵房损坏13处。倒塌民房1间，损坏544间（图3）。

图3　“10·11”温带风暴潮影响天津港码头

(3) 山东省风暴潮灾。山东省受灾人口26.6万人，潮灾损毁房屋5 200间，直接经济损失6.13亿元。

潍坊市北部沿海受灾人口20万人，水产养殖受损面积7 000公顷，冲毁海堤20千米，闸门15座，损毁原盐30吨、船只70艘，直接经济损失3.00亿元。

滨州市无棣、沾化县沿海受灾人口6万人，水产养殖受损面积4.4万公顷，损毁房屋5 000间，损毁防潮工程260处、船只95艘，直接经济损失8 000万元。

烟台市损毁防潮堤7千米，水产养殖受损面积1 110公顷，毁坏船只128艘，损毁房屋65间，直接经济损失9 300万元。

东营市5个区县均受灾，受灾人口0.56万人，水产养殖受损面积3.5万公顷，损毁房屋180间，冲毁海堤40千米，路基38千米，桥梁1座，船只36艘，直接经济损失1.40亿元。

另外，胜利油田桩西和飞雁滩附近有部分老的海堤被冲垮，部分岸边设施被损坏。

(4) 海南省风暴潮灾。受冷空气和当地天文大潮影响，2003年11月26日晚至27日凌晨，海南岛北部儋州市至临高县沿海出现历史罕见高潮位，超过当地警戒水位。沿海7个乡镇严重受灾，受灾人口3.2万人。潮水淹没农田100公顷，养殖池塘287公顷，摧毁堤坝和道路约2千米，损坏渔船2艘，多处房屋进水，直接经济损失2 000余万元。

【沿海各级政府重视海洋防灾减灾】 2003年，沿海各级政府加大对海洋灾害的防范力度，确保人民生命财产的安全，最大限度地将灾害损失降到最低程度。

“科罗旺”台风风暴潮发生之前，在广东省政府的统一指挥下，安全转移人员近4万人，敦促2.8万艘船只进港。与历史上发生在该地的其他同等强度的风暴潮灾害相比，人员伤亡和经济损失都明显降低。

“杜鹃”台风影响华南沿海期间，福建省各级政府采取有效措施，养殖户2 000余人被安全转移上岸，1 977艘出海渔船于台风到达之前返港。广东省沿海12个市的3.5万艘船按时返港，安全转移9万余人。确保了沿海地区的人民生命财产安全。

“10·11”特大温带风暴潮灾后，河北省政府多方积极筹集资金，力争按防御50年一遇大潮的标准建设高质量防潮堤；同时采取有效措施，调整水产养殖等海洋产业布局，提高浅海扇贝养殖抵御风浪的能力。

【风暴潮预（警）报】 近年来，我国海洋环境预报部门在数值预报领域有了长足的进步，取得了多项自主开发的科技成果，特别是风暴潮及海面风场数值预报的研究成果已经在防御和减轻海洋灾害中发挥了重要作用，海洋灾害数值预报系统已初步建成。

在2003年台风风暴潮预报中，高精度业务化风暴潮数值预报模式的应用极大地改进了风暴潮数值预报的精度。国家海洋预报台提前18小时发布了“科罗旺”台风风暴潮警报，给当地政府的抢险救灾赢得了时间。

2003年度共发布8个台风（0307、0308、0309、0311、0312、0313、0314、0320）风暴潮预（警）报，其中传真预报13份，网上预报13次，午间新闻电视预报9次，广播预报9次，内部明传电报1次，并在中央电视台“新闻联播”中发布风暴潮紧急警报1次。这8次台风风暴潮中有3次使沿岸出现超过当地警戒水位的风暴潮灾害。

此外，2003年还发布温带风暴潮预报7次，其中紧急警报5次。有2次温带风暴潮给河北省、天津市、山东省酿成灾害。 （叶 琳）

海浪灾害与预报
Sea Waves Disaster and Forecast

【海浪灾害】 2003年，我国近海海域共发生34次4米以上巨浪灾害，造成直接经济损失1.15亿元（不包括近岸海浪损失），死亡、失踪103人。其中海浪造成沉船的直接经济损失9 961万元（见表2），“天鹅”台风浪造成直接经济损失1 500万元。

1月7～8日，受冷空气影响，东海、台湾海峡出现4～5米巨浪，福建省近岸海域沉没船舶2艘，死亡4人，直接经济损失11万元。

2月22日，受黄海气旋和冷空气影响，渤海、黄海出现4米巨浪，大连渤海轮船公司所属的“辽旅渡7”轮从山东龙口市开往辽宁旅顺途中，在渤海海峡北砣矶岛西北8海里处沉没，死亡4人，直接经济损失1 000万元。当天另有一艘小型渔船在长海县附近海域遇难沉没，船上 4 人全部失踪，直接经济损失 30 万元。

10 月 11～12 日，受南下强冷空气和西南倒槽共同影响，渤海出现 4～6 米巨浪，河北省秦皇岛、唐山沿岸近海出现 3.5 米大浪，沧州、黄骅沿岸近海出现 4 米巨浪，对近岸海堤、海上水产养殖造成巨大经济损失（见图 4、图 5）。

图4 10 月 12 日黄河海港附近海堤遭受巨浪袭击严重损坏

10 月 11～12 日，浙江舟山市普陀永和海运有限公司“顺达 2 号”货船和上海运得船务有限公司“华源胜 18 号”货船遭遇大风巨浪，分别在渤海中部和西部海域沉没，“顺达 2 号”船 29 人、“华源胜 18 号”船 11 人下落不明，直接经济损失 5 000 万元。

“伊布都”（0307 号）台风和“天鹅”（0308 号）台风先后在南海造成 4 米以上的巨浪达 6 天以上，南海北部 6 米以上的狂浪达 3 天，最大浪高 11 米。受“天鹅”台风浪的影响，海南省水产养殖受灾面积 916 公顷，水产品损失 1.0 万吨，直接经济损失 1 500 万元。

图 5 10 月 12 日黄河海港附近海堤遭受巨浪袭击严重损坏

“科罗旺”台风（0312 号）造成南海中部、北部 4 米以上的巨浪达 3 天，北部 6 米以上的狂浪达 2 天，最大浪高 9 米。受台风浪的影响，广东省 151 艘渔船损坏，沿海滩涂养殖网箱、渔排受损严重，水产品损失 1.5 万吨。广西壮族自治区沉没渔船 63 艘，水产养殖受损面积 5 649 公顷，损坏堤防 1 108 处，累计 83.4 千米，堤防决口 12 处、累计 2.3 千米（直接经济损失见表 1）。

表 2 2003 年我国近海巨浪引起的沉船事件

海 区	时 间	地 点	沉 损 船 只	死亡(失踪)人数	经济损失（万元）
渤 海	2 月 22 日	渤海海峡	“辽旅渡 7 号”轮沉没	4	1 000
	2 月 22 日	长海海域	沉没 1 艘小型渔船	4	30
	4 月 17 日	绥中县外海	沉没 1 艘小型渔船	5	50
	10 月 11 日	渤海中部	舟山市永和海运公司货船“顺达 2”号轮沉没	29	3 000
	10 月 11 日	渤海西部	上海运得船务公司货船“华源胜 18”号轮沉没	11	2 000
黄 海	5 月 4 日	江苏沿海	沉没 1 艘渔船	4	8
	5 月 25 日	江苏沿海	沉没 1 艘渔船	2	12
东 海	1 月 1 日	平潭海域	沉没 1 艘渔船	3	5
	1 月 7 日	泉州海域	不详	1	3
	1 月 8 日	泉州海域	沉没 1 艘渔船	0	3
	6 月 22 日	温州沿海	南京籍杂货船“盛鑫 658”轮	11	2 000

续 表

海区	时间	地点	沉损船只	死亡(失踪)人数	经济损失(万元)
东海	8月16日	漳州海域	沉没1艘渔船	1	10
	9月2日	泉州海域	沉没1艘渔船	1	25
	10月5日	漳州海域	沉没1艘渔船	4	5
	11月9日	晋江市深沪海湾	“闽惠渔0311”号渔船沉没	1	10
南海	2月25日	广东汕头附近海域	“粤惠来43028”轮沉没	4	500
	3月8日	广东粤西海面	“粤阳东14048”轮沉没	8	500
	4月11日	广东省大亚湾附近海面	“琼临高12148”轮沉没	10	800
合计				103	9 961

【海浪预报】 2003年，我国的海浪预报除完成日常预报工作外，继续开展全国主要海水浴场的海浪预报工作，在2002年三亚、海口、北海、阳江、厦门、连云港、日照、青岛、威海、烟台、秦皇岛和大连共12个城市的海水浴场海浪预报的基础上，又增加了防城港、湛江、江门、深圳、汕尾、东山、平潭、南麂、朱家尖、蓬莱、绥中11个海水浴场的海浪预报，还通过中央电视台、《中国海洋报》等全国性媒体发布24小时和未来4天的海洋环境预报。开展海水浴场海洋环境监测和预报是一项全新的业务，涉及水文、气象、生物、化学等多个学科，监测项目包括粪大肠菌群、水色、透明度、溶解氧、盐度、漂浮物质等水质要素和水温、潮时、海浪、气温、风向、风速、总云量、降水量等水文气象要素。海水浴场预报与实践结合密切，直接为公众服务，在社会各界引起了很大反响。

目前海水浴场预报现状是：浴场的数量为2个，时间为7个月，每天向中央电视台发送24小时预报，向《中国海洋报》发送96小时预报，为网站提供24小时及未来3天海水浴场预报。

为了提高工作效率和预报精度，迫切需要研制一套自动化预报程序来代替预报员繁重的劳动。为此国家海洋环境预报中心提出通过对海浪数值预报产品的释用，应用海浪数值预报与经验统计预报相结合的综合预报方法进行海水浴场海浪预报的设想，并选取东山马銮湾浴场，开展海水浴场海浪数值预报与经验统计预报相结合的综合预报方法的研究。

东山马銮湾浴场沙滩长2 500米，宽60米，滩面宽阔，坡度平缓。针对东山马銮湾浴场的地形、水深等环境条件，采取计算范围为10°～45°N，105°～155°E，空间分辨率为0.5°×0.5°粗网格的计算大区域、计算范围为18°～27°N，117°～125°E，空间分辨率为0.1°×0.1°的较粗网格的计算中区域和计算范围为东山马銮湾海水浴场周边5千米×5千米，空间分辨率为50米×50米的高分辨率小区域的三重嵌套深、浅水海浪数值模式计算东山马銮湾海水浴场海浪要素。应用深水海浪数值预报模式WAM4的业务运行结果，为嵌套的较粗网格的计算中区域和高分辨率的小区域提供波谱边界条件，利用浅水海浪数值预报模式SWAN来计算小区域——东山马銮湾海水浴场的海浪要素。

根据以上计算的浪高、浪向与实测风场、地形等因素的关系，并与浴场每天08、14时的实测资料相比较。利用统计分析的方法得到两者之间关系的经验统计预报公式，建立一套自动化海水浴场海浪数值预报与经验统计预报相结合的综合预报方法，并在实际预报中比较、检验、改进和完善综合预报方法。

【海浪中长期预报】 2003年，中国发布海浪中长期预报的部门除完成日常的海浪中长期预报旬、月和年预报任务并参加中国科协、民政部和国家海洋局组织的年度自然灾害和海洋灾害预测会商会外，国家海洋环境预报中心还承担了国家专项课题：海洋环境保障与服务体系建设，海洋环境保障系统建设课题中的“海浪的统计预报”

子课题。

【海浪数值预报模式研究】 国家“十五”科技攻关项目“海洋环境预报及减灾技术”01课题“业务化海浪数值预报模式的研制”中，中国海洋大学承担“中国近海及西北太平洋业务化深浅水海浪数值预报模式Ⅰ研制”、“MM5同化研制”，国家海洋环境预报中心承担“中国近海及西北太平洋业务化深浅水海浪数值预报模式Ⅱ研制”、“海浪数值预报产品释用研究”、“MM5风场研制”、“台风风场模式研制”等子课题。各子课题于2003年9月都已按国家“十五”科技攻关计划课题任务书规定的内容和时间，完成了一期的攻关任务，并于2003年12月通过了国家科技部和国家海洋局的验收。

经研究攻关初步建成了海面风场数值预报业务化模式。海面风场数值预报业务化模式已于2003年7月29日开始大区域的实时预报，起报时间为20时（北京时），预报区域为亚洲大部和西北太平洋海域，预报时效为72小时，提供10°～45°N、105°～155°E范围内0.5°×0.5°的预报风场。模式运行稳定且基本上达到预报时效的要求。预报产生的0～72小时的气压场、温度场、湿度场和风场已提供给有关海洋模式使用，从4个月的平均结果看，风场预报基本上达到了合同的要求。从2003年10月1日起，风场数值预报的部分产品已提供给预报中心网站，供国家海洋局有关单位使用。

初步建成了台风风场业务化预报模式。台风业务化模式是直接建立在“高分辨率的有限区域海面风场数值预报业务化模式”基础上，其中，计算区域、水平分辨率、垂直分层、模式动力框架和模式主要物理参数化过程的选择基本上与海面风场模式一致，不同的是台风模式增加了变分调整部分内容。变分调整采用水平原始运动方程作为约束条件，对海平面气压场和风场进行调整，调整时考虑湍流摩擦作用和非常规观测资料。运用此模式对近年来出现的台风进行了43个个例的72小时试预报，其中，24、48、72小时的距离平均误差分别为：168（180）、336（370）、466（570）千米，方向角平均误差分别为：17（22）、19（25）、20（30）度。误差检验表明，预报结果基本达到了考核指标。

初步建成了深水和浅水海浪数值预报业务化模式，并于2003年9月5日与本课题研制的海面风场数值预报业务化模式和台风风场业务化预报模式连接，进行了深、浅水海浪模式业务化试预报。预报海区：西北太平洋（10°～45°N，105°～155°E），长江口（29°～33°N，120°～123°E），北部湾（18°～22°N，105°～110°E），渤海（37°～41°N，117.5°～122.5°E）。业务化试预报结果表明，系统运行稳定，计算结果合理，预报效果趋近合同指标。自2003年10月起，深水和浅水海浪数值预报业务化模式的可视化产品已公布预报中心网站供有关单位参考使用。 （许富祥）

海温海流预报
Forecast of Sea Surface Temperature and Current

【海温和海流三维结构数值预报模式研制】 国家海洋环境预报中心研究人员基于MOM2，利用全球大洋变网格方法，建立了西北太平洋环流数值模式。采用全球变网格模式从根本上消除了区域模式侧开边界条件选取的人为性，并且将西北太平洋特别是中国近海环流模式置于全球大洋环流模式之中来研究，这样非常有利于研究边缘海之间及边缘海与大洋环流之间的相互作用。将模式结果与TOPEX/POSEIDON(T/P)卫星高度计资料进行比较将模拟所得的南海海面高度距平与TOPEX/POSEIDON高度计资料比较，其结果在时空分布上基本吻合。平均海面高度与大地水准测量比较，标准偏差为4.8厘米，拟合系数超过95%。成功模拟了吕宋海峡逐月断面的温度垂向结构和纬向流垂向四层结构，重现了太平洋中、深层流特征：即在底层存在北向西边界流，特别是发现了海面下2 000米上下的水层内存在南向深层西边界流。对国际上现有的太平洋深层热、盐输运路径可能是一个重要修正。通过对中国近海域际水、热、盐输运模拟结果及可靠性分析，得出台湾海峡、吕宋海峡等通道水热盐输运模拟结果与实测基本一致。表明该模式有一定的预报能力。

三维海洋预报是我国“十五”期间新发展的预报项目。基于POM，结合渤海海域的特点，通过改进POM模式浅水域计算不稳定问题与大地形条件下压力梯度力计算问题和开边界条件的处理，研制了渤海海域的三维海洋数值预报模式。模式考虑了潮汐、潮流、表面大气热力、动力强迫作用，充分考虑了三维海洋的日变化。

研究人员对三维海洋模式进行了模式稳定性测试、适应时间研究、多年连续模拟试验和部分参数的优化改进，进行了渤海潮汐模拟验证，利用2000—2003年的NCEP再分析资料对渤海海洋三维结构，包括海冰进行了连续3年的模拟试验，效果良好。研究了在风应力、温盐强迫和边界潮强迫等单独因子和多因子共同作用下动能、水位等要素随时间变化的特征，初步确定了模式对各因子的适应时间尺度和SPIN-UP时间，初步确立了三维海洋模式的业务化运行方案。

通过对渤海的三维海流、海温进行的长期模拟试验，参数优化和稳定性、适应性及自动运行技术等业务化技术的研究，2003年10月，国家海洋环境预报中心开始了渤海三维海洋温度和海流数值预报的业务化试预报，模式分辨率为2.5′×2.5′，预报时效为72小时。

【表层海温（SST）业务化数值预报】 国家海洋环境预报中心研究人员在“七五”、“八五”科技攻关所研制的表层海温预报模式的基础上，改进了夹卷等过程的参数化；增加了季节变化的长江冲淡水对层结的影响，特别是其中盐度对海表面温度的影响；针对SST业务化模式的特点，提出了余流场的客观分析方法，用多连通区域的Poisson方程数值求解方法，提供了一个客观分析的余流场，保证了预报SST变化对余流场的需要和精度要求；发展了海温伴随同化方法，并用于业务化的SST预报模式中，实现了预报初始场的全局优化，这种优化是通过一种自动化进行的，在四维同化中还考虑了长江口海洋站SST的影响。

改进后的表层业务化数值预报模式从2003年9月开始，进行试预报以来，运转稳定，结果合理，12月1日上网发布。

目前，渤海三维海洋温度和海流数值预报、黄渤东海表层海温数值预报等模式都已与国家海洋环境预报中心研制的大气模式连接，并在国家海洋环境预报中心开始进行业务化预报和试预报，模式稳定、运行情况良好，结果合理。从2003年12月开始，预报结果已经在国家海洋环境预报中心网站(WWW.NMEFC.GOV.CN)上公布。

发展了预报模式的自动运行控制技术，从获取当前日期时间、数天以来的数值天气分析产品和当日的预报结果、运行预报模式、制作预报产品并将预报产品发送到网站服务器上等一系列技术环节，全部自动运行。基本达到了预报自动化。

（张建华　刘钦政）

【潮汐预报】 潮高基准面是潮汐预报中所使用的一个重要的基础数据，是编制潮汐表主要港口预报潮高的起算面，也是查算某时刻水深的起算面即理论深度基准面。随着我国海洋经济的迅速发展，涉海工程、海洋勘察、海洋环境保护、防潮减灾等工作都需要了解潮汐高度并要归算到国家高程基准上。自2003年开始，国家海洋信息中心根据需要，进一步拓宽潮汐表的使用功能，对中国沿海主要验潮站的水准高程进行了整理、分析、归算，建立了潮高基准面与国家高程基准的关系。

潮高基准面一般与海图深度基准面相一致，因此采用海图深度基准面的计算方法，根据《海道测量规范》中理论深度基准面的定义，在使用理论深度基准面计算公式时需要注意以下问题：

(1) 在一些浅水分潮较大的河口站，理论深度基准面的计算偏高，源于浅水改正项不能与半日、全日分潮组合项充分组合出最低潮位。

(2) 进行季节改正时，计算φ_{sa}时，涉及到如$1/2\varepsilon_2$和$1/2g_{S2}$这样的半角计算问题，如不作处理，将会出现φ_{sa}位相相差180°的情况，从而使计算结果出现较大误差。在海面季节变化较大的渤海，其误差可能达到30厘米。　（储英杰）

海冰灾害与预报
Sea Ice Disaster and Forecast

【冰情与灾害】 2002年11月至2003年3月，渤海和黄海北部冰情为偏轻冰年份。2003年1月上旬和2月上旬，渤海和黄海北部浮冰范围达到最大，辽东湾浮冰离湾底距离约58海里，一般冰厚10～20厘米，最大冰厚45厘米；渤海湾和莱州湾浮冰离湾底距离约18海里，一般冰厚5～10厘米，最大冰厚15厘米；黄海北部浮冰离岸距离约18海里，一般冰厚10～15厘米，最大冰厚30厘米。

2003年1、2月冰情严重期间，海冰对渤海辽东湾沿岸港口航行的船只影响较为严重，但对石油平台的安全未造成较大影响。同期进出天津港的船只也受到影响。

【海冰监测预报】 经过“七五”、“八五”和“九五”国家重点科技项目的攻关研究，目前海冰监测预报业务工作比较完善，海、陆、空立体监测网络及长、中、短期相结合的海冰预报，全方位地为国家经济建设服务，已取得了明显的社会和经济效益。随着海上交通和海上资源开发的迅速发展，国家海洋环境预报中心与渤海石油公司紧密合作，开展了渤海工程海冰预报的研究。

“十五”期间，海冰数值预报引进了“质点-网格(PIC)高精度海冰模式”。传统海冰数值模式采用固定欧拉网格差分技术的平流格式产生较强的人工扩散，导致海冰外缘线预报误差增加。在质点-网格海冰模式中，引入冰厚分布函数，用多种类型冰厚分布代替原模式平整冰和堆积冰两种类型，便于计算非均匀动力强迫下由薄冰向厚冰转换的物理过程。“PIC 海冰模式”采用拉格朗日方法处理平流项，可对冰边缘线的变化做比较精细的处理，进一步提高海冰数值预报精度，为我国海洋石油生产和渤海冬季航运提供更可靠的预报服务。（张启文　白　珊）

赤潮灾害与预报
Red Tide Disaster and Forecast

【赤潮灾害】 2003 年，我国海域共发现赤潮 119 次，其中，渤海 12 次，黄海 5 次，东海 86 次，南海 16 次，累计面积约 14 550 平方千米，直接经济损失 4 281 万元。

赤潮发现次数较上年增加 40 次，其中，东海增加 35 次，南海增加 5 次，黄海增加 1 次，渤海减少 1 次。2003 年记录到 4 起持续时间长达 15 天以上的赤潮；记录到赤潮优势藻种 28 种。赤潮造成的经济损失较上年有所增加。

经济损失较为严重或持续时间达 15 天以上的赤潮如下：

5 月 19～25 日，福建省平潭海坛湾海域发生赤潮，最大面积 80 平方千米，赤潮优势藻种为夜光藻，直接经济损失 489 万元。

5 月 20 日至 6 月 23 日，福建省连江黄岐半岛附近海域赤潮持续 35 天，最大面积 100 平方千米，赤潮优势藻种为夜光藻、裸甲藻和具齿原甲藻，直接经济损失 2 500 万元。

5 月 25 日至 6 月 17 日，浙江省南麂周围海域赤潮持续 24 天，最大面积 800 平方千米，赤潮优势藻种为具齿原甲藻。

5 月 30 日至 6 月 18 日，福建省罗源湾附近海域赤潮持续 20 天，最大面积 30 平方千米，赤潮优势藻种为裸甲藻，直接经济损失 500 万元。

8 月 12～30 日，广东省坝光和东升养殖区海域赤潮持续 19 天，最大面积 15 平方千米，赤潮优势藻种为海洋卡盾藻和锥状斯氏藻，直接经济损失 33 万元。

【赤潮预报与研究】 2003 年，国家海洋环境预报中心共发布赤潮发生条件预测（试报）27 期，其中，东海区域预报 19 期，北海区域预报 11 期，南海区域预报 3 期。

国家海洋环境预报中心以东海赤潮为研究重点，2003 年 10 月完成“十五”科技攻关计划“赤潮中长期预报技术”课题研究工作报告。12 月该课题一期工作通过验收。

表 3　2003 年发现的主要赤潮一览表

	时　间	地　点	面　积（平方千米）	藻类名称
黄渤海	4 月 25～26 日	秦皇岛附近海域	70	夜光藻
	5 月 28 日	辽宁省葫芦岛市芷锚湾外附近海域	10	夜光藻
	5 月 28 日至 6 月 4 日	曹妃甸附近海域	8	夜光藻
	5 月 30 日	东港赤潮监控区	28	夜光藻
	6 月 2 日	葫芦岛菊花岛外赤潮监控区附近海域	140	夜光藻

续 表

	时 间	地 点	面 积（平方千米）	藻类名称
黄渤海	6月21日	河北省滦河口附近海域	12	夜光藻
	6月28日至7月1日	东港赤潮监控区	27	夜光藻
	7月2～11日	天津大沽锚地以西海域移动到大沽锚地以东海域	100	海洋卡盾藻
	7月3日	黄海北部大连湾海域	15	异弯藻
	8月19～20日	山东浪暖口前滩水域	3	海洋褐胞藻
	8月20～21日	山东“燃墩石湾”海域	3.5	夜光藻
东海	4月2～7日	泉州湾海域	150	海链藻
	4月17～19日	海坛湾海域	150	夜光藻
	4月25～30日	厦门西海域	38	中肋骨条藻
	4月26日	北渔山锚地	10	原甲藻
	4月28日	南麂上马鞍	30	具齿原甲藻 少量亚历山大藻
	4月28～30日	浙江省嵊泗列岛北部海域	100	微型绿藻
	4月28～30日	福鼎晴川湾牛郎岗	20	具齿原甲藻
	5月3～8日	福鼎晴川湾、里山湾及霞浦福宁湾北部海域	80	具齿原甲藻
	5月3～4日	四霜列岛东部海域	30	夜光藻
	5月3～6日	平潭东部海域	60	夜光藻
	5月4～5日	霞浦西洋岛海域	5	夜光藻
	5月8日	朱家尖以东	200	具齿原甲藻
	5月9日	中街山以南	接近1 000	具齿原甲藻
	5月9日	台州以东	120	具齿原甲藻
	5月10日	韭山列岛附近	100	具齿原甲藻
	5月10～17日	福宁湾及福鼎沿海	150	具齿原甲藻，裸甲藻
	5月11日	南田岛以东	2 000左右	具齿原甲藻
	5月12～14日	平潭东部海域	20	夜光藻
	5月13日	嵊山监控区	20	具齿原甲藻
	5月18～21日	霞浦长春海域	40	具齿原甲藻 长崎裸甲藻
	5月19～20日	霞浦四霜列岛海域	20	夜光藻
	5月19～25日	平潭海坛湾	80	夜光藻
	5月19日	长江口外花鸟山至舟山岛	1 000	
	5月20日至6月23日	连江近岸海域	150	裸甲藻
	5月20日	东吼山东至南渔山岛之间	900	具齿原甲藻
	5月21～22日	霞浦福宁湾	20	具齿原甲藻 长崎裸甲藻
	5月24日至6月3日	福鼎、霞浦沿海	120	具齿原甲藻 长崎裸甲藻
	5月24日	嵊泗监控区	15	具齿原甲藻
	5月25～27日	福鼎台山列岛	18	夜光藻

续 表

	时 间	地 点	面 积(平方千米)	藻类名称
东海	5月26日至6月5日	南麂,大沙凹、新码头	15	具齿原甲藻,原甲藻,长崎裸甲藻 锥状斯氏藻
	5月28日至6月1日	霞浦四霜列岛海域	80	具齿原甲藻 长崎裸甲藻
	5月30日至6月3日	霞浦浮鹰岛以南自东冲口外海域	150	短裸甲藻,夜光藻
	5月30日至6月18日	罗源湾海域	30	裸甲藻
	6月1~5日	渔山列岛附近海域	1 000	具齿原甲藻
	6月2日	长江口外海域	150	
	6月3~6日	厦门鸡屿岛至龙海海域	40	长崎裸甲藻
	6月5~16日	南麂与北麂之间	500~800	具齿原甲藻 长崎裸甲藻 锥状斯氏藻
	6月6~7日	海坛湾海域	30	夜光藻
	6月8日	嵊泗列岛南部	30	
	6月9日	象山港西沪港口	6	新月菱形藻
	6月9~10日	海坛湾海域	20	夜光藻
	6月11~16日	象山东部沿海,从岳井洋到白岩山盐场		夜光藻、中肋骨条藻
	6月14日	洞头监控区	50	膝沟藻,叉状角藻,夜光藻
	6月16日	嵊泗监控区	30	具齿原甲藻 中肋骨条藻
	6月22日	中街山列岛	75	
	6月22日	嵊山—枸杞的海湾	50	
	6月23~28日	厦门西海域	150	地中海指管藻
	6月25日	30° 30′ ~31° 00′ N,122° 15′ ~122° 45′ E	1 000	中肋骨条藻
	6月26日	嵊泗监控区	30	中肋骨条藻
	7月2~5日	厦门海沧大桥往宝珠屿	20	中肋骨条藻
	7月7日	嵊泗监控区	15	中肋骨条藻
	7月14~15日	厦门宝珠屿	10	海链藻
	7月21~28日	厦门宝珠屿	20	角毛藻,中肋骨条藻
	8月25~31日	厦门宝珠屿至海沧大桥	25	角毛藻,中肋骨条藻
	8月30日	长江口外海域	100	中肋骨条藻
	10月11~14日	海坛湾海域	13	夜光藻
南海	1月底至2月初	海南省文昌市翁田镇景心角近岸海域	30	球形棕囊藻
	2月8~11日	湛江硇洲岛东北海域	80	红色中缢虫
	4月27~29日	珠海桂山岛至九洲岛海域	350	中肋骨条藻
	5月7~9日	深圳大、小梅沙附近海域	5	夜光藻
	5月12~14日	深圳湾海域	5	中肋骨条藻
	6月9~11日	深圳湾至赤湾港一带海域	40	异弯藻

续 表

	时 间	地 点	面 积（平方千米）	藻类名称
南海	6月15～20日	深圳大鹏湾平洲岛附近海域	50	裸甲藻，螺旋环沟藻
	6月23～27日	深圳后海湾、东角头渔港、蛇口港、招港码头和三突堤及附近海域	12	中肋骨条藻
	7月2日	惠州大亚湾	4～5	海洋卡盾藻
	7月6～9日	北海涠洲岛南湾港海军码头附近海域	10	红海束毛藻
	7月21～25日	饶平柘林湾	68	球形棕囊藻
	8月12日至9月1日	惠州大亚湾东升网箱养殖区	15	海洋卡盾藻 锥状斯氏藻
	8月28～30日	深圳盐田渔港码头附近海域	5	锥状斯氏藻
	11月11日	妈屿岛附近海域		球形棕囊藻

（国家海洋环境预报中心 王咏亮）

【东海区公益服务】

海洋环境观测预报 经“东海区海洋环境监测系统——海洋站志愿船项目”和“海洋环境立体监测和信息服务上海示范区项目”的多年建设，东海区海洋环境观测和预报服务系统，通过依靠科技进步，不断更新改造硬件设施，加强制度建设和人员培训，综合业务能力得到提升。水文气象要素的自动化观测传输系统运行正常，为及时准确掌握东海区海洋环境要素的动态变化和开展预报服务提供了保证。全年通过电台、电视、报刊、互联网站发布了东海区和上海、江苏、浙江、福建和厦门、宁波、舟山海域的海浪预报和东海区三省一市主要港口的潮位、表温预报。预报地区和发布媒体种类增多，影响力扩大，预报质量和效果进一步提高，预报准确率平均达到85%。

通过传真、信函、电话或专用网络向东海区沿海各级政府、防汛指挥部门提供了常规预报、汛期潮位和海洋灾害预报。全年发布海区风暴潮消息28次186份、警报12次90份、紧急警报2次42份。

开展赤潮试预报，探索赤潮预报方法。赤潮易发期，东海区各地发布赤潮试预报76次。

面向社会新领域，满足生活新需求。东海区共有12个海水浴场开展了环境监测预报服务，其中福建海域8个，浙江海域3个，江苏海域1个。各浴场不仅用告示牌发布，还通过电视、广播、报刊或网站等媒体向社会发布。全年福建海域发布浴场预报服务280天，浙江温州、舟山106天、宁波80天，江苏连云港120天。

服务地方经济建设，继续做好专项预报服务。2003年东海区提供专项预报服务单位达55家，较上年增加3家。服务质量进一步提高，服务项目扩大，服务形式改善，专项预报服务的客户类型扩大至港、航、渔、军和沿海大型企事业单位等。

标准计量认证 继续贯彻《海洋计量工作管理暂行规定》，做好海区计量和标准化工作。东海监测中心通过计量认证复审和ISO2000质量管理体系复审换证，东海区5个监测中心站均通过国家计量认证的现场评审。2003年4月和9月，开办了2期以《实验室认可准则》、《检测和校准实验室能力的通用要求》、《测量不确定度》、《国际计量单位》和如何实施实验室内审工作等为主要内容的“计量认证内审员”培训班，有98人获“计量认证内审员”资格证书。从2003年8月至9月的计量、质控和内审结果来看，各中心（站）的质量体系运行是有效的，基本达到对监测活动的有效控制，各项质量活动基本处于受控状态，质量体系基本与质量活动相符。发现的主要问题是，质量体系运行记录不够全面、体系文件还存有缺陷，自动化记录不够规范，部分实验室与质量体系要求存在差距，个别质量监督员履职不到位。对上述问题做了认真整改并修订了质量体系文件。

通过现检、送检等方式，全年检定东海区各类仪器1 845台件，其中为社会检定服务1 300台件。东海区标准化工作和各海洋监测中心实验室标准化工作得到加强，继续推进海洋调查监测人员持证上岗工作，经培训东海区现有 319 人获海洋调查监测证书。

东海区验潮防潮减灾协作网 2003 年 3 月 27 日，在福建省龙岩市召开东海区验潮防潮减灾协作网年度会暨海洋灾害预测会商会。东海分局和苏、沪、浙省海洋行政主管部门、防汛指挥部办公室和省海洋环境监测预报中心、东海海洋环境预报中心，宁波、厦门市海洋行政主管部门和宁波市、上海浦东新区防汛办公室，海军东海舰队航保处，宁波、温州、厦门、霞浦海洋环境预报台的领导和代表出席会议。在回顾总结东海区 2002 年协作网工作基础上，就各成员单位进一步密切联系，加强信息交流和资料共享，继续做好年度风暴潮、汛情预测会商工作，完善和健全协作网组织，编辑出版《验潮防潮减灾协作网论文集》等进行了研究落实。预测会商了 2003 年度东海海域的海洋灾害趋势，提出了预测意见。协作网秘书长由袁丁担任。

（国家海洋局东海分局 张华明）

海洋情报和档案管理与服务

The Management and Service of Marine Information and Archives

海洋网络建设
Marine Network Construction

【“中国海洋信息网”建设】 2003 年国家海洋信息中心做了如下工作：

(1) 加强网络安全建设。制定了网络安全策略。对于内部网的计算机重新进行了规划，改用私有 IP 地址，同时建立了网络病毒防护系统，制定了病毒防护策略。增强了病毒检测能力与控制病毒传播的能力，并实现了病毒防范系统的中央控制和管理。

(2) 提升网络运行能力。2003 年 10 月 27 日与中国电信集团天津市电信分公司签定了《企业宽带网络合作协议书》。

(3)“中国海洋信息网”维护、信息更新。维护“中国海洋信息网”系统正常运转，信息发布及时、丰富。全年主页信息更新 96 期。主页累计访问 194 928 次，及时反映了全国海洋的大事要事。主页的“主题新闻”栏目，一周更新两次。“中国海洋报”栏目，一周追加两期。从 1998 年起，已累计发布 1 260 期。多年坚持更新“海洋预报”栏目信息，海浪预报，每日更新；海温预报，每月更新 3 次；主要港口潮汐预报，每月更新。“海洋经济”栏目，每月追加两期。“水产养殖”栏目，一周追加 1 期。“海洋科普”栏目，每月追加 1 期。“每周一题”栏目，每周更换 1 次内容。2003 年新增了“国家重点海洋科研项目介绍”，发布了 13 个地方省市海洋环境质量公报。及时报道了“海洋灾害”、“极地考察”与“海域管理”的情况。

【国家海洋局网络与网站维护建设】 (1) 国家海洋局网络维护。自 2003 年 1 月 1 日起，国家海洋信息中心承担了国家海洋局网络系统的业务化运行维护工作。完成了升级部分服务器软硬件系统和优化网络结构工作。重新规划、分配了 IP 地址，使得 IP 地址资源得到充分的利用；更新了邮件服务器的硬件和软件系统；同时优化了客户端机器的网络配置。由此提高了效率，网络访问速度明显加快。为保证国家海洋局各司处业务工作顺利进行，对用户申报的终端故障问题，进行了及时处理。截止到 11 月初，共解决了终端故障 500 多次，保证了网站信息更新的及时准确。

(2) 国家海洋局网站维护建设。2003 年国家海洋信息中心继续担负此项任务。共建设了“海洋环保”、“执法监察”、“海洋科技”、“国际合作”、“开发应用”、“极地事业”、“大洋工作”、“海洋战略”、“海洋工作信息”、“海洋大事记”、“近期要闻”、“新闻导读”等 27 个信息栏目。

网站主页信息根据海洋主题新闻和图片的提供，基本每日更新 1 次。到 11 月为止，共更新 222 期，各栏目中的重要信息在主页上也有醒目的体现，追加更新 10 609 条信息文件，总更新信息量 179 373. 72KB。2003 年新增了“海洋时讯”与“海域管理工作通讯”栏目信息，并首次发布了“2002 年海洋工程环境保护和海洋倾废管理月报”、“2002 年海域使用管理公报”、“2002 年中国海洋卫星应用报告”。

“国家海洋局网站”提供的信息服务，宣传了海洋政策，介绍了海洋科研、海洋监测、海洋调查等大量的成果，及时发布了公告，沟通了全国各省、市海洋主管部门的信息，对海洋开发与管理起到了积极的推动作用。

【专题网站建设】 **“大洋协会网站”建设** 国家海洋信息中心完成了“中国大洋协会信息网站”主页体系设计，规划该网站设置栏目 22 个。目前网上发布信息 253M，制作网页文件 1 223 个。

“中国大洋协会信息网站”开通的主要栏目有：“关于我们”、“协会简介”、“专家简介”、“大洋战略”、“理事单位”、“大洋资料”、“要闻导读”、“新闻综述”、“基础建设”、“项目管理”、“国际合作”、“研究动态”、“成果展示”、“国际机构”、“科普园地”、“相关网站”、“大事记”、“‘大洋一号’科学考察船”等栏目均搜集了相关信息，进行了发布。

“渤海环境管理”网站维护建设 更新了“立项文件”、“项目管理”、“项目进展”、“协作单位”、“成果报告”、“国际合作”等栏目信息。追加了“聚焦渤海”、“环境公报”、“数据产品”、“环境与资源”、“海洋经济”、“渤海海洋保护区”、“环渤海市县”等栏目信息。2003 年 1 月，通过了项目办专家组的项目进展检查。

“极地考察”网站建设 受极地办公室委托，建设了“极地考察”网站，完成了主页设计，开辟了“南极篇”、“北极篇”、“南极数据库”、“考察队管理”、“极地科研”、“国际合作”、“政策法规”、“大事记”、“管理机构”、“国家关怀与支持”等 11 个一级栏目，并开辟了多个二级栏目，制作了相关网页。在主页显要位置还开辟了“最新动态”，及时反映极地考察的新闻与报道，搭建了用户信息沟通的桥梁。网站设计与建设内容于 10 月份经极地办公室审查后已上网发布。

ARGO 网站维护建设 完成了 ARGO 网站结构调整设计。建设了“投放信息”、“数据服务”、“产品服务”、“元数据库导航”、“资料数据库”、“研究成果”、“ARGO 文献”等栏目，做了相关网站的连接。在主页显要位置介绍了“关于 ARGO”和“ARGO 动态”并已于 1 月 1 日开通发布。

“潮汐与海平面”协会网站建设 建设了“潮汐与海平面协会”专题网站。制作了“专题研究”等丰富的海洋信息栏目，同时开辟了“培训教育”、“文献查询”，为协会成员的海洋用户提供了便捷的信息咨询服务，并在主页显要位置为协会成员单位海洋网站做了连接，沟通了协会单位海洋网站的信息交换渠道。

网站维护与信息更新是按栏目分类组织上网，“潮汐预报”、“专家引擎”、“业务联结”等栏目内容即时搜集，随时追加、发布。这是建成的第一个国内海洋专业协会网站。

“中国近海环流形成和变异机理、数值预测方法及对环境影响的研究”网站维护建设 修改完善了“中国近海环流形成和变异机理、数值预测方法及对环境影响的研究”网站的主页，共设计一级栏目 10 个。在主页中间显要位置，放置了“中国近海环境示意图”。示意图左侧为数据产品与数据集，右侧为项目介绍与项目成果。设立的海洋元数据栏目，介绍了海洋元数据并提供元数据的查询功能，同时开辟了“数据集”栏目、“数据产品”栏目、“973 研究方向”栏目等。

（国家海洋信息中心　姚湜予）

海洋情报服务
Marine Information Service

【海洋情报研究和服务】 海洋情报研究和服务可以为海洋管理决策提供科学依据，还可以为维护国家海洋权益，合理开发利用海洋资源，保护海洋生态环境，实现海洋资源、环境的可持续利用提供必要的参考。随着海洋情报及战略政策研究和服务在海洋各个方面的重要作用被人们广泛认识，在海洋管理中对高质量海洋情报信息研究和服务的需求也更加广泛和迫切。近年来，我国海洋管理和研究人员学识水平全面提高，外语能力不断加强，可以直接阅读和学习国外海洋管理方面的文献报告，并能提出适合需要的情报类研究专题和研究方向，增强了海洋情报研究和服务的力量。有能力向社会提供高质量的海洋资源和经济分析及综合评价信息，为海洋管理部门对海洋资源的合理开发、海洋资源配置与海洋产业结构调整、沿海土地利用规划、海域划界等提供准确和有效的海洋情报研究和信息产品服务。特别是近年来，海洋情报和战略政策的研究和服务能够密切结合国家的海洋战略、海洋政策、海洋立法、海洋划界工作的需要，为国家宏观调控海洋资源环境的可持续利用和我国海洋经济的发展，为维护我国海洋权益等提供了相关的研究成果和产品服务。

【海域立法研究和服务】 在海域立法研究方面，结合《海域使用管理法》的实施，根据国家海洋局有关部门的部署，完成了《关于建立海域评估师执业资格制度的论证报告》，作为上报人事部建立海域评估师执业资格制度的说明材料；进行了有关资质管理规定的分析，编写了《国务院行政审批项目相关文件内容及具体规定》分析报告；启动了《海域使用论证管理办法》法律条文及其说明的起草工作；对海域使用权的物权性质进行研究，参加编写《我国海域物权制度专题研究报告》；根据制定《海域使用权管理条例》的需要，对海域使用权的物权制度进行了深入研究。在海域管理战略研究方面，完成了《国外海洋管理体制情况》、《我国海洋管理体制改革的基本思路和设想》、《有关“三定”方案汇编》的整编；编写了《世界海洋管理事务发展趋势研究报告》。

【海岛立法研究和服务】 在海岛立法研究方面，根据开展海岛立法的需要，编写了《关于海岛立法论证材料》：包括制定《海岛管理规定》的现实需要及其解决的重大问题、海岛管理制度、具备实施海岛管理规定的条件、与相关法律的协调、国外有关岛屿立法管理的情况；开展了《海岛管理法规文件汇编》整编工作，对国外有关海岛管理法规和管理计划进行了全面收集，完成《国外海岛管理法规选编》送审稿，作为海岛立法的前期准备材料；完成并提交了《无人岛开发利用管理办法》法律条文的研究起草，编写了建立海岛管理制度的研究说明报告；组织起草了《无人岛开发利用管理办法》的两配套制度：《无居民海岛利用申请书》和《无居民海岛利用批准书》格式；针对钓鱼岛作为无居民海岛进行申请开发的行为，组织了有关钓鱼岛问题的资料整编工作。在海岛开发利用战略研究方面，收集了国外相关法规中有关岛屿管理的内容，完成了《国外海岛管理的立法和实践研究报告》；国内部分，完成了《全国海岛市县与沿海县工农业产值比较》分析报告，《加强海岛管理立法工作的重要性和必要性》报告的起草，《坚持综合管理体制，推动海岛立法进程——关于加强我国海岛立法管理工作的建议》；编写完成了《关于无居民海岛作为海洋生态系一部分问题的论述》报告的编写；起草了《对无居民海岛监督管理问题的意见》。

【海域管理研究和服务】 完成了《海洋功能区划技术导则修订》标准文本的征求意见稿，下发各有关部门和单位征求意见。编辑出版了《县际间海域勘界技术导则》；根据《海域勘界成果报告编写的基本要求》与有关单位进行联系，全面收集海域勘界成果材料，并审查修改了勘界报告和资料汇编中存在的技术问题；完成了部分省市海域勘界的“协议书”、“界线方案”（送审稿）的修改、编辑工作；收集了部分新的海域勘界文件，准备编辑出版《全国海域勘界文件汇编》。进行了《中国海砂资源分布图集》样图的校对和修改；编写了《中国海砂资源分布图集》的说明书；完成了《中国海域海底电缆管道公告图集》中的国际通信电缆、国内通信电缆管道图件的数字化、图集的编辑、图件的校对工作。完成了《中国海监工作通讯》编辑出版方案设计。

【海洋环保研究和服务】 为配合制订《防治海洋工程建设项目污染损害海洋环境管理条例》，完成了《国外海洋工程项目环境管理立法实践的研究报告》；继续完善《废弃海洋石油平台拆除技术方法指南》（讨论稿）的修改工作；完成《保护我们的渤海》电视宣传片的工作方案设计编写、资料搜集、稿本编写、解说词编写及镜头画面配置、素材片的拍摄。编写了《海洋资源术语（名词）的编写要求》，拟选了“海洋资源术语”词条报全国资源科学名词审定委员会审批。

【海洋战略研究和服务】 完成了《国外海洋经济发展现状及其分析》、《蓬勃发展的中国海洋事业》的编写；组织汇编了《有关部委信息中心职能和机构材料》和《有关省市信息中心职能和机构设置材料》汇编；完成了《人类环境杂志》中有关海洋文献的中英文镜像出版稿的编翻工作。根据国外海洋工作的发展情况，收集并编译了《NOAA 的发展趋势分析》、《美国马萨诸塞州海洋经济研究》，供我国开展同类的研究参考。另外，还完成了《天津市海洋与海岸带开发现状研究报告》的编写工作；参加了《天津市开发利用海洋资源发展海洋经济的研究报告》部分章节的编写工作和整个报告的讨论、修改工作。

【海洋划界研究和服务】 在海洋划界研究方面，结合海洋管理工作的实际需要，对一些重点问题和尚未充分研究的领域开展了后续研究工作，跟踪国际海洋划界的最新理论和方法，研究周边国家海上划界的动态，更新充实有关背景资料。在维护国家海洋权益研究方面，主要开展了领海基点岛屿保护管理办法、国外紧追权调研、大陆架和专属经济区人工构造物管理规定和周边国家海洋政策等基本情况的研究。

（国家海洋信息中心　胡恩和　范晓婷）

海洋档案管理与服务
Marine Archives Management and Service

【国家海域勘界档案工作领导小组和档案组第一次联席会议召开】 2003年1月21日，国家海洋局办公室在京主持召开了国家海域勘界档案工作领导小组和档案组第一次联席会议。会议分析了海域勘界工作的进展情况，研究了当前海域勘界档案工作，并形成了《2003年海域勘界档案工作计划》。（海洋档案馆　侯秀生）

【国家海域勘界档案工作检查组检查闽—粤线、津—冀线南线海域勘界档案工作】 2003年3月4～11日，国家海洋局组织由局办公室（财务司）、国家档案局经科司、海域勘界办公室、海洋档案馆参加的国家海域勘界档案工作检查组，对承担闽—粤线、津—冀线南线海域勘界任务的国家海洋局北海分局、南海分局和第三海洋研究所的海域勘界档案工作分别进行了检查和业务指导，给出了书面评价结论。检查的主要内容是各任务承担单位执行《海域勘界档案管理规定》以及海域勘界档案的收集（汇交）、整理、组卷、编目等档案业务工作情况。检查的主要目的是为了发现和解决各单位在工作中遇到的实际问题，同时为今后海域勘界档案工作积累经验，改进海域勘界档案工作方法，保证海域勘界档案质量。（国家海洋局　张连秋）

【大洋档案工作调研任务完成】 由海洋档案馆业务室承担的大洋档案工作调研任务，从2002年7月开始启动，至2003年4月完成，累计使用工作日45个，先后安排了8批共27人次，分赴北京、杭州、广州、厦门、长沙、青岛、上海、无锡等8个市和地区，着重实地走访了国家海洋局第二海洋研究所、北海分局、东海分局以及北京矿冶研究院、广州地质调查局、长沙矿冶研究院和长沙矿山研究院、702所等近20个单位；对其他单位通过电话询访和书面报表等方式进行了调查。调研单位覆盖率达72%，档案课题（航次）覆盖率达92%。调研形成的数据具有代表性和权威性，能较全面客观反映整个大洋档案工作的实际。通过调研，初步掌握了大洋档案管理和档案资源分布的基本情况。通过对大量第一手资料的研究分析，起草完成了《大洋档案工作调研报告》。本报告分为大洋档案调研基本情况、大洋档案工作情况、大洋档案基本数据分析和评价以及几点建议四部分，全文约8 000字。报告重点对调研材料进行了综合分析，研究了大洋档案管理总体情况和大洋档案资源分布总体情况，分析了大洋档案工作的分散性管理、封闭性利用、标准不统一、发展不平衡等四大基本特点，总结了大洋档案工作的三点主要经验，提出了七个方面存在的问题，并从档案看大洋事业的投入与产出、从利用看大洋档案信息资源共享的紧迫性和从管理看加强大洋档案工作机制的重要性等三个方面对大洋档案工作调研的基本数据进行了分析和评价。报告通过调研和对调查数据的多角度、多层次的研究，认为实施大洋档案资源的集中统一管理和社会共享利用是发展大洋档案工作的当务之急，是大洋矿产资源研究开发事业可持续发展的必要保证和现实需要。报告最后提出了七点建议。

【大洋档案建设与管理课题通过大洋协会办公室组织的专家中期评估】 2003年8月23日，大洋档案建设与管理课题通过大洋协会办公室组织的专家中期评估。课题负责人汇报了《课题执行总结报告》，提供了《大洋档案工作调研报告》、《中国大洋资源研究开发档案资料管理暂行规定（征求意见稿）》以及《大洋协会办公室大洋档案建设与管理（增补大洋协会办公室档案整理与管理达标建设）》合同文本。专家组一致认为，课题目标明确，系统结构与研究内容清晰合理；课题形成的《大洋档案工作调研报告》以及《大洋矿产资源研究开发档案管理规定》对加强大洋档案工作提供了决策依据，对提高整个大洋工作的管理水平起到重要作用。（海洋档案馆　侯秀生）

【国家海洋局海域勘界档案业务培训班在天津举行】 为使省际间海域勘界有关人员熟练掌握海域勘界档案整理方法和工作程序，确保海域勘界档案质量，解决海域勘界档案工作中存在的问题，国家海洋局办公室根据《二〇〇三年海域勘界档案工作计划》，于2003年7月9～11日在天津组织举办了一期由海域勘界任务承担单位、实施部门负责人、档案部门负责人以及档案管理人员共

43 人参加的海域勘界档案业务培训班。

国家海洋局办公室副主任吴金友主持开班式并作了讲话，国家海洋局海域勘界办公室副主任高振生根据海域勘界工作特点和实际情况，形象地阐述了海域勘界档案工作的重要意义。本次培训班由国家海洋信息中心负责承办，该中心主任林绍花出席开班式并致欢迎词。

各海域勘界任务承担单位、实施部门非常重视这次海域勘界档案业务培训，不仅指派了部门领导参加，而且选派了直接参加海域勘界工作、具有高级技术职称的海洋专业人员参加。

该培训班以海洋档案馆编辑出版的《海域勘界档案工作手册》为教材，5 名教员不仅讲授了国家和海洋档案法规，讲授了《海域勘界档案管理规定》、《实施〈海域勘界档案管理规定〉24 问》以及《海洋科学技术研究档案业务规范》、《海洋调查观测监测档案业务规范》、《海洋管理机关档案业务规范》、《档案著录规则》等技术标准，而且安排了业务交流、咨询和答疑。许多学员针对实际问题踊跃提问，国家海洋局档案管理部门和海域勘界办公室领导以及教员做了认真解答。通过培训，达到了预期目的，尤其使刚接触档案工作的同志产生了感性认识，增强了做好海域勘界档案工作的信心，为保证海域勘界档案齐全完整准确系统，为海域勘界档案工作规范化、标准化奠定了基础。 （国家海洋局　张连秋）

【国家海洋信息中心出台加强档案管理工作的配套文件】　由海洋档案馆业务室负责起草的《关于加强中心档案管理工作的意见》（海信业[2003]87 号）、《关于重组综合档案室的通知》（海信业[2003]88 号）、《关于下发〈国家海洋信息中心档案管理暂行办法和五项档案制度〉的通知》（海信业[2003]89 号）、《关于加强中心档案管理工作近期安排的通知》（海信业[2003]90 号）正式下发。国家海洋信息中心主任林绍花于 2003 年 7 月 30 日在该中心全体中层干部会上作了《与时俱进，开创中心档案工作的新局面》的动员报告。

【我国专属经济区和大陆架勘测专项办公室档案向海洋档案馆移交】　2003 年 9 月 28 日，我国专属经济区和大陆架勘测专项档案规范化整理及档案信息管理系统建设课题通过国家海洋局组织的专家组验收，本课题组所整理的档案向海洋档案馆办理了移交手续。专项办公室、国家海洋局办公室、国家海洋信息中心的有关领导以及海洋档案馆业务室负责人出席了交接仪式。该课题是国家海洋勘测专项办公室在专项结束后非正式下达的任务，由海洋档案馆业务室承担完成。该项任务于 2003 年 3 月 28 日开始启动，同年 10 月底结束，历时半年，共整理完成了 272 卷专项办公室档案，并对其文件级目录进行了计算机管理。验收专家组一致认为，海洋勘测专项管理档案种类齐全，类目划分科学，组卷合理，编目规范；案卷外观整齐美观，栏目所填内容准确，排序层次分明；卷内文件材料排列有序，保持了文件材料之间的有机联系；手续齐备；为档案的保管和利用奠定了基础。 （海洋档案馆　侯秀生）

【国家海洋局开展档案目标管理复查工作】　2003 年 8 月 11～15 日和 10 月 27 日至 11 月 2 日，国家海洋局办公室副主任吴金友率档案目标管理复查组赴国家海洋局驻穗、沪、杭、青单位进行档案管理工作检查。复查组依次对国家海洋局第二海洋研究所、水处理中心、东海分局、极地中心、南海分局、北海分局和国家海洋局第一海洋研究所档案目标管理工作进行了复查。

经检查并对照档案目标管理等级考核计分标准评议，作出了上述单位“档案目标管理”复查通过的书面意见。两个时间段的检查工作结束后，复查组分别向国家海洋局领导提交了档案目标管理复查情况报告。

复查组认为，各单位比较重视档案工作，不但有单位领导分管，而且将档案工作列入了议事日程，能够使档案工作与单位的整体工作同步推进；主要表现在：①档案管理设施建设和设备配备方面与档案目标管理定级时相比有了改进。②在单位工作发展和改革的同时，能够注重档案机构建设，注意保持人员稳定并充分发挥档案人员的积极性，保障档案工作顺利开展。③档案业务建设水平明显提高。从整体上看，1999 年以来的文件材料归档率、案卷合格率明显提高，应用计算机管理档案方面取得了积极成果。④档案开发利用方面，在原基础上有了形式上和内容上的改进，取得了较好的成绩。与此同时，复查组也发现了一些不容忽视的问题：第一，项目文件材料归档率有待提高。突出表现是档案工作与项目工作未能同步开展，致使项目档案严重散失、收集困难，归档率低下。第二，档案编研工作有待加强。上述单位自档案目标管理定级完成后，基本未开展档案编研工作，降低了档案服务效率，同时也影响档案工作的开展。第三，档案利用登记效果反馈记录汇总工作未及时开展。

为此，复查组在向国家海洋局档案主管部门和国家海洋局领导提出建议的同时，提出了整改意见，督导各单位加强档案工作的领导和业务建设，充分调动档案人员的积极性，积极帮助他们解决工作中存在的问题，给予兼职档案人员足够从事档案工作的时间，保证档案及时归档后再整理、编制检索工具、开发档案信息、提供档案利用服务等工作的开展，提高归档率和档案服务水平。

复查期间还同时进行了海域勘界档案检查以及海洋历史档案进馆试点工作检查。

（国家海洋局　张连秋 海洋档案馆　侯秀生）

【国家海洋信息中心编辑出版《档案工作手册》】

2003 年 11 月 12 日，国家海洋信息中心综合档案室编辑出版了《档案工作手册》。该手册分档案法规、技术标准、领导讲话和信息中心档案管理文件四大部分，计 30 万字，并已分发到该中心机关、各研究室以及印刷厂和服务中心领导，做到人手一册。

【海洋档案馆库房设备改造工作完成】 2003 年 12 月 3 日，海洋档案馆第二期档案密集架安装完毕。共安装标准手动密集架 344 节，全封闭式手动密集架 40 节，手动底图架 21 节，音像密集架 52 节。此前，第一批档案密集架于 2002 年 12 月 10 日安装完成。至此，海洋档案馆结束了用普通木质柜存放档案的历史。（海洋档案馆　侯秀生）

海洋标准计量工作

Marine Standards and Metrological Work

【概况】 2003 年，国家海洋技术监督管理机构，以落实职能为中心，以建立健全海洋标准化、计量和质量监督管理体系为重点，积极探索新路，开创海洋标准、计量和质量监督管理工作新局面，为海洋管理、海洋经济发展、海洋科技进步和国防建设提供技术支撑和质量保障。2003 年海洋标准、计量和质量监督管理工作主要体现在以下几个方面。

全国海洋行业计量认证 2003 年，全国海洋行业计量认证工作成效显著。在全面完成和巩固 2002 年启动的国家海洋局系统内海洋环境监测机构计量认证工作的基础上，开展了对省级以上海洋环境监测机构的首次计量认证工作，国家海洋标准计量中心进行组织管理、技术指导、内审员培训、现场评审，开创了海洋行业计量认证工作的新局面，获得国家认监委的好评。目前，已有 31 个海洋环境监测机构获得中华人民共和国计量认证合格证书，其中，副省级以上地方海洋环境监测机构 8 个。通过开展全国海洋行业计量认证工作，保证了海洋调查监测数据的质量，进一步促进了我国海洋环境监测工作的规范化、法制化、科学化。

海洋标准化归口管理 根据国家海洋局 1997 年第 4 号令发布的《海洋标准化管理规定》，国家海洋标准计量中心负责全国海洋标准化技术归口工作。2003 年，海洋标准化工作上了一个新台阶，完成了科技部基础性专项研究课题“建立中国海洋标准物质体系”，并通过了科技部基础司组织的项目验收和国家海洋局科技司组织的项目鉴定；完成了《海域使用面积测量规范》的制定，并通过了国家海洋局环保司主持的审查验收；完成了《海洋服装标准》（22 项系列标准）的草拟工作，按要求完成送审稿并上报国家海洋局；承担了科技部基础性专项研究课题“海洋调查规范修订”中项目技术总体组日常管理与协调及总则的编制，已完成各编写阶段草稿的技术审查和系列标准的协调、统稿工作，目前，该项目已通过其中 5 个部分送审稿的审查；完成 32 项国家/行业标准的立项审查及 99 项国家/行业标准的审查；完成 2 项检定规程的修订及报批任务；完善了《海洋标准制修定管理办法》和《国家海洋局计量工作管理暂行规定》，并加强了宣贯和实施。

海洋重大专项质量保障 国家海洋技术监督机构认真履行海洋质量技术监督管理职能，加大对国家海洋重大专项如“中国海洋环境监测系统——海洋站和志愿船观测系统”、“海域勘界”、“西北太平洋海洋环境调查与研究”、“中国近海海洋环境综合调查与研究”以及“九五”、“十五”国家“863”计划海洋监测技术主题中专项的质量监督管理力度，制定了国家海洋重大专项的质量保障体系文件，并进行贯彻实施和监督检查，为保证专项质量提供技术支撑。同时，通过举办海洋调查人员、监测人员、计量监督人员上岗培训班，进行资质考核、发证等方式，培养了一支海洋计量监测和质量监督人员队伍，保证了海洋调查监测工作的质量。

海洋计量标准体系建设 国家海洋计量站及其 3 个分站（青岛分站、上海分站、广州分站）是经国家质量监督检验检疫总局授权的对全国海洋行业计量器具进行检定、校准、检测的国家级法定计量检定机构。2003 年，已建立海洋计量标准 34 项，社会公用计量标准 20 项。为适应海洋计量检测工作的发展，国家海洋计量站的科研人员开展了计量检定装置和标准物质的研究，以建立健全和完善海洋计量标准体系。

2003 年 5 月，由国家海洋计量站研制的“波浪浮标计量检定装置”、“声学测波仪计量检定装置”、“风速风向仪计量检定装置”，经过鉴定验收和试用后，已申请建立国家计量标准，按照国家计量标准建标考核要求，向国家计量标准建标考核委员会提交了三项计量标准建标申请报告、技术报告及相关的技术资料，并做好了相关的考核准备工作。

2003年10月，“中国一级标准海水研制”课题通过国家海洋局的鉴定验收。中国一级标准海水研制成功，填补了我国海水盐度标准的一项空白，达到了国际标准海水的同等水平，对于建立我国海水盐度全程量值传递体系，确保海水盐度量值准确一致和促进海水盐度的科学研究工作跨入世界先进水平具有重要意义。

2003年，“波向检定装置研制”课题完成了技术改造。波向检定装置以美国生产的TCM2-50高精度磁通门罗盘作为计量标准器，进行了综合性能测试、试用，将于2004年初进行鉴定验收。

计量检测公益服务 海洋行业计量认证、计量监督工作和专项工作，推动了海洋计量事业的全面发展，极大地促进了计量检测试公益服务事业的发展。2003年，国家海洋计量站及3个分站的计量检定量明显提高，共检测各类海洋调查、监测仪器设备和进行环境试验2 566台次，为海洋学量值的准确传递、海洋资料的可靠性、国际资料的可比性和互换性提供了技术支撑。特别是国家海洋计量站开展了首次对韩国国立海洋研究院温盐深剖面仪的检测，打开了迈向国外检测市场的通道。

2003年主要科研成果 2003年国家海洋标准计量中心有4项科研成果通过鉴定验收：

(1) 国家“863”计划“海洋监测仪器检测与质量评价技术研究”；

(2) 国家科技部基础性专项研究课题“建立中国海洋标准物质体系”；

(3) 国家海洋局研究课题“中国一级标准海水研制”；

(4) 国家自然科学基金资助项目“建立90温标下新盐度标准和国际海水状态方程的研究”。

（国家海洋标准计量中心 卫 薇）

【海洋标准技术归口管理】 **标准技术归口管理工作** 2003年，国家海洋标准计量中心对国家海洋局属各单位申请立项的16项海洋国家标准计划任务书、16项海洋行业标准计划任务书进行了审核，对62项国家标准、40项行业标准的征求意见稿、送审稿和报批稿进行了技术审查，共714次数。

完成对《海洋有害藻华（赤潮）监测技术导则》海洋行业标准报批稿的审查、报批，经国家海洋局批准，现已发布、实施（见国海环字[2003]64 号文）。该标准为推荐性标准，编号为HY/T 069-2003，自2003年6月1日起实施。

完成对《海域使用面积测量规范》海洋行业标准报批稿的审查、报批，经国家海洋局批准，现已发布、实施（见国海环字[2003]295号文）。该标准为强制性标准，编号为HY/T 070-2003，自2003年10月1日起实施。

完成对《表层漂流浮标》海洋行业标准报批稿的审查、报批，经国家海洋局批准，现已发布、实施（见国海环字[2003]295号文）。该标准为推荐性标准，编号为HY/T 071-2003，自2003年10月1日起实施。

完成对《卷式超滤技术 平板超滤膜》海洋行业标准报批稿的审查、报批，经国家海洋局批准，现已发布、实施（见国海环字[2003]295号文）。该标准为推荐性标准，编号为HY/T 072-2003，自2003年10月1日起实施。

完成对《卷式超滤技术 卷式超滤元件》海洋行业标准报批稿的审查、报批，经国家海洋局批准，现已发布、实施(见国海环字[2003]295号文)。该标准为推荐性标准，编号为HY/T 073-2003，自2003年10月1日起实施。

完成对《膜法水处理反渗透海水淡化工程设计规范》海洋行业标准报批稿的审查、报批，经国家海洋局批准，现已发布、实施（见国海环字[2003]411 号文）。该标准为推荐性标准，编号为HY/T 074-2003，自2004年4月1日起实施。

水处理技术标准归口管理 完成中国膜工业协会《膜组件及装置型号命名》国标征求意见稿的审查，《中空纤维微孔滤膜装置》、《中空纤维膜N_2-H_2分离器》、《陶瓷微孔滤膜组件》行业标准草案初稿的审查。

【获准立项的海洋标准制定任务】 2003年经国家标准化委员会批准立项的制修订国家标准为：

(1)《海洋石油勘探开发污染物排放浓度限值》（国标修订项目，修订GB 4914-1985《海洋石油开发工业含油污水排放标准》）(国标委计划[2003]37号批准立项，项目编号为20030325-Q-418；国家海洋局发文海环字[2003]31 号通知，国家海洋环境监测中心为负责起草单位，项目负责人王菊英。）

(2)《海洋调查规范 海洋地形地貌调查》（国

标制订项目）（国标委计划[2003]37 号批准立项，项目编号为 20030326-T-418；国家海洋局发文海环字[2003]32 号通知，国家海洋局第二海洋研究所为负责起草单位，项目负责人李家彪。）

(3)《海洋调查规范 海洋工程地质调查》（国标委计划[2003]37 号批准立项，项目编号为 20030327-T-418；国家海洋局发文海环字[2003]33 号通知，国家海洋局第一海洋研究所为负责起草单位，项目负责人李培英。）

(4)《海底沉积物化学分析方法》（国标委计划[2003]37号批准立项，项目编号为20030329-T-418；国家海洋局发文海环字[2003]34 号通知，中国大洋矿产资源研究开发协会和青岛海洋地质研究所为负责起草单位，项目负责人夏宁、宋苏顷。）

(5)《大洋多金属结核化学分析方法》（国标委计划[2003]37 号批准立项，项目编号为20030329-T-418；国家海洋局发文海环字[2003]34 号通知，中国大洋矿产资源研究开发协会和青岛海洋地质研究所为负责起草单位，项目负责人夏宁、宋苏顷。）

(6)《海洋资源术语》（国标委计划[2003]37 号批准立项，项目编号为 20030330-T-418；国家海洋局发文海环字[2003]35 号通知，国家海洋信息中心为负责起草单位，项目负责人鹿守本、艾万铸。）

(7)《海水浴场环境质量要求》（项目编号为 20031865-Q-418；国家海洋环境监测中心为负责起草单位，项目负责人王菊英。）

2003 年经国家海洋局批准立项的制修订行业标准为：《海水循环冷却水处理设计规范》（国家海洋局文件海环字[2003]76 号批准立项，国家海洋局天津海水淡化与综合利用研究所为负责起草单位，项目负责人侯纯扬）

【海洋标准制定工作】 (1) 2003 年 3 月 2 日，国家海洋标准计量中心在天津组织召开了《海洋调查规范》送审稿草稿的预审工作首次会议。会议由该中心常务副主任康寿岭主持，中心标准化、计量管理的有关人员和海洋界的老专家及原《海洋调查规范》编制技术组组长等 10 人参加了会议。会议代表经过讨论一致认为：《海洋调查规范》送审稿预审工作是总体性地审查、协调、标准化各分标准，使《海洋调查规范》整体变得协调、适用、规范。会议最后确定了送审稿预审工作的目的、原则、实施方案和人员的具体分工。

(2) 2003 年 3 月 13 日，国家海洋标准计量中心组织召开了《海洋调查规范》国标送审稿草稿预审工作总结会。国家海洋局科技司（《海洋调查规范》项目业务主管部门）和环保司（海洋标准化工作主管部门）的有关领导和标准预审特邀专家及国家标准技术审查部的专家等 30 余人参加了会议，局科技司和环保司的有关领导充分肯定了送审稿草稿预审工作的重要性及国家海洋标准计量中心领导对国标修订工作的大力支持。国家海洋标准计量中心常务副主任康寿岭介绍了国家海洋标准计量中心作为海洋标准化工作技术归口单位和国家海洋计量站所具有的职责及多年来所开展的工作和本次组织海洋界的老专家参与对《海洋调查规范》送审稿草稿进行预审的重要作用及在国家科技部大力支持下，《海洋调查规范》修订工作顺利进行的概况。康寿岭代表国家海洋标准计量中心给老专家颁发了高级顾问聘书。国家标准技术审查部的专家代表单位领导对国家海洋标准计量中心在海洋标准和海洋计量工作方面的统一、和谐发展，给予了关注和赞扬，对中心提出的标准化、计量、质量一体化发展方向和技术标准、检测、科研一体抓的工作方针给予了充分肯定，并对《海洋调查规范》送审稿草稿预审工作提出了具体指导意见。

(3) 2003 年 7 月 30 日，国家海洋标准计量中心遵照《中国海监服装标准编制协议书》的有关要求，按时完成中国海监制式服装 22 项系列标准送审稿及编制说明的编制工作，并将 22 项系列标准送审稿及有关文件全部送交中国海监总队有关部门。

(4) 2003 年 8 月 12～13 日，国家海洋局科技司在杭州主持召开了《海洋调查规范》修订项目各分标准送审前的统稿会议。各分标准负责人和项目邀请专家参加了会议，局科技司有关领导到会并讲话。项目负责人李家彪介绍了该项目的进展情况；项目负责人康寿岭介绍了下阶段的工作安排。杨哲玲强调了标准编写中仍需关注的问题和国标送审准备工作中应注意的问题。会议讨论了各分标准征求意见稿编写中的一些通性问题，并就《总则》和《资料交换》部分与其他分标准的协调问题达成一致。各分标准负责人与项目邀请专家就分标准中有关问题进行了深入探讨与广泛交流。

(5) 2003年11月25～28日，中国大洋矿产资源研究开发协会和青岛海洋地质研究所在青岛主持召开了《大洋多金属结核化学分析方法》和《海底沉积物化学分析方法》征求意见稿审查会，来自中国大洋矿产资源研究开发协会、青岛海洋地质研究所、国家海洋标准计量中心、国家海洋局第二海洋研究所、国家地质试验测试中心、核工业北京地质研究院等单位的9名管理和科研人员参加了会议。专家们对《大洋多金属结核化学分析方法》和《海底沉积物化学分析方法》征求意见稿进行了认真的审议，对征求意见稿给予了充分的肯定，认为该标准既有适应我国现有仪器设备状况的分析方法，又具有超前意识，制定了部分与国际公认方法同步的先进的分析方法（如电感耦合等离子体质谱法 ICPMS），能满足我国目前和今后一段时期内海洋地质、海洋环境评价及矿产资源调查研究的需要，同时也满足了海洋标准物质定值的需要，使海洋地球化学测试研究工作基础更加可靠，可以在更高的起点上开展工作。各位专家还对征求意见稿提出了具体的修改意见。

(6) 2003年12月14日，国家海洋局在厦门主持召开了《海洋调查规范第6部分：海洋生物调查》修订(送审稿)国家标准审查会。会议成立了由中国科学院海洋研究所、中国科学院南海海洋研究所、浙江大学、厦门大学、中国水产科学院南海水产研究所、国家标准技术审查部、国家海洋标准计量中心和国家海洋局第三海洋研究所等8个单位10名专家组成的审查组，与会代表共30人。会议认为本规范送审稿根据中国海域的特点，科学地总结了国内外特别是20世纪90年代以来海洋生物调查的经验和技术，进一步规范了海洋生物调查的技术方法和要求，具有较强的通用性和可操作性。送审稿总体上达到了国际一般水平，其中我国大陆边缘浅海生物调查方法达到国际先进水平，审查组一致同意送审稿通过审查。

(7) 2003年12月15日，国家海洋局在厦门主持召开了《海洋调查规范第4部分：海水化学要素调查》修订(送审稿)国家标准审查会。会议成立了由厦门大学、中国科学院南海海洋研究所、国家标准技术审查部、国家海洋局南海分局、国家海洋环境监测中心、国家海洋局第三海洋研究所、国家海洋标准计量中心和国家海洋局厦门海洋环境监测中心站等8个单位9名专家组成的审查组，与会代表共24人。会议认为本规范送审稿科学地总结了国内外特别是20世纪90年代以来海水化学调查的经验和技术，进一步规范了海洋化学技术方法和要求，具有较强的通用性和可操作性。送审稿总体上达到了国际先进水平，审查组一致同意送审稿通过审查。

(8) 2003年12月17日，国家海洋局在杭州主持召开了《海洋调查规范 第8部分：海洋地质地球物理调查》修订(送审稿)国家标准审查会。会议成立了由中国科学院海洋研究所、国土资源部广州地质调查局、国土资源部青岛海洋地质研究所、国家标准技术审查部、同济大学海洋与地球科学院、国家海洋局第一海洋研究所、国家海洋局第二海洋研究所、国家海洋局第三海洋研究所和国家海洋标准计量中心等9个单位9名专家组成的审查组，与会代表共14人。会议认为送审稿密切结合我国海洋地质地球物理调查实践，其相关技术、方法和要求与国际接轨，集中反映了近10年来的海洋科技发展水平，体现了连续性、适用性与可操作性。送审稿总体上达到了国际先进水平，审查组一致同意送审稿通过审查。

(9) 2003年12月26日，国家海洋局在天津主持召开了修订国家标准《海洋调查规范第7部分：海洋调查资料交换》(送审稿）审查会议。会议成立了由国家标准技术审查部、中国科学院南海海洋研究所、中国海洋大学、国家海洋局第一海洋研究所、国家海洋局第三海洋研究所、国家海洋局南海分局、国家海洋环境预报中心、国家海洋标准计量中心和国家海洋信息中心9个单位10名专家组成的审查组，与会代表共20人。审查会专家组认为《海洋调查资料交换》送审稿在海洋调查资料中首次引进元数据标准内容，在海洋声、光和海洋地球物理资料方面参考了国际标准，电子记录格式采用国际通用的数据标准表达方式和表格结构，突出了其规范性和实用性。总体水平达到国际先进水平，审查组一致同意通过审查。

(10) 2003年12月27日，国家海洋局在天津主持召开了修订国家标准《海洋调查规范第1部分：总则》(送审稿)（以下简称《总则》送审稿）审查会议。会议成立了由国家标准技术审查部、中国海洋大学、海军海洋测绘研究所、国家海洋局第一海洋研究所、国家海洋局第三海洋研究所、国家海洋环境监测中心、国家海洋局南海分局和国家海洋标准计量中心等 8 个单位 8 名专家组成的审查组,与会代表共 22 人。审查会专家组认为《总则》送审稿参照采用了 ISO、UNESCO、WMO、IOC 等多个国际权威组织发布的有关文件和规定;率先引入了以 GB/T 15481-2000《检测和校准实验室能力的通用要求》(与 ISO17025 等同)为准则的实验室管理先进机制与方法,强调了对海洋调查全过程的质量管理,对海洋调查过程中的各质量要素做出了详细规定,提出对海洋调查活动实施计量监督措施;不仅充分与国际同类技术文件的最新版本和当代各类海洋高新技术的应用相衔接,而且在某些方面具有一定创新,体现了海洋调查技术和管理的科学性、先进性和规范性。审查组认为《总则》送审稿总体上达到了国际先进水平,一致同意《总则》送审稿通过审查。

【标准宣贯和培训】 (1) 2003 年 8 月 12 日,国家海洋局科技司在杭州主持召开了《海洋调查规范》修订项目各分标准送审前的统稿会议,国家海洋局属各单位的 21 名代表参加了会议。会上国家海洋标准计量中心高级工程师杨哲玲针对编制《海洋调查规范》国标送审稿中的有关问题,结合 GB/T1.1-2000 的有关规定进行了宣讲,对于国标送审稿、报批稿编制工作中的有关注意事项提出了要求。

(2) 2003 年 9 月 19～21 日,中国膜工业协会举办的首届行业标准宣贯会在河北省涞源县召开,中国膜工业协会会员单位、相关行业工程公司、标准应用单位、科研设计院(所)共 30 个单位 40 人参加了会议。中国膜工业协会副秘书长曹新民、国家海洋标准计量中心研究员姚勇、中国膜工业协会标准化委员会主任李新民分别就标准化工作的重要性做了重要讲话;国家海洋局杭州水处理技术开发中心高级工程师沈炎章宣贯了行业标准《饮用纯净水制备系统 SRO 系列反渗透设备》;天津膜天膜工程技术有限公司环国兰硕士宣贯了行业标准《中空纤维微滤膜组件》;山东省招远膜天集团有限公司王爱民宣贯了行业标准《中空纤维超滤装置》;蓝星水处理技术有限公司高级工程师张桂英宣贯了行业标准《反渗透水处理设备》;国家海洋标准计量中心高级工程师杨哲玲对 GB/T1.1-2000 进行了宣贯,讲解了 2000 版 GB/T1.1 与 1993 版 GB/T1.1 的区别。

【海洋标准化管理】 2003 年海洋仪器产品注册共 15 项:(1) SZC17-1 投弃式温深计 国家海洋局第三海洋研究所

(2) LST1-1 船载拖曳式水声信号发射系统 国家海洋技术中心

(3) FJ0.06-1 海水淡化机 天津市环海净源高科技开发有限公司

(4) FJ0.16-2 海水淡化机 天津市环海净源高科技开发有限公司

(5) LSC1-1 水声信号发射控制及处理系统 国家海洋技术中心

(6) SSC5-1 深度测量仪 国家海洋技术中心

(7) QJC10-1 手摇绞车 国家海洋技术中心

(8) CSY1-1 水质要素自动监测系统 国家海洋技术中心

(9) ZQY4-1 海域测量仪 国家海洋技术中心

(10) JZY1-1 温盐深检测装置 国家海洋标准计量中心

(11) SZC18-1 便携式数字温盐计 国家海洋技术中心

(12) SZC15-2 CTD 系统 国家海洋技术中心

(13) SZC15-3 CTD 系统 国家海洋技术中心

(14) CSS2-1 便携式水质仪 国家海洋技术中心

(15) JZY2-1 温盐自检仪 国家海洋标准计量中心

【海洋标准化宣传】 国家海洋标准计量中心于 2003 年 10 月 14 日在天津主持召开了第 34 届世界标准日纪念暨海洋信息标准化工作座谈会。国家海洋局环境保护司、科学技术司、国家海洋标准计量中心、国家海洋信息中心等单位的有关领导、专家出席了会议。

会议围绕 2003 年世界标准日的主题“为全球信息社会制订全球标准”,结合标准和标准化在海洋领域特别是海洋信息的采集、加工、整理、发布与应用过程中的重要作用进行了座谈,强调了标准化在海洋信息建设中的重要作用。有关领导和专家分别介绍了我国海洋标准化工作、尤其是海洋信息标准化方面近年来取得的成果,并就目前存在的问题及今后的设想提出了自己的看法。

会议针对海洋标准化建设、海洋标准化技术队伍建设、海洋信息标准体系建设等问题进行了讨论。会议认为，要提升我国海洋标准体系信息化水平，应从海洋信息标准化建设入手，为实施海洋开发战略提供强有力的技术支撑。并对如何做好海洋标准化工作提出了以下4点建议：

(1) 尽快建立健全海洋标准管理的规章制度，加强对海洋标准化工作的科学、规范管理；

(2) 加大对技术标准的资金投入，及时制定和修订尚缺的和已有的标准，加强高新技术标准化的前期研究；

(3) 加强海洋标准工作队伍建设，应进一步加强标准方面的培训和学习，有计划有针对性地培养标准化专业技术人才，以适应标准化工作发展的需要；

(4) 建立和完善海洋信息标准体系，以满足海洋信息管理和海洋信息应用和信息科学研究的需要。

【海洋行业标准的出版】 2003年出版的海洋行业标准如下：

(1) HY/T 069-2003 海洋有害藻华（赤潮）监测技术导则

(2) HY/T 070-2003 海域使用面积测量规范

(3) HY/T 060-2002 中空纤维超滤装置

(4) HY/T 061-2002 中空纤维微滤膜组件

(5) HY/T 062-2002 中空纤维超滤膜组件

(6) HY/T 063-2002 管式陶瓷微孔滤膜元件

(7) HY/T 064-2002 管式陶瓷微孔滤膜测试方法

(8) HY/T 065-2002 聚偏氟乙烯微孔膜滤

(9) HY/T 066-2002 聚偏氟乙烯微孔滤膜折叠式过滤器

(10) HY/T 067-2002 水处理用玻璃钢罐

(11) HY/T 068-2002 饮用纯净水制备系统SRO系列反渗透设备

（国家海洋标准计量中心　杨哲玲　汤海荣）

【水膜质检中心建设】 水膜质检中心作为具有相对独立建制的检测实验室，是公正、独立地对水处理设备中最关键的组成部分——水膜及其相应组件开展专门监督检验的机构，主要承担对不同种类的超滤膜、微孔滤膜和反渗透膜以及不同类型的卷式、平板和折叠滤膜的测试。质检中心进一步完善了实验室设备和有关配套测试装备，根据测试要求，进行了膜测定的设计和加工工作，开展了相关实验室管理规定和文件制定，逐步完善实验程序；同时对相关膜测试标准和方法进行了研究与搜集。在广泛调研和征求专家意见的基础上，质检中心进行测试方法研究，组装测试设备，开展模拟测试；逐步建立和完善实验室质量体系，完成了4项要素的测试设备和检测方法的研究。此外又与国家海洋局和国家认监委员会进行了联系，为水膜质检中心通过认证作出必要的准备。

【中国海洋标准物质体系建立】 该课题为国家科技部基础性项目。2003年4月，在杭州召开了科技部基础司组织的项目验收会和国家海洋局科技司组织的项目鉴定会，完成了鉴定验收工作。专家组经过讨论后一致认为：项目所建立的“中国海洋标准物质体系表”和“海洋标准物质信息库”及与体系相关的文件，使海洋标准物质能有效地参与到海洋数据质量保障和评价中，为我国海洋标准物质的发展做出总体性的规划，并为未来海洋标准物质的发展打下良好的基础。编制的“中国海洋标准物质体系表”及相关文件，规划了我国海洋标准物质的发展蓝图，规范了海洋标准物质的研制和使用，为我国海洋标准物质工作的发展奠定了坚实基础。“中国海洋标准物质体系表”的编制和“海洋标准物质信息库”的建立填补了我国空白。该课题已完成了全部的归档工作。

【海洋监测高新技术仪器标准】 该项目为国家“863”计划项目，2003年8月启动。目前已完成合同规定的培训工作，国家、行业标准的制定程序研究，国际标准制定程序采集和研究，“九五”和 “十五”“863”海洋监测技术成果研究，并购置了部分用于信息采集的内部设施及设备。此外，还组织课题成员参加了2003年度“863”主题年度工作会议，提交报告和论文3篇，其中一篇入选为大会总体发言，一篇入选为大会战略研讨会发言。还参加了“863”标准化工程总体组的工作，参与主题《海洋监测仪器设备成果标准化》丛书的编写工作。（国家海洋标准计量中心　姚　勇）

【海洋标准计量资料管理】 标准计量中心资料

室是我国海洋界唯一的海洋标准计量资料专业资料室，现有海洋国家标准41项，海洋行业标准106项，国家计量检定规程、海洋计量检定规程、ISO等国内外海洋标准1 800余项，期刊、杂志、图书等数百种上万册。标准计量中心资料室主要为局内外有关单位提供标准计量信息及技术咨询服务。资料室完成了多项海洋仪器型号注册和国家（行业）标准与国际标准分类号工作；完成了《强制性行业标准采用国际标准情况调查表》、《强制性地方标准和行业标准目录汇总表》和《水处理设备行业标准目录》的统计上报等工作；并进行了海洋企业标准的审查、备案、复审等工作。

（国家海洋标准计量中心　张冬明　吴美怡）

【中国一级标准海水研制成功】　2003年10月15日，由国家海洋标准计量中心承担的中国一级标准海水研制课题正式通过国家海洋局组织的技术鉴定。

技术鉴定委员会专家小组采用国际比对的方法对所研制的中国一级标准海水的技术特性进行了全面的检测。检测结果表明，中国一级标准海水的各项技术指标均符合原计划任务书的要求，达到了IAPSO（国际海洋物理科学协会）国际标准海水的同等水平，可广泛应用于我国海洋调查、科学研究和标准计量工作中。

中国一级标准海水是海水盐度计量器具检定系统中的一级标准物质，主要用作二级标准海水量值传递的计量标准和高精度盐度测量仪器（盐度测量误差：±0.002～±0.005）校准的工作标准。它的研制成功将从根本上解决国内海洋界长期依赖进口国际标准海水的局面，实现我国海水盐度的全程量值传递。

中国一级标准海水的主要技术指标：

盐度标称值范围：34.995～35.000；

盐度标准值总不确定度：0.001；

有效使用期限：2年（暂定）。

（国家海洋标准计量中心　马传芳）

【我国首次开展海洋监测仪器对外校准服务】

2003年9月3日，韩国国立海洋研究院的两位专家来华对国家海洋标准计量中心进行工作访问，并携带美国产海洋仪器“海鸟25”CTD剖面仪请中方检测机构对其进行检测校准。这是国家海洋标准计量中心成立以来首次对国外用户提供技术服务。

中韩双方的科技人员对本次检测校准工作进行了座谈和技术交流，康寿岭代表国家海洋标准计量中心向来访的韩国专家介绍了我国海洋监测技术及发展状况，说明了国家海洋标准计量中心的授权范围、组织机构、组织人员、仪器设备、实验室条件、规章制度、测试水平等，取得了韩国专家对我国“CTD”仪器检测技术的认同。双方对本次检测方法、检测步骤达成了共识。

国家海洋标准计量中心的有关技术人员把此次检测服务工作视为对外展现我国海洋仪器检测水平的难得机会，严格依据我国的有关技术法规，实事求是地对该仪器的技术指标做出了公正客观的评价，并以此为契机，打开了我国海洋仪器计量检定服务的国门。

（国家海洋标准计量中心　田　锐）

【建立90温标下新盐度标准和国际海水状态方程的研究】　该项目为国家自然科学基金资助项目，通过深入研究ITS-90对PSS-78、IESS-80影响，跳出体积压缩模量的概念，分析温度、压力、盐度对海水密度的单独影响及相关作用，运用叠加原理，建立一套新的海水盐度、密度简便的计算方程，取得了一批成果。

（1）修正了ITS-90下的PSS-78：课题组通过对KCl溶液电导率温度特性的分析，果断地提出修改盐度定义，在维持海洋学常用表不变的前提下，只修改几个系数，克服了温标变换对PSS-78的影响。上述结果得到了原联合国教科文组织海洋学常用表和标准专家联合小组（JPOTS）主席J.M.Gieskes的肯定，他将这个修正案称为90实用盐标（PSS-90），并分发给JPOTS小组成员。

（2）提出新国际海水状态方程：课题组运用叠加原理，把温度变化作为压强和盐度项的修正系数，用部分分离变量的不完全多项式形式建立了新国际海水状态方程，新方程明确把海水密度增量表示为海水盐度和海水压强分别引起的密度增量之和，而每一个单独增量又由一个线性主部和高阶无穷小组成，形式简单明了。新方程完全建立在90国际温标的基础上，消除了温标变换引起的误差；具有比较明确的物理意义和简单的几何构成，部分参数有明确的物理解释，可直接测量；不再含有重分母项，形式比较简单，便于各种解析运算，系数也有所减少。

（3）导出简化国际海水状态方程：课题组从

新国际海水状态方程直接导出的不同应用条件下更加简洁的形式，方便海洋调查现场使用。

(4) 给出国际海水状态方程的偏导函数：课题组运用线性主部概念，将海水密度的梯度向量精确地表达为温盐深空间一张倾斜的平面，运算简单，意义明确。高精度的线性海水密度梯度公式，无论是对理论工作者或实际工作者，都将带来很大的方便。

（国家海洋标准计量中心　李扬眉）

【海洋计量标准器具研制】　2003 年，海洋计量标准器具的研制主要有以下几个类型：

1. JBY2-1 型波向检定装置的研制

完成了关键技术的调试、整机测试、技术改造和使用。

该装置实现了在实验室内模拟波浪浮标在波浪运动中的姿态，使倾斜仪传感器及整体波浪浮标波向性能在实验室内进行检定成为可能。该装置的技术性能指标为：

波向测量范围：0°～360°

测量示值误差：±2°

分辨率：0.1°

浮标方位传感器：磁通门罗盘

倾斜仪最大允许倾角：±45°

可测浮标直径：0.5～1.2 米

最大静载荷：250 千克

该装置将于 2004 年初进行技术鉴定。

2. 海洋调查仪器现场校准/比测装置的研制和购置

该项目是《西北太平洋海洋环境调查与研究》的子课题，2003 年 9 月通过了专家组的中期验收。新研制和购置的海洋调查仪器现场校准/比测装置的技术指标为：

(1) 气温传感器现场校准装置

测量范围：-30～+50℃

测量准确度：±0.06℃

(2) 风速风向仪现场校准装置，

风速测量范围：1～60 米/秒

测量准确度：±0.3 米/秒（当风速≤20 米/秒时），±2%×读数（当风速>20 米/秒时）

风向测量范围：0°～360°

测量准确度：±3°

(3) 气压传感器现场校准装置

测量范围：800～1 100 百帕

测量准确度：±0.02% FS;

(4) 压力传感器现场比测装置

测量范围：0～65 百帕

测量准确度：0.01% FS

(5) 湿度传感器现场校准/比测装置

测量范围：0～100%RH

最大测量：精度±1%RH（相对湿度 0～90%），±2%RH（相对湿度 90%～100%）。

(6) 电导率（盐度）传感器现场检测装置

研制了两种型式，一种带有恒温槽，其技术指标为：

盐度测量范围：5～40

盐度测量精度：±0.003

控温范围：4～40℃

恒温精度：±0.002℃

此种型式可作为电导率传感器的校准装置。

另一种不带恒温槽，其技术指标为：

盐度测量范围：5～40

盐度测量精度：±0.005

温度范围：4～40℃

此种型式可对电导率传感器的工作状况进行现场甄别。

上述两种装置的计量标准都是国际标准海水或国产一级标准海水。

（国家海洋标准计量中心　牟长青　赵维三）

海事服务

Maritime Service

【海事法规建设】 2003年，海事法规建设有下述几项：①组织编写《中华人民共和国船员条例》，已上报国务院，待审批；②完成了《中华人民共和国海上交通安全法》中交通部分规章项目修订上报工作；③组织完成了《交通建设项目环境保护管理办法》、《长江三峡水利枢纽水上交通管制区域通航安全管理办法》、《海区航标管理办法》、《海上海事行政处罚规定》的制订发布工作，上述5个法规，交通部于5、6、11月分别以第5、6、7、8、10号部长令公布施行；④组织完成了《防治船舶污染海域管理条例》、《内河船员考试发证规则》、《内河海事行政处罚规定》、《船舶最低安全配员规则》等文件的上报工作；⑤组织起草了《海上搜救条例》、《船舶和海上设施检验条例》、《船舶登记条例》、《内河水上交通事故调查处理规定》、《防治内河船舶污染水域管理规定》等文件；⑥完成了《中华人民共和国船舶法》征求意见；⑦与交通部体法司联合完成了《中华人民共和国海船船员适任考试、评估和发证规则》的协调和审查工作；⑧处理全国人大、全国政协、国务院、有关部委等部门有关海事方面的提案和征询意见90多件。

此外，在加强海事队伍建设，提高执法水平方面也做了大量工作，主要有：①根据国务院、交通部行政审批清理的工作安排，海事局对直属海事系统现有的行政审批项目进行了全盘摸底清理；②按照国务院《行政许可法》的部署，对涉及海事行政许可的规章和交通部、海事局颁发的规范性文件进行了清理；③按照国务院和交通部关于做好海事行政审批项目取消以后的后续监管工作的要求，制订了后续监管措施；④按照全国人大正在制订的《行政强制法》的精神，起草了《海事行政强制实施程序规定》，目前正在海事系统内征求意见；⑤组织研究、开发了“海事行政处罚管理系统”软件；⑥完成了对《非国际航行海船法定检验技术规则（修改通报）》和《内河船舶法定检验技术规则（修改通报）》评审报批；⑦组织完成了《海船建造检验技术规程》、《海船营运检验技术规程》、《内河船舶法定建造检验技术规程》和《内河船舶法定营运检验技术规程》的编制工作；⑧组织完成了《国际航行海船法定检验技术规则》的修改和补充工作，此规则2003年7月15日开始实施；⑨委托中国船级社对《观光旅游载客潜水器法定安全检验技术规则》、《水上飞机的起降与停泊安全检验暂行规定》和《地（水）效翼船的检验暂行规定》、《沿海小型船舶法定检验技术规则》和《内河小型船舶法定检验技术规则》等法规进行调研，其中，《观光旅游载客潜水器法定安全检验技术规则》、《水上飞机的起降与停泊安全检验暂行规定》已完成初稿；⑩为适应沿海水域集装箱货物运输的需要，组织制定了《敞口集装箱船检验暂行规则》。为配合交通部京杭运河标准船型工作的推广，防止船舶造成环境污染，召开专家评审会，完成对内河船舶法定检验技术规则——京杭运河型船舶特殊要求的评审。

第三，健全海事法制体系，海事局召开一系列研讨会，与国内外有关部门合作加强执法宣传、加大执法力度。主要工作有：①召开全国海事系统船检技术法规工作会议，就加强制订船检技术法规的规范化管理和对小船特别是乡镇渡船技术法规的制定和检验发证进行了研讨；②召开了交通行业标准《水上安全监督常用术语》、《航海常用术语及其代（符）号》和《船用吸油毡》的审查，3项标准已经通过审查；③承办了SOLAS公约有关海上船舶保安履约的工作；发布了《实施国际航行船舶海上保安工作的通知》，要求公约适用的船舶及相关的船公司，必须在2004年7月1日前，按照公约和ISPS规则的规定，装设船舶自动识别系统（AIS）和船舶保安报警系统，具有公约要求的船舶永久识别码和《连续概要》，取得《国际船舶保安证书》，并随船携带经批准的船舶保安计划；④发布了《中华人民共和国公司保安员和船舶保安员特殊培训、考试和发证办法》，审定了

《国际船舶保安证书》格式，要求各海事局抓紧做好履约的准备和宣传工作。颁发首批《国际船舶保安证书》；⑤委托中国船级社编制船舶永久标识号、船舶保安警报系统的检验规范，编写《船舶保安计划》的范本，委托交通出版社出版发行了中英文版国际海事组织有关海上保安的规定；⑥配合国务院法制办，完成了《中华人民共和国内河交通安全管理条例》的释义和出版工作；⑦完成了2002年度《海事法规汇编》的编纂、审定和出版发行工作，整理了2003年度的《海事法规汇编》资料；⑧继续做好全国海事系统在执法岗位的人员的海事行政执法资格的审批和海事执法证的发证工作。

【港口国监督】 2003年，中国海事局加大了对重点船舶的港口国监督检查力度，重点是对船龄15年以上的单壳油船、液化气船和散装化学品船以及船龄20年以上的其他船舶监督。2003年共检查外籍船舶3 789艘次，滞留173艘次。针对国际上大型散货船事故率较高的问题，按照东京备忘录统一部署，于9～11月开展了“散货船结构安全港口国监督集中检查会战”。

【船舶安全检查】 2003年，中国海事局下达了船舶安全检查指标，直属海事系统检查海船23 118艘次，河船67 701艘次，同比有较大幅度增长。为加强对“四客一危”重点船舶的监督检查力度，确保水上运输安全，2003年4月中下旬，在全国范围内开展“四客一危”专项检查活动，淘汰一批不能够满足国家有关法规要求的液货船，消除了安全隐患。通过对客船的检查，纠正了一批客船存在的缺陷，确保了“五一”黄金周旅客运输安全。

为推进我国水上安全文化建设，提高船舶安全管理水平，完善管理制度，2003年4月29日，海事局颁布了《中华人民共和国海事局安全诚信船舶评选规定》，对船舶实施安全诚信管理。对安全技术状况好和安全管理好的船舶，海事局将颁发《安全诚信船舶证书》，给予免除安全检查的优惠待遇。

【船舶污染防治和事故处理】 为做好船舶污染防治工作，2003年，海事局围绕事故预防、应急反应、损害赔偿三个方面开展工作，取得了较大进展。

(1) 加强立法和科研工作。2003年，海事局组织起草了《防治船舶污染海域管理条例》、《防治船舶污染内河水域环境管理规定渤海海域船舶排污设备铅封程序规定》两个文件，6月1日起实施，《船用吸油毡行业标准》通过审定，待颁布施行。与财政部联合起草了《船舶油污基金征收、使用管理办法》。这些法规和标准的出台必将促进船舶污染的防治工作。另一方面，船舶防污染科研工作也进展顺利，“防止和处置重大油污染问题”、“沿海船舶载运散装有毒液体物质污染事故应急对策研究”两个课题的调研、评审已经完成；同时，还组织制订了《油污应急培训教程》、《污染事故调查处理指南》等指导性文件，为提高防治船舶污染管理水平打下了基础。

(2) 建立完善船舶污染应急反应体系。2003年，海事局组织对现行应急体系进行评估，针对海区级应急机制难于操作的问题，提出应建立省级应急体系，此建议得到国家环保总局的支持。随后海事局组织编写了省级应急计划的编制指南，各地直属海事局按要求加快了省级船舶污染应急计划的制定工作。广东、深圳、青岛、大连、厦门等地的海事局，已经颁布了属地应急计划。2003年，船舶污染应急能力的建设在无投资计划的情况下仍进展显著，海事局对广州、上海和天津3条大型航标船加装大型撇油器、围油栏，使3条船性能提高，具备在近海海域清污作业的功能。另外，秦皇岛溢油应急中心完成了应急设备的招标购置和配备，使该区域的应急反应能力得到提高。

(3) 建立油污损害赔偿机制。为使受害方以及清除污染方在油污损害发生后能够得到赔偿，2003年，国务院批准了交通部与财政部“关于建立我国船舶油污损害赔偿机制的请示”，从此，我国油污损害赔偿有了政策依据。为加快机制建设，海事局在《防治船舶污染海域管理条例（修订草案）》第九章明确规定了船舶油污损害责任与赔偿的有关条款。该条例充分考虑了我国油污损害赔偿的现状和船东的承受能力，制定了较为合理的船舶油污损害赔偿责任。为加强油污基金征收管理，海事局配合财政部制定了《船舶油污基金征收、使用管理办法（征求意见稿）》。

(4) 加强人员培训和国际合作。海事局首次组织了全国内河危防监督管理培训班，培养了一批内河船舶危防管理人员，烟台海事局与新加坡东亚应急反应中心联合举办油污应急培训班，进一步提高船舶污染应急管理人员的水平。

(5) 对重点流域船舶污染治理。2002年6月《渤海海域港口船舶排污设备铅封程序规定》开始实施，使渤海海域船舶初步实现了零排放，取得了良好的社会效益和环境效益。在三峡大坝蓄水前组织库区船舶防污染大检查，与建设部联合发布了《关于加强长江三峡库区船舶防污染工作的通知》，促进了库区船舶水污染防治工作。

(6) 污染事故调查处理。2003年度，共发生船舶污染事故124起。比较重大的事故有：①上海局辖区“华盛油1”轮溢油约20吨；②上海局辖区“长阳”轮溢油85吨；③广东辖区“兴通油2”溢油近百吨；④天津局辖区“塔斯曼海”轮溢油约160～200吨；⑤山东局辖区“顺星101”轮溢油670吨；⑥长江局辖区“东风6号”轮泄漏约300吨硫酸进入长江。上述绝大部分污染事故，均得到较好的处理。

【水上巡航工作】 2003年，海事系统有巡航船647艘，其中，海船147艘，占总数的22.7%，其他为河船。船长从1.8米至93.23米，最大船舶排水量1 500吨，巡逻艇系列（船长26、20、17、14米）中，航速最快45节，船龄最长28年（1965年建造），巡航人员2 000余人。按航区分，近海及沿海的船舶共89艘，分别占总数和海船总数的13.7%和60.5%，40米（38米以上）以上巡航船舶28艘，分别占船舶总数和海船总数的4.3%和19%，是各局承担海区巡航的主要力量，其中，秦皇岛、连云港、温州、深圳、海口海事局各1艘，天津、烟台、青岛海事局各2艘，宁波海事局3艘，大连海事局4艘、上海海事局10艘，上海海事局的“海巡21”轮（长93.23米，航速22节，排水量1 500吨，续航力4 000海里）代表了当前我国海事巡航力量的最高水平。

2003年完成海区巡航6 654次，累计巡航时间43 333小时，累计巡航里程达286 892海里，参加巡航人数达35 814人次，纠正违章3 408次，处理异常情况达225次，参与救助达144次；沿海港区巡航次数30 394次，巡航时间长达101 140小时；内河辖区巡航次数139 553次，巡航时间长达223 766小时；内河港区巡航次数244 636次，巡航时间长达274 488小时。各项指标均高于往年。通过加强现场监督和管理，使各辖区内的通航秩序得到了明显好转。

此外，还执行跨辖区巡航。2003年9月16～23日，“海巡21”轮对长江口以北海域进行了首次跨辖区巡航，重点巡查了长江口船舶定线制、南北航线、成山头船舶定线制、烟大航线以及海洋岛海域等。“海巡21”轮在跨辖区巡航中与辽宁、烟台、山东、江苏等兄弟局进行了业务交流，与成山头、大连、烟台、连云港VTS中心进行了通讯沟通，看望了在烟台地区的我国专业救助队伍，“海巡21”轮还在巡航中查处违章排放污油水船舶1艘。这次巡航是海事管理由即赴型向预控型转变的具体实践。

为满足外交部的要求，交通部海事局给辽宁海事局下达了派出“海巡”船到指定区域执行巡航监管和维护国家海域权益的涉外任务。从11月1日始至10日，辽宁海事局派出“海巡0201”海事巡航执法船，赴指定海域执行对北黄海海域巡航监管、维护国家海洋权益的任务。在巡航期间，全体人员战风斗浪、克服降温、大雾等困难，连续工作、不怕疲劳，坚持巡航，完成了任务。

为改变单船巡航监管视野小的被动局面，广东海事局率先开展利用直升飞机的空中巡航，收到反应快、范围广、查处量大的明显效果，尤其对珠江口水域船舶违法行为产生了极大的震慑力和社会影响力。为最大限度发挥海事系统巡航监管的能力，上海海事局、深圳海事局、山东海事局相继开展直升机巡航，使我国水上巡航工作向立体监管方向发展。

各海事局在执行巡航任务中始终注重加强与现有船舶交通管理系统（VTS）的配合，与相关海事执法部门合作，利用空中、交管、船艇等多种方式进行监管预控，发挥了海事综合执法能力。

海事巡航是海事机关在我国管辖水域内依据法律、法规履行维护国家权益、水上交通安全、防止船舶污染水域管理职责，对中外籍船舶实施船旗国、港口国、沿岸国管理的一项重要工作。随着海事执法监督工作由港区向海区延伸，经济活跃带来各种水上活动的频繁，巡航作用越来越大。交通部海事局在大力推动海事巡航执法，强调加大巡航力度，提高巡航质量，规范巡航执法行为。

海事巡航工作是海事机构实施水上动态管理的主要手段，也是海事管理发展到一定水平的标志。只有科学安排、合理组织、不断强化，才能适应形势发展的需要。

【厦门东渡港 1 号泊位发生船舶失火沉没事故】 2003 年 5 月 28 日，浙江台州 3 000 吨级集装箱轮“华顶山”号从东渡港区 1 号泊位驶离，该船载有 3 个化学危险品集装箱。当航行到厦门外海时货舱突然起火，经厦门海事局积极组织施救，火势基本得到控制。随后，“华顶山”轮被拖至东渡港区 1 号泊位灭火，由于货物燃烧释放有毒浓烟使施救人员无法接近，加上船舱内灌入大量海水，船体严重倾斜，无法进行有效施救，最终船舶沉没。6 月 13 日“华顶山”轮被打捞出水面，拖至 7 号锚地待命。此事故使厦门东渡港码头公司内贸集装箱装卸被迫停止，移至海天码头作业。

【水上安全事故案例分析】 2003 年全国水上交通发生 2 起重大安全事故：(1) 重庆涪陵“6.19”特大水上交通事故。2003 年 6 月 19 日，重庆三峡轮船股份有限公司所属的“涪州 10 号”客船下行，7 时 57 分当航行到重庆市涪陵区长江上游搬针沱水域（长江上游里程 557.8 千米）处，与上行的涪陵江龙船务有限公司所属的“江龙 806 号”货船发生碰撞，“涪州 10 号”当即沉没，船上人员全部落水，12 人生还，死亡失踪 52 人（其中，27 人死亡，25 人失踪），直接经济损失 296.6 万元。事故发生后，黄菊副总理当即作出批示：“请安全监管局、交通部速派人赶赴现场。①尽力搜救打捞落水人员；②会同有关部门组成事故调查组，查明原因报国务院”。国家安全生产监督管理局会同交通部、全国总工会、监察部及重庆市政府成立了“国务院‘6.19’特大水上交通事故调查组”对事故进行调查处理。

(2)“10.12”渤海湾风灾沉船事故。2003 年 10 月 12 日，渤海湾受冷空气影响，海面风力达 9～10 级，阵风 11 级，海况恶劣。0016 时，厦门华源顺船运有限公司所属“华源顺 18”轮（总吨 1 849，净吨 1 035，船长 82 米，船宽 13 米），从福州开往天津途中，在渤海湾西部船舱进水沉没，船上 17 名船员，16 人落水，经施救，2 人生还，15 人失踪。0600 时，浙江省舟山市普陀永和海运有限公司所属“顺达 2”轮（总吨 9 330，净吨 5 226，船长 144 米，船宽 21.35 米），从京唐港驶往上海途中，在渤海中部船舱进水沉没，船上 29 人，3 人死亡，26 人失踪。

【港口航道测绘】 (1) 完成沿海港口航道图测绘任务。2003 年完成 23 个沿海港口航道 103 幅港口航道图的测绘任务，测量面积 9 470.02 换算平方千米，印刷海图 49 050 张，发行港口航道图 47 825 张，《改正通告》24 期 19 900 份。海图优良率达到 100%，航海图书印刷合格率达到 100%。编辑完成《2004 年上海港潮汐表》、《2004 年上海港、杭州湾潮汐表》等一批航海图书资料和海事管理专题用图。制作完成中国沿海电子海图 172 幅，中国沿海电子海图数据库基本形成。开发的电子海图和导航系统在天津港、长江口等船舶进出港引航中得到了成功应用。全面建成上海港水位自动测报网。天津港地区验潮站网工程完成招标，进入施工阶段。完成珠江口水文网络建设工程的设备安装调试工作。完成宁波港、舟山地区 GPS 控制网联测。

(2) 多次完成应急扫测任务，积极参与地方经济建设。在重庆涪陵“涪州 10 号”客轮应急抢险扫测、上海过江隧道塌陷抢险扫测、长江口南槽航道、洋山深水港东海大桥桥区海域临时航道及附近沉船扫测、南通港附近“ALTIS”及“CONAN”沉船扫测、大戢山西北偏西 3 海里处不明水下碍航物扫测、渤海湾地区特大风暴潮应急扫海测量、云南滇池“飞虎队”飞机残骸扫测、广州地铁四号线、广佛线过海水域的测量等多项应急扫测任务中，启动应急扫测方案，多次受到国务院、地方政府等有关部门的肯定和表彰；按照与河南省洛阳市的对口扶贫计划，开展了“河南洛阳母亲河绿化基地地形测量任务”，完成山区地形测量面积约 2 平方千米，编绘 1∶2 000 和 1∶500 标准地形图 3 幅；为确保船舶定线制的顺利实施，在 20 天内完成 380 千米江段 53 处指定浅滩暗礁的扫测工作，测量面积约 40 平方千米，完成了“长江三峡 135 米库区航路扫床工程”；为支援长江三峡航路改革，提高长江航道测绘装备水平，将一套价值 20 余万美元的多波束测深系统移交长江航道局，并完成了设备安装和培训工作。

(3) 基础管理进一步完善，保证海事测绘的可持续发展。组织制定了《海事测绘标准体系表》。完成了《沿海港口航道图改正通告管理办法》、《沿海港口航道图改正通告编写规范》、《多波束测深系统测量技术规定》、《电子海图生产技术规定》等测绘技术标准的制定工作。对海事测绘中采用的《外业图历簿》、《制图经历簿》等作业文件进行了修订；开展了海事测绘发展战略的研究，组织制订了《中国海事测绘发展战略》；引进了多套具有国际先进水平的测绘仪器设备，航海保障能力进一步增强。上海海事局制图队电子海图 QC 小组被评为“2003 年度上海市交通邮电行业优秀质量管理小组”。天津海事局的“多波束在通航尺度测量中的应用”和“潮位订正预报”两个 QC 小组获天津市优秀 QC 小组称号。

(4) 积极参加海道测量国际事务。2003 年 11 月在上海成功举办了第八届东亚海道测量委员会大会；派员参加了在英国伦敦 IMO 总部召开的 IMO 航行安全分委会 49 次会议（NAV49）；在南非港口城市德班举行的第 21 届国际制图大会（ICA）；在新加坡举行的第二届国际电子海图显示与信息系统（ECDIS）学术交流与展览大会和 IHO 第 4 次战略计划工作组（SPWG）会议。

（交通部科教司　李　奇）

海洋科技、教育与文化

Marine Science & Technology, Education and Culture

OCEAN YEARBOOK

海洋科学研究

Marine Scientific Research

综　述
Summary

【概况】 按照“强化制度，改革到位，服务职能，有所突破”的工作思路，经狠抓落实，海洋科技工作在科技体制改革、我国近海海洋综合调查与评价专项立项方面取得了突破。我国第19次南极科考、第2次北极科考圆满完成任务，国际海底资源调查取得了新进展。通过海洋卫星等一批国家重大专项、国家重大基础研究、高技术研究、关键技术攻关、科技基础性工作、科技平台工作计划项目的顺利实施，科技创新能力得到较大提高，取得了大量成果。科技兴海工作也取得了重要进展，首次获得国家高新技术产业化发展项目计划立项，一批成果为地方经济建设做出了重要贡献。

科技体制改革工作稳步推进 根据《国务院办公厅转发科技部等部门关于科研机构管理体制改革实施意见的通知》(国办发[2000]38号)和《国务院办公厅转发科技部等部门关于非营利性科研机构管理的若干意见（试行）的通知》（国办发[2000]78号）精神，国家海洋局结合当前国际海洋科技发展趋势，在认真分析全局科研机构管理体制基本现状与国家经济社会发展需求的基础上，确立了“准确定位、突出优势、统筹考虑、分类改革、稳步推进”二十字科技体制改革的基本指导思想。通过艰苦细致的工作，并经国家海洋局党组多次召开专题会对改革方案进行研究和部署决策，有力地保障了国家海洋局科技体制改革目标的实现。2003年12月份，国家海洋局进入国家第三批启动的科技体制改革部门名单。国家海洋局第一海洋研究所、第二海洋研究所、第三海洋研究所、天津海水淡化与综合利用研究所4家单位被批准为非营利性科研机构，保留了一支688人的国家海洋科技队伍和较为完整的海洋科技创新体系。市场能力较强的国家海洋局杭州水处理技术开发中心转为企业，将在新的市场经济体制下运行发展。

《我国近海海洋综合调查与评价》专项成功立项 经过近两年的精心策划和艰苦努力，《我国近海海洋综合调查与评价》专项于2003年9月4日获国务院批准立项（简称“908”专项），总经费预算19.8亿元，成为建国以来、国家海洋局历史上最大的一个海洋调查项目，被国家海洋局王曙光局长称为是我国海洋调查史中的一个新的里程碑，是新世纪出现海洋开发热潮的催化剂，是建设海洋强国的铺路石。它对于摸清家底，合理开发利用海洋资源，贯彻实施《全国海洋经济发展规划纲要》、促进海洋经济可持续发展，加强海洋管理和海洋环境保护，维护海洋权益等意义重大。

海洋卫星工作取得新进展 在确保海洋卫星地面应用系统稳定运行的基础上，首次编写发布了《2002年中国海洋卫星应用报告》，在社会上产生了积极的影响。组织完成了海洋1号B卫星立项论证，与航天科技集团联合向国防科工委上报了《关于海洋1号B卫星工程研制项目建议书的请示》，B卫星立项的研制经费得到落实，B卫星的研制工作已开展。

抓好海洋科技规划和战略研究，谋求海洋科技工作长远发展 在国家中长期科技发展规划制定工作中，海洋科技已被作为“能源、资源与海洋”专题的一项重要内容。国家海洋局第二海洋研究所苏纪兰院士任专题组副组长，海洋领域负责人。该工作集中了国内海洋界许多专家学者，经过大量的调研和战略研究，已经提出了海洋安全环境保障工程、海洋生物资源可持续利用、海底资源勘探与研究等3项国家海洋科技发展战略重点以及海洋环境监测预报技术、海洋生态环境保护技术、海底矿产资源勘探开发等11项主要科技工作。

根据2003年8月6日曾培炎副总理在邹家华转呈的《人大环资委关于海水淡化的调研材料》的批示精神，9月4日，国家发展与改革委员会和国家海洋局联合召开了《全国海水利用中长期专项规划》编制工作启动会议，国家海洋局陈连增副局长出席会议。已完成《规划》（送审稿）编制工作，这是我国第一次制定海水资源利用的专项规划。本项工作是我国海水淡化与综合利用的重要基础工作，必将为推进我国海水淡化与综合利用事业发展发挥重要作用。

为有计划科学实施ARGO计划，组织编写了《中国ARGO计划实施规划》，从ARGO观测网建设、资料接收与处理、应用研究、ARGO浮标研制4个方面提出目标和任务。针对我国海洋科技能力建设的主要问题，组织编制《"十一五"海洋科技能力建设规划》。包括建立海洋环境立体观测网、国家海洋科学实验室、高新技术产业化中试基地、样品库建设等5个方面。

国家科技项目取得显著成果

1. 国家重大基础研究

"中国近海环流形成变异机理、数值预测方法及对环境影响的研究"、"东、黄海生态系统动力学与生物资源可持续利用"、"海水重要养殖生物病害发生和抗病力的基础研究"、"中国边缘海的形成演化及其资源效应"、"我国近海有害赤潮发生的生态学、海洋学机制及预测防治"、"中国典型河口——近海陆海相互作用及其环境效应"6个国家重大基础研究发展规划（"973"计划）项目，均完成了年度任务，获得了大量调查资料，取得了一批重要成果。通过国家重大基础研究发展规划前期研究专项项目"我国新一代海洋观测系统（ARGO）——大洋观测网试验"的顺利实施，我国已布放ARGO浮标21个，海上正常运行13个。《太平洋-印度洋暖池的ARGO浮标观测》列为2003年《国际科技重点合作计划》，获经费800万元，计划布放ARGO浮标8个。自1998年4月我国加入国际大洋钻探计划以来，中国深海研究已进入国际前沿，初步建成了以深海研究为重要目标的重点实验室，涌现出一批有成就的青年科学家。

2. 国家高技术研究

我国在海洋资源开发、海洋生物、海洋监测技术方面，取得了一批水平先进、具有自主知识产权的技术和样机产品。成功研制出具有自主知识产权的深海彩色数字摄像系统，适用水深6 000米，标志我国新一代深海摄像系统正式诞生，我国"大洋一号"在2003年DY105-12、14航次共完成100多个测站的摄像任务，获得了大量的海底视频资料。6 000米海底有缆观测与采样系统（电视抓斗），填补了国内空白。成功研制出具有自主知识产权的高分辨率测深侧扫声呐系统样机。深海抗风浪网箱在结构工艺方面达到国际领先水平。海洋生物药用功能基因研究及一批具有自主知识产权的Ⅰ类海洋新药研究取得重要进展。膜集成技术生产甘露醇已实现工业化生产，且建成了国内第一个海藻加工示范工程。研制的两套极地卫星跟踪水文气象自动观测浮标于2003年8月22日和25日分别布放在北极浮冰上，实现了我国极地卫星跟踪浮标零的突破，开创了我国海洋自动观测系统在高纬度地区应用的新记录。开发了船载海洋生态环境现场监测的系列仪器设备，实现了30余种海洋生态环境参数的检测（监测），有关技术指标已接近或达到了国际先进水平。完成世界上第一套实时传输潜标系统浮体的工程样机。"渤海大油田勘探开发关键技术研究"、"海水养殖种子工程"、"台湾海峡及毗邻海域海洋动力环境实时立体监测系统"重大专项均获得关键技术突破。

3. 关键技术研究

"十五"国家科技攻关计划重点项目"海洋环境预报及减灾技术"项目已经通过了科技部组织的一期验收。建立了海浪、海温、风暴潮、海流、海冰、厄尔尼诺等数值预报模式，初步建成和发展了海洋环境数值预报系统，实现了业务化试运行，开展了赤潮监测与预报模式研究。通过了二期滚动的专家论证，资助经费900万元。

"十五"国家科技攻关计划重大项目"水资源安全保障技术研究"子课题"海水循环冷却技术示范工程研究"，通过了科技部组织的阶段验收，有关海水循环冷却"三剂一塔"及2 500米^3/小时海水循环冷却技术示范工程系统优化设计等集成技术，填补了国内空白，达到国际先进水平。"低温多效蒸馏海水淡化示范工程研究"课题示范工程考核指标优于合同指标，总体水平国内领先、国际先进。"大生活用海水技术示范工程研究"提出了大生活用海水技术方案和设计准则，拟在山东省青岛市建立80万平方米示范小区大生活用海水示范工程。"十五"国家科技攻关计划项目"卤水资源综合利用技术研究"子课题"气态膜法海水和卤水提溴新技术研究"课题，在国内外首次实现了10吨级气态膜法海水卤水提溴技术，达到国际领先水平。溴素质量达到了以色列进口溴素标准。2003 年 12 月均通过科技部组织的阶段验收，获得后两年的滚动资助。

4. 基础性工作和科技平台工作

国家基础性工作项目“海洋调查规范”已基本完成，全面启动 9 个国家标准修订工作，完成质量和水平获国家标准委好评，将为海洋科技和海洋管理提供一批重要标准和规范。

“海洋科学数据共享”重点项目、“第二次北极考察基础数据分析和共享服务”、“东南极海洋与空间环境监测与研究”、“典型海洋生态系统服务价值评估研究及应用示范”等 5 个面上项目列为2003年科技部科技平台工作。这些项目的启动，将为海洋管理提供一批实用技术。

科技兴海工作取得新进展 国家海洋局第三海洋研究所与厦门市共同提出的“高纯河豚毒素（TTX）供给基地高技术产业化示范工程”，已被批准列为2003年国家发展与改革委员会高技术产业化发展项目计划生物技术专项，总投资 8 253 万元，其中国家投入 500 万元。这是国家海洋局第一个列为高技术产业化工程示范的项目，将有力地促进地方经济建设。

国家海洋局第二海洋研究所研制开发的“海友牌”辣素防污漆在年初被列入“2003 年国家重点新产品计划”，11 月又获得了中国船级社批准颁发的“工厂认可证书”。

国家海洋局第一海洋研究所在与地方和企业的共建上取得了重要进展。在青岛市政府支持下，与澳柯玛集团合作，利用国家海洋局第一海洋研究所的技术优势，借助地方和企业的资源优势、资金优势，共同建立了海洋生物制品产业开发基地。为开展技术开发，创建新兴海洋生物产业打下了坚实的基础。

开展重大项目战略研究，为管理决策服务 国家海洋局科技司组织专家编写完成了“我国管辖海域监测监视与快速反应系统”预研究项目。提出了《我国管辖海域安全监视与快速反应体系建设预先研究》报告，孙志辉副局长批示，“科技司组织起草的该研究报告已为该项目（海洋预警系统）打下了一个较好的基础”。为实施“海洋开发”和“信息化”战略，实现海洋管理现代化、科学化，组织编写完成了《中国“数字海洋”研究报告》，提出了“数字海洋”的概念、总体框架、总体目标、实施原则和现阶段主要任务等，为实施“数字海洋”工程打下了较好的基础。（国家海洋局科技司　辛红梅）

国家重要研究项目
State Key Scientific Research Projects

【“863”计划资源环境技术领域】 “十五”期间“863”计划资源环境领域紧紧围绕我国对海洋高技术的重大需求，设立了海洋生物技术、海洋监测技术、海洋资源开发技术等 3 个主题和“渤海大油田勘探开发关键技术研究”等3个“863”计划重大专项，总计投入专项经费 9 亿元，重点突破近海油气勘探开发、海水养殖种子工程和海洋动力环境监测等关键技术系统。

海洋资源开发技术主题 “十五”期间，该主题紧紧围绕维护国家海洋权益、加强海洋资源探查的总体目标，在深水海域油气及天然气水合物资源勘探开发关键技术、海底立体探测和成像技术、大洋矿产资源探测关键技术、东海油气田勘探开发关键技术等专题方向安排课题69项。主要进展如下：

（1）成功研制出具有自主知识产权的深海彩色数字摄像系统（适用水深6 000米），6 000米海底有缆观测与采样系统（电视抓斗），填补了国内空白。该系统在2003年大洋富钴结壳调查航次中发挥了重要的作用，为大洋矿产资源调查提供了极有效的手段。该系统已通过验收，并移交用户使用。

（2）深水油气地球物理勘探技术课题通过技术集成，初步形成深水区长排列大震源油气地震采集和三分量、高频海底数字地震仪（OBS）同步作业的联合探测技术，并成功应用于南海北部陆坡深水区油气勘探，获得了清晰的前新生代沉积地层的反射资料，为我国深水油气地球物理勘探提供了高技术支撑。

（3）成功研制出具有自主知识产权的高分辨率测深侧扫声呐系统样机，解决了正下方测深的技术问题，运用多子阵海底自动检测——子空间拟合法实现了不同方向回波的分辨。该课题已获得发明专利 1 项，登记软件著作权 1 项，申请国际发明专利 1 项。

渤海大油田勘探开发关键技术重大专项 该专

项的主要目标是：提供适用于滩浅海地区高精度油气勘探技术及装备；形成三维轨迹闭环钻井技术及装备；研制钻井中途电缆测试系统；研制适合于海水基的驱油剂、调剖剂及驱油、调剖配套工程技术；建成新型抗冰振及软土基试验平台；研制海底管道检测、维修技术和装备；开发海洋平台结构的实时监测和检测成像系统；预期获得专利及软件版权60～80项，培养一支高水平科技研发队伍，建立2～3个海洋高技术研究和产业化基地。

自2001年启动以来，该专项针对渤海大型稠油边际油田勘探、开发的技术难点，围绕着高精度勘探、三维轨迹闭环钻井、海水基聚合物驱油提高采收率和海上工程安全保障等关键技术问题，启动课题16项。至2003年底已有一批课题取得了显著进展：

(1) 研制成功的我国第一套用于海上的光纤检波器样机、三分量VSP光纤检波器，为时移地震油藏监测技术奠定了良好基础，可望在短期内形成具有自主知识产权的海上地震拖缆采集系统，使中国海上石油物探采集摆脱国外的控制，促进工程质量产生质的飞跃，提高国际竞争力。

(2) 可控（闭环）三维轨迹钻井技术课题在旋转导向技术、电阻率与自然伽玛参数测量技术、钻井液正脉冲上传信息传输技术以及井下工程参数测量技术等方面取得重要的突破，研制成功上述技术的井下样机和分支井完井工具下井样机，并率先将膨胀管技术应用于分支井定位，形成了相应的分支井完井配套工具，在渤海埕北油田A22井成功地钻成第一口分支水平井。

(3) 海底管道内爬行器及其检测技术在适用于若干管径的漏磁及电磁超声检测技术、智能爬行技术、水下精确大地定位技术等关键技术方面已取得突破，并成功研制出1∶1的模拟样机。该技术的研制成功将形成海洋工程急需的海底管道实时智能检测与缺陷和漏点的精确定位系统，定期对海底管线进行在线检测，及早发现管线缺陷，以便及时修复，确保管线安全运行，对我国海洋油气开发有着重大的现实意义和广阔的应用前景。

(4) 提高采收率技术方面，在梳形聚合物、缔合聚合物和复合聚合物的研制方面取得了新进展，在解决钙镁离子影响粘度方面具有创新性，形成了基本适应海上环境的新型调剖、调驱剂，现场溶涨时间小于1小时，并完成了相关应用软件的开发和海上调驱注入设备的研制。该技术对专项提高采收率的总体目标的实现，对解决海洋石油存续企业的生存与发展具有重要的意义。

(5) 浅水超大型浮式生产储油系统关键技术课题通过理论和试验研究，在国际上首次提出了原创性的“浅水效应”概念，这对于浅水油田的浮式生产系统的设计将起指导性作用，对于解决渤海浅水海域大型油田进行全海式的开发、降低成本开辟了一条新路，其研究成果已在渤海BZ25-1油田16万吨FPSO的设计中得到应用。

(6) 海洋平台结构的实时监测与检测成像技术课题在智能传感器研制及其布设工艺、安全评定与预警技术等方面取得一定的突破，已提前完成了海洋平台结构实时监测示范工程的实施。

海洋生物技术主题 该主题在“十五”期间，将重点发展基于细胞工程、遗传工程、分子遗传学、生化工程、基因组学、生物信息学等学科的关键高新技术，大力加强海水养殖优良种子、海洋新药和海洋生物特有重要功能基因的研究。在利用资源的同时，注重生态环境保护，寻求可持续发展。

该主题在海洋药物的研究与开发、海洋生物制品的研究与开发和海洋生物重要功能基因的研究与开发等专题方向共安排课题148项。主要进展如下：

(1) 深海网箱开发技术取得产业化成果和显著的社会、经济效益。研制的深海抗风浪网箱在结构工艺方面达到国际领先水平，成本比国外同类网箱降低50%。

(2) 一批具有自主知识产权的I类海洋新药研究取得重要进展。抗艾滋病新药泼力沙滋、抗脑缺血新药D-聚甘酯、抗肿瘤新药K-001和抗动脉粥样硬化新药916四种I类海洋新药已进入II期临床，抗心律失常新药A1998、抗肝炎新药鲨肝刺激物质HSS和抗早老性痴呆新药HSH-971三种I类海洋新药已基本完成临床前研究。

(3) 海带综合利用取得明显进展。

(4) 膜集成技术生产甘露醇已实现工业化生产，且建成了国内第一个海藻加工示范工程，每吨甘露醇的生产成本比以前降低了1 500元以上，目前已创产值5 760万元，创利润400万元。

(5) 海洋生物药用功能基因研究取得进展。

构建了19个cDNA文库，初步确定79个有应用前景的功能基因。对15个进行了系统研究，构建了海洋生物功能基因数据库。

(6) 对虾免疫增强剂实现了产业化，在对虾养殖中推广使用1 600公顷。产品可以提高对虾主要免疫指标1倍以上，提高对虾蚤状幼体和糠虾幼体成活率20%以上，提高高位虾池养殖对虾的存活率15%～20%。

(7) 在滩涂耐盐植物的研究与开发方面，江苏大丰滩涂成功种植33.3公顷耐盐蔬菜，在规模化种植人工驯化盐生蔬菜和全海水无土栽培方面迈出了关键的一步。

海水养殖种子工程重大专项 海水养殖"种子"问题是当前制约我国海水养殖业可持续发展的重要因素之一。通过该重点项目的研究，改善和提升我国原有海水养殖业的结构，促进其向高效型产业转化，提高产业经济效益，推动我国从海水养殖大国向海水养殖强国转变。

目前，在扇贝、对虾、鲍鱼、石斑鱼等主要海水养殖品种的良种繁育、遗传改良以及病害防治技术方面进展显著，一批海水养殖优良新品种开始进入养殖试验阶段。

(1)完成斜带石斑鱼从亲鱼培育、生殖调控和种苗繁育的关键技术研究到产业化育苗的成功转变，2003年育出商品苗200多万尾，形成了规模产业。

(2)扇贝远缘杂交后代生产性状优异，获得具有明显抗逆性强的杂交种，显现出解决夏季养殖扇贝大量死亡问题的曙光，并且已具备了向养殖生产推广的能力。

(3)中国对虾快速生长新品种"黄海1号"已报送到国家水产原良种审定委员会审批，对振兴中国对虾养殖的第二次创业有着深远的意义。

(4) 皱纹盘鲍选择性杂交及杂种优势的利用取得重要突破，培育优良杂交苗种4 600万个，预期产量为7 000吨以上，产值20亿元以上。

(5) 半滑舌鳎的亲鱼培养和人工育苗取得突破，率先完成世界上室内养殖亲鱼人工培育苗种过程，2003年度培育出全长30～60毫米的商品苗种80多万尾。

(6) 坛紫菜良种选育取得重要进展，通过大田选育和人工诱变选育，获得了18个坛紫菜优良纯品系以及它们的纯系丝状体。它们亲代叶状体表现出明显的优良性状。

海洋监测技术主题 该主题自启动以来共安排课题92项。2003年，已在海洋浮标技术、海洋雷达技术、水下监测技术、船舶监测技术以及海水污染测量技术、赤潮监测、海洋遥感技术等海洋监测关键技术方面取得了进一步突破，特别在技术的综合应用和集成能力方面有了显著的提高。

(1) 开发了船载海洋生态环境现场监测的系列仪器设备，实现了30余种海洋生态环境参数的检测（监测），有关技术指标已接近或达到了国际先进水平。

(2) 建立了航空遥感多传感器集成与应用技术系统，并得到应用，部分监测结果已成为2003年国家海洋环境质量公报的基础数据。

(3) 初步建立了大洋渔业渔场环境信息应用技术与示范系统。"大洋渔场信息产品制作与生产动态管理系统"获2002年度国家科技进步二等奖。

(4) 研制了大型海洋环境多层监测浮标的关键设备，如水下仪器水声数据传输系统、二氧化碳光纤化学传感器、坐底式海冰监测声呐样机、极区卫星跟踪水文气象要素探测浮标等。

台湾海峡及毗邻海域海洋动力环境实时立体监测系统重大专项 该专项以水下监测技术为核心，研制新型浮标、远程高频地波雷达、实时传输的潜标、各种海床基监测技术、船用剖面探测技术和拖曳式探测技术，发展能源补充技术和远距离数据传输技术，完成具有高度集成能力的实时传输立体监测系统技术。建立台湾海峡示范区，开展示范试验，使之成为我国海洋环境立体监测系统的组成部分，及时获取海上活动迫切需要的海洋动力环境参数。

为了有效地突破相关关键技术，为海洋管理决策和防灾减灾提供准确、实时的数据，"863"计划设立了台湾海峡及毗邻海域海洋动力环境实时立体监测重大专项，安排课题28项，并在以下方面取得了重要进展：

(1) 开发了船用声相关海流剖面仪（ACCP）工程样机，使我国成为世界上少数几个"船用声相关计程与海流剖面仪"（ACL，ACCP）技术接近实用的国家。

(2) 突破了远程高频地波雷达天线小型化等关键技术，在配件标准化、信号抗干扰和系统可靠性方面有很大提高。

(3) 完成了世界上第一套实时传输潜标系统浮体的工程样机。

(4) 研制了海床基动力要素综合自动监测系统的工程样机；解决了自航自定位水下潮流测量仪的关键技术；小型多参数海洋环境监测浮标进入整机调试阶段。 (科技部 孙 青)

【海水重要养殖生物病害发生和抗病力的基础研究】 国家“973”项目，首席科学家为中国科学院海洋研究所相建海研究员。该项目2003年在海水养殖生物流行病学及机理、抗感染反应的免疫机制，抗病力的遗传学基础，环境与生物之间的关系等方面取得了诸多进展，在一些科学问题上取得了重要突破。

该研究证实了引起栉孔扇贝养殖期大规模死亡的直接病原为一种RNA型球形病毒，并将其定名为“急性病毒性坏死症（AVND）”，建立了病原的单抗和多抗检测技术。首次建立了WSSV与对虾细胞结合分析方法，率先发现并定位了WSSV的4种粘附蛋白、一种受体的细胞膜多肽，并通过感染试验和结合抑制筛选到了WSSV中的抗体，明确了对WSSV的感染起到较好的阻断作用的技术途径，对今后抗病毒药物的筛选具有重大的潜在应用价值。进行了鱼类病原菌致病因子的确定、环境因子对病原菌致病的影响、疫苗研制和中试、检测试剂盒研制。制备了温度和甲醛灭活两种疫苗，对鱼的保护率达100%，建立鳗弧菌的快速ELISA、荧光抗体和PCR检测技术以及溶藻胶弧菌和海藻施万氏菌的PCR检测技术，研制了快速检测试剂盒。

研究了病源微生物侵染海带组织后抗毒素的产生，并对其进行了化学分离和结构分析，为将来应用于海带育苗及养殖中病害的防御打下基础。阐明了协调对虾抗病力的物质基础，建立了完整的、可操作的对虾抗病力水平的综合判定体系，研制出高效免疫诱导剂，在生产中取得了显著的应用效果。首次证实贝类具备一氧化氮杀菌体系和具有免疫调节作用的单核因子。建立了海水鱼类血清补体替代途径溶血活性的检测方法，找到了检测溶血活性所需的最佳条件。

构建了第一个中国对虾EST数据库。利用EST和消减文库制作了第一张高密度的对虾表达谱芯片，筛选出大量差异表达的基因，克隆得到14种与免疫抗逆相关功能基因全长序列，重点对抗菌肽、hsp70等重组表达、时空表达谱、生化功能特性及其应用开展了深入系统的研究，全面系统地了解了中国对虾、扇贝的免疫系统和防御机制。筛选出与抗病相关RAPD标记16个。筛选多态性微卫星引物近20对，获得了61个等位基因。完成中国对虾快速生长群体的第7代选育，在生长速度方面继续保持稳定优势。培育出了20余个中国对虾全同胞家系，选出生长快兼养殖成活率高的家系4个。完成了第4代栉孔扇贝选育种与俄罗斯扇贝（雄）的杂交选择育种、栉孔扇贝与虾夷扇贝的正反杂交育种等内容并取得重要进展。

基本查明池塘杂蟹在传播WSSV的作用，实验了杀灭池塘杂蟹、防止传播病原的技术方法，效果良好；查明了轮虫及其休眠卵传播WSSV的作用，轮虫及其休眠卵均可携带WSSV。为今后进一步开发清除技术打下良好基础。查明了主要环境胁迫因子（温度、盐度、氨氮等）对养殖对虾抗病力及其感染WSSV病毒的影响。首次证明海洋微藻能够携带并传播WSSV病毒。建立了白斑综合征病毒（WSSV）定量和原位PCR检测技术。建立了WSSV病的综合控制技术。基本阐明了环境胁迫因子对病原生物种群消长和扇贝抗病力的影响机制。全面完成了有关环境因子对栉孔扇贝抗病力和扇贝球形病毒消长影响的实验室模拟和野外调查工作，完成了关键数据的采集和分析工作，为下一步构建环境因子、扇贝抗病力、病毒消长三者之间的耦合作用模型奠定了基础。进一步揭示了浅海贝类养殖对环境的影响机制。进一步揭示了大型藻类和沉积食性动物在浅海贝类养殖中的生态作用。初步建立了清洁养殖环境、提高养殖生物抗病力的生态调控模式。

【我国近海赤潮发生的生态学、海洋学机制及预测防治】 国家“973”项目，首席科学家为中国科学院海洋研究所研究员周名江和国家海洋局第一海洋研究所研究员朱明远。

项目选择环境复杂多变、富营养化严重、特大规模赤潮频发的东海典型赤潮高发区为主要研究海域，以渤海、广东沿海赤潮高发区为对比研究海域，围绕赤潮生物的多样性、地理分布、生活史及其生态竞争策略，赤潮与营养物质的关系、赤潮生消关键物理海洋学过程，赤潮的数值模拟与预测，赤潮的危害及防治机理展开多学科交叉综合研究，力求在重要赤潮种的遗传特征和生态关系策略，近海大规模赤潮爆发机制、赤潮生物——光学遥感监测原理和数值预测以及赤潮危害机理和生态调控原理方面有所突破，为我国“预防、控制和治理赤潮”及海洋经济可持续发展提供科学依据。

2003 年 2 月、2003 年 4～5 月，在东海赤潮高发区完成了冬季海区环境研究航次和大规模赤潮发生过程主要调查航次，对 2003 年现场捕捉到的大规模赤潮展开了赤潮的生物学、化学海洋学、物理海洋学、光学遥感等各方面研究，针对重要赤潮生物原甲藻和亚历山大藻的生物地理分布、东海赤潮高发区物理环境特别是锋面影响、水和底质及大气化学环境、微藻群落季节性变化、特别是对捕捉到的大规模赤潮的形成过程进行了现场跟踪研究；开展了实验室和现场围隔实验，对主要赤潮生物的生活史、竞争策略及其对营养物质的生理生态响应，赤潮对其他海洋生物的危害开展了系列研究，提出了相应的看法；开始了赤潮遥感预测的方法研究，尝试在重点养殖区可应用的赤潮防治方法；同时开始了比较海域（渤海和南海）赤潮的部分研究。已发表论文 110 篇，其中 SCI 论文 17 篇，EI 论文 4 篇，在《应用生态学报》2003 年第 7 期出版了一期项目专辑。

【沟-弧-盆体系形成演化研究】 国家“973”课题，2003 年度取得较大进展。

(1) 深入研究了冲绳海槽及邻近沟弧地球物理场变化、地壳厚度和分布特征，计算了其地壳厚度在 28 千米～4 千米之间，自西向东逐渐减薄，显示出陆壳-过渡壳-洋壳的转变过程。

(2) 过琉球海沟俯冲板块的有效弹性厚度及其挠曲趋势分析，获得海沟洋侧岩石圈有效弹性厚度值约为 10 千米，在距离海沟轴部约 15 千米处，有最高外缘隆起带，挠曲幅度为 0.23 千米，岩石圈的最大屈服应力为 9.1×10^8 帕的新认识。

(3) 通过冲绳海槽中部中央地堑的断裂形态和大小分类等的精细研究，进一步提出断裂与构造演化和热液活动的密切关系：①通过岩石学、沉积学和年代学研究，在火山性质和分布特征、火山年代及其与沟弧盆演化的内在联系的研究取得新的进展；②利用海底温度、热流和地震声呐浮标及海底地震资料，通过地层波速分析和温压条件的计算，划分了东海大陆坡的天然气水合物稳定域，指出了天然气水合物稳定分布的区域范围；③对太平洋板块俯冲方向、深度及俯冲动力学特性及其对沟弧盆体系演化的关系有了进一步的认识。

【东、黄海的初级生产、异养微生物二次生产以及微型生物生态过程研究】 国家“973”课题。

该课题研究东、黄海浮游植物生物量的粒级组成、结构的时空分布及其影响因子，在两个季节（即 2000 年秋和 2001 年春）的调查中，NANO 级均占优势。建立浮游植物光合色素的 HPLC 分析方法，应用特征光合色素分析方法研究了东海浮游植物的类群组成和空间分布。研究了东、黄海微型硅藻的种类组成、优势种和数量分布特征，发现 1 个新种、2 个我国新记录的属和 9 个我国新记录的种。研究了鞭毛虫的数量分布及与其他微型生物的关系，完成各航次的鞭毛虫样品的数据分析；利用库尔特颗粒计数器结合显微镜分析探索鞭毛虫的快速计数方法。利用稀释法并结合粒级分离和特征色素技术，研究小型浮游动物对不同类群、不同粒级浮游植物的摄食压力。发现中型浮游动物对微型浮游动物有较强的捕食压力。研究了海洋锋对浮游细菌分布的影响。

【东、黄海浮游动物群落结构和生物量的动态变化及其对生态系统调控作用的研究】 国家“973”课题。主要学术成就有：

(1) 明确了黄海冷水团作为温带浮游动物种类（如中华哲水蚤和太平洋磷虾等）的度夏地点的特殊生态意义。

(2) 通过南黄海冬季浮游动物水平分布和垂直分布研究，用浮游动物的暖水种作为指示，证实了黄海暖流动存在，显明其路径、发生水层和可能到达的北限。

(3)依据近年来所获得到浮游动物样品和环境资料，采用严格的数理统计方法，对黄东海浮游动物的群落结构做了深入研究，划分为 5 个群落。对了解黄东海生态系统结构和建模提供了重要基础数据和概念。

(4) 测定了黄东海不同粒级浮游动物的肠道

色素和现场摄食率，为了解黄东海生态系统的能量转换过程与效率以及建模提供了基础数据。

【东、黄海浮游动物关键种种群动力学和种群生产力研究课题】 国家“973”项目课题。该课题围绕“中华哲水蚤种群动态与度夏机制”，对东、黄海浮游动物关键种进行了海上采样调查、生物学、生态学和生理学的野外现场实验，同时加紧对已有实验数据的分析整理，开展相关的室内受控实验研究，按计划圆满完成任务。

(1) 中华哲水蚤生殖力研究。中华哲水蚤在南黄海一年当中能够持续产卵，只是产卵率会随着季节上下波动。5～7 月份是一年当中产卵最活跃的时期，此时发育成熟的雌体体长和干重较大；11 月份到次年 1 月份产卵会出现一个次高峰。产卵率的地理变化是多种环境因子综合作用的结果，在多数的月份当中很难区分温度、食物等的影响，而夏季和冬季因为海流的作用使得中华哲水蚤生产力也具有了明显的地理差异。

(2) 中华哲水蚤饵料组成及其对次级生产力的影响。产卵率作为次级生产力的指标在海洋生态学研究中有着广泛的应用。用产卵率和肠道色素测量的摄食率研究了渤海中华哲水蚤的摄食习性和浮游植物组成的影响，发现中华哲水蚤在渤海基本以植食为主，但也存在季节差异。比较浮游植物细胞组成发现，甲藻比例过高，无论是角藻还是夜光藻，都会抑制中华哲水蚤对浮游植物的摄食和浮游植物对产卵的贡献率。而且，秋季因为硅藻细胞浓度较高，中华哲水蚤卵的孵化率也明显低于春季。

(3) 黄海潮汐锋对中华哲水蚤分布的影响。对黄海潮汐锋锋位置及其锋区环流特征、形成锋的主要动力机制等进行了模式研究，进而分析了跨潮汐锋锋区的中华哲水蚤和叶绿素 a 的垂直分布特征：中华哲水蚤丰度在潮汐锋锋区比其临近两侧的混合区与层化区高；锋区叶绿素 a 浓度低于其邻近的层化区或混合区，叶绿素 a 浓度高值区通常位于锋区邻近的层化区或混合区一侧。运用模拟的锋区环流结构分析，提出黄海潮汐锋锋区的垂向环流结构有利于中华哲水蚤在锋区的聚集，叶绿素 a 浓度高值区偏离锋区也与锋区上升流结构密切相关。

【黄东海环流主要分量及其相互作用】 国家“973”项目课题。2003 年进行了关于黄海冷水团环流结构的第 3 次现场观测，44 个站次的 CTD，17 个站点漂流浮标的释放，2 个站点的测流潜标（ADCP）等，并进行了初步分析。观测结果表明，黄海断面温度结构与前两年基本一致，仍然是上层暖水偏西，底层冷水偏东；但断面温度总体上比前两个航次偏低 2～3℃。3 个漂流浮标的轨迹均显示存在以 35.8° N，123.6° E 为中心，尺度约 100 千米的反气旋涡旋，这进一步显示南黄海冷水团上层中心为反气旋涡旋，伴有下降流；另 4 个漂流浮标的轨迹显示在黄海冷水团外测存在一大尺度的气旋式环流。这些实测结果为最终解决黄海冷水团环流结构的争论奠定了基础。对夏、冬季台湾暖流-长江冲淡水-苏北沿岸流的相互作用进行了动力分析。开展了长江冲淡水的浮力强迫效应和转向机制的数值模拟和数值试验，明确提出：夏季冲淡水向东北偏转是南风、斜压效应和底形的共同作用的结果，其中风应力和底形的相互作用占主导地位，倾斜底形是必要条件。对黄东海环流各个分量进行了多种数值模拟试验。

2003 年度本课题已发表论文 11 篇，其中 EI3 篇，SCI 收录 1 篇。

【皱纹盘鲍的遗传改良及中试示范】 国家“863”课题。该项研究明确了皱纹盘鲍不同地理群体间具有显著的遗传差异，不同地理群体间的杂交可能产生杂种优势；创立了科学简便的杂种优势利用的单侧定向杂交技术；获得杂种优势明显、性状稳定的中国黄渤海-日本岩手宫城群体皱纹盘鲍杂交组合。杂交鲍苗种培育期间壳长、壳宽和体重生长的杂种优势率分别为 17.98%、22.07% 和 61.93%，成活率提高了 1.8 倍；养成期间成活率达到 85%～92%，较常规苗种提高 40%～50%，养殖周期较常规苗种缩短了 1/3；杂交鲍养成亩产 650～700 千克。在国际上首次将皱纹盘鲍种内杂交和杂种优势应用于大规模生产，创建了杂交鲍苗种培育和海区养成的技术工艺。杂交及杂种优势的利用已是杂交鲍高效养殖的核心关键技术，“杂交鲍”已经成为产业名牌。

该项目在山东、辽宁沿海设有 7 个杂交苗培育和养殖网络示范基地。项目期间按计划进行了 8 次示范性现场验收。通过网络核心成员和联系成员典型示范，不断提高杂交鲍养殖的认识和技术水平，杂交鲍在我国皱纹盘鲍产业中的普及率几乎达 100%；由于抗性增强，养殖模式从底播、笼养、工厂化到潮间带围池养殖，实现养殖模式的多样化；养殖区域也不断扩大，从传统养殖区扩大到非传统养殖区，甚至福建、广东等非分布区。2001—2003 年我国杂交鲍养殖产量达万余吨，产值 43 亿元，利税 20 余亿元。由于杂交鲍的养殖，基本解决了皱纹盘鲍养殖大规模死亡、生产周期长、产业风险大等影响产业可持续发展的关键性问题，提高了产业生产效率，使皱纹盘鲍的养殖进入一个持续快速发展阶段，成为我国高效海水养殖业的龙头。产生了重大经济和社会效益，为区域经济和产业可持续发展做出了重大贡献。

【对虾生长、性别决定和抗逆基因的克隆和应用】 国家“863”课题。2003 年度进展情况：完成了对虾头胸部 cDNA 文库的 1 万余条 EST 序列测定和在生物信息学分析的基础上，又对特定组织包括血液、眼柄和卵巢 cDNA 文库的 EST 共计 6 000 余条进行了序列测定和分析，在此基础上克隆了与对虾免疫相关功能基因 10 个，获得了其全长 cDNA 序列。利用 RT-PCR，实时定量 PCR 技术以及毛细管电泳等方法，系统研究了中国对虾抗菌肽基因或热休克蛋白基因在病原感染前后的组织表达特征和时空表达特征，并构建了中国对虾抗菌肽的体外重组表达体系，包括原核表达体系和真核表达体系，获得了有功能活性的重组表达蛋白，为对虾抗菌肽在生产上应用奠定了基础。初步发展了对虾功能基因表达的大批量筛选技术，利用 cDNA 微阵列筛选出了 100 多个与抗对虾 WSSV 病毒相关的基因，从而确立了我国对虾功能基因组研究在国际同类研究中的地位，得到了国际同行的广泛认可，填补了我国在对虾功能基因组研究方面的空白，并申请国家科技发明专利 3 项。

【重要海水养殖鱼类配子低温保存技术及其种子库的建立】 国家“863”课题。2003 年度进展情况：筛选出适合真鲷、牙鲆、鲈鱼、大黄鱼和大菱鲆抗冻保护剂配方、降温程序及复温方法，建立了真鲷、大黄鱼、鲈鱼、大菱鲆、牙鲆精子冷冻保存技术，与鲜精相比，冷冻精子的受精率和孵化率无显著差异，上述鱼类冷冻保存技术达到实用水平；确立了复活率、受精率 、孵化率和畸形率作为海水鱼类冷冻精子质量评价指标；建立重要海水养殖鱼类冷冻精子库，真鲷、牙鲆、鲈鱼、大黄鱼和大菱鲆的冷冻精子的入库量均达到 50 毫升以上，所冷冻保存的精子已应用于鱼类人工育苗和科学实验；海水鱼类胚胎冷冻保存在抗冻保护剂的筛选、降温程序、复温以及洗脱等方面取得可喜进展，真鲷胚胎在-30℃的解冻复活率达 81%。大黄鱼胚胎在-30℃的解冻复活率可达 80%，在-40℃的解冻复活率可达 50%。在超低温冷冻保存实验中，获得真鲷超低温冷冻复活胚胎 24 枚，牙鲆超低温冷冻复活胚胎 25 枚，鲈鱼超低温复活胚胎 6 枚， 鱼类胚胎冷冻保存研究实现突破。

在课题实施过程中，共培养博士生 3 人，硕士生 4 人，发表和完成论文 10 篇，其中，发表 SCI 论文 1 篇。

【海带、紫菜等经济藻类种质库的建立和利用】 国家“863”课题。该项研究完成了收集、纯化并保存我国特有及国外引进的材料海带 35 个，紫菜细胞系 30 个，裙带菜的细胞系 10 个，江蓠无性繁殖系 6 个。与产业部门联合建立了国家级、行业级的海带、紫菜种质有关的技术标准共 3 项；建立 1 个海带、1 个紫菜细胞系的 BAC（Bacterial artificial chromosome）文库；建立海带 5 个、紫菜 5 个细胞系的 λ 文库；建立 25 种海带细胞系、27 种紫菜细胞系，裙带菜 10 个细胞系，江蓠 6 个无性繁殖系的 DNA 指纹图谱；找出紫菜 10 个，特异分子标记，并将其中 2 个转换成生产上直接可应用的 SCAR（Sequence characterized amplified region），找到海带 5 个 SCAR 标记，并将其中 2 个转换成生产相关联的标记。建立海带、紫菜的遗传分离群体，申请国家发明专利 8 项（已获得 7 项申请号）。提交与发表 SCI 论文 5 篇、EI 论文 2 篇，学报级论文 5 篇，总计 12 篇。培养博士生 4 名、硕士生 5 名，博士后 1 名。

【重要海水养殖贝类苗种培育设施的工程优化】 国家“863”课题。该课题主要研究封闭式循环水育苗设备系统，包括高效水处理系统与全年封闭式循环水育苗优化设施；苗种培育设施的自动化控制技术，研制优质饵料生物高效培养、收获系统。建立一整套 100 立方米规模封闭高效循环水育苗系统并实现生产应用，突破贝类苗种封闭循环水培育的四项关键设备技术，使该成果在快速去除水溶性有害物、增氧设备、固液分离设备、蛋白泡沫去除技术等方面达到国际先进水平，开发出海水育苗用主要水质参数检测系统，建立相应的饵料微藻高效生产系统。研究高密度封闭循环水幼虫培育新工艺及提高扇贝幼虫变态率的关键技术。

该项目 2003 年通过了“863”专家的现场测试验收，已获得了一些循环水培育海湾扇贝苗种的宝贵经验，取得了一些令人鼓舞的研究成果，初步证明了该循环水育苗设施远远优于传统的育苗方法，特别是在育苗的稳定性方面较为明显。课题已申报 7 项发明专利和 2 项实用新型专利，并先后向山东烟台、昌邑、即墨、胶南和浙江杭州等地推广应用了封闭循环水养殖/育苗系统，推广面积达 6 300 平方米，取得了良好的经济和社会、生态效益。

【扇贝抗病重要功能基因的克隆与应用】 国家“863”课题。课题自 2002 年 10 月启动以来，取得了可喜进展。成功构建了海湾扇贝和栉孔扇贝的 cDNA 文库，测定了 12 763 个 EST 序列，建成了海湾扇贝和栉孔扇贝的 EST 数据库；在 GenBank 注册栉孔扇贝 EST 序列 31 条，注册海湾扇贝 EST 序列 5 009 个；采用超滤、固相抽提和 HPLC 技术从海湾扇贝和栉孔扇贝的血淋巴中分离纯化到 6 个分子量在 10kD 以下具有抗菌活性的多肽；前后克隆到参与具有免疫防御功能的全长基因 14 个，其中包括栉孔扇贝 HSP90（AY362761）、HSP70（AY206871）、HSP22（AY362760）、栉孔扇贝亲环素 A（AY362759）、栉孔扇贝 LGBP（AY259542）、栉孔扇贝 C 型凝集素、海湾扇贝防御素、栉孔扇贝硒结合蛋白、海湾扇贝肽聚糖结合蛋白，栉孔扇贝和海湾扇贝 G 型溶菌酶以及栉孔扇贝和海湾扇贝丝氨酸蛋白酶抑制剂等；建立了半定量 RT-PCR 技术，并研究了 HSP70、HSP90、LGBP、C 型凝集素、硒结合蛋白、G 型溶菌酶和丝氨酸蛋白酶抑制剂等基因在病原或环境污染刺激下的表达情况；建立了一套分析检测扇贝生物免疫防御能力的免疫化学指标，对栉孔扇贝和海湾扇贝不同种群以及不同种群之间杂交后代的免疫防御能力进行了系统研究，并在群体水平对栉孔扇贝和海湾扇贝的免疫防御能力进行了比较；初步实现了海湾扇贝防御素基因在大肠杆菌中的表达，重组蛋白的纯化、生物学活性鉴定以及在酵母中的表达正在进行之中。

【文蛤大规模人工育苗技术】 国家“863”课题。2003 年，课题组采用人工升温调控技术对文蛤亲贝进行促熟，使文蛤产卵时间比自然海区提前 50 天以上；对面盘幼虫进行了高密度培育实验，摸索出一定的经验，在 60 个/毫升的培育密度下，幼虫成活率可达 71%；研制的多层高效立体采苗器和无纺布附着基，简单实用，采苗效率高，既可采苗，又可用于早期稚贝的室内中间培育。初步建立了一套合理的文蛤苗种规模化人工育苗技术工艺。

除现场育苗实验外，在文蛤的性腺发育和生殖周期，文蛤精巢和卵巢的显微结构，性腺发育的激素调控，文蛤胚胎早期发育，幼虫高密度培养，幼虫发育的分子调控，变态诱导剂筛选和诱导机理，高效采苗器研制，稚贝对环境因子的耐受性，环境因子对文蛤呼吸代谢的影响等方面开展了系统的研究并取得可喜进展。

【模块化巨浪遥感信息提取与复合分析技术】 国家“863”课题。该课题主要分成“高度计遥感巨浪信息提取技术”,“SAR 遥感巨浪信息提取技术”,“散射计风浪计算”以及“遥感巨浪信息复合分析技术”等方面的研究。

2003 年主要研究进展为：完成了 T/P 高度计有效波高和风速的评估和补偿，渤、黄、东海巨浪时空分布特征，海浪平均周期的高度计反演算法海浪主波波长的高度计反演算法，建立了 ERS-SAR 产品的处理程序；发展了一种新的 SAR 反演算法，确定了 SAR 反演的技术流程；完成了中国近海海面浪场数值产品；建立了新形式的非线性海浪波高分布；导出了有限水深两点波面位移非线性统计分布；完成了中国近海风浪成长关系；建立了非线性波波相互作用源函数及其共轭源函数的处理方法，导出了共轭源函数满足的谱作用量、谱能量及动量守恒关系，依此进行了程序优化设计；发展了交叉滑动处理技术，建立了适用于巨浪过程的变分同化实用模型；针对台风巨浪过程，进行了同化试验，分析了同化过程中各波浪参数的变化；建立了中国近海海浪要素数据库。完成学术论文 12 篇（其中 SCI 论文 3 篇，EI 论文 1 篇）。

【模块化海气界面遥感信息提取技术】 国家"863"课题。2003 年，课题组完成了 NOAA 卫星 TOVS 资料反演大气温度和湿度廓线；利用拓展伴随模态分析方法反演海面气温和湿度，基本完成了卫星资料反演瞬时海面气温和湿度，其精度达到了合同要求，同时进行了神经网络方法的研究；完成了 SSM/I 亮温资料反演海面风速、海面水汽含量、海面温度和海洋降雨，并讨论海面风向对微波辐射计亮温的影响；分析研究了不同海域海气热交换的计算方法及海气热交换的分布特征，通过确定的海气界面的热量和水汽交换系数，根据南海实测资料，计算出了海气界面的热通量和水汽通量；依据热通量和水汽通量计算出了观测海区的感热和潜热通量，并通过对海气界面的热量和水汽交换系数与海洋大气参数的分析，给出不同时空的热量和水汽交换系数的分布；研究了海洋降雨在 Ku 波段和 C 波段的吸收与散射特性，提出了海洋降雨指数和降雨概率的定量反演方法，并给出了海洋降雨的三维结构(x, y, t)，包括地理分布和季节变化，初步探讨了海洋降雨与区域天气和气候的关系；海洋降雨的十年尺度变异及其与 El Niño/La Niña 事件的关系，海洋降雨的年变化及其与气候季节的关系及海洋降雨日变化等应用研究。各项工作基本达到了项目总体预期指标。

【海洋环境腐蚀能力现场监测技术】 国家"863"课题。课题组已完成如下工作：①MCM-SRB03 硫酸盐还原菌传感器工程样机研制，性能超过合同要求；②MCM-Probe03 多传感器集成探头工程样机研制，性能超过合同要求；③MCM-DAQ03 数据采集与监测系统硬件和软件，性能达到合同要求；④完成室内腐蚀速度电化学测试，数据解析，失重测试和海水状态参数测试；完成腐蚀速度和状态参数互相关性和自相关性分析；⑤青岛实海海水状态参数测试和失重测试；完成实海海洋环境状态参数数据测试和分析；⑥文献资料研究和海洋环境水文资料收集和计算；⑦多因子相关性分析；完成相关模型研究，建立了 MCM-ANY03 解析和 MCM-ANDB03 神经网络数据库两个腐蚀速度软测量模型，完成了软测量技术研究；⑧海洋环境腐蚀能力评价系统 MCM-SYSTEM03 系统硬件制作和软件初步调试工作。

课题组发表研究论文 29 篇，专利 18 项，培养博士生 4 名，硕士生 3 名。

【典型海域有害赤潮的数值模拟及预警】 该项研究为中国科学院知识创新工程课题，2003 年通过专家验收。该研究从整体和动态的生态系统角度，探索建立预警、预测，为减轻赤潮灾害影响、促进海洋经济持续发展提供科学依据。

(1) 通过收集整理公开发表的相关研究论文、专著和会议资料以及珠江口、大鹏湾和大亚湾等海域赤潮发生时的同步监测资料，初步弄清了南海典型海域赤潮的爆发因子以及主要赤潮生物种发生赤潮与环境要素之间的关系。

(2) 建立了赤潮发生的概念模型，进而建立了基于第 3 代波浪预报模型的东海波浪数值模拟模型，建立了东海三维斜压流数值模拟模型；建立了南海海域大风下波浪、潮汐、海流耦合数学模型；建立了基于拉格朗日和欧拉法的能够模拟追踪、化学、生物输运的数学模型。

(3) 通过基于拉格朗日的东海示踪数值模拟，表明在表底层由台湾海峡、福建和浙江沿海近岸的藻细胞可到达发生区，台湾海峡到达发生区约需 20～30 天。在底层，藻细胞到达发生区明显聚合。

该项研究在国内外著名学术期刊上发表研究论文 16 篇，SCI 收录 2 篇，国际会议发表研究论文 5 篇，国内会议发表研究论文 2 篇。

【南沙群岛及其邻近海区综合科学调查】 科技部基础条件平台工作专项项目。中国对南沙群岛海域开展大规模实地考察始于 20 世纪 80 年代，在国家科委、国家计委的领导和支持下，1984 年、1987 年、1993 年和 1997 年作为国家科技专项连续四次立项，"十五"期间，2001 年和 2002 年作为科技部社会公益研究专项项目立项，2003 年又作为科技部基础条件平台工作专项立项，在南沙群岛及其邻近海区开展多学科综合科学考察和研究工作。

"十五"期间，南沙考察进行了三个航次的"南沙海区地质地球物理调查"、"南沙岛礁及综合科学考察”和“物理海洋学综合观测”，获取了一批系统的、多学科观测数据、资料及相关信息。结合已有资料的分析，对若干规律性问题的深入研究取得新的认识，共发表了81篇论文，其中SCI论文19篇，EI论文1篇。在海洋环境方面，通过一个高分辨(10′×10′)南海环流模式，分析了在旋转加快(spin-up)过程中南海上层海洋季风驱动下海盆尺度环流特征建立方式与内在机制，分析了南海自静止态至海盆尺度环流特征初步形成的过程，揭示了此过程中边界截获Kelvin波和西传斜压Rossby波的重要作用，估算了南海上层海洋季风性海流调整的特征时间尺度。研究了南海暖水的季节性变化及其形成机制，发现南海暖水（定义为28℃）的季节变化有三个阶段，即发展阶段、维持阶段和退缩阶段。通过数值模式来探讨冬季南海的上层环流特征及其动力机制，得到了冬季包括南沙海区在内的南海上层流场特征和变化规律，同时探讨了夏季以及冬季风向夏季风转换期间南海的上层环流特征及其动力机制。进一步数值模拟了珊瑚礁邻近海区的潮汐和潮流，初步建立了岛礁的水动力环境的模拟与预测模型。在海洋地质与古环境方面，提出南沙地块西部边界为双重走滑构造系统。反射地震剖面精细构造解释表明，南沙海槽的构造变形主要表现为系列台阶状逆冲断层及其相关褶皱。南沙海槽表现为古近纪至早中新世南沙地体以南古南海向加里曼丹陆块之下持续俯冲，即B型俯冲到A型俯冲，碰撞形成的弧后前陆盆地。从大地构造、区域地层和岩浆活动等方面，论述了北康盆地、南薇西盆地和礼乐盆地的区域地质背景，研究了三个盆地的含油气系统，探讨油气藏的形成机制，并对含油气系统作了初步评价。在构造-地层学、沉积学、层序地层学、构造热体制等理论的指导下，应用化学动力学生烃模型、地质统计法和岩石圈动力学、油气成藏地质过程计算机定量模拟技术。对南沙群岛永暑礁近50年生长的滨珊瑚开展了高分辨率的$\delta^{18}O$和$\delta^{13}C$分析及其与器测环境要素的比较研究，重建了南沙群岛永暑礁海区年和季分辨率的温度变化，能够表征东亚季风的强弱，并对El Niño事件有比较明显的记录。珊瑚$\delta^{13}C$清楚的年际变化周期，反映了永暑礁日照时数、总云量和降雨量等的变化，对El Niño事件有比较明显的记录。对永暑礁潟湖沉积物进行了高精度的TIMS U-Th和AMS ^{14}C年代测定，建立了4 000年来的潟湖沉积序列，讨论了沉积速率、碳酸盐堆积速率、风暴潮事件等环境参数；对南海南部沉积柱样进行了系统的腹足类动物研究，得出1.4万年来海平面存在上升和下降的波动，1.127万～0.93万年BP气候温暖，海平面上升；0.69万年BP海洋环境不稳定，晚全新世气候变冷。在南沙珊瑚礁生态系统高效营养生态泵研究方面，获得了南沙群岛珊瑚礁潟湖及附近海区初级生产力，分析了南沙群岛渚碧礁春季浮游动物群落特征。

【南海西北部与红河地区的深部结构及其动力学机制研究】 该项目是中国科学院知识创新工程重要方向性项目，2003年12月3日通过中国科学院资环局组织的专家验收。该项目围绕红河断裂带与南海形成演化的关系这一中心科学问题，对南海西北部与红河地区这一关键区域的岩石圈速度结构、物质成分、温压状态、热流变特性等深部结构特征及其时空变化规律进行了研究，并分析了它们的内在成因联系，结合新生代构造形变和盆地演化的研究，推测了红河断裂带对南海形成演化的作用和影响，项目主要成果如下：

(1) 利用海底地震仪资料和海底热流资料获得了南海西北部西沙海槽的地壳速度结构模型和岩石圈热流变模型，发现下地壳高速层不发育，“热”岩石圈底界埋深约为54千米，推测南海北部边缘属非火山型的被动大陆边缘。

(2) 利用走时反演和地震层析成像技术重建了红河地区的地壳和上地幔的速度结构，在岩石层三维空间内揭示出哀牢山－红河断裂带的整体构造特征，从而确定了断裂带及其两侧深部结构的动力学性质。

(3) 滇西两类新生代富钾火山岩地球化学特征不同，反映出地幔分区和大地构造属性的不同，洱海高钾火山岩的源区可能与印藏碰撞有关，马关富钾火山岩可能与南海张裂过程有关。

(4) 哀牢山－红河断裂带中段的岩石变形和磁组构的研究显示断裂带应变强度由中部向外迅速减弱，断裂带内部，以水平走滑运动为主，断裂带向西，则以水平缩短为主，推算的走滑位移量北段小，南段大。

(5) 物理模拟和数学模拟的结果显示红河断

裂带的走滑控制了莺歌海盆地的发育，莺歌海盆地和北西向构造在海区的延伸受到琼东南盆地的制约，红河断裂带的左旋位移量较小，不足以导致南海海盆的形成，可能解释为两者相互影响更为合理。

该项目3年来共发表SCI论文16篇、核心刊物论文31篇、获省部级成果奖1项、优秀论文奖2项。

【西太平洋暖池动力过程与海气相互作用】 该项目是中国科学院知识创新工程重要方向性项目，2003年12月3日通过中国科学院资环局组织的专家验收。

该研究经主持单位中国科学院南海海洋研究所和协作单位中国科学院海洋研究所、中国科学院大气物理研究所3年多的努力，在暖池年际变化、太平洋年代际变化、太平洋西边界流的三维结构、太平洋–印度洋–南海之间的相互联系等方面取得了显著研究成果：证实了太平洋海洋环流年际变化参与了ENSO循环，太平洋海洋环流年代际变化参与了太平洋年代际振荡，并发现热带太平洋海气系统的一种年代际局地正反馈机制，提出了热带海洋信号的气旋式“环流通道”的观点，在学术界受到广泛关注。建立了“拓展伴随模态分析”方法，对El Niño现象的成因与预测开展研究，揭示了来自中纬度海域的西风暴发和海面风辐聚对El Niño增暖的重要性。此方法连续两年（2002－2003）应用于国家气候中心组织的业务预报。首次发现南海冬季温跃层的通风现象，揭示了1997－1998年El Niño期间印度洋的海洋异常是由热带西太平洋异常通过贯穿流传递的。在我国大陆地区首次进行了基于海龟卫星追踪的海洋动物遥测试验，迈出了通过海洋动物遥测获取海洋环境数据的第一步。

3年来该项目共完成学术刊物论文50余篇，其中SCI（EI）收录论文19篇，培养博士后1人，博士5人，硕士6人，共参加国际、国内学术会议24人次。

（中国科学院资源环境科学与技术局大气海洋处）

【对虾抗病相关基因的克隆与应用】 该项目属于国家“863”发展计划。根据年度计划安排以及实际研究进展情况，2003年课题组主要对斑节对虾的抗病毒相关蛋白的功能进行了进一步的研究，研究内容包括细胞表达定位、病毒体外结合等研究；还对18kDa凝集素样蛋白进行了克隆。

在同一地点采集到的正常生长和抗病（即发病后少量存活的）斑节对虾，经PCR鉴定都不带常见病毒。经测定，抗病对虾的免疫指标符合要求。随后，采用mRNA差异显示（DD-PCR）技术，从抗病对虾中克隆到若干抗病相关基因，重点研究其中一个全新的抗病相关基因（命名为PmAV）。PmAV基因在原核系统表达后，获得了纯化的重组蛋白，细胞试验结果表明此蛋白具有抗病毒活性，从而发现了首个对虾抗病毒基因。克隆了18kDa凝集素样蛋白，凝集试验证实该蛋白具有凝集活性。通过免疫电镜技术，进行抗病毒蛋白表达的细胞定位，发现PmAV蛋白主要分散于细胞质中，但并非结合于某一细胞器上，而核内基本未发现它的存在。

为了更全面了解抗病虾的抗病机理，课题组又采用抑制性差减杂交（SSH）技术，从抗病日本对虾克隆抗病相关基因。将有差异的克隆进行DNA测序，测序所得的结果在GenBank中进行同源性比较和分析，获得了包括凝集素、血蓝蛋白等多种与免疫相关的基因，这些基因的功能及其在对虾免疫反应中的作用有待于进一步的试验证实。利用对虾病毒亲和层析，纯化获得血蓝蛋白，经细胞试验证实血蓝蛋白具有抗病毒活性。

此外，课题组还构建了对虾基因组DNA文库，以进行对虾抗病相关基因的调控序列分析。课题取得了良好的结果，申请1项国家专利，发表论文3篇，其中2篇发表于国外SCI收录杂志。

【大黄鱼虹彩病毒功能基因的鉴定及应用】 该项目属于国家“十五”“863”项目“海水鱼类虹彩病毒功能基因的鉴定及应用”的子项目。近年来，在我国由虹彩病毒所引起的海水养殖鱼类疾病日益加剧，给海水养殖业造成重大的经济损失。开展海水鱼类虹彩病毒分子生物学研究，测定其基因组序列，筛选出重要的致病基因或免疫相关基因，为深入了解病毒的分子特性、致病机制奠定基础，同时也为该病毒病的诊断和防治提供科学依据。

该项目已完成病毒的分离鉴定、病毒核酸的纯化，测定了病毒部分基因组序列（约40kb）；开展了该病毒在细胞水平的增殖试验，筛选到该病毒的半受纳细胞系；克隆了与病毒代谢、转录、结构等相关的重要功能基因 8 个：ATPase、核苷酸还原酶小亚基（RNRS）、DNA polymerase、脱氧丝氨酸激酶、VEGF 样蛋白、主要衣壳蛋白（MCP）、细胞受体结合蛋白、膜蛋白等基因；利用杆状病毒载体系统（Bac to Bac 系统）高效表达了 LYCIV ATPase基因，获得了纯化的表达产物，研究了LYCIV ATPase 基因的功能；推断了与细胞受体结合蛋白、跨膜蛋白等基因 3 个，其中 2 个已利用杆状病毒载体系统进行了初步膜定位，受体结合蛋白的受体结合实验及膜蛋白的功能研究正在进行中。

【深海极端环境微生物资源的特征研究及对海洋经济的影响】 该项目“973”前期项目，起止时间为 2002—2005 年。从深海环境中能够分离得到一些极端微生物，它们能在一般微生物不能生存的环境中发挥积极的作用，例如含有多种重金属或含有机污染物，强酸或强碱性，低温或高温环境等都不适合一般微生物。然而这种环境往往是污染环境或工业污水的特点。在海底的热液区往往有嗜酸又抗重金属的微生物，也很有可能存在降解氰等微生物（热液区发现有氰化物）；而在冷泉区往往有嗜碱的微生物。此外，在海底沉积物中还有参与硫还原的细菌以及嗜冷的产甲烷菌，它们分别对于治理陆地环境中的硫污染、对于解决低温条件下沼气池沼气产率下降等问题有很大帮助。该研究就是要从深海环境中获取这些微生物资源并加以开发利用。2003 年开展了深海极端微生物、深海重金属抗性微生物、深海 PAHs 降解微生物、深海氰化物降解菌的筛选与开发利用研究。

【深海生物圈在物质循环中的作用】 该项目属于国家重点基础研究发展规划“973”项目。2003 年完成了热带太平洋从东向西 3 个不同站点深海沉积物中细菌及古菌的分布情况，并对深海沉积物进行了基因工程的探索性研究。此外还筛选出 50 余株深海极端微生物，包括嗜压、嗜冷、试碱、嗜酸、嗜盐微生物，通过分子生物学与形态学手段相结合，从深海嗜冷微生物中筛选出两株潜在的深海嗜压微生物，经鉴定为新种。

（国家海洋局第三海洋研究所）

【中国典型河口-近海陆海相互作用及其环境效应】 该项目为 2003 年启动的国家“973”计划项目，首席科学家为中国海洋大学的翟世奎教授和华东师范大学的丁平兴教授。

河口-近海系统位处沿海经济带，是海陆相互作用最为活跃的地带，也是与社会和国民经济发展关系最为密切的地带。河口-近海生态环境脆弱，演变机制复杂，科学内涵丰富，其生态环境变化和地貌演变不仅直接关系到人类的生存空间、生存质量和社会的可持续发展，而且涉及许多重大基础科学问题的解决。在我国社会发展和沿海经济建设进程中以及陆海相互作用研究中，三角洲岸滩的蚀退和河口近岸水域环境的恶化是两个最突出的问题，而河流入海水沙、营养盐和污染物的交互作用及通量变化是问题的起因，加之海洋动力作用和海平面变化的影响使问题更趋复杂。

针对国家的需求，在我国主要河流入海泥沙锐减，营养盐和污染物剧增的背景下，结合河口-近海系统复杂的动力过程及海平面上升机制，本项目拟解决的关键科学问题为：①水沙通量变化及海平面上升条件下三角洲海岸的侵蚀堆积过程与平衡机制；②河流入海污染物和营养盐的通量及组成变异对海岸带环境的影响。

该项目针对我国河口及邻近海域高浑浊度水体和淤泥质海岸广泛发育的特点，选择入海物质通量大且变异显著、生态环境安全受到严重胁迫的典型河口——长江口和黄河三角洲及其邻近海域为主要研究对象，围绕两大关键科学问题，重点开展以下五个方面的研究：①河流入海物质（组成）的通量变异机制及输运过程；②河口沉积动力过程、三角洲海岸侵蚀堆积机制和趋势预测；③河口-近海环境的控制因素及变异机理；④河口-近海生物地球化学过程；⑤三角洲海岸侵蚀防护和河口-近海环境恶化的治理对策。

主要成果：

（1）完成了长江、黄河入海物质通量和长江口、黄河三角洲及其临近海域的水文、泥沙、营养盐、污染物、地形地貌等历史资料的收集；针对研究区域和研究目的，收集或购买了大量航拍图片、卫星图片等遥感数据；对收集到的历史资料进行了初步的整理与分析，并建立了相应的数据资料库。

（2）本年度共完成 3 个航次的多学科综合调

查和13个航次的课题专项调查以及8次研究区现场考察。通过对调查所获取数据、资料的分析，加深了对不同季节入海物质的时空分布特征与水动力变化特征的认识。

(3) 野外调查获取的样品和数据大部分已完成室内分析和资料处理，阶段性整理工作已基本完成。

主要进展：

(1) 近50年来长江下游入海泥沙级配特性与输沙量变化的研究。通过对近50年来人类活动(主要是大型水利工程）对长江下游泥沙的影响分析，首次发现泥沙级配由第一、二两期以粗粉砂单峰型变为粘土和中粉砂的双峰型，长江下游入海的悬移质泥沙输沙量在减少，首次发现长江下游入海的粘性泥沙输沙量却在显著增加。

(2) 初步建立了（强）非线性浅海/河口系统中拉氏时均的长期输运方程式。依据所建立的强非线性物质输运模型的数学物理特征，设计了数值离散方案、编制计算机程序，已在计算机上开始调试。并对其他国际上公认的环流模式（如HAMSOM，POM等）进行改进和运行，特别是改进了其水平和垂直分辨率，以更准确地刻画河口及其近岸海域精细的环流机构，并耦合了主要的生物地球化学过程，得到了初步结果。

(3) 通过对二维泥沙输运、滩槽冲淤演变模型的进一步完善：①改进了波浪场的计算，将国际上先进的SWAN波浪模型成功地应用于长江口内外波浪场计算，计算结果与浮标实测资料非常一致。SWAN波浪模型的应用既能与流场模型方便嵌套，又可方便应用于长江口内外大范围水域。②建立了波-流相互作用下底边界层模型。鉴于长江口内外，波浪对于泥沙运动有重要影响，在计算底部波-流共同作用下的剪切应力时，参照国际上的Grand-Madsen 模型，较为合理地确定了在波-流共同作用下的底部剪切应力。

(4) 波-流共同作用下底边界层内细颗粒泥沙运动特性方面取得进展：①应用激光现场粒度仪（LISST）观测实际水体中颗粒（絮团）结构，在长江口获得宝贵资料（未见相关内容文章发表），结合动力条件观测，发现絮团大小与流速的关系。②应用ADCP观测水流流速，特别是提取了近底流速数据，对观测站位的床面阻力特性有了认识。

(5) 通过分析长江口各形态营养盐的分布规律、关键区域的叶绿素粒级结构、浮游植物色素组成以及长江口及近海微型生物种类及生物量分布，了解了长江口及近海微生物环对生源要素循环和更新过程的影响，为研究盐淡水混合过程的生物地球化学过程提供了翔实的资料，并加深了对最大浑浊带内生物地球化学过程的理解。通过与历史资料对比，可以研究三峡蓄水导致长江径流发生变化后河口生物地球化学过程响应。

(6) 分析了丰水期黄河口各形态营养盐的分布规律。对比研究长江、黄河两河口的“双过滤器”效应，结合水动力研究，探讨黄河河口的“双过滤器”效应，并对其进行特征描述与刻画。

(7) 对在长江口采集的浮游生物和微生物进行了分离培养，以了解在不同营养盐浓度、光和泥沙浓度变化耦合作用条件下对长江口浮游植物光合作用及增长的影响；对颗粒物分级淘选技术进行了研究，根据相关文献及现场实践，设计制作了颗粒物分级淘选装置，使用效果良好。

(8) 在黄河口就磷酸盐在颗粒物上的迁移转化对 MEA 理论进行了实验，验证了该理论的适用性。这些工作是研究主要生源要素在颗粒物-水界面的迁移转化过程的必要工具和理论基础，对于建立生源要素在颗粒物-水界面的动力学及热力学模型有着重要作用。

(9) 根据项目的研究计划和研究内容，通过实地考察，确立了黄河口和莱州湾、长江口潮间带和潮下带湿地的长期工作样地/样带，在这些样地获取的调查数据填补了长江口潮下带湿地底栖生物的研究空白。

(10) 通过分析两大河口区的遥感数据资料，研究了河口及临近海域优势生物群落的演替格局与动态变化，分析了近岸生态系统的景观格局和景观尺度下的健康机理，初步构建了近岸生态系统健康的神经网络模型和指标体系的框架，为研究海域和近岸生态系统健康早期预警模式、适宜度和诊断标准体系奠定了基础。

(11) 通过对河口小尺度动力结构与长周期过程“动力-沉积-地形”演变关系分析，初步完成 1D 和 2D 的 10～100 年尺度河口演进模型建模工作。

(12) 完成了针对长江口、黄河口等河口-近海生态演化过程及生态系统健康指标体系建立方法的分析报告，包括水文、水质、污染物、生物、社会经济、人类健康等多项指标的调查统计。

(13) 通过对两大河口生源要素分布特征的研究，得出以下结论：①长江口水体大部分区域溶解态无机磷酸盐含量均达到国家海水水质一类标准，溶解态无机磷与总磷分布曲线近似，二者之间存在显著相关性。②长江口水体中，溶解态无机氮（包括氨氮、亚硝酸氮、硝酸氮）中以硝酸氮含量最高，亚硝酸氮次之。溶解态无机氮占总氮的 12%，说明长江口海域的氮营养盐以溶解态有机氮和颗粒态氮为主。③长江口海域还原性污染物（包括有机物和一些还原性无机物，如硫化物、亚铁盐等）含量超标。

(14) 通过统计分析滩海油田所在区域的海岸动力因素，根据近岸区域的地质地貌情况和泥沙基本参数与运动特征，胜利滩海油田防护工程强侵蚀岸段的治理规划必须考虑岸滩长期剥蚀的影响。对于顺岸潜堤保滩促淤工程，由于潜堤距离海堤有一定的距离，顺岸潮流的依旧存在将会影响保滩促淤效果，故应每隔一定距离设置一道隔堤，以截断顺岸潮流，同时方便潜堤后期的观测与维护。

【深海热液、沉积物保真采样系统研制】 该课题为“863”计划项目，由中国海洋大学周东辉教授主持。

(1) 研究内容：针对热液、悬浮物、生物与沉积物保真采样要求，研究保真采样技术及相关的保温保压结构材料、保真采样控制技术，研制 2 套装置：①热液口热液保真采样系统，实现由机械手操作到热液喷口进行采样，最大工作水深 4 000 米、最高工作温度 350℃；②悬浮体、生物与沉积物保真采样系统，实现吊挂方式沉入深海采样，最大工作水深 4 000 米。上述热液沉积物保真采样系统将为深海资源勘探开发利用提供重要工具。

(2) 研究进展：在深海热液保真采样系统研究上，国内首次研制成功了深海小功率直流无刷电机，填补了国内产品空白，可替代进口，具有国际竞争力，可用于大洋探测多种智能设备上。进行了耐高温高压酸性海水的钛合金防腐蚀无污染涂层材料研究，为保真采样系统提供了最新的纳米材料，为深海热液化学生物研究提供了理想的实验条件。采样器主体结构设计为钛合金电子束焊接，为降低重量简化结构使之适合机械手操作提供了保障。完成了采样器密封与驱动联接部分设计和初步压力实验。提供了两种密封联接结构设计，其中一种通过电机驱动内压密封，适合载人潜器的可重复热液保真采样；一种由温度触发形状记忆合金驱动密封，适合 ROV 的热液自动化保真采样。在高温高压保真结构和防腐涂层材料创新性研究实验基础上，准备申请发明专利。深海沉积物保真采样系统研究：完成了采样系统的结构设计与采样及样品衬筒提升过程的仿真研究。采样系统全套图纸已通过技术设计审查，并根据专家意见进行了修正。图纸现已下发到各制造厂家，加工任务全面铺开。大部分备料和热处理工作均已完成，特别是保压筒体所需的特殊高强度不锈钢材料备料工作也已基本完成，等热处理后即可进行精加工。完成了实验室模拟试验平台的设计、加工、安装和调试任务。申请了三项国家发明专利和三项实用新型专利。

（中国海洋大学　吴俊龙）

【模块化全天候、灾害性海雾遥感监测技术】 该课题为“863”计划项目，由中国海洋大学鲍献文教授主持。

(1) 研究内容：基于卫星遥感资源的多通道数据信息，研究我国海域海雾的“对比度特征”和“光谱特征”，并在双谱、多谱海雾信息提取方法的基础上，发展一套适合我国沿海海雾特征的云、雾分离方法，实现灾害性海雾分布范围的全天候卫星监测技术。在遥感机理研究的基础上，综合海雾观测资料和卫星遥感资料的对比分析研究，建立整个中国海区灾害性海雾的特征参数（海雾雾顶高度、能见度）的反演算法。以 IDL 为开发工具，实现系统总控与各功能模块的动态链接，完成具有友好人机界面、全自动化灾害性海雾监测模块系统和产品发布平台。通过该课题的实施与研究，一方面可了解和跟踪卫星遥感监测海雾研究的国际前沿，填补国内此项研究的空白，同时，也将会在云雾识别、海雾特征量反演理论和反演方法等关键技术研究方面有所创新和突破，并使我国成为少数拥有卫星监测灾害性海雾系统的国家。

(2) 研究进展：实现了在中国近海和沿海地区遥感资料的云、雾分离技术，进行了雾的辐射特性与卫星光谱特征，海雾纹理特征和其运动特征、中国沿海海雾分布及其特征的研究。确定了灾害性海雾的范围；充分收集并整理了2000—2002年海雾的历史资料和同期的卫星遥感资料；进行了2002年南北海域雾季的海上海雾观测和厦门站的海雾能见度强化观测；系统地进行了云雾分离的理论和技术方法的研究，设计并开发了具有初步显示功能的海雾特征量的可视化平台。初步完成了海雾监测系统的模块化设计，开发了该系统部分可视化图形演示软件；基本完成了云、雾分离方法的程式化和模块化及智能化处理，系统平台具有初步显示功能。

（中国海洋大学　刘安国　吴俊龙）

【赤潮浮游生物综合测量系统及分析技术】 该课题为“863”计划项目，由中国海洋大学于志刚教授主持。

(1) 研究内容：通过发展一种基于低密度基因芯片的海洋赤潮藻综合分析技术，并将该技术同“863”海洋监测主题其他课题进行集成，实现海洋生态环境要素监测中赤潮藻和优势藻的实时、快速现场分析。本课题根据不同生物的根本差异是由染色体DNA水平的差异所决定的生物学原理，筛选出各种常见海洋赤潮藻不同于其他藻的特征DNA片段；再利用定量PCR技术放大特征DNA片段的数量，然后用设计的特异DNA分子探针检测相应赤潮藻的种类和数量；最后将各目标藻的特异DNA分子探针集成制作成低密度基因芯片（或视具体情况和实际需要集成序列特异性定量PCR技术），据此建立同时分析各种常见赤潮藻种类和数量的方法，并研制相应的海洋赤潮藻综合分析仪工程样机。本项目完成后将在国际上首创海洋赤潮藻综合分析仪，我国将拥有一系列核心技术和整机的独立知识产权。该仪器的研制成功，必将极大地推动海洋生态环境的监测（包括赤潮快速预警和监测），此课题具有广阔的应用领域和市场前景。

(2) 研究进展：建立了课题研究所需的藻种库，主要包括赤潮多发种和区域优势种；建立并优化了藻类DNA提取的方法，为课题的顺利实施奠定了基础。在大量实验的基础上，确定核糖体DNA为本项目目标藻的DNA特异性区域；对目标藻设计了扩增引物和特异性探针，通过进一步的实验确定了7种赤潮藻和7种优势藻（共9种，赤潮藻和优势藻有重复）的特征DNA片段，并进行了验证，结果表明：中肋骨条藻、新月菱形藻、膜质舟形藻、甲藻、角毛藻的特征片段交叉反应率低，具有专一性。交叉PCR实验表明，在角毛藻属内，纤细角毛藻、柔弱角毛藻、悬链角毛藻的特征片段在属间有着极好的专一性，而在种间无专一性，这是由于其核糖体DNA序列具有高度同源性所致。甲藻（塔玛亚历山大藻、米氏裸甲藻）与其他种类也有着良好的区分，但相互之间有着一定的交叉反应。合成了部分赤潮藻的PCR引物及荧光探针，开展对中肋骨条藻进行单一藻分子探针分析技术的建立、验证和操作条件优化的工作。对海洋赤潮藻综合分析仪工程样机进行了图纸设计。　（中国海洋大学科技处）

【我国第一个海洋糖库在中国海洋大学建成】

该课题由中国工程院院士、中国海洋大学校长管华诗教授领衔，数十名科技人员历经14年攻关，运用生物、生化、色谱、波谱技术及化学合成等现代学科领域最新研究方法和手段，在我国首次建立的集海洋寡糖制备、分离、纯化、修饰、分析、鉴定为一体的技术体系。9月8日，中国海洋大学正式向外界披露了这一信息。

该课题以海洋多糖为基础原料，采用生物和化学降解等方法，已制备出纯度高、结构清楚的海洋寡糖单体化合物50个；以此糖类化合物为基础原料，获得糖缀合物60个，其中分别有28个和49个为世界首次报道，初步构建了我国第一个海洋糖库，并将为现代海洋糖类药物的筛选和发现、现代海洋中药研制以及生命科学相关基础研究提供物质基础和信息资料。

（中国海洋大学　吴俊龙）

【黄河三角洲滨海湿地中全新世以来的演变】

为了分析研究人类活动在黄河三角洲滨海湿地地质历史演变中的贡献，必须把叠加在自然变化之中的人类活动影响因子从漫长的地质历史中分离出来。2003年国家海洋局第一海洋研究所王永吉研究员等在黄河三角洲的顶点（山东省利津县南望村，距现代黄河口约40千米）开挖了一条5米深的自然剖面。在底部找到了春秋战国时的文物堆积（有将军盔、玉盘、陶罐、瓮棺等，距今2 500年）。剖面岩性以黄色黏土质粉沙为主，质纯，结构单一，未见水平或斜交层理，为连续沉积。沿剖面每 2 厘米间距取一个样品，共采集了 250 个样品，每个样品约 500 克。于实验室内进行了 250 个炭屑分析，125 个孢粉分析，4 个 ^{14}C 年代学测定。据 ^{14}C 测年资料，4.35 米以下沉积速率为 0.22 厘米/年；4.35～3.10 米沉积速率为 0.18 厘米/年；3.10～2.25 米沉积速率为 0.18 厘米/年；2.25～1.65 米沉积速率为 0.19 厘米/年；1.65～0.00 米沉积速率为 0.21 厘米/年。广泛搜集了利津县、垦利县、广饶县的史志办、文化馆、农林局和黄河三角洲自然保护区管委会有关反映黄河三角洲滨海湿地演变的现实和历史资料。据炭屑、孢粉、年代学测试结果，研究了调查区 2 500 年以来炭屑含量变化的 7 个阶段，时间分别为：2500～2125 年 BP；2125～2000 年 BP；2000～1250 年 BP；1250～1000 年 BP；1000～770 年 BP；770～700 年 BP；700～0 年 BP。分别对应孢粉干湿变化的Ⅰ、Ⅱ、Ⅲ、Ⅳ、Ⅴ、Ⅵ、Ⅶ 7 个带。其中Ⅰ、Ⅲ、Ⅴ、Ⅶ带为气候温干期对应炭屑含量高值阶段；Ⅱ、Ⅳ、Ⅵ为气候温湿期对应炭屑含量低值阶段。除第Ⅰ阶段具有区域性特点外，其他几个阶段与我国东部气候变化趋势基本相符。

根据炭屑高峰值，结合详细的历史资料，分别鉴别出了历史上的 4 次人口增殖、1 次火灾在谱线上的反映（均位于炭屑含量Ⅶ带内），即 1350—1958 年。明朝洪武到万历年间，推行移民政策，大批移民迁入；1700—1750 年，明朝末年到清朝乾隆年间，不但大量移民，而且推行“盛世滋生人丁永不加税”政策，人口又急剧回升；1930 年前后，国民党第二十师驻防利津县，“招募湖南灾民为其佃户，约千余户实行军垦”，人口又明显增加；20 世纪 50 年代，当地生产力提高，经济发展，人口又进入一个高峰期，由 50 年代初到 1958 年，仅利津县人口就增加了 13 万；1957 年 2～4 月，利津县林场发生两次火灾，共烧毁林场 90 公顷及大片草滩。9 月垦利林场发生火灾，林场及草滩一千余亩受灾。人口增殖和火灾使柴草燃烧量大增导致炭屑高峰值出现。说明人类活动是可以从自然变化过程中分离出来的。自然变化谱线与人类活动谱线有着明显的区别。前者历时长，峰值是宽幅的由多频曲线组成，“时间窗”视野较为广阔，可以进行区域性乃至全球性对比。变化往往是有规律的，形成的机制也较为复杂。后者历时短暂，具有突发性、偶然性，峰值是以窄幅单频为主，也很难与其他地区进行对比，变化也是非线性的、无规律的。只要采取适用的研究方法，提高研究精度，就能够把人类活动的影响从自然变化过程中分离出来。这一点对改造环境、科学合理的规范人类各种活动是有重要意义的。

【海水冷水团中氮循环动力学模式】 国家海洋局第一海洋研究所王保栋研究员等，充分利用 1996—1999 年期间在南黄海开展的 10 个航次和北黄海一个航次的海水温度、盐度、溶解氧、pH、悬浮物、5 项营养盐、叶绿素 a、初级生产力、总磷、总溶解磷、总有机碳、沉降粒子等调查分析资料，系统收集了黄海有关营养盐的径流输入、大气输入、沉积物释放等资料，从海洋生物地球化学的视角出发，分析了南黄海营养盐的时空分布变化规律及输运规律，提出了“黄海冷水团是黄海的营养盐储库”的论点；全面、系统地分析了黄海冷水团的生物地球化学特征；系统地研究了南黄海浮游植物生长的营养盐限制问题，指出了各季节浮游植物生长受磷限制或氮限制的程度和区域；首次给出了南黄海颗粒态生源要素及重金属的垂直沉降通量；研究并给出了南黄海氮元素在大气-海水界面、海水-沉积物界面、南黄海与北黄海之间的交换、南黄海与东海之间的交换、径流输入、水柱中初级生产者摄取等诸界面和过程中 N 的通量；考虑到黄海海洋学特征（水文、气象、环流等）的 2 个季节类型以及盐度年变化的 2 个时期，分增盐期和降盐期分别建立控制方程。应用这一新的箱式模型计算方法，建立了南黄海更为精确和合理的氮循环的收支模式；借数值模拟的手段，建立了南黄海营养盐的动力学模式。为进一步研究黄海海洋环境和大黄海生态系统动力学奠定了基础，亦将为黄海的环境保护、资源合理开发和持续利用提供科学依据。

【黄海南部大西洋期沉积结构及其环境信息】 国家海洋局第一海洋研究所于洪军等利用 1992 年，1993 年在南黄海和东海北部采集的大量全新世岩心样品，进行了精确的粒度分析、^{14}C 测年法结构分析、矿物组成与生物地层学分析、年代地层和气候地层学分析，查明了南黄海陆架全新世地层层序，初步划定了大西洋期沉积的时空范围，为建立陆架区全新世典型剖面奠定了基础。阐明了大西洋期沉积薄层的成因，揭示了它与古代厄尔尼诺等气候异常的内在联系，对比了大西洋期沉积在各地区形成的特征及保存条件。探索了大西洋期沉积物的韵律层理、物质组成、变化规律及其沉积动力过程，研究了自生矿物的发育过程及沉积物中生物物种特征。在苏北沿岸老黄河口附近地区进行浅孔钻探，分析大西洋期沉积物的特征，对比了不同沉积环境所形成的沉积薄层的差异，寻找冰消期以来全球气候变化与环境间的相关信息。

南黄海地区大西洋期沉积物具有独特的沉积结构。不同粒度、不同颜色的沉积物组成很薄的交互沉积层，薄层理具有1～3毫米的厚度变化，组成薄层理对。通常较粗的薄层颜色较淡，由粉砂组成，含有一定量的细砂，层理较薄，不平直。大西洋期沉积薄层比上覆的粉砂质黏土沉积物明显偏粗，它的矿物成分主要由角闪石、绿帘石等组成，自生黄铁矿的含量较低，而上覆的粉砂质黏土沉积则以自生黄铁矿为主。

南黄海中部大西洋期薄层沉积韵律复杂，成对出现，其^{14}C年龄为5 500～8 200年BP之间，与上下沉积地层的界线都很清楚，反映了当时气候变化具有明显的周期性特征。它们的形成与海洋环境及全球性的气候变化密切相关。

【潮波建模的变分方法及应用】 国家海洋局第一海洋研究所方国洪研究员等发展了一种伴随变分模式，该模式将动力方程、连续方程、边界条件和实测数据均直接包含在模式中。应用该模式和TOPEX/Poseidon卫星高度计资料分析结果，分别建立了南海和北部湾的同化数值模式，显著改善了潮波模式。南海M_1振幅/迟角平均误差减小到4.8厘米/8.7°；M_2减小到4.3厘米/11.0°；北部湾M_1振幅/迟角平均误差减小到4.1厘米/6.3°；M_2减小到3.0厘米/6.1°。该模式还分别用于反演渤海和东海开边界条件，有效提高了模拟结果的准确度；用于反演渤、黄海的底摩擦系数，有效地减小了数值模拟结果与观测数值的差异。

利用10aTOPEX/Poseidon沿轨资料对中国近海潮汐作了分析，比国内外现有结果的准确度有了明显提高。振幅准确度水平对M_2约为4厘米，对S_2，K_1，O_1和Sa约为2厘米；迟角准确度水平均为5°左右。

采用一种全球海洋环流模式，计算得出中国近海平均海面高度的分布。与沿岸验潮站大地水准测量结果十分一致（相关系数95%，标准偏差小于5厘米）。并得出我国国家高程基准在全球平均海面之上24.7厘米。对迟角除S_2略差外，其余均有改进，且全日潮K_1和O_1的改进非常显著。高度计分析还显示南海潮汐有短空间尺度的变化，表明南海存在较强的内潮。该成果在国内为首次，对确定我国近海海面高程、海洋测量、利用高度计推算海洋上层环流等方面都有广泛应用价值。

【南大洋海冰区碳输运的海洋动力过程】 国家海洋局第一海洋研究所蒲书箴研究员等，利用第15次、16次、17次、18次南极科学考察期间的全深度CTD资料，研究了南大洋深层水和底层水在普里兹湾附近的分布；对普里兹湾附近海冰区及其邻近洋区的水团特性提出了科学判据，并与南大洋其他海域的水团特性进行了比较；对普里兹湾是否南极深层水和底层水的源地之一进行了深入探讨，得出普里兹湾陆架海水具有与底层海水相同的密度，在不稳定情况下，可能形成陆架水的外溢，并沿陆坡下沉；提出了南大洋锋面之——陆缘水边界空间变化的实证，研究了陆缘水边界的两侧海流切变及陆架水的北向扩展；分析、计算了普里兹湾附近的南大洋海洋环流和体积输运过程，说明了不同经度带和纬度带的输运量的不均匀分布；确定了由上层输运量的辐合与辐散所形成的涌升与下沉区；分析并诊断上述动力过程对碳有机物颗粒物的运移、辐合和辐散对碳有机物颗粒密度分布的集散作用、锋面两侧碳有机物颗粒种类的可能变化等。

上述研究从动力学角度说明了碳有机物颗粒的空间分布与动力学过程的密切联系，为认识南大洋碳循环的物理过程提供了水动力学的依据。

【太平洋-印度洋暖池、环流系统及其海气相互作用的预研究】 国家海洋局第一海洋研究所于卫东研究员等于2002年3月在东印度洋（114°42′10.5″E，14°12′57.3″S）投放了我国第一个Argo浮标，于2002年3月31日至2003年10月12日共受到57个剖面数据；于2003年3月10～15日完成了南北穿越东印度洋暖池（15N-15S）的XBT断面考察，2002年11月24日至12月2日完成了南北穿越西太平洋暖池（15N-15S）的XBT断面考察，共计投放240个XBT，获得了0～760米的上层海洋温度断面资料；收集了NCAR/NCEP大气资料、美国Scripps海洋研究所的上层海洋热含量和400米内的XBT资料和英国的GISST资料。

通过对1955－2001年热带太平洋上层海洋热含量的分析，发现热含量变异信号沿着两个闭合回路传播，它们分别由赤道和10° S、10° N的纬线构成，并且北半球信号明显强于南半球。另外，次表层海水温度距平和海面高度距平的分析也表明了同样的信号传播通道，因此可以确认ENSO期间海洋变异信号是沿着这两个闭合回路传播的。

把大气运动分解成无旋分量和无辐散分量两个部分，分别用流函数和速度势来描述，得到了大气环流变异的主要特征，即ENSO期间大气环流变异在无旋分量上表现为Walker环流距平意义下的翻转，在无辐散分量上表现为一对关于赤道对称的气旋式环流对，而且低空和高空呈现反位相变化，表明了大气响应的斜压性，这一研究弥补了传统分析仅采用纬向风作为大气环流变异指标所得结果的不足。

研究发现决定ENSO位相转换的负反馈过程主要来自两个方面：第一，低空大气关于赤道对称的气旋式环流对的东移提供了ENSO位相转换的一种机制，当它在西太平洋时海-气之间维持正反馈，El Niño/La Niña事件得到发展，但是当它移到中东太平洋时海-气之间变成了负反馈，使ENSO向着它的负位相演化；第二，当气旋式环流对移到了东太平洋时，在西太平洋又出现了一对反气旋式环流，它进一步在西太平洋提供了负反馈。

该研究进一步发现，暖事件几乎同时发生在赤道太平洋两侧，但是它们所代表的海-气相互作用过程是不同的，东太平洋暖信号是翻转的Walker环流和海洋之间正反馈的结果，它是局地信号，而西太平洋暖信号是无辐散大气分量和海洋相互作用的结果，它以Kelvin波的形式向东传播。

“太平洋-印度洋暖池”是热带海洋-大气相互作用最为显著的海区，大气或海洋的地转调整过程是通过波动过程（包括惯性重力波、Rossby波、Kelvin波、Yanai波等）来完成的，因此热带波动力学研究具有重要地位。本研究采用考虑地形的浅水模式，研究了由于地形Rossby波的出现对于波动结构的影响，结果表明，在某种条件下地形Rossby波和Rossby波之间会发生耦合不稳定性，并且不稳定波向东传播。

【太平洋环流变异及其与西边界和边缘海的相互作用】 国家海洋局第一海洋研究所于卫东研究员、刘征宇博士和中国海洋大学刘秦玉教授等共同完成了下列研究：

(1) 大洋的斜压不稳定性和Rossby波动的动力学研究。利用POCM模式的数值模拟结果，通过小波分析发现准60d振荡主要发生在7° ～17° N的范围内，该范围正是NEC流区；利用2.5层的含耗散项线性准地转海洋模式，取两层海洋的厚度分别为150米和400米，流速分别为-0.15米/秒和-0.05米/秒，得到了Rossby波的色散关系，不稳定分析表明波长570千米以下Rossby波和2 000千米以上的行星波是稳定的，而波长介于570千米和2 000千米之内的Rossby波是不稳定的，并且最不稳定的Rossby波的波长为785千米，其相速度为-0.145米/秒，与小波分析中得到的准60d振荡信号传播特征一致。给出了最不稳定波出现的必要条件，即流速垂直切变临界值。

(2) 热带太平洋（和印度洋）的变异特性研究。利用上层海洋热含量和海面高度资料进一步研究，认证了在El Niño事件中暖信号首先出现在西太平洋暖池次表层，然后向东传播形成El Niño，而且到达东太平洋之后向南北两侧发展，并在10° S、10° N附近向西传播返回西太平洋，从而形成两条关于赤道基本对称的闭合信号回路；利用WOCE的重复XBT断面资料分析了东印度洋、赤道印度洋断面的温度结构、变化特征及其与太平洋变异的关系，指出了印度洋较为复杂的温度变异特征：①印度洋上层海洋温度结构受到太平洋ENSO事件的强烈影响；②印度洋具有独立于太平洋的年际变化；③在偶极子独立发生的年份与偶极子和El Niño同时发生的年份特征明显不同；通过对海面高度和上层海洋热含量年际变化的分析，揭示了1997/1998年的El Niño期间热带东印度洋和热带西太平洋上层海洋的内在关系。在1997/1998年El Niño事件爆发前期，海面高度距平信号首先在热带西太平洋出现，随后在热带东印度洋也出现了负距平。上层海洋热含量的负距平信号在El Niño前期也同样先出现在热带西太平洋。依据热带东印度洋和西太平洋年际尺度调整存在的联系，采用热带东印度洋海洋上层热含量距平的增长，估算了印度尼西亚贯穿流的流量，得到的结果和观测具有相同的量级，这种间接估计表明东印度洋在 1997/1998 年 El Niño 期间的异常，是可以部分经由热带西太平洋通过贯穿流而引起的。

(3) 赤道外及中纬度太平洋的变异特性。通过对同化模式的结果分析表明，北太平洋副热带逆流可以分为两支，一支位于西北太平洋（19°～27°N,170°E 以西），一支位于夏威夷岛以西（19°～20°N,158°E 以西）。本研究利用了一个二层半模式研究了夏威夷岛以西的副热带逆流形成机制，表明虽然由于夏威夷岛对信风的阻挡作用产生的风应力偶极子对副热带逆流的产生有一定的贡献，但是主要贡献还是夏威夷岛对北赤道流的阻挡；利用 MICOM 大洋环流模式研究了太平洋年代际变异，尤其是北太平洋的气候变迁。由 COADS 资料提供 1945 年至 1993 年的海面强迫场。数值模拟结果再现了上 400 米层海洋热含量的年代际演化，但是有两年的延迟。在中太平洋通风温跃层附近的下沉信号从 35°N 传播到 25°N，历时 8～10 年，这与历史观测比较吻合。年代际变化信号向西南、向下传播，而不是向西传播，这表明它不直接与斜压行星波相关。在变异信号的传播中，位势涡度保持守恒。因此，对于北太平洋中纬度副热带海区的年代际变化而言，通风温跃层和相关的下沉可能是基本的物理过程。

(4) 太平洋变异与南中国海的联系。利用 POM 模式研究了南海环流的时空特征和形成机制。模拟结果很好地再现了海面高度年循环和一些主要的流系，如南海西边界流和黑潮流环。为了了解南海环流动力学，做了 4 个敏感性试验。结果表明南海季节变化主要是由海面风场所控制，黑潮能够影响南海的海面高度平均值，但对于它的变异影响不大。南海西边界流包含南海暖流和越南沿岸流，在冬季西边界流在 14°～18°N 附近分成南北两支，北支为向北的南海暖流，南支为向南的越南沿岸流。夏季，西边界流一致向北流。南海西边界流，尤其是越南沿岸流的时间变化主要由南海内部的风强迫决定。浮力强迫可以加强（减弱）夏季（冬季）的南海西边界流。黑潮流环对于南海北部环流具有重要意义，它最终决定了冬季南海暖流的出现；通过分析 T/P 海面高度资料、Levitus 静力高度、COADS 风应力旋度和 18°～22°N 范围内的径向风，发现他们都存在向西的传播，相速度为 5 厘米/秒。这一协同变化表明在南海北部存在着强迫 Rossby 波，资料和模式结果都表明强迫 Rossby 波源自吕宋岛西北部，向西-西北方向传播并到达广东沿岸。调查资料中发现的冬季吕宋冷涡实际上可被认为是一个海面高度负异常的强迫 Rossby 波，敏感性试验表明吕宋冷涡主要由风场强迫产生，黑潮的作用是次要的；利用正压涡度方程研究了缓变风场驱动下方形海盆中海洋环流的响应。该响应是多涡型的，线性情况下多涡结构表现为共振受迫 Rossby 波，非线性情况下受迫 Rossby 波被扭曲，多涡结构是由受迫 Rossby 波和次海盆尺度的惯性再循环共同构成。非线性越强，环流越不稳定。

【有毒赤潮诊断技术研究】 以国家海洋局第一海洋研究所朱明远研究员为首的课题组完成了下列研究：

1. 有毒赤潮种类的生长动力学和经济贝类对毒素的累积与排除过程研究，有毒赤潮诊断技术和指标体系的建立

(1) 有毒赤潮种类的生长动力学模式研究。实验发现，微小亚力山大藻在 f/2 培养液，温度 24℃±0.5℃，光强 3 500 勒克斯左右，光暗周期比 12L：12D 的生长条件下的平均生长速率为 0.3～0.4 分裂次数/天，生长周期为 20 天左右。该藻细胞毒素含量与生长趋势相反，单位细胞毒性在对数生长初期最高，培养第四天细胞毒素含量达 31.4 飞摩尔，为最高值，之后随培养时间的延长而逐渐降低，至第 19 天只有 10.2 飞摩尔。培养液中的毒素浓度随培养时间的增加而升高，其上升趋势与毒藻的生长曲线相一致，在培养后期总浓度达最高。阿拉斯加亚历山大藻的产毒与培养阶段的关系与微小亚历山大藻类似，单位细胞毒素含量与培养时间呈负相关。由于该藻接种浓度较低，故在毒藻生长延迟期取样毒素含量较低，培养第 7 天毒素含量最高。

微小亚历山大藻 AMTK-I 所产生的毒素有 GTX4，GTX1，GTX3 和 GTX2。尽管总毒素含量随时间变化很大，但毒素组成在藻生长周期内相对稳定。总毒素中占有较大比例的 GTX1，从指数生长末期至静止期内有增高的趋势，而占比例较小的 GTX2，却在相应阶段有逐渐下降的趋势。该藻毒素含量不高，毒性大小为9.3皮克STXeq/cell。亚历山大藻只检测到含量高的STX和微量的neoSTX，其毒性达到19.6皮克STXeq/cell。

(2) 扇贝对毒素的累积与排出过程研究。栉孔扇贝对麻痹性贝毒有很强的积累能力。扇贝在仅暴露于毒藻中48小时，其内脏中积累的毒素就已经高于5 000微克STXeq/100克，远超过国际上普遍认可的食用贝类毒素安全标准80微克STXeq/100克，而且迅速升高，在累积阶段末高达40 241微克STXeq/100克；在扇贝的其他组织中，仅GTX2和GTX3在毒素累积阶段后期也达到160微克STXeq/100克。

自实验第19天解毒期开始后，内脏中的毒素含量不断下降，毒素排出速率先快后慢，前15天相对较快，平均每天毒素排出率达3.7%，后6天排毒速率明显减慢，平均每天毒素排出率只有1.2%。至解毒阶段末期毒素含量仍高于15 000微克STXeq/100克，远远没有降至贝毒安全标准。各毒素在内脏中均表现出先增高后降低的趋势，但GTX1和GTX4在累积期末即第18天达到最高值，在排出期开始即迅速下降；而GTX2与GTX3则在排出期第一次取样时即实验第21天达到最高值，之后缓慢下降。

扇贝内脏的毒性占据了全贝毒性的97%以上，鳃、外套膜其次，再次为足，比例最小的是闭壳肌。另外，在将有毒和无毒藻混合投喂观察有毒藻对贝类摄食的短期影响实验中发现，在毒藻≤50%时，毒藻不会对扇贝的摄食有明显抑制作用。在长期摄食实验研究毒素在贝体累积情况的过程中发现，尽管一直喂单一毒藻，扇贝的摄食率基本稳定。本研究认为在一定的毒性耐受范围内，扇贝对毒藻有一定的适应性。

(3) 有毒赤潮诊断指标体系的建立。研究提出通过有毒赤潮生物细胞数量判断对赤潮的预警时间和发生时间；通过贝毒含量判断对有毒赤潮发生的预警、确定并采取限制贝类销售或封闭海区等措施以及解除警告的时间（见表1和表2）。

表1 根据有毒藻类细胞数量判断有毒赤潮指标表

浮游植物种类	毒素	早期警告藻细胞密度（个/升）	贝毒跟踪监测藻细胞密度（个/升）	有毒赤潮报告藻细胞密度（个/升）
微型亚力山大藻	PSP	300	600	5 000
链状亚力山大藻	PSP	300	600	5 000
塔玛亚力山大藻	PSP	300	600	5 000
链状裸甲藻	PSP	300	600	5 000
红色裸甲藻	PSP	300	600	5 000
米氏凯伦藻	NSP	500	1 000	8 000
短凯伦藻	NSP	500	1 000	8 000
金黄色旋沟藻	NSP?	300	600	5 000
利玛原甲藻	DSP	500	1 000	5 000
渐尖鳍藻	DSP	1 000	2 000	8 000
倒卵形鳍藻	DSP	500	1 000	8 000
海洋卡盾藻	鱼毒素?	300	600	5 000
赤潮异湾藻	鱼毒素?	1 000	2 000	8 000

表2 根据贝毒含量/毒性判断有毒赤潮指标表

采取措施	PSP	DSP
预警（进行持续贝毒监测）	40微克STXeq/100克	<0.05MU/克（3只小鼠中1只死亡）
确定（采取封闭海区等措施）	80微克STXeq/100克	0.05MU/克(3只中两只以上死亡)
解除（解除封闭海区等措施）	<40微克STXeq/100克	未检出（无小鼠死亡）

针对我国海域目前只发现有麻痹性贝毒（南方海域多有发生）和腹泻性贝毒（北方海域相对较多）两种毒素，在赤潮多发季节采用经 AOAC 认证的小白鼠生物检测法进行贝毒监测，根据贝毒的监测结果，进行预警、预报。

(4) 利用有毒赤潮诊断指标和毒藻生长特性进行有毒赤潮预测。提出了胶州湾亚历山大藻引发赤潮的监测及预警预报程序。

2. 重点海区赤潮生物和贝毒的监测结果，以及有毒赤潮预警预报阈值的确立

(1) 2001－2003 年赤潮高发季节胶州湾实验海区有毒浮游植物监测情况。2001 年，有毒赤潮生物不多，只有 7 月份渐尖鳍藻明显增多，长期积累于贝类体中可能产生中毒事件；2002 年，有毒的种类有亚力山大藻、米氏凯伦藻、渐尖鳍藻、微小原甲藻和可能含有毒素的一种小型裸甲藻。毒性较强的亚力山大藻出现在 7～8 月间，8 月最高密度达到 840 个/升，已超过国际上认可的警告浓度，但同期的贝毒检测没有发现麻痹性贝毒存在。含有 DSP 毒素的渐尖鳍藻 8 月最高密度也达到 360 个/升，具有神经毒素的米氏凯伦藻仅出现在 7 月，数量达 720 个/升；2003 年 7 月，有毒的种类有渐尖鳍藻、圆尾鳍藻和微型原甲藻，鳍藻在网拖样品中常见，但在定量水样中的密度全区平均不超过 100 个/升，微型原甲藻的数量平均 3 250 个/升，调查区东侧的海丰养殖区其密度达 10 800 个/升，这可能是造成菲律宾蛤仔含有腹泻性贝毒的主要种类。

(2) 2001－2003 年赤潮高发季节胶州湾实验海区贝毒监测情况。2001 年的贝毒监测没有发现贝毒；2002 年 4 月和 8 月两次共三个样品测出腹泻性贝毒，经小白鼠法检测毒性为 0.05MU/克贝肉；2003 年 5～9 月份的监测中每月均发现腹泻性贝毒，毒性为 0.05～0.1MU/克贝肉。在对毒性最高时期的 7 个样品分析发现，7 月 11 日五号码头处贝类样品含有 DSP 毒素中的 Okadaic acid，含量为 54 纳克/克贝肉。在胶州湾连续三年的有毒赤潮监测中均未发现麻痹性贝类毒素。

3. 对腹泻性贝毒类型有毒赤潮进行试预报情况

2002 年两次有毒赤潮预报未成功，可能与监测周期较长和取样点重复性较差有关；2003 年分别于 7 月上旬、下旬和 8 月初进行了 4 次腹泻性贝毒赤潮的警告与试预报，在随后的监测中发现，除了 7 月 19 日所采样品基本上未发现毒素外，其他 3 次都发现腹泻性贝毒含量均达到了可以诊断该类有毒赤潮发生的限度，成功率达到 75%。

【胶州湾湾口海底隧道工程地球物理勘探】 为了划分海底土岩地层和岩性分界线、岩层强弱风化层分界线，确定基岩界面和埋藏深度；确定区域稳定性，了解隧道通过部位的断层及其他构造的存在、展布规律、延伸方向及断层带的宽度和性质，国家海洋局第一海洋研究所刘保华研究员等在隧道通过的 55 平方千米海域（35.992°～36.056° N,120.254° ～120.338° E)共进行了 35 条测线的多波束海底地形、高分辨率多道地震、单道地震、浅地层剖面、侧扫声呐和地磁勘测。分别完成多道地震 90 千米、单道地震 180 千米、浅地层剖面 77 千米、地形 7.4 千米、侧扫声呐 3.9 千米和地磁测量 188 千米。编绘了海底地形等值线图、立体地形图、磁异常平面等值线图、工程地质构造图、沉积层厚度等值线图、基岩埋深等值线图。编写了“青岛胶州湾口海底隧道工程地质物探报告”和“青岛胶州湾口海底隧道工程 F3 断裂物探报告”。

根据勘测结果并结合历史资料，对勘测区的断裂、火山活动、风化破碎带、岩性地层等进行了深入分析研究，主要结论为：

(1) 共识别和追踪了规模不等的断裂（带）11 条，虽具有多期次活动特征，但未发现全新世地质时期（10 000 年 BP）的活动证据。

(2) 大沽河－朝连岛南断裂（F3 断裂）是横穿湾口的一条北西向区域性断裂，被辉绿岩脉、正长板岩脉和闪长岩脉等所充填，沿断裂分布有宽约 200～350 米、最厚可达 30 米的破碎带。是影响隧道工程的主要因素。

(3) 勘测区海底基岩大面积出露，岩性变化大，主要为火山岩和侵入岩（体）脉。岩石风化带的厚度主要受断裂、岩性和水动力等因素控制。岩石强风化带和中等风化带发育不均一，风化破碎带最厚可达 30 米。

(4) 勘测区基岩以安山岩及流纹质凝灰岩为主，并伴大量花岗岩岩脉、斜闪煌斑岩脉、流纹岩脉、二长岩脉侵入；微风化带抗压强度最高的岩性为花岗岩及安山岩，为 93.8 兆～96.5 兆帕，其次为花岗斑岩脉、二长岩脉、流纹岩脉和斜闪煌斑岩脉，为53.7兆～88.2兆帕，最低是断裂角砾岩为15.3兆帕。

(5) 海底隧道围岩主要呈块状结构，抗压强度为79兆～96兆帕。

(6) 海底隧道区地下水划分为松散岩类空隙水和基岩裂隙水。

(7) 勘测区未发现全新世活动断裂和发震断裂，不存在其他灾害地质现象，区域构造稳定性良好。

(8) 勘测区内存在直脊型对称沙波群和基岩节理两种海底微地貌与微构造。

【破波带泥沙垂直分布结构和运移机制观测研究】 国家海洋局第一海洋研究所印萍研究员等完成了如下研究：

(1) 旋式泥沙捕获器研制。破波带内有大量的泥沙在破波和强烈底流作用下被水体携带至一定垂直高度、以跃移和悬移的方式搬运。在破波点附近，这两种方式运移的泥沙占很大比例。旋式泥沙捕获器较好地解决了以跃移和悬移方式搬运泥沙的现场观测。

(2) 现场观测试验。在青岛和北戴河2个典型的海岸，共进行了12组比对试验。在进行泥沙捕获试验的同时，开展了破波带波浪和海流同步观测试验。实验室进行了捕获泥沙的粒度分析、矿物学研究。

(3) 破波带泥沙输运通量的垂直分布结构。影响破波带泥沙在垂直水体中分布的因素包括波浪的破碎程度、海滩的地貌形态及泥沙颗粒的特征。破波带的泥沙通量在垂向上与距海底的高度成负指数关系。随着距海底高度的增加，泥沙通量成指数下降；泥沙在水体中的垂直分布结构受波浪破碎变形的影响明显。在破波点附近，波浪破碎波能耗散的垂向辐射应力最大，泥沙输运通量大，大量泥沙以跃移和悬移方式搬运至垂直高度60～100厘米的范围内。而远离破波点，波浪对垂向辐射压力减小，对海底的扰动减弱，底流也明显减小，进入垂直水体的泥沙通量下降，主要分布在距海底高度60厘米以内的范围；海滩地貌和地形也是控制局部泥沙输运变化的重要因素。在有坝型海岸上，沙坝顶部受波浪影响明显，泥沙颗粒被上扬进入水体运移的几率大，沉积物的输运通量增加。而在沙坝的沟槽内，泥沙运移通量则明显下降；泥沙的输运方式和其颗粒的粒径关系密切。在海底表面的泥沙粒径普遍大于进入垂直水体的泥沙粒径。粗砂一般很难进入距海底30厘米以上的垂直水体。中细砂被卷扬的高度可达60厘米，极细砂可以在距海底高度150厘米的水层中运移，尽管泥沙通量很小；在垂直海岸的方向上，泥沙通量在破波点附近最大，向海和向岸方向减小，这一趋势对沿岸和垂岸输沙均有相似的特征。

(4) 破波带泥沙颗粒在水体中的垂直分布。平均粒径有自海底向上细化的总趋势，反映沉积物颗粒向上细化的特征；在垂直方向上，泥沙颗粒的分选性向上变好，标准偏差变小；在垂直方向上，泥沙颗粒的偏态趋于正值，主要因进入水体的细粒物质增多所致。

(5) 破波带输沙率。在破波带内，不同海滩位置输沙率有很大不同，在破波点附近输沙率最高，向海、向岸下降，这种趋势对垂岸和沿岸输沙有共同的特征，仅是输沙强度有所变化。在破波带内，垂直海岸方向的输沙通量大，平行海岸的输沙通量较小，一般前者是后者的3～5倍，这主要与破波带波浪垂直入射的特征相关；破波带内的输沙通量与波浪耗散指数有直接关系，可以间接地表示为破波波高的函数。破波带的总输沙率是破波高、破波带宽度和流场的函数。

【正压冲固平台技术喷冲气举模型试验】 正压冲固平台技术包括平台结构技术、桶基下贯技术、桶基下贯姿态监控技术、平台复合基础技术等。"喷冲气举"技术为桶基下贯技术中的一个重要组成部分。正压冲固平台的基础为钢质桶体，通常称为"桶形基础"或"桶基"。桶基在海上的入土就位，是凭借"水流喷冲系统"以高速射流击溃桶内砂体和"气举泵"排砂的施工方法完成的。"水流喷冲系统"与"气举泵"的结构尺度及工作参数的正确设计是保证桶基正常下贯就位的决定因素。该试验的目的为：

(1) 检验喷冲气举机构初设计的工作可靠性和有效性。

(2) 调整喷冲气举机构设计的几何参数、运动参数、力学参数或机构选型。

(3) 寻求喷冲气举机构各设计参数间的相互关系。

(4) 初步确定桶基现场就位施工基本操作程序。

国家海洋局第一海洋研究所朱儒弟研究员等完成了喷嘴试验、气举装置试验、桶基喷冲沉贯试验。在喷嘴试验中，进行了“单喷嘴射流临界有效射速与临界有效射程试验”和“单喷嘴射流对水下土体喷射效果试验”。绘制了各量关系的试验曲线图和部分量试验值与理论值的比较曲线图；在气举装置试验中，以三种不同结构尺寸的气举泵与多种工作参数搭配，进行了系列组次试验。绘制了各种泵机，在各种气包淹没深度下，气举输气量与扬水流量的关系曲线及各种气举泵的气举高度曲线；在桶基喷冲沉贯试验中，对由喷冲系统、气举机构与桶体三者合成的整体，以各种喷冲、气举工作参数，多次进行桶基整体下贯实验，并总结出了操控桶基下贯各机具工作参数的施工程序。

【海浪数值模式及海流动力耦合数值模式研究】 国家海洋局第一海洋研究所华锋研究员等开展了基于二阶湍流封闭方程和海浪运动方程组的海浪（谱）对海流的搅拌作用和波流相互作用的研究，改进了海流模式在混合层的数值模拟能力；基于一个新的海波破碎统计模型，重新推导了海浪破碎耗散源函数，改进了对海浪破碎的计算；基于海浪谱谱性，推导了谱峰周期和跨零周期的关系，改进了谱峰周期的计算。给出了各解析表达式，并在海流和海浪数值模式中得到较好的应用。

(1) 海浪搅拌和波流相互作用研究。基于海浪运动方程组和二阶湍流闭合理论，导出海浪混合长度表达式以及波生流（应力）表达式。结果表明海浪对海流的混合作用和波生流作用与海浪的能量成正比，海浪能量越大，其对海流的作用也越大。此项成果在黄海冷水团和大洋混合层的研究中得到了很好的应用。

(2) 海浪破碎耗散源函数研究。基于破碎波统计模型（袁业立等 1993），导出了一个新的海浪破碎耗散源函数。该结果能够解决当前国际上两个主要耗散源函数的不足，即或者适合低海况或者适应高海况。

(3) 谱峰周期研究。从PM谱出发，推导出谱峰周期与跨零周期的谱关系式。通过对海上实测海波谱资料进行分析表明，该式所给出的系数与统计值相当接近，较好地解决了在海浪数值模式中由海波谱直接获取谱峰周期所产生的不稳定性问题。

【海产经济无脊椎动物防卫素的研究】 国家海洋局第一海洋研究所陈浩文研究员等在较全面分析研究了国内外无脊椎动物防卫素研究资料和成果的基础上，着重研究了当今沿海大宗海水养殖生物菲律宾蛤仔、毛蚶、海湾扇贝、贻贝等血淋巴体液有效抗菌/抑菌成分，对一些双壳类动物的血淋巴抗菌物质做了诱导和鉴定方法的研究，确立了抗菌物活性的鉴定、相应的诱导物和诱导方法。然后，对影响血淋巴特定活性的主要因素进行了分析，找出pH值、温度是主要的影响因子，而处理时间的长短则影响较小，由此明确了获取此特定活性物质的最佳状态和保存条件。以菲律宾蛤仔为例，其血淋巴成分的主要分析研究包括血淋巴防卫素成分的分离纯化（硫酸铵分级沉淀、凝胶排阻层析、离子交换层析）和性质鉴定（分子量测定、氨基酸序列测定、生物活性检测等），由此获得菲律宾蛤仔防卫素－1（RPD-1）。RPD-1是一种新的蛋白质，其分子量为 24.8kD。N-端 11个氨基酸残基序列为AVPDVAFNAYG。它对金黄色葡萄球菌、枯草芽胞杆菌、四联微球菌等 G^+细菌和大肠埃希氏、副溶血弧菌、鳗弧菌等 G^-细菌均具有较强抑制作用，从而展示了它强大的活性能力。证实防卫素在海产无脊椎动物的先天免疫活动中起重要作用。

研究发现的贻贝防卫素依据初级结构、性质和共有的半胱氨酸列阵的不同约有12种，它们在贻贝抵抗防御病源微生物入侵等天然免疫过程中发挥着重要作用。

综述了中国鲎、美洲鲎的鲎肽素、tachystatin、polyphenmusin，展示了它们的氨基酸序列、活性及应用前景；分析研究了对虾一帖的防敌机制。本研究使我们认识到海洋经济无脊椎动物等生物是防卫素的重要来源之一，防卫素在海洋生物尤其是在养殖对象的先天免疫、防病治病活动中起着重要作用。

（国家海洋局第一海洋研究所　路应贤）

【CZY1-1 海洋监测站自动监测系统成为国家科技成果重点推广计划项目】 为了对我国沿海省区市防灾减灾海洋管理等海洋公益事业及国防安全

建设提供保障服务，国家海洋技术中心研制成功了CZY1-1海洋监测站自动监测系统。该系统可广泛应用于海洋监测，为海洋预报、海洋工程和海军提供实时、可靠的观测资料。它也成为了2003年国家科技成果重点推广计划项目。

国家科技成果重点推广计划是实施科技成果产业化环境建设的重要措施之一，是一项指导性科技发展计划。通过国家政策引导和争取银行贷款等措施，引导和支持科研单位和企业迅速将一些跨行业、跨地区、影响全局的重大技术成果，有计划、有组织、有重点地加以推广，以实现规模效益。

风暴潮灾害发生频繁，对沿海城市的安全、经济发展和人民生命财产构成了很大威胁。CZY1-1型海洋监测站自动监测系统能够自动采集、处理、存储和传输潮汐、水温、盐度、风速、风向、气温、气压、湿度、降水和波浪数据。该系统由主站和分站两个部分组成。主站可根据实际情况通过不同的通信方式（直连、电话线、VHF电台、卫星）与通信接收分站相连，采集数据并对采集的数据进行存储和转发。分站的主要功能是自动采集水文和气象要素观测数据。为了使系统在恶劣的海洋环境中长期、稳定、可靠地工作，中心开发了SYZ4-1型数据采集器，该采集器采取了可靠的防雷措施，提供了多种供电和通信方式，具有功耗低、稳定可靠的特点。目前我国海洋环境监测总体上已进入立体观测时代，海洋监测站可以长期地、稳定地提供监测资料。该中心已经在全国56个海洋监测站安装了CZY1-1型海洋监测站自动监测系统，正在逐步取代进口设备。

（国家海洋技术中心　李振江）

【“海洋环流与气候变化”国际研讨会在海南三亚召开】 2003年11月28日至12月2日，由中国科学院主办、中国科学院南海海洋研究所承办的“海洋环流与气候变化”国际研讨会在海南三亚隆重召开。研讨会得到了国家自然科学基金委地学部、广东省海洋与渔业局的大力支持。美国、澳大利亚、韩国和中国台湾省、香港特别行政区等地的华人海洋学家以及内地8家海洋研究机构共50多位专家学者参加。包括潘德炉、巢纪平、袁业立3位院士在内的30位专家分别报告了海洋在气候变化中的作用和南海海洋动力过程两大领域的科研成果。中国科学院人教局、国际合作局和南海海洋研究所领导与会并讲了话。

气候变化是地球环境和人类可持续发展研究领域中最重要的科学课题之一。海洋变异在全球和区域气候系统中起到了至关重要的作用，特别是在热带地区。一系列重要研究计划诸如“世界气候研究计划”、“国际地圈生物圈计划”等正在富有成效地进行，更有“全球海洋数据同化实验”和Argo计划（地转海洋学实时观测阵计划）、“全球海洋观测共同计划”等一系列引人注目的跨领域的新计划相继提出。该次会议就热带大尺度海气相互作用、南海海洋学和其与季风的关系、海洋环流数值模拟和模式开发、海洋环流、观测和动力学、热带太平洋年际和年代际变化等方面的内容开展学术交流与讨论，收到了很好的效果。

举办“海洋环流与气候研讨会”加强了国内外海洋科学界的联系，促进了国际学术交流与合作，提升了国内物理海洋学观测与研究水平，对于中国海洋科学的发展起到巨大的推动作用。会议期间，中国科学院人教局还就开展海洋学国际合作召开了相关人员参加的座谈会。

【中国科学院海洋科学2003年年会在广州召开】 首届中国科学院海洋科学年会于2003年12月16～17日在广州举行，大会由中国科学院南海海洋研究所、中国科学院海洋研究所和广州地化所主办，南海海洋研究所承办。中国科学院资源环境科学与技术局、广东省科技厅、广东省海洋与渔业局、广州市科技局的有关领导，中国科学院海洋研究所、南海海洋研究所、广州地球化学所等单位的140多位领导、专家和代表参加了会议。

中国科学院南海海洋研究所所长施平致欢迎辞，中国科学院资源环境科学与技术局副局长范蔚茗作了讲话。

中国科学院院士刘瑞玉向大会作了题为“海洋生态系统动力学及其资源环境研究”报告，指出全球环境变化影响海洋鱼类种群，人类活动影响和物理作用力影响气候，提出生态系统动力学研究要结合渔业资源可持续利用，应果断地采取限额捕捞等对策。秦蕴珊院士作了题为“海洋地质学的过去、现在和未来”报告，论述了海洋地质学的重大贡献，国家需求与国内现状以及对21世纪的展望等问题。胡敦欣院士作了“全球变化与中国海洋学研究”的报告，提出要结合我国海域的特点，加强亚、太、印大三角海陆气相互作用等研究。3位院士的报告受到与会者的高度评价。

会议共收到论文近80篇，分别论述了海洋环境、生态与生物资源、海洋地质、海洋生物技术等问题。会议以大会报告和分组报告形式，广泛交流了海洋科学研究发展战略和最新成果，并结合国家发展需求提出了新的见解和建议。

（中国科学院）

国家自然科学基金重要项目
Key Projects of the National Natural Science Fund

2003年度国家自然科学基金资助海洋科学学科项目目录

1　自由申请项目

序号	批准号	负责人	项目名称	所在单位	资助金额(万元)	起止年月
1	40376001	陈　波	北极海冰细菌的系统发育多样性及其主要生理类群分析	中国极地研究中心	31	2004.01至2006.12
2	40376002	方文东	南海西部夏季的一支离岸海流	中国科学院南海海洋研究所	31	2004.01至2006.12
3	40376003	蔡树群	南海南部流场季节性变化与中尺度波动特征的研究	中国科学院南海海洋研究所	30	2004.01至2006.12
4	40376004	齐义泉	南海中尺度过程时空变异特征的遥感研究	中国科学院南海海洋研究所	31	2004.01至2006.12
5	40376005	左军成	渤、黄、东海海平面变化机制及其对太平洋海平面变化的响应	中国海洋大学	39	2004.01至2006.12
6	40376006	吴辉碇	极地气-冰-海相互作用的物理机制及其通量参数化	国家海洋环境预报中心	37	2004.01至2006.12
7	40376007	赵进平	全球变化过程中北冰洋热力学结构的调整及其反馈机理	国家海洋局第一海洋研究所	32	2004.01至2006.12
8	40376008	宋金宝	波浪破碎和破碎强度的确定及其应用研究	中国科学院海洋研究所	28	2004.01至2006.12
9	40376009	董兆乾	南印度洋的南极水团、锋区和环流及其年际变化研究	中国极地研究中心	36	2004.01至2006.12
10	40376010	张爱军	水位资料同化及其在实时预报中的应用研究	国家海洋信息中心	40	2004.01至2006.12
11	40376011	陈永冰	海洋重力场变化对惯性导航系统定位误差的影响研究	中国人民解放军海军工程大学	10	2004.01至2004.12
12	40376012	阎　贫	南海北部陆缘深部地质结构及其裂谷拉张模式	中国科学院南海海洋研究所	28	2004.01至2006.12
13	40376013	汪　洋	南海北部边缘地壳成份及其非均匀性研究	中国地质大学（北京）	32	2004.01至2006.12
14	40376014	葛晨东	海南岛东部海岸沙坝泻湖沉积环境演变研究	南京大学	10	2004.01至2004.12
15	40376015	冯秀丽	现代黄河水下三角洲三维沉积格架及其失稳预测系统	中国海洋大学	35	2004.01至2006.12
16	40376016	刘季花	太平洋水成铁锰沉积的胶体地球化学成矿动力学	国家海洋局第一海洋研究所	37	2004.01至2006.12
17	40376017	高爱国	楚科奇海沉积物中古环境变化的地球化学响应	国家海洋局第一海洋研究所	35	2004.01至2006.12
18	40376018	刘　健	末次冰期以来山东半岛北部近海沉积地层对全球海平面变化的响应	青岛海洋地质研究所	32	2004.01至2006.12
19	40376019	刘传联	用钙质超微化石同位素探索南海第四纪上层海水变化	同济大学	34	2004.01至2006.12

续 表

序号	批准号	负责人	项 目 名 称	所 在 单 位	资助金额(万元)	起 止 年 月
20	40376020	曾志刚	台湾东北部龟山岛浅海烟囱体的形成机制研究	中国科学院海洋研究所	31	2004.01 至 2006.12
21	40376021	黄奕普	沿岸海域磷现场周转速率的宇宙射线孪生核素示踪研究	厦门大学	37	2004.01 至 2006.12
22	40376022	刘春颖	一氧化氮对天然海水中浮游植物生长的影响	中国海洋大学	30	2004.01 至 2006.12
23	40376023	侯保荣	极化电场对海泥中硫酸盐还原菌腐蚀的作用规律	中国科学院海洋研究所	31	2004.01 至 2006.12
24	40376024	李　平	山东省中小型河流水资源时空特征及物质入海通量研究	山东师范大学	31	2004.01 至 2006.12
25	40376025	王　瑁	红树林与林区鱼类相互关系的研究	厦门大学	31	2004.01 至 2006.12
26	40376026	林益明	单宁在红树植物的代谢过程及其在沉积物的地球化学循环	厦门大学	27	2004.01 至 2006.12
27	40376027	朱建荣	陆架环流南水北调和季风对长江河口盐水入侵的影响	华东师范大学	32	2004.01 至 2006.12
28	40376028	白玉川	河口淤泥在水流波浪作用下运动的非线性动力学机制与模型	天津大学	31	2004.01 至 2006.12
29	40376029	李伯根	山溪性强潮河口河床形态调整机理研究	国家海洋局第二海洋研究所	33	2004.01 至 2006.12
30	40376030	向军俭	麻痹性贝毒素免疫学快速检测技术的研究	暨南大学	28	2004.01 至 2006.12
31	40376031	商少凌	浮游植物水华过程的辐射响应及其生物一化学调控机理	厦门大学	35	2004.01 至 2006.12
32	40376032	王大志	有毒甲藻麻痹性贝毒生物合成的分子基础研究	厦门大学	35	2004.01 至 2006.12
33	40376033	王修林	东海近海海域典型赤潮生物对重要营养盐吸收动力学研究	中国海洋大学	30	2004.01 至 2006.12
34	40376034	娄安刚	海上溢油输移扩展及数值预测方法	中国海洋大学	10	2004.01 至 2004.12
35	40376035	马德毅	近岸养殖区氯霉素的海洋环境效应研究	国家海洋局海洋环境保护研究所	10	2004.01 至 2004.12
36	40376036	黄菊芳	热液喷口细菌对矿物元素行为控制的机理研究	中南大学	10	2004.01 至 2004.12
37	40376037	崔　毅	集约化养殖海域沉积物中亚硝态氮释放机理的研究	中国水产科学研究院黄海水产研究所	32	2004.01 至 2006.12
38	40376038	钟少军	新一代综合性古海洋环境代用指标研究	中国科学院海洋研究所	32	2004.01 至 2006.12
39	40376039	刘桂梅	黄、东海海洋初级生产对东亚季风季节变动响应的数值研究	中国科学院海洋研究所	35	2004.01 至 2006.12
40	40376040	邹景忠	富营养海湾微藻群落结构演替机制及生物学判据研究	中国科学院海洋研究所	28	2004.01 至 2006.12
41	40376041	邵宗泽	深海 PAHs 降解微生物及其生物多样性研究	国家海洋局第三海洋研究所	29	2004.01 至 2006.12
42	40376042	祝　茜	北极露脊鲸泪腺的研究	山东大学	26	2004.01 至 2006.12
43	40376043	黄邦钦	特征光合色素对海洋初级生产过程的指示作用	厦门大学	35	2004.01 至 2006.12
44	40376044	黎中宝	我国锯缘青蟹的分子生态学研究	厦门大学	30	2004.01 至 2006.12

续 表

序号	批准号	负责人	项目名称	所在单位	资助金额(万元)	起止年月
45	40376045	宋微波	海洋近岸环境中浮游生纤毛虫原生动物的多样性及生态学	中国海洋大学	30	2004.01 至 2006.12
46	40376046	艾云灿	南海珠江口典型病原菌抗生素耐药性多样性评估及资源化	中山大学	25	2004.01 至 2006.12
47	40376047	陈松林	海水养殖鱼类抗菌肽基因功能分析及表达的研究	中国水产科学研究院黄海水产研究所	31	2004.01 至 2006.12
48	40376048	肖　天	海洋浮游细菌的分布、特点和在碳循环中的作用	中国科学院海洋研究所	28	2004.01 至 2006.12
49	40376049	段德麟	蓝光对海带配子体发育及成熟的影响机理的研究	中国科学院海洋研究所	31	2004.01 至 2006.12
50	40376050	王风平	3000 年来气候和环境变化在南极企鹅粪沉积物中的微生物记录	国家海洋局第三海洋研究所	30	2004.01 至 2006.12
51	40376051	徐　新	基于幅-频多分辨率分析的 SAR 影像中海冰信息提取与分类方法研究	武汉大学	30	2004.01 至 2006.12

2　青年科学基金项目

序号	批准号	负责人	项目名称	所在单位	资助金额(万元)	起止年月
1	40306017	刘海生	海洋沉积岩芯热释光重建古气候演变研究	清华大学	24	2004.01 至 2006.12
2	40306007	黄宝琦	氧同位素 3 期快速气候事件海-陆记录对比	北京大学	25	2004.01 至 2006.12
3	40306002	杨海军	热带太平洋温跃层年代际变化模式研究	北京大学	28	2004.01 至 2006.12
4	40306003	王卫强	南海上层海洋热力结构的长期趋势变异	中国科学院南海海洋研究所	25	2004.01 至 2006.12
5	40306028	詹海刚	二类水体水色遥感反演的贝叶斯方法	中国科学院南海海洋研究所	25	2004.01 至 2006.12
6	40306022	张俊彬	我国紫红笛鲷种群遗传结构研究	中国科学院南海海洋研究所	24	2004.01 至 2006.12
7	40306023	丁少雄	我国东南沿海及临近海域石斑鱼类的分子系统学研究	厦门大学	25	2004.01 至 2006.12
8	40306018	李　超	我国东南沿海近岸海域外来有毒甲藻的入侵研究	厦门大学	23	2004.01 至 2006.12
9	40306024	徐　虹	铜绿微囊藻生物钟相关基因的克隆及功能研究	厦门大学	26	2004.01 至 2006.12
10	40306012	蔡明刚	珠江口及南海北部上层水体PAHs的输出动力学	厦门大学	27	2004.01 至 2006.12
11	40306001	谢周清	极地生物骨胳的同步辐射 x 荧光元素微区分析及其生态环境意义	中国科学技术大学	26	2004.01 至 2006.12
12	40306019	李正炎	黄海近岸环境中的壬基酚及其生物标志物研究	中国海洋大学	22	2004.01 至 2006.12
13	40306029	管　磊	卫星红外微波海表温度反演与融合	中国海洋大学	25	2004.01 至 2006.12
14	40306004	兰　健	太平洋和印度洋对印度尼西亚贯穿流年际变化贡献的研究	中国海洋大学	24	2004.01 至 2006.12
15	40306025	孙　军	胶州湾浮游植物对透明胞外聚合颗粒物产量的贡献研究	中国海洋大学	27	2004.01 至 2006.12
16	40306008	王厚杰	黄河口切变锋的时空演变及其河口悬沙捕集效应	中国海洋大学	25	2004.01 至 2006.12
17	40306009	于增慧	冲绳海槽中部近代沉积物元素地球化学研究	中国海洋大学	24	2004.01 至 2006.12

续 表

序号	批准号	负责人	项 目 名 称	所 在 单 位	资助金额(万元)	起 止 年 月
18	40306014	朱首贤	长江口特定物质与水体长期输运的分离研究	中国人民解放军理工大学	25	2004.01 至 2006.12
19	40306010	闫 义	莺-琼海盆沉积记录对南海北缘新生代海陆变迁的示踪	中国科学院广州地球化学研究所	25	2004.01 至 2006.12
20	40306015	何文珊	长江河口潮滩湿地生态演替过程中的 N 容量变化及其受干扰的影响	华东师范大学	25	2004.01 至 2006.12
21	40306026	刘晨临	南极冰藻适应机制：离子通道的研究	国家海洋局第一海洋研究所	24	2004.01 至 2006.12
22	40306005	史久新	太平洋水在北冰洋的运移及其对北冰洋海洋过程的影响	国家海洋局第一海洋研究所	26	2004.01 至 2006.12
23	40306027	沈继红	南极冰藻抗冻蛋白的研究	国家海洋局第一海洋研究所	10	2004.01 至 2004.12
24	40306020	王朝晖	有毒甲藻孢囊与麻痹性贝类毒素的关系研究	暨南大学	25	2004.01 至 2006.12
25	40306016	吴加学	长江口底部高浓度悬浮体产生的入海泥沙扩散机制研究	同济大学	27	2004.01 至 2006.12
26	40306011	田 军	地球轨道驱动的半岁差周期及其在南沙海区的响应	同济大学	10	2004.01 至 2004.12
27	40306006	白学志	印度尼西亚贯通流变异在印度洋上层海洋海温及亚洲季风年际变化中	中国科学院海洋研究所	27	2004.01 至 2006.12
28	40306021	刘会莲	黄、东海太平洋磷虾种群补充机制研究	中国科学院海洋研究所	25	2004.01 至 2006.12
29	40306013	李 焰	钢铁热浸镀层的海水腐蚀机制对比	中国科学院海洋研究所	27	2004.01 至 2006.12
30	40306030	王惠群	长序列卫星图像中海面流场信息的提取和同化	国家海洋局第二海洋研究所	24	2004.01 至 2006.12

3 地区科学基金

序号	批准号	负责人	项目名称	所在单位	资助金额(万元)	起止年月
1	40366001	黄 勃	海南鲍遗传差异及分子系统学研究	海南大学	25	2004.01至2006.12

4 重点项目

序号	批准号	负责人	项目名称	所在单位	资助金额(万元)	起止年月
1	40333030	刘秦玉	台湾以东黑潮低频变异形成机制及其对气候系统的影响	中国海洋大学	120	2004.01 至 2007.12
2	40331002	翦知湣	南海中更新世气候转型期千年尺度气候波动及其全球意义	同济大学	130	2004.01 至 2007.12
3	40331007	吴超羽	珠江河口的“门”及其在三角洲末次海进以来的演进中的作用和数值	中山大学	140	2004.01 至 2007.12
4	40331004	洪华生	台湾海峡上升流区浮游植物对海洋环境年际变动的响应	厦门大学	140	2004.01 至 2007.12

5 重大项目

序号	批准号	负责人	项目名称	所在单位	资助金额(万元)	起止年月
1	40490260	冯士筰/石广玉	上层海洋-低层大气生物地球化学与物理过程耦合研究	中国海洋大学/中国科学院大气物理研究所	800	2004.01 至 2007.12

6 国家杰出青年科学基金、海外及香港、澳门青年学者合作研究基金

序号	批准号	负责人	项目名称	所在单位	资助金额(万元)	起止年月
1	40325016	罗德海	物理海洋学	中国海洋大学	100	2004.01至2007.12

7 创新研究群体科学基金

序号	批准号	负责人	项目名称	所在单位	资助金额(万元)	起止年月
1	40321603	翦知湣	西太平洋暖池与东亚古环境：沉积记录的海陆对比	同济大学	360	2004.01至2006.12

8 专项基金

序号	批准号	负责人	项目名称	所在单位	资助金额(万元)	起止年月
1	40346027	许东峰	西北太平洋环流系统变化及其对东海营养盐输运的影响	国家海洋局第二海洋研究所	10	2004.01至2004.12
2	40346028	安居白	激光荧光航空遥感反演海洋环境参量的智能算法实验研究	大连海事大学	10	2004.01至2004.12
3	40346029	周伟东	全球海面动力高度的大洋环流诊断模型计算以及大地水准面的校正	中国科学院南海海洋研究所	10	2004.01至2004.12
4	40327001	叶树明	浅海及淡水水体微生物总量自动原位监测仪	浙江大学	70	2004.01至2006.12

9 重大研究计划"全球变化及区域响应"

序号	批准号	负责人	项目名称	所在单位	资助金额(万元)	起止年月
1	90211015	黄 晖	造礁石珊瑚及其共生藻类对水温异常的响应研究	中国科学院南海海洋研究所	45	2003.01至2005.12
2	90211009	吴 莹	木质素对东海陆架区陆源有机物的埋藏与迁移的示踪	华东师范大学	35	2003.01至2005.12
3	90211020	戴民汉	中国邻近南海海域碳的源汇过程及其调控机制	厦门大学	160	2003.01至2006.12
4	90211021	宁修仁	南海基础生产力结构的物理－生物海洋学耦合过程及其对碳循环的影响	国家海洋局第二海洋研究所	140	2003.01至2006.12
5	90211022	杨作升	末次冰消期以来东部陆架泥质区海洋环境演化的地质记录	中国海洋大学	150	2003.01至2006.12

（国家自然科学基金委地学部）

【末次冰消期以来东部陆架泥质区海洋环境演化的地质记录】 该项目为国家自然科学基金重大研究计划"全球变化及其区域响应"中的重点项目，由中国海洋大学杨作升教授承担。

(1) 历史演变：距今20 000年末次冰期的时候，我国东部海平面在现今海平面-150米处。末次冰消期15 000年以来全球海平面波动式上升，在我国东部陆架海形成了多个泥质沉积区。这些泥质区在形成过程中，记录了大量全球变化的信息。在其东侧，全球大洋变化的信息通过太平洋强大的西部边界流（黑潮）及其衍生流系传递到东部陆架海；在其西侧，全球气候变化的信息如

东亚季风的变化通过长江和黄河向海输送的陆源物质变化传递到东部陆架海，这些丰富的信息保存在泥质区的沉积记录中。本项目选择济州岛西南泥质区、黄海中央泥质区和山东半岛近岸泥质楔等三个泥质区进行海洋环境演化的高分辨率地质记录研究，这些泥质区厚度从5～51.7米不等，由于它们具有沉积速率高、厚度大、地质记录连续等特点，是研究全球变化及其区域响应的良好载体，能够很好地揭示末次冰消期以来东部陆架海海洋环境演化过程及其对全球变化的响应。

(2) 研究内容包括：①泥质区海洋环境演化的高分辨率地质记录。通过高分辨率浅地层资料对海上取样的站位布设进行优选，保证泥质区高分辨率地质记录柱状样品的获取，在此基础上，利用对古海洋环境变化敏感的替代性指标（如U^{K}-37、氧碳同位素、黏土矿物地球化学、生物标志物等），结合AMSC^{14}测年、地球化学和微体古生物分析对岩芯进行研究，从中提取海洋环境变化和物源供应变化的信息，探讨陆架海洋环流变化与泥质体形成演化之间的关系，并同其他地区记录的短期气候事件进行对比，探讨陆架海对全球气候变化的响应。②泥质区沉积环境的时空演化。以典型泥质区为重点，通过对岩芯的沉积相、地层层序等分析，揭示不同泥质体的沉积环境和沉积相及其变化特征；通过不同泥质区纵向和横向对比，揭示泥质区沉积速率变化特征及其沉积作用机理，探讨末次冰消期以来陆架泥质区在全球海平面波动上升中的时空演化规律。③泥质区物源、物质汇效应及其对长江、黄河入海物质供应量变化的。通过对典型泥质区的物源分析以及对细颗粒物质、有机碳、无机碳等的汇聚和沉积效应，揭示末次冰消期以来泥质区的物质汇效应及其变化趋势，提取末次冰消期以来长江和黄河入海物质供应量的变化信息，研究其对全球变化和人类活动的响应。 （中国海洋大学科技处）

【台湾以东黑潮流量低频变异及其对气候系统的影响】 该项目为国家自然科学基金重点项目，由中国海洋大学刘秦玉教授承担。

(1) 当代研究的现状：自1982年Rhines和Young提出位涡均一化理论以来，人们对风生海洋环流垂直结构的理解进一步加深，认识到应在等密度面上讨论海洋环流和相对应的海洋长波，因此传统的基于均质流体的西边界流理论受到挑战。这说明有关黑潮流量可由北太平洋风应力旋度确定的传统观点值得重新认识。我们除了要进一步认识风应力激发的第一斜压模态的Rossby波在海洋调整和黑潮变异中的作用外，还应开展目前尚未有人提出的关于第二斜压模 Rossby 波、Kelvin 波和上层海洋热结构变异对台湾以东黑潮影响的研究。这也是该项目开始探讨的源头性的新科学问题。但目前开展黑潮变异对气候系统影响物理过程的研究较少，利用国际上较成熟的海-气耦合模式，设计合理的数值实验方案进行有关物理过程的研究是目前可操作的一种研究途径。

(2) 研究内容：在分析历史资料、新的卫星遥感资料和同化资料的基础上，针对大气强迫场低频变化的特点，认识台湾以东黑潮流量的季节内、季节、年际和年代际变化规律，定量估价台湾以东黑潮低频变化对东亚季风的影响；利用观测资料和多种海洋环流模式，从斜压Rossby长波调整和温跃层环流的观点出发，掌握北太平洋海域斜压Rossby波传播规律及其动力机制，掌握斜压 Rossby 波特别是第二斜压 Rossby 波、温跃层环流与台湾以东黑潮流量低频变异之间的联系，研究长 Rossby 波和长 Kelvin 波在西边界的相互作用和台湾以东黑潮低频变异的形成机制；利用海-气耦合模式研究黑潮低频变异对全球气候系统的影响规律，定量估价台湾以东黑潮低频变化对东亚季风的影响。深入理解北太平洋大气强迫场年际和年代际变化特征，掌握海洋长波传播的基本规律和形成机制，运用新的温跃层环流和高阶模态斜压Rossby波理论，解释台湾以东黑潮流量的变化特征，确定台湾以东黑潮流量低频变异的机制，定量估算该变异对全球气候系统的影响，是海洋动力学和气候动力学交叉领域中的一个新的科学问题。该项研究是对传统的风生环流理论的挑战，是研究中纬度海洋-大气相互作用和反馈机制的一种新思路。该项目不仅有助于认识全球气候和东亚季风变异的物理机制，为研究中国近海环流奠定了基础，也能为研究北太平洋副热带环流和温跃层的年际和年代际变化规律提供理论依据。在海洋生态动力学、沉积动力学和军事海洋学方面都有一定的应用前景。

（中国海洋大学 刘安国 吴俊龙）

【西北太平洋海气相互作用及其对东亚气候的影响】 该项目为国家自然科学基金委员会资助留学人员短期回国工作讲学专项基金项目（简称“两个基地”项目）。由中国海洋大学傅刚教授与美国夏威夷大学国际太平洋研究中心的谢尚平博士共同主持。

(1) 研究的意义：西北太平洋对于东亚的气候而言是一个重要的区域。冬季，黑潮向北输送大量的热量到中纬度并在中纬度大气中释放。同时，寒潮把寒冷干燥的空气携带到洋面上，强烈地影响和改变海表面温度和混合层。西北太平洋暖池(SST＞28℃)是世界大洋上范围最广的暖池，在夏季可以向北延伸到30° N。暖池为什么会向北延伸到如此程度，以及它是怎样与副热带高压相互作用的，人们知之甚少。因此加深对西北太平洋海气相互作用的认识和理解，改进该区域的气候模拟及预报是摆在气候研究工作者面前一项十分紧迫的任务。它具有十分重要的科学价值、深远的社会意义和巨大的经济效益。

(2) 研究内容：该课题在揭示新现象，发现新机制方面有望取得突破。这些发现和突破对于气候动力学，气候观测和业务预报等诸多领域的研究活动将会起巨大的促进作用。例如其研究结果可以直接用于改进气候模式，完善对西北太平洋气候系统的模拟和预报。

(3) 研究进展：2003年，已经有6篇论文被国际一流学术杂志接受。其中以谢尚平博士为主完成的研究成果被美国科技专栏作家在NASA的在线杂志“Earth Observatory”(http://earthobservatory.nasa.gov/Study/Wake/)上给予重点介绍，在最初的几周内，点击率就达到16 000次。

（中国海洋大学　吴俊龙）

【扇贝、对虾遗传图谱的构建】 为国家重点基金项目。2003年，该项目在栉孔扇贝的原位杂交、基因定位和染色体鉴定等方面取得重要研究成果。建立了一整套适用于栉孔扇贝的染色体制备、探针标记以及原位杂交的技术体系，成功地将RAPD的PCR产物转化为FISH探针，开发了一种新的制备染色体特异性探针的方法；定位了多拷贝基因和DNA片段，制备了栉孔扇贝染色体特异性探针，并利用这些特异性探针能够准确地鉴定和识别出扇贝的特定染色体。检测了TSA—FISH技术和原位PCR技术，实验结果表明TSA-FISH和原位PCR技术并没有显著提高FISH检测的灵敏度。这说明扇贝基因组中存在相对较少量的重复序列。首次在贝类中开发并利用简并寡核苷酸引物聚合酶链反应（DOP-PCR）进行两种扇贝基因组杂交。培育出若干栉孔扇贝家系，并选定一个日、中杂交家系为作图群体，获得亲本和F1代实验材料。对103只子代个体进行了鉴定，最终确定93个子代个体来进行连锁分析。目前，已经建立了利用ABI 310DNA测序仪来检测AFLP片段的毛细管荧光检测系统。利用不同引物组合，共得到雌性分离标记117个，雄性分离标记107个。建立了对虾基因克隆和探针制备技术，克隆得到中国对虾β-肌动蛋白（β-actin）基因、HSP70基因和18S rDNA基因，经过PCR标记Digoxigenin成为FISH杂交探针；建立了在中国对虾染色体的荧光原位杂交（FISH）技术，应用FISH技术对已克隆的中国对虾管家基因β-actin基因家族、重复序列18rDNA和功能基因HSP70等进行了染色体基因定位。

【长江口水域富营养化特性与对策研究】 国家重点基金项目。近海富营养化是目前全世界所面临的重大海洋环境问题之一，也是今后海洋环境科学的重要研究内容。随着我国经济的不断发展、人类活动的日益增加，沿海水域富营养化问题日趋严重，其中长江口水域是我国富营养化最严重的水域，极大影响着该水域的生态环境。由于长江三角洲是我国经济最发达、生态环境最脆弱、环境影响最突出的地区，所以研究该水域的富营养化特性与对策是目前当务之急。为此，该项目拟从半个世纪以来该水域富营养化的演变过程与特征研究入手，以长江口水域几个特征和关键过程研究为切入点，通过海洋地球化学、海洋生态学、物理海洋学、水利水文学等多学科交叉，阐明长江口水域富营养化形成机制及特性，建立富营养化评价理论方法和指标体系，提出该水域富营养化的控制原理、方法，为长江口生态环境系统可持续发展、长江水力资源的合理利用、为政府部门的相关决策提供科学依据。

（中国科学院资源环境科学与技术局大气海洋处）

【“近海海域潮、波、波流共同作用下污染物迁移转化规律研究”通过结题验收】 2003年2月

26日国家自然科学基金委员会工程与材料科学部在大连理工大学召开了由邱大洪院士主持的国家自然科学基金重点项目（批准号：59839330）验收会。会上沈永明、陶建华、张宁川三位教授等代表项目组进行了研究成果汇报和答辩。验收组专家在仔细阅读了《结题验收报告》和《结题验收报告（补充）》内容及听取了答辩情况后，形成如下验收意见。

在实验研究方面，开发了基于PIV和LIF的浓度场、速度场同步测量及数据分析系统，进行了非破碎波浪、破碎波浪及波流共同作用下流场垂直结构的试验研究。分析得到了流速梯度、波浪破碎的能量损耗等特征参量。利用此测试系统，获得了波浪及波流共同作用下的浓度场的时间变化过程，给出了示踪物质在波浪作用下的扩散规律。发展了波生沿岸流和海岸低频波浪的实验技术，并对二种均匀岸坡进行了实验研究，成功地获得了稳定的波生沿岸流。采用CCD摄影和图像处理技术，获得了点源和连续源排放时，污染物在波生沿岸流作用下的输移扩散形态和一些数据。

在数学模型及数值模拟研究方面，发展了基于缓坡方程和Boussinesq方程的波浪数学模型、潮流数学模型、波生沿岸流波数学模型、波和沿岸流作用下污染物输移的数学模型，并对数学模型进行了验证。研究了均匀岸坡地形上波流共同作用下污染物（点源）输移扩散的影响和不同排放位置对污染物输移扩散的影响。

开发了多种流场和波流共存场的水质模型，并在多项实际工程中得到应用和验证，包括长江口的波浪场和渤海的水环境特性。

专家组认为：①该项目独立研制了PIV和LIF速度场、浓度场同步测量系统，并在较大的空间范围内对各种条件下波浪和水流共同作用的流速场、浓度场时间变化进行了系统的同步测量，这在国内尚属首次。得到的浓度扩散系数实验数据为后续研究打下了基础。②采用大规模物理模型实验和数值模拟对破碎带内外污染物的输移扩散规律进行了细致的研究，在国内外公开发表的文献上未见有同类工作的报道。所取得的成果有重要的学术价值，并对有关的工程实践有指导作用。③建立的大范围水域波浪传播、局部水域波浪变形、波浪与沿岸流共同作用下的污染物输移数学模型、近海水质数学模型得到实验与现场资料的验证，该项目在将理论与实验成果应用于工程实践方面进行了卓有成效的工作。

该项目共完成论文58篇（其中国际期刊论文4篇、SCI收录14篇）。通过此项目的实施，培养博士后2名、博士11名、硕士12名。成功举办了多次国际会议并与日本、英国、澳大利亚等国家和香港特别行政区的同行开展了广泛的国际合作。

专家组一致认为该项目完成了研究计划提出的各项研究任务，取得了较丰硕的研究成果，部分成果在工程中得到应用，项目综合评价为A级。（大连理工大学）

海洋重点实验室
Key Marine Laboratories

【中国科学院热带海洋环境动力学重点实验室】

中国科学院热带海洋环境动力学重点实验室（简称LED），成立于1998年，2001年11月通过评估成为中国科学院第一批海洋环境科学类重点实验室。

LED目前设立了海洋环流动力学、海洋环境生态学、海洋化学环境、海洋数值模拟和海洋环境遥感等5个研究方向。现有研究员18名，其中5人为中国科学院国家知识创新工程“引进国外杰出人才计划”入选者。实验室具有物理海洋学和海洋生物学两个博士点，并有海洋化学和环境科学硕士学位授予权。

2003年，实验室科技人员在南海环流时空结构、热带海洋大气相互作用、南沙群岛海域环境生态过程、华南近海环境过程演变及其生态效应、海洋遥感应用和海洋数值模拟等方面取得了一系列重要成果，发表论文100多篇（其中被国际SCI收录23篇），获国家科技进步奖3项，省部级成果奖9项，承担国家、省部级重点项目（课题）80多项（包括国家重大专项、“973”项目课题、“863”课题、国家重点基金与杰出青年基金、广东省重大科技专项、广东省科技兴海等项目），到位经费1 070万元。

2003年，LED多名成员获得年度中国科学院院长奖、地奥奖及其他学术会议最佳论文奖和省、市科技进步奖等。实验室主任王东晓研究员被广东省委省政府授予“广东省劳动模范”称号；被中华人民共和国人事部和中国残疾人联合会授予全国自强模范称号。中国科学院“百人计划”入选者周伟东、殷克东博士通过了终期评估初步评议。周伟东研究员领导的课题组在英特互联网上公开的海洋数值模型TOM为国内首次。

近年来，以LED为平台的学术交流和研究办得有声有色，通过“走出去”——参加国际、国内学术会议，访问交流；“请进来”——邀请国内外学者的来访、讲学、客座研究等，不仅加强了与国内外同行的交流合作，开拓了研究视野，展示重点实验室的学术成果，更形成了一支团结进取、具有创新能力的研究团队，为我国发展海洋经济、保护海洋环境和维护海洋权益做出了基础性、前瞻性和战略性的贡献。

【中国科学院南海海洋研究所与广州地球化学研究所边缘海地质重点实验室】 2003年8月，该重点实验室通过论证获准正式成立。边缘海地质重点实验室由中国科学院南海海洋研究所和广州地球化学研究所联合组建，其发展目标是以南海及其邻区为主要研究对象，重点开展边缘海海陆岩石圈地质过程与动力学、边缘海形成演化及其环境效应、边缘海矿产资源形成与分布规律三个方面的研究，发展边缘海内外动力系统发育演化的理论体系，为推动地球动力学和全球变化理论的发展、为国家发展海洋经济、预测环境变化和维护海洋权益做出基础性、前瞻性和战略性的重大贡献，争取在5～10年成为在边缘海形成演化研究领域国内一流、国际上有重要影响的实验室。

南海海洋研究所长期从事南海海洋地质地球物理研究，有先进的海洋探测仪器设备和调查船，积累有丰富的研究资料，在海洋地球物理探测、古海洋学等方面取得一系列重要成果。广州地球化学研究所长期从事有机地球化学、同位素地球化学和大陆边缘地质地球化学研究，有国际一流水平的地球化学测试仪器，在地球化学和大地构造研究方面具有很强的学术优势。中国科学院边缘海地质重点实验室的成立，为两所地球物理、大地构造和地球化学等专家开展富有成效的合作提供良好的学术平台，形成在学科配备、人才队伍和仪器设备等方面具有国内和国际先进水平的一支边缘海地质研究力量，增强大陆边缘和边缘海地球动力学研究领域的原始创新能力。

【广东省海洋药物重点实验室（广州）】 中国科学院南海海洋研究所广东省海洋药物重点实验室经过3年的建设，超额完成了计划指标，建成了具有国内领先水平的海洋天然药物重点实验室，于2003年12月通过了广东省科技厅的验收。

该重点实验室在建设期间，获国药准号新药生产批文2项、申报新药临床试验1项、获得保健食品和功能食品生产批文2项。申报国家发明专利19项、获授权专利9项，出版专著5部（其中合作出版2部）、发表论文40多篇（其中国际SCI论文12篇、EI论文1篇），转让科研成果6项，主持国家、部、省级重大和重点科研项目26项，取得了优异的研究业绩。

该重点实验室在建设期间，购置了AVANCE 500兆赫核磁共振波谱仪、制备/分析型高效液相色谱仪、多道生理仪、冻干机、核酸蛋白仪、离心机、血液生化仪、旋转蒸发仪等800多万元的仪器设备，建成了华南地区最优秀的天然药物研发平台。

该重点实验室目前有科研固定人员25名，其中博士生导师5名、研究员7名、副研究员6名，具有博士学位6名，中国科学院“引进国外杰出人才”1名。有博士后流动站、博士学位和硕士学位授予点。形成了一支具有热带海洋药物科学特色的、有创新能力的高素质科技人才队伍，展示了持续创新的前景。 （中国科学院资源环境科学与技术局大气海洋处）

【国家海洋局海洋环境科学与数值模拟重点实验室】 该实验室以国家海洋局第一海洋研究所为依托单位。实验室现任主任为袁业立院士，学术委员会主任为吴国雄院士。有院士2名，博士研究生导师8人，硕士研究生导师11人，形成了资深科学家带领下的中青年科研骨干主体。现有在读博士生14名，在读硕士生20名。

实验室的优先发展领域包括对国民经济具有重要意义的中国近海环境过程以及与全球气候变化相关的大洋环流变异和海-气相互作用研究，与相关的生物、化学和沉积过程的相互作用研究。在研究手段上特别强调利用在现场观测和遥感资料同化技术支持下的数值方法对海洋现象的模拟和预测，旨在获得对海洋中各种现象的清晰认识，并在此基础上提高评价人类社会活动和自然环境相互作用的能力。实验室共设5个研究方向，即：

大洋环流和气候变化、区域海洋学、动力海洋学、海洋数值模拟关键技术和海洋动态信息系统。

该实验室在我国海洋科研领域占有重要地位，突出表现在主持了我国第一个海洋“973”项目，实验室专家任“863”计划海洋领域专家组组长和大型国家专项“西北太平洋环境调查”项目首席科学家。目前在研的“973”项目8项，“863”项目14项，自然科学基金课题10个，其中含大型国家专项项目1项，自然科学重点基金2项，科技部国际合作重点项目1项。

拥有先进的海上调查装备(包括 911CTD、LADCP 等)、卫星（NOAA 系列、风云系列、GMS）遥感地面站和高速计算机（GS80 8CPU 工作站、1T 磁盘阵列和 4T 磁带库）设备，为研究工作的开展提供了硬件平台支撑。

目前与美国、澳大利亚、法国和日本等多家大学和研究所建立了合作关系。

【海洋沉积与环境地质国家海洋局重点实验室】 该实验室以国家海洋局第一海洋研究所为依托单位。现任实验室主任为石学法博士，学术委员会主任为秦蕴珊院士。固定科研人员32人，以中青年科学家为主体，其中博士生导师10人，具有博士学位的12人，硕士学位的15人，研究员（含教授级高工）17人。

该实验室目前确立5个研究方向：海洋沉积与古环境演化、海岸带环境与工程、海洋地球物理与海底构造、海洋地球化学与沉积成矿作用、海底探测与信息技术。在海洋环境地质方面，将致力于海洋沉积作用、全球变化的海洋记录和响应、海岸带演变过程及工程地质与灾害地质以及大陆边缘岩石圈组成、演化及其资源环境效应研究；在海洋矿产方面，将侧重于多金属矿床成矿作用和天然气水合物的环境效应研究；在海底探测技术方面，着力发展海洋沉积取样技术、高分辨率地震探测技术、沉积物现场测试技术、海底样品保存技术和海洋地质地球物理综合信息解译技术。

参加了国家专项项目3项、“863”项目4项、大洋矿产资源研究开发项目 7 项、自然科学基金项目6项、国际合作项目3项以及其他项目11项。

实验室拥有重力仪、磁力仪、地震仪、多波束测深系统、旁扫声呐、激光粒度分析仪、全谱直读等离子体光谱仪、气体比值质谱仪、X 射线衍射仪等大型调查设备和实验室分析仪器及面向全国开放的海洋地质样品库。

目前已与美国、德国、法国、韩国、日本、丹麦、加拿大等国家以及我国台湾省、香港特别行政区建立了良好的合作调查研究与学术交流关系。

【海洋生态环境科学与工程国家海洋局重点实验室】 该实验室以国家海洋局第一海洋研究所为依托单位。实验室现任主任为丁德文院士。共有科研人员40余名，其中研究员7名、副研究员9名。

主要研究方向为河口一近海系统陆海相互作用规律及生态环境效应、海洋环境污染与生态退化机制及调控与修复技术、赤潮生态学及其灾害机理、浮游生态系统动力学和海洋生态系统健康与服务功能5个新的研究方向。

主要在研课题为“973”项目“我国近海有害赤潮发生的生态学、海洋学机制及预测防治”和“海岸带陆海相互作用”、国家自然科学基金重点项目“渤海典型负荷物的迁移、转化过程及环境容量研究”、国家科技部“十五”攻关项目“青岛奥运帆船赛场及周边海域环境保护与治理技术研究”、国家重大基础研究前期研究专项“我国近海浮游植物多样性演变机理及其对生态系统功能的影响”、GEF/UNDP 项目“莱州湾入海污染物总量控制”和“863”“渤海准时空监测业务示范系统”等项目。

目前拥有的仪器设备包括高效液相色谱仪、营养盐自动分析仪、原子吸收光谱仪、高纯锗γ谱仪、大型万能显微镜、纯水仪和计算机工作站等。

【海洋生物活性物质国家海洋局重点实验室】 该实验室以国家海洋局第一海洋研究所为依托单位。实验室主任为黄晓航博士。实验室现有研究员6人、副研究员8人，其中博士生导师3人。

设立基因工程、应用生物化学、应用微生物和脂类化学四个研究方向，以极端海洋环境（包括南北极、深海底部、河口咸淡水交混处和滨海盐碱荒滩）中的生物活性物质为主要研究对象，积极研究开发海洋食品、保健品、药品、生物功能材料等，推进研究成果的产业化。

主要在研课题为“863”项目“牙鲆重大疾病

早期诊断试剂盒与新型疫苗研制”、“海洋鳗弧菌减毒活菌疫苗的研制”、“重要海洋经济鱼类SNARE基因的克隆和表达”、“促生、抗逆、防治病虫害的多功能生化-生物制剂的研制”、“盐碱土壤修复材料的研制与开发——海洋油脂化学品的研制”和“海洋微生物中抗癌等活性先导化合物的发现与优化”、“973”项目“鱼虾贝类免疫反应特征与免疫调节研究”以及“南极冰藻中抗紫外辐射活性物质研究”、“利用海洋微生物代谢产物研制植物无公害杀菌剂”、“共轭亚油酸系列产品的中试”、“产色素S-9801菌株的扩大发酵及色素提取的研究”、“富含EPA和DHA融合微藻的发酵培养技术”等项目。

拥有大中型仪器设备30多台件，其中包括灌注层析、气相色谱、可见紫外分光光度计、离心机、冷冻高速离心机、超低温冰箱、PCR仪、酶标仪、CO_2培养箱、冷冻干燥机、真空干燥机和荧光显微镜等。

目前，已研发出的产品有共轭亚油酸系列产品，海藻硒化低聚糖，鱼油深加工，海洋微生物色素及杀菌剂，海藻膳食纤维，葡萄籽油，甘氨酸镁，莫诺苯腙等，其中共轭亚油酸产品已销往美国、加拿大、巴西等国。

【青岛市现代分析技术及中药标准化重点实验室】 成立于2003年9月18日，由汪尔康院士任学术委员会主任，王小如教授任实验室主任。实验室位于国家海洋局第一海洋研究所内，由青岛市科技局与国家海洋局第一海洋研究所双重管理。实验室下设分析技术研发室、分析及物质制备实验室和监测技术研发室。有一支年富力强的专业研究队伍，包括4名教授（研究员）、11名博士、4名硕士及20名博士后研究生。以高效精密的现代分析科技为手段，集中进行环境与生命过程中物质迁移与反应机理的基础研究，重点发展生态环境的监控及中药与天然活性物质的开发及可持续应用技术。

主要研究方向

(1) 针对我国近海海域所面临的环境污染（PTSs、POPs、PAHs、有机金属化合物和有毒金属元素等）、富营养化的严重问题，发展、建立分析监测的新技术与新方法；探索典型污染物在海洋环境多界面、多尺度的来源、迁移、转化及归属；揭示其对海洋环境生态系统的影响。

(2) 化学/生物传感器：发展生物与化学分子印迹技术；进行分子探针的合成与表征；应用于海洋生态环境监测与天然药物分离、纯化及分析测试技术。

(3) 现代分析技术集成平台：发展化学与生物示踪及指纹图谱新技术、新方法；用于海洋生态环境的监测、评估和天然药物质量控制的研究。

(4) 发展中草药及天然产物（陆生生物、海洋生物、两栖生物、矿物等）中的生物活性物质分离、纯化、制备与表征的新方法、新技术；探索生物活性与化学指纹图谱的相关性；发现新的先导化合物；建立新的药物质量评价系统。

现代分析技术与服务 开放测试、咨询和服务的主要仪器设备包括：液相色谱—飞行时间质谱仪、电感耦合等离子体质谱仪（ICP/MS）、气相色谱—质谱仪（GC/MS）、液相色谱—质谱仪（LC/MS）、气相色谱仪（GC）、高效液相色谱仪（HPLC）、近红外光谱仪（NIR）、傅立叶红外光谱仪（FTIR）、离子色谱仪（IC）、UV-Vis分光光度计、荧光光谱仪、碳分析仪、荧光生物显微镜、全自动加速萃取系统、海洋生态环境多参数监测系统、大气采样器及分析系统、多种生物/化学样品制备系统、中药及天然产物生物活性物质分离、制备系统。

服务范围包括：应用现代分析仪器，建立一流的分析技术平台，提供交流合作、协作的资料共享软硬件环境；提供元素及同位素测定，中药活性成分、化学形态分析及表征，中药重金属标准品质量控制，天然产物挥发性成分及有毒化合物分析与产品的质量表征及控制，中药及天然产物有效成分HLPC指纹图谱研究，中药标准品的半制备和标准操作规程的研究，环保监测，土壤、水质、大气、动植物体中有机物、无机物的定性和定量分析等多方位的分析技术服务；提供分析技术与分析仪器应用操作培训服务，生态环境监测技术及污染防治技术咨询与顾问服务。

电感耦合等离子体质谱（ICP/MS）应用技术研究开发中心 以美国安捷伦公司ICP-MS7500a、7500ce电感耦合等离子体质谱仪为主要分析仪器，以微波消解仪器、小型化设备为基础并配备毛细管电泳仪及高效液相色谱仪、气相色谱仪、流动注射仪与ICP-MS联用以提供元素形态分析方法及相关信息。发展ICP-MS在中药、食品、农作物、海水及多种环境样品中的微量元素形态分析新方法、新技术；建立重金属及微量元素同时测定的标准分析方法，包括样品处理、分析测试、数据处理及实验报告；研制标准参考物质及标准溶液，申请国家标准物质计量认证；举办国内/国际研讨班及培训班，包括规范培训、实际操作、提供教材并颁发培训证书；提供国内外文献及相关信息，协助用户撰写各种技术报告、研究论文及评审材料。

中药材规范化种植（GAP）　近几年来承担和参加了四川、福建、内蒙古等省区丹参、泽泻、甘草、太子参等多种中药材的规范化种植项目，进行了生产过程中的产前、产中、产后技术研究和服务，以现代化分析化学技术优势促进中药现代化建设。开展中药材规范化种植（GAP）基地设计和实施，种植基地环境的现场监测及实验室分析；DNA 测试，生物化学鉴定，同位素测试及化学指纹图谱技术开发；规范种植，病虫害防治，专用肥研究，田间管理，活性成分动态积累，最佳采收期确定；规范加工技术和操作方法，储存运输过程中的温度、湿度、污染、病虫害控制；中药材质量控制系统，分析方法，快速测试仪器和方法的质量管理。　（国家海洋局一所　路应贤）

【国家海洋局海底科学重点实验室】　海底科学重点实验室建于国家海洋局第二海洋研究所，围绕其科学目标与发展宗旨，在科研工作、对外合作与交流、人才培养和实验室建设等方面都取得了显著成果。2003 年在研课题（包括新启动和延续课题）共 57 项；其中承担和主持国家“863”计划 7 项，“973”计划 6 项（以 2 级课题为统计单位），国家专项课题 21 项（以 2 级课题为统计单位），国家自然科学基金 6 项，省部委重大（点）计划课题 3 项，省部委以上项目 12 项，海洋局青年基金 5 项。新招收硕士研究生 5 名，毕业硕士研究生 1 名，博士研究生 1 名。主办国内学术研讨会 2 次。在国内外学术重要刊物和会议上发表论文共 46 篇，其中李家彪发表的“Rifting characteristics of eastern subbasin of South China Sea and its spreading”经《海洋学报》英文版推荐、专家委员会评审，荣获“第一届中国科协期刊优秀学术论文奖”；出版专著 1 部。

科研项目（课题）进展情况

1．边缘海研究

中国边缘海形成演化及重大资源的关键问题（“973”项目，2000—2005 年）牵头单位，课题已进入第二期（后三年）的研究阶段，各项工作按设计开展。目前开展的主要工作包括南海扩张动力学、冲绳海槽深部构造和南海北部边缘沉积过程等研究以及相关地球物理资料的处理。系统而深入地研究了冲绳海槽断裂带分布及活动特征、南段基底的结构特征、天然气水合物的形成；探讨了马尼拉俯冲带形成机制、南海陆坡沉积充填结构及南海东沙群岛东南部表层沉积物地球化学特征与天然气水合物分解的环境效应等方面的科学问题，相关成果已在国内重要刊物上刊登或在出版中。

此外，在边缘海研究方面，该实验室还承担并完成了国家海洋局“中国海域天然气水合物重大科技问题预研”课题、“天然气水合物资源潜力分析研究”课题和国家专项等研究。其中，在天然气水合物赋存条件和天然气水合物资源远景的预研究中，发现了可能反映天然气水合物存在的拟海底反射层现象，推动了“天然气水合物资源调查（2002—2010）”国家专项的立项。

2．大洋及深海研究

近年来，国际海底管理局开始着手制定多金属结核以外的其他深海资源的有关制度，如《热液硫化物和钴结壳探矿与勘探规章》等，并计划于 2004 年实施。在此背景下，各国加紧对深海资源展开新一轮的资源调查和研究。本实验室承担的“太平洋海山富钴结壳特征对比与资源远景评价（2001—2005）”、“钴结壳资源量计算方法与圈矿方案研究（2001—2005）”、“富钴结壳厚度与覆盖率变化的识别标志研究（2001—2005）”、“地幔柱与火山岩浆活动对富钴结壳成矿的影响（2001—2004）”等课题是国家大洋专项的重点课题，也是确保完成国家“十五”大洋工作任务——圈定满足商业开采规模的富钴结壳矿区的重要保障。上述课题本年度重点开展了太平洋海山富钴结壳的特征对比研究，探讨了海山类型、海山构造和火山活动对富钴结壳成矿、保存和改造作用的控制机理，并围绕矿区申请工作，探讨了富钴结壳的找矿方法与评价方法，获得了为今后确定找矿方向、开辟新的调查区提供重要参考价值的新认识；同时也将对重新制定资源评价参数、探讨新的资源评价方法和准确计算资源量发挥重要作用。

此外，“大洋矿产资源评价”（科技部社会公益研究专项资金项目）、“地幔柱与火山岩浆活动对富钴结壳成矿的影响”（国家大洋专项课题）、“大洋锰结核的纹层韵律及其对全球气候变化的响应”（国家自然科学基金课题）和“多金属结核合同区和邻域环境基线及其自然变化机理研究”（国家大洋专项环境重点课题）等课题，开展了大洋硫化物成矿与改造作用、大洋多金属资源评价方法、火山的形成与岩浆侵入活动、生源物质在水-沉积物界面的海底扩散通量与早期成岩作用模型、多金属结核的韵律生长机制与高分辨率年代标尺的建立、深海环境基线自然变化特征等有关大洋成矿机理、资源评价方法和环境评价方面的基础理论研究。上述课题已发表多篇论文，其成果将为我国开发海底资源、更有效地参与联合国海底管理局有关海底资源开发规则的制定提供科学支撑。

3. 海底高新探测技术研究与开发

技术研究方面的课题主要有“863”深海技术项目和国家大洋专项等课题。

深海研究需要有深海技术的强力支撑，深海技术是海洋技术领域的前沿与制高点。本实验室承担的“6 000 米海底有缆观测与采样系统——电视抓斗”（2001－2003，“863”）、“深海浅地层岩芯取样钻机”（2001－2003，大洋专项）、“深拖光学系统改造”（2002－2004，大洋专项）、“4 000 米多功能摇控运载系统(AOV)观念技术研究”（2002－2004，“863”专家主题基金）、“大洋固体矿产资源成矿环境及海底异常条件探测”（2001－2005，“863”）和“海底物理原位测试系统”（2002－2004，“863”探索项目）等课题，自主开发研制了深海可视取样技术设备、深海观测技术设备、深海快速测量技术设备和深海原位技术设备，代表了深海技术的重点发展方向，上述课题已完成概念设计和样机，并在水下动力与能源技术、数据采集与传输技术、水下监测与控制技术、系统集成技术和数据处理与信息提取技术等方面取得重要进展。同时，“高精度测深边缘波束误差处理的关键技术研究”（2001－2005，“863”青年基金）等课题对地球物理等调查资料的处理方法和信息提取方法进行了有益的探讨，阶段性的成果已实验性应用在大洋调查工作中。

此外，该实验室作为“大洋一号”科考船增改装的调查设备技术负责单位，本年度开展了“大洋一号”船的调查设备的系统性建设，通过“大洋一号船网络系统（2001－2003）”（国家大洋专项）课题，建设了船载网络信息系统，试运行结果表明性能良好。

4. 《海洋调查规范》修订/制定

《海洋调查规范》修订（中央级科研院所科技基础性工作专项资金项目，执行年限 2001－2003 年)。《海洋调查规范》就调查的内容、调查测试方法、技术措施、质量控制及成果形式和鉴定验收标准做出统一的技术规定，该标准实施将有利于海洋资料信息的共享、国际标准接轨和国内外交流，实现其计量单位制统一和量值准确可靠。

目前已通过专家和有关部门的审查，正在进行报批。

海洋调查新标准制定（中央级科研院所科技基础性工作专项资金项目)。根据海洋调查研究的实际需要制定《海洋地形地貌调查》和《海洋工程地质调查》两项新标准。两个新制定分标准的征求意见稿已完成，正在征求意见过程中。

人才培养 海底科学重点实验室完成了申请新增理学博士学位授予单位的材料撰写；申报了博士后流动站有关边缘海形成演化、海底矿产资源和海底探测方面研究项目。

向国家自然科学基金委员会申请了创新研究群体科学基金。

研究生培养工作取得进展，开设了“海底科学系列讲座”和“海洋地球物理”课程，鼓励学生主讲和交流。

学术交流与合作 实验室不定期地开展对内、对外的学术交流。有 5 人参加了在法国召开的欧洲地球科学联合会和美国地球物理联合会联合举办的大型学术讨论会。3 人次参加了在北京召开的 InterRidge、大陆边缘与天然气水合物等研讨会。2 人分别参加了日本和德国组织的海洋调查航次。2 人分别结束了在德国、美国的一年和一个月的访问研究工作，并在实验室举办的学术交流会上汇报了他们的研究工作成果。同时加强了与国际学术组织的交流，国际边缘计划（InterMARGIN）已同意接收中国为该计划成员。

实验室建设 为加强海底实验室基本建设，

提高实验室的科研成果水平和高质量优秀论文产量，促进对外开放，经过二年的认真研究和调研，根据学科发展需求的紧迫性和目前的经费承受能力，海底科学重点实验室自筹资金于2003年购进德国产DELTA^{plus}AD稳定同位素质谱分析系统，包括元素-同位素分析（EA-IRMS），无机碳氧同位素分析（GasBench-IRMS）、单体烃-同位素分析（GC-IRMS）和双路进样同位素分析（Dual-IRMS）。该仪器可分析碳、氧、氮和硫元素的同位素组成及单分子化合物的碳、氮同位素组成，分析数据可应用于大洋、边缘海和极地等区域的古海洋学、矿床学、沉积学、事件地质学、流体的物质交换、全球变化等领域的研究。

【国家海洋局海洋动力过程与卫星海洋学重点实验室工作进展】 **基本概况** 国家海洋局海洋动力过程与卫星海洋学重点实验室建立在国家海洋局第二海洋研究所。2003年春季，实验室主任和学术委员会进行了改选，苏纪兰院士继续担任实验室主任，巢纪平院士等15位专家组成第二届学术委员会。在新一届学术委员会的悉心指导和实验室科研人员的共同努力下，2003年实验室在科研工作、队伍建设、人才培养、开放交流和运行管理等方面取得了显著进展。一年来实验室承担或参加的国家、省部级及地方各级科研项目93项（新上课题33项），其中承担和主持国家“863”计划12项，“973”计划13项，国家科技攻关课题1项，国家专项课题14项，国家自然科学基金5项，国际合作课题3项，省部委重大（点）计划课题5项。

在国内外学术刊物上发表论文70篇，其中SCI 3篇，SCIE 10篇，EI 12篇，国内一级刊物21篇。此外，参加国际学术会议报告和墙报论文26篇，3人次在国际会议上作特邀报告。

2003年有3项成果获奖。其中，潘德炉院士主持的“我国遥感卫星应用效果的数字仿真系统”项目获国家海洋局海洋创新成果一等奖/浙江省科技进步一等奖；苏纪兰、唐启升院士主持的“渤海生态系统动力学与生物资源持续利用”项目获浙江省科技进步一等奖；苏纪兰院士获何梁何利基金科学与技术进步奖；潘德炉院士获国家科学技术进步特等奖（获奖项目：中国载人航天工程——飞船应用系统），并当选为《海洋学报》第四届编委会主编；黄韦艮研究员当选为国际陆地-海洋相互作用研究（LOICZ）计划科学指导委员会委员；袁耀初研究员当选为国际大地测量与地球物理学联合会（IUGG）中国委员会第五届委员会委员。此外，新增研究员3名，副研究员2名。

研究生教育方面，实验室新招博士研究生4人，硕士研究生7人；3人硕士研究生毕业，1人博士后流动站出站。目前实验室在读（含联合培养）博士研究生11人、硕士研究生25人。此外，许建平研究员新增为中国海洋大学物理海洋学博士生导师。

实验室在2003年主办了3次国际学术会议。即：许建平研究员承办的“第五次国际ARGO科学组会议（2003年3月4～6日）”、苏纪兰院士承办的“中意黄、东海近海海洋监测与预报系统工作研讨会（2003年9月22～24日）”和袁耀初研究员承办的“第十二届太平洋与亚洲边缘海/日本海与东中国海研讨会（2003年11月22～24日）”，3次会议均取得圆满成功。

2003年新增国际合作课题1项：梁楚进副研究员与美国加州大学圣巴巴拉分校海洋物理实验室Tommy Dicky博士开展合作研究课题1项。实验室14人次赴日本、韩国、印尼和西班牙等国家与地区进行学术访问和合作研究。26人次参加国际学术会议并作会议报告。接待国内外专家、学者来访8人次。新增实验室开放课题4项。

受实验室邀请，美国哥伦比亚大学陈大可教授于2003年9月至12月来实验室进行了3个月的短期工作，在“东亚季风对黑潮的影响（与许东峰合作）”、“南海夏季环流的动力机制（与王桂华、苏纪兰合作）”、“热带印度-太平洋的年际变化（与许东峰合作）”、“厄尔尼诺及其可预报性（与黄大吉合作）”等方面开展了实质性的研究工作。在实验室期间合作完成的一篇论文已在《Nature》上发表。

2003年实验室集资200万元对卫星数据接收地面站进行了改建。在原有L波段接收能力的基础上，增加了X波段接受EOS/MODIS和HY-1海洋卫星数据资料的能力，每天可以产生十几个吉的数据量的一级产品卫星遥感数据，于年底投入试运行。

最新研究进展 实验室坚持以基础研究和应用基础研究为重点，以高起点、高水准和高质量为准则，在新理论、新方法和新技术研究方面取得了一系列有重要学术价值的研究成果。

1. 近海海洋动力过程

“东、黄海高生产力区中尺度物理过程的特性和演变机制”（“973”项目，1999－2004）。该课题从研究物理过程入手，建立物理-化学-生物耦合的生态系统动力学模式，采用调查和模式相结合的方法，深入探讨关键物理过程在生态系统中的作用和地位。

“东、黄海重点区域海底边界动力结构及其物质沉降和再悬浮的作用研究”（“973”项目，1999－2004）。该课题分析结果显示，由于净径流的输入，部分冲淡水在长江河口区向北扩散。这与“无净径流输入河口”的传统理论存在很大的差别。

“异常事件下河口高浓度悬沙运移和底床快速冲淤过程模拟”（国家自然科学基金项目，2003－2005）。该课题已成功地建立了一个针对常规天气系统下高浓度悬浮粘性泥沙模拟系统，并将高混浊的椒江河口视为研究悬浮泥沙及浮泥的天然水槽，使用包含浮泥信息的长序列历史观测数据多重反复校验了模式。初步研究表明，在高混浊水体中粘性泥沙的浮力效应至关重要。

“我国典型赤潮高发区赤潮生消的关键物理过程”（2002－2005）。该课题为“973”计划项目“我国近海有害赤潮发生的生态学、海洋学机制及预测防治”的子课题。研究表明：①2002 年发生在象山港内的丹麦细柱藻赤潮是原在海底的休眠体在适当的水温下萌发后上浮至海面，在水体扩散率最低的动力条件下集聚形成的；②此赤潮藻密度的增值过程与营养盐无关；③长江口外发生的大面积赤潮不是东海原甲藻生物增殖的结果，而是此赤潮藻通过海区上升流输运至上层与上层的羽状锋集聚作用的结果。

2. 边缘海环流动力学

“南海季风环流及其变异机理”（1999－2004），该课题为“973”计划项目“中国近海环流形成和变异机理、数值预测方法及对海岸带资源环境的研究”子课题（课题编号 G1999043805）。研究表明黑潮通过吕宋海峡作了弯曲，其流量为 29sv ；吕宋海峡上、中层的海流状况很不相同，在 800 米深处南海水流向太平洋；黑潮的右侧存在高密、冷水的气旋式涡。此外还模拟了南海夏冬季环流及其变异，分析了季风与斜压场等作用。对 1993－2000 年长时间水位高度时间序列的卫星高度计资料进行了中尺度涡变异及统计特征分析，研究表明 1993－2000 年期间所研究海区共有 86 个涡产生与消衰，其中 58 个为反气旋涡，28 个为气旋式涡，典型涡的寿命约为 130 天，直径约为 300 千米。

“东海黑潮结构及其与陆架水的相互作用”（1999－2004）。该课题为“973”计划项目“中国近海环流形成和变异机理、数值预测方法及对海岸带资源环境的研究”子课题。本课题利用改进逆模式分析 1999 年 6 月黄海南部及东海北部的水文及环流状况，采用非线性诊断模式、半诊断模式及三维诊断模式模拟了 1999 年 6 月黄海和东海环流的三维结构，模拟结果与实际观测较吻合。

3. 大洋环流与海气相互作用

“我国新一代海洋实时观测系统（ARGO）”——大洋观测网试验（2002－2003）。

该试验在西北太平洋海域成功布放 19 个 ARGO 剖面浮标，圆满完成构建 ARGO 大洋观测试验网框架任务；成功承办了第五次国际 ARGO 科学组会议，提交 4 篇技术研究报告；筹建完成中国 ARGO 实时资料中心，24 小时内接收和处理由我国布放的 ARGO 剖面浮标资料，并在中国 ARGO 实时资料中心网站（http://www.argo.org.cn/）上在线发布；向国内从事海洋、气象科研和教育的单位与个人、航海、军事等相关部门免费发放我国 ARGO 剖面浮标观测资料及最新全球 ARGO 剖面浮标资料光盘，累计达 200 余张；已完成一批 ARGO 浮标资料质量控制技术报告和 ARGO 资料试应用研究论文及报告，在国内外学术研讨会交流。

“南海环流及其变异预测数值模式”（1999－2004），该课题为“973”计划项目“中国近海环流形成和变异机理、数值预测方法及对海岸带资源环境的研究”子课题。利用先进的 MIT-GCM 大洋环流模式，建立了北太平洋（100° E～65° W，30° S～40° N）0.5° ×0.5° 分辨率的 23 层模式，模拟了 1990－2002 年期间实际风场下的海流分布。模式能可靠地模拟季节变化以及 1997/1998 和 2002/2003 年间 El Niño 事件对南海的环流和水位的影响。在资料同化方面，在南海进行了利用历史观测资料的标准差信息，结合海面 TOPEX/Poseidon 得到的海面水位异常，估算某一具体时刻次表层温度剖面，精度较高。

4．海洋遥感

该实验室承担了“赤潮灾害预报技术研究”（2001－2005，国家“十五”科技攻关项目“海洋环境预报及减灾技术”06 课题、“南麂列岛国家级海洋自然保护区管理信息系统”（2000－2003，国家计委高技术发展研究项目“国家级海洋自然保护区环境与资源遥感动态监测——南麂列岛示范区研究”、“多参数合成孔径雷达海洋要素信息分离技术”（2002－2004，国家“863”青年基金、“海水透明度卫星遥感探测技术研究”（2003－2004，国家“863”海洋监测技术主题青年基金课题、“FY-1C 海洋水色通道的大气校正研究”（2001－2003，国家自然科学基金、“多波段、多极化、多视角 SAR 海洋遥感应用技术”（2002－2004）等，均高质量地按计划执行，取得良好结果。

【国家海洋局第二海洋研究所区域海洋学重点实验室】 该实验室以海洋化学和海洋生物两个研究学科为基础，结合学科自身特色和优势，设立了五个研究方向，分别为：全球变化与区域响应；海岸带资源、环境与可持续发展；区域海洋生态学；海洋生物地球化学；海洋标准体与生态环境监测关键技术。

（1）全球变化与区域响应。研究陆架区、边缘海、大洋与极地海域区域海洋环境的演变规律及对全球变化的响应，包括：①近岸和河口陆源物质的输送与转化、界面物质交换等关键过程对我国区域海洋生态环境系统的影响；②围绕南大洋和北极极端环境，研究极地海区碳的调控过程及在全球碳循环中的作用；③阐明大洋环境自然变化机制，研究大洋生态系统的结构与功能，研究深海矿物形成的生物、化学机制。评价人类活动对区域海洋过程和海洋生态系统的影响。

（2）海岸带资源、环境与可持续发展。研究包括：①阐明近海海洋生物多样性和海洋生物资源的变动规律，揭示海洋生态系统动态变异对全球变化的响应机理；探讨有害赤潮发生和消亡的机制，提出预测和防治有害赤潮暴发的理论和关键技术；②系统研究近海典型受损生态系统的演变特征，初步提出受损生态系统修复理论和关键技术；③开展蓝色海洋农业优质、高效、持续发展的基础理论和关键生物技术研究，重点研究海水清洁养殖技术。

（3）区域海洋生态学。研究区域海洋生态系统与特殊生境的变化特征、结构功能、物质循环及能量流动，揭示人类活动与自然变化对区域海洋生态系统与特殊生境的影响，为区域海洋生态系统的保护、环境资源的可持续利用提供科学依据。

（4）海洋生物地球化学。探索以碳为核心的海洋生源物质循环的调控机制，包括：①通过对典型生态系统的长期监测，揭示其不同时期生态系统及环境要素的变化规律及其动因；②从现代过程着手，追踪环境参数进入沉积记录的机制；③研究人类活动产生的化学物质在海洋生物地球化学循环过程中的叠加效应、归宿机制及其演变历史。

（5）海洋标准体与生态环境监测关键技术。研制和生产海洋环境保护和研究的标准物质，完善相应的标准规范；发展高保真海水、沉积物取样技术，特殊样品前处理技术；发展适合海上的、快速、方便、准确的新技术、新方法和实时监测、自动观测平台；建立与完善海洋生态与环境参数的测试技术，使之与国际接轨；探索评估生态环境质量的新方法。

实验室固定科研骨干 25 人，科研辅助人员 5 人，兼职科研人员 5 人，在读硕士生 20 名，在读博士生 5 名。

实验室重视国内外的学术交流与科技合作，2002 年有 10 人次出访参加国际学术会议和进行国际合作项目研究，接待外国专家 6 批次。

目前实验室共承担国家和省部级科研项目 45 项，其中主持国家“863”计划 2 项，主持国家自然科学基金 9 项（含重点 1 项），参加国家“973”计划 3 项，国家攻关计划 1 项。各项目均按计划进行，取得了一批具有较高学术水平的研究成果，其中“海洋微(超)微型光合浮游生物的生态生理研究”获 2002 年国家海洋创新成果一等奖，“象山港水域养殖生态与主要鱼类养殖容量研究与评价”获 2003 年国家海洋创新成果二等奖。出版专著 1 部，在核心刊物发表论文 25 篇。

（国家海洋局第二海洋研究所）

【国家海洋局海洋-大气化学与全球变化重点实验室】 国家海洋局海洋-大气化学与全球变化重点实验室成立于 2002 年 8 月，通过国家海洋局的考核并被批准为局重点实验室。实验室主要从事大气化学、海洋生态科学、海洋化学、生物地球化学过程、极地科学、全球变化等研究。实验室现有员工15人，其中研究员6人，副研究员3人，博士生导师1人，博士2人，硕士4人，另有正在培养的博士生3人。聘任中国科学院客座院士1名，国外兼职研究员2名。

实验室拥有美国进口的低本底高纯锗γ多道能谱仪、α、β微机多道一体化能谱仪、γ多道能谱分析系统、溶解总无机碳分析仪、海水总碱度滴定仪、LI-COR CO_2红外分析仪、荧光/生化发光/磷光分光光度计、原子吸收分光光度计、气相色谱仪等诸多大型先进仪器设备。同时拥有2套完善的海-气CO_2走航观测系统，已经连续多年在雪龙船上成功实施南极海域和西北冰洋以及沿途海域的走航观测，获得了大量宝贵的资料和数据，取得了重要开拓性的成果。

近年来，实验室先后承担了国家重点自然科学基金、国家自然科学基金、国家“973”项目、科技部基础性工作项目、科技部公益性工作项目、国家“126”勘测专项、国土资源部“908”专项、国家“703”专项、国家海洋局各类专项基金、福建省科委、厦门市海洋与渔业局专项基金等各类科研项目。自2002年重点实验室成立以来已发表论文30篇，其中SCI（中国科学）2篇。参加各种大型国际学术会议并交流学术论文达十几篇。实验室主任陈立奇研究员所主持的国家“九五”重点攻关项目“南极地区对全球变化的响应与反馈作用研究”和“中国首次北极科学考察”项目，先后获得国家海洋局创新成果一等奖。

【国家海洋局海洋生物遗传资源重点实验室】

“国家海洋局海洋生物遗传资源重点实验室”原名“国家海洋局海洋生物工程重点实验室”，创建于1991年，是我国第一个海洋生物工程实验室，1997年被评为国家海洋局重点实验室。2003年，实验室在原有基础上根据国家需求和学科发展需要，围绕“海洋遗传资源可持续开发利用”的主题，与福建省共建成立福建省海洋生物遗传资源重点实验室。

近几年实验室的规模不断扩大，从国内外引进了大批优秀人才。目前实验室以中国工程院院士、博士生导师徐洵教授为首席科学家及实验室名誉主任，设主任1人，副主任3人，固定高、中、初级别人员共有23人，其中，高级职称17人，中级职称3人。科研人员中院士1人，入选全国千百万人才工程第一、二层次1人，博士8人，有博士、硕士学位的高级研究人员占60%以上，有3人从德国及新加坡从事博士后研究回国；45岁以下中青年科技人员15人，占总人数的75%；形成了具有一支老中青梯队合理结构的科研队伍。

此外，实验室通过与厦门大学、中国科技大学、中国海洋大学等国内高等院校联合培养或委托培养，扩展了研究生来源的空间，目前在读研究生45名，其中博士研究生10名。

实验室工作用房建筑面积达到4 000平方米，其中实验操作室2 500平方米，仪器室600平方米，办公室400平方米，其他用房如学术会议厅、动物房、养殖房等500平方米。实验室现有主要仪器设备近50类200多台（套），另外小型国产仪器上百台，总价值近1 500万元。

实验室从2001—2003年共申请各类课题52项，合同总经费2 783万元，平均每项经费53.5万元，省部级以上课题48项，合同经费2 453万元，占总合同经费的88%。省部级以上项目中“863”计划5项，“973”计划1项，科技部开发专项1项，国家攻关项目1项，国家自然科学基金7项，省重大科技项目6项，中国大洋协会课题5项，国家海洋局课题16项，其他课题6项。发表论文70多篇，其中外文刊物发表17篇，有17篇为SCI收录；申请专利7项，其中国际专利1项，有3项已获公开；获国家海洋局海洋创新成果奖二等奖2次。（国家海洋局第三海洋研究所）

【中国海洋大学海洋药物教育部重点实验室】

中国海洋大学海洋药物教育部重点实验室始创于1980年，是我国最早从事海洋药物研究与开发的科研机构之一。1994年，被山东省确定为省级重点实验室；2003年，被教育部批准立项建设教育部重点实验室。管华诗院士为实验室主任，徐洵院士为实验室学术委员会主任。

实验室主要从事海洋药物基础及应用基础研究，目的是从海洋生物中筛选、发现药物先导化合物，探讨其构效关系和作用机制，开发研制现代海洋药物。主要研究方向有：海洋天然产物化学、海洋糖化学与糖生物学、药物合成、药物生物学、海洋药物工程等。

实验室现有固定人员 36 人，其中，中国工程院院士 1 人、“长江学者奖励计划”特聘教授 1 人、教授 13 人、副教授 6 人、讲师 10 人。高级职称科研人员中 45 岁以下的占 84%；具有博士学位的 14 人（45 岁以下的占 93%），硕士学位的 13 人。客座、兼职教授 12 人。

实验室拥有独立的、设施优良的研究实验大楼，总面积为 4 300 平方米；拥有从事海洋药物研究的大型配套仪器设备，总价值达 3 000 万元，主要包括：用于药物化学研究的核磁共振光谱仪（600MHz）、液质联用仪（Q-TOF）、傅立叶红外光谱仪、Cary300 型紫外分光光度计、液相色谱仪、计算机药物辅助设计工作站、毛细管电泳仪、组合化学仪、全自动旋光仪、Amphamacia 层析系统；用于生物学研究的激光共聚焦显微镜、流式细胞仪、生物大分子相互作用仪、DNA 测序仪、PCR 扩增仪、脉冲电泳仪、超低温冰箱、超高速离心机等大型仪器设备。目前，实验室已经构建了具有国际先进水平的科研技术平台，整体研究技术手段达到了国际先进水平。

实验室已形成我国海洋药物领域唯一的由药物化学本科到硕士点、博士点及博士后流动站完善的人才培养体系。1994 年，经教育部批准创办了我国唯一的海洋药物领域的药物化学本科专业；1998 年，经国务院学位委员会批准设置生药学硕士点；2000 年，增设了药物化学硕士点；1993 年在水产品贮藏与加工博士点招收海洋药物研究方向的博士生，2003 年，增设了药物化学博士点。1998 年，在海洋药物学科建立了博士后流动站；1999 年，海洋药物学科被教育部批准为首批“长江学者”奖励计划特聘教授岗位。现已培养博士 25 名，硕士 57 名，本科生 150 余人，出站的博士后 1 人；现在站博士后 2 人、在读博士生 60 人，硕士生 92 人，本科生 220 余人。绝大多数毕业生已成为我国海洋药物研究开发领域教学科研的骨干力量。

近 20 多年来，实验室已完成“九五”国家科技攻关“重中之重”项目、海洋“863”项目、国家攀登计划 B 项目、国家自然科学基金项目等 20 余项；现承担国家重点基础研究发展计划“973”项目、国家重大基础研究前期研究专项、国家自然科学基金重点项目、“十五”国家“863”计划项目、“十五”国家重大科技专项等国家和省部级项目 40 余项，经费共计 3 900 余万元。实验室共发表论文 350 余篇，其中 SCI 收录 77 篇；已获授权国内外发明专利 15 项，申请的国家发明专利 48 项；先后成功研制了“藻酸双酯钠（PSS）”（我国第一个具有国际先进水平的海洋药物）、“海力特”（现为“海麒舒肝胶囊”）、“甘糖酯”、“降糖宁”（现为“健脾消渴散”）等海洋药物及“排铅奶粉”、“四海回春”、“降糖乐”、“海利心藻维微胶囊”、“高效海参活素”等系列海洋生物工程制品，全部实现了产业化，创造了巨大的社会效益和经济效益；“九五”期间，研制的 3 个国家一类新药（抗艾滋病海洋药物 911、抗心血管疾病海洋药物 D-聚甘酯、抗动脉粥样硬化海洋药物 916）已进入Ⅱ期临床研究。实验室研究成果获国家级科技奖励 2 项，省部级科技奖励 10 余项。

实验室十分重视与国内外著名科研院所的合作研究与学术交流。先后与国内同领域知名的研究机构中国医学科学院北京药物研究所、中国科学院上海药物所、中国科学院上海有机所、中国科学院昆明植物所、军事医学科学院、中国预防医学科学院等科研院所建立了长期有效的合作关系；与美国爱荷华大学、美国密西根大学、荷兰鹿特丹大学、日本东京大学、瑞典 Upsalla 大学、德国杜塞尔多夫大学、法国海洋开发研究院（Ifremer）、法国布雷斯特大学等国际著名研究机构在资源共享、人员互派、学术交流、科学研究等方面建立了密切的合作关系。

实验室目前已具备承担国家重大基础研究、应用基础研究及开发研究项目的条件和能力。

（中国海洋大学　冯秀丽　林　霖）

【河口海岸动力沉积和动力地貌综合国家重点实验室】　该实验室依托于华东师范大学，于 1989 年由国家计委批准筹建，1995 年 12 月通过国家验收并正式向国内外开放。该实验室是在华东师范大学河口海岸学科 30 多年研究工作的基础上创建的，著名的河口海岸学家、中国工程院院士陈吉余教授和中国工程院院士刘济舟教授任实验室学术委员会顾问，中国科学院院士汪品先教授任实验室学术委员会主任，沈焕庭教授和中国科学院院士苏纪兰教授任学术委员会副主任，丁平兴教授为实验室主任。2003 年共有专职教师和研究人员 34 人，其中院士 1 人，正高职称 16 人，博士生导师 13 人。

实验室主要从事河口海岸的应用基础研究，研究方向为：河口演变规律与河口沉积动力学；海岸动力地貌与动力沉积过程；河口海岸生态与环境。拟通过多学科交叉渗透和综合分析，深入研究各种时空尺度的河口海岸动力沉积和动力地貌过程及人类活动对自然环境与过程的影响，揭示河口海岸各地区自然要素和界面的相互作用与变化规律，发展河口海岸学科理论体系，同时为港口航道等工程建设、沿海资源开发、生态环境保护、规划管理等服务。

实验室 2003 年招收硕士研究生 25 名，博士研究生 17 名；毕业硕士研究生 12 名，博士研究生 5 名；现在读研究生 100 名，其中硕士研究生 59 名，博士研究生 41 名。其中张卫国博士的毕业论文“长江口潮滩沉积物的环境磁学研究”获得 2003 年度“全国优秀博士学位论文提名”。

在完成一批纵、横向科研课题的同时，一批高质量的学术论文在国内外刊物上发表，共发表学术论文 117 篇，其中国外刊物 14 篇，国内重要刊物 87 篇。被 SCI 和 EI 收录 15 篇，有 2 篇论文发表在 SCI 的 I 区刊物，2 篇发表在 SCI 的 II 区刊物上。出版专著、研究生教材 7 部。有 1 项成果获上海市科技进步二等奖。其代表性成果见海洋教育华东师范大学条目。（华东师范大学）

【海岸和近海工程国家重点实验室】 **实验室概况** 海岸和近海工程国家重点实验室于 1986 年由国家计委批准筹建，1990 年通过国家验收后被批准对国内外开放，1994 年、1997 年和 2003 年三次通过了国家计委委托国家自然科学基金委组织的评估。现任实验室主任为董国海教授，实验室学术委员会主任由中国工程院院士，海岸动力及海岸工程专家谢世楞院士担任。

实验室下设三个分实验室；水动力学实验室，结构实验室及抗震实验室。现有水利工程、土木工程两个一级学科博士点和博士后流动站，其中港口、海岸和近海工程二级学科为国家重点学科和“211 工程”建设重点学科。实验室研究与技术人员近 40 人，其中两院院士 3 人，长江学者奖励计划特聘教授 4 人，国家杰出青年基金获得者 5 人，入选教育部跨世纪人才培养计划 3 人。

实验室拥有可模拟产生海浪、海流和潮汐等综合作用的多功能水池；大波流水槽；浑水水槽；溢油水槽；海洋环境水槽；电液伺服结构疲劳试验系统；二维水下地震模拟系统；大型高精度静动三轴仪；土工静力-动力液压三轴-扭转多功能剪切仪；基于 PIV&LIF 的流速场、浓度场同步测试系统等。

研究方向 实验室站在学科研究的前沿，面向经济建设的实际，既重视学科本身的发展，也重视面向国家经济建设中重大技术问题的研究。当前为适应我国港口与近海油气工程的大规模发展，海岸带开发与环境保护以及海洋污染治理等的需求，确立了下述五个研究方向：

(1) 浪、流、冰、风等动力因素对建筑物及海岸泥沙的作用；

(2) 海岸和近海环境（污染和灾害）的动态分析和保护的研究；

(3) 海岸和近海工程结构的分析，设计与材料研究；

(4) 海岸和近海工程结构的抗震研究；

(5) 海岸和近海工程数值模拟试验与可视化的研究。

研究成果 实验室在海浪方向谱的观测与分析、波浪谱在缓坡上的变形及破碎、近海结构物上的非线性波浪力、波浪在多孔介质内的渗流运动、近海水域水质污染与控制精确预报系统、海岸工程新型结构型式、海冰对结构物的作用、混凝土静态及动态断裂特性、钢纤维混凝土增强机理及其结构设计理论、混凝土多轴疲劳破坏准则、非连续变形计算力学与非线性海床动力学理论及其应用、海底管线的地震破坏机理和振动控制等应用基础性研究方面取得了许多重要研究成果。

实验室致力于开展海岸和近海工程领域内的应用基础研究和直接服务于国家经济建设的关键工程技术课题的研究，1997－2003 年期间共承担各类科研项目 416 项，其中：海洋“863”计划子课题 2 项，国家攀登计划 B 子课题 2 项，973 子课题 1 项；国家攻关课题 7 项；国家自然科学基金“九五”第二批重大项目子课题 1 项；国家杰出青年基金 5 项；国家自然科学基金课题 41 项（包括 5 项重点基金和 1 项 NSFC-RGC 资助项目）；教育部跨世纪优秀人才培养计划基金 3 项；国际及港台地区合作研究课题 18 项；教育部及其他省部委基金课题 64 项；国家经济建设中的工程技术课题 209 项；实验室访问学者基金、开放课题基金课题 56 项；仪器设备更新改造项目及学科建设项目 7 项。

实验室 1997—2003 年期间共获得国家级科技奖励 9 项，省部级科技奖励 25 项。其中：国家科技进步奖一等奖 1 项；国家科技进步奖二等奖 3 项；国家科技进步奖三等奖 5 项；省部委科技进步奖一等奖 4 项；省部委科技进步奖二等奖 12 项；省部委科技进步奖三等奖 7 项；省部委自然科学奖三等奖 2 项。此外实验室还获得其他科技奖励 12 项（国家级教学成果二等奖 1 项，教材奖及其他科技奖 11 项）。18 项成果已被我国有关工程规范采用。完成科技鉴定成果 12 项，获发明专利 3 项，获实用新型专利 2 项。出版学术专著 22 部；在国际学术期刊发表论文 37 篇；国内重要期刊论文 655 篇；国内一般期刊论文 191 篇；国际学术会议论文 179 篇。

实验室面向国家经济建设的主战场，发挥其人才与设备优势，解决了许多国家大型工程中的技术问题。诸如：大连港大窑湾港区整体模型试验，大窑湾港码头前沿铺面裂缝问题研究，大连 30 万吨原油码头工程物理模型实验，黄骅港一期工程整体模型试验，烟大铁路轮渡港口工程可行性研究模型试验，洋山港区一期工程船舶系靠泊模型试验，上海宝钢马迹山港码头系泊船只泊稳模型试验，上海石化海堤工程断面模型试验，广东岭澳核电站海域工程地连墙结构防波堤及取排水交叉口结构抗震试验与分析，连云港核电站隧洞取水方案拦沙防波堤断面模型试验、水工结构抗震试验及边墙工程土工试验，辽河油田浅海抗冰坐底混凝土平台可行性研究等。

对外开放、学术交流与人才培养 近五年来，实验室设立开放基金资助课题 46 项；执行教育部国家重点实验室访问学者计划 7 项；举办与承办国际、国内学术会议 12 次；邀请来室讲学与合作研究的国内外专家 82 人次；实验室累计派到国外及港台地区讲学、合作研究及参加国际学术会议 75 人次。实验室现与美国、英国、比利时、日本、澳大利亚等国家在海洋环境、海底管线、激光流场测试技术、结构抗震等方面开展了高层次的合作研究工作。实验室博士后研究人员出站 19 人，毕业博士研究生 83 人、硕士研究生 144 人。目前在站博士后 15 人，在读博士研究生 176 人，在读硕士研究生 208 人。（大连理工大学）

海洋技术
Ocean Technology

海洋观测和监测技术
Ocean Observing and Monitoring Technology

【概况】 2003 年是我国“十五”“863”计划海洋监测技术主题实施的第三个年头，也是各项研究课题技术攻关关键的一年。在各方面的努力下，各项工作进展顺利，大部分课题已经取得了阶段性成果，部分课题在关键技术上取得了重大突破和进展。有的成果填补了国内空白，申请了国家发明专利，形成了具有自主知识产权的技术产品，为成果的转化和产业化储备了技术。本着跟踪与创新、研制与引进相结合的原则，研制出了一批具有国际先进水平的海洋监测技术产品，为维护海洋权益、发展海洋经济、开发海洋资源、保护海洋环境、预警海洋灾害等领域提供了强有力的技术支撑。“十五”期间国家“863”计划海洋监测技术主题实施 3 年多来，通过高技术研究开发和海上试验，培养和锻炼了一批具有高技术研究能力、能驾驭海洋高技术的优秀科研队伍，提升了我国海洋监测技术和科研队伍的整体水平，缩短了中国与发达国家在海洋监测技术上的差距，为中国海洋监测高技术的发展奠定了基础。

海洋动力环境观测和监测技术

【台湾海峡及毗邻海域海洋动力环境实时立体监测系统】 该监测系统（福建示范区）覆盖南起 21° N 北至 27° 20′ N、西起 117° 20′ E 东至 121° E 的海域。该海域是我国沿海经济发达的海域，也是海洋灾害的重灾区。为满足不同用户的需求，“十五”“863”计划资源与环境领域专家委员会将“海洋动力环境实时立体监测系统”列为领域重大项目，该项目研究由国家海洋技术中心承担。

在台湾海峡及毗邻海域，利用“十五”“863”海洋监测技术主题海洋动力过程长期实时监测子系统、水下动力要素剖面探测子系统和海洋动力环境要素遥感监测子系统取得的技术成果和设备，继承“九五”“863”计划 818 已取得的技术成果，依托示范区可资利用的监测手段、环境资料和基础设施备件，按照模块化、网络化和标准化的原则，建成一个区域性的海洋环境实时传输立体监测系统。实现从空中、水面和水中对示范海域的多平台监测，实时获取台湾海域及毗邻海域海洋动力环境的监测数据，建立动态管理基础数据库，制作监测数据应用产品，有效地为示范区发展海洋经济、减灾防灾和国防建设等提供多种形式的监测信息服务。

1．系统组成结构设计

（1）海洋环境立体监测系统。该系统包括：①海岸基与海岛基定点海洋动力和生态环境监测网络；②近海海洋环境定点剖面监测；③高频地波雷达海洋动力环境监测；④船载海洋动力和生态环境监测；⑤海洋环境卫星/航空遥感应用监测。

（2）监测数据与信息服务通讯子系统。系统数据通讯网络包括两部分：①现场监测设备与数据中心之间数据通讯、卫星/航空遥感应用系统与数据中心之间的数据通讯；②数据中心与信息产品用户之间的信息服务通讯。

（3）数据处理与信息服务子系统。该系统由数据集成平台、数据处理与信息产品开发平台、数据共享与信息服务平台和支撑网网络组成。完成了对立体监测子系统管理、控制及数据获取；数据处理、分析、管理及数据库存储；信息产品制作与管理；数据共享与信息服务。

2．系统总体功能设计

（1）监测数据获取模块。由空中、海面、水下、海底、海岸、近海等监测设备构成的海洋动力和生态环境立体监测子系统，自动完成海洋环境要素现场监测和数据处理、存储和传输。

（2）监测数据集成模块。利用 Internet 网络通讯标准和系列技术，构建数据中心与立体监测体系中各监测设备间的数据通讯网络子系统，支持双向传输，完成监测数据和控制命令的实时传输。

(3) 数据处理与信息产品开发模块。利用先进的信息处理与管理系列技术，针对系统数据集成模块获取的海洋动力和生态环境监测数据，利用成熟的海洋环境数据处理方法及模式，完成监测数据处理、分析质量控制及信息产品制作。

3. 系统数据流程设计

根据国家现行的海洋环境监测业务化运行的要求，系统分为实时数据和延时数据两个基本流程，并按照数据处理分为 4 个流程段，即：数据通讯→数据集成→数据处理与信息产品开发→数据共享与信息服务。

4. 系统运行管理模式设计

系统在数据中心统一管理、调度与控制下，采取分步处理的业务化管理运行模式，实现数据采集、数据处理与信息产品开发、数据共享与信息服务等系统总功能。数据处理中心数据库与国家各海洋业务中心数据库进行远程联网，并进入海洋信息业务网络，纳入国家海洋监测业务系统，扩大示范系统信息处理及服务能力。

【大型海洋环境多层监测浮标关键技术】 该课题是国家“十五”“863”海洋监测技术主题之一，由山东省科学院海洋仪器仪表研究所承担。多年来，该所一直从事一系列大型资料浮标的研究工作，并取得了丰硕成果。

1. 仪器用途

大型资料浮标由于具有抗恶劣环境、安全性好等优点，一直是我国海洋监测网中的主力浮标，主要监测常规海洋气象参数和水温、波浪等表层水文参数。为了适应国家对海洋动力环境要素监测的需要，应发展监测气象要素和多层水文要素的大型浮标技术，从而充分利用现有的大型浮标，完善和发展浮标监测网，提高我国的海洋监测能力。

2. 浮标主要研究内容

(1) 多层流测量技术：研究在大型浮标利用 ADCP 进行剖面流测量技术。

(2) 测量多层温盐：研究简单、可靠的多层温盐链，设计新型的感应耦合式数据传输方式，满足实时传输的要求。

(3) 测量波向：根据大型浮标及海浪的运动规律，利用方位倾斜传感器及加速度计，研究测量波向的方法。

(4) 采集处理系统：利用高可靠性、低功耗、通用性和模块化结构。

(5) 通信系统：研究支持 Inmarsat-C 及其他通信方式的软件接口，支持双向通信，可远程遥控，压缩方式传输浮标观测数据。

(6) 对现有的浮标体及锚系进行优化设计，并增设浮标的报警系统及抗破坏性设计等措施。

(7) 关键技术：ADCP 在大型监测浮标的应用技术；温盐链数据感应耦合传输技术。

3. 技术指标

工作水深：≤200 米

海上连续工作时间：2 年

浮标直径：10 米

数据传输：北京时间 2，5，8，11，14，17，20 和 23 时采集处理数据后，通过 Inmarsat-C 卫星通讯实时传输监测数据。资料接收率≥95%。

测量项目及技术指标见表 1。

表 1 测量项目及技术指标

序号	测量参数	测量范围	测量准确度
1	风 速	0～80 米/秒	V ≤20 米/秒：±1 米/秒 V ≥20 米/秒：± V 5%米/秒
2	风 向	0°～360°	±10°
3	气 温	-40～+60℃	±0.5℃
4	气 压	850～1 100 百帕	±1 百帕
5	相对湿度	0～100%	±5%
6	表层水温	-4～+40℃	±0.1℃
7	表层盐度	8～36	±0.2
8	温度剖面	-4～+40℃	±0.1℃
9	盐度剖面	8～36	±0.2
10	深 度	0～200 米	2% F·S
11	波 高	0.5～25 米	±(0.3+H 10%)米
12	波周期	3～30 秒	±0.5 秒
13	波 向	0°～360°	±10°
14	流速剖面	0～4 米/秒	±0.2%V+0.5 米/秒
15	流向剖面	0°～360°	±10°

【小型多参数海洋环境监测浮标】 “小型多参数海洋环境监测浮标”是国家“十五”“863”“海洋动力环境实时立体监测系统”的子课题，由国

家海洋技术中心承担。

该浮标可以在恶劣的环境备件下，实现无人值守、全天候、全天时长期连续定点观测，它不仅可以观测海面附近的环境参数，还可观测海洋水下环境剖面参数，是实现海洋环境立体监测的一个重要手段，其重要性越来越受到世界各海洋国家的重视。它突破了当初仅限于采集海洋表层水文参数和海面气象参数的范围，扩展到可对海洋生态环境、海水光学特性及深海剖面诸要素进行全面综合监测，是海洋观测岸站和海洋调查船不可替代的。其观测数据对海洋开发、海洋科学研究、海洋环境预报、海上航行、减灾防灾等都具有重要的意义。

1．浮标系统组成

该浮标由圆盘形标体、塔架、密封数据舱、太阳能电池、航标灯、锚系、检测器和岸站接收系统组成。

(1) 浮标体主要参数

主尺度：总高约 6.5 米，直径约 3 米

排水量≤3 吨

储备浮力>2.5 吨

(2) 浮标体静态特性

重心：水线以下 0.13 米

浮心：水线以下 0.25 米

初稳性高：重心以下 1.3 米

2．浮标系统的关键技术

(1) 水下 200 米分层温盐剖面传感器数据感应耦合传输技术。

(2) 低功耗、高可靠性的数据采集与传输技术。

(3) 绷紧型弹性系留系统设计技术。

(4) 应用 ADCP 的海流剖面测量技术。

【极区卫星跟踪水文气象自动观测浮标】 国家海洋技术中心研制的两套极地卫星跟踪水文气象自动观测浮标于 2003 年 8 月 22 日和 25 日分别布放在北极浮冰上，实现了我国极地卫星跟踪浮标零的突破，开创了我国海洋自动观测系统在高纬度地区应用的新记录。该浮标在北极地区的成功布放，可以将万里之外自动观测到的水文、气象、海冰的数据资料通过卫星连续不断地传递回国内，实现了一种对北极环境要素包括水文、气象及海冰情况进行长期、全天候、无人值守的观测技术，为我国极地研究提供了极有价值的现场观测数据资料。

极地卫星跟踪浮标由浮标体、传感器及系留系统组成。浮标体上部塔架的平台上安装有 ARGOS 发射天线和风速风向传感器，塔架内圆锥形保护罩顶部安装气温传感器。浮标体下部仪器舱内装有数据采集处理器、ARGOS 卫星通讯发射系统、电源系统、气压传感器和冰温传感器。系留系统主要用于垂直设置水下测量的传感器，系留索上固定设置温盐传感器。浮标上安装的所有测量传感器均通过水密传输电缆与仪器舱内的数据采集处理器连接。

极地浮标的观测项目包括：风速、风向、气温、气压、表层冰温、水下三层（5 米、25 米、50 米）水温和盐度以及浮标的位置。浮标布放在加拿大海盆和楚科奇海 76°～80° N之间的海域，布放点深度大于 60 米，布放点冰厚度在 3 米以上。两套极地浮标工作环境恶劣，但均正常工作，数据采集通讯状况良好，可自动观测浮冰的气象情况、冰下海水的温盐剖面、冰变化和浮冰的漂移轨迹，可通过 ARGOS 卫星将观测到的资料发送到地面服务站，用户可以由互联网登陆 ARGOS 地面服务站进行查询和数据下载。

极地卫星跟踪浮标是国家“863”计划中资源环境技术领域海洋监测主题的重大专项研究课题，在技术上属跟踪性创新，总体技术达到国际先进水平，填补了国内该领域的空白。

【海床基动力要素综合自动监测系统】 国家“十五”“863”计划支持研究的最新成果“海床基动力要素综合自动监测系统”，利用海床基作为观测平台，研究海洋动力要素定点长期连续监测和数据实时传输技术。该系统作为“台湾海峡及其毗邻海域海洋动力环境实时立体监测系统”的一部分，参加福建示范区的集成和示范试验。该课题由国家海洋技术中心承担。

1． 系统用途及功能特点

(1) 用途：可布放在近海海底、河口、港湾进行环境要素的测量，主要监测对象是波浪、水位、海流剖面、温度、盐度等海洋要素。对于海洋工程建设、航道疏浚、海港整治、海上安全作业和海洋动力沉积学研究等均具有重要意义。

(2) 功能特点：①该系统集声、机、电于一体，可在水深 100 米以内的海底连续工作 3 个月；

②系统在水下工作期间由中央控制机控制测量波浪、水位、海流剖面、温/盐等海洋参数并实时传输监测的数据。所测数据通过水声通讯传输到水面浮标，再将数据发送到国内卫星并通过卫星传送到陆地基站数据处理中心；③系统留有环境噪声测量传感器接口，可以加装噪声测量传感器用于水下舰船噪声的监测；④系统设计有电源转换接口，可以将成熟的海流发电设备引入到系统中；⑤系统原始数据用半导体储存器存储，系统回收后下载；⑥系统具有自浮功能，由声学应答释放器遥控上浮，整体回收。

2. 系统组成

系统由水上基站部分、水下（海底）部分和水面浮标部分组成。

(1) 水下部分：包括声学测波仪、声学多普勒海流剖面仪（ADCP）、压力式水位计和温度/盐度计等传感器、中央控制机、声学数据传输发射机、声学应答释放器、系统工作平台等组成。

(2) 水面部分：由声学数据接收机、卫星数据发射机等仪器组成。

(3) 基站部分：由卫星数据接收系统和数据回放/处理/显示/打印系统组成。

3. 技术指标

水位范围：10 米，准确度：±2 厘米

波高范围：0～20 米，准确度：±(0.3+5%×读数)米

波浪周期范围：2～25 秒，准确度：±0.3 秒

海流范围：±4 米/秒，准确度：±(0.5+2%×读数)厘米/秒，64 层

流向范围：0～360° 准确度：±5°

温度范围：-2～35℃，准确度：±0.1℃

盐度范围：8～36，准确度：±0.2

【船用海水样品自动采集、预处理与分配系统】 国家海洋技术中心承担研制的“船用海水样品自动采集、预处理与分配系统”是“十五”“863”重点课题“船载海洋生态环境现场监测集成示范系统”（简称集成系统）的重要关键设备，该设备可向集成系统中海水营养盐、BOD、COD、有机污染物、农药、浮游藻类、重金属等十余种船载检测分析仪器/设备提供不同深度的经预处理后的现场原位海水样品，具有全自动和半自动抽取、输送海水样品与全程管路自动清洗功能及不污染海水样品的优点，能最大限度地保持海水样品原状，保证分析检测数据的真实性和有效性。

为保证系统的性能可靠、自动化程度高和操作简便，该采样系统在设计上采用了先进的技术和材料。

1. 系统组成

系统由采样与分配系统、电控系统及布放回收装置三部分组成。采样与分配系统由无污染采样泵、采样头（含压力传感器及配重）、200 μm过滤器、12 升储样罐（3 个）、60 升纯水罐（1 个）、纯水泵、电磁阀（带手动开关）、管路系统等组成。电控系统由电源、甲板电控箱及室内电控柜组成，室内电控柜内的 PLC 可编程控制器具有 RS232 接口，可与主控平台通信。布放回收装置由不锈钢电动绞车及 90° 旋转吊杆组成。

2. 关键技术及创新

在系统的研制过程中，自行开发了多项特色技术，例如采样与分配系统无污染保障措施；采样软管的耐压问题；旋转喷嘴的设计；旋转管接头的设计；集成阀座的设计以及电控系统的设计等。这些技术措施有效地保障了系统的正常工作运行。

“船用海水样品自动采集、预处理与分配系统”由于具有能最大限度地保证海水样品原状和高度自动化的特点，能为集成系统提供强有力的硬件平台和技术支撑，因此它的研究将填补我国船载海洋生态环境自动监测系统的空白，并纳入国家海洋局海洋环境监测网进行业务化运行。

【直升机探测与采样装置】 直升机探测与采样装置是国家海洋技术中心承担的“十五”“863”“航空遥感多传感器集成与应用技术系统”课题中 4 个子课题之一。该装置以直升机为平台，可对近海海洋环境污染、赤潮、溢油等突发性海洋灾害实施快速、机动灵活的现场抽查取样。由于所测数据具有很强的时效性、真实性和代表性，并可作为卫星、航空遥感数据现场真实性校验及海上执法监察的重要依据，因而是海洋污染、赤潮、溢油等海洋灾害事故现场调查取证的有力工具，有着浮标、调查船、卫星甚至遥感飞机无法替代的作用。

该装置由水下机和水上机两部分组成。水下机主要由浮子、多参数水质仪和表层自动采水器

等组成。多参数水质仪采用自容式、模块式设计，配置有温度、盐度、pH 值、溶解氧（DO）、氧化还原电位（ORD）等传感器，可自动监测、存储相应数据。水上机为一笔记本电脑，用以存储、显示及数据传输。

2003 年底，该装置已基本完成传感器、采水器研制、集成和室内调试工作，不久可按计划完成装机和海试。该项研究填补了国内空白，其中新研制的电极电导率（盐度）传感器已获得国家实用新型专利。

【系缆式水下自动升降平台】 “系缆式水下自动升降平台”是国家高技术研究发展（“863”）计划课题“系缆式剖面测量自动升降平台技术研究”的研制项目之一，已由“863”专家组会同国家海洋局组织的专家进行了检定和验收，其性能指标均符合设计要求。“系缆式水下自动升降平台”的研制成功是海洋观测技术的一个重大突破，该系统设计新颖、性能可靠、操作简便，填补了国内空白。

1. 功能及特点

以往的水下定点测量系统都是在锚泊系统的不同深度处挂上相同的观测仪器分层的测量，分层越多，所需的观测仪器就越多，系统的成本就越高。新研制的系缆式水下自动升降平台具有沿系留绳自动循环上下移动的功能，它可以装载多种传感器，包括温度、盐度、压力传感器，海流计，光度计，荧光计等，在上下移动的过程中进行数据的采集和存储。其特点是能够采集到海洋、湖泊全剖面数据，可大大减少锚泊系统中单一种观测仪器的数量，是一种高效、低成本、操作灵活的测量平台。它改进了以往锚泊系统中单点分层测量方式，具有水下定点、连续进行剖面测量的先进功能。

2. 系统组成

系统由自动升降测量平台、主浮体、辅助浮力部件、声学应答释放器、系缆和锚组成。

3. 升降平台性能试验

对平台结构中的密封部分进行了 10 兆帕的耐压强度和密封性能的实验室检测，平台整机在浙江千岛湖进行了现场试验，目的是测试平台的爬行功能和自动控制功能。湖上试验进行了 3 天，布放深度 53 米，平台累计爬行距离约 3 900 米，最长连续工作时间约 8 小时。试验期间，平台工作正常、无故障出现，平台运动速度平稳，并能实现在水下任意位置停留。

系缆式水下自动升降平台能够以细微尺度对海水特性和海流进行循环剖面测量，工作水深在几十米到几千米，它的操作程序非常灵活，可以根据需要预置采样进度表，可以大范围地投放在各海区和江海湖泊中进行海洋环境要素、生物化学和其他方面的调查，具有广阔的应用前景。

【船体固定式 CTD 技术】 船体固定式 CTD 技术的具体研究目标是开发研制出一种抗污染、防生物附着的传感器。经过科技人员的共同努力，完成了开放式四电极电导率传感器电导池结构设计和制造工艺、传感器转换电路的噪声抑制和微小信号的提取、传感器数字模型的建立以及数据采集器的设计、制作和调制；确定了传感器的定标方法、软件修正；解决了低膨胀系数无机非金属材料陶瓷与高膨胀系数铂金属的烧结问题。这些问题也正是课题这一部分的关键技术，因此，关键技术的攻破保证了电路的长期稳定性和可靠性。

为了检验船体固定式 CTD 的性能和数据的可靠性与精确度，采集系统软件于 2003 年 7 月 21 日至 8 月 4 日进行了整机的 15 天连续运转实验，期间进行了 4 次定标试验和 4 次测试实验；之后又于 2003 年 9 月 4～25 日，在青岛海洋大学“东方红 2”号试验船上，在东、黄海区进行了海上试验。试验期间，将船体固定式 CTD 和美国海鸟公司的 SBE37SI 捆绑在一起，同时读取数据。通过十几次的投放试验，取得了大量宝贵的海上数据资料。

船体固定式 CTD 传感器的定标精度大部分都能达到 0.002 毫秒/厘米，月重复性试验能够达到 0.005 毫秒/厘米，5 个月复测精度在 0.04 毫秒/厘米以内。

【6 000 米船用电缆传输式 CTDC 技术】 经科技人员近 2 年的努力，完成了 6 000 米船用电缆传输式 CTDC 剖面仪样机的研制，并进行了多次实验室检测和海上现场实验。实验证明，整机工作稳定，各项功能基本实现，技术指标达到设计要求，完全具有独立知识产权，整体性能达到国际先进水平，填补了国内船用长距离单芯电缆传输式 CTD 剖面仪的空白。

6 000 米船用电缆传输式CTDC剖面仪研究内容和关键技术包括：8 000 米深海长距离单芯电缆传输技术，耐 60 兆帕、高精度、快速响应传感器技术；高稳定性转换电路技术；深海可靠无转动部件采水控制电磁释放器技术；数据采集和处理技术。

温度传感器定标精度达到 0.001℃，复测精度优于技术指标要求的±0.003℃，响应时间 70 毫秒，使用深度 6 000 米。电导率传感器定标精度达到 0.001 毫秒/厘米，复测精度优于技术指标要求的±0.003 毫秒/厘米，响应时间 70 毫秒，使用深度 6 000 米。

对 6 000 米船用电缆传输式 CTD 剖面仪进行了各项指标的性能测试和环境试验，环境试验包括：低高温存储、低高温试验、水静压力试验、盐雾试验以及连续冲击和振动试验，并于 2003 年 9 月进行了海上实验。实验结果表明，所采集的数据均达到了合同书的技术指标。

【坐底式海冰监测技术】　“坐底式海冰监测技术”是国家“十五”“863”“海洋动力环境实时立体监测技术”专题中的课题之一，该项研究由国家海洋技术中心承担。课题旨在研究和发展海冰监测的前沿高技术，研制具有国际先进水平的海冰监测设备，为我国渤海环境监测与整治提供技术支撑，有效满足渤海石油开发和海上交通运输对海冰监测的迫切需求。

该项研究利用声学方法在水下探测薄冰界面的技术，研制开发坐底式海冰监测系统，用于监测海冰的厚度、漂移速度、冰下海流剖面、温度、盐度等参数。监测系统的水下声呐和传感器观测的各种参数通过电缆传到水上采集处理设备，实时处理后将数据送入石油平台上的局域网。

监测系统由水下设备、水上设备和工作软件包组成。水下设备主要有仰视测冰声呐，声学海流剖面测量仪，温度、盐度、压力传感器及其测量设备，坐底式安装平台，水下电源装置，系统回收设备等。水上设备主要有控制计算机、数据采集与处理设备、外部传感器、数据网络接口与远程数据传输岸站接收设备等。工作软件包包括系统控制与数据采集处理软件、海冰厚度校正软件、数据网络通信与传输软件等。

监测系统主要工作参数

(1) 仰视测冰声呐

工作频率：300 千赫

波束宽度：≤5°

测距范围：50 米

测距精度：±3 厘米（经过现场声速校正）

(2) ADCP 测速声呐

工作频率：400 千赫

波束宽度：≤2°

流剖面测量范围：50 米

测速范围：±4 米/秒

流速测量精度：±0.5%V ±0.5 厘米/秒（长期测量精度，V为流速值）

(3) 压力传感器

测量范围：0.7 千赫

测量精度：±0.01% F.S.

(4) 温度传感器

测量范围：−4～30℃

测量精度：±0.05℃

(5) 盐度传感器

测量范围：25～35

测量精度：±0.1

2003 年冬季，测冰声呐工程样机在渤海辽东湾的石油平台水域取得了大量的测冰数据，对冰厚修正模型和海冰实时监测软件进行了检验。结果表明，修正模型能够有效分离水面和浮冰信息，对于冰厚小于 10 厘米的海冰，模型处理方法也能获得满意的测量结果。

【自容式声学测波仪】　自容式声学测波仪采用低功耗设计和低功耗管理模式、增益自适应模块，适用于不同环境下波浪数据的采集和存储、特征值的计算和存储以及原始数据和特征值的转储。原始数据和特征值可在仪器内保存60天，为建港、海洋台站的波浪观测提供必要的数据。

自容式声学测波仪弥补了有缆式声学测波仪受电缆长度限制的缺陷，将岸站模式扩展到近海甚至远海，针对不同的用户，完成短期和长期的波浪测量。

技术指标

(1) 测波范围：0.1～20.0 米

波高测量准确度：当波高≤1 米，±0.1 米

当波高＞1 米，±（0.1+10%×测量值）米 3

(2) 测量周期范围：2～20 秒；

波周期测量准确度：±0.5 秒。

(3) 采样频率：2 次/秒或 4 次/秒，每小时采样一次，每次 2 048 个采样点。

(4) 工作环境及使用条件：

换能器工作水深 5～60 米；

常平架投放点海底最大倾斜度＜20°，淤泥层＜0.5 米，底流＜3 节。

(5) 数据输出方式：RS-232C 串行接口。

(6) 仪器由可充电锂电池供电，可连续工作 60 天。

此项成果自 2003 年 10 月用于黄骅港的波浪观测并取得了大风的波浪数据，为黄骅港研究泥沙运动提供了宝贵的资料。

海洋生态环境要素监测技术

【海洋生态环境自动监测技术】 “海洋生态环境自动监测技术”是“资源环境技术领域海洋监测技术主题”“十五”“863”研究项目专题中的课题之一，由国家海洋技术中心、国家海洋局天津海水淡化与综合利用研究所和国家海洋局北海分局三个单位联合研究。本研究项目旨在发展我国浅海生态和动力参数监测集成技术，形成主要生态和动力要素的自动监测能力，力争达到国际先进水平。最终完成的“水下无人值守生态与动力要素自动监测站”和“养殖区生态要素实时监测浮标”两项技术成果，作为“渤海海洋生态环境海空准实时综合监测示范系统”的一个重要组成部分，进行示范性试用。生态和动力要素自动监测站系统可对酸碱度、溶解氧、氧化还原电位、铵盐、硝酸盐、磷酸盐、亚硝酸盐、硅酸盐、S^{2-}、浊度、叶绿素、海水温度、海水盐度、波高、波周期、波向、流速、流向等主要生态和动力要素进行连续、定点、自动、全水层监测和实时传输数据；生态浮标可实现对养殖区水温、盐度、pH、溶解氧、叶绿素 a、浊度等主要生态要素的实时监测。

经过科技人员的共同努力，共开展了系统总体、测量传感器、数据采集、数据通信、供电电源、集成安装结构、防腐蚀和生物附着、数据接收处理等 9 个方面的技术研究工作，基本完成了传感器选型和购置，数据采集、通信、电源模块原理样机的研制；落实了示范站的位置，并对示范站环境进行勘查，为 2004 年的海上示范试验作好了较充分的准备。

(1) 水下自动监测站技术指标

测量项目、范围和准确度：见表 2

工作水深：4～10 米

水下连续工作时间：≥3 个月

探测范围：全水层(生态要素)

工作方式：自动监测设备布放于近岸海底，监测数据经有缆通信进入岸基接收站

数据传输：通过数据专线与 Internet 互连，实时传输监测数据

供电方式：采用 220 伏 / 50 赫交流电，由岸基接收站经专用电缆向水下设备供电

极限使用条件设计：

水深：15 米

流速：2 节

潮差：3 米

波高：6 米

环境温度：-20～＋45℃

相对湿度：0～100％

表 2　水下自动监测站测量要素、范围和准确度

项　目	测量范围	准确度
酸碱度	2～10	±0.2
溶解氧	0～20 毫克/升	读数的±2%或±0.2 毫克/升，以较大者为准
氧化还原电位	-999～＋999 毫伏	±25 毫伏
铵　盐	0.5～100 微摩尔/升	当浓度≤5.0 时，±0.75 微摩尔/升 当浓度＞5.0 时，±15％×读数
硝酸盐	0.5～100 微摩尔/升	当浓度≤5.0 时，±0.75 微摩尔/升 当浓度＞5.0 时，±0.5％×读数

续　表

项　目	测量范围	准确度
磷酸盐	0.5～4 微摩尔/升	当浓度≤5.0 时，±0.09 微摩尔/升 当浓度>5.0 时，±0.5%×读数
亚硝酸盐	0.5～100 微摩尔/升	当浓度≤5.0 时，±0.75 微摩尔/升 当浓度>5.0 时，±0.5%×读数
硅酸盐	0.5～100 微摩尔/升	当浓度≤5.0 时，±0.75 微摩尔/升 当浓度>5.0 时，±0.5%×读数
S^{2-}	0～10 毫克	
浊　度	0～500 NTU	读数的±2%或±2 NTU，以较大者为准
叶绿素	0.03～75 微克/升	
海水温度	-5～+45℃	±0.2℃
海水盐度	8～36	±0.2
波　高	0～20 米	±(0.3+读数的 5%米)
波周期	3～25 秒	±1.0 秒
波　向	0°～360°	±10°
流　速	±3 米/秒	±0.2%×读数±0.5V 厘米/秒
流　向	0°～360°	±5°
潮　位	0～1 000 厘米	±2 厘米

(2) 生态浮标技术指标：见表 3。

表 3　生态浮标测量要素、范围和准确度表

测量参数	测量范围	准确度
温　度	0～35℃	±0.2℃
溶解氧	0～20 毫克/升	±0.5 毫克/升
pH	2～12	±0.2
盐　度	8～35	±0.5
浊　度	0～500 NTU	±2 NTU
叶绿素 a	0.02～75 微克/升	

工作水深：表层水，不大于 10 米

海上连续工作时间：≥6 个月

布放方式：单点锚定，或以养殖区浮筏为依托固定

数据传输：VHF 超短波通信或 GSM 通信，传输距离不小于 5 千米

【海水化学耗氧量的臭氧法分析技术】　在国家"十五""863"计划支持下，山东省科学院海洋仪器仪表研究所承担了"海水化学耗氧量的臭氧法分析技术"的研制任务。海水化学耗氧量（COD）是海水中有机污染物的综合指标，是海洋环境常规监测最重要的项目之一，国内测量化学耗氧量（COD）目前大体还是在实验室平台上进行，通常采用高锰酸盐或重铬酸盐氧化滴定的分析方法。这种传统的分析方法分析过程繁杂，持续时间长，对于复杂多变的海洋环境，其测量结果的准确性和代表性将受到质疑。因此，开发研究一种可现场使用的、能长期自动连续运行的"COD 测量仪"势在必行，也是海洋化学耗氧量分析技术的发展方向。

应用光学方法测量海水的化学耗氧量（COD）是目前国外正在发展的一种很有前途的现场海洋监测技术，是对海洋生态环境和污染物进行现场监测的一种有效途径，适合于科考船、调查船、志愿船、海洋台站、海洋石油平台和海洋浮标站等场合使用，能够对沿海、河口及近岸海洋经济带进行现场、实时、连续的测量。

系统组成

(1) 自动进样系统：包括海水过滤装置、"试

样/标准液”换向阀、流量泵及流量（或压力）监测反馈装置等。

(2) 臭氧发生装置：由空气过滤器、空气干燥器、空气泵及其控制驱动部分、空气温压监测反馈部分、可控高压发生器、臭氧发生电离室等组成。

(3) 反应室：是整个系统的核心部分，由反应室、反应室加热部分、水样预加热部分及反应室、温度场监测控制部分等组成。

(4) 光电信号转换系统：由光电镜头、标准光源及其驱动控制、光电倍增、微弱信号放大器等组成。

(5) 微型计算机控制及数据处理系统：由中央数据处理模块、A/D 模块、光电隔离 I/O 模块、系统控制驱动模块和输出显示打印部分组成。

关键技术

(1) 臭氧发生器技术。如何在不同的环境空气条件下保证产生一定浓度的臭氧是需解决的技术难点。采用模糊控制原理，对空气的压力、温度进行监测反馈，控制可调高压发生器的电压输出并配合对空气泵的控制，来保证产生臭氧的浓度近似恒定。

(2) 光学镜头自污染问题。采用标准光源自动校正修订的方法。在系统程序控制下，标准光源自动地定时发出已知光强度的光线，经光学系统接收后，确定整个光学系统的增益系数，作为数据处理系数校正因子来修订因镜头污染、试样浊度而引起的测量误差。

技术指标

测量范围：0.2～100 毫克/升；测量准确度±0.2%；

测量响应速度：实时；在恶劣环境下可连续工作 6 个月。

【海水化学耗氧量现场分析技术】 化学需氧量（COD）是在一定的条件下强氧化剂氧化水样时，所消耗该氧化剂量相当的氧的质量浓度。它反映有机物的污染程度，是衡量环境质量的重要标准。COD 的检测方法根据水质氯离子浓度的不同采用不同的方法，环境污水中的 COD 通常使用重铬酸钾法、酸性高锰酸钾法。由于海水的高氯离子和低 COD 值特性，海水 COD 测量的国家标准采用碱性高锰酸钾法。这些方法操作繁琐，耗时费力，加之反应体系的强腐蚀性等，已不适应海水 COD 的现场快速监测的需要，也不适应国家现代化海洋管理的需求。在国家“十五”“863”计划的支持下，“海水 COD 流动注射法现场分析技术”的课题研究已取得了突破性进展，海水 COD 的快速自动测量仪器即将问世。这对于减轻观测人员的劳动强度，改善工作环境，尤其是建立我国近海污染/生态环境监测网，满足国家数字海洋技术支持体系的发展具有重要意义。

该系统可用于海洋环境监测站或船舶上，可对海水 COD 进行连续或定时自动测量，为海水有机物污染状况评估提供必要信息。

主要技术指标：

测量范围：0.5～10 毫克/升

检测限：0.5 毫克/升

测量精度：±0.2 毫克/升

测定周期：10 分钟

【海水营养盐现场自动分析仪】 海水中营养盐的含量是海洋生态环境监测的重要参数，海水的富营养化和适宜的营养盐结构是引发赤潮的主要因素之一。为满足日益紧迫的减灾防灾及科学研究的需要，迫切需要研制现场自动测量营养盐浓度的仪器。在国家“863”计划的支持下，国家海洋技术中心在“九五”期间就已经开始了海水营养盐现场自动分析技术的研究工作，重点是研制了适用于浮标平台作业的硝酸盐、亚硝酸盐和磷酸盐自动分析仪。该仪器由单片机控制，可自动采样、计量，完成各种试剂的添加和吸光度的测量，对测量数据进行处理和存贮，并通过接口将结果传输到计算机上。为了进一步完善营养盐分析仪现场自动分析工作的能力，使其硝酸盐、亚硝酸盐、铵盐、磷酸盐和硅酸盐的各自测量装置集成一体，在“十五”期间，该项研究又被列入国家“863”计划之中。

海水营养盐自动分析仪由进样及化学反应系统、光度计、试剂仓和控制系统四部分组成。进样及化学反应系统是营养盐分析仪器的中心部分，光度计的功能是进行水样显色前后吸光值的测量，试剂仓中装载着试剂、蒸馏水和标准液等。

五要素集成式营养盐自动分析仪可用于船上或台站，对海水的五要素营养盐的浓度同时进行自动测量，是一种集化学分析、光学测量、机械设计和微机控制等技术于一体的海洋现场测量仪器。该仪器亦可推广应用于湖泊、河流和水库淡水中营养盐的监测。

【海水增养殖区微型生态浮标】 该微型生态浮标系统于2002年12月至2003年1月在塘沽海珍品养殖场进行了现场试验，工作正常。2003年1月通过专家验收。国家海洋技术中心发挥自己多年来在浮标技术、系统集成技术及数据通讯等技术方面的优势，按照小型化、低成本的原则，采用标准化、模块化、集成化的设计方案，在短期内研制开发了一种新型的用于海水增养殖区的生态浮标监测系统。该系统体积小，重量轻，用小船即可实施布放、回收和维护，并稍加改造便可以用于近海污染监测、赤潮调查、海水浴场监测等诸多方面，具有广阔的推广应用前景。

系统组成及系统功能：

微型生态浮标监测系统由一个或多个现场小型浮标与岸站接收系统两部分组成，两者通过电台和天线进行数据传输。

(1) 实时监测功能：实时监测养殖水区的温度、盐度、溶解氧、pH值4个要素。

(2) 自动采控功能：定时采集、处理、存储、发送各要素的数据，并可根据污染情况自动加密观测。

(3) 故障诊断功能：自动检测电源和水下的机器状态，发送数据时将故障信息一并发送给岸站。

系统技术指标（见表4）：

工作水深：<5米

水下连续工作时间：不<1个月

数据传输：超短波通讯。230兆赫，2 400比特

通讯距离：2 000米

重　　量：20千克

表4 监测项目指标

测量参数	测量范围	测量准确度
温　度	0～35℃	±0.1℃
溶解氧	0～20毫克/升	±0.3毫克/升
pH值	0～14	±0.2
盐　度	5～35	±0.3

【机载海洋激光雷达】 由中国海洋大学自行研制的机载海洋激光荧光雷达系统，在烟台进行了近海首次飞行实验，并获得成功。这次实验的成功，打破了我国在海洋环境监测方面尚无机载海洋激光雷达系统的局面，是我国海洋激光雷达应用领域的又一创新性成果。

机载海洋激光荧光雷达属于国家“863”计划资源与环境领域中海洋航空遥感遥测技术专题——“遥感系统传感器集成与应用技术研究”的研究内容，该项目拟建立国内首套适用于海洋环境与灾害快速监测的应用系统。机载海洋激光荧光雷达是该系统中传感器之一，能够测量海表层叶绿素浓度，首次实现了机载海洋激光荧光雷达对海表层叶绿素浓度的快速测量。飞机沿渤海部分海岸线对沿岸部分的叶绿素的浓度进行了实时测量，测量结果与传统的方法测量的数据相吻合，可以大大提高海洋环境监测的效率。它的推广和应用，对海洋生态平衡、海洋环境保护及保护海洋生产力的持续发展具有重要意义。

海洋水下环境监测技术

【6 000米海底有缆观测与采样系统——电视抓斗】 由中国海洋大学研制的“电视抓斗”是我国“十五”“863”计划海洋资源开发技术项目的主要内容之一，它的研制成功，不仅在大洋矿产资源调查手段上是一种创新，而且在其调查质量和取样效果方面极有成效。

“电视抓斗”在海上试验期间，成功抓取到样品，样品中既有结壳，也有基岩和沉积物，其中单次抓取最大板状结壳样品达500千克。专家们一致认为，“电视抓斗”系统整体结构设计合理，状态稳定，具有较强的冲击性能；水下液压系统性能稳定、可靠，电视系统能满足多次使用的设计要求；监控图像清晰、分辨率高、传输可靠；上行及下行参数设置合理，控制系统运行稳定，甲板操控简便有效；系统性能实用性强，可满足大洋矿产资源调查工作的需要，且在大洋调查研究中具有广泛的需求。需进一步优化系统结构，并加快其产品化进程。

【深海彩色数字摄像技术】 由中国地质科学院矿产资源研究所联合广州海洋地质调查局、国家海洋局第二海洋研究所承担的“深海彩色数字摄像技术”课题是国家“863”计划支持的研究项目。

此项研究将第三代深海彩色数字摄像技术进行升级改造，通过突破技术难关，使工作性能、甲板监视、图像质量、实时传输、水下工作时间及工作效率都有大幅度的提高。该套设备在深海图像立体拍摄、记录、立体视图处理等技术环节上均属国内外首创。该系统研发成功后，共完成100余个测站的摄像任务，获得了大量的海底视频资料。

系统的特点：

(1) 该系统为水下工作时间不限、高解析度的海底立体电视摄像系统。

(2) 研究人员以前三代 6 000 米海底摄像系统为基础，抓住延长水下工作时间，提高万米同轴缆传输速率、图像质量和扩充遥测遥控能力等关键技术，使系统性能有了大的提高。

(3) 系统将国内外通常的单目摄像系统升级为双目立体视摄像系统，实现了以海底摄像图像反演海底微地形，从而使系统有一个质的飞跃。

(4) 研究人员在能源传输技术、万米同轴缆高解析度图像的传输技术、控制技术以及摄像图像重建三维海底微地形等关键技术上取得突破。

研制成功深海彩色数字立体摄像系统(DCDSVS)和立体摄像反演系统（SVIS）软件系统，经大量实际调查应用证明其技术是成功的，尤其是万米铠装同轴铜芯电缆的高解析度彩色海底图像实时传输、甲板供电电源与高解析度彩色海底图像同缆传输、万米铠装同轴铜芯电缆实现海底双目立体视摄像和甲板实时监控等技术均具有创新性，达到国内外先进水平。

系统的功能：

(1) 摄像系统投入大洋调查，在识别调查区富钴结壳、区分结壳类型、圈定其分布范围、计算覆盖率等方面都有不可替代的作用。

(2) 优化调查流程：海底摄像使调查人员对海底地貌直接实时目视观察，为其他采样作业手段选择合适的采样点，大大提高了采样的针对性和成功率，工作效率成倍提高。

(3) 立体摄像与反演技术，为定量（到厘米级）测量海底探测对象的大小提供了新的手段。

(4) 深海可视化操作平台：深海摄像技术和遥测遥控技术可以移植到多种可视化的深海探查设备上，提高海底设备寻址和对设备工作的视频监控和遥测遥控的效能。

此外，“深海彩色数字摄像技术”系统还可以进行水下构筑物的可视化调查与监测，广泛应用于海洋工程、海洋油气调查与开采、船运、渔业、水下工程勘察与水下考古等领域，具有广阔的应用前景。

【高精度水下定位导航系统】 水下GPS（定位系统）是国际上近几年发展起来的水下定位技术。在国家“863”计划的支持下，中国测绘科学研究院和中国船舶重工集团第 715 所的科技人员在短短的两年内成功研制出国内第一套水下高精度定位导航系统。该系统在浙江千岛湖进行的试验表明，在水深45米左右的水域，系统的水平定位精度达到5厘米，测深精度为30厘米，从而将过去水下定位精度从10多米级提高到厘米级。此项试验结果表明，该系统不仅可以从水上对水下目标跟踪监视和动态定位，而且具备水下目标导航、水下目标瞬时水深监测等功能，和国内同类系统相比有所创新。研究人员突破了多项关键技术，自主研制加工了48块信号处理板、控制板，研制出了水下导航收发机等一系列仪器设备，完成了30多项关键技术测试和试验。这种新一代水下“指南针”对海洋测绘和海洋军事技术具有重要应用价值。

【水下综合探测机器人】 新型“水下综合探测机器人”由哈尔滨工程大学研制成功，它能潜入水下 300 米处对目标实施监控和探测，可用于海洋打捞和堤坝基础排查。

这种新型“水下综合探测机器人”是以小型水下遥控机器人为载体，首次把高分辨率图像声呐、剖面声呐、多普勒声呐、水下微光电视等高科技设备安装在水下机器人上，同时首次采用框架式模块结构，可以最大限度地把水下探测仪器设备安装在模块内。

这种机器人比以往的水下探测机器人下潜水深增加了 200 米，它可以对水下堤坝、海岸护流堤、江河大坝进行质量和安全检测，也可以对码头、桥梁的受损程度进行探测评估。

【水面救助机器人】 中国科学院沈阳自动化研究所科技人员，研制出了我国第一台水面救助机器人。这个身躯为黄色的机器人总长不足 1 米，重量约 30 千克，能以每秒 2～3 米的速度前进，它虽不能带人，但可以拖着救生圈或绳子抵达落水者或遇难船只面前。在遭遇台风袭击时，船只常搁浅或触礁，而救援船很难靠近失事船只，这时，遇难者最需要的就是一根救命绳，水面救助机器人能以较快的速度送去救生圈。

机器人的形状像两只捆绑在一起的小火箭，上面较小的部分装有遥控信号接收装置、罗盘和各类芯片等，下面部分装有水下运动所需要的镍氢电池等。

该机器人已经先后进行了实验室试验、湖面试验，并在中国很多海域进行了海上试验，遥控者最远可以在 1 000 米以外用无线电遥控操纵，机器人的运动状态以及航向角、能源储备等信息通过无线电通讯传至遥控者。

试验结果表明，机器人不仅可以快速向落水者送去救助工具，还可以拖曳 4 人的橡皮艇前进，它的最大续航能力为 4 800 米。

此次研制成功的水面救助机器人有很好的可控制性，启动快、航速连续可调、运动平衡、左右转弯机动灵活。它最大的优点就是像“不倒翁”一样，可以骑着风浪走，备受各界人士的关注和欢迎。

【海洋腐蚀检测机器人】　中国科学院海洋研究所研制的海洋腐蚀智能检测机器人能在水下40米处受控行动，在昏暗的海水中照明、摄像、探测水温，对水下物体做出准确的腐蚀检测，完成以前必须由潜水员完成的任务。其身长 1.65 米，形状类似潜艇。这是我国首个自主研制成功的专用于近海工程检测的海洋机器人，它不仅节省人力，而且精度高、控制灵活、体积小，有很广阔的应用前景。

海洋监测技术成果标准化

【“九五”海洋监测技术重要成果定型及标准研究】　“‘九五’海洋监测技术重要成果定型及标准研究”是海洋监测技术成果标准化工程，是国家“863”计划海洋监测技术主题在“十五”期间实施的一项将高技术成果转化为定型产品的系统工程。本着“前进一步、定型一步、持续发展”的理念，课题的最终目标就是“发展高技术，实现产业化”。

1. 目标和任务

(1) 对“九五”期间海洋监测技术形成的高技术成果，将从仪器的系统、遥感软件、示范区海洋监测系统三个方面，由国家主导进行定型和标准化，以推进海洋高技术产业的形成，满足国家社会经济发展的需求。

(2) 专家对项目组各个工作环节进行评审，主要是对定型设计、样机制造、室内检验试验、规范化海上试验、第三方独立检验等方面，遵照《海洋监测技术仪器的设备标准化》的要求，从产品的标准化、可靠性、电磁兼容性、安全性和可操作性等方面进行全面检验。

(3) 向社会提供能够进入业务化运行的仪器系统软件产品，满足国内旺盛的市场需求，争取有一批海洋监测高技术产品进入国际市场。

(4) 开展对海洋监测高新技术仪器标准的研究，制定海试、定型、生产、监测的技术标准与方法，制定成果定型的指导手册和组织、管理办法，为成果的定型提供操作依据和技术支撑。

2. 目前已完成的工作

(1) 启动 11 项成果定型：站在国家需求的高度，严格把关，对申请定型项目进行遴选，制定了项目定型目标，编制了海洋监测技术成果标准化规程，规范了定型工作的实施步骤、检验方法、验收标准及项目的组织管理程序。

(2) 《海洋监测仪器设备成果标准化》一书的编写：为让广大科技人员了解掌握成果定型工作中的每一个环节，专家组成员从海洋监测技术发展战略、战略作用、成果标准化内涵、成果定型、技术标准建议、仪器的标准试验与海上试验、成果定型程序、定型成果的验收、知识产权及其保护、成果标准化的组织方式、海洋监测技术成果产业化等 12 个方面分别进行论述和撰写。这是国内海洋界第一部成果定型的基础性和指导性文件。

(3) 确定了成果定型的基本技术流程：①立项申请；②定型大纲编写与合同签定；③产品标准和检验方法；④定型设计；⑤定型样机制造；⑥样机定型试验；⑦定型样机验收；⑧定型鉴定；⑨成果标准化过程。

(4) “九五”期间仪器设备的成果定型：①确定第一期成果定型试验项目；②定型大纲编制及评审；③定型大纲评审意见；④定型经费评审及合同签定；⑤设计定型阶段项目监理检查；⑥定型项目设计和评审。

(5) 第二期仪器设备定型正式启动：①召开

成果定型正式启动会；②确定14个项目参加定型申请答辩；③第二期定型项目申请评审；④第二期定型项目定型大纲评审。

(6)《应用软件成果标准化规程》一书的编写：此书是《海洋监测仪器设备成果标准化》的姊妹篇，是软件定型的指导性文件，论述软件定型的各个工作环节及每个环节的工作要求，为我国“九五”、“十五”“863”遥感软件实现模块化、商品化指明一条道路。

(7) 建立标准化网站和数据库：项目组实施成果标准化的首要工作是制定或选用标准，定型工作只有广泛采用标准，才能最终达到标准化的要求。成果标准化工程办公室搜集了国内相关标准200余种，组织技术人员建立了电子版标准库和标准化网站，以供参与定型工作的技术人员参考。

3. 组织管理

(1) 建立了成果标准化工程管理体系：①成立了成果标准化工程总体组；②成立了标准化工程办公室；③依托单位设在国家海洋技术中心；④定型课题实行项目监理制。

(2) 制定了课题管理制度：①项目的日常管理；②总体组管理制度；③办公室工作条例。

（国家海洋技术中心　李振江）

【海面微结构光学测量系统及其应用】　该项研究是国家“九五”“863”计划“海面微结构光学测量装置”和“海面坡度场观测信息反演”的研究项目，其技术指标为：观测幅宽500毫米，斜率精度10，波长分辨率0.5毫米，测量时间间隔小于0.05秒。同时，解决海面反演和海面微尺度谱结构的计算和分析，为物理海洋动力学和卫星遥感海洋学研究提供基础数据。达到的上述指标超过了当前国外同类仪器的技术指标。课题组研制了三套技术设备：①用于大型实验水槽的观测设备；②用于近海的浮体式观测仪器；③船载式外海观测仪器。

海面微结构光学测量装置应用颜色编码原理，可精确测量海面微尺度运动过程，完成海面微尺度坡度场观测及信息反演，并在获取大量实验室和海洋现场数据的基础上，通过数据资料的计算分析，对海面毛细波和毛细重力波的几何特征进行定量的描述和分析，并依据此系统所提供的高分辨率图象资料对短波在传播过程中的阻塞（Blockage）现象提出了不同于国外学者的新见解和分析。

该项目是海洋科学和遥感科学领域中重要的技术开发及其应用的研究成果。其主要特点是，根据经典几何光学、海洋光学及颜色光谱学理论，结合当前最先进的光电技术和数字图象处理技术，以颜色编码的原理，设计和研制了海面微尺度坡度场的观测系统，获取了当前最精确的海面微尺度短波的坡度场分布。它将广泛应用于海洋动力学、海气相互作用等前沿性研究领域，并为海洋遥感的计算模式的建立和修正提供重要的理论和实验依据。

该项目完成后，“海面微结构光学测量装置”已作为“863-818”主题示范系统的仪器之一，安装于中国海洋大学“东方红2”号调查船和“物理海洋教育部重点实验室”，并多次开展了海上和实验室的实验研究，获得了大量的实验数据和研究成果。该课题已发表相关论文20篇，专著1部，获得2003年海洋创新成果奖二等奖。

（国家海洋局第一海洋研究所）

【福建省全面推进台湾海峡海洋环境立体监测系统的建设】　国家“863”计划604专项“台湾海峡及毗邻海域海洋动力环境实时立体监测系统”福建示范区主要是以国家“863”项目的高新技术成果为基础，针对台湾海峡及毗邻海域的区域特点，面向海洋与渔业的综合管理，集成一批具有国际先进技术水平、能进行业务化运行、具有实用价值的海洋监测技术产品，进行区域海洋环境的实时监测以及海洋灾害的预警预报。示范区建设卫星遥感、高频地波雷达、岸基、船基、潜标浮标等5个监测系统。

福建省人民政府、国家科学技术部和国家海洋局共同组织协调福建示范区的建设工作。福建省人民政府负责福建示范区的建设；科学技术部提供604专项研发的成果，并参加示范实验；国家海洋局在与福建省人民政府共建福建沿海海洋环境监测系统工作中充分考虑福建示范区需求，进一步加强海洋台、站的能力建设，以支持福建示范区的建设和运行。

自2002年5月国家确立在福建建设示范区以来至2004年，福建示范区已完成实施方案的制定，并通过专家论证。根据既定的实施方案，示范区利用世界银行贷款和福建省的配套资金，落实了建设经费，并开始全面推进各子项目建设。其中，5个监测系统硬件建设均已启动，包括604专项海洋监测仪器设备的研发、地波雷达的建站、主要监测船只的改造等。卫星遥感监测系统已实现三级产口准实时发布。同时，海流和风暴潮应用模型也通过立项，开始了前期调研和建模工作。（福建省海洋环境与渔业资源监测中心 万 艳）

海洋遥感技术
Marine Remote-Sensing Technology

【概述】 2003年HY-1A卫星在轨运行进入第二年，在卫星测控部门和卫星研制部门的共同努力下，卫星在轨运行状态基本稳定，有效载荷水色扫描仪（COCTS）大体正常，CCD成像仪工作状态基本正常，但从2003年12月1日起，由于CCD成像仪电路发生故障，CCD成像仪停止工作。

2003年HY-1A卫星有效地实施了境内外探测任务，累计对我国海域和境外海域探测1 032次；卫星地面应用系统运转良好，累计接收340GB卫星原始数据，处理后制作成各级产品1 841GB。累计向国内42家用户分发30 813MB卫星数据产品。

在国防科工委、国家海洋局的领导下，编制发布了《2002年中国海洋卫星应用报告》，制作出版了《瞰海毓秀——中国海洋一号A卫星应用图集》，举办了HY-1A卫星在轨运行一周年发布会，召开了HY-1A卫星用户会议及用户培训班，这些举措起到了宣传海洋卫星应用、扩大用户范围、拓宽服务领域的作用。海洋卫星在海洋环境预报、海洋赤潮灾害监测、海洋执法监察等领域的应用有了深化，在海洋科学研究，海军战场环境保障和海洋教育等方面的应用有了拓展，显示出一定规模的应用潜力。由于受到搭载发射、有效载荷故障和二类水体定标与反演技术等的限制，一定程度上影响了HY-1A卫星深入而广泛的应用。

【海洋卫星和地面应用系统的运行】 **卫星在轨运行情况** 2003年，HY-1A卫星总体运行情况良好。HY-1A卫星对中国海域和陆地探测655轨，境外探测377轨。其中覆盖中国渤海124轨，黄海120轨，东海147轨，台湾海峡118轨，南海219轨。境外探测主要区域包括热点区（含伊拉克及海湾）、中西太平洋、东太平洋、南太平洋竹荚鱼区、大西洋金枪鱼区、大西洋中部、北极（含白令海峡）、南极（南极半岛）。

卫星地面应用系统运行情况 2003年HY-1A卫星地面应用系统完成了HY-1A卫星数据的接收、处理、存档、分发和应用示范等工作。卫星地面应用系统在完成HY-1A卫星业务运行工作的同时，还开展了对美国EOS系列卫星、NOAA系列卫星和FY-1C/D卫星的接收和预处理工作。

2003年对HY-1A卫星地面应用系统软、硬件环境进行扩充和完善，健全了接收和通信系统等关键技术环节的保障体系；对磁盘阵列和带库进行了扩充改造；对地面应用系统中网络环境和部分业务化软件进行测试，并对测试中发现的问题进行整改，提高了系统的稳定性和可靠性；利用2003年春秋2次黄海、东海海上试验成果，初步建立了二类水体三要素反演模型。

完成了资料应用示范分系统的应用项目（第一期）工作，初步建立了HY-1卫星资料在全球海洋初级生产力估计中的应用研究、HY-1卫星海洋污染与环境监测综合管理示范子系统、HY-1卫星资料在海岸带典型区域动态监测中的应用示范子系统、HY-1卫星遥感海洋渔业信息服务示范子系统、HY-1卫星资料在海冰预报中的业务示范应用和HY-1卫星资料在海温预报中的业务示范应用等6个应用示范系统；卫星地面应用系统为国家海洋环境预报中心、国家海洋局北海分局等单位提供HY-1A及其他卫星遥感资料，用于海洋环境预报业务工作。

卫星辐射校正和真实性检验 2003年卫星辐射校正和真实性检验工作主要是：

（1）组织国内有关水色要素测量的优势单位，分别在春秋两次开展了黄海、东海大规模二类水体试验。该试验是迄今为止国内规模最大、设备与数据质量最高、数据配套最好的针对二类水体的水色试验。

根据试验的结果，已初步建立了适应于黄海、东海区水色要素(叶绿素、悬浮物、黄色物质)、水体漫衰减系数(透明度)、吸收系数等反演算法，填补了国内在该领域的空白；同时获得了相应海区高质量表观与固有光学特性参数的区域与剖面分布，为今后的深入研究打下了坚实的基础。

（2）利用中国遥感卫星辐射校正场对HY-1A卫星遥感器进行了连续的跟踪定标，得到了遥感器定标系数的变化趋势。

(3) 利用国外高精度水色遥感器 SeaWiFS 数据对 COCTS 进行了交叉定标，得到了可以提高一类水体二级产品精度的系统定标系数，并获得了遥感器定标系数的变化趋势。

【海洋卫星数据产品】 数据接收处理存档状况 2003 年卫星地面应用系统共完成存档 HY-1A 卫星各级产品数据达 2 181GB。并实时更新了所有产品的元数据库。部分图像产品的缩略图同时上传到中心网站供用户检索使用。

【数据分发情况】 2003 年，海洋一号 A（HY-1A）卫星全年累计向国内 42 家单位分发 30 813MB 卫星产品数据，数据分发的范围涵盖了海洋管理部门、海军、大学院校、科研院所等各个方面，取得了一定的应用成果，在海洋环境研究、海洋灾害监测与预报、军事科研和教学、核电站环境评价研究、海洋溢油监测等各个方面都发挥了作用。

【海洋卫星应用】 2003 年，国家海洋局在卫星应用业务化工作方面取得了一定的进展。通过编制发布《中国海洋卫星应用报告》，制作出版《HY-1A 卫星应用图集》，举办在轨运行一周年发布会和召开 HY-1A 卫星用户会议及用户培训班等系列活动，进一步扩大卫星用户的范围；通过加强卫星赤潮监测、大洋渔场监测、海冰监测、海岸带监测和 HY-1A 卫星应用示范第二期项目等工作的力度，来深化卫星应用工作的开展。

海洋渔场环境监测 大洋渔场的分布与海温和叶绿素的浓度分布是息息相关的，是影响大洋鱼群的种类、分布范围和活动规律的重要因素之一，也是指导渔业部门进行渔业生产的重要信息。

2003 年，利用我国自主海洋卫星，对大洋渔场进行了大量的探测，获得了现场实时海温和叶绿素分布图，在此基础上制作了 3～9 月份逐月平均的海温和叶绿素分布图，并提供给农业部东海水产研究所用于“863 大洋渔场环境信息获取技术”及“863 大洋金枪鱼渔场渔情速报技术”课题研究，2003 年累计提供数据 12 次用于指导渔业部门开展远洋海上生产。

海岸带监测 2003 年，国家卫星海洋应用中心和国家海洋局第一海洋研究所利用 HY-1 卫星 CCD 成像仪的高分辨率遥感数据制作了 52 幅我国三大河口（黄河口、长江口和珠江口）地区的资源调查和植被分类图、岸线动态变化图、河口悬浮泥沙分级图等，用于我国海岸带地区资源调查、海岸带岸线动态变化监测、河口地区悬浮泥沙分布特征研究河口地区土地分类利用研究，为我国的海岸功能区划、海岸带管理、河口地区的资源利用提供了数据服务。

水色环境监测 海洋水色环境是海洋环境的基础信息之一，也是海洋生产和海洋科学等海洋活动的重要参考指标，利用 HY-1A 卫星已实现对我国管辖海域海洋水色信息的大尺度、定期的提取。

海表温度监测 海表温度是重要的海洋动力环境参数，利用 HY-1 卫星 COCTS 配备的两个红外通道境内境外遥感数据，2003 年获取了 32 幅境内旬平均的海温数据、6 幅南太平洋金枪鱼场海温数据和四季各海区的海温数据产品，并将部分产品应用渔业生产和海温预报以及赤潮监测中。

海洋赤潮和污染监测 利用 HY-1 卫星水色和海温遥感数据产品，2003 年监测到 4 月 25 日发生在秦皇岛附近海域的赤潮、7 月 1 日发生在天津大沽锚地附近的赤潮、8 月 11 日发生在渤海曹妃甸附近的赤潮和 9 月 18 日发生在长江口东北海区附近的赤潮，并及时以卫星赤潮通报的形式向当地海洋管理部门进行通报，为我国海洋防灾减灾提供了重要的信息服务。

海冰监测 利用 HY-1 卫星较强的海冰监测能力，2003 年 1～2 月上旬对我国渤海和黄海北部的海冰进行实时监测，向国家海洋局环境预报中心和国家海洋局北海分局共提供了 25 幅海冰实时图像以及反演生成的海冰厚度、海冰外缘线、海冰密集度和海冰温度等信息，为我国海冰预报工作提供了重要的基础数据源，卫星监测海冰工作达到业务化水平。

海洋科学研究及国际与地区合作 2003 年 HY-1 卫星及其相关成果继续在为“十五”科技攻关，“863”计划“973”计划等国家重大科研专项服务的同时，在国家自然科学基金项目、中国资源环境大调查项目和国家某重点武器型号研制等任务中得到进一步应用，并取得阶段性成果。

国际合作方面，围绕 HY-1A 卫星应用，国家卫星海洋应用中心承办亚太经合组织主题为海洋资源保护和卫星资料应用（OMISAR-11 workshop）

国际研讨会，来自印度尼西亚、菲律宾、中国台湾省和内地的科学家共同探讨了海洋卫星传感器设计、水色信息提取和卫星数据应用等方面的问题。中国国家航天局作为代表，参加了世界气象组织气象卫星协调委员会（CGMS）第31次会议，并拟以提供HY-1A卫星数据为加入条件，正式加入该组织。

【HY-1B卫星研制工作】 在国防科工委财政厅的领导和支持下，作为HY-1A卫星的接替星，HY-1B卫星的研制工作已启动，按照计划与要求，HY-1B卫星与HY-1A卫星相比，在保持总体技术状态不变情况下，部分功能将有所加强：通过改进技术和装备，消除或避免HY-1A出现的问题；卫星工作寿命由2年提高到3年；海洋水色仪覆盖周期由3天提高到1天；境外探测能力将得到大幅度提高；增加卫星俯仰机动功能等。

（国家卫星海洋应用中心）

【海洋卫星遥感技术应用】 海洋一号卫星的发射，标志着中国在海洋卫星的发展与应用上开始迈出可喜的步伐。

环顾世界，美国、俄罗斯、法国、日本、加拿大等世界上主要的航天国家，在海洋卫星发展方面都已具有相当高的水平，并仍在加速发展，就连我国的周边国家韩国、印度和我国的台湾省也都发射了或即将发射海洋卫星。目前，占地球表面积2/3以上的海洋，事实上已处于各类海洋卫星的监视、监测之下。

我国已利用国外气象卫星、陆地卫星及国外海洋卫星遥感资料开展了一系列应用研究，但与国际水平和目前的业务需求相距较远。其主要原因之一就是缺少实时的、连续的稳定数据源，这就迫切需要研制和发射我国自己的海洋卫星，建立卫星、航空遥感探测和常规海洋调查等手段构成的空间、水面、水下的立体海洋环境监测系统，实现实时监测。海洋一号卫星应用的意义就在于此。

从世界范围来看，海洋卫星的发展趋势一是在仪器性能上有更高的光谱和空间分辨率，在波段配置上实现窄波段高灵敏度；覆盖周期进一步缩短为2～3天；覆盖范围由局部海域改变为全球性海洋；资料的使用政策由原来封闭保密变为半商业化。另一个发展趋势是已经进入业务化、系列化。为研究全球性长时效的环境变化，国际上海洋卫星的发展趋向系列化，并进行长期规划和超前研制，以保持良好的技术继承性。

面对蔚蓝色的呼唤，中国人刚刚起步。根据我国海洋事业和国民经济发展的需求，海洋卫星发展的总体思路是建立起一整套海洋卫星体系。这一体系包括海洋水色卫星（即海洋一号）系列、海洋动力环境卫星（即海洋二号）系列和海洋环境综合卫星（即海洋三号）系列，逐步形成以我国卫星为主导的立体海洋空间监测网。到2015年，我国海洋卫星及其应用水平争取达到国际2010年的水平，在某些方面要赶上或超过世界先进水平。

（国家海洋信息中心　李四海）

【神舟四号飞船高度计数据处理技术】 该项技术研究由国家海洋局第一海洋研究所张杰研究员主持，完成了神舟四号飞船高度计的数据处理和信息提取，主要的工作包括：

（1）SZ-4飞船高度计有效波高反演技术。建立了利用SZ-4高度计波形数据反演有效波高的算法。利用反演出的有效波高与浮标和国外的高度计数据进行了比对，并对高度计作了功能评价。利用国外的高度计数据对SZ-4高度计数据反演出的有效波高进行修正，得到了针对SZ-4飞船高度计的最佳修正参数。

（2）SZ-4飞船高度计海面风速反演技术。利用国外高度计数据对SZ-4高度计进行标定，进而采用两种海面风速模式函数反演出海面风速。利用反演出的海面风速与浮标和国外的高度计数据进行了比对，并对仪器做了功能评价。利用国外的高度计数据对SZ-4高度计数据反演出的海面风速进行修正，得到针对SZ-4高度计的最佳修正参数。

（3）SZ-4飞船高度计海面高度反演技术。利用SZ-4高度计观测数据和卫星定轨数据得到了海面高度。在SZ-4高度计测高方面进行了九大误差源校正。在大气湿度校正方面采用了同步运行的SZ-4微波辐射计数据。

该项研究的创新性为：①在SZ-4高度计有效波高反演中采用波形分段加权的方法，确定了针对SZ-4高度计波形拟合的最佳权重系数；②建立了SZ-4高度计有效波高和海面风速的修正公式；③利用非配套的SZ-4微波辐射计数据对SZ-4高度计进行大气湿度校正的方法，而在国外高度计的大气湿度校正中都是采用同步的、配套的微波辐射计进行校正；④在测高误差校正中进行垂线偏差校正和高度跟踪补偿。

以上成果为中国科学院空间科学与应用研究中心的新一代高度计研发中的指标确定、处理算法改进提供了经验和依据；同时为国家卫星海洋应用中心海洋二号星的用户需求制定、精密定轨方案确定、数据处理技术和海洋动力环境信息提取算法的建立提供了技术依据。

【合成孔径雷达水下地形探测技术】 由国家海洋局第一海洋研究所张杰研究员承担的“863”计划“模块化水下目标与岛礁环境遥感监测技术”课题深入开展了水下地形的 SAR 探测技术的实用化研究。在“九五”研究的基础上，一方面改进了探测的算法，使得反演的计算速度更快，并提高了反演结果的空间分辨率；另一方面利用多颗 SAR 卫星数据，在南沙双子礁水域开展了水深探测应用研究，利用不同的数据都得到了较好的结果；而且创新地提出了利用水下地形的信息确定地形反演中海面风向的方法，使得反演算法更加实用。

【海岸带遥感调查规范制定】 “海岸带遥感调查规范制定”是中央级科研院所科技基础性专项资金项目，由国家海洋局第一海洋研究所张杰研究员承担。其预期目标是制定实用、可行并兼顾发展的海岸带遥感调查规范，用于指导海岸带遥感调查。2003 年度的工作重点是针对海岸带遥感调查活动，开展相关调研；确定海岸带遥感调查规范制定流程；起草海岸带遥感调查规范初稿。

目前，海岸带遥感调查规范初稿业已完成，分为海岸带遥感调查规范总则、遥感数据预处理方法规范、海岸带要素遥感信息提取规范和专题图制作规范 4 个部分。作为海岸带遥感调查规范编制工作的必要实验，同步开展了海岸带遥感调查实例研究，并编写了海岸带遥感调查实例研究报告。规范初稿已在国家专项“中国近海海洋调查与评价”中的海岸带海岛卫星遥感调查规程的编写中得到成功应用。 （国家海洋局第一海洋研究所）

【国家海洋局第二海洋研究所海洋遥感技术研究】 “FY-1C 海洋水色通道的大气校正研究”（2001－2003）。该项目为国家自然科学基金。课题系统地研究了我国风云一号卫星（FY-1C）的大气校正方法。校正精度较理想，可应用于海洋水色遥感研究。

“海水透明度卫星遥感探测技术研究”（2003－2004）。该课题为国家“863”海洋监测技术主题青年基金课题。根据课题目标，已开发了中国海透明度遥感监测软件初版。

“南麂列岛国家级海洋自然保护区管理信息系统”（2000－2002）。该课题为国家计委高技术发展研究项目“国家级海洋自然保护区环境与资源遥感动态监测——南麂列岛示范区研究”。该课题综合应用 3S 技术，将卫星遥感与现场调查和历史资料相结合，首次建立了南麂列岛自然保护区贝藻类等生物种群及其图谱数据库，是目前国内最为完整的贝藻类图谱库；首次设计和建设了具有自主知识产权的以生物多样性为代表的南麂列岛海洋自然保护区管理信息系统，具有检索、查询、更新、管理空间数据及属性信息等功能，界面设计合理、友好，使用方便、快捷，提高了管理水平和工作效率。

“赤潮灾害预报技术研究”（2001－2005）。该课题为国家“十五”科技攻关项目“海洋环境预报及减灾技术”的子课题。该课题利用卫星遥感探测技术，建立了赤潮遥感监测模型，并进行跟踪预报；初步探讨了赤潮数值预报技术；建立了有毒赤潮诊断技术指标；开发了中国海区赤潮灾害信息管理信息系统；编制了《赤潮灾害信息标准化技术规范》。利用开发的赤潮预报技术与模型，开展试预报，发布卫星遥感监测预报 30 次（期）、赤潮统计与数值预报 113 次（期），赤潮发生率的预报精度达到 33%，为政府管理部门和有关机构及时了解赤潮灾情、组织防灾减灾、加强海洋综合管理提供了信息和依据。

“多波段、多极化、多视角 SAR 海洋遥感应用技术”（2002－2004）。该课题建立了海洋要素的多波段、多极化、多视角 SAR 遥感模型，并开发出相应的反演技术，从而能获取高分辨率的海洋信息。

“多参数合成孔径雷达海洋要素信息分离技术”（2002－2004）。该课题为国家“863”青年基金。研究开发了针对多参数 SAR 的海洋要素信息分离技术，实现海面风场、海浪、锋面、中尺度涡、内波、海冰、海面溢油和水下地形等海洋要素中三种以上典型海洋要素信息的有效分离，为多参数 SAR 图像海洋要素的信息提取提供前提保证。（国家海洋局第二海洋研究所）

海水淡化与综合利用技术
Technologies for Seawater Desalination and Multipurpose Use

【海水循环冷却技术示范工程研究】 国家海洋局天津海水淡化与综合利用研究所承担的“十五”国家科技攻关计划重大项目“水资源安全保障技术研究”子课题“海水循环冷却技术示范工程研究”，2003 年自主合成的阻垢分散剂 SC210 取得突破性进展，通过小试试验确定了工艺参数，完成中试合成用反应釜及其控制系统、管路配套设施的设计工作。安装、调试后运行正常，生产的药剂用于 2 500 米^3/小时海水循环冷却技术示范工程。对海水冷却塔飘水控制、填料盐沉积控制、防腐结构等关键技术提出创新设计，完成海水冷却塔工艺设计图纸；结合北方气候特点，提出严格控制水灰比、加入引气剂、提高强度等配合比设计要求，并对主要原材料提出了性能控制指标，设计开发出拥有自主知识产权的海水冷却塔技术。2003 年 10 月 8 日土建施工正式开始，年底时土建竣工，保证了示范工程建设进度。

2003 年 12 月，该课题顺利通过了科技部组织的阶段验收，有关海水循环冷却“三剂一塔”及 2 500 米^3/小时海水循环冷却技术示范工程系统优化设计等集成技术填补了国内空白，达到国际先进水平，并获得后两年的滚动资助。

【低温多效海水淡化技术示范工程研究】 国家海洋局天津海水淡化与综合利用研究所承担的“十五”国家科技攻关计划重大项目“水资源安全保障技术研究”子课题“低温多效蒸馏海水淡化示范工程研究”，2003 年完成了海水淡化用蒸汽热压缩系列装置、60 吨/日双效压汽蒸馏工业试验装置、多功能传热试验台和多效蒸馏海水淡化设计软件等。其技术关键为廉价传热材料及高抗垢传热材料、蒸发器和蒸汽热压缩机等关键设备、设计软件开发以及海水淡化系统的优化设计技术。通过示范工程的建设和运行掌握海水淡化的成套技术，为我国海水淡化的产业化奠定技术基础。

2003 年 12 月，该课题顺利通过科技部组织的阶段验收，研究成果得到专家评委的肯定，示范工程考核指标优于合同指标，总体水平国内领先、国际先进，具有良好的推广应用前景，获得后两年的滚动资助。

【大生活用海水技术示范工程研究】 国家海洋局天津海水淡化与综合利用研究所承担的“十五”国家科技攻关计划重大项目“水资源安全保障技术研究”子课题“大生活用海水技术示范工程研究”课题，2003 年在前期研究工作的基础上完成了耐盐嗜盐菌的培养驯化及接种技术、耐盐藻类的培养技术、耐盐净污植物的培养技术及新型海水净水絮凝剂技术的研究工作，提出了大生活用海水技术方案和设计准则，拟在山东省青岛市建立 80 万平方米示范小区大生活用海水示范工程，已通过专家组的可行性论证，并完成选址工作。示范小区的建成将为大生活用海水技术在沿海地区的推广提供技术、经济依据。

2003 年 12 月，该课题顺利通过科技部组织的阶段验收，有关技术填补了国内空白，并获得后两年的滚动资助。

【气态膜法海水和卤水提溴新技术研究】 国家海洋局天津海水淡化与综合利用研究所承担的“十五”国家科技攻关计划项目“卤水资源综合利用技术研究”子课题“气态膜法海水和卤水提溴新技术研究”课题，至 2003 年底，实现了在国际上首次采用大型 PVDF 中空纤维气态膜组件，高效地耦合了空气吹出法提溴技术中的解析和吸收过程。经 10 吨/年装置实验初步展示了该提溴技术的高效（设备体积效率提高 200 倍）、节能（省电 50%）、高收率（提高 5%）、无污染（无废气）的技术特色。溴素质量达到了以色列进口溴素标准。

该课题顺利通过科技部组织的结题验收，在国内外首次实现了 10 吨级气态膜法海水卤水提溴技术，达到国际领先水平。该技术的产业化将可保障我国溴资源的安全持续，提高我国提溴工业和相关的溴化工行业的技术水平和综合利用海水资源的程度，并带动功能膜材料的发展。

【永久亲水性聚烯烃中空纤维微滤膜研制与开发】 国家海洋局天津海水淡化与综合利用研究

所在以往聚丙烯微滤膜技术基础上，为开发系列聚烯烃膜产品，改善其各项性能指标，拓宽应用领域，增加微滤膜技术的研究开发力度，加快产业化步伐，申请并承担了国家科技部科研院所技术开发研究专项资金项目“永久亲水性聚烯烃中空纤维微滤膜研制与开发”。2003 年已完成项目总体设计方案，完成了制膜工艺及主要设备设计、加工和选型。

该项目拟在亲水性功能高分子共聚物与聚烯烃树脂共混熔融纺丝拉伸致孔成膜关键技术上实施创新与突破，采用亲水性功能高分子膜材料以及多级冷热拉伸致孔成膜工艺，制备出干态亲水性聚烯烃微滤膜，使综合性能优于其他方法制备的微滤膜，在反渗透海水淡化海水预处理、污水处理、中水回用等领域具有良好的市场前景。

【天津市 1 000 米^3/天反渗透海水淡化示范工程】

见“其他海洋产业”中“海水利用业”。

【中高温蒸馏海水淡化关键技术研究】 2003 年 10 月，国家海洋局天津海水淡化与综合利用研究所承担了天津市科委项目“中高温蒸馏海水淡化关键技术研究”，中高温海水淡化技术是指操作温度低于 90℃的蒸馏海水淡化技术。本课题针对垂直管和水平管多效蒸馏海水淡化研究中高温多效蒸馏海水淡化技术，开发出高温阻垢剂，使蒸馏海水淡化装置的操作温度达 90～95℃。

【中国出口的第一台反渗透海水淡化系统】 见“其他海洋产业”中“海水利用业”。

【获奖科研成果】

项目名称：大生活用海水技术研究

奖励等级：2003 年国家海洋创新成果二等奖

完成单位：国家海洋局天津海水淡化与综合利用研究所

主要完成人：张雨山、王静

项目简介：该项目为“九五”国家重点科技攻关项目“海水资源综合开发利用关键技术研究——大生活用海水技术研究”专题。该专题主要研究了冲厕海水的后处理技术。在经过充分调研和研究的基础上，提出了大生活用海水与城市污水混和后含盐污水生化处理工艺和技术参数；提出了合理利用海水稀释功能将大生活用海水深海排放的条件；完成了大生活用海水的技术经济分析，同时提出了海水冲厕技术推广应用的相关标准、政策和法规建议，为在沿海城镇推广海水冲厕技术提供了科学、实用的依据。该专题于 2000 年 12 月通过科技部组织的结题验收，取得 4 项科技成果，填补了国内空白；实现 5 项技术创新，技术水平达到国际先进水平。2003 年获国家海洋创新成果二等奖。

（国家海洋局天津海水淡化与综合利用所）

【辣素防污漆技术开发研究】 辣素防污漆是应用于船舶水线以下部位防止海洋污损生物附着的表面材料。该项目自 1998 年以来，先后得到了国家科技部、国家海洋局、中国船级社、浙江省科技厅、建德市政府等单位领导的关心和支持，国家海洋局第二海洋研究所课题组经过 5 年的艰苦努力，研究开发工作获得成功，各项指标达到《国家船用防污底系统通用技术条件》（GB6822-86）的要求，并在建德市成功进行了中试。其中试成果于 2002 年通过了浙江省科技厅组织的鉴定，并由国家海洋局第二海洋研究所与杭州友邦香料香精有限公司联营合作生产，产品获 2003 年度国家重点新产品证书。

该产品应用范围广阔，主要用于海洋中的船舶、海上平台、港湾建设以及其他水下设施。该产品经国家有关部门检测属环保型船用产品，有很强的防污功能。它不但对海洋中污损生物危害最大、出现频率最高的藤壶有特效，而且对其他污损生物的附着也有明显的防除效果。此产品与有毒防污漆相比，其防污效果显著，完全可以替代有毒防污漆的使用。

该产品的投入使用，将对发展我国海洋产业及保护海洋生态环境有深远意义，这是我国在无公害船用防污漆技术上的重大突破与创新，产品填补了国内空白，其技术达到国际先进水平。

（国家海洋局第二海洋研究所）

海洋环保技术
Technology for Marine Environmental Protection

【低温多效海水淡化蒸发器内壁防腐蚀涂料研究】 海水淡化蒸发器壳体多采用 316L 不锈钢和

碳钢材质，以有机涂层防护海水蒸发对碳钢壳体的腐蚀，可大大降低设备制造成本。这个领域的重防腐涂料在美国、日本和以色列起步较早，而目前国内通用碳钢基材的耐水、海水防腐蚀涂料，还不能达到海水淡化蒸发器内壁的腐蚀防护工况要求。

国家海洋局天津海水淡化与综合利用研究所进行的该项研究以解决蒸发设备内壁防腐为主，为延续上年度的课题，在60吨海水淡化工程应用的基础上，对课题进行了相关的补充研究工作，内容包括：

(1) 高固体分体系。海水淡化蒸发器内壁防腐蚀涂料的涂层必须满足一定的厚度要求方可达到最佳的防腐蚀效果。研究中以活性稀释剂取代了部分溶剂，活性稀释剂作为成膜物质，使每道的涂层施工厚度显著提高，从现场施工的要求，减少施工道数可提高施工效率和涂装质量。

(2) 纳米材料改性。低温多效海水淡化蒸发器的实际工作环境介质温度高（70～80℃），属于负压的饱和蒸汽系统，对有机涂层的耐温性和抗渗透性要求较高。纳米材料粒径在30～100纳米，将其引入到树脂中，可阻止水分子等通过高分子链段间的空隙，渗透过有机涂层而造成腐蚀的发生；同时可将树脂的耐温性提高100～150℃，软化温度的提高，使涂层的抗渗透性能进一步得到提高。

该项技术的研制成功，将应用于国家“十五”重大科技攻关项目“水资源安全保障技术研究”的“低温多效蒸馏海水淡化示范工程研究”课题，利于海水淡化技术的国产化及大规模推广，具有较高的社会效益和经济效益。

【环保复合型防污涂料的研究】 国际海事组织（IMO）海洋环境保护委员会（MEPC）提出防污漆中使用有机锡衍生物的最终期限2003年1月1日。国家海洋局天津海水淡化与综合利用研究所进行的该项研究以高效、无毒的抗菌剂N-(2,4,6-三氯苯基)马来酰亚胺（TCPM）和辛辣型天然植物提取物（8-甲基-6-癸烯香草基胺）为复合防污剂所构成的环保型防污涂料，通过在厦门海水试验场一年的实地测试，以无毒的抗菌剂TCPM为主、具有驱避作用的辣椒素为辅的复合型防污剂具有协同防污作用，可保证至少一年的有效防污期，适用于船舶，尤其是水下仪器设备的防生物附着。

该项研究技术已申请国家发明专利，将应用于国家“863”计划高技术研究发展《海洋生态环境自动监测技术》课题相关仪器设备的防污工程。

（国家海洋局天津海水淡化与综合利用所）

【万吨级反渗透海水淡化示范工程】 见“其他海洋产业”中“海水利用业”。

海洋生物技术
Marine Biotechnology

【海洋几丁质酶生产几丁寡糖的研究】 该项研究获得了科技部、“863”、福建省重大科技项目、国家海洋局等多项资助。研究主要是利用具有我国自主知识产权的几丁质酶基因及先进的分子生物学技术来深度挖掘几丁质酶的应用潜力。通过蛋白质工程手段改造天然几丁质酶，解决酶降解产物中单糖含量偏高的问题。进行200升规模的发酵，生产高纯度符合出口标准的几丁质寡聚糖（几丁寡糖混合物纯度>80%，单一几丁寡糖纯度>95%）。

2003年，课题组对几丁质酶Chi1结构功能进行了全面研究，发现Chi1 C—末端A结构域对可溶低分子量寡糖的切割具有重要功能；对几丁质酶Chi1 N端4个可能关键点的定点突变体蛋白的性质进行了部分研究，结合实验和酶解实验都证明这些氨基酸都参与了酶与几丁质底物的结合或降解。根据研究结果对酶分子进行了基因工程改造，获得的经改造的几丁质酶在降解几丁质时减少了单糖的污染，增加了低分子量几丁质寡糖的含量。课题组还筛选获得了高产几丁质酶突变菌株，确定了菌株的发酵条件，优化了基因工程菌的小试发酵，获得了小试发酵最佳条件，降低了发酵成本，并在此基础上进行了基因工程菌30升中试发酵条件的优化，提取了几丁质酶。此外，还对几丁质酶反应条件进行了优化和模拟，制备了少量几丁寡糖产品。（国家海洋局三所）

【鲍鱼营养学研究及人工微粒饵料的研制开发】

由国家海洋局第二海洋研究所陈全震主持的科研小组，通过对不同品种鲍鱼营养特征的系统分析，进行针对性的饵料研究，研制开发出系列鲍鱼人工微粒饵料。该技术将螺旋藻粉添加进入饵料，并通过其他辅料以及工艺的改进，研制成功的新型微粒饵料解决了传统饵料不易成型、营养利用率低的问题。该饵料不仅比传统饵料节约成本50%～70%，而且可降低残存饵料环境污染负荷40%～60%，并可进一步提高鲍鱼营养价值和口感。研究结果表明：①投喂人工配合饵料组的鲍鱼生长明显优于投喂海带组生长；②饵料中添加螺旋藻粉能明显改善饵料的配方；小规格鲍鱼添加5%（A-2）螺旋藻即可产生非常显著的影响，而大规格鲍鱼需添加10%（B-3）螺旋藻才产生显著影响。

【主要海水经济鱼类的温度基准值研究】 由国家海洋局第二海洋研究所陈全震主持的科研小组正在进行该领域的研究，主要研究内容包括：①主要经济鱼类夏季的最大致死温度；②鱼类在相应月份的短期暴露安全水温试验；③鱼类由于突然降温而骤然遭受冷冲击时的短期暴露最大低温研究；④热冲击对鱼类胚胎孵化率的影响；⑤鱼类的最适生长温度；⑥鱼类的产卵、孵化、鱼苗生长和其他繁殖功能对水温要求的上限值。目前研究小组已经建立了一套海水鱼类热效应模拟生态实验技术。该技术不仅能用于滨海工业冷却水排放的温度限制值和为温排水受纳水域的养殖品种结构的调整、养殖区域的合理布局研究所采用；而且能为海水鱼类的移植增殖研究所采用。通过进一步的技术攻关，有望获得浙江省主要海水经济鱼类的温度基准值，为制定海洋渔业用水区温水排放标准的依据，同时也对温水或温流水养殖的管理提供参考。

【三门湾、乐清湾重点海湾养殖容量的研究与应用】 由国家海洋局第二海洋研究所承担的该课题为浙江省海洋开发管理重大项目。课题组通过对两个港湾目前生态环境的背景值、养殖现状的现场调查和数值模拟，综合海洋生物学、生态学、海洋化学、物理海洋学、海洋沉积学等学科的技术，解决了如下的关键问题：①港湾养殖生态和主要养殖鱼类生态生理特征之间的关系；②港湾水动力和水交换特征及三维数值模拟；③投饵网箱养鱼的最佳载鱼量和养殖密度；④不同类型的饵料对养殖生态环境与养殖容量的影响。课题取得了如下成果：①港湾生态系基础参数数据库(报表和时空分布图及其承载光盘)；②港湾水域基础生产力；③港湾主要鱼类的养殖容量。研究成果为两个港湾水产资源与生态环境的协调与可持续发展提供了科学依据，为资源与环境的管理与规划提供了科技支撑。（国家海洋局第二海洋研究所）

【海水养殖病害病原检测及防治的开发研究】

该项目是福建省重大科技项目，主要针对目前存在较严重的两种水产养殖方面的病害问题，鱼类虹彩病毒和对虾托拉病毒所引起的病害进行防治研究。

鱼类虹彩病毒防治方面：在查询与分析已报道虹彩病毒核酸序列的基础上，结合生物信息学手段，确定了以虹彩病毒ATPase基因保守区序列作为扩增靶序列，设计筛选了一对特异性引物，通过改进PCR模板的制备方法和优化扩增条件，建立了鱼类虹彩病毒PCR快速检测技术，其检测灵敏度（约100个病毒粒子）、特异性等均优于国外已报道检测方法，该技术已申请国家发明专利（申请号：02109983.9），并开发出商品化检测试剂盒；同时针对虹彩病毒在多种水产养殖动物中引发大规模流行病的现状，建立了蛙虹彩病毒、EHNV以及可同时检测两种虹彩病毒的多重PCR等多种鱼类病毒分子检测技术。

在对虾托拉病毒（TSV）防治方面：根据国际基因数据库中已有的TSV病毒核酸序列，设计5条病毒核酸序列拼接引物并进行了PCR扩增，得到220BP的TSV基因组DNA片段，利用DNA重组技术获得了含有TSV片段的重组体外转录质粒，经体外转录得到带有PolyA的病毒RNA片段，通过磁珠法分离、纯化了该RNA片段，并将其作为阳性对照模板，建立了简便有效的TSV RT—PCR检测方法，并进行了样品检测；采用福尔马林灭活疫苗的方法，首次制备了溶藻弧菌、河弧菌、副溶血性弧菌三联疫苗，完成了该疫苗在鲫鱼、大黄鱼等养殖品种中的免疫保护实验，其免疫保护率在80%以上；完成了嗜水气单胞菌的扩大培养及核酸提取，并进行了免疫接种及免疫保护实验。

【星洲鱼引进及海化研究】 星洲鱼系新加坡水产科技人员经20多年精心研究，采用杂交培育并经多年纯化选育出来的优良品种，具有适应性强、生长快、食性杂、易饲养、产量高、抗病力强等优点。国家海洋局第三海洋研究所从2001年开始引进研究，2003年根据星洲鱼为广盐性鱼类的特点开展盐化研究。2003年5月8日引进体长2.0～3.0厘米星洲鱼12 800尾，放养于8个试验池，5月18日开始盐化试验，6天为一个周期，采用全人工配合饲料投喂，18天盐化养殖成活率81.3%（盐度为30），再经过6个月的海水养殖（盐度30～31.2），组织同行专家进行现场验收，成活率为37.88%，平均体长为21.64厘米（范围17.4～27.4厘米），平均体重为252.67克（范围160.50～422.28克）。

星洲鱼原系淡水养殖品种，在半咸淡海水中养殖，但至今尚未见过在高盐度（28以上）海水中养殖成功的报道。

【无公害健康海水养殖技术及产业化示范】 该项研究是国家海洋局第三海洋研究所承担的福建省重大项目。针对目前我国海水养殖产品中公害物质超标、严重影响人民的饮食安全及出口创汇的现状，结合国外的技术，开展了一系列的研究，取得了较好的进展。

项目进行中，对海水养殖环境中的公害物质，包括重金属、有机污染物、有害微生物等进行了调查和分析，采用人工围隔生态的方式对污染物在生物体内的积累及排泄进行了研究，同时还开展了有益微生物和大型藻类对海洋环境的修复技术研究，使N、P含量为国家水质标准四类的海水达到国标的二类海水水质，并且使海水中有害微生物及重金属含量也达到国家无公害海水养殖水质环境标准。

在苗种生产中，采用了美国无特定病原（SPF）虾苗生产技术，生产了SPF虾苗500万尾，并且从育苗到养成过程中，不使用抗生素，而采用了微生态技术及免疫技术。经检测，对虾体内公害物质符合国家标准，并且发病率明显下降，产值增加15%～25%。（国家海洋局第三海洋研究所）

海洋信息技术
Marine Information Technologies

【我国信息网络安全举措】 当前，信息网络安全问题已成为全社会关注的热点。就此，我国采取了一系列相应措施。①推出国家信息安全技术水平考试。2003年7月底，信息产业部国家信息化工程师认证考试管理中心推出了国家信息安全技术水平考试（NCSE），这是信息部认证考试中心推出的第二项国家级认证考试。②构筑信息安全防御体系。建立和健全信息安全体系将包括建立信息安全管理支撑体系、信息安全技术支撑体系、信息安全产业发展体系和信息安全快速反应系统。③成立信息网络安全专业委员会。组织开展计算机信息网络安全标准、技术及管理措施的研究与交流活动，提出制定信息网络安全决策建议；宣传计算机网络安全管理的有关法规，提高计算机网络用户的安全意识；协助业务主管部门加强计算机信息网络安全管理，提高安全保护水平；为计算机犯罪证据的获取、认证、鉴定提供技术支持。④建立监控体系。公安部准备建立一个覆盖全国范围的公共信息网络安全监控体系，以应对黑客袭击和网络中出现的越来越多的不良信息。

【网络海洋信息资源的组织模式】 海洋信息资源非常庞大而且繁杂。既有结构化的信息，也有非结构化信息；既有静态的信息资源，又有动态的信息资源；既有语言文字表述的，也有图像、图形、声音、电子表格等多媒体方式表示的。传统的信息组织模式已不能满足新的需求。

基本的网络信息组织模式主要有4种：①文件组织模式。以文件系统组织和管理信息资源，以单个文件为单位共享和传输信息，通过文件存储图形、图像、图表、音频、视频等非结构化信息。这是最早的存储信息、共享信息资源的组织模式，但对于结构化信息则难以实现有效的控制和管理；②主题树组织模式。将所含确定范畴的所有获得的信息资源按照某种事先确定的概念体系，分门别类地逐层加以组织，用户通过浏览的方式逐层加以选择，直至找到所需的信息线索，再通过信息线索联接到相应的网络信息资源；③数据库组织模式。将所有已获得的网络信息资源以固定的记录格式存储，用户通过关键词及其组配查询，就可以找到所需要的信息线索，并通过信息线索直接连接到相应的网络信息资源。它有处理海量信息的能力，是目前网络环境中巨量信息资源的重要工具；④超媒体组织模式。通过将超文本与多媒体技术相结合，把文字、表格、声音、图像、视频等信息以超文本方式组织起来。使人们可以通过高度链接的网络结构在各种信息库自由航行。

上述 4 种基本组织模式中任何一种都不能满足人们对瞬息万变的网络信息的需求。只有将这 4 种组织模式的组合并融入其他新技术，才能发挥各自的优势，尤其是数据库模式与超媒体模式的组合，已形成网络海洋信息组织的一个重要发展方向。其结合的方式有 3 种：一是将数据库作为超媒体模式组织的一个节点，实际上是借鉴 Web 与数据库技术的成功结合，并把它应用到网络信息资源的组织管理上，也就是信息资源组织使用基于 Web 的数据库应用系统，并把该系统作为超媒体模式组织的一个节点；二是在数据库上附加链服务，在数据库系统基础上附加一层专为超媒体系统设计的链服务，通过链服务，使数据库系统与超媒体系统在体系结构上统一起来；三是建立基于超媒体结构的数据库系统，该组织模式以超媒体模型代替关系模型或面向对象模型来构造数据库管理系统。上述新型模式的研究与开发，将促进海洋信息资源的应用和共享，为“数字海洋”信息库建设打下基础。

【海洋网络数据库建设】 随着知识经济时代的到来，科学技术的飞速发展和计算机的普及，网络正在渗透到科学、教育及经济生活的各个领域，成为人们获取信息资源的主要途径和有效手段。我国网上海洋信息资源建设主要体现在信息网络建设与数据库建设两个方面。网络信息资源建设的核心问题是网络数据库的开发与建设。网络数据库就是以后台数据库为基础，加上一定的前台程序，通过浏览器完成数据存储、查询等操作的信息集合。

我国海洋网络数据库建设存在的问题主要表现在：①数量少、规模小、服务水平低；②缺乏整体规划意识，标准不统一，兼容性差；③数据库的发展水平低，数据年限短，数据完整性差；④国家重视程度不够，资金投入不足，数据资源垄断严重。

海洋网络数据库的发展趋势主要表现在：①数据库从科学领域向海洋经济、海洋管理等方面扩展，社会性更强，服务层次趋于大众化；②随着数据库的发展变化，数据加工趋于深度化、服务个性化；③学术电子期刊和电子图书数据库迅速发展，综合性与专业性数据库的发展长期并存，数据库内容趋于多元化；④数据库已成为信息市场的重要商品，竞争更加激烈，海洋数据库也面临服务社会化、经营商业化的发展趋势；⑤目录型与文摘型数据库检索结果与原始文献相互链接，信息实体趋于虚拟化和自动化；⑥数据库的知识产权保护不断完善，法律法规不断健全，数据库建设趋于法制化；⑦国家投资不断加大，中央与地方共建共享，信息资源加工与利用趋于共享化。

【网格技术】 网格是高性能计算机、数据源、因特网三种技术的有机结合和发展，它与因特网相比具有高性能、一体化、知识生产、资源共享等优点。网格是建立在因特网和 Web 基础上的，即用户使用层面上互联互通。网格的应用将改变计算平台，带动网络界面的发展。将涌现大量的新产品和各种利用这些技术提供的各类服务的新模式，包括新的技术模式和商业模式。网格的高性能主要表现在：①网格的互联网络比因特网具有更大的带宽；②网格上将有更多高性能计算机，大大提高网格的计算速度；③网格的体系结构将比因特网更能有效地利用网络资源；④网格将促进更多、更大的网上社区的出现。

如果把全球的网格都联在一起，那么就能借用彼此未用的资源，网格就会更强大和灵活。在网格计算实现商业应用之前，还需要解决很多问题：①要解决目前互联网的数据传输能力不足的问题。为此，发展网格要和建设下一代宽带互联网结合起来；②要进一步解决人机结合的问题，使网格更加个性化、智能化和科学化；③要通过法律的手段解决资源共享中的知识产权、相互信任和报酬等问题；④最大的难题是如何保障网格计算的安全性。由于要在全球网络上实现资源共享，系统将更复杂，罪犯将更有可乘之机。随着网格技术的发展，该技术将在“数字海洋”中得到应用。 （国家海洋信息中心　李四海）

【海洋信息时空拓扑分析关键技术方法研究】 在“863”课题的支持下，国家海洋局第一海洋研究所张杰研究员等在海洋信息时空拓扑分析关键技术方法研究中取得了阶段性成果。

(1) 初步实现流场的 GIS 表达。归纳了物理海洋学中流场常用的几种表示方式，分别尝试给出了相应的 GIS 表达，并进一步开展了 GIS 量化分析示例研究，初步证明所发展的流场 GIS 表达方式的可行性。在此基础上，具体针对流矢量场提出的一种新的 GIS 表达方式，不仅可以实现用单个分量形式表达流场结构的目标，更重要的是可以使海流数据进入 GIS 得到海流结构并进行更加全面和定量的分析研究。

(2) 开展了岸线动态分析研究。海岸线是动态变化的曲线，而曲线可以看做是许多折线构成的。为了表达方便，从简化的岸线三角模型入手，给出了岸线动态分析的数据结构，针对旋转角变化与不动点给出了两种研究岸线动态变化的分析算法，对海岸线的变化类型进行划分。对点、线变化的各种算法进行封装，实现了基于简化模型的岸线动态分析示范系统。

【HY-1 卫星资料在海岸带典型区域动态监测中的应用示范子系统】 该课题为国家卫星海洋应用中心资料应用示范分系统的一个子系统。课题选定我国海岸带重点地区——黄河口和珠江口为试验研究区域。在 HY-1 L1B 级存档数据的基础上，首先进行数据预处理研究，包括陆地/海洋 MASK、云检测和几何精校正，然后开发对黄河三角洲的悬浮泥沙、潮间带、岸线和珠江河口区的悬浮泥沙进行信息提取的功能模块，生成满足海岸带应用基本需求的 L3 级产品。在此基础上，开发了基于 IDL 的图像分析和可视化操作模块以及基于 ARC/INFO 的海岸带信息专题图制作的模块，共编制了约 200 个功能函数，程序代码近 30 000 行。最后，将所开发的模块在卫星海洋应用中心的软硬件平台上集成为一个可业务运行的系统。该课题于 2003 年 7 月顺利通过结题验收。

（国家海洋局第一海洋研究所）

海岸与近海工程技术
Coastal and Offshore Engineering Techonlogy

【埕岛油田平台周边海底管道电缆探测技术方法研究】 隶属胜利油田石油管理局的埕岛油田是我国第一浅海大油田。自 1993 年正式投入开发，到目前为止，已在海上陆续建成各类采油平台 70 余座，建成各类海底管缆 130 余条段，总长近 200 千米，形成了以中心平台为主，卫星平台辅助，通过海底电缆和管线相互连接的海底输油、输汽、注水、输电、油水混输上岸的开发系统。随着时间的推移，有些管缆已接近设计年限，它们因长年处在十分复杂的海洋环境下，导致抗力衰减，时有油气泄漏、电缆断裂事件发生，造成严重经济损失、污染海洋环境。因此，探明现有海底管缆的准确位置和埋设状况，为海底管缆及时维修和实时更新是十分迫切的。但由于平台周边海底管道和电缆密如蛛网、废弃物多，尤其是被埋在海底的管道和电缆的探测，在技术上还不够完善和成熟，给探测工作带来很多困难，所以在埕岛油田一直没有形成一套系统完整准确的海底管缆资料和图件，给海上生产和管理带来了很多困难和安全隐患。为此，国家海洋局第一海洋研究所与胜利油田海洋石油开发公司联合，于 2003 年利用目前世界上已有的、对海底管线探测较为有效的各种仪器设备和方法手段，共同开展了埕岛油田平台附近海底管道电缆探测技术研究工作。通过试点和研究，探索了适合海上油田海底管道电缆位置和埋设状况探测的最佳方法和手段，为我国浅海油田的海底管道和电缆探测积累了经验。

（国家海洋局第一海洋研究所　仲德林）

【春晓气田群开发建设项目海底管道工程选址与路由调查】 春晓气田群位于东海陆架中部，由春晓、天外天、残雪及断桥等气田组成。它的开发对缓解浙江、上海的能源供需矛盾，促进该地区的社会经济发展具有十分重要的意义。海底管道工程选址与路由调查是春晓气田群开发建设关键的先行工作。

1999 年至 2002 年 4 月期间，国家海洋局第二海洋研究所先后受宁波市天然气办公室、上海海洋石油局、中海石油研究中心和中海油/中石化春晓气田群开发建设项目组等多家单位的委托，开展了春晓气田群输油管道路由、登陆点和处理厂厂址的预选研究工作，通过对自然条件、社会经济发展需求、工程经济核算等多方面的综合分析，最终选定宁波三山为春晓气田群外输管道的登陆点。

2002 年 5～10 月，该所联合国内外有关单位，开展了春晓气田群海底管道路由调查工作。调查范围包括气田群天然气外输管道和采油平台间集输管道路由，总长 472.6 千米。调查使用了高精度的双频 DGPS 定位、USBL 水下声学定位、多波束测深、数字式侧扫声呐/浅地层剖面探测、CPT 海底原位测试及大深度振动取样等一批在国际上处于领先水平的技术装备，获取了路由区大比例尺全覆盖水深地形、海底面状况、浅地层结构、沉积物工程特性、气象和海洋动力环境、腐蚀环境要素等资料，并对路由区的地质、气象、水文、海洋开发活动等方面进行了广泛的资料收集、整理、分析，从管道登陆点环境、海底工程地质、海洋动力环境、腐蚀环境要素、海洋开发活动等方面对路由条件进行了全面系统地综合评价，为春晓气田群海底管道设计、施工以及运行维护提供了科学技术依据。同时，对路由区的海洋工程地质、灾害地质、动力环境等方面取得了若干新认识，在潮滩和潮汐通道的海底冲淤变化特征，东海陆架梳状潮汐沙脊的活动性，海底古河道、古沙坝、浅层气的分布特征,海底浅层土的工程分带特性等方面的研究取得了新进展。该项工程是东海海域规模最大的海上油气长输管道工程，亦是我国海域由国内单位承担的迄今距离最长的海底管道路由调查项目。

该项调查满足当前国际上海底管道路由调查最新技术要求，所采用的技术路线、调查方法、资料采集和处理技术对今后国内同类工程均具有指导意义。

【FLAG 北亚光纤环系统中国段路由调查】 FLAG 北亚光纤环系统(FLAG NORTH ASIA LOOP，简称 FNAL)由 FLAG 公司投资建设，包括两个 Phase 的海底光缆，Phase 1 从日本的 Wada 至韩国的釜山，Phase 2 从香港塘福至韩国釜山。项目建设总承包商为 Alcatel 的 Submarine Network 部（“ASN”），路由调查总承包商为 Fugro 集团的 Seafloor Surveys International, Inc.（“SSI”）。根据与 SSI 签署的合同要求，国家海洋局第二海洋研究所联合国家海洋局南海工程勘察中心一起进行 FNAL Phase 2 中国段路由调查，调查范围为从登陆段至 350 米水深的路由海区，全长 330 千米。根据海洋调查获取的数据和收集的资料，确认和修订桌面研究选定的预选路由，为选择和确定安全可靠、经济合理、技术可行的海底光缆系统路由，确定海底光缆系统施工方式、电缆类型与埋深，获取必需的资料。调查严格按照 ASN 的技术规格书与 SSI 的质量计划书的要求进行。调查内容主要包括水深测量、侧扫声呐探测、浅地层剖面探测、海底光缆交越点磁法调查、底质取样和土工试验等项目。共完成工程地球物理同步测线 1 080 千米、底质采样站 29 个。此外，对路由区的地质、地震活动、气象、水文与海洋开发活动等方面进行了广泛的调访、资料收集与整理分析，根据调查资料对预选路由进行了必要的修改。调查为该光缆系统的设计、施工和维护提供了科学技术依据，并对路由区的海底浅部地质特征和灾害地质等形成了若干新的认识。

【甬-沪-宁原油储运工程杭州湾海底管道路由调查】 宁波-舟山-上海-南京原油储运工程（简称“甬沪宁工程”）是中国石油化工集团公司“十五”重点项目，这一工程的建成，对于上海和南京地区石化企业持续、稳定、快速发展和我国加入 WTO 后市场的竞争均具有重大意义。本项目是“甬沪宁工程”重要的组成部分，由国家海洋局第二海洋研究所承担。由于强潮流、高含沙量及海床复杂多变等特殊的自然环境条件，穿越杭州湾的海底管道成为“甬沪宁工程”能否顺利建成的关键。其输油管道的起点为册子岛原油码头油库，从册子岛北侧下海，呈北西-南东向穿越杭州湾中部，在平湖市上岸进入白沙湾油库，全长 93 千米。在海上调查、样品试验分析、资料解释和计算分析的基础上，对路由区的海底工程地质条件、海洋气象和动力环境以及海洋开发活动进行了深入的研究，提出了本项调查的结论性意见和工程对策、建议。成果报告特别对杭州湾浅层粉质土在动力作用下的性状作了定量分析，对金山深槽和潮流槽脊系冲淤变动对海底管道安全性的影响作出了评估。

【国际海底光缆路由信息系统】 该课题由中国电信委托国家海洋局第二海洋研究所研制，用于海底光缆维护的信息系统。主要为用户提供资料管理、数据更新和信息查询，同时实时监控在东海海域活动的船只，确保海底光缆的运行安全。系统提供 GIS 系统的常用功能，能随时检索相关资料，提供接口用于维护管理的工作，如违规渔船的登记；也能输出相关资料，如地图打印，查询表格打印等。系统的试运行表明该系统的研发大大地缓解了中国电信在海底光缆维护中的压力，为中国电信有效地进行海底光缆维护提供了技术保证。

【岙山-镇海进口原油管道工程管道路由桌面研究和调查】 岙山-镇海进口原油管道工程由国家

海洋局第二海洋研究所承担，它是以岙山中转油库、册子岛拟建中转油库、镇海拟建中转油库与甬-沪-宁输油管网相连接的输油工程，该工程的实施将极大地缓解上海和南京地区石化企业的进口原油接卸与运输问题。岙山-镇海输油管道的海底路由，水深流急，地质条件极为复杂，如何选择经济合理、技术可行的输油管道的海底路由是本项目的重要研究内容及关键技术所在。2002 年对该工程的海底路由进行了桌面研究，并结合现场勘察，选择了多条路由进行比较，最终提出了岙山—长峙、长峙—临城、岑港—外钓、外钓—册子及册子—镇海五段路由的预选方案。2003 年对预选的海底路由进行调查，内容包括：工程地质条件、海洋水文气象要素、腐蚀环境要素以及人类活动状况等。调查首次涉及海底大跨度定向钻施工的勘察要求，对定向钻施工路由的工程地质条件评价、册子水道海底路由的冲淤状况分析及册子水道两侧水下边坡滑坡体的稳定性的评价是该项目的主要技术难点。调查设计物探测线 300 千米，工程地质钻探孔 98 个，腐蚀环境因子测试 18 组，水文观测站 5 个，气象及波浪计算站 2 个。对调查采集的资料经综合分析计算，向委托方提交了最终报告。

【浙江国华宁海发电厂海域论证研究】 由国家海洋局第二海洋研究所承担的浙江国华宁海发电厂选址工作属国家重点项目。它选址于浙江东部沿海象山港顶部峡山半岛北端下月村岸段，电厂灰场填海、码头、航道、锚地及取排水口等涉海工程需要使用的海域，通过象山港及电厂工程海域的沉积地貌、气象、工程水文泥沙、海洋环境化学和海洋生物等自然环境综合评价，进行电厂工程区附近海洋资源开发现状和产业布局分析，进行海洋功能区比较分析，依据《中华人民共和国海域使用管理法》的规定，得出电厂涉海工程海域使用位置和面积。在此基础上，进行电厂涉海工程对自然环境、资源、生态环境及海洋开发活动等影响程度的评价，提出电厂涉海工程使用海域的科学性、合理性和可行性。它是浙江国华宁海发电厂向国家海洋行政主管部门申请海域使用的基本文件之一，也为国家海洋行政主管部门审批工程区海域使用权提供了科学依据。

【跨杭州湾海底管道工程施工前调查和施工期检测】 跨杭州湾管道工程由中国石油化工集团公司投资建设，是甬-沪-宁原油储运工程的重要组成部分。它由穿越杭州湾中部海域的 3 条平行管道组成，长度各约为 53.5 千米。作为施工总承包方韩国现代重工（HHI）的分包方，国家海洋局第二海洋研究所和中海达雷斯地学服务公司合作承担了该项工程的施工前调查、施工期检测以及施工后的监测工作。工作于 2002 年底启动，2003 年 4～9 月完成施工前调查 3 个航次，为最终确定路由的管道施工提供了可靠的技术依据和支持，保证了管道施工作业的正常进行。

（国家海洋局第二海洋研究所）

【适用于浅海边际油气资源开发的海洋平台研究】 海洋平台是海洋石油、天然气资源开发的基础性设施。随着海上油气资源的开发不断向深海进军，近海、浅海边际油气资源的开发利用日益引起了人们的关注，研究和开发适合浅海边际油气资源开发的平台受到了广泛的重视。我国海洋开发起步较晚，技术发展相对薄弱，海上油田开发成本相对较高，尤其是对于浅海边际油田的开发，降低开发成本、增强其稳定性将是油田开发的关键。

近年来，轻型平台在北海南部海域已开始应用，其中应用较多的轻型平台主要有 MOSS11 型、Mantisl 型、Guardian、Seahorse 及独桩平台等。独桩平台（又称为独柱支撑平台）的上部甲板结构由单一钢管桩支撑，隔水套管则置于钢管桩内，具有结构简单，制造、安装方便，造价低等特点，而且单支柱结构形式还有较大程度地降低环境荷载的作用。目前在北海地区、美国墨西哥湾、意大利亚得利亚海均得到广泛应用，其适用水深可达 40 米。但由于独桩平台的载荷主要由独桩承担，而独桩的抗侧移刚度一般又较小，因此在较强动力荷载作用下该类平台上部往往会发生较大的水平位移，影响平台的正常作业。为克服这一弱点，胜利石油管理局和中国海洋大学研究人员在桩土相互作用研究的基础上，对桩基进行结构优化设计，提出一种新桩型——加肋桩，并用理论分析、数值计算和实验方法分析肋板结构形式对桩顶刚度的影响以及加肋桩平台的静、动力响应特性，最后给出加肋桩设计计算方法和计算软件，以满足工程设计要求。

海洋教育
Marine Education

部分涉海院校简介
Introduction of Some Ocean-Related Universities and Colleges

【中国海洋大学】 中国海洋大学是一所以海洋和水产学科为特色，包括理学、工学、农（水产）学、经济学、文学、医（药）学、管理学、法学、教育学等学科门类较为齐全的教育部直属重点综合性大学，是国家“985工程”和“211工程”重点建设高校之一。学校依山傍海，坐落在景色秀丽、气候宜人的海滨旅游城市——青岛。校训是：海纳百川，取则行远。

中国海洋大学的前身是私立青岛大学，始建于1924年。后经国立青岛大学、国立山东大学等几个时期的变迁，于1959年发展成为山东海洋学院，1960年10月被中共中央确定为全国13所重点综合大学之一，1988年更名为青岛海洋大学。2001年2月，教育部、山东省人民政府、国家海洋局、青岛市人民政府签署协议，决定给予重点支持，把该校建设成为海洋和水产学科特色鲜明、在国内外有影响的高水平大学，简称高水平特色大学。2002年10月经教育部批准，青岛海洋大学更名为中国海洋大学。

学校分鱼山、浮山和崂山三个校区，设有海洋环境、信息科学与工程、化学化工、材料科学与工程、生命科学与技术、海洋地球科学、工程、管理、经济、外国语、文学、法学、数学、环境科学与工程、继续教育、高等职业技术、公共管理、国际联合教育、新闻与传播等20个学部、学院（系），69个本科专业。学校是国务院学位委员会首批批准的具有博士、硕士、学士学位授予权的单位。现有海洋科学等7个博士后流动站，拥有并覆盖39个博士学位授予点和76个硕士学位授予点，拥有海洋、水产、环境科学与工程、生物学、食品科学与工程、大气科学等6个博士学位授权一级学科点、10个领域具有专业工程硕士授予权。有物理海洋学、海洋化学、海洋生物学、水产品加工及贮藏工程、水产养殖等5个国家级重点学科，国家海洋药物工程技术研究中心和联合国教科文组织中国海洋生物工程中心也设在该校。物理海洋、环境海洋、海洋生物、水产养殖、海洋药物和海洋遥感等6个学科设有“长江学者

另外，我国浅海油田的开发中绝大部分为导管架采油平台，针对这一情况，胜利石油管理局和中国石油大学研究人员运用模块化技术对平台进行模块化设计，开发先进而经济的平台上部模块安装技术。在分析总结了现有平台模块化技术及平台上部模块漂浮安装法的基础上，提出了一种新的导管架平台上部模块海上漂浮安装法——液压控制漂浮安装法。平台上部模块的安装主要由液压举升系统来完成，安装过程中的水平调节由水平定位液压控制系统配合船舶锚泊定位来完成。其主要优点是：驳船到达安装位置后，不必快速压载下沉，桩腿上的液压举升系统向上伸出与平台上部模块对接，对接后插销固定，平台上部模块的重量载荷转移到导管架上，驳船压载驶离，对接操作简单；液压举升系统缓慢下降，最终使平台上部模块平稳落到导管架上，完成对接，避免了平台上部模块与导管架对接瞬间的碰撞；对接操作时，水平方向的调整通过驳船与导管架之间的水平液压控制系统完成，调节精确、简单，且能适应气候不佳的情况，无需过多的船舶控制系统，施工安全有保障。

这些技术应用于我国浅海海域开发，可大大缩短导管架平台的建造工期，节约建造成本，降低浅海边际油田的开发费用，提高油田开发的经济效益，并且能够解决浮吊无法进入的浅海海域的施工问题，使更多的浅海及滩海地区得到开发。

（中国海洋大学　冯秀丽　林　霖）

奖励计划”特聘教授岗位，还拥有两个国家基础科学研究和教学人才培养基地——海洋学、海洋化学和一个国家生命科学与技术人才培养基地。

学校现有在册学生19 000余人，其中博士、硕士研究生3 000余人，留学生800余人。学校拥有一支高水平的师资队伍，一批国内外的知名专家、学者在校治学和执教：其中中国科学院院士2人、中国工程院院士4人，博士生导师200余人，“长江学者奖励计划”特聘教授4人，讲座教授2人，中国当代著名作家、中国作协副主席王蒙先生担任顾问、教授、文学院院长，著名画家范曾先生担任人文社会科学研究院院长。

学校共有70余个教学与科研相结合、具有不同专业特色的实验室，拥有供教学、科研使用的3 500吨级海洋综合调查船——东方红2号。学校图书馆不断丰富和扩大馆藏资源，已建成国际上较为全面的海洋水产学科外文数据库，成为全国海洋科学文献检索和信息资料中心，是教育部29所具有科技查新资格的重点高校图书馆之一。

学校设有海洋药物工程研究院、物理海洋研究所、海洋经济与海洋法学研究院、环境科学与工程研究院、信息工程中心、水产养殖研究所等30余个研究机构。科学研究瞄准国家和世界科学与技术发展的前沿，发挥多学科、综合性和海洋科技人才密集的优势，取得了显著成就。在海洋动力学、海洋环境及其预测、海洋生态动力学、信息科学与技术、水产养殖及精加工技术、软科学技术、海洋药物研究开发、工程技术、海洋经济、海洋法、海洋文化、海事、海洋资源开发利用等方面都做出了突出的成绩。“九五”以来，该校科技成果达到国际领先和先进水平的70余项，国内首创和先进水平的150余项，出版专著200余部，发表论文8 000余篇；被SCI、EI、ISTP等收录论文900余篇，获国家级奖及国家科技攻关重大成果奖20余项，获省部级、地市级奖数百项。目前，在海洋和水产领域，学校承担的“973”项目数已占到总数的1/3，承担的“863”计划项目数则位居全国海洋科研机构第一位，充分显示出作为国家海洋和水产学科科技计划项目主要承担者的实力，为国家及地方经济建设、社会发展和科技进步做出了重大贡献。

学校十分重视国际合作与交流，几年来，派出境外留学、考察、讲学人员及访问学者占全校教师人数的50%以上。学校先后与30余个国家和地区的100余所高等院校及科研机构建立了合作交流关系，留学生规模已进入国内高校前30名。

21世纪是海洋世纪，中国海洋大学在新的世纪里将有更大作为。目前，海大正以海纳百川的胸襟，广纳人才；以国际化的标准，苦炼内功；以积极的姿态，参与国内外竞争。学校的发展目标是：到2010年，基本完成高水平特色大学的建设任务，初步奠定研究型大学的基础；到2025年或更长一段时间，建设成为特色显著的综合性、研究型高水平大学。

（中国海洋大学科研工作和成果及国家重点实验室参见“海洋科学研究”和“海洋技术”部分）

（中国海洋大学　吴俊龙）

【联合国教科文组织中国海洋生物工程中心】 1995年2月，联合国教科文组织生物工程委员会决定在世界范围内挑选和资助建立5个地区性“植物与水生生物工程中心”，以促进发展中国家的科学发展与进步。“中国海洋生物工程中心”（以下简称“中心”）是该组织资助建立的5个中心中唯一的海洋生物工程中心。“中心”于1995年7月13日正式成立。中国工程院院士、中国海洋大学校长、著名海洋药物学家管华诗教授任中心名誉主任，徐怀恕教授（已去世）任“中心”第一任主任，微生物学教授，博士生导师池振明博士为第二任主任，美国国家科学基金会主席、马里兰生物工程研究院院长、著名海洋生物工程学家Dr. Rita R. Colwell教授以及中国科学院院士、中国科学院海洋研究所名誉所长、著名海洋生物学家曾呈奎教授任“中心”顾问。

联合国教科文组织通过签订工作合同向“中心”提供经费资助。“中心”的主要任务是：

(1) 为亚洲地区青年科学家开设短期高级培训课程及高级研讨会；

(2) 接受亚洲地区青年科学家在“中心”做研究工作和学习（访问学者）；

(3) 在亚洲地区起科技带头作用。

该中心已经或将要进行的研究工作如下：

海洋微生物资源的研究　将重点研究我国近海海洋细菌和海洋酵母菌的多样性，以便建立我国特有的海洋细菌和海洋酵母菌种库。

海洋微生物发酵产物的研究　获得了利用产

淀粉酵母直接发酵淀粉生产海藻糖的新工艺。该工艺具有发酵工艺简单、海藻糖产量高、发酵培养基为廉价的农副产品、提取精制的海藻糖纯度高等优点。海藻糖在食品、医药、农业和化妆品工业中具有广泛的用途。在获得大量海洋细菌和海洋酵母菌株的过程中，将主要研究这些海洋微生物发酵的产物在食品、医药和其他行业中的重要用途，争取在3～5年内有一个新产品在国内市场上得到应用。

海洋微生物基因资源的研究 在获得有生产价值的微生物之后，“中心”将利用这些微生物的基因，组 DNA 构建基因库，从基因库中获得许多新的基因以便改造其他生物或用于其他目的研究。同时可以向国内外同行提供有关的基因库及进行相关服务。

海洋微生物工程的研究 特别是研究海洋细菌及其发酵产物如海洋细菌酶和生物活性物质在水产养殖和鱼虾病害控制方面的应用。

（中国海洋大学 池振明）

【湛江海洋大学】 湛江海洋大学是广东省重点建设大学，占地308万余平方米。自1997年1月组建成立以来，经过7年多的建设，教学大楼、图书馆、科技大楼、学生宿舍群等一批教学和生活用房相继竣工，共完成建筑面积近40万平方米，绿化面积10万平方米，固定资产达6.8亿元。用于教学、科研仪器设备的投入费用以年均30%的增长率增长，仪器设备固定资产近8 000万元，已发展成为一所以海洋学科为特色，文、理、工、农、经、管、法、教等学科协调发展；以本科教育为主，积极发展研究生教育，多层次办学；以应用学科见长，兼有基础学科的综合型海洋大学。2003年以来，新成立了文法学院、食品科技学院、外国语学院和软件学院，并与中国歌舞团联合成立艺术学院，连同原有的水产学院、农学院、工程学院、经济管理学院、航海学院、信息学院、理学院、成教学院、职业技术学院、海滨学院和寸金学院，共有15个二级学院，40个本科专业，28个高职高专专业。全校普通本、专科在校生2.1万余人，并已招收外国留学生（水产养殖专业）；有8个硕士学位授予点——水产养殖、水产品加工及贮藏工程、作物遗传育种、动物营养与饲料科学、食品科学、渔业资源、植物病理学、农业经济管理，在读硕士研究生107人；水产养殖专业为广东省名牌专业。全校现职专任教师920多人，其中，正高级职称67人、副高级职称282人、具有博士学位的38人、硕士学位的226人；有23名青年教师是广东省“千百十工程”的培养对象。2003年有1名教师被评为广东省劳动模范。

学校办学条件日臻完善，拥有3个省级重点实验室——现代生物化学实验中心、海洋药物研究与开发实验室、计算机网络实验室以及其他与教学、科研有关的实验室40余个。网络与教育技术中心集教学、科研和服务于一体。网教中心的职能是：负责学校计算机校园网的规划、建设和维护，对学校各部门的网络应用提供技术服务支持；负责学校信息系统（数字化校园）的规划、建设、维护、管理、服务、技术开发等；承担学校计算机网络教学和远程教育系统研究、设计与开发，并提供技术支持与服务；承担 CAI 的研究与开发；负责学校多媒体教学场地的管理及设备维护，面向校内外师生开展网络与教育技术的教学与培训以及技术服务；负责学校影视新闻的制作和编播。新建图书馆面积2.17万平方米，共有18个功能区，其中有多媒体阅览区、信息检索区、参考工具书阅览区、休闲阅览区等；可以容纳200万册印刷型图书，3万种电子出版物，可同时供500人上网进行信息检索，有2 400个阅览座位。图书馆采用了藏、借、阅、网一体化的先进管理模式；拥有图书报刊、多媒体光盘、联机数据库、因特网全方位的信息资源；可提供信息检索、书刊借阅、用户培训、读者沙龙等多功能的信息服务；实行每天开放14.5小时、每周开放7天。图书馆藏书110余万册，中外文期刊2 550余种，坚持“以收藏海洋特色文献为主，兼顾其他学科”的原则，使图书馆的特色文献更加突出。现已拥有 CNKI、中国维普、SPRINGER-LINK 等中外文全文期刊数据库，实现了采购、编目、流通、期刊管理、馆藏检索的计算机管理，是农业部查新单位之一。广东省高校电子图书馆粤西镜像站设在本校图书馆。在信息服务中紧紧抓住特色服务的宗旨，编辑的《水产养殖实用技术汇编》获广东省情报系统优秀情报成果一等奖。湛江海洋大学学报被中国科技部科技信息研究所收录为“中国科技核心期刊”，并被联合国粮农组织“水科学和渔业情报”系统（ASFIS）编辑出版的《水科学和渔业文摘》(ASFA)、中国学术期刊（光盘版)、中国期刊网、万方数据资源系统(China Info)数据化期刊群、中文科技期刊数据库、中国海洋文献数据库、《中国水产文摘》、《食品文摘》、《中国生物学文摘》、《全国报刊索引(科技版)》等上10家数据库和文摘刊物收录。

航海学院建成“大型船舶操纵模拟器室”。模拟器的功能有：规则训练；雷达/ARPA、ECDIS的熟悉和使用；BRIDGE TEAMWORK MANAGEMENT综合训练；船舶操纵综合能力培养训练；港口和航道开发分析；为特殊需要，某些已大于航道、泊位设计能力的船舶进出港靠离泊的可行性及相关措施研究；事故调查与分析，能模拟12级以上风浪。成立有船员培训中心，并举办了广东省远洋渔业首期船员培训班(分航海、轮机两个班)。为了规范学生的管理工作，学校颁发《湛江海洋大学航海类专业学生半年军事化管理实施细则(试行)》。经过一系列的质量体系建设和整改，进一步规范了航海教育教学管理，人才培养质量不断提高。2003年11月，“湛江海洋大学船员教育和培训质量体系”顺利通过国家海事局的审核认证，这标志着湛江海洋大学航海教育迈上了新台阶。

2003年，湛江海洋大学承担国家科学基金项目2项，国家“863”计划项目2项，省部级科研项目14项。“军曹鱼全人工繁殖及育苗主要生态因子研究”获广东省科学技术奖三等奖；“海洋抗癌新药1”、“海洋抗癌新药2”、“珠母贝抗肿瘤制品生产技术”等三项科研成果获得专利；“徐闻珊瑚礁自然保护区调查与规划研究”通过广东省自然保护区评审委员会鉴定。海洋开发研究中心研究开发了对虾养殖用“净水分解剂”、“保水活水剂”和“促长口服剂”，应用于生产受到普遍欢迎；承担广东省地方标准《斑节对虾养殖技术规范》及《凡纳对虾养殖技术规范》系列标准的编写工作，前者已公布实施，后者已通过评审；参与北部湾渔民转产转业的水产养殖技术的培训工作；举办了广东省沿海市县海洋与渔业局领导干部研讨班，提高了领导干部的管理水平。

(湛江海洋大学)

【浙江海洋学院】 浙江海洋学院是一所以海洋为特色，海洋科学、水产、海洋工程为重点，理学、农学、工学、文学、管理学和教育学等多学科协调发展的省属本科院校，1998年由原浙江水产学院和舟山师范专科学校合并组建，实行浙江省和舟山市共建共管、以浙江省为主的管理体制。浙江海洋学院的组建成立，适应了国家和浙江省、舟山市实施“科教兴国”、“科技兴海”战略，推动海洋教育和海洋经济发展的需要。

学校位于风景秀丽的“千岛新城”舟山市区。学校现占地面积110公顷，校舍建筑面积近49.3万平方米；教职工1 047名，其中中国科学院院士1名，高级职称人员209名；各类全日制普通在校学生9 005名，其中普通本科生7 500余名。学校设有海洋科学与技术学院、渔业学院、工程学院、管理学院、信息学院、人文学院、外语学院(筹)、医学院、石化学院、成人教育学院、高等职业技术学院、东海科学技术学院、高等职业技术学院杭州分院等13个学院和社会科学部、体育与艺术教育部、公共实验教学中心、海洋与渔业研究所等4个直属部(中心、所)，设有海洋科学、船舶与海洋工程、海洋渔业科学与技术、旅游管理、汉语言文学、教育技术学等24个本科专业；建有东海海洋研究院、海洋科学研究所、海洋文化研究所、海洋经济研究所、渔业科学研究所、教育科学研究所、网箱养殖工程研究中心、船舶与机电工程设计研究所等科研院所以及农业部渔业环境及水产品质量检验测试中心、浙江省海水增养殖重点中试基地、浙江省远洋渔业培训中心、中国石化销售公司舟山职工培训中心、舟山深水网箱养殖工程研究中心、船员培训中心、海洋管理培训中心等培训机构。学校编辑出版的学报面向国内外公开发行。

学校以推进素质教育、培养创新人才为目标，坚持教学工作中心地位不动摇，先后通过了浙江省高校文明校园评估和本科教学工作随机性水平评估。学校注重加大教学经费投入，加强教学基本建设，不断改善办学条件；营造良好学术氛围，积极应用现代教育技术；实施质量管理，建立健全教学质量监控保障体系；加强教风学风建设，努力把学生培养成为德、智、体全面发展的具有创新意识、实践能力与创业精神的应用型人才。学校还重视加强实践教学，建设校内外教学科研实习基地，学生课外科技和文体活动丰富多彩，在全国和全省的大学生电子设计、数学建模和文体表演等竞赛中多次获得一等奖殊荣，赢得了良好的社会声誉。

学校在重视学校教育和教学改革的同时，积

极开展科学技术研究，坚持走产学研结合的道路，推进科研成果的转化，为发展海洋经济和区域经济服务，主要在海洋渔业资源、海洋捕捞、渔业环境、海水增养殖、海洋文化等方面开展研究和攻关，曾先后承担国家、省（部）、厅（局）下达的科研项目550余项，获得国家、省（部）、厅（局）等颁发的科技成果奖180余项，推动了地方经济和相关产业的发展。学校还注重发挥自身优势，强化社会服务，特别是近年来列为国家“863”计划的“深海抗风浪网箱的研制”和“深海抗风浪网箱的研制与养殖示范”项目，为浙江省乃至我国海洋渔业结构战略性调整、渔民转产转业及深海网箱养殖产业化发展提供了技术依托，取得了显著的社会效益和经济效益。

学校积极扩大国内外交流，走开放式办学路子，先后与上海交通大学、中国海洋大学、台湾海洋大学、国家海洋局第二海洋研究所、舟山市岱山县人民政府等国内高校、科研机构和行政、企事业单位实行了多种形式的合作办学，与日本东京海洋大学、新西兰达尼丁教育学院、挪威农业大学等国外高校和科研机构建立了校际交流和合作关系。

21世纪是海洋世纪，开发海洋，教育先行。中共浙江省委、省人民政府提出要“高质量办好浙江海洋学院”。浙江海洋学院正紧紧抓住高等教育发展机遇，大力弘扬“海纳百川、自强不息”的校训精神，以提高质量、加快发展为主线，以本科教育为主，积极开展研究生教育，适度发展高等职业技术教育，拓展继续教育，立足舟山、服务浙江、面向全国，把学校建成一所规模、结构、质量、效益协调发展的，在国内外具有重要影响的，特色明显的教学研究型大学。

（浙江海洋学院）

【华东师范大学】 依托于华东师范大学的河口海岸动力沉积和动力地貌综合国家重点实验室（详见海洋科学研究部分“海洋重点实验室”）主要开展了以下研究和工作：

1. 河口研究方面

(1) 长江供沙量减少对水下三角洲发育的影响。根据1951—2000年大通站实测水文资料和长江口地形图，分析了长江入海泥沙量的变化趋势及其对水下三角洲冲淤演变的影响。结果发现：从20世纪60年代末开始，长江入海泥沙量出现减少趋势，90年代输沙量相当于60年代的2/3；长江口门外的水下三角洲淤积速率从1958—1978年时段的55毫米/年下降为1978—1998年时段的11毫米/年。考虑三峡工程等多种人类活动的可能影响，估计本世纪上半叶和下半叶的河流入海泥沙量将分别减少约60%和40%。尝试建立了三角洲冲淤对河流供沙量响应的概念公式，并据此对本世纪长江三角洲的演变趋势作了初步预测。

(2) 中国主要河流的输沙量及其影响因素。选择我国40余条重要河流，并对这些河流多年来平均输沙量及其环境因素资料进行分析，发现黄河及其支流的输沙量很大，这主要是由于流域干燥的气候、松散的黄土层以及人类开垦活动加剧等原因造成的。对中国河流输沙量影响较大的因素是河流的径流量、干旱指数、最高海拔和人类活动。而流域年平均降雨量、平均气温、相对高差、森林覆盖率等的影响则不明显。与世界重要流域输沙量的影响因子相比，我国主要河流输沙量受到人类活动和干旱指数的影响较为显著。在相关数据分析的基础上，指出了中国主要河流产沙量的估算模式，并得到初步验证。

(3) 长江河口波-流共同作用下的全沙数值模拟。针对长江河口地形、水文、泥沙运动等复杂的特点，建立了波-流共同作用下的二维全沙输运及河床演变模型。通过洪、枯季，大、中、小潮水文、泥沙资料和典型台风引起航槽冲淤变化的实例资料验证，表明提出的模型能较为合理地反映长江口流场、泥沙场的变化特征。

2. 海岸研究

(1) 长江与尼罗河三角洲沉积环境及其成因机理。通过沉积学、地貌与第四纪地质学、海洋学、气候学和环境科学的综合分析，研究长江与尼罗河全新世三角洲地层时空分布特征，揭示它们的成因规律，并着重探讨年代地层学、海水进退、沿岸沉积物搬运、水下三角洲地貌发育等特征。通过对比研究，论述了不同区域全新世三角洲沉积的共性和特性。通过对河口三角洲沉积物中微量元素和重金属元素时空分布特点的研究，分析了海陆过渡环境——冲淡水环境的沉积机理，探讨了作为世界大河流域巨量径流对河口沉积扩散机理的规律。该项研究有系列论文在国外刊物发表，并获2003年度上海市科技进步二等奖。

(2) ECOM 模式的改进及在河口海岸中的应用。ECOM是当今国内外应用较为广泛的海洋模式，针对ECOM中的一些不足对其进行了改进，其中包括原正交的ECOM模式改进为非正交曲线坐标系下的模式，以便能更好地拟合河口海岸岸线的复杂变化，有效提高局部空间分辨率，提高计算精度；应用预估修正法提高模式的稳定性；引进局域的概念，提出了扣除局域平均密度层结的思想，以提高斜压梯度力的计算精度；采取Euler-Lagrange方法，改进物质输运方程的平流项。改进后的模式在长江河口及其邻近海区得到验证，有望更好地应用于河口海岸研究。

(3) 潮滩冲淤遥感反演研究。潮滩范围广、且变化频繁，缺乏常规的地形测量资料，给潮滩开发建设带来极大不便。该项研究以伶仃洋大铲湾为研究区域，使用美国陆地卫星MSS、TM及ETM三类数据源，共计17个时相，时间跨度为1979—2001年，在国内首次利用多时相卫星遥感图像水边线高程反演技术，确定大铲湾岸线的变化，并进行滩涂分带及面积的估算、滩涂利用状况及淤涨速度的确定、不同部位潮滩坡度及淤积速度的反演。该项研究为利用遥感技术对潮滩冲淤信息进行反演研究提供了一个有益的尝试。

3．生态环境研究

(1) 长江中的溶解态铝与硅。利用采自长江主流与15条主要支流的样品分析其中的铝与硅，结合在南通的多年监测与实验室的模拟，讨论长江流域盆地中风化作用的特点以及人文活动对溶解态组分向东海输运的影响。结果表明，长江流域南北方的支流显示有差异的风化与侵蚀作用特点，并且影响到地表水中营养与痕量元素组成。流域中日益频繁的酸性沉降引起铝在盆地中的活化和迁移，并且长江向东海的铝的输运量有增加的趋势。在此研究基础上，对中国与世界河流中的铝、硅的成分特点作了归纳与总结。利用箱式模型讨论了次大陆尺度范围内的风化作用及在河流的化学成分（铝、硅）中的指纹特点。该成果发表在《Global Biogeochemical Cycles》上。

(2) 稳定同位素技术对陆源物质沿东海输送的指征。来自长江的大量陆源物质进入东海——宽阔的陆架区之后的迁移和循环一直是人们所关注的。陆架区作为海洋生物地球化学活动的活跃地带，不仅接受着来自大河的陆源物质，同时现场生产力也是很高的，在另一侧开阔海洋的物质交换也是举足轻重的。陆源物质如何穿越陆架，与外侧的物质交换的特征如何，这些问题的回答对该区域的碳循环特征是至关重要的。利用PN断面，观测了温、盐、悬浮颗粒物和叶绿素的断面分布，观察到东海陆架区受长江冲淡水、陆架水团和黑潮水的控制，陆架的底部地形对物质的输送和迁移也有明显的贡献。颗粒有机物的来源通过其碳/氮同位素分布进行了指征。研究表明碳/氮同位素值分布在-19‰～-31‰和0.7‰～9.5‰之间。利用多端元简单模式分析获知，陆源物质、黑潮输送和现场生产及水柱中的再生过程是物质来源的控制过程。其中，长江的陆源输送可远达口门外250千米。水柱中的再生过程是陆架区水域重要的物质来源。氮同位素和碳/氮比值的生物改造仍然不可避免。而且，在陆架边缘受黑潮影响区域，过轻的碳同位素分布可能与该区域的微生物活动有关。通过PN断面向外输送的颗粒有机碳的估计值为129吉摩尔/年，约占整个东海贡献的20%。该成果发表在SCI II区刊物《Biogeochemistry》上。

(3) 河口生态学。《河口生态学》是该室生态学专业研究生的必修课，其他专业研究生的选修课。近10年来河口海岸科学研究发展迅速，原有的参考书及讲义已无法满足教学的需求。新编著的《河口生态学》分为“理论篇”与“技术篇”。“理论篇”从河口生态系统的角度，强调了系统整体性的特点，分述了其结构与功能，并加入了“生态系统服务功能”这一在20世纪90年代末才兴起并快速发展的研究热点。鉴于研究技术的发展对生态学研究的贡献，该书专列了“技术篇”，介绍了目前在河口生态学中常用的采样技术、分析实验技术、管理技术以及其中的新技术发展。由于网络资源的丰富性与快速更新性，该书在各个章节末不仅列出相关的参考文献，还增设了推荐读物与网络资源部分，以引导读者及时更新知识。

(4) 长江口与杭州湾重金属分布及其沉积物输运的指征。依据长江口与杭州湾70个站位的样品分析，发现在长江口与杭州湾铜与铅含量相似，均高于镉的含量；在悬沙中铜、铅与铜的含量均高于表层沉积物中的含量；但在杭州湾中部，悬沙与沉积物中重金属含量相差不大；沉积物中重金属的含量与沉积物的密度呈负相关。由于细颗粒泥沙是重金属的主要载体，因而重金属、特别是铜的分布可以指征泥沙的输运，悬沙和表层沉积物重中金属元素的分布反映了长江口泥沙向杭州湾输移的事实。

4．发挥学科特色，为国民经济建设服务

实验室一方面瞄准河口海岸学科前沿，着力从事河口海岸应用基础研究，另一方面紧密结合国民经济和社会发展需求，努力解决沿海地区有关重大工程中的关键科学技术问题，充分发挥学科特色以及积累的学术优势和仪器设备优势，积极承担重要的应用研究课题，直接为沿海地区国民经济建设服务。代表性的工作有：

（1）长江口园园沙通道稳定性分析。园园沙通道为长江口南、北槽分汊口的关键河段，它的稳定性直接关系到长江口南港北槽深水航道二、三期工程开发前景及工程实施方案的确定。实验室受长江口航道建设有限公司的委托，通过大量大、中比例尺水下地形图的定量计算和比较分析，阐明了园园沙通道形成发展的机理、南北槽分汊口近期变化规律、园园沙通道稳定条件及临近水域汊道变化产生的影响。研究成果受到委托方的肯定与好评，在上海市科委组织的成果鉴定中得到高度评价。

（2）平湖油气田 14″ 天然气管线芦洋海区段海床地形稳定性分析。平湖油气田 14″ 天然气输气管线是承担目前上海市 63 万户居民和 4 000 余单位天然气供应任务的重大工程。芦洋海区段管线由崎岖列岛唐脑山西侧深槽至芦潮港登陆，埋管工程于 1998 年施工完成。但由于工程地处长江口和杭州湾交汇地区和长江口入海泥沙南下扩散的主要输沙通道，水文泥沙条件复杂多变，在自然环境和近岸工程交互影响下，近年来管线附近海床受连年冲刷，部分管线暴露床面甚至淘空，成为供气安全隐患。实验室受上海石油天然气有限公司委托，通过现场多站同步水文测验和沉积物取样调查分析和历史地形测量资料对比，对造成近年来该段岸线埋深变浅和局部段暴露床面的自然和工程影响等原因作了详尽的科学分析。在掌握海床地形冲淤规律和发展趋势的基础上，提出了护管措施建议。研究成果成为护管工程方案设计的科学依据。

（3）盐水入侵及淡水资源开发利用。盐水入侵对河口淡水资源利用和生态环境以及泥沙输运等均有重要影响。长江河口三级分汊，四口入海，盐水入侵时空变化十分复杂，人类活动对盐水入侵强度和河口水资源的影响日益明显。上海为水质型缺水城市，从长江口取水势在必行。但在枯水季节，盐水入侵的影响已对工农业用水和生活用水构成威胁。因此，研究盐水入侵规律对开发利用长江口淡水资源至关重要。经过几年努力，应用当今国际上最新的三维有限体积数值模式，建立了长江河口盐水入侵三维数值模式，并初步探讨了长江流域重大水利工程、长江口深水航道重大水利工程、长江口深水航道整治工程及海平面上升对盐水入侵的影响。该项工作引起上海市水务局等有关部门的关注，特委托实验室负责利用该三维模型研究北支盐水倒灌、建闸、南槽没冒沙水库等重大工程的预研等。

为解决困惑多年的水资源问题，2003 年 7 月，实验室陈吉余院士向上海市委书记陈言提出“建设没冒沙生态水库，开拓上海市的新水源”建议。该建议，得到陈良宇书记的肯定，在上海实业（集团）有限公司的资助下，已开展前期论证工作。

（4）长江口新生湿地生态服务功能研究及其应用。实验室继续以长江口九段沙、崇明东滩为基地，深入研究河口新生湿地生态系统及其演替过程，探讨我国河口海岸带湿地生态系统的生态服务功能。以可持续发展为目标，兼顾各地社会经济发展的现状以及湿地的特性，阐述受损（围垦）湿地生态系统的修复原理与关键技术。该项研究成果应用于温州生态园规划与建设，针对温州生态园区域生态系统受损严重，生物多样性水平低下，整体处于亚健康状态的现状，提出了温州生态园建设不适于进行自然保护，而必须采取正向的人工干预，对区域进行修复和建设，具体措施包括基底修复、水质净化、植被恢复、景观建设等。提供的现状分析、初步的修复与建设方案得到同行专家和当地政府的高度评价。

（华东师范大学）

【大连理工大学海洋教育简况】 大连理工大学涉海专业设在土木水利学院，该学院的前身为土木工程系，是大连理工大学成立最早的系之一。现有 5 个本科专业：土木工程、水利水电工程、港口航道与海岸工程、建筑环境与设备工程和工程管理。11 个硕士学科点：结构工程，岩土工程，市政工程，防灾减灾工程及防护工程，桥梁与隧道工程，供热、供燃气、通风及空调工程，水文学及水资源，水力学及河流动力学，水工结构工程，水利水电工程，港口、海岸及近海工程。2个一级博士学科点：土木工程和水利工程；10个二级博士学科点（除市政工程外均与上述硕士学科点名称相同）。2个博士后流动站：土木工程和水利工程。2个国家重点学科：港口、海岸及近海工程和水工结构工程。4个省级重点学科：港口、海岸及近海工程，水工结构工程，水文学及水资源和结构工程。1个国家重点实验室：海岸与近海工程国家重点实验室。

土木水利学院拥有结构合理、实力较强的师资队伍，现有教职工171人，教授45人，副教授35人。其中两院院士3人，国务院学位委员会学科评议组成员1人，长江学者奖励计划特聘教授4人，国家级有突出贡献专家5人，博士生指导教师36人，国家杰出青年基金获得者5人，教育部跨世纪优秀人才基金获得者3人，辽宁省学科带头人2人。目前在校学生1 909人，其中本科生1 338人，博士生204人，硕士生367人。

主要研究机构包括：大连港口发展研究中心、抗震工程研究所、水利水电工程研究所、海洋工程研究所、大连水务研发中心、结构健康监测与控制研究中心、防灾减灾研究中心、振动与强度测试中心。

海岸和近海工程国家重点实验室 （见海洋科学研究部分“海洋重点实验室”）

（大连理工大学）

【青岛海军潜艇学院】 青岛海军潜艇学院是我国唯一一所培养潜艇和防救部队初、中级指挥军官和工程技术军官的重点军事院校，是我军在潜艇、防救专业领域的教育训练中心、科研学术中心和决策咨询中心。在这里，传统的教学方式，正在被现代化教学手段所取代。教员们把名列世界十大技术榜首的仿真技术应用于专业教学，综合现代海战的特点，编制成数百种作战应用软件，运用计算机控制技术，把“动态战场”再现在课堂上。学员可以在陆地上“驾驶潜艇”，在荧屏上“腾蛟龙”，在实验室里练战术，专业教学实行模拟化，为培养跨世纪的高素质人才奠定了坚实的基础。全军重点实验室——潜艇作战模拟中心，能够把学员置身于如临其境的现代海战场面，有力地增强了教学效果。我军第一座防救潜水综合实验楼2003年也在青岛海军潜艇学院建成并投入使用，标志着我军防救潜水教学科研体系的诞生。

1953年8月13日，中央军委命令：在青岛建立潜水艇学校。从此，新中国潜艇部队和潜艇教育事业掀开了崭新的一页。1983年6月27日，中央军委命名潜艇学校为海军潜艇学院，为学院的建设和发展开辟了更加广阔的道路。1990年该院在全军首批获得军事学硕士学位授予权。1997年，学院在全国首创海洋观教育课程体系，获得全军教学成果一等奖。2002年被批准为全国首批开展军事硕士专业学位教育试点院校。目前，学院已具备培养相关学科博士研究生能力。

学院坚持以“勤奋、博学、爱海、献身”为院训，着力进行新型军事人才培养。50年来，为海军培养5万多名潜艇和防救指挥军官以及专业技术人才，其中75名毕业学员在部队成长为我军的高级将领，300余人走上师级领导岗位。他们有的驾潜艇创下水下长航新记录，有的率艇成功地进行发射运载火箭试验，有的指挥编队闯洋跨海环球航行出国访问……在人民海军现代化建设的征程中，创下了数十个首次和第一。此外，潜艇学院还先后3次出色地完成了首都国庆阅兵水兵方队的训练和受阅任务，受到党和国家领导人的高度赞扬。

经过50年的建设，潜艇学院已经形成研究生、中级指挥、初级指挥和士官培养4个层次、70余种专业的培训体系，拥有7个硕士学位授予权，设有5个科研机构。青岛地区军队院校协作中心就设在该院。学院拥有了一支素质较高、结构合理，教学科研能力较强的教员队伍。学院还以送学进修、到部队代职、到新装备研制厂所调研、参加重大演习、潜艇远航和集训等方式培养教员队伍，提高整体素质。至今，他们已选送100余人攻读硕士、博士和博士后。

他们还积极采取吸引高学历和高职称人才的优惠政策，共引进150余名地方大学生，其中博士、硕士60余名。如今，具有博士、硕士学位的教员占全校教员的51.7%，80%的军事专业教员是专业理论和实践经验兼备的复合型人才。这些优秀人才有的被国家人事部授予有突出贡献的中、青年专家称号，有的享受政府特殊津贴，有的担任中国科学院、总装备部专家组成员和国防科工委等军内外有关学会、专业委员会理事、委员等职务，30 余人被评为全国、全军和海军优秀教员。

科研促教水涨船高。在教学的前沿阵地上，教员们时刻瞄准高科技前沿，紧紧跟踪装备发展，走以科研带动并促进教学的路子，通过参与新装备研制等工作，研制成功大量的高科技科研成果，使教员的素质得以提高，教材的内容及时更新，教学器材与新装备配套，使人才培养与装备发展同步，教学改革卓有成效。

近几年来，学院获得国家、全军和海军等教学、科研成果 700 余项，150 余项成果获得国家和军队科技进步奖，300 余项科研成果应用于教学和潜艇武器装备的改造，转化成为保卫祖国海疆安全的强大战斗力。

学院坚持面向部队的办学方针，把教学设施全面向部队开放，对培养输送到部队的人才适时地进行“回炉”。学院还充分发挥人才齐备、教学设施先进完善、高技术密集的优势，成立了海军首家岸港培训中心，在完成繁重教学任务的同时，积极为部队岸港训练提供优良的设施和备件。从单一课目到各种复杂、应急训练课目，从战术练习到战役演练，都取得了良好的效果，进一步促进了部队战斗力的提高。

海军潜艇学院，是新一代水下尖兵的摇篮，也是打造共和国水下钢铁长城的人才“熔炉”。

【海军航空工程学院】 1950 年，中央军委决定，立即组建海军海岸炮兵学校，组训海军海岸炮兵部队，为海防前线培养急需的海岸炮兵人才。1950 年 8 月，我军第一所海军海岸炮兵学校成立，现已发展成为全军 12 所综合院校之一的海军航空工程学院，成为海洋著名的高等军事学府。

1951 年 3 月，海军海岸炮兵学校更名为海军炮兵学校，1959 年，我国引进了海防导弹。为适应装备发展的需要，海军炮兵学校承担了培养海军导弹技术人才的重任，开始培养导弹使用工程师，从地方招收高中毕业生入学，实施 5 年本科培训，开始跨入了高等院校的行列，实现了历史上的重大飞跃。

鉴于导弹技术领域人才和技术资料缺乏，党和国家领导人给予了极大的关怀和支持。日理万机的周恩来总理亲自过问了学校的建设，指示从清华、北大等地方知名大专院校和科研机构抽调人力支援海军炮兵学校建设，并批示“选调一批专家教授到海军，支援海防建设。”1960 年底，以曹金涛教授为代表的 67 名教授、讲师和工程技术人员迈进了海军炮兵学校的大门，学校师资队伍大大改善。

1979 年，该校被确定为全国重点高等军事院校。1986 年，学院正式改名为“海军航空工程学院”。

1986 年，经国务院学位委员会批准，学院获硕士学位授予权，并开始承担海军航空兵飞行员第一学程教学任务，从而成为一所以培养海军航空和导弹工程技术军官为主的综合性军事工程技术院校，实现了历史上第二次重大飞跃。

1999 年全军院校编制体制调整，海军航空工程学院成为全军 12 所综合院校之一。原青岛海军航空技术学院以分院的形式并入该院。学院实现了历史上第三次重大飞跃。

50 多年艰苦创业，新中国第一所海岸炮兵学校已由原来的初级指挥院校、单一炮兵专业，发展成为以海军航空、导弹专业为主的综合院校，并先后为人民海军培养出第一支岸炮部队、第一批海岸炮初级指挥员、第一批导弹工程技术人员、第一批本科飞行员、第一批导弹航空硕士学位研究生。

到 2003 年，学院有青岛分院、12 个系、55 个教研室。拥有 2 个博士点、16 个硕士点、5 个工程硕士专业领域、17 个本科专业，涉及工学、军事学、管理学三个学科门类，形成了技术与指挥、工程与管理相结合的学科专业体系和多层次、多专业、多形式的办学格局。学院师资力量雄厚，具有高级职称的教员占总数的 1/4，具有博士、硕士学位的教员达到 68%。学院参加总部和海军组织的历次统考，均取得优异成绩，2000 年代表海军参加全军院校本科教学工作评价，以总分第一名成绩名列所有参评院校之首，被授予全军首批“教学优秀单位”。

学院现已建成装备齐全、条件良好的实验教学体系。该院新装备训练中心和飞机维护训练场地是目前海军重要的飞机、导弹装备教学科研综合基地。学院 240 余个各类研究中心、实验室、专修室和语音室等设备仪器齐全。学院图书馆总面积 8 500 平方米，藏书 65 万册，有大量图书文献资料，并加入中国工程技术信息网，可随时查阅提取全军院校各种资料和信息。学院积极开展新装备使用研究，现已形成了独具特色的优势，成为新装备使用研究中心。

近年来，学院加大航空工程和导弹工程重组融合的力度，已构建融合飞机和导弹的机械、控制、信息、兵器、管理五个布局合理、各具特色和优势的学科专业群，为培养"海天一体"的新型军事人才创造了条件。 （海 网）

【淮海工学院】 淮海工学院是江苏省委省政府于1985年在连云港市创建的一所省属普通本科院校。经过多年的建设，学校已经成为江苏高校中一支有水平、有特色、有影响的生力军。该校占地123.5万平方米，资产累计6亿元，校舍面积44万平方米，教学仪器设备总值7 000万元，图书馆藏书73万册，在校生16 000人，在职教工1 400人，专任教师700人，33个本科专业覆盖了工、管、文、理、农、法、经7大学科门类。早在上个世纪末，该校就在涉海人才培养、海洋科技服务等方面积极付诸行动，大力支持海洋经济发展，逐步形成了向江苏海洋大学发展的建设框架。学校设置了水产养殖、海洋管理、海洋技术、生物技术、生物工程、食品加工、海洋化工、海洋制药和海洋环境保护等9个涉海专业或专业方向，其中海洋管理专业是目前除中国海洋大学以外的第二所高校所仅有。学校设有二级学院海洋学院，涉海人才培养规模已近3 000人。海洋生物技术实验室是江苏省高校重点建设实验室。

建校以来，淮海工学院包括已并入的原江苏省连云港水产学校，为江苏乃至全国沿海培养了水产养殖、水产品加工与贮藏、海洋捕捞、轮机管理等各类海洋人才8 000余人，为江苏沿海市县涉海部门、科研机构、企事业单位输送了大批管理人才。

在积极做好海洋人才培养工作的同时，淮海工学院还大力加强海洋学科建设和涉海科技开发和技术服务工作。学校与江苏赣榆县人民政府和榆城集团等单位签订了产学研合作协议，和江苏康缘药业股份有限公司共建了康淮海洋药物研究所。一批教师在海洋科研和技术服务方面做出了突出业绩，累计发表海洋类科研论文千余篇，提供的技术服务创造了可观的经济效益，取得了良好的社会效益。

2001年，江苏省政府在《江苏省国民经济和社会发展第十个五年计划海洋经济发展专项规划》中，明确提出把淮海工学院作为全省海洋科技管理人才的培养基地进行重点建设，使该校涉海人才培养质量和规模在省内同类院校中形成明显优势。2003年5月，省委书记李源潮到该校视察，对淮海工学院积极创办江苏海洋大学的发展构想给予了充分肯定。连云港市委、市政府对淮海工学院向江苏海洋大学发展也给予了高度关注。为了加快江苏海洋大学的建设步伐，学校提出了分两步走的发展构想，第一步到2006年，使学校获得硕士学位授予权，涉海学科具有培养硕士研究生的能力；第二步，力争到2010年前后建成江苏海洋大学。未来的江苏海洋大学应该是一所以海洋与水产学科为特色，工、管、文、理、农、法、经等多学科互相促进，协调发展的大学；是一所海洋学科和涉海专业占相当比重、海洋人才培养具有相当规模的大学；是一所与江苏海洋经济发展相适应、在涉海科学研究和社会服务方面发挥重要作用的大学；是一所海洋文化气息浓厚，具有海纳百川、自强不息精神的大学；是一所与国内外海洋大学建立广泛联系，在全国海洋类高校中有一定影响、在江苏具有独特地位和较高水平的大学。 （淮海工学院 吴明忠）

海洋文化

Marine Culture

海洋新闻工作
Marine Journalism

【中国海洋报社】 2003 年中国海洋报社坚持以“三个代表”重要思想为指导，坚持正确的舆论导向，始终服务海洋事业，宣传海洋工作，紧紧围绕海洋工作重点和海洋行业大事组织报道，起到了宣传海洋政策，传递海洋信息，普及海洋知识，弘扬海洋文化，促进海洋管理和海洋经济协调、健康、持续发展的海洋主流媒体作用。

2003 年全国报刊业整顿调整，中国海洋报社经新闻出版主管部门审核获准继续保留并重新登记。

1. 宣传报道，把握导向，围绕海洋，突出重点

(1)《中国海洋报》(以下简称海洋报) 首要任务就是宣传报道好国家海洋管理部门的职能工作。作为国家海洋局主管的我国海洋界唯一一份综合性中央级报纸，2003 年海洋报全年报道工作始终贯穿了服务海洋管理职能工作这条主线。

“实施海洋开发”是党的十六大对海洋工作提出的重要战略部署，为了配合贯彻落实十六大报告精神，海洋报在一版开辟了十六大专栏“实施海洋开发”，共刊发稿件 18 篇。

海洋管理体制不顺，一直是我国海洋管理工作的难点和重点。2003 年本报重点报道了辽宁、福建、江苏和浙江等地在理顺海洋管理体制方面的经验和做法并配发了言论，对其他地区的海洋管理工作起到了引导示范作用。

2003 年国家出台了《全国海洋经济发展规划纲要》和《无居民海岛管理规定》。对此海洋报进行了大张旗鼓的宣传，并在宣传上强调有权威、有重点、有声势，同时突出新闻性和关联性。海洋报先后组织刊发了消息、言论、领导署名文章及专家专访，重点放在对政策的深入解析上，引导读者认识和理解其现实意义和实质内容。

2003 年《海域使用管理法》实施一周年，全国开展了海域执法大检查和“2003 海盾行动”。海洋报从始至终对每一步骤的活动，每一次重大案件的查处，都进行了现场式报道。活动结束时组织刊发了一组记者观察，对执法检查中发现的问题进行了评述。围绕执法行动本报共编发了数十篇报道。

海洋科技在海洋工作中占有重要席位，2003 年对海洋科技方面的大事进行了报道，如海洋卫星发射一周年，我国第二次北极科学考察活动，海洋科研院所科技发展成果等。

(2) 社会上重大涉海事件和地方海洋经济工作也是海洋报关注和报道的重要方面。浙江杭州湾大桥建设是一重大涉海事件，海洋报从大桥的前期论证到开工现场，从专家说法到百姓心愿，都做了全方位的详尽报道，使读者对杭州湾大桥建设有了更全面、多角度的了解。

2003 年的两会报道，海洋报针对海洋界关注的热点话题，重点放在海洋管理、海洋环保和海洋立法等方面。本报记者就有关问题采访了与会代表和委员，刊发了数十篇各种体裁的报道，提高了代表、委员和广大公众对海洋的关注度。

(3) 版面适度调整。2003 年海洋报在贴近行业、贴近读者方面做了一些尝试，力求增加专业报纸的可读性。面向行业管理人员开辟了“行业视窗”“海洋经纬”专版，针对行业管理问题，请专业人士结合管理实践展开深入探讨，刊登了一些较有深度的文章，对行业管理者具有阅读参考价值。军事版开辟了“名人访谈”和“名家论坛”栏目，发表了海洋文化名人访谈文章，邀请了军事专家撰写军事战略方面的系列文章。《水产周刊》在版面、栏目和内容上已形成一定风格，版式改版后更赋时代感。目前《水产周刊》这个品牌业已吸引了固定的读者群，在行业里得到了认可。

2. 广泛开展社会活动，树立良好品牌形象，扩大报纸影响力

2003 年报社重点组织开展了几项大的宣传活动：在全国海洋行政管理系统开展了“海域使用

知识有奖问答”活动，系统上下参与者踊跃，有的单位还自行组织了现场有奖问答活动，本次活动有 5 家单位获得组织奖。为配合国家第二次北极科学考察工作，海洋报出版了北极特刊，于“雪龙”船起航之日在大连地区广为散发。在浙江“中国开渔节”期间，报社与当地政府共同举办了以“海洋经济可持续发展”为主题的太平洋地区论坛。报社还在报上举办了“保护蓝色家园”征文活动，开展了“光盘送读者活动”，参加了“上海海事展”、“世界水产与海鲜博览会”等会展活动，开办了“海蜇技术讲座”，请专家为渔民致富推介新的养殖技术。广泛开展的这些社会活动既扩大了《中国海洋报》在社会上的影响力，又得到了地方政府、各级海洋主管部门以及企业的大力支持，还拉近了报社与广大读者之间的距离。

3. 中国海洋报社获准继续保留，实行管办分离；采编人员通过职业资格认证换发新证

2003 年，新闻出版业经历了两件大事：一是全国报刊业进行整顿调整；二是新闻采编从业人员首批通过职业资格认证。国家新闻出版主管部门就报刊发行乱摊派等问题进行了全国报刊业整顿调整。中国海洋报社国家经新闻出版总署审核获准继续保留，重新登记并实行主管主办分离。即中国海洋报社主管部门仍为国家海洋局；主办单位变更为中国海洋报社。同年，国家新闻出版主管部门还加强了对新闻从业人员的资格培训和认证管理工作。全社在岗采编从业人员及相关业务人员均参加了国家新闻出版总署举办的新闻采编职业资格培训班，首批通过资格认证的新闻采编从业人员换发了新记者证。（海　欣）

海洋出版工作
Marine Publication Work

【海洋出版社】　工作完成情况　2003 年，海洋出版社共出版图书 285 种，其中，新书 171 种，再版、重印图书 114 种，再版率 40%，同比增长 13.3%。出版的《海岸工程》、《东海海洋通量关键过程》分别获第十一届全国优秀科技图书二等奖和三等奖，《海岸带可持续发展与综合管理》等 4 种图书获国家海洋局优秀图书奖。此外，海洋出版社的 17 种图书获新闻出版总署出版物印制一等奖。

2003 年，海洋出版社编辑出版的期刊《海洋学报》(英文版)被世界著名的科学引文索引(SCI)数据库网络版收录，收录期限从 2003 年《海洋学报》22 卷第 1 期开始。《海洋开发与管理》发行量增加到 1 700 份，实现了较好的社会效益和经济效益。《海洋世界》杂志作为我国唯一的海洋时事科普期刊，继续为普及海洋科学知识做出了贡献。

2003 年初，海洋出版社成立了计算机图书出版中心，强力启动计算机图书出版工程，开发了“十五”国家计算机技能型紧缺人才培训教材、“十五”全国计算机教育规划培训教材、品牌图形图像图书、社会热门自学和培训教材等优秀图书。在较短的时间内，创造性地开发计算机图书市场，取得了较好的市场反映。2003 年，海洋出版社自办发行码洋 1 708 万元，回款 623 万元，发行网络日趋完善。

继续推进改革　2003 年初，根据《国务院办公厅转发人事部关于在事业单位实行人员聘用制度意见的通知》文件精神，对海洋出版社全社机构进行了重新设置，对岗位进行了重新编排，将原来的 21 个部室缩减为 16 个部室。在公开、平等、竞争、择优的原则下，根据岗位职责和条件要求，面向社会公开招聘，竞争上岗，通过签订聘用合同的形式确定聘用关系及权利、义务，初步实现了由身份管理向岗位管理的转变。一年来，各部门平稳运转，各项工作全面展开，全社职工正在各自的工作岗位上创造着新的成绩。

健全规章制度　为进一步完善海洋出版社社内的各项规章制度，适应新形势的需要，海洋出版社先后发布了《海洋出版社 2003 年工作任务和实施办法》、《关于印发〈海洋出版社 2003 年目标责任和管理实施细则〉的通知》、《关于印发海洋出版社 2003 年审计工作计划的通知》、《海洋出版社费用支出管理试行办法》、《海洋出版社关于人员聘用后工资问题的处理意见》、《关于转发〈计算机图书出版中心自主经营试行办法〉的通知》等文件，为全社今后在行政、财务、人事等方面的发展建立了可操作性更强的制度。在各项规定下发后，海洋出版社党委督促各部门认真学习，全面落实。各部门各司其职，各负其责，严格按照规章制度办事，将各项规章制度落到了实处。

重点图书：

波浪对海上建筑物的作用（第二版）李玉成、

滕斌编著

《波浪对海上建筑物的作用》是关于波浪对海上工程设施作用的专著，也是教育部研究生工作办公室推荐的“研究生教学用书”。本书由国家海洋局海洋科技著作出版基金资助出版。书中论述了波浪对海上建筑物作用的基本理论，总结了国内外和作者的新近研究成果，全书内容系统、新颖、实用性强。系统的分析评述有助于读者对内容的理解。本书被评为2003年海洋出版社优秀图书。

本书共分9章。由于近20年来，波浪理论、数值计算及模拟技术有了迅速的发展，因此本书第1～4章就此作了比较全面的阐述。防波堤、开敞式码头、海堤及海上平台是目前国内最常见的海上建筑物，就其结构型式而言，它们分别属于直立堤、混成堤、斜坡堤以及各种布置型式的柱状结构。由于结构型式的不同，建筑物前的波浪形态和波浪对建筑物的作用也各异。本书在第7、第8和第9章中讨论了波浪对直立堤（包括混成堤）、斜坡堤和柱状结构物的作用。此外，波浪在传播过程中的能量损失问题、波浪与水流的相互作用问题也是在海上工程问题中经常遇到而在文献中系统论述不多的问题。第5章中对波浪传播过程中的能量损耗及遇障碍的反射量问题进行了论述。第6章中对波浪与水流共同作用下的诸问题作了分析。为了便于读者的理解和应用，本书在每章的最后部分均附有典型的思考题。

南海周边国家及地区产业协作系统研究 朱坚真著

中国、越南、马来西亚、印度尼西亚、菲律宾、文莱6国为南海周边国家，中国的福建省、广东省、广西壮族自治区、海南省、台湾省、香港及澳门特别行政区为南海周边地区。从区位条件的相关性、地域范围的完整性、产业结构的相似性等几个因素看，构建南海周边国家及地区产业协作系统具有重大的现实意义和深远的战略意义。

书中对中国-东盟自由贸易区的产业协作模式问题亦进行了有益探讨，提出了在坚持以制度创新和大力引进外资的基础上，形成开发主导型的产业协作模式、高新科技与教育文化导向型的产业协作模式、市场导向型的产业协作模式、信息化导向型的产业协作模式、多极复合产业协作模式和资本主导型产业协作模式等具体设想。希望通过实践，不断完善和丰富这些设想。

海域天然气水合物地震学 张光学著，黄永祥、陈邦彦主编

书中包括海域天然气水合物地震采集方法、处理技术和综合解释效果等文章30余篇，共分概论篇、方法篇、实践篇和认识篇4大部分。

概论篇。系统介绍了天然气水合物的定义、控制因素和分布位置等基本情况，水合物的形成机理、地球物理学和地球化学标志，甲烷资源量、地质灾害和全球气候变化。通过这些介绍以期让读者对水合物有一基本了解。

方法篇。重点介绍了关于海域天然气水合物的采集及特殊处理方法的有关内容，涉及BSR、速度和空白带等地震响应特征及其在水合物资源量估算方面的应用，特别是展现了围绕上述水合物地震响应特征所开展的走时反演、波形反演及全波形走时联合反演研究方法以及AVO方法在水合物地震特殊处理方面的应用效果。通过特殊处理可以更好地研究BSR波形、振幅及其附近的精细速度结构，达到水合物地震特征研究目的。

实践篇。侧重论述了不同大地构造背景下水合物地震响应特征。通过实例分析，介绍了活动大陆边缘（南极、秘鲁、卡斯凯迪亚、台湾、西里伯海、莫克兰）和非活动大陆边缘（日本千叶盆地、波弗特海、美国东南大陆边缘）水合物矿藏地震响应特征，为海域天然气水合物地震区域找矿提供线索。

认识篇。在国家自然科学基金、国家“863”探索课题研究的资助下，开展了世界海域天然气水合物地震特征研究，对不同大地构造背景下的天然气水合物成矿条件及地震特征有了初步认识。结合我国南海实例，对南海不同构造背景下（北部被动、西部剪切、东部俯冲、南部挤压）的天然气水合物区域成矿条件进行了分析，深入探讨了天然气水合物局部成矿地震特征，总结归纳了4种不同类型BSR的水合物地震响应特征。

书中论及的内容对海域天然气水合物地震调查与研究具有较高的参考价值，是我国目前借鉴国外天然气水合物地震找矿经验的惟一的、较系统且主题鲜明的海域天然气水合物地震研究文献。

中国海洋产业高技术化研究 栾维新等 著

本书是《区域海洋经济研究》丛书之一。海洋产业的高技术化研究，主要有三层意思：一是

以高技术改造传统海洋产业；二是海洋高技术的产业化；三是以高新技术武装海洋服务系统。

本书是在国家社会科学基金项目《我国海洋产业高技术化的“瓶颈”与对策研究》的基础上形成。主要内容包括：①我国实施海洋强国战略的必要性研究；②海洋产业对高技术的特殊依赖性研究；③我国海洋产业高技术化的主要问题与“瓶颈”研究；④海洋产业高技术化的目标与对策研究；⑤用高技术改造传统海洋产业问题研究；⑥我国海洋产业的高技术化研究；⑦海洋服务系统的高技术化研究。

东海地区经济水产品原色图集 姚祖榕编著

舟山是东海沿岸地区水产品最具代表性的区域。本书收录了舟山海区的水产品 223 种，均为当地水产品加工或销售的经济种类。每个品种配写了所属的科名、英文名、日语名和别名。每一图片的下侧简单描述了每个品种的形态特征及分布和习性。本图集也收入了该地区常见的淡水产品和部分外来品种。

福建省大比例尺海洋功能区划报告 福建省海洋开发管理领导小组办公室、福建省海洋与渔业局 编著

福建省大比例尺海洋功能区划工作是全国海洋功能区划工作的组成部分。该报告是在福建省大比例尺海洋功能区划工作的基础上编写而成的。全书共分七章：第一章，基础条件；第二章，自然资源及其开发现状和存在问题；第三章，海洋功能区划原则和方法；第四章，海洋功能区划分类体系和类型划分指标；第五章，海洋功能区划；第六章，海洋功能区划管理信息系统；第七章，实施海洋功能区划的措施。书后附福建省大比例尺海洋功能区划登记表。

地质测年与天然气水合物实验技术及应用

本书总结了作者长期从事地质测年、天然气水合物实验技术研究与应用方面的科研项目及其课题研究成果。内容包括稀释 ^{14}C 测年技术、ESR（电子自旋共振）测年技术和天然气水合物实验技术。这些实验测试技术对地质测年，尤其是对所谓“哑层”测年，具有良好的应用效果，为提高海洋地质工作水平发挥了重要作用。天然气水合物模拟实验技术，成功合成带有沉积物的天然气水合物，并点燃“可燃冰”，成为我国第一项拥有完全自主知识产权的实验技术，是一项具有创新性的高新技术。

2002 中国海洋年鉴 中国海洋年鉴编纂委员会、中国海洋年鉴编辑部 编

《中国海洋年鉴》由国家海洋局主办，各涉海部门及沿海省市区协办，海洋出版社出版，国家海洋信息中心编辑。它是我国海洋界唯一编年性的大型综合性、资料性、史册性工具书。其宗旨是集中、全面地反映我国海洋界各部门、各行业、各地区每一年度工作的最新进展和主要成就，收录并记载每年度发生的各种海洋事件和重要活动，为海内外人士了解我国海洋事业的发展现状提供一个重要窗口。

《2002 中国海洋年鉴》全书设有 10 个篇目，即：①综合篇；②产业篇；③地方篇；④海洋管理篇；⑤海洋公益事业篇；⑥海洋科技篇；⑦极地篇与国际海底篇；⑧国际合作篇；⑨海洋新闻出版与教育篇；⑩附录。

现有深海采矿环境影响实验方法和结果评价 周怀阳、王春生、倪建宇 编著

本书以 DOMES、DISCOL-ECOBENT 和 BIE 等 3 个项目的方法和结果为主要材料进行综合分析与评价，结合陆地、海岸带 EIA 的成熟经验和对深海生态学的已有认识，以期统一我们对深海采矿环境影响的标准和认识，提出适合我国国情的开辟区环境保护研究的思路和我国大洋环境中、长期工作的建议。因此，本书的出版可以与 NaVaBa 计划的其他成果一起，在与世界上其他各国人民关心我们人类社会可持续发展命运的同时，为国际海底管理局有关环境规章制度的制定做出中国科学家的新贡献。

海洋生物技术 童裳亮 编著

海洋生物技术是以海洋生物为对象，采用工程原理生产生物制品或培育新品种的高技术学科。本书以通俗的语言介绍了对人类不可缺少的鱼、虾、贝、藻等营养食品如何改良品质、提高产量、防治病害；为节约淡水资源，研究如何解决用海水浇灌农作物，如何培养出耐盐、耐海水农作物；如何用海洋生物监测、防治海洋污染等。

上海市大比例尺海洋功能区划报告 上海市大比例尺海洋功能区划课题组 编著

上海市大比例尺海洋功能区划工作是按国家海洋局关于开展沿海省、市、自治区在比例尺海

洋功能区划工作的统一部署，由上海市计划委员会、上海市海洋局组织实施的。本报告共分 8 个部分：①前言，阐述编制海洋功能区划的目的、意义、主要依据与标准及成果；②地理位置、海洋资源和环境条件；③开发利用现状和社会条件评价；④海洋功能区划的方法、原则和有关关系的处理；⑤海洋功能区划分类系统与海洋功能区划指标体系；⑥功能区划；⑦海洋功能区划地理信息系统及管理决策系统；⑧贯彻实施海洋功能区划的建议与措施。

海域划界技术方法 沈文周 主编

本书以《联合国海洋法公约》的有关规定为理论基础，对国际海域划界的适用原则和技术方法，进行了全面、系统的分析研究，并对作者潜心研究与开发的 GIS 划界软件的功能、特点、关键技术及其创新点等作了比较详细的论述。主要包括海域划界的相关术语、适用原则、技术方法、具体实践与典型案例等。本书是从理论与实践的结合上系统地研究海域划界技术与方法的专著，具有较高的实用价值，可供从事划界研究与实施、海洋调查与测绘、海洋开发与保护、海洋执法与管理等工作的人员参考、借鉴，也可供科研单位有关研究人员和大专院校的相关专业师生参阅。

海水健康养殖的理论与实践 王清印 主编

本书反映了我国海水养殖领域的新近研究成果和最新进展。

全书共分七章，第一章，海水健康养殖的理论与对策；第二章，甲壳动物的健康养殖；第三章，贝类的健康养殖；第四章，鱼类设施养殖与生态渔业；第五章，藻类培养与海胆的养殖；第六章，海养生物的遗传基础与品种改良；第七章，海养生物的疾病防治与安全用药。

北极海洋环境与海气相互作用研究（全彩） 陈立奇等 编著

本书主要内容侧重北极科学的学术研究成果，也描述了现场科学工作的实施过程和考察计划、组织等内容。本书力争反映作者对北极地区在全球变化中的作用的认识。全书分为六章，第一章为绪论，论述北极地区的关键科学问题，中国首次北极科学考察简况和研究进展，21 世纪北极地区科学考察研究展望；第二章综合分析了楚科奇海的水文结构及其与白令海的水体交换，描述白令海的水团及温盐结构、楚科奇海台风其周边海域中层水增暖特征、楚科奇海 170° W 剖面的水文特征及其变化规律、楚科奇海的太平洋水及其水因变性、北极海冰边缘区冰-水界面小尺度结构研究、北冰洋与白令海水体交换的示踪研究；第三章综合分析了北冰洋大气物理与海气相互作用，阐述北冰洋夏季海冰特征与过程、雷达探测北极夏季海冰厚度和海冰形态特征、北极上空的大气结构探测与分析、北冰洋浮冰区近地层热量交换参数的估算、北极地区的海雾、北极楚科奇海上空的臭氧垂直分布、北极考察航线上氟里昂和甲烷浓度的分布特征、北极考察航线大气气溶胶化学组成、考察航线上地面臭氧和紫外 UV-B 的特征；第四章综合分析了北冰洋生物地球化学；阐述水化学要素含量与分布、海-气二氧化碳的分布特征与通量、有机碳的生物地球化学、生物生产力特征、真光层颗粒动力学与颗粒有机碳输出通量、北冰洋浮冰区颗粒有机碳通量及其主要组分；第五章综合揭示了北冰洋沉积物组成与古环境，阐述北极地区的地质环境特征、沉积物样品的采集及岩心特征、沉积物元素地球化学特征、楚科奇海沉积物近代沉积速率及其沉积物通量、沉积物中微体化石丰度及其环境意义、有机地球化学指标及其环境意义；第六章综合简述了生物群落结构和生态环境特征，阐述楚科奇海和白令海海洋微生物的生态特征、楚科奇海和白令海海洋微生物的生理生化特性及生物活性物产生菌的初步筛选、北极海洋微生物系统发育分析、楚科奇海和白令海浮游生物生态学的基本特征分析、白令海和楚科奇海的底栖动物、楚科奇海浮冰区短期沉降生物颗粒组分和硅藻能量分析、白令海峡鳕渔业资源。

近海与虾池赤潮 徐家声 著

我国近岸海域及虾池的赤潮近年来时有发生。赤潮不仅破坏了海洋环境，而且给海洋捕捞及养殖业造成严重的经济损失。在 1989 年渤海发生特大赤潮后，我国政府对赤潮灾害更为重视，1990－1992 年在河北省沿海的黄骅市、唐海县、秦皇岛市设立了赤潮监测点，对海洋环境、水质变化、赤潮的发生过程进行了定时定点的监测及研究，取得了大量的资料及丰硕的成果。《近海与虾池赤潮》一书，就是对这些资料分析研究的总结。

该书以黄骅为重点，以河北沿海为辅线，并涉及国内外近年来的赤潮研究状况及成果，简明扼要地介绍了赤潮与自然环境、人为因素的关系以及赤潮的成因和防治方法。该书不仅具有科学性而且具有可操作性。它将推动我国赤潮研究的深入，促进赤潮监测及防治工作的发展，对保护海洋环境，减轻海洋污染，提高海洋捕捞及养殖业的收益等方面都将起到积极的作用。

河口生态学 陆健健 编著

本书结合河口生态系统基本原理，系统地总结了河口生态学领域内近期的研究成果，全书共分 3 部分、12 章。绪论部分，介绍了河口生态学研究对象、主要内容和发展概况等。理论部分，分别从初级生产者、消费者和分解者概述了河口生态系统的基本组分及其特点、河口生态系统的生物地球化学循环和能量流动两大基本功能及其特征；以现代生态学的观点探讨河口生态系统的服务功能及人类对河口的干扰和保育。技术部分，分别对河口生态系统的各生物组分、物质循环、能量与生态模型及河口生态系统管理等方面的研究技术加以总结，在简要介绍河口生态学基本研究方法的基础上，将近年来生态学研究领域中的各类新方法应用于河口生态系统，并讨论了各类方法的应用范围及局限性。

中国海陆架及邻近海域大型底栖生物 李荣冠 编著

本书系统论述了渤海、黄海、东海和南海陆架及其邻近海域大型底栖生物的物种组成、种数分布、优势种分布、数量组成、数量分布；主要类群多毛类、软体动物、甲壳动物和棘皮动物生物量和栖息密度的时空分布和季节变化；尤其对大型底栖生物群落的类型、群落结构、群落的多样性和稳定性做了比较详细的介绍；同时简单介绍了大型底栖生物群落划分和群落分析的新近方法。

海洋数值计算方法和数值模式 朱建荣 编著

本书从 4 个方面论述了海洋数值计算方法、数值模式及其应用。①给出了海洋动力学最基础的内容——海洋运动方程组，以求解数值离散对象。②作为对海洋数值计算方法的介绍，详细论及了有限差分的基本概念，差分格式的稳定性分析和能量一致有限差分格式。③重点论述了河口数值模式（ECOM）及其灵敏值方法的改进和有限体积海岸海洋数值模式（FVCOM）等。如为了更好地拟合岸线和局部加密，从原正交曲线坐标系下的模式改进为非正交曲线坐标系下模式，用预估修正法改善原 ECOM 模式在弱混合情况下的弱不稳定性问题，用局域概念改进 α 坐标系下斜压压强梯度力的计算精度以及用 Euler-Lagrange 方法改进物质输运方程中平流项的计算。每种计算方法的改进均有计算实例验证。由于 FVCOM 是国际上最新发展的海岸海洋数值模式，具有有限元三角形网格局部加密、拟合岸线和有限差分计算高效直观的优点，在河口海岸的研究和应用中具有极大的优越性。④介绍了 ECOM 和 FVCOM 模式的应用以及模拟结果的动力分析，包括 ECOM 模式在理想河口环流，盐水入侵和最大浑浊带，渤海、黄海、东海潮汐和夏季、冬季长江口外海区环流的数值模拟和动力分析及 FVCOM 模式在长江河口流场数值模拟中的应用。

海岸工程与环境概论 贺松林 编

全书概括地介绍了常用的现场观测内容和方法以及物理模型、数值模拟的基本原理和方法，包括与海岸工程有关的自然因素及其在我国沿海的时空分布特点；与海岸工程有关的海岸动力地貌学问题——海岸动力的纵向、横向变化和泥沙运动，海岸地貌及其演变特征，海岸工程与动力地貌环境相互制约和影响的关系；海港的水下工程建筑物（如码头、防波堤、进港航道）的布局要求和主要结构形式；海堤和护坡、护脚、护滩以及围垦、促淤工程的布局特点和结构形式；河口治理的原则及主要的河口治理工程，海岸工程可行性研究中常用的现场勘测内容和方法，并扼要介绍物理模型和数值模拟的基本原理和方法。

中国海洋经济学 陈可文 著

作者积多年对海洋经济学的研究，提出了建立海洋可持续发展经济学体系的构想：根据海洋经济学特殊的研究对象，海洋经济学的研究体系可以设计为“总一分一总”的结构体系。“总”，就是从整体上研究海洋经济。“分”，就是从相互联系上分类研究海洋经济。按照这个思路，《中国海洋经济学》共分 4 篇 19 章。第一篇海洋经济概论，包括海洋经济学形成与发展、海洋生产力、海洋生产关系和海洋经济活动；第二篇海洋产业经济，包括海洋产业结构、海洋水产业、海洋工业、海洋服务业和海洋未来产业；第三篇海洋区域经济，包括海洋经济区划、海岸带经济、海岛经济、海洋专属经济区与大陆架经济和大洋经济；第四篇海洋可持续发展经济，包括海洋经济可持续发展战略、海洋生态环境资源经济、海洋科技文化教育经济、海洋市场经济和海洋经济管理。

本书的出版得到了海洋科技著作出版基金的资助。

南美白对虾——生物学研究与养殖 王吉桥 主编

本书是借鉴辽宁水产技术推广站多年积累的经验，并参考了国内外养殖南美白对虾的最新理论和技术编写成的。主要内容包括生物学特征和生态习性，营养与饲养，免疫与疾病，人工繁殖和苗种培育，食用对虾的养殖，病害及防治等。

长江河口盐水入侵 沈焕庭等 著

书中反映了长江河口盐水入侵规律及其对工程响应的较为全面系统的研究成果。

全书内容包括8部分，绪论主要论述长江河口区的范围及其分段、氯度与盐度的定义及其换算关系、盐水入侵对河口环流、细颗粒泥沙絮凝和对工农业和生活用水的影响以及国内外河口盐水入侵研究的进展；影响长江河口盐水入侵的因素，主要阐述了径流、潮汐、潮流、口外流系、海平面变化和河口河势演变的特性及其对卤水入侵的影响；长江河口盐淡水混合类型，主要阐述了河口盐淡水混合类型的划分、长江河口各汊道的盐淡水混合类型、盐淡水混合的时空变化及对悬沙沉降和输移的影响；长江河口口外海滨盐度的时空变化，主要阐述了外海高盐水入侵的特征、来源，盐度的空间变化和盐度锋；河口段盐水入侵的时空变化，主要阐述了河口段盐度的周日、半月、季节、年际等时间变化和纵向、横向、垂向等空间变化以及北支盐水倒灌南支的机理、形式、途径，倒灌盐水对南支和南北港水质的影响；重大工程对长江口盐水入侵影响预测，主要阐述了南水北调和三峡工程对长江口盐水入侵的影响；长江河口盐水入侵预测模型，主要阐述了多元回归与相合非参数回归、分段线性模型、频谱分析、马尔科夫模型和线性动态模型、人工神经网络等5种盐水入侵预测模型；长江河口盐水入侵的数值模拟，主要阐述了设想河口环流和盐水入侵的数值试验、北支盐水倒灌的二维数值模拟以及长江河口流场的三维数值模拟。

淤泥质海岸工程建设对近岸地形和环境影响 虞志英等 著

全书分为连云港地区海岸和杭州湾北岸金山海岸两大部分，作者力图从淤泥质海岸演变的自然规律出发，论述工程随着海岸动力过程的改变而带来对沉积地貌、环境和生物方面的影响过程，在研究手段上充分利用地学研究中综合性较强的特点，吸收相关学科的研究方法，进行由宏观到微观、由定性到定量的研究探索，以求做到从理论和方法上有所创新，为今后我国更多的淤泥质海岸工程建设提供参考。

瞰海毓秀——中国海洋一号A卫星应用图集 国家卫星海洋应用中心

本图册是精选2002年9月至2003年9月这一年期间从798千米高空获取的图像和生成的产品编辑成的。共分六大部分。第一部分概况，介绍了卫星总体特性、第一幅实时控测图像和境外控测图像，北京、三亚站覆盖区图像以及两个遥感器单通道图像特征；第二部分海洋水色水温，汇集了中国海域水色要素（叶绿素浓度、悬浮泥沙浓度）和海面温度分布及其变化信息；第三部分海洋遥感应用，展示了遥感器数据在海洋初级生产力、大洋渔业环境信息、河口监测、赤潮监测、海冰监测及其他方面的应用成果；第四部分黄金海岸与江河湖光，反映了CCD成像仪中国18 000千米海岸带及主要江河、大湖、宝岛的主要水色特征；第五部分五洲集锦，选取了五大洲遥感实况图像，展示了COCTS境外水色及植被探测能力；第六部分邻国风光，荟萃了CCD成像仪我国周边国家海岸、大湖水色与植被信息特征。

中国边缘海岩石层结构与动力过程 李家彪、高抒 编

书中各论文是从2002年1月在广东省从化市召开的“中国边缘海岩石层结构和动力过程”专题的学术研讨会上宣读的论文中选编出的。论文按专题分成三部分。第一部分是关于中国边缘海岩石层结构研究的几篇论文；第二部分是关于中国边缘海动力过程研究的论文几篇，关于中国边缘海资源的形成过程的论文3篇；第三部分是涉及观测、分析和数据处理的方法论问题的论文3篇。

黄海海域油气地质 海洋地质杂志社编

本书从2002年9月由国土资源部等部门主办的“黄海海域油气地质学术研讨会”上发表的近40篇论文中精选汇集而成。这些论文深入探讨了黄海海域含油气盆地的区域基础地质构造，盆地演化与油气的生成等诸多关键性问题，并在此基

础上评估了黄海海域油气远景和资源潜力，对于明确今后油气勘查的方向和勘探的目的，推进我国在黄海海域寻找油气储量后备基地的战略性调研有重大意义。

碳酸盐岩层序地层学——近期进展及应用 [美]劳克斯·萨克 主编；马永生等 译

本书清楚地阐明了碳酸盐台地对沉降、海平面相对变化以及相关的环境和沉积供应变化的不同响应。部分文章揭示了它与碎屑层序在几何形态和可容空间变化响应的相似性，多数文章陈述了碳酸盐对构造沉降、海平面变化和环境波动的一致响应关系。书中涵盖了碳酸盐岩层序地层学领域的重要主题，包括：①用于解释的概念性模型；②碳酸盐台地与变化的海平面之间的沉积学过程—响应关系；③二级和三级层序的大尺度地层样式；④小尺度和高频旋回堆积样式。全书分为三部分。第一部分描述层序概念和沉积学原理解释的适用性及受到的限制；第二部分描述在地震层序尺度涉及地震和露头解释的实例研究。第三部分列出了高频、米级旋回沉积和堆积样式的8个实例。

海岸环境和地貌过程导论 杨世伦 主编

以探讨海岸与人类潜在的关系为重点，从两方面阐述了海岸的基本知识。①从“静态”角度认识海岸自然环境，包括从波浪、潮汐、风等动力和沉积物、地貌及其有关生物方面，看海岸是什么样子的；②从“动态”角度讨论海岸地形变化的规律和原因，包括地壳运动和海平面变化引起的长时间尺度海岸变迁、河流沿岸聚沙量变化导致的中时间尺度海岸侵蚀-堆积演变以及风暴等产生的短时间尺度海岸剖面调整。

中国海洋统计年鉴 2003 国家海洋局 编

《中国海洋统计年鉴》2003 年版是一部全面反映2000—2002年中华人民共和国海洋经济发展和海洋管理服务情况的资料性年鉴，全书为中英文对照。内容包括综合资料、海洋水产、海洋石油和天然气、海滨砂矿、海洋盐业、海洋化工、海洋生物制药和保健品、海洋电力和海水利用、沿海造船、海洋工程建筑、海洋交通运输、沿海旅游、海洋信息服务、其他海洋产业、海洋科技与教育、海洋环境保护、海洋公益服务及灾害情况和世界海洋经济等 18 个部分。

全国海洋功能区划概要 张宏声 主编

为了进一步让大家了解《全国海洋功能区划》的主要内容，国家海洋局组织有关专家，在全国和沿海 11 个省、自治区、直辖市海洋功能区划成果的基础上，编写了《全国海洋功能区划概要》。全书共分 6 章。

南海争端与国际海洋法 李金明 著

本书介绍了南海主权争端的现状，南沙群岛的战略地位与自然资源，对南沙周边国家声称的海域界限进行了研究，对周边国家在南沙海域的石油开发作了简单的综述，并对争端的前景和共同开发的可能性进行了分析，为有关部门在今后制定南海政策或解决南沙海域划界等问题提供某些可行性的参考。

渤黄海区域海洋管理 王志远、蒋铁民主编

本书以渤黄海区域的海洋活动为对象，探索了区域海洋管理的一般规律和原理，把海洋区域的概念引入到了管理中，总结了 20 余年来北海区域的管理工作经验，为以后提供改革思路和对策打下了基础。

关于海域使用管理问题的量化研究 王铁民等 著

本书共分五章，分别介绍了海域使用权有关问题的研究，各类用海面积核定的研究，海域使用金征收标准的研究，海域使用金征管有关问题的研究，对违规用海罚款数额设定的研究.

海域勘界政策研究 孙书贤、阮春林、王芳 编著

本书对我国海域勘界中可能涉及的理论、政策、技术问题进行了全面深入的研究探讨，对已经进行的海域勘界实践进行了深入的总结分析，充分理解和吸收了海域勘界前期研究及实践的工作成果以及其他国家海域勘界的成功经验，以期为海域勘界及其相关的管理工作构建一个粗浅的理论框架。

海洋行政管理专题研究 滕祖文 著

本书是一部综合研究海洋行政管理的专著，作者运用丰富的海洋行政管理的实践经验，从行政法的角度系统地分析了海洋行政法律关系、海洋行政立法、海洋行政执法、海洋行政司法和海洋行政保障的基本理论、实践经验和具体做法，从国家海洋行政管理和区域海洋行政管理的不同角度，探索和讨论了海洋行政管理的相关理论和实践问题。 （海洋出版社总编室）

海洋军事

Military Oceanography

【“哈尔滨”舰荣膺“海上先锋舰”荣誉称号】

2003年1月26日，中央军委授予海军北海舰队“哈尔滨”舰“海上先锋舰”荣誉称号命名大会在青岛隆重举行，总政治部副主任唐天标宣读了中央军委命令。

海军“哈尔滨”舰是我国国产新型导弹驱逐舰首舰。自1991年服役以来，曾作为海军编队指挥舰出访美洲，实现了我海军首次横跨太平洋的历史性突破。全舰专业考核优良率达97%，先后7次受到总部通令表彰，连续3年保持全军军事训练一级单位，连续6年被海军评为基层建设标兵单位，两次荣立二等功。

【海军飞机可靠性研究中心成立】 2003年2月18日，依托海军航空工程学院青岛分院成立的海军飞机可靠性研究中心在该院举行挂牌仪式。

该中心主要从事海军飞机、发动机寿命及可靠性等方面的研究工作，将紧密跟踪国内外航空装备寿命和可靠性研究新技术，定期向上级机关提供咨询与建议；参与海军新型飞机、发动机定寿全过程的技术工作；承担飞机、发动机结构腐蚀、腐蚀疲劳、定寿和飞机大部件延寿的工作；开展现役飞机、发动机结构断裂、腐蚀损伤的研究等项工作。

【我国首个舰船电力技术国防科技实验室组建】

2003年，我国第一个舰船综合电力技术国防科技重点实验室在解放军海军工程大学组建，填补了海军在国家级重点实验室建设上的空白。

国防科技重点实验室，是由国防科工委与解放军总装备部管理的国家级重点实验室。该实验室的组建以海工大为主，联合中国船舶重工集团公司第712研究所共同建设，建成后将努力研究解决制约海军技术发展的综合电力重大关键问题，为舰船战斗力的形成提供最先进的技术支撑。

【英海军“利物浦”号驱逐舰访沪】 首次访问上海的英国皇家海军“利物浦”号驱逐舰2003年5月24日抵达上海，开始对上海进行为期5天的友好访问。

英国皇家海军“利物浦”号是1979年下水的42型驱逐舰，共有250名男女海军官兵。英国皇家海军“利物浦”号驱逐舰访问上海，是中英两国建立国防双边交流项目之一，旨在进一步加强中英两国在国防领域的合作。英国海军司令戴维·斯内森少将在欢迎仪式上说：“我对‘利物浦’号首度访问上海受到的欢迎表示感谢。这次访问充分表明了英国决心致力于和中国在防备领域建立建设性和富有成果的关系。”

【中国海洋大学出版社】

2003年中国海洋大学出版社海洋书刊出版情况

书　　名	作　者	字数（千）	开　本	定价(元)
蓝色的挑战——海洋国家利益战略思考	王诗成	200	大32开	36.00
海洋文化与社会	曲金良	207	大32开	16.00
海洋管理概论	管华诗	375	16开	28.00
中国海洋高技术及其产业化发展战略研究	孙　洪	215	大32开	19.60

（中国海洋大学　吴俊龙）

【中国新型驱逐舰建成下水】 2003年4月29日，中国首艘配备有国产舰载导弹作战系统的新型驱逐舰下水。当今世界只有美、俄、日和欧洲少数国家有能力生产这种复杂的“神盾”作战系统。该舰的下水对于中国海军而言具有里程碑的意义，同时该舰以超过西方预料的速度建造下水，也标志着中国军舰制造水平正在走向成熟。

从外形上看，该驱逐舰体融合了俄罗斯水面舰艇舰体丰满的特点，线型流畅；舰的上层建筑则吸取了欧洲新一代大型主战舰艇简洁流畅的特点，注重隐身性能。该舰具有极佳的远航能力，拥有完善的指挥、通信、电子干扰、电子侦察系统，安装了中国自行研制的四面大型相控阵雷达，类似于美国的“宙斯盾”系统的SPY-1D（V）三坐标相控阵雷达。其舰载武器包括具备隐形特征的单管100毫米主炮，最新型国产远程防空导弹的垂直发射系统，新一代超音速反舰导弹和新型近程反导弹系统。该舰装备的国产新型反舰导弹性能不亚于号称“航母杀手”的俄罗斯“日炙”式反舰导弹。

该驱逐舰将成为中国海军由近海转向远海的一个转折点，使中国海军水面舰艇的作战能力产生质的变化。其先进的远程防空系统，不但能为整个舰艇编队提供大范围的防空区域，而且采用垂直发射方式还使其具备了抗炮火攻击的能力，解决了中国海军走向远洋的编队防空问题。尽管该新型驱逐舰已经下水，但是中国拥有的大型军舰仍然屈指可数，中国的技术水平与世界最先进水平还有一定的距离。

【海军院校将招收普高毕业生逾两千】 2003年6月12日，从海军人才办公室获悉，海军院校2003年秋季将招收地方普通中学高中毕业生2 050名。这是迄今为止海军院校招收地方生最多的一年。

为适应高技术军种和高技术装备的发展需要，海军院校逐年提高招收地方高中毕业生的比例。海军工程大学、海军大连舰艇学院、海军后勤学院、海军潜艇学院、海军航空工程学院等5所院校，近几年共招收地方生1.2万人。2003年海军院校招收地方生的比例高达76%，涉及舰艇指挥、舰艇动力工程、航空工程、导弹工程、电子工程、通信工程等46个专业，招生范围覆盖全国20个省、区、市。

与此同时，海军与哈尔滨工程大学等8所地方院校签约，2003年依托这些院校面向全国招收国防生1 005名。

【海军潜艇学院50年发展】 见“海洋教育”部分

【海军装备技术研究所着力提高涂料研究水平】 2003年，由海军装备技术研究所研究成功的“舰用涂料检测方法研究”、“舰船涂料配套与涂装标准”、“某型带油涂装防腐底漆”等3项成果相继在北京通过技术鉴定。“舰船涂料配套与涂装标准”的制定，首次为海军舰船的建造涂装和维修涂装规范了协调统一的涂料配套体系。“某型带油涂装防腐底漆”是国家“九五”攻关项目之一，它的研制成功，有效地解决了舰船油舱的重涂难题，可大幅度地降低油和涂装的工作量，缩短修理时间，提高舰船在航率。为提高海军舰船战斗力做出了贡献。

2003年年初，海军装备技术研究所涂料研究室青年女工程师曹京宜，荣获二等功奖章。曹京宜在短短的8年时间里，研制开发出多种具有自主知识产权的新型船用涂料，荣获3项军队科技进步奖、4项国家发明专利、2项实用新型专利，撰写了60多万字的专著，发表论文45篇。

我国涂料生产厂家众多，品种复杂，质量良莠不齐，舰船维修因没有一套完整系统的涂料使用配套表，有的舰船用了有质量问题的涂料，不到半年又得重新返修，影响了舰艇的在航率和持续作战能力。1996年，曹京宜承担了海军装备技术研究所“海军舰船维修涂料配套研究”这项繁重而复杂的课题。由于我国海域跨纬度大、海洋条件相差悬殊，对涂料的要求也不尽相同。曹京宜带领相关人员跑遍了沿海的数百家造船厂、涂料厂、修理厂和部队涂装站，通过反复的分析论证，准确地制定出一套“舰船维修涂料配套表”。这一创新成果，不仅为部队节省了大量寻找用哪种涂料的时间，同时也保证了舰船的在航率和持续作战能力。

涂料作为舰船防腐工程中经济实惠的材料，其质量鉴别一直受到国际上的关注，少数处在世界领先水平的国家对涂料的分析检测，也只停留在某一种涂料成分检测上。这种方法不仅速度慢，而且往往因分析不清涂料的实质而常常出错。

为了创立一套对涂料性能进行快速、综合评价的检测手段。曹京宜经过反复试验发现，涂料的基料成分虽然占的比重不大，但却直接影响着涂料的质量。为此，她大胆提出了“海军舰用涂料的检测方法研究”这一课题。经过上千次的实验分析，终于研制成功了一套完整、系统的对涂料进行评定、分析的方法和程序。“舰用涂料检测方法研究”的成功研制，攻克了涂料领域的前沿性难题，使涂料分析周期缩短了数百倍，有效地解决了舰艇涂料内在质量测试、评定的技术难题。该项成果获得了2002年度军队科技进步一等奖。

目前海军部队舰船使用的涂料有近千种，但最常用的是“船壳漆”。船壳漆是舰船防腐、防污的第一道屏障。过去常用的氯化橡胶船壳漆，虽然达到了一定的防腐和防污能力，但对人体及环境污染有一定影响，国际上已限制生产和使用，必须研制出一种低毒、低污染的船壳漆来替代原有的产品。曹京宜翻阅了大量的资料，并从网上了解到能替代的化工产品，经过几千次的实验发现，加入适当的改性树脂和助剂等，不仅涂料的附着力能够达到相应的要求，而且保质期大大延长。这一科研成果在部队得到了广泛应用。

舰船上有许多特殊的部位带湿、带锈，如果使用涂料进行防腐、防锈处理，很可能会对舰艇内舱造成腐蚀、锈穿，严重的将会造成舰艇钢板材料洞穿，而这些带湿、带锈部位又恰恰处于舰船狭小处，很难进行正常涂刷施工。曹京宜和同事们研究的特种舰船涂料，可轻松地完成一些特殊部位的防腐防锈工作。这种特殊涂料属国内首创，其综合防腐性能达到国际领先水平，获得了国家发明专利。

此外，曹京宜和战友们一起，除了研制出大量具有世界领先水平的新型涂料外，还在涂装工具、涂料配套表、分析检测方法等涂料的相关领域进行了大量的研究，为海军装备建设做出了重要贡献。

【海军某部医院海上可漂浮担架问世】 2003年，海军92403部队某岸勤部医院研制的我国惟一的海上可漂浮式担架成功问世。该项设计正在申请国家专利。

该担架解决了以往鲁滨逊式担架容易被海浪打翻、换乘难度大而不适应水上救生的弊端。其下部由泡沫材料制作，上部有可密闭罩，配有小型发动机。担架上还配有对讲机，可随时与海上、陆地保持联系。其体积小、隐蔽性强，可灵活机动地运用于战时艇员救生、战时岸滩无码头补给伤员的后送等战时卫勤保障任务。具有制作简单、造价低、方便存放等特点。

【海军全面推行技术干部任期制】 海军积极适应人才战略工程需要，在全军率先打破专业技术干部“终身制”，大力推进用人制度改革，全面推行任期制，走出一条干部能上能下、能进能出的新路子。

海军目前有5 000多个专业技术门类，数万名高、中、初级专业技术干部。为创造平等、竞争、择优的用人环境，提高干部队伍的整体素质，从1996年开始，海军在全军率先试行高级技术职务任期制，规定一个任期为5年，任期满后如需继续担任高级职务并进入下一个任期，则需与晋升高级职务的对象按同一标准、同一程序，由同一机构在同一时间内进行同样内容的考评，经评委会按照职务编制实行差额评审后，由党委择优任用。考核、评审有一项不合格者，不能继续担任高级技术职务，分别作担任下一级职务、免职、退休、转业等安排。

【我国首支预备役航海特种分队成立】 为适应中国特色军事变革发展需要，加强预备役部队质量建设、提高科技含量，我国预备役部队又增添新成员——预备役航海特种分队成立。2003年8月22日，大连海事大学、大连理工大学百名航海和电子信息领域的专家穿上佩戴“Y”字肩章的军装，在大连海事大学海事会议厅面向军旗宣誓加入预备役部队。

这支特种分队从事航海和电子信息领域的专家占总人数的94%。他们的文化程度都在大学本科以上，具有博士学位的有11名，硕士学位的44名。

【中美举行“海空军事安全工作小组”第三次会议】 2003年8月22日，为期3天的中美海上军事安全磋商机制“海空军事安全工作小组”第三次会议在美国夏威夷结束。

会议期间，双方继续就中美海上军事安全相

关问题进行了坦诚的、建设性的磋商。中方工作小组还拜会了美军太平洋总部战略政策与计划局参谋长尼利准将，参观了美海军“伊利湖”号宙斯盾巡洋舰。

【海军第一个数字化档案库在北海舰队落成】 2003 年 9 月，北海舰队司令部保密档案科完成了对该舰队全部库存档案的数字化录入工作。此举使该舰队告别了传统的人工查找资料的历史，同时也标志着我国海军档案系统第一个数字化档案库建成。

北海舰队把档案数字化建设作为加强信息化建设的重要举措。在前期建成档案信息网的基础上，他们集中人力，对库存 45 年来的永久、定期档案资料进行了数字化录入工作，把“躺”在仓库里的文字及图片资料变成网上的“活信息”。共录入文书档案、声像档案信息 2 000 余卷、扫描全文近百万页、录入图书资料信息 200 余万字，建成了一个信息丰富、内容翔实的数字化档案库，实现了信息资源共享，档案资料的保存寿命也大大延长。

【俄海军反潜舰访问青岛】 2003 年 9 月 20 日上午 10 时，俄罗斯海军“潘捷列耶夫海军上将”号大型反潜舰（舷号 548），在俄太平洋舰队副司令科涅夫·亚历山大·瓦西里耶维奇中将的率领下，驶入青岛港，开始对青岛进行为期 5 天的友好访问。随舰来访官兵共 332 人。北海舰队“哈尔滨”号导弹驱逐舰执行海上礼仪并陪访。该舰曾于 1996 年 7 月 26 日至 8 月 2 日，应俄罗斯海军邀请参加俄海军建军 300 周年庆祝活动，当时“潘捷列耶夫海军上将”号大型反潜舰是“哈尔滨”舰的陪访舰。北海舰队副司令员陈阿溪少将在青岛码头欢迎仪式上致欢迎词。北海舰队副参谋长赵永青大校主持了欢迎仪式。

【美国海军舰艇编队首访湛江】 美国海军“考彭斯”号导弹巡洋舰和“范德格里夫特”号导弹护卫舰组成的舰艇编队，在美国太平洋舰队第五航母大队司令詹姆斯·凯利准将的率领下，于 2003 年 9 月 22 日驶抵广东省湛江港，开始进行为期 5 天的友好访问。

随舰来访的美国海军官兵共有 630 人。这是新中国成立 54 年来，湛江港第一次对外国军舰开放。

【舟山基地举办潜水医学培训班】 由海军舟山基地卫生处主办的潜水医学培训班日前结业，来自 5 支海军部队的 35 名潜水医学人员参加了培训。海军医学研究所的潜水医学专家、教授为学员们讲授了潜水医学方面的知识，拓宽了学员们的视野，有力地推动了潜水医学的发展，促进了部队潜水训练水平的提高。

【我国首台两栖机器人海缆埋设与故障检测试验】 前不久，由中国科学院某自动化研究所研制的首台新型自走式两栖海缆机器人，首次在黄海某海域成功完成了近海与滩涂海缆的埋设和故障检测试验。这标志着我国海缆事业向着国际化目标又迈进了一步。

这台具有国际先进水平的两栖机器人主要由海缆埋设机载体、动力控制以及辅助收放等系统组成，安装有先进的水下动力单元、机械臂、喷水和链式挖掘工具，配备有海缆跟踪、探测与监视、照明、录像以及航向、航速传感器等高精尖设备，能做到“眼观六路，耳听八方”。根据海底与滩涂、深水与浅滩、硬底质与软底质等作业条件的不同以及埋设与检测的不同，它只要更换不同的作业器具，就可在浅水区、滩涂和数百米的深海完成其他机器人所不能完成的海缆埋设与故障点的检测等大难度工作。

【巴基斯坦舰艇访华与海上联合搜救演习】 2003 年 10 月 18 日，巴基斯坦海军“巴布尔”号驱逐舰和“纳斯尔”号综合补给舰组成的舰艇编队在巴海军舰队司令塔希尔少将的率领下驶抵上海海军扬子江码头，开始对上海进行为期 5 天的友好访问。这是巴基斯坦海军军舰第三次访问上海，来访的海军官兵共 629 人。

10 月 22 日，中国海军军舰与来访的巴基斯坦海军军舰，在长江口附近海域成功举行了中国海军首次与外国海军进行非传统安全领域的联合演习。演习代号：“海豚-0310”。演习内容为海上商船灭火救生。演习舰船为我国 521 护卫舰与航经该海域的参加海上救援的巴基斯坦海军 D182 驱逐舰和 A47 综合补给舰。

演习共分两个阶段进行。第一阶段中巴海军

舰艇首先在海上进行了传统的手旗、灯光等通信操演，编队依次进行了纵队、横队、方位队等海上编队机动操演。

第二阶段是海空联合立体大搜救。A47 舰舰载直升机起飞搜索，521 舰、D182 舰注意搜索海面，我海军 521 舰和巴海军 D182 舰在直升机的引导下，几乎同时到达出事海域，两舰上的 6 条消防水龙一起喷射，强大的水柱直扑火魔，5 分钟后，遇险船只上的大火被扑灭。

灭火成功后，我海军 521 舰和巴海军 D182 舰舰载机先后起飞，将重伤员空运至各自舰艇上进行救护。中巴海军首次海上联合搜救演习圆满成功。历时 3 个多小时的演习，中巴双方共出动舰船 4 艘、直升机 3 架，投入搜救总兵力近千人。这次中巴海军联合搜救演习，不仅是两国海军在非传统安全领域的一次双边合作和交流，也是两国为适应海洋经济发展和海上安全保障需要，对海上联合搜救机制和方法的一种有益探索。

【海军舰船在指定海区执行“神舟”五号飞船发射任务】 2003 年 10 月 15 日，当中国载人航天工程指挥部宣布“神舟”五号飞船顺利升空时，在指定海域执行飞船发射任务的人民海军舰艇、飞机坚守岗位，喜迎“神舟”顺利升空。在指定海域担负“神舟”五号飞船返回舱应急援救任务的海军舰船，有北海舰队“北救”138 船，东海舰队“东救”332 船，南海舰队 863 舰以及北海舰队航空兵所属运输机、舰载机和 401 医院、411 医院、421 医院部分医护人员。各单位把最优秀的技术骨干派到执行发射任务的舰船上，配强几套人马。三艘大型远洋救生船设备先进，均参加过大型演练、搜救等任务。138 船船长庞勇代表全体官兵在誓师大会上表示：“精心准备，严密组织，坚决完成任务。”

首次载人航天飞行，是 21 世纪实现中华民族伟大复兴具有标志意义的重大事件，人民海军官兵为能参加这项里程碑工程感到无比自豪。来自 3 个舰队的官兵发扬航天人“特别能吃苦、特别能战斗、特别能攻关、特别能奉献”的战斗作风，以最大的政治热情和昂扬的士气投入到发射任务中。

在执行任务前，各舰船完成了回收舱、定向仪、海事卫星电话、模拟返回舱的加装，医疗室、宇航员休息室的改装等，配齐加强了各类技术力量，保证了通信、搜索、打捞设备状况良好，气象保障传输良好。当“神舟”五号飞船顺利升空后，在海上执行任务的海军官兵欢呼雀跃，打出灯光信号和旗语，向祖国致敬，向“航天人”致敬，向勇敢的宇航员致敬。官兵们一致表示，要以“航天人”为榜样，为保卫祖国领海主权、捍卫祖国统一、维护世界和平做出更大贡献。

【我国海军舰艇编队抵达美国关岛访问】 2003 年 10 月 22 日，我国海军舰艇编队抵达美国关岛，对美国关岛进行为期 3 天的友好访问。在码头欢迎人群的敬仰目光中，驻日美国海军部队司令洛伊赫少将致以军礼，表示对今天到访的中国海军舰艇编队的欢迎。

当地时间上午 6 时(北京时间 4 时)30 分，美海军“钱斯洛斯维尔”号导弹巡洋舰与我舰艇编队“深圳”号导弹驱逐舰、“青海湖”号综合补给舰会合。8 时，美国驻华海军副武官贺同少校、驻华陆战队武官李敏格少校同时登上我舰。美国驻关岛副总督莫伊伦和中国驻美国洛杉矶总领馆总领事钟建华、驻美国大使馆海军武官陈景田大校也前来迎接。10 时，编队靠上码头，指挥员薛天培少将走下舷梯，与前来迎接的驻马里亚纳美海军部队司令邓恩准将握手互致问候，随后在洛伊赫少将的陪同下检阅了美国海军仪仗队。此次出访舰艇编队于 10 月 15 日由湛江军港起航，东出巴林塘海峡，经西太平洋首次到达美国关岛阿普拉港，其后到达文莱的穆阿拉港，最后抵达新加坡樟宜港，参加了国际海事防务展。访问了文莱的穆阿拉港、新加坡樟宜港。11 月 21 日，该舰艇编队圆满完成对 3 国的访问载誉归国。

【海军成立第一个博士后科研工作站】 经国家人事部批准，海军第一个博士后科研工作站于 2003 年 10 月 28 日在北京海军装备研究院揭牌，首批 7 名博士研究生开始进站工作。这也是全军第 10 个具有独立招收权的博士后科研工作流动站。

海军装备研究院博士后科研工作站的成立，对于海军装备研究院吸引、培养和使用高层次的科技人才，提高科技创新能力，推进海军装备跨越式发展具有重要作用。

【“深圳”号导弹驱逐舰访问新加坡】 2003年11月10日，应新加坡海军的邀请，我国海军“深圳”号导弹驱逐舰在海军南海舰队副司令员薛天培少将的率领下抵达新加坡的樟宜海军基地，开始对新加坡进行为期5天的友好访问并参加亚洲国际海事防务展。

军事交流是中新两国关系的重要组成部分，两国海军曾多次互派舰艇互访。新加坡海军军舰曾访问过中国的上海和青岛。2002年5月，由“青岛”号导弹驱逐舰和“太仓”号综合补给舰组成的中国海军舰艇编队曾访问了新加坡。

【中印两国海军圆满完成联合演习】 印度海军D53号驱逐舰、P63号轻型护卫舰和A58号综合补给舰在印度海军东部地区司令班索尔中将的率领下，于2003年11月10号抵达上海，进行了为期5天的访问，14日结束对中国的访问并离开上海。

访问结束前，中国海军军舰与来访的印度海军舰艇编队在上海附近的东海海域进行了首次联合搜救演习。这次代号为“海豚0311”的联合搜救演习内容是：由中方882号综合补给舰模拟的“商船”在航行途中，突然发生火灾，航经这一海域的中方521号导弹护卫舰与印方舰艇联合编队立即展开了搜救行动。双方参演兵力进行了包括空中、海上立体搜寻遇险船只、直升机引导军舰抵达事发海域、消防灭火以及直升机迅速转运伤员等海上联合搜救演习课目。演习取得圆满成功。

【法国护卫舰访问湛江】 2003年11月22日，法国海军“牧月”号轻型护卫舰，缓缓驶抵广东湛江港，开始对中国海军南海舰队进行为期5天的友好访问。这是湛江港第一次迎来法国军舰，也是湛江港第二次对外国军舰开放。

此次共有91名法国海军官兵随舰来访。中国海军“565”号护卫舰担任陪访舰。“牧月”号轻型护卫舰属法国太平洋舰队，此前这艘军舰曾访问过中国上海港。

【海军装备技术研究所以创新理论促科研创新】

海军装备技术研究所研制的某型舰动力装置维修指导系统等4项科研成果在北京通过了专家的评审鉴定，并向部队推广使用。两年来，这个所共有87项科研成果通过了专家鉴定，并获军队科技进步一等奖1项，二等奖4项，三等奖13项，获奖项目数量、质量接近前6年的总和。

（海 网）

2004

中国海洋年鉴

极地与国际海底

Polar and International Seabed

CHINA

OCEAN YEARBOOK

极地工作

Polar Research Work

【概况】 2003年我国极地工作又取得了新的进展：全面开展了北极建站工作，顺利完成了第十九次南极考察和第二次北极科学考察任务，深入落实极地考察“十五”能力建设项目，积极开展极地领域的对外交流与合作。

【全面开展北极建站工作】 在北极建立科学考察站是我国极地考察“十五”能力建设项目的重要内容之一。在前期调研工作的基础上，极地考察办公室（以下简称极地办）充分征求了有关部委的意见，组织编写了《中国北极科学考察站总体方案》，同时，展开了与挪威方面有关北极考察站建设的会谈和签约的前期准备工作。为此，邀请了挪威王湾公司总经理和挪威极地研究所人员来华访问。因受非典疫情的影响，原定2003年4月前往挪威斯瓦尔巴德群岛进行北极考察谈判签约代表团的行程推迟至6月。受国家海洋局委派，以极地办主任曲探宙为团长的代表团赴挪威就中国在新奥尔松地区建立北极科学考察站事宜与挪威方面进行了谈判，最终顺利签署了中国北极科学考察站用房租赁与改造协议，为中国北极科学考察站建设工作奠定了基础。9月下旬极地办又派专人前往考察站进行检查督促。

2003年11月4日，国家发展和改革委员会批准了北极站规划内容和实施方案，确定总投资为713万元。2003年12月，国务院批准了北极站投入运行的请示。北极站主体建筑于2003年年底前改造完工，后勤保障设施和服务也全部到位。

结合2003年北极建站的实际情况，极地办组织专家对北极考察站首批科学考察项目进行了评审，确定了前期赴站开展的科考项目。前期工作人员已于2003年11月到达站区，开始有关科考设备的安装调试工作，并开展了高空大气物理观测。

【在南极内陆新建一个科学考察站的时机成熟】 目前，我国南极研究已有丰富的科学积累并具备南极内陆考察的能力，建立能够代表国家综合国力、具有国际水准、有一定规模的内陆科学考察站的时机已经成熟。为巩固和提高我国在南极地区的权益，极地办开展了在南极内陆新建一个科学考察站的前期论证工作。2003年9月召开了专家研讨会，专家们就建立新站的国际背景、紧迫性、科学性、可行性等进行了广泛深入的研讨，极地办组织完成了项目立项建议报告，并将报告提交第十一次南极咨询委员会讨论。与会委员经过研讨后一致认为，在南极内陆新建一个科学考察站很有必要，并就此提出了积极的建议。在此基础上，极地办草拟了给国务院的请示，建议国家从2004年开始着手实施建立中国第三个南极科学考察站计划的前期调研论证工作，并争取在“十一五”期间分阶段实施考察站区和中继站的建设。

【2003年度极地科学考察】 **第19次南极科学考察圆满完成** 第19次南极考察是历次执行“一船两站”任务中时间最短、现场执行任务最重的一次考察，自2002年11月20日至2003年3月20日，历时120天，安全航行23 000余海里，圆满完成了度夏科学考察、南大洋考察、两站基础设施建设、两站人员交换和物资补给等艰巨任务。

在后勤保障方面，主要完成了拆除长城站旧发电栋、装修中山站新生活栋、站区规划、两站人员更换、物资补给、建筑垃圾回运和设备维护等任务。

科考工作方面，长城站度夏期间，考察队按计划顺利完成了国际GPS联测、生态环境监测站的建立与生态环境监测、GOES卫星接收系统建设、南极基础测绘、长城站宽频带地震观测、人类活动对南极环境生态的影响研究等各项科考任务。中山站度夏期间，完成的主要科考项目有：“南极湖泊、拉斯曼丘陵地质和陨石探究”、“地磁常规观测与地磁实验室维修”、“中山站宽频带地震观测”、“格罗夫山综合考察”、“格罗夫山地形图测绘”、“埃默里冰架与海洋相互作用研究”、“伊利莎白公主地末次冰盛期以来冰盖进退过程”、海冰调查。其中，“埃默里冰架与海洋相互作用研究”、“格罗夫山综合考察”取得了令人瞩目的成绩。

中国首次南极埃默里冰架考察队1月20日在埃默里冰架的中心区域成功开钻，经过21天的努力工作，钻至301.9米深处，获取了最大深度达295.5米宝贵的冰芯样品，创造了我国冰芯钻探的新纪录，开辟了我国南极科学考察新的领域。此外，还完成了埃默里冰架中心区域7个点的冰雷达高精度GPS和物质平衡观测，取得了大量数据。

格罗夫山综合考察队在该地区共回收陨石4 448块，使我国一跃成为世界陨石大国之一，为今后开展研究奠定了坚实的基础。与此同时，新的大范围格罗夫山地形图的测绘、地质调查、冰盖进退研究等工作也按计划圆满完成。

南大洋科学考察队完成了全航段的走航观测和采样项目，获得了大量的物理、化学、地球化学、生物等数据，在航行中投放XBT探头240个，是历次南极航线上投放最多的一次。在西太平洋首次成功投放了一枚ARGO浮标，可为我国科学家研究印度洋-太平洋暖池、环流系统和海气相互作用提供大量实时的第一手资料。南大洋科学考察队还在南大洋重点测区——普里兹湾及临近海区开展科学考察，完成了埃默里冰架边缘断面、普里兹湾陆架区域3条断面共45个站位的相关观测等，填补了我国在埃默里冰架边缘物理海洋与海洋要素的空白。

第二次北极科学考察成果丰硕 中国第二次北极科学考察于2003年7月15日从大连出发，2003年9月26日到达上海，历时74天。这次考察范围跨度达到南北3 000千米，东西900千米，完成了209个站位的观测，同时，“雪龙”船深入80° N，创造了中国考察队挺进北极的新纪录。本次考察以“雪龙”船为支撑平台，辅以直升机、水面作业艇、冰上车辆延展考察空间，利用卫星跟踪浮标、海洋浮标和潜标、水下机器人、卫星遥感等高技术手段以及常规观测设备，在白令海、楚科奇海以及加拿大海盆开展海洋、冰雪、大气、生物、地质等多学科立体综合观测，获得了大批现场数据和样品。此次北极考察与第一次北极考察相比，在国际合作程度和现场组织协调等方面有了长足进展。由中国、美国、芬兰、加拿大、日本、韩国、俄罗斯7个国家的科学家协同合作，利用高科技仪器获取了大量数据，这标志着我国在极地组织实施大型国际合作综合考察的能力和实力已经跨入国际先进行列，取得的数据为未来提高我国的研究水平奠定了良好的基础。

第20次南极考察工作全面完成 极地办与极地中心协同配合，认真开展第20次南极考察队的组队等各项组织工作，完成了考察队员的挑选、组织、训练及各种物资装备采购计划，制定了中国第20次南极考察队总体任务方案、现场科考实施计划和后勤保障现场实施计划的编制工作，使极地科学考察管理工作不断趋向规范化。

因“雪龙”船改造，执行中国第20次南极科学考察任务的考察队员需搭乘国外考察船和飞机分别前往两站，为此，极地办加强了与澳大利亚南极局和智利空军等有关方面的联络，顺利完成了队员更换和交接工作。

完成了首次北极科学考察专著的出版和成果的评审 第一次北极科学考察结束后，围绕北极海洋环境与海洋-大气-海冰-生物相互作用，科考人员对考察资料进行了深入的分析研究，先后在国内外各种杂志上发表论文100余篇，在这些论文的基础上，极地办组织出版了《北极海洋环境与海气相互作用研究》一书，该书比较系统地阐述了北极地区海洋环境与海气相互作用研究的关键问题、科学考察结果和21世纪考察研究展望，进一步推动我国北极科学考察与研究的发展。同时完成了首次北极考察成果奖的申报工作，并获得了国家海洋局科技创新一等奖。

【深入落实极地考察“十五”能力建设项目】 除北极建站项目外，极地办围绕极地考察“十五”能力建设项目计划，认真组织落实，积极进行协调，在国家海洋局项目领导小组领导下，组织开展了南极考察站改造、“雪龙”船改造、国内基地建设等可行性研究工作。

根据极地考察“十五”能力建设项目建议书，在“十五”期间将全面提升我国南极考察站的考察能力，满足科学考察专业功能的需要，使考察站具有较为完备的生活设施、先进的通讯和交通手段、高效的数据采集处理和分析条件、可靠的安全保障体系及一定范围的科考辐射能力，使站区建筑总体质量提高到一个新的层次，缩小与其他先进国家的差距。为此，在国家海洋局极地考察“十五”能力建设项目领导小组的领导下，极地办就南极考察站的改造工作组织有关部门论证，相继成立了“南极考察站改造工作组”和“南极考察站改造专家组”，确定了工作组和专家组的人员和职责，认真做好南极考察站总体规划和改造任务书的编写工作，完成了南极考察站改造可研方案设计，为南极考察站改造提供了有力的组织保障。

“雪龙”船的改造是能力建设项目中技术含量较高的项目，在“十五”期间，为满足我国极地考察持续发展的需要，使“雪龙”船处于较为先进的考察船舶行列，达到国际同类极地考察船的相应水平，成立了“雪龙”船改造工程工作组和专家组，确定了“雪龙”船改造的主要工作计划，并由国家海洋局发文下达了“雪龙”船改造方案设计任务书。

极地考察国内基地建设属于新建项目，意义重大，国家对该项目的投入是国家海洋局建局以来最大的基本建设项目。在极地考察“十五”能力建设项目领导小组的领导下，极地办组织人员参加了极地考察国内基地建设工作组的工作。

【极地对外交流与合作】 为做好中国第二次北极科学考察工作，及时处理好在俄罗斯和美国海洋专属经济区调查及停靠美国港口等敏感问题，在国家海洋局国际合作司的配合下，极地办于2003年1月份向俄罗斯提出了在其专属经济区进行北极海洋调查的申请。3月份在京召开了有中、美、日、韩、加、芬兰等6国科学家参加的北极考察航次协调会议，就第二次北极科学考察航次的诸多方面进行了协调。在外交部、我国驻美使馆的协助下，通过同美国驻华使馆及美国内有关部门的协商，美国方面同意了考察队在美专属经济区进行海洋调查和停靠港口的要求。在俄罗斯不同意考察队在其专属经济区进行海洋调查的情况下，积极同俄罗斯驻华使馆进行交涉，并会同国家海洋局国际合作司利用中-俄海洋合作协议，促使俄方同意了我方要求，为我方考察船进行海上调查提供了有力的保障。

2003年3月29日至4月4日，极地办组团参加了在瑞典举行的2003年北极科学高峰周会议。与会代表介绍了中国将要进行的第二次北极科学考察情况和中国北极考察站建设情况，并提出了承办2005年北极科学高峰周会议的意向。

2003年4月，极地办派员参加了在阿根廷举行的第2次南极条约非正式磋商会议，就南极条约常设秘书处问题进行磋商。我国代表团团长在会议中多次阐明我方的立场，并与有关国家积极协商，完成了参会任务。2003年6月，极地办派人参加了以外交部陈士球大使为团长的中国代表团，出席了在西班牙马德里举行的第26届南极条约协商大会和第6届南极环境保护委员会会议。27个南极条约协商国和10个非协商国、与南极有关的国际组织派代表团到会。南极条约协商国会议基本解决了成立南极常设秘书处经费分摊和相关法律文件的制定。南极环境保护委员会第6次会议对南极陨石问题、南极考察活动的环境影响评价报告、关于对环境议定书附件Ⅱ的修改、南极特别保护区、关于南极环境损害的责任赔偿问题、南极旅游和非政府活动问题进行了重点讨论。极地办向大会提交了中国2002—2003年度南极考察环境报告和长城站拆除旧发电栋的报告。

由极地考察办公室和极地中心组成的代表团参加了2003年7月8～11日在法国举行的第15届南极局局长理事会会议。29个成员国中有28个国家近100名代表出席了本次会议。我代表团向会议提交了“2002/2003中国南极活动年度报告”和“2003/2004中国南极活动计划”两份报告；向会议代表分发了中国第二次北极科学考察的宣传材料；向SCALOP主席提交了《中国·上海第10届SCALOP研讨会论文集》。会议期间，代表团与澳大利亚、智利、俄罗斯等国代表团就双方南极后勤合作事宜进行了沟通。

2003年9月8～10日，极地办派员参加了在摩纳哥举行的第3届南极海道测量委员会会议，讨论了委员会的章程，提交了我方的报告和意见。

2003年10月25日至11月9日，极地办派员参加了在澳大利亚举行的第12届南极海洋生物资源养护公约（CCAMLR）会议，并组团访问了澳大利亚南极局和新西兰南极局，就南极考察合作、东南极航空网建设及租用对方考察船等有关事宜进行了探讨。

2003年10月27日至11月5日，极地办组团赴美参加了根据中美海洋渔业协定会议决定成立的中美极地工作小组第一次会议，就中美在极地领域的合作进行了磋商。

根据国家海洋局和秘鲁南极研究院达成的南极合作协议，极地办继续同秘鲁方面保持联系，探讨具体的合作项目。同时，同乌拉圭方面进行联系和接触，探讨为乌拉圭南极考察站建造房屋和油罐事宜。

2003年11月14日，极地办接待了澳大利亚塔斯马尼亚州政府总理来访，就南极考察合作与环境保护等问题进行了会谈。

此外，极地办还派员参加了3月份芬兰北极考察、6月份在日本举行的国际大地测量物理联合会、10月份在韩国举行的北太平洋海洋科学组织年会、11月在丹麦举行的欧洲非相干散射雷达会议等活动。

【完善制度体系，使极地考察管理规范化、科学化与程序化】 为加强对极地考察工作管理，完善制度体系，使极地考察管理趋于规范化、科学化与程序化，极地办组织有关专家和工作人员，先后多次对极地考察有关管理规章制度进行了修订。其中，《中国极地考察队队员守则》、《中国极地考察队队员基本条件与职责》、《中国极地考察数据管理规定》，已经国家海洋局批准颁布实施，考察站、队管理规定也完成修订工作，正在报批，最终将把各项管理规定与队员须知事宜汇编成《中国极地考察队员手册》。

根据“关于保护环境的南极条约议定书”的有关条款，为制定我国南极考察活动的管理制度和规章，极地办召开了南极活动管理立法问题的专家座谈会，邀请了国务院法制办、外交部、国土资源部、国家旅游局、北京大学、中国社科院、国家海洋局系统等单位的专家对南极活动的立法管理问题提出意见。在此基础上，极地办拟定了南极考察环境管理办法（送审稿），包括对南极环境评价制度和南极废弃物的分类和处理规定等相关文件进行了修改。经征求国家海洋局法规办意见，极地办将再次进一步组织修订。

为进一步规范管理我国境内单位和个人从事北极考察活动，极地办拟定了“北极考察活动管理办法”，并召开了专家咨询会议征求意见，对北极考察活动管理规定作了修改。

极地办组织完成了长城站、中山站及相邻外国站的环境调查工作，完成两站废弃物管理暂行规定的制定，考察长城站周围区域生态环境，为设定保护区做了前期性工作。

我国的南北极考察活动体现着我国在这两个极端环境里进行探索的科技水平和民族自信，一直都受到国内外各界的关注和支持，许多企业希望通过赞助和捐赠来支持中国极地考察，同时借以提高其产品的知名度和树立自身形象，但长期以来，缺少接受赞助和捐赠的可操作性规范。为此，极地办拟订了《国家海洋局关于极地考察赞助事宜的若干规定（暂行）》、《极地考察赞助事宜的若干规定实施细则》、《极地考察赞助指南》，并经过了多次讨论和修改，已呈交国家海洋局审批。

极地办还组织召开了中国极地考察工作咨询委员会第十次会议、十一次会议。在第十次会议上，来自14个成员单位的咨询委员或代表出席了会议。第十次会议审议并通过了新的《中国极地考察工作咨询委员会章程》，章程明确了中国极地考察工作咨询委员会的性质、宗旨、主要职责、任务和组成等。成立由来自国务院各有关部门的30余位专家组成的中国极地考察工作咨询委员会专家组。

【极地科普宣传工作】 为做好极地考察宣传工作，极地办采取多种形式，利用各主要新闻宣传媒体和国家海洋局有关媒体，对极地考察有关的重大活动进行了及时的宣传报道，扩大了极地考察的影响，争取了各界的支持。特别是利用第二次北极科学考察在大连出发的机会，加强了对极地科普教育基地——大连极地海洋动物馆的联系和指导，继续支持大连圣亚海洋世界在北京地区中小学中开展的“极地世界极地风”极地科普巡回讲座和极地科普教育展览活动，这些均对宣传我国的极地考察工作起到了良好的社会效益。

同时，加强了办公自动化系统建设，建立了极地办的网站，并成功地注册了国内顶级域名（CHINARE.COM），为进一步宣传极地考察事业打下了良好的基础。（极地考察办公室）

【中国极地科学数据库系统获2003年海洋科技创新成果二等奖】 中国极地科学数据库系统项目是1999年科技部基础性重点工作专项，该系统是一个物理上分布、逻辑上集中、开放式的多数据库集成系统。其总体目标是，利用先进的计算机信息存储及处理、通讯技术，以储存和查询为主，兼有数据管理、数据信息服务、在互联网上供浏览下载等功能的数据库网络管理系统。它主要由

“极地海洋科学数据库”、“极地日-地物理数据库”、“极地冰冻圈数据库”、“极地气象数据库”、“极地地质学数据库”、“极地地球物理学数据库”、“极地测绘数据库”和“极地生态与环境数据库”等 8 个子数据库以及一个元数据库、注册数据库、一个共享平台（信息网站）组成。目前已经建成“极地海洋科学数据库”、“极地日-地物理数据库”和“极地冰冻圈数据库”以及元数据库、注册数据库和网络发布平台。在线数据 100 个 GB，可提供网络浏览和下载。（www.chinare.org.cn）

该系统主要技术特点：

(1) 实现 Intranet+Internet 的异构体系结构平台。本系统实现在 Intranet 内的数据录入，修改和 Internet 上的数据查询和信息发布。在 Intranet 内，本系统基于 Client/AppServer/DBServer 的三层结构，提供基于 Windows Application 数据操作界面。在 Internet 上，本系统实现 B/W/D 三层结构，提供基于 Web Browser 的数据查询界面。

(2) 以元数据库为数据库的搜索引擎。本系统能通过对元数据库的检索直接关联数据文件内的每行数据。

(3) 实现多视图的数据动态查询和灵活的下载。除了在 WWW 页面浏览表格数据、通用格式的声音、图像等多媒体数据可以直接利用 IE 浏览器查看外，本系统还可以二维图像方式即时显示表格数据，非常直观。

中国极地科学数据库系统荣获了 2003 年海洋科技创新成果二等奖。 (中国极地研究中心)

国际海底
International Seabed

综 述
Summary

【国际海底区域和国际海底管理局】 国际海底区域（简称“区域”）是指国家管辖海域以外的海床洋底及其底土，也就是领海、专属经济区和大陆架以外的深海洋底及其底土，面积约 2.517 亿平方千米，占地球表面积的 49%。已有的科学发现表明，“区域”内蕴藏着丰富的战略金属、能源和生物资源，国际海底区域是地球上尚未被人类充分认识和利用的最大的战略资源体系。目前已经认识和发现的资源主要有：①分布于水深 4 000～6 000 米海底，富含铜、镍、钴、锰等金属的多金属结核，仅太平洋海底具有商业开发潜力的多金属结核资源总量就达 700 亿吨；②分布于海底山表面的富钴结壳和分布于大洋中脊和断裂活动带的海底热液硫化物，资源总量尚待调查确定；③生活于深海热泉区的生物，因其基因有许多特殊价值，已引起国际社会的高度重视，一些发达国家已有专门机构从事研究开发；④据国际天然气潜力委员会的初步统计，世界各大洋中（包括国际海底区域和国家管辖海域）天然气水合物的总量换算成甲烷气体为 1.8×10^{16}～2.1×10^{16} 立方米，大约相当于全世界煤、石油和天然气等总储量的两倍，被认为是一种潜力巨大、可供 21 世纪开发的新型能源。国际海底区域有可能成为 21 世纪多种自然资源的战略性开发基地，可能形成包括深海采矿业、深海生物技术业、深海技术装备制造业等产业门类的深海产业群。

随着陆地资源的日趋减少与科学技术的发展，从 20 世纪中期开始国际海底区域逐渐引起国际社会的关注。经过近 30 年的努力，1982 年《联合国海洋法公约》明确宣布国际海底区域及其资源是全人类的共同继承财产，区域内资源的一切权利属于全人类，并成立了专门的国际组织国际海底管理局（International Seabed Authority，简称 ISA）代表全人类管理国际海底区域及其资源，国际海底区域成为地球上具有特殊法律地位的最大的政治地理单元。

【国际海底区域形势】 1998 年，俄罗斯代表团向国际海底管理局提出了制订多金属硫化物和富钴结壳探矿和勘探规章的要求。按照公约规定“有关多金属结核以外任何资源的勘探和开发规则、规章和程序，应于管理局任何成员向其要求制订之日起 3 年内予以制定”。因此，国际海底管理局通过多金属结核的勘探规章后，将主要精力放在了多金属硫化物和富钴结壳探矿和勘探规章的制订上。2001 年国际海底管理局第七次会议上，秘书处准备了一份文件，主要涉及多金属硫化物和富钴结壳探矿和勘探规章制订的各种考虑，并起草了一个标准条款。2002 年国际海底管理局第八次会议上，理事会和法律技术委员会对多金属硫化物和富钴结壳的探矿和勘探的规则、规章和程序方面的一些问题进行了审议。会议还邀请了 5 位世界知名海洋地质和生物学家就这两种新资源的研究现状、前景及在热液周围富硫环境中生物多样性尤其是基因资源作了报告。2003 年法律和技术委员会开始详细审议关于在“区域”内勘查和勘探多金属硫化物和富钴结壳的规则、规章和程序，新的一轮海上圈地运动在即。俄罗斯等国早在 20 世纪 70 年代就已经开始了以上两种资源的勘查研究，近几年已经做好圈定矿区的准备，发展中国家如韩国、印度等也加大了工作力度。

深海海底、特别是热液口的特殊生态环境，形成了特殊的生物基因。这些基因在工业、医疗保健、环境保护、国防军事等方面具有重大的用途。另外，深海嗜热细菌生存的环境与地球形成初期的原始环境十分接近，因此对这些细菌的研究将有望揭开地球生命产生的奥秘。世界各国都开展了深海基因资源的争夺。与深海矿产资源不同，对生物基因的开发和占有无需大规模的采集，只需采集特殊的生物样品，提取其基因序列。如果某一国家有成熟技术，就可以抓住当前世人所知甚少的时机，迅速获得深海基因的知识产权，从而获得巨大的投资收益。目前国际深海生物基因资源的研究开发处于一种暗流汹涌的状态。日本、美国等发达国家纷纷投入巨资进行研究开发，韩国、印度和新加坡等新的工业国家也急起直追。

中国大洋矿产资源研究开发协会
China Ocean Mineral Resources Research and Development Association

【概况】 中国大洋矿产资源研究开发协会是1991年经国务院批准成立的社会团体，负责组织协调我国在国际海底区域矿产资源研究和开发活动。1991年协会在联合国登记注册为国际海底区域先驱投资者。协会的宗旨是通过国际海底区域矿产资源的研究开发活动，为我国经济可持续发展储备新的矿产资源和能源，促进我国深海高新技术产业的形成与发展，维护我国在国际海底区域的权益，并为人类开发利用国际海底资源作出贡献。协会主要机构为理事会、常务理事会和协会办公室。理事会为协会的最高权利机关，对有关协会发展的重大事项作出决定；常务理事会是协会的执行机关，主要负责审定协会的重大业务问题；办公室为协会的常设办事机构，根据协会理事会和常务理事会决定，负责承办协会日常事务。协会现任理事长为陈炳鑫，秘书长为毛彬，马洪为协会高级经济顾问，倪征日奥（已故）为高级法律顾问，王淀佐院士、李廷栋院士和陈毓川院士为协会高级技术顾问，中国驻国际海底管理局代表处大使为协会特别顾问。

【中国大洋矿产资源研究开发协会的有关活动】

中国大洋矿产资源研究开发协会（简称中国大洋协会）对外作为在联合国登记注册的国际海底先驱投资者，为巩固和提高中国的国际地位，参与“区域”国际事务，起到了积极的作用；对内作为政府与企事业的中介和桥梁，在国家大洋专项的管理和实施过程中进行了大量的组织协调工作。

2003年是协会全面完成“十五”计划的极为重要的一年。一年来，在邓小平理论和“三个代表”重要思想指引下，在协会常务理事会的直接领导以及业务主管部门和综合部门的关怀支持下，通过各理事单位和其他业务承担单位的积极配合，排除SARS等各种因素干扰，圆满地完成了计划任务。海上调查安排“大洋一号”和“海洋四号”执行了以富钴结壳调查为重点，同时兼顾多金属结核合同区资源详查、环境评价和热液硫化物探查的DY105-12、14和DY105-15航次任务，航次时间超过400天，超额完成任务，为在“十五”末期顺利完成富钴结壳的工作目标奠定了扎实基础。2003年共执行课题90个，研究项目的顺利实施，为协会全面完成“十五”主体任务提供了重要的理论支撑。为了准备采矿系统的海上试验，2003年进行了采矿系统千米海试的方案设计、技术设计、试验验证等工作。深海资源勘查技术研发2003年开展了包括ROV系统研制、导航定位子系统研发、土工原位测试系统研发、海底自动成图与潜在功能开发、现场快速分析系统研发等10余项研究内容，多数设备将在2004年完成并投入使用。7 000米载人潜水器为国务院批准的12个“863”项目重大专项之一，国家海洋局是项目的组织部门，大洋协会作为业主负责组织实施，项目总投资超过2亿元。2003年底7 000米载人潜水器本体研制工作已经通过了国家海洋局主持的方案设计、初步设计、详细设计评审；我国载人潜水器应用机制专题研究工作已基本完成；2003年资源加工利用项目完成了多金属结核中试车间建设和富钴结壳冶金扩大试验；深海极端环境下生物基因资源开发研究是当今国际深海领域研究的热点之一，具有极高的科学意义和极大的商业价值，为缩短与先进国家距离，争取实现局部赶超，整体推进的目标，2003年对深海生物基因资源加大了研究力度，成功分离出若干种深海极端微生物，克隆了多种深海极端酶基因，发现了若干未经报道的微生物新种，为微生物资源的开发提供了生物材料，开展了深海微生物工业化应用研究。

【大洋协会第四届理事会第三次会议】 大洋协会理事会应就协会权限范围内的任何问题或事项制订有关规章。理事会的主要职责包括：根据协会各成员单位的推荐，增补或更换理事会成员；选举产生协会常务理事会；审议核准协会有关规则、规章和程序及其修正案；审查协会业务规划和中期计划等。

中国大洋矿产资源研究开发协会第四届理事会第三次会议于2003年3月18～20日在青岛召开，会议审议了陈炳鑫理事长代表常务理事会所作的《中国大洋协会第四届理事会第三次会议工作报告》，听取了协会“十五”资源勘查与评价项目、环境评价与研究项目、深海技术发展项目和资源加工项目2002年度工作总结，外交部条法司司长、协会常务理事刘振民、青岛海洋地质研究所许东禹研究员、国土资源部高咨中心研究员、国际海底管理局法律和技术委员会委员李裕伟分别做了《国际海底管理局动态》、《富钴结壳分布规律及资源前景》和《国际海底硫化物和富钴结壳勘探规章制订与进展情况》的学术报告，会议建议2003年工作要考虑适当加大硫化物资源勘查研究的力度；要加强战略和法律研究，及早启动“十一五”规划纲要的制订；有前瞻性地安排有关资源勘查技术、资源加工利用技术、7 000米载人潜水器配套设施建设等工作；加强质量保证体系建设；完善首席科学家制度；进一步发挥国内资源调查研究、技术发展、船舶制造等单位的优势，发扬大协作精神，推动我国国际海底区域资源研究开发工作更上一个台阶。

【2003年大洋协会常务理事会会议】 大洋协会常务理事会由国家有关部门推荐、经协会理事会选举的常务理事组成。常务理事会根据国家有关政策和协会章程，制订协会对于其权限范围以内的任何问题或事项所应遵循的具体规定。常务理事会主要职责为：审议协会年度计划和经费预算；审议协会与有关国际组织签订的合同与协议；审定协会报国际海底管理局的年度报告；制订协会内部行政与财政管理条例；审查协会办公室提出的重大业务问题和有关报告等。

2003年共召开3次常务理事会，会议认真审议了中国大洋协会2002年业务工作总结和2003年业务工作计划，审议了协会向国际海底管理局提交的2002年和2003年年度报告，听取了“大洋一号”增改装总结报告和7 000米载人潜水器项目工作进展报告，讨论通过了理事变更、增补理事和增加理事单位的建议。常务理事们总揽全局，从国家资源储备的战略高度出发，对关系到协会发展的重大业务问题及时决策，有力推动了协会工作的顺利开展。

【大洋协会办公室】 大洋协会办公室作为国家大洋专项的常设办事机构，根据协会理事会和常务理事会的决定，组织落实经协会理事会、常务理事会确定的工作，并承办协会日常事务。协会办公室的党政工作受业务主管部门国家海洋局领导。根据2000年国家海洋局“关于中国大洋矿产资源研究开发协会办公室改革方案的批复”，协会办公室设秘书处、项目管理处、计划财务处和技术发展处。办公室的主要职责为：①执行协会理事会和常务理事会的决定和指示；②组织研究我国国际海底区域资源研究开发战略，拟定规划、计划和规范；③组织有关国际海底区域制度等方面的研究，向国家提出有关的决策建议；④组织协调我国在国际海底区域的勘探、环境评价、采矿、冶炼等研究开发活动，进行业务监督；⑤组织实施协会对外交流与合作计划；⑥组织实施协会应履行的国际义务；⑦组织项目的立项论证，签订合同、中期评估和验收工作；⑧负责国家大洋专项经费的日常管理工作；⑨向协会常务理事会、协会业务主管部门和国际海底管理局提交工作报告。2003年协会办公室在协会理事会、常务理事会领导下，扎实工作，认真做好办公室的日常事务，稳步组织开展协会主体业务工作，保证了理事会和常务理事会的各项决议顺利实施。

国际海底管理局的活动
Activities of International Seabed Authority

【国际海底管理局第九届会议】 国际海底管理局第9届会议于2003年7月28日至8月5日在总部牙买加首都金斯敦召开。会议期间按照惯例召开了理事会、大会，审议了秘书长的工作报告、法律和技术委员会的报告、财务委员会报告。

1. 关于承包者年度报告的评价

国际海底管理局于2000年通过了《“区域”内多金属结核探矿和勘探规章》，2001年包括中国大洋协会在内的7个先驱投资者先后同管理局签定了多金属结核的勘探合同。按照合同要求，承包者必须在当年3月底之前，就上一年勘探工作、环境研究、采矿试验、培训方案、财务报表的执行情况向管理局提交年度报告，年度报告由法技委先行审议，提出建议后报理事会批准。会议期间,法律和技术委员会评价了7个承包者根据《“区域”内多金属结核探矿和勘探规章》提出的年度报告，认为承包者基本上都按照第八届会议期间提出的报告格式和结构编写了报告。中国大洋协会提交的年度报告顺利通过。同时法律技术委员会对所有的承包者都提出了关于资料、财务证明等不同的修改建议。

2. 关于多金属硫化物和富钴结壳探矿和勘探规章的制订工作

1998 年俄罗斯代表团向国际海底管理局提出了制订多金属硫化物和富钴结壳探矿和勘探规章的要求。按照公约规定，国际海底管理局于2000 年第六次会议上通过多金属结核的勘探规章后，将主要精力放在了多金属硫化物和富钴结壳探矿和勘探规章的制订上。2001 年国际海底管理局第七次会议上，秘书处准备了一份文件，主要涉及多金属硫化物和富钴结壳探矿和勘探规章制订的各种考虑，并起草了一个标准条款。2002 年国际海底管理局第八次会议上，会议邀请了5位世界知名海洋地质和生物学家就这两种新资源的研究现状、前景及在热液周围富硫环境中生物多样性尤其是基因资源作了报告。按照第八届会议期间商定的工作方案，2003 年法律和技术委员会详细审议了关于在“区域”内勘查和勘探多金属硫化物和富钴结壳的规则、规章和程序，委员会成立了4个非正式工作小组，主要讨论了涉及勘查和勘探多金属硫化物和富钴结壳的环境规则、规章和程序；勘探区域的规模即面积；申请者必须提交的细述其意图的工作计划格式；承包者和管理局是采用平行开发制还是采用合资或其他模式。关于环境问题，委员会讨论认为，有必要在该规章中反映自 1982 年《联合国海洋法公约》通过以来国际环境出现的各项发展。关于勘探区域面积，委员会讨论认为，勘探区域的面积和放弃时限必须足够灵活，以便使承包者有动机以切实有效的方式开展活动。关于工作计划的形式问题，委员会初步认为，多金属硫化物和富钴结壳勘探的管理制度必须同有关多金属结核的制度尽可能相似，除勘探面积、适用的开发制度和对相互重叠的权利主张的处理程序外，申请的提交和审批基本程序以及勘探合同的大多数标准条款应与《“区域”内多金属结核探矿和勘探规章》中的相同。关于开发制度，委员会认为，应该体现 1982 年《联合国海洋法公约》所用的平行制度的精神，申请者可以向国际海底管理局提议采用3个备选办法之一：①提供一个保留区；②建立一个联合企业，在企业部与承包者之间签定合同，以便向企业部提供多达50%的资本参与，这样的参与或是一项附带权益，或是一项免费附带权益，或是两者的结合；③签署一份产品分成合同，根据该合同，承包者逐年收回生产成本，并把利润对半分成。由于委员会内部对有些问题仍存在分歧，在本次会议上未制订草案交理事会讨论，委员会请秘书处在充分考虑各工作组建议的基础上，在下届会议之前制订一份综合全面的规章草案，供法律和技术委员会继续审议；同时在理事会上，就新规章的制订也进行了一些讨论。俄罗斯代表对目前主要由法技委审议草案的工作方式表示满意，但对进度感到不满，认为规章制订速度太慢，建议秘书处明年提出一个草案供理事会讨论。包括我国在内的许多发展中国家在会上发言，鉴于对多金属硫化物和富钴结壳资源认识不够充分，需要给法律技术委员会充分的时间研究考虑，同时在制订新规章时采取灵活和审慎的态度。

3. 关于中央数据库

2000 年管理局秘书处决定建立一个中央数据库，目标是收集和集中关于海洋矿物资源的所有公共和私人数据信息，在一个中心地点产生统一的数据格式和有用的摘要，供用户随时查阅。建立网站和数据库将加强承包者与科学家之间以及科学界内部的合作，造福全人类。

4. 关于 C-C 区建立地质模型

2003 年 5 月，管理局与南太平洋应用地球科学委员会联合在斐济举办讲习班，初步拟定在 C-C 区建立一个可用于资源评估的地质模式和一个预测模式。法律和技术委员会原则上同意支持建立一个地质模型的提议，并强调在建立模型方面与承包者密切合作至关重要。根据这一建议，秘书长与7个承包者举行了协调会。会上，秘书处要求承包者提供有关的资料数据，秘书处委托有关专家建立地质模型。我国代表提出承包者可以提供有关数据，但从权利义务的对等性和资料的保密性角度出发，需要委托承包者中经验丰富的专家建立地质模型，提议得到各承包者的响应。

5. 关于国际海底管理局实质性工作范围拓展

2003 年的秘书长报告中提出，管理局的实质性工作 2003 年集中在 5 个主要领域：①管理局对现有多金属结核勘探合同的监督职能；②为今后开发“区域”内其他矿物资源、特别是热液多金属硫化物和富钴结壳制订适当的管理框架，包括保护和养护海洋环境的标准；③促进并鼓励“区域”内的海洋科学研究，协调并传播此类研究和分析的结果；④收集信息并建立和发展科学技术信息数据库，增进对深海环境的了解；⑤评估探矿和勘探有关的现有数据。另外在今后的工作方向中，报告提到《联合国海洋法公约》第 82 条第 4 款有关对从基线量起 200 海里以外的大陆架上进行非生物资源开发分享收入制度在今后的执行和保护“区域”生物多样性的问题。包括我国在内的一些代表团积极评价了管理局的工作。以美英为首的工业国代表团强调，《公约》第 82 条为管理局规定的职责严格限于其中第 4 款列出的职能，即仅限于负责收取费用和实物，并分配给《公约》各缔约国。因此管理局成员国吁请秘书处就未来大陆架开采前景编写有关文件，并强调管理局应只介入外大陆架的收益分享问题，制订平等分享标准和收入分配方式。关于生物多样性，是近两年来秘书长报告中多次提及的热点领域，其实质是针对勘探热液硫化物所引起的环境问题、基因资源问题。在管理局上次会议上，有些国家提出了保护生物多样性，特别是热液喷口生态系统问题，管理局应履行保护海洋环境的职责，必须提高对海底和深海环境过程、包括生物多样性的了解。本届会议就管理局在深海生物多样性及其海洋科学研究中所应起的作用进行了讨论。英国认为尽管管理局有着协调深海采矿的职责，但没有职责对有关生物多样性的研究进行协调，美国也认为应保护实体在深海开展海洋科学研究的自由性。我国代表团则考虑由管理局来进行深海生物多样性的保护，更有利国内工作的开展，因此发言支持管理局将深海生物多样性的保护作为管理局未来工作方向之一。会议强调管理局必须在《公约》和 1994 年执行协定规定的职责范围内工作，更好地认识了解海底和深海的生物多样性，以便拟订条例，确保勘探时海洋环境；同时，为对深海生物多样性了解得更充分，会议建议管理局广泛与有关组织，如大洋钻探计划（ODP）和洋脊间（Inter-ridge）项目建立合作。

6. 关于资助发展中国家委员参加会议问题

财务委员会建议维持自愿信托资金，资助发展中国家法律和技术委员会及财务委员会成员参加会议，并提出了使用该资金的程序和条件。理事会、大会通过了该建议，作为临时性解决方式。理事会强调需要在下届会议上重新讨论该问题，以便找到长期解决办法。

国际海底区域资源调查与研究
International Seabed Investigation and Research

【海上调查】 根据国际海底区域资源争夺日趋激烈的形势，2003 年，中国大洋协会加大了海上调查工作力度，安排“大洋一号”和“海洋四号”执行了以富钴结壳调查为重点，同时兼顾多金属结核合同区资源详查、环境评价和热液硫化物探查的 DY105-12、14 和 DY105-15 航次任务，航次时间超过 400 天。

DY105-12、14 航次：“大洋一号”船于 2003 年 4 月 10 日起航，12 月 19 日返回青岛，历时 254 天；本航次重点调查了 CX、CA 等海山，对 CM、CQ 等海山进行了探查。完成拖网测站 131 个、浅钻和电视抓斗取样 13 站、摄像 101 站、照相 69 站、CTD 测站 4 个、多波束测量超过 30 000 平方千米、浅剖测量 1 753 千米、磁力测量 2 796 千米，获得结壳样品 6 000 千克，其中视像调查站位超过以往历年调查的总和；本航次硫化物资源调查以积累经验、锻炼队伍为目的，经过认真论证，精心组织，在东太平洋海隆拖取了热液硫化物样品。

DY105-15 航次：DY105-15 航次由广州海洋地质调查局“海洋四号”船执行，作业时间从 2003 年 5 月 25 日至 11 月 4 日，历时 164 天，航行 20 000 多海里，取得了丰硕的调查成果：结壳拖网测站 155 个，拖获样品总重量 19 349 千克；多金属结核无缆测站 70 个，共投放取样器 350 次（每个测站投放 5 次），回收 347 次（丢失取样器 3 个），回收率 99.14%，采获结核 336.4 千克；重力柱状取样 6 个，岩心总长 12.42 米；箱式取样 17 站；

结核拖网 5 272 千克；CTD 测站 10 个；完成海底摄像 43 测站；多波束地形全覆盖测量超过 14 000 平方千米；浅层剖面测量 419 千米，重力、磁力测量 1 075 千米；现场 X 荧光测试结壳样品 151 个，结核样品 70 个。

通过 2003 年航次工作，在结壳成矿特征、富集规律等方面取得了值得关注的科学新发现、新认识。

【富钴结壳资源评价研究】 围绕圈矿目标，富钴结壳资源研究立题 7 项。重点开展了钴结壳资源评价的计算方法与圈矿方案研究、富钴结壳生长与富集特征研究、富钴结壳品位变化规律研究、海山构造地貌特征及其对富钴结壳成矿的控制作用研究等，取得的主要成果包括：①对 13 座海山进行了初步评价；②确定了资源评价主要参数及申请区圈定和资源量计算的基本方法；③富钴结壳的品位与核心岩石类型、水深、地形、产出位置、经纬度等均有着明显的相关关系，西太平洋和中太平洋富钴结壳品位变化规律存在一定的差异性，从此证明了富钴结壳品位影响因素的区域差异性；④结壳生长过程中成岩改造和后期生长对其细微构造的变化未产生显著影响。碎屑沉积作用与水成沉积作用呈现互为消长的特征，后期成岩改造与水成沉积作用则表现为老结壳中互为消长，而新结壳中未见异常关系。西太平洋的某些海山上，高品质结壳似以平行于经度的方向断续展布，大致与北近赤道带大洋环流的西向流向正交，西太平洋结壳的此种展布特征尚需进一步工作加以证实；⑤初步研究了西太平洋富钴结壳调查区和中太平洋富钴结壳调查区的区域构造特征，分析了已调查海山形成的地质环境。编制了富钴结壳调查区海山的地形地貌图和三维地形立体图。

为了适应国际海底管理局富钴结壳勘查规则制定的进度和形势，协会办公室于 2003 年 8 月组织成立了富钴结壳资源评价工作组，半年时间工作组召开了 5 次会议，对圈定申请区的指标、圈定方法、资源量计算方法进行了充分讨论，对已调查过的 20 多座海山进行梳理排队，逐一进行初步评价。

【多金属结核资源评价研究】 2003 年，多金属结核资源评价工作初步研究了东太平洋中国多金属结核保留区东区各矿块的分布结构，建立了多金属结核粒径分布以及丰度和覆盖率分布与品位的分形模型。多金属结核类型主要有连生体状、碎屑状、菜花状、盘状、杨梅状等 5 种类型，前 4 种占绝大多数，约占 95%以上。结核示范区内结核的分布很不均匀，结核覆盖率由西向东、由南向北逐渐降低；结核丰度的大小与结核类型有关，光滑型的连生体结核和碎屑状结核丰度最高，菜花状结核的丰度较低。

【硫化物及其他资源评价研究】 2003 年课题研究取得的主要成果包括提出了通过热液分布区、热液区和热液点这 3 个单元来描述海底热液活动及其产物的分布情况。在确定靶区选择基本原则和方法的基础上，综合分析了各热液区硫化物中有用金属元素的含量、硫化物堆积体的规模、喷口流体特征、生物活动、地形特征等多种因素，选定了东太平洋海隆作为调查区域；确定了大洋表层沉积物中矿物的共生组合、不同类型沉积物中黏土矿物的含量变化及其控制因素，初步得出了黏土沉积物的矿物组成、不同海区黏土矿物的相对组成、化学成分标型以及各个标型特征对沉积环境和沉积作用的指示意义；太平洋边缘海及南极近海地区是世界上最重要的天然气水合物成矿区之一，在洋底也具备形成天然气水合物的温压条件和物源条件，并已发现一系列与天然气水合物有关的异常标志。现代洋底存在着广泛的排烃作用，从洋中脊开始，经地幔柱（热点）、深海盆地，到俯冲带的整个洋盆均发现有排烃现象，这类地区具有适宜的温压条件，只要有足够的烃类气体就可形成天然气水合物。

【基础地质研究】 2003 年的安排包括深海铁锰矿床成矿系统及矿集区研究、洋底圈层相互作用及其对大洋成矿作用的影响研究等 11 个课题。据不完全统计，已有 20 余篇论文在国内外学术期刊发表或录用待刊。较有代表性的成果有：①恢复了中北太平洋 7 000 万年以来的 Nd-Pb 同位素演化历史。将国际上现有的 2 000 万年以来中太平洋 Nd-Pb 同位素演化数据向前推进了约 5 000 万年；②确定了中北太平洋 7 000 万年以来海水 Nd、Pb 的来源；③发现 Fe/Mn 比值变化与气候关系：

在冷期Fe/Mn比值升高，在暖期，Fe/Mn比值降低；④对东太平洋柱状沉积物的沉积间断的古海洋学意义提出了完整解释：沉积间断面与基于放射虫组合提出的地层界面相一致，碳酸钙含量和蛋白石含量都在沉积间断处发生较大的变化，可能与南极底层流的活动增强相关；⑤在低纬度太平洋海底沉积物中，发现了原本产于南极水域的放射虫，从而证实南极底流（AABW）影响到了多金属结核和富钴结壳的形成；⑥在结壳中发现了断代超微化石；⑦根据对底栖有孔虫和浮游有孔虫的定量分析工作，初步建立了中太平洋年代地层框架和古海洋学事件序列；⑧取得了非结壳区赤道西太平洋晚第四纪古海洋学变化的高分辨率纪录，揭示了一系列短期气候事件，特别是大洋表层生产力的变化对底层海水含氧量状况的影响，可供结壳区和非结壳区古环境的对比研究；⑨从富钴结壳中提取古环境记录的方法研究取得实质性进展，同时在结壳与基岩样品中发现有低温热液矿物组合，有助于全面认识富钴结壳的成矿环境。

【环境研究和评价】 环境基线变化规律研究（NaVaBa）是我国自主提出的比较有特色的研究项目之一，在国际上获得较高的评价。2003年，围绕环境基线及其变化，共安排课题7项，重点开展了多金属结核合同区和邻域环境基线及其自然变化机理研究等。取得的主要成果包括：①获取了合同区东、西小区叶绿素a、初级生产力和浮游植物粒级结构特征，获取了合同区东、西小区的微、小型浮游植物、大型底栖生物、小型底栖生物的种群组成和丰度分布特征；②获得了合同区、结壳区以及西太平洋暖池区等海区共计23个站位的海水水柱5项营养盐、溶解氧、总碱度等化学要素的现场分析数据。首次在合同区进行了水体碳酸盐体系的测定；③建立了小体积水样^{234}Th现场测定方法、溶解态与颗粒态^{210}Pb测定方法，测定了东太平洋表层海水中Ra同位素的含量，揭示了海域水体运动的特征；④建立了生物扰动作用的研究方法。利用测试的沉积柱^{210}Pb数据，计算生物扰动作用的混合强度和混合深度，对东区、西区生物扰动作用的差异性进行了分析；⑤对东区沉积物样品的矿物特征进行了研究，探讨了研究区物质来源，识别了热液成因的矿物。建立了利用生物成因矿物-重晶石进行古环境重建的方法；⑥建立了利用元素分析—同位素质谱（EA-IRMS）测定海水颗粒物中^{13}C、^{15}N丰度的方法；⑦对底边界层厚度、底边界层内垂向混合和剪切混合特征值等开辟区底层水动力特征进行了研究；⑧首次把Biolog代谢指纹技术应用于研究深海微生物自然区系对不同碳源的利用特征，提出了微生物代谢生态指纹的概念；⑨获取了热带太平洋区水柱、上覆水与表层沉积物、沉积柱的细菌丰度及其分布特征，估算了热带太平洋西、中和东部（即多金属结核东、西区）区域的细菌生物量；⑩在热带太平洋区分离培养了不同类别微生物，进行了分类鉴定工作，开展了生理活性和对环境因子适应的研究。

【生物基因资源的研究】 深海极端环境下生物基因资源开发研究是当今国际深海领域研究的热点之一，具有极高的科学意义和极大的商业价值，美国等先进国家已形成几十亿美元的产值。为缩短与先进国家距离，2003年深海生物基因资源研究加大了投资力度，安排课题8项，其中新增4项，争取实现局部赶超，整体推进的目标。取得的主要成果包括：

(1) 研究了北太平洋近赤道区深海沉积物中微生物多样性，证实了深海微生物C循环中的重要意义及对气候变化的潜在影响。将在国际上发表深海多金属结核区未开发前微生物基线资料，并与中太平洋及西太平洋同纬度地区作了比较研究，为我国在国际海底管理局的工作提供支持；掌握热带太平洋深海微生物基因资源情况的第一手资料，为深海基因资源的开发提供了理论依据；构建了深海沉积物环境基因资源库。研究了深海生物圈在碳循环中的作用及全球温室效应的作用。

(2) 成功分离出若干深海极端微生物，克隆了多种深海极端酶基因，发现了若干未经报道的微生物新种，为微生物资源的开发提供了生物材料，开展了深海微生物工业化应用研究。利用微生物分离技术，已经筛选到嗜热、嗜压、嗜冷、嗜酸、嗜碱、嗜盐等极端微生物，成为国际上少数几个能分离培养各类极端微生物的研究机构，表明我国已初步掌握了相关核心技术，为建设国家级的深海微生物资源库奠定了基础。从上述极端微生物中筛选出能产生核酸酶、脂肪酶、β-半乳糖苷酶、淀粉酶、蛋白酶、明胶酶、几丁质酶等工业酶的细菌，开展了几丁质酶开发应用的中试研究。与日、美几乎同步开展了我国第一个海洋微生物全基因组测序工作，这是我国包括陆地在内第一个被分离的嗜压微生物。此项研究为嗜冷、嗜压微生物的深入研究及工业化应用提供了不可多得的材料，并为进一步抢占深部（洋底下的海洋）生物基因资源提供了前期生物技术准备。

(3) 研制了一批参数指标达到国际水准、满足深海生物基因研究的特种设备，注重协调解决设备与船、工程技术与生物技术相容性问题。深海生物基因产品开发中试发酵平台已开始建设，预计2004年7月底以前包括发酵罐、系列纯化、干燥设备到位，可以满足主要海洋生物基因工程产品的中试生产要求。

深海资源勘探开发技术
Exploring and Exploiting Technology in Deep Seabed

【深海采矿技术发展】 为了准备采矿系统的海上试验，2003年主要进行了方案设计，技术设计，试验验证和外购件落实等工作，对采矿系统进行虚拟设计研究，制定了1 000米海试的工作计划及相关的管理体系。

对集矿机的主要部件进行了力学分析，提出了机重控制方案；集矿机动力系统改造与控制技术研究方面已完成了模拟控制对象技术设计及配电系统、光电组合缆及其绞车的初步设计；进行了通信系统设计和算法模型的研究。

对扬矿系统提出了提升电泵研制技术规格书；在模拟流道通过结核试验的基础上确定了电泵的结构，完成了四级硬管提升泵与电机的初步设计。确定了软管输送泵的技术方案。进行了扬矿硬管及管接头的整体方案设计。在进行扬矿硬管系统的运动学和动力学分析计算的基础上，初步提出了硬管系统在布放和作业时的运动响应和受力分析。

在深海多金属结核开采虚拟现实研究方面建立了集矿机虚拟样机，并根据海试作业要求，对4种路况进行了行走性能分析。建立了扬矿系统内部流的粗颗粒运动模拟的恒定流情况数学模型并编制了计算程序，建立了非均匀流场中集矿机-输送软管多体系统数学模型，提出了必需的具体计算与仿真目标；对集矿车，中间仓的布放回收过程进行了仿真分析和过程模拟，得出了相关响应曲线；根据1 000米海试采矿系统总体方案和海试环境载荷条件，建立了基于整体系统的力学模型。

【深海勘查技术】 在深海资源勘查技术研发方面，2003年共开展了包括ROV系统研制、导航定位子系统研发、土工原位测试系统研发、海底自动成图与潜在功能开发、现场快速分析系统研发等10余项研究内容，多数设备将在2004年完成并投入使用。

ROV研制作为“十五”期间重点课题之一，其研制的ROV系统是开展硫化物调查及生物基因取样的重要手段。承担单位上海交通大学克服种种困难，于“非典”期间完成了系统的总体设计和主体部分的国外订货。大洋协会也组织专家对该课题进展情况进行了专门检查，并根据具体情况调整了合同指标。现已完成国内配套部分的研制，同时也安排了操作人员的培训工作。该套设备可应用于2004年航次工作中。

另外，大洋协会自主研制以及与国家“863”项目共同资助的部分高新技术项目，如深海浅地层钻机、电视抓斗、深海摄像系统、沉积物保真取样器等设备已在2003年航次工作中发挥了积极作用，并经改进后将在2004年航次中继续使用。

【深海矿物资源加工利用技术】 2003年深海矿物资源加工利用研究的工作重点是多金属结核中试车间建设和富钴结壳冶金扩大试验。承担单位在设备研制的基础上，成功建设了国内首条用于深海矿物资源研究开发、100～500千克/天规模的冶炼中试线，经调试已投入使用，使我国深海资源的加工技术研究登上新的台阶，将为我国的资源评价和深海资源加工技术的发展提供强力支持。2003年正利用试验线进行“还原氨浸－萃取－电积”和“熔炼－氧化浸出－萃取”两个冶炼流程的中间试验。

富钴结壳加工研究主要完成了主体设备研制，进一步优化和完善相关加工工艺，开展了富钴结壳熔炼－锈蚀和结壳直接酸浸两个流程的扩大试验。配合资源勘探需要，进行了不同类型富钴结壳的冶炼对比试验和评价研究。

从跟踪掌握国际最新研究动态出发，继续开展前瞻性的加工技术研究，为资源加工技术的不断创新和完善提供支持。主要研究包括矿物分解新技术、新材料开发技术、原料预处理技术，各研究基本结束，达到预期效果。

矿物资源的非传统利用研究主要从研究深海矿物的特殊微观结构和化学性质出发，探索大洋多金属结核和富钴结壳的改性与功能性材料的开发，开拓深海矿物资源的直接应用领域；并从环境保护和资源高效利用考虑，开展选冶尾渣资源化研究。成功研制了基于深海多金属结核（或富钴结壳）和选冶尾渣的功能性材料。

【7 000 米载人潜水器】 7 000 米载人潜水器为国务院批准的 12 个“863”项目重大专项之一，2002 年 6 月由科技部批复正式启动。国家海洋局是项目的组织部门，中国大洋矿产资源研究开发协会作为 7 000 米载人潜水器项目业主，具体负责专项的组织实施。

为保证项目的顺利实施，2003 年进一步加强了组织建设，成立了由科技部、国家海洋局、中国大洋协会、中国科学院、中船重工集团、“863”计划自动化领域专家委等分管领导和专家组成的 7 000 米载人潜水器领导小组；成立了 7 000 米载人潜水器总体组，负责潜水器本体、水面支持系统、驾驶员培训、潜水器应用等层面的协调；成立了 7 000 米载人潜水器本体总设计师组，负责 7 000 米载人潜水器本体技术层面的协调；成立驾驶员培训专家组，负责驾驶员培训工作的组织协调。2003 年 7 000 米载人潜水器本体研制工作已经通过了国家海洋局主持的方案设计、初步设计；我国载人潜水器应用机制专题研究工作已基本完成。驾驶员选拔培训工作正在积极酝酿和筹划之中。

国际合作
International Cooperation

大洋资源研究开发作为外向型事业，坚持走国际合作道路，取人之长，补己之短，借鉴国外先进技术及经验，是实现我国大洋资源研究开发事业实现跨越式发展的必由之路。2003 年中国大洋协会共派出参加长期合作研究 1 人，短期访问数人，同时派出代表团多个，取得了较好的效果，其中 5 月份在胡锦涛主席访俄期间，在中俄签署中俄海洋领域合作协议的框架下，中国大洋协会与俄国家科学中心南方海洋地质联合体签署了具有重要意义的合作意向书。

（中国大洋矿产资源研究开发协会）

海洋国际合作

International Marine Cooperation

海洋国际合作

International Marine Cooperation

双边协议
Bilateral Agreements

【签署中俄政府间海洋领域合作协议】 应俄罗斯自然资源部邀请并经国务院批准，国家海洋局局长王曙光率团于2003年5月23日至6月2日对俄罗斯进行了友好访问。

2003年5月27日下午，《中华人民共和国政府与俄罗斯联邦政府关于海洋领域合作协议》签字仪式在莫斯科克里姆林宫举行。中国国家主席胡锦涛和俄罗斯联邦总统普京亲自出席了签字仪式。国家海洋局王曙光局长与俄自然资源部阿尔久霍夫部长分别代表两国政府在协议上签字。协议签署后，中俄双方就双边海洋合作事宜进行了会谈，并参观了位于黑海沿岸盖林格日克市的俄南方海洋地质研究与开发中心和位于新俄罗斯市的海洋地质技术研究所等有关单位，对俄罗斯在海洋调查和勘探技术和相关的研究成果进行了考察。

此次签署的中俄海洋领域合作协议是中俄两国政府级综合性双边协议，其范围涵盖了海洋政策法规、海洋生态环境保护、海岸带综合管理、基础海洋学研究、新技术开发、减灾防灾、大洋资源勘探开发和极地考察和研究等合作领域。与俄罗斯开展海洋合作，借鉴其先进的海洋科学技术和管理经验，有利于促进我国海洋工作的发展。《协议》的签署为推动双方开展实质性合作奠定了法律基础。

期间，我大洋矿产资源勘探与开发协会与俄南方海洋地质研究与开发中心签署了在深海环境和资源评价、国际海底事务立场磋商、水下自动测量技术以及联合开发深海载人潜器方面的合作意向书，迈出了双方开展实质性合作的第一步。

【中印签署海洋科技合作谅解备忘录】 应国务院总理温家宝邀请，2003年6月印度总理瓦杰帕依率团访华。6月23日，在人民大会堂举行了《中华人民共和国国家海洋局与印度共和国政府海洋开发部海洋科技领域合作谅解备忘录》签字仪式。受国家海洋局委托，外交部副部长王毅与印度外交部秘书坎瓦·希巴尔分别代表各自部门在《备忘录》上签字，温家宝总理和瓦杰帕依总理出席了签字仪式。

中印是两国是亚洲大国，两国在许多领域存在共同的利益和合作潜力，中印海洋科技合作谅解备忘录是中印海洋领域合作的重要文件，它的签署结束了中印两国没有双边海洋合作的历史，为今后开展双边海洋合作奠定了基础。印度是一个重要的海洋国家，印度在深海开发技术、基础海洋学研究等领域具有明显的优势，中印双方通过海洋合作研究，互享知识成果，使我国增加对印度洋的了解，同时对于改善中印两国关系，稳定周边国家关系有着重要的战略意义。（王安涛）

双边及多边合作
Bilateral and Multilateral Marine Cooperation

【近期双边海洋合作战略】 根据国内外形势的变化以及国家海洋局职能的调整，考虑到近几年双边海洋国际合作没有整体的规划作指导，存在着合作方向不够明确、合作重点领域不够突出等一些问题，国家海洋局国际合作司于2003年2月21日召集了国家海洋所属各单位的领导、专家，并邀请了外交部、科技部、教科文全国委员会等部门的领导进行了座谈，探讨了今后双边合作的方向、领域和模式等。

为了使双边海洋合作工作更好地为我国的海洋事业服务，确定了以下工作思路：第一，双边合作应当为国家海洋局主体工作服务。即紧紧围绕海洋环境保护、海域使用管理、海洋权益维护，并考虑前沿海洋学科及海洋高新技术研究与开发、极地和大洋工作开展双边合作。第二，双边合作应该配合国家的外交大局，开展大国海洋外交和周边海洋外交。这样既有利于发展海洋经济，又配合了维护国家权益工作的需要。第三，在大国海洋外交与周边海洋外交的前提下，根据各国的特点和优势，采取国别政策，有侧重地与之开展合作。同时，会议还确定了今后几年在与大国的双边海洋合作方面、与周边国家的双边海洋合作方面以及在国别政策方面将采取的具体合作策略。

会议确定了双边海洋合作工作的管理方式：①国际合作司作为归口管理部门，负责双边海洋合作的组织、管理和协调工作，具体包括组织召开政府间海洋（科技）合作联委会或工作组会议，组织重大双边国际合作项目；②各双边联委会或工作组下的合作都划分不同的领域，由相关业务部门或国家海洋局所属单位有关人员担任各领域的协调人，协调人负责组织推动该领域下的各具体合作项目的实施，并定期或不定期向国际合作司通报工作情况，向联委会报告工作。

此次会议为今后一段时期内的双边海洋合作工作确定了原则，理清了工作思路，明确了工作方式，有利于双边海洋合作工作更好地为国家海洋权益、海洋事业服务。（梁金哲）

【中朝海洋科技合作】 根据中朝海洋科学技术合作第十一次会议纪要，2003年下半年，国家海洋局派出海洋预报专家代表团赴朝鲜进行海洋预报交流合作，并向朝方捐赠了海洋观测仪器。此次出访取得了圆满成功，既增进了两国海洋政府部门的友谊，又推动了海洋合作的发展。

【中越海浪与风暴潮预报合作】 中越海浪与风暴潮预报合作于2003年列入科技部中越科技合作联委会长期合作项目，并获得了资助。2003年越南科技部代表团访问了该项目的中方承担单位，并就该项目作了进一步商讨。为推动项目的有序开展，中越双方项目承担单位正在协商签署项目谅解备忘录，并已就谅解备忘录草案交换了多轮意见。双方对谅解备忘录草案中的合作内容的意见基本一致，但在项目涉及的地名使用上有分歧。目前，双方正在就谅解备忘录的签署进一步沟通，有望在明年年初签署。（徐贺云）

【渤海环境管理项目】 2003年是渤海环境管理项目各子项目全部启动实施的一年。

2003年初，东亚海项目地区计划办公室项目官员 Yu Huming 博士和 Tess Lacerna 女士走访了我国参与渤海环境管理项目各子项目实施的有关单位，与项目组人员就各子项目的目标、内容、要求、实施方法和技术及项目成果等进行了商讨并达成了一致意见；随后东亚海项目地区计划办公室与渤海环境管理项目国家项目办公室签署了各子项目的实施协议，标志着渤海环境管理项目全部子项目开始实施。

2003年中，渤海环境管理项目完成的工作主要有下列各项：

（1）维护运行和更新渤海环境管理项目网站；

（2）渤海环境管理录像带草稿的编制；

（3）渤海环境管理战略计划的编制；

（4）渤海环境风险评估初始报告和最后报告的编制；

（5）渤海溢油污染应急响应计划初步报告（各部门溢油污染应急响应设施能力清单和渤海生态敏感图）的编制；

（6）渤海综合信息管理系统的汉化和资料收集；

（7）海河口生态维护行动计划初步报告的编制；

（8）莱州湾污染物排放缩减计划的编制；

（9）双台子河口企业参与生态保护行动计划初步报告的编制。

由于2003年春在我国部分地区出现的“非典”事件，对渤海环境管理项目的实施进度产生了一定的影响。国家海洋局国际合作司在2003年8月召开了渤海环境管理项目工作会议，渤海环境管理项目各有关单位派员参加了会议。会议对渤海环境管理项目的实施进度进行了调整，推迟了各子项目阶段成果报告和最后成果报告的提交时间。

为推进有关子项目的实施，2003年中还组织了以下的培训研讨会：

（1）环境受损评估技术与方法研讨会；

（2）溢油污染应急响应研讨会；

（3）综合信息管理系统研讨会。

2003年9月，国家海洋局国际合作司还组织渤海环境管理项目省、市项目办公室的部分人员对东亚海项目地区计划办公室（设在菲律宾马尼拉）和菲律宾国家示范项目进行了考察学习。

（李文海）

【港澳台合作】 香港科技大学、台湾成功大学、台湾大学海洋研究所等香港特别行政区和台湾省从事海洋科学研究的院所与国家海洋局下属单位保持着良好的合作关系。2003 年国家海洋局共派出 6 个团组，19 人次赴香港访问有关单位，参加研讨会；派出 3 个团组，6 人次赴台湾成功大学访问交流。通过双方互派人员访问交流，密切了香港与内地的联系，拉近了海峡两岸科技界的距离，有利地维护了海峡两岸的稳定与合作。（王安涛）

【加拿大和美国海洋管理、海洋立法考察】 为了借鉴国外先进的管理经验，加强和加速山东省的海洋管理立法工作，以山东省海洋与渔业厅副厅长王诗成为团长，由山东省人大农业和农村委员会、山东省法制办和国家海洋局北海分局组成的考察团，于 2003 年 3 月 1～13 日先后到加拿大和美国，重点就加、美两国的海洋管理、海洋立法、海上执法、海洋生态和环境保护等方面进行了考察，取得了较好的成果。（魏　燕）

国际海洋组织及会议
International Marine Organizations and Meetings

【联合国海洋和海洋法问题不限成员名额非正式磋商进程第四次会议】 联合国海洋和海洋法问题不限成员名额非正式磋商进程第四次会议于 2003 年 6 月 2～6 日在美国纽约联合国总部举行。来自 83 个国家、23 个政府间组织和 16 个非政府组织约 330 位代表出席了会议。其中美、加、澳、欧盟成员国、俄、中、日、韩、巴西、阿根廷、墨西哥、南太平洋岛国、联合国国际海底管理局、政府间海洋学委员会、环境规划署、粮农组织、国际海事组织以及国际野生动物基金会和国际自然保护同盟等非政府组织在会议上表现十分活跃。会议由乌拉圭大使费利佩·保列洛和澳大利亚环境部菲利普·布格斯先生担任共同主席，重点讨论了联合国第58届大会由联合国秘书长所做的海洋与海洋法问题年度报告中有关航行安全，特别是电子海图制作方面的能力建设以及保护公海脆弱的海洋生态系统等两方面的问题。中国派出由外交部、国家海洋局和中国海事局组成的代表团出席了会议。

鉴于水道测量和海图制作对确保航行安全、海上生命安全、环境保护包括海洋生态系统乃至全球航运经济至关重要，本次会议向联合国大会建议，应继续发挥国际水道测量组织和国际海事组织在海图制作方面的作用，特别是为发展中国家提供援助，提高海图制作方面的能力。在促进安全航行方面，鼓励各国和区域组织朝着废除单体油轮方向努力，并在海上难民救助、打击海盗、海上运输放射性废物以及海上安全立法等方面采取相应的措施。会议特别强调船旗国在安全航海方面的作用，敦促那些不能真正履行《联合国海洋法公约》义务，并与船舶没有“真正联系”的船旗国应考虑减少、暂停或停止“方便旗”的注册。

在保护脆弱的海洋生态系方面，澳大利亚、加拿大等一些国家极力主张在国家管辖范围以外的公海建立海洋保护区，理由是位于公海的海山（海平面下的孤立高地）以及其他水下地貌存在大量特有物种，构成庞大但尚未得到评估的生物多样性宝库，但可能受到人类活动的威胁。另外，目前的海洋科学研究显示深海热液喷口生态系具有独特性、脆弱性及丰富的生物多样性。澳、加的主张得到包括美国、俄罗斯、法国、英国等传统海洋大国的认可。会议还向联合国大会建议，请联合国粮农组织、国际水道测量组织、国际海事组织、政府间海洋学委员会、国际海底管理局、《生物多样性公约》秘书处、联合国环境规划署和世界气象组织等根据各自的职责，在科学和预防的基础上紧急考虑如何对脆弱并受到威胁的国家管辖范围以外的海洋生态系统和生物多样性进行保护以及如何依据现有的国际公约和条约，特别是《联合国海洋法公约》及综合的、基于生态的管理方法对这些生态系进行保护，探索不同类型的保护方法。

关于海洋问题的国际合作与协调，第 57 届联合国大会通过决议，决定在 2004 年底前建立全球海洋环境状况定期评估机制。本次会议再次重申建立全球海洋评估机制，目的是帮助各成员国和国际组织的决策者和利益相关者从科学和社会经济等方面对全球海洋生态系统的状况进行必要的评估，特别强调尚未充分涉及的海区和（或）人类活动以及人们了解不多的生态系统、种群和物种。成果将包括科学技术报告和政策报告。评估的原则是确保各方充分参与并自愿使用。会议提请联合国秘书处海洋事务和海洋法司于 2004 年召开一次政府间会议讨论如何开展全球海洋评估的具体计划以及分工协作方案。在此方面，政府间海洋学委员会以及海洋环境保护科学问题联合专家组可以发挥很大的作用。会议还强调，海洋区域的问题彼此密切相关，需要作为一个整体，通过跨学科、跨部门的统筹办法加以解决。为促进国际层面的合作与协调，有必要建立新的海洋问题协调机制，该机制应当透明、有效、反应能力强。（陈　越）

【中国与东盟外长对话会】 2003 年 6 月在金边举行的中国与东盟外长对话会上，中国向东盟提交了开展《宣言》后续行动立场文件，文件采纳了国家海洋局提出的海洋合作建议。2003 年 8 月中国与东盟第九次高官磋商期间，外交部将国家海洋局提出的具体海洋合作项目建议列入了向东盟提交的在低敏感领域及海上航行和交通安全落实《南海各方行为宣言》后续行动合作项目的建议清单。东盟表示将认真研究，并同意召开 DOC 后续行动研讨会，确定一些合作项目。（徐贺云）

【政府间海洋学委员会第 22 届大会】 联合国教科文组织政府间海洋学委员会（简称海委会）第 22 届大会于 2003 年 6 月 24 日至 7 月 4 日在巴黎召开。海委会 84 个成员国以及世界气象组织（WMO）、联合国环境署（UNEP）、北太平洋海洋科学组织（PICES）等十几个国际组织派出代表出席了会议。经批准，以国家海洋局国际合作司司长李海清为团长的中国代表团出席了会议，教科文全委会秘书处、中国海洋大学、中国常驻教科文组织代表团也派代表出席了会议。会议就涉及海委会未来发展的政策问题、海委会计划和预算的执行情况以及海委会有关业务计划的实施进行了审议。会议还对海委会的主席、副主席和执行理事国进行了改选，苏纪兰教授到期从主席职位卸任，新当选主席为英国，副主席为葡萄牙、俄国、阿根廷、印度和突尼斯。按照中国代表团与会预案，代表团参加了海委会执理国竞选，并以最高票当选。选举过程中，智利、塞浦路斯、哥伦比亚、菲律宾、斐济等许多发展中国家以及英国、德国、加拿大、日本等许多发达国家均主动表示支持中国竞选，显示了各国对中国在海洋领域重要地位和作用的重视。此外，在教科文全委会的支持下，代表团再次向海委会捐款 2 万美元，中国连续多年向海委会信托基金捐款的做法得到了海委会的广泛好评。

会议还对加强国家和地区海洋科学协调机制、全球海洋环境定期评价、业务化海洋学的发展等重大问题进行了深入的讨论。并做出了一系列重要决定，在政策问题方面：通过了“海委会 2004—2007 年的中期计划”，强调协调重大的海洋科学计划并评估人类活动对海洋的影响、发展并实施全球海洋观测系统以提高对自然现象的预报和海岸带及其资源的管理、推动发展中国家能力建设，尤其是获取、管理和交换可持续发展所需的资料；通过了“海委会建立地区办公室的指南”，鼓励各国资助建立海委会地区机构；决定为筹备全球海洋状况报告评估的定期进程做出适当贡献，并发挥领导作用；响应联合国秘书长关于加强联合国涉海机构间海洋政策协调机制的呼吁，并赞成海委会发挥领导作用；责成海委会执行秘书尽快制定计划，对海委会成员国进行广泛的访问，特别是对已建立了国家海洋学委员会的国家进行访问，以便进一步巩固和加强海洋研究和服务机构以及相应的协调机制。在海洋科学方面：决定制定物理海洋学、生物海洋学和化学海洋学标准；通过了海委会海洋科学计划的新架构，包括海洋与气候、科学与海洋生态环境保护、海洋科学为海岸带综合管理服务等三方面，并鼓励成员国积极参加地区计划；除已经在丹麦哥本哈根建立的有害藻类水华中心和在西班牙维格建立的科学和交流中心外，决定加强在本格拉地区、北非和印度洋地区的赤潮研究和监控。在海洋服务方面：通过了“海委会资料交换政策”，强调成员国应及时、自由和无限制地获取在海委会主持下所产生的海洋数据及元数据；决定建立国际海洋资料交换项目办公室，并接受了比利时政府关于将该办公室建在该国的邀请；进一步加强对全球海洋观测系统项目办公室的支持，呼吁各国政府派遣人员进入项目办公室工作；通过了海委会和世界气象组织关于联合海洋气象委员会的谅解备忘录；通过了全球海平面观测系统能力建设报告，敦促各成员国提升海平面观测站的近实时观测能力，于 2004 年前提供近实时资料；在履行公约和协议方面：通过了关于海委会海洋技术转让标准和指南；决定为非洲国家举办关于执行《联合国海洋法公约》第 76 条（大陆架的定义）

的培训。（李海清）

【国际海底管理局会议】 国际海底管理局第九届会议于2003年7月28日至8月7日在其总部——牙买加首都金斯敦举行。按惯例，中国代表团由外交部、国家海洋局、大洋协会、中国地质调查局和我常驻管理局代表处组成。

海底管理局法律技术委员会着重审议了承包者依照《“区域”内多金属结核探矿和勘探规章》提交的2002年年度报告；并对区域内多金属硫化物和富钴结壳的勘探规章有关突出问题进行了讨论；财务委员会着重对建立自愿信托基金，以资助发展中国家的两委委员的议题进行了审议；理事会对法技委的报告进行了讨论；大会选举了主席和副主席、任命了全权证书委员会，审议并通过了秘书长的年度报告。

为加快审议区域内多金属硫化物和富钴结壳的勘探规章，法技委成立了四个工作组：环境问题工作组、勘探面积问题工作组、工作计划工作组、承包者与管理局之间安排类型工作组。环境问题工作组起草了在探矿和勘探期间保护和维持海洋环境的规章初稿；勘探区域面积工作组审议了为开采两种资源而确定勘探区域面积的过程中需要考虑的因素。认为这两种矿床性质很不相同，需要对二者进行专门和分开的审议。该工作组还认为，勘探区域的面积和放弃时限必须足够灵活，以便使承包者有动力以切实有效的方式开展活动；工作计划工作组认为，多金属硫化物和富钴结壳勘探的管理制度必须同多金属结核的制度尽可能相似。申请的提交和审批基本程序以及勘探合同的大多数标准条款应该与多金属结核勘探规章中的相同；安排类型工作组任务是审议承包者和管理局之间所达成安排的类型，特别是审议是否应把多金属结核采用的平行制度也适用于硫化物和富钴结壳。该小组认为，很难将其适用于硫化物和富钴结壳。该小组提议采用三个备选方案之一：提供一个保留区域；建立一个联合企业制度，在企业部与承包者之间签订合同，以便向企业部提供多达50%的资本参与；签署一份产品分成合同，根据该合同，承包者逐年收回生产成本，并把利润对半分成。

由于还存在着许多不确定因素，大多数国家目前持谨慎的态度，法技委要求秘书处在充分考虑各工作组建议的基础上准备一份草案，决定在下一届会议上继续对草案进行审议，最终提交理事会讨论通过。

在理事会上，就新规章的一些突出问题也进行了讨论。各国都积极地阐述了本国的立场。俄联邦代表明确表示对目前主要由法技委审议草案的工作方式感到满意，但对进度有些不满，希望早日见到规章的出台。包括中国在内的许多发展中国家在会上发言表示，鉴于对热液硫化物和富钴结壳的认识不足，需要给法技委以充分的时间研究，同时在制订新规章时应采取灵活和审慎的方式。

在秘书长的报告中，将200海里外大陆架的问题列成管理局今后的工作方向之一。以俄罗斯、英国和美国为首的工业国家强调管理局的作用必须界定清楚，应只根据公约第八十二条第4款的界定，只负责收取费用或实物，并分配给公约各缔约国。为此，管理局成员国吁请秘书处就未来大陆架开采前景编写有关文件，并强调管理局应只介入外大陆架的收益分享问题，制订平等分享标准和收入分配方式。

会议还对勘探热液硫化物所引起的环境、基因资源的区域内生物多样性等热点问题进行了大会陈述。会议强调管理局必须在公约和1994年执行协定所规定的职责范围内工作，必须更好地认识和了解海底和深海的生物多样性，以便拟订条例，确保在勘探时维护海洋环境。同时，为对深海生物多样性了解得更充分，会议建议管理局与有关组织，如大洋钻探计划（ODP）和洋脊间（Inter-ridge）项目等建立合作关系，专门就生物多样性与矿物资源的探矿和勘探方面召开一次研讨会，并责成一名法技委成员就区域内的生物多样性有关法律问题编写一份文件。（朱文熙）

【东亚海项目指导委员会第九次会议和东亚海域可持续发展战略政府高级官员会议】 2003年8月4～9日，东亚海项目地区计划办公室在泰国的Pattaya市相继举行了东亚海域可持续发展战略政府高级官员会议和东亚海项目指导委员会第九次会议，来自文莱、柬埔寨、中国、朝鲜、印度尼西亚、日本、马来西亚、菲律宾、韩国、新加坡、泰国、越南等12个东亚海项目成员国及有关国际组织的代表出席了会议。

东亚海域可持续发展战略政府高级官员会议讨论和审议了由东亚海项目地区计划办公室编制的“东亚海域可持续发展战略”，对其进行了最后的修改并原则通过。会议要求各成员国代表最后征求各自政府对“东亚海域可持续发展战略”的意见，由东亚海项目地区计划办公室进行汇总后提交各成员国最后批准，并将在于2003年12月11日在马来西亚召开的东亚海大会部长论坛上签署。会议还决定成立实施“东亚海域可持续发展战略”工作组，工作组第一次预备会议将于2004年上半年在中国召开，讨论与实施“东亚海域可持续发展战略”有关的各项问题，为东亚海计划在2005年完成后的持续工作做好组织、管理和财政机制方面的准备。

东亚海项目指导委员会第九次会议主要讨论和审议了东亚海项目2004年的工作计划，工作重点是做好实施“东亚海域可持续发展战略”的各项准备，为2005年后开展新的地区合作铺平道路。（李文海）

【南海潜在冲突研讨会】 南海潜在冲突研讨会第十三次会议于2003年9月在印度尼西亚召开。国际合作司原司长李景光和国家海洋信息中心副主任石绥祥作为中国代表团成员代表国家海洋局出席了会议。会议主要就历次会议确定的项目进行了讨论，包括生物多样性研究项目的后续项目——巴拉望生物多样性研究、海洋资料与信息网络项目、潮汐监测项目、海洋生态系监测培训项目等。其中，海洋资料与信息网络项目由国家海洋局提出。会上，国家海洋局代表介绍了自上次会议以来在海洋资料与信息网络项目方面的进展和经修改后的项目方案。经过讨论，该项目已经被再次确认。会议要求中方对项目作进一步修改，并分发给各方项目负责人提意见，最后形成正式工作文件。会议决定2004年上半年召开一次工作组会议，对工作文件进行审议。（梁金哲）

【亚太经济合作组织海洋资源保护工作组第16次会议】 亚太经济合作组织（APEC）海洋资源保护工作组第16次会议于2003年10月11～13日在越南首都河内举行。来自澳大利亚、加拿大、智利、中国、中国香港特别行政区、日本、韩国、墨西哥、新西兰、中国台北、泰国、美国以及越南等13个成员经济体的39位代表出席了会议。联合国环境规划署防止陆源污染全球行动计划办公室的代表也应邀出席了会议。中国国家海洋局也派代表出席了会议。

此次会议由于“非典”影响，由原定的6月份推迟到10月份举行。各代表团的规模除中国台北的8人外，多数维持在2～3人，与以往持平。从代表团组成来看，美国由于一贯在APEC中发挥主导作用，继续派出由国务院和海洋大气局官员组成的代表团；澳大利亚是国家海洋办公室代表、加拿大是海洋渔业部代表。

关于会议的议题，首先由各成员经济体报告了一年来海洋资源保护工作的情况。值得一提的是，美国代表介绍了美国海洋大气局（NOAA）的“白水”到“蓝水”倡议以及地球观测高峰会的情况。“白水”到“蓝水”倡议的目的是：①到2015年在全球25%的国家通过执行综合的海岸带、海洋与渔业管理计划，实现对海洋与海岸生态系统的良好管理，以保证沿海国家的经济和生活；②到2015年在大加勒比地区实现25%的废水排海质量得到改善。该倡议的潜在参与伙伴包括：英国、法国、西班牙和大加勒比地区以及联合国环境规划署、政府间海洋学委员会加勒比分委会等有关国际组织。另外，美国政府于2003年7月31日在华盛顿举办了有30多个国家出席的地球观测高峰会。会议通过了有关宣言，强调在今后10年将着力建设综合的地球观测系统并将制定一个包括全球观测战略在内的10年工作计划。

另外，泰国代表介绍泰国政府2002年12月经过改组，成立了自然资源和环境部，下设海洋与海岸资源局（Department of Marine and Coastal Resources，简称DMCR），主要负责泰国海洋与海岸带资源的管理、养护和恢复，显示出泰国政府对海洋问题的重视。DMCR由办公室、政策规划处、海洋与海岸养护及执行办公室、红树林保护办公室、法律办公室、公共发展办公室及海洋与海岸研究开发中心等7部分组成。

此次会议还讨论了工作组工作内容的转变。APEC海洋资源保护工作组自创建以来，一直侧重于传统的技术合作，致力于海洋环保、海洋观测、资料交换以及人员培训等领域。这次会议倾向于朝着政策与管理的工作领域转变。（陈 越）

【中美海洋资料与情报联合协调小组第八次会议】 中美海洋资料与情报联合协调小组第八次会议于2003年10月18～23日在中国天津国家海洋信息中心召开。美方以美国海洋资料中心主任Dantzler Lee博士为团长的一行4人参加会议，中方以国家海洋信息中心主任林绍花为团长，中心负责此项工作的相关人员及国家海洋局国际合作司和环保司有关人员参加会议。会议总结了2000年11月第七次联合协调小组会议以来对该会议纪要中所列项目的执行情况及存在问题，并进一步商讨了双方未来合作的计划。明确了今后的合作方向，推动了海洋资料管理与信息技术开发等方面的工作。

【中美海洋与海岸带管理联合协调小组第三次会议】 中美海洋与海岸带协调小组第三次会议于2003年11月3～4日在西安举行。本次会议是一次务实、富有成果的会议。主要成果是：①确定了今后中美海洋与海岸带协调领域新的合作框架，分为海洋生态环境管理、海域使用管理，与GEF结合项目及综合性项目等四类，方便了协调和管理、并便于确保合作方向的稳定性；②强化了姊妹保护区交流与合作等传统领域的合作，同时明确了新的合作领域，将国家海洋局提出的开展海域管理合作建议落到了实处；③通过此次会议，中美海岸带工作组的合作内容已经相当充实，成为中美海洋合作框架内最能体现了国家海洋局主体工作的合作计划。例如，国家海洋局关注的海洋环境生态监测技术和评价方法成为本次会议确定的一项重要合作内容；④此次会议将中美在海洋与海岸带管理领域的部分双边合作项目，与GEF、UNDP等国际组织与国家海洋局共同发起的南海生物多样性保护多边合作项目结合，使资源得到更合理充分的利用，既保证了双边项目的顺利开展，又为国际组织做出了贡献；⑤此次会议上，中方成功争取美方在经费、合作研究和培训方面的资助，仅美方承诺向南海生物多样性保护项目提供的共同出资一项就达46万美元。（魏　燕）

【中韩海洋科技合作联委会】 2003年11月，第七次中韩联委会及中韩中心管委会第八次会议（补充会议）在韩国成功召开。联委会正式确认了中方提出的以7个合作领域为基础的合作框架，在此框架下，会议确定了双方共同感兴趣的合作项目，并明确了执行计划。此次会议的召开标志着以海洋科技合作为基础，海洋各领域全面合作的局面已经形成，改变了长期以来两国的海洋合作都是在海洋科技领域开展以及合作不足以反映国家海洋局主体业务工作的局面。此外，在中方的建议下，中韩联委会的会议机制也作了调整，由1年1次改为2年1次。（徐贺云）

【海洋、海岸和海岛全球大会】 2003年11月12～19日，海洋、海岸和海岛全球大会在巴黎举行。本次全球大会是由“海洋、海岸和岛屿全球论坛”组织召开的，该论坛创建于2002年南非约翰内斯堡可持续发展首脑会议（WSSD）。

2002年召开的可持续首脑会议通过了《约翰内斯堡行动计划》，就海洋、海岸和海岛的可持续发展制定了相当详细的目标和行动时间表。本届大会目的是对各国一年来在海洋领域的执行情况进行回顾，以交流各国在履行义务时所采取的方法和措施。

大会由美国特拉华大学海洋政策中心主任Biliana Cicin-Sain女士、政府间海委会执行秘书Patricio Bernal博士和联合国环境规划署全球行动计划主任Veerle Vanderweerd共同主持。

会议邀请了当今世界上一些主要海洋国家负责海洋事务的政府高层官员发言，阐述各国在海洋事务中所采取的行动。此次会议上，中国国家海洋局副局长孙志辉、冰岛环境部部长、美国海洋与大气局副局长、印度海洋开发局局长、摩洛哥常驻联合国大使、77国集团主席、加拿大渔业与海洋部海洋司司长、联合国环境规划署执行主任、法国生态与可持续发展部部长、葡萄牙首相助理等受邀出席了会议。

孙志辉从规划、立法和管理三个方面介绍了中国在近年所开展的工作。反应良好，会下，有许多部长和专家对中国近年来开展的工作表示出了浓厚的兴趣。

在三天的会议中，有超过250名来自政府、政府间和非政府组织的代表参加了大会。以不同的形式和角度审视和讨论执行WSSD所承诺和采取的措施。（朱文熙）

【2003东亚海大会和部长论坛】 由全球环境基金、联合国开发计划署和国际海事组织共同发起、

东亚海海洋环境保护与管理伙伴关系计划（简称东亚海计划）地区秘书处具体承办的“2003年东亚海大会”于2003年12月8～12日在马来西亚行政首都布特拉再也举行。此次大会包括学术研讨会、东亚海海洋环境管理与保护伙伴关系计划成员国高官会以及部长论坛三个部分。各国、国际组织以及私营部门等共400余名代表参加了东亚海大会。经国务院批准并受国家海洋局局长王曙光委托，国家海洋局国际合作司司长李海清率团出席了此次大会。

会议由马来西亚科技部部长主持，菲律宾前总统拉莫斯应特邀出席开幕式并发表了讲演，提出了对海洋要“关照、共享、敢为”的管理理念。8～10日，大会分海洋运输、陆源污染、渔业和养殖、生物多样性、沿海政府、管理经验、财政和投资、国家海洋政策和区域合作安排等议题对东亚海海洋事务进行了广泛和深入的研讨，并对今后东亚海洋事务的发展提出不少有益的建议。李海清应邀作为东亚海大会组织委员会的成员和国家海洋政策和区域合作安排的评论员，在国家海洋政策议题下做了关于“海域使用立法对海洋管理的影响”的报告，在与会代表中引起了强烈反响。

12月11日召开了东亚海计划成员国高官会，李海清司长与菲律宾环境部副部长当选共同主席。高官会主要就12月12日召开的部长论坛的筹备情况进行了审议，对东亚海可持续发展战略和部长宣言的最后文本进行了敲定。

部长论坛是此次东亚海大会的高潮。东亚其余11个国家，即文莱、柬埔寨、朝鲜、印度尼西亚、日本、马来西亚、菲律宾、韩国、新加坡、泰国和越南均派有关海洋部长出席了部长论坛。国际海事组织秘书长也专程出席了会议。部长论坛由马来西亚科技部部长主持。各国部长依次发表了对东亚地区海洋事务的看法，李海清司长代表中国政府做了发言，各国均表示了加强东亚国家海洋事务合作的强烈意愿。联合国全球环境基金、联合国开发计划署和国际海事组织的代表也在会上发言，支持东亚国家加强合作，努力实现海洋可持续发展。最后，各国部长通过了《东亚海可持续发展战略》并签署了《部长宣言》。《东亚海可持续发展战略》的通过和《部长宣言》的签署，对东亚地区海洋事务的发展将带来十分积极和深远的影响。（李海清）

【UNEP/GEF“扭转南中国海与泰国湾环境退化趋势”项目海草和珊瑚礁专题区域工作会】 受联合国环境组织与国家环保总局的委托，中国科学院南海海洋研究所海草专题组于2003年11月27日至12月2日在广州承办了UNEP/GEF“扭转南中国海与泰国湾环境退化趋势”项目海草和珊瑚礁2个专题区域工作会，来自10多个国家和地区的代表共30人到会。会上初步确定的海草优先示范区中，包括该所主持研究的广西合浦海草场，为中国海草生态系统的深入研究打下良好的基础。

（中国科学院资源环境科学与技术局大气海洋处）

国际海洋经济合作
International Marine Economic Cooperation

【水运国际合作概况】 2003年，中国在水运领域的国际交流与合作继续深入开展，与相关国家的海运合作有重大进展，取得了一系列重要成果。

1. 与多国签署海运协定和海运协定相关议定书

4月10日，中国交通部副部长洪善祥和巴哈马外交与公共服务部部长费雷德·米切尔在巴哈马首都正式签署了中巴海运协定。

12月2日，中国交通部副部长洪善祥与塞浦路斯交通和工程部部长凯克斯·卡萨米亚斯在塞浦路斯正式签署了中塞海运协定修改议定书。

12月4日，中国交通部副部长翁孟勇与挪威贸工部国务秘书奥立弗·乌尔塞斯在上海正式签署了中挪海运协定。

12月8日，中国交通部部长张春贤与美国运输部部长诺曼·梅内塔在美国华盛顿正式签署了新的中美海运协定。中美海运协定的正式签署，是2003年中国对外海运关系中的一个重大事件。协定将为中美双边海运关系的进一步巩固和发展提供一个良好的法律框架，标志着中国政府继续全面履行WTO海运服务方面的承诺，其海运政策更加公开、透明和开放，中国国际海运市场进一步与国际接轨。根据协定确立的原则，中方航运公司将从被困扰多年的《受控承运人法》的限制中获得豁免，在美国航运市场的经营活动中得以与其他任何国家的公司享有同等待遇，真正体现公平竞争的原则。中美新的海运协定的签署，对世界海运界将产生积极的影响。

截止到 2003 年底，中国政府已与 67 个国家签订了双边海运协定（包括个别过境运输协定和河运协定）。

2．双边或多边水运国际合作活动

(1) 双边海运会谈

3 月 13～14 日，中国挪威海运协定事务级会谈在北京举行。

3 月 30 日至 4 月 4 日，中国交通部副部长洪善祥访问巴西，就两国在交通领域的广泛合作问题举行了会谈；4 月 7 日，中国交通部副部长洪善祥率中国海运代表团抵达美国，与美方举行了海运会谈，主要就海运协定文本进行了商谈。7 月 29～31 日，年度第二次中美海运协定事务级会谈在美国旧金山举行。

8 月 25～27 日，中俄总理定期会晤委员会运输合作分委会海运、河运、汽车运输和公路工作组第七次会议在上海召开；8 月 28～29 日，中国交通部副部长胡希捷出席分委会第七次会议。

8 月中旬，举行了中德内河合作第 10 轮会谈；8 月底，举行了中朝第 42 次航行例会；9 月中旬，举行了中俄第 45 次航行例会。

10 月 14～15 日，中国与塞浦路斯海运代表团就修改两国海运协定在北京举行会谈。

10 月 27～30 日，第十一次中韩海运会谈在上海举行。

11 月 3～5 日，中欧海运会谈在上海举行，这是双方继02年签署海运协定后举行的第一次会谈。

(2) 其他国际合作事务

1 月 8～9 日，OECD 海运研讨会在巴黎举行。

8 月 10～12 日，中国交通部派代表团参加了由美国“东西中心”和“韩国海运研究院”在夏威夷联合举办的“中日韩地区运输市场协调与整合”研讨会。

10 月，第四届东北亚港湾局长会议在日本举行，东北亚港口协会第二次会议和东北亚港口研讨会随后举行，中国交通部派代表团与会。

10 月 31 日至 11 月 2 日，“2003 国际海运高级论坛”在上海举办，来自主要海运国家海运主管部门的官员以及中外航运、港口及其相关企业或协会近 300 名代表与会，论坛的主题是“新世纪国际海运政策发展新趋势”。

通过外交途径分别向拉脱维亚、立陶宛和爱沙尼亚递交了海运协定中方草案，双方商定在适当时候举行海运协定事务级谈判。

(3) 出国培训工作

交通部组织了第三期赴澳大利亚“综合物流业务培训班”和赴日本邮船公司、商船三井公司、富士托浪司公司等三批海运业务研修培训班，先后共有 8 人参加研修培训。

【海事系统对外合作与交流】 2003 年，海事系统因公出访 127 批 338 人次，其中，机关人员 91 人次，直属局 247 人次。出席国际会议 99 批，与上年持平，考察、验收、调研团组 28 批，同比减少 15 批。海事系统因公出访人数，几年来呈上升趋势，如下表。

年份	系统出访批次	系统出访人次	局机关出访人次	直属局出访人次
1999	57	131	45	86
2000	94	241	81	160
2001	117	271	63	208
2002	142	359	99	260
2003	127	338	91	247

友好往来 (1)4 月 2 日，中国海事局常务副局长刘功臣（以下简称刘功臣）会见澳门港务局局长黄穗文（Wong Soi Man）女士一行 3 人，双方就澳门附近水域安全管理、施工船舶管理、海事信息交换和情况通报等问题交换了意见。

(2) 4 月 9 日，刘功臣与香港特别行政区政府海事处处长崔崇尧（Tsui Shung Yiu）在厦门举行定期海事会谈，双方就搜救合作、沿海船舶规范、VTS 信息交流合作、内地到港船舶强制保险等议题进行了探讨研究，双方签署了会谈纪要。

(3) 4 月 19～23 日，刘功臣率 5 人代表团赴美国夏威夷，出席第六届亚太地区海事机构首脑论坛，中国有两篇论文在会上交流。

(4) 6 月 8～14 日，刘功臣一行 2 人赴芬兰出席国际航标协会（IALA）第 32 届理事会。

(5) 8 月 18 日，中国海事局书记何建中会见台湾中华搜救协会新任理事长林廷芳(Lin Ting-Fung)先生和秘书长银柳生(Yin Lin Sen)先生，双方就海峡两岸海上搜救合作和油污染控制等有关问题具体交换了意见。

(6) 8 月 26～31 日，刘功臣率团一行 5 人赴韩国与海洋水产部安全管理局局长吴恭均先生举行了第三次中韩海上安全事务协商会议，双方签署了会议纪要。刘功臣还与韩国海洋警察厅警备救难局局长权东玉就中韩搜救协定问题举行了会谈。

(7) 9月8～11日，中国海事局副局长郑和平率团（以下简称郑和平）一行7人赴英国出席国际海事组织（IMO）海上环境保护委员会第49届会议。

(8) 9月8日，中国海事局郑和平会见台湾引水人联合办事处主任姚忠义先生一行7人，双方就港口发展、引水员培训、大陆的培训机构和培训力量、运作模式等问题交换了意见。

(9) 9月9日，中国海事局副局长徐国毅会见日本海难审判理事所首席理事官根岸秀辛(Hideyuki Negishi)和日本高等审判厅官员一行3人，双方就海难事故信息提供、资料交换、两国海事调查体制和程序、建立沟通渠道加强合作、亚洲海事调查官论坛会议等问题进行了探讨。

(10) 9月16日，中国海事局副局长徐国毅会见日本船级社(NK)常务理事上田德(NOBURU UEDA)先生一行6人，双方就PSC问题交换了意见。

(11) 9月22～30日，中国海事局书记何建中率团一行6人赴台湾出席“两岸航行安全”研讨会，并就海上搜救和防污染问题进行工作交流。

(12) 10月11～25日，中国海事局副局长郭莘赴美国、加拿大进行法规体制调研。

(13) 10月14日，香港海事处李惠权(W. K. Lee)和张锡桓(CHEUNG Sik-woon)先生拜会中国海事局，就ISM、PSC和ISPS有关问题交换了意见。

(14) 10月15日，日本海上保安厅长官深谷宪一率团来华访问，与交通部领导进行了会谈。

(15) 10月23日，刘功臣与香港海事处崔崇尧处长在宁波举行了两地定期海事会谈。双方就珠江口船舶定线制、VTS值班长培训、海上保安新规定的实施、香港认可内地培训船员、沿海船舶检验技术规范等议题交换了意见并签署了会谈纪要。

(16) 11月19日，中国海事局郑和平会见挪威船级社（DNV）副总裁Andrew WESTWOOD先生一行3人来访。

(17) 刘功臣一行2人赴马来西亚出席国际航标协会（IALA）第33届理事会。

(18) 郑和平赴英国出席IMO第23届大会和海上环境保护委员会第50届会议。

此外，中国海事局还接待了芬兰、澳大利亚、法国、日本等国客人和韩国、日本、英国等驻华使领馆官员的拜会。

举办的国际会议 (1)11月6～7日，第2次东亚地区压载水管理合作会议在大连召开，来自中国、朝鲜、韩国、日本、菲律宾、越南、新加坡、IMO、PEMSEA等国家（国际组织）的约20名代表出席了会议，中国压载水项目国家联络人郑和平担任会议联合主席。会议交流了各国在压载水管理方面的经验和信息，并通过了《东亚地区压载水管理合作行动计划》。

(2) 11月11～14日，第8届东亚海道测量委员会（EAHC）会议在上海召开。来自中国（含香港、澳门)、日本、韩国、新加坡、马来西亚、印度尼西亚、菲律宾8个成员国的27名代表，国际海道测量组织、英国、美国、文莱、朝鲜、越南等国的13名观察员出席了会议。郑和平担任会议主席，主持了会议。

(3) 11月17日，上海国际海事论坛在上海召开，会议代表共计200余人，其中外宾25人。代表来自国内外航运公司、船级社、保赔协会、石油化工货主、保险公司、科研院校、政府部门。

（交通部科教司 李 奇）

【海洋石油业国际合作】 2003年8月19日，中国海洋石油总公司、中国石化集团公司、英荷壳牌公司、优尼科石油公司在人民大会堂共同签署五个石油合同，共同开发东海西湖凹陷油气资源。中海油、中石化将分别享有本项目30%的权益，壳牌与优尼科各拥有20%的权益，中海油担任所有五个合同区块的作业者。西湖凹陷石油合同的签署将推动东海油气勘探开发进入一个新阶段，使东海尤其是西湖凹陷的油气活动活跃起来，满足中国最具经济活力的长江三角洲地区对能源的需求。

2003年10月24日，中国海洋石油有限公司与澳大利亚有关方面就澳最大的天然气开发项目GORGAN项目的合作签订框架协议。在未来相关正式合同签署并完成后，中国海洋石油有限公司将购得GORGON天然气开发项目一定的权益，中海油总公司将安排直接从GORGON项目购买一定数量的LNG，以满足中国市场对天然气日益增长的需求。

2003年11月11日，中国海洋石油总公司与菲律宾国家石油勘探公司在菲律宾签署意向，共同勘探开发南中国海油气资源。 （海 网）

附 录

Appendixes

附录 1　2003 年海洋科研项目获奖成果

Appendix 1　Award-Winning Achievements of the Marine Scientific Research Projects During　2003

【2003 年海洋创新成果奖获奖项目】

一等奖 6 项：

1. 中国首次北极科学考察

主要完成单位：国家海洋局极地考察办公室 中国极地研究中心 中国气象科学研究院 国家海洋局第一海洋研究所 国家海洋局第二海洋研究所 国家海洋局第三海洋研究所 厦门大学 中国科学院大气物理研究所 国家海洋环境预报中心 武汉测绘科技大学

主要完成人：陈立奇 卞林根 赵进平 陈　敏 陈　波 鄂栋臣 解思梅 邹　捍 杨绪林 金明明 高爱国 孙　波 颜其德 董兆乾 陆龙骅

2. 建立海洋地理和资源信息系统及海底地形三维模拟与仿真技术研究

主要完成单位：国家海洋信息中心 国土资源部信息中心 中国水产科学研究院信息中心 武汉大学

主要完成人：王　宏 石绥祥 林绍花 何广顺 夏登文 殷汝广 胡恩和 刘小强 程永寿 刘吉祥 李继龙 金继业 李炳兰 耿　森 张东奇

3. 我国遥感卫星应用效果的数字仿真系统

主要完成单位：

国家海洋局第二海洋研究所 总参二部技术局 中国气象局卫星气象中心

主要完成人：潘德炉 李淑菁 朱积清 黄荣敏 朱乾坤 毛志华 毛天明 黄海清

4. 中国近岸海域海洋生态问题研究

主要完成单位：国家海洋局海洋环境保护司 国家海洋环境监测中心 国家海洋局第三海洋研究所

主要完成人：徐　胜 温　泉 周秋麟 王　斌 梁玉波 马明辉 叶属峰

5. 文昌鱼进化发育生物学

主要完成单位：中国海洋大学

主要完成人：张士璀 郭华荣 李红岩 张红卫 刘振辉 刘　梅 王长法 王昌留

6. 冲绳海槽及相邻陆架古环境演变的研究

主要完成单位：中国科学院海洋研究所 中国地质调查局青岛海洋地质研究所　国家海洋局第一海洋研究所

主要完成人：秦蕴珊 李铁刚 李安春 杨子赓 吴世迎 李绍全 刘振夏 苍树溪 孟宪伟 蒋富清 曹奇原 向　荣 庄丽华 常凤鸣 刘炎光

二等奖 23 项：

1. 高纯河豚毒素（TTX）开发中试研究

主要完成单位：国家海洋局第三海洋研究所 厦门一元科技发展有限公司

主要完成人：易瑞灶 许　晨 洪　专 杨志文 张扬扬 张　静 林　三 王勇强

2. 中国海洋政策图集

主要完成单位：国家海洋局海洋发展战略研究所

主要完成人：杨金森 沈文周

3. 珠江口海域水文水质累积影响和数模验证的调查研究

主要完成单位：国家海洋局南海分局 国家海洋局第一海洋研究所 国家海洋局第二海洋研究所 中国科学院南海海洋研究所

主要完成人：王名文 李仲钦 于　斌 王明彪 黎广媚 钮智旺 蒋跃进 朱龙发 刘昌荣 邓九仔

4. 海洋药源生物资源及基因库的构建

主要完成单位：国家海洋局第三海洋研究所 中国海洋大学

主要完成人：林　昱 于文功 叶德赞 孙世春 曾润颖 戴继勋 林荣澄 徐丽美 宋微波 张士璀

5. 中国极地科学数据库系统

主要完成单位：中国极地研究中心 复旦大学计算机与信息技术系

主要完成人：潘增弟 董兆乾 朱建钢 张　侠 杨惠根 陈金海 程少华 汪大立 李升贵 凌晓良

6. 大生活用海水技术研究

主要完成单位：国家海洋局天津海水淡化与

综合利用研究所

主要完成人：张雨山 王　静 蒋立东 寇希元 单　科 王树勋 成　玉 徐梅生

7. 海面微结构光学测量系统及其应用

主要完成单位：国家海洋局第一海洋研究所

主要完成人：丁永耀 王岩峰 王克闫 严惠民 徐德伦 施柏煊 吕红民 孙培光 傅　军 官　晟

8. 系统集成和信息产品技术及示范试验

主要完成单位：国家海洋技术中心 国家海洋环境预报中心 国家海洋局第一海洋研究所 国家海洋信息中心 国家海洋环境监测中心

主要完成人：康寿岭 周智海 张占海 乔方利 张冬生 赵　玲 王文俊 李学坤 于福江 刘海行

9. 渤海海区赤潮灾害的监测与损失评估研究

主要完成单位：国家海洋局北海分局

主要完成人：刘宇中 张洪亮 窦月明 张爱君 张恒广 郭明克 王培刚 宋文鹏 秦龙渊 张汉德

10. 日照港深水航道泥沙运移规律研究报告

主要完成单位：青岛环海海洋工程勘察研究院

主要完成人：刘刻福 吕海滨 刘有刚 孙圣堂 牟信侃 刘茂平 黄承义

11. 象山港水域养殖生态与主要鱼类养殖容量研究与评价

主要完成单位：国家海洋局第二海洋研究所 宁波市水产研究所 宁波大学海洋生物工程重点实验室

主要完成人：宁修仁 胡锡钢 蔡昱明 陈全振 卜献卫 张　健 施青松 高爱根 卓华龙 段青源

12. 福建近海海区海温数值预报试验研究

主要完成单位：国家海洋局厦门海洋预报台

主要完成人：黄火旺 苏育嵩 董　剑 王秀芹 李贤标 傅建星 陈美娜 李夏火 张文舟 余金田

13. CZY1-1 型海洋监测站自动监测系统及系统集成

主要完成单位：国家海洋技术中心

主要完成人：韩家新 武东生 罗晓玲 张　齐 孙仲汉 宋铭航 冯林强 窦宇宏 张翼飞 王德贵

14. 近岸特定海域纳污能力评价和污染预测技术

主要完成单位：国家海洋环境监测中心

主要完成人：丁德文 苗丰民 温　泉 杨新梅 韩　康 陈志宏 焦亦平 张存智 闫启仑 苗丽娟

15. 鲍营养学的研究

主要完成单位：中国海洋大学

主要完成人：麦康森 谭北平 张文兵 徐　玮 刘付志国 吴格天 朱　伟 周歧存 马洪明 艾庆辉

16. 福建省大比例尺海洋功能区划

主要完成单位：福建省海洋开发管理领导小组办公室

主要完成人：刘修德 杨顺良 李　涛 苏国华 王钦敏 符卫国 游建胜 曾从盛 林　忠 郑承忠

17. 东海港湾型浅海滩涂规模化养殖技术研究

主要完成单位：浙江省海洋水产研究所 浙江省海洋水产养殖研究所 中国水产科学研究院东海水产研究所 浙江省玉环县海洋与渔业局 浙江省玉环县芦浦镇水产技术推广站

主要完成人：徐君卓 吴祖杰 陈志海 楼　宝 林志华 于业绍 冯建华 沈云章 洪龙海 梁忠明

18. 水产养殖清洁剂及应用示范

主要完成单位：中国水产科学研究院南海水产研究所

主要完成人：李卓佳 贾晓平 杨莺莺 陈康德 陈永青 张　庆 杨　铿 黄巧珠 杨美兰 郭志勋

19. 阳江双山人工鱼礁试点建设项目

主要完成单位：广东省阳江市海洋与渔业局

主要完成人：梁　文 吴海明 吴文华 冯家增 刘俊峰

20. 非线性海洋波动及其应用

主要完成单位：中国科学院海洋研究所

主要完成人：侯一筠 宋金宝 尹宝树 魏恩泊

21. 文蛤大规模苗种生产技术

主要完成单位：浙江省海洋水产养殖研究所 温州市海洋与渔业局 浙江省苍南县水产 研究所

主要完成人：林志华 柴雪良 杨星星 余　海 方　军 张炯明

22. 海洋中液-固界面三元络合物研究

主要完成单位：中国海洋大学

主要完成人：张正斌 刘莲生 赵宏宾 俞志明 王　玮

23. 台湾海峡初级生产力及其调控机制研究

主要完成单位：厦门大学海洋环境科学教育部重点实验室 福建海洋研究所

主要完成人：洪华生 黄邦钦 张　钒 王海黎 阮五崎 郑天凌 陈　钢 王大志 商少凌 彭兴跃

（国家海洋局科技司）

【2003年“中国航海学会科学技术奖”获奖成果】

序号	项目名称	奖励等级	承担单位
1	IMO载重线最小船首高度和储备浮力研究	一等奖	中国船级社上海规范研究所
2	三峡工程施工通航研究与成果应用	二等奖	重庆西南水运工程科学研究所、重庆长江轮船公司
3	海港工程设计手册	二等奖	中交第一航务工程勘察设计院
4	三维紊流泥沙数学模型及其在三峡坝区冲淤计算中的应用	二等奖	南京水利科学研究院
5	氢能材料及其应用	二等奖	大连海事大学
6	船载航行数据记录仪（VDR）	二等奖	中国远洋运输（集团）总公司、北京海兰信数据记录科技有限公司
7	上海港集装箱智能化管理成套技术	二等奖	上海国际港务（集团）有限公司、上海海运学院
8	氯离子在混凝土中渗透规律及钢筋锈蚀评定技术研究	二等奖	南京水利科学研究院、交通部天津水运工程科学研究所、南京工业大学、天津港务局

（交通部提供）

【2003年中国海洋大学海洋科研获奖成果】

	项目名称	获奖类别	等级	完成单位	完成人
200301	鲍鱼营养学的研究	教育部提名国家科学技术奖	一	中国海洋大学	麦康森
200302	虾类白斑症病毒病及其检测诊断技术研究	教育部提名国家科学技术奖	二	中国海洋大学	战文斌
200303	滨海电厂海水冷却系统腐蚀与污损综合治理	教育部提名国家科学技术奖	二	中国海洋大学	王庆璋
200304	文昌鱼进化发育生物学	海洋创新成果奖	一	中国海洋大学	张士璀
200305	鲍鱼营养学的研究	海洋创新成果奖	二	中国海洋大学	麦康森
200306	海洋中固液界面三元络和物研究	海洋创新成果奖	二	中国海洋大学	张正斌
200307	大型海洋结构振动控制技术的研究及工程应用	山东省科技进步奖	一	中国海洋大学	李华军

（中国海洋大学　吴俊龙）

【部分获奖成果介绍】

“钢铁设施在海洋环境中的腐蚀及其防腐技术”和“紫菜种苗工程”　在国家科学技术奖励大会上，中国科学院海洋研究所侯保荣研究员等的“钢铁设施在海洋环境中的腐蚀及其防腐技术”和费修绠研究员等“紫菜种苗工程”分别荣获2002年国家科技进步二等奖。

冲绳海槽及相邻陆架古环境演变的研究　国家海洋局海洋创新一等奖。冲绳海槽作为西北太平洋的一个典型的边缘海盆，它与相邻海域既是陆地环境气候的制约因素，又为陆地气候变化提供连续记录——巨厚的沉积物记录了众多的分辨率较高的全球地质演变信息，是放大了的地质信息库。冲绳海槽北段与中段，是东亚大陆气候带变化的敏感地带，同时又是黑潮暖流与亲潮寒流相遇的锋面变化地带，探讨间冰期-冰期-冰后期的锋面移动，无疑是探讨古大洋环流变化及对东亚季风驱动机制的最有利地区。古长江、古黄河对冲绳海槽的影响是目前尚未完全解决的科学问题。探讨冲绳海槽及邻近陆架陆源物在间冰期、冰期和冰后期不同阶段的沉积通量，有利于探讨不同时期大陆径流状态的演化及陆源物向大洋的输送过程。低海面时，这些古河流是否影响到冲绳海槽及相邻陆架是认识研究区古环境演化过程的重要内容，而这些课题的完成对认识过去边缘海环境的演化以及预测未来环境的发展提供出良好的模式。为此国家自然科学基金委员会于1997年批准“冲绳海槽及其相邻陆架古环境研究”立项。

该项目的研究内容主要包括冲绳海槽晚第四纪地层层序及古黑潮的古海洋学演变；末次盛冰

期陆源物质对冲绳海槽的影响；冲绳海槽火山沉积作用及其地层学意义的研究；冲绳海槽相邻陆架古环境研究；冲绳海槽短时间尺度环境气候突变事件的对比研究等5个方面。

创新点主要体现在以下几个方面：建立了冲绳海槽及相邻陆架高分辨率环境演变的时间序列及半深海与相邻陆架区地层与环境演变序列的对比模型；初步查明了古黑潮在末次冰期时的空间分布与强弱变化及其对研究区环境的影响；阐明了黑潮流分支进入陆架的时间及过程；证实了晚更新世以来千年尺度的突变事件及其特点；分析了末次冰期以来陆源物质向冲绳海槽及邻近陆架输送的途径和强度；确定了火山喷发的期次、旋回及对应时代，探讨火山作用对海槽古环境的影响。

同时着重解决了冲绳海槽及邻近陆架有关古环境演化方面的关键科学问题：高分辨率的地层序列和精细的时间序列；沉积岩相的判别与划分；古黑潮，尤其是在盛冰期时的演变过程；末次盛冰期陆源物质的来源、途径和影响强度等。

该项目超额完成了海上调查及室内分析任务，共取得9 600多个分析数据。已发表学术论文38篇，其中SCI论文6篇。待刊论文11篇，其中SCI论文2篇。在国际和地区间学术会议上交流论文20篇。培养博士3人，硕士1人。

冲绳海槽及其相邻陆架晚第四纪以来的沉积记录不但反映了区域和全球环境气候变化的历史过程，同时也为从源到汇——大陆边缘沉积作用系统理论的建立提供典型的区域性范例。因此，该项目的研究成果不但为未来中国乃至东亚大陆气候环境变化的预测提供了历史背景资料和类比依据，而且对我国海洋资源环境管理政策的科学制定和维护国家海洋权益也具有重要的实用价值。

非线性海洋波动及其应用 国家海洋局海洋创新二等奖。各种时间和空间尺度的海洋波动是海洋动力学的基本过程，它与海洋研究和开发利用的许多重要问题，特别是海一气和海洋内部质量、动量和能量交换、海洋军事、海洋工程和海洋遥感等有着十分密切的关系。开展非线性海洋波动及其应用研究，一方面，可以克服传统线性方法的局限性，提出新的非线性海洋波动研究方法和手段，推动海洋波动理论与应用研究的发展；另一方面，可针对海洋波动的非线性特性及其相互作用机理，构造严谨的模式，使海洋波动及其相关的客观定量预报建立在坚实的数学物理基础之上。

本论文集是中国科学院海洋所在所承担的国家“863”高技术、国家自然科学基金（7项）、中国科学院院重大、重点和山东省重点项目等各种科研课题中取得的主要研究成果。主要研究内容包括随机海浪理论，非线性水波动力学，地球流体中的非线性波动，海洋环境动力要素耦合作用的数值模拟和海洋观测数据的非线性反演方法。创新点在于通过所建立的非线性随机海浪统计理论模型分别导出了海浪要素的统计分布、普遍形式的风浪谱以及波浪破碎门槛及破碎强度；根据动力学解析理论分别研究了非线性重力波和地球流体中的非线性波动；以我国渤海作为典型浅海研究海域，建立浅海波浪和潮汐风暴潮相互作用的耦合数值模式：依据非线性动力系统反演理论，建立海洋观测资料重构相空间技术。关键科学问题是非线性海洋波动理论及其应用。

本论文集中的48篇论文均发表在国内外重要学术刊物上，所取得的成果属物理海洋和非线性科学的前沿。其中的研究内容已引起了国内外同行的兴趣，论文多次被引用，特别是关于非线性海浪统计理论的研究已被写进教育部审定的研究生教科书。在2001年中国科学院组织的“近岸海洋动力过程演化及机理研究”的项目研究成果评审会上被同行专家评为国际领先。本论文集中的研究成果已在海洋观测数据分析，海洋遥感数据处理以及近岸海洋动力过程特征等许多方面取得了很好的应用。本论文集中的海洋资料非线性反演方法研究是非线性动力系统反演理论在海洋观测数据中的具体应用和理论方法的进一步发展，特别是针对非线性物理海洋的特点，研究了描述和揭示海洋复杂现象本质的理论方法，为反演和分析海洋非线性动力过程提供了有效的理论方法支持。本论文集中的海洋环境动力数值模拟和非线性海浪统计理论将可能发展成为我国近岸海洋环境预报的业务化模式，对促进我国海洋环境预报的水平以及我国沿海海洋开发、减灾防灾，军事战场需要和国民经济的发展等方面，都具有重要的科学意义。

中国科学院南海海洋研究所三项成果获得广东省科技奖 由中国科学院南海海洋研究所完成的“南海北部边缘深部地壳结构与新生代构造演

化”、“华南海岸和南海诸岛地貌与环境”两项成果，日前分别获得广东省科学技术二等奖。

“南海北部边缘深部地壳结构与新生代构造演化”系中科院“九五”重大项目。该项目主要利用国际先进技术和方法，在南海北部边缘地区率先进行了海底地震仪的探测和深部地壳结构研究。其主要创新点是：①确定了莺歌海盆地新生代沉积层内低速层的分布，首次对莺歌海盆地进行了物理和数学模拟。②应用地球物理方法首次提出西沙海槽两侧地壳结构的相似性以及下地壳缺少高速层的认识。③重新厘定了南海北部边缘“热”岩石圈厚度的变化特征以及流变结构由脆性-韧性-脆性-韧性的4层结构向南渐变为脆性-韧性两层结构。④明确提出了南海北部大陆边缘属非火山型被动大陆边缘。该研究先后发表SCI论文9篇，核心刊物论文10多篇，SCI引用共38次。这项研究成果为南海北部地区的盆地构造和油气资源勘探提供了新思路，为再造南海构造演化史和边缘海成因研究提供了科学依据。

“华南海岸和南海诸岛地貌与环境”是在国家攻关项目和国家基金项目支持下，整合了40多年来的实测资料，进行深入系统研究后取得的创新成果。该成果集中反映了其地貌形成演化与环境变迁问题，系统论述了该区域地貌第四纪地质研究简史、具低纬特色的地貌-沉积、第四纪地质环境演化和现代气候水文特征，评述了沿岸基岩港湾、河口、潮汐汊道、红树林海岸和珊瑚礁的地貌形成、类型与演变规律，揭示了该区第四纪气候凉热、海平面升降、新构造运动、海陆变迁和生物面貌变化，阐明了该区的现代自然环境利弊、自然区划、自然资源及其开发的历史经验和可持续开发方针与区划、自然保护对策等。这对发展地貌第四纪地质学、海岸河口学和海洋地质地理学有着重要的学术意义，也可作为有关机构制定华南海岸和南海诸岛开发与保护规划的科学依据。　（中国科学院资源环境科学与技术局大气海洋处）

国家海洋局天津海水淡化与综合利用研究所获奖成果　项目名称：大生活用海水技术研究；奖励等级：2003年国家海洋创新成果二等奖；完成单位：国家海洋局天津海水淡化与综合利用研究所；主要完成人：张雨山、王　静。

项目简介：承担的“九五”国家重点科技攻关96-916项目“海水资源综合开发利用关键技术研究”——“大生活用海水技术研究”专题。主要研究了冲厕海水的后处理技术。在经过充分调研和研究的基础上，提出了大生活用海水与城市污水混和后含盐污水生化处理工艺和技术参数；提出了合理利用海水稀释功能将大生活用海水深海排放的条件；完成了大生活用海水的技术经济分析，同时提出了海水冲厕技术推广应用的相关标准、政策和法规建议，为在沿海城镇推广海水冲厕技术提供了科学、使用的依据。该专题于2000年12月通过科技部组织的结题验收，取得四项科技成果，填补了国内空白；实现五项技术创新，技术水平达到国际先进水平。2003年获国家海洋创新成果二等奖。　（国家海洋局天津海水淡化与综合利用研究所）

国家海洋局第三海洋研究所获奖成果

1．项目名称：高纯河豚毒素（TTX）开发中试研究；奖励等级：国家海洋局创新成果二等奖；完成单位：国家海洋局第三海洋研究所；主要完成人：易瑞灶、许晨、洪专、杨志文、张扬扬。

内容摘要：本项目前期研究源于2001年福建省重大科技项目“高纯河豚毒素开发中试研究”，省部级成果鉴定委员会评价“该项目成果整体达到国际领先水平”。建立了高纯河豚毒素的全程生产工艺，将膜分离优化集成技术应用于高纯河豚毒素的生产过程，重点解决了传统工艺存在的提取率低、生产周期长以及低含毒量原料无法利用的关键问题。基于膜分离过程规模化制备河豚毒素的核心技术已申请发明专利，专利公开号为：CN1385431A；建立了荧光检测反相高效液相色谱分析方法，进行河豚毒素生产工艺质控和检测；纯化精制工艺有效解决了理化特性十分相似衍生物的分离，试产的河豚毒素产品纯度明显优于国内同类样品和美国Sigma公司的试剂样品（标示纯度99%）；建立了可批量制备高纯河豚毒素能力的中试生产线，实现了河豚毒素产品规模化生产技术的重大突破。该成果从全程工艺技术到产品制备形成优化集成技术平台，突破了长期制约河豚毒素进入医药应用领域存在产品纯度、有效剂量与安全剂量相距太近、作为药源保障批量稳定供给等问题的瓶颈。使河豚毒素的商业用途从小量的工具药扩展成巨量的医药原料产品。该项目已由厦门一元生物工程有限公司接手转化，后续项目“高纯河豚毒素原料供给基地”作为“国家高技术产业化示范工程”于2003年获得国家发改委的资助。该公司已投入大量人力、物力、财力进行市场运作。

2. 项目名称：海洋药源生物资源及基因库的构建；奖励等级：国家海洋局创新成果二等奖；主要完成人：林 昱、于文功、叶德赞、孙世春、曾润颖、戴继勋、林荣澄、徐丽美、宋微波、张士璀、陈兴群、杨 丰、韩 峰、管华诗、徐 洵；完成单位：国家海洋局第三海洋研究所。

内容摘要：该项目为国家科技部基础性工作项目，于1999年立项。通过该项目的实施，按照国际上物种库的标准和规范建立了海洋药源生物标本库、海洋药源生物种质资源库、海洋药源生物基因库和海洋药源生物信息库。其中海洋药源生物标本库收藏标本312种；海洋药源生物种质资源库收藏微生物和动植物活体337种（含近海微生物88种、397株；极端微生物65种、359株；藻类165种、原生动物和鱼类细胞19种）；海洋药源生物基因库保藏动物基因11种、近海微生物基因12种、极端微生物基因16种、藻类基因6种，共45种；海洋药源生物信息库收入数据分类规范，已于2001年向公众开放（网址：www.218.85.95.72）。

（国家海洋局第三海洋研究所 陈玉荣）

华东师范大学获奖成果 成果名称：长江与尼罗河三角洲沉积环境及其成因机理研究；完成单位：华东师范大学；完成人：陈中原、王张华、宋保平、过仲阳、韦桃源、杨盟、赵怡文、陈德超、李茂田； 授奖单位：上海市科学技术奖励委员会；获奖等级：科技进步二等奖。

本项目属多学科交叉，内容涉及到沉积学、地貌与第四纪地质学、海洋学、古气候学、环境考古学以及地球化学等学科领域。主要内容为：

(1) 三角洲沉积。研究长江与尼罗河全新世三角洲地层时空分布特征，揭示它们的成因规律。同时，着重探讨年代地层学、海水进退、沿岸沉积物搬运、水下三角洲地貌发育等特征。通过对比研究，论述了不同区域全新世三角洲沉积的共性与特性。

(2) 晚更新世末期硬土层沉积－古气候环境。系统地剖析了长江与尼罗河三角洲地区晚更新世末期“硬土层”的时空分布和环境演变等。尤其揭示了两地阴冷和干热古气候控制下的河湖相沉积特征。

(3) 三角洲沉降。通过大量钻孔资料，结合浅地层剖面，揭示了现代长江河口由松散沉积物压实作用引起的重力沉降特征；认识到巨量的河流物质在河口堆积造成了明显的地层变形，泥火山发育、三角洲底部泥层正在向海缓慢滑动。

(4) 环境考古－海平面控制的三角洲地貌演化。利用大量新石器遗址，结合丰富的^{14}C测年资料和泥炭层的时空分布，论证了海平面控制下的太湖流域地貌“上翘”过程。提出长江三角洲泥沙在距今约7 000年开始的堆积导致了本区新石器时代以耕种为特点的文明，但此后海面上升、沿海地貌逐渐加积，导致太湖碟型洼地的形成、居住条件退化，最终形成大片湖沼，造成距今约4 000年时的文化断层。

(5) 元素指标－沉积机理。通过对河口、三角洲沉积物中微量元素和重金属元素时空分布特点的研究，分析了海陆过渡环境－冲淡水环境的沉积机理，揭示了作为世界大河流域巨量径流对河口沉积扩散机理的规律。 （华东师范大学）

附录 2　部分涉海机构简介

Appendix 2　Brief Introduction of Some Ocean-Related Institutions and Entities

【国家海洋局南海分局】　国家海洋局南海分局是国家海洋局设在广州的南海区海洋行政管理机构，依法对南海海域实施海洋综合管理，以维护海洋权益、开发海洋资源、保护海洋环境和减灾防灾为宗旨，负有对南海区内广东、广西、海南 3 省（区）海洋管理工作实施指导、协调、监督和服务以及对中国海监南海总队行使管理的职能，同时负责组织完成国家下达的海洋科研调查、监测、监视、海洋环境预报和执法监察等任务。自 2001 年以来，南海分局积极联合地方走共同发展之路，在抓好海域使用、环境保护、执法监察 3 项管理，发展科技服务、公益服务 2 个支撑，完善综合保障 1 个体系等方面实现了预期目标，进一步强化了南海分局在南海区海洋管理工作的形象，开创了分局事业发展的新路子、新局面，使各项工作迈上了新台阶。

2003 年，根据分局事业单位机构改革部署和海洋工作发展的需要，通过整编将原国家海洋局汕尾、珠海、北海中心海洋站。更名为国家海洋局汕尾、珠海、北海海洋环境监测中心站；为了提升专业人员的业务水平和扩展业务队伍，南海分局与中国海洋大学签订了共办研究生班的协议书，25 名技术人员参加了全国研究生联考和专业考试；与中山大学联合申办物理海洋学硕士点获得了批准；年度引进本科生 9 名、大专生 1 名。

随着南海海洋事业的快速发展，南海分局已建立较完善的海洋管理机构，已拥有一支实力较强的海洋科技开发与公益服务的专业队伍。分局机关内设 12 个职能处室，另有 17 个直辖处级建制单位，现有员工 1 378 人，拥有从事水文、化学、地质、地球物理、气象、生物、遥测浮标、环境科学、计量检定、通讯导航、信息服务等各类专业技术人员 436 人，其中高级、中级和初级技术职称人员分别为 59、179、198 人；拥有装备先进、集海洋执法和科研调查多功能于一体的“中国海监”船 11 艘，船员 365 人；并有遍布两广的海洋监测站网和遥测海洋环境数据的浮标网，形成了由船舶、飞机、浮标、海洋站组成的立体、多维的海洋监测监视网、海洋执法管理系统、海洋环境预报系统、海洋灾害预警预报系统和海洋信息资料服务系统；同时还有一批现代化水平较高，而且配套较完善的海洋监测、调查、测试分析和计量鉴定的仪器设备。　　(李仲钦)

【中国极地研究中心】　经国务院领导和中编委同意，我国唯一专门从事极地科学考察与研究的中国极地研究所自 2003 年 4 月起更名为中国极地研究中心。

中国极地研究所 1989 年在上海浦东新区成立，经过十多年的建设，已经逐步发展成为我国极地科学的研究中心、极地信息中心和极地考察后勤保障基地。更名后的中国极地研究中心将担负起管理中国南极长城站、中国南极中山站和“雪龙”号极地科学考察船等重要职能。极地研究中心设有 5 个学科研究室、3 个行政管理部门和站务、船舶 2 个保障部门。过去的十多年中，极地研究中心在科学研究方面开展了卓有成效的工作，形成了极区高空大气、极地冰川、极地生物生态和极区海洋四大特色学科；建成了具有国内先进水平的极光、电离层、低温生物和冰雪实验室；承担了包括国家自然科学基金在内的科研项目共 40 项，培养了一支以中青年为主的科研骨干队伍。

在“十五”期间，该中心将全面开展极地考察与研究的能力建设，在上海建立极地国内后勤基地，包括建造雪龙船专用码头、兴建中国极地博物馆、对“一船二站”和相关实验室进行综合改造和扩建，真正成为我国极地科学研究、极地考察后勤保障和极地信息管理与服务的国家中心。　　(中国极地研究中心)

【国家海洋局第一海洋研究所】　国家海洋局第一海洋研究所是基础研究与公益服务并重的综合性海洋研究机构，在职职工 518 人，其中科技人员 427 人，包括中国工程院院士 2 人，外聘中国科学院院士1人，博士生导师20人，博士（含博士后）45人，硕士111人，研究员和副研究员级151人，外聘国内外客座研究员42人，享受国务院特殊津贴的32人。由“海洋环境科学与数值模拟国家海洋局重点实验室”、“海洋生物活性物质国家海洋局重点实验室”、“海洋生态环境科学与工程国家海洋局重点实验室”、“海洋沉积与环境地质国家海洋局重点实验室”、“海洋遥感与信息系统所级重点实验室”、“环境科学与生命过程中物质迁移与反应机理研究室”、“海洋高新技术发展研究中心”、“海岸带开发与管理研究中心”、“海洋测绘与工程勘察技术研究中心”和“海洋信息中心”组成。“中韩海洋科学共同研究中心”挂靠在该所。

2003年，该所组织各类计划科研课题申报169项，累计签约合同额7 063万元。其中，国家自然科学基金项目批准8项，科技部专项资金项目批准2项，国家海洋局青年基金批准12项，国家海洋局科研项目批准6项，山东省科研计划项目批准1项，大洋“十五”计划项目批准2项，国际合作批准3项，其他16项。

签订科技服务项目新合同72项，合同额2 477万元。其中，与海洋石油行业有关的11项，项目合同额532万元；环评项目23项；核电工程、交通航运项目24项。

获国家海洋局海洋创新成果一等奖1项、二等奖1项和青岛市技术发明二等奖1项。全年发表论文218篇，其中SCI文章21篇。

（国家海洋局第一海洋研究所）

【中国科学院海洋研究所】 中国科学院海洋研究所（INSTITUTE OF OCEANOLOGY CHINESE ACADEMY OF SCIENCES）是从事海洋科学基础与应用基础研究和新技术开发的综合性海洋科研机构。其前身为中国科学院水生生物研究所青岛海洋生物研究室，始建于1950年8月，1954年1月更名为中国科学院海洋生物研究室，1957年1月扩建为中国科学院海洋生物研究所，1959年1月扩大建制为中国科学院海洋研究所，是目前我国规模最大、学科最全的综合性海洋科研机构。

海洋研究所是中国科学院知识创新工程试点单位，是国务院学位委员会批准的海洋科学一级学科博士学位授予单位、中国科学院博士研究生重点培养基地，设有6个博士点、9个硕士点，还设有海洋科学博士后流动站，具有博士生导师审定权。

全所现有职工604人，其中科技人员399人，包括中国科学院院士5人，中国工程院院士2人，第三世界科学院院士1人；研究员63人，副研究员、高级工程师96人，中级科技人员163人，客座研究员和访问学者11人，国家杰出青年基金获得者2人；博士生导师79人，在读博士研究生203人、硕士研究生181人，在站博士后15人。年内侯保荣研究员当选中国工程院院士。有1人获全国留学回国先进个人和全国留学回国人员成就奖，2人获全国水产科技先进工作者，1人获山东省劳动模范，3人获山东省先进工作者，1人获山东省五四青年奖章，2人获青岛市劳动模范，1人获青岛十大杰出青年，1人获青岛市专业技术拔尖人才，4人获青岛市青年科技奖。

为加强原始科学创新和关键技术创新与集成，海洋研究所进行了结构性调整，设置了实验海洋生物学、海洋生态与环境科学2个院级重点实验室和海洋环流与波动、海洋地质过程与古环境2个所级重点实验室以及海洋生物工程和海洋环境工程技术2个应用研究发展中心；建有中国科学院现代海底热液活动研究青年实验室、胶州湾生态系统研究站和海洋生物标本馆；与中外联合共建有中美联合海洋生态动力学开放实验室、海洋环流与气候环境联合研究中心、中日海洋腐蚀环境共同研究中心、青岛海洋生物技术重点实验室、青岛海洋环境腐蚀与防护重点实验室；设有文献信息中心、分析测试中心以及一支包括“科学一号”、“金星二号”在内的海洋科学考察船队。

海洋研究所从开展我国沿海重要经济海产生物种类及资源环境调查研究着手，特别是在组织实施全国海洋综合调查的基础上，在我国近海的水文物理、海洋化学、地质地貌、海洋生物分类区系、生态与资源等领域积累了大量基础资料与标本，发现了一些新的海洋现象，提出了一些新的见解和研究分析方法，取得了一大批基础性、开创性的科学成果，为我国海洋科学的发展奠定了基础，也为海洋军事、航运、渔业、工程等部门提供了科学资料。同时，在为国民经济服务方面，开展了海洋经济动植物的生物学和人工养殖原理研究，先后科学总结和建立了海带、紫菜、中国对虾、贻贝、海湾扇贝等人工养殖原理和方法，直接推动了我国海水养殖业的“三次浪潮”，为我国成为世界第一海水养殖大国做出了重要贡献。在国家改革开放，尤其是进入中国科学院知识创新工程试点以来，根据国家战略需求，瞄准国际海洋科学前沿领域，围绕全球变化和海洋资源环境可持续发展两大核心问题，在蓝色农业优质、高效、持续发展的理论基础与关键技术，海洋环境与生态系统动力过程，海洋环流与浅海动力过程和大陆边缘地质演化与资源环境效应 4 个重点领域开展基础性、战略性和前瞻性研究。

建所 50 多年来，该所在基础性、原创性研究中取得了一大批成果。截至 2003 年底，获院、省、部（委）级以上重大成果近 700 项，其中获国家二等奖以上和省（部委）一等奖以上的成果 113 项；申请国家专利 286 件，申请国际发明 3 件，其中发明专利 123 件；获国家授权专利 148 件，其中发明专利 39 件。本年度获国家授权专利 25 件，其中发明专利 8 件。年内发表论文 335 篇，其中，SCI 发表 90 篇，EI 发表 22 篇；出版专著 11 部；年内多项成果获奖，其中曾呈奎院士获山东省科学技术最高奖，郑守仪院士获美国库什曼有孔虫研究杰出人才奖，张福绥院士获青岛市科技功勋奖，秦蕴珊院士等的“冲绳海槽及相邻陆架古环境演变的研究”获海洋科技创新成果一等奖，另有多项成果获省部级二、三等奖；纯天然海洋生物新药“褐藻多糖硫酸脂”和“海昆肾喜胶囊”获国家二类中药新药证书；年内有 25 项研究成果通过鉴定和验收，其中，3 项达国际领先水平，5 项达国际先进水平，2 项达国内领先水平，2 项达国内先进水平，12 项获优秀。

主办的学术期刊有《海洋与湖沼》、《海洋科学集刊》、《中国海洋湖沼学报》（英文版）、《海洋科学》。《海洋与湖沼》获国家新闻出版总署“中国期刊方阵双百期刊”、“第二届国家期刊奖提名奖”，科技部“中国百种杰出期刊”，中国科学院“优秀科技期刊一等奖”；《中国海洋湖沼学报（英文）》获国家新闻出版总署“中国期刊方阵双百期刊”。

该所图书馆馆藏图书 15.6 万册，中外期刊 1 000 余种，与 46 个国家和地区的 270 多个机构交换原版书刊 300 多种。

亚洲规模最大的海洋生物标本馆建在该所。馆藏海洋生物标本 67 万余号，其中模式标本 1 100 种，共 2 300 号。

国家一级学会“中国海洋湖沼学会”挂靠该所。

【中国科学院南海海洋研究所】　中国科学院南海海洋研究所 1959 年 1 月成立于广州，是目前我国规模最大的综合性海洋研究机构之一，2002 年 2 月进入中国科学院知识创新工程试点序列。全所现有职工 393 人，设有创新基地固定岗位 183 个，进入创新试点 150 人，现有研究员 40 人，副研究员 78 人。拥有海洋科学博士后流动站，海洋生物学、物理海洋学和海洋地质学博士学位授予点，物理海洋学、海洋地质学、海洋生物学、海洋化学、环境科学和水产养殖学硕士授予点，博士导师 32 人，在读博士研究生 78 人，硕士生 89 人，客座流动专家 10 人，到位“海外杰出人才”8 人。

南海海洋研究所根据我国实施“科技兴海”战略和维护海洋权益以及中国科学院新时期办院方针的要求，凝炼科技创新目标，以热带海洋环境动力过程、边缘海地质演化、热带海洋生物资源可持续利用为重点创新领域，以热带海洋过程的理论创新为重点，推动海洋应用关键技术的创新和集成，开展海洋矿产资源勘查、海洋生物资源开发利用、海洋工程环境与军事环境评价和预测等方面的社会可持续发展的重大科学问题研究，促进应用开发和成果转化，为国家发展海洋经济和维护海洋权益做出战略性和综合性的重大贡献。

该所拥有国家、中国科学院、省重点实验室（站），包括中国科学院热带海洋环境动力学重点实验室、中国科学院边缘海地质与古环境重点实验室（与广州地化所联合建设）、广东省海洋药物重点实验室。设有物理海洋研究室、海洋环境与生态研究室、应用海洋生物研究室、海洋地质研究室、边缘海与古环境开放实验室、海南热带海洋生物实验站（国家野外重点试验站和中国生态系统研究网络“CERN”站）、大亚湾海洋生物综合实验站（中国科学院开放站和中国生态系统网络“CERN”重点站）、湛江海洋经济动物实验站、汕头海洋植物实验站、海洋工程中心和产品开发中心，并拥有“实验 2 号”、“实验 3 号”两艘大型海洋科学考察船、图书馆和热带海洋生物标本馆。

1998 年，该所获 IS09002 质量认证证书，成为全国海洋科研机构首家获得 IS09002 质量体系认证的科研单位，并具有“全国建设项目环境影响评价资格证书（甲级）”、“海域使用可行性论证资格证书（甲级）”和“海洋专项工程勘察甲级证书”，国家计量认证合格证书，为完成科研和开发任务提供了良好的保证。该所现为“全国青少年走进科学世界科技活动示范基地”。

该所 2003 年在研课题 277 项，其中，国家自然科学基金 29 项，“863”计划 9 项，“973”计划 16 项，攻关计划 8 项，创新重要方向性项目 38 项，广东省重大专项和百项工程 13 项，“十五”科技计划 3 项，地方任务 43 项，企业委托 90 项，比 2002 年增加 36 项，按年度计划完成 273 项；新增课题（含项目、课题、子课题）159 项。

2003 年，发表科技论文 220 篇，其中，国外发表论文 46 篇，SCI 论文 58 篇，论著 5 本；申请专利 22 项，被授予专利权 5 项（其中发明专利 4 项）；组织成果鉴定 1 项，上报中国科学院成果登记 23 项；获广东省科学技术奖、广东省农业技术推广奖 3 项；主持的中国科学院知识创新工程重要方向项目“南海西北部与红河地区的深部结构及其动力机制研究”、“西太平洋暖池动力过程与海气相互作用”和参加的中国科学院知识创新工程重要方向项目“中国近海关键动力过程及其环境效应研究”于 2003 年底顺利通过验收。

该所共开展国际合作与交流项目 7 项（院级项目 2 项，科技部 1 项）；接待来访 30 批 85 人次，派出 27 批 46 人次。

南海海洋研究所是广东省海洋湖沼学会和广东海洋学会、中国海洋学会海洋物理分会、中国第四纪研究委员会珊瑚礁分委员会、广州欧美同学会留苏分会挂靠单位。该所主办学术刊物有《热带海洋学报》（核心期刊）、《南海海洋科学集刊》和《南海研究与开发》。

（中国科学院资源环境科学与技术局大气海洋处）

【中国水产科学研究院黄海水产研究所】 中国水产科学研究院黄海水产研究所系农业部所属综合性海洋水产研究机构。1947 年 1 月正式建立于上海，1949 年 9 月迁至青岛。

全所现有在编职工 587 人，在职 336 人，其中，中国工程院院士 2 人，高级职称 99 人；有 3 人被评为国家级有突出贡献专家，4 人入选国家“百千万人才工程”，1 人获“全国优秀科技工作者”称号，1 人获“中华农业科教奖”，1 人获“光华工程科技奖”，54 人享受政府特殊津贴，13 人被评为部级有突出贡献专家，3 人获省级专业技术拔尖人才称号，2 人获青岛市专业技术拔尖人才称号；现有博士生导师 11 人、硕士生导师 27 人，还聘请了 14 位国内外知名专家任客座研究员。

所内设有海洋可捕资源与生态系统管理实验室、海水养殖生态与容纳量实验室、海水养殖生物疾病控制与分子病理学实验室、种质资源与工程育种实验室、海洋产物资源与酶工程实验室、海洋渔业环境与生物修复实验室等 6 个实验室及水产品安全与质量检测研究室、海水鱼类养殖与设施渔业研究室等 2 个研究室、1 个开发总公司、4 个实验基地、4 个挂靠机构；拥有世界先进水平的“北斗”号海洋科学调查船，全所万元以上仪器设备 213 台（套）；馆藏中外文图书 7 个文种 10 万册，中外文期刊 3 万余册；编辑出版学报级中国科技核心期刊《海洋水产研究》（双月刊）。

该所主要研究领域为海洋生物资源可持续开发与利用，包括海水增养殖、渔业资源与环境和渔业工程技术等。先后完成 800 余项科研课题，有 180 余项科研成果获奖，先后获得 260 余项不同层次的奖励，其中，获国家科技进步一等奖 2 项，其他国家级奖励 16 项。承担的科学研究项目有国家专项、国家重大基础研究项目，如《国家重点基础研究发展规划》（“973”）项目，《国家自然科学基金》项目、《国家高科技研究发展计划》（“863”）项目、国家科技攻关、省市科技项目以及成果产业化项目等。

国际合作与交流日益发展。先后与 136 个国家、地区、国际组织及单位开展科技合作、技术交流、资料交换和人才培养等项合作。

1995 年被国家科委确认为“改革与发展重点研究所”；1996 年被农业部评为“基础研究十强”；1997－1998、1999－2000、2001－2002 年度连续三次被中国水产科学研究院评为“文明单位”；1999 年被科技部确立为科技体制改革试点单位。

（黄海水产研究所办公室）

【上海市海洋局】 上海市海洋局是上海市人民政府管理上海市海洋事务的职能部门，业务上接受国家海洋局的指导。1991 年成立以来，与国家海洋局东海分局实行“一套二牌”管理体制，履行双重职能。

根据上海市海洋工作新的形势和任务，2002 年，上海市政府（沪府[2002]98 号）调整充实了上海市海洋局的职能，其职能一是组织制订上海市海洋工作长期规划和五年计划；会同有关部门组织制定上海市海洋功能区划、海洋开发规划、海洋科技规划和科技兴海战略；管理上海市海洋基础数据，承担海洋经济与社会发展统计工作；管理上海市海洋资源综合调查和开发的档案资料。二是贯彻有关海洋管理工作的方针、政策和法律、法规与规章；结合上海市实际，研究起草有关地方性法规、规章草案和政策，并组织实施有关地方性法规、规章和政策。三是负责上海市海域使用的监督管理，审核海域使用申请，按规定实施海域有偿使用制度；负责海底电缆、管道的审批和监督管理，组织上海市海域勘界。四是会同有关部门开展海洋环境的监督管理，组织制定海洋环境保护与整治规划和规范，负责防治海洋石油勘探开发、海洋工程建设项目和海洋倾倒废弃物对海洋环境污染损害的环境保护工作；会同有关部门制定地方性海洋环境质量标准和进行海域排污总量控制，管理海洋环境调查、监测、监视和评价；监督海洋生物多样性和海洋生态环境保护，监督管理海洋自然保护区；对海岸工程环境影响报告书提出审核意见，核准海洋工程环境影响报告书。五是依法实施海域巡航监视、监督管理，查处违法活动。六是组织海洋基础与综合调查、海洋重大科技攻关和海洋高新技术研究；管理海洋观测监测、灾害预报警报、综合信息、标准计量等公益服务系统；负责发布海洋灾害预、警报和海洋环境预报。七是负责协调海洋石油勘探开发污染损害事故、海底管道事故、赤潮灾害等突出事件的应急处理，参与上海市沿海核设施的应急处理。八是监督管理涉外海洋科学研究，依法监督涉外的海洋设施建造、海底工程和其他海洋开发活动。

上海市海洋局现有干部职工 740 人，专业技术人员 262 人，其中高级职称 33 人。拥有行政管理、执法监察和海洋技术三支队伍，执法监察、海洋监测、环境预报、后勤保障四类处级事业单位 7 个；局机关内设机构 14 个处室，1 个直属部门。拥有 2 套海上观测专用浮标、2 对 4 座地波雷达等一批大型装备以及海洋勘探、监测调查、测试分析、观测预报等方面的先进仪器设备。具有承担海洋工程勘探、水下地形测量、海洋环境监测、水动力要素观测、气象要素观测、生物种类鉴定、放化残毒分析、海域使用可行性论证、海洋环境评价、海洋环境要素预报、海洋灾害预测预报的能力。　（上海市海洋局　张华明）

【厦门市海洋与渔业局】　2002 年 1 月，原厦门市人民政府海洋管理办公室和原厦门市水产局整合，成立厦门市海洋与渔业局。该局是市政府主管海洋与渔业行政事务的工作部门，加挂厦门市海岸带综合管理国际示范项目执行办公室，厦门市珍稀海洋物种国家级自然保护区管理委员会办公室。人员编制 39 人，在职职工 25 人。内设办公室（计划财务处）、政策法规处、海域管理处、资源环境保护处、渔业管理处、科技与外经外事处等。

其职能设置为：①贯彻执行国家和省有关海洋与渔业方针政策和法律法规，研究提出厦门市海洋与渔业发展的战略和相关政策，拟定海洋综合管理与渔业行业管理的法规、规章，并监督实施；组织实施国家和省海洋资源、渔业资源管理技术标准和渔业行业各类产品、质量标准规程、规范和办法。②组织编制海洋功能区划、海域使用与海岛开发规划、海洋与渔业发展总体规划并监督实施，协调指导涉海各部门、行业的海洋开发利用活动。③负责厦门市海域使用的综合管理。监督管理国家授权的海域及厦门市海岸带、海岛使用，负责海域、海岸带自然资源的招投标出让等资产化管理，监督实施海域使用证制度和海域有偿使用制度，维护海域所有权和海域使用权人的合法权益；监督管理海洋工程（含海底电缆、管道的铺设）和海岛的开发与保护活动；承担组织海域勘界。④负责海洋环境、海洋与渔业水域生态环境保护的监督管理工作。协同有关部门制订陆源污染物排海标准和总量控制制度并监督实施；负责管理海洋环境监测、监视综合信息系统及其网络建设，组织海洋环境的调查、监测、监视及评价，发布海洋环境质量公报和海洋灾害预报警报；主管防止海洋开发和海洋工程、海域使用倾倒废弃物对海洋污染损害的环境保护，调查处理渔港、海洋和淡水渔业水域污染事故；核准新建、改建、扩建海洋工程项目环境影响报告书，负责海洋工程建设项目环境保护设施的“三同时”制度的监督实施及检查、批准、验收，负责审核新建、改建、扩建海岸工程建设项目环境影响报告书。⑤监督实施海洋与渔业行政执法。依法维护生产秩序，保护渔业资源所有者和使用者的合法权益；授权实施辖区内的巡航监视，发布巡航通报，督促各涉海部门履行各自的管理职责；监督实施海域使用证和海域有偿使用制度、渔业许可证和休渔期制度，监督管理重要水生野生动物利用、海洋动植物物种引进工作；依法对厦门市渔港水域、渔船和渔业电信实施安全监督管理，实施渔船和船用产品检验，调查处理渔业安全生产和渔船安全事故；负责厦门市水产品质量和批发市场交易的监督管理；依法维护海洋开发和渔业生产秩序，协调处理海域使用权益与渔事纠纷；负责海洋与渔业行政执法工作的监督和业务指导，办理行政投诉、行政复议和议案提案。⑥负责渔业行业管理。负责渔业产业结构和布局的调整，指导渔业经济体制改革，指导协调养殖业、捕捞业、水产品加工与流通、远洋渔业开发活动；管理水产种质资源和水产苗种的生产、经营，组织实施水生动植物的防疫检疫，参加鱼用药物和饲料的监督管理；负责渔港、水产原（良）种场、水产养殖病害防治体系的规划和建设管理，协助组织指导水产品市场与流通信息体系的规划和建设管理；监督、指导和组织实施渔业防灾减灾与抢险救助工作；监督管理减轻渔民负担工作。⑦负责海洋与渔业科技管理，组织实施“科技兴海”、“科教兴渔”战略。研究拟定海洋与渔业发展的重大科学技术进步措施，组织制定海洋与渔业的科技发展规划及有关政策；组织重点科技攻关项目和高新技术及其产业化研究，负责重大科研项目研究成果及成果转化工作的管理；负责海洋科技信息市场的管理及其网络建设；负责海洋与渔业专业人才的培训教育。⑧组织开展有关海洋与渔业对外对台经济、技术交流与合作；监督执行国际海洋、渔业公约和双边、多边协定；组织研究维护国家海洋与渔业权益的政策、措施，依法监视涉外海洋科学调研、海洋设施建造、海底工程和其他海洋开发活动，对外行使海洋与渔业的监督管理权；处理涉外渔事纠纷和有关涉外事务。⑨负责海洋与渔业经济的统计、财务、信息、资料、档案管理和服务工作；负责全市性海洋与渔业社团组织的行业领导和业务指导以及对区镇政府的海洋与渔业业务指导。⑩承办市政府交办的其他事项。

【厦门市海洋综合行政执法支队】　厦门市海洋综合行政执法支队暨中国渔政厦门市支队和中国海监厦门市支队于 2003 年 12 月成立。该支队归属厦门市海洋与渔业局管理，内设综合科、海洋监察科、渔政渔港监督科等 3 个职能科室以及 3 个执法大队，人员编制 50 人。职能设置：①负责组织海域、渔业水域、渔港、海岸带（涨潮线）的巡航、检查，查处非法占用海域或未经批准擅自在近岸海域、海滩倾倒、堆放、弃置和处理垃圾及其他违反海岸管理规定的行为；②负责查处违反海洋功能区划、海域使用权属制度和有偿使用制度的海洋及海岸带的开发利用等规定的行为；③负责查处违反捕捞、水产养殖、渔业资源保护和水产苗种、渔机生产经营、管理等有关规定的行为；④负责查处违反水生野生动植物及自然保护区管理、水生野生动植物的采捕、采集、驯养、繁殖、利用、经营、出口和外来海洋物种引进等有关规定的行为；⑤负责查处违反海洋与渔业环境保护、渔业水域、海岸带、渔港、海洋倾废等有关法规的行为；⑥负责查处违反渔港、渔业船舶、渔业船舶船员、渔业无线电管理以及渔船检验和其他安全管理等有关规定的行为；⑦负责查处违反维护海洋开发和渔业生产秩序等有关规定的行为；⑧负责查处违反海洋与渔业行政规费缴交等有关规定的行为；⑨承办市政府和市海洋和渔业局交办的与海洋与渔业监察相关的其他事项。

【厦门市渔港渔船管理处】　厦门市渔港渔船管理处暨中华人民共和国厦门渔港监督处和中华人民共和国厦门渔业船舶检验处于 2003 年 12 月成立，归属厦门市海洋与渔业局管理。内设渔港管理科、渔船检验科、渔业无线电管理科等 4 个职能科室，人员编制 30 人。职能设置：负责渔港及其设施的建设、使用、维护、改造的监督管理工作；负责渔业船舶的登记管理工作；负责船舶进出渔港的签证管理及渔港设施的安全监督管理工作；负责渔港水域交通、渔船的安全救助网络的建设；负责渔业船舶船员、职务船员、报务员的资格考试、发证、审证和换证工作；负责渔业船舶、船用产品监督检验工作，负责渔业船舶建造图纸的审核工作；负责渔船修造厂、渔业船舶设计单位工作人员的资格认证；负责渔业无线电台（站）的设置与使用、频率管理和渔业无线电设备研制、生产、销售、进口等管理工作，负责渔业安全通讯网的建设；承担渔业船舶海洋交通战备动员工作；代征、代缴渔港、渔业无线电、渔业船舶和职务船员的相关费用。　（李晓阳）

【中国远洋(集团)总公司】　2003 年，中远集团拥有和控制的远洋船舶有 570 余艘，3 000 万载重吨。全年共完成海运量 2.15 亿吨，同比增长 15.6%，比 1998 年增长 82.2%，创历史最好水平。货运周转量超过 1 万亿吨海里，完成集装箱运量 395 万标准箱，取得了中远成立以来的最好效益。

2003 年，中远集团 IRIS-2 全球集装箱运输管理系统全面上线使用，使中远船队经营高度智能化，大大降低了成本，有效提升了船队运营效率；SAP 财务软件在全系统的推广，使中远财务工作更加正规化、标准化，使得各级决策者能够及时、准确地根据财务报表调整经营策略。

2003 年，中远集团加快主辅分离工作，做强、做大主业优质资产，取得了一系列成果：港深航运资源重组，新的中远（香港）航运有限公司正式投入运作，使船公司定位更加明确，船队结构更加合理；中远集团与中国石油天然气股份有限公司强强联手，共同打造“中燃”品牌；2003 年 6 月，中远集团所属中远太平洋有限公司的“中远太平洋”(1199)被正式纳入香港恒生指数成分股，成为第一家晋身香港恒生指数成分股的中资航运公司。中远集团与青岛港集团、英国铁行集团和丹麦马士基携手合作，建设中国最大集装箱码头；中远—新港码头有限公司开业，中远集团入股新加坡首个对外合作码头等。

中远卓有成效的工作得到了上级领导和公众机构的认可。中远集团先后被相关政府部门和国内外权威媒体评为中国交通企业百强第一名、亚洲企业 200 强中中国企业第 4 名、中国企业 500 强第 21 名；温家宝总理在美国和埃塞俄比亚访问期间，多次赞扬中远在海外开拓所取得的成绩。

【中国海运（集团）总公司】　1997 年 7 月 1 日，中国海运(集团)总公司（简称中海集团）在上海宣告成立，它是一家国家直接管理的跨地区、跨行业、跨所有制和跨国经营的特大型航运集团。中海集团坚持“一业为主、多元发展”的方针，拥有各类船舶 400 多艘，1 200 万载重吨，还有综合物流、码头经营、金融投资、工程劳务、供应贸易、信息技术等陆上产业及 160 余家境外企业和代理网点。由中海集团控股的中海发展股份有限公司、中海集装箱运输股份有限公司和中海海盛船务股份有限公司，分别在香港和上海上市。

运输生产建设　2003 年末，中海集团拥有各类船舶 412 艘，总运力 1 150 万载重吨，20.5 万国际标准集装箱（标准箱）。2003 年，中海集团抓住全球航运市场逐渐复苏的有利时机，积极调整船队结构，加大市场开发力度，运输生产和经济效益连创历史新高。全年企业总收入 306.57 亿元，比上年增长 33.4%，实现利润 20.64 亿元，是上年的 3.6 倍，上交税金 9.02 亿元，比上年增长 54.5%。全年完成货运量 2.46 亿吨，货运周转量 3 883.53 亿吨海里，分别比上年增长 15.41%和 18.87%。集装箱运输继续保持快速增长势头，全年完成 352 万国际标准箱，比上年增长 26%，其中在上海港的集装箱装卸量超过 130 万国际标准箱，据世界各大班轮公司之首。中海集装箱运输有限公司已成为世界十大班轮公司之一。

2 月 20 日，中海集团订造的国内最大的 5 668 标准箱（国际标准集装箱）集装箱船“新浦东”号轮，从上海首航欧洲成功。“新浦东”号轮由沪东中华造船（集团）有限公司和大连新船重工有限责任公司分别负责建造。该船长 279.9 米，宽 40.3 米，6.6 万载重吨，航速 26 节，可装载 5 668 个国际标准集装箱，并配有 610 个冷藏箱插座，是目前中国国内航运业中航速最快、载箱量最大、现代化程度最高的全集装箱船，国际上属超巴拿马型集装箱船。

为拓展集团经营范围，扩大实力，8 月 14 日，中海码头发展有限公司与香港现代货箱有限公司，在上海签署共同投资洋山深水港项目协议，计划投资 60 亿～90 亿元，希望获得 4～6 个深水泊位的经营权。10 月 28 日，中海环球空运航空货运物流仓库在浦东机场海关监管区内正式落成对外运营，库区占地面积 23 400 平方米，仓库为上下两层结构，面积 2 万平方米，按照国际现代化航空货运物流仓库的要求设计建造，全部进出库货物均实行条形码电脑化管理，库区的先进设施在同类仓库中处于领先地位。9 月 25 日，中海集团和中国石油化工股份有限公司（中石化）在北京人民大会堂签署《合资合作框架协议》，计划组建“中石化中海船舶燃料供应有限公司”，公司注册资金 87 666 万元，各占 50%股份，主要从事船舶燃油和物资供应以及相关的业务。12 月 30 日，该公司在上海正式开业。11 月 25 日，中海集团和日本川崎汽船株式会社（K-LINE）在上海签署合资协议，联手组建“中海川崎汽车船运输有限公司”，出资 1 000 万美元，共同拓展国内和国际汽车船舶运输市场，中海集团占 51%的股份，日本川崎汽船占 49%的股份，注册地定在上海。11 月 18 日，中海集团在国内订造 8 艘，5 668 标准箱船舶尚未全部完工交付使用的情况下，在上海又与韩国三星船厂签署 4 艘世界最大的 9 600 标准箱船舶建造合同。该船长 336.7 米，宽 45.6 米，型深 27.2 米，设计吃水 13 米，满载吃水 15 米，航速 25.2 节，108 330 载重吨，一次可装载 9 600 个国际标准集装箱，是目前世界上最大的集装箱船。根据建造合同约定，第一艘船将于 2006 年 8 月交船。同日，中海集团还签署了 4 艘 9 600 标准箱船的租赁协议。中海集团集装箱运输实力进一步增强。

精神文明建设 5 月 14 日，中海集团向上海市人民政府捐款 800 万元，支持上海地区抗击“非典”斗争。6 月 10 日，中海集团上海地区职工向上海市慈善基金会捐款 51.6 万元。在 3～5 月的“非典”流行期间，中海集团组织运力为北方“非典”地区运送各种新鲜蔬菜 1 万多吨。6 月 26 日，中国海运集团与上海国际港务集团在上海港外高桥码头举行同创共建双文明签约仪式。双方由 11 家企业、15 艘班轮参加共建活动，主要为上海至欧洲、上海至国内沿海的集装箱班轮航线，以确保这几条“文明航线”的货运质量和班轮准班率均达到国际一流水准。12 月 29 日，中海集团向上海市慈善基金会捐赠 100 万元，用于上海市安老、扶贫、助学、济困慈善事业。

【中国港湾建设（集团）总公司】 2003 年是中国港湾建设（集团）总公司（简称中港集团）抓住机遇、与时俱进、继续保持较快发展势头的重要一年，取得了总产值快速增长、经济效益提高、市场扩大、产业结构优化、对外经贸业务保持较好水平 、企业发展能力不断增强、各项改革有序推进、广大职工得到更多实惠的佳绩。

2003 年春，突如其来的“非典”疫情，给职工身体健康和生命安全带来了严重威胁，集团加强防控工作的具体措施，完善应急处置预案，加大宣传力度，提高职工的防范知识，保证了集团各项工作的顺利进行。

2003 年，全集团累计完成总产值 295 亿元，新签合同额 324 亿元，完成进出口总额 7.82 亿美元，完成外经营业额 7.92 亿美元，新签对外合同额 8.22 亿美元，实现利润 3.16 亿元人民币。列 2003 年中国 500 强企业中第 49 位，在 2002 年中国交通百强企业排名中列第 3 位，在 2003 年中国企业信息化 500 强中名列第 84 位，在 2002 年全国外经企业外经营业额排序中位居第 2 位，荣获了“2000—2002 年度对外承包工程优秀奖”。在国际上，集团连续 10 年入选美国《工程新闻记录》(ENR)杂志评选的全球最大 225 家国际工程承包商行列，2002 年度名列第 39 位，在入选的中国企业中名列第 2 位。集团航务工程业务继续保持了行业排头兵地位。疏浚工程业务成为全球大型疏浚承包商之一。路桥工程业务的市场竞争实力进入行业前列。港机制造业务在国内大型港机产品市场占有率达到 80%以上，国际市场占有率达到 40%以上，连续 6 年居世界同行业第一。中港集团的 CHEC、ZPMC 已成为知名品牌。集团依靠自身的信誉和实力，充分发挥集团强大的融资功能，积极以 BT、BOT 方式介入工程承包市场，取得可喜成果。近年，由于精心组织、严格管理，所有在建重点工程项目全部达到节点工期要求，工程的质量、安全、技术等得到了业主的好评。

集团着力强化创优意识和精品意识，进一步完善施工质量体系。据初步统计，2003 年集团竣工项目优良等级符合率为 99.5%，高于 90%的考核线。竣工单位工程综合优良品率为 97.2%，高于 70%的考核指标。

集团始终坚定国有企业的改革方向，全面贯彻落实中央关于国有企业改革的各项方针政策，以建立现代企业制度为目标，不断深化企业的各项改革工作。2003 年，基本上建立了以资产为组带的母子公司体制。通过组织管理结构改革，集团管理层次从过去的最多 6 级减少为 3 级，效率比过去有了较大提高。

集团在公司制改造和建立现代企业制度上进行了一些探索，组建了一批符合现代企业制度要求的公司制企业。上海振华港机股份公司在发行 A、B 股的基础上，积极探索增发新股和发行可转换债券的途径和方法。组建中港疏浚股份有限公司，并顺利完成改制辅导，正在积极申请上市。深化三项制度改革，提高了劳动生产率。实施有效管理，为企业发展提供保证。2003 年，集团继续深入开展“效益管理年”活动，各项管理工作再上新台阶。有效的财务工作为企业运营提供了坚实保证。截至 2003 年 11 月 15 日，总公司及各地资金结算中心共取得银行授信总额 193.3 亿元，资金结算量达到 294.93 亿元。

集团从巩固和提高国内行业排头兵地位、增强发展后劲、做强企业出发，加大了技术创新和设备更新改造力度，企业竞争能力得到提升。高性能混凝土、疏浚监控和 GPS 打桩定位系统等，为重大工程建设提供了有力的技术保障。《内河集装箱码头工艺及自动控制技术研究》等 5 项课题的研究已通过总公司的验收。承担了国家“十五”重点项目，目前 7 个子课题进展顺利，软硬件船上安装已基本完成。2003 年，集团投资 12.4 亿元，共购买和改造各类船舶 27 艘，使集团的水工和疏浚能力有了明显提高。

集团以“三个代表”重要思想为指导，大力加强企业文化建设，把加强企业思想政治工作和两个文明建设与加强企业文化建设相统一，充分发挥企业文化的导向、凝聚和激励作用，为集团的中心工作提供了坚强有力的保障。　（李　奇）

附录 3　2003 年海洋界新闻人物、新增中国工程院院士

Appendix 3　Name List of Celebrities

【海洋系统“全国青年文明号”授牌仪式在青岛举行】 2003 年 9 月 28 日，国家海洋局、共青团中央在青岛隆重举行了海洋系统 2002 年度全国青年文明号集中授牌仪式。

这次国家海洋局和共青团中央联合命名 18 个青年集体为 2002 年度全国青年文明号，其中新命名的有中国海监北海航空支队信息技术科等 9 个单位，继续认定的有国家海洋局东海分局北礵海洋站等 9 个单位。这次集中授牌活动是对海洋系统开展青年文明号创建活动的充分肯定，它不仅是青年文明号先进青年集体的光荣，也是整个海洋系统的光荣。

国家海洋局党组成员、纪委书记、直属机关党委书记、全国创建青年文明号组委主任委员吕子耀在授牌仪式上代表国家海洋局党组、代表王曙光局长向受表彰的 9 个新命名的、9 个继续认定为海洋系统 2002 年度全国青年文明号的集体表示了热烈的祝贺，并勉励他们牢记胡锦涛总书记的希望和嘱托，紧紧围绕开发青年人力资源、提高青年思想道德素质、服务群众生产生活基本需求，进一步制定切实措施，建立健全规章制度，采取多种有效形式，下大力实施“青年文明号信用建设示范活动”，努力深化青年文明号活动。要以此为窗口，在重信守诺中，在服务群众中，大力宣传海洋事业，不断扩大海洋事业的影响度和显示度，提高全国海洋意识，营造全社会关注海洋事业、参与海洋事业的深厚氛围，共同推进海洋事业的发展，为实现海洋强国战略目标做出贡献。

【苏纪兰院士荣获何梁何利奖】 中国知名的科技奖励基金——何梁何利基金 12 月 5 日下午在北京钓鱼台国宾馆举行 2003 年度颁奖大会，中国内地共有 44 名科学家获奖。中国科学院院士、国家海洋局第二海洋研究所名誉所长苏纪兰教授获科学技术进步奖。

苏纪兰院士是世界著名的海洋学家，他 1991 年当选为中国科学院学部委员（即今中国科学院院士），曾任中国科学院学部副主任。1994 年当选为第三世界科学院院士，1999 年当选为俄罗斯科学院外籍院士。1999—2003 年担任联合国教科文组织政府间海洋学委员会主席。

黑潮为北太平洋西边界强流，它对中日两国的气候、海洋环境、渔业资源及其他有关社会经济活动皆有重要影响。我国对其调查研究始于 20 世纪 70 年代末期，1986—1992 年由苏纪兰任中方首席科学家与日本开展大规模合作调查研究，涉及物理海洋学、生物海洋学及化学海洋学等学科，把黑潮的调查研究提高到一个新的水平。

苏纪兰与台湾学者共同倡导举行以海峡两岸学者为主体的学术交流会议，开两岸正式学术交流会议的先河，迄今每 2～3 年定期举行。并与台湾海洋学者对南海进行了海盆尺度的同步合作调查。

海洋生态动力学是近 15 年来国际上学科交叉性强的一个前沿领域。苏纪兰于 20 世纪 90 年代初与我国渔业海洋学家共同推动此领域在我国的发展，并于 1997—2000 年共同主持“渤海生态系统动力学”国家自然基金重大项目，为全球海洋生态系统动力学提供了一个半封闭陆架浅海生态系统的范例。苏纪兰还协助推动了“东、黄海生态系统动力学”和“有害赤潮”两个国家重点基础研究项目的立项，分别任其科学顾问。（海　网）

【张正斌入选全国“教学名师”】 2003 年，中国海洋大学教授张正斌入选全国首届“教学名师”。“教学名师”奖是由教育部组织评选，全国教育系统的最高奖项。主要面对国内高校坚持在教学一线的著名学者。全国共有 100 名高校教师获得首届“教学名师”奖。

张正斌教授现任中国海洋大学教授、博士生导师、海大化学研究所所长，曾任国家自然科学基金会第一、二届海洋科学学科组评委。曾获全国科学大会奖、国家自然科学奖、国家教委科技进步奖等。

附录 4　国外海洋工作简况

Appendix 4　Summary of Foreign Marine Work

进入 21 世纪以来，经济全球化的迅速发展进一步提升了海洋的战略地位，世界沿海国家纷纷把目光投向海洋，在调整海洋战略的同时，不断强化海洋管理，加大海洋投入，发展海洋科技，从而大大推动了传统海洋产业的技术改造，促进了新兴海洋产业的形成与发展，世界范围内已经形成一股强劲的现代海洋开发热潮，海洋经济的地位和作用空前突出。主要海洋产业如海洋渔业、海洋交通运输业、滨海旅游业、海洋油气开采业等都有了长足的发展，一些新兴海洋产业如海洋化工业、海水养殖业、海水淡化产业已初具规模，以高新技术为依托的海洋生物工程、深海采矿、海洋能源利用等未来产业也正在迅速崛起，海洋已成为沿海各国繁荣经济、促进国家强盛的重要领域。

海洋政策与管理

迄今为止所实施的海洋政策都是围绕人类如何利用海洋而制定的。但是，随着《联合国海洋法公约》的缔结及人类对全球环境问题重要性认识的加深，尤其是进入 21 世纪，如何实现海洋的可持续利用已刻不容缓。为此，近年来世界各海洋国家均致力于海洋政策的调整与制定。

【美国新海洋政策】　由美国共和、民主两党共同组成的 Pew 海洋委员会围绕美国海洋工作，开展了系统的调查研究和总结。他们在全国召开了一系列会议和专题研讨会，举行了多次听证会，涉及地域范围东起缅因州，西至夏威夷，南起墨西哥湾，北至阿拉斯加。在此基础上撰写了一份关于美国海洋工作的政策性报告——《美国的天然海洋：规划海洋变化的方向》，并于 2003 年 6 月提交国会。该报告分析了美国海洋现状，列举了美国海洋工作存在的主要问题，并提出了系统的对策建议。

1. 海洋面临的主要危机

报告列举的美国海洋面临的主要危机是：海洋无序开发，严重的海洋污染，过度捕捞，外来物种入侵，气候变化的影响等。

2. 危机的根源

调查报告指出，危机的根源在于美国“未能把海洋看成是最大的公共空间，没有从最广泛的公众的长远利益出发对海洋进行通盘管理。现在才刚刚开始认识到海洋对美国经济和民族文化遗产的重要性。”“海洋与陆地是相互依存的，陆上的许多活动极易影响海洋生态系，影响海洋生态系为人们提供的各种利益。”报告还指出，美国需要为现代人和后代提供确保健康的、可持续利用的高生产力海洋生态系统。为此，联邦政府管理者要改变海洋观念，加强海洋管理经营，更重要的是必须以强烈的公共责任感处理海洋事务。海洋是对国家环境安全和经济安全极其重要的公共领域，公众授予政府海洋管理经营权，政府就有义务对全体公民及其长远利益负责。

【中国科学院海洋研究所新闻人物】　在山东省科技奖励大会上，中国科学院海洋研究所曾呈奎院士荣获山东省最高科学技术奖。这是山东省首次设立科学技术最高奖，曾呈奎院士是该奖的首位获得者之一。

中国科学院海洋研究所胡敦欣、相建海、秦蕴珊当选第十届全国人大代表，周名江当选第十届全国政协委员；侯保荣、宋金明当选山东省第十届人大代表，侯一筠、张培军当选为山东省第九届政协委员。在山东省第十届人民代表大会第一次全体会议上侯保荣当选为山东省第十届人大常务委员会委员、常委。

2003 年度中国工程院院士增选结束，产生 58 位新院士。中国科学院海洋研究所侯保荣研究员光荣当选中国工程院院士。

3. 提出的对策建议

针对美国海洋面临的主要危机和问题的根源，Pew 海洋委员会的基本结论和建议是，海洋观念的转变必须在新的美国海洋政策上体现出来，国家的海洋政策和管理必须统一；要坚持生态系健康与完整性原则、可持续性原则和预防为主原则；必须重新调整人类与海洋的关系，认清陆地与海洋间的相互影响，建立以生态系为基础进行管理的机构和论坛；论坛必须向所有人开放，并要有强烈的责任感；决策必须以科学知识为依据，决策过程应公平、透明，决策中要有合作精神。

(1) 优先目标。该报告指出，为了实现上述改革并达到预期效果，必须确立以下 5 个优先目标：①制订以保护生态系健康和可持续利用海洋资源为基本内容的、统一的和基本的海洋政策；②根据问题的难易程度，鼓励对海洋资源实行不同等级的广泛而协调的管理；③重新改组渔业管理机构，将渔业政策的重点放在保护和维持鱼类赖以生存的生态系上；④保护重要生境，加强对海洋开发活动的管理，最大限度减少开发活动对生境和水质的影响；⑤控制危害海洋生态系的污染源，特别是营养盐污染源。

(2) 具体措施。为了实现上述目标，Pew 海洋委员会建议采取下列措施：加强以维护海洋的可持续利用为目的的海洋管理，制订并实施国家海洋政策法；成立海洋生态系委员会；建立国家层次的海洋保护区体系；建立独立的国家海洋机构；建立常设性联邦部际间海洋委员会。

【日本新海洋政策】 **海洋政策导向** 日本科学技术及学术审议会受文部科学大臣的委托，就今后 10 年日本海洋政策制定的基本框架，提出了以下建议：

(1) 海洋政策的调整必须基于“保护海洋”、“利用海洋”和“了解海洋”三者的协调发展；

(2) 从全球角度和战略性高度实施海洋政策；

(3) 制定综合性海洋政策，联合有关省厅共同实施。

海洋政策基本构思 (1) 海洋保护。在确保海洋环境保护及治理的同时，实现健康有序的海洋环境战略；实现可持续开发利用，有助于构筑循环型社会；海洋作为国民共有财产，让美丽、安全、充满生机的海洋代代相传。

(2) 海洋利用。确保海洋环境保护的协调发展；对现有海洋现状进行综合调研分析，采取必要的限制性措施，实施海洋环境的综合治理；从长远目光考虑，加强各部门在海洋开发利用政策上的协调与合作。

(3) 海洋研究。将海洋研究取得的新知识应用于海洋环境保护及开发利用上；研究和阐明地球变暖和气候变化等对日常生活有直接影响的自然现象发生的机理；通过海洋科学研究，开发人类共同财产，唤起青少年对海洋科技的浓厚兴趣。

实施海洋政策的措施

1. 海洋保护

(1) 海洋环境保护及治理的综合措施。为了保持自然所具有的物质循环系统功能的正常发挥，人类活动使环境的负荷应保证不超过海洋所具有的净化能力及承受的净化容量等极限。推进中长期封闭型海域等海洋环境治理项目的实施；弄清沿海区域开发对沙滩、海藻场、珊瑚礁等净化机能及生产机能的影响；弄清有害化学物（残留性有机污染物 POPs）等对生态环境及人类健康等的影响；强化海洋污染防止体制，防止海上溢油事故的发生；防止外来物种入侵对本国传统物种的灭绝及生态环境的扰乱。

(2) 海洋利用及沿海防灾等措施。海洋利用必须确保海洋的可持续发展，采取必要措施最大限度地确保海洋环境保护及治理，并根据地球变暖等全球性环境变化，采取相应措施。

(3) 从社会经济学角度采取必要措施。为了积极推进自然环境保护和海洋环境建设，从多角度对海洋环境的社会经济价值进行定量评价，利用环境价值评价方法，合理有效地实施环境保护措施。

2. 海洋利用

(1) 海洋生物资源利用。为了确保水产品的稳定供应及海洋水产业的健康发展，根据水产基本法，重点加强海洋水产资源的合理保护管理、生态环境保护和环境污染防止等，实现海洋生物资源的可持续利用。

(2) 可再生海洋能源及资源利用。为了实现社会的良性循环，重点推进可再生能源和资源的利用。充分利用广泛分布于海洋的风力、波浪、潮汐、温差、太阳能等能源以及促进富盐、洁净、低温、稳定性强的海洋深层水的开发利用。

(3) 海洋矿物及不可再生能源利用。因石油、天然气等能源和锰等矿产资源的国际性紧缺，在确保海洋环境的前提下，加强对其开发利用技术研究的同时，继续进行调查及开发具有战略意义。

(4) 沿海空间利用。在沿海空间利用上，加强各部门间合作，推进环保型港湾及渔港设施建设等，构筑协调发展的多功能沿海空间利用体系。

(5) 实现安全高效的海上运输。对于贸易立国的日本来说，高效安全的海上运输尤为重要，必须确保海洋运输业的健康发展。

(6) 推进海洋娱乐休闲设施的建设。海洋娱乐休闲事业的发展对于丰富国民生活、促进地区经济振兴等具有重要作用。在解决海难事故增多、海上交通拥挤、垃圾增加等问题的同时，推进海洋娱乐休闲设施的建设。

3. 海洋研究

(1) 向未知领域的挑战。为了进一步开发人类共同财产，实现国家及社会的发展，提高国民对海洋科学技术的关心，应通过实施国际大洋钻探计划（ODP），积极推进对海底领域探索等前沿科学的研究。

(2) 开展有助于解决地球环境问题及防止自然灾害的研究。海洋对地球环境变化影响很大，而且海上发生的地震、海底火山喷发等对沿海区域带来很大灾害。为了解决地球环境问题及防止自然灾害，有必要对海洋和海底的各种现象产生的机理进行深入研究。

(3) 海洋保护及海洋利用的基础性研究。为了海洋的可持续利用，应充分利用海洋研究的科学成果，促进海洋利用及海洋保护的协调发展。

(4) 基础技术性开发。在注重开发海洋观测及卫星观测等相关资料和数据分析的各种技术的同时，加强对现有调查、观测、分析技术的精确度及连续性等关键技术的研发。

(5) 研究开发体制及基础设施建设。海洋研究及技术开发涉及多个领域，国家应对海洋研究及基础设施建设进行综合考虑，积极加强国际合作，实施有计划的、战略性的海洋研究及观测活动。此外，为了确保日本在海洋研究领域的国际地位，必须加强相关设施的建设，包括提高海洋科研调查船的有效利用；建立与海洋研究活动有关的信息系统。

4. 海洋政策的基础性建设

(1) 人才培养及加深对海洋的认识。为了有效实施协调发展的海洋政策，在加大海洋人才培养力度的同时，必须进一步提高民众对海洋科学的关心。应以学校教育为主，通过各种场合加强对海洋管理及利用的宣传、教育，提高全民的海洋意识及海洋知识，加深对海洋的理解。

(2) 信息交流。从船舶的航行安全、防灾、自然环境及水产资源保护等角度来看，必须加强对海洋基础信息的建设，使海洋信息得以迅速传递。加强对国内外海洋观测数据的收集、分析、管理，实现信息资源共享。

(3) 海洋领域的国际合作。为了谋求海洋问题的根本解决，积极参与国际合作项目以及推进同发展中国家的国际合作交流是非常重要的。

(4) 建立全局性海洋政策制定体系。为了确保海洋的可持续利用，注意各相关政策的协调统一，防止政策冲突或重复，应从社会经济学角度综合制定海洋政策。鉴于此，应充分利用海洋开发分会及有关省厅共同参与的海洋开发联席会议等体制，构筑面向 21 世纪的海洋政策制定体系。

海洋划界

【200 海里外大陆架划界问题】　2003 年 6 月在冰岛举行的“关于 200 海里外大陆架的法律与科学问题国际研讨会”上，与会专家一致认为 200 海里外大陆架划界问题已越来越被国际社会所重视，正成为国际海洋法领域又一新的热点问题。200 海里外大陆架外部界限划定，不仅关系到沿海国家的主权利益问题，也与各国的经济利益直接相关。海洋蕴藏着丰富的资源，大陆架和专属经济区的海域面积约占海洋总面积的 30%，能否占有尽可能多的资源对于沿海各国的经济发展有着重要的意义。《海洋法公约》缔约国大会第十一次会议通过决议，1999 年 5 月 6 日之前批准《海洋法公约》并生效的国家在 2009 年 5 月 6 日之前，必须完成 200 海里以外大陆架的划定和有关的法律程序工作。因此，可以预见，在未来几年里，将有一批发达和发展中国家向大陆架界限委员会提交他们的外大陆架划界申请案。目前，除俄罗斯已经提交了划界申请案以外，澳大利亚、新西兰、巴西、阿根廷、冰岛、南非等国可能成为下一批申请国，马来西亚、越南、菲律宾等国正在

积极进行准备。

划定200海里外大陆架是《海洋法公约》和大自然共同赋予沿海国的权利，《海洋法公约》规定各沿海国家均可拥有不超过200海里的大陆架及其自然资源。但是，沿海国是否可以拥有200海里外大陆架则主要取决于自然科学方面的依据。因此，沿海国在向大陆架界限委员会提出申请之前，必须做好充分的科学、法律和外交等方面的准备工作。目前，许多沿海国家在其所辖海域进行大规模的测量和资料搜集与分析工作，为提交200海里划界主张作积极的准备。日本为了向联合国申请延伸本国大陆架范围，日本政府会同日本石油矿物联盟、日本钢铁联盟、日本土木工业协会等10个与海洋开发相关的团体联合组建日本大陆架调查公司，并将从2004年正式开始对日本大陆架的地形、地质等情况进行调查。为了开展这次官民并举的大陆架调查，日本政府在下一年度的预算案中列入了104亿日元的大陆架调查费用。

【加拿大海洋划界】 为了进一步加强海洋管理，加拿大组织了以“良好的加拿大海洋管理：海洋边界资料的应用价值”为题目的专题研究。该项目涉及三个具有典型意义的海洋划界案例研究，即大陆架划界、海洋保护区划界、省际间划界。案例研究包括管理对信息的需求；对边界不确定性的模拟；海洋绘图技术在划界上的运用。

1．大陆架划界

为进行外大陆架划界，加拿大专家目前已对加拿大所有海域的资料搜集与分析所需要的测量工作进行了详细分析，预计需要8～10年时间，将耗资6 000万到1亿加元。为使调查计划易于管理，已决定选择加拿大一个外缘区域作为试点，并以该区域为对象，准备一份外大陆架“部分主张”申请书。研究人员已采用CARIS LOTS软件系统，对公共部门和政府拥有的资料进行了处理，初步得出了加拿大外大陆架的大体位置，并分析了其现有资料的准确度和完整性。在此基础上，将制订全面搜集加拿大外大陆架资料的计划。

2．海洋保护区划界

加拿大拟在Musquash海湾及其附近海域建立海洋保护区，该保护区的建立将涉及政府、私营团体、社区和学术界等各方的利益，其中包括经济、社会、政治、文化以及科学等方面的利益。为正确确定保护区的空间范围，负责部门组织了高潮线水位现场调查，并将调查资料同该空间区域的其他资料进行对比。同时，利用CARIS Spatial Fusion™系统，对利益相关各方掌握的保护区边界资料和其他空间资料进行整合和可视化处理，以便让利益相关各方利用网络——地理信息系统技术和互联网技术，在不增加投资和改变资料储存与管理方式的情况下，对各自掌握的地理空间资料进行整合和共享。

3．新不伦瑞克海洋行政管辖边界划界

由于加拿大政府已经把加拿大各种行政管辖边界资料列为国家疆域资料的重要组成部分，加之制定省级的海洋政策的需要，因此，详细了解该省管辖海域的空间范围成为新不伦瑞克省的紧迫任务。目前已从新不伦瑞克省的沿海地貌资料库、加拿大自然资源局国家地貌资料库、其他省份的地貌资料库、国际边界委员会及其他一些资料库中收集了大量的近海海洋资料和其他相关资料，并使用CARIS地理信息系统和CARIS LOTS™系统对搜集的资料进行了综合处理，对各种边界资料信息数据化后，再进行直观和统计比较，然后将比较结果同法理研究结合起来，最后提出新不伦瑞克省海洋行政管辖方案。

海洋环境保护

【联合国敦促各国保护海草】 联合国环境署于2003年下半年发表了全球第一部《世界海草地图集》。该图集显示，在过去10年内全球已有15%的海草生态区消失。联合国此举旨在敦促世人采取行动保护海草这一脆弱的生态资源。

海草是海洋中成千上万种动植物赖以生存的重要资源，而海洋动植物同时又是人类丰富的蛋白质来源。海草生长区不仅是许多鱼类和贝类的栖息地、众多海洋动物的繁殖场，而且也是海洋中海牛、儒艮和绿海龟等濒危动物的主要食物来源地。此外，海草还在净化海水、减弱海浪冲击和利于固定沉积物方面发挥着重要作用。目前，全世界海洋中生长着大约60余种海草。《世界海草地图集》显示，分布在全球120个国家和地区的海草资源生长环境日益恶化，有些地区海草已经绝迹，并危及到其他海洋生物的生存。全球海草分布面积大约是17.7万平方千米，过去10年内，已经有 2.6 万平方千米的海草生态区消失。而且越来越多的海草地正在遭受侵蚀，包括海水严重变浊和人类海水养殖中使用的化学物导致海水性质改变等。联合国环境署有关部门认为，人类活动对海草的生存造成了巨大威胁。由于世界人口迅速增加，沿海地区的人口越来越密集，人类的海洋开发活动大大地改变了海草生长区的水域环境，而环境的变化也反过来直接影响了当地的渔业以及渔民的生计。

联合国环境署指出，人类至今对海草在维持生物多样性及其对生产力和自然资源的重要作用等方面的了解甚少，在海洋管理计划中，几乎没有提及海草及其濒临灭绝的问题。保护海草需要各海洋国家的共同努力。

【日本制定濑户内海环境保护计划】 濑户内海不仅是日本也是世界仅有的优美胜景之一，还是日本国民渔业资源的宝库。丰富的资源供国民享用，也供后代继承。为确保维持优美的自然环境，恢复因现在开发而失去的良好环境，日本制定了综合的实施政策，以促进计划的执行。

濑户内海环境保护计划是日本对濑户内海的保护目标，也是实施各项政策的指导方针。国家、地方共同团体及其他人员为实现该目标，应明确实施政策的基本方向，以确保濑户内海环境保护的有关各项计划的执行。

该计划包括濑户内海的水质保护及与海面成一体的陆地自然景观保护以及动植物的生育环境等的保护。该计划的目标是保护自然因素与人文因素为一体的内海多岛屿的特有自然景观和拥有珍贵渔业资源宝库的濑户内海以及周边产业人口集中的封闭型海域。该计划的内容主要包括：

1. 环境保护的目标

(1) 水质保护；

(2) 自然景观保护；

(3) 浅海海域的保护；

(4) 海岸带保护。

2. 完成目标的基本实施政策

为实现该计划的目标，最大限度地灵活运用现有的知识、经验和技术，保护现存的自然环境。以控制负荷为中心，恢复因现在开发而失去的良好环境。让公众广泛参与，加强协作，积极地实施各项政策。

3. 海洋环境保护措施

(1) 实施水质总量的规章制度，防止富营养化的发生，防止油类等污染。

(2) 因开发自然海岸，海岸景观存在着被损坏的现象，在实施措施时，要充分注意到景观的保护。即使在海面及沿岸布设设施时，也要充分注意到对景观的保护。

(3) 在提高有关海藻丛生区及滩涂等水质保护、与自然景观保护密切相关的动植物生育环境的科学知识的同时，努力加强必要的水质资源保护和海藻丛生区及鸟类栖息地采饵场等重要滩涂的保护。

(4) 保护自然海滨。对于海水浴场和退潮时在浅滩赶海的消遣娱乐场所及本地区居民休息场所等，包括邻近海面的指定地区，都要尽可能采取相应的保护措施。

(5) 填埋时注意保护环境。根据濑户内海环境保护特别措施法第十三条第一款的填埋规定，要充分注意对环境的保护。要根据环境影响评价法及府县的环境影响评价条例对环境影响做出评价，在研究对环境影响的同时，还要根据实际情况采取适当的补偿措施。

(6) 整治废弃物处理设施及处理场所。为控制大量生产和大量消费的废弃物的发生，促使废弃物的再利用，要推进处理设施的整治等综合性措施的实施，力求减少废弃物的最终处理量。

(7) 维持、恢复水循环机能。为维持、恢复健全的水循环机能，要留意海域和陆域间的连接性，力求海藻丛生区滩涂等海域得到保护，人工滩涂等得到适当整治，自然净化能力得以恢复和维持。

(8) 恢复破坏的良好环境。为确保濑户内海的优雅多样性环境，开展对因开发而遭破坏的海藻丛生区、滩涂、自然海滨等良好环境的恢复措施。

(9) 保护岛屿环境。岛屿环境资源有限，海岛环境保护与居民生活和社会经济有着直接关系。所以对环境容量小的岛屿，要加强保护。

(10) 整治下水道。鉴于濑户内海的特性，起着特别重要作用的下水道也是较重要的重点投资项目。要继续促进下水道的整治。同时还要根据实际情况对起着同样作用的公共设施、农村排水设施、净化槽等各种生活排水处理设施，也要视为重点投资项目努力整治好。

(11) 清除海底及河床的污泥等。为防止含有水银或 PCB 等对人体健康有害的物质聚集的污泥影响海底质量，根据国家规定，提高对这些物质的清除标准，促进海底质量的提高。

(12) 开发环境保护的调查研究及技术。在国家、地方公共团体、企事业者、民间团体等协助下，根据濑户内海的特点进行有关的调查研究，弄清赤潮的发生及贫氧水团的形成机制及提高其防治技术，提高环境影响评价手段。

(13) 普及和提高环保意识。在实施濑户内海的环境保护政策时，也包括生活排水和废弃物倾倒等综合政策。为了取得实际效果，需要国家、地方公共团体、企事业者等承担必要的责任义务，也需要濑户内海居民、民间团体和利用濑户内海的人们正确理解和协助，需要居民的积极参加。

(14) 促进环保教育、环保学习。为加强濑户内海的环境保护，增加对自然的感性认识是很重要的。要继续利用濑户内海的自然因素和历史、文化因素，在国家、地方公共团体、企事业者、民间团体的协作下，促进环保教育和环保学习。

(15) 加强广告宣传。为促进公众参加环保学习、环保教育和调查研究，要通过广告对濑户内海的环境现状及减少负荷量、控制废弃物等方面进行广泛的宣传。

(16) 加强广泛的合作互助。濑户内海是拥有 13 个府县的海域。为进一步促进环境保护政策的实施，各个地区间要进行广泛的合作互助。

(17) 加强与国外交流。加强与国外有关封闭型海域的环境保护方面的合作与交流，在进一步促进濑户内海环境保护的同时，为与国外的合作做出积极的贡献。

(18) 国家的援助措施。国家要根据计划对实施该政策的地方公共团体等提供必要的援助措施，以确保计划的圆满执行。

海洋资源开发

【海洋渔业资源开发】 据联合国粮农组织（FAO）报道，21 世纪以来，世界渔业包括养殖业在内总产量维持在 1 亿吨左右，其中渔业捕捞产量目前处于停滞状态，其原因主要是由世界性渔业法规不断完善以及海况变化等所致。世界渔场的渔获量已达到最大极限，据 FAO 估算，目前世界上资源量可持续捕捞的渔场仅占约 50%，25%的渔场已过度捕捞，因此渔获量不可能有实质性增长。为减少捕捞渔业损失，国际上积极推行减少副渔获政策。据 FAO 报告，全球渔业每年因副渔获浪费近 25%的渔获量。为将副渔获减少到最低程度，各国大量开发和实施副渔获减少技术（BRT），有的国家采取将整个捕捞船队组成一个单位，实行“渔船副渔获许可”制度，同时实行副渔获限额，如果浪费的渔获超过限度，则终止整个船队的捕捞活动。这些举措有效地限制了因产生过多副渔获而造成的渔业资源浪费与损害。

与海洋捕捞业相反，世界养殖产量在不断上升，自 1998 年以来增势较猛，每年以 200 万～300 万吨的速度递增。养殖产量中国仍为最多，年平均 2 000 余万吨（实际为 1 000 余万吨——编者注），其次为印度、印度尼西亚、日本、泰国。日本海水养殖已有数百年历史，从 20 世纪 80 年代开始日本的海水养殖有了快速的发展，为了满足国内消费者对中高档鱼类和甲壳类等水产品的需求，日本大力发展海水养殖业，现在的年产量已达到 100 余万吨。虽然海水养殖产量只占日本水产品总量的 1/9 左右，但由于海水养殖的都是经济价值高的品种，所以其产值已占日本水产品总产值的 1/4 以上。菲律宾近 10 年来水产养殖产量年平均增长 5.4%，水产养殖年产量达 95.8 万吨，占渔业总产量的 34%，产值 274 亿比索。越南 2003 年在其中部的广沿省海凌区建设了一个规模巨大的水产养殖项目。该水产项目的特点之一是进行环保生态型生产。该项目建成后能提供 9 500 个工作岗位和数量相近的相关服务岗位。

另据国际事务策略研究所和世界渔业中心联合调查后撰写的报告指出，未来 20 年，发展中国家的养殖业将全面增长，到 2020 年，世界水产品消费量的 40%以上都将来自养殖，到 2020 年水产养殖总量将达到 5 360 万吨左右。

【海洋油气开发】 世界海洋石油资源量占全球总量的 34%。全球预测海洋石油资源量约 1 000 余亿吨，探明 380 亿吨，预测海洋天然气资源量约 140 万亿立方米，探明 40 万亿立方米。目前，世界海洋油气勘探开发力度加大，投资从 1986 年的 250 亿美元增长到 2002 年的 800 余亿美元，在全球油气勘探开发投资总量中的比重从 60%增长到 70%。海洋石油产量 20 年间在全球石油总产量中的比重从20%增长到30%。受陆上石油勘探程度高、开发难度越来越大以及国际政治、经济、外交和军事等风险影响，国际大型石油公司已将开发海洋油气资源作为重要战略举措之一。

目前，深海石油作业被认为是石油工业的一个重要前沿阵地，在墨西哥湾、巴西以及西非等地深海石油开发已经有了长足的发展。与此同时，海洋石油生产设施也得到了不断的改进和发展，并逐步向深海方向迈进。自20世纪90年代以来，超过1 000米以上水深的勘探增长迅速，仅在2001年超过1 000米水深海域的探井数就多达130口。

由于深水或超深水勘探作业费用巨大，有能力（无论是资金或技术实力）进行深海石油勘探作业的公司主要是几家比较大的石油公司，如BP，Petrobras，SHELL，Exxcon Mobil，Chevron Texaco等。近年来，各大石油公司在深海领域的投资有不断增加的趋势。2003年现有油田及新项目的投资将会超过150亿美元。从地理位置看，20世纪90年代，深海勘探开发主要集中于美国的墨西哥湾和巴西。最近安哥拉和尼日利亚的外海也有较多的作业。深海油气开发技术中引人瞩目的是“浮式”生产技术和设施、深水张力腿平台、高压喷射钻井、海底水分离技术等。正是依靠深海油气技术的进步，勘探开发成本逐年降低，当量桶油成本由10余年前的6美元下降为2002年的4美元以下。建设周期也由8年缩短为5～6年。

近年来，国际上天然气水合物开发研究如火如荼，许多国家从各自不同的关注点对天然气水合物开展了涉及能源、技术、生物和环境的广泛调查和研究工作。美国是世界上能源需求大国，也是全球科学技术强国。其天然气水合物的调查研究一直走在世界的前沿，也是世界上天然气水合物调查研究最活跃的国家。2003年由美国地质调查局牵头在墨西哥湾进行了12个航次的甲烷水合物调查研究，这些航次在墨西哥湾Keathley峡谷和Atwater谷区进行了高分辨率二维地震调查，新采集的高分辨率二维地震资料和工业公司提供的三维地震资料的联合解释结果将用来确定2004年水合物钻井的井位。

日本目前正力图把天然气水合物变成可利用的资源。由经济贸易和工业省（METI）牵头开展基础研究和野外调查的综合研究，其目标是使天然气水合物成为一种商业资源。根据日本经济贸易和工业省（METI）的规划，Mackenzie三角洲测试生产井项目已扩展成为国际合作调查研究项目，METI同时在Kumano海Tokai区域，Atsumi Sea Knollo和Kuman盆地进行了高分辨率三维地震调查，获得了详细的拟海底反射（BSR）分布资料。这些调查资料将用于2004年钻井取心井的井位选择。

加拿大政府制定了对海洋和永久冻土带中的水合物资源潜力进行评价的国家级研究项目，并与美国、日本、印度联合对Mallik的天然气水合物开展了调查研究工作，还进行了首次天然气水合物现代化生产测试。加拿大地质调查局最近设立了一项新的天然气水合物调查和开发项目，并作为自然资源——加拿大地球科学断面计划（ESS）的一部分。新ESS项目旨在建立天然气水合物的约束勘探模型，定量确定其物理性质，开发合适的生产方法。

【港口与海运】 目前，世界上许多国家大力推动港口现代化建设，如美国积极推进港口基础设施建设扩展计划，纽约港与新泽西港计划将装卸能力在10年内提高一倍。2003年底美国政府拨款1.79亿美元，用来改善港口安全。这项方案由国土安全部（DHS）负责实施，包括改善码头及其周边的保安计划和工程，其中包括添置新型巡逻艇、监视设施及新的指挥和控制设施。美洲其他一些国家也通过鼓励私营部门参与港口管理和作业来改善港口的基础设施，更新设备，提高服务效率，增强该地区港口在世界上的竞争力。

海洋运输业是当前世界海洋经济支柱产业之一。2003年国际物流进入了新的发展时期，其重心就是港航物流网络一体化的实现。国际各大航运公司打破传统运输方式的限制，充分利用港口货物集散中心和信息服务中心的优势，建立连接运输方、顾客、海关、金融机构等方面联系的开放的信息交流系统和港航物流网络一体化系统。现今，物流服务已成为国际上各大航运公司的发展方向。2003年国际集装箱运力增长了7%，其中全集装箱船运力将超过650万标准箱。2003年世界集装箱贸易量的增长幅度达到8.2%，达7 900万标准箱，市场整体供需关系良好。

【海洋能源开发】 2003年初，世界上第一座海底潮汐发电站在挪威的哈默佛斯特建成运行。此前澳大利亚和英国也分别进行过海底潮汐发电，但都只是处于试验阶段，没有进入实用阶段。中国、法国、加拿大和俄罗斯等国也曾尝试通过在海岸边建造人工大坝进行潮汐发电，但由于这种做法会破坏河流和海岸附近生态平衡而被逐渐淘汰。哈默佛斯特的潮汐发电站总装机容量较小，只有300千瓦，估计到2004年，该发电站的总装机台数可达到20台，包括基座在内，哈默佛斯特潮汐电站的所有潮汐涡轮机总重量达200吨，涡轮机安放适当，不会影响过往船只的正常通行。这些涡轮机具有自动调整方向的功能，当水流改变方向时，涡轮机自动将涡轮对准潮汐涌来的方向。哈默佛斯特潮汐电站的发电量可供该镇1 000个家庭使用。估计第一期工程竣工后，投资达到5 000万挪威克朗（约合670万美元），到2004年全部工程竣工后，总投资将达到1亿挪威克朗。

海洋科学技术

【海洋科学】 **海洋生物基因学研究** 当前世界各沿海国家将开发海洋生物基因资源作为优先发展领域，因此，以开发基因资源为目的的基因组学研究受到特别重视，并取得了重大进展。最新的海洋生物基因研究进展包括：Ahsan等克隆了鳗鱼胰蛋白酶原基因；Richardson等克隆了东方鲀的干扰素调节因子基因并分析了其基因组结构；Mitsuo等克隆了一种新的鳗鱼细胞色素P450 cDNA；Bowler等用基因组技术探索海洋硅藻的分子奥秘；Imanaka等测定了高嗜热菌KODI的全基因组序列；Leung等通过功能基因组途径筛选了爱德华氏细菌的致病基因，这对于研制防治这种细菌病的药物非常重要；Imahara等研究了斑马鱼精子核在蟾蜍卵子抽提液中的重构，表明蟾蜍卵子抽提液具有引起斑马鱼精子产生细胞周期依赖的变化的能力；Hirono等用cDNA阵列技术分析了牙鲆免疫系统中的免疫相关基因；Postlethwait等研究了硬骨鱼类基因组加倍及多样性的起源等。

在基因转移研究方面，近几年的研究重点是通过抗病基因转移提高鱼、虾类的抗病力，通过绿色荧光蛋白基因（GFP）转移培育观赏性鱼类新品种。其主要研究进展包括：Koge等探讨了应用青船转座子元件进行基因转移的可行性；Kim等将牙鲆生长激素基因转移到小球藻获得了稳定的整合和表达；Gong等用GFP和RFP基因制作了双色的转基因斑马鱼；Boonanuntanasarn等用反义技术对虹鳟胚胎进行了基因沉默实验；Sarmasik等探讨了基因转移提高青船抗病力的可行性；Lin等建立了一种新的紫菜转基因方法；Sudha等通过基因枪和肌肉注射观察到GFP基因在斑马鱼多个组织中的表达等。

综合大洋钻探（IDOP）科学计划（2003—2013）

国际大洋钻探计划（ODP，1985—2003）及其前身深海钻探计划（DSDP，1968—1983），是20世纪地球科学规模最大、历时最久的国际合作研究计划，30余年来在全球各大洋钻井近3 000口，取心近30×10^4米，验证了板块构造理论，创立了古海洋学，导致了地球科学一场真正的革命，进而揭示了洋壳结构和海底高原的形成，证实了气候演变的轨道周期和地球环境的突变事件，分析了汇聚大陆边缘深部流体的作用，发现了海底深部生物圈和天然气水合物。DSDP/ODP把地质学从陆地扩展到全球，改变了固体地球科学几乎每一个分支原有的发展轨迹。

为适应当前科学发展和社会经济可持续发展的需求，国际大洋钻探计划（ODP）于2003年转入“综合大洋钻探（IDOP）”的新阶段。综合大洋钻探的规模和目标都将大为扩展，以“地球系统科学”思想为指导，计划打穿大洋地壳，揭示地震机理，查明深部生物圈和天然气水合物，理解极端气候和快速气候变化的过程，为国际学术界构筑起新世纪地球系统科学研究的平台，同时为深海新资源勘探开发、环境预报和防震减灾等实际目标服务。IDOP代表了新世纪地球科学的前沿，特别是在ODP基础上增加了重要的新内容，如：①汇聚大陆边缘下震源带的性质；②洋底微生物生态系的性质；③天然气水合物——大陆边缘下巨大冰冻碳储库；同时还强调了针对环境变化预测的地质记录研究。IDOP计划使用的钻探船将由ODP时的1艘增加到两艘以上，其钻探范围扩大到全球所有海区（包括陆架浅海和极地海区），领域从地球科学扩大到生命科学，手段从钻探扩大到海底深部观测网和井下试验。美国、日本等国的投入也有大幅度增加，预计到2008年总预算将达到ODP的3倍以上。目前，日本正斥巨资建造50 000吨级钻探船与美国力争大洋钻探的领先地位，欧洲国家建立了联合体，力争建成大洋钻探的“第三条腿”与美、日抗衡。预计到2008年IDOP

计划全面实施时，世界海洋将出现美、日、欧“三方争雄”的深海研究局面。

【海洋技术】　海洋观测技术

(1) 浮标技术。浮标是一种常用的海洋观测平台。当前大量应用在国际 Argo 计划的浮标，是国际上较为先进的高科技产品，专用于海洋次表层温、盐、深剖面测量。仪器布放后自行在大海中工作 2 年以上，直至内装电源耗尽。浮标借助 Argo 卫星定位与数据传输系统将采集资料传回。当前，最具代表性的是美国 Webb 公司研究和开发的 APEX 型浮标、法国 Ifremer 研究所研制的 Marvor 型剖面浮标以及与加拿大 Metocean 公司合作开发的 PROVOR（海王星）剖面浮标，后两种类型的剖面浮标现已被世界各国海洋学家接受并得到应用。有最新资料表明，日本自 2003 年起开始使用自己研制的剖面浮标进行海上试验。国际上浮标具有的共同特点是：圆柱体外形，在大海中处直立状工作；借助液压力来改变浮标自身体积在大海中沉浮，将 SB 或 FSI 公司生产的专用 CTD 传感器安装在浮标顶部进行剖面测量；用 Argo 卫星系统定位和传输数据。各国研制的浮标其各自的特点是：美国仍为传统性，靠单冲程液压柱塞泵涨大皮囊，其整体的可靠性较高，为各国浮标之最。它在定位、通讯方面已有新的进展，华盛顿海洋学院将 GPS 引入系统，提高了浮标定位精度。为降低浮标通讯费用，开始实验借助铱星系统传输数据。加拿大 PROVOR 浮标的液压系统使用斜盘式三柱塞泵涨大皮囊，它注入同体积油的速度大约是单冲程泵的 3～4 倍。其皮囊体积较大而保证有足够的上浮力，约为 2.3 升，故可免去出厂前的潜入深度配重测定，用于世界任何海区而无需进行压载实验。日本最新研制的浮标在体积上有所改变。

(2) 深潜器技术。美国新研制的深海潜水探测车“杰逊 2 号”最近在靠近美国西海岸的太平洋底完成了它的首次科学探测使命。这一由美国伍兹霍尔海洋研究所耗资 250 万美元研制的新型深潜器具有深海取样能力强、载重量大等特点，下潜深度达 6 500 米，并能将探测信息自动传回水面上的控制船。它还能一次潜入海底数天，24 小时不停地发回其拍摄的高清晰图像，并把海底样品带回水面供研究人员分析。

日本东京大学和三井造船公司最新研制的海底探测潜水器 r2D4，其潜水深度可达 4 000 米，形似潜水艇，长 4.4 米，重约 1.6 吨。该潜器以锂电池为能源，续航力达 60 千米。新型深潜器搭载的探测装置能够准确把握周围状况，前方若出现障碍物，其搭载的计算机会准确做出判断，操纵深潜器自动绕行，到达指定目的地后，航行误差仅为 30 米左右。新型深潜器靠传感器检测水温、水的混浊度等，并能自主地收集数据，可用于探测海底火山、沉船、海底矿产资源和生物等。该新型深潜器已在骏河湾等近海进行了潜航试验，试验表明其性能良好。

另据报道，印度科学家正在自行研制首台水下潜器。这项工程由印度人力资源开发部授权印度理工学院和中央海洋工程研究所联合开发，将耗资 6 940 万卢比。开发水下无人潜器（机器人）在印度尚属首次。据介绍，这台潜器重达 400 千克、长约 4 米，直径约 0.4 米，形状似鱼。其在水中行驶的速度可达每秒 1～2 米，最深潜水可达 150 米。预计这台潜器将于 2006 年正式下海执行任务。

海洋信息技术　从当前的发展趋势来看，各国在发展海洋信息技术方面，正在积极推进海洋信息标准化、海洋卫星遥感技术开发、海洋空间数据基础设施、海洋空间信息库群建设以及海洋公共信息的通信网络和共享服务体系的建设等。如美国、日本等国采用以卫星遥感信息为主，海洋自动台站、漂流浮标和海底传感器信息为辅的三维立体监测网进行海上风向、风速和海啸监测预报、预警。美国为实现分析和预测全球海洋状况的目标，计划利用 3～5 年时间完成利用最佳物理原理的数字模型来分析海洋状况，实现观测数据的“端到端仿真”，最后再利用最佳预测建模技巧对未来海洋状况作出预报的计划。美国各州应用 GIS 技术、数字空间信息以及因特网来实现海洋管理目标。美国海岸服务中心（CSC）的工作人员正在开发州一级的以互联网为基础的海洋管理地理信息系统（GIS），这一区域性管理模式将有助于促进海洋资源管理向海洋生态系的综合管理转化。另外，英国、澳大利亚、荷兰等国已将海洋信息系统广泛应用于海洋运输、海洋资源开发、海洋资源保护和海洋军事活动等方面，并取得了显著的社会和经济效益。

（国家海洋信息中心　于保华）

中国海洋年鉴编辑部

地　　址：天津市河东区六纬路 93 号

邮政编码：300171

电　　话：（022）24010825

传　　真：（022）24010825

E-mail：　coy@mail.nmdis.gov.cn

国家海洋局北海分局

国家海洋局北海分局局长王志远布置维权工作

国家海洋局北海分局是国家海洋局派驻青岛并代表其在黄海、渤海海域实施海洋行政管理的机构。负责国家海洋法律、法规在本海区的监督实施，依法对黄海、渤海海域实施海洋行政管理，完成国家下达的维护海洋权益、保障海洋资源的合理开发与利用、保护海洋环境、预防及减少海洋灾害等任务。

北海分局负责管辖苏鲁交界的绣针河口以北中国海域。拥有大量的管理和科技人才，学科涉及管理、法律、海洋经济、水文、气象、物理、生物、化学、地质、电子信息等专业。

维护国家的海洋权益是北海分局的神圣职责。近年来，北海分局根据国家海洋局的指示先后多次出色地组织完成了对外国船舶在我国专属经济区进行科技调查等活动的跟踪监视任务，为维护国家的海洋权益做出了突出的贡献，确立了中国海监开展海上执法，维护国家海洋权益的主体地位，充分展示了国家海上执法监察能力。

北海分局忠实履行国家赋予的神圣职责，以海洋行政管理、执法监察为主体，以海洋科技调查和海洋公益服务为两翼，全方位地积极开展工作，努力为国民经济建设和国防建设服务。近年来，先后开展了海洋石油勘探开发环境保护管理、海洋倾废区选划与海洋废弃物倾倒管理、海底电缆管道铺设管理、海域使用规划与管理及涉外海洋科学研究管理；组织实施了海域使用联合执法行动、北海区海域使用执法大检查、北海区海砂执法大检查以及海洋石油勘探开发执法大检查等。

① 王志远局长（左）向国家海洋局局长王曙光汇报北海分局发展情况
② 北海区直辖市指导委员会会议
③ 北海分局积极为2008奥帆赛发挥管理及技术特长
④ 执法人员检查石油平台消油剂使用情况

海空联合监视石油勘探开发

局长：张有份

国家海洋局东海分局是负责监督管理海域使用和海洋环境保护、依法维护海洋权益、管理东海海监队伍的国家海洋行政主管部门，代表国家海洋局在东海区行使海洋行政管理职能。管辖北起江苏连云港南至福建东山的南黄海和东海海域。自1991年起，东海分局与上海市海洋局实行“一个机构、二块牌子”的管理体制。

全局现有干部职工1 783人，其中专业技术人员667人。拥有行政管理、执法监察、海洋技术和海监船员4支队伍。设有执法监察、海洋监测、环境预报和后勤保障4类处级事业单位13个，局机关内设处室14个，直属部门1个。主要大型装备有海监船舶12艘，海监飞机1架，地波雷达2对4座，大型浮标1个，以及一批海洋勘探、调查、测试分析、观测预报等方面的先进仪器设备。具有海洋地质勘探、水下地形测量、海洋环境监测、水动力要素观测、气象要素观测、生物种类鉴定、放化残毒分析、海洋环境要素预报、海洋灾害预测预报的能力。东海分局在全国率先推进海洋环境监测和预报系统的共建，先后与地方政府共建了4个省级、5个地级海洋环境监测或预报中心（台），部分海洋站也与当地县级政府实现了共建。

国家海洋局东海分局

东海勘察设计研究院正在进行浙闽勘界海上调查——施放浅剖拖鱼

东海区无居民海岛座谈会

东海舟山海域航空巡航

杭州湾大桥评审会

东海海洋环境监测

上海市排污口用海情况调查登记

宁波北仑港四期码头违法填海案听证会现场

上海无居民岛情况调查测量

2003年东海区海洋环境监测工作会议

国家海洋局南海分局

国家海洋局南海分局是国家海洋局在广州设立的南海区海洋行政管理机构，并对中国海监南海总队实施管理。南海分局机关设12个职能处室，直辖17个处级单位（中国海监南海总队设5个职能处室，直辖第七、第八、第九支队、南海航空队和通信站）。南海分局现有职工1 373人。拥有海洋水文、化学、地质、气象、生物、遥测浮标、海洋计量检定、海洋环境质量评价和海洋信息服务等专业队伍，有遍布在广东和广西沿海的观测站网和遥测海洋环境数据的浮标网，有7艘装备比较先进的海洋执法和科研调查船。

国家海洋局南海分局的主要任务是按照国家有关法规和规定，代表国家海洋局履行在南海区的海洋行政管理职能，在海区组织开展海洋行政管理、执法监督和公益服务等项工作。

为适应当前国际海洋权益斗争形势和国内经济建设的需要，国家海洋局南海分局坚持以发展海洋经济为中心，围绕“权益、资源、环保、减灾”的目标，以海洋行政管理、执法监督和公益服务为主线，依靠科研、减灾防灾等任务，在维护海洋权益、开发海洋资源、保护海洋环境和为地方海洋经济发展提供保障和服务发挥了积极作用。

海洋倾倒区选划报告评审会

防灾减灾项目验收会

南海分局与广东省惠州市共建海洋环境监测站

海洋环境监测
人员在工作

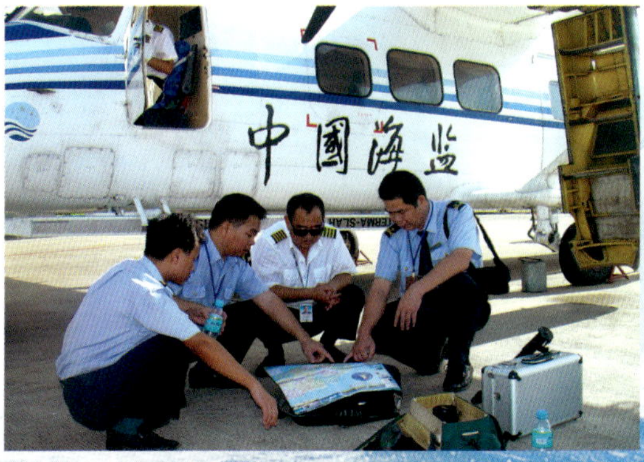

执法人员在作登机准备工作

国家海洋局
第一海洋研究所

国家海洋局第一海洋研究所是国内一流、国际知名的应用基础研究与公益服务并重的综合性海洋研究机构。由4个省部级重点实验室、1个青岛市重点实验室、1个所级重点实验室、3个研究中心和1个信息中心组成。“中韩海洋科学共同研究中心”挂靠该所。拥有4个硕士学位授权点、2个合办博士学位授权点和1个博士后科研工作站。以实现“学科与课题的结构调整；开发与产业的结构调整；科研文化与人才队伍建设；科学技术支撑平台建设”4大主题为年度目标。正式被科技部、财政部和中编办批准转为非营利性科研机构，拟定编制239人，按照岗位职责和个人绩效实施了创新体系工资。全年在研项目256项。新签计划项目39个，科技开发项目72个。全年购置仪器设备341台件，投入资金1 278万元。

所科技开发与产业发展会议

第一个博士后科研工作站成立

中韩海洋科学共同研究中心换届仪式

青岛市现代分析技术与中药标准化重点实验室挂牌

国家海洋局王曙光局长来所检查工作

国家科技部基础司司长张先恩来所指导工作

海洋沉积与环境地质
国家海洋局重点实验室

海洋沉积与环境地质国家海洋局重点实验室，拥有一支以中青年科学家为主体的科研队伍，其中博士生导师10人、博士12人、硕士15人、研究员17人；拥有配套完善的先进实验室和调查、分析仪器设备。在研国家科技专项课题29个、国家自然科学基金课题8个、省部级科研课题6个、青岛市科研课题5个、国际合作课题3个、科技开发课题2个。完成各类科研课题10个。新增国家自然科学基金课题3个、其他课题3个。在黄海沉积动力学、东海古环境演化、富钴结壳成矿机制、海底探测技术和数字海底等方面取得了重要成果。发表科研论文54篇，其中SCI论文19篇，获得软件著作权两项，获国家海洋局科技创新奖一等奖1项。

“863”计划年度检查

德国柏林自由大学Halbach
教授来重点实验室访问

ICP-AES地球化学分析仪器

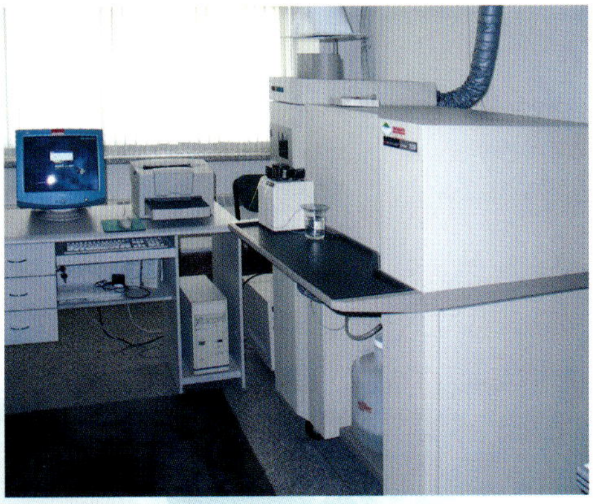

MAT-251气体稳定同位素质谱仪

西北太平洋环境调查
——沉积物取样

杭州国海海洋工程勘测设计研究院

杭州国海海洋工程勘测设计研究院(以下简称“工程院”)(原国家海洋局杭州海洋工程勘测设计研究中心)成立于1993年初，由国家海洋局第二海洋研究所内从事海洋工程勘测设计研究的部门及相关专业技术队伍组建而成，是国家海洋局最早成立的从事海洋工程环境调查、勘察、设计、岩土工程试验检测、环境影响评价等业务的专门机构。具有独立法人资格，又与国家海洋局第二海洋研究所的科研工作有机结合，已发展成为一个在国内外享有盛誉、实力雄厚、设备先进的综合性海洋工程环境调查、勘察、设计、岩土工程基础检测、环境影响评价和技术咨询的专门机构。该院拥有海洋测绘与GIS、海洋工程物探、工程地质、灾害预测预报和防治、基础测试、工程水文气象、工程泥沙及河口航道整治、数值模拟、遥感应用、环境评价、海岸与离岸工程设计、工民建、海洋开发规划和经济研究等专业的各类工程技术人员近百名，其中研究员级科技人员19人，高级工程师30余人。

工程院拥有先进的仪器设备和配套的实验手段，技术力量雄厚，专业门类齐全，通过委托或参加投标，承接各类海洋工程勘察、设计业务，其中以国际海底电缆管道路由勘察、大型码头、航道勘察、海洋平台及防波堤勘察设计及海洋工程环境评价为主要业务，同时结合工程勘察的要点难点，进行国家及省自然科学基金项目研究。近年来凭借先进的科研设备，精密的测试仪器，雄厚的技术力量，丰富的实践经验承担了国内外的科研、调查、工程勘察与设计任务500余项，完成了一大批有影响的工程项目，取得了许多开拓性的成果，使得本院在海洋工程勘察、设计等方面独树一帜，并在国际上享有一定的声誉。先后获国家、省部级科技进步奖20余项，获部级优秀海洋工程勘察设计奖11项。

工程院具有完善的质量管理体系，在质量管理工作中严格执行ISO9001质量管理体系标准，恪守“质量第一，客户至上”的经营宗旨，为顾客提供优质的工程效益和社会效益。

工程院领导，从左至右依次为书记石鹏飞、副院长张亦飞、副院长羊天柱、院长沈家法、总工程师叶银灿、副院长潘国富

工程院总工程师叶银灿(右2)和副院长潘国富(左1)在澳大利亚Dangar野外考察

浙能集团舟山煤炭配送基地项目，海上测流期间工程技术人员在精心调试仪器

工程技术人员在进行海上磁力探测

杭州湾跨海大桥工程项目水文观测期间，大桥指挥部领导(左1)和工程院领导(左3)到现场指导工作

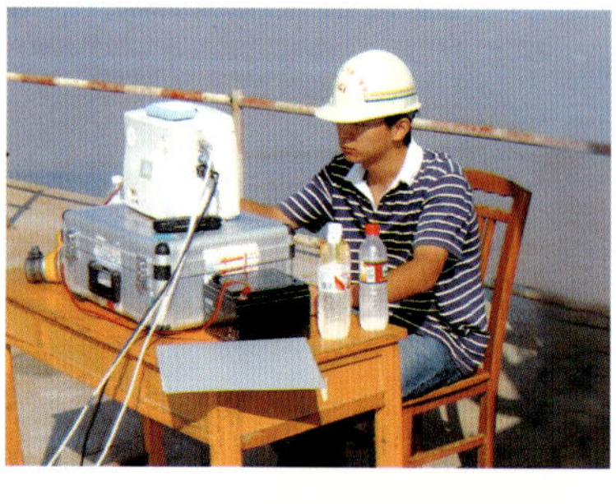
杭州湾跨海大桥项目，工程技术人员进行基桩检测

厦门大学海洋生物学国家重点学科

厦门大学海洋生物学科创办于20世纪20年代，是我国海洋生物学教学和科研的发祥地。经过80多年的建设，现已形成了海洋浮游生物学、海洋鱼类生物学、实验海洋生物学、海洋生态学、海洋底栖无脊椎动物学、海洋动物生理学、海洋植物学和海岸带资源与管理等有明显特色的研究方向。本学科点的学术队伍实力雄厚，在80多年的办学过程中，已形成了学士、硕士、博士、博士后和留学生教育的完整培养体系，成为我国海洋生物学人才培养和科学研究的重要基地，1981年获得我国首批硕士和博士学位授予权，1994年建立生物学（含海洋生物学）国家理科基础科学研究和教学人才培养基地班，1996年建立海洋科学博士后流动站，2000年其所在的厦门大学海洋学科被国家授予博士学位一级学科授权点，2002年厦门大学海洋生物学科被评为国家重点学科。

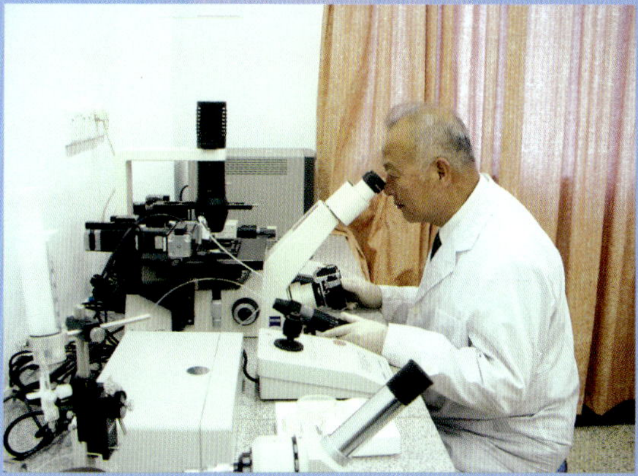

老一代学术带头人在进行科研工作及其部分学术成果

研究生导师组在指导研究生

海洋生物学学生在老师的指导下进行野外海洋生物多样性考察

浙江省海

2004年3月12日叶鸿达任浙江省海洋与渔业局局长

2003年8月18日，浙江省委、省政府在杭州召开第三次全省海洋经济工作会议。这是浙江省经济进入新的发展阶段后，统一筹划和全面推进陆海资源联动开发，加快发展海洋经济，提升该省经济社会综合竞争力的一次重要会议。会议总结了全省海洋经济发展所取得的成就，统一了建设海洋经济强省的认识，提出了今后一个时期全省发展海洋经济的指导思想、目标任务和工作要求，部署了全省海洋经济工作。

具体目标：一是进一步扩大海洋经济总量。力争到2007年，海洋经济总产出达3 600亿元，比2002年翻一番，海洋经济增加值占全省GDP的比重达到10%。二是优化海洋产业结构和布局。调整海洋捕养结构，大力发展临港工业等海洋第二产业，积极拓展海洋服务业；突出重点地区、重点领域和项目，深入实施科技兴海战略，努力营造功能分工明确、特色优势显著的海洋产业区域发展格局。三是形成一批海洋经济强市、强县。到2007年，在全省形成几个海洋经济总产出达1 000亿元以上的海洋经济强市和一些海洋经济总产出达100亿元以上的海洋经济强县（市、区）。四是海洋生态环境的保护与治理。力争到2010年，近岸海域水质达标率达到55%；港口城市、主要河口、重点港湾、滨海旅游区、海洋生态保护区等重要海域的生态环境质量明显提高，沿海地区及主要大岛形成有效的防灾减灾体系。

会议要求全省沿海各地进一步整合资源、强化特色，大力推进海陆联动，将六大联动、六大突破作为浙江省新时期加快发展海洋经济的主线，努力把浙江省建设成为海洋经济综合实力强、海洋产业结构布局合理、海洋科技先进、海洋生态环境良好的海洋经济强省。

浙江省第三次海洋经济工作会议主席台

省委书记习近平、国家海洋局局长王曙光出席会议

洋与渔业局

吕祖善省长考察海洋渔业

整齐排列的浙江省伏季休渔船队

浙江省海洋与渔业特编船队在巡航

浅海传统网箱养殖

国家卫星海

2003年11月HY-1A卫星用户会议在三亚卫星地面站召开

2003年9月28日HY-1A卫星运行一周年发布会在北京召开

海洋资源保护和卫星资料应用国际研讨会在三亚卫星地面站召开

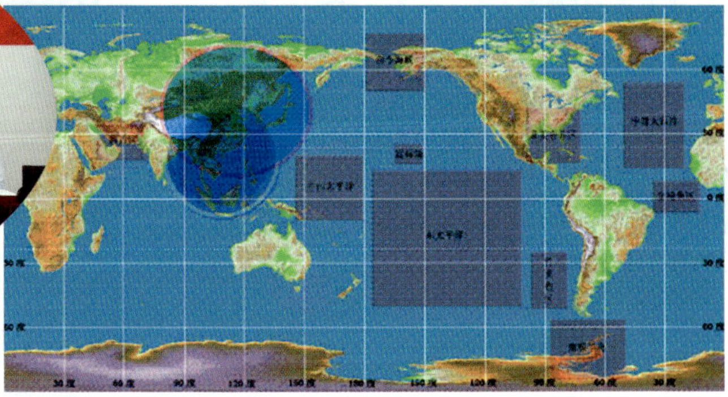

HY-1A卫星全球探测区域示意图

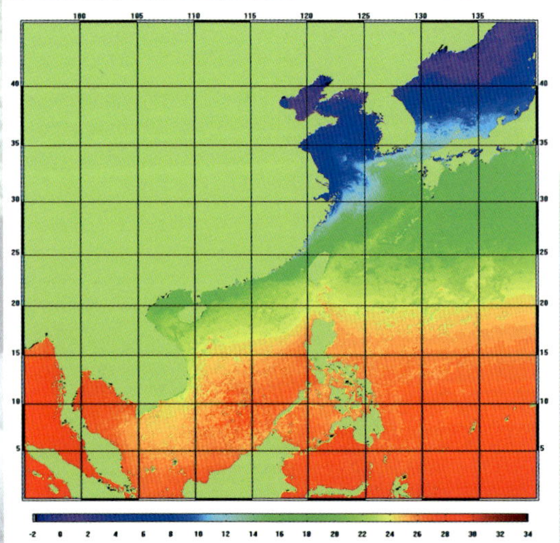

利用HY-1A卫星资料探测的中国海及邻近海域海面温度图

HY-1A卫星CCD成像仪探测到的渤海冬季海冰图

洋应用中心

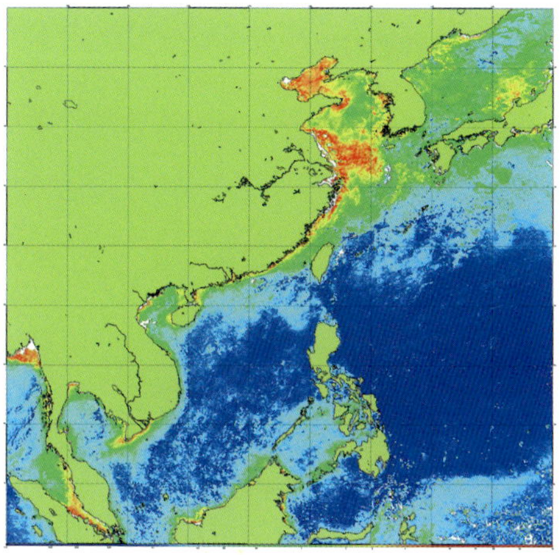

利用HY-1A卫星资料探测的中国海域叶绿素浓度2003年1~3月平均分布图

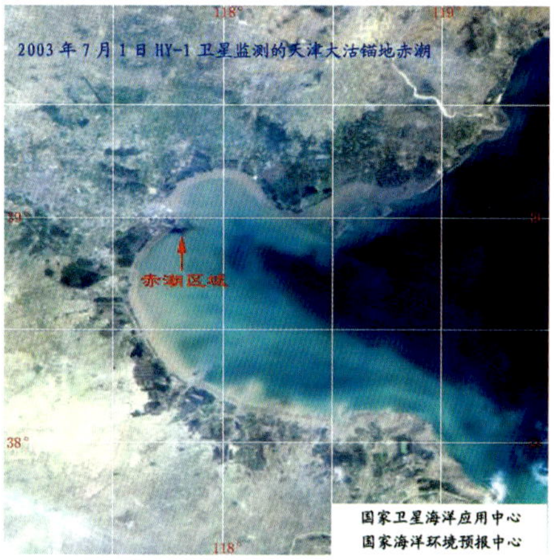

2003年7月1日HY-1A卫星监测的天津大沽锚地赤潮

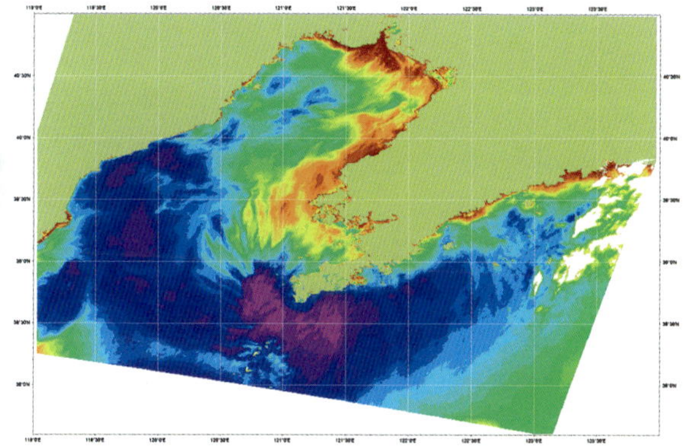

2003年4月4日利用HY-1A卫星CCD成像仪探测到的辽河口及辽东湾泥沙分布

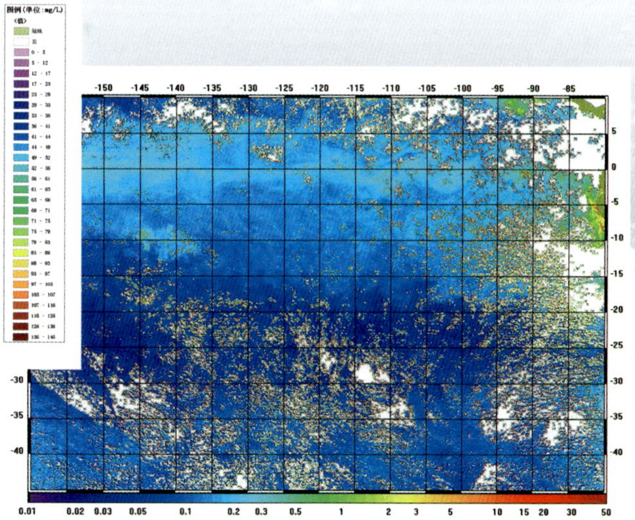

利用HY-1A卫星资料探测的2003年7月下旬东太平洋金枪鱼和竹荚鱼区叶绿素浓度平均分布图

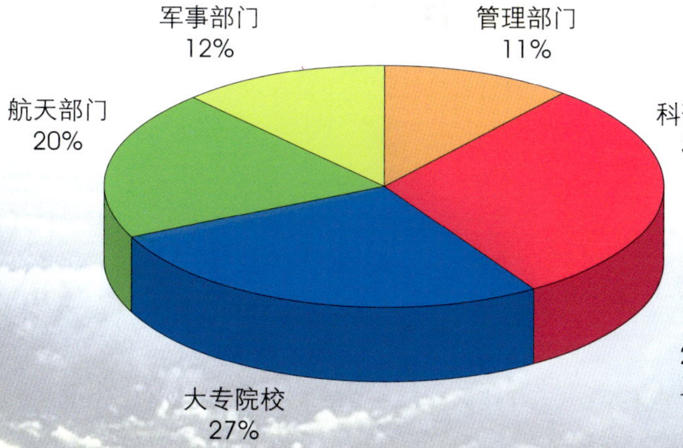

2003年度HY-1A卫星数据分发情况

中国极地

国家海洋局副局长陈连增视察极地中心并听取中国第二次北极考察队的准备工作情况汇报

2003年4月，经中央机构编制委员会办公室同意，中国极地研究所(成立于1989年)更名为中国极地研究中心。该中心是我国唯一专门从事极地科学考察的国家科研业务中心，主要开展极地科学考察与研究，负责极地考察业务支撑系统的建设、运行与管理，为我国极地科学考察提供条件保障、技术支撑与公益服务，隶属于国家海洋局。

中国极地研究中心是我国极地科学的研究中心。负责开展极地资源、环境及相关学科的科学考察研究；分析研究与保管极地标本、样品和数据；负责极区环境观测、监测和我国南北极考察活动的环境保护工作；开展国际间学术交流与合作。主要开展极地雪冰与全球环境变化、极地生物生态环境、高空物理与大气环境科学、海洋环境以及地质矿产资源与能源等领域研究；建有超低温分析、超洁净分析、低温生物生态、极区电离层、极光与磁层物理和海洋环境数值模拟等实验室；收集历次中国极地考察采集的陨石、冰芯、低温菌种等各类样品和宝贵的资料。

中国极地研究中心是我国极地考察的业务中心。负责“雪龙”号极地考察船、中国南极长城站、中山站以及国内基地的基本建设、运行与管理；负责中国极地考察队的后勤保障工作；负责开展国际间极地考察条件保障的交流与合作；负责极地博物馆、极地科普馆的建设和管理。

全国政协副主席、中国工程院院长徐匡迪为极地中心题词

中国工程院院长徐匡迪视察极地中心和“雪龙”船

研究中心

中国极地研究中心是我国极地科学的信息中心。负责中国极地科学数据库、极地信息网络、极地档案图书馆、样品样本库的建设与管理并提供公益服务；负责出版《极地研究》中英文杂志，负责进行国际间的极地信息交流与合作。极地档案图书馆收集了我国和世界各国开展极地科学考察与研究的计划、研究报告、学术期刊与科研成果。

中心现有职工130人，科研人员51人，其中，博士、硕士学历31人，博士生导师5人，正、副高级职称34人，有3人入选国家“百千万人才工程”，有7人获国家政府特殊津贴；后勤保障人员24人，船员35人，机关管理人员20人，形成了一支热爱极地科学考察事业的年轻、精干、高学历、高层次的科学研究与管理保障队伍。通过10多年的积累和努力，特别是近年来，随着全球气候和环境变化研究高潮的持续迭起，中国极地研究中心紧密围绕资源环境与气候变化这一世纪主题，着眼民族战略利益，发展极地科研事业，努力发挥学科优势和人才群体优势，广泛开展国内外的交流与合作，取得了一批具有国际影响的研究成果，在极区高空大气科学、极地冰川、低温生物生态和海洋环境等研究领域形成了自己的特色和优势。

中心成立揭牌

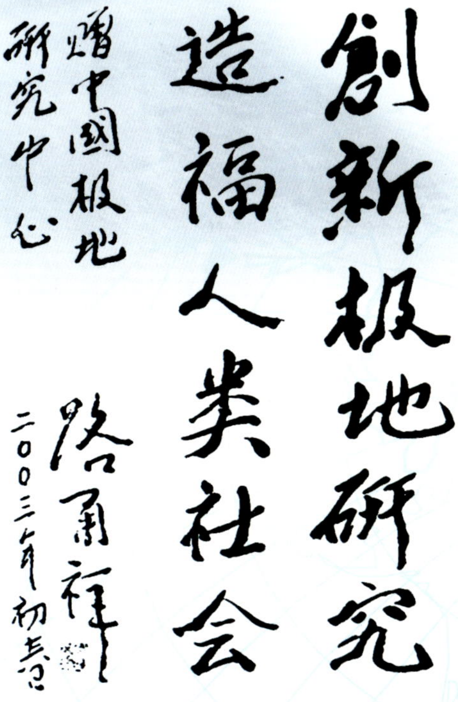

中国科学院院长路甬祥为极地中心题词

极地中心大楼

国家海洋局北海监测中心
中国海监北海区检验鉴定中心

中心主要职责是为国家海洋局在北海区实施海洋综合管理、海洋执法监察提供技术支撑。中心从事环境监测、工程勘察、生态研究、海域使用论证、环境影响评价、溢油鉴别和灾害损失评估等领域的工作，是集调查、监测、检测、鉴定和科研于一体、具有独立法人资格的事业单位；是全国海洋系统中首批通过计量认证的单位之一，出具的数据具有法律效力；是全国海洋系统中第一家通过国家实验室认可的单位，目前出具的数据得到国际46个国家和地区的认可。中心具有海域使用论证、测绘甲级资质，其技术工作范围涉及几十个专业，能解决比较复杂的海洋工程、海洋环境和海洋灾害方面的重大问题。

中心主任 高振会 研究员

中心可以进行石油类、气相色谱、重金属、常规化学、浮游生物、毒性生理、底栖生物、微生物、贝类毒性、地球化学等155个项目的检测以及遥感与GIS方面的工作。

中心可利用的“中国海监”调查船、遥测浮标和装备了侧视雷达、微波辐射仪、高光谱成像仪等先进设备的“中国海监”飞机等设备，具有对海上突发事件的快速反应能力以及全天候、连续的海洋监测、调查能力。

博士、硕士相互交流

国家海洋技术中心遥感研究室

国家海洋技术中心创建于1965年，是国家海洋局直属的公益型事业单位。遥感研究室为国家海洋技术中心的下属科研单位，主要从事海洋遥感技术研究工作。在“七五”至“十五”期间，承担完成了多项重大课题的研究。

在渤海、黄海北部冰情监测项目中，利用多种先进的航空监测仪器和监测手段对冰情进行监测、实时传输和预报，为我国海冰灾害提供冰情信息，为减少减轻或预防海冰灾情做出了重大贡献。

近几年，遥感研究室重点开展了卫星遥感星载遥感器的辐射校正与真实性检验研究工作，通过承担921模拟飞行试验、921微波多模态遥感器校飞试验、神舟三号CMODIS地面配合试验、“HY-1”卫星在轨测试南海试验、“HY-1”卫星发射前后系列化辐射校正和真实性检验试验以及“ZY-2”辐射校正与大气校正试验等重大课题，在我国内陆和各大海区获得了大量真实的数据资料，为星载遥感器的辐射校正和真实性检验积累了现场数据和测量经验，充分展示出遥感研究室在辐射校正和真实性检验技术方面的水平和实力。

目前，研究室配备一整套具有世界先进水平的现场海洋光学参数和大气参数测量设备，具有组织大型、综合性试验的能力，通过承担国家海洋局、国防科工委、科技部等国家重大科研项目，逐步形成一整套现场测量与处理分析方法，培养和锻炼了一支具有高技术研究能力的优秀年轻科研队伍，在国内海洋光学遥感和微波遥感领域的星载遥感器的辐射校正与真实性检验领域占有重要地位。作为一个年轻向上的科研团队，遥感研究室在2003年被共青团中央、国家海洋局评选为“青年文明号”。

国家海洋局领导和天津市人大领导视察指导工作

蓬勃向上的研究室科研人员集体

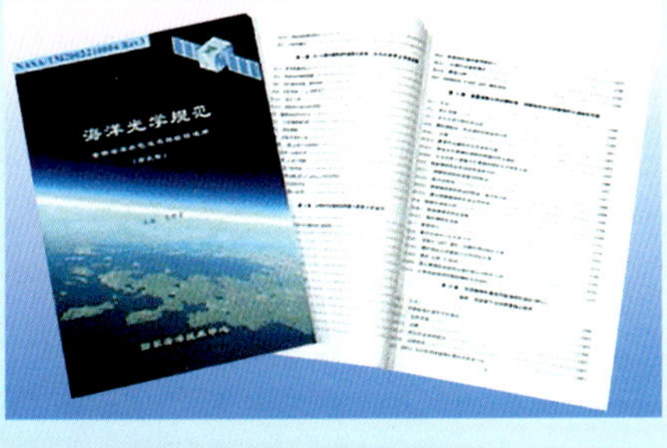

2003年翻译的NASA《海洋光学规范》

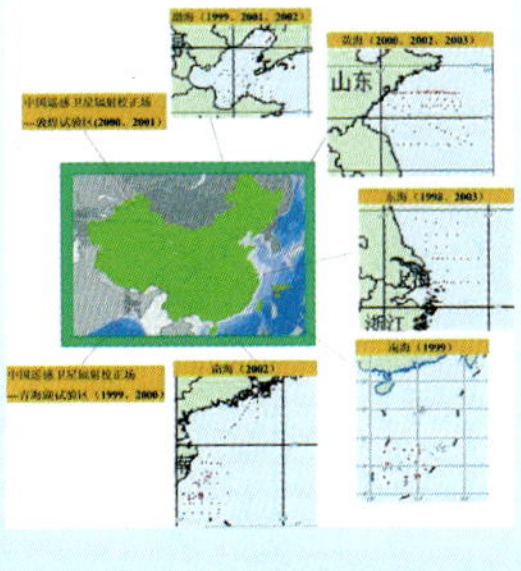

历次大型试验场区分布

2003年春季光学剖面仪黄东海试验布放

科研人员进行实验室光学定标

水体三要素现场测量

淮　　海

江苏省委书记李源潮（右2）在院党委书记刘健（左1）陪同下视察学校

淮海工学院是江苏省属普通本科院校，地处江苏唯一的海港城市、新亚欧大陆桥东桥头堡——连云港市。该校建于1985年，经过20年的建设和发展，已经成为江苏高校中一支有水平、有特色、有影响、有地位的生力军。该校占地123.4公顷，资产6亿元，校舍面积44万平方米，教学仪器设备总值7 000万元，图书馆藏书73万册，在校学生16 000人，在职教职员工1 400人，专任教师700人。设有14个系部和3个二级学院，33个本科专业覆盖了工、管、文、理、农、法、经7大学科门类。该校设置了水产养殖、海洋管理、海洋技术、生物技术、生物工程、食品加工、海洋化工、海洋制药和海洋环境保护等9个涉海专业或专业方向，其中海洋管理专业目前仅在中国海洋大学和淮海工学院两校设置。该校设有二级学院——海洋学院，涉海人才培养规模已近3 000人。海洋生物技术实验室是江苏省高校重点建设实验室。2001年，江苏省政府在《江苏省国民经济和社会发展第十个五年计划海洋经济发展专项规划》中，明确提出要把发展海洋经济作为经济结构战略性调整和实施区域共同发展战略的重大举措，把淮海工学院作为全省海洋科技管理人才的培养基地进行重点建设，使该校涉海人才培养质量和规模在省内同类院校中形成明显优势。2003年5月，省委书记李源潮到该校视察，对淮海工学院积极创办江苏海洋大学的发展构想给予了充分肯定。当前，全院师生员工正牢牢抓住高等教育大众化、国际化的历史机遇，充分发挥地处滨海城市的区位优势，为早日建成江苏海洋大学而努力奋斗。

通讯地址：江苏省连云港市新浦区苍梧路59号
邮政编码：222005
电话：0518-5802843　2802843
传真：0518-5806171
网址：http://www.hhit.edu.cn

海洋生物技术重点实验室

工　学　院

冯士筰院士等专家来院指导学科建设

教学主楼

产学研基地

海洋特色专家论坛

学子风采

国家海洋信息中心

国家海洋信息中心2003年度工作会议。上图为会议主席台，右图为会议现场

海洋信息产品

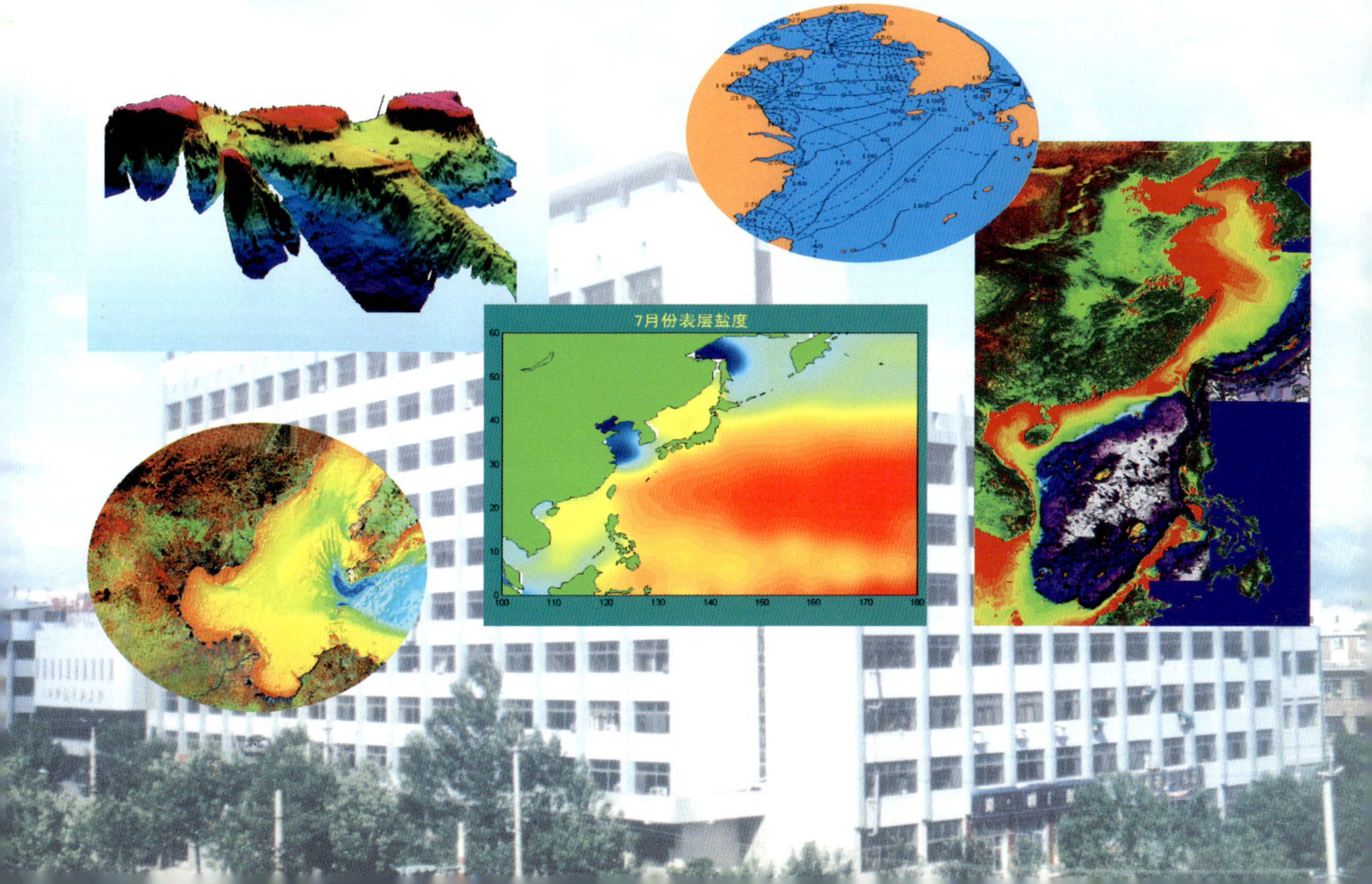

图书在版编目（CIP）数据

中国海洋年鉴．2004／《中国海洋年鉴》编纂委员会编．
—北京：海洋出版社，2005.5
ISBN 7-5027-6304-X

Ⅰ．中…　Ⅱ．中…　Ⅲ．海洋—中国—2004—年鉴
Ⅳ．P7-54
中国版本图书馆CIP数据核字（2005）第017244号

2004 ZHONGGUO HAIYANG NIANJIAN
海洋出版社 出版发行
http：//www.oceanpress.com.cn
（100081 北京市海淀区大慧寺路8号）
正文印刷：国家海洋信息中心印刷厂
彩色印刷：广州金羊彩印有限公司
2005年5月第1版　2005年5月第1次印刷
开本：787mm×1092mm　1/16　印张：36.25（插页：48页）
字数：1 050千字　印数：1～2 000册
定价：160.00元